江苏省评优精品教材

有机化学

(第二版)

周年琛　李　新　主编

苏州大学出版社

图书在版编目(CIP)数据

有机化学 / 周年琛,李新主编. —2 版. —苏州：
苏州大学出版社,2012.10(2026.1 重印)
ISBN 978-7-5672-0017-3

Ⅰ.①有… Ⅱ.①周…②李… Ⅲ.①有机化学—高
等学校—教材 Ⅳ.①062

中国版本图书馆 CIP 数据核字(2012)第 239151 号

有 机 化 学
(第二版)
周年琛 李 新 主编
责任编辑 陈孝康

苏州大学出版社出版发行
(地址：苏州市十梓街 1 号 邮编:215006)
河北虎彩印刷有限公司印装
(地址：廊坊市固安县工业园区南区通达道7号 邮编：065500)

开本 787 mm×1 092 mm 1/16 印张 27.25 字数 670 千
2012 年 10 月第 1 版 2026 年 1 月第 6 次修订印刷
ISBN 978-7-5672-0017-3 定价:68.00 元

苏州大学版图书若有印装错误,本社负责调换
苏州大学出版社营销部 电话:0512-67481020
苏州大学出版社网址 http://www.sudapress.com

《有机化学》(第二版)编委会

主　编　周年琛　李　新

副主编　虞　虹　邱丽华　张振江
　　　　张炜新　陈维一　李　敏

编　委　周为群　曾润生　朱琴玉
　　　　杨　文　朱利明　胡丽华

《有机化学》(第一版)前言

有机化学是化学的一个重要分支,它的研究对象是有机化合物,它是研究有机化合物的组成、结构、性质、合成、变化以及伴随这些变化所发生的一系列现象的一门学科。有机化学是一门重要的基础理论课,与医学、生物学和药物学等其他学科都有着重要的联系。组成人体的物质除了水和一些无机盐以外,绝大部分是有机物,它们在人体内有着不同的功能并进行一系列的化学变化,生物化学就是运用有机化学的原理和方法来研究这些变化的一门学科;药理学中的"构效关系"就是研究药物的化学结构与药效的关系。随着分子生物学、细胞生物学以及神经科学等相关生物学科的发展,人类已经发现许多生物大分子的结构并逐步了解其相应的功能,对其功能的研究也逐步由静态的水平转移到动态的水平。这些都无疑给有机化学提供了新的机会和挑战。为了紧跟21世纪我国高等教育教学内容和课程体系改革的步伐,进一步提高教学质量,编写一套适用于生物技术、医学、药学等专业的有机化学教材是十分必要的。

本教材在内容编写上做到循序渐进,力求深入浅出,通俗易懂。对于难点部分,如鲍林的杂化轨道理论,是贯穿全书的、用于解释有机化合物结构特点的重要内容,但比较抽象,学生较难理解,本书尽量用形象的语言代替抽象的概念,以便于学生理解。根据生物技术、医学、药学等专业的特点,教材中适当地穿插了与相关专业有关的内容。教材附有索引,便于学生查阅。一些重要的"人名反应"所涉及的化学家的简况附在相关内容的后面,便于学生了解其来龙去脉和相关化学家的生平,从而进一步激发他们的学习积极性。本书上课时数为90～100学时,适用于医学、生物技术、药学等专业的学生使用,不同专业教学时可根据需要选用有关内容。

周年琛、李新负责全书大纲的编写及统稿。

苏州大学化学化工学院纪顺俊教授、郎建平教授对本书的编写给予了很大的关心和支持。衷心感谢张雅文教授、邹建平教授对本书的指导和修改,他们丰富的教学经验和独到的见解,使我们受益匪浅。本书在编写过程中,还得到了苏州大学公共化学部、高分子化学与物理研究所的教师和学生的支持和帮助,在此一并表示衷心感谢。

由于编者水平有限,书中肯定存在错误之处,恳请使用本书的各位专家、教师和同学提出宝贵的意见,以便再版时改进。

编　者

2006年12月

《有机化学》(第二版)前 言

《有机化学》(第二版)是在对已经使用6年多的《有机化学》(第一版)的基础上进行全面修订而成的。第二版主要有以下几个方面的变化:

1. 对教材内容进行了充实。例如,增加了第十六章“周环反应”;在第十一章“含氮有机化合物”中增加了腈的有关内容;在第八章“醛　酮　醌”中增加了“交叉歧化”;在第十章“羧酸衍生物”中补充了“酯与格氏试剂的反应”等有关内容。

2. 根据教学需要,对有关内容进行了全面的调整和修改。例如,第三章“烯烃”中的“α-氢的卤代”、第十五章“氨基酸、蛋白质”中的“等电点”等。

3. 调整了一些章节的内容,使全书的结构更合理。例如,将第十一章中的“酰胺”与第十章“羧酸衍生物”合并;调整了第十章“羧酸衍生物”各章节的层次和布局。

4. 调整和修订了各章的练习题。苏州大学出版社出版的《有机化学习题课教程》与本书配套,该书中附有本书练习题的参考答案。

5. 对第一版中的个别错误和不当之处逐一进行了校正。

感谢苏州大学材料与化学化工学部的郎建平教授、倪沛红教授在本书编写过程中给予的热情关心和支持。感谢张雅文教授、沈琮璇教授、邹建平教授和曾润生教授对本书编写的关心和帮助。感谢彭运开教授、冷逵生教授对本书编写的指导和帮助。感谢苏州大学公共化学与教育系、高分子系在本书编写过程中给予的关心和支持。本书在编写过程中,参考了兄弟院校编写的有关教材和专著,在此向有关作者深表谢意。此外,本书的出版还得到了苏州大学出版社陈孝康、周建兰等编辑的大力支持,在此一并致谢。

第二版虽然在第一版的基础上进行了全面的改编,但难免仍存在错误和不足之处,恳切欢迎专家、读者批评指正。

编　者

2017 年 12 月

目　　录

第一章 绪 论

一、有机化学及其发展

有机化学是化学的一个重要分支，其研究对象是有机化合物。它是研究有机化合物的组成、结构、性质、合成、变化以及伴随这些变化所发生的一系列现象的一门学科。有机化合物的主要特征是都含有碳原子，即都是碳化合物，因此，有机化学是研究碳化合物的化学。

“有机化学”一词于 1806 年首次由瑞典的贝采里乌斯(J. J. Berzelius，1779—1848)提出，当时是作为无机化学的对立物而命名的。19 世纪初，许多化学家都相信，由于在生物体内存在着所谓的“生命力”，因此，只有在生物体内才能存在有机物，而有机物是不可能在实验室内用无机物来合成的。1828 年，德国化学家维勒(F. Wöhler，1800—1882)首先发现：可以由公认为无机物的氰酸铵(NH_4OCN)在实验室中制得原来只能从人体排泄物尿中取得的有机化合物尿素(NH_2CONH_2)。以后，许多化学家也在实验室里以简单的无机物质为原料，成功地合成了许多其他有机化合物。实践是检验真理的唯一标准。在大量的科学事实面前，化学家摆脱了不科学的生命力学说的束缚，加强了有机化合物的人工合成实践，促进了这门学科的发展。19 世纪下半叶，有机合成研究工作取得了迅猛的发展，在此基础上，于 20 世纪初开始建立了以煤焦油为原料，生产合成染料、药物和炸药为主的有机化学工业。20 世纪 40 年代开始，以石油为主要原料的有机化学工业，特别是生产合成纤维、合成橡胶、合成树脂和塑料为主的有机合成材料工业，促进了现代工业和科学技术的迅速发展。

有机化学的发展史也是人类认识自然、征服自然的历史。从由生物体中分离有机物开始，到今天可以合成许多极为复杂的有机物，都是随着人们对有机物分子结构的逐步深入了解和有机化学学科的发展而实现的。现代生命科学和生物技术的崛起给化学注入了新的活力，研究生命现象和生命过程、揭示生命的起源和本质是 21 世纪自然科学的重大研究课题。从 20 世纪初化学家开始对生物小分子(如糖、血红素、叶绿素、维生素等)的化学结构和合成进行研究，到 1955 年维格纳奥德(V. Vigneand，1901—1974)因首次合成多肽激素催产素和加压素而获得诺贝尔化学奖，1958 年桑格(F. Sanger，1918—)因对蛋白质特别是牛胰岛素分子结构测定的贡献而获得诺贝尔化学奖，1953 年沃森(J. D. Watson，1928—)和克里克(H. C. Crick，1916—)因提出 DNA 分子双螺旋结构模型而获得 1962 年诺贝尔生理学和医学奖，有机化学家和生物化学家打开了一个又一个通向生命奥秘的大门。1965 年我国首先完成了结晶牛胰岛素的人工合成；1981 年又成功合成了具有与天然分子相同的结构和完整生物活性的酵母丙氨酸转移核糖核酸，在生物化学和有机化学领域内为我国夺取了又一项世界冠军，它标志着我国在人工合成生物大分子的研究方面继续居于世界先进水平。人类经过不懈的努力，认识到蛋白质、核酸、多糖等生物大分子和激素、神经递质、细胞因子等生物小分子是构成生命的基本物质。科学家也认识到只有化学与生命科学相结合才能在分子水平上研究生命。因此，新的学科，如生物化学、分子生物学等相继开始蓬勃发展。

二、有机化学与其他学科的关系

有机化学是一门重要的基础理论课，与医学、生物学和药物化学等学科都有着密切的联系。医学科学的研究对象是复杂的人体，组成人体的物质除了水和一些无机盐以外，绝大部分是有机物，它们在人体内有着不同的功能并进行一系列的化学变化，生物化学就是运用有机化学的原理和方法来研究这些变化的一门学科；药理学中的"构效关系"就是研究药物的化学结构与药效的关系。20世纪生物学的进展，使人们认识到很多的生命过程，都可以从化学的角度得到解释。随着分子生物学、细胞生物学以及神经科学等相关生物学科的发展，人类已经发现许多生物大分子的结构并逐步了解其相应的功能，对其功能的研究也逐步由静态的水平转移到动态的水平。这些都无疑给有机化学提供了新的机会和挑战。另一方面，随着现代合成化学技术、化学分离纯化手段和对于化学分子结构解析技术的发展，人类对于有机物的分离、分析以及合成方面的研究已经达到了一个前所未有的高度。

在研究生命现象的领域里，化学不仅提供了理论，还提供了技术和方法，如药物对人类健康的贡献，利用药物治疗疾病是人类文明的重要标志之一。由于对分子结构和药理作用的深入研究，药物化学迅速发展，并成为化学学科的一个重要领域。化学家通过合成、半合成或从动植物、微生物中提取而得到的化学药物超过2万种。例如，1909年，德国化学家艾里希合成了治疗梅毒的特效药物。磺胺药使许多细菌性传染病，特别是肺炎、流行性脑炎、细菌性痢疾等长期危害人类健康和生命的疾病得到控制。青霉素、头孢菌素等类型抗生素的发明，为人类的健康作出了巨大的贡献。

有机合成产品正越来越广泛地应用于农业生产。合成有机杀虫剂、杀菌剂、除草剂和植物生长调节剂在农业生产中发挥了不小的作用。其他如医疗器材，饲料中的各种添加剂，还有农用塑料薄膜、塑料农具、燃料和润滑油等农用化学产品也得到了广泛的应用。人们只有了解这些化学产品的组成、结构、理化性质和生理功能等，才能安全、合理、有效地使用它们。

未来的世纪，现代生物技术将起主导地位，这就要求生物和生命科学工作者要有扎实的有机化学基础理论知识。因此，掌握和熟悉一些相关的有机化学基本理论、基本技能及一些典型的有机化合物的结构和性质，对医学、药学、生物、农业等专业的学生是十分必要的。

三、有机化合物的一般特性

有机化合物除了含有碳元素以外，绝大多数还含有氢、氧、氮以及卤素、硫、磷等几种元素。有机化合物的数量非常庞大，已知由合成或分离方法获得，并已确定其结构和性质的有机化合物估计在400万种以上，远远超过无机化合物（估计只有几十万种），并且每年又有数以千计的新有机化合物出现。

有机化合物在结构上的主要特点是存在同分异构现象。碳原子之间的相互结合的能力很强，碳原子之间可以单键、双键或叁键相连，可以形成链状结构或环状结构。有机化合物分子中含有的碳原子数目少则几个，多则几十甚至几十万个（有机高分子化合物）。此外，即使是碳原子数目相同的分子，由于连接方式不同又可以组成结构不同的许多化合物。分子式相同而结构不同的化合物，互为同分异构体。同分异构现象的普遍存在是有机化合物数目和种类繁多的重要原因之一。例如，分子式 C_2H_6O 可以代表乙醇和甲醚两种不同结构因而性质也不同的化合物，它们互为同分异构体：

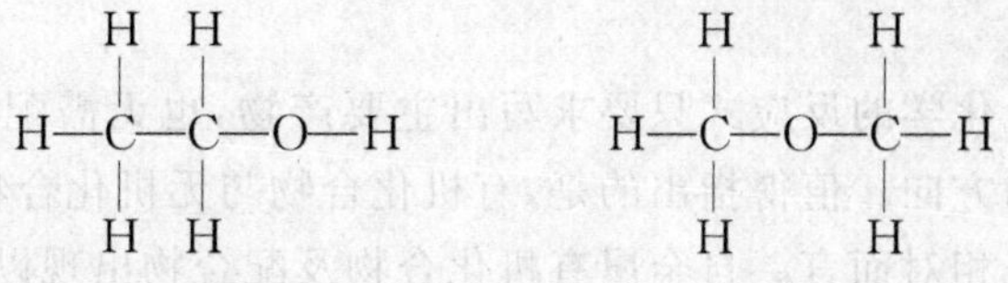

乙醇　　　　　　　　甲醚

又如 C_4H_{10} 代表正丁烷和异丁烷两种同分异构体：

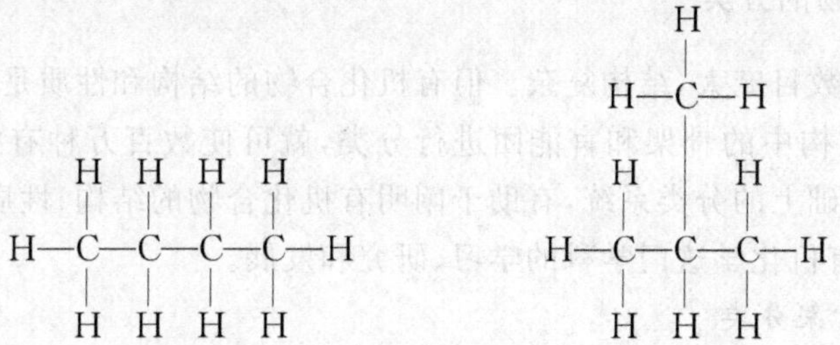

正丁烷　　　　　　　　异丁烷

显然，碳原子数目和原子种类愈多，则分子中的原子间的排列方式也愈多，它的同分异构体也愈多。例如，分子式为 $C_{10}H_{22}$ 的同分异构体数可达 75 个。像正丁烷和异丁烷的异构现象，是由于分子中各原子间相互结合的顺序不同而引起的，这只是构造不同而引起的异构现象，又叫构造异构现象。除此以外，有机化合物还可由于构型和构象不同而造成立体异构现象。

在有机分子中，碳原子与碳原子之间、碳原子与其他元素的原子之间是通过电子对的共享，即以共价键相结合的。因此，有机化合物在性质上的特点是由共价键的特性决定的。与无机化合物，特别是与无机盐类相比，有机化合物一般有如下的特点：

(1) 大多数有机化合物能燃烧，有些有机化合物如汽油等很容易燃烧。

(2) 一般有机化合物的热稳定性差，受热易分解，许多有机化合物在 200℃～300℃时就逐步分解。

(3) 大多有机化合物在常温下是气体或液体。固体有机物的熔点比较低，一般不超过 400℃。而典型的无机化合物如氯化钠的熔点为 800℃。这是由于有机化合物分子在晶体中的排列是借范德华力来维持的，而无机化合物分子中的化学键多为离子键，它的晶体排列是借离子间的静电引力来维持的，当它们熔化时，破坏有机化合物的晶格所需要的能量要小于破坏无机化合物的晶格所需要的能量。

(4) 有机化合物一般为非极性或极性较弱的化合物，而水是极性强、介电常数很大的液体，因此一般有机物难溶或不溶于水，而易溶于有机溶剂如苯、乙醚、丙酮等。同样的理由，有机化合物在熔融或溶液状态下，一般不导电。

(5) 有机化合物的化学反应一般较慢。因为多数有机反应不是离子反应而是分子间的反应。除了某些反应（多数为放热的自由基型反应）的反应速度极快外，大多数的有机反应需要一定的时间才能完成。为了加速反应或提高产率，常采用搅拌、加温、加压或加催化剂等措施来缩短反应时间。

(6) 有机反应的产物往往不是单一的，反应物之间同时并进若干不同的反应，可以得到几种不同的产物。一般把在特定反应条件下主要进行的一个反应叫主反应，其他的反应叫副反应。选择最有利的反应条件以减少副反应来提高主要产品的数量（得率）也是有机化学研究的一项重要任务。

一般情况下，有机化学的反应式只要求写出主要产物，也无需配平，反应式中的箭头代替等号，以表示反应的方向。值得指出的是，有机化合物与无机化合物之间并没有一条严格的界线，以上特点只是相对而言。自金属有机化合物及配合物出现以后，有机物和无机物的界线就更加不明显了。

四、有机化合物的分类

有机化合物的数目庞大，结构复杂。但有机化合物的结构和性质是密切相关的，将有机化合物按照分子结构中的骨架和官能团进行分类，就可使数百万种有机化合物各有归属。这种建立在结构基础上的分类系统，有助于阐明有机化合物的结构、性质以及它们之间的相互联系，也有助于有机化学这门学科的学习、研究和发展。

（一）按碳链骨架分类

按碳链结合方式的不同，有机化合物可以分为三大族。

1. 开链族化合物

分子中碳原子相互结合成碳链，不成环状。例如：

$$CH_3CH_2CH_2CH_3 \qquad CH_3\underset{\underset{\displaystyle CH_3}{|}}{CH}CH_3 \qquad CH_3CH{=}CH_2 \qquad CH_3C{\equiv}CCH_2CH_3$$

开链烷烃、烯烃和炔烃又称为脂肪族化合物。

2. 碳环族化合物

分子中具有由碳原子连接而成的环状结构。碳环族化合物又可分为两类：

(1) 脂环族化合物。

这类化合物可以看成是由开链族化合物连接闭合而得。它们的性质和脂肪族化合物相似，又称为脂环族化合物，所以脂肪族化合物除了开链族的烷烃、烯烃和炔烃外，还包括脂环族化合物。例如：

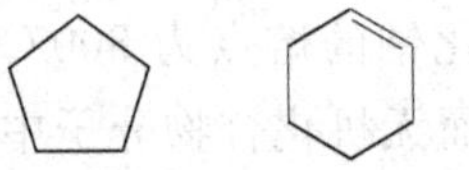

(2) 芳香族化合物。

这类化合物具有由碳原子连接而成的特殊环状结构，具有一些特定的性质。例如：

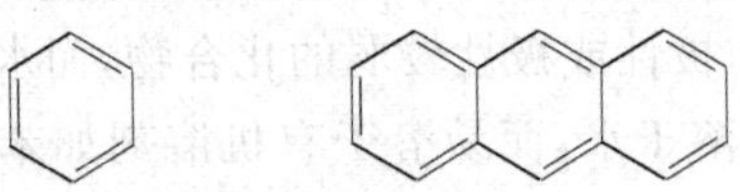

3. 杂环族化合物

这类化合物具有环状结构，但组成环的原子除碳原子外，还有氧、硫、氮等其他原子。例如：

（二）根据官能团分类

官能团是决定化合物的主要性质的原子、原子团或特殊结构。显然，含有相同官能团的有机化合物具有相似的化学性质。所以，按官能团分类为研究数目庞大的有机化合物提供了更方便、更系统的方法。本书将采用主要按官能团分类的方式分别对各类有机化合物进行讨论。表 1-1 列出了一些重要官能团的结构和名称。

表 1-1　一些重要官能团的结构和名称

官能团	名　称	官能团	名　称
>C=C<	碳-碳双键	—O—	醚键
—C≡C—	碳-碳叁键	—C(=O)—O—	酯键
—X	卤素		
—OH	羟基	$—NH_2$	氨基
—C(=O)—H	醛基	$—NO_2$	硝基
		—CN	氰基
—C(=O)—	羰基	—SH	巯基
		—S—S—	二硫键
—C(=O)—OH	羧基	$—SO_3H$	磺酸基

五、有机分子的构造和构型

（一）构造和构造式

分子中原子间的连接顺序和方式称为分子的构造。表示分子中各原子的连接顺序和方式的化学式叫构造式（也叫结构式）。用两小点表示一对共用电子的构造式叫电子式，用短横线（—）表示共价键的构造式叫价键式。有时可用只表示官能团结构特点的化学式，即结构简式。结构简式较为常用。当分子结构复杂或环状结构时，还采用更简单的键线式表示。键线式的骨架中不标出碳和氢的元素符号，键线的始端、末端、折角均表示碳原子，线上若不标明其他元素，就认为它是被氢原子所饱和。若碳和其他原子或基团相连，则必须写出。

价键式：

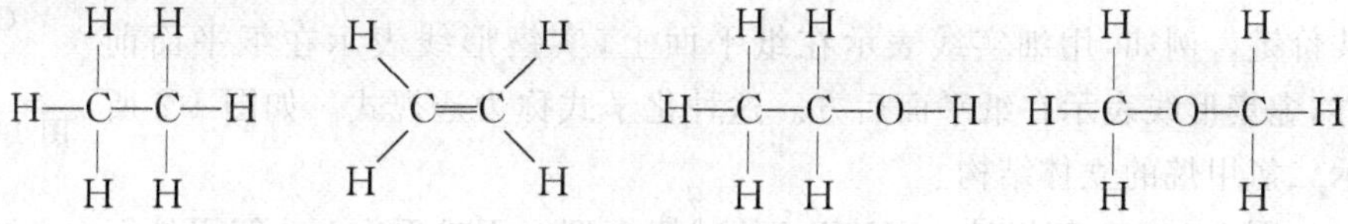

结构简式：　CH_3CH_3　　$CH_2{=}CH_2$　　CH_3CH_2OH　　$CH_3—O—CH_3$

键线式：

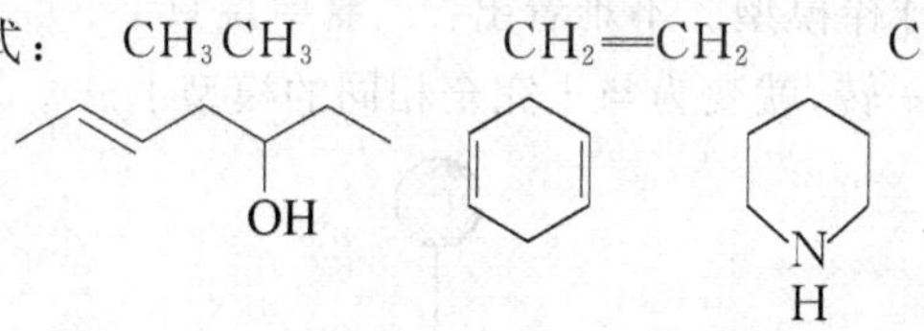

对于学生来说，书写结构式应该规范。熟练地掌握各种有机化合物结构的书写方法，是学习有机化学的一个最基本的要求。

在表示有机化合物时，上述各种结构式只能反映出分子中各原子和基团相互连接的顺序和方式，并没有反映出分子中各原子和基团在空间的排布。因此，准确地说，上述各种结构式只能称为构造式，它们只是有机化合物分子立体模型的平面投影式。

(二) 构型和透视式

有机物只有少数分子的原子是排布在一条直线或同一平面上的，而绝大多数的有机分子的原子是立体排布的。分子中原子的空间排布(不论线型、面型或体型)统称分子构型，或叫立体结构。例如：

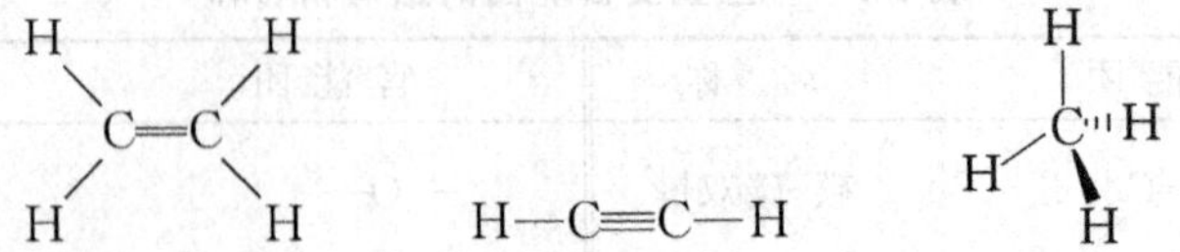

乙烯(平面型)　　乙炔(直线型)　　甲烷(立体型)

考察一个有机分子的结构，不仅要了解分子的构造，而且要了解分子的构型。“结构”一词包含构造和构型两个涵义。研究有机分子的结构，常常借助于分子模型。常见的分子模型有球棒模型[凯库勒(Kekule)模型]和比例模型[斯陶特(Staurt)模型]两种。球棒模型以球代表原子或原子团，以棒代表共价键，形象清楚，使用方便。比例模型按原子半径和键长的比例制作。图 1-1 是甲烷分子的模型。

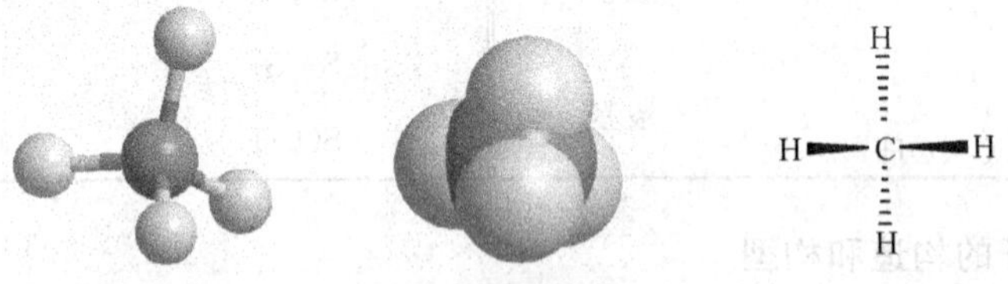

凯库勒模型　　斯陶特模型　　平面投影式

图 1-1　甲烷分子模型

从上图可以看出：我们平时写的甲烷的构造式 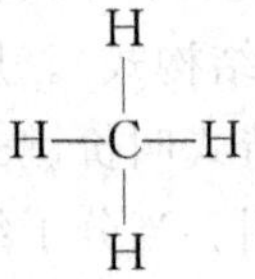 实际上是甲烷立体构型的平面投影式。

图 1-2　二氯甲烷的立体结构

要在纸平面上表示一个分子的立体结构，可用不同的线条来代表共价键。例如，用细实线表示在纸平面上，实锲形线表示在纸平面前方，虚锲形线表示在纸平面后方。这种化学式称为透视式。如图 1-2 所示二氯甲烷的立体结构。

图 1-3 是二氯甲烷 (CH_2Cl_2)的球棒模型。不难看出：二氯甲烷只能有一种空间排列形式，只要把Ⅱ转一转，就变为与Ⅰ完全相同的模型了。

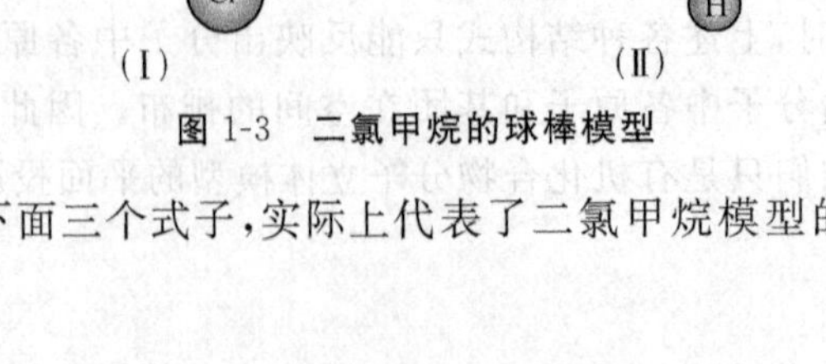

图 1-3　二氯甲烷的球棒模型

所以，二氯甲烷的下面三个式子，实际上代表了二氯甲烷模型的三种投影方式，并不是同分异构体。

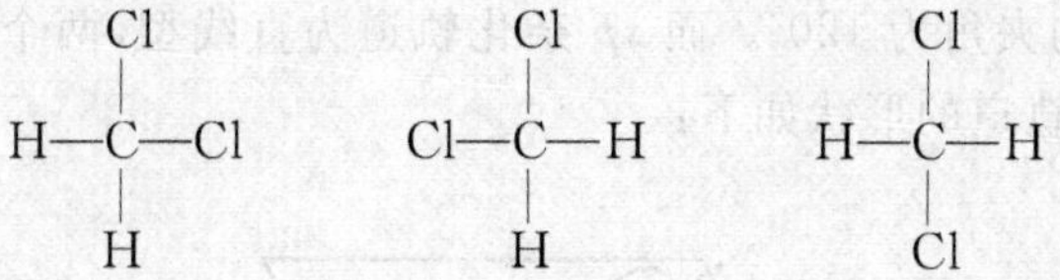

六、共价键理论

物质的性质决定于物质的结构，了解有机化合物结构与性质的关系，是学习有机化学最重要的内容。要了解有机化合物的结构，掌握共价键的有关知识是十分必要的。运用量子力学的方法对共价键本质进行解释，最常用的是价键理论和分子轨道理论。

（一）价键理论

价键理论认为，当成键原子相互靠近时，引起原子轨道的重叠（电子云交盖），在两个原子核之间就出现电子云密度较大的区域，一方面降低了两个原子核之间的排斥力，同时又增强了两核对共用电子云的吸引力，使整个体系的能量降低，形成稳定的共价键。但其成键的电子必须是自旋方向相反的未成对电子，只有这样才能互相配对，才能形成稳定的共价键。这种形成共价键的方法称为共价键法或电子配对法。共价键具有饱和性和方向性。

价键理论直观、简便，又易于理解，所以应用非常广泛，但是它不能解释为什么有机化合物中的碳原子通常显示4价，而不是2价，也不能解释甲烷（CH_4）分子为什么具有正四面体构型。为此，美国化学家鲍林（L. Pauling，1901—1994）在价键理论的基础上，提出了杂化轨道理论。

（二）杂化轨道理论

碳原子在基态时的最外层电子结构为 $2s^2 2p_x^1 2p_y^1$。杂化轨道理论认为：由于 $2s$ 和 $2p$ 轨道的能量相近，碳原子的 $2s$ 轨道上的一个电子可以跃迁到 $2p$ 的一个空轨道上。这样，碳原子最外层的四个原子轨道——一个 s 轨道和三个 p 轨道中各有一个电子，共有四个未成对电子，因此碳原子就可以形成四价。但这四价是不等同的，因为 s 轨道和 p 轨道无论在能量上还是在方向上都不相同。杂化轨道理论对此又进行了解释。它认为，碳原子经激发后生成的原子轨道发生了重新组合，形成能量等同的新轨道。这种重新组合的过程称为“杂化”，产生的新轨道称为杂化轨道。如甲烷分子中，碳原子由一个 s 轨道和三个 p 轨道重新组合形成四个新的轨道，称为 sp^3 杂化轨道。除了 sp^3 杂化以外，还有 sp^2 和 sp 杂化。碳原子的三种杂化形式如下：

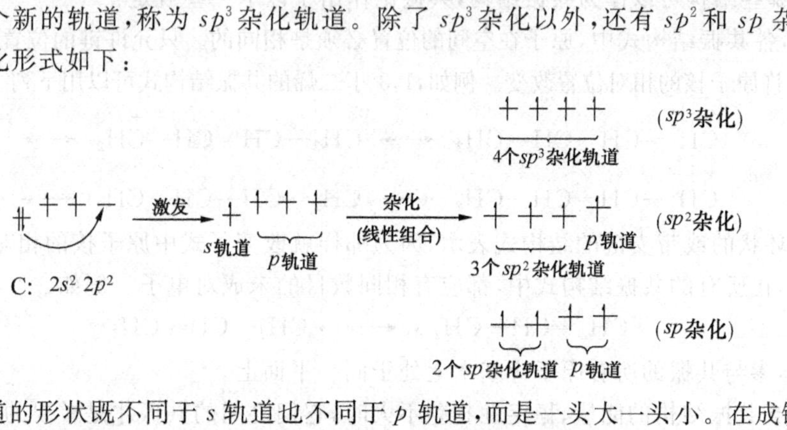

杂化轨道的形状既不同于 s 轨道也不同于 p 轨道，而是一头大一头小。在成键时，用大的一头跟另一原子轨道发生电子云的最大重叠，便于更加有效地成键。sp^3 杂化轨道采取正四面体的角度，四个 sp^3 杂化轨道对称轴之间的夹角为 109°28′。sp^2 杂化轨道为平面型，三个 sp^2 杂化轨道之间的夹角为 120°。而 sp 杂化轨道为直线型，两个 sp^2 杂化轨道之间的夹角为 180°。三种杂化轨道的形状如下：

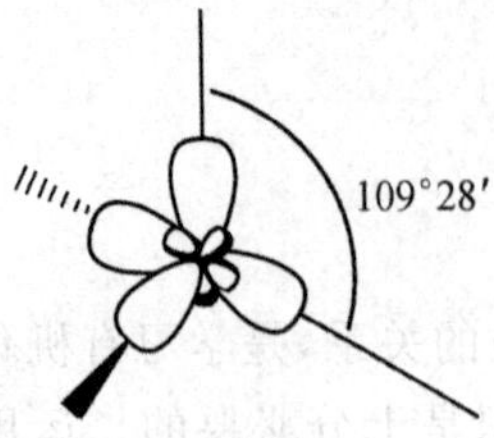

sp^3 杂化

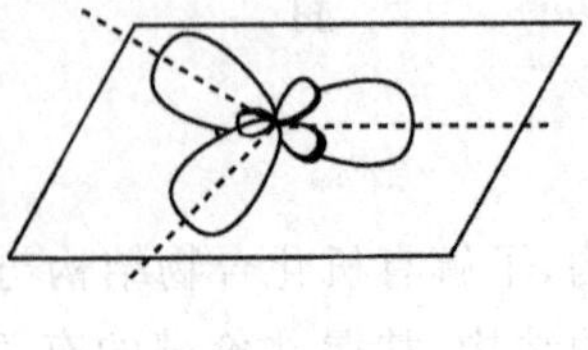

sp^2 杂化

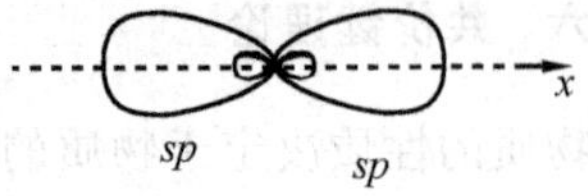

sp 杂化

详细情况见以后各章节。

（三）共振论

共振论是化学家鲍林在 20 世纪 30 年代提出的一种分子结构理论。共振论认为，有些分子的真实结构并不是任何一个单独的经典结构所能描述的，体现它的应是这些结构通过共振而产生的共振杂化体。共振杂化体中的每一个经典结构式称为共振结构式，也称为极限式。以苯的结构为例：

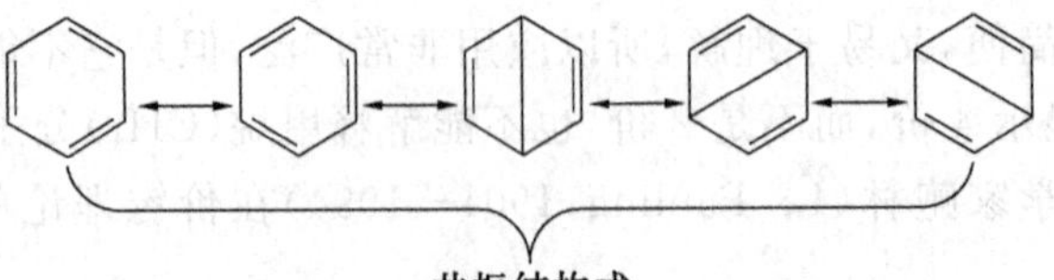

共振结构式

应该指出，在上例中，任一共振结构式都不能代表苯的真实结构，只能表达定域的电子状态，其真实结构应该是由这几个共振结构式共振而成的共振杂化体。只有共振杂化体，才能比较全面地描述苯的性质，因而才能代替苯的真实结构。式中的符号“↔”称为共振符号，并不表示共振结构在瞬间的相互转变，也不能把共振杂化体看做是共振结构的混合物。鲍林认为：“分子的真实基态不能用各个合理结构中的任何一个来表达，但可以用这些结构的组合来描述。其中每一个结构的贡献大小，取决于该结构的性质的稳定程度。”所以，我们在应用共振论时首先必须学习正确地写出共振结构式和判断每一个共振结构式的稳定程度。

关于哪些结构可以作为共振结构，共振论作出了以下一些规定：

第一，各共振结构式中，原子在空间的位置必须是相同的。只允许键的位置和电子的排布不同，不允许原子核的相对位置改变。例如，1,3-丁二烯的共振结构式可以用下列一些式子表示：

$$CH_2{=}CH{-}CH{=}CH_2 \longleftrightarrow \overset{-}{C}H_2{-}CH{=}CH{-}\overset{+}{C}H_2 \longleftrightarrow$$

$$\overset{+}{C}H_2{-}CH{=}CH{-}\overset{-}{C}H_2 \longleftrightarrow CH_2{=}CH{-}\overset{+}{C}H{-}\overset{-}{C}H_2 \longleftrightarrow \cdots\cdots$$

但不能用环状的或带支链的结构式表示，因为那样就改变了式中原子核的相对位置。

第二，在所有的共振结构式中，都应有相同数目的未成对电子。例如：

$$CH_2{=}CH{-}CH_2\cdot \longleftrightarrow \cdot CH_2{-}CH{=}CH_2$$

第三，参与共振的所有原子应基本上处于同一平面上。

只有当共振结构的能量、稳定性相差不大时，它们之间的共振才是重要的。共振结构的能量越低，稳定性越大，参与共振的程度以及对共振杂化体的贡献也就越大，这样的共振结构也越重要。虽然,参与杂化的共振结构越多,共振杂化体越稳定,但是那些能量高、稳定性小的共振结构,因对共振杂化体的贡献小而忽略不计,所以对一个共振杂化体来说,并不需要写出所有的共振结构式。

判断各个共振结构所作贡献的大小,可以从以下几点考虑:

(1) 各参与结构式中,共价键的数目越多,共振结构越稳定。例如,C═C—C═C 的能量低于 $\overset{+}{C}$—C═C—$\overset{-}{C}$ 。

(2) 在共振结构式中,第二周期的C、N、O等元素的外层含完整的八电子层结构,较其他的结构能量低,更稳定,贡献更大。反之,如不满八个电子,则能量高。

(3) 在共振结构式中,相邻原子间的键比不相邻原子间的键稳定,贡献大。如前述的苯的5个共振结构式,后3个结构中,因不相邻原子间的共价键键长较长而不稳定,它们对共振杂化体的贡献仅占20%,而前两个占80%。

(4) 共振结构式中,相邻两原子带有相同电荷时,其能量高。含不同电荷的结构,电荷越接近,则越稳定,其贡献就越大;含相同电荷的结构,电荷相隔越远,则越稳定,其贡献就越大。

(5) 在具有不同电荷分布的共振结构式中,如不同电荷的分布是符合元素电负性所预计的,其能量就低;反之,则能量就高。例如,下列两个共振结构式中,由于氧的电负性强,所以前者(即氧上带负电的)的能量低。共振论是一个经验规则,具体的运用我们将在各章中讨论。

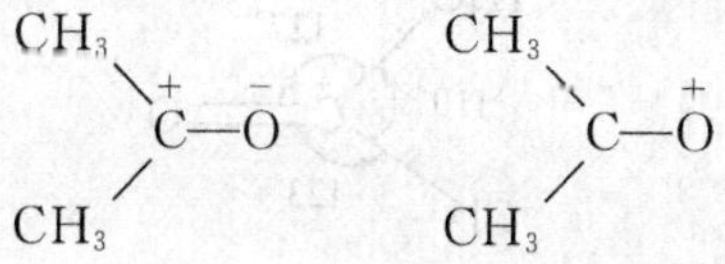

(四) 分子轨道理论

价键理论强调成键电子一定配对,从定域的观点出发,把成键的电子对局限于两个成键的原子之间。分子轨道理论则认为,原子在形成分子的过程中,成键原子轨道相互作用形成分子轨道,分子轨道是电子在整个分子运动时的状态函数(Ψ),每个分子轨道Ψ都有它相应的能量,以形成分子轨道的能级。分子中的电子不再属于某个原子,而是离域于整个分子。Ψ的求解比较复杂,我们可以利用原子轨道的线性组合近似求出。分子轨道理论比较复杂,不是本书的重点,我们在有关章节应用这一理论时,再加以介绍。

鲍林(Linus Pauling,1901—1994),生于美国俄勒冈州的波特兰市,是著名的物理学家、化学家和作家,1922年获化学工程学士学位,1925年获化学和数学物理博士学位,在分子结构和化学键理论方面作出了很大贡献。他长期从事X射线晶体结构研究,寻求分子内部的结构信息,把量子力学应用于分子结构,把原子价理论扩展到金属和金属间化合物,提出了电负性概念和计算方法,创立了价键学说和杂化轨道理论。由于在量子化学和化学键本质方面研究的杰出贡献,1945年鲍林获得诺贝尔化学奖。

七、共价键的属性

(一) 键长

共价键的形成,使两个原子有了稳定的结合。形成共价键的两个原子的原子核之间,保持一定的距离,这个距离称为键长。不同的共价键有不同的键长,有机分子中的一些共价键的平均键长大致如表1-2所示。由于共价键所连的两个原子在分子中不是孤立的,它们受到分子中其他原子的相互影响。因此,即使是同一类型的共价键,在不同化合物中的键长也可能不同。

表 1-2　常见的共价键的键长和键能

键	键长 /nm	键能 /(kJ·mol⁻¹)	键	键长 /nm	键能 /(kJ·mol⁻¹)
C—H	0.109	413.82	C—C	0.154	346.94
C—N	0.147	305.14	C═C	0.134	610.28
C—O	0.143	359.48	C≡C	0.120	836.00
C—S	0.164	271.70	C═O 醛 酮	0.122	735.668 748.22
C—F	0.142	484.88	C═N	0.130	614.46
C—Cl	0.176	338.58	C≡N	0.116	890.34
C—Br	0.194	284.24	O—H	0.096	463.98
C—I	0.214	217.60	N—H	0.100	388.74

（二）键角

共价键有方向性，因此任何一个 2 价以上的原子，与其他原子所形成的两个共价键之间都有一个夹角，这个夹角就叫键角。键长与键角决定着分子的立体形状。有机分子的键角与碳原子的杂化状态有关，键角还会因分子中其他原子或基团的大小和性质而有所变化。因此，在不同化合物中，由相同原子形成的键角不一定完全相同。如：

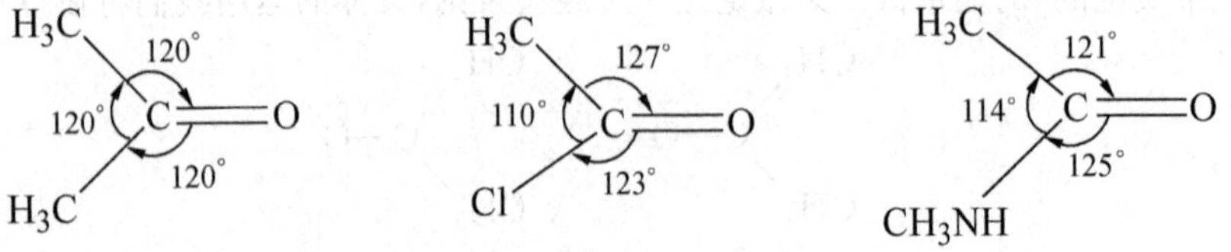

（三）键能

形成共价键时，释放出能量而使体系的内能降低；反之，共价键断裂时则必须从外界吸收能量。气态时原子 A 和原子 B 结合成 A—B(气态)所放出的能量，也就是 A—B(气态)离解为 A 和 B 两原子(气态)时所需要吸收的能量，这种由双原子组成的气态分子分解为气态原子所需要的能量称为键能，也称为该键的离解能。但在由多原子组成的分子中，键能和键离解能并不一致。例如 1mol 的甲烷约需 1662kJ 能量才能分解为 1mol 的碳原子和 4mol 的氢原子，每个 C—H 键的平均键能为 $1662\times1/4=415.5(kJ\cdot mol^{-1})$。但 4 个 C—H 键逐个断裂所需的离解能依次分别为：$\Delta H_1=435kJ\cdot mol^{-1}$，$\Delta H_2=444kJ\cdot mol^{-1}$，$\Delta H_3=444kJ\cdot mol^{-1}$，$\Delta H_4=339kJ\cdot mol^{-1}$，$\Delta H_{总}=1662kJ\cdot mol^{-1}$。从数据可以看出：每个 C－H 键的离解能与每个 C—H 键的平均键能并不一致。因此，多原子分子的共价键的键能是断裂分子中全部同类共价键所需要离解能的平均值。

键能的大小反映了键的稳定性，键能越大，键也越稳定。表 1-2 列举了一些常见共价键的键能。

（四）键的极性和极化

键的极性与键合原子的电负性有关，电负性数值大的原子具有强的吸电子能力。常见元素电负性为：

H	C	N	O	F	Si	P	S	Cl	Br	I
2.2	2.6	3.0	3.5	4.0	1.9	2.2	2.6	3.2	2.9	2.7

对于两个相同原子形成的共价键(如 H—H)来说，可以认为成键电子云是均匀地分布在两

核之间，这样的共价键没有极性，为非极性共价键。但当两个不同原子形成共价键时，由于原子的电负性不一样，成键电子云偏向电负性大的原子一边，这样一个原子带有部分正电荷，而另一个原子带有部分负电荷。电子云不完全对称而呈现极性的共价键叫做极性共价键。例如：

$$\overset{\delta+}{H}\rightarrow\overset{\delta-}{Cl}\qquad \overset{\delta+}{H_3C}\rightarrow\overset{\delta-}{Cl}$$

键的极性大小，通常用偶极矩 μ 表示。偶极矩(μ)等于电荷(q)与正负电荷中心距离(d)的乘积，即 $\mu=qd$。偶极矩的单位可用德拜(Debye)表示，简写为 D。

$$1D=3.336\times10^{-30}C\cdot m$$

偶极矩是有方向的，其方向用符号“$\mapsto$”表示，箭头指向带负电荷原子的一端。如：

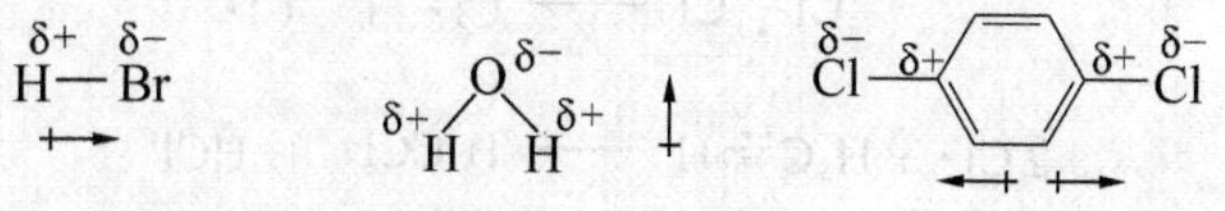

μ=0.78D　　μ=1.84D　　μ=0

键的偶极矩越大，表示键的极性越大。对于双原子分子来说，分子的极性也越大。对于多原子分子，分子的偶极矩是各键偶极矩的向量和。例如，C—Cl 键的偶极矩为 2.3D，而四氯化碳分子的正负电荷中心相互重叠，偶极矩为零，所以是非极性分子。相反，二氯甲烷分子正负电荷的中心不能相重叠，具有偶极，所以是极性分子，如图 1-4 所示。

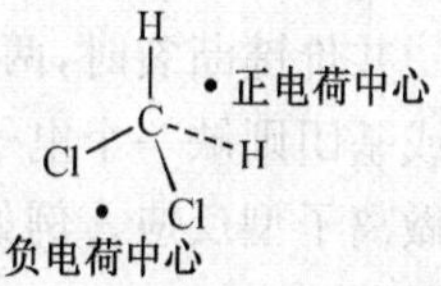

图 1-4　二氯甲烷的偶极

不论是非极性分子还是极性分子，当它们处于外界电场中(如溶剂、试剂、极性容器的影响等)时，由于电场的影响，分子中正、负电荷中心将发生移动，偶极矩发生变化，即相连两原子间电子云密度发生重新分布，键的极性发生了改变，这种在外界电场影响下发生键的极性改变的现象，称为键的极化。键的极性与极化不同，键的极性决定于两个成键原子的电负性，所以是永久的现象；而键的极化是受外界电场影响而产生的暂时现象，外界电场消失，键的极化也消失。键的极化难易与原子核对最外层电子云吸引能力有关，当原子核对最外层电子云吸引能力越强时，键的极化越困难；反之，则键的极化越容易。极化的难易程度一般称为极化度。在同一族中，原子半径越大，最外层电子云受原子核的束缚力越小，极化度越大。所以 C—X 键的极化度大小顺序为：C—I＞C—Br＞C—Cl＞C—F，而 C—X 键的极性大小顺序为：C—F＞ C—Cl＞C—Br＞C—I。表 1-3 列出了一些共价键的偶极矩。

表 1-3　一些共价键的偶极矩(D，3.336×10^{-30}C·m)

键	偶极矩	键	偶极矩
C—H	0.4	H—I	0.38
H—N	1.31	C—N	1.15
H—O	1.50	C—O	1.5
H—S	0.68	C—Cl	2.3
H—Cl	1.03	C—Br	2.2
H—Br	0.78	C—I	2.0

八、有机化学反应的基本类型和反应中间体

有机化合物的化学反应较为复杂，以后各章我们将详细讨论各类反应，这里只简要介绍化学反应的一些基本特征。

化学反应是反应物在某种条件下与试剂作用生成一种或几种产物(生成物)的过程。有机反应进行的全过程叫做反应历程或反应机理。有机反应的实质是某些共价键的断裂和新键的形成。共价键的断裂有均裂和异裂两种方式。根据共价键的断裂方式不同,可把有机反应机理分为自由基反应、离子型反应和周环反应(协同反应)三大类。

(一) 自由基反应(共价键均裂)

共价键断裂时,两个原子之间的一对共用电子均匀分裂,两个原子各保留一个电子,生成两个带单电子的原子或基团。这种带单电子的原子或基团叫做自由基(或叫游离基)。自由基带有的孤单电子用黑点表示。由自由基参与的反应叫做自由基反应。例如:

$$Cl{:}Cl \longrightarrow Cl\cdot + Cl\cdot$$

$$2\,Cl\cdot + H_3C{:}H \longrightarrow H_3CCl + HCl$$

(二) 离子型反应(共价键异裂)

共价键断裂时,两个原子间的一对共用电子由一个原子或基团独得成负离子,另一个原子或基团则缺一个电子而成正离子,这种断裂方式称为异裂。由共价键异裂而进行的反应叫做离子型反应。例如:

$$(CH_3)_3C{:}Cl \longrightarrow (CH_3)_3C^+ + Cl^-$$

$$-\overset{|}{C}{:}X \longrightarrow -\overset{|}{C}{:}^- + X^+$$

共价键异裂后生成的有机离子有碳正离子和碳负离子。

根据反应试剂的类型不同,离子型反应又可分为亲电反应和亲核反应两类。

亲电反应:反应试剂很需要电子或“亲近”电子(称缺电子试剂),需与反应物中富电子的部分或带负电荷的部分作用。因为这些试剂在反应中希望“亲近”电子,所以它们又被称为亲电试剂。由亲电试剂的进攻而引起的反应称为亲电反应。

亲核反应:试剂能提供电子(称富电子试剂),需要进攻反应物中缺电子的部分或带正电荷的部分。因为这些试剂在反应中需要“亲近”反应物中带正电荷的部分,所以它们又被称为亲核试剂。由亲核试剂的进攻而引起的反应称为亲核反应。

反应是按照离子型反应历程进行还是按照自由基反应历程进行主要取决于反应物的结构和反应条件。若键合的两个原子的电负性相等或相差很小,在光、热或自由基的引发剂(如过氧化物)作用下,反应主要按自由基历程进行;若键合的两个原子电负性相差较大,在酸、碱或极性试剂的作用下,反应主要按离子型反应历程进行。

碳正离子、碳负离子和自由基等都是反应进程中的活性中间体,它们非常活泼,平均寿命大多很短促,往往在生成的一瞬间就参加化学反应,但已能测定或证明其存在。

碳正离子、碳负离子和自由基的构型如图 1-5 所示:碳正离子中带正电荷的碳原子是 sp^2 杂化,3 个 sp^2 杂化轨道呈一平面与其他原子或基团成键,键角约 120°,有一个垂直于此平面上下的空 p 轨道,因为 p 轨道上缺少一个电子,所以碳正离子带一个单位的正电荷,其外层只有 6 个电子。一般简单的烷基碳正离子均为此种构型。碳负离子是一个具有未共享电子对的 3 价碳原子,简单的碳负离子一般以 sp^3 杂化,3 个 sp^3 杂化轨道分别与 3 个原子或原子团结合,还有一个 sp^3 杂化轨道没有与其他原子或原子团结合,此轨道上占有 2 个电子，所以碳负离子带一个单位的负电荷，其几何构型为角锥型。但它有时也以 sp^2 杂化出现（如环戊二烯负离子中的碳负离子以 sp^2 杂化），详见第四章第三节二之（一）。最简单的自由基是甲基自由基，碳原子外层有 7 个电子，其中一个为孤单电子，该碳原子以 sp^2 杂化，3 个 sp^2 杂化轨道具有平面三角形构型，它们分别与 3 个氢原子形成 3 个共价键，一个 p 轨道垂直于该平面，p 轨道中有一个未成键的孤单电子占据。

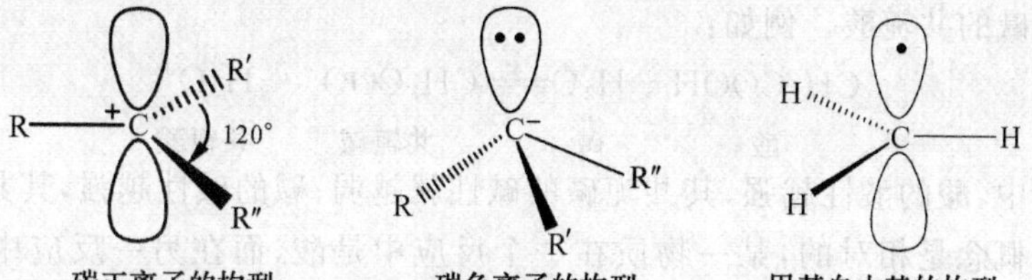

图 1-5　碳正离子、碳负离子和甲基自由基的构型

（三）周环反应（协同反应）

有一些有机反应，在反应过程中没有明显分步的共价键的均裂和异裂，即没有自由基或带电荷的离子生成，反应是通过一个环状的过渡态，化学键的断裂和形成同时完成而得到产物。这种同步完成的反应叫周环反应，也称协同反应。

九、研究有机化合物的一般步骤

研究一种新的有机化合物一般要经过下列步骤：

（一）分离提纯

研究一种新的有机化合物首先要把它分离提纯，保证达到应有的纯度。分离提纯的方法很多，常用的有重结晶、升华、蒸馏、色层分析、离子交换等。

（二）纯度的检验

纯的有机化合物有固定的物理常数，如熔点、沸点、相对密度、折射率等。测定有机化合物的物理常数就可以检验其纯度，纯有机化合物的熔点距很小，不纯的则熔点距很长。

（三）实验式和分子式的确定

对于提纯后的有机化合物，就可以进行元素定性分析，确定它是由哪些元素组成的，接着做元素定量分析，求出各元素的重量比，通过计算就能得出它的实验式。实验式是表示化合物分子中各元素原子的相对数目的最简单式子，不能确切表明分子的真实的原子个数，因此，必须进一步测定其分子量，从而确定其分子式。

（四）结构式的确定

确定一个化合物的结构是一件相当艰巨而有意义的工作。测定有机化合物的方法有化学方法和物理方法。化学方法是把分子打成“碎片”，然后再从它们的结构去推测原来分子是如何由“碎片”拼凑起来的。这是人类用宏观的手段窥测微观的分子世界，这种方法是很困难的。例如，1892 年就分离得到的一种很有名的麻醉药东莨菪碱，分子式是 $C_{17}H_{21}O_4N$，其结构式直到 1951 年才被确定下来。近年来应用现代物理方法之后，能够准确迅速地确定有机化合物的结构。现代物理方法如红外光谱、紫外光谱、电子衍射、核磁共振谱、质谱、X-衍射分析等几乎已成为一种常规的分析手段了。因此，从事有机化学研究必须掌握合成及分析手段。

十、有机化学中的酸碱理论

(一) 布朗斯特酸碱质子理论

布朗斯特酸碱质子理论认为：凡是能给出质子的分子或离子都是酸；凡是能与质子结合的分子或离子都是碱。酸失去质子，剩余的基团就是这个酸的共轭碱；碱得到质子生成的基团就是这个碱的共轭酸。例如：

$$\underset{\text{酸}}{CH_3COOH}+\underset{\text{碱}}{H_2O}\rightleftharpoons\underset{\text{共轭碱}}{CH_3COO^-}+\underset{\text{共轭酸}}{H_3O^+}$$

共轭酸碱中，酸的酸性越强，其共轭碱的碱性就越弱；碱的碱性越强，其共轭酸的酸性就越弱。酸碱的概念是相对的，某一物质在一个反应中是酸，而在另一反应中可以是碱。例如，H_2O 在上面的反应中是碱，而在下面的反应中是酸：

$$\underset{\text{酸}}{H_2O}+\underset{\text{碱}}{CH_3COO^-}\rightleftharpoons\underset{\text{共轭酸}}{CH_3COOH}+\underset{\text{共轭碱}}{OH^-}$$

在酸碱反应中，总是较强的酸把质子传递给较强的碱：

$$\underset{\substack{\text{碱}\\(\text{较强碱})}}{RONa}+\underset{\substack{\text{酸}\\(\text{较强酸})}}{H_2O}\rightleftharpoons\underset{\substack{\text{共轭酸}\\(\text{较弱酸})}}{ROH}+\underset{\substack{\text{共轭碱}\\(\text{较弱碱})}}{NaOH}$$

(二) 路易斯酸碱电子理论

1923 年，路易斯提出酸碱电子理论。酸和碱的反应可用下式表示：

$$A+B:\rightleftharpoons A:B$$

式中 A 是路易斯酸，它至少有一个原子具有空轨道，具有接受电子对的能力。因此，路易斯酸是能接受外来电子对的电子接受体。例如：BF_3、$AlCl_3$、$SnCl_2$、$ZnCl_2$、$FeCl_3$；Li^+、Ag^+、Cu^{2+}；R^+、RCO^+、Br^+、$NO_2{}^+$、H^+ 等都是路易斯酸。B 是路易斯碱，它至少含有一对未共用电子对，具有给予电子对的能力。因此，路易斯碱是能给出电子对的电子给予体。例如：H_2O、NH_3、RNH_2、ROH、ROR、RSH；X^-、OH^-、RO^-、SH^-、R^- 以及烯烃或芳香化合物等都是路易斯碱。酸和碱反应生成的 AB 叫做酸碱加合物。例如，下式中三氟化硼中硼的外层电子只有 6 个，可以接受电子，作为电子接受体，三氟化硼为酸；氨的氮上有一对孤对电子，作为电子给予体，氨为碱：

$$\underset{\text{碱}}{NH_3}+\underset{\text{酸}}{BF_3}\longrightarrow\underset{\text{酸碱加合物}}{H_3\overset{+}{N}-\overset{-}{B}F_3}$$

路易斯碱与布朗斯特碱两者没有多大区别，但路易斯酸要比布朗斯特酸概念广泛得多。在有机反应中，常把路易斯酸称为亲电试剂，把路易斯碱称为亲核试剂。

酸碱反应是否容易发生，除与发生反应的酸或碱的强度有关外，还与酸或碱的软度和硬度有关。

软碱：其给电子原子是电负性低、可极化性高，并且是容易被氧化的，它们对其价电子的约束是松弛的；硬碱：其给电子原子是电负性高、可极化性低，并且是难以被氧化的，它们对其价电子的约束是紧密的；软酸：其接受电子的原子是大的，具有低的正电荷，并且在其价电子层有未共用电子对（*p* 或 *d*），它们的可极化性是高的，电负性是低的；硬酸：其接受电子的原子是小的，具有高的正电荷，并且在其价电子层没有未共用电子对，它们的可极化性是低的，电负性是高的。例如，碱的硬度：$F^- > Cl^- > Br^- > I^-$。

硬酸优先和硬碱配位，软酸优先和软碱配位。也就是说，如果 A 和 B 二者都是硬的，或者都是软的，则酸碱加合物具有额外的稳定性。在许多化学反应里，也包括了软-软及硬-硬的结合的过程。例如：银离子氧化醛类，可表示如下：

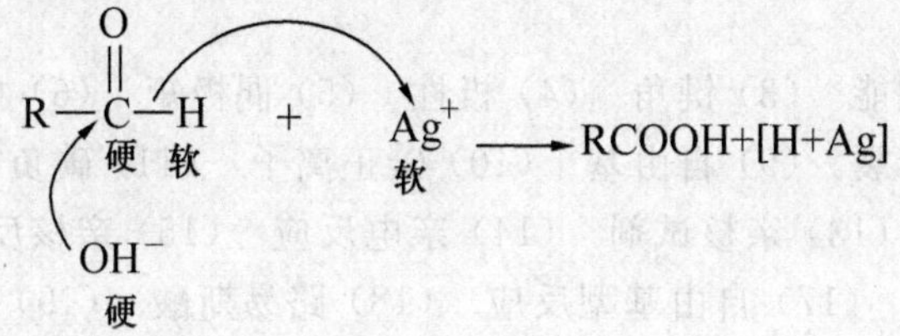

对有机物来说，也可以看成是酸碱加合物。例如，甲烷(CH_4)可以看成是酸 H^+ 和碱 CH_3^- 的加合物；乙醇(CH_3CH_2OH)可以看成酸 H^+ 和碱 $CH_3CH_2O^-$ 的加合物。大部分无机反应和有机反应，都可以设想为一种路易斯酸和路易斯碱反应。

常见的酸碱强度用 pK_a 表示。pK_a 越小，酸性越强。表 1-4 为酸碱强度次序表(以水作为参比)。

表 1-4　酸碱强度次序表(25℃，相对于 H_2O)

酸	碱	pK_a	酸	碱	pK_a
H_2SO_4	HSO_4^-	−3	H_2S	HS^-	6.97
HI	I^-	−9.5	HOCl	OCl^-	7.53
HBr	Br^-	−9	HOBr	OBr^-	8.6
$RCHOH^+$	RCHO	−8	HCN	CN^-	9.21
$ArCOOH_2^+$	ArCOOH	−7.6	NH_4^+	NH_3	9.24
$ArSO_3H$	$ArSO_3^-$	−7	ArOH	ArO^-	9.99
HCl	Cl^-	−6.1	CH_3NO_2	$^-CH_2NO_2$	10.21
$ArOH_2^+$	ArOH	−6.7	HCO_3^-	CO_3^{2-}	10.33
$CH_3COOH_2^+$	CH_3COOH	−6.2	RNH_3^+	RNH_2	10～11
$CH_3C(=OH^+)—OR$	CH_3COOR	−6.2	RSH	RS^-	10～11
			H_2O	OH^-	15.74
$(CH_3)_2OH^+$	$(CH_3)_2O$	−3.5	CH_3CH_2OH	$CH_3CH_2O^-$	17
$CH_3OH_2^+$	CH_3OH	−2	$(CH_3)_2CHOH$	$(CH_3)_2CHO^-$	18
H_3O^+	H_2O	−1.74	$(CH_3)_3COH$	$(CH_3)_3CO^-$	19
HNO_3	NO_3^-	−1.4	CH_3COCH_3	$CH_3COCH_2^-$	20
HIO_3	IO_3^-	0.80	$CH_3COOC_2H_5$	$^-CH_2COOC_2H_5$	21
Cl_3CCOOH	Cl_3CCOO^-	0.52	Ar_2NH	Ar_2N^-	23
$Cl_2CHCOOH$	Cl_2CHCOO^-	1.26	HC≡CH	$HC≡C^-$	25
H_3PO_4	$H_2PO_4^-$	2.15	$ArNH_2$	$ArNH^-$	27
$ClCH_2COOH$	$ClCH_2COO^-$	2.87	NH_3	NH_2^-	34
HNO_2	NO_2^-	3.14	$CH_2=CH_2$	$CH_2=CH^-$	36.5
HF	F^-	3.18	ArH	Ar^-	37
HCOOH	$HCOO^-$	3.75	CH_4	CH_3^-	39
ArCOOH	$ArCOO^-$	4.20	C_2H_6	$C_2H_5^-$	42
$ArNH_3^+$	$ArNH_2$	4.60	$(CH_3)_2CH_2$	$(CH_3)_2CH^-$	44
CH_3COOH	CH_3COO^-	4.76	环$(CH_2)_6$	环 $C_6H_{11}^-$	45
H_2CO_3	HCO_3^-	6.36			

习　题

1. 解释有机化合物的含义及其特点。

2. 名词解释。

(1) 键长　(2) 键能　(3) 键角　(4) 极性　(5) 偶极矩　(6) 极化

(7) 均裂　(8) 异裂　(9) 自由基　(10) 碳正离子　(11) 碳负离子

(12) 亲电试剂　(13) 亲核试剂　(14) 亲电反应　(15) 亲核反应

(16) 离子型反应　(17) 自由基型反应　(18) 路易斯酸　(19) 路易斯碱

3. 下列各组结构式代表同一化合物还是不同化合物?

(1)

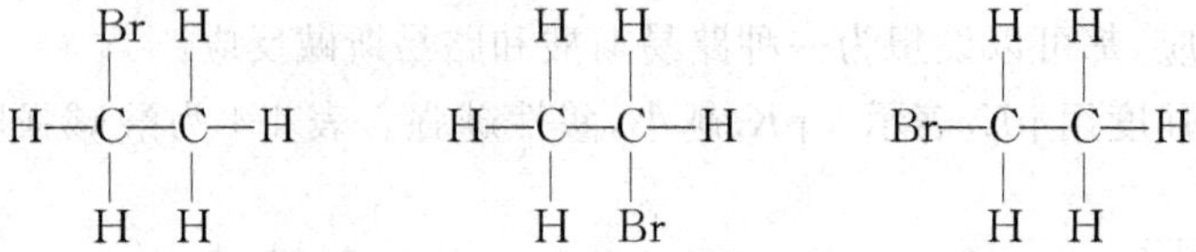

(2)

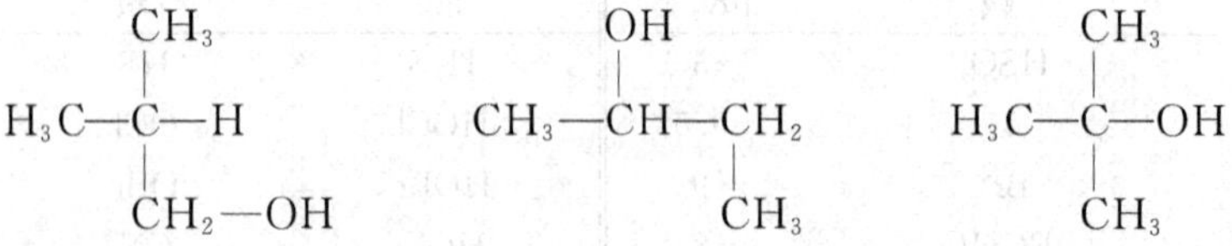

(3)

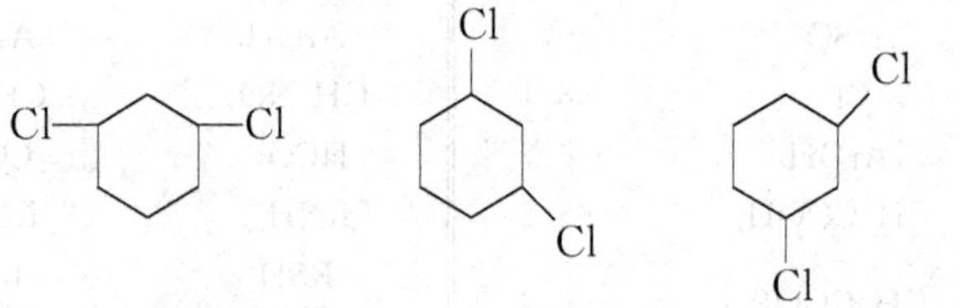

(4)

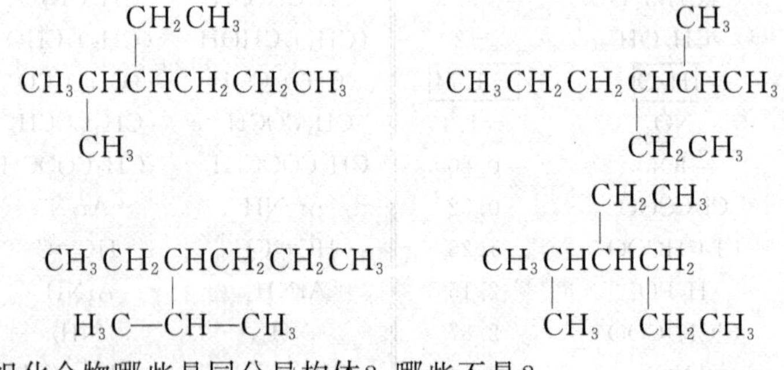

4. 下列各组化合物哪些是同分异构体? 哪些不是?

(1) $CH_3CH_2OCH_2CH_3$　　$CH_3OCH_2CH_2CH_3$　　$CH_3CH_2CH_2CH_2OH$

(2) $CH_3CH_2CH_2CH_2CH_3$

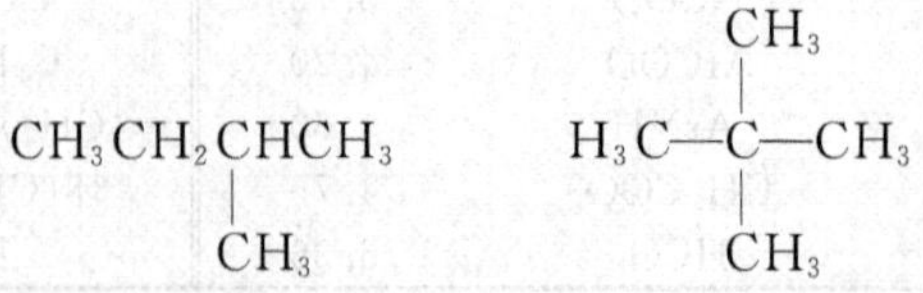

(3) 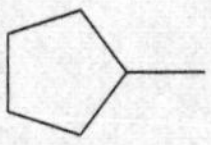　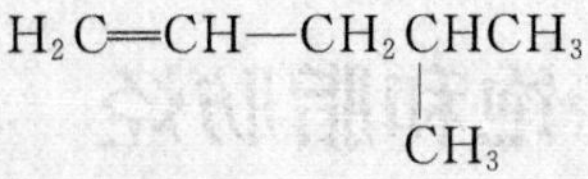　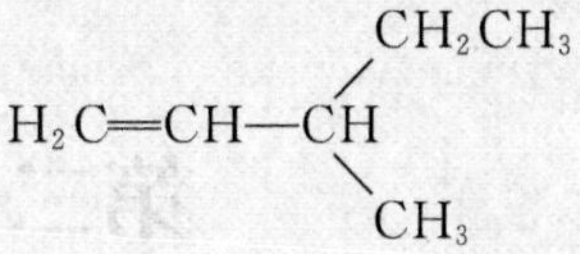

(4) CH_3CH_3　$CH_3CH_2CH_3$　$CH_3CH_2CH_2CH_3$

5. 把下列结构简式改写成键线式。

(1) 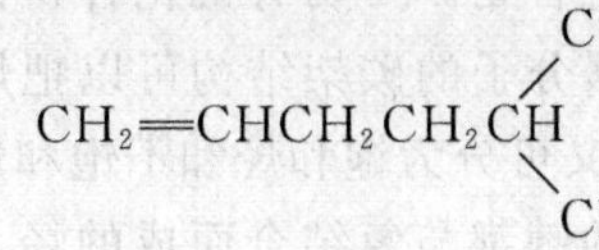　(2) $CH_3CH_2OCH_2C(CH_3)_3$

(3) 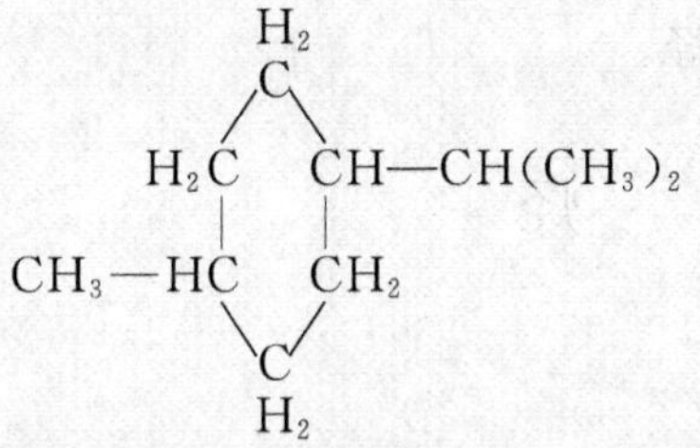　(4) 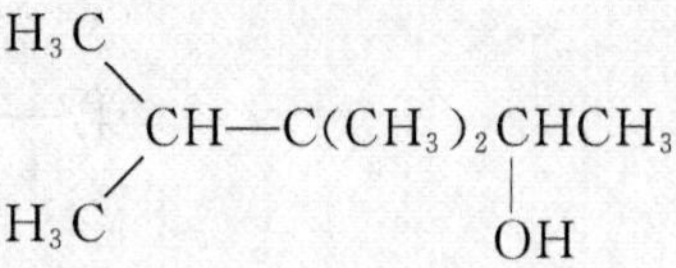

6. a）下列结构式哪些是对的？哪些是错的？

(1) $CH_3CHCH_2CH_3$　(2) 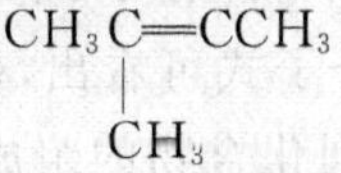　(3) $CH_3CH_2CH_2$

(4) $CH_3CH_2(CH_2)_4CH_3$　(5) 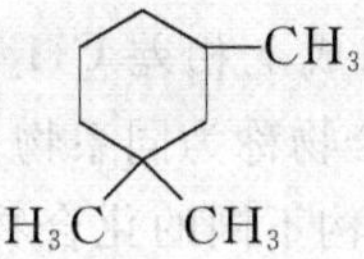　(6) 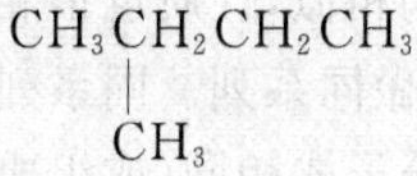

b）下列化合物的偶极矩哪些等于零？哪些不等于零？若不等于零，请指出其方向。

H_2O　NH_3　$CHCl_3$　CH_2Cl_2　CH_3OCH_3

CF_2Cl_2　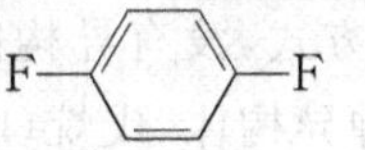　Cl_3CCCl_3

c）元素定量分析结果指出某一化合物的实验式为 CH，测得其分子量为 78，写出它的分子式。

d）将某一有机化合物 3.26mg 完全燃烧，得到 4.74mg 的二氧化碳和 1.92mg 的水。求此化合物的实验式。

第二章　饱和脂肪烃

由碳和氢两种元素形成的有机物叫做烃，又称碳氢化合物。一切有机化合物都可以看做是烃或其衍生物，所以烃是有机化合物的“母体”。根据分子的碳架结构可以把烃分为两大类：开链烃和环烃。根据分子中碳原子间的结合方式，又可分为饱和烃和不饱和烃。

饱和烃是指分子中的碳原子之间以单键相连，其余的键都与氢结合而成的烃。链状饱和烃叫烷烃，环状饱和烃叫环烷烃，统称饱和脂肪烃。

第一节　烷　　烃

一、烷烃的同系列和同分异构

最简单的烷烃是含一个碳原子的甲烷，分子式是 CH_4。其次是乙烷(C_2H_6)、丙烷(C_3H_8)、丁烷(C_4H_{10})……比较它们的分子式可看出，任何两个相邻的烷烃在组成上都差 CH_2。因此可用 C_nH_{2n+2} 来表示这一系列化合物的组成，这个式子就叫做烷烃的通式。这些结构相似，性质也很相似，而在组成上相差 CH_2 或它的倍数的许多化合物，组成一个系列，叫做同系列。同系列中的各化合物称为同系物。CH_2 则叫做同系列的系差。

分子式相同(或组成相同)而结构不同的化合物称为同分异构体，常简称为异构体。有机化合物的同分异构是普遍存在的一种现象，而且有多种形式，其中烷烃的同分异构现象主要是碳架异构，即由于分子中碳原子的连接顺序和排列方式不同而引起的异构现象。

甲烷、乙烷和丙烷分子中的碳原子只有一种连接方式，没有异构体，从丁烷开始就出现同分异构现象，如丁烷(C_4H_{10})有正丁烷和异丁烷两种异构体，戊烷(C_5H_{12})有 3 种异构体，己烷(C_6H_{14})有 5 种异构体。下列是戊烷的不同异构体：

$$^aCH_3—^bCH_2—^bCH_2—^bCH_2—^aCH_3$$ 戊烷(正戊烷)

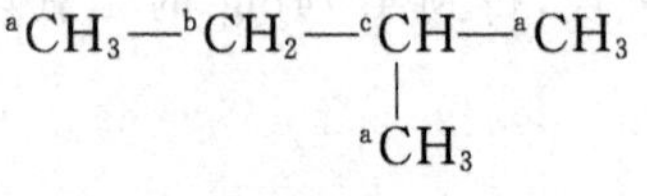

2-甲基丁烷(异戊烷)

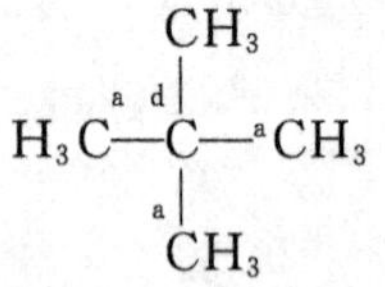

2,2-二甲基丙烷(新戊烷)

由此可见，随着碳原子数的增加，异构体的数目也迅速地增加。癸烷($C_{10}H_{22}$)有 75 种异构体，二十烷($C_{20}H_{42}$)有 336319 种异构体。分子量不大的烷烃的异构体都已在实验室中合成，证实了上述结果的可靠性。

在上述几个结构式中，用 a,b,c,d 标出的碳原子是有区别的。a 标记的碳原子只与另一个碳原子相连，其他 3 个键都与氢结合，这种碳原子叫一级碳原子(以 1°表示一级)或伯碳原子。b 标记的碳原子则与两个碳原子相连，叫二级(2°)碳原子或仲碳原子。c 标记的碳原子则是与 3 个碳原子相连，叫三级(3°)碳原子或叔碳原子。d 标记的碳原子叫四级(4°)碳原子或季碳原子，它与 4 个碳原子相连。与伯、仲、叔碳原子相连的氢原子，分别称为伯、仲、叔氢原子。

二、烷烃的命名

有机化合物数目众多，异构现象复杂，所以对它们的命名很重要。最初，人们对有机化合物只有一些表面的认识，那时的命名往往和它们的来源或性质有关。例如，甲烷最初是由池塘里植物腐烂产生的气体中得到的，就叫做沼气；乙醇是酒的主要成分，就叫做酒精；三硝基苯酚味苦、有酸性，就叫做苦味酸等。随着人们对有机物认识的增多，人们逐渐认识到有机物的名称应能反映其结构特征，并且为了便于国际的交流，国际上应有统一的名称，所以 1892 年一些化学家在日内瓦集会，拟定了一种系统的有机化合物命名法，叫做日内瓦命名法。此后经过国际纯粹与应用化学协会(International Union of Pure and Applied Chemistry，IUPAC)的多次修订，于 1979 年公布，将其称为 IUPAC 命名法，已为国际上普遍采用。我国的系统命名法也是根据 IUPAC 原则，结合我国文字的特点于 1980 年制定的。对于某些天然产物以及用系统命名的名称过于复杂的化合物则习惯采用俗名(即根据来源或某种性质命名)。烷烃的命名主要有以下两种。

(一) 普通命名法

普通命名法一般只适用于简单的、含碳较少的烷烃。其基本原则是：根据碳原子的数目称为某烷，十个碳原子以下用甲、乙、丙、丁、戊、己、庚、辛、壬、癸的天干顺序命名，十一个碳原子以上就用十一、十二、十三……数目字命名。用正(*n*-)、异(*i*-)、新(*nec*-)等前缀区别同分异构体。如前面列举的 3 个戊烷括号中的名称就是按普通命名法命名的。

(二) 系统命名法

直链烷烃的系统命名法与普通命名法相同，按碳原子的数目称为某烷，只是把前面的"正"字省掉。

支链烷烃的命名是把它看做是直链烷烃的烷基衍生物，按以下的原则命名：

(1) 选取主链(母体)。按照最长原则，即在烷烃分子中选择一条最长的碳链作为主链，根据主链所含的碳原子数目叫做某烷。

(2) 将主链以外的其他烷基看做是主链上的取代基(或叫支链)。烷烃分子中除去一个氢原子后余下的部分叫做某(烷)基，其通式为 C_nH_{2n+1}，常用 R— 表示。如：CH_3— 叫甲基，CH_3CH_2— 叫乙基等(某些烷基的名称见表 2-1)。此外，2 价的烷基叫亚基，如亚甲基 $>CH_2$；3 价的烷基叫次基，如次甲基 $-\!\!\!<$CH。

表 2-1　某些烷基的名称

名称	结构式	通常符号
甲基	CH_3—	Me
乙基	CH_3CH_2—	Et
丙基	$CH_3CH_2CH_2$—	*n*-Pr
异丙基	$(CH_3)_2CH$—	*i*-Pr

续表

名称	结构式	通常符号
丁基	$CH_3CH_2CH_2CH_2—$	*n*-Bu
异丁基	$(CH_3)_2CHCH_2—$	*i*-Bu
仲丁基	$CH_3CH_2(CH_3)CH—$	*s*-Bu
叔丁基	$(CH_3)_3C—$	*t*-Bu
异戊基	$(CH_3)_2CHCH_2CH_2—$	*i*-amyl
新戊基	$(CH_3)_3C—CH_2—$	*nec*-penty
叔戊基	$CH_3CH_2(CH_3)_2C—$	*t*-amyl

(3) 将主链上的碳原子进行编号。从离取代基最近的一端开始，用阿拉伯数字 1,2,3……进行编号，读成 1 位，2 位，3 位等。取代基所在的位置就以它所连接的碳原子的编号数表示。位次和取代基名称之间要用连字符"-"(读作"位")连接起来。若有几种编号的可能时，应当选定使取代基的位次最小，即"最低系列"的编号方法。

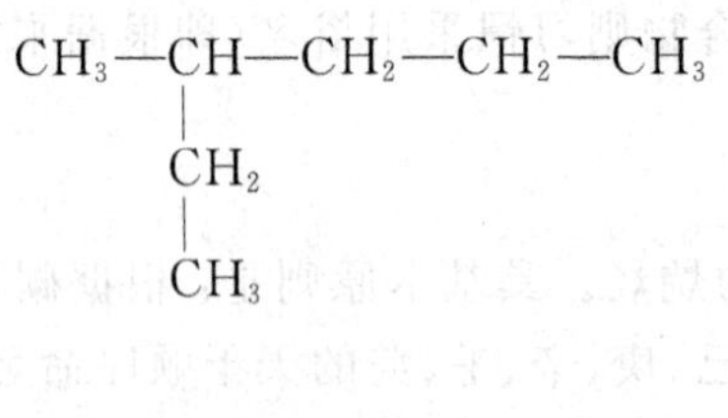

3-甲基己烷
(不叫 2-乙基戊烷)

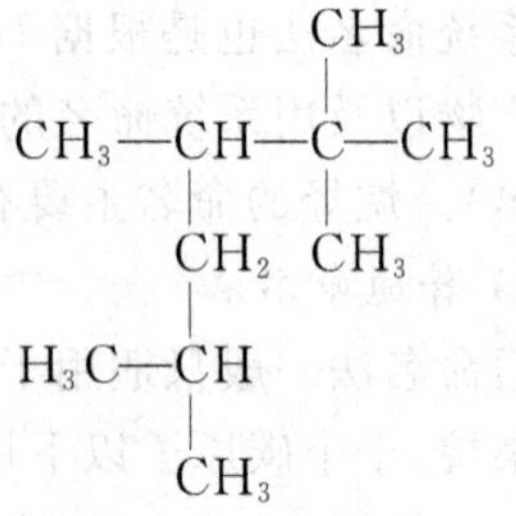

2,2,3,5-四甲基己烷
(不叫 2,4,5,5-四甲基己烷)

(4) 如果含有几个不同的取代基时，把小的取代基名称写在前面，大的写在后面。取代基的大小顺序按立体化学中的"次序规则"(sequence rule，次序规则将在第三章讨论)，优先顺序大的基团(或称"较优"基团)写在后面。如果含有几个相同的取代基，则把它们合并起来，取代基的数目用二、三、四……来表示，写在取代基的前面，其位次必须逐个注明，位次的数字之间要用","隔开。命名时，逗号和短线应特别注意，往往容易忽视。

(5) 当具有相同长度的链作为主链时，则应选定具有支链数目最多的碳链为主链。

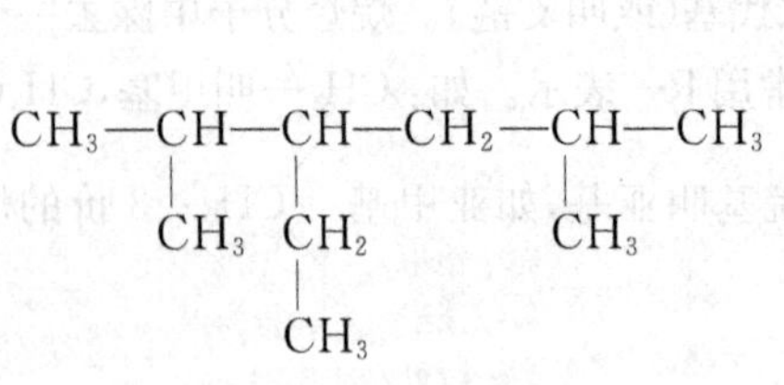

2,5-二甲基-3-乙基己烷

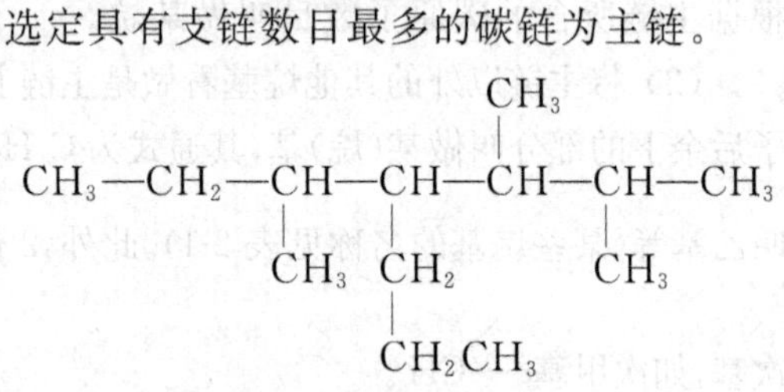

2,3,5-三甲基-4-丙基庚烷
(不是 2,3-二甲基-4-仲丁基庚烷)

三、烷烃的分子结构

烷烃分子中原子之间的连接次序由前面所写的结构式来表达，但原子间在空间的相对位置却无法看出，也就是说不能说明分子的立体形状。例如甲烷分子通过实验测定，并不是像结构式画的那样为一个平面四方形，而是正四面体型，即 4 个氢原子在正四面体的 4 个顶点，碳原子在正四面体的中心，4 个 C—H 键长完全相等，H—C—H 间夹角都是 109.5°，如图 2-1(b)所示。为了帮助了解分子的立体结构，常使用凯库勒和斯陶特模型来形象化地表示分子的结构，如图 2-1(c)和图 2-1(d)分别表示甲烷的凯库勒和斯陶特模型。

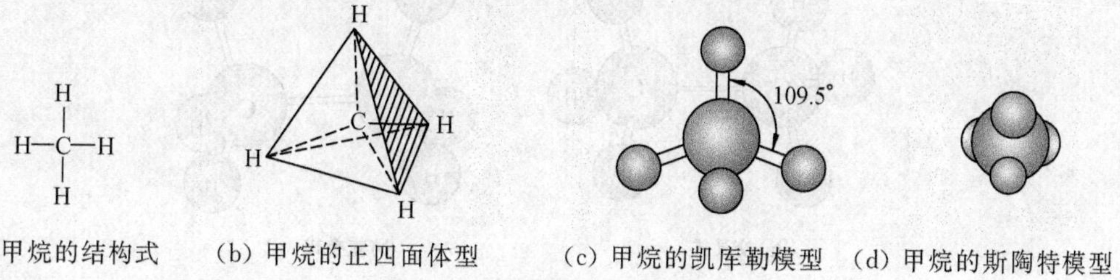

图 2-1　甲烷的分子结构

形成烷烃的碳原子都是 sp^3 杂化，碳原子在以 4 个单键与其他 4 个原子结合时，一个 s 轨道与 3 个 p 轨道经过杂化后，形成 4 个等同的 sp^3 杂化轨道，4 个 sp^3 杂化轨道的轴在空间的取向相对于从正四面体的中心伸向 4 个顶点的方向，只有这样，价电子对间的互斥作用才最小，所以各轴之间的夹角，即键角均为 109.5°。图 2-2 和图 2-3 是甲烷分子和乙烷分子的形成示意图。

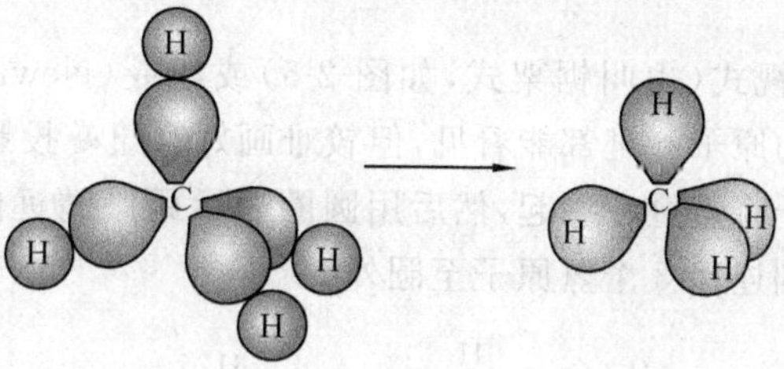

图 2-2　碳的 sp^3 杂化轨道与氢的 $1s$ 轨道重叠示意图

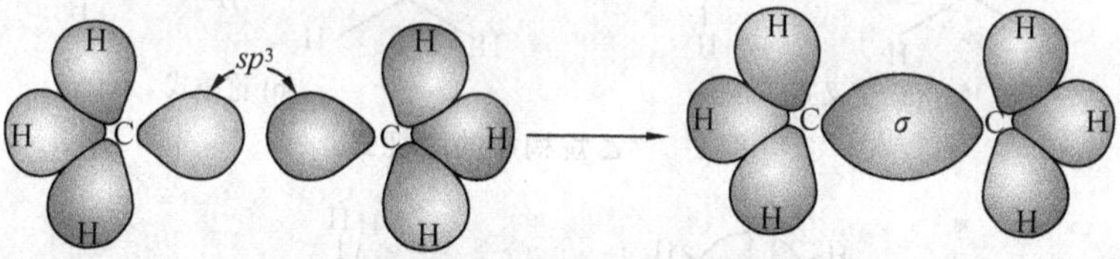

图 2-3　乙烷分子中原子轨道重叠示意图

从图中我们可看出，C—H 键是碳原子的 sp^3 杂化轨道与氢原子的 s 轨道重叠形成的 (sp^3-s)；C—C 键是由两个碳原子的 sp^3 杂化轨道彼此重叠形成的(sp^3-sp^3)。成键原子的电子云沿着它们的键轴重叠，近似于圆柱体对称分布，重叠程度大，当成键的两个原子绕键轴作相对旋转时，并不影响电子云的重叠程度，也就是说键不被破坏，这种键就是 σ 键。

由于碳的价键分布呈四面体型，而且碳-碳单键可以自由旋转，所以，三个碳以上的直链烷烃分子中的碳链并不是直线型，而是以锯齿型存在。所谓"直链"烷烃，"直链"的含义仅指不带有支链。

四、烷烃的构象

(一) 乙烷的构象

图 2-4 是乙烷的球棒模型。分子中的 C—C σ 键可以自由旋转，在旋转过程中，两个甲

基上的氢原子的相对位置在不断发生变化，这样就形成许多不同的空间排列方式。这种由于围绕单键旋转而产生的分子中的原子或基团在空间的不同排列形式叫构象。

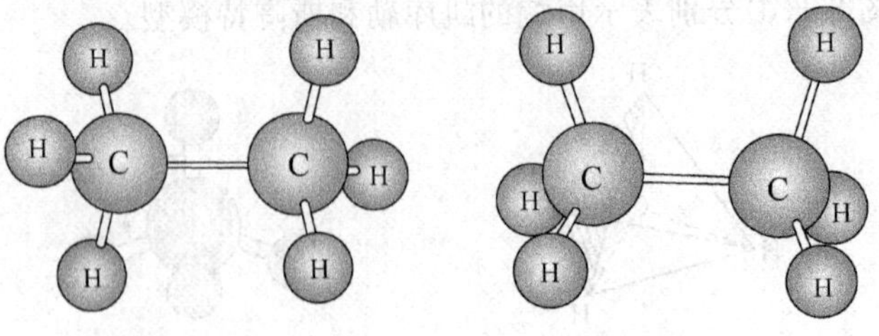

(a) 交叉式　　(b) 重叠式

图 2-4　乙烷的球棒模型

从模型的前方对着 C—C 键看，在(a)中，后面碳原子上每一个氢原子都在前面碳原子上两个氢原子之间，这种排布方式叫做交叉式构象；在(b)中，后面一个碳原子的氢正好在前面碳原子上的氢的正后方，这种排布方式叫做重叠式构象。这两种方式是乙烷的无数种构象中比较典型的两种，前者两个碳原子上的氢原子间的距离最远，相互间的排斥力最小，分子的内能最低，因而稳定性也最大，这种构象称为优势构象。内能最高，最不稳定的一种构象则是重叠式。

构象的表示可用透视式(也叫锯架式，如图 2-5)或纽曼(Newman)投影式(如图 2-6)。透视式比较直观，所有的原子和键都能看见，但较难画好。纽曼投影式则是在 C—C 键的延长线上观察，两个碳原子将重叠在一起，然后用圆圈表示距眼睛远的一个碳原子，圆心则表示前面的碳原子，再分别连接 3 个氢原子至圆外。

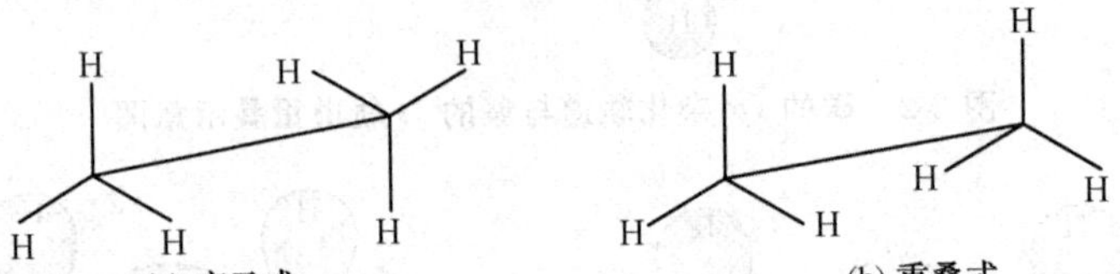

(a) 交叉式　　(b) 重叠式

图 2-5　乙烷构象的透视式

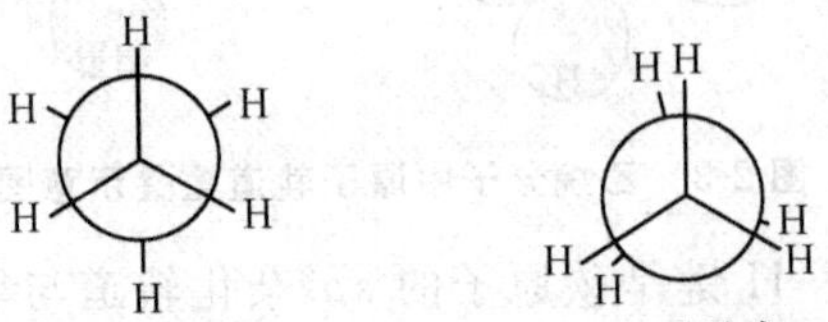

(a) 交叉式　　(b) 重叠式

图 2-6　乙烷构象的纽曼投影式

图 2-7 是乙烷分子中各种构象的能量关系图。在乙烷的交叉式和重叠式构象之间的能量差约为 12.5kJ・mol^{-1}。在接近绝对零度的低温时，分子都以交叉式存在，而在室温情况下的热能就足以使两种构象之间以极快的速度互相转化，因此在室温时可以把乙烷看做是交叉式与重叠式以及介于这二者之间的无数构象异构体的平衡混合物，而不可能分离出构象异构体。但假如某一化合物由于特殊的结构，使其两种构象之间的内能差较大，由一种构象转变为另一种需要较大的能量时，就有可能用一定的方法分出不同的构象异构体。由于不同构象的内能不同，构象之间相互转化是需要克服一定能垒的，所以所谓单键的自由旋转，并不是完全自由的。

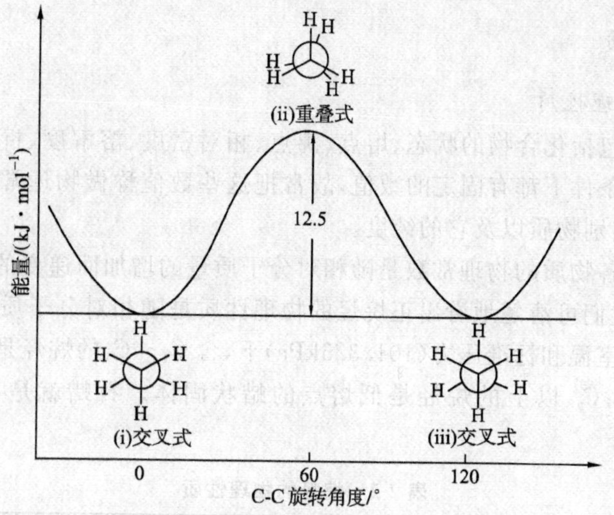

图 2-7　乙烷各种构象的内能变化

（二）丁烷的构象

随着分子中碳原子数的增加，构象就变得更为复杂。如丁烷可以看做是乙烷的二甲基衍生物，以 C(2)—C(3) 键为轴旋转可形成无数种构象，几种典型构象（对位交叉式、部分重叠式、邻位交叉式、全重叠式）的纽曼投影式如图 2-8 所示。上述几种构象的内能高低为：全重叠式＞部分重叠式＞邻位交叉式＞对位交叉式。但它们之间的能量差别仍是不大，因此不能分离出构象异构体。由于甲基比氢原子大得多，所以丁烷的全重叠式构象与对位交叉式构象间的能量差要比乙烷的重叠式构象与交叉式构象间的能量差高。

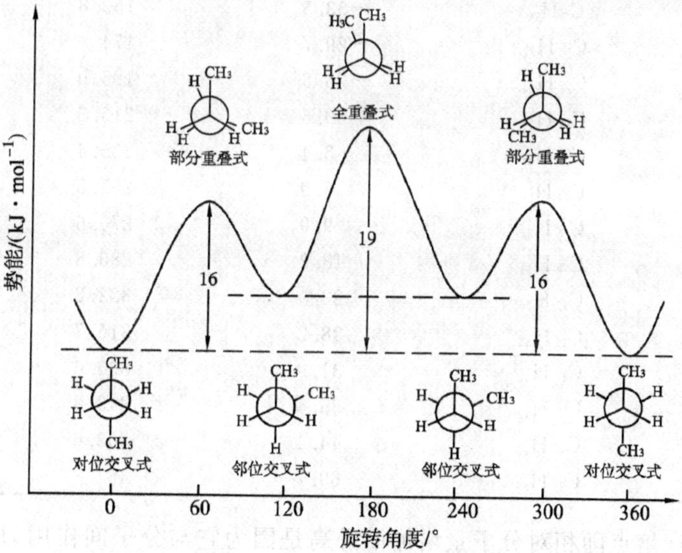

图 2-8　丁烷 C(2)—C(3) 键旋转的构象势能曲线

由于对位交叉式是最稳定的构象，所以三个碳以上烷烃的碳链应以锯齿形为最稳定。

五、烷烃的性质

(一) 烷烃的物理性质

物理性质通常包括化合物的状态、熔点、沸点、相对密度、溶解度、折光率等。纯物质的物理性质在一定的条件下都有固定的数值,故常把这些数值称做物理常数。通过物理常数的测定,可以定性鉴别物质以及它的纯度。

一般同系列中各物质的物理常数是随相对分子质量的增加而递变的。从表 2-2 列出的烷烃物理常数中,我们可清楚地看出正烷烃的物理性质是随相对分子质量的增加而显出一定的递变规律。在室温和标准压力(101.325kPa)下,含 $C_1 \sim C_4$ 的烷烃是无色气体;$C_5 \sim C_{17}$ 的烷烃是无色液体;C_{18} 以上的烷烃是低熔点的蜡状固体。石蜡就是某些固态烷烃的混合物。

表 2-2 烷烃的物理性质

名称	分子式	熔点/℃	沸点/℃	相对密度(d_4^{20})
甲烷	CH_4	−182.5	−164	0.466^{-104}
乙烷	C_2H_6	−183.3	−88.6	0.572^{-108}
丙烷	C_3H_8	−187.7	−42.1	0.5842^{bp}
丁烷	C_4H_{10}	−138.4	−0.5	0.6012
戊烷	C_5H_{12}	−129.7	36.1	0.6262
己烷	C_6H_{14}	−95.4	68.7	0.6594
庚烷	C_7H_{16}	−90.6	98.4	0.6838
辛烷	C_8H_{18}	−56.8	125.7	0.7025
壬烷	C_9H_{20}	−53.5	150.8	0.7176
癸烷	$C_{10}H_{22}$	−29.7	174	0.7298
十一烷	$C_{11}H_{24}$	−25.6	195.9	0.7402
十二烷	$C_{12}H_{26}$	−9.6	216.3	0.7490
十三烷	$C_{13}H_{28}$	−5.4	235.4	0.7563
十四烷	$C_{14}H_{30}$	5.9	253.5	0.7627
十五烷	$C_{15}H_{32}$	9.9	270.6	0.7684
十六烷	$C_{16}H_{34}$	18.2	286.8	0.7733
十七烷	$C_{17}H_{36}$	22.0	302.2	0.7767^{22}
十八烷	$C_{18}H_{38}$	28.2	316.7	0.7767_4^{mp}
十九烷	$C_{19}H_{40}$	31.9	330.6	0.7776_4^{32}
二十烷	$C_{20}H_{42}$	36.4	343.8	0.7777^{37}
二十二烷	$C_{22}H_{46}$	44.4	363.6	0.7944
三十二烷	$C_{32}H_{66}$	69.7	467	0.8124

物质的沸点、熔点随相对分子量增加而升高是因为它与分子间作用力有关。烷烃分子中只含有 C—C 或 C—H 键,它们没有极性或仅有极弱的极性,所以分子间只有极弱的色散力,而色散力与分子的接触面积有关,分子越大,分子的表面积就越大,分子之间接触的部分就增多,从而分子间的作用力也增强。另外,分子越大,相对分子质量越大,使分子运动所需的能量也增高,所以熔、沸点也随之增高。从戊烷开始,每增加一个碳原子,约使沸点升高 20℃～30℃,随着碳原子的进一步增加,相邻两个化合物沸点的差别逐渐减小。这种变化同

样表现在其他各系列有机物中。此外，在同分异构体中，分支程度越高，沸点越低(表 2-3)。因为随着分支程度增高，分子的接触面积减小，从而分子间的作用力减小。这种规律也同样适用于其他系列的有机物。

表 2-3　己烷各异构体的沸点

结构式	沸点/℃
$CH_3-CH_2-CH_2-CH_2-CH_2-CH_3$	68.7
$CH_3-CH_2-CH_2-CH(CH_3)-CH_3$	60.3
$CH_3-CH_2-CH(CH_3)-CH_2-CH_3$	63.3
$CH_3-CH_2-C(CH_3)_2-CH_3$	49.7
$CH_3-CH(CH_3)-CH(CH_3)-CH_3$	58.0

固体分子其熔点也随相对分子质量增加而升高。在正烷烃中，相邻烷烃间含单数碳原子的烷烃其熔点升高较含双数碳原子的少。这是由于固体分子熔点除与质量大小和分子间作用力有关外，还与分子在晶格中的排列有关。分子对称性高，排列比较整齐，分子间吸引力大，熔点就高。通过 X 光衍射方法分析，固体正烷烃分子为锯齿形，含奇数碳原子的烷烃中两端甲基处在同一边，含双数碳原子的烷烃中两端甲基不在同一边，偶数碳链彼此更为靠近，相互作用力大，故熔点升高值较奇数碳链升高值要大一些。

正烷烃的相对密度也是随着碳原子数目的增加而逐渐增大的，但都小于 1，二十烷以下的则都在 0.78 以下。这也与分子间的作用力有关，随着相对分子质量的增加，分子间的作用力增大，分子间的距离相应减小，所以相对密度就增大。

烷烃没有极性或仅有很弱的极性，所以不溶于水及其他极性强的溶剂中，而易溶于氯仿、乙醚、四氯化碳、苯或其他烃类等弱极性或非极性溶剂中。例如，石蜡和汽油两者结构非常相似，分子间的引力也相似，就能很好地溶解。这是“相似相溶”经验规律的实例之一。反之，如以烷烃作溶剂，它只能溶解非极性或弱极性的物质。

（二）烷烃的化学性质

结构是决定性质的内在因素，在有机化合物性质研究中广泛出现的规律是“结构决定性质”。一个同系列中的化合物往往都具有相似的化学性质，这是同系列的特点。知道了一种典型化合物的性质就可推测同系列中其他化合物的性质。但所谓相似，只具有定性的意义，即反应类型相似，同系物的反应速度往往有很大的差异。在某些情况下，这种速率上的量的变化，有可能引起质的改变，以致不发生同样的反应。另外，由于各个同系列的第一化合物与其他同系物在结构上有较大的区别，往往具有特殊的性质。

烷烃分子中，无论是 C—C 键和 C—H 键都是结合得比较牢固的 σ 键(键能较大)，所以烷烃的化学性质比较稳定，一般情况下不易与其他试剂反应，特别是正烷烃与大多数试剂如强酸、强碱、强氧化剂、强还原剂及金属钠等都不起反应。由于烷烃有这样的特征，在生产上常用烷烃作为反应中的溶剂。但在一定条件下，如在高温或有催化剂存在时，烷烃也可以和一些试剂作用。

1. 燃烧和氧化

在室温和标准大气压下，烷烃与氧气不反应，但如果点火引发，烷烃可燃烧生成水和二氧化碳，同时放出大量的热。

$$C_nH_{2n+2}+\frac{3n+1}{2}O_2 \longrightarrow nCO_2+(n+1)H_2O \quad \Delta H\approx-803kJ\cdot mol^{-1}$$

烷烃燃烧时放出大量的热，这是石油作为能源的反应基础，但如果烷烃不充分燃烧，则可生成有毒气体一氧化碳和烟尘。汽车、拖拉机等内燃机汽缸排出的废气中就常有一氧化碳，会对环境造成污染。

低级烷烃($C_1\sim C_6$)蒸气与空气混合至一定比例时，遇到明火或火花便燃烧而放出大量热，从而使生成的 CO_2 及 H_2O 急剧膨胀而发生爆炸，这是煤矿中发生“瓦斯”爆炸事故的主要原因。甲烷的爆炸极限是 5.53%～14%，也就是说，甲烷在空气中的比例在此范围内遇到火花则爆炸，而低于 5.53%或高于 14%时遇到火花只是燃烧而不爆炸。

烷烃除了完全氧化为 CO_2 和 H_2O 外，在其着火点以下，并存在催化剂时，可以被氧气氧化成含碳原子数较原来烷烃少的含氧有机物如醇、醛、酮、羧酸等，反应产物复杂，因为碳链可能在任何部位发生断裂。反应式只能简单表示如下：

$$RCH_2CH_2R'+O_2 \longrightarrow \underset{\text{醇}}{RCH_2OH}+\underset{\text{醇}}{R'CH_2OH}$$

$$RCH_2CH_2R'+O_2 \longrightarrow \underset{\text{羧酸}}{R\overset{O}{\overset{\|}{C}}OH}+\underset{\text{羧酸}}{R'\overset{O}{\overset{\|}{C}}OH}$$

在无机化学中，以电子的得失或价的变化来衡量氧化还原反应，这种概念是基于电子的完全得失而来的。但在绝大多数有机物的氧化还原反应中，往往是部分的电子得失，也就是共用电子对的偏移。在这些反应中，因为常常用到一般无机的氧化剂或还原剂，从这些无机的氧化剂或还原剂的变化看这些反应确实属于氧化还原反应。所以对有机的氧化还原反应，一般把在有机分子中加氧或去氢叫做氧化；反之，加氢或去氧则叫做还原。实际上在有机反应中，分子中的碳与电负性比碳强的元素结合形成新键的反应都是氧化。例如，甲烷的氯代，分子中的 C—H 键换成了 C—Cl 键，氯的电负性比碳强，C—Cl 间共用电子对偏向氯的一边，所以可以看做是氧化，而其逆反应则属还原。

高级烷烃的氧化是工业上制备高级醇和高级脂肪酸常用的方法。高级醇和高级脂肪酸是合成表面活性剂及制造肥皂的原料。

2. 裂化

仅仅通过加热而使化合物分解称为热解。烷烃的热解，尤其是涉及石油的热解称为裂化。碳原子数越多，裂化产物越复杂；反应条件不同，产物也不同。裂化反应是一个复杂的过程，此时大的烷烃就转变成较小的烷烃、烯烃和氢。在隔绝空气加热至400℃以上的裂化叫热裂。例如：

$$CH_3CH_2CH_3 \xrightarrow{460℃} \underset{\text{丙烯}}{CH_3CH{=}CH_2} + H_2$$

$$CH_3CH_2CH_3 \xrightarrow{460℃} \underset{\text{乙烯}}{CH_2{=}CH_2} + CH_4$$

在催化剂作用下的裂化叫催化裂化，催化裂化在C—C键断裂的过程中，还发生异构化、环化、脱氢等反应，生成带支链的烷烃、烯烃、芳香烃等。

烷烃的热解不但可以提高汽油的产量和质量，而且还可以得到乙烯、丙烯、丁烯等重要的化工原料，是石油化工的基础。

3. 卤代反应

有机化合物分子中的氢原子或基团被其他原子或基团取代的反应称为取代反应。氢原子被卤原子取代的反应叫卤代反应。在室温和黑暗中，烷烃与氯、溴、碘不发生反应。但在加热或光照条件下，烷烃分子中的氢原子可以被卤原子取代，发生卤代反应。

烷烃卤代反应中卤素的反应活泼性是：F≫Cl＞Br≫I。

烷烃的氟代反应进行得太剧烈，限制了它的应用；而用碘直接进行的碘代反应速度太慢，无法应用。故卤代反应一般是指氯代和溴代反应。

在紫外光照射下，甲烷和氯气的混合物剧烈地反应，甲烷分子中的氢原子被氯原子取代，生成一氯甲烷、二氯甲烷、三氯甲烷（氯仿）、四氯化碳和少量其他副产物。反应如下：

$$Cl_2 + CH_4 \xrightarrow{\text{光}} CH_3Cl + CH_2Cl_2 + CHCl_3 + CCl_4 + HCl$$

其他烷烃的氯代反应条件与甲烷的氯代反应相似，但产物更复杂。如乙烷氯代反应不仅生成氯乙烷，还得到1,1-二氯乙烷和1,2-二氯乙烷等其他产物。

烷烃的卤代反应对伯、仲、叔氢原子有一定的选择性。例如，异丁烷的氯代得到36％叔丁基氯（2-甲基-2-氯丙烷）和64％异丁基氯（2-甲基-1-氯丙烷）。

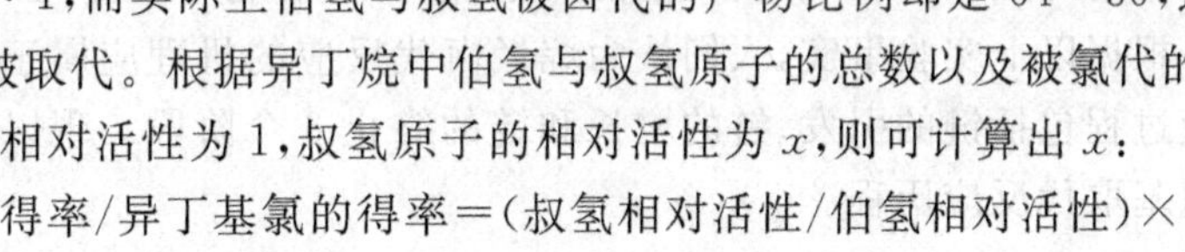

36％　　　　64％

如果从氢原子被取代的概率考虑，异丁烷具有9个伯氢，1个叔氢，伯氢与叔氢被卤代的比例应该是9∶1，而实际上伯氢与叔氢被卤代的产物比例却是64∶36，这说明叔氢比伯氢活泼，更容易被取代。根据异丁烷中伯氢与叔氢原子的总数以及被氯代的产物得率之比，假设伯氢原子的相对活性为1，叔氢原子的相对活性为x，则可计算出x：

叔丁基氯的得率/异丁基氯的得率＝（叔氢相对活性/伯氢相对活性）×（叔氢总数/伯氢总数）

$$36/64 = x \times 1/9 \quad x = 5$$

即叔氢原子的相对活性是伯氢原子的5倍。

其他烷烃的氯代反应也有类似情况。根据实验结果，我们可以得出叔、仲、伯三种氢氯代的相对活性之比为5.0∶3.8∶1.0。

根据烷烃氯代的相对活性比例，我们可以预测某一烷烃氯代产物中各异构体的得率。例如：

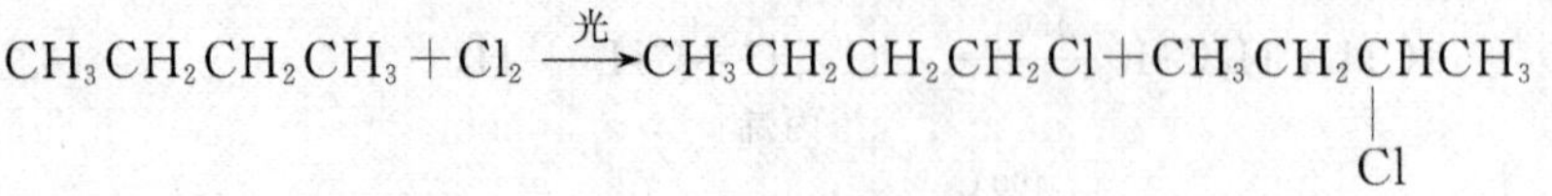

1-氯丁烷得率/2-氯丁烷得率＝6/4×1/3.8＝6/15.2

1-氯丁烷得率＝6/(15.2＋6)×100％＝28％，2-氯丁烷得率＝(100－28)％＝72％。

在溴代反应中，三种氢的相对活性也遵循叔氢＞仲氢＞伯氢，但选择性更大。根据烷烃溴代实验结果，其活性之比为：叔氢∶仲氢∶伯氢＝1600∶82∶1。例如，异丁烷溴代时几乎全部得到叔氢的溴代产物。

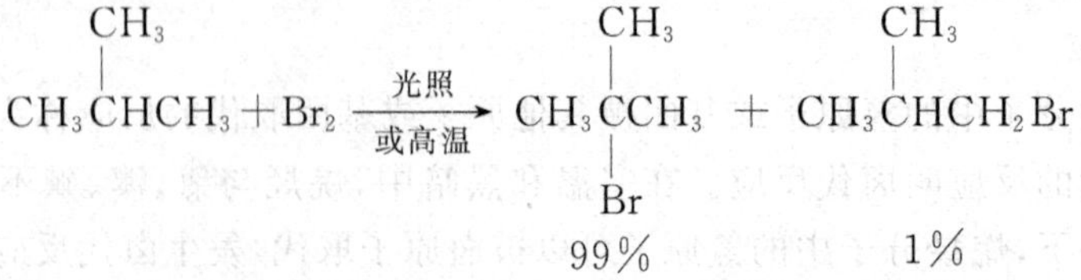

这可用卤原子的活性来解释，因为氯原子较活泼，它有能力取代烷烃中的各种氢原子；而溴原子不活泼，它不太容易取代烷烃中活性较弱的伯氢原子，因此只能取代活性较强的叔氢或仲氢原子。

六、自由基取代反应

（一）烷烃卤代反应的机理

反应机理（也称为反应历程或反应机制）是研究反应进行的详细过程，如反应是怎样开始的，分几步进行，每一步的反应速度怎样，哪一步决定总的反应速度，反应经过哪些过渡态和中间体等。反应机理是对由反应物至产物所经途径的详细描述，它是在大量同一类型的实验事实基础上总结出的一种理论假设，这种假设必须符合并能说明已经发现的实验事实。一种反应机理只适用于某一类型的反应。

一个反应的机理通常是用一系列详细的反应式及反应过程中的能量变化图来加以描述的。在需要时，这些反应式中还应包括分子的几何形状，并指出键的断裂与形成过程中电子转移的情况。

实验事实发现，烷烃与氯在室温和暗处不发生反应，但在室温光照下或在暗处但温度高于250℃时反应立即发生，而且只要吸收一个光子，即可引起数千个烷烃分子进行氯代。此外，如氯光照后，在暗处通入甲烷，氯代反应能发生，但如果甲烷光照后，在暗处通入氯气，则反应不能进行。根据以上实验事实，人们认为烷烃卤代反应的机理应属于自由基取代反应历程。它的反应过程包括链的引发、链的增长和链的终止3个阶段。现以甲烷的氯代反应为例来说明自由基取代反应历程。

1. 链的引发

首先是氯分子在光照或高温下分解为两个氯自由基（即氯原子），这个过程称为链的引发阶段。

$$Cl:Cl \xrightarrow{光} 2Cl\cdot \qquad \Delta H = 242.4\,kJ\cdot mol^{-1} \qquad (1)$$

2. 链的增长

氯自由基不稳定，极易与周围的甲烷分子发生碰撞，生成甲基自由基（中间体）和氯化氢分子。

$$\cdot Cl + CH_4 \longrightarrow \cdot CH_3 + HCl \quad \Delta H = 4.2kJ \cdot mol^{-1} \tag{2}$$

甲基自由基也很活泼，立刻与周围的氯气作用，生成氯甲烷和氯自由基。

$$\cdot CH_3 + Cl:Cl \longrightarrow CH_3Cl + \cdot Cl \quad \Delta H = -108.7kJ \cdot mol^{-1} \tag{3}$$

生成的氯自由基又可与甲烷分子碰撞，在(2)和(3)两步反应中，每一步都产生一个反应所需的自由基，这样(2)和(3)两步反应就可以反复地进行下去，不断地产生氯甲烷和氯化氢。由于自由基在反应体系中的浓度很低，它们互相碰撞的机会很少，因此在甲烷氯代反应中，第(1)步反应生成的氯自由基，大约可使(2)和(3)两步反应反复进行数千次。这个过程称为链增长阶段。

氯原子除可以夺取未反应的甲烷分子中的氢外，也可夺取新生成的氯甲烷分子中的氢，生成氯甲基自由基和氯化氢。

$$\cdot Cl + CH_3Cl \longrightarrow \cdot CH_2Cl + HCl \tag{4}$$

氯甲基自由基再与氯分子作用，生成二氯甲烷及氯原子。

$$\cdot CH_2Cl + Cl:Cl \longrightarrow \cdot Cl + CH_2Cl_2 \tag{5}$$

如此循环，可以得到三氯甲烷及四氯化碳。

3. 链的终止

在反应体系中，除了上述几个反应外，反应中的自由基之间还可互相结合形成稳定的化合物从而使反应结束。这个过程称为链的终止阶段。例如：

$$\cdot Cl + \cdot Cl \longrightarrow Cl_2 \tag{6}$$

$$\cdot CH_3 + \cdot CH_3 \longrightarrow CH_3CH_3 \tag{7}$$

$$\cdot CH_3 + \cdot Cl \longrightarrow CH_3Cl \tag{8}$$

$$\cdot CH_2Cl + \cdot CH_2Cl \longrightarrow ClCH_2CH_2Cl \tag{9}$$

所以反应最终产物是多种卤代烷及烷烃的混合物。

由上述反应(2)(3)可得总反应为

$$Cl_2 + CH_4 \longrightarrow CH_3Cl + HCl \tag{10}$$

此反应过程因是经自由基的进攻而完成的，故称为自由基反应历程。

除烷烃的卤代反应是自由基取代反应外，还有许多其他的反应也按自由基反应机理进行。一般说来，自由基反应具有如下几个特点：

(1) 常在气相或非极性溶剂中进行。

(2) 常是链反应。

(3) 常需光照或加热。

(4) 能产生自由基的引发剂(如有机过氧化物、四甲基铅等)，可引发自由基反应。如四甲基铅可以使甲烷和氯发生氯代反应，因四甲基铅易离解出甲基自由基。

$$(CH_3)_4Pb \longrightarrow 4 \cdot CH_3 + Pb$$

(二) 甲烷氯化反应中的能量变化

过渡态理论是有机反应进程分析有很大用途的一种理论。这个理论把每个反应进程分为 3 个阶段：始态、过渡态和终态。即由反应物到产物的转变过程中，出现一个能量比反应物与生成物均高的势能最高点，与此势能最高点相应的结构称为过渡状态，用“≠”表示。

始态(反应物)⇌过渡态⇌终态(产物)

$A + BC \rightleftharpoons [A \cdots B \cdots C]^{\neq} \rightleftharpoons AB + C$

如果以反应进程作横坐标，以势能作纵坐标，反应体系的势能变化如图 2-9 所示。

过渡态处在反应进程—势能曲线上的最高点(b)，过渡态(b)和反应物分子基态(a)之间的内能差，也就是发生反应所需克服的能垒，称为反应的活化能(E_a或 $E_{活}$)。

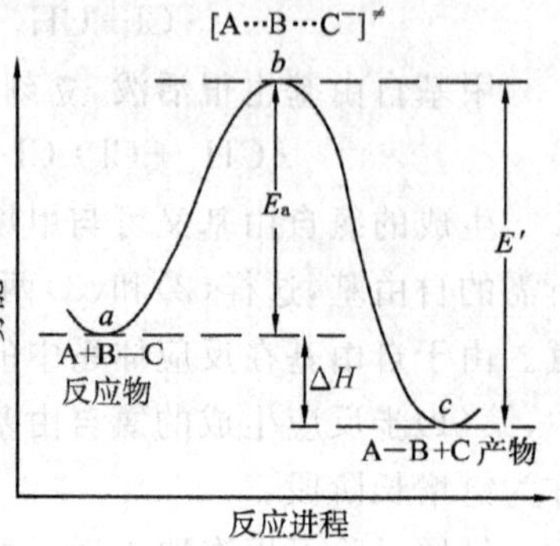

图 2-9　反应进程中体系势能的变化

在前面甲烷与氯气的反应中，第一步氯分子发生均裂反应，需要吸收 242.4kJ · mol^{-1} 能量，所以反应如在无光照的情况下，则必须在高温才能进行。反应(2)中，断裂 CH_3—H 键需要434.7kJ · mol^{-1} 能量，而生成 H—Cl 键则能放出 430.5kJ · mol^{-1} 能量，从反应热来看，反应(2)只需要 4.2kJ · mol^{-1} 的能量就能反应。但事实上是不够的，因为甲烷的氯代反应并不完全取决于氯分子的均裂。实验表明，要使反应(2)得以进行，需要提供 16.7kJ · mol^{-1} 的能量(E_{a1})。反应(3)是放热的，放出 108.7kJ · mol^{-1} 能量，但也需要 8.3kJ · mol^{-1} 的能量(E_{a2})，才能越过第二个势能最高点，形成 CH_3Cl 和 Cl·。

反应(2)、(3)的连续过程中能量的变化通常可用图 2-10 来表示。

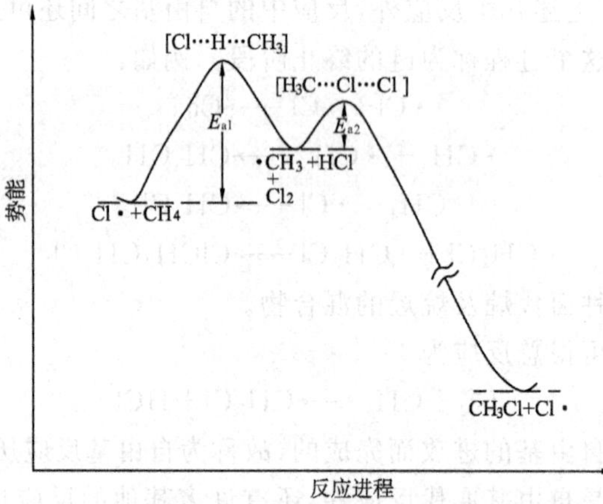

图 2-10　甲烷氯代生成氯甲烷的反应势能变化

由图可看出，在反应(2)中，Cl · 与 CH_4 中的一个氢原子逐渐靠近，H 与 Cl 之间开始成键，则该 H 与 C 之间键便被拉长，但尚未断裂，体系的能量逐渐上升，达到最高点，即过渡态。

$$Cl\cdot + CH_4 \longrightarrow [Cl\cdots H\cdots CH_3]^{\neq} \longrightarrow HCl + CH_3\cdot$$

反应(3)同样要经过过渡态[H_3C···Cl···Cl]，此步反应的活化能比反应(2)要低。显然，活化能越高，反应速率越慢。在一个多步骤的反应中，最慢的一步是决定反应速率的步骤。在 CH_4 与 Cl · 生成 CH_3Cl 的反应中，生成 CH_3 · 的一步是慢步骤，即反应(2)是此反应的定速步骤。

（三）烷基自由基的稳定性

从烷烃卤代反应的机理来看，在光或引发剂的引发下，首先卤素分子产生均裂生成卤素自由基，卤素自由基进一步引发烷烃 C—H 键均裂形成烷基自由基。下面是几种常见烷烃中不同 C—H 键解离能，用 ΔH 表示。

$CH_3—H \longrightarrow CH_3\cdot + \cdot H$　　　　$\Delta H = +439.3$ kJ · mol^{-1}

$CH_3CH_2—H \longrightarrow CH_3CH_2\cdot + \cdot H$　　　　$\Delta H = +410.0$ kJ · mol^{-1}

$CH_3CH_2CH_2—H \longrightarrow CH_3CH_2CH_2\cdot + \cdot H \qquad \Delta H = +410.0\ kJ\cdot mol^{-1}$

$(CH_3)_2CH—H \longrightarrow (CH_3)_2CH\cdot + \cdot H \qquad \Delta H = +397.5\ kJ\cdot mol^{-1}$

$(CH_3)_3C—H \longrightarrow (CH_3)_3C\cdot + \cdot H \qquad \Delta H = +389.1\ kJ\cdot mol^{-1}$

上述烷烃中的C—H键解离能数据从大至小按下列次序排列：

$$CH_3—H > CH_3CH_2CH_2—H > CH_3\underset{\underset{H}{|}}{C}HCH_3 > CH_3—\overset{\overset{CH_3}{|}}{\underset{\underset{H}{|}}{C}}—CH_3$$

烷烃中C—H断裂的键解离能高，说明键不容易断裂，因此形成的烷基自由基相对稳定性较差。反之，则相反。因此，上述烷烃所产生的碳自由基的稳定性顺序为：

$$CH_3—\overset{\overset{CH_3}{|}}{\underset{\cdot}{C}}—CH_3 > CH_3\underset{\cdot}{C}HCH_3 > CH_3CH_2CH_2\cdot > CH_3\cdot$$

根据单电子所在碳原子的类型，烷基自由基分为伯(1°)、仲(2°)、叔(3°)及甲基自由基。因此，烷基自由基的稳定性顺序为：

$$\underset{叔(3°)}{R_3\dot{C}} > \underset{仲(2°)}{R_2\dot{C}H} > \underset{伯(1°)}{R\dot{C}H_2} > \underset{甲基自由基}{\dot{C}H_3}$$

决定烷烃卤代反应速率的关键步骤是产生烷基自由基这一步，这就是为什么烷烃分子中各种不同类型的氢的反应活性会有差异。

从烷基自由基相对稳定性次序可看出，中心碳原子上所连烷基越多，自由基越稳定。用电子效应解释烷基自由基稳定性的内容见第三章第三节之三。

七、烷烃的来源及制备

（一）烷烃的来源

甲烷是正四面体结构的非极性分子，熔、沸点很低，为无色无味的气体，微溶于水，易溶于酒精、乙醚等有机溶剂。甲烷是植物残体、动物粪便等有机物在厌氧菌作用下发酵的产物，是天然气、石油气和煤矿内坑道气的主要成分，另外池塘中冒出的沼气的主要成分也是甲烷。甲烷在生活、工业上有很广泛的用途。天然气、液化石油气和农村利用发酵法制得的沼气由于使用方便，污染少等优点而被广泛地作为燃料来使用。甲烷还是重要的化工原料，它可进一步转化为甲醇、甲醛、乙炔、氢氰酸及碳黑等重要的工业原料。

天然气是烷烃的主要来源，天然气的主要成分是甲烷，我国四川的天然气中甲烷的含量高达95%，天然气中同时还含有乙烷、丙烷、丁烷等其他烃类化合物。此外，烷烃的另一主要来源是石油的加工。现在石油对经济的影响越来越重要，随着国民经济的发展，我国的石油消耗越来越大，如何综合充分利用石油加工产品，早已成为石油化工的主要任务，也是我们今后研究的重点。植物来源的烷烃主要是正烷烃，如某些高级烷烃构成了植物的叶或果实表面防止水分蒸发的保护层。有些烷烃是某些昆虫的外激素，即同种昆虫之间借以传递各种信息而分泌的化学物质。

烷烃除能被少数细菌或微生物代谢外，绝大部分生物是不能吸收或代谢它们的，这和烷烃对大多数试剂都是稳定的是一致的。

（二）烷烃的制备

1. 偶联反应

把两个烃基上的碳原子联结起来形成 C—C 键的反应称为偶联反应。偶联反应是合成 C—C 键的主要方法之一。偶联反应有很多，这里只介绍最常用的武慈合成法。

武慈（C. A. Würtz，1817—1884），于 1855 年发现用卤代烷（RX）的乙醚溶液与金属钠反应可以生成烷烃，故称该方法为武慈合成法。常用的卤代烷是溴代烷和碘代烷，并且是伯卤代烷。

$$2RX + 2Na \longrightarrow R—R + 2NaX$$

制得的烷烃所含的碳原子比原料卤代烃的增加了一倍，所以武慈反应是增长碳链的方法之一，用这个反应可以制备高级烷烃。但武慈合成法只能制备对称的卤代烃（R—R）。

2. 还原反应

烷烃中的氢被各种官能团所取代后成为烷烃衍生物。烷烃衍生物如卤代烃（R—X）、醇（R—OH）、醛或酮（R—COR(H)）、羧酸（RCOOH）等的官能团被氢取代后则仍被还原成烷烃。这类反应中，碳骨架仍保持不变，仅生成了新的 C—H 键，也是合成 C—H 键的方法。

第二节　环　烷　烃

一、环烷烃的分类和命名

脂环烃是具环状碳架结构且化学性质与脂肪烃类似的环烃。实际上除芳香烃以外的全部环烃都属于脂环烃。很多天然有机物为脂环烃的衍生物。脂环烃根据其饱和程度可分为饱和脂环烃（又称环烷烃）和不饱和脂环烃（如环烯烃和环炔烃等）。根据环烷烃分子中碳环数可分为单环烷烃和多环烷烃。单环烷烃根据构成碳环的碳原子数可分为三元环、四元环和五元环等。单环烷烃又可按环大小分为小环（3～4 个碳原子）、普通环（5～7 个碳原子）、中环（8～11 个碳原子）以及大环（11 个碳原子以上）。多环烷烃又可根据环的相互关系分为桥环烷烃和螺环烷烃等。

（一）单环烷烃

分子中只含有一个碳环的环烷烃称为单环烷烃，通式为 C_nH_{2n}。单环烷烃的系统命名与相应的烷烃基本相同，只是在相应烷烃的名称前冠以“环”字。环上只有一个取代基时，不必编号；有两个或两个以上取代基时，连接最小的取代基的碳原子编为 1，其他取代基的位置的编号尽可能小，即仍按最低系列原则编号。取代基不同时，则根据次序规则，较优基团给以较大的编号。例如：

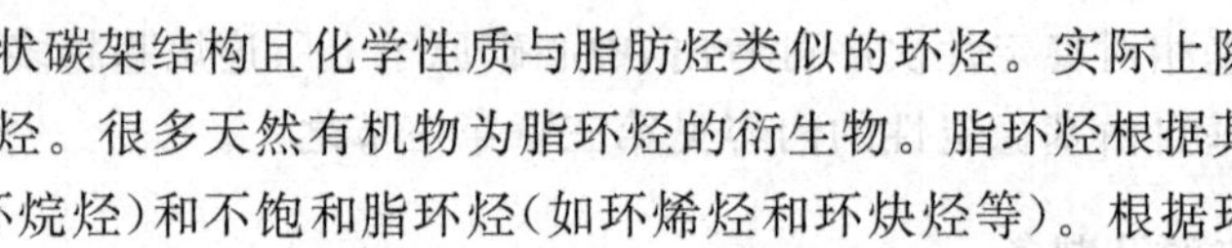

环丙烷　　环丁烷　　环戊烷

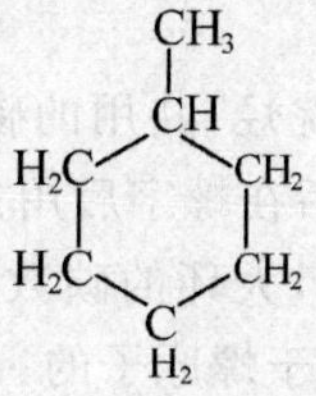

甲基环己烷

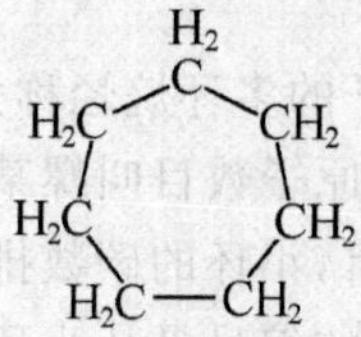

环庚烷

脂环烃常常用键线式表示。例如：

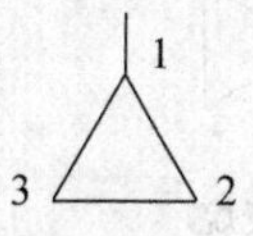

甲基环丙烷

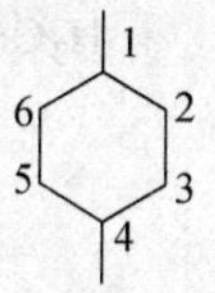

1,4-二甲基环己烷

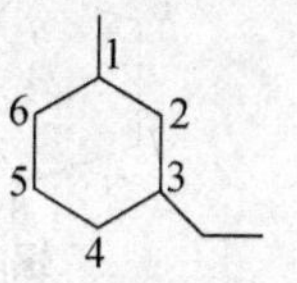

1-甲基-3-乙基环己烷

某些情况下，如简单的环上连有较长的碳链，或同一碳链上连接有几个脂环烃时，也可将环当取代基。例如：

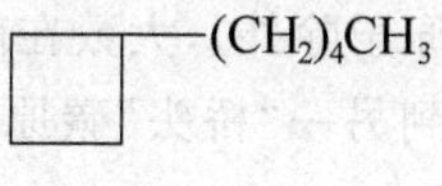

环丁基戊烷

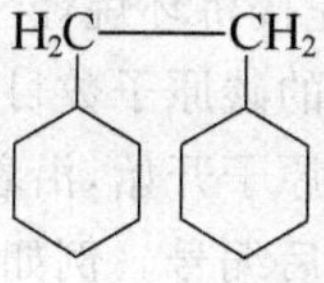

1,2-二环己基乙烷

环烃的异构有多种形式，如 1,4-二甲基环己烷与 1,3-二甲基环己烷互为异构体，它们的分子式为 C_8H_{16}，符合该分子式的环烷烃还可以写出很多。例如：

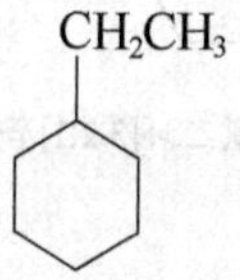

乙基环己烷

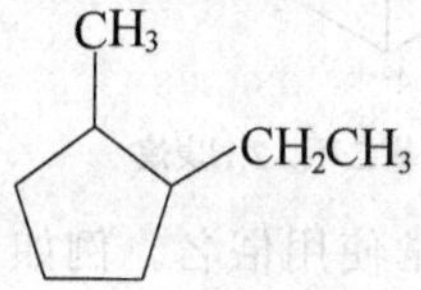

1-甲基-2-乙基环戊烷

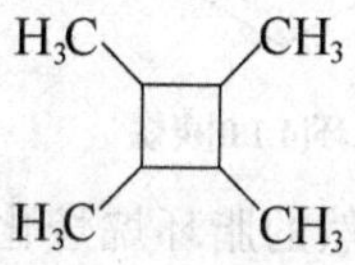

1,2,3,4-四甲基环丁烷

除上述异构外，当环中不同碳原子连有两个或两个以上取代基时，还有立体异构。

（二）多环烷烃

含有两个以上碳环的烷烃称为多环烷烃。多环烷烃按环连接的结构位置又分为隔离多环烷烃、联环烷烃、螺环烷烃、桥环烷烃等几种类型。现以二环烷烃说明如下：

1. 隔离二环烷烃

两个环被一个以上的碳原子隔开的环烷烃称为隔离二环烷烃。隔离二环烷烃可将环作为取代基来命名。例如：

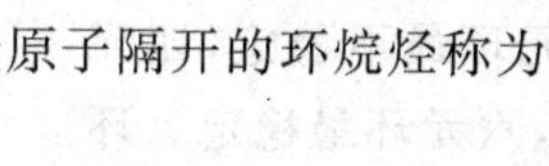

二环丙基甲烷

2. 联环烷烃

没有共用碳原子，而由两个环直接相连的多环烷烃称为联环烷烃。联环烷烃可用两个环烷烃加“联”字命名。例如：

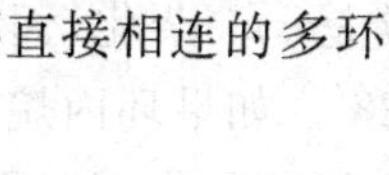

联环丙烷

3. 螺环烷烃

两个环共用一个碳原子的多环烷烃称为螺环烷烃，共用的碳原子叫螺原子。螺环烷烃的命名，先根据两个环的碳原子数目叫螺某烷；然后在螺字后用方括号注出两个环中除了共用碳原子以外的碳原子数目，小环的碳数排在前面，大环的碳数排在后面，两个数字之间用小圆点隔开；螺环烷烃母体的编号是从小环上邻接于螺原子的一个碳原子开始，然后通过共用碳原子到大环；有取代基时，取代基位次尽量最小。例如：

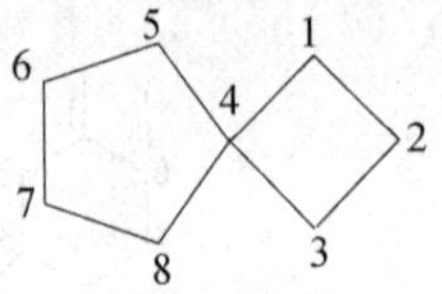

螺[3.4]辛烷

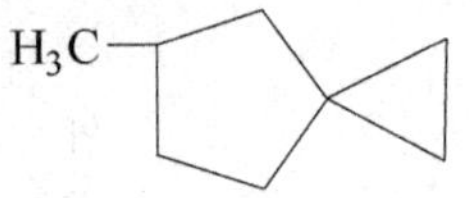

5-甲基螺[2.4]庚烷

4. 桥环烷烃

桥环烷烃是指两环间共用两个或两个以上碳原子的双环烷烃或多环烷烃。在二桥环烷烃中，二环连接处的两个碳原子称为“桥头”碳原子，且有“三座桥”连在两个“桥头”碳原子上。桥环烷烃命名时，先按桥环烷烃母体的碳原子数目称为“二环某烷”；然后在二环后面用方括号注出“三座桥”上的碳原子数目（“桥头”碳原子除外），大数在前，各数字间用小圆点隔开；编号时，从“桥头”碳原子开始，沿着最长的桥到另一“桥头”碳原子，再沿次长桥回到“桥头”碳原子，最短的桥最后编号。例如：

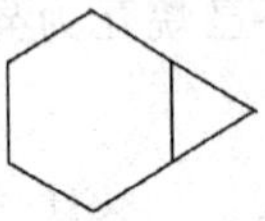
二环[4.1.0]庚烷

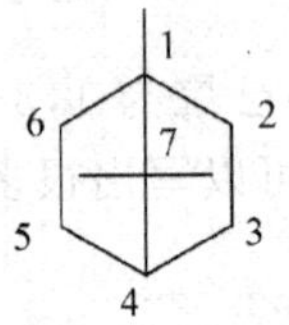

1,7,7-三甲基二环[2.2.1]庚烷

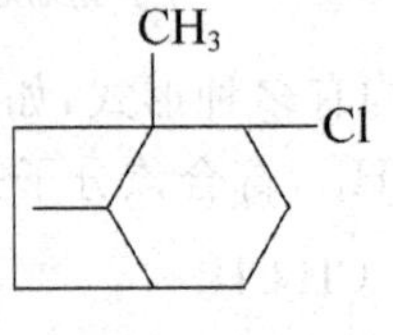

1,8-二甲基-2-氯二环[3.2.1]辛烷

某些天然的脂环烷烃化合物，常常使用俗名。例如：

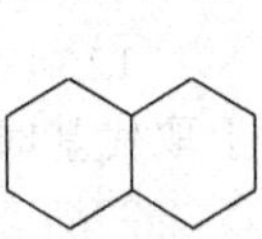
十氢萘(二环[4.4.0]癸烷)

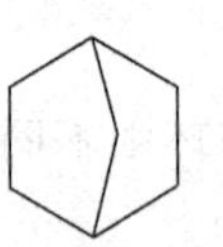
降冰片(二环[2.2.1]庚烷)

二、环烷烃的结构和稳定性

环的稳定性与环的大小有关。三元环最不稳定，四元环比三元环稍稳定一点，五元环较稳定，六元环最稳定。环再增大，稳定性稍有下降，到大环烷烃，又趋近环己烷的稳定性。

图 2-11　环丙烷的结构

在环丙烷中，三个碳原子必定在一个平面上，这样 C—C—C 键角就应该是 60°。环烷烃中的碳是 sp^3 杂化，而正常的 sp^3 杂化轨道之间的夹角应是 109°28′。如果环丙烷中碳-碳键之间的电子云沿着它们核的连线方向重叠，C—C—C 键角应该由 109°28′变为 60°，必须使两个价键各向内偏转 24°44′[(109°28′−60°)/2]，这

样键角发生变形从而产生张力，使得三元环变得很不稳定；另外，如果碳-碳键之间保持正常的 109°28′，由于受到环的几何形状的限制，就会使两个轨道重叠得很差。因此，环丙烷中的碳-碳键采取既大略地保持原来轨道间的角度，又能达到一定程度的重叠而形成了一种弯曲键，如图 2-11 所示。这种弯曲键使碳-碳键没有达到最大程度的重叠，导致环丙烷存在较大的环张力，所以环丙烷的稳定性比烷烃要差得多。

环丁烷的情况与环丙烷相似，键角与正常的 sp^3 杂化轨道之间也有一定的角度偏差，故分子中也存在着张力，但比环丙烷的要小，因为它的成环的原子可以不在一个平面内，而是发生了扭曲，所以它要比环丙烷稳定。三元以上的环成环的原子都可以不在一个平面内，从而使碳-碳之间的杂化轨道可以逐渐趋向于正常的键角和最大程度的重叠。环丁烷、环戊烷的构象如下：

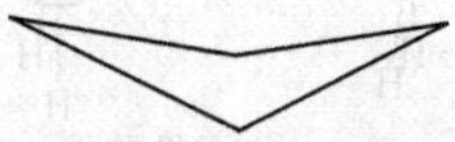

环丁烷（蝶式）

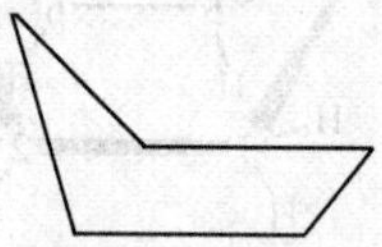

环戊烷（半椅式）

环己烷分子中的六个碳原子可以有如下两种保持正常 C—C—C 键角的空间排布方式，即船式(a)和椅式(b)，如图 2-12 所示：

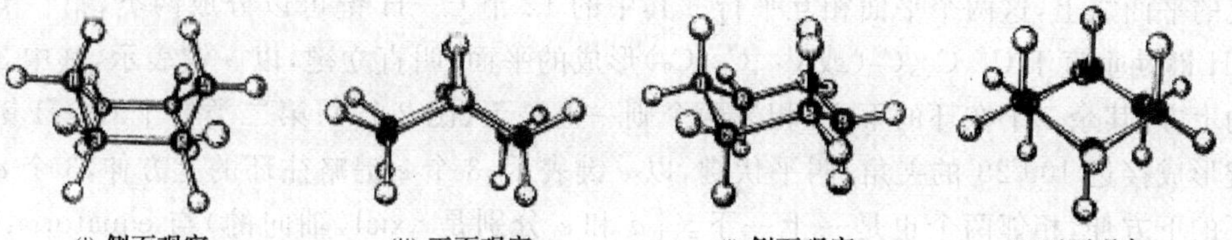

(i) 侧面观察　(ii) 正面观察　(i) 侧面观察　(ii) 正面观察

(a) 船式　(b) 椅式

图 2-12　环己烷的船式和椅式模型

三、环己烷及其衍生物的构象

（一）环己烷的构象

在环己烷分子中，碳原子是以 sp^3 杂化的。环己烷的 C—C 键虽不能像烷烃的 C—C 单键那样在 360°的范围内任意旋转，但可以在环不受破坏的范围内旋转，这样通过 σ 键的旋转，调整碳-碳键之间的夹角可以保持 109°28′，使它完全没有角张力。环己烷有两种保持正常键角的构象：椅式构象和船式构象。在椅式构象中，相邻碳原子的键都处于邻位交叉式的位置(图 2-13，纽曼投影式)，没有碳-氢键或碳-碳键的重叠。因此环己烷的椅式构象是优势构象，具有与烷烃相似的稳定性。在船式构象中，2、3 和 5、6 两对碳原子在同一平面上，作为一个“船底”，另两个碳原子 1、4 在另一平面上，一个作为“船头”，另一个作为“船底”(图 2-14，透视式)。2、3 和 5、6 两对碳原子的构象是重叠型的(图 2-14，纽曼投影式)，由于重叠的氢原子间有斥力作用，且船头、船尾氢原子距离较近，斥力较大，故船式构象能量高，不稳定。通过物理方法可测出环己烷船式构象比椅式构象能量高 29.7kJ·mol^{-1}，故在常温下环己烷几乎完全以较稳定的椅式构象存在(常温下，每千个分子中大概船式构象只占 1 个，其余以椅式构象存在)。

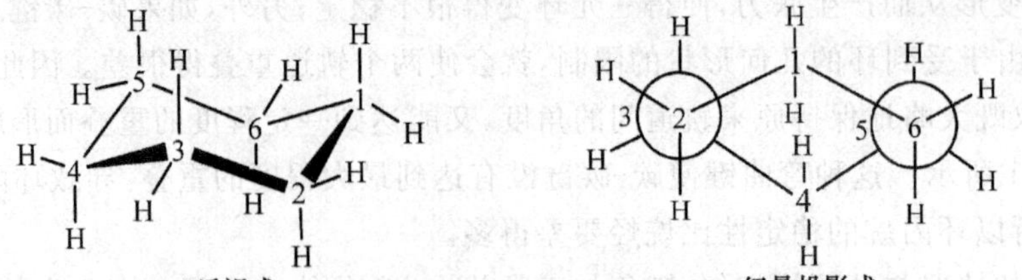

透视式　　　　纽曼投影式

图 2-13　环己烷的椅式构象

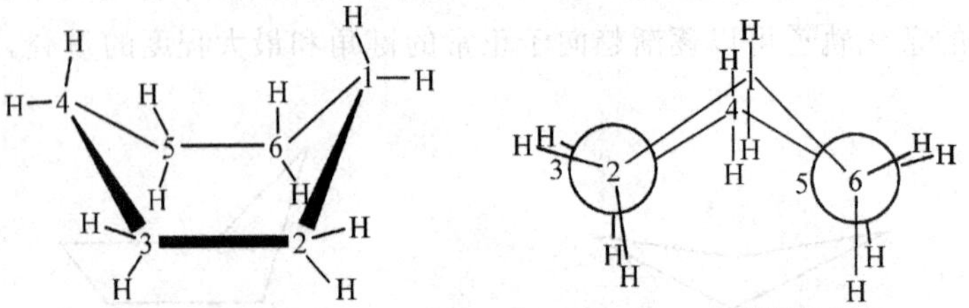

透视式　　　　纽曼投影式

图 2-14　环己烷的船式构象

从环己烷的椅式构象(透视式)中,可以看出:C_1、C_3、C_5形成一个平面,它位于 C_2、C_4、C_6形成的平面之上,这两个平面相互平行。其中的 12 个 C—H 键可以分成两类,第一类 6 个 C—H 键是垂直于 C_1、C_3、C_5(或 C_2、C_4、C_6)形成的平面,叫直立键,以 *a* 键表示,其中 3 个在环的上方,其余 3 个在环的下方,相邻两个则一上一下(图 2-15);第二类 6 个 C—H 键与直立键形成接近 109°28′的夹角,叫平伏键,以 *e* 键表示,3 个 *e* 键略往环的上方伸,3 个 *e* 键略往环的下方伸,相邻两个也是一上一下。[*a* 和 *e* 分别是 axial(轴向的)与 equatorial(赤道的)的第一字母。]

直立键(*a* 键)　　　　平伏键(*e* 键)

图 2-15　环己烷的直立键和平伏键

一个椅式构象可以通过 C—C 键的转动而变为另一个椅式构象。如将下面椅式构象(a)中的 C_1按箭头所指向下翻转,而将 C_4转到上面,即得到另一个椅式构象(b):

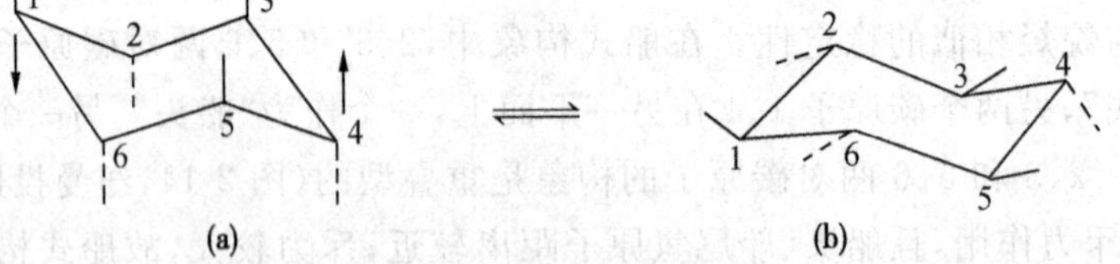

(a)　　　　(b)

在室温下,两种椅式构象在不断地相互翻转,翻转以后 C_1、C_3和 C_5形成的平面转至 C_2、C_4和 C_6形成的平面之下,因此 *a* 键变为 *e* 键,而 *e* 键则变为 *a* 键。

（二）取代环己烷的构象

环己烷的椅式构象中，C_1、C_3、C_5（或 C_2、C_4、C_6）的三个 *a* 键所连氢原子间的距离与两个氢的范德华半径基本相同，它们之间没有相互排斥作用，即不产生张力。但当 C_1 *a* 键上的氢被其他原子或基团（如甲基）取代后，如（Ⅰ），由于甲基的体积比氢大，所以它与 C_3、C_5 上的氢之间的距离要小于两个氢的范德华半径，使得它们之间产生相互排斥作用，即使环产生了一定的张力，但如甲基连在 *e* 键上，如（Ⅱ），由于甲基伸向环外，离非键合氢原子（无论 *a* 键还是 *e* 键上的氢原子）较远，不产生张力。这样在各种构象的平衡体系中，甲基处在 *e* 键上的构象是占有绝对优势的构象。由于甲基分别以直立键和平伏键相连时，其能量相差不大（约为 $7.52kJ \cdot mol^{-1}$），因此两种构象在室温下就可以相互自由转换，不能用常用的化学方法分离。在环己烷的多取代衍生物中，最大基团处在 *e* 键上的构象最稳定，取代基处在 *e* 键上越多的构象则越稳定。

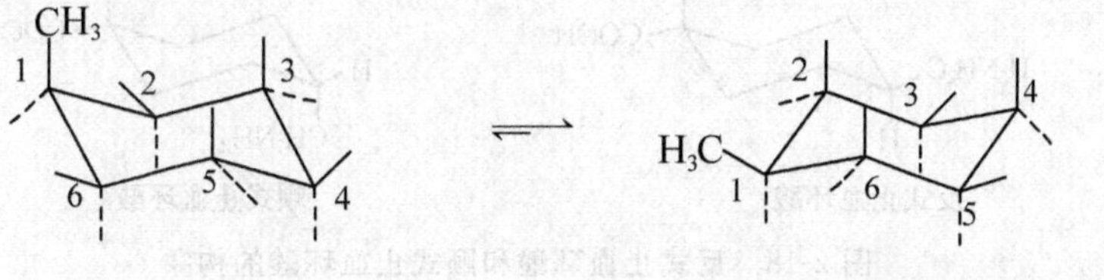

(Ⅰ) (Ⅱ)

应用构象关系可以分析研究化合物的结构稳定性、有机反应发生的方向和部位，在以后的章节中会看到构象分析的应用实例。这里先举一些简单的例子加以说明。

1,2-二甲基环己烷有两种顺反异构体：顺-1,2-二甲基环己烷和反-1,2-二甲基环己烷（图 2-16）（关于顺反异构的概念将在第三章中讨论）。这两种异构体哪一种稳定呢？从一般的结构式是看不出何者稳定的。若从构象式分析，就很容易看出，顺-1,2-二甲基环己烷的两个甲基，一个在 *e* 键上，一个在 *a* 键上，而反-1,2-二甲基环己烷的两个甲基都在 *e* 键上。所以，反-1,2-二甲基环己烷比较稳定。

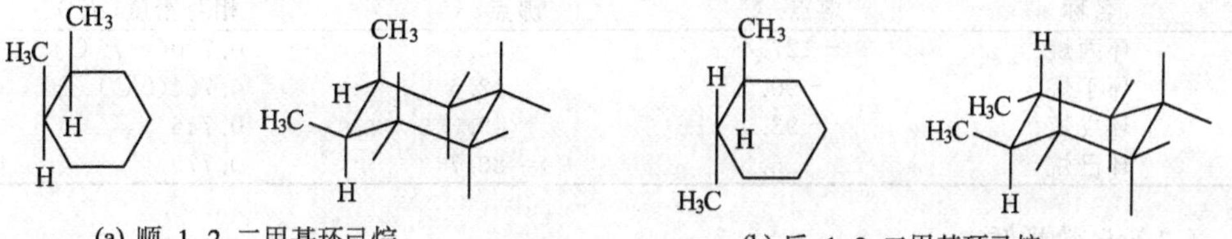

(a) 顺-1,2-二甲基环己烷 (b) 反-1,2-二甲基环己烷

图 2-16 1,2-二甲基环己烷两种构型异构体的构象式

十氢萘（或二环[4.4.0]癸烷）是由两个环己烷稠合而成。环己烷的两种椅式构象间易于互相转变，常温下不能分离，但在十氢萘中，两环互相制约，键的旋转困难，已经分离出顺反两种异构体，两个桥头氢原子处于环的同一侧的为顺式，两个桥头氢原子处于环的两侧的为反式，它们均为椅式结构（图 2-17）。如果把十氢萘分子中的一个环当做是另一个环的两个取代基，在反式中，B 环有两个碳-碳键是 A 环的 *e* 键，A 环亦有两个碳-碳键是 B 环的 *e* 键。而在顺十氢萘中，B 环只有一个碳-碳键是在 A 环的 *e* 键，A 环也只有一个碳-碳键是在 B 环的 *e* 键。因此，从构象上可以看出反十氢萘比顺十氢萘稳定。

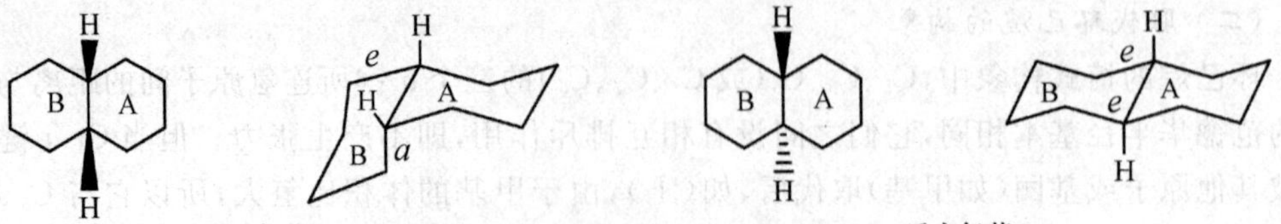

顺十氢萘　　　　反十氢萘

图 2-17　顺十氢萘和反十氢萘的构象

利用构象在分析药物作用机制方面也得到了应用。因为药物分子的构象不同，其生理活性往往也有差异。例如，止血环酸的反式异构体有很好的止血效果，而顺式异构体药效很差。这主要是因为反式异构体分子中羧基和氨甲基都处在 *e* 键，二者间距较远，有利于受体结合，而顺式异构体二者间距较近，不利于受体结合(图 2-18)。

反式止血环酸　　　　顺式止血环酸

图 2-18　反式止血环酸和顺式止血环酸的构象

四、环烷烃的性质

(一) 物理性质

环烷烃的物理性质与相应的烷烃基本相似，但环烷烃的熔点、沸点和相对密度都较相应的烷烃要高些。环烷烃不溶于水，相对密度比水小，易溶于有机溶剂。部分环烷烃的物理常数见表 2-4。

表 2-4　部分环烷烃的物理常数

名称	熔点/℃	沸点/℃	相对密度(d_4^{20})
环丙烷	−127.4	−32.8	0.720(−79℃)
环丁烷	−90.7	12.5	0.704(0℃)
环戊烷	−93.9	49.3	0.746
环己烷	6.5	80.7	0.779

(二) 化学性质

环烷烃的化学性质与相应的烷烃性质存在着相似之处。如环烷烃具有烷烃典型的自由基取代反应，但由于环的存在也表现出某些特殊的化学性质，如三元及四元环烷烃由于碳-碳间电子云重叠程度较差，所以碳-碳键就不如开链烷烃中的碳-碳键稳定，表现在化学性质比较活泼，它们与烯烃相似，容易发生开环加成反应而形成链状化合物。

1. 取代反应

在光照或高温下，环戊烷以及更高级的环烷烃可以发生反应生成卤代环烷烃。例如：

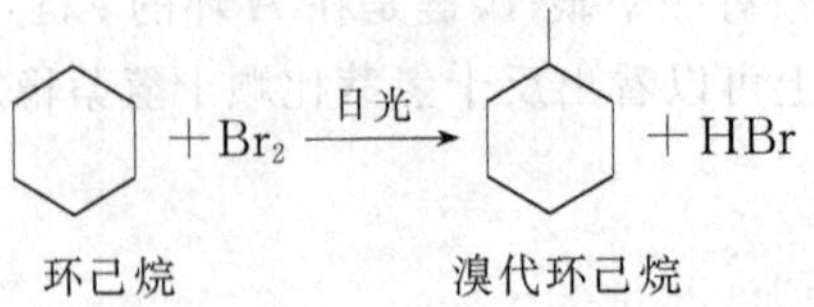

2. 开环加成反应

(1) 催化加氢。小环烷烃可以催化加氢，生成烷烃。环的大小不同，反应的难易程度也不同。例如：

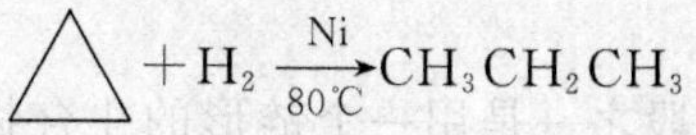

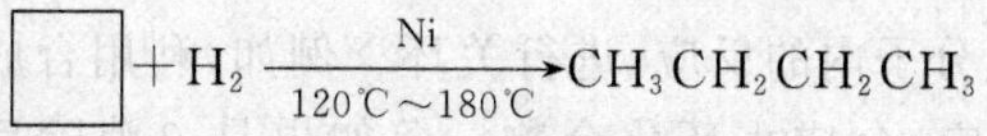

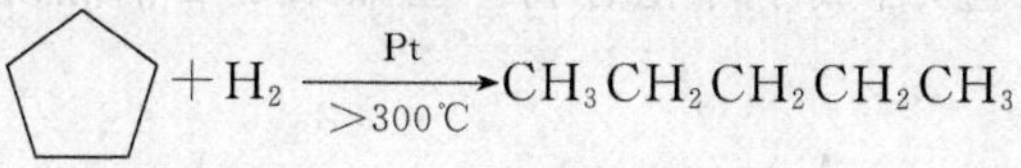

从反应条件可以看出，越小的环越不稳定，越易开环而发生加成反应。环戊烷以上的环很难开环，它们是比较稳定的。

(2) 加卤素。小环烷烃可以与卤素发生加成反应。例如：

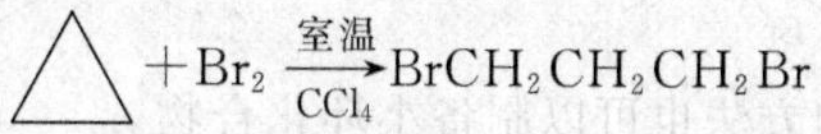

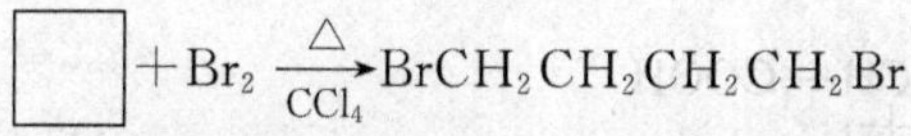

环丙烷和环丁烷能使溴的四氯化碳溶液褪色，但它们不能使高锰酸钾溶液褪色，因为环烷烃不易发生氧化反应。环戊烷以及更高级的环烷烃则不会发生与卤素的加成反应。

(3) 加卤化氢。小环可以和卤化氢发生加成反应。例如：

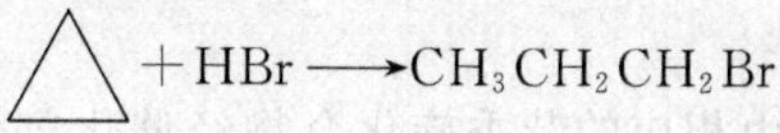

环丙烷的烷基衍生物也容易发生开环加成反应，与卤化氢加成时，环的破裂发生在含氢最多与含氢最少的两个碳原子之间，卤化氢的氢原子加在含氢较多的碳原子上，卤原子加在含氢较少的碳原子上。例如：

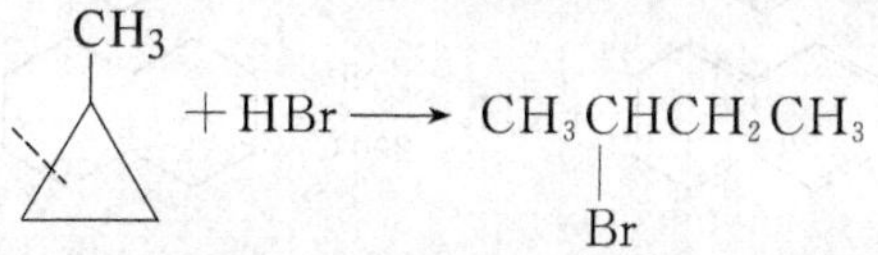

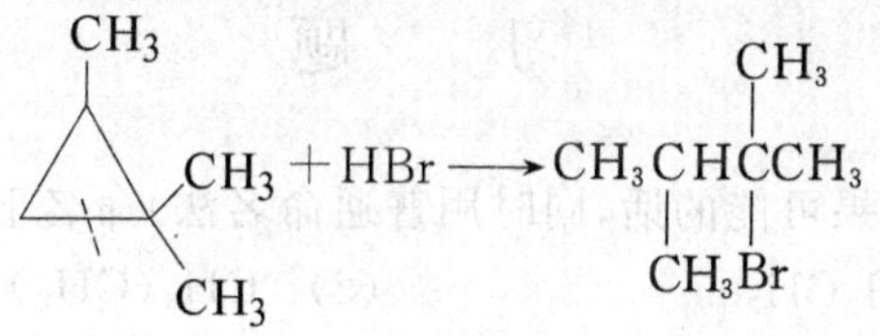

环丁烷与 HX 发生加成反应需用较活泼的 HI，而环戊烷及更高级的环烷烃则与 HX 一般不反应。

3. 氧化反应

在常温下，环烷烃与一般氧化剂（如高锰酸钾、臭氧等）不发生反应。即使是环丙烷，常温下也不会使高锰酸钾褪色。但在加热并存在催化剂时，其可被空气氧化而开环，生成二元羧酸。如环己烷可被氧化为己二酸：

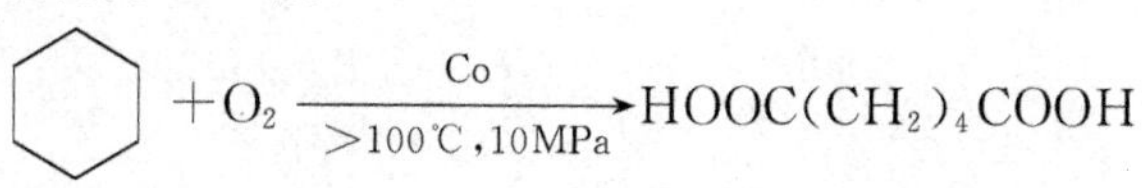

己二酸是合成尼龙-66 的主要原料。

环烷烃和其他烃类一样都可以燃烧，生成 CO_2 和 H_2O，并放出大量的热。

五、环烷烃的制备

合成环状化合物的重要手段之一是用一个链形的化合物，在链的两端含有适当的官能团，使这两个官能团发生分子内的反应，进行关环。例如，利用合成烷烃的反应——武慈反应进行分子内的偶联反应，合成小环化合物。但如果是 β-消除反应，用钾代替金属钠则更好。

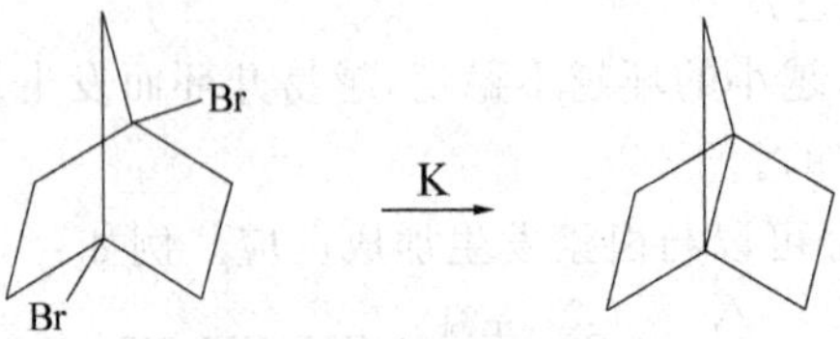

用分子间失去卤化氢的方法也可以制备小环化合物。

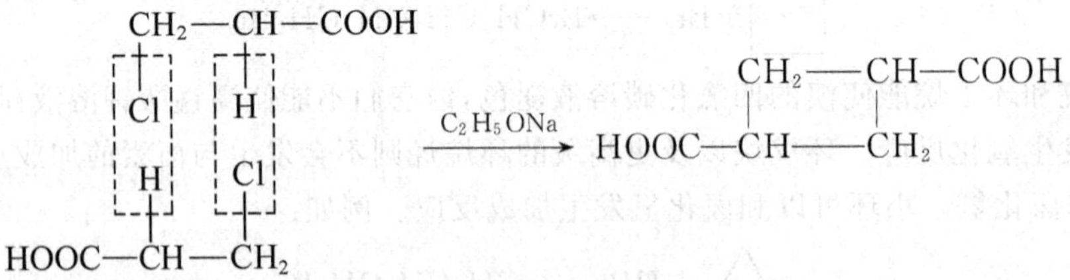

某些重要的环烷烃可以由相应的芳香族化合物经催化氢化还原成环烷烃及其衍生物，如工业上就是用这种方法来大规模生产环己烷的。

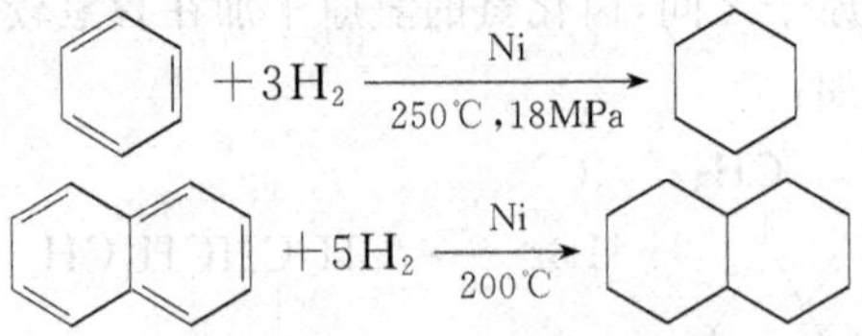

习　　题

1. 用系统命名法（如果可能的话，同时用普通命名法）命名下列化合物。

(1) $CH_3CH_2CHCH_2CH_3$（CH 上连 $CH_2CH_2CH_2CH_3$）

(2) $CH_3(CH_2)_3CH(CH_2)_3CH_3$（CH 上连 $C(CH_3)_2$，再连 $CH_2CH(CH_3)_2$）

(3) $CH_3CH_2C(CH_2CH_3)_2CH_2CH_3$

(4) $(CH_3)_4C$

(5) 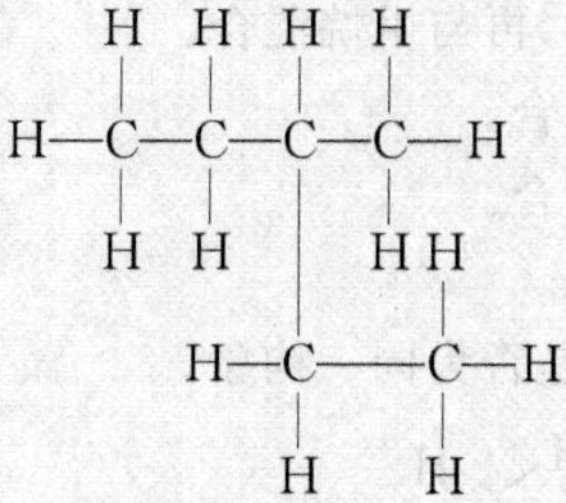　　(6) 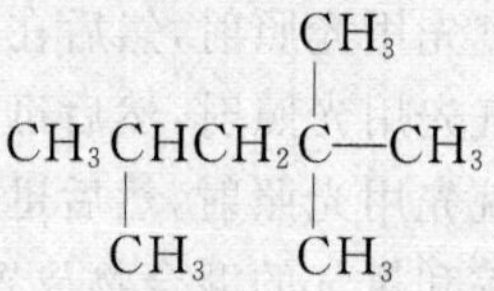

(7) 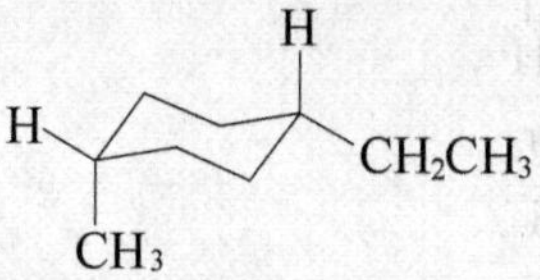　　(8) 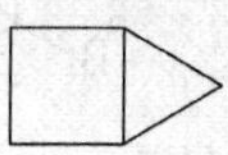

(9) 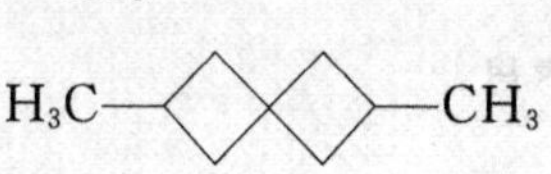　　(10) 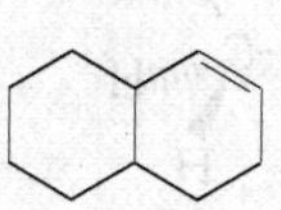

(11) 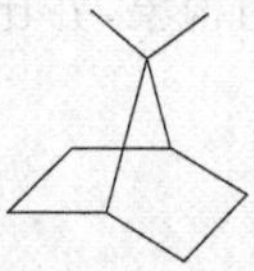　　(12) 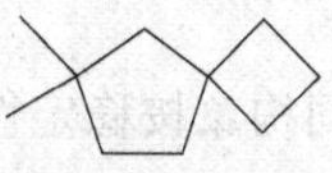　　(13) 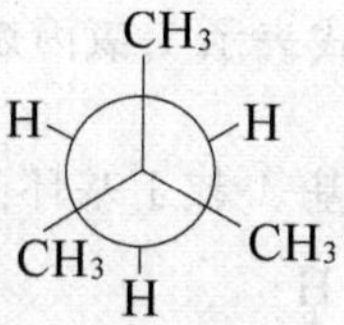

2. 写出下列化合物的结构式,假如某个名称违反系统命名法,予以更正。

(1) 2,4-二甲基戊烷　　(2) 2,4-二甲基-5-异丙基壬烷

(3) 2,4,5,5-四甲基-4-乙基庚烷　　(4) 2,3-二甲基-2-乙基丁烷

(5) 2-异丙基-4-甲基己烷　　(6) 异丙基环戊烷

(7) 反-1-甲基-3-异丙基环己烷的优势构象　　(8) 二环[4.1.0]庚烷

(9) 顺-1,3-二甲基环己烷　　(10) 1,4-二甲基螺[2.4]庚烷

3. 写出 C_7H_{16} 的所有同分异构体的结构式,用系统命名法命名之,并指出含有异丙基、异丁基、仲丁基或叔丁基的分子。

4. 将下列化合物按沸点由高至低排列(不查表)。

a. 3,3-二甲基戊烷　b. 正庚烷　c. 2-甲基己烷　d. 正戊烷　e. 2-甲基庚烷

5. 完成下列反应式。

(1) $CH_3CH_2CH_3 + Br_2 \xrightarrow[\text{一取代产物}]{\text{光照}}$

(2) 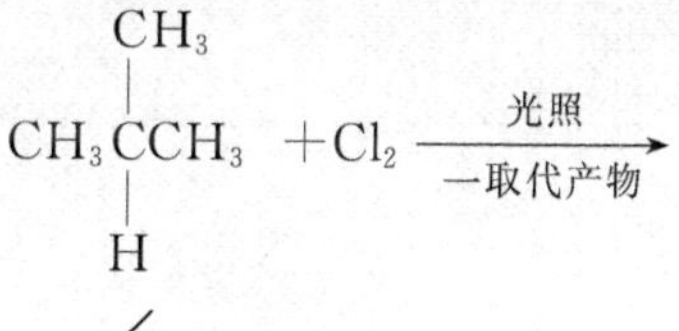

(3) 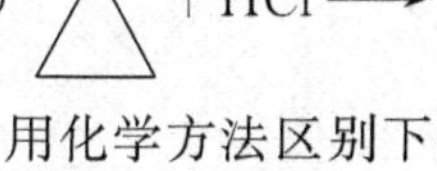

(4) 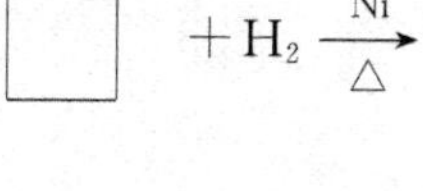

6. 用化学方法区别下列各组化合物。

(1) 环丙烷和丙烷

(2) 1,2-二甲基环丙烷和环戊烷

7. 写出乙烷发生氯代反应(光照条件下)生成一氯乙烷的反应历程。

8. 说明在下列几种操作条件和过程中,哪些可以得到氯代产物,哪些不能起反应,并解释之。

(1) 将甲烷和氯气的混合物放置在室温和黑暗中。

(2) 将氯气先用光照射，然后在黑暗中放置一段时间，再与甲烷混合。

(3) 将氯气先用光照射，然后迅速在黑暗中与甲烷混合。

(4) 将甲烷先用光照射，然后迅速在黑暗中与氯气混合。

(5) 将甲烷和氯气的混合物放置在日光下。

9. 把下列锯架式或伞形式写成纽曼投影式，并判断是否为同一构象。

(1) 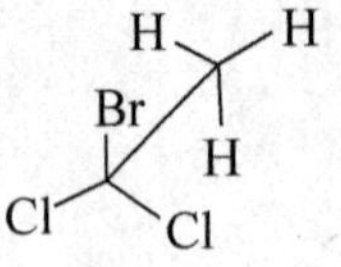 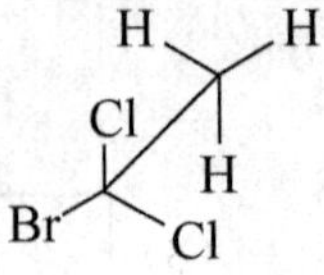 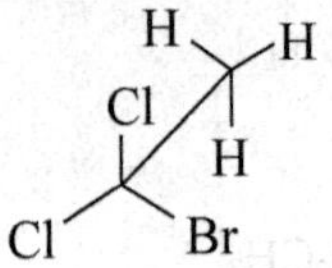

(2) 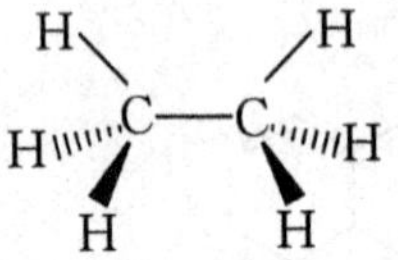 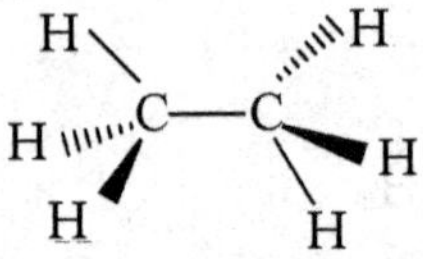

10. 用纽曼投影式表示 1-氯丙烷绕 $C_1—C_2$ 轴旋转的四种代表性的构象，并比较四种构象的稳定性。

11. 将下列 1-甲基-4-叔丁基环己烷的不同构象按稳定性大小排列。

(1) 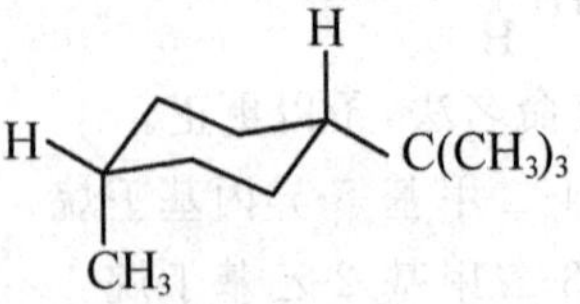

(2) 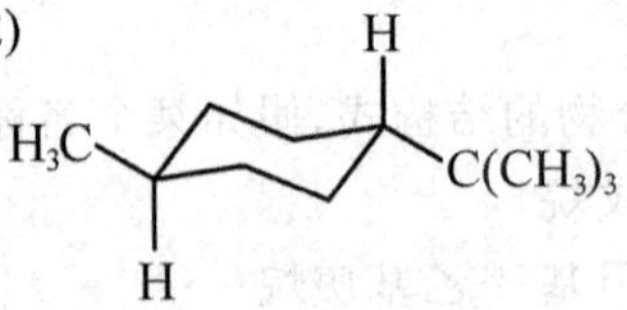

(3) 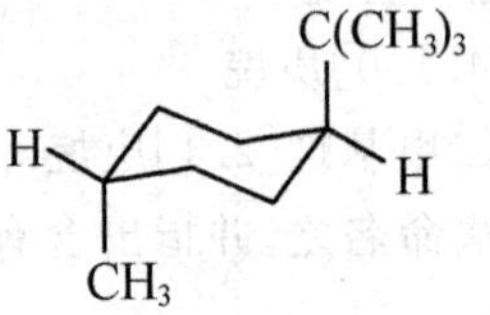

(4) 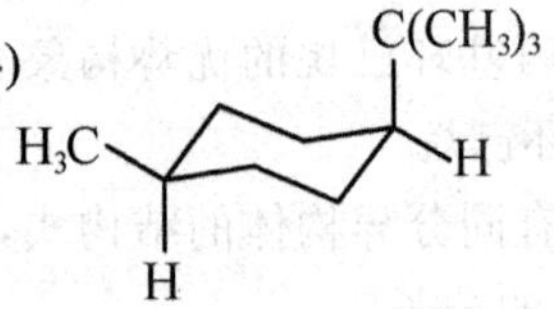

第三章　不饱和脂肪烃

分子中含有碳-碳双键或碳-碳叁键的烃类化合物，通常称为不饱和脂肪烃。含有碳-碳双键的是烯烃，含有碳-碳叁键的是炔烃。含有一个碳-碳双键的开链烯烃通式为 C_nH_{2n}，含有一个碳-碳叁键的开链炔烃通式为 C_nH_{2n-2}。双键和叁键是这类化合物的官能团。

第一节　单　烯　烃

一、烯烃的结构

烯烃的结构特征是含有碳-碳双键。组成双键的两个碳原子以 sp^2 杂化方式，即由一个 s 轨道和两个 p 轨道进行杂化，组成 3 个完全等同的 sp^2 杂化轨道，余下一个 p 轨道不参加杂化。3 个 sp^2 杂化轨道对称轴在一个平面上，键角都是 120°，余下的 p 轨道则保持原来的形状，其对称轴垂直于 3 个 sp^2 杂化轨道形成的平面。

在乙烯分子中，两个碳原子各以一个 sp^2 杂化轨道沿轴向互相重叠，形成 C—Cσ 键；每个碳上剩余的两个 sp^2 杂化轨道分别与两个氢原子的 1s 轨道重叠，形成 4 个 C—Hσ 键；未参与杂化的 p 轨道其对称轴相互平行，侧面重叠形成 π 键[图 3-1(a)]。乙烯分子中，所有的原子都在同一平面上(图 3-2)，π 键的电子云分布在分子平面的上、下两侧[图 3-1(b)]。

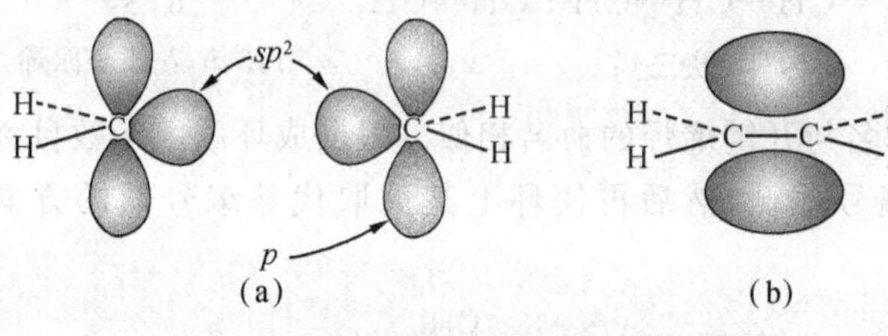

图 3-1　乙烯分子的形成及π键示意图

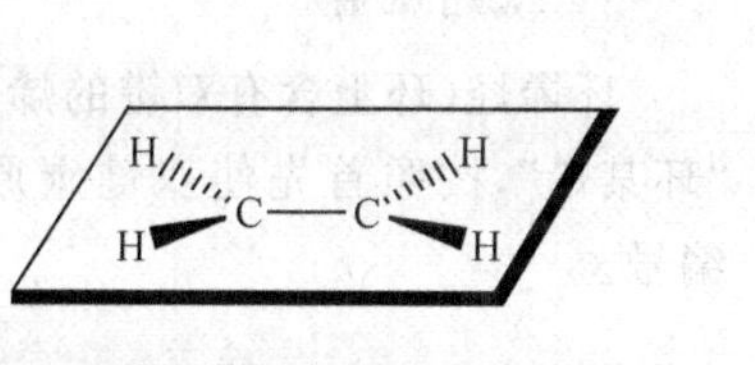

图 3-2　乙烯分子中各原子在空间的分布

由电子衍射及光谱实验也证明乙烯分子确实为平面型，分子中的键角接近于 120°。碳-碳双键的键长为 0.134nm，比碳-碳单键的键长(0.154nm)短，这是由于 sp^2 杂化的碳原子比 sp^3 杂化碳原子的 s 成分多，而 s 轨道距核近，两个原子要更加靠近才能有效重叠成键，因此碳-碳双键的键长比碳-碳单键的键长短。碳-碳双键的键能为 610kJ · mol^{-1}，比碳-碳单键的键能(347kJ · mol^{-1})大，但比它的两倍小，这说明 π 键的键能比 σ 键的要小。这是由于形成 π 键的 p 轨道重叠程度比 σ 键小，π 键不如 σ 键牢固，比较容易断裂，所以 π 键活泼。π 键的存在也使得双键不能自由旋转，因为旋转的结果会使两个 p 轨道的重叠受到破坏。π 键的轨道不像 σ 键那样集中在两个原子核的连线上，而是分散在上、下两方，因此 π 键轨道中的成键电子对受原子核的束缚力较小，易受外界影响而极化。

二、烯烃的命名和异构

烯烃的命名包括普通命名法(如下面括号中的命名)和系统命名法。其系统命名法和烷烃的相似，其要点是：

(1) 选择一个含有双键的最长碳链为主链（含有双键的最长碳链有时可能不是该化合物分子中最长的碳链），按主链碳原子的数目命名为某烯。如主链的碳原子数超过 10 个时，应在烯字前加一“碳”字。

(2) 主链碳原子的编号从距离双键最近的一端开始。

(3) 双键的位置必须标明出来，其位置以双键所在碳原子的编号较小的一个表示，把它写在母体名称之前。若双键正好在主链中央，主链碳原子则应从靠近取代基的一端开始编号。

(4) 其他同烷烃的命名原则。

$CH_3—CH_2—CH═CH_2$　　1-丁烯（丁烯）　　(a)

$CH_3—C(CH_3)═CH_2$　　2-甲基丙烯（异丁烯）　　(b)

$CH_3—CH═CH—CH_3$　　2-丁烯　　(c)

$CH_3—CH_2—CH_2—C(CH_2—CH_2—CH_2—CH_3)═CH—CH_3$　　3-丙基-2-庚烯　　(d)

单烯烃中的1-烯烃，“1”往往省去，所以，1-丁烯即为丁烯。

含两个双键的化合物称为二烯烃。三烯有三个双键，四烯有四个双键。用阿拉伯数字标明双键的位置。

$\overset{1}{C}H_2═\overset{2}{C}H—\overset{3}{C}H═\overset{4}{C}H_2$

1,3-丁二烯

$\overset{7}{C}H_3—\overset{6}{C}H_2═\overset{5}{C}H—\overset{4}{C}H═\overset{3}{C}H—\overset{2}{C}H═\overset{1}{C}H_2$

1,3,5-庚三烯

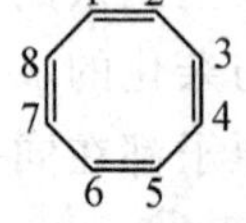

1,3,5,7-环辛四烯

环烯烃（环上含有双键的烯烃）的命名与开链烯烃的命名相似。根据成环碳原子数目称“环某烯”，按照首先使双键碳原子的编号最低，然后再使环上其他取代基编号低的方向编号。

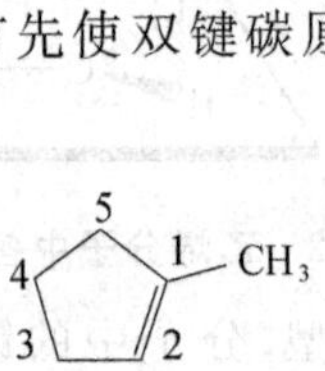

1-甲基环戊烯

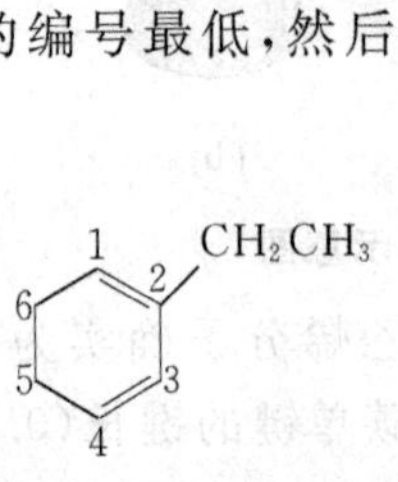

2-乙基-1,3-环己二烯

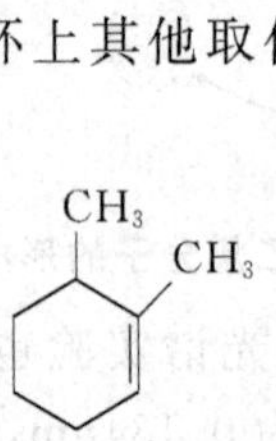

1,6-二甲基环己烯

烯烃去掉一个氢原子后剩下的一价基团叫做烯基。烯基命名时，其编号从有游离价键所在的碳原子开始。例如：

$CH_3CH═CH—$　　1-丙烯基

$CH_3CH═CHCH_2—$　　2-丁烯基

$CH_2═CHCH_2—$　　2-丙烯基或称“烯丙基”

$CH_2═C(CH_3)—$　　1-甲基乙烯基或称“异丙烯基”

含四个或四个以上碳原子的烯烃有碳链异构，如(a)和(b)，还有由于双键位置不同而产生的位置异构，如(a)和(c)。

此外，由于双键不能自由旋转的原因，致使与双键碳原子直接相连的原子或基团在空间的相对位置就被固定下来，如2-丁烯，双键上的4个基团在空间就可以有两种不同的排列方式，即两种构型：

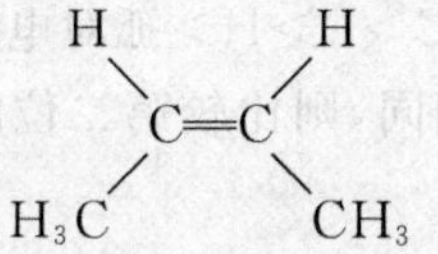

顺-2-丁烯(沸点3.7℃)

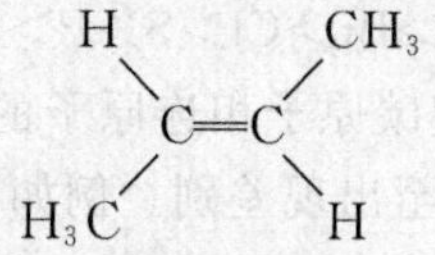

反-2-丁烯(沸点0.9℃)

这种异构称为顺反异构，属立体异构中的构型异构。

“构型”和“构象”都是用来描述分子中各原子或基团在空间的不同排列，但其含义不同。分子中各原子或基团在空间的不同排列可以通过单键的旋转而相互转化的，叫做构象。如重叠式乙烷和交叉式乙烷就是乙烷的两种不同构象，但它们属于同一种分子，一般无法把它们分离。构型虽然也是指分子中各原子或基团在空间的不同排列，但它们之间的相互转化必须通过键的断裂来完成，如顺-2-丁烯和反-2-丁烯，是2-丁烯的两种不同的构型。根据理化性质的差异，可以把它们分离开来。

分子产生顺反异构现象的条件是：

(1) 分子中必须有限制旋转的因素，如碳-碳双键、脂环等结构。

(2) 在不能自由旋转的两端原子上，必须各自和两个不同的原子或基团相连。

例如：

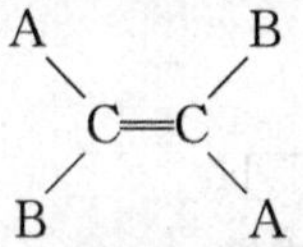

(反式)

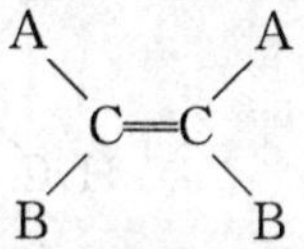

(顺式)

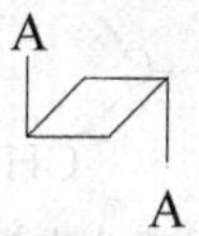

(反式)

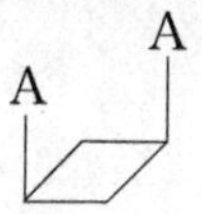

(顺式)

对于顺反异构体的命名，常用的有两种方法：一种是顺反表示法，如前所示相同基团在同侧的为顺式，反之则为反式。在二取代烯烃和环中，常用顺反表示法。另一种是 *Z*、*E* 表示法。当双键上两个碳原子所连接的四个原子或基团不相同时，用顺反表示法就会发生困难，如果用 *Z*、*E* 表示法就可以克服这种困难。

根据IUPAC命名法的规定，如果双键上两个碳原子连接的较优基团在双键平面的同侧时，其构型用 *Z* 表示，字母 *Z* 是德文 Zusammen 的字头，指“一起，同侧”的意思；在异侧时，其构型用 *E* 表示，字母 *E* 是德文 Entgegen 的字头，指“相反，相对”的意思。书写时，将 *Z* 或 *E* 写在括号内，放在化合物名称之前，并用连字符“-”相连接。

顺反表示法和 *Z*、*E* 表示法在很多情况下是一致的，但有时也有不一致的，即顺式并不一定是 *Z* 式。例如：

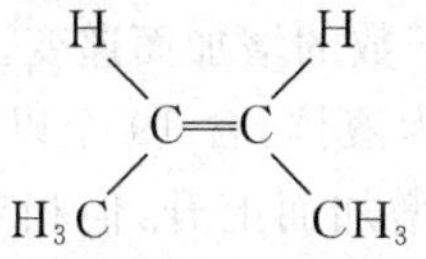

(*Z*)-2-丁烯(顺-2-丁烯)

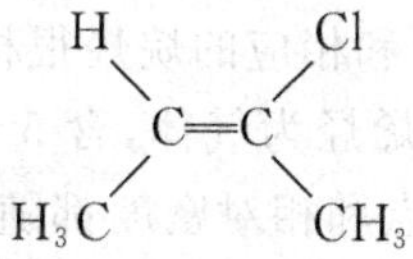

(*E*)-2-氯-2-丁烯(顺-2-氯-2-丁烯)

较优基团的判断可由“次序规则”来确定，我国《有机化学命名原则》(1980)所确定的次序规则的主要内容有：

(1) 按直接与双键碳原子相连的原子的原子序数大小排列，原子序数大的原子较优先，称为“较优基团”；如果是同位素，则质量大的优先；孤对电子排在氢之后。以下是常见原子的优先次序：

$$I>Br>Cl>S>P>F>O>N>C>D>H>\text{孤对电子}$$

(2) 如果与双键碳原子相连原子的原子序数相同，则比较第二位的原子；若再相同，则再依次比较下去，直至出现差别。例如：

$—CH_2Br>—CH_2Cl>—CH_2SH>—CH_2OH>—C(CH_3)_3>—CH(CH_3)_2>—CH_2CH_3>—CH_3$

(3) 如果取代基含有双键或叁键，则可认为连有两个或三个相同的原子。例如：

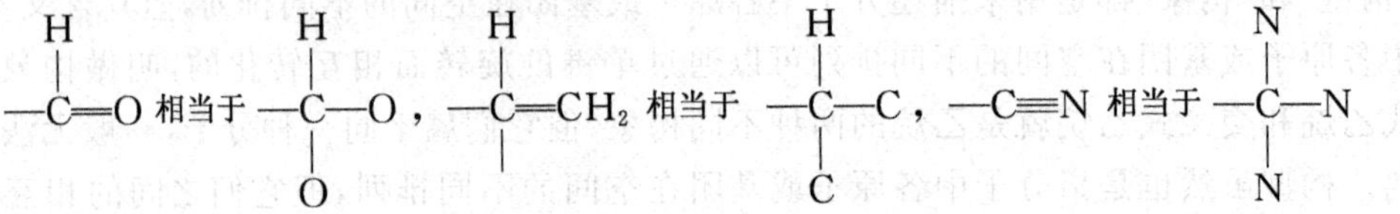

例如：

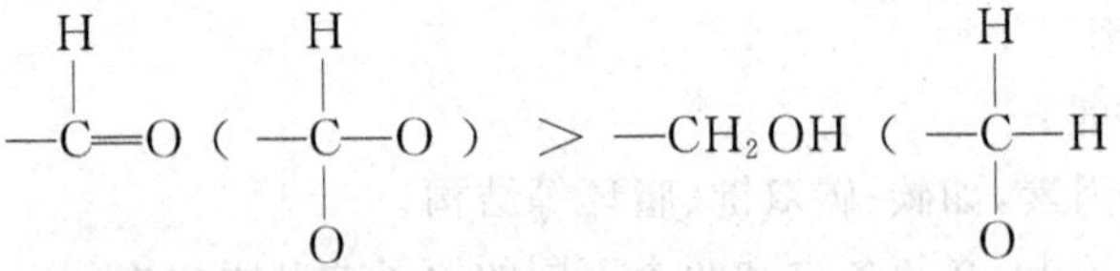

下面就是以 Z、E 表示法来命名的顺反异构体：

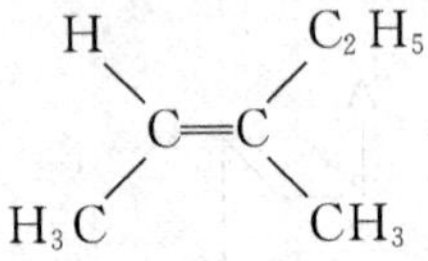

(E)-3-甲基-2-戊烯

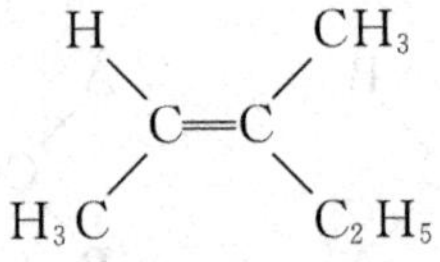

(Z)-3-甲基-2-戊烯

如果烯烃分子中含有两个或两个以上的双键，而且每个双键上所连基团都有顺反异构，就应标出每个双键的构型。例如：

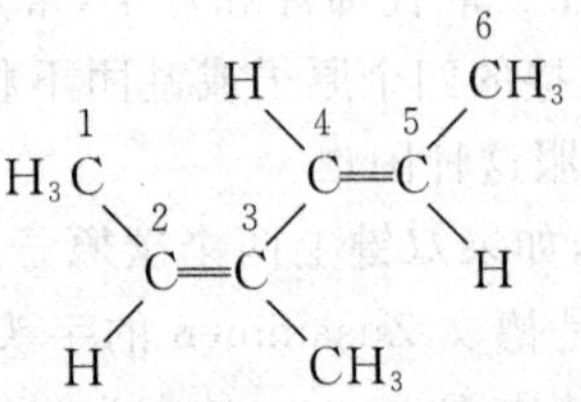

($2Z$,$4E$)-3-甲基-2,4-己二烯

三、烯烃的性质

(一) 物理性质

烯烃的物理性质和相应的烷烃很相似，也随着碳原子数的增加而递变。在常温常压下，含 2～4 个碳原子的烯烃为气体，含 5～18 个碳原子的为液体，含 19 个以上碳原子的为固体。它们的沸点、熔点和相对密度都随相对分子质量的增加而上升，但相对密度都小于 1，都是无色物质。与烷烃相似，烯烃不溶于水，而易溶于非极性或弱极性的有机溶剂，如苯、乙醚、氯仿、四氯化碳等。

在顺反异构体中，如 2-丁烯，由于反式异构体的几何形状是对称的，故偶极矩为零，是非极性分子；顺式异构体是不对称的，有一定的极性，所以顺式异构体的沸点要比反式的沸点略高。而对于熔点来说则相反，反式异构体与顺式异构体相比有较高的对称性，分子在晶格中可以排列得较紧密，分子间作用力较大，故反式异构体通常有较高的熔点和较小的溶解度。如顺-2-丁烯的沸点是 3.70℃，熔点是－138.9℃；而反-2-丁烯的沸点是 0.88℃，熔点是－105.6℃。烯烃的物理常数如表 3-1 所示。

表 3-1　烯烃的物理常数表

化合物	熔点/℃	沸点/℃	相对密度(d_4^{20})
乙烯	－169.2	－103.7	0.579
丙烯	－185.4	－47.4	0.6104_4^{mp}
1-丁烯	－185.3	－6.3	0.6255_4^{mp}
顺-2-丁烯	－138.9	3.70	0.6213
反-2-丁烯	－105.6	0.88	0.6041
异丁烯	－140.4	－6.9	0.6266_4^{mp}
1-戊烯	－165.2	30.0	0.6410
1-己烯	－139.8	63.5	0.6732
1-庚烯	－118.9	93.6	0.6970
1-辛烯	－101.7	121.3	0.7149

（二）化学性质

碳-碳双键由一个 σ 键和一个 π 键组成，它是烯烃的官能团。π 键比 σ 键弱，容易断裂，π 键打开后，双键两端的碳原子分别与两个原子或基团结合，形成两个新的 σ 键，这样的反应称为加成反应。烯烃的加成反应分为离子型的亲电加成反应和自由基的加成反应。

离子型加成反应是化学键异裂引起的，分为亲电加成和亲核加成，而亲电加成是烯烃的典型反应。由于烯烃双键的 π 键电子云分布在分子平面的上下两侧，距核远，比较分散，所以 π 键容易受到 H^+、路易斯酸等缺电子的试剂——亲电子试剂的进攻。由亲电子试剂进攻 π 键而发生的加成反应称为亲电加成反应。

1. 加成反应

(1) 催化加氢。

烯烃与氢的加成反应称为加氢反应，也叫烯烃的还原反应。但烯烃在一般情况下不会与氢发生反应，因为反应需要很高的活化能，必须有催化剂存在才能顺利进行。在催化剂存在下有机化合物的加氢反应称为催化加氢。催化加氢常用的催化剂有镍、钯、铂等金属以及一些重金属的配合物。

$$CH_3CH{=}CH_2 + H_2 \xrightarrow{Pt} CH_3CH_2CH_3$$

烯烃通过加氢反应，将碳-碳双键转变为单键生成烷烃，因此是制备烷烃的一个方法。凡是分子中含有碳-碳双键的化合物，都可在适当的条件下进行催化加氢反应。此反应是定量进行的，所以可以根据反应消耗氢的量来测定分子中含有碳-碳双键的数目。

(2) 与卤素的加成。

卤素与烯烃的加成活性次序为：氟＞氯＞溴＞碘。

碘不活泼，加成困难；而氟太活泼，反应剧烈，往往使碳链断裂。所以一般烯烃的卤化反应，实际上是指与氯或溴的加成反应。

烯烃与氯和溴很容易发生加成反应，生成邻二卤代烃。例如，在常温下将乙烯或丙烯通入溴的四氯化碳溶液或溴水中，由于生成无色的二溴代烷而使溴的红棕色褪去。所以实验室里常用溴水或溴的四氯化碳溶液来检验双键的存在。

$$CH_3CH{=}CH_2 + Br_2 \xrightarrow{CCl_4} \underset{\displaystyle\ Br\quad Br}{CH_3\underset{|}{C}H\underset{|}{C}H_2}$$

烯烃与溴的加成是亲电加成，这可以从下面的反应事实来说明。

将乙烯通入溴水及氯化钠水溶液中时，发现产物中除有 1,2-二溴乙烷外，还有 1-氯-2-溴乙烷（$BrCH_2CH_2Cl$）和 2-溴乙醇（$HOCH_2CH_2Br$）存在。

$$CH_2{=}CH_2 + Br_2 \xrightarrow{H_2O/NaCl} \underset{Br\qquad Br}{CH_2{-}CH_2} + \underset{Br\qquad Cl}{CH_2{-}CH_2} + \underset{Br\qquad OH}{CH_2{-}CH_2}$$

这说明烯烃与溴的加成，不是简单的溴分子分成两个溴原子同时加在两个碳原子上，而是分步进行的。烯烃与溴的亲电加成是按溴鎓离子中间体机理进行的。当溴分子与烯烃接近时，Br—Br 间的电子受烯烃 π 电子的作用而极化成极性分子（$\overset{\delta+}{Br}-\overset{\delta-}{Br}$），溴分子带正电荷的部分靠近双键，受到 π 电子云的渗透，继续极化，最后 π 键断开和 Br—Br 键发生异裂，生成一个由溴正离子与双键的两个碳原子结合成的三元环正离子中间体——溴鎓离子以及一个溴负离子。

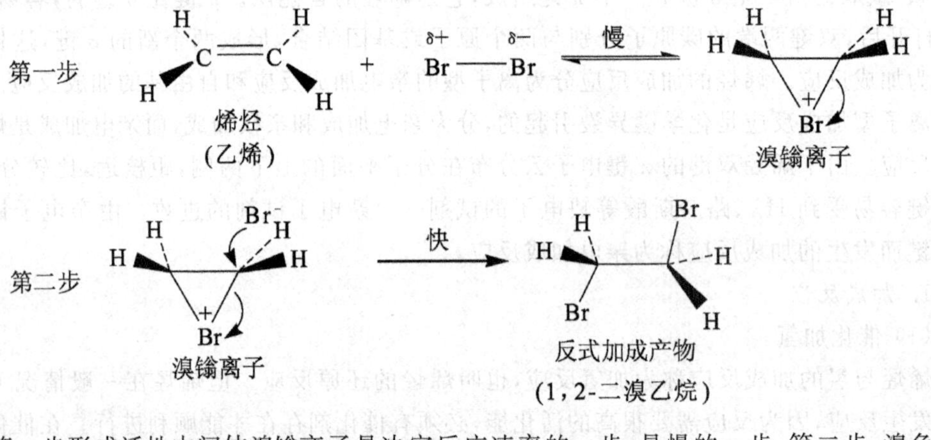

第一步形成活性中间体溴鎓离子是决定反应速率的一步，是慢的一步；第二步，溴负离子从溴鎓离子的背面进攻两个碳原子之一，得到反式加成的 1,2-二溴乙烷，即产物中两个溴原子加在烯烃平面的两侧（有关烯烃与溴加成的立体化学详见第五章第八节），是快的一步。

第一步即决定速度的步骤中，是由 Br^+（亲电试剂）向烯烃富电子的 π 键进攻而引起的加成反应，所以叫亲电加成反应；第二步是反应体系中各种负离子进攻环溴鎓离子，最终得到各种加成产物。除了溴负离子与溴鎓离子反应外，氯负离子和羟基负离子同样可以与溴鎓离子反应得到反式加成的 2-溴乙醇和 1-氯-2-溴乙烷。

(3) 与卤化氢的加成。

将烯烃与 HX（X=Cl、Br）气体或浓的氢卤酸混合，即可发生反应得到卤代烃。实验证明，此反应也属于亲电加成反应，也是分两步进行。第一步，亲电试剂 H^+ 首先加到碳-碳双键中的一个碳原子上，形成碳正离子，这是决定反应速率的一步；第二步，碳正离子与 X^- 结合形成卤代烷。

$$HX \longrightarrow H^+ + X^-$$

$$CH_2{=}CH_2 + H^+ \xrightarrow{\text{慢}} \underset{\text{碳正离子中间体}}{CH_3{-}\overset{+}{C}H_2} \xrightarrow[\text{快}]{X^-} CH_3{-}CH_2X$$

烯烃与 HX 加成，烯烃双键上的电子云密度越高，氢卤酸的酸性越强，反应越易进行。所以氢卤酸的反应活性为：

$$HI > HBr > HCl$$

乙烯属于对称烯烃（双键两端所连基团相同），不论卤原子或氢原子加到哪一个双键碳原子上，都得到同一种产物。不对称烯烃（双键两端所连基团不同）与 HX 加成时，结果就不一样了。如 1-丁烯是不对称烯烃，与 HX 加成可以得到两种加成产物，这两种产物是不等量的，以一种产物为主。

$$CH_3CH_2CH{=}CH_2 + HX \longrightarrow \underset{80\%}{CH_3CHXCH_2CH_3} + \underset{20\%}{CH_3CH_2CH_2CH_2X}$$

其他不对称烯烃与 HX 加成时，也有相似的结果。实验事实证明，当不对称烯烃与极性试剂（如 HX）加成时，通常试剂（HX）中带正电部分（H^+）总是加在含氢较多的双键碳原子上，而带负电部分（X^-）则加到含氢较少的双键碳原子上。该规律称为马尔可夫尼科夫（Markovnikov）规律，简称马氏规律。

当有过氧化物（R—O—O—R），如过氧化氢（H_2O_2）、过氧化苯甲酰（$(C_6H_5COO)_2$）等存在或光照时，氢溴酸与丙烯等不对称烯烃加成时，两种加成产物的得率与通常的亲电加成的结果是不一样的，即与马氏规律的结果正好相反。例如，在过氧化物作用下，丙烯与 HBr 反应主要得到 1-溴丙烷：

$$CH_3CH{=}CH_2 + HBr \xrightarrow{\text{过氧化物}} CH_3CH_2CH_2Br$$

$$CH_3CH{=}CH_2 + HBr \xrightarrow{\text{无过氧化物}} CH_3CHBrCH_3$$

该现象称为过氧化物效应。该反应机理不是离子型的亲电加成，而是由过氧化物或光照引发的化学键的均裂所产生的自由基进攻烯烃中的双键而引起的，因此称为自由基加成反应。只有 HBr 与烯烃的加成有过氧化物效应，HCl 和 HI 则没有影响，得到的产物仍服从马氏规律。

(4) 与水的加成。

烯烃不能与水直接加成，因为水的酸性太弱，但在强酸的催化下，烯烃和水加成生成醇，这个反应称为烯烃的直接水合法，是常用的一种醇的制备方法。

$$CH_3CH{=}CH_2 + H_2O \xrightarrow{H^+} CH_3\underset{\displaystyle OH}{\underset{|}{C}H}CH_3$$

在强酸的催化下，H^+ 与水结合成水合质子 H_3O^+，烯烃与 H_3O^+ 作用生成碳正离子，碳正离子再与水作用得到质子化的醇，最后再通过质子交换得到醇和水合质子。烯烃的水合反应也遵守马氏规律。

$$H^+ + H_2O \longrightarrow H:\overset{+}{O}H_2$$

$$CH_3CH=CH_2 + H:\overset{+}{O}H_2 \rightleftharpoons CH_3\overset{+}{C}HCH_3 + :OH_2$$

$$CH_3\overset{+}{C}HCH_3 + :OH_2 \longrightarrow CH_3\underset{\Large |}{\overset{^{+}OH_2}{C}}HCH_3 \xrightarrow{:OH_2} CH_3\overset{OH}{\overset{|}{C}}HCH_3 + H:\overset{+}{O}H_2$$

(5) 与浓硫酸的加成。

将烯烃通入冷浓硫酸中时可反应生成酸式硫酸酯。例如：

$$CH_2=CH_2 + H_2SO_4 \xrightarrow{0℃\sim5℃} CH_3CH_2OSO_2OH$$

硫酸氢乙酯水解生成乙醇：

$$CH_3CH_2OSO_2OH \xrightarrow{H_2O} CH_3CH_2OH$$

不对称烯烃与浓硫酸加成时，反应也符合马氏规律。如丙烯与硫酸反应得到硫酸氢异丙酯，再水解得到异丙醇。

$$\underset{\text{丙烯}}{CH_3CH=CH_2} + H_2SO_4 \longrightarrow \underset{\text{硫酸氢异丙酯}}{CH_3\underset{OSO_2OH}{\underset{|}{C}}HCH_3} \xrightarrow[\triangle]{H_2O} \underset{\text{异丙醇}}{CH_3\underset{OH}{\underset{|}{C}}HCH_3}$$

通过烯烃与硫酸的加成和水解两步反应，结果是烯烃分子中加了一分子水生成醇，所以又称为烯烃的间接水合法。

由于烯烃能溶于冷的浓硫酸，利用这一特点可以除去某些不与硫酸作用，又不溶于硫酸的有机物(如烷烃、卤代烃等)中所含的烯烃。例如，可将含有少量烯烃的烷烃与适量浓硫酸一起振荡，烯烃便由于生成烷基硫酸氢酯而溶于硫酸中，这样便可将烷烃中的烯烃除去。

(6) 与次卤酸加成。

烯烃与卤素及水作用，生成物是在相邻的碳原子上分别连有卤原子和羟基的化合物，这类化合物称为卤代醇。丙烯和卤素及水作用时，首先是卤素与水作用生成次卤酸，但因氧原子的电负性较强，使分子极化成 $\overset{\delta-}{HO}\overset{\delta+}{X}$，然后 X^+ 作为缺电子的亲电试剂进攻双键含氢多的碳原子，HO^- 则连在含氢少的那个双键碳原子上，即反应也服从马氏规律。

$$CH_3CH=CH_2 + X_2 + H_2O \longrightarrow CH_3\underset{OH}{\underset{|}{C}}HCH_2X$$

(7) 硼氢化-氧化反应。

烯烃可以和硼氢化物如甲硼烷发生加成反应生成三烷基硼烷。例如：

$$3CH_3CH=CH_2 + \underset{\text{甲硼烷}}{BH_3} \longrightarrow \underset{\text{三丙基硼烷}}{(CH_3CH_2CH_2)_3B}$$

由于硼有空轨道，可接受电子，在加成时，硼氢化物中的硼原子作为正性基团(缺电子)，而H作为负性基团加到双键碳原子上。硼氢化反应是分三步进行的。但一般情况下，最终产物三烷基硼烷的生成速度非常快，很难分离得到一烷基硼烷和二烷基硼烷。例如：

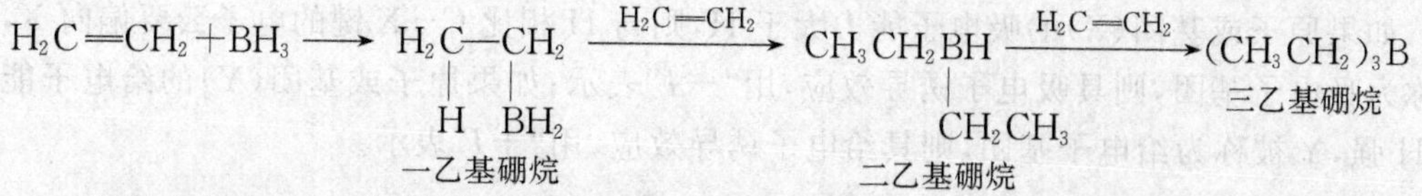

硼氢化物与不对称烯烃反应时，受立体因素的控制，硼原子主要加在取代基较少、即位阻较小的双键碳原子上，而 H 加到含氢少的双键碳原子上。例如，下面二种烯烃硼原子加在二个双键碳原子上的比例为：

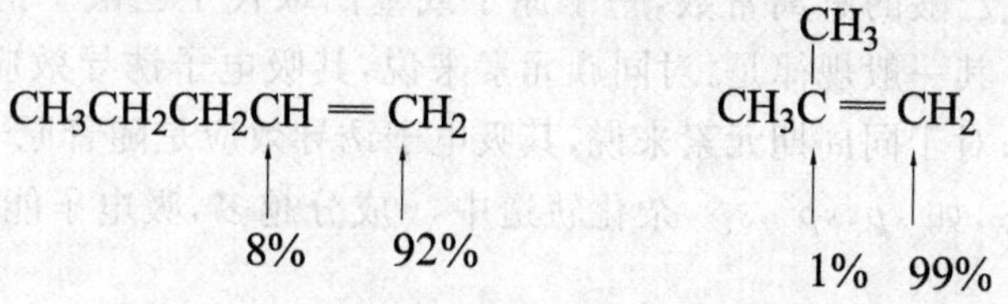

生成的烷基硼一般不必分离，直接在碱性溶液中用过氧化氢氧化成醇，所以产物是反马氏规律的，即所得的醇羟基是连在含氢多的双键碳原子上。烯烃经硼氢化和氧化转变成醇，总称为硼氢化一氧化反应，总的结果是烯烃分中加了一分子水，生成醇。它与烯烃水合不同的是，前者加成位置是反马氏规律的，而后者加成位置是服从马氏规则的。

$$(CH_3CH_2CH_2)_3B + 3H_2O_2 \xrightarrow{OH^-} 3CH_3CH_3CH_2OH + B(OH)_3$$

由于甲硼烷分子中的硼原子外层电子只有 6 个，是不稳定的，容易发生分子间的相互聚合而生成二聚体乙硼烷（B_2H_6），故烯烃与甲硼烷的硼氢化反应实际使用的是乙硼烷的醚溶液。在醚溶液中，试剂以甲硼烷形式参加反应。

$$2BH_3 \rightleftharpoons B_2H_6$$

乙硼烷是一种在空气中能自燃的气体，一般不预先制好，而是由三氟化硼和硼氢化钠现制现用。

$$3NaBH_4 + 4BF_3 \longrightarrow 2B_2H_6 + 3NaBF_4$$

(8) 马氏规律的理论解释。

在多原子分子中由于成键原子或基团之间电负性不同，使共用电子对偏向于电负性较大的一方，导致共价键带有极性。例如：

$$CH_3—CH_2—\overset{\delta+}{C}H_2 \longrightarrow \overset{\delta-}{Cl}$$

键的极性可以通过静电作用力沿着相邻的原子键（单键或双键中的 σ 键）继续传递下去，使邻近价键电荷发生偏移，这种作用就叫做诱导效应，用符号 I 表示。

$$\overset{\delta\delta\delta+}{C}H_3 \longrightarrow \overset{\delta\delta+}{C}H_2 \longrightarrow \overset{\delta+}{C}H_2 \longrightarrow \overset{\delta-}{Cl}$$

式中箭头所指方向是 σ 电子云的偏移方向。由于氯原子的电负性大于碳原子，所以电子云向氯原子转移，使之带有部分负电荷（$\delta-$），而碳原子则带有部分正电荷（$\delta+$）。电子云的转移不仅发生在与氯原子直接相连的碳原子上，而且这种影响沿碳链要依次传递下去，使第二个碳原子也带有较小的部分正电荷（$\delta\delta+$），第三碳原子带有更小的正电荷（$\delta\delta\delta+$）。诱导效应在沿着碳链传递过程中，随着传递距离的增加其效应迅速降低，一般只考虑传递到第三根键的影响。

诱导效应一般是以饱和 C—H 键中的 H 为比较标准，规定饱和的 C—H 键的诱导效应为零。如果原子或基团(X)的吸电子能力大于 H,则与 H 相比 C—X 键的电子云要偏向 X,X 被称为吸电子基团,则具吸电子诱导效应,用“$-I$”表示;如果原子或基团(Y)的给电子能力比 H 强,Y 被称为给电子基团,则具给电子诱导效应,用“$+I$”表示。

$$\overset{\delta+}{Y}\longrightarrow\overset{\delta-}{C}\qquad C—H\qquad \overset{\delta+}{C}\longrightarrow\overset{\delta-}{X}$$

$$+I\qquad\quad I=0\qquad\quad -I$$

诱导效应的大小可以通过测量偶极矩得知,也可以通过测量酸或碱的解离常数来估计(如通过测量一取代乙酸的解离常数,一个原子或基团取代了乙酸中的 α-氢原子可以改变乙酸的解离常数)。其一般规律是:对同族元素来说,其吸电子诱导效应是随着电子层数的增加而依次降低的;对于同周期元素来说,其吸电子诱导效应是随着原子序数的增加而增加的;对不同杂化状态,如 sp,sp^2,sp^3 杂化轨道中,s 成分越多,吸电子能力越强。因此,吸电子诱导效应:

$$—C\equiv CR > —CH=CR_2 > —CH_2—CR_3$$

常见的一些原子或基团的诱导效应大小次序如下:

吸电子基团:

$—NO_2 > —CN > —F > —Cl > —Br > —I > —C\equiv CR > —OCH_3 > —OH > —C_6H_5 > —CH=CR_2 > —H$

给电子基团:

$$—C(CH_3)_3 > —CH(CH_3)_2 > —C_2H_5 > —CH_3$$

上面各原子或基团,在不同的母体化合物中的诱导效应顺序是不完全相同的,因为其诱导效应会受到母体化合物中其他原子间的相互影响而有所不同。

诱导效应是一种静电作用,只与键的极性有关,没有外界电场影响时也存在,是一种永久性的效应。因此由共价键的极性所引起诱导效应称为静态诱导效应。但在化学反应中,当反应试剂受到外界电场的影响(如极性试剂的进攻),则成键电子云分布将受到影响而发生变化,这称为动态诱导效应。动态诱导效应的大小与外界电场强度及键的极化能力有关。分子在外界电场影响下发生的动态诱导效应是一种暂时现象,只有在进行化学反应的瞬间才表现出来,若外界电场消失,其键的极化也消失。

马氏规律可以从以下两个方面加以解释,以 1-丁烯与 HX 的亲电加成为例加以说明。

第一,从诱导效应来解释。

在 1-丁烯分子中,当乙基与双键碳原子直接相连时,sp^3 杂化的乙基碳原子的电负性要比 sp^2 杂化的双键碳原子的电负性小,因而乙基表现出向双键推电子,结果使得双键含氢原子较少的碳原子带部分正电荷(δ+),双键含氢原子较多的碳原子带部分负电荷(δ−)。加成时,H^+ 首先加到带部分负电荷的双键碳原子上,形成碳正离子,然后 X^- 加到带有正电荷的碳原子上。

$$CH_3CH_2\longrightarrow\overset{\delta+}{C}H=\overset{\delta-}{C}H_2+H^+\longrightarrow CH_3CH_2—\overset{+}{C}H—CH_3\xrightarrow{X^-}CH_3CH_2—\underset{\displaystyle X}{\underset{|}{C}H}—CH_3$$

第二,从用反应过程中的活泼中间体——碳正离子(碳正离子的概念详见第一章内容)的相对稳定性来解释。

烷基碳正离子按照正电荷在碳原子的位置，可分为一级(伯)、二级(仲)、三级(叔)碳正离子三类。例如，下面的叔丁基碳正离子、异丙基碳正离子和乙基碳正离子分别属于这三类碳正离子。

根据物理学中电荷越分散，体系越稳定的规律，碳正离子的稳定性主要取决于电荷的分散情况。因此碳正离子的稳定性与带有正电荷的碳原子(C^+)所连的基团有关。若连的是给电子基团，可以使正电荷转移到给电子基上而得以分散，使碳正离子的稳定性增加；若连的是吸电子基团，则增加了带正电荷碳原子上的正电荷，从而降低了碳正离子的稳定性。

烷基碳正离子的稳定性还可以用 σ-*p* 超共轭效应解释(σ-*p* 超共轭效应的详细内容见本章第三节之三)。

碳正离子有空的 *p* 轨道，具有接受电子的能力，与烷基的 α-C—H 键存在着电子的离域现象，其结果是 σ 电子向 C^+ 空 *p* 轨道移动，因此 C^+ 上的正电荷得到分散，体系趋于稳定，这种电子离域称为 σ-*p* 超共轭效应。例如，乙基碳正离子($CH_3—\overset{+}{C}H_2$)，其 σ-*p* 超共轭效应示意如下：

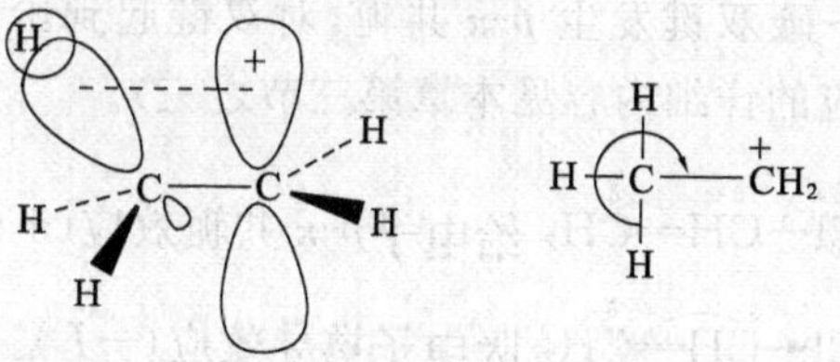

$CH_3—\overset{+}{C}H_2$ 中，CH_3 的 C—H 键与 *p* 轨道(空)超共轭。C^+ 上的 α-C—H 键愈多，σ-*p* 超共轭效应愈大。在叔丁基碳正离子、异丙基碳正离子和乙基碳正离子中，具有 σ-*p* 超共轭效应的 C—H 键分别是 9、6 和 3 个，甲基碳正离子为零。

综上所述，简单的碳正离子其相对稳定性次序如下：

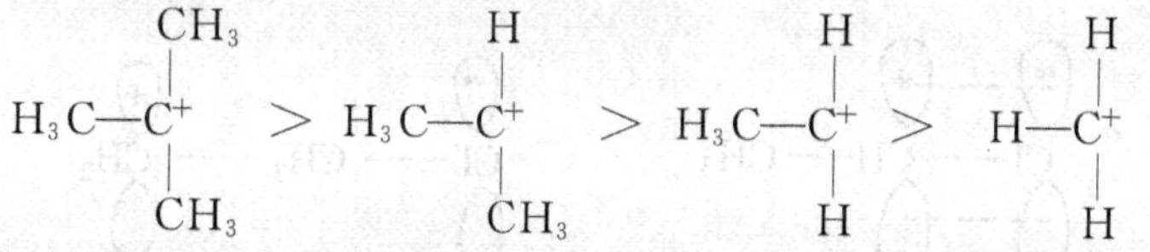

叔丁基碳正离子 (三级，3°，叔)　　异丙基碳正离子 (二级，2°，仲)　　乙基碳正离子 (一级，1°，伯)　　甲基碳正离子

1-丁烯与 HX 的亲电加成，可生成两种碳正离子(Ⅰ)和(Ⅱ)，如果 H^+ 加到含氢多的双键碳上，则得到(Ⅰ)；如果 H^+ 加到含氢少的双键碳上，则得到(Ⅱ)。(Ⅰ)为仲碳正离子，而(Ⅱ)为伯碳正离子，所以(Ⅰ)比(Ⅱ)稳定，因此主要生成(Ⅰ)，进而主要得到(Ⅰ)的产物，即符合马氏规律。

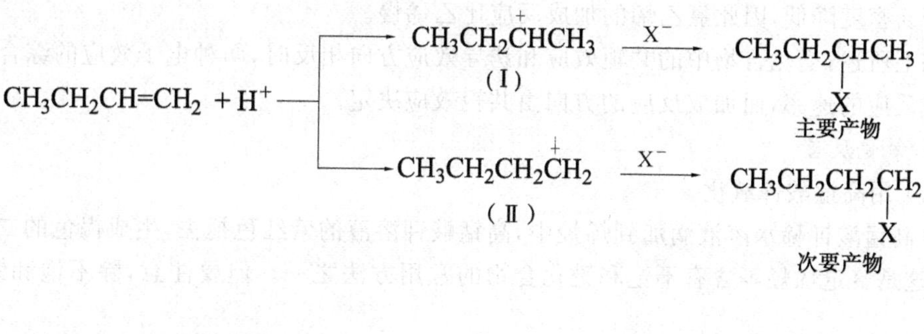

马氏规律的适用范围是双键碳原子上有给电子基团的烯烃。如果双键碳上有吸电子基团，如$—CF_3$、—CN、—COOH、$—NO_2$等，在很多情况下，加成反应的方向是反马氏规律的，但仍符合电性规律，即试剂中带正电部分（带正电荷的离子、原子或基团）主要加到电子云密度较高的双键碳原子上。例如，在三氟丙烯（$F_3C—CH=CH_2$）与 HX 加成反应中，由于$—CF_3$是个强吸电子基，使碳-碳双键上的电子云向吸电子基（CF_3）偏移，结果双键含氢原子较少的碳原子带部分负电荷（δ−），含氢原子较多的碳原子带部分正电荷（δ+），得到反马氏规律的产物。同时由于双键上电子云密度降低，亲电加成反应速率降低。

$$F_3C \longleftarrow \overset{\delta-}{C}H = \overset{\delta+}{C}H_2 + HX \longrightarrow F_3C—CH_2—CH_2X$$

还有，如烯烃双键碳上连有 X、O、N 等具有孤对电子的原子或基团，如 Cl、Br、OH、OR、OCOR、NH_2、NHR、NR_2，加成产物仍符合马氏规律。例如：

$$ClCH=CH_2 + HCl \longrightarrow Cl_2CHCH_3$$

氯是吸电子基团，对碳-碳双键产生较强的吸电子诱导效应（$-I$），但氯原子外层 p 轨道上的孤对电子与相邻的碳-碳双键发生 p-π 共轭，对双键起到给电子的作用（$+C$），两种电子效应方向相反（共轭效应的详细内容见本章第三节之三）。

$$\ddot{C}l—\overset{\delta+}{C}H = \overset{\delta-}{C}H_2$$ **给电子p-π共轭效应**（$+C$）

$$Cl \leftarrow \overset{\delta-}{C}H = \overset{\delta+}{C}H_2$$ **吸电子诱导效应**（$-I$）

当化合物中共轭效应和诱导效应方向相反时，其反应的方向由动态的共轭效应决定。所以 H^+ 优先与含氢多的双键碳原子结合而主要得到符合马氏规律的加成产物。

为什么反应的方向由动态的共轭效应决定？以上述反应为例，由于氢原子加在含氢多的双键碳原子上得到的碳正离子（Ⅰ）比（Ⅱ）稳定：

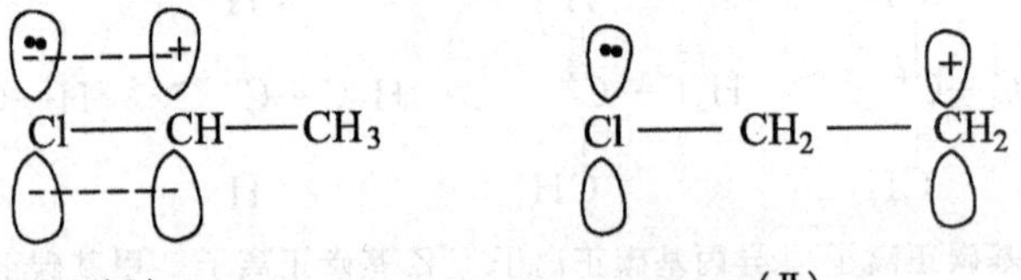

（Ⅰ）　　　　　　　　　　（Ⅱ）

（Ⅰ）中，氯原子含孤电子对的 p 轨道与带正电荷碳原子的 p 轨道处于相邻的位置，可共轭，电子离域，体系稳定；而（Ⅱ）中氯原子与带正电荷碳原子之间相隔碳原子，不产生共轭，故（Ⅰ）比（Ⅱ）稳定。因此，氯乙烯与 HCl 的反应主要得到符合马氏规律的产物。但由于氯原子对双键的吸电子诱导效应（$-I$）大于给电子的共轭效应（$+C$），总的结果使双键上的电子云密度降低，因此氯乙烯的加成反应比乙烯慢。

综上所述，当化合物中的共轭效应和诱导效应方向相反时，两种电子效应的综合结果决定加成反应的速率，而加成反应的方向由共轭效应决定。

2. 氧化反应

（1）用高锰酸钾氧化。

将高锰酸钾稀水溶液滴加到烯烃中，高锰酸钾溶液的紫红色褪去，生成褐色的二氧化锰沉淀，这是鉴定烯烃等含有不饱和键化合物的常用方法之一。但要注意，除不饱和键外，某些具有还原性的有机化合物如醇、醛等，也能被高锰酸钾氧化。

反应产物与反应条件有关，在温和的条件下，如在冷的碱性或中性介质中得到的是顺式加成的邻二醇。

$$3RCH{=}CH_2 + 2KMnO_4 + 4H_2O \xrightarrow[\text{中性介质}]{\text{冷的碱性或}} 3R{-}\underset{OH}{\underset{|}{C}H}{-}\underset{OH}{\underset{|}{C}H_2} + 2MnO_2\downarrow + 2KOH$$

如果在酸性或加热的条件下，反应不易停留在邻二醇阶段，产物邻二醇会进一步氧化得到酮和羧酸等产物。

$$RCH{=}CH_2 \xrightarrow[H_2SO_4]{KMnO_4} RCOOH + CO_2 + H_2O$$

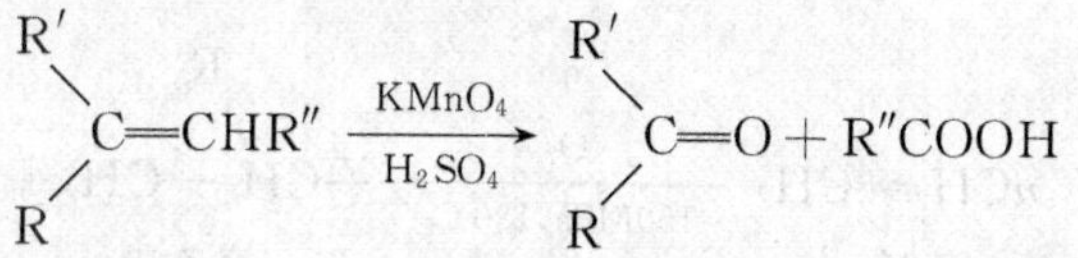

在上述氧化中，双键碳原子上连有两个烷基的部分，被氧化为酮；双键碳原子上只连有一个烷基的部分，被氧化为羧酸；而双键碳原子上连有两个氢原子的部分则被氧化为二氧化碳和水。通过一定的方法测定所得氧化产物酮或羧酸的结构，则可推断出烯烃的结构。

(2) 臭氧化反应。

将臭氧通入液态烯烃或烯烃的溶液(用惰性溶剂如四氯化碳等)时，臭氧迅速而定量地与烯烃作用，生成臭氧化合物，这个反应称为臭氧化反应。臭氧化合物不稳定且易发生爆炸，因此，反应过程中不把它从溶液中分离出来而直接在溶液中水解，生成醛、酮和过氧化氢。由于过氧化氢是氧化剂，会把生成的醛进一步氧化成羧酸，所以通常加入还原剂(如锌粉等)，以阻止产物进一步被氧化。

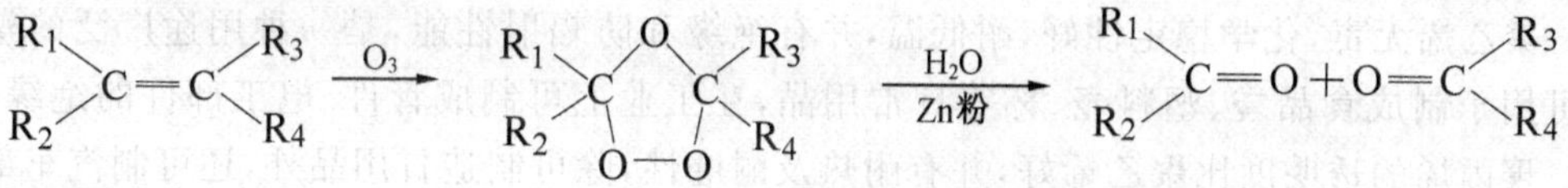

上述分子中双键碳上的 R 如果都是烷基，则产物是酮，如双键碳上的 R 是 H，则产物是醛。例如：

$$CH_3CH_2CH{=}CH_2 \xrightarrow[2)\ Zn/H_2O]{1)\ O_3} \underset{\text{丙醛}}{CH_3CH_2CHO} + \underset{\text{甲醛}}{HCHO}$$

$$H_3C{-}\underset{CH_3}{\underset{|}{C}}{=}CHCH_3 \xrightarrow[2)\ Zn/H_2O]{1)\ O_3} \underset{\text{丙酮}}{CH_3COCH_3} + \underset{\text{乙醛}}{CH_3CHO}$$

由于双键的臭氧化可以定量地进行，故臭氧化反应常被用来研究烯烃的结构。

(3) 催化氧化。

乙烯在银的催化下，可被空气中的氧直接氧化为环氧乙烷，这是工业上生产环氧乙烷的方法。

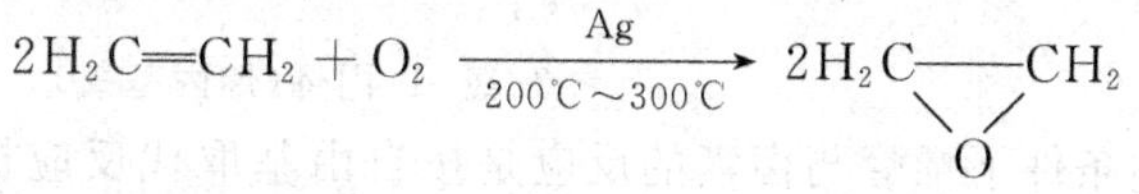

环氧乙烷

乙烯和丙烯在氯化钯的催化下被氧气氧化，生成乙醛和丙酮，它们都是重要的化工原料。

$$2H_2C{=}CH_2 + O_2 \xrightarrow[100℃\sim125℃]{PdCl_2\text{-}CuCl_2} 2CH_3CHO$$

乙醛

$$2CH_3CH{=}CH_2 + O_2 \xrightarrow[120℃]{PdCl_2\text{-}CuCl_2} 2CH_3COCH_3$$

丙酮

3. 聚合反应

在一定的条件下，许多烯烃通过加成的方式，分子间一个接一个地互相结合成相对分子质量巨大的高分子化合物，这种反应叫聚合。聚合是烯烃的一种重要反应，如乙烯、丙烯等在合适的催化剂的作用下，在一定的温度和压力条件下，可分别生成聚乙烯、聚丙烯等。

$$nCH_2{=}CH{-}R \longrightarrow {-}\!\!\left[CH_2{-}\underset{\displaystyle R}{\underset{|}{CH}}\right]\!\!{-}_n$$

$$nCH_2{=}CH_2 \xrightarrow[150MPa,180℃]{O_2} {-}\!\!\left[CH_2{-}CH_2\right]\!\!{-}_n$$

乙烯（单体）　　聚乙烯（高分子化合物）

$$n\underset{\displaystyle CH_3}{\underset{|}{CH}}{=}CH_2 \xrightarrow[0.1\sim1MPa,60℃\sim75℃]{TiCl_4\text{-}Al(C_2H_5)_3} {-}\!\!\left[\underset{\displaystyle CH_3}{\underset{|}{CH}}{-}CH_2\right]\!\!{-}_n$$

丙烯　　聚丙烯

高分子化合物是由许多简单的小分子（可以是完全相同的，也可以是不同的）连结而成的，这些小分子化合物叫做单体。如乙烯是聚乙烯的单体。在聚合反应中所生成的高分子化合物，它们的相对分子质量并不是完全相同的，所以高聚物实际是由许多相对分子质量不同的聚合物组成的混合物。

聚乙烯无毒，化学稳定性好，耐低温，并有绝缘和防辐射性能，是一种用途广泛的塑料，如可用于制成食品袋、塑料壶、杯等日常用品，在工业上可制成管件、电工部件的绝缘材料等。聚丙烯的透明度比聚乙烯好，并有耐热及耐磨性，除可制造日用品外，还可制汽车部件、纤维等。

4. α-氢的卤代

在高温、光照或有引发剂存在的条件下，烯烃与卤素反应的产物不是加成产物，而是烯烃中的α-氢被卤代的产物（与双键直接相连的碳称α-碳，α-碳上的氢则为α-氢）。例如：

$$CH_3{-}CH{=}CH_2 + Cl_2 \xrightarrow[CCl_4\text{ 溶液}]{\text{常温}} CH_3{-}\underset{\displaystyle Cl}{\underset{|}{CH}}{-}\underset{\displaystyle Cl}{\underset{|}{CH_2}}$$

1,2-二氯丙烷　　亲电加成

$$CH_3{-}CH{=}CH_2 + Cl_2 \xrightarrow[\text{气相}]{500℃\sim600℃} \underset{\displaystyle Cl}{\underset{|}{CH_2}}{-}CH{=}CH_2$$

3-氯-1-丙烯（烯丙基氯）　　自由基取代

这是由于在上述条件下烯烃与卤素的反应是按自由基取代反应机理进行的，而烯烃与卤素在非上述条件下的反应是按离子型的亲电加成机理进行的，因此产物不同。

烯烃中的α-氢比其他类型的氢容易被取代，是由于α-C—H键均裂生成的烯丙型碳自由基中间体比较稳定。烯丙型碳自由基由于具有 p-π 共轭效应，因此比其他类型的碳自由基稳定(详见本章第三节之三)。各种碳自由基的稳定性次序为：

烯丙型碳自由基＞叔碳自由基＞仲碳自由基＞伯碳自由基

烷基苯侧链烷基上的 α-H(α-碳是指与苯环直接相连的碳)也可发生类似烯烃的 α-H 自由基卤代反应。这是由于苯环侧链烷基 α-C—H 键均裂生成的苄基型自由基与烯丙型碳自由基属同一类型，也比较稳定。烷基苯的 α-H 卤代反应可参见第四章第一节有关内容。

在实验室中，N-溴代丁二酰亚胺(简称 NBS)是 α-氢溴代的常用试剂。在光或引发剂(如过氧化苯甲酰)作用下，在惰性溶剂如 CCl_4 中，NBS 与烯烃或烷基苯作用生成 α-溴代烯烃或 α-溴代烷基苯。例如：

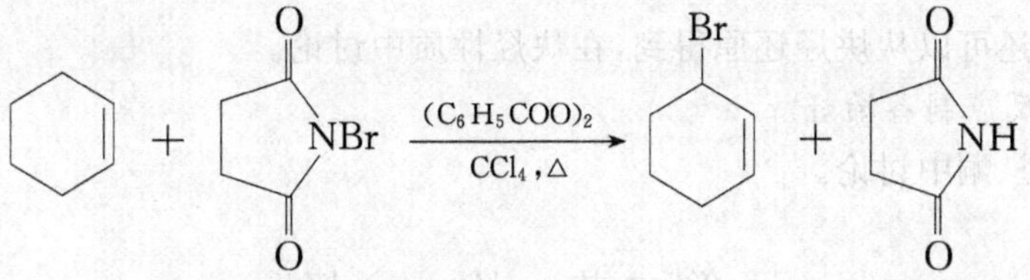

N-溴代丁二酰亚胺(NBS)　　　　　　　　　　丁二酰亚胺

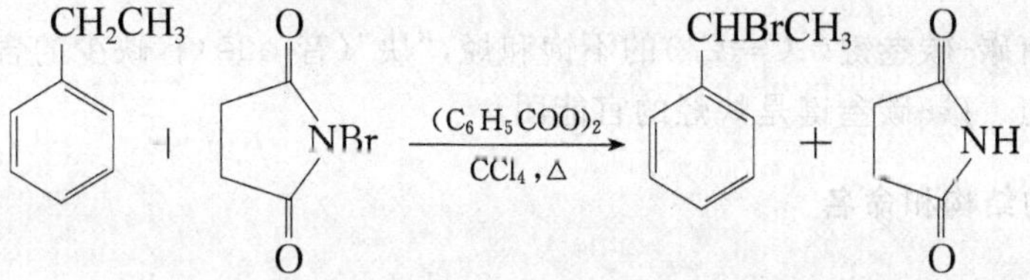

上述反应首先 NBS 与反应体系中存在极少量的酸或水汽作用，产生少量的溴。

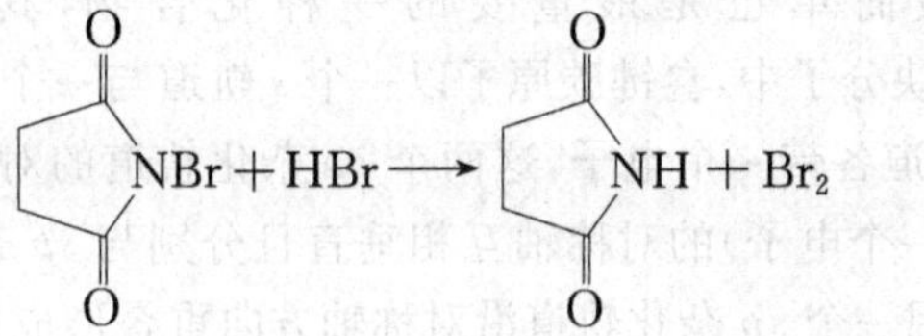

溴在光或引发剂作用下产生自由基溴，然后与烯烃或烷基苯按自由基反应机理完成反应。每当溴代反应产生一个 HBr 分子时，NBS 就把它转变成一分子 Br_2。NBS 作为 α-H 溴代试剂的优点是反应可以在较低的温度下进行；另外，NBS 能够提供恒定的低浓度溴，选择性好，可得到高产率的 α-一溴代产物。

由此可见，有机反应是很复杂的一类反应，对反应条件的严格控制是非常重要的。在不同的反应条件下，一个有机分子的不同部位可以发生完全不同的反应，但适当控制反应条件，便可使反应按需要的方向进行。

四、烯烃的制备

烯烃在工业上的主要来源是石油的热裂。石油的炼制过程也能得到少量烯烃。两者的主要成分是乙烯，还有少量的丙烯、丁烯和异丁烯等。若需要制备某个特定的烯烃则需采用专门的方法个别制备。因为烯烃中含有碳-碳双键，所以烯烃的制备方法就是碳-碳双键的合成方法。实验室制备烯烃常用的方法有：

1. 醇脱水

这是制备烯烃的最简便的反应。当有催化剂存在时，在一定的温度下，醇可以脱去一分子水而生成烯烃。如实验室里常用乙醇和浓硫酸共热来制备少量乙烯。

$$CH_3CH_2OH \xrightarrow[160℃\sim170℃]{\text{浓硫酸}} CH_2{=\!=}CH_2 + H_2O$$

2. 卤代烷脱卤化氢

卤代烃和氢氧化钾的醇溶液一起加热，脱去一分子卤化氢，就可得到烯烃。

$$\underset{\underset{\displaystyle Cl}{|}}{CH_3CHCH_2CH_3} \xrightarrow{\text{KOH/醇}} CH_3CH_2CH{=\!=}CH_2 + HCl$$

此外，烯烃还可以从炔烃还原得到，在炔烃性质中讨论。

3. 维蒂希反应制备烯烃

在第八章醛、酮中讨论。

第二节　炔　　烃

炔烃是含有碳-碳叁键（ C≡C ）的不饱和烃，“炔”（音 quē）有缺少的含义，它们比相应的烯烃少两个氢。碳-碳叁键是炔烃的官能团。

一、炔烃的结构和命名

（一）炔烃的结构

乙炔是炔烃中最简单也是最重要的一种化合物，其分子式是C_2H_2，结构式是 H—C≡C—H。在乙炔分子中，叁键碳原子以一个 s 轨道与一个 p 轨道杂化，组成两个等同的 sp 杂化轨道，每个轨道各带一个电子，这两个 sp 杂化轨道的对称轴在一条直线上，还有两个未杂化 p 轨道（各带一个电子）的对称轴互相垂直且分别与 sp 杂化轨道的对称轴垂直。两个 sp 杂化的碳原子各用一个 sp 杂化轨道沿对称轴方向重叠形成一个碳-碳 σ 键，再各用另一个 sp 杂化轨道分别和一个氢原子的 s 轨道重叠，形成 2 个碳-氢 σ 键，这 3 个 σ 键在同一条直线上。当两个 sp 杂化碳原子互相靠近形成 C—Cσ 键的同时，两组 p 轨道也彼此平行侧面重叠，形成两个 π 键，两个 π 键的电子云进一步相互作用，形成围绕两个碳原子之间 σ 键的圆筒状对称分布。乙炔分子的 4 个原子处在一条直线上，即键角为 180°。其构成情形如图 3-3 所示。

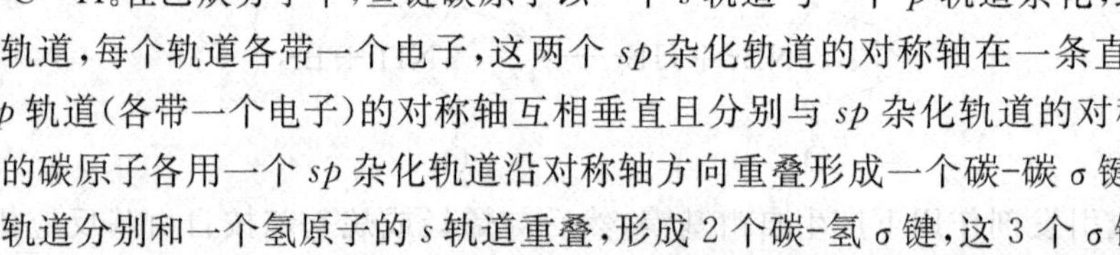

(a) 两个 sp 杂化碳原子　　(b) 由四个 p 轨道组成的两个 π 键，形成圆筒形

图 3-3　乙炔分子形成示意图

实验证明乙炔分子为直线型分子，碳-碳叁键的键长比碳-碳双键短，为 0.120nm，说明

乙炔分子中两个碳原子比乙烯离得更近，原子核对电子的吸引力更强了。碳-碳叁键的键能为 835kJ·mol^{-1}，比碳-碳双键（610kJ·mol^{-1}）和碳-碳单键（347kJ·mol^{-1}）都要大。乙炔的模型如图 3-4 所示。

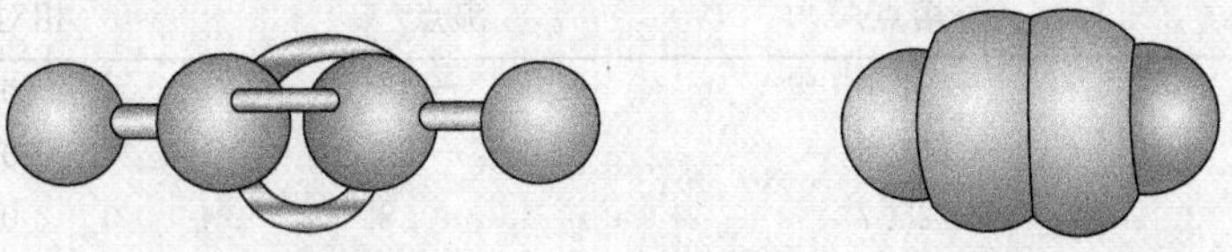

(a) 凯库勒模型　　　　(b) 斯陶特模型

图 3-4　乙炔的模型

（二）炔烃的命名

炔烃的命名原则和烯烃相似，只是将“烯”字改为“炔”。即选择包含叁键的最长碳链作主链，编号由距离叁键最近的一端开始，将叁键的位置注于炔名之前。另外，一些简单的炔烃可以作为乙炔的衍生物来命名。例如：

$HC\equiv CH$	$CH_3CH_2C\equiv CH$	$CH_3C\equiv CCH_3$
乙炔	1-丁炔 （乙基乙炔）	2-丁炔 （二甲基乙炔）

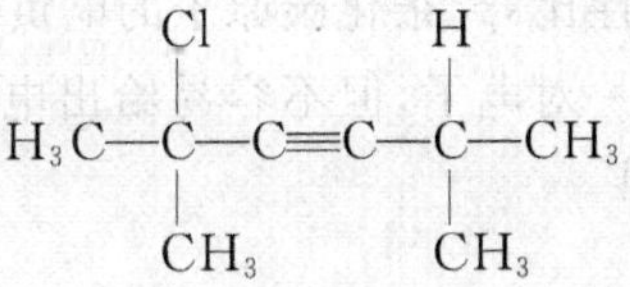

2,5-二甲基-2-氯-3-己炔

含有四个碳以上的炔烃有碳链异构和叁键官能团位置异构，但没有顺反异构。

分子中同时含有叁键和双键时，选取同时含叁键和双键最长的碳链做母体，根据碳链所含碳原子数，称“某烯炔”。碳链的编号应从最先遇到双键或叁键的一端开始。例如：

$CH_3-CH=CH-C\equiv CH$　　3-戊烯-1-炔（不叫 2-戊烯-4-炔）

如果碰到双键或叁键处在相同的位置时，则给予双键较小的编号，从靠近双键的一端开始编号。例如：

$CH_2=CH-CH_2-C\equiv CH$	$CH_2=CH-CH=CH-C\equiv CH$
1-戊烯-4-炔（不叫4-戊烯-1-炔）	1,3-己二烯-5-炔（不叫3,5-己二烯-1-炔）

二、炔烃的性质

（一）物理性质

炔烃的物理性质与烯烃的相似，也是随着相对分子质量的增加而有规律地变化。炔烃的沸点比相同碳原子数的烯烃高 10℃～20℃，相对密度比相同碳原子数的烯烃稍大，在水中的溶解度也比烷烃和烯烃大些。四个碳以下的炔烃在常温下为气体。炔烃的密度比水小，有微弱的极性，不溶于水，而易溶于石油醚、苯、丙酮、醚等弱极性或非极性的有机溶剂，在常压下 15℃时，一体积丙酮可以溶解 25 体积的乙炔。因为乙炔在较大的压力下极易爆炸，所以储存乙炔的钢瓶内填充了用丙酮浸透的硅藻土或碎软木，使得在较小压力下就能溶解大量乙炔，从而提高乙炔在运输和使用过程中的安全性。纯的乙炔是无色无臭的气体，燃烧时发出明亮的火焰，且放出大量的热。乙炔在氧气中燃烧的火焰温度可高达3500℃，所以炔氧焰常用于熔融和焊接金属。炔烃的物理常数如表3-2所示。

表3-2 炔烃的物理常数

化合物	熔点/℃	沸点/℃	相对密度(d_4^{20})
乙炔	-81.0^{891mm}	−48	0.613^{-80}
丙炔	−102.8	−23.2	0.6910_4^{-20}
1-丁炔	−125.7	8.1	0.7119_4^{-31}
2-丁炔	−32.3	27.0	0.6901
1-戊炔	−105.7	40.2	0.6901
2-戊炔	−109.3	56.1	0.7107
1-己炔	−131.9	71.3	0.7155
1-庚炔	−80.9	99.8	0.7330

（二）化学性质

炔烃的化学性质和烯烃相似，也可以发生加成、氧化和聚合等反应。但由于叁键和双键有所不同，所以炔烃的反应与烯烃是有区别的，而且还有一些特有的反应。

1. 亲电加成反应

由于 sp 杂化碳原子的电负性比 sp^2 杂化碳原子的电负性强，因而 sp 杂化碳原子对 π 电子控制更牢，尽管叁键比双键多一对电子，但不容易给出电子与亲电试剂结合。因此，炔烃的亲电加成反应一般比烯烃要难。

(1) 与卤素的加成。

乙炔的氯化需在光或三氯化铁催化下进行。

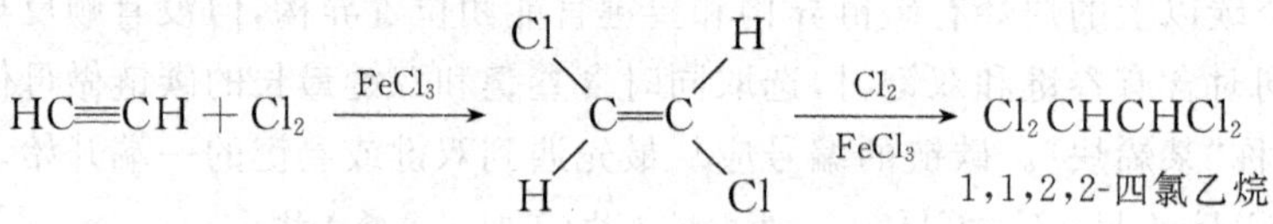

1,1,2,2-四氯乙烷

反-二氯乙烯

(2) 与卤化氢的加成。

炔烃和烯烃一样可以和卤化氢加成，反应是分步进行的，可控制反应条件而分别得到卤代烯烃和卤代烷烃。这个反应同样也遵守马氏规律。

$$CH_3C\equiv CH + HCl \longrightarrow \underset{\text{2-氯丙烯}}{CH_3CCl=CH_2} \xrightarrow{HCl} \underset{\text{2,2-二氯丙烷}}{CH_3CCl_2CH_3}$$

(3) 与水的加成。

在酸性水溶液及汞盐的催化下，炔烃和水发生加成反应，先生成一个很不稳定的烯醇式结构的化合物，然后很快地转变为稳定的羰基化合物（醛或酮）。如乙炔在10%硫酸和5%硫酸汞水溶液中发生加成反应，生成乙醛。

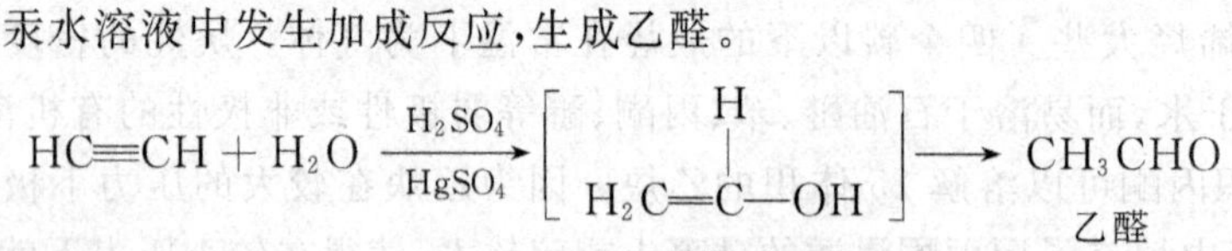

乙醛

乙烯醇

其他炔烃水化时，则产物为酮。丙炔水解得到丙酮。

$$CH_3C\equiv CH + H_2O \xrightarrow[HgSO_4]{H_2SO_4} \left[\begin{matrix} OH \\ | \\ H_3C-C=CH_2 \end{matrix} \right] \longrightarrow H_3C-\overset{\overset{O}{\|}}{C}-CH_3$$

虽然这是一个很成熟的反应，但由于汞和汞盐的毒性大，会严重污染环境，现在逐渐改用非汞催化剂来催化此反应，炔烃的水合也符合马氏规律。

2. 亲核加成反应

乙炔及其一元取代物可与含“活泼氢”基团（如 —OH、—SH、—NH_2、>NH、—$CONH_2$、—COOH 等）的有机物发生加成反应，生成含有双键（乙烯基）的产物。

这类反应的机理是以负离子作为亲核试剂进攻叁键而发生亲核加成反应。例如，乙炔在碱催化下与醇反应，首先产生一个碳负离子中间体(a)，(a)再从醇分子中得到质子，生成产物(b)，用反应式表示如下：

$$HC\equiv CH \xrightarrow{RO^-} \underset{(a)}{H\overset{-}{C}=CHOR} \xrightarrow{HOR} \underset{(b)}{H_2C=CHOR} + OR^-$$

乙醇与乙炔反应，生成乙烯基乙醚。

$$HC\equiv CH + HOC_2H_5 \xrightarrow[\substack{150℃\sim180℃ \\ 0.1\sim1.5MPa}]{碱} \underset{乙烯基乙醚}{H_2C=CHOC_2H_5}$$

醋酸与乙炔反应可得到醋酸乙烯酯。

$$HC\equiv CH + CH_3COOH \xrightarrow[170℃\sim210℃]{Zn(OAc)_2/活泼碳} \underset{醋酸乙烯酯}{H_3CCOOHC=CH_2}$$

氢氰酸也可与乙炔进行加成反应。

$$HC\equiv CH + HCN \xrightarrow[70℃]{Cu_2Cl_2\ 水溶液} \underset{丙烯腈}{H_2C=CHCN}$$

3. 氧化反应

炔烃被氧化剂氧化时，叁键断裂生成羧酸、二氧化碳等产物。例如：

$$CH_3C\equiv CH + KMnO_4 \xrightarrow[25℃]{OH^-} CH_3COOK + MnO_2 + K_2CO_3$$

高锰酸钾与炔烃反应后紫红色褪去，生成棕褐色的二氧化锰，利用这个特征反应可以定性鉴定叁键的存在。

炔烃用臭氧氧化，也可使叁键发生断裂，生成羧酸。例如：

$$CH_3CH_2C\equiv CCH_3 \xrightarrow[CCl_4]{O_3} \xrightarrow{H_2O} CH_3CH_2COOH + CH_3COOH$$

和烯烃的氧化一样，可由上述反应所得产物的结构来推知原来炔烃的结构。

4. 还原反应

(1) 催化加氢。

在常用的催化剂如镍、铂和钯等的催化下，炔烃可以和氢加成生成烷烃，难以分离得到烯烃。例如：

$$CH_3CH_2C\equiv CH + H_2 \xrightarrow{催化剂} CH_3CH_2CH_2CH_3$$

但选用某些特定的催化剂，如林德拉(Lindlar)催化剂（将钯附着于碳酸钙，再加入少量抑制剂醋酸铅和喹啉使之部分毒化从而降低催化能力），可使氢化反应停留在烯烃阶段。这种炔烃氢化停留在烯烃阶段的反应称为部分氢化。另外，使用这种催化剂还可以控制产物的构型，主要得到顺式烯烃。例如：

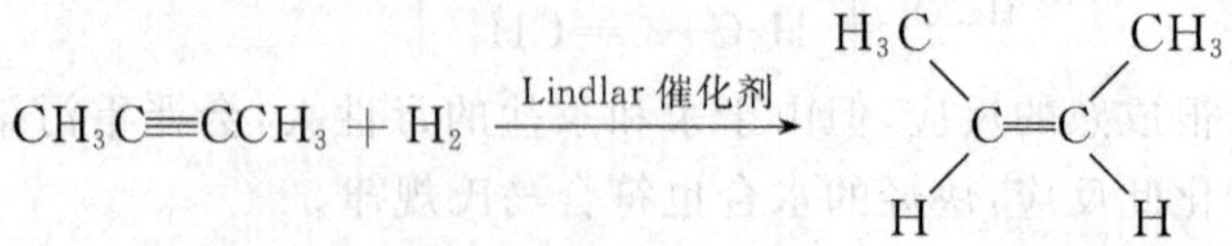

(2) 用碱金属(K、Na、Li)及液氨还原。

除了催化加氢以外，炔烃还可以在液氨中用碱金属还原，主要产物是反式烯烃。例如：

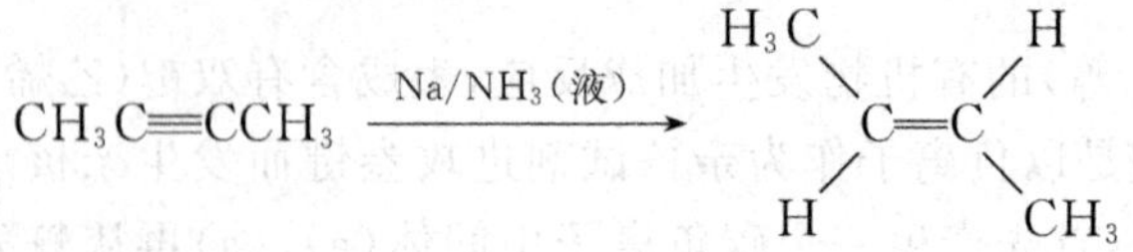

5. 金属炔化物的生成

乙炔及其一元取代物(RC≡CH)，由于氢原子和碳-碳叁键碳原子直接相连，使它们具有弱酸性($pK_a=25$)，可以被某些金属离子取代，生成金属炔化物。如将乙炔通入银氨溶液或亚铜的氨溶液中，则分别析出白色的乙炔银或红棕色的乙炔亚铜沉淀：

$$HC\equiv CH + 2[Ag(NH_3)_2]^+ \longrightarrow \underset{\text{乙炔银}}{AgC\equiv CAg}\downarrow + 2NH_3 + 2NH_4^+$$

$$HC\equiv CH + 2[Cu(NH_3)_2]^+ \longrightarrow \underset{\text{乙炔亚铜}}{CuC\equiv CCu}\downarrow + 2NH_3 + 2NH_4^+$$

$$RC\equiv CH + [Ag(NH_3)_2]^+ \longrightarrow RC\equiv CAg\downarrow + NH_3 + NH_4^+$$

上述反应可以用来鉴别分子中的链端叁键(—C≡CH)。

乙炔及其一元取代物(RC≡CH)在液氨中与氨基钠作用生成炔化钠。

$$HC\equiv CH + NaNH_2 \xrightarrow{\text{液氨}} HC\equiv C^- Na^+ + NH_3$$

$$RC\equiv CH + NaNH_2 \xrightarrow{\text{液氨}} RC\equiv C^- Na^+ + NH_3$$

炔烃负离子是个很强的亲核试剂，它能取代卤代烃中的卤原子生成碳数增加的炔烃。例如：

$$\underset{\text{炔化钠}}{HC\equiv C^- Na^+} + \underset{\text{1-溴丁烷}}{CH_3CH_2CH_2CH_2\text{—}Br} \longrightarrow \underset{\text{1-己炔}}{H\text{—}C\equiv C\text{—}CH_2CH_2CH_2CH_3}$$

碳原子的电负性随 s 成分的增加而增加(表 3-3)，其次序为 $sp > sp^2 > sp^3$。乙炔的氢原子为什么比乙烯和乙烷的氢原子都活泼呢？这是因为乙炔的碳原子是 sp 杂化的，因此炔氢容易异裂解离出质子而显酸性，易被某些金属离子取代。

表 3-3 不同杂化态碳原子的电负性

杂化类型	sp^3	sp^2	sp
电负性	2.48	2.75	3.29

6. 乙炔的聚合

乙炔在不同的催化剂和反应条件下，可以生成链形或环状的二聚或三聚产物，与烯烃不同，它一般不生成高聚物。例如：

$$2HC\equiv CH \xrightarrow[NH_4Cl]{Cu_2Cl_2} CH_2{=}CH{-}C\equiv CH$$

$$3HC\equiv CH \xrightarrow[450℃]{Ph_3P/Ni(CO)_2}$$ 

三、炔烃的制备

(一) 乙炔的生产

用煤或石油作原料，是生产乙炔的两种主要途径。随着天然气化学工业的发展，天然气将成为乙炔的主要来源。生产乙炔的常用方法有：

1. 碳化钙(电石)法

这是以前生产乙炔的唯一方法，但由于成本较高，现已基本淘汰，很少采用。

$$CaO + 3C \xrightleftharpoons{2200℃} CaC_2 + CO$$

$$CaC_2 + 2H_2O \longrightarrow HC\equiv CH + Ca(OH)_2$$

2. 甲烷法(电弧法)

甲烷在1500℃电弧中经极短时间(0.01～0.1s)加热，裂解成乙炔。

$$2CH_4 \xrightarrow[电弧]{1500℃} HC\equiv CH + 3H_2$$

裂解气中还含有乙烯、氢和炭尘等。这个方法的特点是原料非常便宜，特别是在天然气丰富的地区，采用此法是比较经济的。

(二) 二卤代烷脱卤化氢

和烯烃的制备相似，可以通过消除反应使二卤代烷失去两分子卤化氢生成炔烃。一般有两种不同结构的二卤代烷可以采用，即邻二卤代烷($—CHX—CHX—$)及偕二卤代烷($—CH_2—CX_2—$)。例如：

$$\underset{1,2\text{-二溴丙烷}}{CH_3\underset{Br}{\underset{|}{C}H}{-}\underset{Br}{\underset{|}{C}H_2}} \xrightarrow{KOH/醇} \underset{1\text{-溴-}1\text{-丙烯}}{CH_3CH{=}CHBr} \xrightarrow{NaNH_2} \underset{丙炔}{H_3CC\equiv CH}$$

脱去一个卤化氢分子得到的卤代烯烃，其卤原子直接与双键结合，称为乙烯基卤，是很不活泼的(见第六章第五节)。所以要得到炔烃，常需使用热的氢氧化钾(或氢氧化钠)醇溶液，或用$NaNH_2$才能得到。

偕二卤代烷可以从酮制取，再进一步脱去卤化氢即可得到炔烃。实际上酮在有吡啶的干燥苯溶液中与PCl_5加热，可直接得到炔烃。

$$R{-}\underset{O}{\underset{\|}{C}}{-}CH_2{-}R' \xrightarrow{PCl_5/吡啶} R{-}\underset{Cl\ \ Cl}{\underset{/\ \ \backslash}{C}}{-}CH_2{-}R' \longrightarrow R{-}C\equiv C{-}R'$$

(三) 由金属炔化物制备

金属炔化物(炔基锂、炔基钠等)与卤代烃或其他许多亲电试剂反应可得碳链增长的炔烃。例如：

$$R{-}C\equiv C{-}Li \xrightarrow{R'X} R{-}C\equiv C{-}R'$$

$$HC\equiv C^{-}Na^{+} + CH_3CH_2CH_2CH_2Br \xrightarrow{\text{液氨}} CH_3CH_2CH_2CH_2C\equiv CH + NaBr$$

1-己炔

第三节 二 烯 烃

一、二烯烃的分类和命名

分子中含有两个碳-碳双键的碳氢化合物叫做二烯烃或双烯烃。含有两个碳-碳双键的开链二烯烃，通式为 C_nH_{2n-2}。二烯烃的性质和分子中的两个双键的相对位置有密切关系，根据两个双键的相对位置可把二烯烃分为三类：

1. 累积二烯烃

两个双键连在同一个碳原子上的二烯烃，即含有 C═C═C 结构，被称为累积二烯烃，如丙二烯。这类化合物不多，但其立体化学很有意义。

2. 共轭二烯烃

两个双键被一个单键隔开的二烯烃，即含有 C═C—C═C 结构，被称为共轭二烯烃，如1,3-丁二烯，其所含的两个双键叫做共轭双键。由于共轭双键结构的特殊性，使得它们有一些独特的物理性质和化学性质。

3. 孤立二烯烃

两个双键被两个或两个以上单键隔开的二烯烃，被称为孤立二烯烃或隔离二烯烃，如1,5-己二烯，它们的性质与一般的烯烃相似。

$CH_2═C═CH_2$	$CH_2═CH—CH═CH_2$	$CH_2═CH—CH_2—CH_2—CH═CH_2$
丙二烯	1,3-丁二烯	1,5-己二烯

开链二烯烃的通式和只含一个碳-碳叁键的开链炔烃相同，所以含碳原子数相同的开链二烯烃与开链单炔烃互为同分异构体，这种异构体间的区别在于所含官能团不同，所以叫做官能团异构。与单烯烃一样，二烯烃本身也有碳架、位置和顺反异构。此外，由于共轭烯烃的两个双键中的单键可以旋转，因此也会产生构象异构体。

1,3-丁二烯分子中绕 C(2)—C(3)单键旋转，可以产生不同的构象异构体，但只有两种构象所有原子都处在同一个平面上，即保持能量最低的共轭体系。一种构象是两个双键在 C(2)—C(3)单键的同侧，用 *s*-顺或 *s*-(*Z*)表示；另一种构象是两个双键在 C(2)—C(3)单键的异侧，用 *s*-反或 *s*-(*E*)表示。这里的 *s* 表示两个双键间的单键。

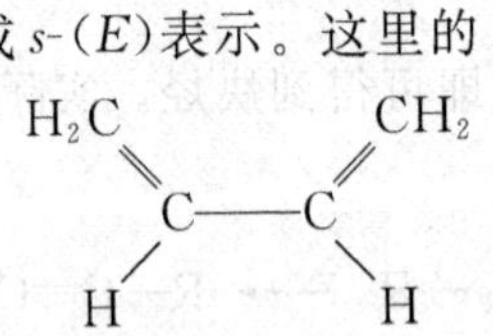

s-顺-1,3-丁二烯

或 *s*-(*Z*)-1,3-丁二烯

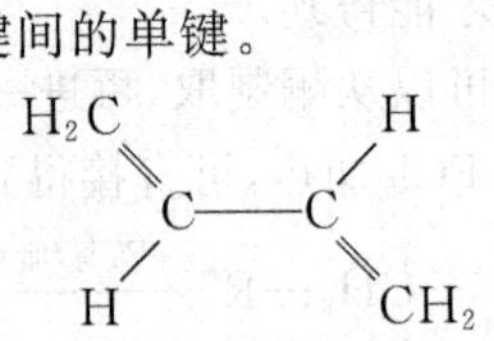

s-反-1,3-丁二烯

或 *s*-(*E*)-1,3-丁二烯

二、二烯烃的结构

（一）丙二烯的结构

累积二烯烃双键的中间碳原子为 sp 杂化，两边碳原子为 sp^2 杂化，3 个碳原子在一条直线上，两个 π 键互相垂直。由于两个 π 键集中在同一个碳原子上，其结构不如共轭二烯烃或孤立二烯烃稳定(图 3-5)。

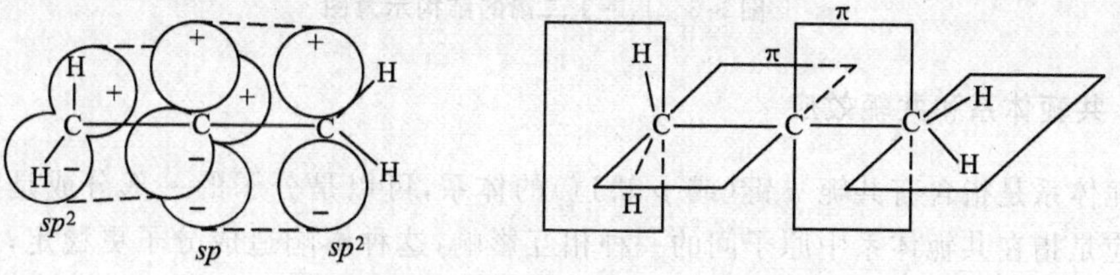

图 3-5　丙二烯的结构示意图

丙二烯较不稳定，化学性质活泼，双键可以一个一个发生加成反应，也可发生水合和异构化反应。

$$CH_2{=}C{=}CH_2 \xrightarrow[H^+]{H_2O} [CH_3{-}\underset{\large OH}{\underset{|}{C}}{=}CH_2] \longrightarrow CH_3{-}\underset{\large O}{\underset{\|}{C}}{-}CH_3$$

$$CH_2{=}C{=}CH_2 \xrightarrow[\text{异构化}]{KOH, C_2H_5OH} CH_3C{\equiv}CH$$

（二）1,3-丁二烯的结构

共轭二烯烃在结构和性质上都表现出一系列的特征，其中 1,3-丁二烯是最简单的共轭二烯烃，其结构体现了共轭二烯烃的结构特征。

1,3-丁二烯的 4 个碳原子都是 sp^2 杂化，相邻碳原子之间均以 sp^2 杂化轨道沿轴向重叠形成 3 个 C—Cσ 键，每个碳原子剩余的 sp^2 杂化轨道分别与氢原子的 1s 轨道形成 C—Hσ 键，由于每个碳的 3 个 sp^2 杂化轨道都处于同一平面上，所以 1,3-丁二烯是一个平面型分子。此外每个碳原子还有一个未参与杂化且垂直于这个平面的 p 轨道。在 σ 键形成的同时，4 个 p 轨道互相平行侧面重叠，不仅 C(1)、C(2)及 C(3)、C(4)之间形成两个 π 键，C(2)、C(3)之间的 p 轨道也发生重叠，实际上形成了一个包含 4 个碳原子和 4 个 p 电子的大 π 键。在这里 4 个 p 电子的运动范围不是局限在两个碳原子之间，而是扩展到 4 个碳原子的周围，这种现象称为 π 电子的离域，这样形成的 π 键称为离域 π 键，也称共轭双键，以区别于一般的碳-碳双键。一般碳-碳双键也称为定域 π 键，它是指成键电子仅在两个成键原子核之间运动的 π 键。

π 电子的离域使键长平均化。在 1,3-丁二烯中，C(2)—C(3)的键长是 0.147nm，比乙烷中的 C—C 键长 0.154nm 要短；C(1)—C(2)、C(3)—C(4)的键长是 0.137nm，较单烯烃 C═C 的键长(0.134nm)要长，这种现象称为键长的平均化(图 3-6)。键长平均化是共轭烯烃的共性，π 电子离域的结果使体系内能降低，分子结构更加稳定。

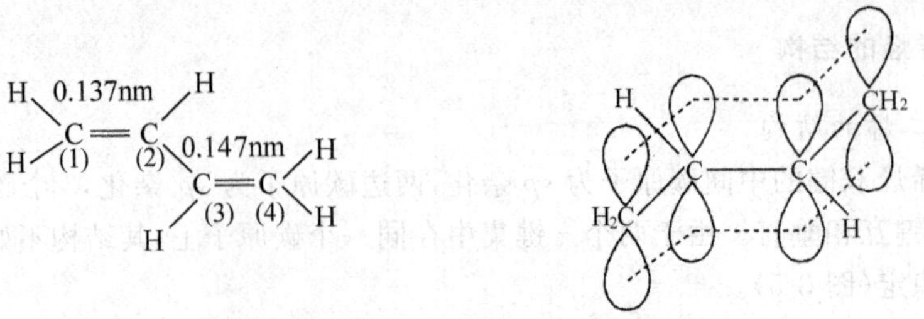

图 3-6　1,3-丁二烯的结构示意图

三、共轭体系和共轭效应

共轭体系是指含有共轭 π 键(或 p 轨道)的体系,可以是分子的一部分或是整个分子。共轭效应是指在共轭体系中原子间的一种相互影响,这种影响造成分子更稳定,内能更小,键长趋于平均化,并引起理化性质改变的电子效应。

形成共轭体系的条件是:

(1) 有关的原子必须在同一平面上;

(2) 必须有可实现轨道平行重叠的 p 轨道;

(3) 要有一定数量供成键用的 p 电子。

共轭体系有以下几种类型:

π-π 共轭:凡双键、单键交替排列的结构都属 π-π 共轭体系。例如:

$CH_2{=}CH{-}CH{=}CH_2$　　　　$CH_2{=}CH{-}CH{=}CH{-}CH{=}CH_2$

1,3-丁二烯　　　　1,3,5-己三烯

p-π 共轭:与双键原子相连的原子的 p 轨道与双键的 π 轨道平行并发生侧面重叠,形成共轭。p 轨道可以是占有未共用电子对或一个游离的单电子,也可以是个空轨道。图 3-7 是几种不同类型的 p-π 共轭。

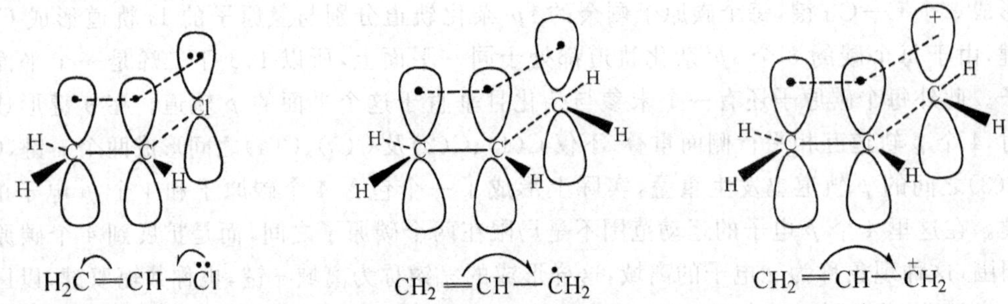

在 $CH_2{=}CH{-}Cl$ 中氯原子占有未共用电子对的 p 轨道与 π 轨道共轭　　在 $CH_2{=}CH{-}\dot{C}H_2$ 中 CH_2 占有一个电子的 p 轨道与 π 轨道共轭　　在 $CH_2{=}CH{-}\overset{+}{C}H_2$ 中碳正离子的空的 p 轨道与 π 轨道共轭

图 3-7　p-π 共轭

在上述活泼中间体碳自由基或碳正离子中,由于发生了 p-π 共轭,使其所带的电子或正电荷分散到整个共轭体系中,增加了其稳定性。

超共轭:此类是 C—H 参与的共轭,包括 σ-π 超共轭和 σ-p 超共轭。

C—H 键与相邻的 π 轨道或 p 轨道存在着电子的离域现象,其结果是 σ 电子向邻近的 π 轨道或 p 轨道移动,因此超共轭效应产生的是给电子的效应(+C)。碳-氢 σ 键与碳-碳双键的共轭体系称为 σ-π 超共轭体系,在这种体系中的电子离域称为 σ-π 超共轭效应。σ-p 超

共轭与 σ-π 超共轭相似，只是与 C—H 键发生共轭的是相连的碳原子上的 p 轨道。超共轭效应可由图 3-8 表示。

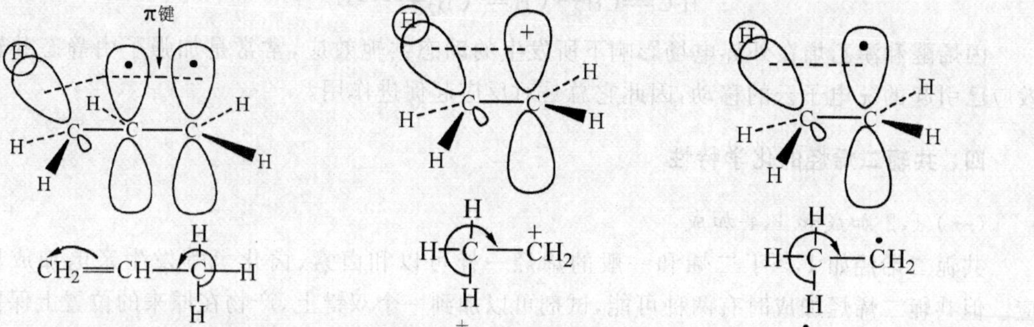

在 $CH_3CH{=}CH_2$ 中 CH_3 的 C—H 键与 π 轨道超共轭　　在 $CH_3-\overset{+}{C}H_2$ 中 CH_3 的 C—H 键与 p 轨道(空)超共轭　　在 $CH_3-\dot{C}H_2$ 中 CH_3 的 C—H 键与 p 轨道(占有一个电子)超共轭

图 3-8　超共轭效应

在 π-π 共轭和 p-π 共轭体系中电子转移的趋向用弯箭头表示；在超共轭体系中电子转移的趋向用弧形箭头表示。σ-π 超共轭的结果，使碳-碳双键上的电子云密度增加，因此亲电加成的活性增加。σ-p 超共轭的结果，使碳正离子或碳自由基从 α-C—H 键获得电荷，稳定性增加。

超共轭效应的大小，与 p 轨道或 π 轨道相邻碳上的 C—H 键多少有关，C—H 键愈多，超共轭效应愈大，因此 p 轨道或 π 轨道相邻基团超共轭效应大小次序为：

$$CH_3- > RCH_2- > R_2CH- > R_3C-$$

根据 σ-p 超共轭效应，带正电荷或带单个电子的碳原子连接的甲基越多，形成的 σ-p 超共轭效应越强；电荷分散的程度越高，体系越稳定。因此，伯、仲、叔这三种碳正离子或碳自由基中，叔碳正离子或叔碳自由基最稳定，其次序为：叔＞仲＞伯。

超共轭效应因轨道重叠程度低，电子的离域程度也低，所以产生的共轭效应也比 π-π、p-π 共轭体系低。

共轭效应通过共轭体系来传递。当共轭体系一端受到电场的影响时，就能沿着共轭键传递到体系的另一端，同时共轭链上的原子将出现电子云分布依次"正负交替"的现象。

共轭效应可分为静态共轭效应和动态共轭效应。

由于电子的离域导致体系的内能降低、键长平均化和静态极化作用(由参与共轭体系的原子或基团的电负性与碳原子的不同所引起)而产生的分子内所固有的效应，称为静态共轭效应，它在任何时候都能表现出来。如 1,3-丁二烯的静态共轭效应，使分子内电子云分布对称，因此，分子无静态极化作用，偶极矩等于零。丙烯醛和溴乙烯在平时就具有极性，因为它们的静态共轭效应已引起了 π 电子云的移动。

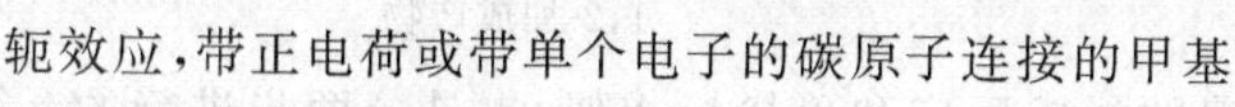

π-π 共轭　　p-π 共轭

共轭体系在发生化学反应时，由于进攻试剂或其他外界条件的影响，使 π 电子云在反应瞬间发生变形(极化)而产生的效应，称为动态共轭效应。如 1,3-丁二烯与卤化氢进行加成时，在氢离子的影响下，整个 π 电子云沿着共轭链发生移动，这时，分子中电子云密度分布的对称性被破坏了，在共轭链的两端产生了电性相反的部分电荷。

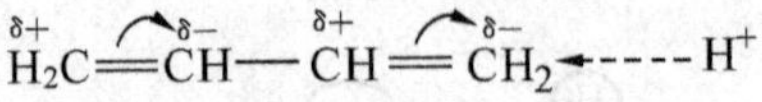

丙烯醛和溴乙烯在外界电场影响下所发生的动态共轭效应，常常是加强了由静态共轭效应已引起的 π 电子云的移动，因此它总是对反应起促进作用。

四、共轭二烯烃的化学特性

(一) 1,2-加成和 1,4-加成

共轭二烯烃如 1,3-丁二烯和一般的烯烃一样可以和卤素、卤化氢等发生亲电加成反应。但共轭二烯烃加成时有两种可能，试剂可以加到一个双键上，产物在原来的位置上保留一个双键，这称为 1,2-加成；试剂也可以加到共轭体系两端的碳原子上，原来的两个双键消失了，而在 C(2)—C(3)的位置上生成一个新的双键，这称为 1,4-加成。1,4-加成是共轭二烯作为一个整体参与反应的，是共轭体系特有的加成方式，所以又称为共轭加成。

$$CH_2{=}CH{-}CH{=}CH_2 + Br_2 \longrightarrow \underset{1,2\text{-加成产物}}{CH_2Br{-}CHBr{-}CH{=}CH_2} + \underset{1,4\text{-加成产物}}{CH_2Br{-}CH{=}CH{-}CH_2Br}$$

$$CH_2{=}CH{-}CH{=}CH_2 + HCl \longrightarrow \underset{1,2\text{-加成产物}}{CH_3{-}CHCl{-}CH{=}CH_2} + \underset{1,4\text{-加成产物}}{CH_3{-}CH{=}CH{-}CH_2Cl}$$

共轭二烯烃与溴的加成反应和单烯烃相似，也是分两步进行的。第一步是亲电试剂 Br^+ 与 C(1)或 C(3)结合形成两种碳正离子(在外界电场的影响下，共轭链上的原子出现电子云分布依次“正负交替”，C(1)和 C(3)上带少量负电)：

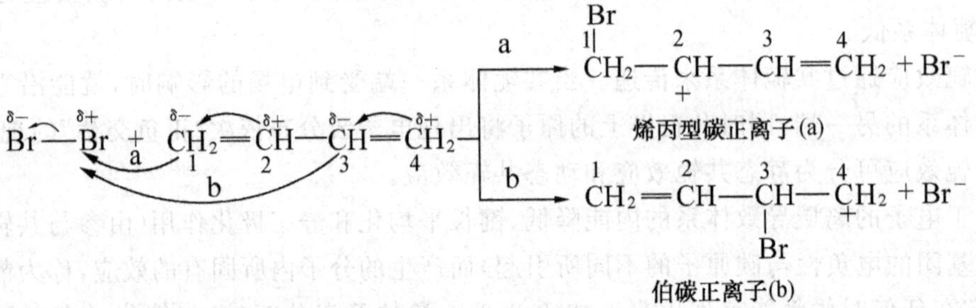

亲电性试剂 Br^+ 进攻 C(1)所生成的烯丙型碳正离子(a)可发生 *p*-π 共轭，导致 π 电子离域，使得碳原子上所带的正电荷分散在整个体系中。

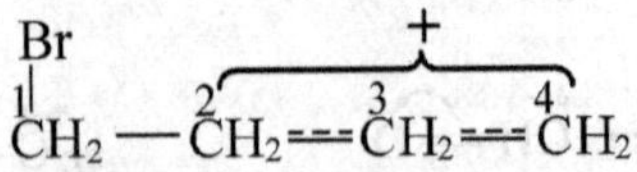

由于正电荷分散在三个碳原子组成的共轭体系中，体系能量降低，要比伯碳正离子稳定，所以加成反应主要是通过烯丙型碳正离子进行的。

第二步，溴负离子与烯丙型碳正离子反应，溴负离子可以进攻 C(2)，也可以进攻 C(4)，分别得到 1,2-和 1,4-两种加成产物。

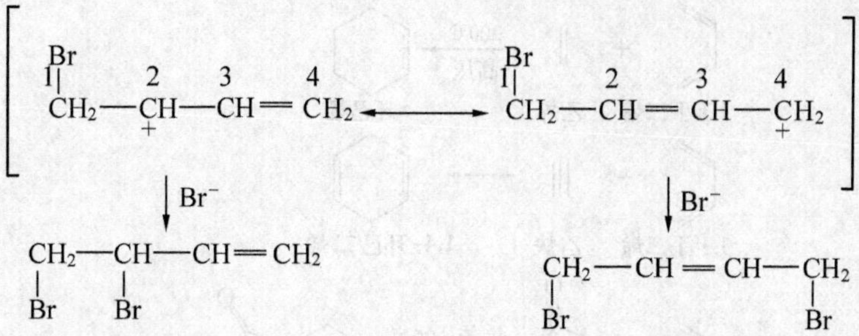

1,2-加成产物　　　　　　　　　　1,4-加成产物

1,2-加成和1,4-加成是同时发生的，两者的比例决定于反应温度和试剂等因素。如图3-9所示，由于生成1,2-加成产物所需活化能较低，生成速度较大，同时低温下卤素与碳正离子的加成是不可逆的，所以在低温下以1,2-加成产物为主。这种由反应速度支配的动力学控制过程叫做速度控制或动力学控制。

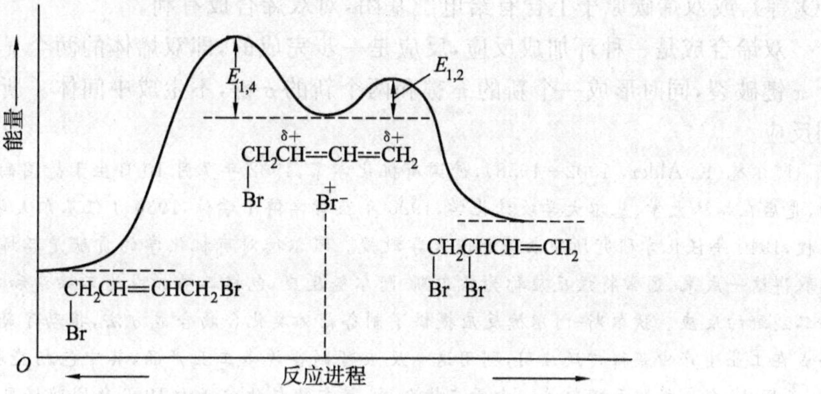

图3-9　1,2-加成和1,4-加成的势能图

当温度升高，反应时间延长时，碳正离子有条件克服较高活化能的能垒，生成1,4-加成产物；同时生成的1,2-加成产物电离成碳正离子和卤离子，即1,2-加成的逆反应所需的活化能也较低，反应速度快，而1,4-加成的逆反应所需的活化能高，反应速度慢，并且1,4-加成产物比1,2-加成产物有更大的稳定性，因而1,2-加成产物通过碳正离子不断转变成1,4-加成产物，达到平衡时，1,4-加成产物是主要的。这种由产物的稳定性和反应平衡所支配的热力学控制过程叫做平衡控制或热力学控制。

溶剂的极性也会影响到反应的进行，如在1,3-丁二烯与溴的加成反应中，若在极性溶剂中进行，1,4-加成产物占70%；但在非极性溶剂（如正己烷）中进行，1,4-加成产物则占46%。

（二）狄尔斯-阿尔德(Diels-Alder)反应

在光或热作用下，共轭二烯烃与烯烃或炔烃发生加成反应，生成含有碳-碳双键的六元环状化合物，这类反应叫双烯合成反应。双烯合成反应是狄尔斯(O. Diels，1876—1954)和阿尔德(K. Alder，1902—1958)于1928年发现的，所以被称为狄尔斯-阿尔德反应。这个反应是共轭二烯烃特有的反应，它是将链状化合物变为六元环状化合物的一个方法：

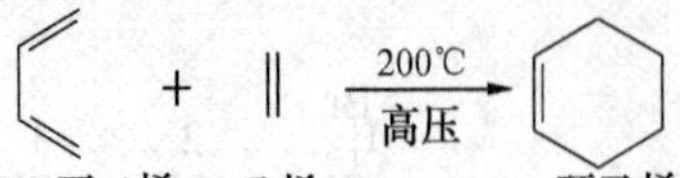

1,3-丁二烯　乙烯　环己烯

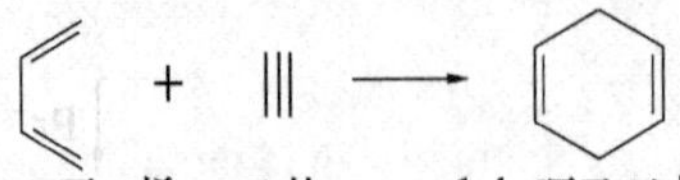

1,3-丁二烯　乙炔　1,4-环己二烯

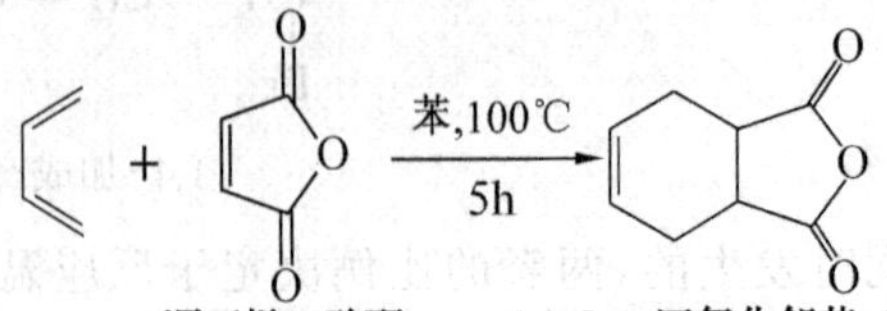

顺丁烯二酸酐　1,2,5,6-四氢化邻苯二甲酸酐

一般称共轭二烯烃为双烯体,与双烯体进行合成反应的不饱和化合物称为亲双烯体。亲双烯体的双键或叁键上有吸电子基团(如 —CHO、—COOH、—COOR、—COR、—CN、—NO_2等),或双烯碳原子上含有给电子基团,对双烯合成有利。

双烯合成是一种环加成反应,反应是一步完成的,即双烯体的两个 π 键和亲双烯体的一个 π 键破裂,同时形成一个新的 π 键和两个新的 σ 键,不生成中间体。所以这类反应属于协同反应。

阿尔德(K. Alder, 1902—1958),德国有机化学家,1902 年 7 月 10 日生于德国西里西亚地区肯尼斯舒特,先后在柏林大学、基尔大学攻读化学,1926 年获哲学博士学位,1930 年任基尔大学副教授,1934 年升任教授,1940 年任化学研究所所长兼科隆大学教授。阿尔德对有机化学的贡献是二烯合成。因和狄尔斯共同取得这一成果,通常将该反应称为狄尔斯-阿尔德反应,包括二烯加成为二烯亲和物,如丁二烯和顺式丁烯二酸酐的反应。狄尔斯-阿尔德反应提供了制备萜烯类化合物合成方法,推动了萜烯化学的发展。二烯合成在工业生产中获得广泛应用,利用这一反应可制备许多工业产品,其中包括染料、药剂、杀虫剂、润滑油、干燥油、合成橡胶和塑料等。由于二烯合成,阿尔德与狄尔斯于 1950 年同获诺贝尔化学奖。

狄尔斯(O. Diels,1876—1954),德国有机化学家,1876 年 1 月 23 日生于汉堡,1954 年 3 月 7 日卒于基尔,1895 年入柏林大学攻读化学,1899 年在 E. 费歇尔指导下获博士学位,1906 年任柏林大学化学教授,1916 年起,任基尔克里斯琴·奥尔布雷克特大学教授,兼化学研究所所长,1926 年任该校校长,直至 1948 年退休。狄尔斯长期从事天然有机化合物,特别是甾族化合物的研究。1906 年他开始研究胆甾醇的结构,从胆结石中分离出纯的胆固醇,并通过氧化作用将它转变成“狄尔斯酸”。1927 年他用硒在 300℃使胆甾醇脱氢,得到一种被称为“狄尔斯烃”($C_{18}H_{16}$)的芳香族化合物。这对胆甾醇、胆酸皂苷、强心苷等化合物结构的确定起了重要的作用。1928 年他和助手阿尔德发明双烯合成,其原理为:如果具有两个共轭双键的分子(双烯)和具有一个双键的分子(亲双烯试剂)在结构上满足一定的要求,两者即很容易发生反应而结合成一个含有六元环的产物。这个反应的应用范围和格利雅反应一样广泛,被称为狄尔斯-阿尔德反应。狄尔斯和阿尔德在 1928 年首先明确地解释这个合成反应的过程,并同时强调指出了他们的发现有广泛的使用价值。狄尔斯因与阿尔德共同发展了双烯合成法而共获 1950 年诺贝尔化学奖。他著有《有机化学导论》(1907)一书。

五、1,3-丁二烯的来源和制备

1,3-丁二烯一般简称为丁二烯,它是无色、微带有香味的气体,沸点是 -44℃,微溶于水,易溶于有机溶剂。丁二烯是生产合成橡胶的主要原料,工业上有多种合成方法。目前由于石油工业的发展,丁二烯主要来源于石油裂解和脱氢。石油裂化气的 C_4 馏分中含有丁二烯,可以分离得到,另外还可用 C_4 馏分中的丁烷和丁烯催化脱氢而得。

从丁烷脱氢有两种方法，即一步法和二步法：

一步法就是以氧化铬等为催化剂，氧化铝为载体，一步反应就得到丁二烯的方法。

$$CH_3CH_2CH_2CH_3 \xrightarrow[0.02\sim0.03MPa\quad 约\ 600℃]{Al_2O_3\text{-}Cr_2O_3} CH_2{=}CH{-}CH{=}CH_2 + 2H_2$$

二步法是烷烃先在催化剂作用下得到丁烯，再在另一催化剂作用下脱氢而得到丁二烯的方法。

$$CH_3CH_2CH_2CH_3 \xrightarrow[600℃]{Al_2O_3\text{-}Cr_2O_3} \begin{cases} CH_3CH{=}CHCH_3 + H_2 \\ CH_3CH_2CH{=}CH_2 + H_2 \end{cases}$$

$$CH_3CH{=}CHCH_3 \xrightarrow[600℃\sim650℃]{MgO\text{-}Fe_2O_3} CH_2{=}CHCH{=}CH_2 + H_2$$

现代工业上常以丁烯为原料，用氧化脱氢制取。

$$CH_3CH{=}CHCH_3 + O_2 \xrightarrow[400℃\sim500℃]{Sn\ 或\ Sb\ 氧化物} CH_2{=}CHCH{=}CH_2 + H_2O$$

（或 $CH_3CH_2CH{=}CH_2$）

丁二烯聚合后得聚丁二烯，是最早人工合成的橡胶。

$$nCH_2{=}CHCH{=}CH_2 \xrightarrow{催化剂} {-}\!\!\!\![\,CH_2{-}CH{=}CH{-}CH_2\,]\!\!\!\!{-}_n$$

习　　题

1. 用系统命名法（如果可能的话，同时用普通命名法）命名下列化合物。

(1) 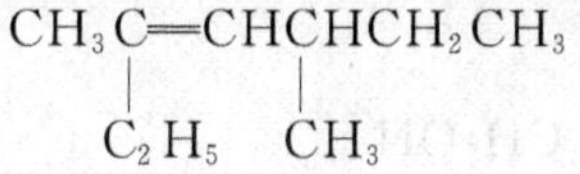

(2) $(CH_3)_2CHCH_2CH{=}C(CH_3)_2$

(3) 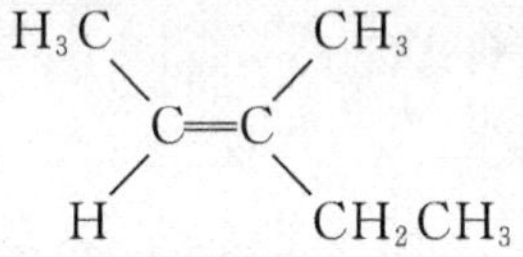 (Z/E)

(4) 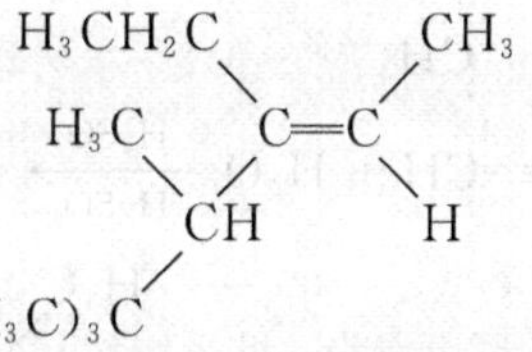 (Z/E)

(5) $CH{\equiv}C{-}CH{=}CH{-}CH{=}CH_2$

(6) 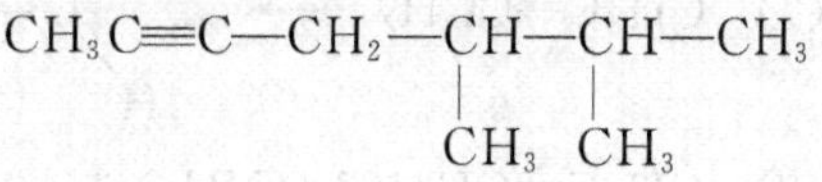

(7) 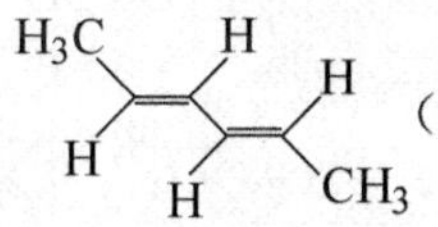 (Z/E)

(8) 

2. 写出下列化合物的结构式。

(1) 2,4-二甲基-2-戊烯　　(2) 异丁烯

(3) (Z)-3-甲基-4-异丙基-3-庚烯　　(4) (E)-1-氯-1-戊烯

(5) ($3E$)-2-甲基-1,3-戊二烯　　(6) 3-戊烯-1-炔

(7) 1,4-环己二烯　　(8) 顺-二乙炔基乙烯

3. 写出分子式为 C_5H_{10} 的开链烯烃的各种异构体（包括顺反异构）的结构式，并用系统命名法命名。

4. 下列烯烃哪些有顺反异构？写出顺反异构体的构型并命名之。

(1) $CH_2{=}C(Cl)CH_3$　　(2) $CH_3CH_2C(CH_3){=}C(C_2H_5)CH_2CH_3$

(3) $CH_3CH{=}CHCH(CH_3)_2$　　(4) $C_2H_5CH{=}CHCH_2I$

(5) $CH_3CH{=}CHCH{=}CH_2$　　(6) $CH_3CH{=}CHCH{=}CHC_2H_5$

5. 下列各组烯烃与 HBr 发生亲电加成反应，按其反应活性大小排列成序。

(1) 1-戊烯、2-甲基-1-丁烯和 2,3-二甲基-2-丁烯

(2) 丙烯、3-氯丙烯和 2-甲基丙烯

(3) 溴乙烯、1,2-二氯乙烯、氯乙烯和乙烯

6. 试举出区别烷烃和烯烃的两种化学方法。

7. 完成下列反应式，写出主要产物或所需试剂。

(1) $CH_3C(CH_3){=}CH_2 + HCl \longrightarrow$

(2) $CH_3{-}CH(CH_3){-}CH{=}CH_2 + H_2O \xrightarrow{H^+}$

(3) $CH_3CH{=}C(CH_3)_2 \xrightarrow{冷\ KMnO_4/OH^-}$

(4) 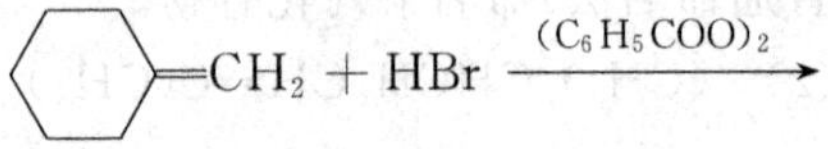

(5) $CH_3{-}CH(CH_3){-}CH{=}CH_2 \longrightarrow CH_3{-}CH(CH_3){-}CH_2CH_2OH$

(6) $PhC{\equiv}CH + H_2O \xrightarrow[HgSO_4]{H_2SO_4}$

(7) $CH_3C{\equiv}CCH_3 \longrightarrow$ 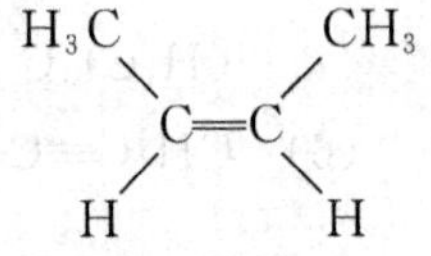

(8) $CH_3C{\equiv}CH + Ag(NH_3)_2^+ \longrightarrow$

(9) $HC{\equiv}CCH_2CH{=}CH_2 + HCl \longrightarrow$

(10)

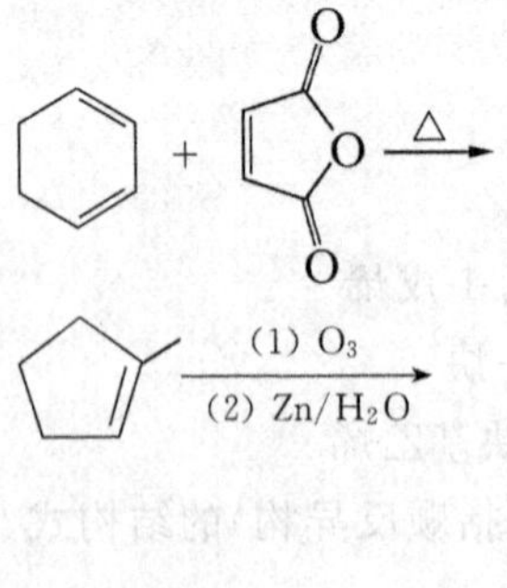

(11)

8. 将下列碳正离子按稳定性大小排列。

(1) 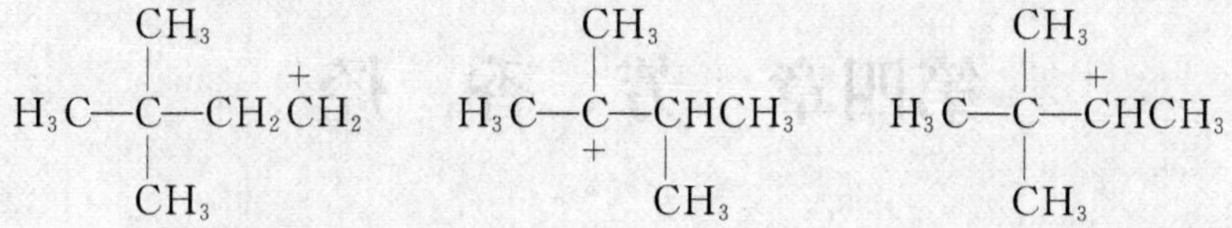

(2) $(CH_3)_2\overset{+}{C}-CH=CH_2$　$CH_3\overset{+}{C}H-CH=CH_2$　$CH_2=CH-\overset{+}{C}H_2$

9. 用简便的化学方法鉴别下列各组化合物。

(1) 正己烷　1,4-己二烯　1-己炔

(2) 1-戊炔　2-戊炔　2-甲基丁烷

10. 以适当的炔烃为原料合成下列化合物。

(1) $CH_2=CH_2$　(2) $CH_2=CHCl$　(3) $CH_3C(Br)_2CH_3$

(4) $CH_3\overset{\overset{O}{\|}}{C}CH_3$　(5) $(CH_3)_2CHBr$　(6) 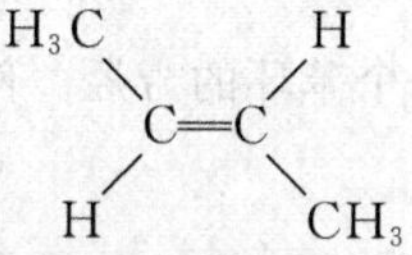

11. 分子式为 C_6H_{10} 的化合物 A，经催化氢化得 2-甲基戊烷。A 与银氨溶液作用生成灰白色沉淀。A 在汞盐催化下与水作用得到 $CH_3CH(CH_3)CH_2COCH_3$。试推测 A 的结构式，写出反应方程式，并简要说明推断过程。

12. 某化合物的相对分子质量为 82，每摩尔该化合物可吸收 2mol 的氢，当它和银氨溶液作用时，没有沉淀生成；当它吸收 1mol 氢时，产物为 2,3-二甲基-1-丁烯。试写出该化合物的结构式及相应的反应方程式。

13. 有 3 种化合物 A、B 和 C，分子式均为 C_5H_8，它们都能使 Br_2/CCl_4 溶液迅速褪色。A 与银氨溶液反应产生沉淀，而 B、C 没有。A、B 经催化氢化都生成正戊烷，而 C 只吸收 1mol 的 H_2，产物为 C_5H_{10}。B 与热的 $KMnO_4/H^+$ 反应得到乙酸和丙酸，C 与热的 $KMnO_4/H^+$ 反应则得到戊二酸。试推测 A、B、C 的结构。

第四章 芳 香 烃

芳香族碳氢化合物简称芳香烃或芳烃。芳香烃最初是指从植物胶中提取出来的具有香味的物质。经研究发现这类物质虽然具有高度不饱和性，但不易发生加成和氧化反应，却易发生取代反应。由于其结构中大多数含苯环(C_6H_6)结构，因此把苯及含有苯环结构的化合物统称为芳香族化合物。随着研究的深入，芳香化合物这一名称的含义又有了新的发展，现在人们将具有特殊稳定性的不饱和环状结构的碳氢化合物称为芳香化合物，简称芳烃。芳烃按分子中芳环数目和结构特点分为以下三大类：

1. 单环芳烃

分子中含有一个苯环的芳烃。例如：

苯

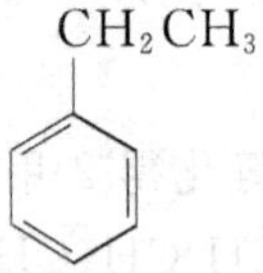

乙苯

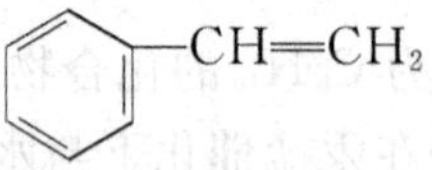

苯乙烯

2. 多环芳烃

分子中含有两个或多个苯环的芳烃。主要包括联苯类化合物、多苯代脂肪烃和稠环芳烃。

(1) 联苯类化合物。

两个或多个苯环以单键直接相连的化合物称为联苯类化合物。例如：

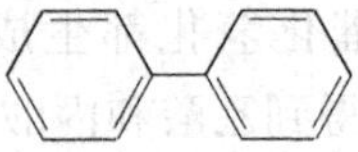

二联苯(简称联苯)

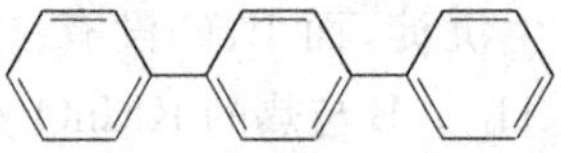

三联苯

(2) 多苯代脂肪烃。

脂肪烃分子中的氢原子被多个苯环取代的产物称为多苯代脂肪烃。例如：

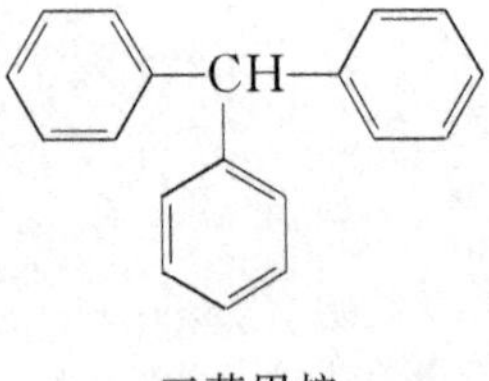

三苯甲烷

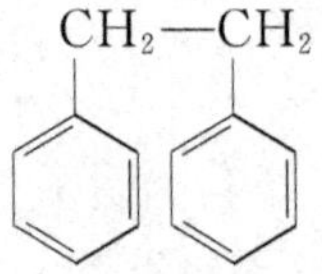

1,2-二苯乙烷

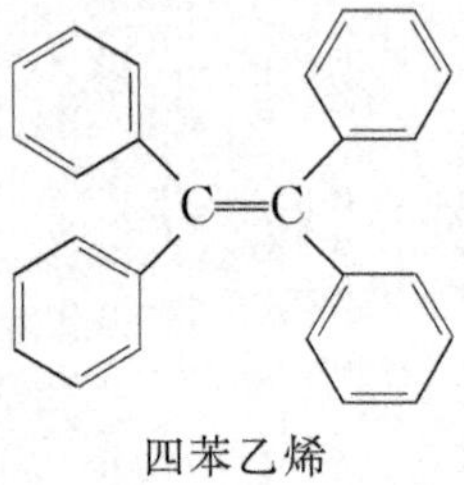

四苯乙烯

(3) 稠环芳烃。

两个或多个苯环共用两个邻位碳原子的化合物称为稠环芳烃。例如：

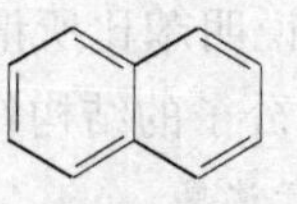

萘

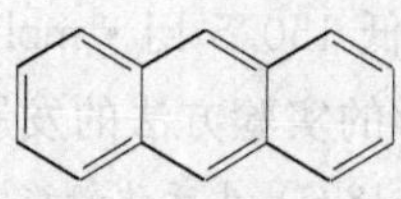

蒽

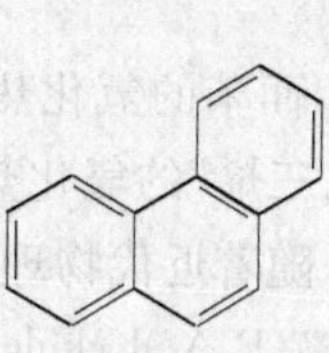

菲

3. 非苯系芳烃

分子中不含苯环，但结构上符合休克尔规则，具有芳香性的烃类化合物。

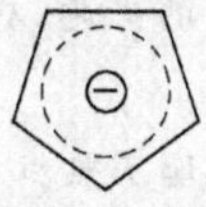

环戊二烯负离子

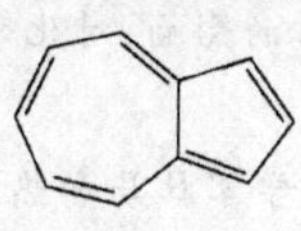

薁

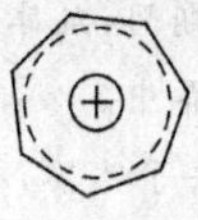

环庚三烯正离子

第一节 单环芳烃

一、苯的结构

（一）凯库勒结构式

苯的分子式为 C_6H_6，是高度不饱和分子。然而在一般条件下，苯不能使溴水和高锰酸钾水溶液褪色，即不易进行加成和氧化反应，只有在加压下，苯催化加氢才能生成环己烷。

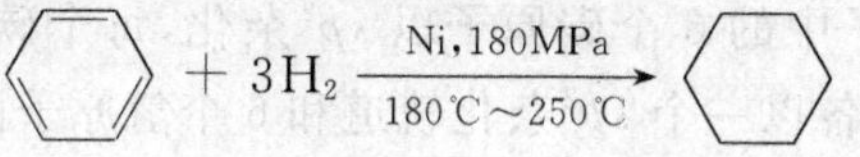

环己烷

苯与溴在 $FeBr_3$ 催化下可发生取代反应，并经实验证明苯的一元溴化物只有一种。

$$C_6H_6 + Br_2 \xrightarrow{FeBr_3} C_6H_5Br + HBr$$

1865 年，凯库勒(F. A. Kekule，1829—1896)根据实验事实从苯的分子式 C_6H_6 出发，提出了苯的结构式，即苯的凯库勒式。

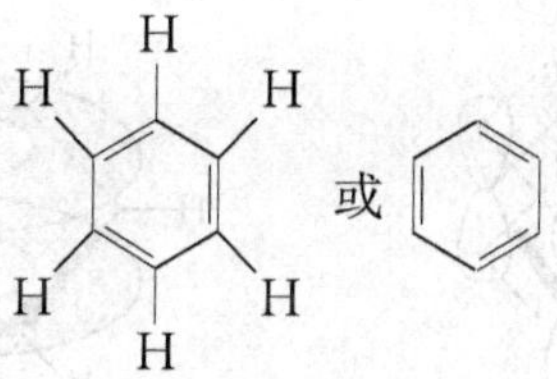

此结构满足了苯的分子式，但它不能很好地解释苯的邻位二元取代物只有一种。按照苯的凯库勒式，它应该具有下列异构体：

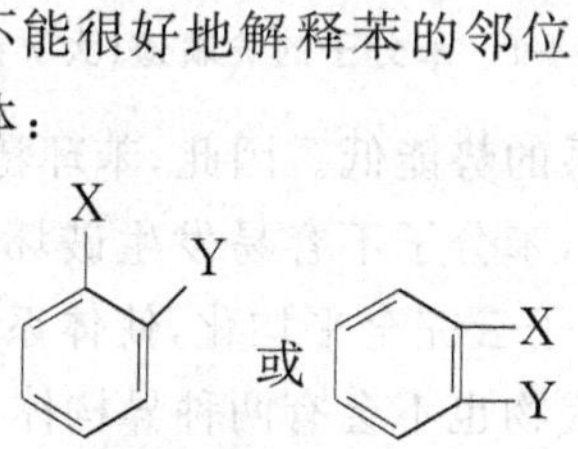

（Ⅰ） （Ⅱ）

另外，按照凯库勒的结构式，苯环有三个双键，应具有烯烃的性质，即易发生加成与氧化反应。而实验发现苯环具有特殊的稳定性。

苯如果是“环己三烯”，那么它的氢化热应是环己烯的三倍，环己烯的氢化热为

119.5 kJ · mol^{-1}，而苯的氢化热实测值为 208.16 kJ · mol^{-1}，并非是环己烯氢化热的三倍，而是比预测的“环己三烯”的氢化热的值低 150.5 kJ · mol^{-1}。这说明苯比所谓的“环己三烯”势能低，稳定得多。随着近代物理和化学的实验方法的发展，对苯分子的结构作了深入的研究。

弗 · 奥 · 凯库勒(F. A. Kekule，1829—1896)，生于达姆施塔特，卒于波恩。

他能流利地讲四门外语：法语、拉丁语、意大利语和英语，并十分擅长写作和建筑。

1847 年，凯库勒考入吉森大学学建筑学。在大学里，他所学的课程有几何学、数学、制图和绘画等。他口齿清楚，具有非凡的演说才能；他谈吐风趣，善于提出重要建议。

在吉森大学学习期间，凯库勒受到李比希的影响，对化学产生了极大的兴趣，从此将其毕生的精力都投入了精彩的化学世界中。

1851 年，凯库勒去了巴黎，成为了法国化学家杜马和热拉尔的学生，读了热拉尔的著作《有机化学概论》之后，对有机化学产生了兴趣。他同时认识了武慈，获得了许多知识，活跃了学术思想。因为母亲病故，凯库勒回国继续在吉森大学学习，1852 年 6 月获得博士学位。

1858 年，比利时根特大学的李比希学派享有世界盛名，在李比希等的推荐下，根特大学聘请凯库勒为教授；1867 年凯库勒又被波恩大学聘请为教授，直至逝世。凯库勒对有机化学结构理论的建立作出了重要的贡献，他被认为是现代共振概念的先驱。1865 年凯库勒提出苯的环状结构式。

（二）苯分子结构的近代概念

经用 X 光射线法、光谱法对苯分子进行了研究，结果证明苯分子是平面的正六边形结构。苯分子中的 6 个碳和 6 个氢都分布在同一平面上，相邻碳-碳之间的夹角为 120°，碳-碳键的键长都是 0.139 nm。

按照杂化轨道理论，苯分子中的 6 个碳原子以 sp^2 杂化，每个碳原子以 2 个 sp^2 杂化轨道相互形成 6 个碳-碳 σ 键，又各以一个 sp^2 杂化轨道和 6 个氢原子的 s 轨道形成 6 个碳-氢 σ 键，碳-碳 σ 键之间以及碳-碳 σ 键与碳-氢 σ 键的夹角均为 120°。所以，苯分子的 6 个碳原子和 6 个氢原子都在同一个平面上，是平面正六边形结构。另外，每个碳原子都还保留了一个和这个平面垂直的 p 轨道，它们彼此平行，相互重叠而形成了一个包含 6 个碳原子在内的闭合的大 π 键。π 电子云均匀、对称地分布在分子平面的上方和下方，见图 4-1。

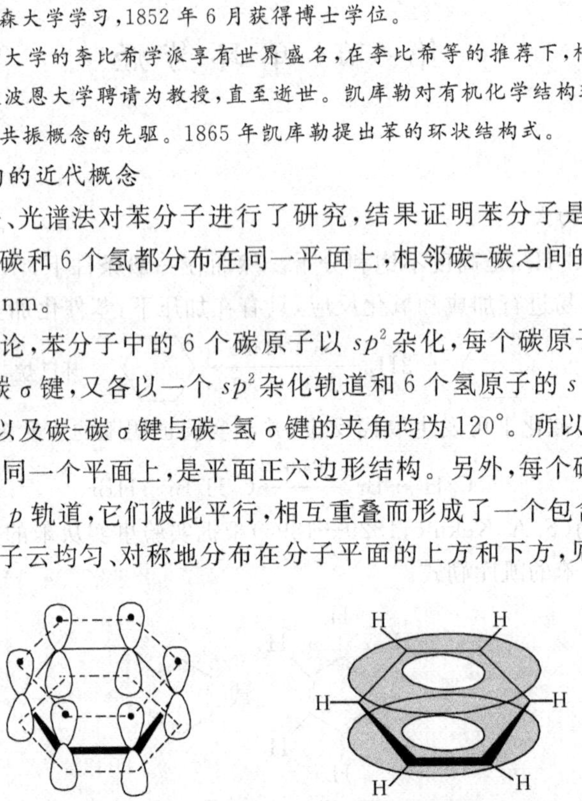

图 4-1　苯分子的 π 轨道(大 π 键)

由于 π 电子云充分离域，体系的势能低。因此，苯环特别稳定，体现在苯的氢化热比“环己三烯”要低得多；在化学性质上，苯分子不容易发生破坏环的加成和氧化反应。苯分子大 π 键的 6 个 π 电子高度离域，π 电子云完全平均化，使体系中没有单、双键之分，6 个碳-碳键都一样。所以，苯的邻位二元取代物也不会有两种异构体。目前除采用凯库勒结构式以外，还可用 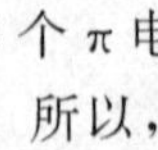 表示苯的结构，其中圆圈代表苯环的大 π 键。

根据分子轨道理论，6 个 p 轨道通过线性组合，可组成 6 个分子轨道，其中 3 个是成键轨道，以 ψ_1、ψ_2 和 ψ_3 表示，其余 3 个反键轨道以 ψ_4^*、ψ_5^* 和 ψ_6^* 所示，如图 4-2 所示。图中的虚线表示节面。3 个成键轨道中，ψ_1 没有节面，能量最低；而 ψ_2 和 ψ_3 都有一个节面；能量相等；这两个能量相等的轨道称为简并轨道，反键轨道 ψ_4^* 和 ψ_5^* 各有两个节面，也是能量相等的简并轨道，比成键轨道的能量高。ψ_6^* 有 3 个节面，是能量最高的反键轨道。在基态时，苯的 6 个 π 电子都在成键轨道上，每个轨道含有一对电子，这 6 个离域的 π 电子的总能量，比它们分别处在 3 个孤立的即定域的 π 轨道中的能量之和要低得多。因此，苯的结构很稳定。苯的 π 分子轨道能级图如图 4-2 所示。

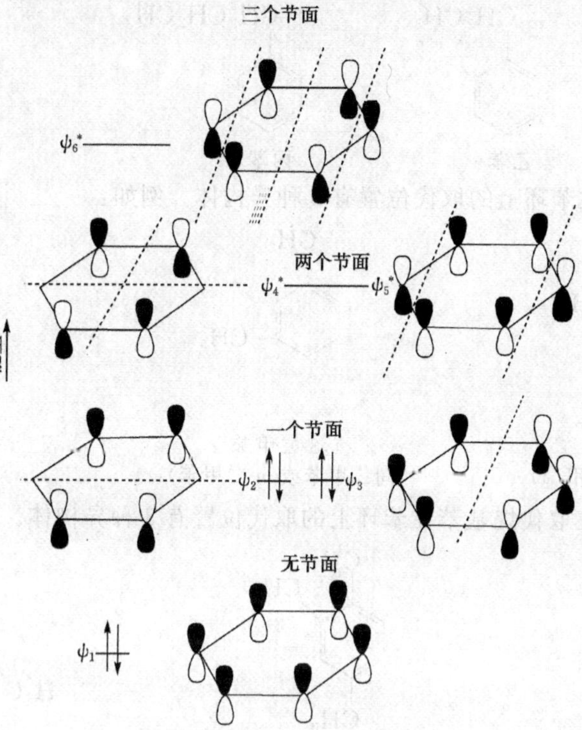

图 4-2　苯的 π 分子轨道能级图

还可以用共振论对苯分子结构进行解释：

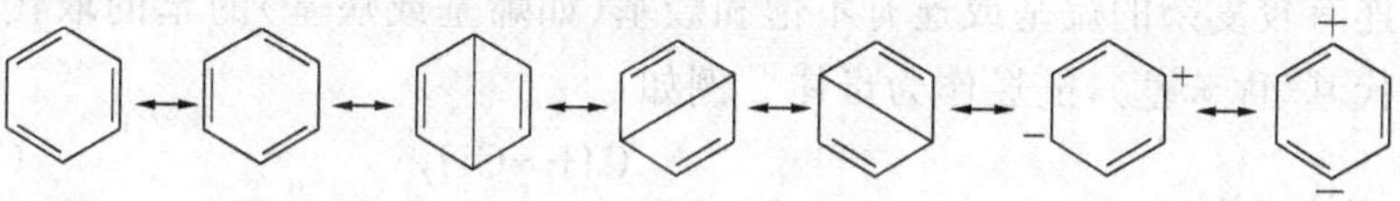

(Ⅰ)　(Ⅱ)　(Ⅲ)　(Ⅳ)　(Ⅴ)　(Ⅵ)　(Ⅶ)

(Ⅰ)式和(Ⅱ)式结构相似，能量最低，其余的共振结构式能量都比较高，能量低的这些共振结构式在真实结构中参与最多，对共振杂化体的贡献最大，因此，可以说苯的真实结构主要是(Ⅰ)式和(Ⅱ)式的共振杂化体。或者说(Ⅰ)式和(Ⅱ)式共振得到的共振杂化体最接近于苯的真实结构。必须强调的是，苯的真实结构既不是(Ⅰ)式，也不是(Ⅱ)式，更不是(Ⅲ)、(Ⅳ)、(Ⅴ)、(Ⅵ)、(Ⅶ)式，而是它们的共振杂化体，只是(Ⅰ)、(Ⅱ)贡献较大。苯的共振能量可借助氢化热来计算。如前所述，环己烯的氢化热为 119.6 $kJ \cdot mol^{-1}$，而苯的氢化热实测值为 208.16 $kJ \cdot mol^{-1}$，并非是环己烯氢化热的三倍，所以苯的氢化热比环己三烯少 150.5 $kJ \cdot mol^{-1}$ 的能量。这个 150.5 $kJ \cdot mol^{-1}$ 的能量称为苯的共振能或离域能。这个能量体现了由于共振，使苯的稳定性大大增加，也决定了苯分子中的 π 键一般不易断裂，所以苯难以发生加成反应。

二、苯衍生物的异构和命名

苯是最简单的芳烃。苯环上的氢原子被烷基取代后得到的产物称为苯的同系物，它符合 C_nH_{2n-6} 通式。一取代烷基苯在苯环上的取代位置（不包括侧链）只有一种，不存在异构体。命名时是以苯为母体，烷基为取代基。例如：

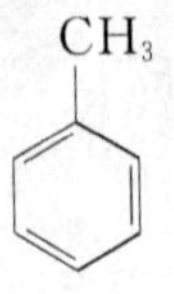

甲苯

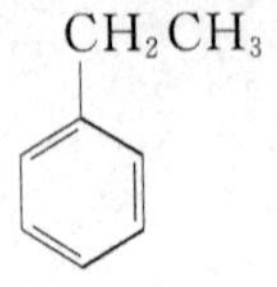

乙苯

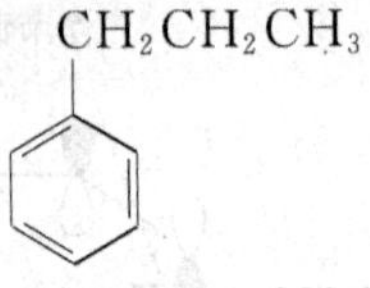

丙苯

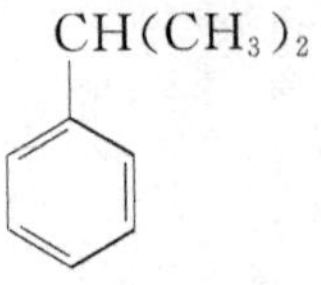

异丙苯

二取代烷基苯在苯环上的取代位置有 3 种异构体。例如：

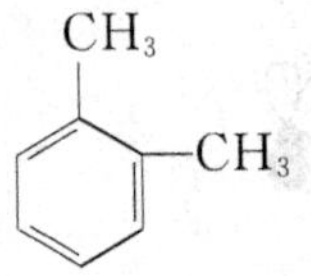

1,2-二甲苯
（邻二甲苯或 *o*-二甲苯）

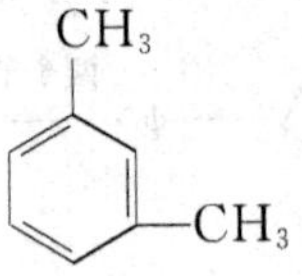

1,3-二甲苯
（间二甲苯或 *m*-二甲苯）

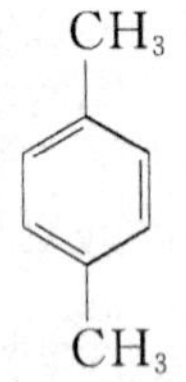

1,4-二甲苯
（对二甲苯或 *p*-二甲苯）

取代基相同的三取代烷基苯在苯环上的取代位置有 3 种异构体。例如：

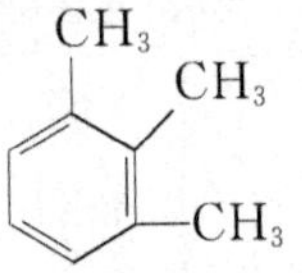

1,2,3-三甲苯
（连三甲苯）

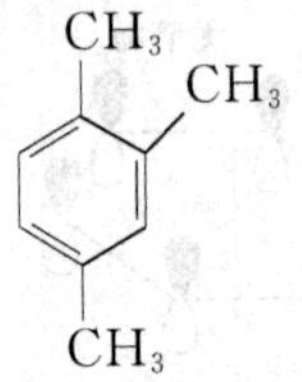

1,2,4-三甲苯
（偏三甲苯）

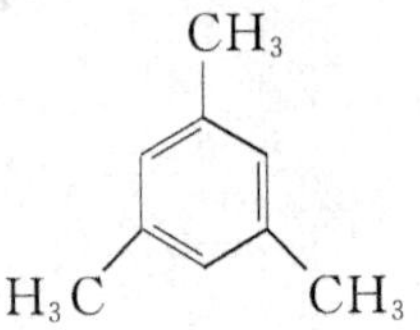

1,3,5-三甲苯
（均三甲苯）

苯环上连有较复杂的烷基或连有不饱和烃基（如烯基或炔基）的苯的取代物命名时，以苯环作为取代基（称苯基），链烃作为母体。例如：

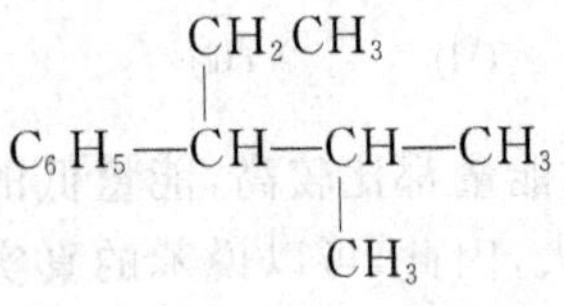

2-甲基-3-苯基戊烷

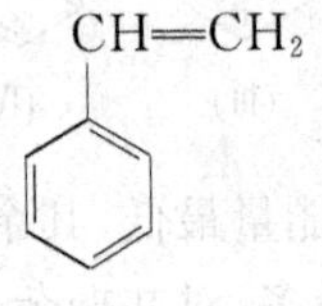

苯乙烯

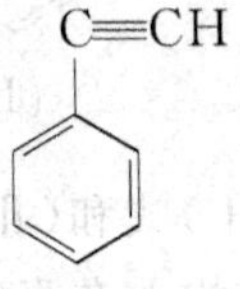

苯乙炔

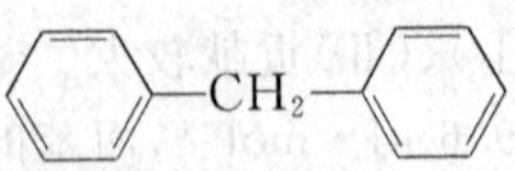

二苯甲烷

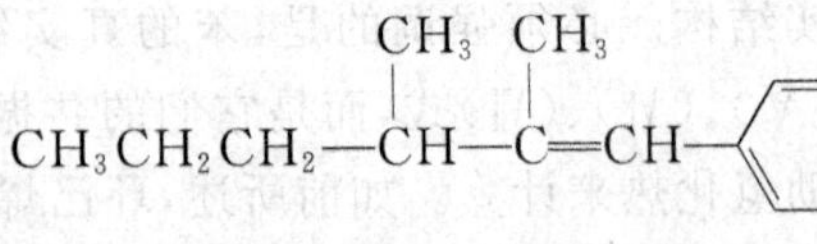

2,3-二甲基-1-苯基-1-己烯

当苯环上连有非烃基取代基如硝基（$-NO_2$）、亚硝基（—NO）、卤素（—X）等官能团时，一般以苯或甲苯为母体，官能团为取代基。例如：

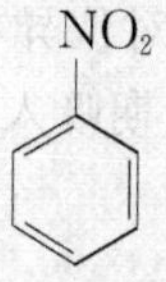

硝基苯

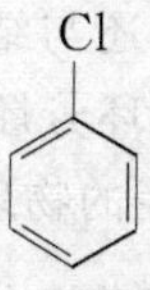

氯苯

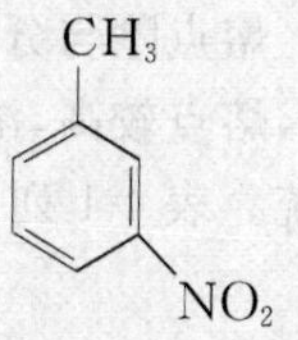

3-硝基甲苯(间硝基甲苯)

当取代基为氨基($-NH_2$)、羟基($-OH$)、醛基($-CHO$)、磺酸基($-SO_3H$)、羧基($-COOH$)等基团时,则将这些官能团视作母体,与苯一起称作苯胺、苯酚、苯甲醛、苯磺酸、苯甲酸等。

若苯环上连有多个官能团,一般以下列顺序排列:

$-NO$,$-NO_2$,$-X(F、Cl、Br、I)$,$-R$,$-OR$,$-NH_2$,$-CH{=}CH_2$,$-C{\equiv}CH$,$-SH$,

$-OH$,$>C{=}O$,$-CHO$,$-CN$,$-CONH_2$,$-COX$,$-COOR$,$-SO_3H$,$-COOH$

上述官能团中,排在后面的官能团与苯环一起作为母体,编号为1,其他基团作取代基,其编号按系统命名法的原则。写名称时,按顺序规则将优先顺序较小的基团排在前面。例如:

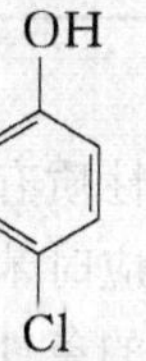

对氯苯酚
(4-氯苯酚)

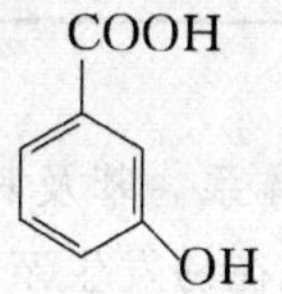

间羟基苯甲酸
(3-羟基苯甲酸)

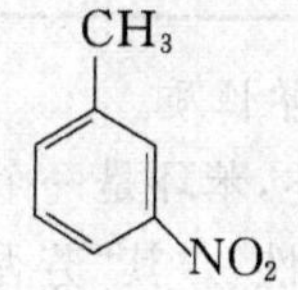

间硝基甲苯
(3-硝基甲苯)

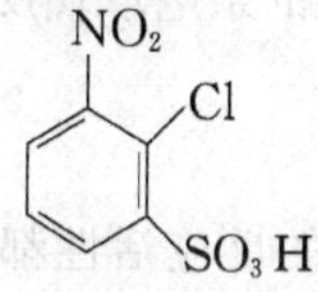

3-硝基-2-氯苯磺酸

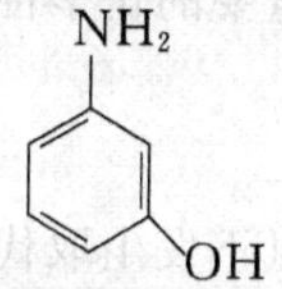

间氨基苯酚
(3-氨基苯酚)

芳烃分子中芳环上去掉一个氢原子,剩下的基团称为芳基,可以用Ar—表示。最常见和最简单的芳基为苯基,可用C_6H_5-或ph—(phenyl)表示。甲苯分子中苯环上去掉一个氢原子后所剩下的基团叫甲苯基,根据甲苯基位置不同又有邻、间、对三类。

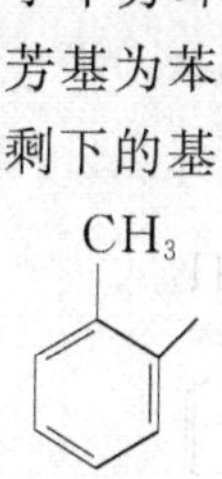

邻甲苯基

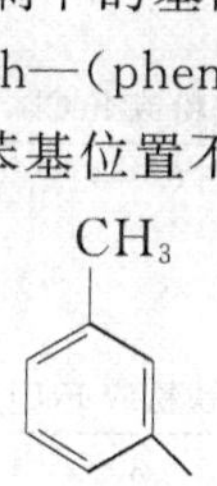

间甲苯基

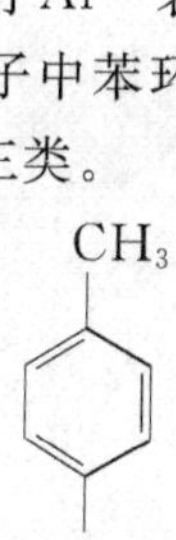

对甲苯基

甲苯的甲基上去掉一个氢原子所留下的基团称为苯甲基或苄基($C_6H_5CH_2-$)。

三、苯及其同系物的性质

(一)物理性质

苯及其低级同系物都是具有芳香气味的无色液体,不溶于水,易溶于有机溶剂,如乙醚、四氯化碳、石油醚等,是许多有机化合物的良好溶剂。一般单环芳烃都比水轻,沸点随分子量升高而升高。熔点除与分子量大小有关外，还与结构有关。通常对位异构体由于分子对称，晶格能较大，熔点较高，溶解度也较小。单环芳烃的蒸气有毒，长期吸入能损坏人的造血器官和神经系统。表 4-1 列出了常用单环芳烃的物理性质。

表 4-1　常用单环芳烃的物理性质

化合物	熔点/℃	沸点/℃	相对密度(d_4^{20})
苯	5.53	80.1	0.8737^{25}
甲苯	−95.0	110.6	0.8660
邻-二甲苯	−25.2	144.4	0.8802
间-二甲苯	−47.9	139.1	0.8684_4^{15}
对-二甲苯	13.3	138.4	0.8611
乙苯	−95.0	136.2	0.8670
正丙苯	−99.6	159.2	0.8621
异丙苯	−96.0	152.4	0.8640
苯乙烯	−30.6	145.1	0.9060

（二）化学性质

如前所述，苯环是一个非常稳定的体系。苯及其同系物与烯烃性质有显著的区别，具有特殊的"芳香性"。其"芳香性"主要表现在易发生亲电取代反应，反应时苯环的体系不变；加成与氧化反应一般不易进行，除非在高温、加压、催化剂或某些特殊的条件下方可发生。

1. 亲电取代反应

亲电取代反应是芳香烃重要的化学性质。单环芳烃重要的亲电取代反应有卤代、硝化、磺化、烷基化和酰基化等。

(1) 卤代反应。

在一般情况下，苯与溴、氯不发生取代反应，因为溴或氯的反应活性都不足以对稳定的苯环发生亲电取代，但在有催化剂(如铁粉或三卤化铁)存在并且加热时，则发生亲电取代反应生成相应的卤代苯。例如：

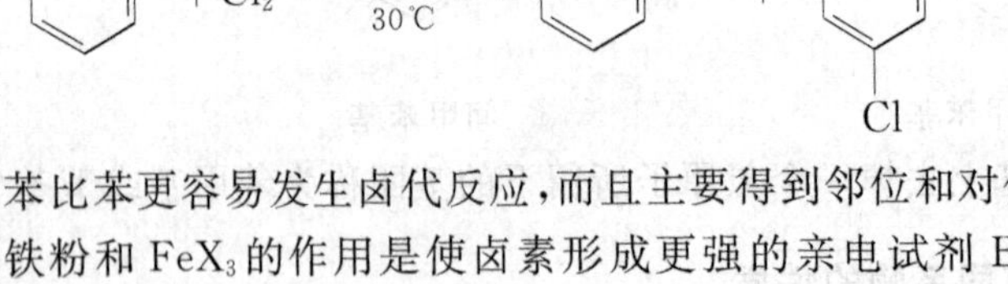

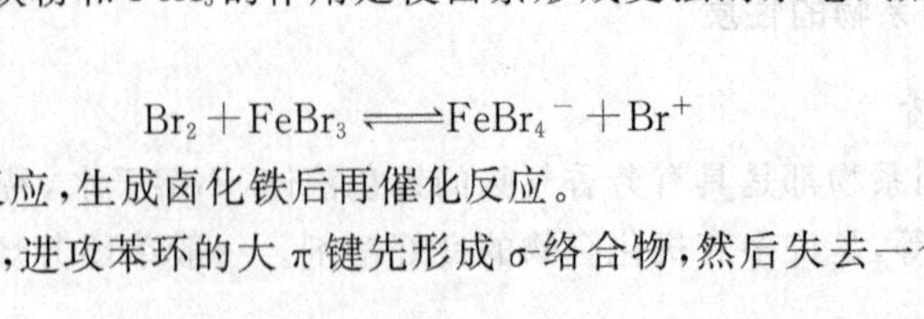

上述反应表明，甲苯比苯更容易发生卤代反应，而且主要得到邻位和对位产物。

在反应中，催化剂铁粉和 FeX_3 的作用是使卤素形成更强的亲电试剂 Br^+ 或 Cl^+，促进反应发生。

$$Br_2 + FeBr_3 \rightleftharpoons FeBr_4^- + Br^+$$

催化剂铁粉先与卤素反应，生成卤化铁后再催化反应。

Br^+ 作为亲电试剂，进攻苯环的大 π 键先形成 σ-络合物，然后失去一个质子恢复苯环的稳定结构，形成溴苯，反应过程如下：

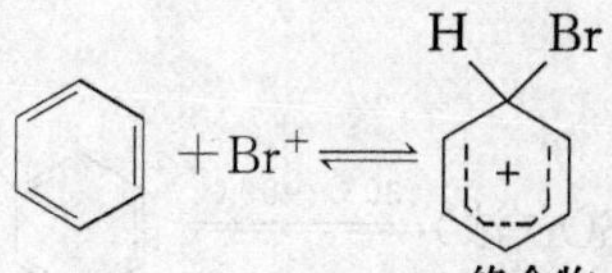

σ-络合物

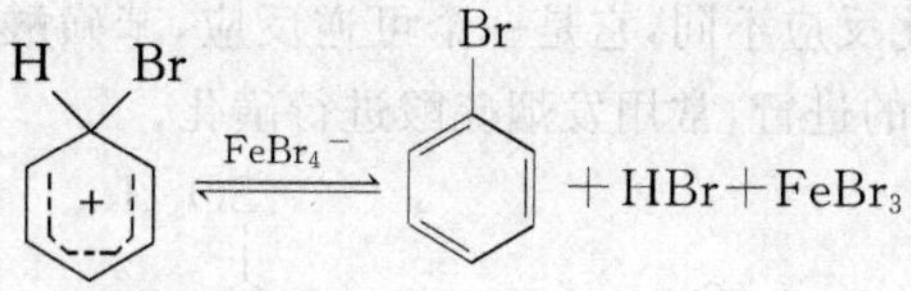

σ-络合物

(2) 硝化反应。

在有机分子中引入硝基的反应称为硝化反应。苯与浓硝酸和浓硫酸的混合物(称为混酸)共热，可发生硝化反应，生成硝基苯。

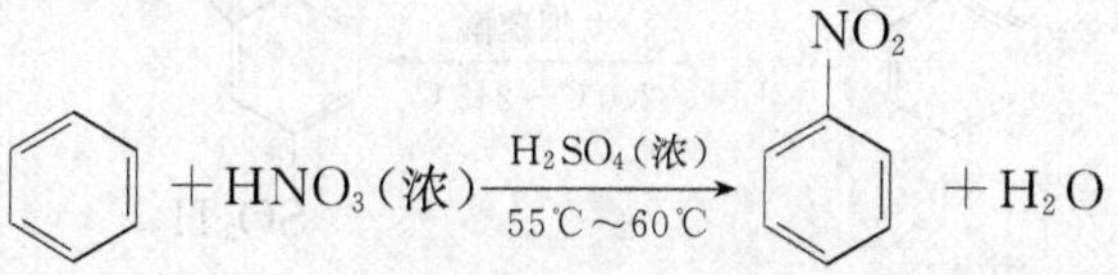

硝基苯继续与混酸硝化，则主要得到间二硝基苯，但反应条件比苯的硝化要高。

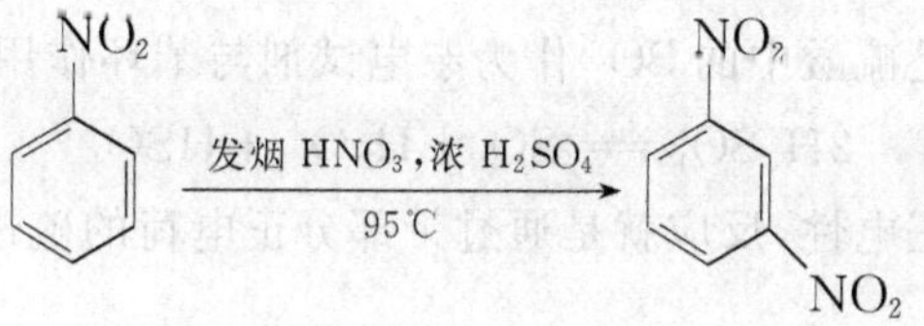

烷基苯比苯容易发生硝化反应，如甲苯低于 50℃ 就可以进行硝化，主要生成邻硝基甲苯和对硝基甲苯。

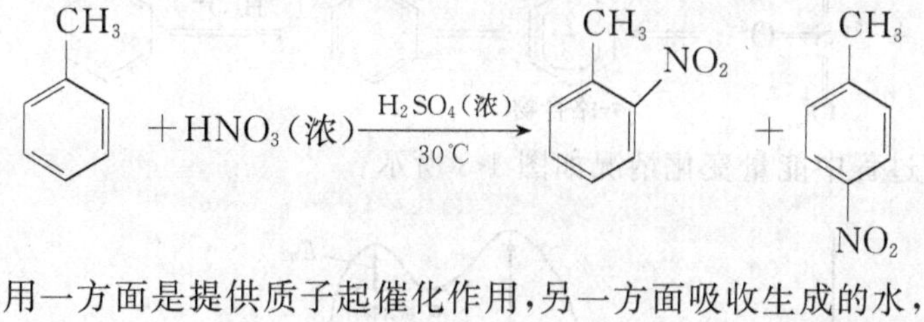

浓硫酸的作用一方面是提供质子起催化作用，另一方面吸收生成的水，以促进硝化反应进行。在硝化反应中，首先硫酸与硝酸作用生成硝基正离子 NO_2^+(或叫做硝酰正离子)。

$$2H_2SO_4 + HNO_3 \rightleftharpoons NO_2^+ + 2HSO_4^- + H_3O^+$$

硝基正离子作为亲电试剂，进攻苯环的大 π 键先形成 σ-络合物，然后失去一个质子恢复苯环的稳定结构，形成硝基苯，反应过程如下：

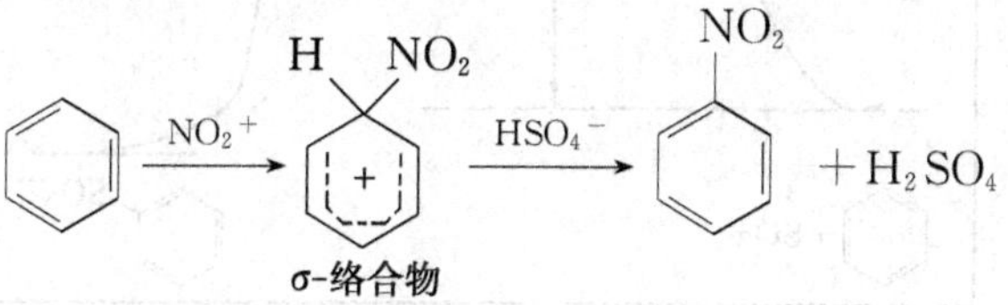

σ-络合物

(3) 磺化反应。

在有机化合物分子中引入磺酸基的反应称为磺化反应。

苯与浓硫酸或发烟硫酸(浓 $H_2SO_4+SO_3$)共热,苯环上的氢原子被磺酸基($-SO_3H$)取代,生成苯磺酸。

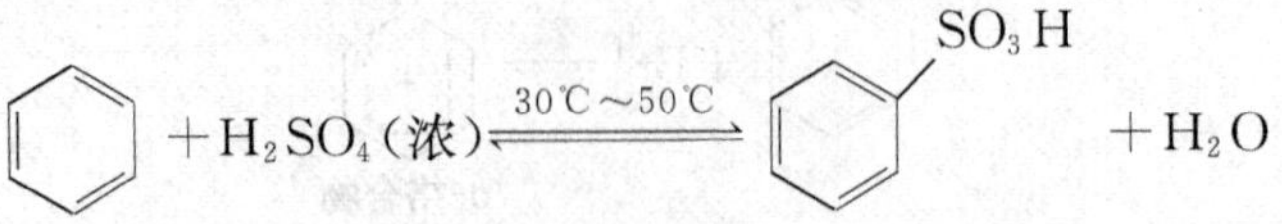

磺化反应与卤代、硝化反应不同,它是一个可逆反应,苯磺酸与水共热又能恢复成苯和硫酸。为了促进磺化反应的进行,常用发烟硫酸进行磺化。

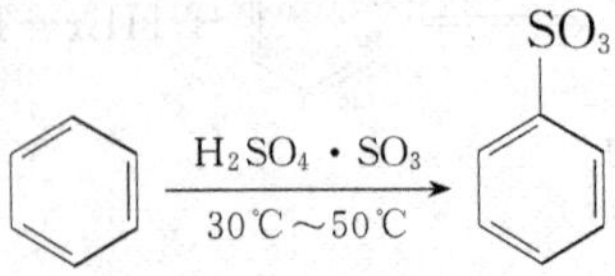

苯磺酸与发烟硫酸进一步反应,并提高反应温度,则主要得到间二苯磺酸。

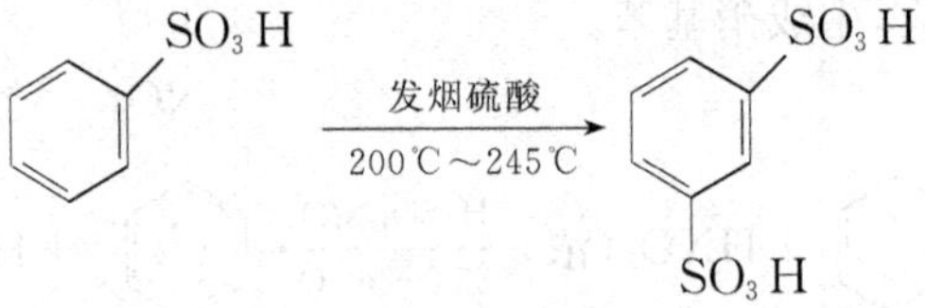

间二苯磺酸

磺化反应一般认为是硫酸中的 SO_3 作为亲电试剂与苯环作用的:

$$2H_2SO_4 \rightleftharpoons SO_3+H_3O^++HSO_4^-$$

三氧化硫中的硫原子显正电性,反应就是通过带部分正电荷的硫进攻苯环而进行的,其磺化机理如下:

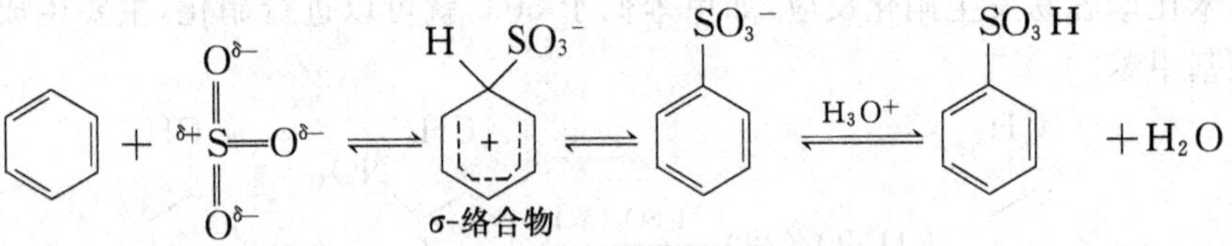

苯磺化反应过程中能量变化情况如图 4-3 所示:

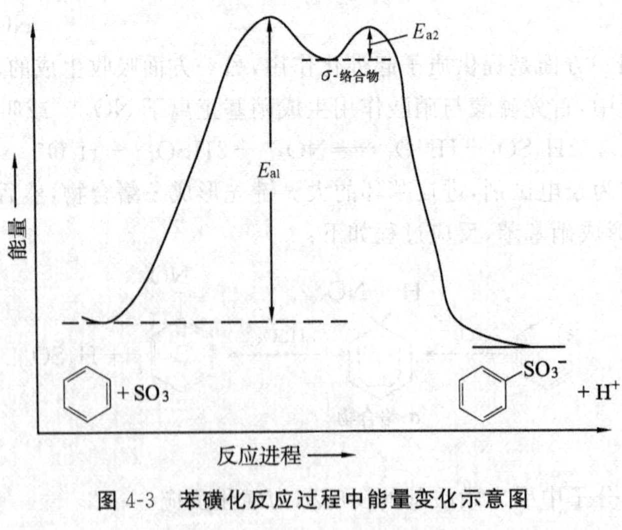

图 4-3 苯磺化反应过程中能量变化示意图

从图 4-3 中可知，活性中间体 σ-络合物脱去 H 质子和脱去 SO_3 的活化能十分接近，因而它们的反应速率相近，反应是可逆的。

烷基苯磺化比苯磺化容易进行，如甲苯在常温下可用浓硫酸磺化得到邻甲苯磺酸和对甲苯磺酸。

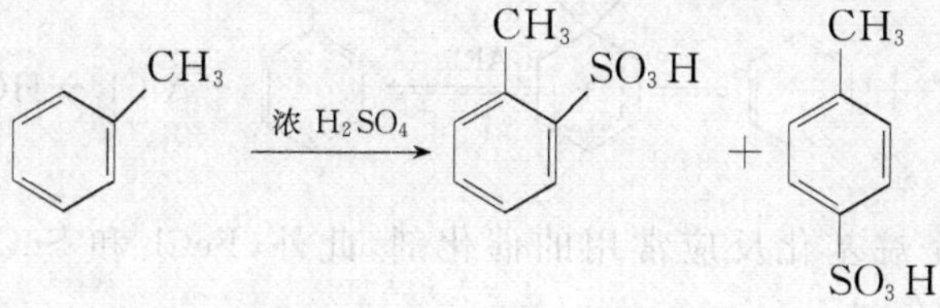

高温有利于对位产物的生成，例如，在 100℃下，甲苯用浓硫酸磺化主要得到对甲苯磺酸。

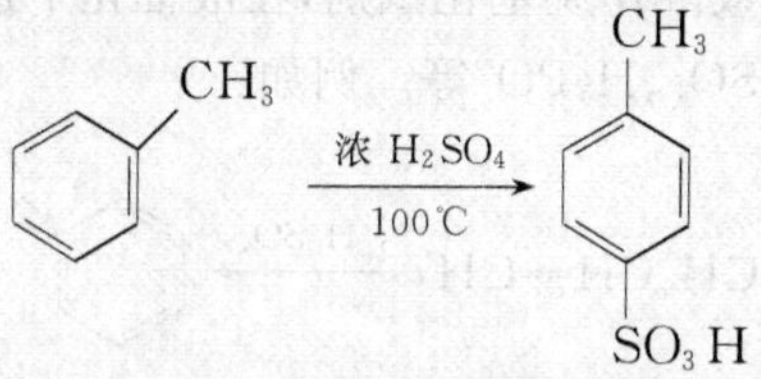

这是由于磺酸基体积较大，当磺酸基处于甲基的邻位时，空间位阻相对较大，位能较高，因此稳定性差。由于磺化反应是可逆反应，在高温下，已生成的邻位产物会逐渐转向生成位能较低的对位产物。

磺化反应及其逆反应在有机合成上的应用很广泛。例如，可通过磺化反应保护芳环上的某个位置，待其他反应完成后再通过水解将磺酸基脱去，即可得到所需要的化合物。例如：

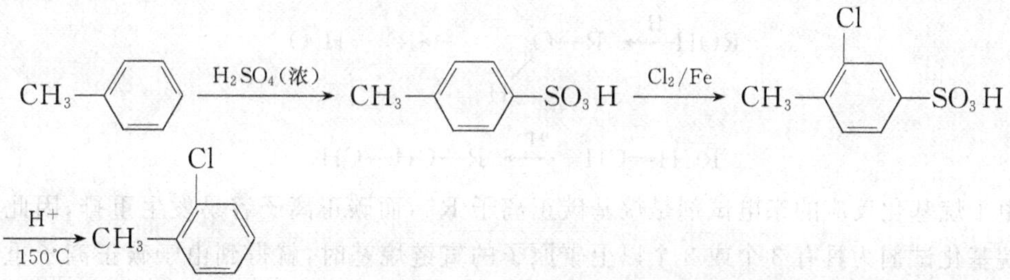

(4) 傅-克(Friedel-Crafts)反应。

在无水三氯化铝等催化剂的作用下，苯与卤代烷或酰卤作用，苯环上的氢原子被烷基(—R)或酰基($R-\overset{\overset{O}{\|}}{C}-$)取代。由于这个反应是由法国有机化学家傅瑞德尔(C. Friedel)和美国化学家克拉夫茨(J. M. Crafts)两人共同发现的，因此常简称为傅-克反应。在苯环上引入烷基的反应称为傅-克烷基化反应，在苯环上引入酰基的反应称为傅-克酰基化反应，统称傅-克反应。

① 傅-克烷基化反应。

卤代烷在路易斯酸无水 $AlCl_3$ 的催化下与苯反应，生成烷基苯。

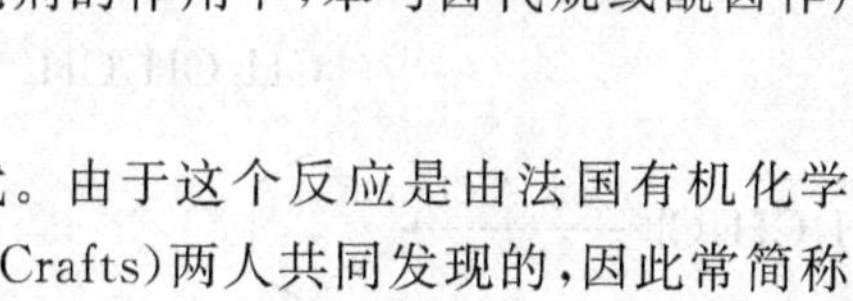

无催化剂时，卤代烷不与芳烃作用，但在催化剂路易斯酸的存在下，能进行烷基化反应。

在烷基化反应中，烷基碳正离子作为亲电试剂进攻芳环。

$$RCl + AlCl_3 \longrightarrow R^+ AlCl_4^-$$

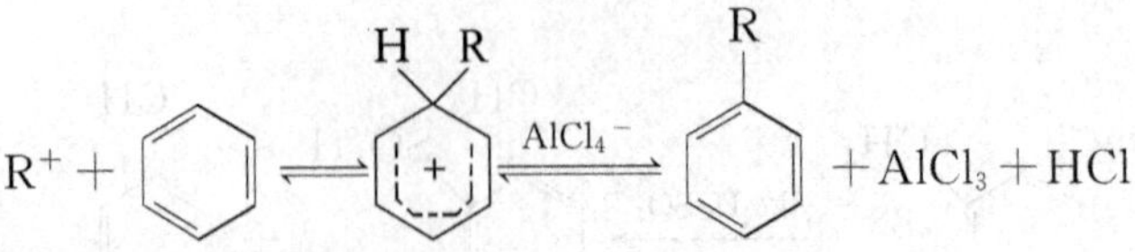

无水三氯化铝是烷基化反应常用的催化剂，此外，$FeCl_3$ 和 $SnCl_4$、$ZnCl_2$、BF_3、HF、H_2SO_4 等均可作为催化剂。

除卤代烷外，还可用烯烃或醇作烷基化试剂，在酸催化下进行烷基化反应。常用的催化剂是无水强质子酸如 HF、H_2SO_4、H_3PO_4 等。例如：

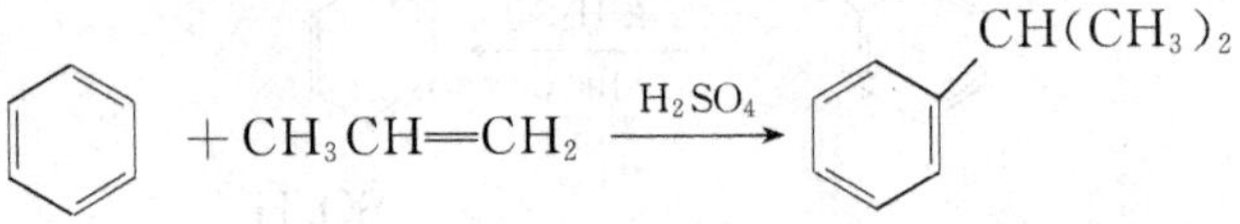

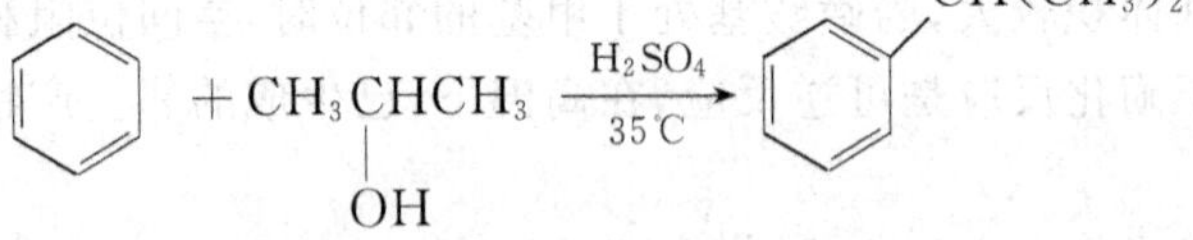

醇或烯烃与酸作用生成较稳定的碳正离子，此离子作为亲电试剂进攻芳环完成亲电取代反应。

$$ROH \xrightarrow{H^+} R-\overset{+}{O}\begin{matrix}H \\ H\end{matrix} \longrightarrow R^+ + H_2O$$

$$RCH{=}CH_2 \xrightarrow{H^+} R-\overset{+}{C}H-CH_3$$

由于烷基化反应的亲电试剂是烷基碳正离子 R^+，而碳正离子容易发生重排，因此当使用的烷基化试剂为具有 3 个或 3 个以上碳原子的直链烷基时，就得到由于碳正离子重排而生成的异构化产物，而且一般以重排产物为主。

例如：

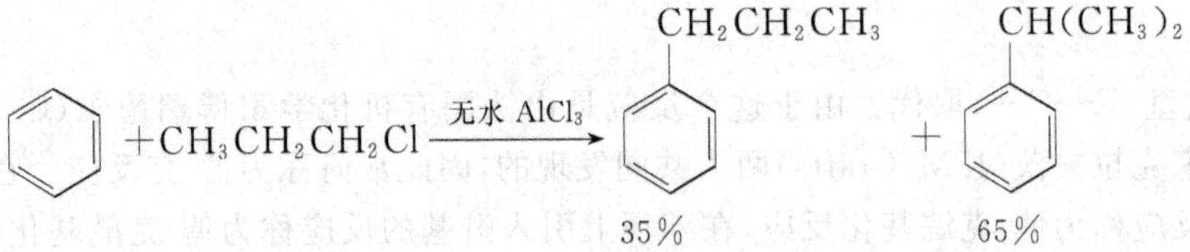

35%　　　　65%

正丙苯　　　异丙苯

这是因为一级碳正离子（$CH_3CH_2\overset{+}{C}H_2$），重排生成较稳定的二级碳正离子（$CH_3\overset{+}{C}HCH_3$）。所以，取代产物主要以异丙苯为主。

傅-克烷基化反应是可逆的，故伴有歧化反应。在强活性催化剂的作用下，烷基苯既可以发生失烷基化反应，也可以发生再烷基化反应。例如：

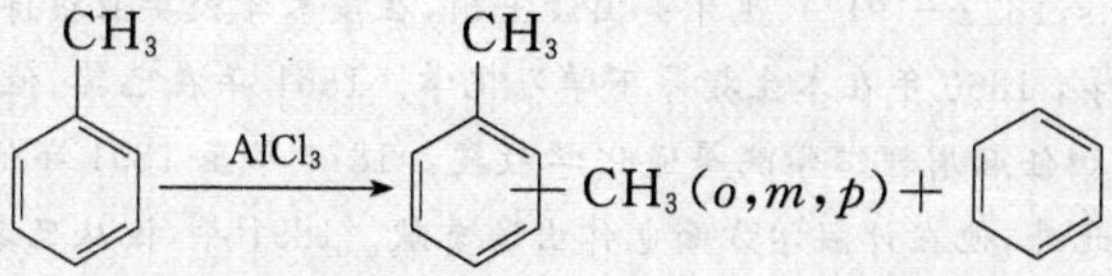

苯环上引入烷基后，由于烷基是活性基团，生成的烷基苯比苯更容易发生亲电取代，因此，在反应中常伴有多烷基化副反应。

由于上述烷基化反应的这些特点，该反应一般不适用于合成烷基苯。

当苯环上有硝基、磺酸基等钝化基团时，则由于芳环上电子云密度降低，不能发生傅-克烷基化反应。例如，硝基苯不发生傅-克烷基化反应。

② 傅-克酰基化反应。

在路易斯酸催化下，酰氯或酸酐等与芳烃反应，生成芳酮。

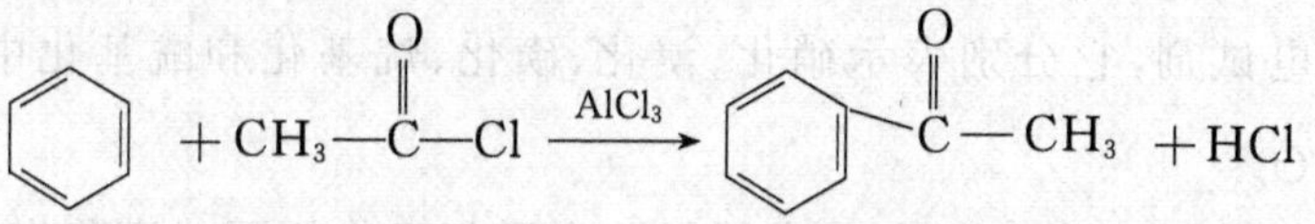

乙酰氯　　　　　　　苯乙酮

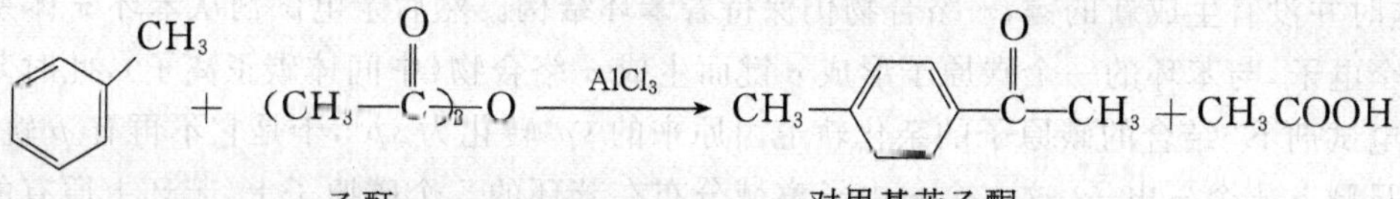

乙酐　　　　　　　对甲基苯乙酮

傅-克酰基化反应的反应机制和烷基化是类似的，也是在催化剂的作用下，首先生成酰基正离子，然后和芳环发生亲电取代。

$$RCOCl + AlCl_3 \longrightarrow R\overset{+}{C}O + AlCl_4^-$$

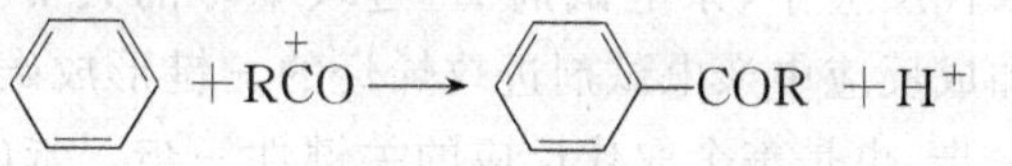

$$AlCl_4^- \; H^+ \longrightarrow HCl + AlCl_3$$

由于傅-克酰基化反应具有产率较高，而且反应不可逆，不发生取代基的转移反应以及酰基正离子不会重排等优点，所以在有机合成上很有价值。工业生产及实验室常用它来制备芳酮，同时也用它来制备烷基苯，生成的酮可以用克莱门森还原法（详见第八章）将羰基还原成亚甲基得到烷基苯。

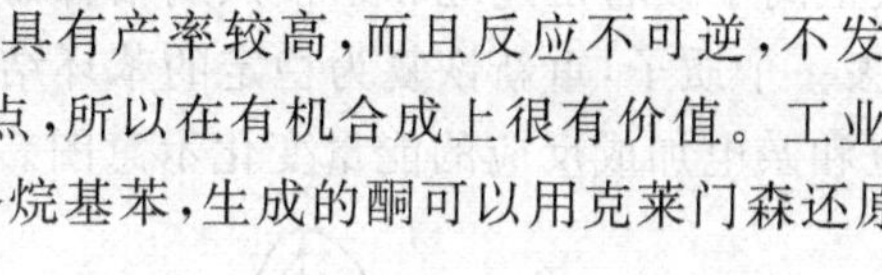

与傅-克烷基化反应类似，当苯环上有硝基、磺酸基等钝化基团时，不能发生傅-克酰基化反应。

傅瑞德尔（C. Friedel，1832—1899），生于法国斯特拉斯堡（Strasboury），在武慈指导下学习化学，1869年获得博士学位，1876年任教授，8年后接替武慈首席有机化学教授的位置。傅瑞德尔对矿物学和有机化学的研究很有成就，合成了异丙醇、乳酸和甘油。从1874年至1891年，他和美国化学家克拉夫茨（Crafts）合作，发现无水三氯化铝催化下把卤代烷加到苯中，便会反应，并以他们的名字称为Friedel-Crafts烷基化和酰基化反应。

克拉夫茨(J. M. Crafts,1839—1917),生于美国波士顿,在技术学校毕业获得学士学位后,再攻读机械学一年,1859 年攻读矿物学,1860 年在本生指导下学习化学。1861 年在巴黎,他在武慈指导下学习化学。1865 年返回美国,4 年后,担任麻省理工学院普通化学教授。1874 年至 1891 年他再次去巴黎与傅瑞德尔合作,发现了傅-克反应。此外,他在计温学方面也作出过贡献。1891 年,他从巴黎再次回到麻省理工学院任教,后担任该校校长职务。

(5) 芳环亲电取代反应历程。

典型的芳环亲电取代反应如前所述,有硝化、卤化、磺化、烷基化和酰基化,这些亲电取代反应的反应机制大体是相似的,可以把苯环的亲电取代反应历程概括如下:

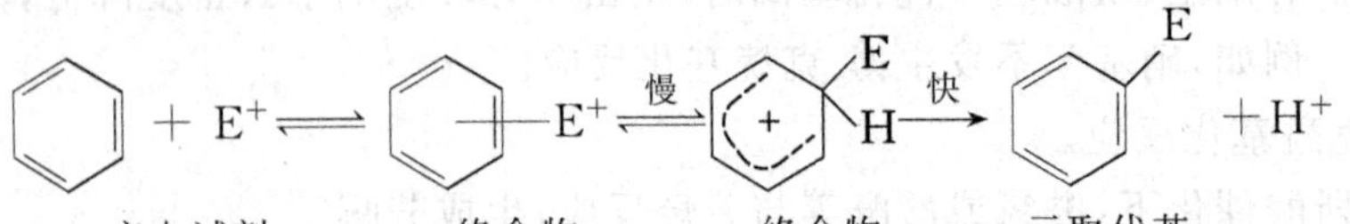

亲电试剂　π-络合物　σ-络合物　一元取代苯

E^+ 代表亲电试剂,它分别表示硝化、溴化、磺化、烷基化和酰基化中的 NO_2^+、Br^+、SO_3、R^+ 和 $R\overset{+}{C}O$。

首先是亲电试剂 E^+ 进攻苯环,与离域的 π 电子相互作用形成不稳定的中间体 π-络合物,这时并没有生成新的键,π-络合物仍保持着苯环结构。然后亲电试剂从苯环 π 体系中获得 2 个电子,与苯环的一个碳原子形成 σ 键而生成 σ-络合物(中间体碳正离子),此时苯环上与亲电试剂 E^+ 结合的碳原子的杂化轨道由原来的 sp^2 转化为 sp^3,于是它不再有 p 轨道,苯环上只剩下 4 个 π 电子,这 4 个 π 电子离域分布在苯环的 5 个碳原子上,苯环上原有的 6 个碳原子形成的闭合共轭体系被破坏了。由于闭合的大 π 共轭体系具有特殊的稳定性,体系具有恢复它的强烈倾向,因此,σ-络合物很容易从 sp^3 杂化碳原子上失去一个质子,从而恢复原来 sp^2 杂化状态,重新形成 6 个 π 电子离域的闭合共轭体系——苯环,完成取代反应。

在苯环的亲电取代反应中,亲电试剂 E^+ 进攻苯环的大 π 键形成 σ 络合物(环碳正离子),与烯烃的亲电加成反应中亲电试剂进攻烯烃的 π 键形成碳正离子类似,它们都是整个反应历程中最慢的一步,也是整个取代反应的关键性一步。苯的亲电取代与烯烃加成反应不同的是:由烯烃生成的碳正离子接着迅速地和亲核试剂结合而形成加成产物;而由芳烃生成的 σ-络合物却是随即失去一个质子,重新恢复为稳定的苯环结构,最后得到取代产物。图 4-4 为苯进行亲电取代反应和亲电加成反应的能量变化示意图。

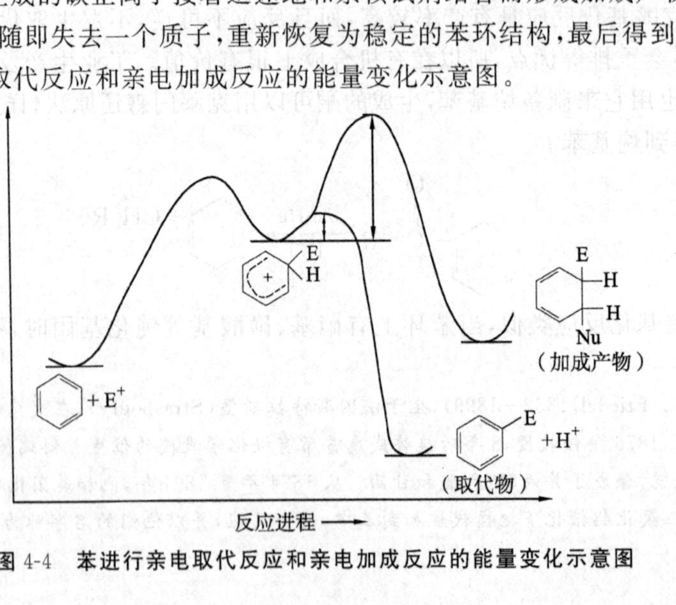

图 4-4　苯进行亲电取代反应和亲电加成反应的能量变化示意图

由图可见，由σ-络合物形成取代产物时，过渡态势能较低，且产物的能量比原料苯的能量低，为放热反应；如果生成加成产物，则过渡态势能高，且产物的能量比原料苯的能量高，为吸热反应。因此，无论是动力学因素还是热力学因素，加成反应都是不利的。

2. 氧化反应

苯环不易氧化，即使在高温下苯也不能被高锰酸钾、重铬酸钾等强氧化剂氧化。但在强烈的条件下，如高温时，在五氧化二钒的催化下，苯可以被空气氧化，生成顺丁烯二酸酐。

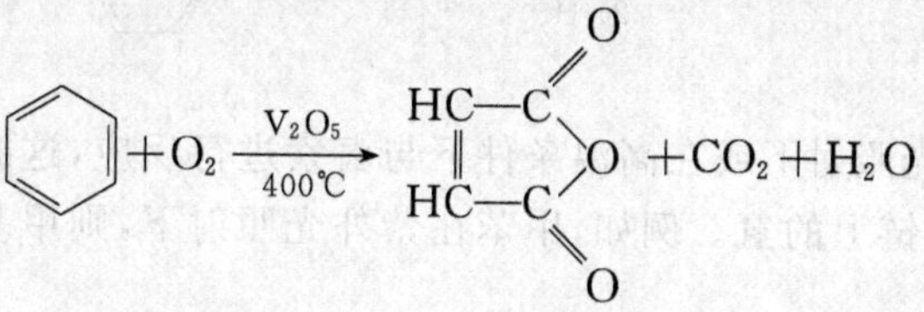

顺丁烯二酸酐

这是顺丁烯二酸酐的工业制法。

3. 加成反应

苯难于进行加成反应，只有在特殊条件下，苯才可与氢气、卤素等发生加成反应。

(1) 催化加氢。

在催化及加热、加压下，苯可以与氢气发生加成反应，生成环已烷。

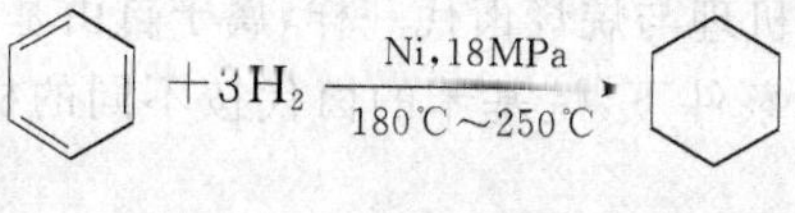

这是工业制备环已烷的方法。

(2) 加氯。

用紫外光照射或在过氧化物存在下，苯与氯气可发生自由基加成反应，生成1,2,3,4,5,6-六氯环已烷。六氯环已烷又称六氯化苯，俗称“六六六”。

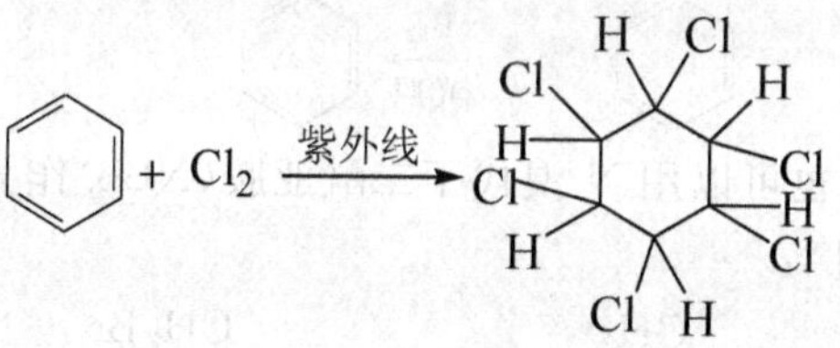

4. 苯环侧链上的反应

(1) 氧化反应。

苯环较难被氧化，但烷基苯易被氧化，在高锰酸钾或重铬酸钾的酸性或碱性溶液中，苯环上的烷基容易被氧化。例如：

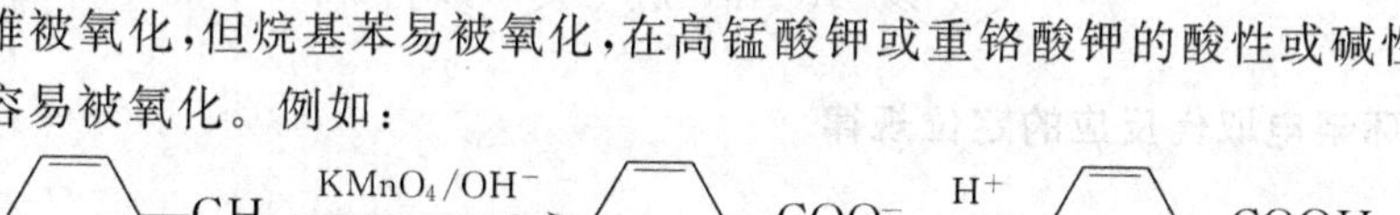

苯甲酸盐　　　　苯甲酸

而且，不管烷基碳链有多长，只要烷基和苯环直接相连的碳(称α-碳)上有氢(称α-氢)，氧化的最终结果都是烷基变成羧基。例如：

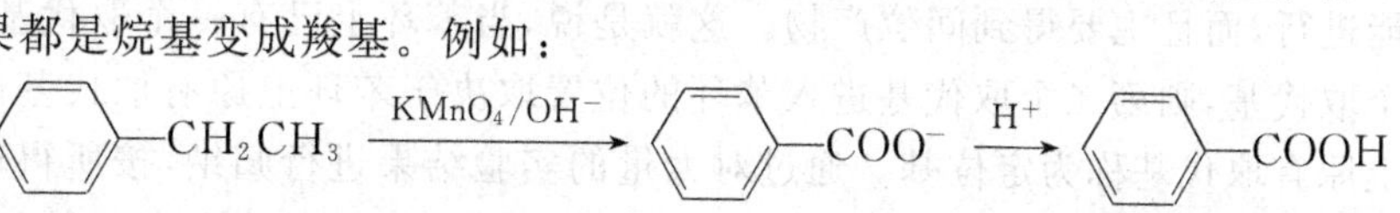

苯甲酸

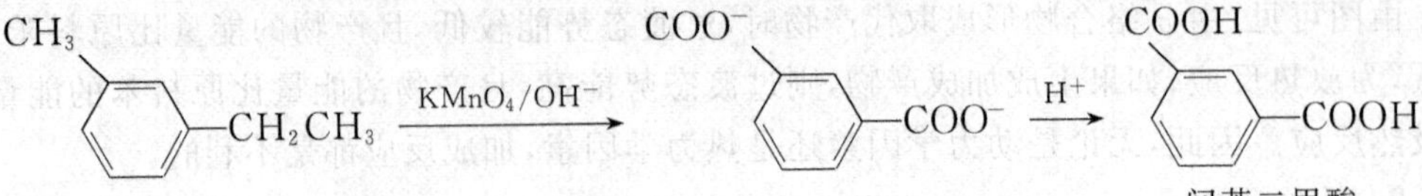

间苯二甲酸

如果苯环上的烷基无 α-氢，在上述氧化条件下，烷基就不被氧化。例如：

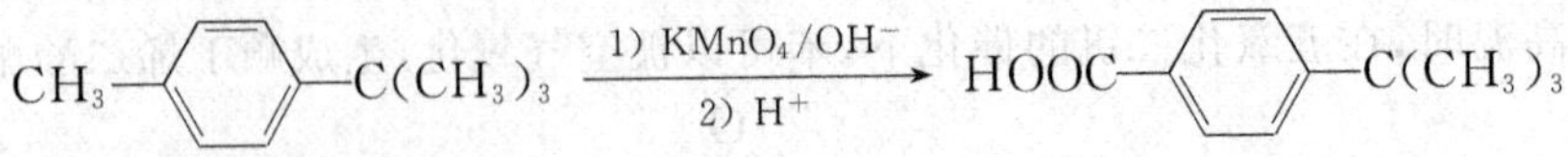

(2) α-氢的卤代。

当烷基苯在紫外光照射下或在高温条件下与卤素进行反应，这时卤素不是取代苯环上的氢，而是取代烷基碳链上的氢。例如，甲苯在紫外光照射下，则甲基上的三个氢分别被氯取代。

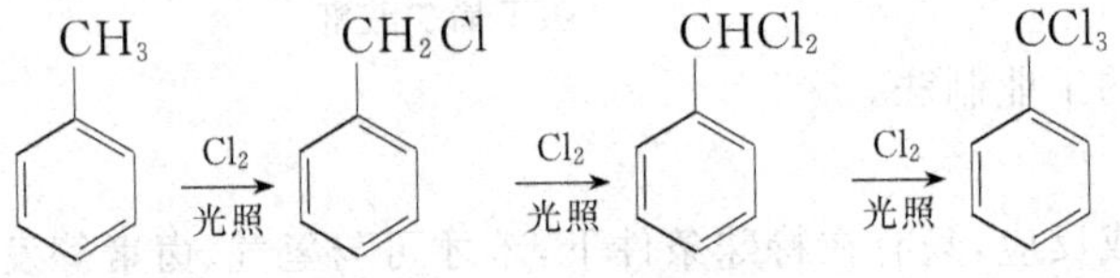

苄氯　　苯二氯甲烷　　苯三氯甲烷

控制氯气的用量可使反应停留在苄氯的阶段。

烷基苯侧链卤代的反应机理与烷烃卤代一样，属于自由基取代反应，而苯环上的卤代为离子型亲电取代。在不同的条件下，烷基苯的卤代按不同的机理进行，因此得到不同的产物。

由于烷基苯的 α-C—H 键均裂后生成的苄基型自由基比较稳定，因此烷基苯的自由基卤代反应都是优先发生在与苯环直接相连的 α-碳原子上。例如：

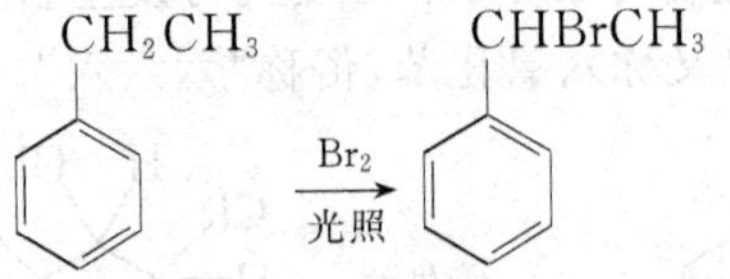

烷基苯的自由基溴代也可以用 N-溴代丁二酰亚胺(NBS)作为试剂(在前面第三章烯烃的 α-H 的卤代中已讨论过)：

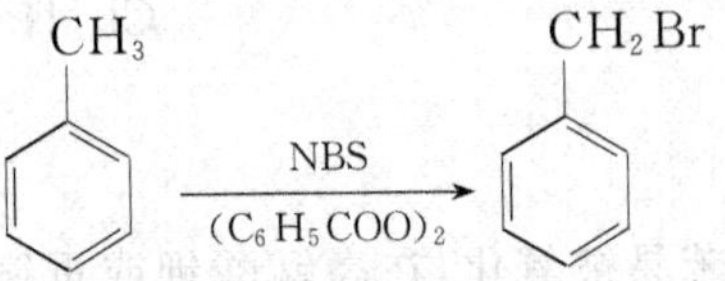

四、苯环亲电取代反应的定位规律

(一) 定位规律

由苯环上的亲电取代反应发现，甲苯比苯更容易发生硝化反应，且主要得到邻、对位产物，而硝基苯再硝化，不但比苯的硝化反应条件高，即必须在浓度更高的混酸中或在更高的温度下才能进行，而且主要得到间位产物。这就是说，当苯环上已有一个取代基时，如果再引入第二个取代基，则第二个取代基进入苯环的位置取决于苯环上原有取代基的性质。我们把苯环上原有取代基称为定位基。通过对大量的实验结果进行归纳，按所得产物比例的不同，可以把苯环上的定位基分为邻、对位定位基(产物中邻、对位异构体之和大于 60%)和间位定位基(产物中间位异构体大于40%)两类。表4-2列出了常见的一元取代苯硝化反应时产生的各异构体的含量(%)(A代表各种不同的取代基)。

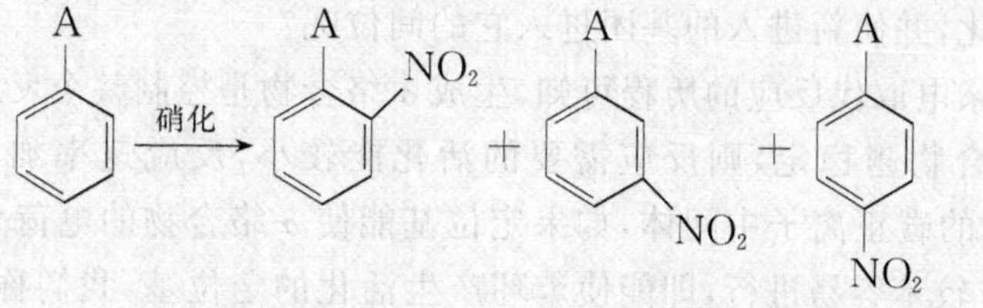

表4-2 常见的一元取代苯硝化反应时产生的各异构体的含量(%)

取代基(A)	间位	邻位	对位
—OH	微	40	60
$—CH_3$	3.5	56.5	40
$—CH_2CH_3$	—	55	45
$—CH(CH_3)_2$	—	14	86
—Cl	0.9	29.6	69.5
—Br	1.2	36.4	62.4
—I	1.8	38.3	59.7
$—N^+(CH_3)_3$	100	—	—
NO_2	93.5	6.4	0.3
—CN	~81	~17	~2
$—SO_3H$	72	21	7
—COOH	80.2	18.5	1.3
—CHO	72	19	9
$—COCH_3$	70	—	—
$—CONH_2$	70	27	23

1. 邻、对位定位基(又称第一类定位基)

这类定位基使新进入的取代基主要进入它的邻位和对位,并使取代反应较苯容易进行,即它们能增加苯环上的电子云密度,使苯环活化(卤素除外)。邻、对位定位基在结构上的特征是:定位基中与苯环直接相连的原子以单键和其他原子相连,多数具有未共用电子对或带有负电荷。常见的邻、对位定位基有:氧负离子($—O^-$)、二甲氨基[$—N(CH_3)_2$]、氨基($—NH_2$)、羟基(—OH)、甲氧基($—OCH_3$)、乙酰氨基($—NHCOCH_3$)、乙酰氧基($—OCOCH_3$)、甲基($—CH_3$)、卤素(—X)等,这些定位基的定位效应强度基本上按以上顺序从前至后由强到弱。

2. 间位定位基(又称第二类定位基)

间位定位基使新进入的取代基主要进入它的间位,并使取代反应比苯困难些。即它们可使苯上的电子云密度减小,使苯环钝化。这类定位基在结构上的特征是:定位基中与苯环直接相连的原子一般是以不饱和键(双键或叁键)和其他原子相连或者带有正电荷。常见的间位定位基有:三甲铵离子[$—\overset{+}{N}(CH_3)_3$]、硝基($—NO_2$)、氰基(—CN)、磺酸基($—SO_3H$)、醛基(—CHO)、酰基(—COR)、羧基(—COOH)、酯基(—COOR)等。这些定位基的定位效应强度基本上按以上顺序从前至后由强到弱。

(二) 定位规律的解释

为什么有些定位基可以使苯环活化，并使新进入的基团进入它的邻位和对位，而有些定位基可使苯环钝化，并使新进入的基团进入它的间位呢？

从苯环发生亲电取代反应的历程可知，生成σ-络合物是控制整个反应速率的关键步骤。如果形成的σ-络合物越稳定，则反应需要的活化能较小，反应速率加快，反应容易进行。σ-络合物，即环状的碳正离子中间体，如果定位基能使σ-络合物的电荷分散，则该碳正离子稳定性增加，反应较苯容易进行，即能使苯环产生活化的定位基，我们称之为活化基团。反之，如果定位基不能使σ-络合物的电荷分散，则该碳正离子稳定性下降，反应较苯难以进行，即能使苯环产生钝化的定位基，我们称之为钝化基团。

由于芳烃的取代反应是亲电取代反应，因此亲电试剂 E^+ 容易进攻苯环上电子云密度较大的部位。苯环上没有取代基时，环上的 6 个碳原子的电子云密度是等同的。但苯环上连有取代基时，由于取代基的电子效应沿着苯环共轭体系传递时，在环上出现了电子云密度疏密交替分布的现象，亲电试剂主要进攻电子云密度较大的碳原子，从而使这些碳原子上氢被取代的取代物占了多数。邻、对位定位基都是活化基团(卤素除外)，使新进入的取代基主要进入它的邻位和对位；间位定位基都是钝化基团，使新进入的取代基主要进入它的间位。

除了电子效应外，空间效应对邻、对位定位基具有一定的影响。当苯环上连有邻、对位定位基时，新引入取代基进入它的邻位和对位的比例将随定位基空间效应的大小不同而变化。空间效应越大，其邻位异构体越少。例如，甲苯硝化产物邻、对位的比例分别为 58.5% 和 37.1%，而叔丁苯在同样条件下硝化，硝化产物邻、对位的比例分别为 15.8%和 72.7%。如果苯环上原有的取代基和新进入的取代基的空间效应都很大，则邻位异构体的比例更少。例如，叔丁苯的磺化，几乎 100%生成对位异构体。

下面以甲基、羟基、硝基和卤原子为代表，分别讨论两类定位基对苯环的影响。

1. 甲基

甲苯中甲基为给电子基，甲基与苯环相连时，通过给电子诱导效应可增加苯环上的电子云密度，同时，甲基中的 C—Hσ 键可与苯环的 π 键形成 σ-π 超共轭效应，也使电子云移向苯环。甲苯中的诱导效应(+I)和 σ-π 超共轭效应(+C)方向一致，都使苯环上电子云密度增加，因而苯环被活化。通过量子化学计算，若苯环上碳原子的电荷密度为 1，则甲苯中各环碳原子上的电荷密度为：

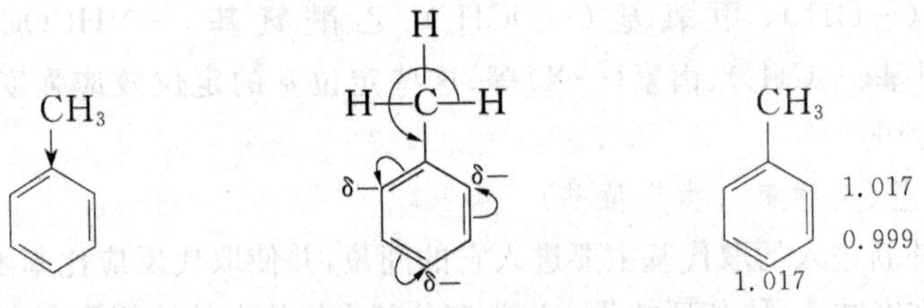

表明甲苯的甲基的邻对位碳原子的电荷密度都大于苯，因此，甲苯的亲电取代反应比苯快，且主要发生在甲基的邻、对位。

此外，从甲苯亲电取代反应的中间体σ-络合物的稳定性也可以解释定位效应，这可用共振论加以解释。

当甲苯的甲基的邻位受到亲电试剂进攻时，形成的σ-络合物有以下 3 种共振极限式：

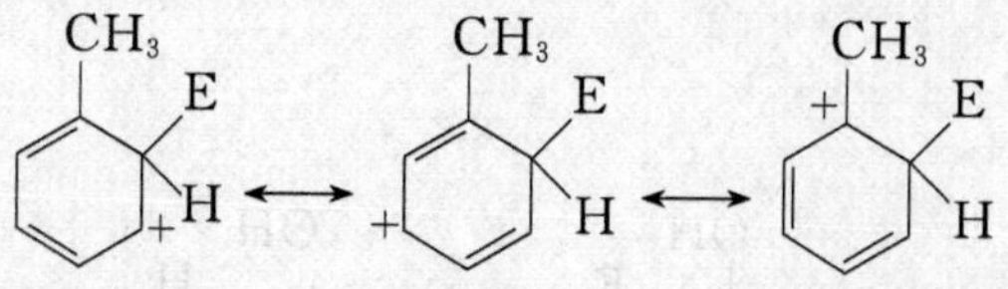

（Ⅰ） （Ⅱ） （Ⅲ）

3 种共振极限式中，（Ⅲ）是叔碳正离子，而且带正电荷的碳原子和甲基直接相连，甲基的给电子效应可直接分散这个碳原子上的正电荷，因此，（Ⅲ）具有较低的能量，是一个特别稳定的结构，它的存在可以使邻位取代物容易生成。

当甲苯的对位受到亲电试剂进攻时，形成的 σ-络合物有以下 3 种共振极限式。与进攻邻位的情况相似，同样（Ⅴ）是叔碳正离子，特别稳定，由于它的存在，使对位取代物也比较容易生成。

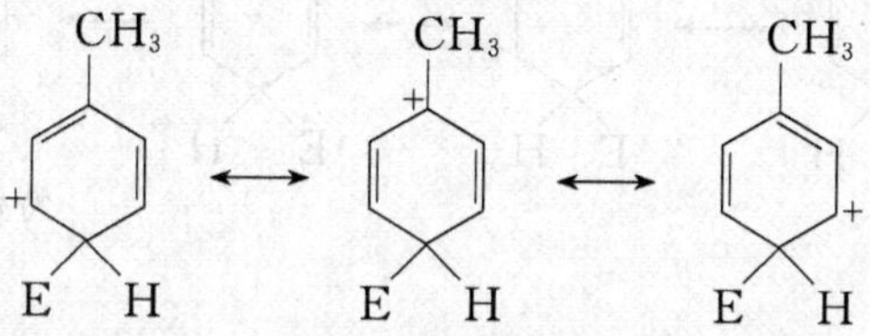

（Ⅳ） （Ⅴ） （Ⅵ）

而甲苯的间位受到亲电试剂进攻时，生成下列三种 σ-络合物的共振极限式：

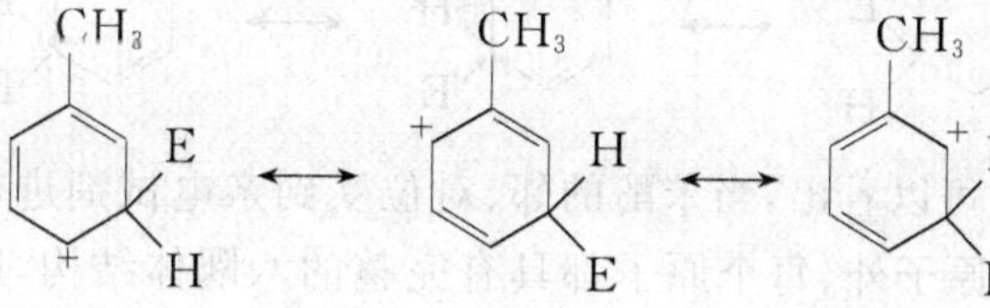

（Ⅶ） （Ⅷ） （Ⅸ）

3 种共振极限式（Ⅶ）、（Ⅷ）、（Ⅸ）都是仲碳正离子，而且带正电荷的碳原子都不直接和甲基相连，正电荷不能很好地分散，不稳定。因此，间位取代物较难生成。

2. 羟基

从诱导效应看，羟基对苯环具有较强的吸电子诱导效应（$-I$），使苯环的电子云密度降低，从而使苯环钝化，但羟基氧原子上的一对孤对电子，可以与苯环的 π 键形成 p-π 共轭效应，使氧原子的孤对电子向苯环方向转移，即羟基与苯环直接相连对苯环产生给电子的 p-π 共轭效应（$+C$），这里的诱导效应（$-I$）和共轭效应（$+C$）的方向是相反的。但羟基的给电子共轭效应远远大于吸电子诱导效应，总的结果是使苯环上电子云密度增大，亲电取代反应比苯容易进行。羟基的电子效应沿着苯环共轭体系传递时，在环上出现了如右所示的电子云密度疏、密交替，使羟基的邻、对位碳原子的电子云密度增加更为明显，所以，当苯酚进行亲电取代反应时，比苯容易进行，且取代作用主要发生在羟基的邻位和对位。

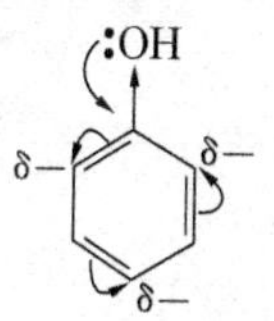

其他的邻对位定位基如—O^-、—$N(CH_3)_2$、—NH_2、—OCH_3、—$NHCOCH_3$、—$OCOCH_3$、—X 等与羟基类似，除了吸电子的诱导效应（$-I$）外，与苯环也有 p-π 共轭效应（$+C$）。除了卤素，它们的 $+C>-I$。

羟基对苯环的影响也可以从 σ-络合物的稳定性用共振论加以解释。

当苯酚的邻位、对位和间位受到亲电试剂进攻时，其碳正离子 σ-络合物可分别产生下列共振极限式：

邻位进攻：

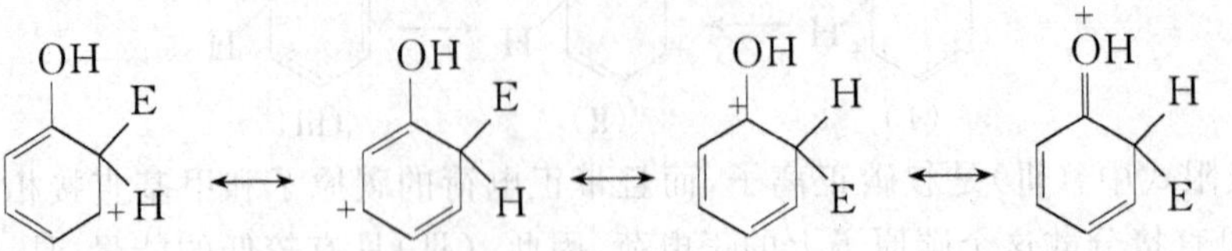

特别稳定

对位进攻：

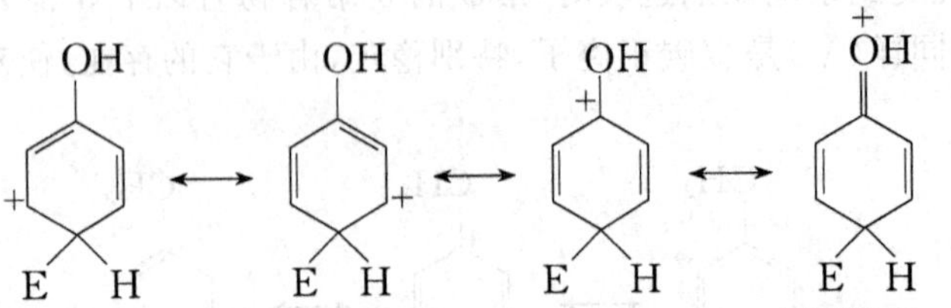

特别稳定

间位进攻：

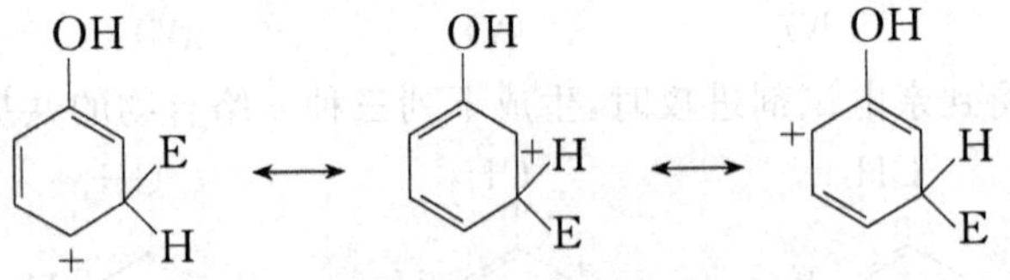

从上述共振极限式可以看出，当苯酚的邻、对位受到亲电试剂进攻时，都有一个特别稳定的共振结构，即除 H 原子外，每个原子都具有完整的八隅体结构，所以它最稳定，对共振杂化体的贡献最大。进攻间位时，则得不到这种特别稳定的共振结构，所以苯酚在进行亲电取代反应时，不仅比苯容易进行，而且主要发生在羟基的邻位和对位。

3. 卤素

在邻、对位定位基中，卤素具有独特性。它虽然是邻、对位定位基，但却是钝化基团。以氯苯为例，由于氯原子的电负性较大，具有较强的吸电子诱导效应（$-I$），但氯原子上的一对孤对电子可以与苯环上的 π 电子发生 p-π 共轭（$+C$），总的结果是 $-I>+C$，使苯环的电子云密度降低，亲电取代反应速率低于苯，因此氯原子是钝化基团。但为什么氯原子是邻、对位定位基而不是间位定位基呢？这可用共振论加以解释。

当亲电试剂进攻氯苯的氯原子的对位时，可形成如下碳正离子的共振极限式：

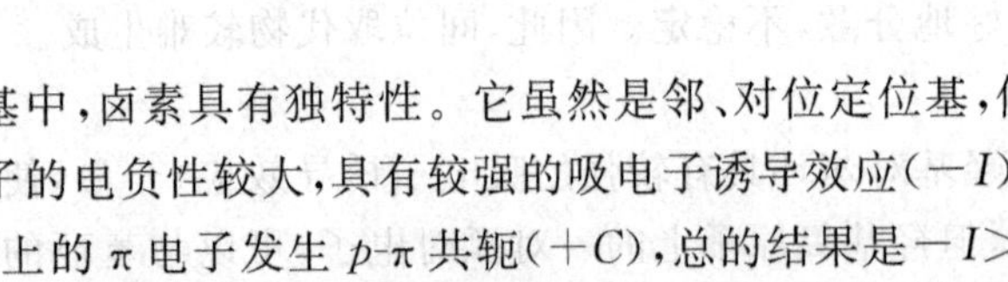

（Ⅰ）　　（Ⅱ）　　（Ⅲ）　　（Ⅳ）

上述共振极限式（Ⅳ）中每一个原子都具有完整的八隅体结构（氯鎓离子极限式），它最稳定，对共振杂化体的贡献最大。同样，进攻氯原子邻位所得碳正离子的共振极限式中，也存在最稳定的氯鎓离子极限式，而间位取代的碳正离子则无此稳定的极限式。故氯苯的邻、对位亲电取代比间位要容易些。

当亲电试剂进攻氯苯的氯原子的间位时，形成如下碳正离子的共振极限式：

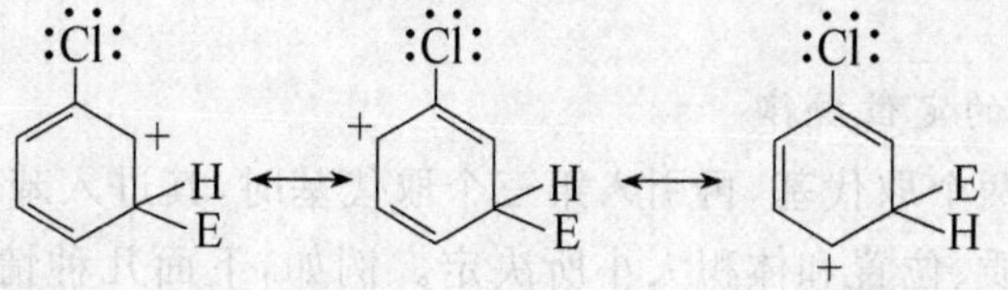

可见此时不存在稳定的极限式。

4. 硝基

在硝基苯中，一方面，由于硝基是一个较强的吸电子基团，对苯环起着吸电子的诱导效应($-I$)；另一方面，因硝基中 N=O 的 π 轨道与苯环的 π 轨道形成 π-π 共轭体系，由于氮、氧的电负性比碳强，使共轭体系中的电子云移向硝基，对苯环起着吸电子的共轭效应($-C$)。硝基苯中硝基的诱导效应($-I$)和共轭效应($-C$)的方向一致，均使苯环的电子云密度有较大程度的降低。按量子力学计算，硝基的邻、对位电荷密度比间位下降更多，间位电子云密度相对显得高一些。因此，硝基苯进行亲电取代反应比苯困难，且主要得到间位产物。

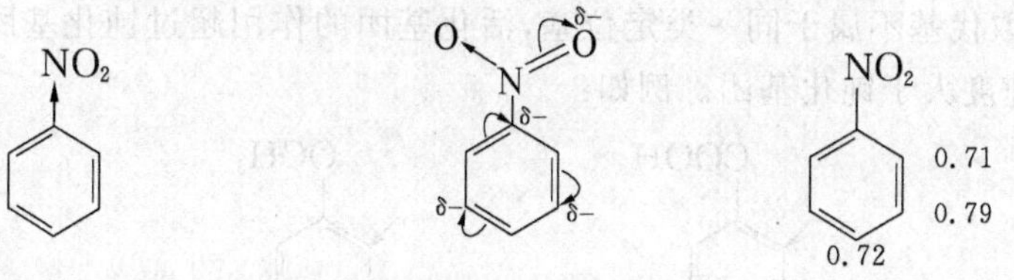

也可从碳正离子 σ-络合物的稳定性用共振论来解释硝基的间位定位作用。当硝基苯的硝基邻位、对位和间位受到亲电试剂进攻时，其碳正离子 σ-络合物可分别产生下列共振极限式：

邻位进攻：

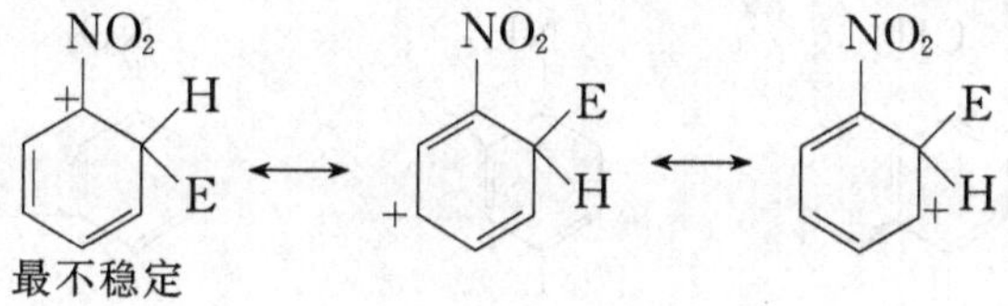

对位进攻：

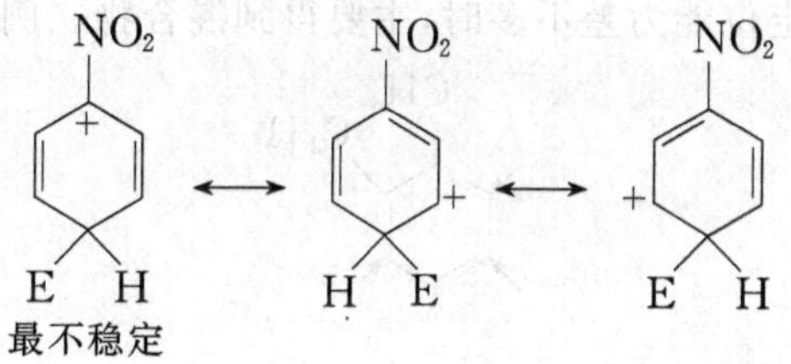

间位进攻：

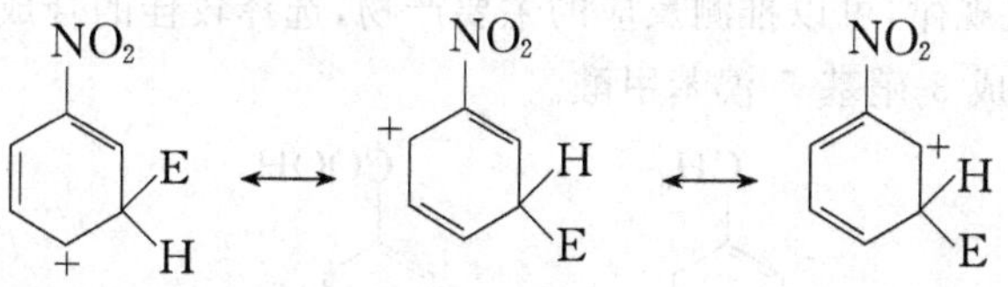

可以看出，亲电试剂从硝基的邻、对位进攻苯环时，各有一个带正电荷的碳原子直接与吸电子的硝基相连的极限式。由于正电荷更为集中，所以能量高，最不稳定。如果亲电试剂从硝基的间位进攻苯环，其碳正离子共振式中带正电荷的碳原子无一与硝基直接相连，所以，亲电试剂进攻间位所生成的σ-络合物相对能量较低，反应速度较快，因此主要生成间位产物。

（三）二元取代苯的定位规律

当苯环上已经有两个取代基，再引入第三个取代基时，其进入苯环的位置（箭头表示）由原来两个取代基的性质、位置和体积大小所决定。例如，下面几种情况中，引入的第三个取代基将进入箭头所表示的位置。

（1）若两个取代基的定位作用一致，则定位效应加强。例如：

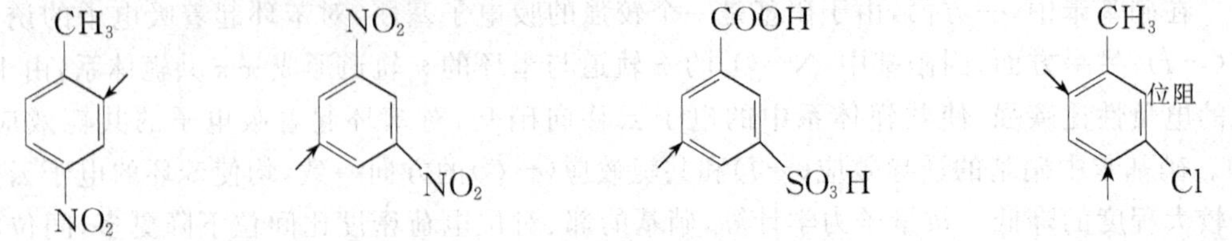

（2）若两个取代基的定位作用不一致，大概有下列几种情况：

① 若两个取代基不属于同一类定位基，活化基团的作用超过钝化基团的作用，因为活化基团反应的速度大于钝化基团。例如：

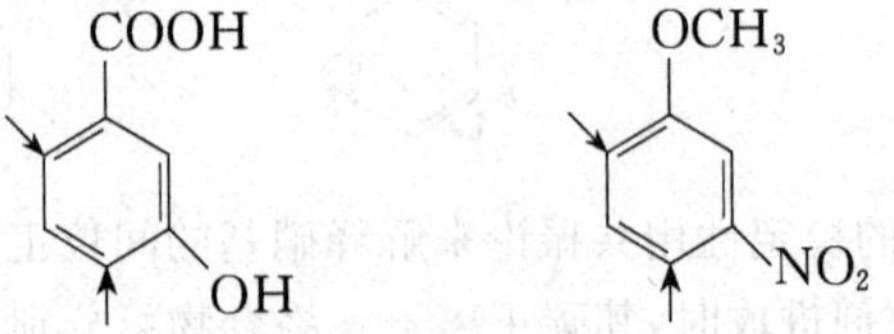

② 若两个取代基属于同一类定位基，主要受强的定位基的控制。例如：

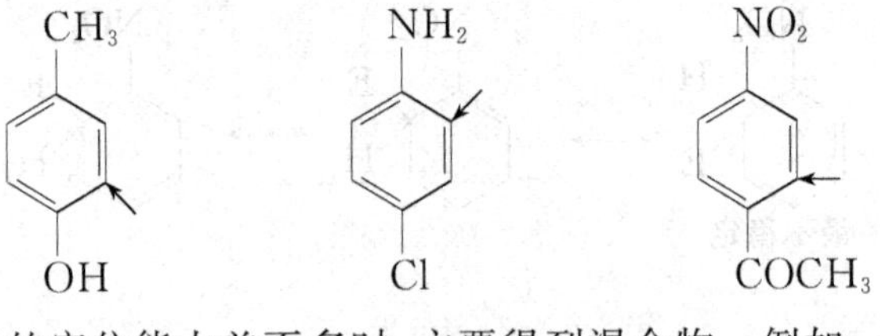

③ 若两个取代基的定位能力差不多时，主要得到混合物。例如：

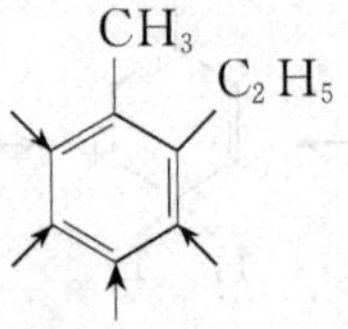

（四）运用定位规律，选择合适的合成路线

正确地应用定位规律，可以推测反应的主要产物，选择较佳的合成路线。

例 1 由甲苯合成 3-硝基-5-溴苯甲酸。

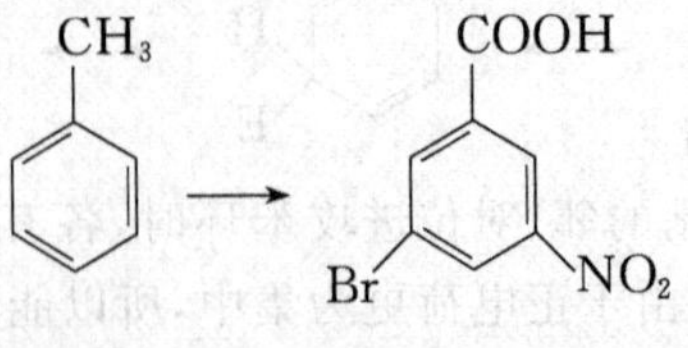

产物苯环上有三个取代基，其中—COOH、$—NO_2$ 是间位定位基，—Br 是邻、对位定位

基。由于三个取代基互为间位，而原料为甲苯，因此可先通过甲苯的氧化，将$—CH_3$转变为—COOH，然后硝化，再溴化。

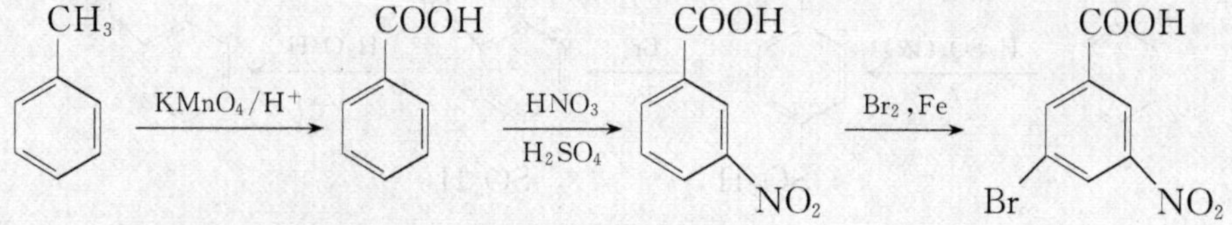

例 2 由苯合成邻硝基氯苯。

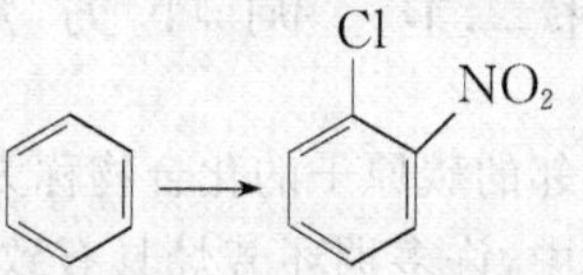

方法一：产物苯环上的二个取代基互为邻位，其中$—NO_2$是间位定位基，—Cl是邻对位定位基。因此要先将—Cl引入苯环，然后硝化。氯苯硝化不仅得到邻位产物，而且得到对位产物，经过分离将产物中的对位异构体除去，得到目标产物。

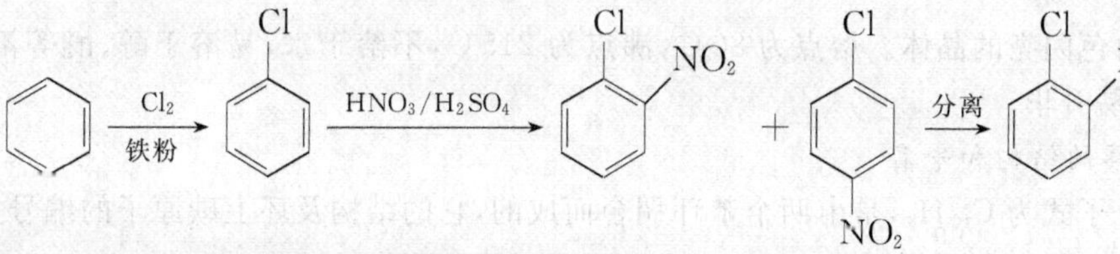

方法二：氯苯硝化得到邻位产物和对位产物的混合物，在实际操作中分离比较困难。如采用氯苯先用浓硫酸在较高温度下磺化，然后硝化的方法，可避免分离困难的问题，且收率较高。氯苯在高温下磺化，得到对氯苯磺酸。磺酸基是间位定位基，氯是邻、对位定位基，对于硝基进入苯环上位置的定位效应一致。磺酸基可在酸性条件下加热水解去掉。

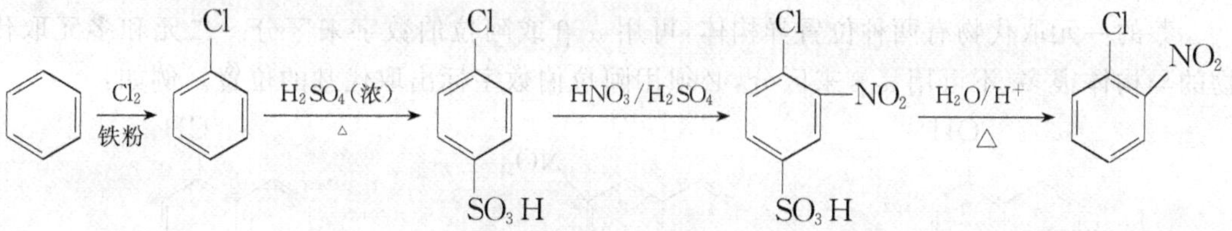

例 3 以甲苯为原料，合成邻溴苯甲酸。

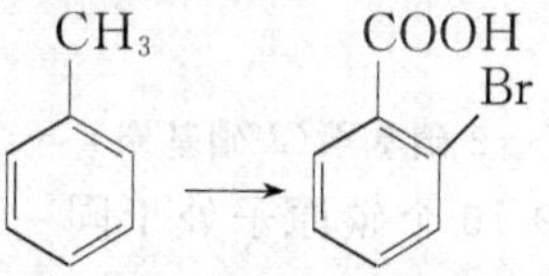

方法一：产物苯环上的两个取代基互为邻位，如果甲苯先氧化再溴化显然很难得到目标产物，因为—COOH是间位定位基，溴很难进入—COOH的邻、对位；而$-CH_3$是邻、对位定位基，甲苯先溴化再氧化即可得到目标产物。

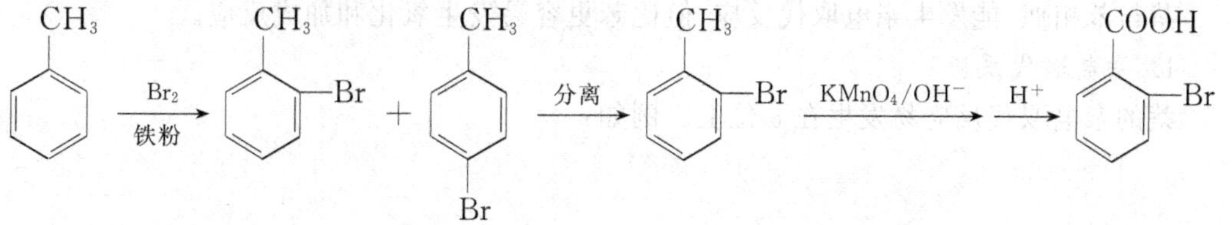

方法二：与例 2 方法二相似。甲苯先磺化，再溴化，然后水解将磺酸基去掉。

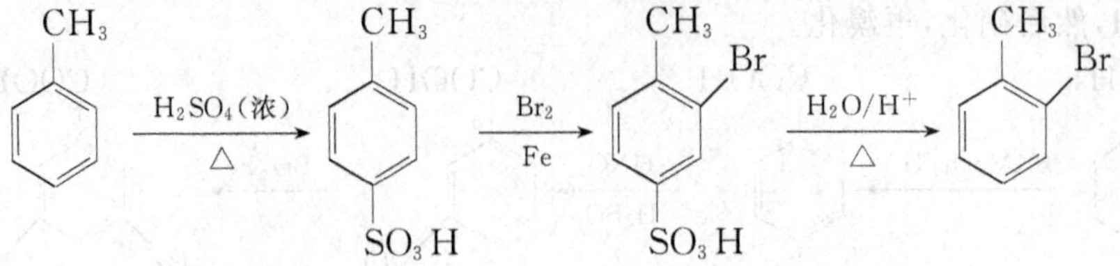

第二节 稠环芳烃

两个或多个苯环共用两个相邻的碳原子的化合物称为稠环芳烃。

稠环芳烃主要存在于煤焦油中，许多稠环芳烃具有致癌作用。比较重要的稠环芳烃有萘、蒽、菲等。

一、萘

萘是白色闪亮的晶体。熔点为 80℃，沸点为 215℃，不溶于水，易溶于醇、醚等溶剂，有特殊气味，易升华。

（一）萘的结构和命名

萘的分子式为 $C_{10}H_8$，是由两个苯环稠合而成的，它的结构及环上碳原子的编号如下：

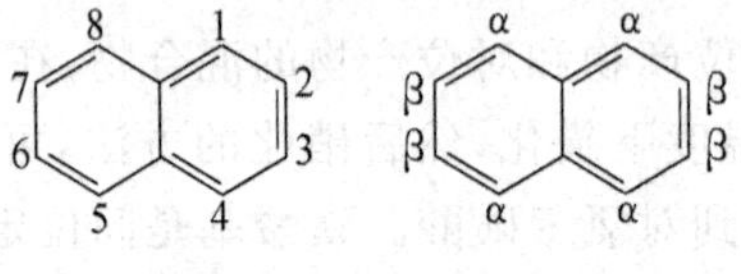

其中 1,4,5,8 位称为 α 位，2,3,6,7 位称为 β 位。

萘的一元取代物有两种位置异构体，可用 α、β 或阿拉伯数字来区分。二元和多元取代物的异构体很多，不可用 α、β 来区分，必须用阿拉伯数字标出取代基的位置。例如：

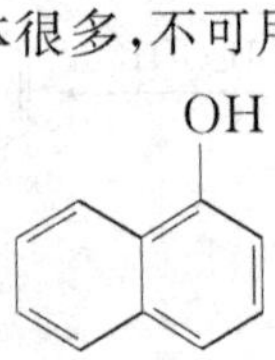

α-萘酚(1-萘酚)

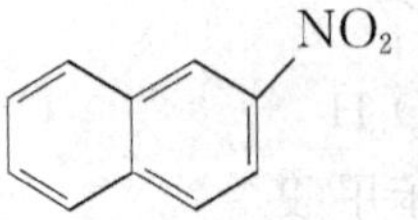

β-硝基萘(2-硝基奈)

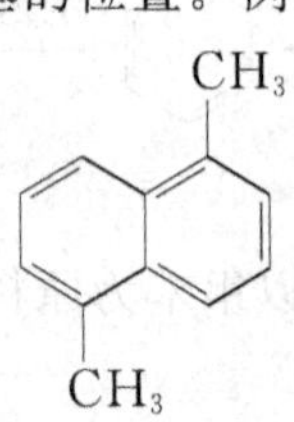

1,5-二甲基萘

根据 X 光衍射发现，萘分子中 10 个碳原子处于同一平面上，每个碳原子为 sp^2 杂化，各碳原子的 p 轨道平行重叠，形成一个环状闭合共轭体系，但电子云不是均匀分布的。根据分子轨道法计算，电子云密度 α 位较 β 位大，各碳原子之间的键长也不相同。

（二）化学性质

萘与苯相似，能发生亲电取代反应，但比苯更容易发生氧化和加成反应。

1. 亲电取代反应

萘的亲电取代反应易发生在 α 位上。例如：

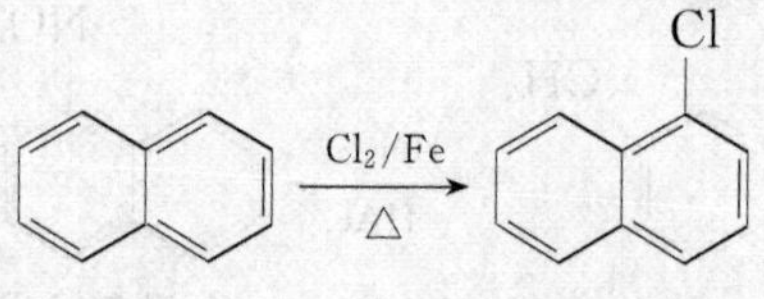

α-氯萘(95%)

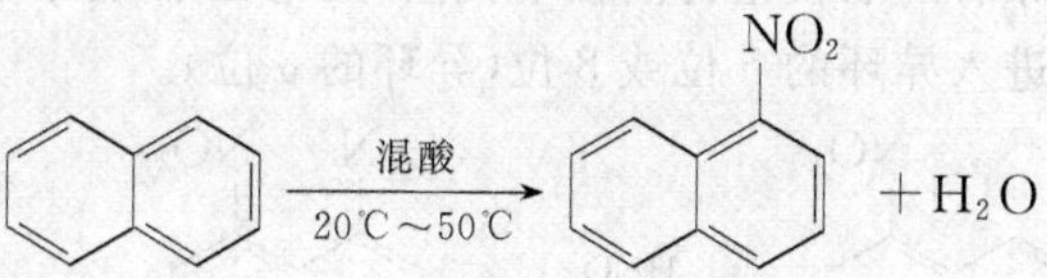

α-硝基萘(95%)

萘的磺化反应也是可逆的，磺酸基进入萘环的位置与反应温度有关。萘与浓硫酸在较低的温度(<80℃)下磺化时，主要得到α-萘磺酸，而在较高温度(165℃)磺化时，则主要生成β-萘磺酸。α-萘磺酸加热到165℃也会转变为β-萘磺酸。其反应式如下：

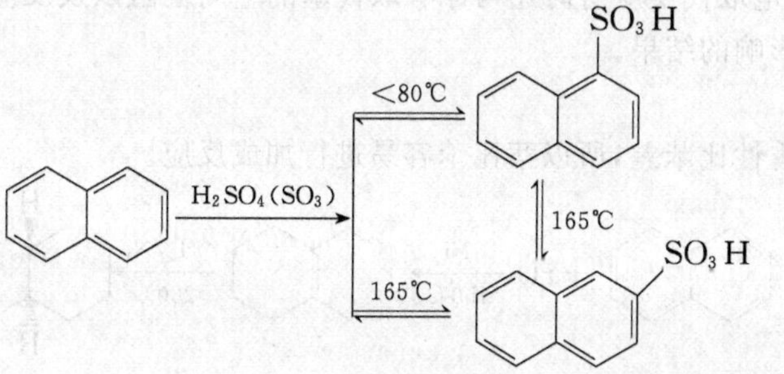

为什么温度不同，磺化产物不同呢？因为萘的α位比较活泼，生成α-萘磺酸比生成β-萘磺酸所需要的活化能低。由于在低温时提供的能量较少，所以反应主要生成α-萘磺酸。但磺化反应是可逆的，一方面，α-磺酸基与异环的α-H处于平行位置，距离较近，位阻较大，不稳定，随着反应温度的提高，α-萘磺酸增多，平衡逐渐建立，α-萘磺化的逆向反应速度增加；另一方面，温度升高提供的活化能也增加，β-萘磺化速度加大，β-萘磺基与邻近氢距离较大，稳定性好，其逆向反应速度相对α-萘磺化慢，所以α-萘磺酸逐渐转变成β-萘磺酸。因此在高温时，产物主要是稳定的β-萘磺酸。也就是说，α-萘磺酸的生成是受动力学控制的，而β-萘磺酸的生成是受热力学控制的。

取代萘的亲电取代，取代基进入萘环的位置与原有取代基有关。一取代萘进行亲电取代反应时，当取代基为致活的邻、对位定位基时，新进入的基团主要进入同环。根据原有取代基所在位置不同，有两种情况：如果原有的取代基在1位(α位)，则主要进入4位(同环的另一α位)；如果原有的取代基在2位(β位)，则主要进入同环的1位，因为1位既是α位又是邻位。例如：

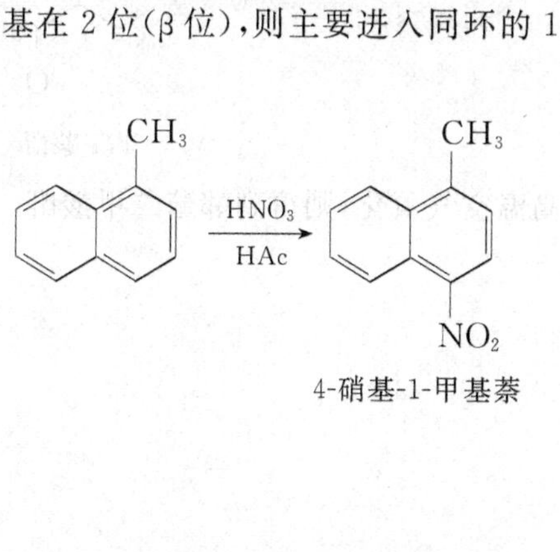

4-硝基-1-甲基萘

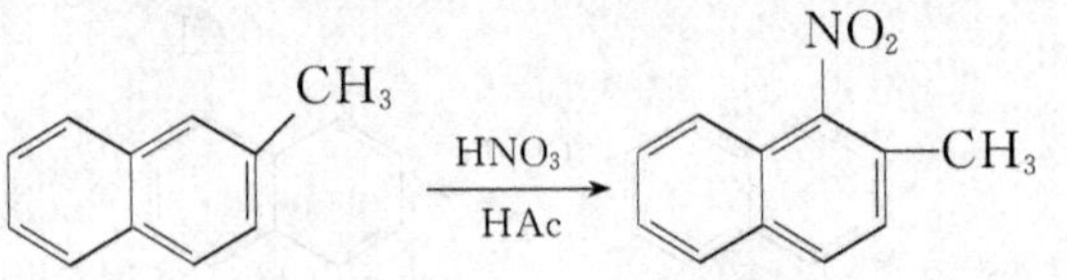

1-硝基-2-甲基萘

若萘环上的原有的取代基为间位取代基，无论在萘环的1位（α位）还是2位（β位），新进入的基团主要进入异环的5位或8位（异环的α位）。

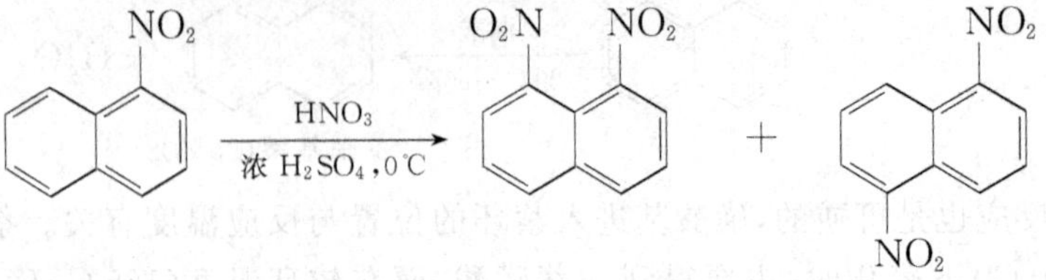

1，8-二硝基萘　　1，5-二硝基萘

另外，取代萘的亲电取代反应有时还与原有取代基的空间位阻以及反应的温度有关，其产物是各种因素综合影响的结果。

2. 加成反应

由于萘的芳香性比苯差，所以萘比苯容易进行加成反应。

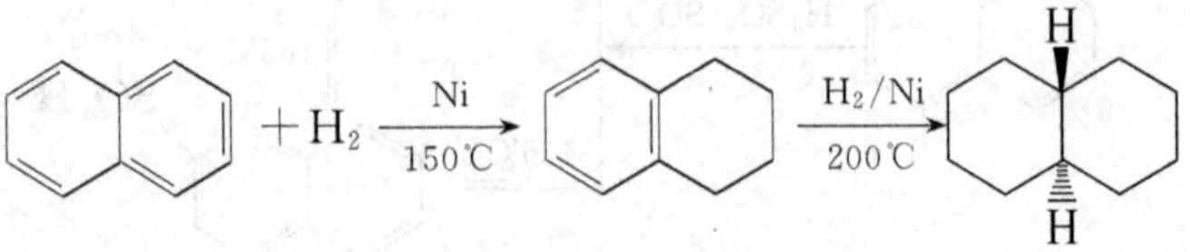

1，2，3，4-四氢萘　　反十氢萘

用金属钠与醇作用生成的新生氢氢化或催化氢化，可得到不同的加氢产物。

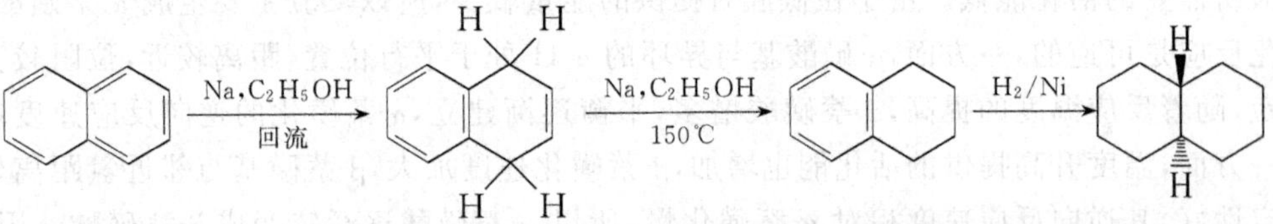

1，4-二氢化萘　　1，2，3，4-四氢萘　　反十氢萘

3. 氧化反应

室温下用CrO_3的醋酸溶液处理萘，得1，4-萘醌。

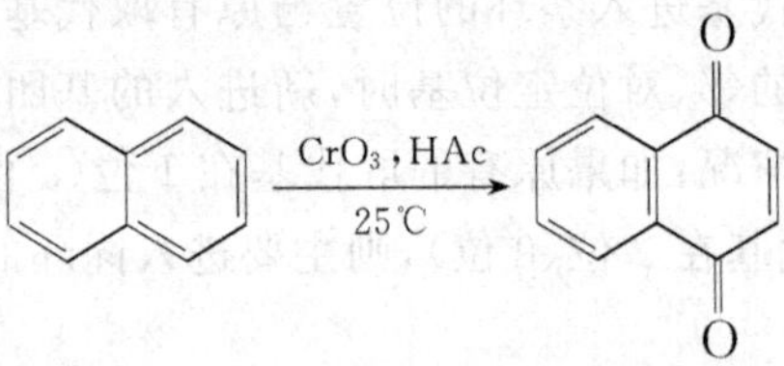

1，4-萘醌

若在V_2O_5催化下经高温空气氧化，则得到邻苯二甲酸酐。

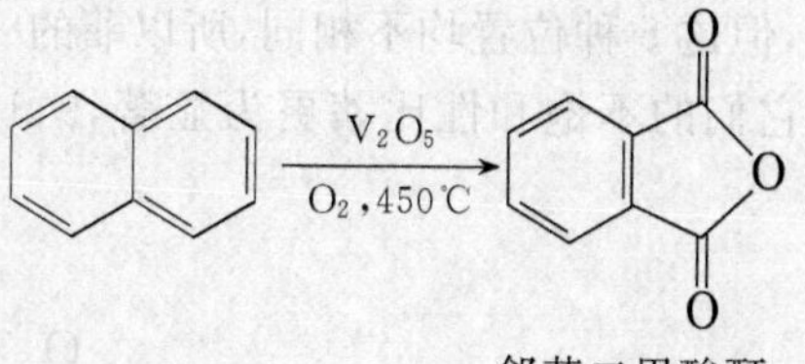

邻苯二甲酸酐为重要的有机化工原料。

取代萘的氧化，取决于萘环上取代基的性质。当环上有活化基团时，氧化反应常在同环发生；当环上有钝化基团时，氧化反应常在异环发生。例如：

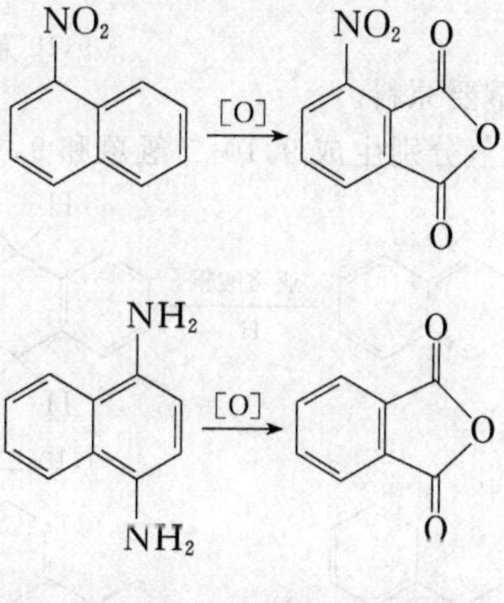

二、蒽和菲

蒽和菲互为同分异构体，由 3 个苯环稠合而成，分子式 $C_{14}H_{10}$。蒽为无色的单斜片状晶体，有蓝紫色的荧光，熔点为 216℃，沸点为 340℃。菲是无色的有荧光的单斜形状晶体，熔点为 101℃，沸点为 340℃。

蒽和菲在结构上也都形成了闭合的共轭体系，与萘相似，分子中各碳原子的电子云密度不相等，根据分子轨道法计算，9,10 位电子云密度最大。蒽和菲的结构式和碳原子的编号如下：

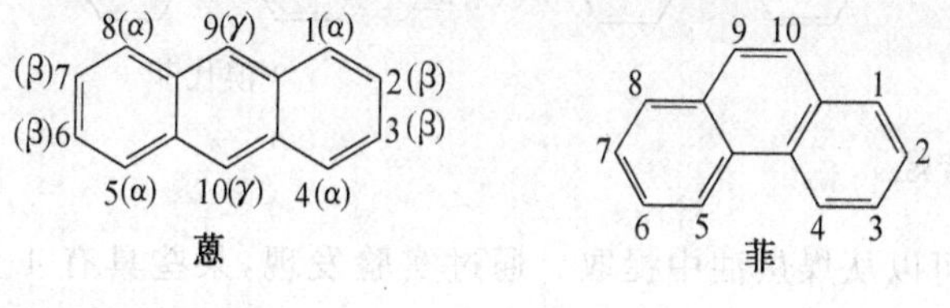

菲的结构式还经常写成：

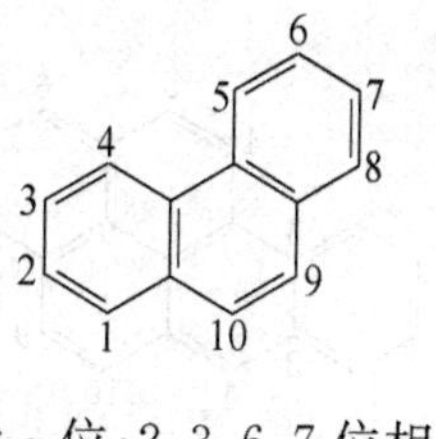

蒽分子中的 1,4,5,8 位相同，称为 α 位；2,3,6,7 位相同，称为 β 位；9,10 位相同，称为 γ 位或中位。因为有 3 种不同的碳，所以蒽的一元取代物有 3 种异构体。菲分子中的 1,2,3,4,10

位和 5,6,7,8,9 位是对应的，但这 5 种位置均不相同，所以菲的一元取代物有 5 种异构体。

蒽和菲也具有芳香性，它们的不饱和性比萘更为显著，9,10 位特别活泼，氧化、加成、取代首先发生在 9,10 位上。

氧化反应：

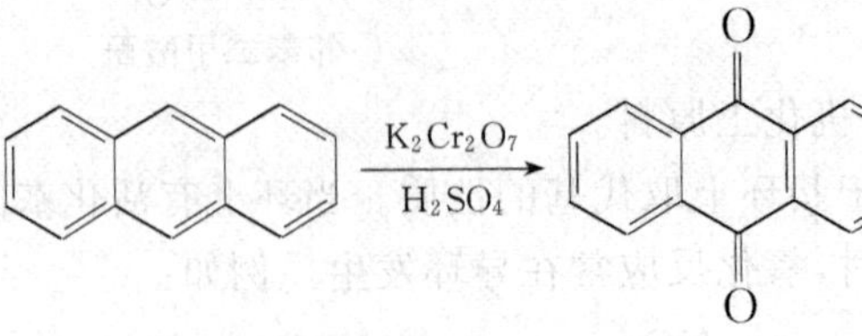

9,10-蒽醌

9,10-蒽醌是合成染料的重要原料。

加成反应：蒽和菲催化加氢分别生成 9,10-二氢蒽和 9,10-二氢菲。

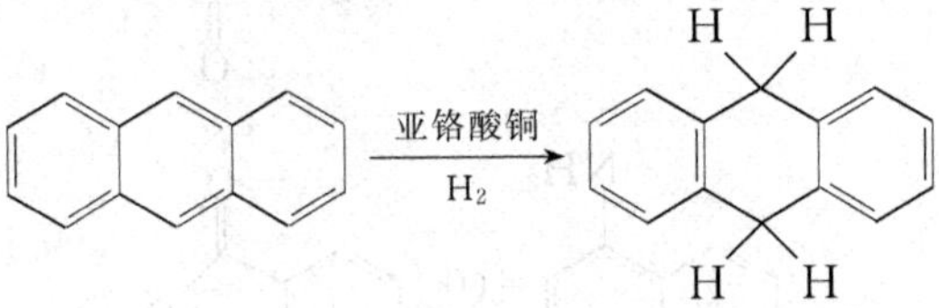

9,10-二氢蒽

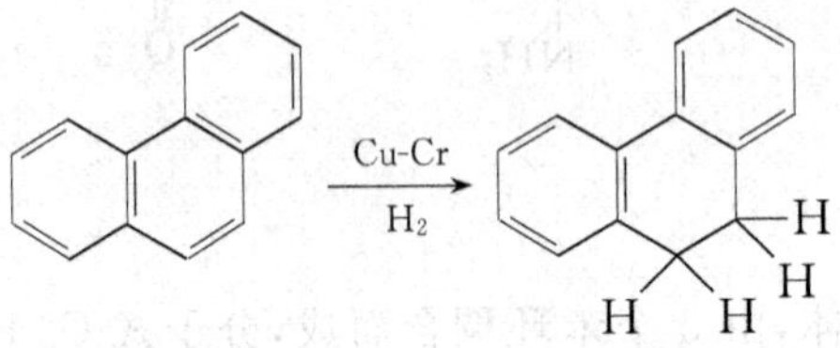

9,10-二氢菲

亲电取代反应：

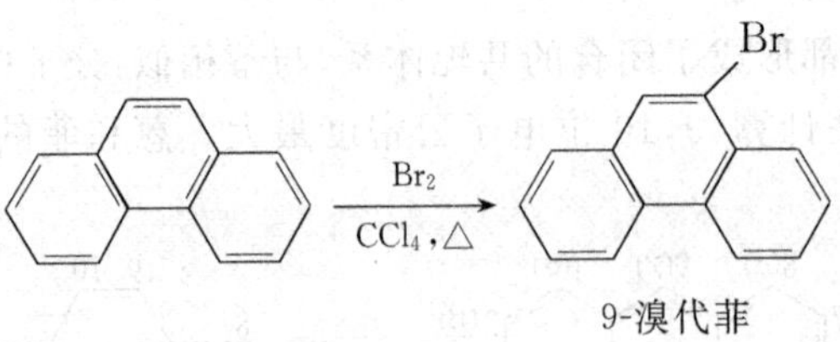

9-溴代菲

三、其他稠环芳烃

许多稠环芳烃可以从煤焦油中提取。通过实验发现，某些具有 4 个或 4 个以上苯环的稠环芳烃具有致癌作用。例如：

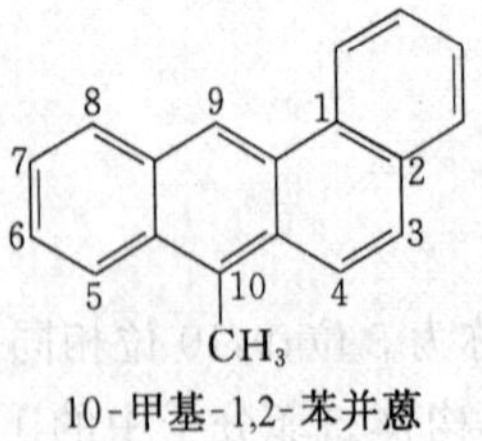

10-甲基-1,2-苯并蒽

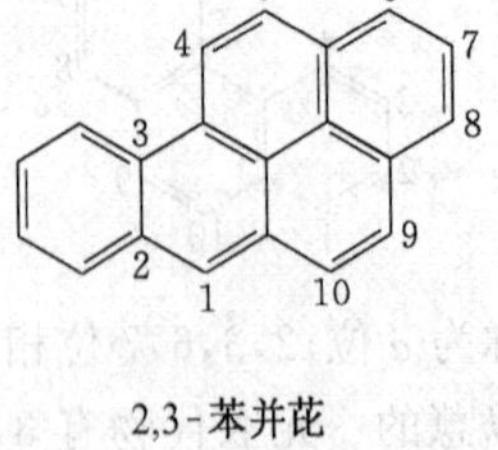

2,3-苯并芘

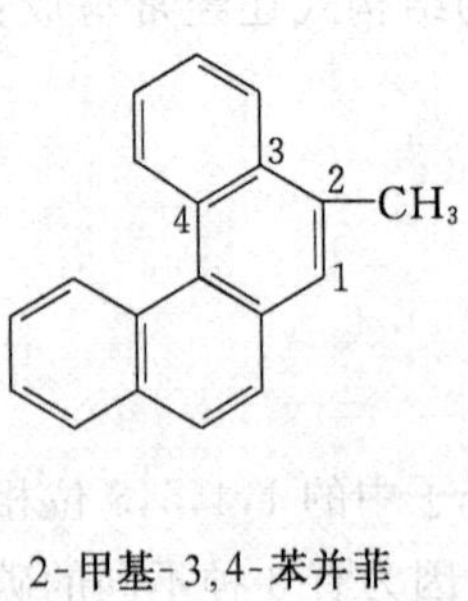

2-甲基-3,4-苯并菲

煤、石油、木材和烟草等不完全燃烧时可能产生这些致癌物质。

第三节　非苯系芳烃

一、休克尔规则

既然苯分子中的芳香性是由环形的共轭体系中的 π 电子的高度离域所产生的，那么其他的由 sp^2 杂化碳原子所组成的环状共轭多烯体系也应该具有芳香性。例如，环辛四烯和环丁二烯都是由 sp^2 杂化碳原子以单键、双键交替形成的环状共轭多烯结构，如下所示：

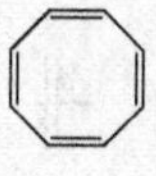
环辛四烯

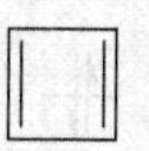
环丁二烯

实验证明，环辛四烯具有烯烃的性质，很活泼，并无芳香性。环丁二烯分子极不稳定，需要在超低温的条件下(5K)才能获得；温度稍高，就聚合成如下二聚体：

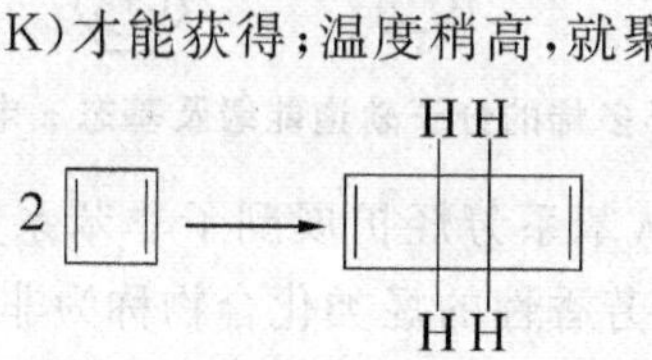

环丁二烯二聚体

由此可见，环丁二烯、环辛四烯和苯虽然都具有环状共轭体系，但它们的活泼性却差别很大，因此具有环状共轭体系不能作为判别化合物是否具有芳香性的依据。为了判别化合物的芳香性，1931 年德国化学家休克尔(Hückel)利用分子轨道法计算了单环多烯的 π 电子能级，提出了判断芳香性的规则。

休克尔指出：在一个单环多烯结构的化合物中，当成环原子共处一个平面，并形成环状闭合共轭体系时，如果它的 π 电子数目为 $4n+2$，则这个化合物将具有芳香性。这就是休克尔规则，或称 $4n+2$ 规则。式中 n 为正整数，可以是 0，1，2，3……也就是 π 电子可以是 2(n=0)，6(n=1)，10(n=2)，14(n=3)，18(n=4)……苯分子中有 6 个 π 电子，符合休克尔规则，而环辛四烯分子中有 8 个 π 电子，不符合休克尔规则。实际上，环辛四烯分子中的碳原子不是在一个平面上的，如下所示：

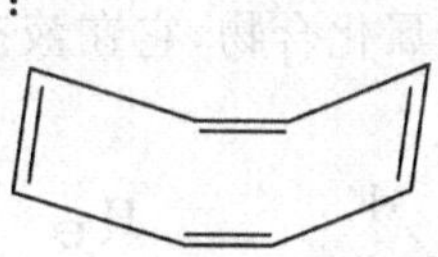

其单、双键键长分别为 0.154nm 和 0.134nm，是典型的单键和双键的键长，显然在环辛四烯分子中没有 π 电子的离域。同样，环丁二烯分子中的 π 电子数为 4，也不符合 $4n+2$ 规则，所以也没有芳香性。

图 4-5 所示为 3～8 个碳原子的各种单环多烯的分子轨道能级及基态 π 电子构型。从能级图中可以看出，除能量最低的成键轨道需要两个电子充满外，其他较高能量的成键轨道都存在两个简并轨道，需要 4 个电子才能完全充满。也就是说，只有 $4n+2$ 个电子才能充满这些轨道。例如，苯分子中含有 6 个 π 电子，基态时，4 个 π 电子占据了一组简并的成键轨道，另外 2 个 π 电子占据了能量最低的成键轨道，所以苯具有芳香性。环丁二烯在基态时 2

个 π 电子占据能量最低的成键轨道，另外 2 个 π 电子分别占据了一个非键轨道(未充满)，所以，环丁二烯无芳香性。

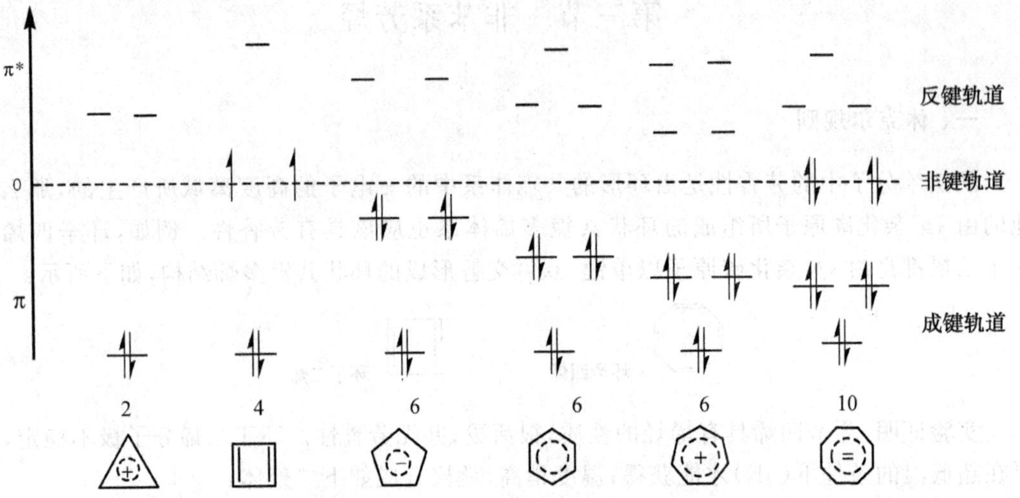

图 4-5　3～8 个碳原子单环多烯的分子轨道能级及基态 π 电子构型

根据休克尔规则，芳香性的概念就从苯系芳烃扩展到了非苯系芳烃。我们把分子中不含苯环，但结构上符合休克尔规则，具有芳香性的烃类化合物称为非苯系芳烃。

休克尔(E. Erich Armand Arthur Josephückel，1896—?，德国化学家)，生于柏林，父亲是医生。他入Local大学读物理，两年后转至 Gottingen 大学学习应用机械工业。他与荷兰物理学教授德拜(Peter J. W. Debye，1884—1966，休克尔是他的助手)提出了德拜-休克尔离子互吸理论。他们认为，强电解质在水溶液中完全电离，强电解质溶液与理想行为的偏差可以归于离子间的电性相互作用。德拜和休克尔推导出当量电导率与溶液浓度的关系式。他于 1930 年开始对芳香性进行研究，基于苯和吡啶等化合物的化学行为与结构联系，提出著名的休克尔$(4n+2)\pi$电子规则。1931 年，休克尔提出了分子轨道的简化的近似计算方法，称为休克尔分子轨道法(HMO 法)。

二、常见的几种非苯系芳烃

(一) 环戊二烯负离子

环戊二烯本身无芳香性，但转变成环戊二烯负离子后就具有了芳香性。当环戊二烯与金属钠或镁作用时，形成环戊二烯金属化合物，它在液态氨中有明显的导电性，证明了环戊二烯负离子的存在。

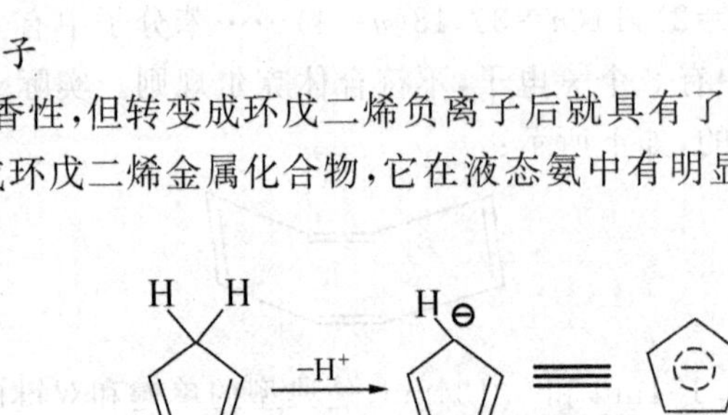

环戊二烯负离子的 π 电子数目为两个双键上的 4 个和碳负离子上的 2 个(此碳负离子为 sp^2 杂化，p 轨道上占有 2 个电子)，形成环状共轭 6 个 π 电子体系，符合休克尔规则，具有芳香性。现已证明环戊二烯负离子是一个平面的对称体系，可以发生亲电取代反应。

环戊二烯饱和碳上的氢具有酸性($pK_a=15$)，在强碱作用下，容易失去一个 H^+ 转化为负离子，显然，这种负离子的稳定性是由芳香性提供的。

（二）环辛四烯二负离子

环辛四烯本身没有芳香性，因为它的 π 电子数目为 8，不符合 $4n+2$ 规则。但是，当环辛四烯从外界得到 2 个电子变成一个二价负离子后，则 π 电子数变为 10，符合 $4n+2$ 规则，具有芳香性。环辛四烯分子具船形结构，变成了环辛四烯二负离子后，就由船形结构变成了平面正八边形的大 π 离域结构体系。

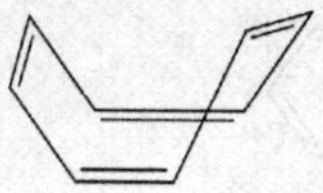

环辛四烯分子（船形）

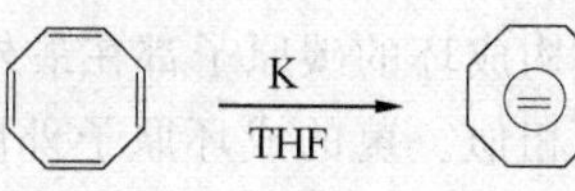

环辛四烯二负离子

（三）环丙烯正离子

环丙烯本身没有芳香性，虽然它的 π 电子数为 2，符合 $4n+2$ 规则，但由于环丙烯中有一个碳原子为 sp^3 杂化，没有 p 轨道，不能形成环状共轭体系。如果环丙烯分子中饱和碳原子上的碳-氢键均裂，则产生环丙烯自由基；异裂失去一个 H^-，则得到环丙烯正离子；或失去一个 H^+，则得到环丙烯负离子。在这三种情况下，该碳原子均由原来的 sp^3 杂化转变为 sp^2 杂化。环丙烯游离基的 π 电了数为 3，不符合 $4n+2$ 规则，没有芳香性；环丙烯负离子的 π 电子数为 4，也不符合 $4n+2$ 规则，没有芳香性；而环丙烯正离子中 π 电子数为 2，符合 $4n+2$ 规则，具有芳香性。

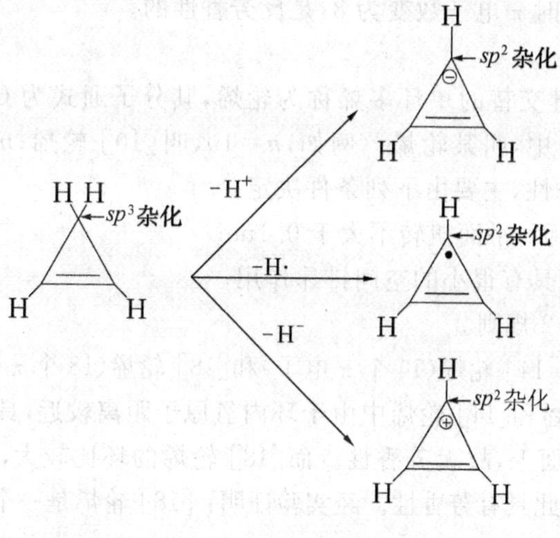

经测定，环丙烯正离子的 3 个碳-碳键键长均为 0.140nm，这说明 3 个碳原子完全等同，2 个 π 电子在 3 个碳原子的 p 轨道上离域，所以环丙烯正离子特别稳定。目前已合成具有取代基的环丙烯正离子的盐，如三苯基环丙烯正离子的氟硼酸盐，其结构如下：

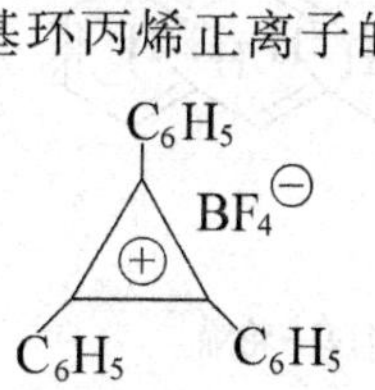

从上面可以看出，奇数碳的单环多烯，如果是中性分子，因为必定有一个 sp^3 碳原子，不可能构成环状共轭体系，因而就不可能有芳香性。但当它们转变为正、负离子或者游离基时，就可能构成环状共轭体系，那么就可能具有芳香性。

（四）薁

薁是天蓝色的片状固体，熔点为 99℃。它由一个五元环的环戊二烯和一个七元环的环庚三烯稠合而成。

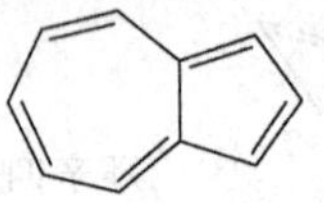

薁虽然不是一种单环多烯化合物，但构成环的碳原子都在最外层的环上，因此可以把它看成单环共轭多烯，这与萘、蒽、菲的情况相似。薁的成环原子外围 π 电子数为 10，符合 $4n+2(n=2)$ 规则，具有芳香性。

薁也可看成是由环戊二烯负离子和环庚三烯正离子稠合而成，两环分别有 6 个 π 电子，因此薁有明显的极性。

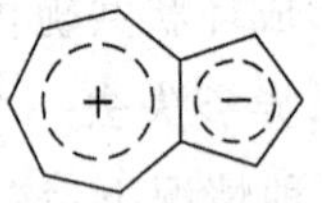

环庚三烯没有芳香性，环庚三烯正离子（又称鎓离子）却具有芳香性，因此，环庚三烯正离子是稳定的，容易形成。

如前所述，环戊二烯饱和碳上的氢具有酸性，但环庚三烯饱和碳上的氢没有酸性，因为它失去一个 H^+ 转化为负离子时 π 电子数变为 8，是反芳香性的。

（五）轮烯

通常把 $n\geqslant 10$、具有单双键交替的单环多烯称为轮烯，其分子通式为 C_nH_n。其命名的方法是将碳原子数放在方括号中，叫某轮烯。例如，$n=10$，叫[10]-轮烯；$n=18$，叫[18]-轮烯。这类化合物是否具有芳香性，主要由下列条件决定：

(1) 共平面性或接近共平面，平面扭转不大于 0.1nm；

(2) 环内氢原子间没有或具有很小的空间排斥作用；

(3) π 电子数目符合 $4n+2$ 规则。

[10]-轮烯（10 个 π 电子），[14]-轮烯（14 个 π 电子）和[18]-轮烯（18 个 π 电子）的 π 电子数都符合 $4n+2$ 规则，但[10]-轮烯和[14]-轮烯中由于环内氢原子距离较近，具有强烈的排斥作用，致使环不能保持在同一平面上，故无芳香性。而[18]-轮烯的环比较大，环内氢的斥力较小，保证了分子的共平面性，因此具有芳香性。经实验证明：[18]-轮烯是一个稳定的晶体。

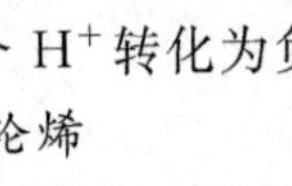

[10]-轮烯

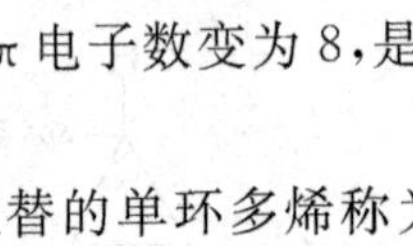

[14]-轮烯

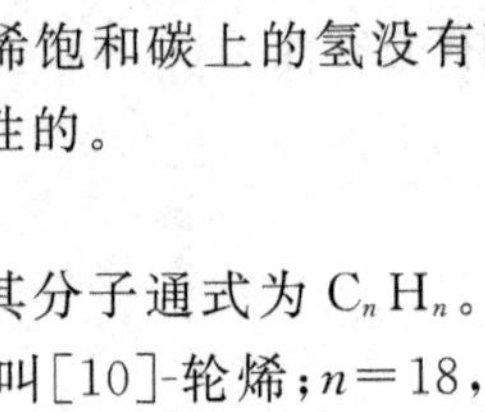

[18]-轮烯

习　题

1. 命名下列化合物。

(1) 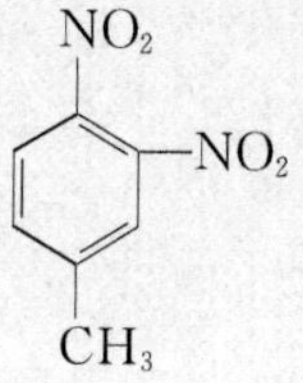
(2) 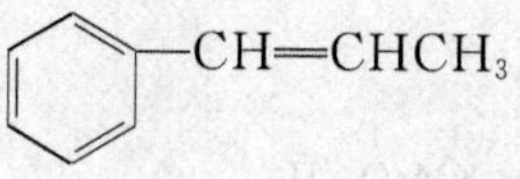
(3) 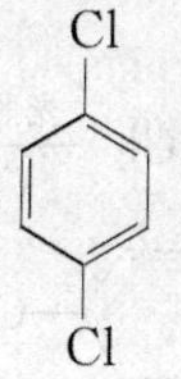

(4) 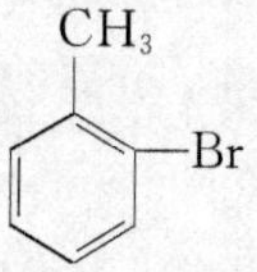
(5) 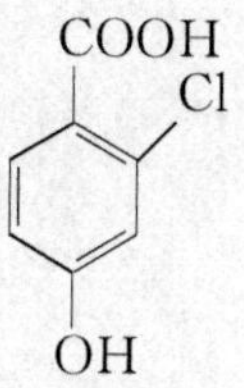
(6) 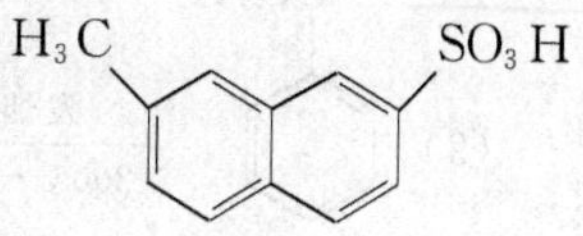

(7) 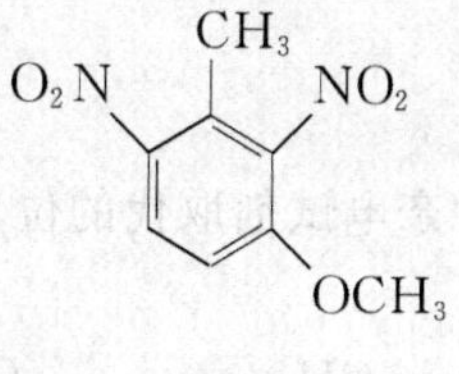
(8) 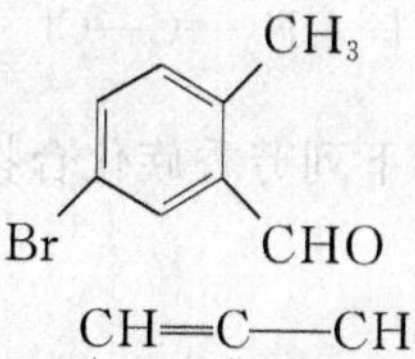

(9) 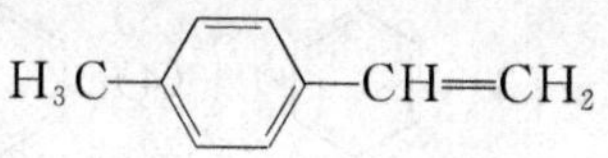
(10) 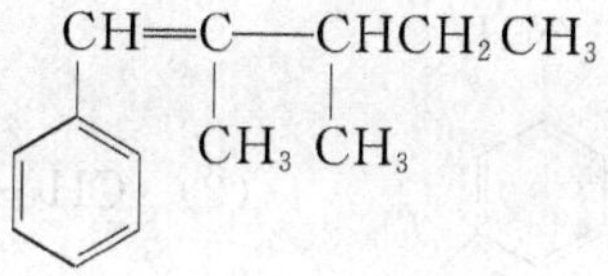

2. 写出下列化合物的构造式。

(1) 连三甲苯　(2) 苄基氯　(3) 间氯甲苯

(4) 3-硝基-2-氯苯磺酸　(5) β-苯基溴乙烷　(6) 1-苯基丙烯

(7) 3-苯基-1-丁炔　(8) β-萘酚　(9) 1-甲基-8-乙基萘

(10) 9-溴菲　(11) 1,5-二硝基-9,10-蒽醌

3. 写出下列反应的主要产物。

(1) 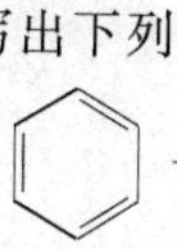 $+CH_3CH_2CH_2Cl \xrightarrow{\text{无水 }AlCl_3}$

(2) 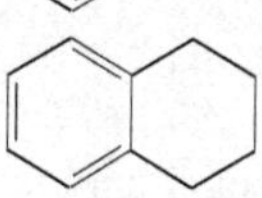 $\xrightarrow{KMnO_4/H^+}$

(3) 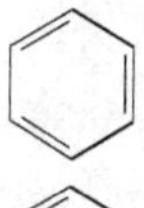 $+O_2 \xrightarrow[400℃]{V_2O_5}$

(4)  $+\ CH_3CH{=}CH_2 \xrightarrow{H_2SO_4}$

(5) 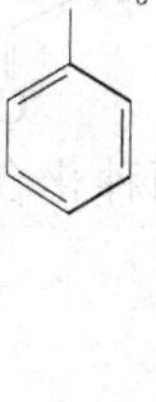 $+HNO_3$(浓) $\xrightarrow[30℃]{H_2SO_4\text{(浓)}}$

(6) 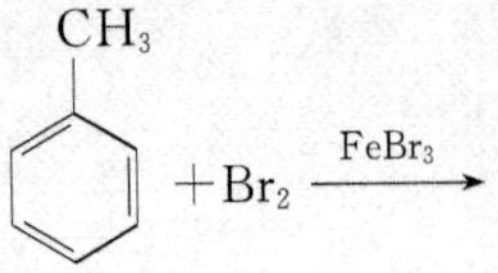

(7) 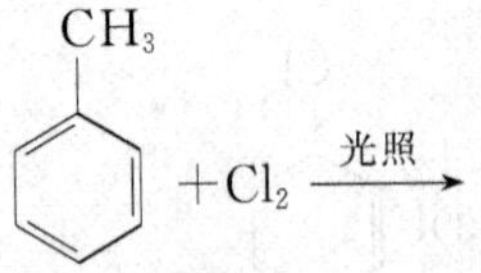

(8) 

(9) 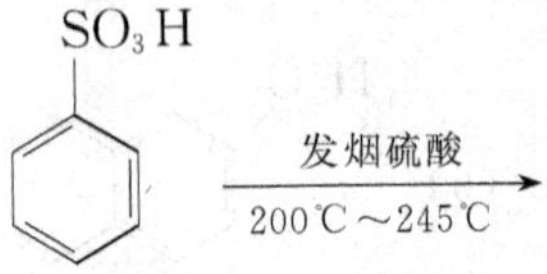

(10) 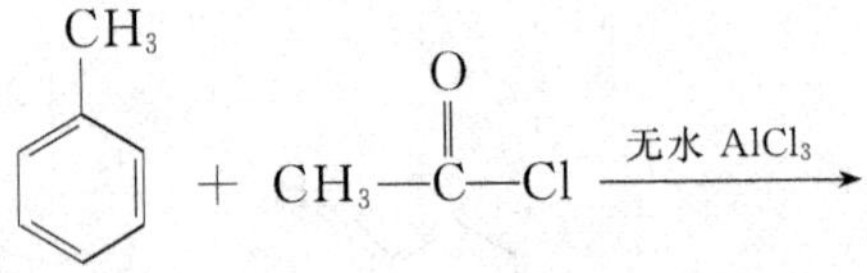

4. 用箭头表示下列芳香族化合物在发生亲电取代反应时亲电试剂取代的位置(主要产物)。

(1) 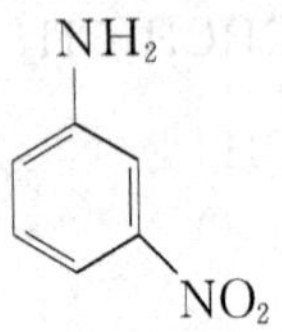 (2) 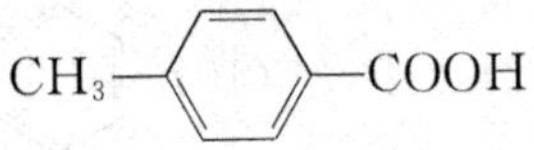 (3) 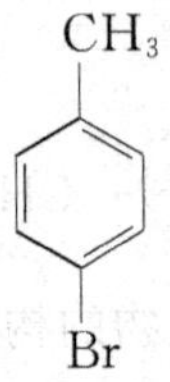 (4) 

(5) 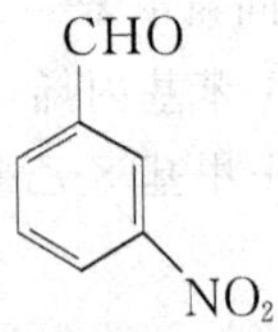 (6) 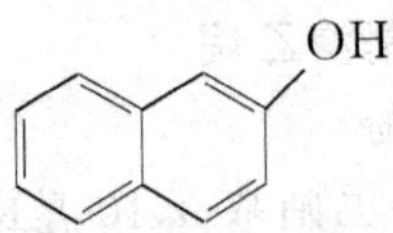 (7) 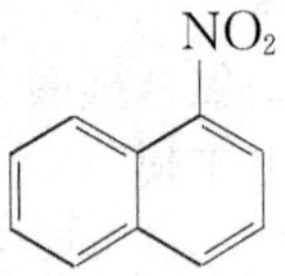

5. 以苯或甲苯为原料合成下列化合物(其他试剂任选)。

(1)  (2) 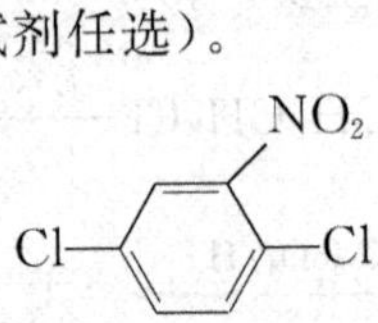

(3) 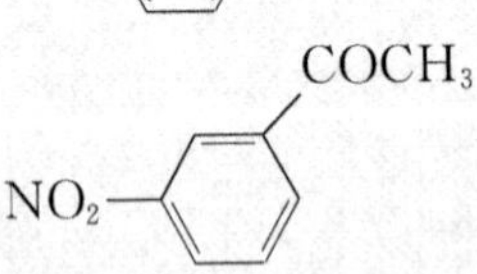

6. 判断下列各化合物中哪些有芳香性,并说明理由。

(1) 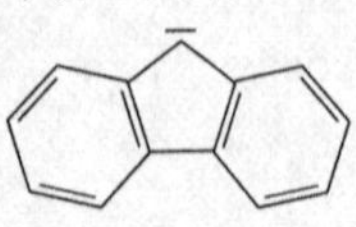 (2) 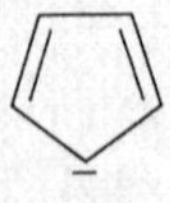 (3)  (4) 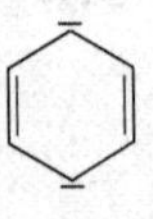 (5) 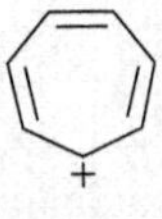 (6) 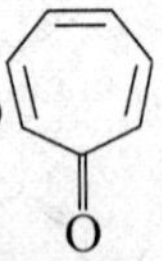

7. 羟基是一个吸电子基团,还是一个给电子基团? 它在乙醇和苯酚两种化合物中的电子效应是否相同？说出它们的异同点。

8. 比较环戊二烯和环庚三烯中亚甲基上氢的酸性，并说明理由。

9. 比较下列化合物进行亲电取代反应的活性大小(由高至低排序)。

(1) 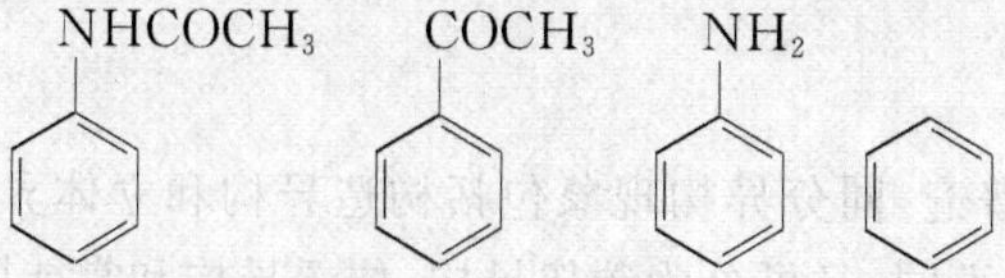

(2) 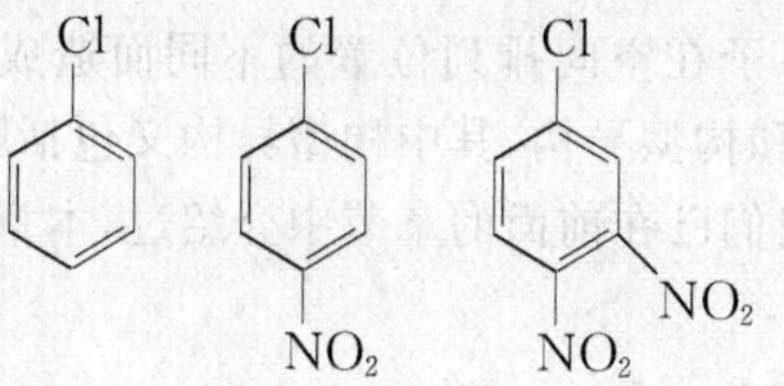

(3) 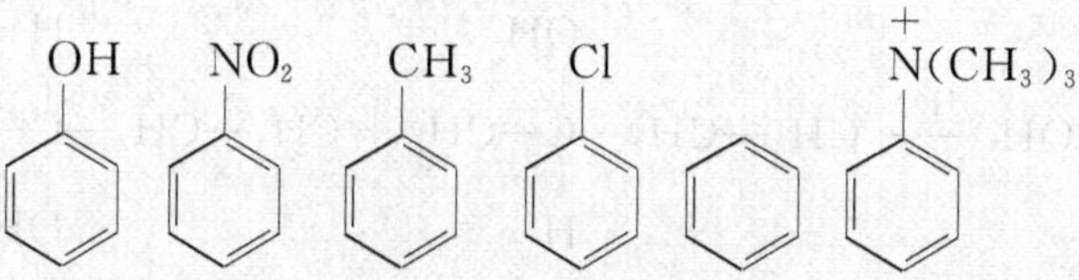

10. 用简便的化学方法鉴别下列各组化合物。

(1) 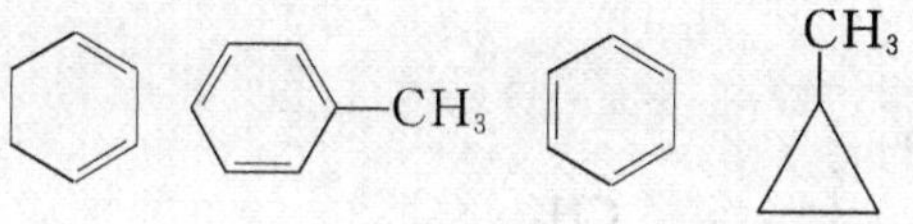

(2) 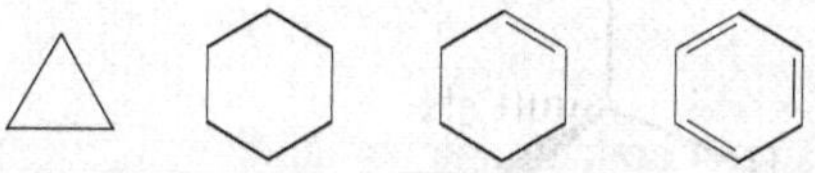

(3) 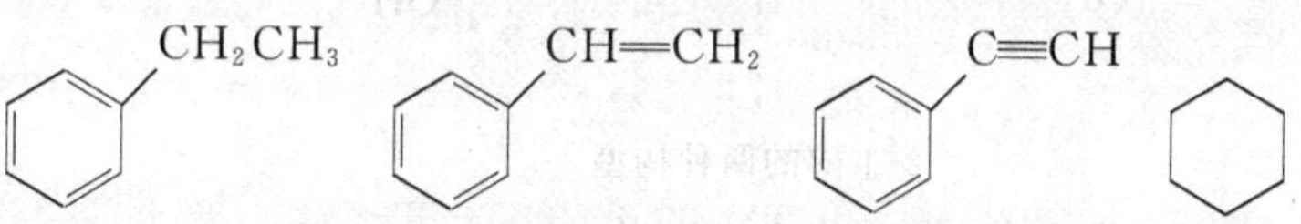

11. 某芳烃 A 的分子式为 C_9H_{10}，能使 Br_2 水褪色，用热的高锰酸钾硫酸溶液氧化后生成一种二元羧酸，该二元羧酸溴化时只生成一种一溴代二元酸。推断 A 的结构式并写出各步反应式。

12. A、B、C 三种芳烃的分子式均为 C_9H_{12}，氧化时 A 得一元羧酸，B 得二元羧酸，C 得三元羧酸。经硝化后，B 得到两种一硝基化合物，而 C 只得到一种一硝基化合物。推断 A、B、C 三种芳烃的结构。

第五章 对映异构

同分异构现象在有机化学中非常普遍，同分异构现象包括构造异构和立体异构。构造异构按分子中原子相互连接方式、次序不同，又可分为碳架异构、位置异构和官能团异构等。由于有机分子是立体的，所以会因它们中的各原子在空间排列位置的不同而造成另一种异构现象——立体异构。立体异构包括构象异构和构型异构，其中构型异构又包括顺、反异构体和对映异构。构象异构和顺、反异构的内容我们已在前面的章节中介绍过，本章主要讨论对映异构的内容。

当我们进行 2-丁烯的水合加成时，得到两种 2-丁醇。

$$CH_3CH{=}CHCH_3 + HOH \xrightarrow{H^+} CH_3-CH_2-\underset{H}{\overset{OH}{\overset{|}{\underset{|}{C}}}}-CH_3 + CH_3-CH_2-\underset{OH}{\overset{H}{\overset{|}{\underset{|}{C}}}}-CH_3$$

它们的结构式如按照平面来书写，都是 $CH_3CH_2CH(OH)CH_3$，很难看出有什么两样，可是其空间排列不同，即构型不同，它们互成镜像，不重叠。也就是说，它们互为对映异构体，所以是两种不同的化合物。

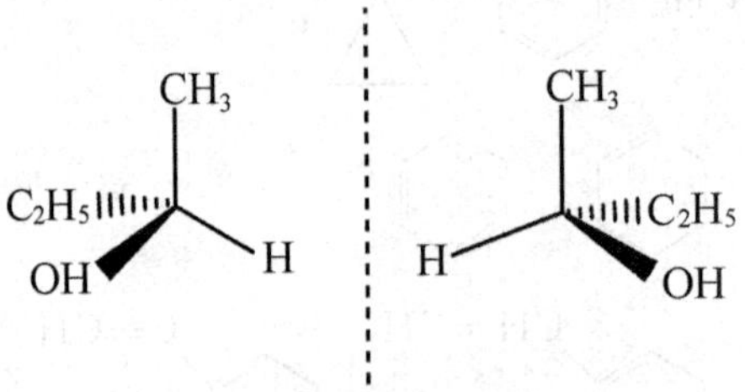

2-丁醇的两种构型

对映异构体简称对映体，它们使平面偏振光的偏振面旋转的度数基本相同，但方向相反，一个使偏振面向右转，一个使偏振面向左转。所以对映体也常称为旋光异构体。

第一节 旋光仪、旋光性和比旋光度

一、平面偏振光

光是一种电磁波，它的振动方向与其前进方向垂直，普通光波在垂直前进方向上可以有无数个振动平面。中心圆点“O”表示垂直于纸面的光的前进方向，双箭头表示光可能的振动方向(图 5-1)。

如图 5-2 所示，如果将普通光通过一个尼科尔(Nicol)棱镜，尼科尔棱镜好像一个栅栏，只允许与棱镜晶轴相互平行的平面上振动的光线透过。这种通过尼科尔棱镜的光线叫做平面偏振光，简称偏振光或偏光。

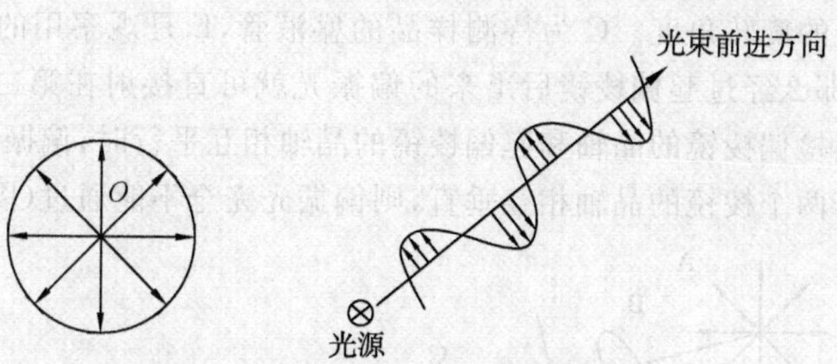

图 5-1　普通光的振动平面和前进方向

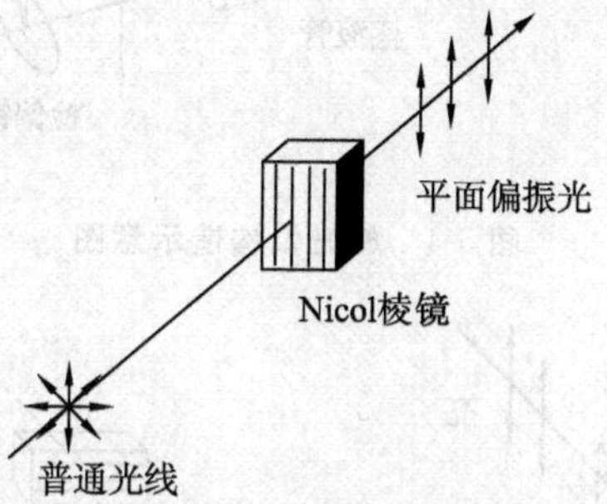

图 5-2　平面偏振光的产生

二、旋光性、旋光度和比旋光度

让偏振光透过某些物质(液体或溶液),如乳酸、葡萄糖等,这些物质能使偏振光的振动平面旋转一定的角度(种)(图 5-3)。

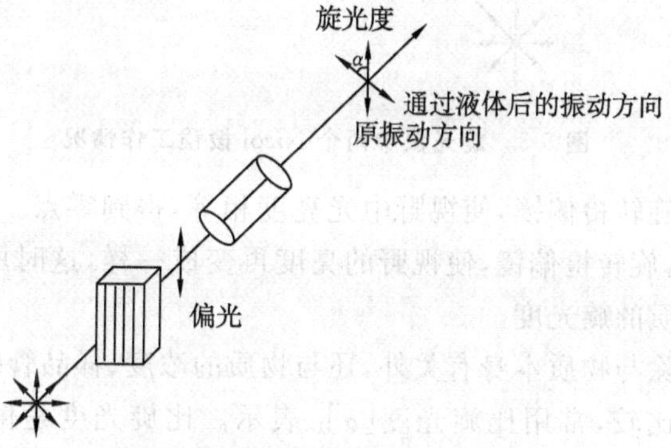

图 5-3　偏振光透过旋光物质的情况

物质的这种能使偏振光振动平面旋转的性质称为物质的旋光性。具有旋光性的物质称为旋光物质或光学活性物质,使偏振光振动平面向右旋转的称为右旋体(Dextrorotatorg),用符号(+)或 d 表示;使偏振光向左旋转的称为左旋体(Levorotatory),用符号(−)或 l 表示。旋光物质使偏振光振动平面旋转的角度称为旋光度,通常用 α 表示。

旋光度的大小是由旋光仪测定的。它的主要部分是两个尼科尔(Nicol)棱镜、一个盛液管和一个回转刻度盘。

旋光仪里面两个尼科尔(Nicol)棱镜 B 和 D(图 5-4),B 是起偏棱镜,它是固定不动的,其作用是把光源(A)投入的光变成偏振光,D 是检偏棱镜,它与回转刻度盘相连,可以转动,用来测定振动平面的旋转角度。C 为待测样品的盛液管，E 是观察用的目镜。如果盛液管中不放液体试样，那么经过起偏棱镜后出来的偏振光就可直接射在第二个棱镜——检偏棱镜上。显然只有当检偏棱镜的晶轴和起偏棱镜的晶轴相互平行时，偏振光才能通过，这时目镜处视野明亮。若两个棱镜的晶轴相互垂直，则偏振光完全不能通过(图 5-5)。

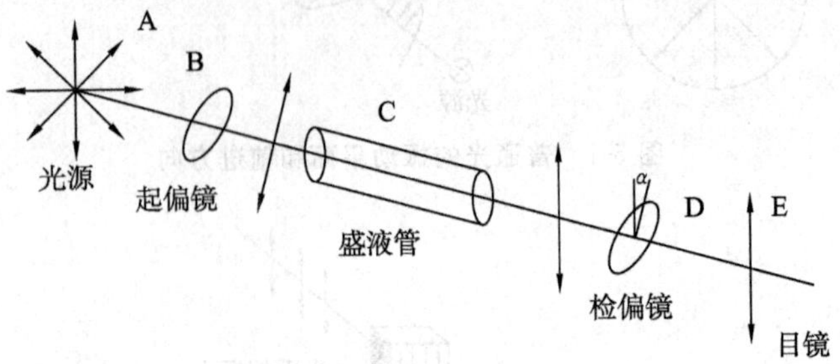

图 5-4　旋光仪构造示意图

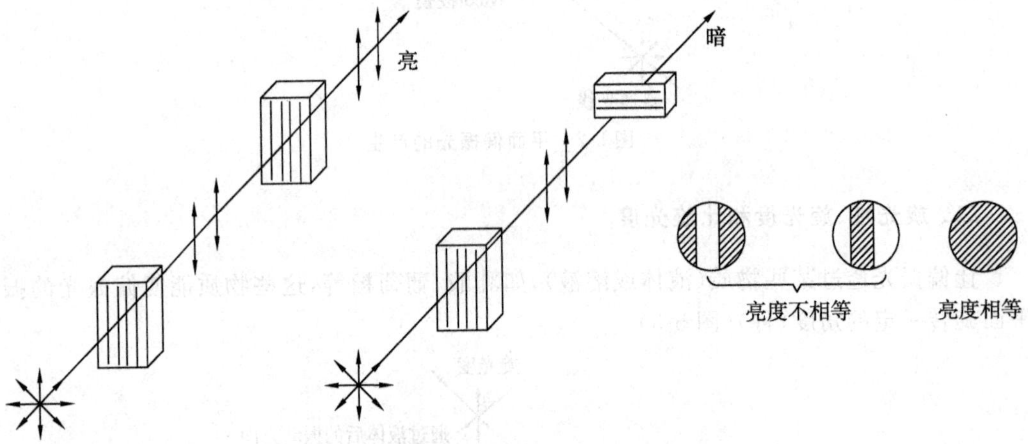

图 5-5　旋光仪中两个 Nicol 棱镜工作情况

实际测定时应先旋转检偏镜，使视野中光亮度相等，得到零点。然后放入旋光物质，视野中光亮度就不相等，旋转检偏镜，使视野的亮度再变成一样，这时所得到的读数与零点之间的差“α”，就是该物质的旋光度。

旋光度 α 的大小除与物质本身有关外，还与物质的浓度、样品管的长度、光的波长、温度及溶剂有关，为便于比较，常用比旋光度$[\alpha]_\lambda^t$ 表示。比旋光度是偏振光透过盛液管长为 1dm，浓度为 $1g \cdot mL^{-1}$ 样品溶液所产生的旋光度。

$$[\alpha]_\lambda^t = \frac{\alpha_\lambda^t}{cl}$$

式中 t 为温度，常为 20℃；λ 为波长，常用 D 表示(钠光，589nm)；c 为溶液的浓度($g \cdot mL^{-1}$)；l 为光透过液体的厚度[即盛液管长度，单位为分米(dm)]。

比旋光度是旋光物质特有的物理常数。例如，一物质的水溶液，浓度为 $5g \cdot 100mL^{-1}$，在 10cm 长的管内，它的旋光度是$-4.64°$，求$[\alpha]_D^{20}$。

$$[\alpha]_D^{20} = \frac{-4.60}{1 \times \frac{5}{100}} = -92.8°$$

查手册得出，果糖的$[\alpha]_D^{20}=-90°$，故该物质可能是果糖水溶液。相反，如果知道某物质的$[\alpha]_D^{20}$，也可测定该物质溶液的浓度：

$$c=\frac{\alpha_D^{20}}{[\alpha]_D^{20}l}$$

制糖工业经常利用旋光度来控制糖液的浓度。

若所测旋光物质为纯液体，计算时，将c换成d(相对密度)，则$[\alpha]_\lambda^t=\frac{\alpha_\lambda^t}{dl}$。

第二节 物质的旋光性和化学结构的关系

一、手性

在讨论对映异构时，人们常用手性这个概念。人的两只手看起来似乎没有什么区别，但是将左手的手套戴到右手上是不合适的；而如果将左手放在镜子前，在镜中的影像(镜像)恰好和右手一致。两只手的这种关系可以比喻为"实物"与"镜像"的关系，它们之间的区别就在于5个手指的排列顺序正好相反，所以左手和右手是不能完全重叠的。并不是所有的物体都和它的镜像不能完全重叠，比如一个皮球，它和它的镜像则毫无区别，即皮球的实物和镜像是可以重叠的。实物与镜像不能重叠的特点叫做手性或手征性，这种特点也同样存在于微观世界的分子中。某些化合物的分子也具有手性。

任何一个不能和它的镜像完全重叠的分子叫手性分子。一般来说手性分子都具有旋光活性，具有旋光活性的分子必定是手性分子；反之，非手性分子必定不具有旋光性。手性现象是对映异构体存在的必要和充分条件。

如果分子中的手性是由于原子和基团围绕某一点的非对称排列而产生的，这个点就是手性中心。手性碳原子就是一个手性中心。手性碳原子也称为不对称碳原子，即连接四个不相同的原子或基团的碳原子，常用"*"表示。如乳酸：

$$H_3C-\overset{*}{C}H(OH)-COOH$$

有机化合物分子具有手性的最常见情况是存在手性碳原子。其他原子当它与四个不相同的原子或基团相连时，也可以成为手性中心。这里要强调的是：分子中含有手性碳原子并不是分子具有手性的绝对条件；当分子中只含有一个手性碳原子时，则它一定是手性的。如果分子中含有两个或两个以上手性碳原子，则它并不一定就具有手性(如内消旋酒石酸，下面介绍)。反之，没有手性碳原子的分子也不一定不是手性分子(如2,3-戊二烯，下面介绍)。

判断一个分子是否具有手性，最直观的方法是搭模型。先搭出分子的构型，再搭出其镜像。若两者不能重合，则分子具有手性；若能重合，则没有手性。这种方法对简单的分子可以进行，对复杂的分子则难以操作和判断。我们可以借助分子的对称因素来判断分子是否具有手性。一般来说，如果分子中找不到对称因素，则分子具手性；如果分子中找到对称因素，则分子一般不具手性。

二、对称因素

对称因素有下面几种。

（一）对称面 σ

如果一个平面能把分子切成两个部分，且一部分正好是另一部分的镜像，则这个平面就是该分子的对称面，对称面常用符号“σ”表示。凡是具有对称面的化合物都是非手性的。如果一个分子中的所有原子都在同一平面上，如(E)-1，2-二氯乙烯（图 5-6）是平面型分子，其 sp^2 杂化轨道所处的平面就是分子的对称面，这个分子是对称的，它和它的镜像能够重叠，是非手性分子，所以它没有旋光性。在二氯甲烷分子中，Cl—C—Cl 所在的平面和与其垂直的 H—C—H 所在的平面都是分子的对称面，因此它也没有手性。

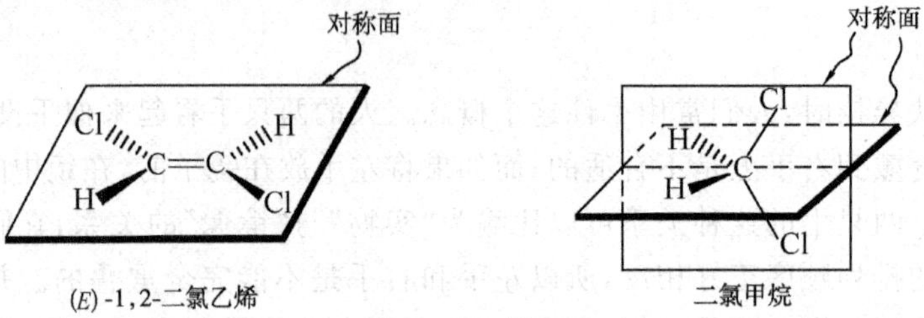

图 5-6　分子的对称面

（二）对称中心 i

若分子中有一点 P，通过 P 点画直线，若在离 P 点等距离的直线段两端都有相同的原子或基团，则 P 点为该分子的对称中心（用 i 表示）。如图 5-7 所示的 2，4-二氟-1，3-二氯环丁烷、苯都具有对称中心 i。

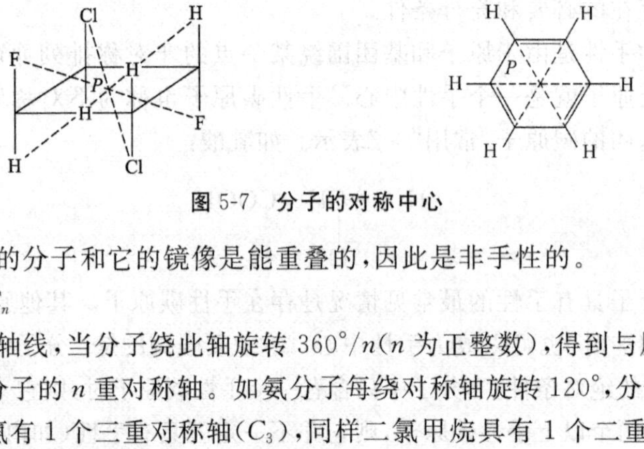

图 5-7　分子的对称中心

具有对称中心的分子和它的镜像是能重叠的，因此是非手性的。

（三）对称轴 C_n

通过分子画一轴线，当分子绕此轴旋转 360°/n（n 为正整数），得到与原来分子相同的形象，此轴线就是该分子的 n 重对称轴。如氨分子每绕对称轴旋转 120°，分子的形象就与原来的完全重合，所以氨有 1 个三重对称轴（C_3），同样二氯甲烷具有 1 个二重对称轴（C_2），而环丁烷具有 1 个四重对称轴（C_4）和 4 个二重对称轴（C_2）（图 5-8）。

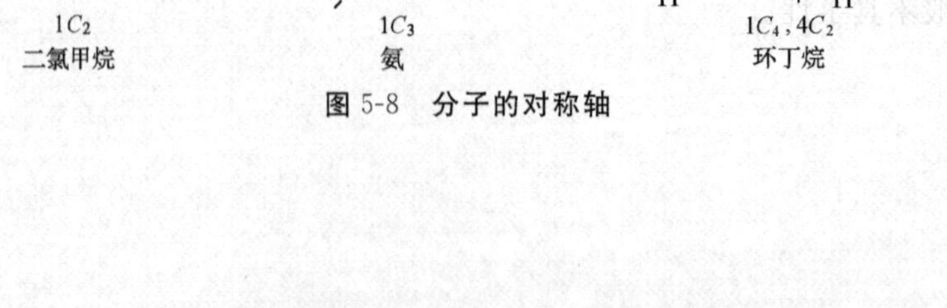

图 5-8　分子的对称轴

具有对称轴的化合物，大多数是非手性分子，但也有少数化合物例外，如反 1,2-二氯环丙烷有一个二重对称轴(C_2)，但是手性分子，有旋光性(图 5-9)。

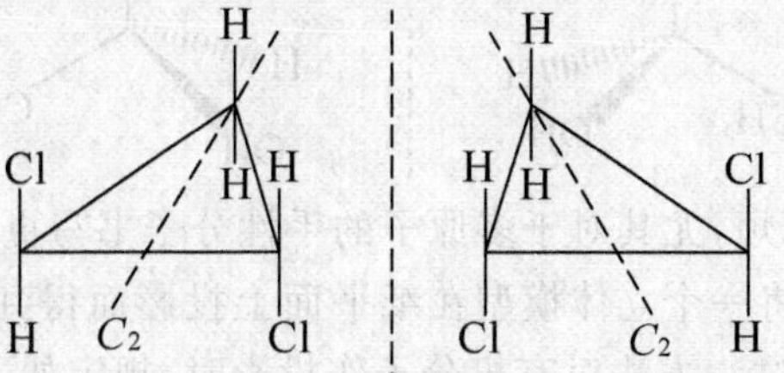

图 5-9　反 1,2-二氯环丙烷的对称轴和对映体

*(四) 更替对称轴 S_n

若一分子沿一根轴旋转了 360°/n 后，再用一垂直于该轴的镜子将分子反映，所得镜像如能与原分子重合，则此轴为该分子的 n 重更替对称轴。如果旋转的角度为 90°(360°/4)，就称为四重更替对称轴(S_4)(图 5-10)。

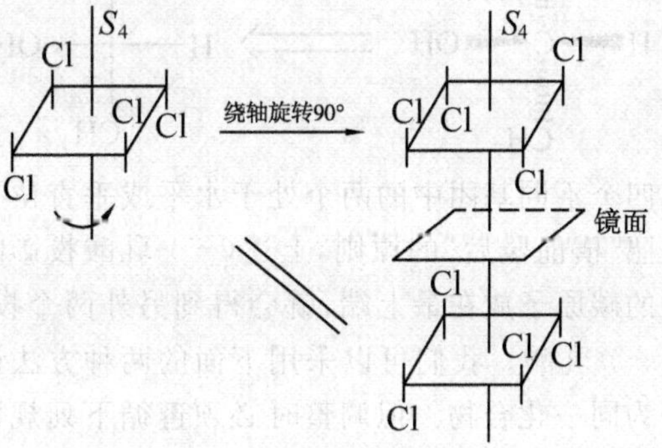

图 5-10　四重更替对称轴(S_4)

具有四重更替对称轴的化合物和镜像能够重叠，因此不具旋光性。

一般情况下，四重更替对称轴往往和对称面或对称中心是同时存在的。上述化合物就同时存在两个对称面，而在化合物分子中只具有四重更替对称轴的是极少量的。因此要判断一个化合物的分子有没有手性，一般只要考虑它有没有对称面和对称中心，就可以判断它是否是手性分子或分子是否具有旋光性。

第三节　构型及其表示方式

一、费歇尔(Fischer)投影式

旋光异构体在结构上的区别是空间构型不同，书写时需表示出基团在空间的相对位置，大多采用透视式表示其空间构型。例如，乳酸的结构式为：$CH_3—\overset{*}{C}H(OH)—COOH$。乳酸的分子中含有一个手性碳原子，因此是手性分子。它有两种立体结构：

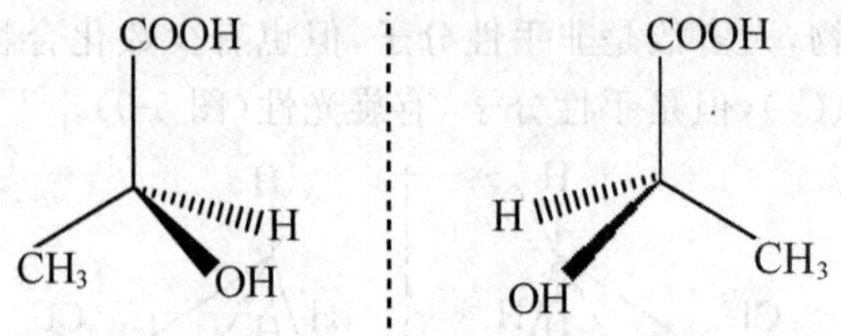

这种立体结构书写麻烦，尤其对于多原子的手性分子书写更为复杂。因此，多数情况下都采用平面投影式，它是将一个立体模型在纸平面上投影而得到的式子。我们常采用费歇尔(Fischer)投影式，利用这一方法对有机分子作投影时，规定如下：

第一，使手性碳原子的 4 个价键投影在纸平面上必须成为一个方位端正的十字，十字的交点代表手性碳原子。

第二，基团摆放遵循“横前竖后”的原则，即横线上两基团指向纸面前方，竖线上两基团指向纸面后方。一般将主碳链竖向排列，并使编号为 1 的碳原子放在最上端，如(一)-乳酸：

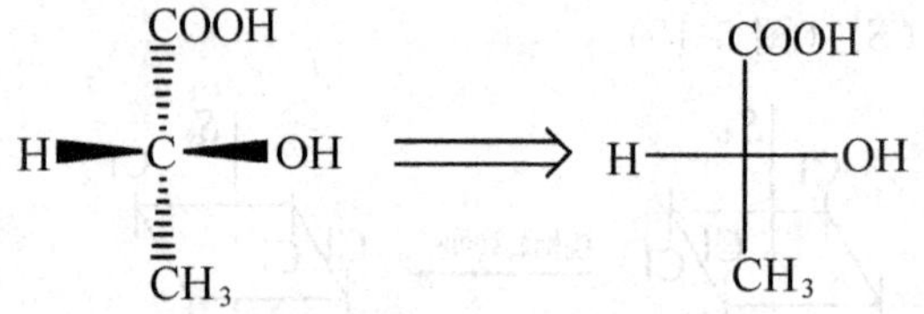

由于可以随意指定四个不同基团中的两个处于水平或垂直位置，同一种化合物会得到几个费歇尔投影式。按照“横前竖后”的原则，上述(一)-乳酸投影时，如不是将主碳链竖向排列或不是把编号为 1 的碳原子放在最上端，就会得到另外两个投影式。但这些投影式的构型是相同的，都表示(一)-乳酸。我们可以采用下面的两种方法调整投影式，来判断两个貌似不同的投影式是否为同一化合物。但调整时必须遵循下列规则，以免改变原来的空间关系。

(1) 投影式可不离开纸面旋转 180°，得到的投影式仍代表原来的投影式，其构型保持不变。

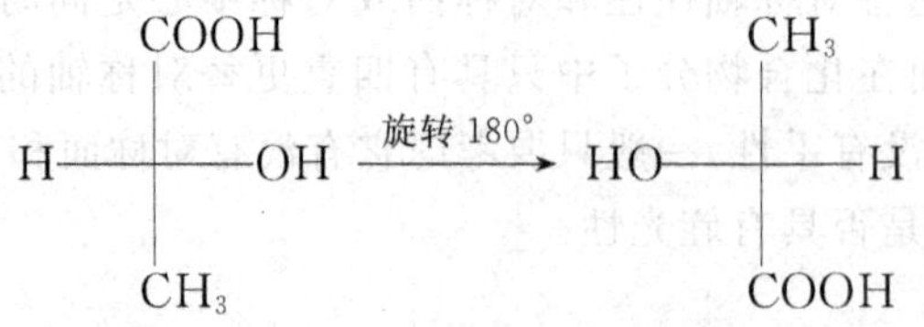

Ⅰ　　　　　　　　Ⅱ

Ⅰ和Ⅱ是同一化合物(构型相同)

投影式若旋转 90°或 270°，得到的投影式是原来投影式的对映异构体，其构型正好相反。

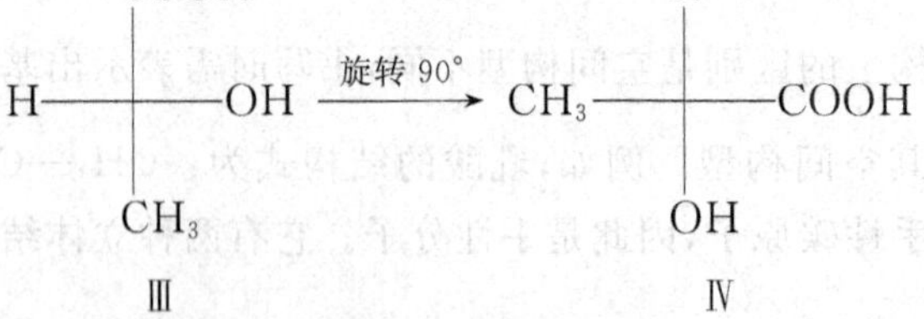

Ⅲ　　　　　　　　Ⅳ

Ⅲ和Ⅳ互为对映异构体(构型相反)

注意：在旋转时投影式不得离开纸平面。

(2) 在投影式中，围绕手性碳原子，基团进行两次或者偶数次对调后，得到的投影式仍代表原来的投影式，其构型保持不变。如经奇数次对调，得到的投影式和原来投影式的构型正好相反。注意：这种对调只能在同一手性碳原子上进行。

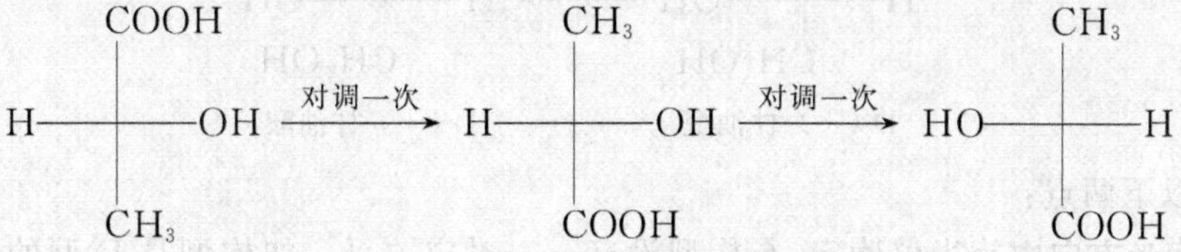

Ⅴ　　Ⅵ　　Ⅶ

Ⅴ中的 COOH 与 CH_3 对调得到Ⅵ，Ⅵ的构型与Ⅴ的构型相反，Ⅵ中的 OH 与 H 对调得到Ⅶ(从Ⅴ到Ⅶ共对调了两次)，Ⅶ与Ⅴ构型相同，所以Ⅶ与Ⅴ为同一化合物(不难看出：只要将Ⅶ在纸平面上旋转 180°，便得到Ⅴ)。

费歇尔(E. Fische，1852—1919)，德国有机化学家。他曾在波恩大学学习，1872 年在斯特拉斯堡与拜耳一起做研究工作，由于在染料方面的研究突出，于 1874 年获博士学位。他于 1879 年任慕尼黑大学教授，1882 年任埃朗根大学教授，1885 年任维尔茨堡大学教授，1892—1919 年任柏林大学教授。费歇尔在 1875 年阐明了糖类的分子结构，在 1884 年发现用苯肼鉴定糖类的重要方法，此外也合成了多种单糖。费歇尔还确定了咖啡碱和茶碱的结构，进一步阐明了这两个化合物和尿酸都是一个简单化合物的衍生物，这种母体化合物便是嘌呤。费歇尔和他的助手们最后合成了一系列嘌呤衍生物，包括核酸的成分腺嘌呤及鸟嘌呤。他因合成糖类和嘌呤衍生物而获得 1902 年诺贝尔化学奖。在此之前，他已开始做蛋白质的研究工作。当时已知蛋白质是由氨基酸组成的。费歇尔发现了纯化蛋白质的不同沉淀方法。他研究了蛋白质中氨基酸连结的方式，然后进行合成与蛋白质类似的物质。最后，他成功地合成了含 18 个氨基酸的多肽，该多肽具有与天然蛋白质类似的性质，如可被酶水解等。

二、相对构型(D/L)表示方法

D 是拉丁字 Dextro 的字首，意为“右”；L 是拉丁字 Leavo 的字首，意为“左”。相对构型法是根据人为的标准表示化合物构型之间的关系的方法。在 1951 年以前还没有适当的方法测定旋光物质的真实构型，这给研究带来了很大的困难。当时，为了能够确定旋光物质构型之间的关系，就选择一些物质作为标准，并人为地规定他们的构型，如甘油醛有一对对映体，(＋)-甘油醛和(－)-甘油醛。人为规定右旋甘油醛(A)的构型为 D 型(投影式中与 C^* 相连的—OH 在右侧)，左旋甘油醛(B)的构型定为 L 型(投影式中与 C^* 相连的—OH 在左侧)。

$$CH_2(OH)—\overset{*}{C}H(OH)—CHO$$

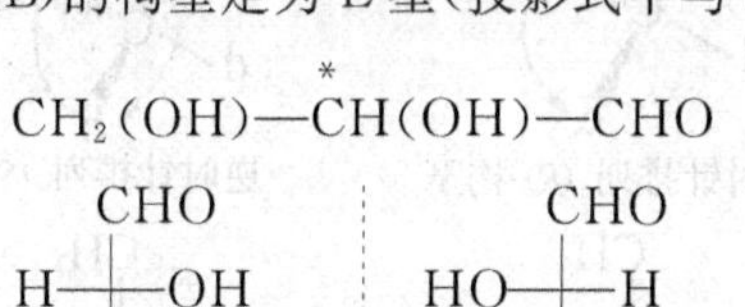

D-(＋)-甘油醛(A)　　L-(－)-甘油醛(B)

标准物质的构型规定以后，其他旋光物质的构型可以通过化学转变的方法与标准物质进行联系来确定。由于这样确定的构型是相对于标准物质而言的，所以称为相对构型标记法。凡通过化学实验证明其构型与 D-甘油醛相同的化合物，都叫做 D 型的，命名时标以“D”；而构型与 L-甘油醛相同的化合物，都叫做 L 型的，命名时标以“L”。例如，由 D-(＋)-甘油醛氧化为 D-(＋)-甘油酸，在氧化过程中手性碳与醛基之间的碳碳键没有断裂，所以，得到的甘油酸的构型也是D型，经测定它的旋光方向是右旋的。

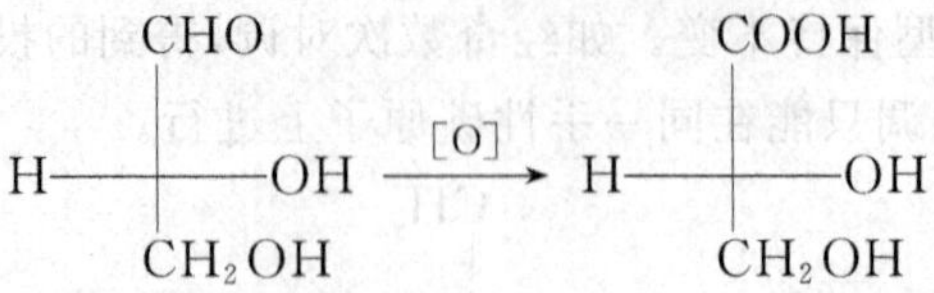

D-(+)-甘油醛　　D-(+)-甘油酸

注意以下两点：

(1) 旋光方向由旋光仪确定，与构型没有一一对应关系。如构型是D型的物质其旋光方向可以是右旋的，也可以是左旋的。

(2) 采用D/L相对构型法标记构型时，费歇尔投影式一定要是标准的费歇尔投影式，如果不标准，则一定要调整为标准式，再以甘油醛的构型为对照标准确定其构型是D型还是L型。

三、绝对构型(*R*/*S*)表示方法

相对构型以甘油醛为标准有它的局限性，有的旋光异构体的构型无法以甘油醛为标准来确定。例如：

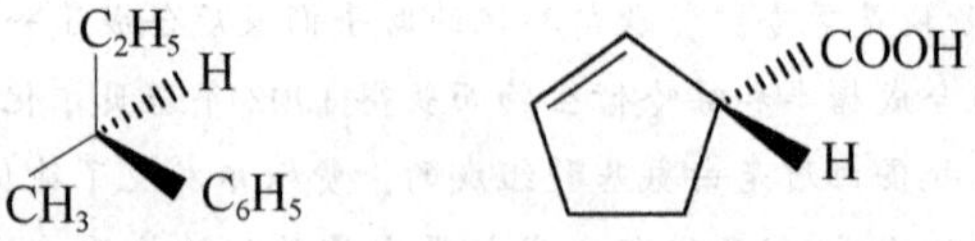

R/*S* 构型标记法是IUPAC建议的命名方法，该法不需与其他化合物联系比较，根据化合物的立体结构或投影式即可标记，现已广泛使用。*R*/*S* 构型标记法依据手性碳上4个不同原子或基团在"顺序规则"中排列的大小次序来表示手性碳原子的构型。具体步骤如下：

第一，将手性碳原子所连的4个基团(a、b、c、d)按基团优先顺序规则从大到小排列(基团优先顺序规则参照第三章)。

第二，如果a>b>c>d，则将顺序最小的基团d放在观察者最远处，其他3个基团a、b、c指向观察者，若a→b→c(由大到小)是顺时针的方向，则构型为*R*构型；反之，为*S*构型。例如：

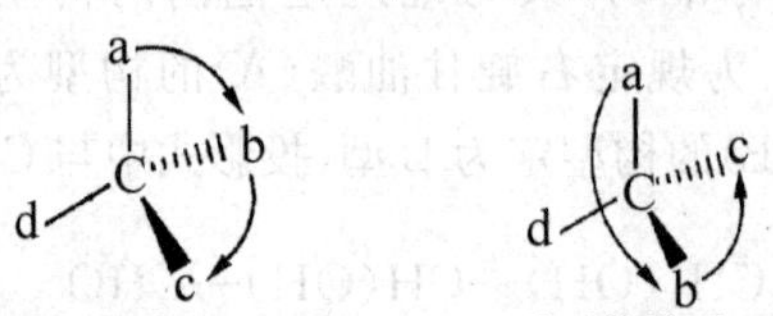

顺时针排列，(*R*)-构型　　逆时针排列，(*S*)-构型

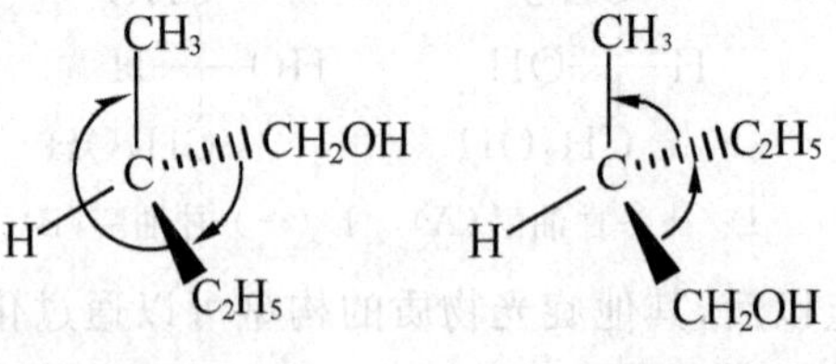

(1) (*R*)-2-甲基-1-丁醇　　(2) (*S*)-2-甲基-1-丁醇

上面基团的顺序是：$CH_2OH>C_2H_5>CH_3>H$。分子(1)，$CH_2OH \rightarrow C_2H_5 \rightarrow CH_3$为顺时针的方向，则构型为*R*；分子(2)，$CH_2OH \rightarrow C_2H_5 \rightarrow CH_3$为逆时针的方向，则构型为*S*。

我们常用费歇尔投影式表示有机化合物的立体结构式，怎样从费歇尔式直接判断*R*、*S*

构型呢？下面介绍其判断的方法。

(1) 当次序最小的基团处于竖线上时(不论在上或在下)，如 a＞b＞c 为顺时针方向，则手性碳原子的构型为 *R*；反之为 *S*，即“上下顺 *R*”。

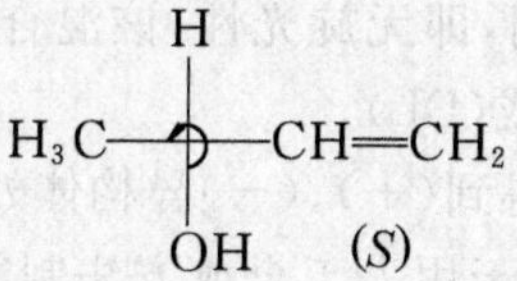
(*S*)

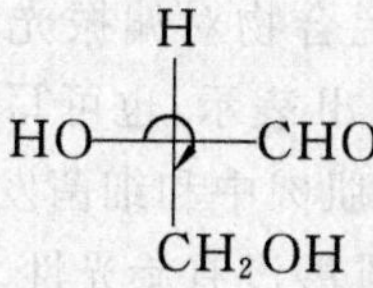
(*R*)

(2) 当次序最小的基团处于横线上时(不论在左或在右)，如 a＞b＞c 为顺时针方向，则手性碳原子的构型为 *S*；反之为 *R*，即“左右顺 *S*”。

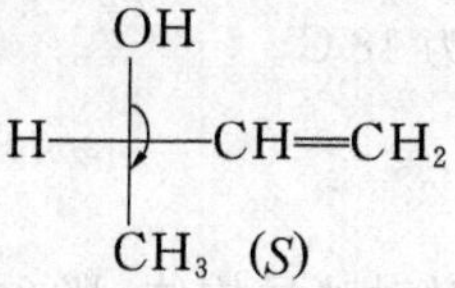
(*S*)

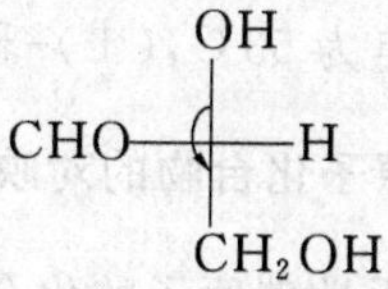
(*R*)

注意：第一，*R*/*S* 和 D/L 构型之间没有直接对应关系。例如，D 构型若用 *R*/*S* 构型表示，则可能是 *R* 构型，也可能是 *S* 构型。第二，*R*/*S* 和 D/L 两种构型表达方式与旋光方向之间都无对应关系，旋光方向是由旋光仪测得的。例如，*R* 构型可以是右旋，也可以是左旋。第三，*R*/*S* 构型是绝对构型，可直接从费歇尔投影式确定其构型是 *S* 型还是 *R* 型；而 D/L 构型是相对构型，必须将费歇尔投影式调整为标准的投影式才能确定其构型是 D 型还是 L 型。

第四节　含手性碳原子化合物的对映异构

一、含一个手性碳原子化合物的对映异构

(一) 对映体

含有一个手性碳原子的化合物有两个对映异构体，其中一个是右旋体，一个是左旋体。例如，乳酸含有一个手性碳原子，有两种对映异构体：从细菌发酵得到的乳酸是左旋(－)的；而在经过剧烈运动后，从肌细胞的无氧代谢产生的乳酸是右旋(＋)的。

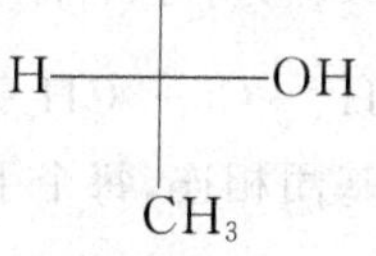
R-(－)-乳酸

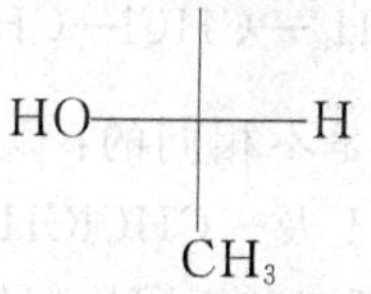
S-(＋)-乳酸

对映体在非手性环境中的性质基本是相同的，如熔点、沸点相同，在非手性溶剂中的溶解度及与非手性试剂反应的速率都相同等；但在手性环境的条件下(如在手性试剂、手性溶液中，在手性催化剂作用下)就会表现出某些不同的性质。

例如，生物体中非常重要的催化剂酶具有手性，因此许多可以受酶影响的化合物，其对映体的生理作用表现出很大的差别。(＋)-葡萄糖在动物代谢中能起独特的作用，具有营养价值，但其对映体(－)-葡萄糖则不能被动物代谢；氯霉素左旋的有抗菌作用，其对映体则无

疗效。

（二）外消旋体

对映体之间互为镜像关系，旋光能力相同，但旋光方向相反。如果把等量的左旋体和右旋体混合在一起，则该混合物对偏振光不起作用，即无旋光性，该混合物就称为外消旋体。外消旋体一般用(±)或 dl 表示，也可写成(RS)或(DL)。

如乳酸除了可以从肌肉中和细菌发酵分别得到(+)、(−)异构体外，还可以用化学合成方法制得，后者得到的乳酸没有旋光性。这是由于用人工合成方法制得的乳酸是等量的右旋和左旋乳酸的混合物，它们对偏振光的作用相互抵消，所以没有旋光性。我们称这种乳酸为外消旋乳酸。外消旋体和相应的左旋或右旋体除旋光性能不同外，其他物理性质也有差异。例如，(+)-乳酸熔点为 53℃，(±)-乳酸熔点为 18℃。

二、含两个手性碳原子化合物的对映异构

我们知道含有一个手性碳原子的化合物有一对对映异构体，那么含有两个手性碳原子的化合物有几个对映异构体呢？假使以 A 和 B 代表两个不同的手性碳原子，由于每一个手性碳可以有两种相反的构型，则有 A^+，A^-，B^+，B^-。这样根据排列组合，整个分子的构型可以有下面 4 种：

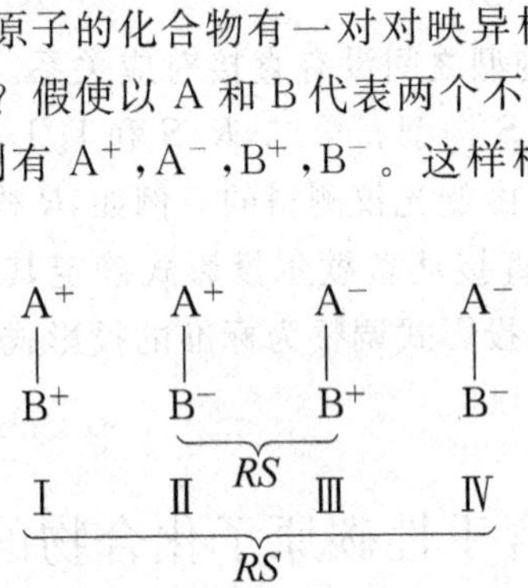

这就是说，含有两个手性碳原子的化合物，在理论上，可以有 4 个旋光异构体。

含两个以上手性碳原子的分子有多少旋光异构体呢？理论推导证明：当分子中含有 n 个不相同的手性碳原子时，就可以有 2^n 个旋光异构体，它们可以组成 2^{n-1} 个外消旋体。如果分子中含有相同的手性碳原子，其旋光异构体的数目可小于 2^n。如一个含 n 个相同手性碳原子的直链化合物，当 n 为偶数时，存在 2^{n-1} 个旋光性异构体和 $2^{(n/2)-1}$ 个内消旋体；当 n 为奇数时，存在 2^{n-1} 个旋光异构体，其中有 $2^{(n-1)/2}$ 个内消旋体。

（一）含两个不相同手性碳原子的化合物

在 2,3-二氯戊烷($C_2H_5—\underset{3}{\overset{*}{C}}HCl—\underset{2}{\overset{*}{C}}HCl—CH_3$)分子中含有两个手性碳原子，每个手性碳原子连接的四个基团是不相同的：C_2^* 与—H、—Cl、—CH_3 及—$CHClC_2H_5$ 四个基团相连；C_3^* 与—H、—Cl、—C_2H_5 及—$CHClCH_3$ 四个基团相连，每个手性碳原子都各有两种不同的构型，它们可以组成以下四种不同构型的分子：

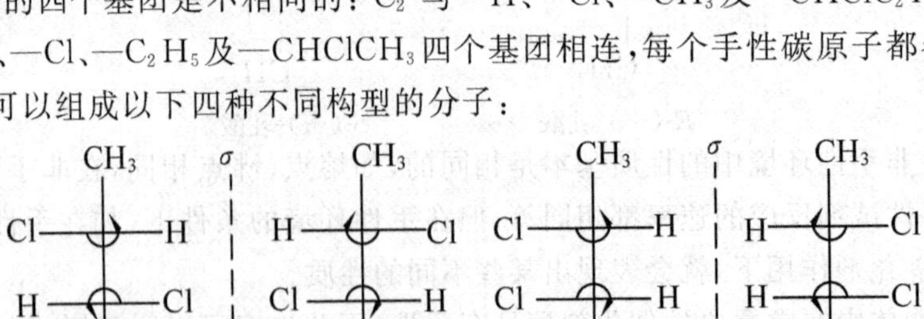

Ⅰ $2R$、$3R$　　Ⅱ $2S$、$3S$　　Ⅲ $2R$、$3S$　　Ⅳ $2S$、$3R$

上述异构体中，Ⅰ与Ⅱ，Ⅲ与Ⅳ互为对映体，等量混合时可分别组成两个外消旋体。Ⅰ与Ⅲ、Ⅳ互为旋光异构体，但无对映关系。这种不呈对映关系的旋光异构体称为非对映体。

对映体在非手性条件下，物理、化学性质都相同。对于非对映体来说，它们分子中的原子或基团间的相对距离及相互影响都不同，因此，非对映体间的物理、化学性质也有一定的差异。

（二）含两个相同手性碳原子的化合物

酒石酸（ COOH—$\overset{*}{C}$H(OH)—$\overset{*}{C}$H(OH)—COOH ）就是含有两个相同手性碳原子的典型化合物。它的 2 个手性碳原子所连的 4 个基团相同（—H、—OH、—COOH、—CHOHCOOH)，按照每个手性碳原子有两种构型，则可组成以下 4 个异构体：

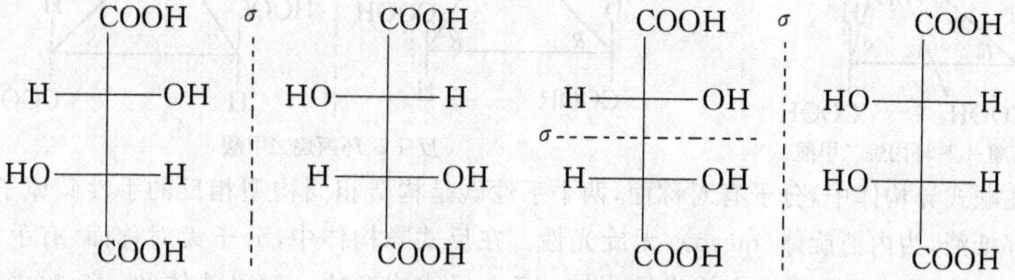

Ⅰ 2*R*、3*R*（+）　Ⅱ 2*S*、3*S*（−）　Ⅲ 2*R*、3*S*　Ⅳ 2*S*、3*R*　*meso*

Ⅰ与Ⅱ是一对对映体，Ⅲ与Ⅳ是同一化合物（将Ⅲ或Ⅳ在纸平面上旋转 180°就可以看出）。故实际上酒石酸只有 3 个构型异构体，一个是左旋体，一个是右旋体，另一个是没有旋光性的内消旋体。Ⅲ或Ⅳ构型，由于分子内具有对称因素（含有一个对称面），虽含手性碳原子，但旋光作用内部抵消，对外不显旋光性，称为内消旋体，用 *meso* 或 *i* 表示。

内消旋体和外消旋体虽然都不具有旋光性，但它们有着本质的不同。外消旋体是等量的左旋体和右旋体的混合物（注意：它不同于一般的混合物，它具有固定的物理常数），它可以分离成具有旋光性的两种物质；而内消旋体是一种纯物质，它不能像外消旋体那样可以分离成具有旋光性的两种物质。

如果我们在酒石酸的 C(2)—C(3) 之间插入一个—CHOH—基团，便构成 2,3,4-三羟基戊二酸，它可写出 4 种异构体。当 C(2)、C(4) 构型相同时（Ⅰ、Ⅱ），C(3) 就不是手性碳原子，但分子有手性。当 C(2)、C(4) 构型不相同时（Ⅲ、Ⅳ），C(3) 所连的 4 个基团不相同，C(3) 就为手性碳，但它有对称面（整个分子是非手性内消旋体），文献上把这种连有 4 个不同基团，同时又有对称因素的手性碳原子称为假手性碳原子，用小写字母（*r*、*s*）表示（*R*、*S*）。

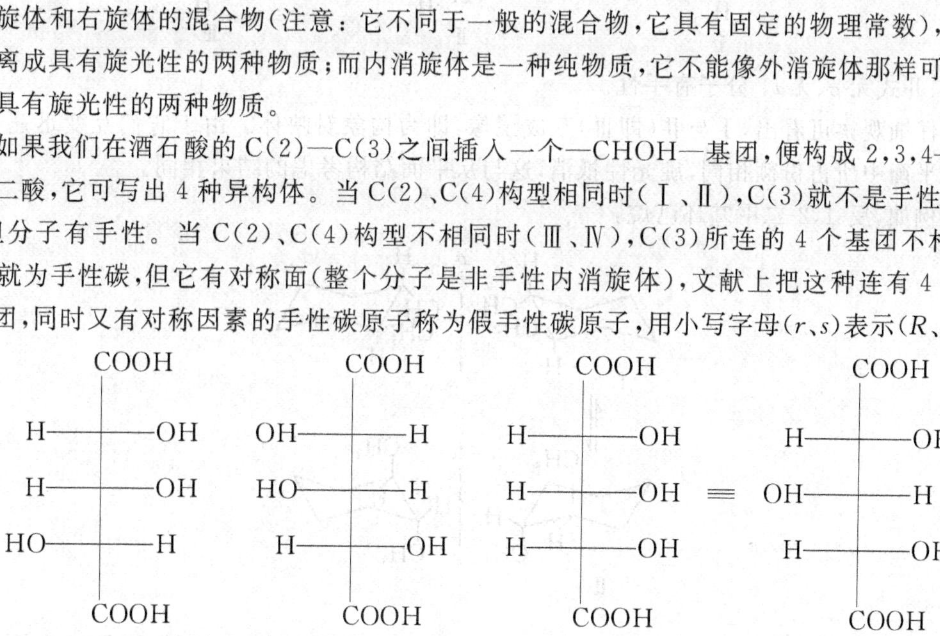

(*R*,*R*) Ⅰ　(*S*,*S*) Ⅱ　(2*R*,3*r*,4*S*) Ⅲ　(2*R*,3*s*,4*S*) Ⅳ

可见，判断含多个手性碳原子的化合物是否有手性，必须从分子整体的对称性来考虑。

第五节　环状化合物的立体异构

环状化合物的立体异构现象往往比较复杂，顺反异构和对映异构常同时存在。例如，1,2-环丙烷二甲酸分子中，有两个相同的手性碳原子，因此，1,2-环丙烷二甲酸除顺反异构体外，还有对映异构。

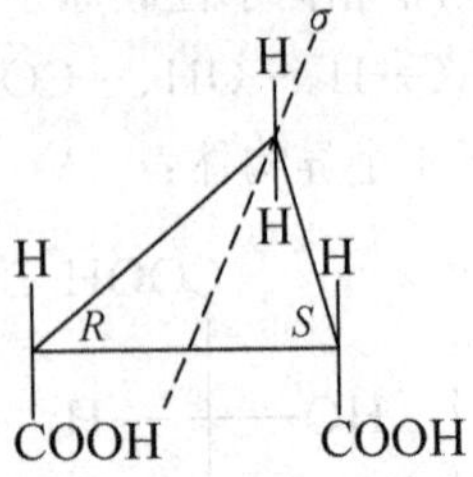

顺-1,2-环丙烷二甲酸

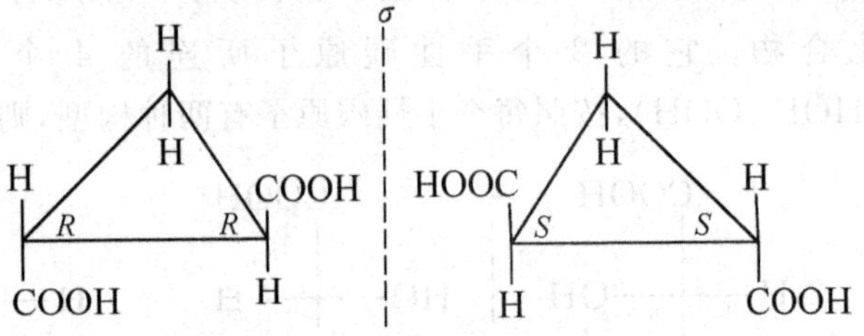

反-1,2-环丙烷二甲酸

在顺式异构体中，分子有对称面，两个手性碳是构造相同构型相反的手性碳原子，旋光性内部抵消，为内消旋体(meso)，无旋光性。在反式异构体中，分子无对称面，有手性。因此，1,2-环丙烷二甲酸有 3 个旋光异构体：两个反式构型的一对对映体和一个顺式构型的内消旋体。

我们还可以从环状化合物的构象式来分析它们的手性情况。例如，顺-1,2-二甲基环己烷：

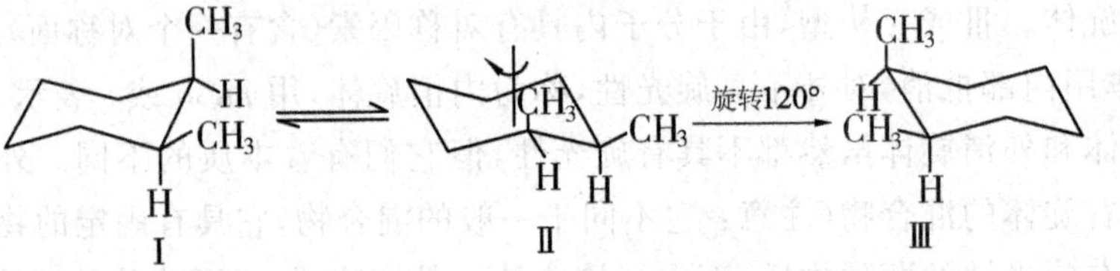

Ⅰ式、Ⅱ式无 σ、无 i，分子有手性。

仔细观察可看出，Ⅰ与Ⅱ(即Ⅲ)互成镜像，即为构象对映体。由于它们互变迅速，故在构象平衡中所占份额相同，旋光性抵消，这与从平面结构考虑的结果相同。

例如，反-1,2-二甲基环己烷：

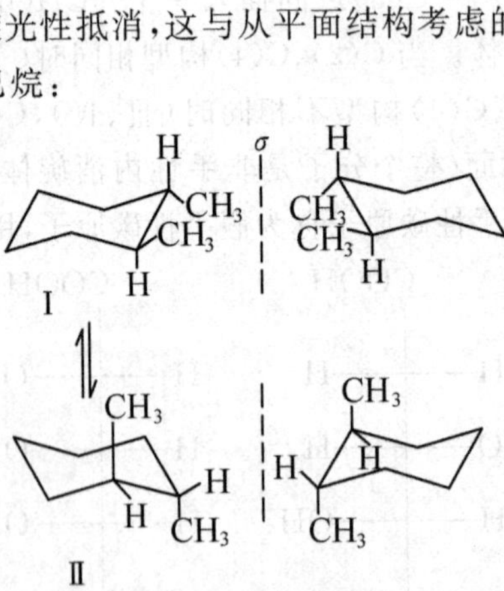

Ⅰ式、Ⅱ式构象中，无 σ、无 i，分子有手性，并且无法通过构型翻转变成对映体，因此反-1,2-二甲基环己烷是有手性的，这与从平面结构考虑结果相同。

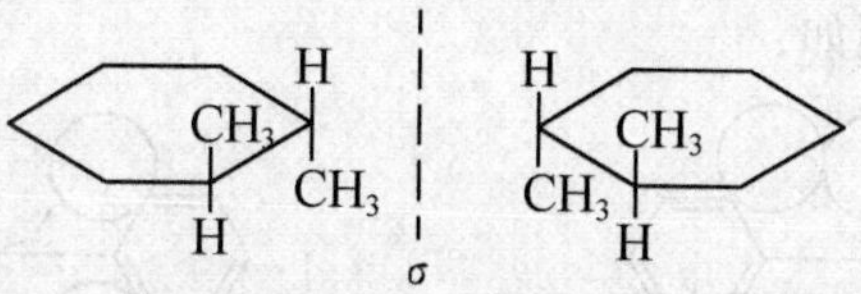

由此可见，我们在判断环状化合物是否为手性分子时，对构象引起的手性现象可以不予考虑，直接从平面结构来观察，同样得到正确的结果。这一结论同样适用于开链化合物，我们只需直接从 Fischer 投影式来判断其手性，而不必考虑构象引起的手性。

第六节　不含手性碳原子化合物的对映异构

有机化合物中，大部分旋光物质都含有一个或多个手性碳原子，但在有些旋光物质的分子中，并不含手性碳原子，如丙二烯型化合物、单键旋转受阻碍的联苯型旋光化合物等。

一、丙二烯型化合物

如果丙二烯两端碳原子上各连接两个不同的基团时：

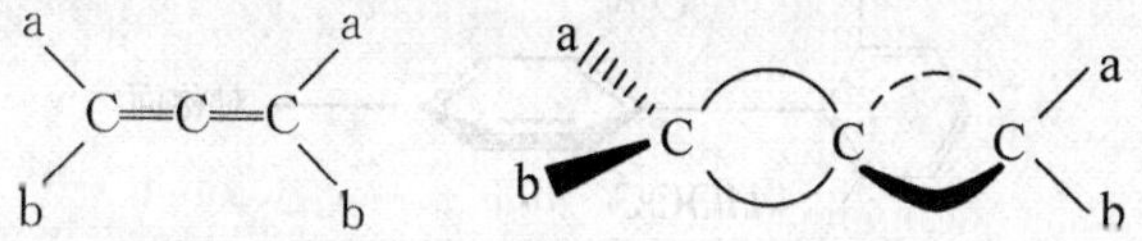

由于所连 4 个取代基两两各在相互垂直的平面上，整个分子没有对称面和对称中心，因此具有手性。例如，2，3-戊二烯：

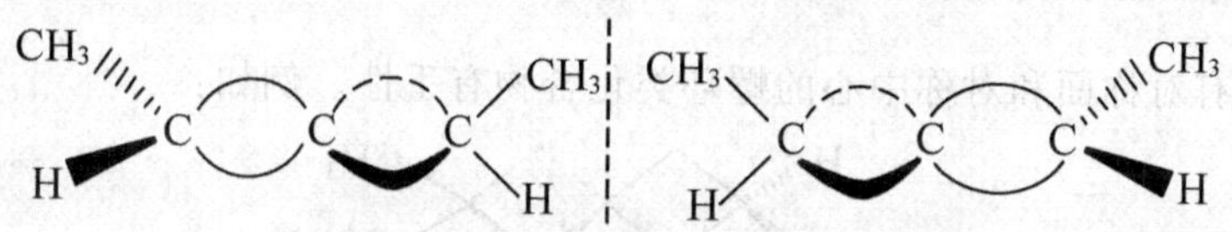

2，3-戊二烯的对映异构体

如果在任何一端或两端的碳原子上连有相同的取代基，这些化合物都具有对称面，因此不具旋光性。例如，2-甲基-2，3-戊二烯和 3-甲基-1，2-丁二烯：

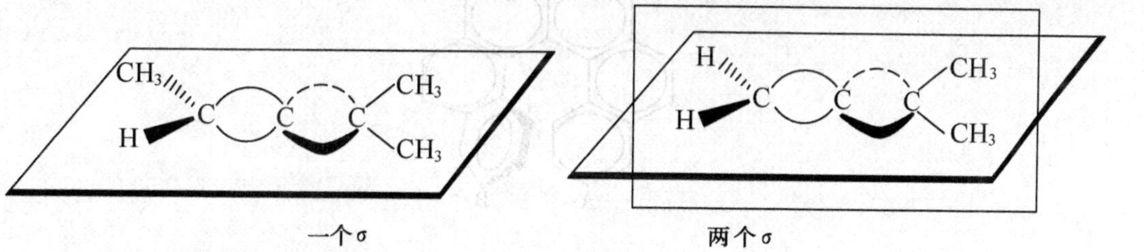

一个σ　　　　两个σ

2-甲基-2,3-戊二烯　　　　3-甲基-1,2-丁二烯

二、单键旋转受阻碍的联苯型化合物

在联苯分子中，两个苯环可以围绕中间单键旋转，如果在苯环中的邻位即 2，2’，6，6’位置上引入体积足够大的取代基（如—NO_2、—COOH 等），则两个苯环绕单键旋转就要受到阻碍，以至它们不能处在同一平面上，而必须互成一定的角度，这样整个分子就没有对称面

或对称中心，就有手性。例如：

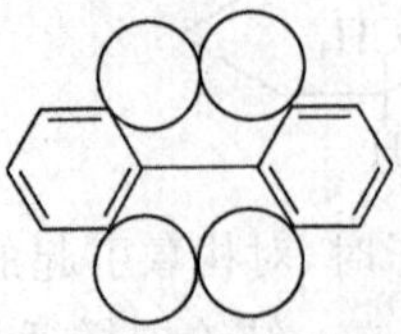

两个苯环处在同一平面(无手性)

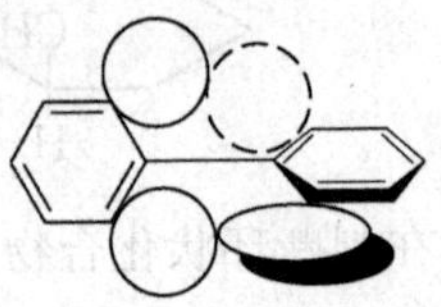

两个苯环互成一定的角度(有手性)

例如：

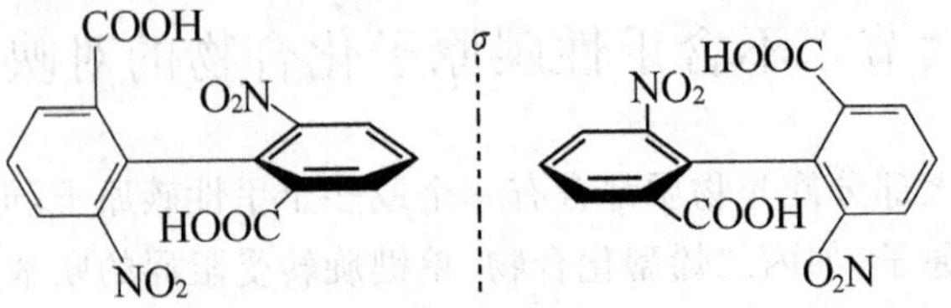

若在一个或两个苯环上所连的两个取代基是相同的，这个分子就有对称面，没有旋光性。例如：

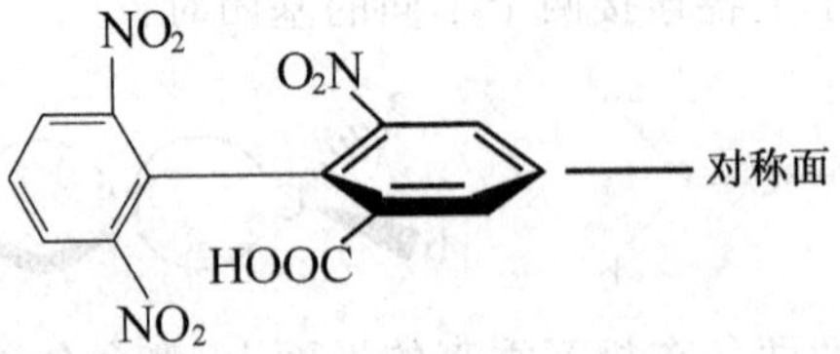

三、螺环等不含手性碳原子化合物

分子不具有对称面和对称中心的螺环类化合物有手性。例如：

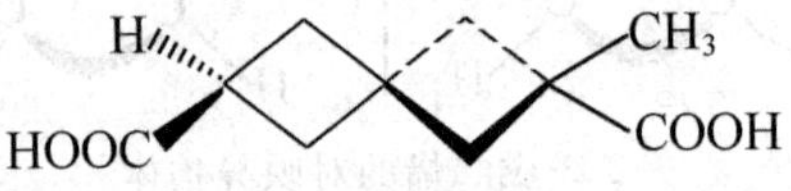

多个苯环组成的螺芳烃由于环的拥挤导致 A 环和 B 环不能共平面，其中之一必然向外翘起来，这种情况也会产生互不重合的镜像异构体。例如：

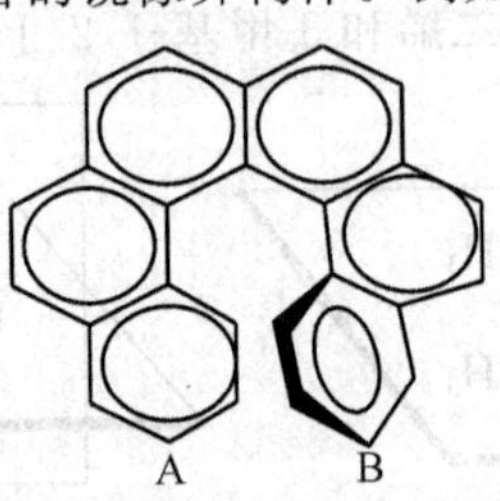

第七节　外消旋体的拆分

许多旋光物质是从自然界生物体中获得的。如在实验室中用非手性物质合成手性物质[除了用特殊方法——不对称合成(asymmetric synthesis)以外]得到的都是外消旋体，由于对映体的一般物理性质和化学性质都相同(除对旋光性试剂作用外)，因此它们的混合物很难用一般的方法来分离。若要获得旋光纯的异构体需要用特殊的方法来分离，这种特殊的分离方法叫拆分(resolution)。

在适当的条件下，外消旋酒石酸可形成两种不同的半面晶，可以根据晶体的不同在显微镜下慢慢地用镊子挑选，这个方法只对特殊的情况有效，不但麻烦，而且也不能用于液态的化合物，所以已被淘汰。

另一种方法是用酶来破坏外消旋体中的一种对映异构体而达到提纯的目的。但这种方法也不理想。第一，至少要损失一半原料；第二，要加入培养基培养微生物以产生酶，或者加入事先制备的酶，这都使以后的纯化困难，所以也不便于使用。

目前最常用的方法是通过与一个有旋光性的拆分剂作用，生成非对映异构体，然后利用非对映异构体物理性质上的不同(特别是沸点和溶解度的不同)，而将两个非对映异构体分开(通过分馏或分步结晶)，最后除去拆分剂，恢复到纯粹的左旋体和右旋体。

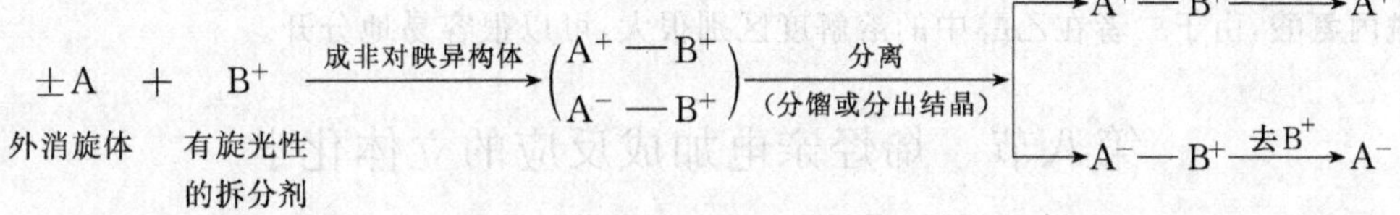

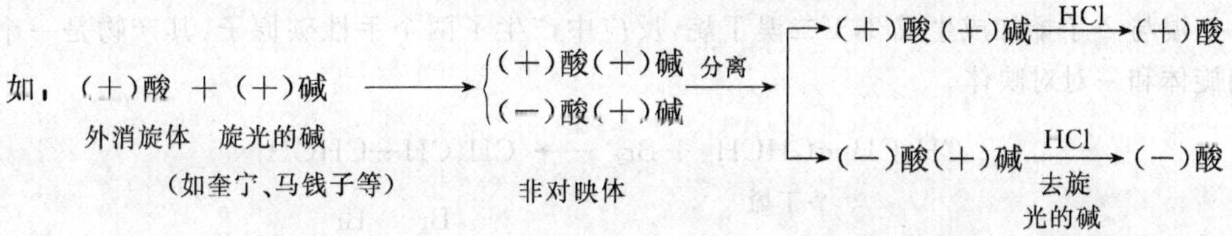

如果外消旋体是碱，则可用旋光性酸(如(+)-酒石酸、樟脑磺酸等)使它变成盐，然后用分步结晶法将它们分开。

随着分离技术的进展，近来发现外消旋体可以用播种结晶法和层析法来拆分，前者是利用溶液中对映异构体之间的晶间力不同而达到拆分，后者是利用对映异构体吸附能力的不同而进行分离。播种结晶法是最经济的方法，这个方法是在一个外消旋化合物的饱和溶液中加入某一对映体的晶种时，该对映体就先结晶出来，而且结晶出来的量为过量的一倍多。过滤后，滤液就含有过量的另一个对映体，升温加入外消旋体(dl)，冷却时，另一对映体就会结晶出来。通过这种方法，只要第一次加入一个光活对映体，就能交替地把外消旋体分为左、右旋体。

例如，100 g 的 dl-氯霉素碱和 1 g 的 D 型碱在 80°C 时溶于 100 mL 水中，冷却到20°C，沉淀出 1.9 g 的 D 型碱，过滤后，再加入 2 g 的 dl-碱到滤液中，加热到 80°C，冷却后，2.1 g 的 L 型碱就结晶出来了。此法适用于工业过程。

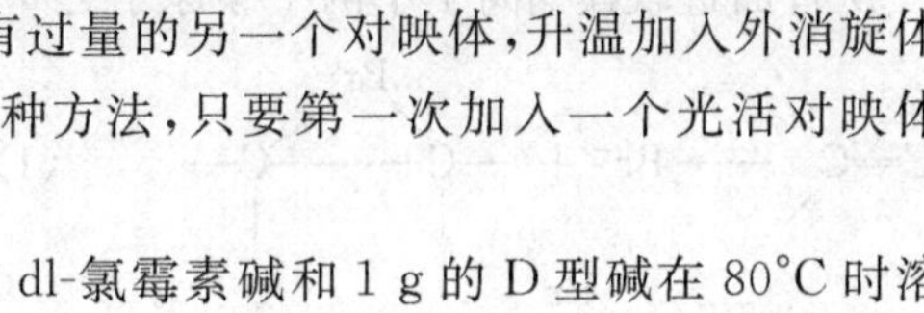

氯霉素

利用具有光活性的吸附剂，有时用柱层析的方法也可以把一对光活对映体拆分。一对光活对映体和一个光活吸附剂形成两个非对映的吸附物，它们的稳定性不同，也就是说，它们被吸附剂吸附的强弱不同，从而就可以分别地把它们冲洗出。例如，光活性的 D-乳糖可作为吸附剂拆分特勒格碱。

用生化的方法有时也可以拆分外消旋体。有机体的酶对它的底物具有非常严格的空间专一反应性能。例如：

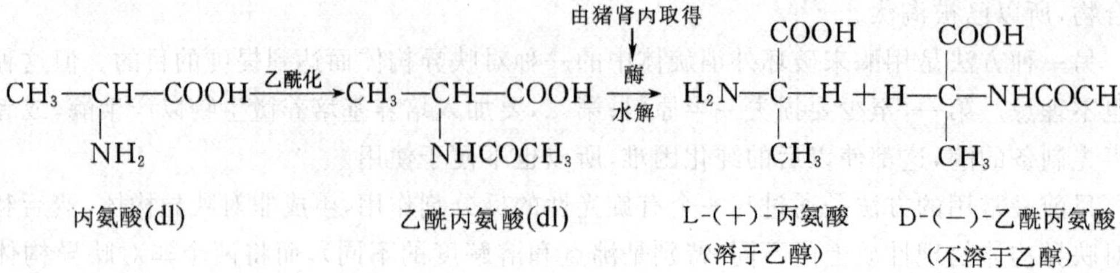

合成的丙氨酸(dl)经乙酰化后，通过一种由猪肾内取得的酶，水解L型丙氨酸的乙酰化物的速度要比D型的快得多。因此就可以把乙酰化物(dl)变为L-(+)-丙氨酸和D-(−)-乙酰丙氨酸，由于二者在乙醇中的溶解度区别很大，可以很容易地分开。

第八节　烯烃亲电加成反应的立体化学

溴与2-丁烯加成生成2,3-二溴丁烷，反应中产生了两个手性碳原子，其产物是一个内消旋体和一对对映体。

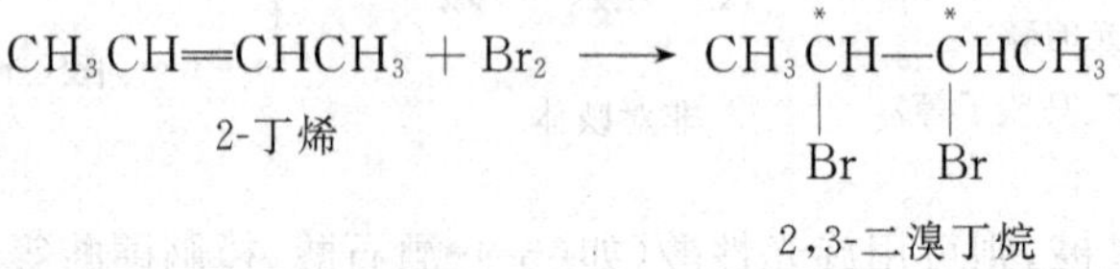

实验证明：顺-2-丁烯只产生外消旋体的2,3-二溴丁烷；反-2-丁烯只产生内消旋-2,3-二溴丁烷，它们是立体选择性的反式加成反应。一个反应有产生几种立体异构体的可能时，如主要产生一种立体异构体(或一对对映体)，此反应叫做立体选择性反应。

溴与烯烃的加成是通过环状的溴鎓离子的反式加成进行的。所谓环状的溴鎓离子是指在如下所示的步骤(1)中，溴正离子不是单单和双键碳原子之一相连接，而是和两个碳原子相连。步骤(2)中，溴负离子 Br^- 从背面进攻溴鎓离子中两个碳原子之一。

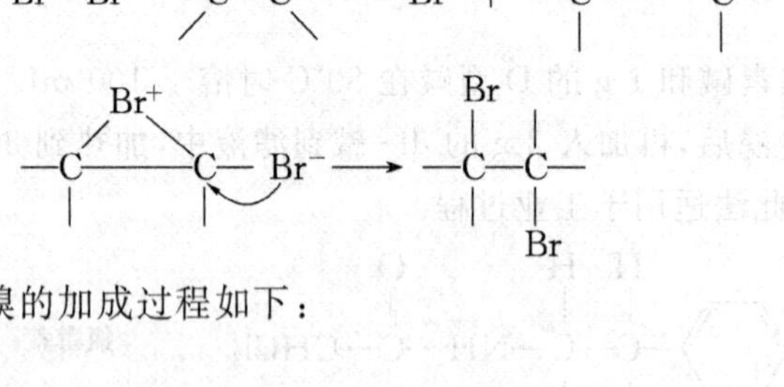

(1)

(2)

顺-2-丁烯与溴的加成过程如下：

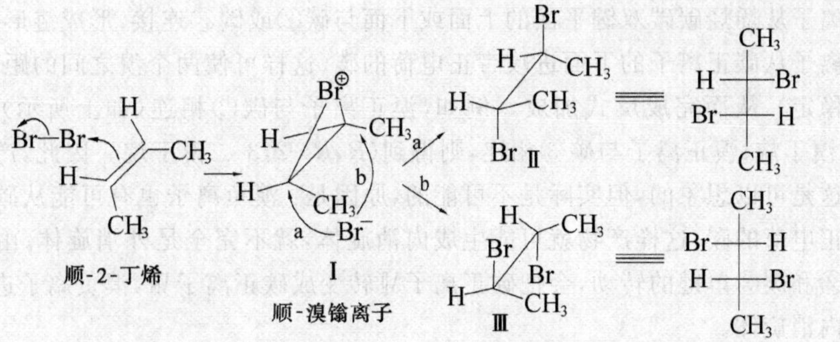

溴正离子可以接在烯烃碳-碳双键平面的上面或下面，如果接在上面（如上所示），两个甲基彼此仍然和烯烃中一样处在一侧，便得到顺-溴鎓离子Ⅰ（接在下面也一样）。接着，溴负离子 Br^- 从背面进攻溴鎓离子中两个碳原子之一，如按途径 a 生成Ⅱ，如按途径 b 生成Ⅲ。Ⅱ和Ⅲ是对映体。由于按 a 和按 b 进攻的机会相等，生成的对映体的数量也相等，因此可得到外消旋体。

反-2-丁烯与溴的加成过程如下：

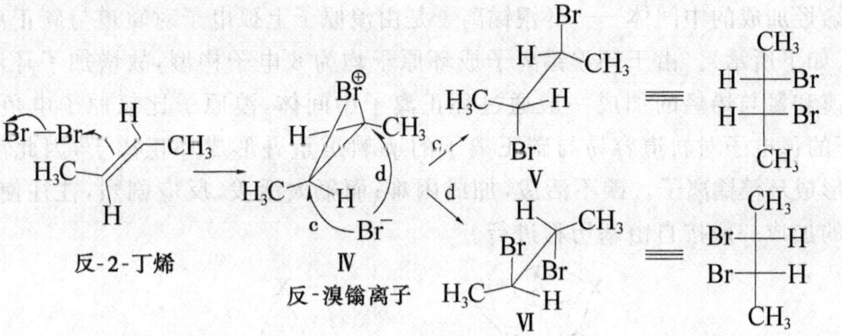

反-2-丁烯与溴的加成过程与顺-2-丁烯情况类似，得到反-溴鎓离子Ⅳ。如按途径 c 生成Ⅴ，如按途径 d 生成Ⅵ。Ⅴ和Ⅵ是等同的，它们是内消旋-2,3-二溴丁烷。

卤素对烯烃加成的历程有两类，除了经环状的碳正离子中间体历程外，还有一类是经链状的碳正离子中间体，类似与 HX 的加成反应。若反应经链状的碳正离子中间体这一类历程，顺-2-丁烯与溴的加成过程如下：

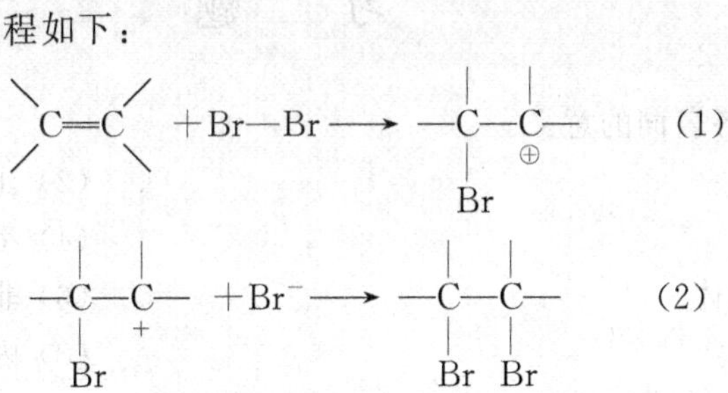

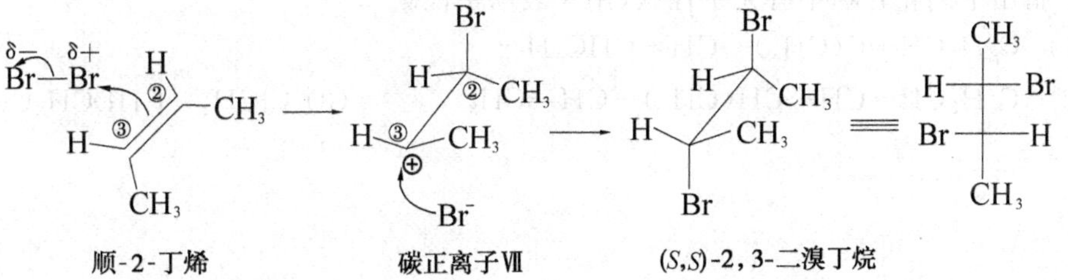

溴正离子从烯烃碳碳双键平面的上面或下面与碳②或碳③连接，形成链形碳正离子Ⅶ，然后溴负离子从碳正离子的下面进攻带正电荷的碳（这样可使两个溴之间的距离远些，使过渡态相对稳定），从而完成反式加成。例如，溴正离子与碳②相连（如上所示），则得到(*S*,*S*)-2,3-二溴丁烷；溴正离子与碳③相连，则得到(*R*,*R*)-2,3-二溴丁烷。因此，产物为外消旋体。虽然这是可以想象的，但实际是不可能的，原因是：溴负离子也有可能从碳正离子的上面进攻带正电荷的碳，这样产物就可能生成内消旋体，就不完全是外消旋体；由于链状碳正离子中碳②和碳③单键的转动，会把碳正离子Ⅶ转变成碳正离子Ⅷ，溴负离子进攻碳正离子Ⅷ就得到内消旋体。

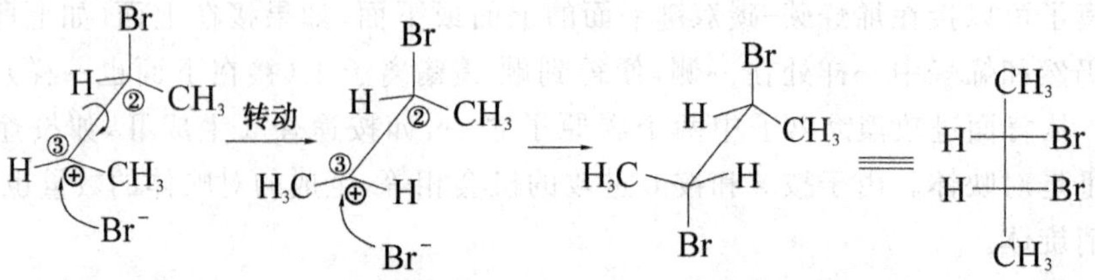

碳正离子Ⅶ　　碳正离子Ⅷ　　内消旋-2,3-二溴丁烷

溴与烯烃加成的中间体——环溴鎓离子是由溴原子上孤电子对轨道与碳正离子轨道重叠形成的（如下所示）。由于环溴鎓离子成环原子均为8电子构型，故增加了环溴鎓离子的稳定性。溴和氯与烯烃的加成一般通过环正离子中间体，溴原子比氯原子电负性小，体积大，溴原子的孤电子对轨道容易与碳正离子的 *p* 轨道重叠形成环正离子，因此溴与烯烃加成更容易形成环溴鎓离子。碘不活泼，加成困难；而氟太活泼，反应剧烈，往往使碳链断裂，氟与烯烃的加成一般按自由基历程进行。

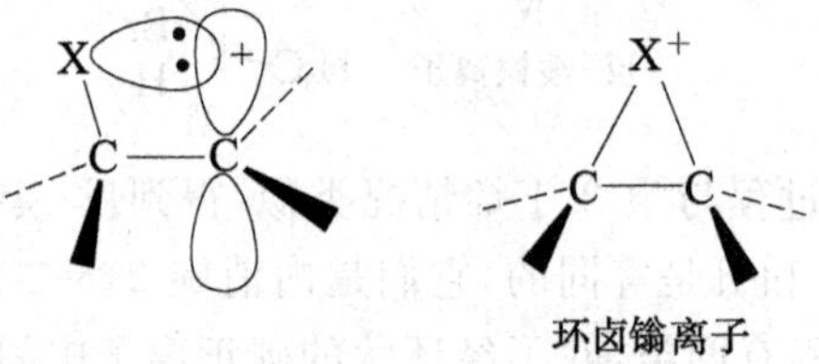

环卤鎓离子

习　题

1. 说明下列各名词的意义。

(1) 旋光性　　(2) 比旋光度

(3) 手性　　(4) 手性碳原子

(5) 对映异构体　　(6) 非对映异构体

(7) 外消旋体　　(8) 内消旋体

2. 指出下列化合物中有无手性碳（用 * 表示手性碳）。

(1) $C_2H_5CH{=}C(CH_3){-}CH{=}CHC_2H_5$

(2) $C_2H_5CH{=}CH{-}CH(CH_3){-}CH{=}CH_2$　　(3) $ClCH_2{-}CHDCH_2Cl$

(4) COOH
CHBr
COOH

(5) 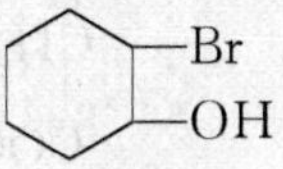

(6) $CH_2CH_2CH_3$
CHOH
CH_2CH_3

3. 下列说法是否正确？

(1) 有旋光性物质的分子中必有手性碳原子存在。

(2) 具有手性的分子一定有旋光性。

(3) 有对称中心的分子必无手性。

(4) 对映异构体具有完全相同的化学性质。

(5) 构造相同的情况下，凡空间构型不同的异构体均称为构型异构。

(6) 在含有手性碳化合物的分子结构中都不具有任何对称因素，因此都有旋光性。

(7) 化合物分子中如含有对称面和对称中心，此化合物就不具有旋光性。

(8) 顺式异构体都是 Z 型的，反式异构体都是 E 型的。

4. 命名下列化合物(用 R/S 标明构型)。(2)、(3)、(5)先改写成 Fischer 投影式，然后再命名。

(1) 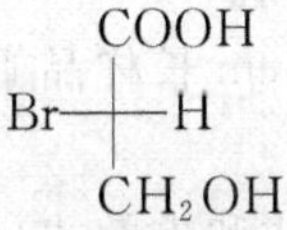

(2) 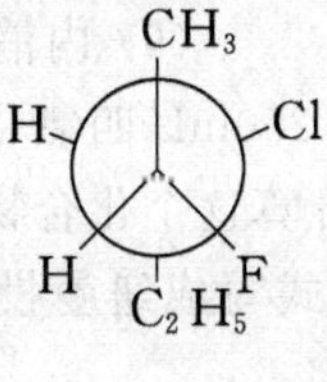

(3) 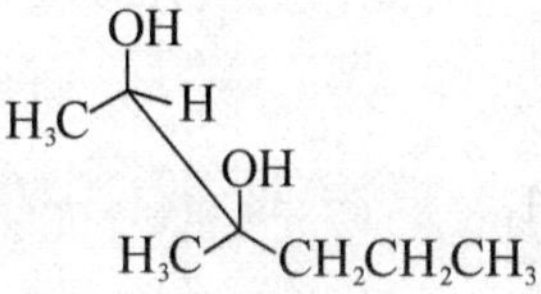

(4) 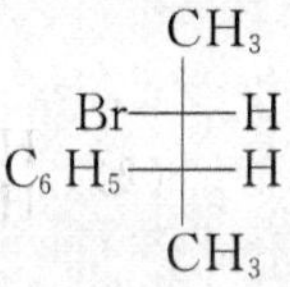

(5) 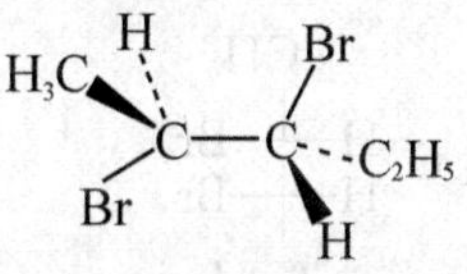

5. 写出分子式为 C_3H_6DCl 的所有构造异构体的结构式。在这些化合物中哪些具有手性？用投影式表示它们的对映异构体。

6. (1) 丙烷氯化已分离出二氯化合物 $C_3H_6Cl_2$ 的 4 种构造异构体，写出它们的构造式。

(2) 从各个二氯化物进一步氯化后，可得到的三氯化物($C_3H_5Cl_3$)的数目已由气相色谱法确定。从 A 得出一个三氯化物，B 给出两个，C 和 D 各给出三个，试推出 A、B 的结构。

(3) 通过另一合成方法得到有旋光性的化合物 C，那么 C 的构造式是什么？D 的构造式是怎样的？

(4) 有旋光性的 C 氯化时，所得到的三氯丙烷化合物中有一个 E 是有旋光性的，另两个无旋光性，它们的构造式怎样？

7. 指出下列化合物中每个手性碳原子的构型是 R 还是 S。

(1) 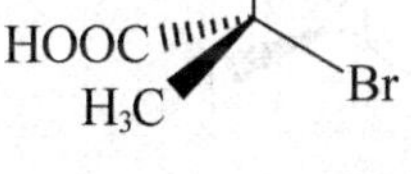

(2) 

(3) 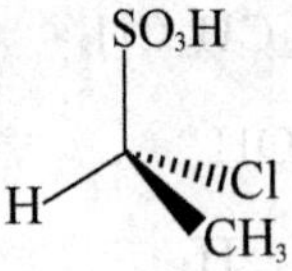　　(4) 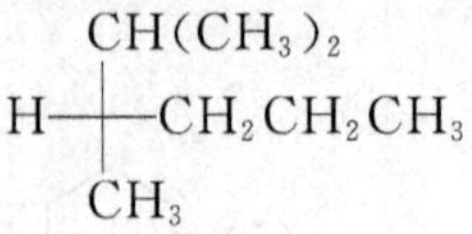

(5) 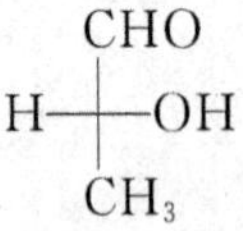　　(6) 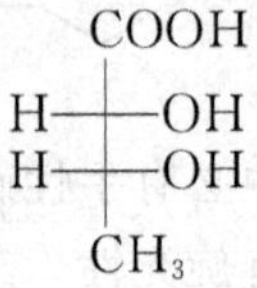

(7) 　　(8) 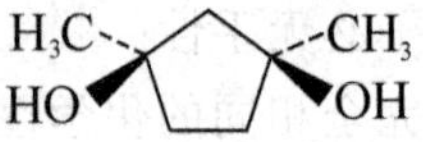

8. 写出下列化合物的费歇尔投影式。

(1) CDHBrCl (*R*)　　(2) 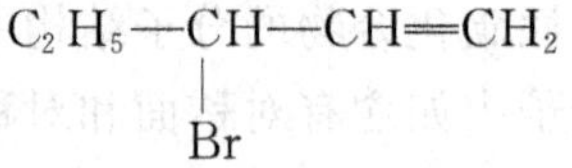 (*S*)

(3) 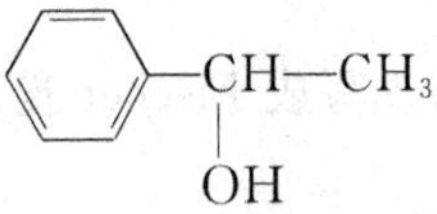 (*R*)　　(4) 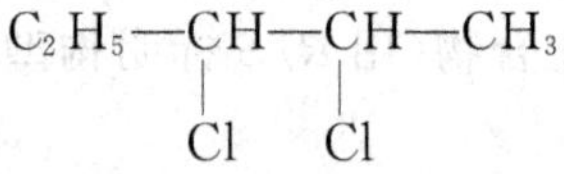 (2*R*,3*S*)

(5) (*R*)-2-氯丁烷　　(6) 内消旋-3,4-二硝基己烷

9. 一个 3.8g 的未知物被溶解于 250mL 四氯化碳中，然后用 25cm 长样品管在钠光灯下测得这种溶液的旋光度为−2.5°，计算这个化合物的比旋光度。

10. 将下列化合物的费歇尔投影式写成纽曼投影式(对位交叉式和重叠式)，并写出它们的对映体的相应式子。

(1) 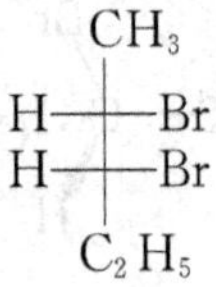　　(2) 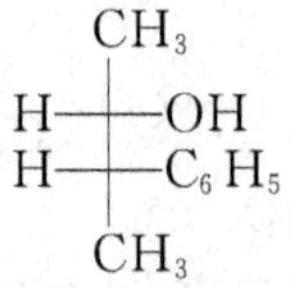

11. 下列各对化合物哪些属于对映体、非对映体、顺反异构体、构造异构体或同一化合物？

(1) 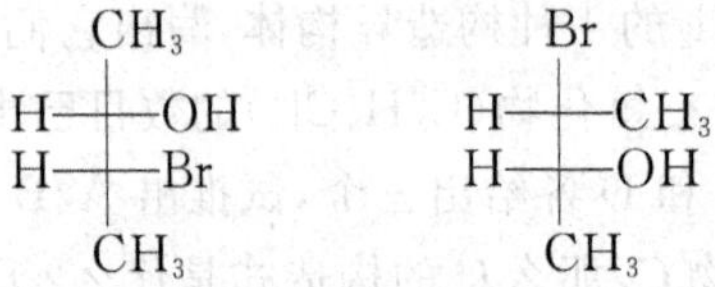

(2) 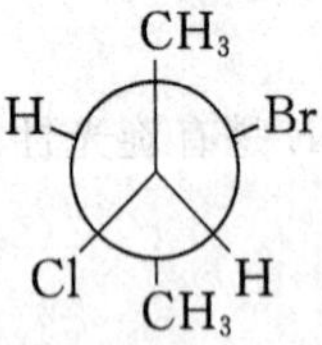 和 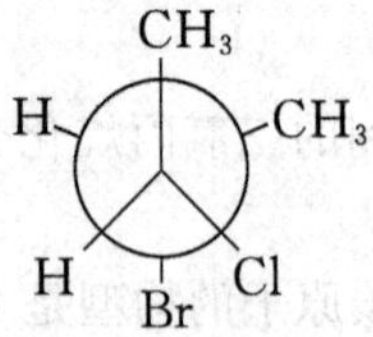

(3) 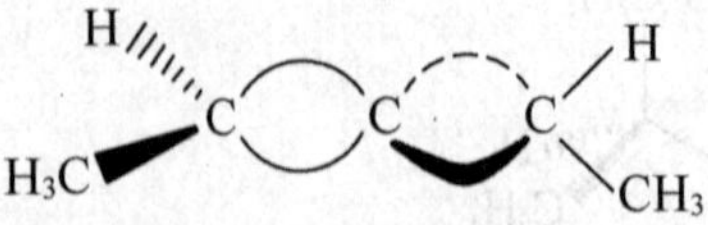 和 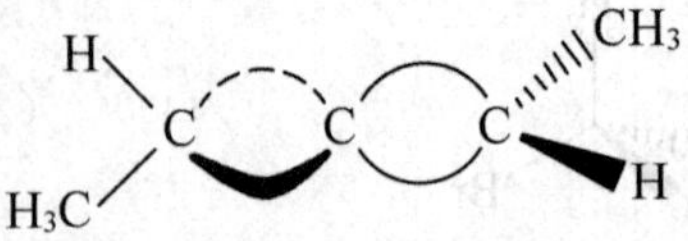

(4) 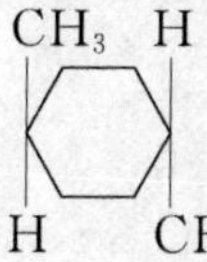 和 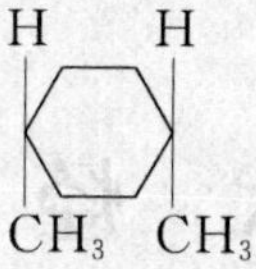

(5) 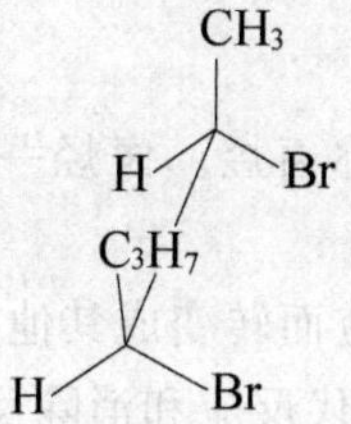 和 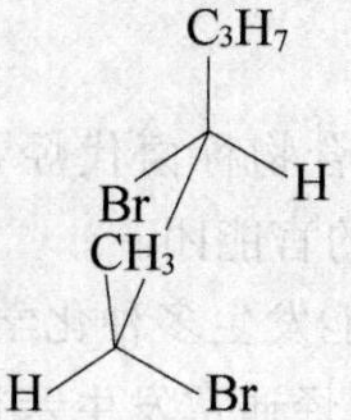

(6) 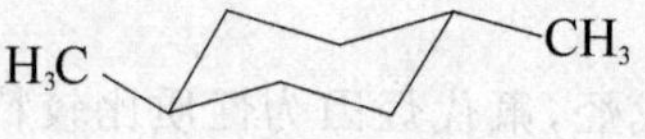 和 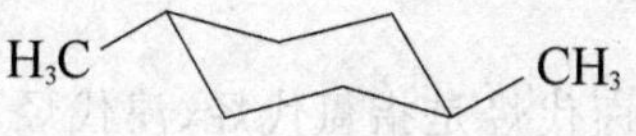

(7)  和 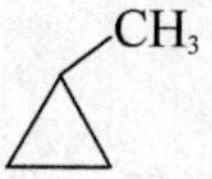

12. 2-丁烯与溴水反应可以得到溴醇(3-溴-2-丁醇)，顺-2-丁烯生成溴醇(Ⅰ)和它的对映体,反-2-丁烯生成(Ⅱ)和它的对映体，试说明溴醇形成的立体化学过程。

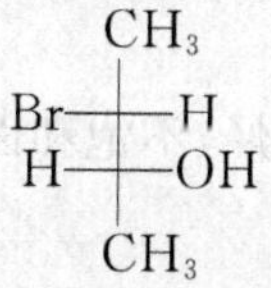 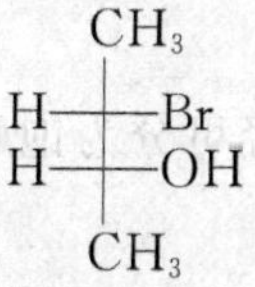

Ⅰ　　Ⅱ

*13. 用 $KMnO_4$ 与顺-2-丁烯反应,得到熔点为 32℃的邻二醇,而与反-2-丁烯反应得到的是熔点为 19℃的邻二醇。

$$CH_3CH{=}CHCH_3 + KMnO_4 + H_2O \xrightarrow{[O]} CH_3\underset{\displaystyle OH}{\underset{|}{C}H}-\underset{\displaystyle OH}{\underset{|}{C}H}CH_3$$

两种邻二醇都是无旋光的,将熔点为 19℃的进行拆分,可以得到两个旋光度绝对值相同、方向相反的一对对映体。

(1) 试推测熔点为 19℃的及熔点为 32℃的邻二醇的构型。

(2) 用 $KMnO_4$ 羟基化的立体化学是怎样的?

(提示:烯烃与 $KMnO_4$ 低温氧化,得到顺式加成的邻二醇。)

第六章　卤　代　烃

烃分子中的氢原子被卤素取代后生成的化合物称卤代烃，简称卤烃。卤烃一般用 RX 表示，R 代表烃基，X 代表卤素。卤原子是卤烃的官能团。

一般来说，卤代烃的性质比烷烃活泼得多，能发生多种化学反应而转变成其他类型的化合物，在有机合成中起着重要的桥梁作用。卤代烃通常发生亲核取代反应和消除反应，从而实现官能团的转变。

通常我们所指的卤代烃是指氯代烃、溴代烃和碘代烃，氟代烃因为性质比较特殊，常单独进行讨论。

第一节　卤代烃的分类和命名

一、分类

根据烃基结构不同，卤代烃可分为饱和卤代烃、不饱和卤代烃和卤代芳烃。例如：

$RCH_2—X$　　饱和卤烃

$RCH═CH—X$　　不饱和卤烃

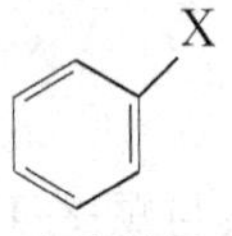

卤代芳烃

根据卤原子数目不同，卤代烃可分为一卤代烃、二卤代烃和多卤代烃。例如：

$RCH_2—X$	$RCHX_2$	RCX_3
一卤代烃	二卤代烃	三卤代烃

根据和卤原子直接相连的碳原子种类不同，即在卤代烃中与卤原子直接相连的碳原子是伯、仲、叔碳原子时，相应的卤代烃则分别称为伯卤代烃、仲卤代烃和叔卤代烃。例如：

$RCH_2—X$

伯(一级)卤代烃

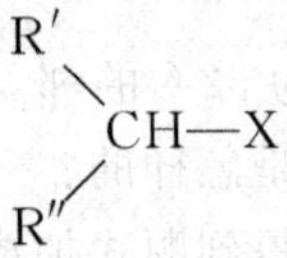

仲(二级)卤代烃

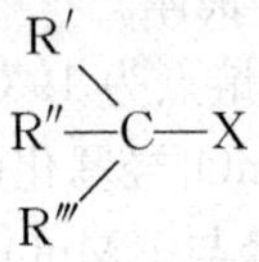

叔(三级)卤代烃

其中 R′，R″，R‴可以相同，也可以不相同。

二、命名

（一）普通命名法

简单的卤代烃可根据相应的烃基的名称来命名，称“某烃基卤”。例如：

CH_3Cl 甲基氯（氯代甲烷）　$CH_2{=}CHCl$ 乙烯基氯

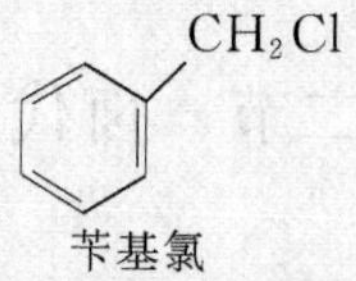

苄基氯（α-氯代甲苯或苯氯甲烷）

$(CH_3)_3C{-}Cl$ 叔丁基氯（2-甲基-2-氯丙烷）

（二）系统命名法

烃基较为复杂的卤代烃采用系统命名法。

系统命名法把卤代烃看做烃的卤代衍生物，规定卤原子只作为取代基。因此它的命名与烃的命名相似，只需在烃名称前标上卤原子的位置、数目和名称。

卤代烷的命名以烷的名称为母体，选择含卤原子在内的最长碳链作为主链。例如：

$CH_3CH_2CH(Cl)CH(CH_3)CH_2CH_3$　3-甲基-4-氯己烷

$ClCH_2CH_2CH(CH_2CH_3)CH_2CH_2CH_3$　3-乙基-1-氯己烷

不饱和卤代烃命名时，选择同时含有卤素和不饱和键的最长碳链作为主链，并使双键或叁键的位次最小。例如：

$CH_2{=}CHCH(CH_2CH_2CH_3)CH_2Cl$　3-丙基-4-氯-1-丁烯

$CH_3CH(Br)CH{=}CHCH_3$　4-溴-2-戊烯

卤代脂环烃和卤代芳烃分别以脂环烃和芳烃为母体，把卤原子作为取代基来命名。不饱和卤代脂环烃环上碳原子编号时，要从双键或叁键碳原子编起。例如：

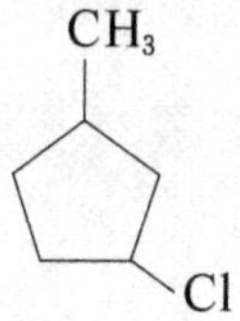

1-甲基-3-氯环戊烷

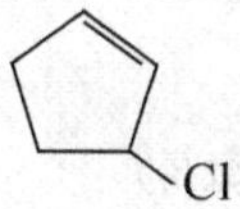

3-氯环戊烯

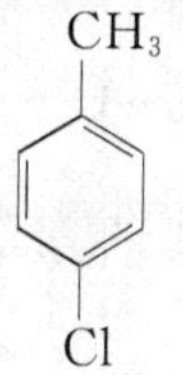

对氯甲苯或4-氯甲苯

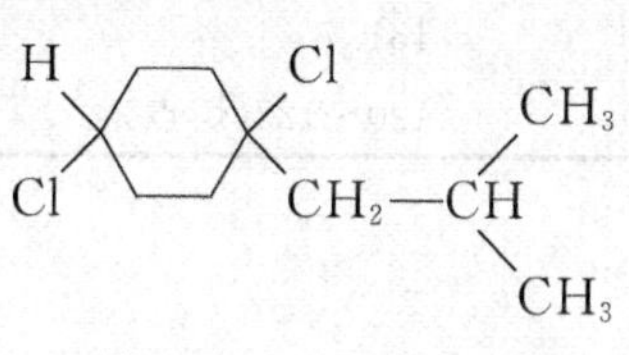

1-异丁基-1,4-二氯环已烷

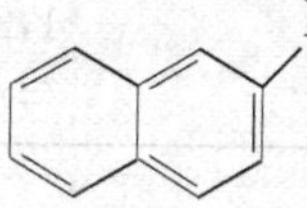

β-溴萘或2-溴萘

当卤原子取代在芳烃的侧链上时，以脂肪烃为母体，把芳基和卤原子作为取代基来命名。例如：

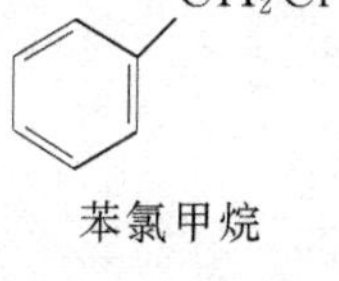

苯氯甲烷

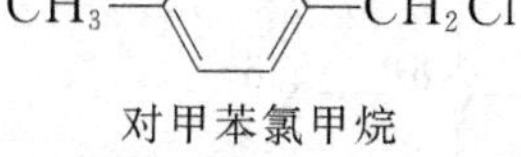

对甲苯氯甲烷

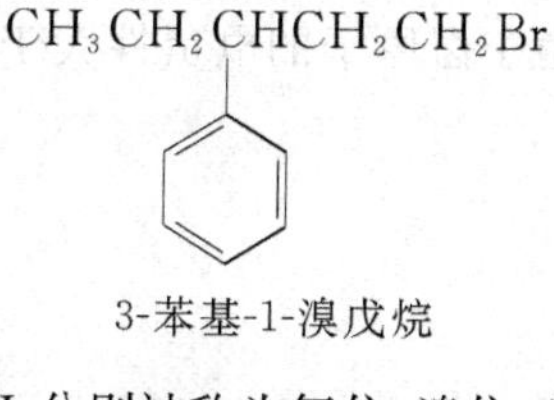

3-苯基-1-溴戊烷

有些多卤代烃常有其特殊的名称。例如，$CHCl_3$、$CHBr_3$、CHI_3分别被称为氯仿、溴仿、碘仿。

第二节　卤代烷的性质

一、物理性质

在常温常压下，氯甲烷、氯乙烷和溴甲烷是气体，其余是液体或固体。一元卤代烷的沸点随着碳原子数目的增加而升高。在同数碳原子的一元卤代烷中，碘代烷的沸点最高，氯代烷的沸点最低。卤代烷的密度是值得注意的物理性质，碘代烷、溴代烷以及多氯代烷的密度都大于1。卤代烷可溶于醇、醚、烃类等有机溶剂。某些卤代烷常作为优良的有机溶剂使用，如氯仿、二氯甲烷等用来提取极性比较小的有机物。分子中卤原子数目越多，则可燃性越低，如 CCl_4 可作为灭火剂。

表 6-1　一些卤代烃的物理常数

结构式	名　称	沸点/℃	相对密度(d_4^{20})
CH_3Cl	氯甲烷	−24.22	0.920^{-20}
$CH_3—CH_2—Cl$	氯乙烷	12.3	0.9214_4^0
$CH_3—CH_2—CH_2—Cl$	1-氯丙烷	46.6	0.8985^{15}
CH_3Br	溴甲烷	3.56	1.732_0^0
$CH_3—CH_2—Br$	溴乙烷	38.4	1.4708^{15}
$CH_3—CH_2—CH_2—Br$	1-溴丙烷	71.0	1.3597^{15}
CH_3I	碘甲烷	42.4	2.2789
$CH_3—CH_2—I$	碘乙烷	72.4	1.9358^{20}
$CH_3—CH_2—CH_2—I$	1-碘丙烷	102.5	1.7489^{20}
CH_2Cl_2	二氯甲烷	40.5	1.3255
$CHCl_3$	三氯甲烷(氯仿)	61.7	1.4985^{15}
CCl_4	四氯化碳	76.8	1.257
$CH_2Cl—CH_2Cl$	1,2-二氯乙烷	83.5	1.2531
$CH_2Br—CH_2Br$	1,2-二溴乙烷	131.7	2.1802
CHI_3	三碘甲烷(碘仿)	120～123(熔点)	4.008

二、化学性质

卤代烷的化学性质比烷烃活泼，能发生许多类型的化学反应，生成一系列化合物。下面仅就一些比较重要的反应类型加以讨论。

(一) 亲核取代反应

由于卤原子的电负性大于碳原子，致使卤代烷分子中的 C—X 键具有一定的极性，如下所示：

$$-\overset{|}{\underset{|}{C}}{}^{\delta+}\!\rightarrow X^{\delta-}$$

由于 C—X 键中的碳带有部分正电荷，容易受到带有负电荷的基团如 OH^-、RO^-、

CN^-、NO_3^-和有未共同电子对的分子如 H_2O、NH_3 等的进攻，结果是卤代烷中的卤离子被这些亲核基团所取代。这种由亲核试剂的进攻而引起的取代反应叫做亲核取代反应，用 S_N 表示(S 代表取代，Substitution)。亲核取代反应是卤代烷的典型反应。

$$R:X + Nu^- \longrightarrow R:Nu + X^-$$

式中，RX 受亲核试剂的进攻，称为底物；Nu^- 为亲核试剂，称为进攻试剂；卤离子因被其他基团取代，故称为离去基团。

卤代烷的亲核取代反应主要有下面几类：

1. 水解

卤代烷与水作用生成醇的反应称为水解反应。这个反应进行得很迟缓，而且是可逆的。

$$R{-}X + HOH \rightleftharpoons ROH + HX$$

为了加速反应，并使它进行到底，通常把卤代烷与强碱的水溶液在一起加热，以便使反应中所产生的氢卤酸被碱中和掉，而利于反应向水解方向进行。

$$R{-}X + NaOH \longrightarrow ROH + NaX$$

水解反应的相对活性：RI＞RBr＞RCl＞RF。

2. 被氰基取代

卤代烷与氰化钠(或氰化钾)的醇溶液共热，卤原子被氰基(—CN)取代生成腈。

$$R{-}X + NaCN \xrightarrow[\triangle]{\text{乙醇}} \underset{\text{腈}}{R{-}CN} + NaX$$

反应在醇溶液中进行，是为了增加 RX 的溶解性。

产物腈经水解得到羧酸：

$$R{-}CN + H_2O \xrightarrow[\text{或 } OH^-]{H^+} R{-}COOH$$

生成的腈或酸比原来的卤代烃多一个碳原子，这是有机合成中常用的增长碳链的方法之一。

3. 被氨基取代

卤代烷与氨作用，卤原子被氨基取代生成胺。

$$RX + :NH_3 \longrightarrow R{-}NH_2 + HX$$

胺为有机碱，与 HCl 结合成盐 $RNH_2 \cdot HCl$(或 $R\overset{+}{N}H_3Cl^-$)。氨的碱性较水、醇等都强，可直接与卤代烷作用而取代卤素。

4. 被烷氧基取代

卤代烷与醇钠或酚钠作用，卤原子被烷氧基(RO—)或芳氧基(ArO—)取代，生成醚。这个反应称为威廉逊(A. W. Williamson，1824—1904)合成法。

$$R{-}X + R'ONa \longrightarrow R{-}O{-}R' + NaX$$

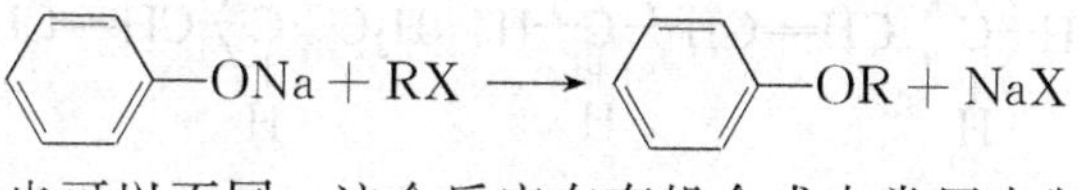

R 和 R′可以相同，也可以不同。这个反应在有机合成中常用来制取醚。

5. 与硝酸银的反应

卤代烷与硝酸银的醇溶液一起加热生成硝酸酯，同时析出卤化银沉淀。

$$R-X+AgNO_3 \xrightarrow[\triangle]{CH_3CH_2OH} \underset{\text{硝酸酯}}{R-O-NO_2} + AgX\downarrow$$

此反应可鉴定卤代烷。

6. 与其他亲核试剂的反应

除以上的亲核取代反应外，卤代烷还可与其他的亲核试剂反应生成各种类型的化合物。例如：

$$RX+HS^- \longrightarrow RSH(\text{硫醇})+X^-$$

$$RX+R'S^- \longrightarrow RSR'(\text{硫醚})+X^-$$

$$RX+R'COO^- \longrightarrow R'COOR(\text{酯})+X^-$$

$$RX+Ar-H \xrightarrow{\text{无水 } AlCl_3} Ar-R+HX(\text{傅-克烷基化反应})$$

（二）消除反应——脱卤化氢

卤代烷与氢氧化钠(或氢氧化钾)的醇溶液作用时，脱去卤化氢生成烯烃。在有机分子中脱去一个小分子(如 HX、H_2O、NH_3等)的反应叫做消除反应。

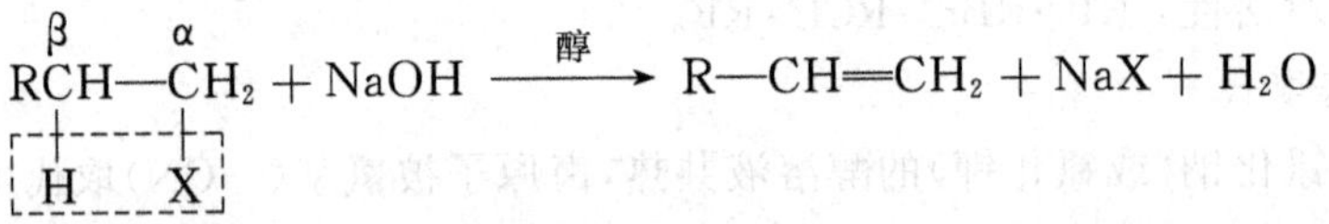

消除反应以 E 表示，E 为英文“Elimination”(消除)的首写字母。由于上述消除反应所消除的是卤原子和 β-碳原子上的 H，而不是其他碳原子上的 H，故又称为 β-消除反应。由此可见，卤代烷分子中在 β-碳原子上必须有氢原子时才有可能进行消除反应。

三级卤代烷最容易脱去卤化氢，二级卤代烷次之，一级卤代烷最难。不对称的二级卤代烷、三级卤代烷在消除卤化氢时，反应可以在碳链的两个不同方向进行，因此，可以得到两种不同的产物。

$$CH_3CH_2\underset{\underset{Br}{|}}{C}HCH_3 \xrightarrow[KOH]{\text{乙醇}} \underset{\substack{(81\%)\\ \text{2-丁烯}}}{CH_3CH{=}CHCH_3} + \underset{\substack{(19\%)\\ \text{1-丁烯}}}{CH_3CH_2CH{=}CH_2}$$

$$CH_3CH_2-\overset{\overset{Br}{|}}{\underset{\underset{CH_3}{|}}{C}}-CH_3 \xrightarrow[KOH]{\text{乙醇}} \underset{\substack{(71\%)\\ \text{2-甲基-2-丁烯}}}{CH_3CH{=}C(CH_3)_2} + \underset{\substack{(29\%)\\ \text{2-甲基-1-丁烯}}}{CH_3CH_2\overset{\overset{CH_3}{|}}{C}{=}CH_2}$$

实验证明，主要产物为双键碳原子上连有较多烃基的烯烃，这个经验规律称为查依采夫(Saytzeff)规则。这个规则可用超共轭效应来解释，即双键碳上连接的烃基越多，σ-π 超共轭效应越强，体系越稳定。

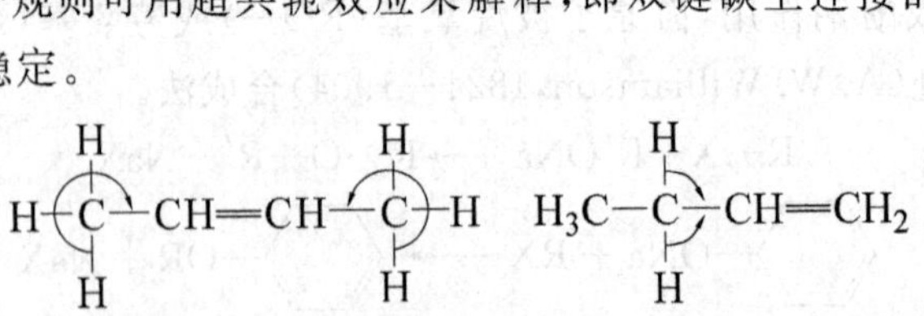

2-丁烯　　　　　　　　1-丁烯

在 2-丁烯中，有 6 个 C—H σ 键与 π 键产生 σ-π 超共轭效应，而在 1-丁烯中只有 2 个 C—H σ 键与 π 键产生 σ-π 超共轭效应，前者产生的共轭效应强，电子离域的程度高，所以

2-丁烯比 1-丁烯稳定，在生成的产物中，以 2-丁烯为主。

卤代烯烃和卤代芳烃脱卤化氢时，产物以具有 π-π 共轭体系的烯烃为主。例如：

$$CH_2{=}CH{-}CH_2{-}\underset{Br}{\overset{CH_3}{C}}{-}CH_2{-}CH_3 \xrightarrow{-HBr} CH_2{=}CH{-}CH{=}\overset{CH_3}{C}{-}CH_2{-}CH_3$$

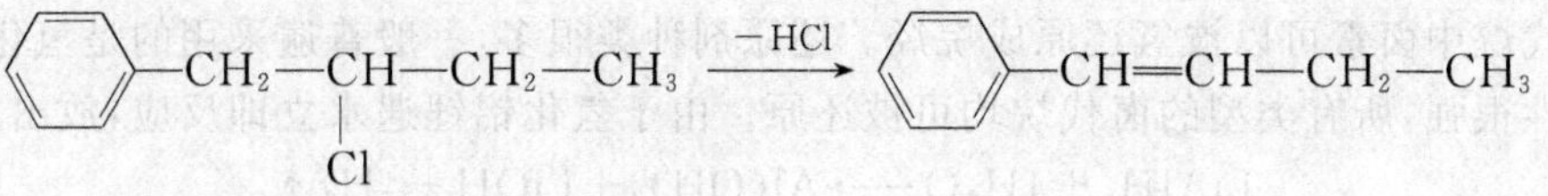

（三）与金属的反应

金属直接与碳连接的一类化合物称为有机金属化合物。卤代烃能与多种金属如 Mg、Al、Li 等反应生成有机金属化合物。

卤代烷在无水乙醚中与镁作用，生成有机金属镁化合物，这一产物叫做格利雅(V. Grignard, 1871—1935)试剂，简称格氏试剂。格氏试剂是有机合成中应用广泛的有机金属化合物。

$$RX + Mg \xrightarrow{\text{无水乙醚}} RMgX$$

在卤代烷中由于碘代烷价格较贵，而氯代烷的反应性较差，所以实验中常采用反应性居中的溴代烷来制备格氏试剂。

格氏试剂是一个极性分子($\overset{\delta-}{R}{-}\overset{\delta+}{Mg}X$)。由于 C—Mg 键的极性很强，所以性质很活泼，能发生多种反应。例如，格氏试剂能与多种含活泼氢的化合物作用生成相应的烃：

$$RMgX \xrightarrow{HOH} RH + HO{-}Mg{-}X$$

$$RMgX \xrightarrow{R'OH} RH + R'O{-}Mg{-}X$$

$$RMgX \xrightarrow{HX} RH + MgX_2$$

$$RMgX \xrightarrow{NH_3} RH + NH_2MgX$$

$$RMgX \xrightarrow{R'C{\equiv}CH} RH + R'C{\equiv}C{-}Mg{-}X$$

格氏试剂可以和空气中的氧、水、二氧化碳发生反应。因此，在制备时除保持试剂的干燥外，还应隔绝空气。

格氏试剂与二氧化碳反应，生成比卤代烃多一个碳原子的羧酸。

$$RMgX + CO_2 \longrightarrow RCOOMgX \xrightarrow[H^+]{H_2O} RCOOH + Mg(OH)X$$

卤代烷与金属锂作用生成有机锂化合物，这也是有机合成中常用的重要试剂之一，其制法和性质与格氏试剂十分相似。

$$R{-}X + 2Li \longrightarrow RLi + LiX$$

有机锂化合物与格氏试剂一样，可与金属卤化物置换而生成各种金属有机化合物，其中重要的如与 CuI 反应得二烃基铜锂。

$$2RLi + CuI \longrightarrow R_2CuLi + LiI$$

二烃基铜锂称为铜锂试剂，用二烷基铜锂与卤代烷反应可合成烷烃。

$$R_2CuLi + R'X \longrightarrow R-R' + RCu + LiX$$

维克多·格利雅(V. Grignard, 1871—1935)，出生于法国，在里昂大学巴比尔教授的指导下，学习和从事研究工作。1901 年格利雅发现了格氏试剂，以后他又发表论文指出混合的有机镁化合物可以合成羧酸、醇类和烃类，并对有机镁化合物进行了详细研究，成为著名的有机化学家。1912 年格利雅与萨巴蒂尔(P. Sabatier)同享诺贝尔化学奖。

(四) 还原反应

卤代烷中卤素可以被氢还原成烷烃。还原剂种类很多，一般普遍采用的是氢化铝锂，它的还原性很强，所有类型的卤代烷均可被还原。由于氢化铝锂遇水立即反应，放出氢气：

$$LiAlH_4 + 4H_2O \longrightarrow Al(OH)_3 + LiOH + 4H_2\uparrow$$

故此反应只能在无水介质如乙醚、四氢呋喃(THF)等溶剂中进行。

$$RX \xrightarrow[THF]{LiAlH_4} RH$$

例如：

$$CH_3(CH_2)_8CH_2Br \xrightarrow[THF]{LiAlH_4} \underset{72\%}{CH_3(CH_2)_8CH_3}$$

硼氢化钠($NaBH_4$)是比较温和的试剂，可溶于水，显碱性，性质比较稳定，能在水溶液中反应而不被分解。在还原过程中，分子内若同时存在羧基、氰基、酯基等基团，则可以保留不被还原。而若使用氢化铝锂，这些基团也会同时被还原。例如：

$$BrCH_2COOCH_3 \xrightarrow{NaBH_4} CH_3COOCH_3$$

第三节　亲核取代反应机理

亲核取代反应是卤代烃的一类最为重要的反应，其反应机理可以一卤代烷的水解为例说明。在研究水解速度与反应物浓度的关系时，发现有些卤代烷的反应速率仅与卤代烷的浓度有关，而另一些的水解速率却与卤代烷和碱的浓度都有关。大量的实验事实证明：卤代烷的亲核取代反应是按照不同的反应历程进行的。

一、单分子亲核取代反应(S_N1)

实验证明，叔丁基溴在碱性溶液中的水解速率仅与卤代烷的浓度成正比，而与进攻试剂 OH^- 的浓度无关，在动力学上称为一级反应。

$$(CH_3)_3C—Br + OH^- \longrightarrow (CH_3)_3COH + Br^-$$

$$反应速率 = k[(CH_3)_3CBr]$$

其反应历程是分两步完成的，第一步是 C—Br 键异裂生成碳正离子，第二步是由碳正离子与试剂 OH^- 结合生成水解产物。

$$(1)\ (CH_3)_3C—Br \xrightarrow{慢} \underset{过渡状态A}{[(CH_3)_3\overset{\delta+}{C}\cdots\cdots\overset{\delta-}{Br}]} \longrightarrow (CH_3)_3C^+ + Br^-$$

$$(2)\ (CH_3)_3C^+ + OH^- \xrightarrow{快} \underset{过渡状态B}{[(CH_3)_3\overset{\delta+}{C}\cdots\cdots\overset{\delta-}{OH}]} \longrightarrow (CH_3)_3COH$$

叔丁基溴水解过程中的能量变化如图 6-1 所示。

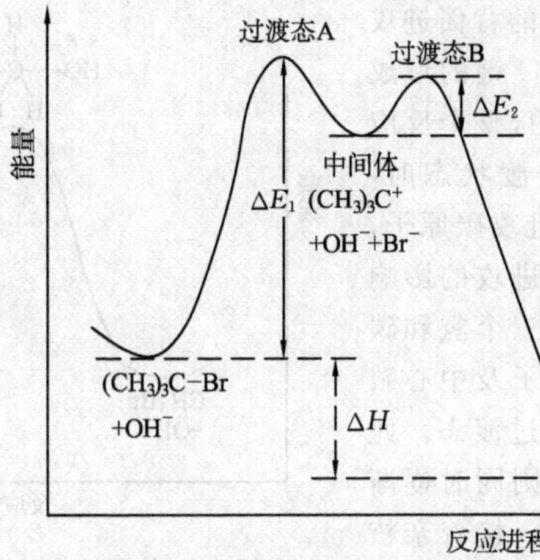

图 6-1 叔丁基溴水解过程中的能量曲线

从图看出：当$(CH_3)_3C—Br$达到过渡态 A[$(CH_3)_3C\cdots\cdots Br$]时，体系能量达到了最大值，随后，体系的能量又逐渐下降，一直到生成叔丁基碳正离子和Br^-。当碳正离子与亲核试剂OH^-接触形成新的键时，又要吸收能量形成第二个过渡态 B[$(CH_3)_3\overset{\delta+}{C}\cdots\cdots\overset{\delta-}{OH}$]，当键一旦形成就放出能量得到产物。生成的碳正离子称为活性中间体，它与过渡状态不同，它的能量比过渡状态低，在能量曲线上处于一个极小值，存在的时间比过渡状态要长一些，它的存在是可以证实的。$(CH_3)_3CBr$到过渡态 A 之间的能量差ΔE_1是第一步反应的活化能，$(CH_3)_3C^+$到过渡态 B 之间的能量差ΔE_2是第二步反应的活化能。可以看出：$\Delta E_1 > \Delta E_2$，所以第一步的反应速率较慢。对于多步反应来说，生成最后产物的速率主要由速率最慢的一步来控制，因此整个反应速率取决于第一步。在第一步反应中只有叔丁基溴一种分子参加，OH^-没有参与，所以总的反应速率仅与卤代烷的浓度有关，而与OH^-的浓度无关。这样的反应历程称为单分子亲核取代反应历程，用S_N1表示(1 表示单分子)。

S_N1反应的特点是：反应分两步进行，反应速率只与卤代烷的浓度有关，在反应中有活性中间体——碳正离子生成。

二、双分子亲核取代反应(S_N2)

与叔丁基溴不同，溴甲烷的水解速率与溴甲烷及碱(OH^-)的浓度都成正比关系，在动力学上称为二级反应。

$$CH_3—Br + OH^- \longrightarrow CH_3OH + Br^-$$

$$反应速率 = k[CH_3Br][OH^-]$$

其反应历程可以描述如下：

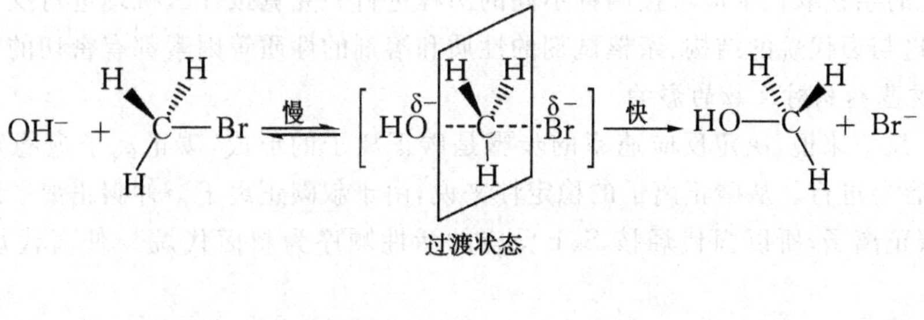

亲核试剂首先从离去基团溴的背面进攻中心碳原子，在反应过程中，C—O 键的形成和 C—Br 键的断裂是同时进行的，整个反应经过一个过渡状态。在形成过渡状态时，OH^- 从背面沿着 C—Br 的键轴进攻碳原子，碳原子上的三个氢由于受 OH^- 进攻的影响而往溴原子一边偏移，当甲基的三个氢和碳原子共处一个平面，羟基与溴原子及中心碳原子在同一条直线上时，即达到过渡态。此时，C—O 键部分形成，C—Br 键则同时逐渐伸长和变弱，但并没有完全断裂。接着亲核试剂继续靠近中心碳原子，溴原子则继续远离碳原子，最后溴原子带着一对电子离开，生成 Br^-，C—O 键则完全形成。由过渡态转化成产物时，甲基上的三个氢原子也完全偏移到溴原子的一边，整个过程好像雨伞在大风中被吹得向外翻转一样。因此，水解产物甲醇中的羟基不是在原来溴原子的位置，而是在它相反的位置上。如果反应物是一个手性卤代烷烃，则水解产物的构型正好与反应物的构型相反。这种构型转化的过程称为瓦尔登(Walden)转化。反应过程中的能量变化如图 6-2 所示。从图可以看出，反应一步完成，由于能量最高的过渡态由 OH^- 和溴甲烷两种分子参与，所以称为双分子亲核取代反应，用 S_N2 表示(2 表示双分子)。

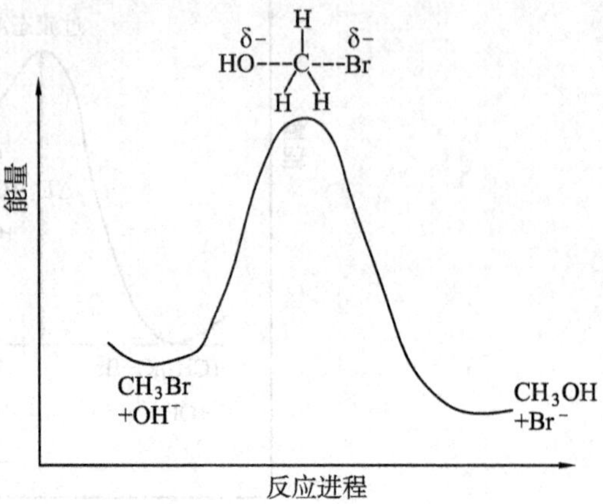

图 6-2　溴甲烷水解反应的能量曲线

双分子亲核取代反应历程的主要特点是：反应一步完成，反应速率既与卤代烷的浓度有关，也与碱的浓度有关，旧键(C—Br)的断裂与新键(C—O)的形成同时完成，产物的构型与反应物的构型正好相反。

瓦尔登(P. Walden，1863—1957)，沙俄时代的拉脱维亚人，幼年丧父母成为孤儿，1882 年中学毕业，进入里加很有名的工业大学。1887 年他跟着他的老师——当时颇有名望的化学教授威廉·奥斯特瓦尔德去德国本比锡大学，一面从事研究工作，一面做私人教师来维持生活，于 28 岁时获得博士学位。后来他回到母校工作，先后任助教、讲师、教授、教务长一直到副校长，主要从事有机化学教学，并从事物理化学研究。1897—1899 年他从事有机立体化学研究，发现了著名的瓦尔登转化现象，由此引起英、美、德、意等国许多化学家进行类似的研究，使他成为国际上知名的化学家。瓦尔登在 1906 年被选为俄罗斯科学院院士。他一生获得的荣誉很多，有许多国外大学授予的荣誉学位和国外学术机构赠的奖章。他之所以取得惊人的成就是勤奋努力的结果。他说过，曾经有些年每天只睡 3～4 小时，而大部分时间用来读书和做实验研究。

瓦尔登于 1957 年 1 月 22 日在德国的图宾根因病逝世，享年 94 岁。

三、影响亲核取代反应的因素

卤代烷的亲核取代反应可按两种不同的历程进行。究竟按什么机理进行反应及反应的活性如何，这与卤代烷的结构、亲核试剂的性质和溶剂的性质等因素都有密切的关系。

（一）烷基结构对反应的影响

对 S_N1 反应来说，决定反应速率的步骤是碳正离子的形成，碳正离子愈稳定愈容易形成，反应愈容易进行。从碳正离子的稳定性来说，由于叔碳正离子＞仲碳正离子＞伯碳正离子＞甲基碳正离子，所以卤代烃按 S_N1 反应的活性顺序为叔卤代烷＞仲卤代烷＞伯卤代烷＞卤代甲烷。叔卤代烷容易按 S_N1 反应的另一个原因是空间效应，由于叔卤代烷的 α-碳原子上有三个烷基，彼此互相排斥，比较拥挤，形成碳正离子后，碳原子为 sp^2 杂化，使三个取代基在一个平面上，键角均为 120°，相互之间距离增加，空间位阻降低，故容易离解成碳正离子。

对 S_N2 反应来说，亲核试剂进攻 α-碳原子必须克服 α-碳原子上所连接基团的空间位阻。α-碳上连接的烃基数目愈多，拥挤程度愈大，对亲核试剂所表现的立体障碍也将增加。叔卤代烷 α-碳连接的是三个体积大的烷基，空间位阻大，不利于亲核试剂的进攻，反应难以按 S_N2 进行，而卤代甲烷 α-碳上连接的是三个体积最小的氢，空间位阻小，亲核试剂容易接近 α-碳原子而形成过渡态。所以按 S_N2 机理，卤代烷的反应活性顺序为：

CH_3X＞伯卤代烷＞仲卤代烷＞叔卤代烷

综上所述，卤代烷的烷基结构影响了亲核取代反应的历程。一般而言，三级卤代烷主要按 S_N1 历程反应，一级卤代烷、卤代甲烷主要按 S_N2 历程反应，二级卤代烷既可以按 S_N1 也可以按 S_N2 历程进行或者同时按 S_N1 和 S_N2 历程进行。

对于桥头卤代烷化合物，如 1-溴-双环[2.2.1]庚烷（见下图Ⅰ），进行亲核取代反应时，不论是 S_N1 历程还是 S_N2 历程都显得十分困难。这是因为如果按 S_N1 历程进行，由于桥环的刚性，平面构型桥头碳正离子的形成则引起较大的张力，使碳正离子十分不稳定而难以形成（见下图Ⅱ）；如果按 S_N2 历程进行，由于受环的影响，亲核试剂几乎不可能从背后进攻 α-碳原子而使构型反转。

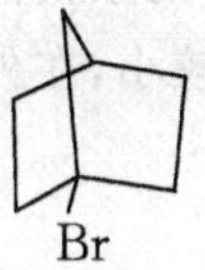
（Ⅰ）

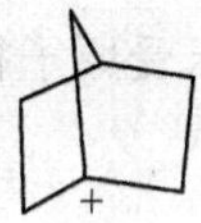
（Ⅱ）

（二）离去基团（卤离子）的影响

不同卤离子脱离碳原子离去的能力是不一样的。C—X 键弱，X^- 容易离去；C—X 键强，X^- 不易离去。而 C—X 的强弱，主要由 X 的电负性，也就是碱性来决定。离去基团的碱性愈弱，形成的负离子愈稳定，就愈容易被进入的基团排挤而离去。氢碘酸、氢溴酸、盐酸都是强酸，氢容易以质子形式离去，因此碘离子、溴离子、氯离子是强酸的共轭碱，是弱碱，很稳定，故容易离去。一般情况下，卤离子的碱性大小与它们的共轭酸 HX 的强弱次序相反，能形成强酸的卤离子碱性弱，稳定性好，容易离去；能形成弱酸的卤离子碱性强，稳定性相对较差，不容易离去。

氢卤酸的酸性大小顺序：HI＞HBr＞HCl。

卤离子的碱性大小次序：I^-＜Br^-＜Cl^-。

卤离子离去能力的顺序：I^-＞Br^-＞Cl^-。

另外，离去基团（卤离子）的离去能力又与它们的可极化度有关。一般来说，可极化度愈大，其愈易离去。在外电场的影响下，可极化度的次序是 I＞Br＞Cl。碘原子之所以最容易被极化，是因为它的价电子离原子核最远，核对它的束缚力最弱。因此卤离子的离去能力顺序为 I^-＞Br^-＞Cl^-。

所以，在有相同烷基的不同卤代烷中，它们的亲核取代反应的活性顺序是：RI＞RBr＞RCl。

（三）亲核试剂的影响

亲核试剂的亲核性，对 S_N1 反应速率影响不大，因为对 S_N1 反应历程来说，决定反应速率的是碳正离子的形成；对 S_N2 反应速率影响较大，因为对 S_N2 反应历程来说，决定反应速率的是过渡态的形成，由于在过渡态的形成过程中有亲核试剂的参与，亲核试剂的亲核性越大，反应速率越快。

试剂亲核能力的大小与它的碱性、电荷、体积、可极化度等有关。带负电荷的试剂要比相应的不带电荷的试剂亲核性大。例如，OH^- 的亲核性比 H_2O 强。很多情况下，亲核试剂的亲核性能大致与其碱性强弱次序相对应，试剂的碱性强，亲核能力强。但有时并不完全一致，因为亲核性是试剂与碳原子结合的能力，而碱性是试剂与质子结合的能力。

试剂的空间体积对它的亲核性影响较大。在 S_N2 反应中，试剂要进攻中心碳原子，进攻试剂的空间体积愈大，亲核性愈小。例如，某些烷氧基负离子的亲核性强弱次序和它们的碱性强弱次序正好相反：

亲核性：$CH_3O^- > C_2H_5O^- > (CH_3)_2CHO^- > (CH_3)_3CO^-$

碱性：$CH_3O^- < C_2H_5O^- < (CH_3)_2CHO^- < (CH_3)_3CO^-$

试剂的可极化度对亲核能力也有影响。可极化度是指分子中的周围电子云在外界电场影响下变形的难易程度。亲核试剂的可极化度越大，它进攻中心碳原子时，其外层电子就越易变形而伸向中心碳原子，从而降低了过渡态时所需的活化能，因此亲核试剂的亲核能力越强。例如，CH_3S^- 的碱性虽小于 CH_3O^-，但 CH_3S^- 的亲核性却大于 CH_3O^-。因为 S 较 O 的原子半径大，其周围的电子云受原子核的吸引力较小，在外界电场影响下容易变形，因此可极化度也较大。

（四）溶剂的影响

在卤代烷的取代反应过程中，由反应物转变为过渡状态时，电荷常有变化。凡电荷有所增加，则反应在强极性溶剂中有利；反之，凡电荷有所降低或分散，则反应在弱极性溶剂中有利。增加溶剂的极性，对 S_N1 反应有利，因为 S_N1 反应在形成过渡态时，由原来极性较小的底物变为极性较大的过渡态，即在反应过程中极性增大。

$$RX \longrightarrow [\overset{\delta+}{R}\cdots\cdots\overset{\delta-}{X}] \longrightarrow R^+ + X^-$$

增加溶剂的极性，一般对 S_N2 反应不利，因为 S_N2 反应在形成过渡态时，由原来电荷比较集中的亲核试剂变成电荷比较分散的过渡态：

$$Nu:^- + RX \longrightarrow [\overset{\delta-}{Nu}\cdots\cdots R\cdots\cdots\overset{\delta-}{X}] \longrightarrow NuR + X^-$$

$Nu:^-$ 的一部分负电荷通过 R 传给了 X，过渡态的负电荷比较分散，不如亲核试剂集中，因而过渡态的极性不如亲核试剂大，增加溶剂的极性使极性大的亲核试剂溶剂化，而不利于过渡态的形成。

但是，当 S_N2 反应中亲核试剂是中性分子时，其反应情况如下：

$$Nu: + RX \longrightarrow \left[\overset{\delta+}{Nu}\cdots\cdots R\cdots\cdots\overset{\delta-}{X}\right] \longrightarrow NuR^+ + X^-$$

反应从无电荷的反应物转变为有分散电荷的过渡状态，电荷有所增加，增加溶剂的极性有利于反应进行。例如，NH_3 与卤代烷按 S_N2 进行反应就属于这种情况，所以该反应在强极性溶剂中进行较为有利。

溶剂的极性对反应历程的影响如表 6-2 所示：

表 6-2　溶剂极性对反应历程的影响

反应	反应物	过渡状态的电荷的分布	电荷变化	溶剂极性增大对速率的影响
S_N1	R—X	$\overset{\delta+}{R}\cdots\cdots\overset{\delta-}{X}$	增加	增大
S_N2	$R—X+OH^-$	$\overset{\delta-}{HO}\cdots\cdots R\cdots\cdots\overset{\delta-}{X}$	分散	减小
S_N2	$R—X+NH_3$	$H_3\overset{\delta+}{N}\cdots\cdots R\cdots\cdots\overset{\delta-}{X}$	增加	增大

四、亲核取代反应的立体化学

(一) S_N1 的立体化学

在 S_N1 反应中，决定反应速率的是碳正离子的形成。由于碳正离子具有平面结构（sp^2 杂化），亲核试剂向碳正离子平面两边进攻的机会是相等的，如果带正电荷的碳原子连接三个不同的基团，则得到等量的构型保持和构型转化的两种化合物，即得到的产物是外消旋化合物。例如：

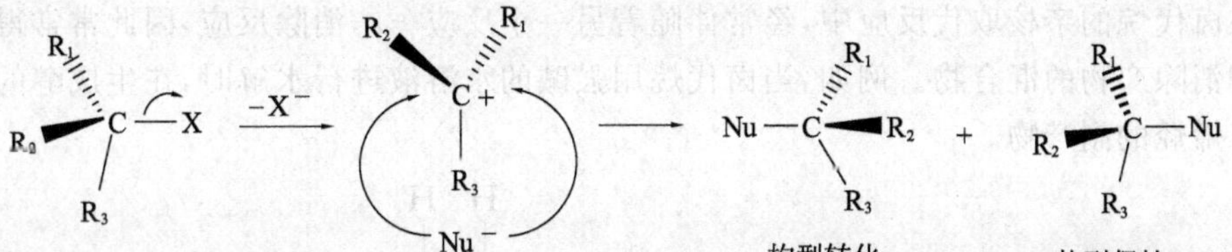

构型转化　　　构型保持

但在实际情况中，有些反应往往在外消旋化的同时，还出现了一部分构型的转化，从而使产物具有不同程度的旋光性。这是由于在 S_N1 反应中生成的碳正离子结构不稳定，在生成的瞬间，卤素可能在还没有完全离开中心碳原子时就受到亲核试剂的进攻，因而在一定程度上挡住了亲核试剂从卤素这一面的进攻，所以试剂只能从背面进攻中心碳原子，故得到构型转化产物的比例大于构型保持产物的比例。

构型转化产物与外消旋产物的比例与生成的碳正离子的稳定性大小有关。如果形成的碳正离子稳定，得到的产物主要为外消旋产物；如果形成的碳正离子不够稳定，除得到外消旋产物外，还得到相当数量的构型转化产物。例如，α-溴苯乙烷的水解反应和 2-溴代辛烷在 60%乙醇水溶液中的水解均为 S_N1 历程，前者主要生成外消旋化合物（80%以上），构型转化产物为 17%以下，后者则得到 66%构型转化产物，这是由于两种卤代物生成的碳正离子的稳定性不同。

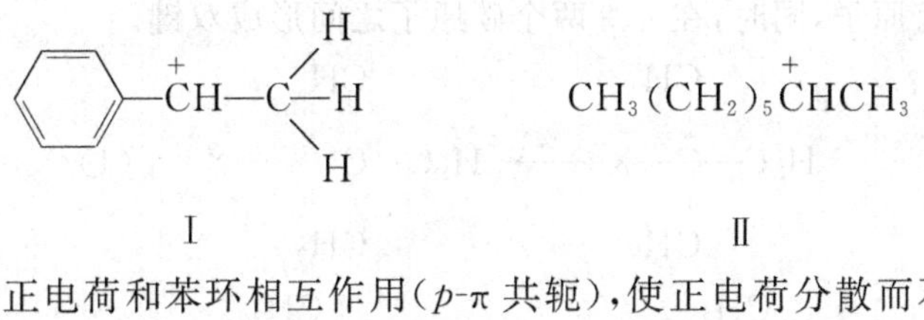

Ⅰ　　　　Ⅱ

碳正离子Ⅰ中正电荷和苯环相互作用（p-π 共轭），使正电荷分散而不是定域在一个碳原子上，因此具有较小的能量，即有较大的稳定性。S_N1 中的立体化学特征除与碳正离子的稳定性有关外，还与亲核试剂的浓度大小、中心碳原子上所连接的基团（即邻基参与）等因素有关。

（二）S_N2 的立体化学

在 S_N2 历程中，亲核试剂是从离去基团的背面进攻中心碳原子，总是伴随着构型的反转。一个反应的反应物构型与生成物的构型完全相反，这个过程称为构型反转或称瓦尔登转化。瓦尔登转化是 S_N2 反应的立体化学特征。例如，(−)-2-溴辛烷其比旋光度值为 −34.9°，如果将(−)-2-溴辛烷与 NaOH 进行水解制得 2-辛醇，经实验测定，水解得到2-辛醇的比旋光度值为 +9.9°。通过水解反应，手性中心碳原子的构型已反转。

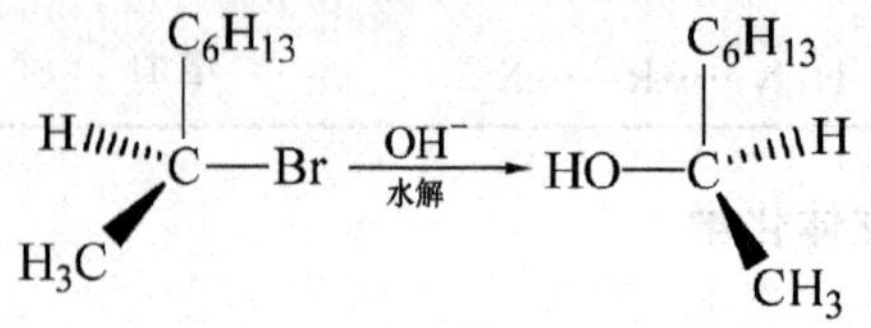

(−)-2-溴辛烷　　(+)-2-辛醇

S 构型　　*R* 构型

第四节　消除反应机理

在卤代烷的亲核取代反应中，经常伴随着另一个反应——消除反应，因此常常得到取代产物和消除产物的混合物。例如，当卤代烷用强碱的水溶液进行水解时，在生成醇的同时常发现有烯烃的副产物。

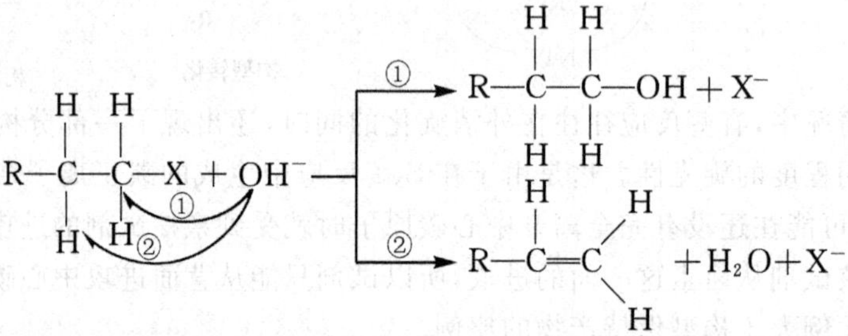

当 OH^- 按①进攻 α-碳原子时，得到的是亲核取代反应产物；当 OH^- 按②进攻 β-位的氢原子时，得到的是消除反应产物。反应的取向决定于反应底物（卤代烷）的结构和反应条件。

消除反应也有单分子和双分子消除机理。

一、单分子消除反应(E1)机理

单分子消除反应分两步进行：第一步卤代烷异裂生成碳正离子；第二步亲核试剂进攻 β-氢原子，并夺取氢原子，同时，在 α、β 两个碳原子之间形成双键。

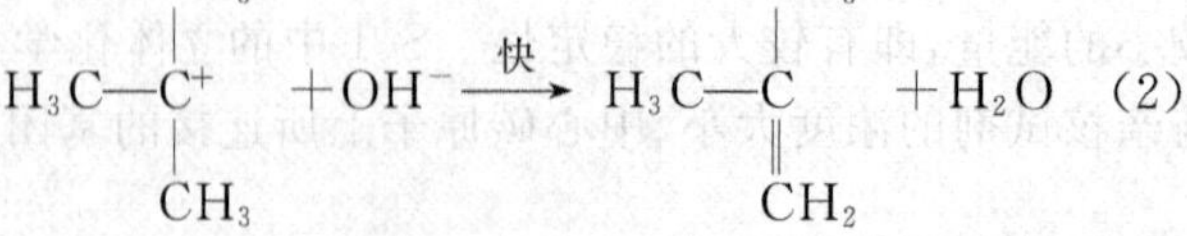

第一步反应速率慢，第二步反应速率快，第一步反应速率决定整个反应速率。在第一步反应中只涉及反应物卤代烷，而与亲核试剂（如 OH^-）无关，也就是说整个反应速率只与卤代烷的浓度有关而与碱的浓度无关，这样的反应历程称为单分子消除反应历程，以 E1 表示。E1 和 S_N1 两种历程都是先离解成碳正离子，但在 E1 中，生成的碳正离子不像在 S_N1 中那样和亲电试剂结合，而是 β-碳原子上的氢原子以质子的形式脱掉而生成双键。

二、双分子消除反应(E2)机理

双分子消除反应是一步完成的，新键的生成和旧键的断裂同时发生，无中间体碳正离子生成，整个反应速率取决于卤代烷和亲核试剂两个分子的浓度，这样的反应历程称为双分子消除反应历程，以 E2 表示。双分子消除反应的过程如下：

在反应中，当亲核试剂 OH^- 靠近卤代烷分子时，它可以攻击卤代烷中的 α-碳原子，也可以攻击卤代烷中的 β-氢原子（β-氢原子由于受到卤原子吸电子诱导效应的影响，也带有少量的正电荷）。在 OH^- 开始攻击 β-氢原子并部分地成键时，β-氢原子和 β-碳原子间的电子云受到 OH^- 排斥，开始向 α-碳原子与 β-碳原子之间转移，这样就使 C—X 之间的一对电子向卤原子偏移，从而卤原子开始远离碳原子。当 OH^- 接近 β-氢原子到一定程度时，就达到过渡状态。随后，OH^- 与 β-氢原子完全结合成 H_2O，卤原子带着 C—X 键之间的一对电子离开碳原子，最后在 α-碳原子与 β-碳原子之间形成一个双键。

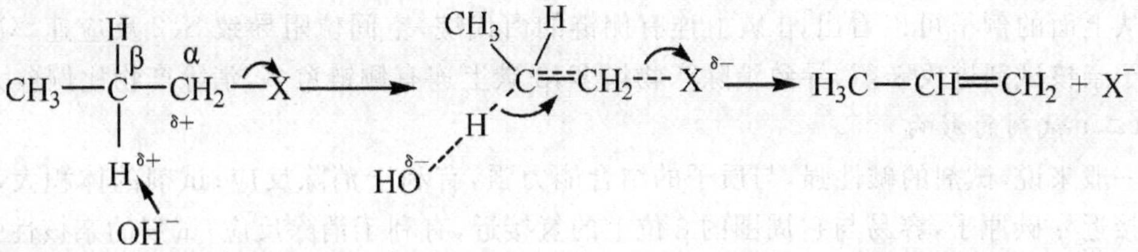

E2 和 S_N2 的反应历程也很相似，但在 S_N2 中亲核试剂进攻的是 α-碳原子，而在 E2 中亲核试剂进攻的是 β-氢原子。

卤代烷的结构对 E1 和 E2 反应活性都是一致的，即三级卤代烷＞二级卤代烷＞一级卤代烷。这个活性次序对 E1 反应来说，与碳正离子的稳定性一致。对 E2 反应，则是形成支链越多的烯烃越稳定，越是稳定的烯烃越易形成。三级卤代烷形成的烯烃最稳定，因而最容易生成，所以反应活性最大。

三、亲核取代反应与消除反应的竞争

综上所述，卤代烷和亲核试剂在一起时，可能得到的产物至少有两种，即亲核取代产物和 β-消除产物。而涉及的反应历程更复杂，可以是 S_N1 或 S_N2，也可以是 E1 或 E2。也就是说，在反应中消除反应和取代反应会相互竞争，相伴产生，不需要的副产物掺杂了期望得到的主产物，从而使产物变得复杂。如果我们能掌握它们的反应规律，控制反应条件，就可以使反应产物以某一种产物为主。反应产物是以取代产物为主，还是以消除产物为主，主要由卤代烷的结构、进攻试剂的性质、反应条件等因素决定。

（一）卤代烷结构的影响

一般来说，伯卤代烷较易发生 S_N2 取代反应，消除反应一般不发生。但如果在 β 位上有活泼氢，如苯甲基型、烯丙基型的氢，则较易发生消除反应。例如：

$$CH_3CH_2Br + C_2H_5ONa \xrightarrow[55℃]{C_2H_5OH} \underset{99\%}{CH_3CH_2OC_2H_5} + \underset{1\%}{CH_2{=}CH_2}$$

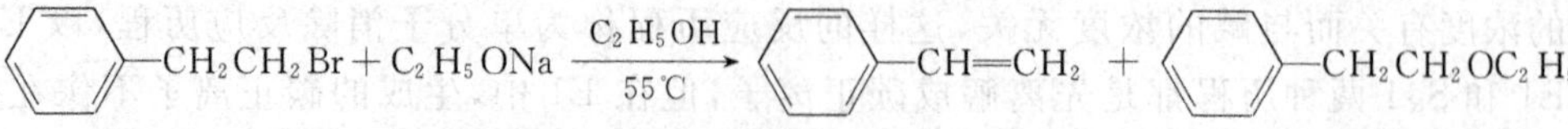

95%　　5%

α-碳原子上取代基增多，有利于碳正离子的形成，对 E1 和 S_N1 反应都有利。因为卤代烷离解成碳正离子后，与卤原子相连的碳原子就由原来的四面体结构变成了平面结构，α-碳原子上取代基愈多，愈倾向于形成碳正离子，以减少空间张力。S_N1 和 E1 反应混合物之比主要取决于 α-碳原子上取代基的空间体积，空间体积越大，越有利于消除反应。因为形成的碳正离子如果按 S_N1 反应，得到的产物为四面体构型，键角从 120°回到 109.5°，张力增加；如果按 E1 反应，生成的烯烃是平面结构，空间张力比四面体张力小。因此取代基的空间体积越大，越有利于消除反应。

例如，下列化合物在 25℃下与 80%乙醇作用时生成烯烃的比例：

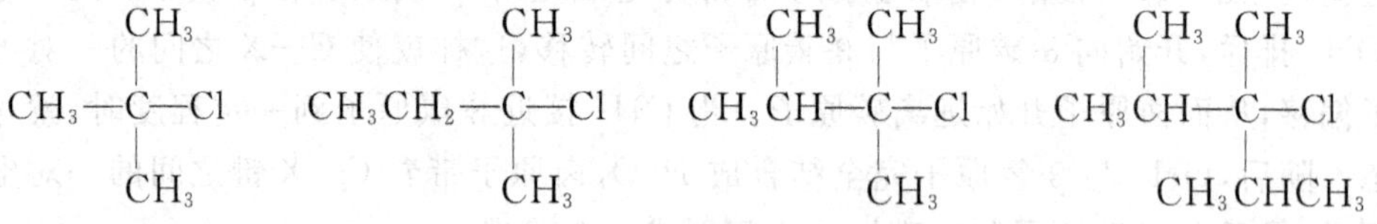

16%　　34%　　62%　　78%

从上面的例子可以看出，β-碳上连有侧链的卤代烷，空间位阻导致 S_N2 反应速率减慢，有利于亲核试剂进攻 β-氢，导致消除产物增多，β-碳上连有侧链愈多，消除产物比例愈大。

（二）试剂的影响

一般来说，试剂的碱性强，与质子的结合能力强，有利于消除反应；试剂的体积大，不容易于接近 α-碳原子，容易与它周围的 β 位上的氢接近，有利于消除反应；试剂的亲核性强，有利于取代反应。例如：

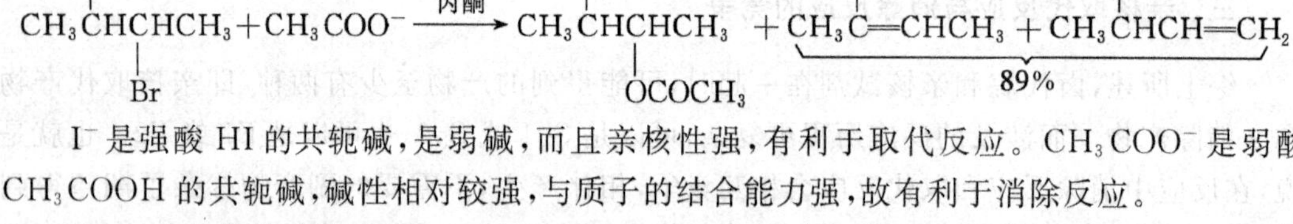

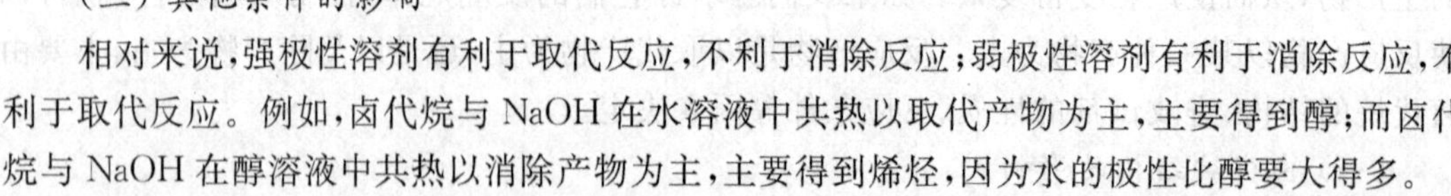

I^- 是强酸 HI 的共轭碱，是弱碱，而且亲核性强，有利于取代反应。CH_3COO^- 是弱酸 CH_3COOH 的共轭碱，碱性相对较强，与质子的结合能力强，故有利于消除反应。

（三）其他条件的影响

相对来说，强极性溶剂有利于取代反应，不利于消除反应；弱极性溶剂有利于消除反应，不利于取代反应。例如，卤代烷与 NaOH 在水溶液中共热以取代产物为主，主要得到醇；而卤代烷与 NaOH 在醇溶液中共热以消除产物为主，主要得到烯烃，因为水的极性比醇要大得多。

温度对反应也有影响，通常高温有利于消除反应，因为消除质子生成烯烃需要较高的活化能。

第五节　双键位置对卤素活泼性的影响

卤代烯烃中含有双键和卤原子，它们所处的相对位置不同时相互影响也不同，从而使卤原子的活泼性也有一定的差别。按照它们的相对位置，可以把卤代烯烃分为三种类型。

一、卤代乙烯型

当卤素直接与双键碳相连时属于卤代乙烯型，如 R—CH═CH—X（包括 CH_2═CH—X），卤素直接和芳环上的碳相连的卤代烃 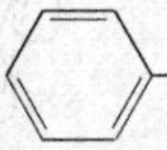—X 也属于这类化合物。这类卤代烯烃分子中的卤原子没有卤代烷分子中的卤原子活泼，在一般情况下，它们不易发生亲核取代反应，如不与硝酸银作用得到卤化银沉淀。

这类化合物不活泼的原因是因为卤原子直接与双键碳或苯环上的碳相连时，卤原子与碳-碳双键或苯环之间存在着 p-π 共轭，使分子中 C—X 键的电子云密度加大，卤原子与碳的结合力加强，从而极性下降，活性降低。图 6-3 为卤原子与双键或苯环的 p-π 共轭。

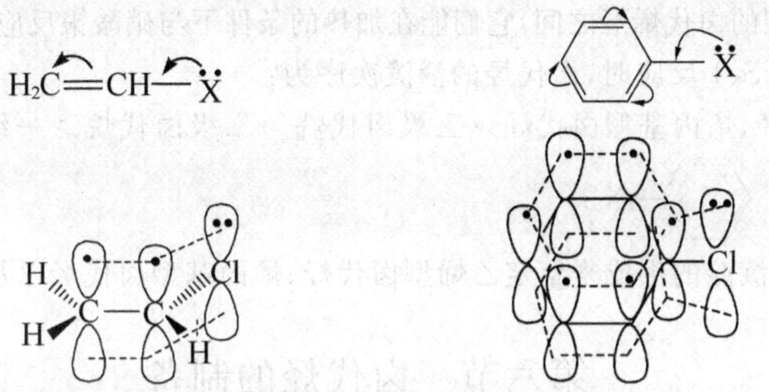

图 6-3　卤原子与双键或苯环的 p-π 共轭

二、卤代烯丙基型

当卤素与双键碳相隔一个碳原子时为卤代烯丙基型，如 R—CH═CH—CH_2X（包括 CH_2═CH—CH_2X），苄基型（苯甲基型）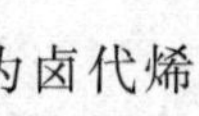—CH_2X 卤代烃也属于这类化合物。这类卤代烯烃分子中的卤原子比卤代烷分子中的卤原子活泼，如与硝酸银作用立即产生卤化银沉淀。

烯丙基氯在进行亲核取代反应时，主要是按 S_N1 反应历程进行的。以它的水解为例：

$$CH_2{=}CH{-}CH_2Cl \longrightarrow CH_2{=}CH{-}\overset{+}{C}H_2 + Cl^-$$

$$CH_2{=}CH{-}\overset{+}{C}H_2 + OH^- \longrightarrow CH_2{=}CH{-}CH_2OH$$

在生成的烯丙基碳正离子中，与双键碳相邻的碳原子（α-碳原子）上有一个空的 p 轨道，它与双键的 π 轨道形成 p-π 共轭体系，使正电荷得到分散，降低了体系的能量，所以烯丙基碳正离子很稳定，烯丙基氯容易离解成烯丙基碳正离子和氯离子。苄氯的情况与烯丙基氯的情况相似，苄基碳正离子中带正电荷的碳原子的空 p 轨道与苯环的大 π 键形成 p-π 共轭，使正电荷得到分散，所以苄基碳正离子特别稳定。图 6-4 为烯丙基碳正离子和苄基碳正离子的 p-π 共轭。

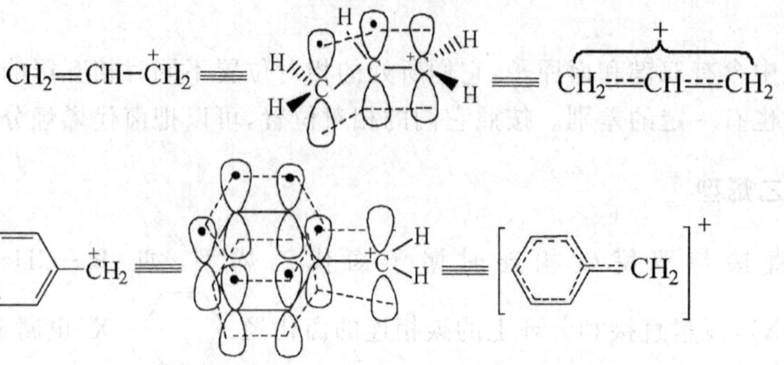

图 6-4　烯丙基碳正离子和苄基碳正离子的 p-π 共轭

三、双键与卤原子相隔一个碳原子以上的孤立型卤代烯烃

双键与卤原子相隔一个碳原子以上的卤代烯烃，包括 $CH_2{=}CH{-}(CH_2)_n{-}X$ 和 $C_6H_5{-}(CH_2)_n{-}X(n>1)$。这类卤代烯烃不能形成 p-π 共轭，其活泼性与卤代烷烃相似，介于上述两种类型的卤代烯烃之间，它们能在加热的条件下与硝酸银反应生成卤化银沉淀。

综上所述，按 S_N1 反应时，卤代烃的活泼次序为：

苄基型卤代烃、烯丙基型卤代烃＞三级卤代烷＞二级卤代烷＞一级卤代烷＞CH_3X＞

$RCH{=}CH{-}X$、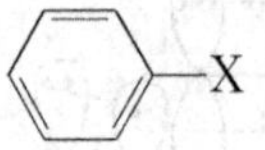

我们可以用 AgX 沉淀的生成来鉴定乙烯型卤代烃、烯丙基型卤代烃以及孤立型卤代烯烃。

第六节　卤代烃的制备

一、由烃制备

(一) 烷烃的卤代

甲烷和高级烷烃在高温或日光(紫外光)的照射下可直接进行卤代，卤代反应主要是氯代、溴代，详见第一章烷烃的化学性质——卤代反应。

(二) α-H 的卤代

N-溴代丁二酰亚胺(NBS)常作为烯丙基结构类化合物的特种溴化试剂，此试剂可避免发生双键的卤素加成反应。

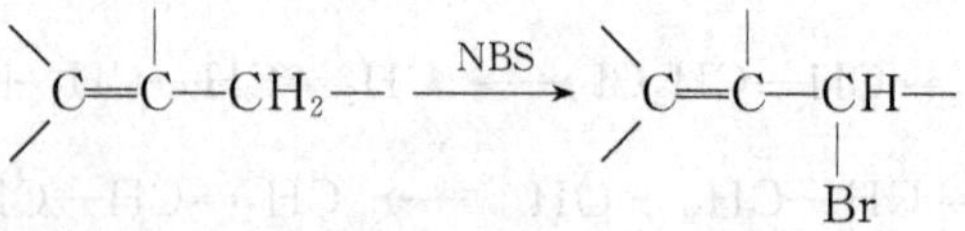

NBS 由于制备比较容易，因此在有机合成上已被广泛应用。为避免 NBS 的水解，溴代反应常在无水溶剂如 CCl_4、$CHCl_3$ 中，在有引发剂(过氧化苯甲酰)存在下回流加热条件下进行(参见第三章中的“α-H 的卤代”)。

（三）芳烃的卤代

1. 在芳环上引入卤素

详见第四章内容。

2. 芳环上的氯甲基化方法

向芳环上引入氯甲基(—CH_2Cl)反应叫做“氯甲基化”，通常是在无水氯化锌的存在下，向芳香化合物和甲醛(或三聚甲醛)中通入氯化氢气体而完成的。

$$C_6H_6 + CH_2O + HCl \xrightarrow{\text{无水 } ZnCl_2} C_6H_5CH_2Cl + H_2O$$

氯甲基化反应是亲电取代反应，在实际应用中，此反应被用来制备某些结构比较复杂的化合物。例如：

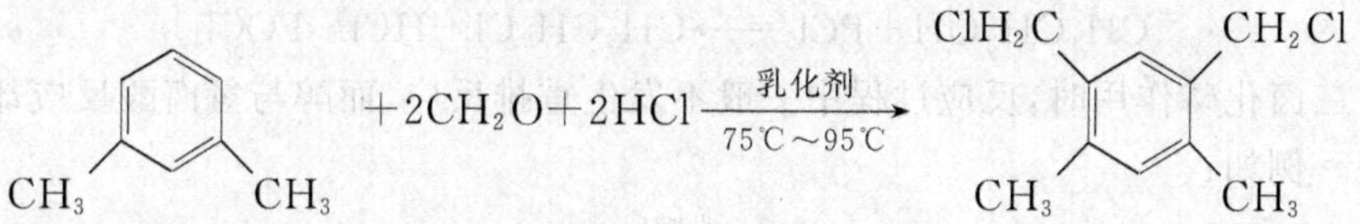

3. 通过引入临时性取代基合成卤代芳烃

为了得到所希望结构的卤代烃，有时采取在卤化以前先引入临时性取代基，在卤化以后再设法脱去此取代基。如引入磺酸基可通过水解除去之(详见第四章内容)；引入羧基可通过脱羧除去之(详见第九章内容)；引入氨基可通过重氮化及用次磷酸还原之(详见第十一章重氮盐的化学性质——重氮基的取代反应)。

4. 卤素置换芳环上的已有取代基

在实际生产中也常常采用卤素置换芳环上已有取代基的办法来制备某些芳香族卤化物。应用较多的是制备氯化物，所被置换的取代基有硝基、磺酸基、重氮基等。例如：

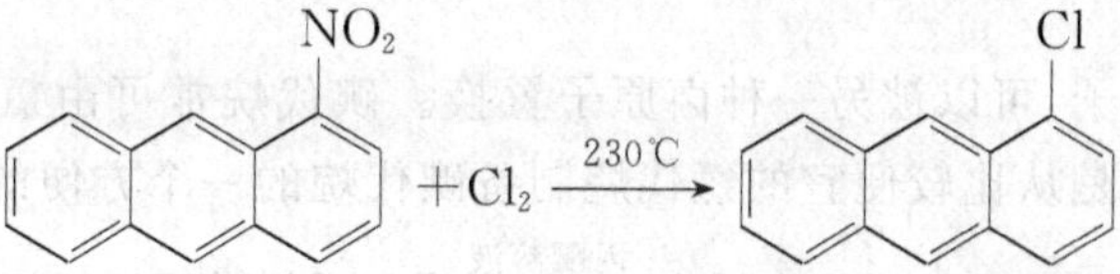

氯基置换硝基的反应是自由基反应，反应在气相中进行。通氯的反应器应当是搪瓷的或者是玻璃的，如果在铁锅内进行，则由于生成极性催化剂，将使离子型反应和自由基反应同时发生，得到一部分环上取代的氯化产物。

某些不宜用直接氯化法得到的氯衍生物，可以由相应的芳胺重氮化，而后将重氮基置换成氯基(详见第十一章重氮盐的化学性质——重氮基的取代反应)。例如：

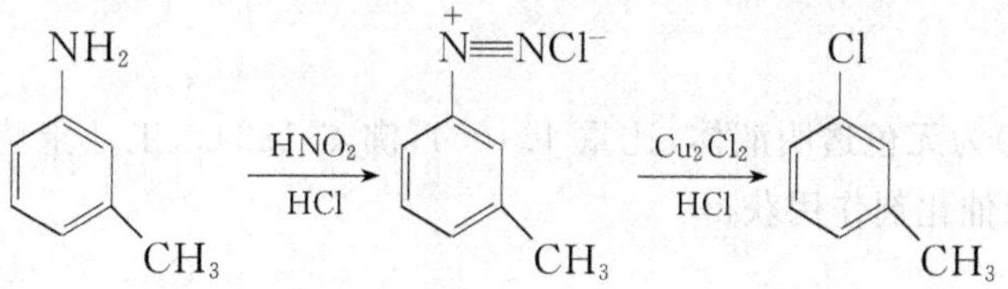

二、由醇制备

（一）醇与氢卤酸的反应

醇与氢卤酸反应，醇中的羟基被卤素取代生成卤代烷和水，这是卤代烷碱性水解的逆反应(详见第七章醇的化学性质——与氢卤酸的反应)。

$$ROH + HX \underset{OH^-}{\overset{H^+}{\rightleftharpoons}} R-X + H_2O$$

例如：

$$HOCH_2CH_2OH \xrightarrow[120℃回流]{HCl/ZnCl_2} ClCH_2CH_2Cl + 2H_2O$$

（二）醇与卤化磷反应

醇与卤化磷反应生成卤代烷：

$$ROH + PX_3 \longrightarrow 3RX + P(OH)_3$$

在制备中，三碘化磷、三溴化磷通常是由红磷与碘或溴加到醇中，然后加热，让三碘化磷、三溴化磷边生成边与醇作用。氯代烷常用五氯化磷与醇反应制备。

$$CH_3CH_2OH + PCl_5 \longrightarrow CH_3CH_2Cl + HCl + POCl_3$$

醇与三卤化磷作用时，反应过程中一般不发生重排反应，而醇与氢卤酸反应却容易发生重排反应。例如：

$$3(CH_3)_3CCH_2OH + PBr_3 \xrightarrow{吡啶} 3(CH_3)_3CCH_2Br + P(OH)_3$$

（三）醇与亚硫酰氯反应

醇与亚硫酰氯（二氯亚砜）反应一般也不发生重排反应，反应的副产物二氧化硫和氯化氢都为气体，分离和提纯产品很方便。

$$ROH + SOCl_2 \longrightarrow RCl + SO_2 + HCl$$

亚硫酰溴因不稳定而很难得到，故不用它制溴代烷。

该方法一般氯代烃的收率较高，但不适用于制备低沸点的氯代烃。

三、卤代烷的互换

卤代烷中的卤原子，可以被另一种卤原子置换。碘代烷常可由氯代烷或溴代烷通过亲核取代反应制得。这是从比较便宜的氯代烷制备碘代烷的一个方便的方法。例如：

$$PCl(Br) + NaI \xrightarrow{丙酮溶液} RI + NaCl(Br)$$

卤代烷的反应速率：一级＞二级＞三级。

第七节　重要的卤代烃

一、氯苯

氯苯（C_6H_5Cl）为无色透明液体，比重 1.1054，沸点 132℃，工业上将苯蒸气、氯化氢和空气以氯化亚铜为催化剂作用获得：

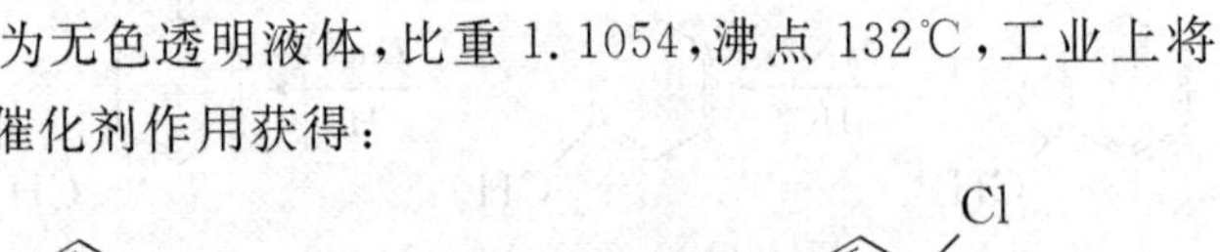

氯苯除可作溶剂外，也可作为合成苯酚、苯胺的重要化工原料。

氯苯分子中的氯原子是直接连接在 sp^2 杂化碳原子上的，因此，氯苯的化学性质不活泼，仅在特殊情况下氯才能被取代。例如：氯苯在一般条件下并不发生反应，但在液氨中，氯苯与氨基钠作用生成苯胺。氯苯与 $4mol \cdot L^{-1}$ 的氢氧化钠在高温(340℃)下水解,可以得到水解产物苯酚。

二、三氯甲烷

三氯甲烷($CHCl_3$)又名氯仿,为无色透明、易挥发的液体,比重 1.4916(18℃/4℃),沸点 61.2℃,不易燃烧,医药上曾用做麻醉剂,因有副作用已被其他药物所代替。氯仿被一些国家列为致癌物,并禁止在食品、药物等工业中使用。

在光的作用下,三氯甲烷能被空气中的氧氧化,生成氯化氢和有剧毒的光气。

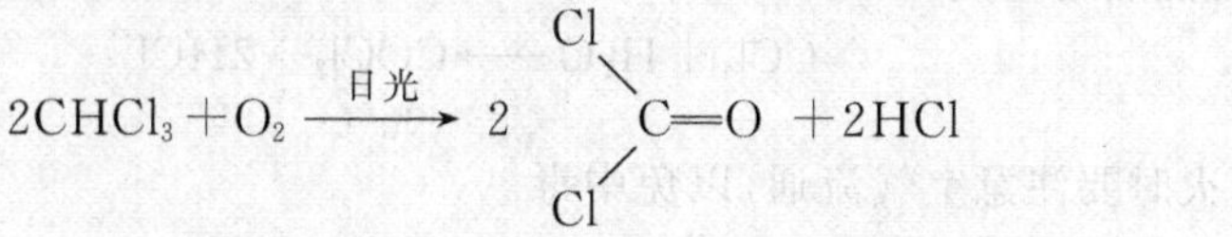

因此,三氯甲烷要在棕色瓶中保存。通常加入 1%～2%乙醇,使生成的光气与乙醇作用而生成碳酸二乙酯,以消除其毒性。

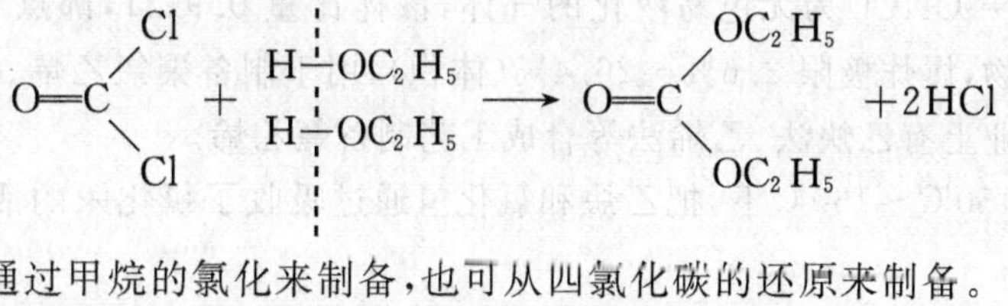

三氯甲烷可通过甲烷的氯化来制备,也可从四氯化碳的还原来制备。

$$3CCl_4 + CH_4 \xrightarrow{400℃～650℃} 4CHCl_3$$

$$CCl_4 + 2[H] \xrightarrow{Fe+H_2O} CHCl_3 + HCl$$

三、二氟二氯甲烷

二氟二氯甲烷(CCl_2F_2)是无色无臭的气体,沸点为－29℃,易压缩为液体。当解除压力后,则又立即汽化,同时吸收大量的热,因此用做冷冻剂。与一般常用的冷冻剂如氨等比较,二氟二氯甲烷具有许多优点,如无臭、无毒、无腐蚀性且不燃烧等。含有氟和氯的烷烃统称为氟利昂,常用数字代表它的结构,在商业上用 F-×××代号表示,F 表示它是一个氟代烃,F 右面的数字,个位数表示分子中的氟原子数,十位数表示分子中氢原子数加一,百位数表示碳原子数减一。例如,二氟二氯甲烷称为 F-12;1,1,2,2-四氟-1,2-二氯乙烷($ClF_2C—CF_2Cl$)称为 F-114。氟利昂由于性质稳定,大量使用后,它会聚集在大气层上部,严重破坏臭氧层,因此它将逐渐被淘汰。

四、四氟乙烯

四氟乙烯($CF_2═CF_2$)为无色无臭的气体,沸点为－76.3℃,不溶于水,溶于有机溶剂,易燃、易自聚,用于制聚四氟乙烯和四氟乙烯-六氟丙烯共聚物等。

聚四氟乙烯的分子量可达到五十万到二百万,具有突出的稳定性。其与浓硫酸、浓碱和王水等都不起反应,既能耐高温又能耐低温,机械强度高,有塑料王之称。

工业上制备四氟乙烯的方法是用二氟一氯甲烷(CHF_2Cl,F-22)在 600℃～800℃下加热分解成四氟乙烯。

$$2CHClF_2 \xrightarrow{600℃\sim800℃} CF_2{=\!=}CF_2$$

五、四氯化碳

四氯化碳(CCl_4)为无色液体，比重 1.595，沸点 76.8℃，在实验室和工业上用做溶剂、有机物的氯化剂、香料的浸出剂、纤维的脱脂剂、灭火剂、分析试剂等。四氯化碳能损伤肝脏，并被怀疑为致癌物。

由于四氯化碳不能燃烧，沸点不高，遇热易挥发，其蒸气比空气重，能够覆盖在燃烧着的物体上，因此能隔绝空气而灭火。但在高温下，四氯化碳能发生水解而有少量光气产生：

$$CCl_4 + H_2O \longrightarrow \underset{\text{光气}}{COCl_2} + 2HCl$$

所以用它灭火时要注意空气流通，以免中毒。

六、氯乙烯

氯乙烯($CH_2{=\!=}CHCl$)为无色易液化的气体，液体比重 0.9121，沸点 −13.9℃，与空气形成爆炸性混合物，爆炸极限 3.6%～26.4%(体积)，用于制备聚氯乙烯、偏二氯乙烯，也用做冷冻剂等。工业上有乙炔法、乙烯法等合成工艺制备氯乙烯。

乙炔法：在 150℃～160℃下，把乙炔和氯化氢通过吸收了氯化汞的活性炭催化剂进行反应。

$$HC{\equiv}CH + HCl \xrightarrow[150℃\sim160℃]{HgCl_2} CH_2{=\!=}CHCl$$

此工业路线比较成熟，工艺条件容易控制，但成本较高，并且催化剂有毒，故发展受到限制。

乙烯法：乙烯先氯化生成 1,2-二氯乙烷，然后将 1,2-二氯乙烷在含有 0.5%游离氯存在下，在 370℃左右脱掉氯化氢；也可以在活性炭存在下，在 350℃～500℃脱去氯化氢。

$$\underset{\underset{Cl}{|}}{CH_2}{-\!-}\underset{\underset{Cl}{|}}{CH_2} \xrightarrow[\text{或活性碳},350℃\sim500℃]{0.5\%\text{游离氯},370℃} H_2C{=}CH{-\!-}Cl + HCl$$

在实际生产中，为了利用副产物氯化氢，可将乙炔法和乙烯法两种合成工艺联合起来使用，这样乙烯法合成中产生的氯化氢可直接作为乙炔法加成的原料。在工业上这个方法称为烯炔法。

习　　题

1. 命名下列化合物。

(1) $CH_3\underset{\underset{CH_3}{|}}{C}HCH_2\underset{\underset{Cl}{|}}{C}HCH_3$　　(2) $ClCH_2CH_2\underset{\underset{CH_2CH_2CH_3}{|}}{C}HCH_2CH_2CH_2CH_3$

(3) 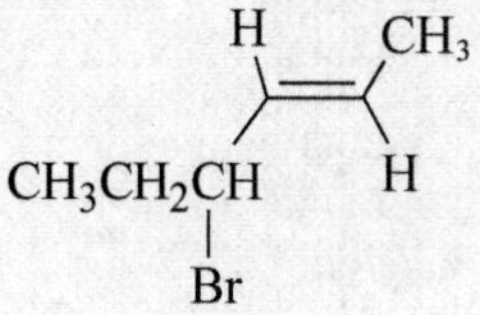 (4) 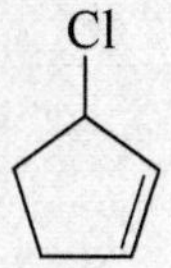 (5) 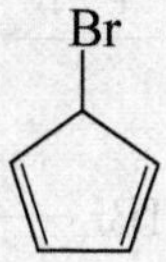 (6) 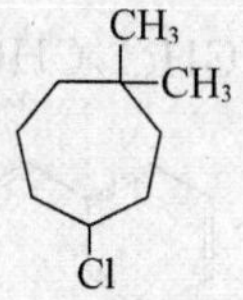

(7) 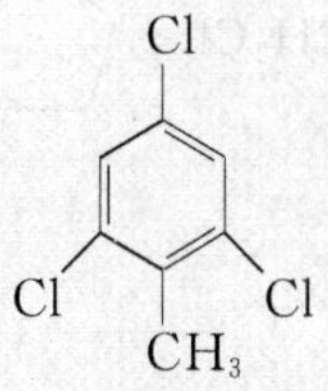 (8) 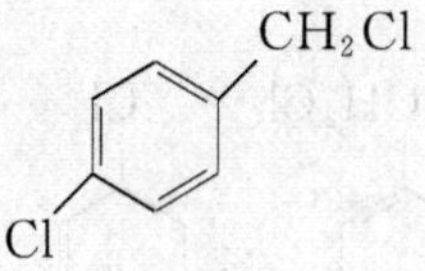 (9) 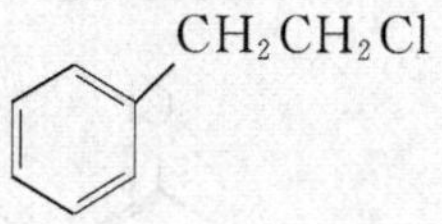

(10) 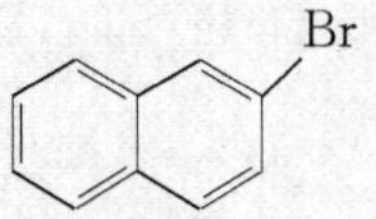 (11) 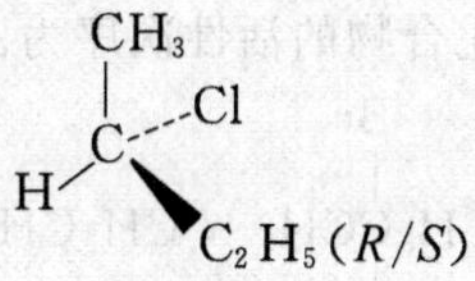

2. 写出下列化合物的结构式。

(1) 2-甲基-2,3-二氯丁烷 (2) 叔丁基溴 (3) 溴化苄 (4) 1-苯基-3-溴丙烷 (5) 碘仿

(6) 烯丙基氯 (7) (*R*)-2,3-二甲基-3-氯戊烷 (8) (2*Z*,4*E*)-1,6-二氯-2,4-己二烯

3. 完成下列反应。

(1) 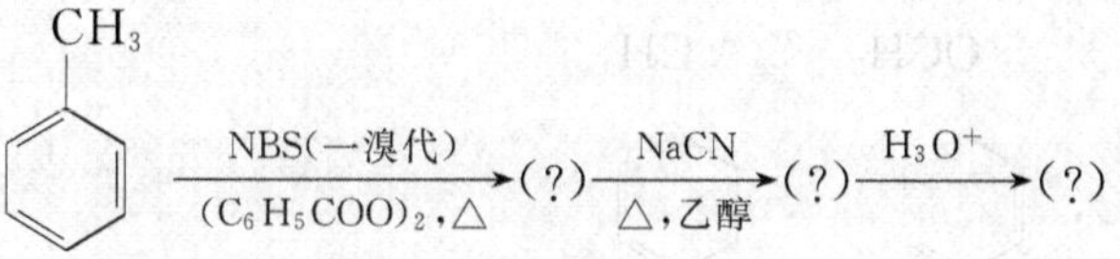

(2) 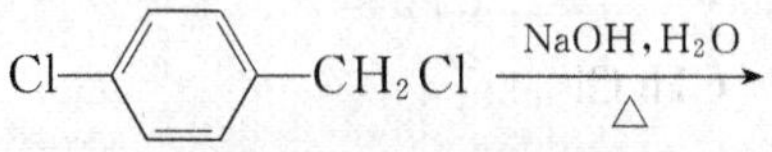

(3) 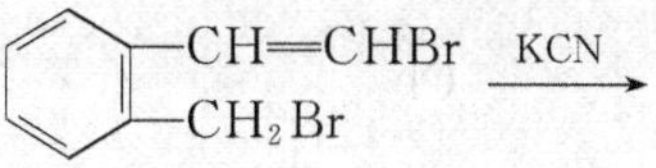

(4) 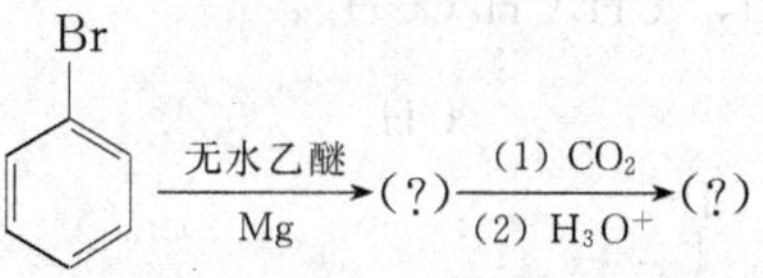

(5) 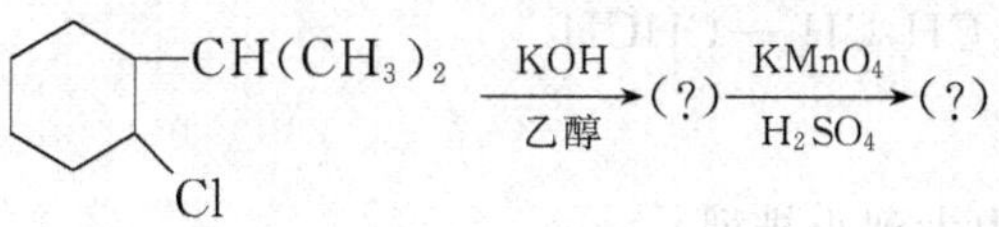

(6) 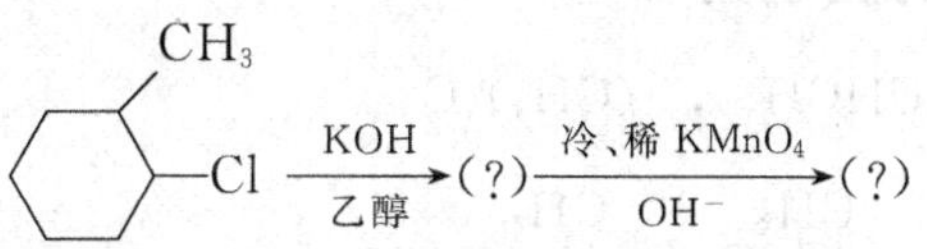

(7) 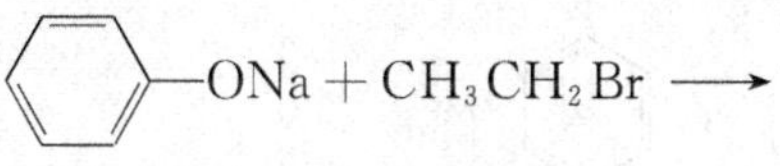

(8) $CH_3CH_2CH_2CH_2Br \xrightarrow[THF]{LiAlH_4}$

(9) $(CH_3)_2CHCH_2OH \xrightarrow[\triangle]{P+I_2}$

(10) 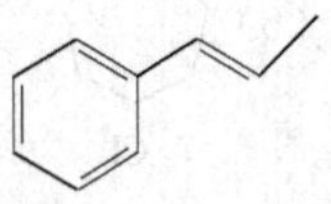 $+HBr \longrightarrow$

4. 用化学方法鉴别下列各组化合物。

(1) $CH_3CH{=}CHCH_2Cl$ ，$CH_2{=}CHCl$ ，$CH_2{=}CHCH_2CH_2Cl$ ，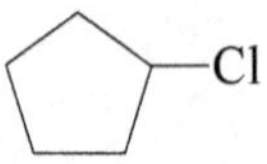

(2) 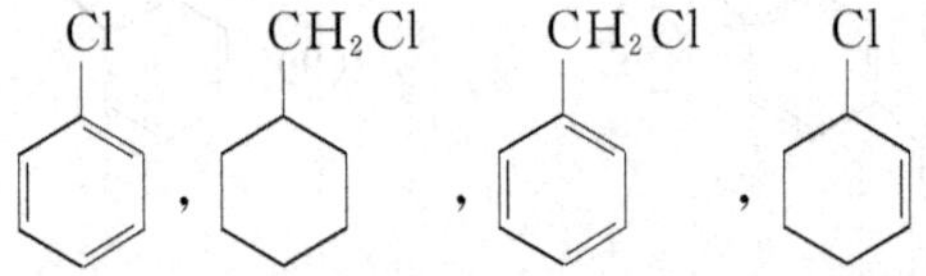

5. (1) 按 S_N1 反应,下列化合物的活性次序为。

① $CH_3CH_2CH(Br)CH_3$ ，$CH_3C(Br)(CH_3)CH_3$ ，$CH_3CH_2CH_2CH_2Br$

② 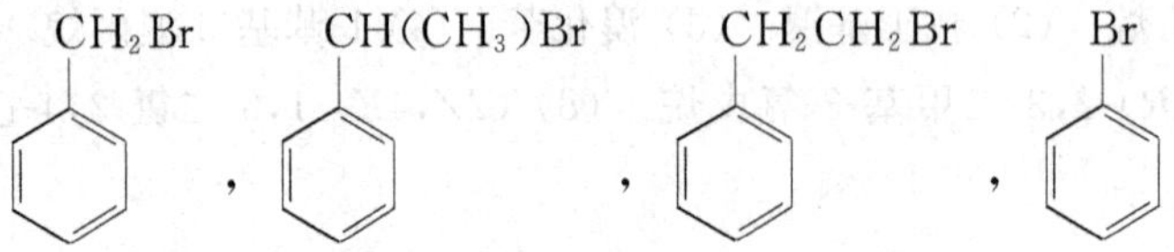

③ 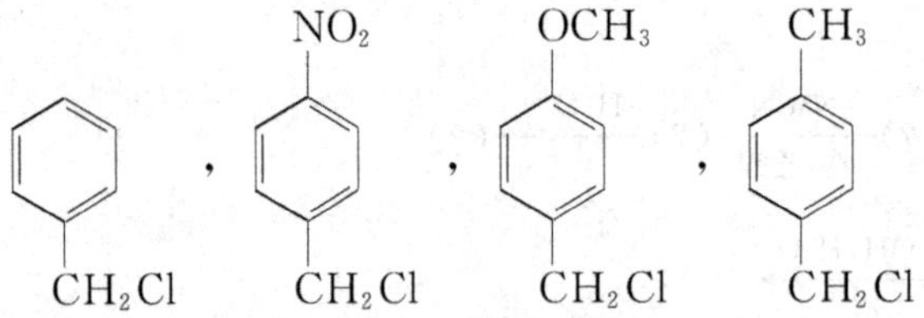

(2) 按 S_N2 反应,下列化合物的活性次序为。

① $CH_3CH_2CH(Cl)CH_3$ ，$CH_3CH_2CH_2CH_2Cl$，$CH_3CH_2C(Cl)(CH_3)CH_3$

② $CH_3{-}C(CH_3)_2{-}CH(Br)CH_3$ ，$CH_3CH_2CH_2{-}CH(Br)CH_3$

6. 比较下列碳正离子的稳定性(由大到小排列)。

(1) $CH_3CH_2CH_2\overset{+}{C}H_2$ ，$CH_3CH_2\overset{+}{C}HCH_3$ ，$(CH_3)_3\overset{+}{C}$

(2) 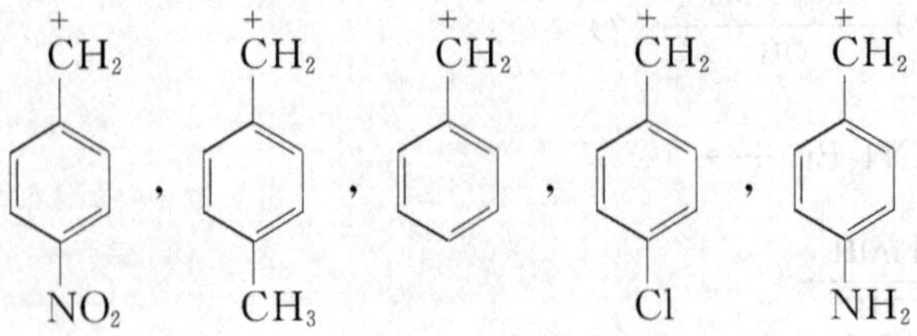

7. 由指定原料合成产物(其他试剂任选)。

(1) 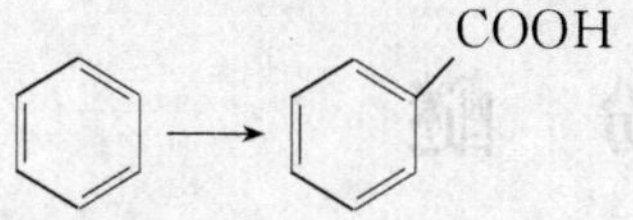

(2) $CH_3CH_2CH_2Cl \longrightarrow (CH_3)_2CHCOOH$

(3) 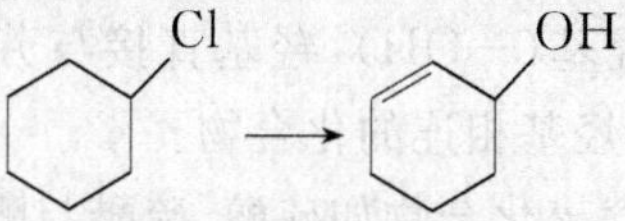

8. 有一旋光性的氯代烃(A),分子式为 C_5H_9Cl,能被 $KMnO_4$ 氧化,也能被氢化得 $C_5H_{11}Cl$(B),(B)无旋光性,试写出(A)、(B)的结构式及各步反应式。

9. 化合物(A)的分子式为 C_6H_9Cl,能使溴水褪色,在室温下与 $AgNO_3$ 乙醇溶液迅速作用,生成白色沉淀。(A)经催化氢化吸收 1mol H_2,得到(B),(B)与 KOH 的醇溶液作用,生成(C)(C_6H_{10}),(C)用高锰酸钾的 H_2SO_4 溶液处理,得到己二酸,请写出 A、B、C 的构造式和各步反应式。

10. 化合物(A)的分子式为 $C_6H_{13}Br$,与氢氧化钾的醇溶液作用,生成 C_6H_{12}(B)。B 用臭氧氧化,然后用 Zn、H_2O 处理,得到两个同分异构体(C)和(D)。(B)与溴化氢作用,则得到(A)的异构体(E),试推测(A)、(B)、(C)、(D)和(E)的结构式,并写出各步的反应式。

11. 化合物(A)的分子式为 C_4H_8,在室温下它能使 Br_2/CCl_4 溶液褪色,但不能使稀的 $KMnO_4$ 溶液褪色,1 mol(A)和 1 mol HBr 作用生成(B),(B)也可以从(A)的同分异构体(C)与 HBr 作用得到。化合物(C)能使溴的四氯化碳溶液和稀的 $KMnO_4$ 溶液褪色。试推导化合物(A)、(B)、(C)的结构式,并写出各步的反应式。

12. 某烃(A)与 Br_2 反应生成二溴衍生物(B),(B)用 NaOH-乙醇溶液处理得到(C)(C_5H_6),将(C)催化加氢生成环戊烷。试写出(A)、(B)、(C)的结构式及有关反应式。

第七章　醇　酚　醚

醇、酚、醚都是烃的含氧衍生物。醇和酚都含有羟基(—OH)，羟基直接与芳环相连的为酚，羟基不直接与芳环相连的为醇，醚则是氧与两个烃基相连的化合物。

硫和氧都属于元素周期表中的ⅥA族，因此一些含硫化合物如硫醇、硫醚与醇和酚存在相似的性质。

第一节　醇

一、醇的分类、命名和结构

(一) 分类

按烃基的结构，可以把醇分为饱和醇、不饱和醇及芳香醇。

饱和醇：如 CH_3OH(甲醇)，CH_3CH_2OH(乙醇)。

不饱和醇：如 $CH_2{=}CHCH_2OH$ (烯丙醇)，$HC{\equiv}C{-}CH_2OH$ (炔丙醇)。

芳香醇：如 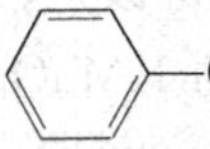—CH_2OH [苯甲醇(苄醇)]。

在不饱和醇中，羟基和碳碳双键直接相连的醇(—CH═CHOH)，其结构特征是羟基和 sp^2 杂化碳原子直接相连，如丙烯醇($CH_3{-}CH{=}CHOH$)或丙烯-2-醇($CH_3C(OH){=}CH_2$)。在大多数情况下，这种结构的醇是不稳定的，容易互变为结构比较稳定的醛或酮，这在前面的炔烃水化反应中已经讨论过。

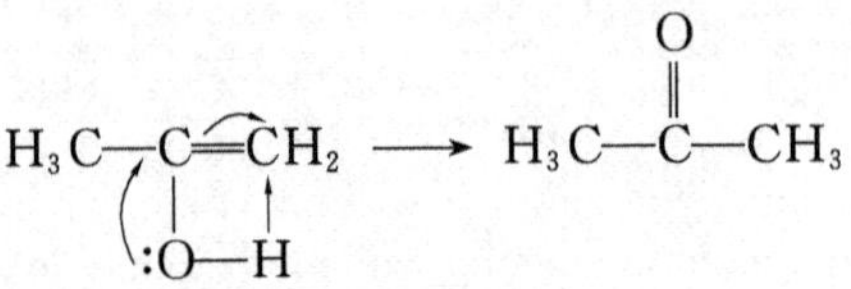

按羟基所连接的碳原子类型，醇可以分为三类：羟基与伯碳原子相连的醇叫伯醇，与仲碳原子和叔碳原子相连的醇分别叫做仲醇和叔醇。

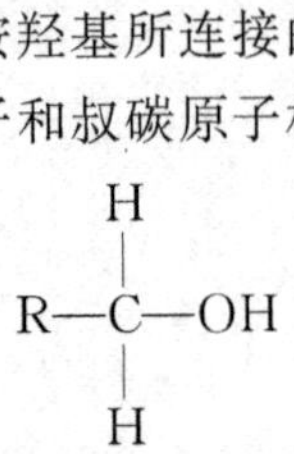

伯醇(1°)
(一级醇或第一醇)

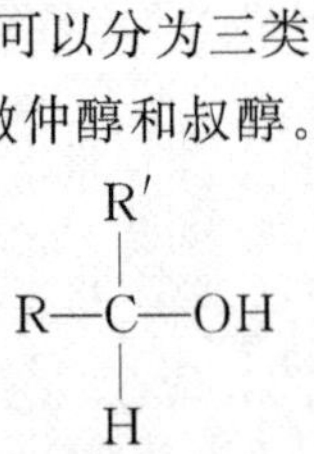

仲醇(2°)
(二级醇或第二醇)

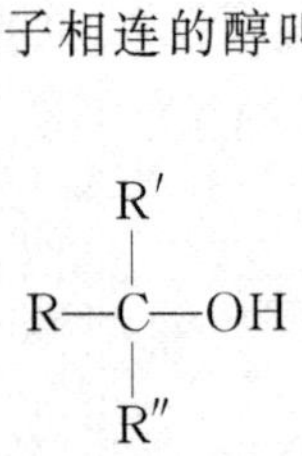

叔醇(3°)
(三级醇或第三醇)

根据醇分子中所含羟基的数目，醇可以分为一元醇、二元醇、三元醇等。含两个以上羟基的醇总称多元醇。当同一个碳原子上连接两个或两个以上羟基时，一般是不稳定的，所以最简单的二元醇是乙二醇，最简单的三元醇是丙三醇。

（二）命名

简单的一元醇用普通命名法，其命名原则与烃相似，即根据和羟基相连的烃基名称来命名，在“醇”字前面加上烃基的名称，“基”字一般省去。例如：

CH_3CH_2OH 乙醇　　$CH_3—CH_2—CH_2—CH_2OH$ 正丁醇

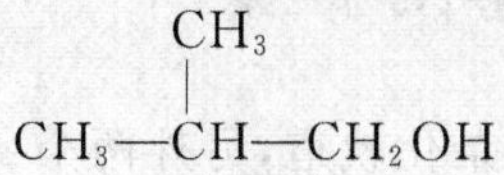
异丁醇

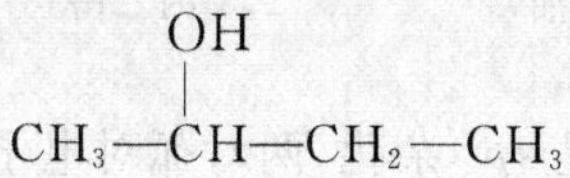
仲丁醇

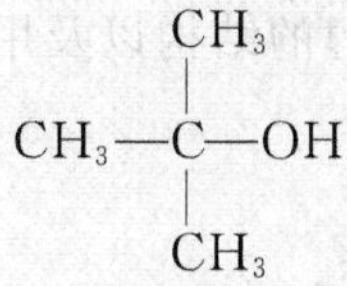
叔丁醇

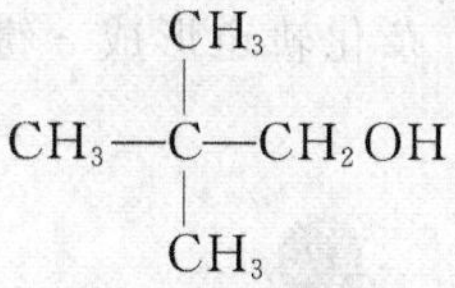
新戊醇

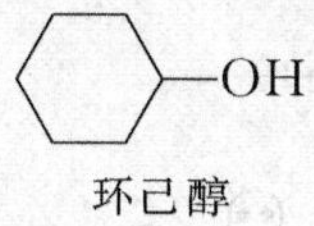
环己醇

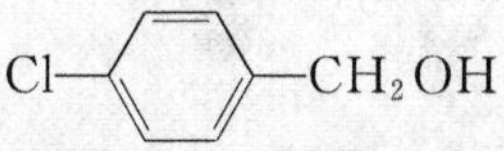
对氯苯甲醇

结构比较复杂的醇采用系统命名法，即选择含有羟基的最长碳链作为主链，把支链看做取代基，从离羟基最近的一端开始编号，按照主链所含的碳原子数目称为“某醇”。羟基的位次用阿拉伯数字注明在醇名称的前面，并在醇名称与数字之间画一短线，支链取代基的位次和名称加在醇名称的前面。例如：

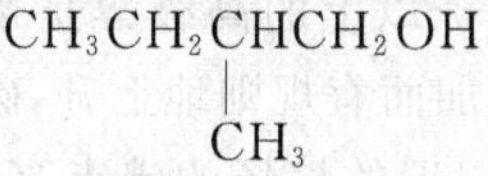
2-甲基-1-丁醇

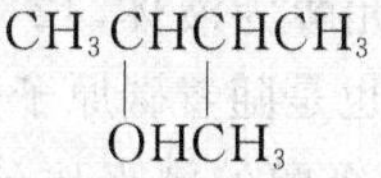
3-甲基-2-丁醇

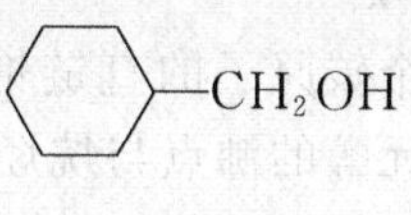
环己甲醇

醇的官能团优先于双键和叁键（确定多官能团化合物的母体结构可参考苯环上多官能团确定母体的方法）。含双键或叁键的不饱和醇，命名为烯醇或炔醇。所以，碳链编号时要使连有羟基的碳原子位次最低。例如：

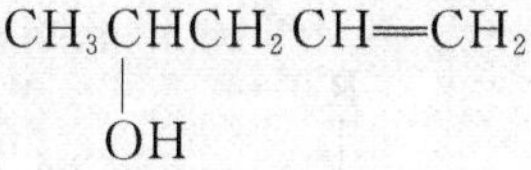
4-戊烯-2-醇

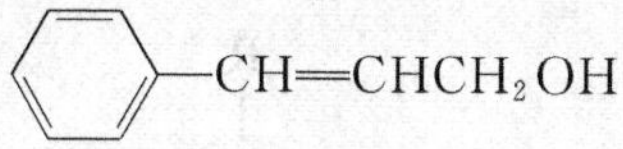
3-苯基-2-丙烯-1-醇（或 3-苯基-2-丙烯醇）

环烷醇和环烯醇用“环”词头命名，羟基所连碳原子编号为 1（写名称时，此处“1”可省略不写），其次考虑双键碳原子位次尽可能低。例如：

1-乙基环丙-1-醇
（或 1-乙基环丙醇）

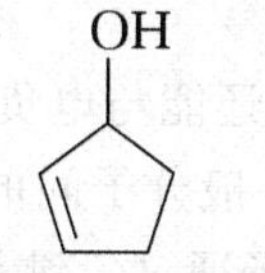
2-环戊烯-1-醇
（或 2-环戊烯醇）

多元醇的命名方法，要选择含有尽可能多的带羟基的碳链作为主链，羟基的数目用二、三、四等数字写在醇字的前面，羟基的位次用阿拉伯数字标明。例如：

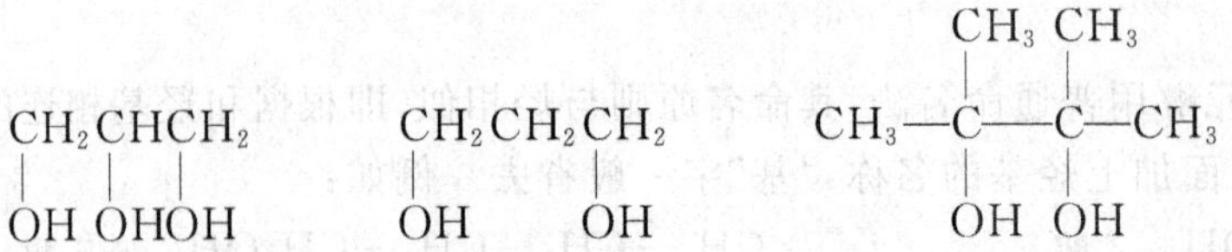

丙三醇(甘油)　　1,3-丙二醇　　2,3-二甲基-2,3-丁二醇

（三）结构

醇羟基中的氧原子是 sp^3 杂化，两对孤对电子分占两个 sp^3 杂化轨道，另外两个 sp^3 杂化轨道一个与氢形成 σ 键，另一个与碳的 sp^3 杂化轨道形成 σ 键。甲醇的结构以及甲醇和乙醇的球棒模型如下所示：

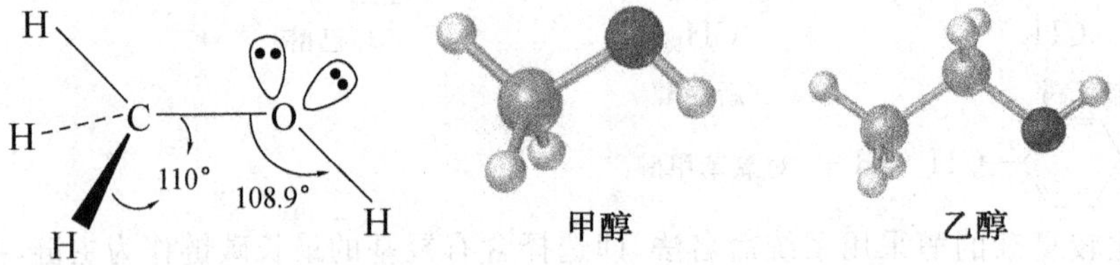

甲醇　　乙醇

二、醇的性质

（一）物理性质

包含 1～11 个碳原子的直链饱和一元醇为液体，12 个碳原子以上的高级醇是蜡状固体。直链饱和一元醇的沸点与烷烃一样，也是随着碳原子数的增加而有规则地上升，碳原子数相同的醇则含支链愈多，沸点愈低。低级醇的沸点比分子量相近的烷烃的沸点高许多。例如，甲醇(分子量 32)的沸点为 64.9℃，而乙烷(分子量 30)的沸点为 −88.6℃，这是醇分子间能借氢键缔合的缘故。氧的电负性远大于氢和碳，醇分子中的碳-氧键和氧-氢键都是强极性键，一个醇分子中羟基带部分正电荷的氢与另一个醇分子中电负性很强的氧靠近，由静电引力相互吸引形成氢键。

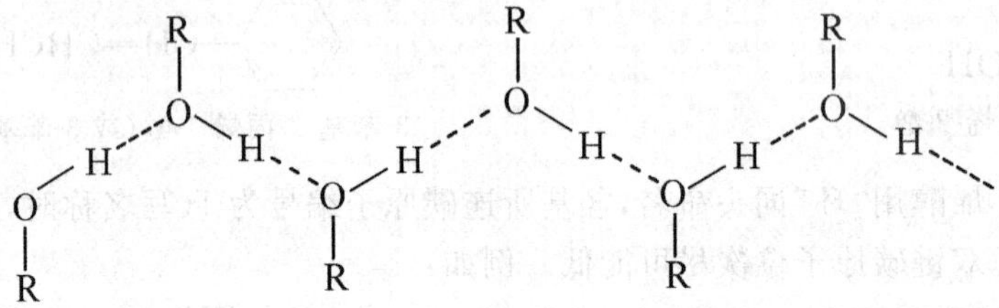

除了氧原子外，氢还能与电负性大的氟、氮形成氢键。氢键的键能约为大多数共价键键能的 1/10，远远大于一般分子间的引力。醇在液体状态是借氢键作用相互结合的，这种由两个或两个以上的分子通过氢键相互结合成为一个不稳定的复分子的现象称为缔合。由于醇分子间相互缔合，当液体醇汽化时，不仅要破坏分子间的范德华引力，而且还必须消耗足够的能量使氢键破裂，所以醇的沸点比分子量相近的烷烃高许多。随着碳链的增加，醇与烷烃的沸点差距逐渐减小，这是由于随着碳原子数目的增加，羟基在分子中所占的比例越来越小，且烃基增大，也会阻碍氢键的形成。

$C_1 \sim C_3$ 醇能与水混溶。从丁醇开始，直链饱和一元醇在水中的溶解度随着碳链的增加而逐渐降低。低级醇易溶于水是因为醇和水分子间彼此能形成氢键。随着碳链的增长，醇的羟基形成氢键的能力减小，因此高级醇与烷烃的性质相似，难溶于水。一些常见醇的物理常数见表 7-1。

表 7-1 一些常见醇的物理常数

名 称	结构式	熔点/℃	沸点/℃	相对密度(d_4^{20})	溶解度/mol·dm^{-3}
甲醇	CH_3OH	−97.8	64.7	0.7914	∞
乙醇	CH_3CH_2OH	−114.0	78.3	0.7893	∞
正丙醇	$CH_3CH_2CH_2OH$	−126.2	97.2	0.8036	∞
异丙醇	$CH_3CH(OH)CH_3$	−89.5	82.4	0.7855	∞
正丁醇	$CH_3(CH_2)_3OH$	−88.6	117.7	0.8097	0.998
异丁醇	$(CH_3)_2CHCH_2OH$	−108.0	107.9	0.8016^{20}	1.350
仲丁醇(DL)	$CH_3CH(OH)CH_2CH_3$	−114.7	99.5	0.8069	1.690
叔丁醇	$(CH_3)_3COH$	25.8	82.4	0.7858	∞
正戊醇	$CH_3(CH_2)_4OH$	−78.9	137.8	0.8148	0.306
正己醇	$CH_3(CH_2)_5OH$	−51.6	157.5	0.8186	0.783
环己醇	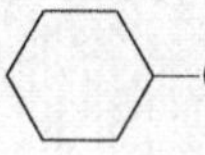—OH	25.2	161.1	0.9416^{30}	0.379
烯丙醇	$CH_2{=}CHCH_2OH$	−129	96.9	0.8540	∞
苄醇	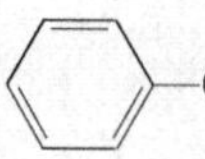—CH_2OH	−15.3	205.4	1.0413^{25}	0.0074
乙二醇	$HOCH_2CH_2OH$	−13.0	197.6	1.1135_4^{24}	∞
丙三醇	$HOCH_2CH(OH)CH_2OH$	18.18	290(分解)	1.2613^{20}	∞

（二）化学性质

羟基是醇的官能团。从化学键来看，醇分子中的 C—O 键和 O—H 键都是比较强的极性键，因此醇的化学反应主要是 O—H 键断裂的氢原子被取代、C—O 键断裂的羟基被取代以及脱羟基的反应。又由于羟基的影响，与羟基相连的碳原子上的氢也具有一定的活泼性。

1. 与活泼金属的反应

醇与钠作用时，醇羟基中的氢原子被钠取代，生成醇钠，并放出氢气。

$$C_2H_5OH + Na \longrightarrow C_2H_5ONa + \frac{1}{2}H_2\uparrow$$

生成的乙醇钠溶解在过量的乙醇中，蒸去乙醇，得到白色粉末状的乙醇钠；若乙醇与钠的反应在无水乙醚中进行，可以得到固体状态的乙醇钠。

醇与钠的反应与水和钠的反应相似：

$$H{-}O \vdots {-}H + Na \longrightarrow HONa + \frac{1}{2}H_2\uparrow$$

$$R{-}O \vdots {-}H + Na \longrightarrow RONa + \frac{1}{2}H_2\uparrow$$

醇羟基中的氢不如水中的氢活泼，或者说醇是比水弱的酸，因此醇与钠的反应不如水那样剧烈。羟基(—OH)上的氢原子的活泼性取决于O—H键断裂的难易。由于醇中与OH相连烃基的给电子作用,使羟基氧上的电子云密度增加,氧对氢的吸引较牢,因此醇羟基中的氢不如水中的氢活泼。与羟基相连的烃基的给电子作用愈大,羟基中氢的活泼性就愈低,即酸性愈弱。各类醇的反应活性是:

甲醇>伯醇>仲醇>叔醇

根据酸碱质子理论,由于水的酸性比醇强,因此醇的共轭碱——烷氧负离子(RO^-)的碱性应该比水的共轭碱——氢氧根离子(OH^-)的碱性强。醇钠极易水解:

$$RCH_2ONa + H_2O \rightleftharpoons RCH_2OH + NaOH$$

因此,在使用醇钠时必须隔绝水汽的侵入。上述反应是可逆的,生产上利用这个反应使用固体氢氧化钠与甲醇或乙醇作用,加入苯进行共沸蒸馏以不断除去水,使上述平衡向左移动以制备甲醇钠或乙醇钠。这样既可以避免使用昂贵的金属钠,而且生产更安全。醇钠在有机合成中用做碱性试剂,其碱性比NaOH强。另外,还可作为引入烷氧基的试剂。

钾和醇的反应与钠相似。金属镁和铝汞齐在加热下和无水醇作用生成醇镁和醇铝,如异丙醇铝($Al[OCH(CH_3)_2]_3$)、叔丁醇铝($Al[OC(CH_3)_3]_3$),这些都是有机合成中常用的试剂。

2. 与氢卤酸的反应

醇与氢卤酸反应,醇分子中的羟基被卤原子取代,生成卤代烷和水。这是制备卤代烃的一种重要方法。

$$ROH + HX \rightleftharpoons RX + H_2O$$

上述反应是可逆的,为了提高卤代烃的收率,可以使一种反应物过量或移去产物使平衡向右进行。

醇和氢卤酸的反应速率与氢卤酸的类型及醇的结构有关。

氢卤酸的活泼顺序为:HI>HBr>HCl。

醇的活泼顺序为:烯丙醇>叔醇>仲醇>伯醇。

R—OH与HX反应时,碳-氧键断裂而发生羟基被卤素取代的过程为亲核取代反应历程。烯丙醇(包括苯甲醇)虽然为伯醇,但由于烯丙基正离子和苯甲基碳正离子都比较稳定(见第六章有关内容),在亲核取代反应中,一般按S_N1进行取代反应,因此烯丙醇与氢卤酸反应的活性大于叔醇。

一般情况下,氢碘酸及氢溴酸能比较顺利地与醇反应,而盐酸,除烯丙醇、叔醇外,其他伯醇和仲醇则需要无水氯化锌作催化剂。无水氯化锌和浓盐酸配成的试剂,称为卢卡斯(Lucas)试剂。利用伯、仲、叔三类醇与卢卡斯试剂作用的快慢,可以区别三类醇。醇与氯化锌形成极性的醇-氯化锌络合物,浓盐酸溶液极性很强,与络合物互溶成为单一的均相,一旦醇反应形成卤代烃,相对极性小的卤代烃则不能和溶液互溶,使溶液浑浊。因此,可以从出现浑浊的快慢来区分三类醇。例如:

$$(CH_3)_3COH + HCl \xrightarrow[20℃]{ZnCl_2} (CH_3)_3CCl + H_2O$$

(1分钟内变浑浊)

$$CH_3CH(OH)CH_2CH_3 + HCl \xrightarrow[20℃]{ZnCl_2} CH_3CHClCH_2CH_3 + H_2O$$

(10分钟内变浑浊)

$$CH_3CH_2CH_2CH_2OH + HCl \xrightarrow{ZnCl_2} CH_3CH_2CH_2CH_2Cl + H_2O$$

（几小时后不变化，加热后反应）

醇与氢卤酸的反应是酸催化下的亲核取代反应。一般认为，烯丙醇、三级醇和二级醇与氢卤酸的反应可能是按 S_N1 反应历程进行的。例如：

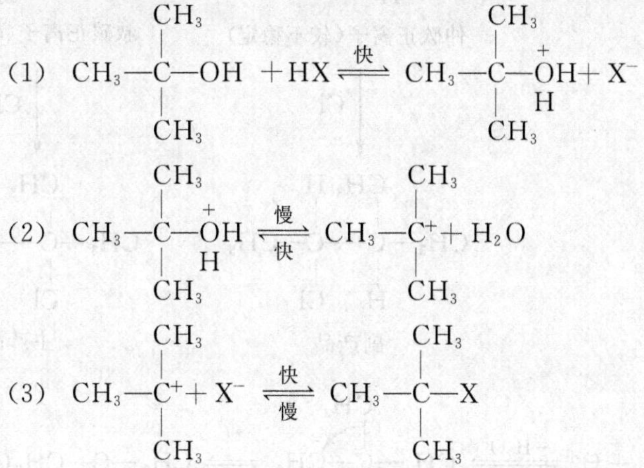

先由醇羟基上的氧接受一个质子形成鉡盐（质子化的醇），使 C—O 键的极性增加，从而更容易解离成碳正离子和水。最后碳正离子和卤离子很快结合生成卤代烷。

伯醇因较难形成碳正离子，与氢卤酸的反应可能是按 S_N2 的历程进行的。

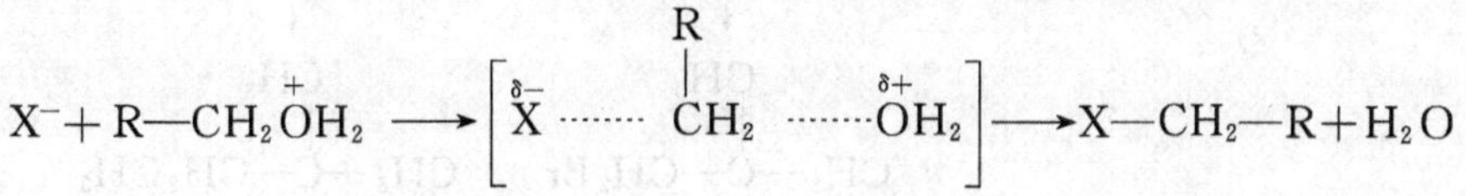

有些醇（如二级醇，β 位有支链的一级醇），由于碳正离子重排，结果产物是混合的。例如：

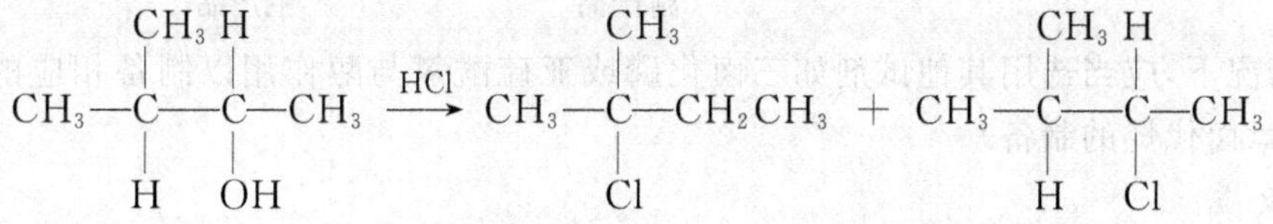

3-甲基-2-丁醇　　　　2-甲基-2-氯丁烷（主）　　　　2-甲基-3-氯丁烷（次）

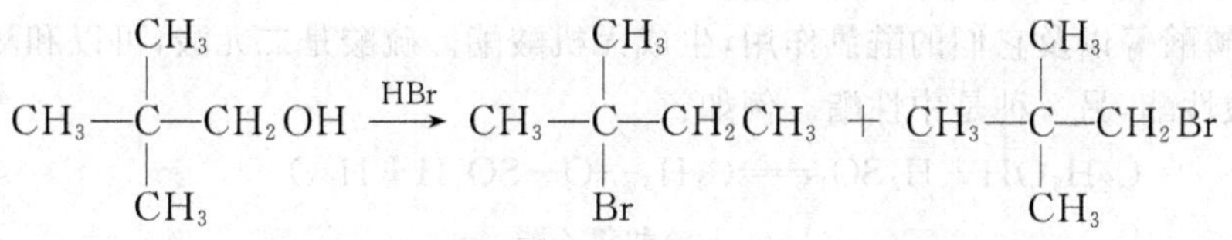

2,2 二甲基-1-丙醇　　　　2-甲基-2 溴-丁烷（主）　　　　1-溴-2,2-二甲基丙烷（次）

重排过程如下：

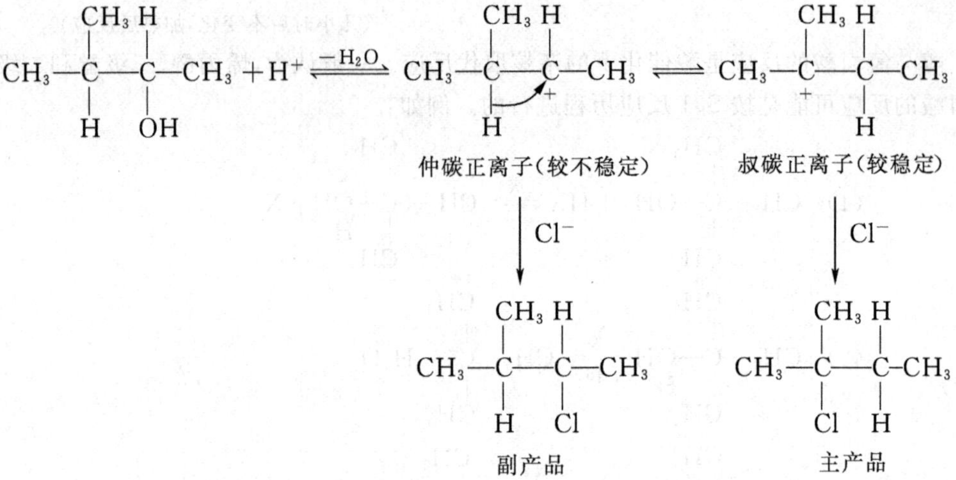

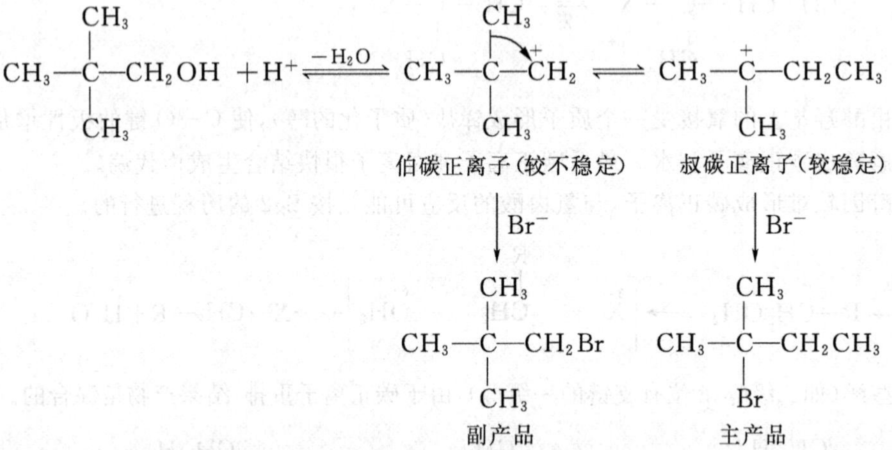

在这种情况下，应当选用其他试剂如三卤化磷或亚硫酰氯与醇作用以制备相应的卤代烷(参见第六章卤代烃的制备)。

3. 酯化反应

醇与酸反应生成酯，醇与有机酸反应生成有机酸酯(在羧酸一章中讨论)；醇与含氧无机酸如硫酸、硝酸、磷酸等以及它们的酰氯作用，生成无机酸酯。硫酸是二元酸，可以和醇形成两种酯，一种是酸性酯，另一种是中性酯。例如：

$$C_2H_5OH + H_2SO_4 \rightleftharpoons C_2H_5—O—SO_3H + H_2O$$

硫酸氢乙酯

中性硫酸酯可以由氯磺酸($HOSO_2Cl$)与醇作用或蒸馏酸性硫酸酯得到。

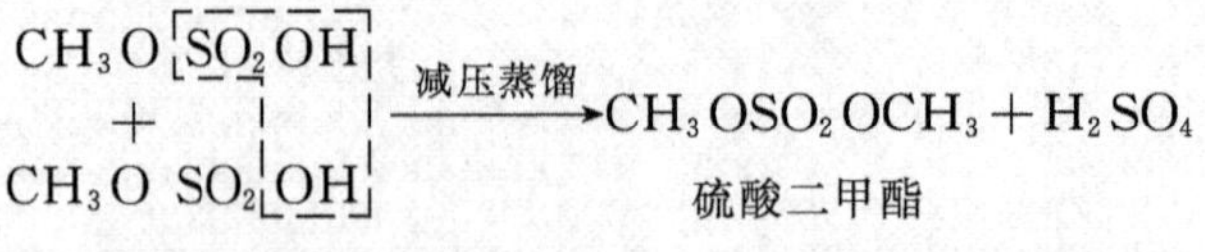

最重要的中性硫酸酯是硫酸二甲酯$(CH_3)_2SO_4$和硫酸二乙酯$(C_2H_5)_2SO_4$。这两种硫酸酯可以将甲基和乙基引入其他有机分子中，它们是重要的甲基化和乙基化试剂。硫酸二甲酯是一种无色油状液体，有剧毒，对呼吸器官和皮肤都有强烈的刺激作用，在使用时要特别当心。

醇和亚硝酸作用生成亚硝酸酯。例如：

$$(CH_3)_2CHCH_2CH_2OH + HONO \longrightarrow \underset{\text{亚硝酸异戊酯}}{(CH_3)_2CHCH_2CH_2ONO} + H_2O$$

亚硝酸异戊酯是一种缓解心绞痛的药物。

丙三醇与硝酸作用生成的硝酸酯，俗称硝化甘油，受撞击、振动即猛烈爆炸，是一种炸药，它由丙三醇与硝酸和硫酸的混合物进行反应而制得。

$$\begin{array}{l} CH_2OH \\ | \\ CHOH \\ | \\ CH_2OH \end{array} + 3HONO_2 \xrightarrow{H_2SO_4} \begin{array}{l} CH_2ONO_2 \\ | \\ CHONO_2 \\ | \\ CH_2ONO_2 \end{array} + 3H_2O$$

4. 脱水反应

醇的脱水反应有两种形式，一种是分子内脱水生成烯烃，另一种是分子间脱水生成醚。

$$\begin{array}{c} \;\;\;\; H \;\; H \\ \;\;\;\; | \;\;\;\; | \\ R-C-C-H \\ \;\;\;\; | \;\;\;\; | \\ \;\;\;\; H \;\; OH \end{array} \longrightarrow \underset{\text{烯烃}}{R-CH=CH_2} + H_2O\text{(分子内脱水)}$$

$$R-OH + H-O-R \longrightarrow \underset{\text{醚}}{R-O-R} + H_2O\text{(分子间脱水)}$$

催化剂的存在可以促进醇的脱水反应，使反应在不太高的温度下进行。常用的催化剂有硫酸、磷酸、三氧化二铝等。醇究竟按哪一种方式脱水，决定于醇的结构和反应条件。例如，乙醇脱水：

$$CH_3CH_2OH \xrightarrow[\text{或 } Al_2O_3, 360℃]{\text{浓 } H_2SO_4, 170℃} CH_2=CH_2 + H_2O$$

$$C_2H_5OH + HOC_2H_5 \xrightarrow[\text{或 } Al_2O_3, 240℃]{\text{浓 } H_2SO_4, 140℃} C_2H_5OC_2H_5 + H_2O$$

一般情况下，较高温度有利于分子内脱水，主要生成烯烃，这时分子间脱水是次要的，醚仅作为副产品生成；而较低温度则有利于分子间脱水，主要生成醚，这时分子内脱水是次要的，烯烃作为副产品生成。

不同结构的醇发生分子内脱水反应的活性是：叔醇＞仲醇＞伯醇。叔醇脱水时，易发生分子内脱水生成烯烃，而难以得到醚。例如：

$$CH_3CH_2CH_2CH_2OH \xrightarrow[140℃]{75\%H_2SO_4} \underset{\text{2-丁烯(主要产物)}}{CH_3CH=CHCH_3} + \underset{\text{1-丁烯(次要产物)}}{CH_3CH_2CH=CH_2}$$

$$CH_3CH_2CH(OH)CH_3 \xrightarrow[100℃]{60\%H_2SO_4} \underset{\text{2-丁烯(主要产物)}}{CH_3CH=CHCH_3} + \underset{\text{1-丁烯(少量)}}{CH_2CH_2CH=CH_2}$$

$$(CH_3)_3COH \xrightarrow[80℃\sim90℃]{20\%H_2SO_4} \underset{\text{异丁烯}}{\begin{array}{c} \;\;\;\;\;\; CH_3 \\ \;\;\;\;\;\; | \\ CH_3-C=CH_2 \end{array}}$$

一些仲醇和叔醇脱水生成烯烃时，往往可能生成两种产品。实验证明，醇分子内脱水存在几种可能时，脱水的规律与卤代烷脱卤化氢一样，主要趋势为从羟基邻近含氢原子较少的碳原子上脱去氢原子，即生成碳-碳双键上连接烃基最多的烯烃。例如：

$$\underset{\text{Ⅰ（主要产品）}}{CH_3CH{=}CHCH_3} \xleftarrow{-H_2O} CH_3\underset{\underset{OH}{|}}{C}HCH_2CH_3 \xrightarrow{-H_2O} \underset{\text{Ⅱ（次要产品）}}{CH_3CH_2CH{=}CH_2}$$

有的醇在脱水反应时，常常会发生重排反应。例如：

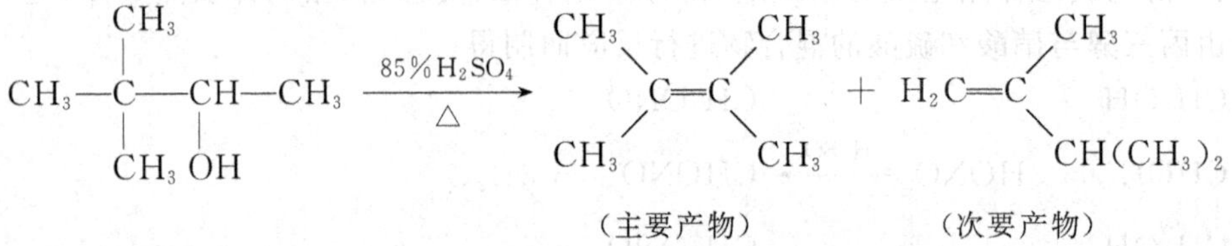

显然，重排是先由质子化的醇失去水形成碳正离子，然后碳正离子重排形成稳定的新的碳正离子，再失去质子生成烯烃，即稳定性较大的烯烃为主要产物。例如：

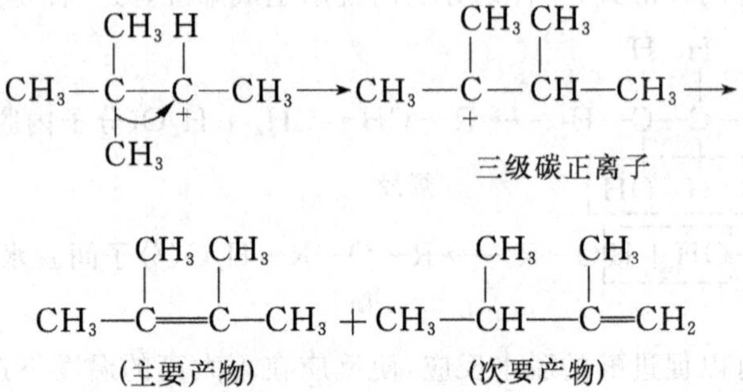

5. 氧化和脱氢

(1) 氧化。

伯醇和仲醇分子中与羟基相连的碳原子上有氢原子，该氢原子受羟基的影响，比较活泼，容易被氧化。例如，在重铬酸钠（或重铬酸钾）的硫酸溶液、三氧化铬的冰醋酸溶液或高锰酸钾的碱性或酸性溶液作用下，伯醇首先氧化成醛，醛很容易继续被氧化而生成羧酸。因此，用这些氧化剂氧化伯醇很难得到醛。

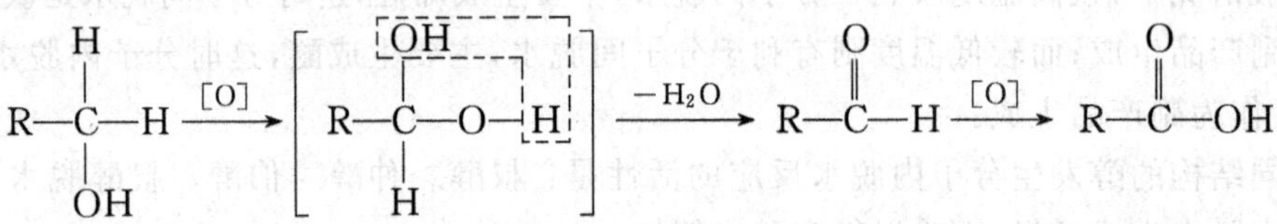

如用三氧化铬与吡啶反应形成的三氧化铬-双吡啶络合物作为氧化剂可使伯醇氧化为醛，产率很高。例如：

$$CH_3(CH_2)_4CH_2OH \xrightarrow{(C_5H_5N)_2 \cdot CrO_3} CH_3(CH_2)_4CHO$$

仲醇氧化时生成酮。

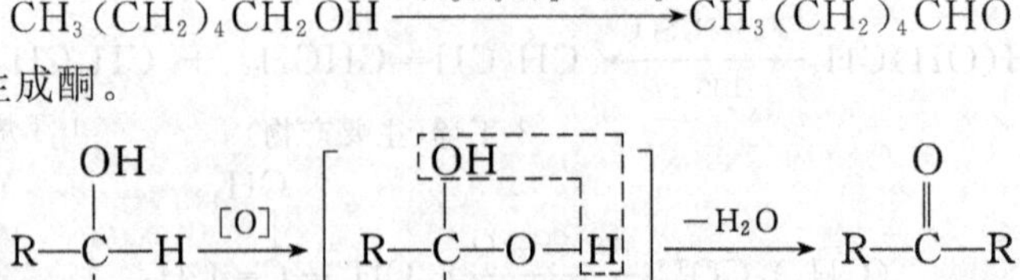

由于仲醇氧化生成的酮比较稳定，不易继续被氧化，所以由仲醇氧化制备酮往往产量较高。

叔醇分子中不含 α-氢，在上述条件下不被氧化，但在强烈的氧化条件下，如与高锰酸钾或重铬酸钾的硫酸溶液一起加热回流，则碳-碳键断裂，生成小分子氧化产物。例如：

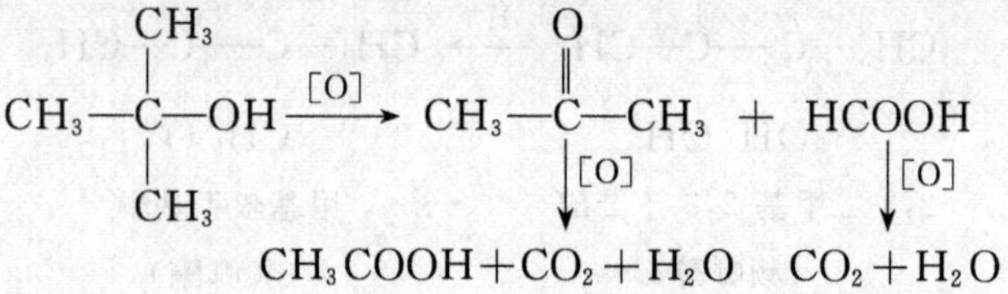

(2) 脱氢。

将伯醇或仲醇的蒸气在高温下通过脱氢催化剂如铜、银、镍或氧化锌，则伯醇脱氢成醛，仲醇脱氢成酮。例如：

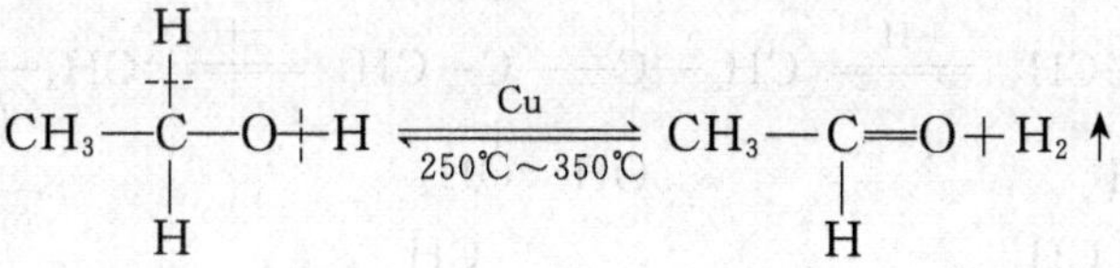

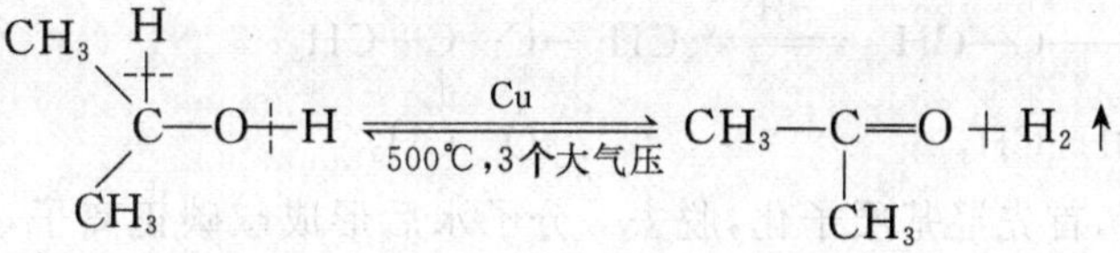

通过醇的脱氢方法制备醛或酮的优点是产品的纯度较高，若将醇和适量的空气或氧通过催化剂进行脱氢，则氧和氢结合成水，使脱氢反应进行到底。

6. 某些多元醇的特殊反应

(1) 具有邻二醇结构的化合物可与重金属的氢氧化物反应，如甘油与氢氧化铜反应生成深蓝色的甘油铜溶液。

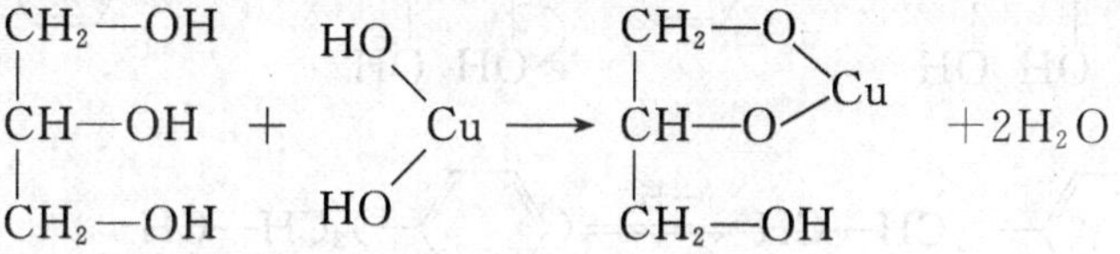

实验室中可利用此反应鉴定具有两个相邻羟基的多元醇。

(2) 用高碘酸的水溶液或四醋酸铅的醋酸溶液氧化邻二醇，可以使两个羟基之间的碳-碳键断裂，醇转化为相应的醛、酮。

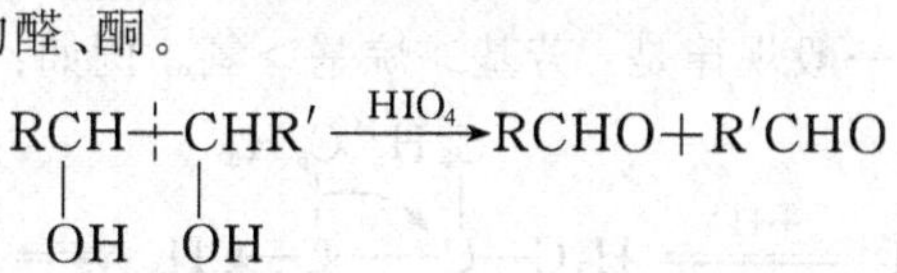

对于羟基均处于相邻位置的多元醇，其氧化产物可以简单地看做是醇羟基所连接的碳原子之间的键断裂，断裂后各部分分别与一个羟基结合，然后失水。例如：

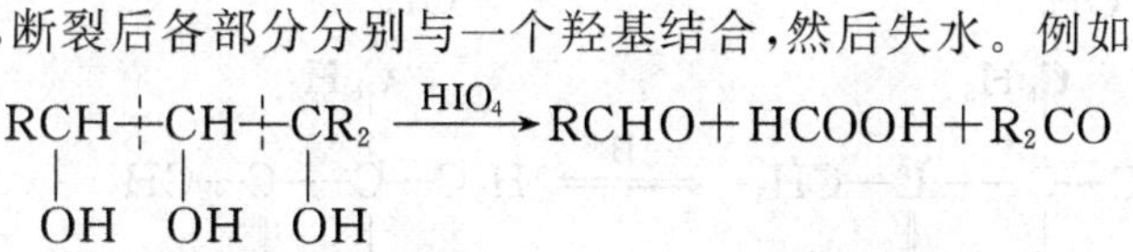

因此，可根据此反应推测到最终的氧化产物。另外，也可根据 HIO_4 的用量及氧化产物

来推测原来醇的结构。

两个羟基不相邻的二元醇不发生此反应。

(3) 邻二醇的重排反应。在酸(H_2SO_4或 HCl)作用下邻二醇发生碳架重排生成酮。例如:

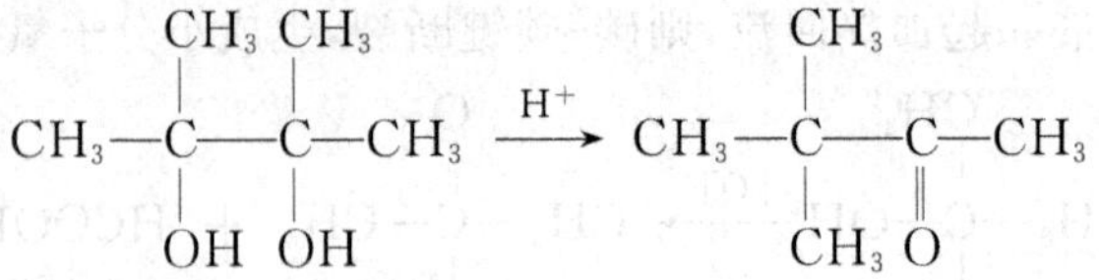

2,3-二甲基-2,3-丁二醇　　　　甲基叔丁基酮

(频哪醇)　　　　(频哪酮)

因这类反应最初是从频哪醇重排为频哪酮发现的,所以把这类邻二醇的重排反应统称为频哪醇重排。重排过程如下:

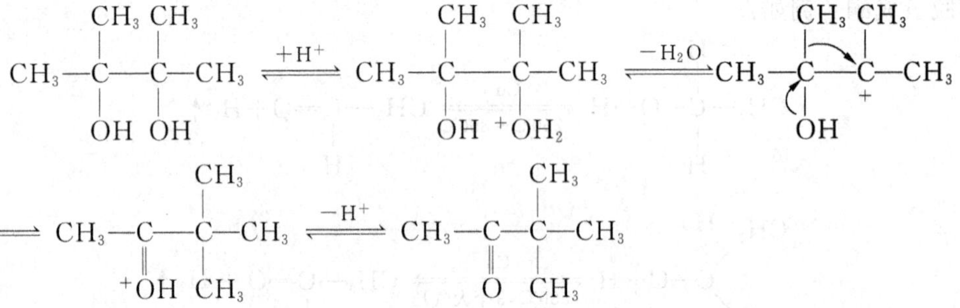

在酸性条件下,首先羟基质子化,脱去一分子水后形成叔碳正离子,然后邻位碳上的烃基带着一对电子迁移到带正电荷的碳原子上,形成鎓离子,最后脱去氢质子,得到频哪酮。

在不对称取代的乙二醇中,哪一个羟基被质子化后先离去呢?一般是能够形成稳定的碳正离子的碳上的羟基优先被质子化。例如:

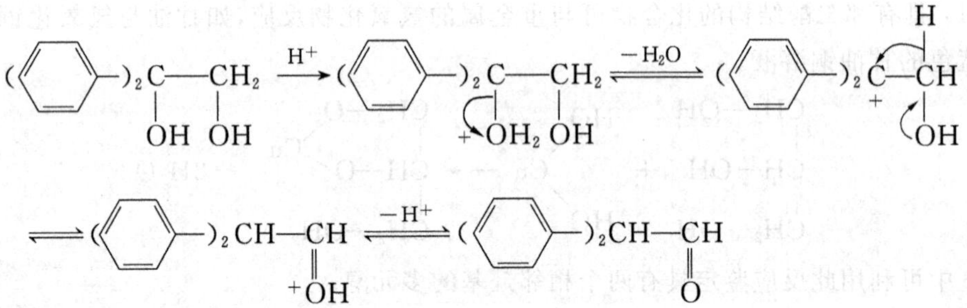

当形成的碳正离子相邻的碳上连有两个不同的基团时,通常是能够提供电子、分散正电荷较多的基团优先迁移。一般规律是:芳基>烷基>氢。例如:

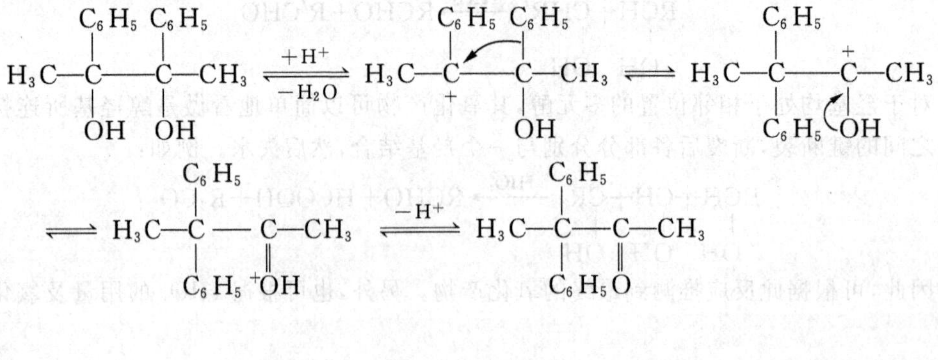

三、醇的制备

(一) 烯烃的直接水合法和间接水合法

1. 直接水合法

此法简单、便宜,但设备要求较高(参见第三章烯烃的化学性质——烯烃与水的加成)。

2. 间接水合法

参见第三章烯烃的化学性质——与浓硫酸的加成。

烯烃的直接水合法和间接水合法制备醇,都容易发生重排反应,此方法适用于制备不易重排的醇。

(二) 硼氢化-氧化反应

参见第三章烯烃的化学性质——硼氢化反应。

用此法合成一级醇,产率高,而且反应条件缓和,操作简便。

(三) 用格氏试剂(Grignard)与醛、酮合成

醛、酮与格氏试剂(RMgX)加成时,得到的加成中间产物不分离出来,直接加水,水解生成醇(详见第八章醛、酮的化学性质——与格利雅试剂加成)。

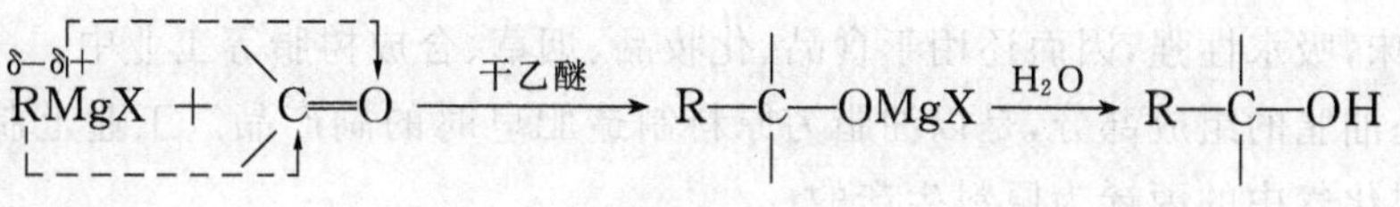

(四) 醛、酮的还原

用催化加氢或化学还原的方法可以将醛、酮还原成相应的醇(详见第八章醛、酮的化学性质——氧化和还原反应)。醛加氢生成伯醇,酮加氢生成仲醇。

(五) 卤代烷的水解

卤代烷与水作用可得到醇(详见第六章卤代烷的亲核取代反应——水解)。

$$RX + HOH \rightleftharpoons ROH + HX$$

二级或三级卤代烷在强碱性条件下容易脱卤化氢生成烯烃,因此在实际操作中,常采用比较温和的碱性试剂如 Na_2CO_3、悬浮在水中的氧化铝或氧化银等。

四、重要的醇

(一) 甲醇(CH_3OH)

甲醇俗称木精,因最初它由木材干馏得到,由此而得名。甲醇为无色透明、有酒精气味的液体,沸点为 64.7℃,与水、乙醇、乙醚等互溶。甲醇是实验室里常用的有机溶剂,也是一种重要的化工原料。与乙醇不同,甲醇不和水形成恒沸混合物,因此甲醇和水的混合物可以用分馏方法分开。甲醇不同于其他醇,有毒,饮用后会使人眼睛失明,量多可以致死。

目前工业上制备甲醇主要由一氧化碳和氢在加热、加压和催化剂存在下反应得到。

$$CO + 2H_2 \xrightarrow[20MPa,300℃]{ZnO\text{-}Cr_2O_3\text{-}CuO} CH_3OH$$

(二) 乙醇(C_2H_5OH)

乙醇俗称酒精,因各种饮用酒中含有不等量的乙醇,由此而得名。乙醇为无色易燃液体,沸点为 78.3℃,比重为 0.789,能与水混溶。乙醇与水形成恒沸混合物,沸点为

78.15℃，其中含乙醇 95.6%、水 4.4%，所以用蒸馏法不能将酒精中的水完全除去。常用的工业酒精和化学纯酒精就是这种含乙醇 95.6%的恒沸物。通常实验室制备无水乙醇是在 95.6%乙醇中加入生石灰加热回流，水与石灰作用生成氢氧化钙，蒸出的乙醇中约含有 0.5%的微量水，再用镁条干燥除去。乙醇与镁作用形成乙醇镁，由于此反应较慢，加入少量碘以加速反应。生成的乙醇镁与水作用，生成氢氧化镁和醇，再经蒸馏即可得到无水乙醇。

乙醇用途很广，可用做溶剂，是有机合成的重要原料，还可作燃料。70%或 75%的乙醇水溶液可作消毒剂。

乙醇的制备主要有发酵法和合成法。发酵法是用含淀粉丰富的农产品，在酶的催化作用下进行发酵，再经分馏得到 95.6%酒精。合成法主要是以乙烯水合法（包括间接水合法和直接水合法）生产乙醇。

（三）丙三醇（$CH_2OHCHOHCH_2OH$）

丙三醇俗称甘油。它是一种黏稠而有甜味的液体，沸点为 290℃，熔点为 18℃，比重为 1.260，与水混溶，不溶于有机溶剂，有强烈的吸水性。

甘油的用途很广泛，其重要用途之一是制造甘油三硝酸酯（$CH_2ONO_2CHONO_2CH_2ONO_2$），用做炸药。甘油三硝酸酯在生理上有扩张血管的作用，用做心绞痛的急救药物。由于甘油无毒，具甜味，吸水性强，因而还用于食品、化妆品、烟草、合成树脂等工业中。

甘油是油脂的组成部分，是以油脂为原料制造肥皂时的副产品。工业上制造甘油主要是以石油裂化气中的丙烯为原料生产的。

（四）苯甲醇（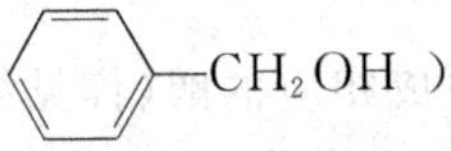）

苯甲醇又称苄醇，为无色液体，沸点 205℃，比重 1.019，微溶于水，与乙醇、乙醚等混溶。苯甲醇是最简单的芳香醇，具有芳香气味，用于香料、化妆品等行业。由于苯甲醇具有微弱的麻醉作用，常用做注射时的局部麻醉剂。

苯甲醇可由苯氯甲烷水解得到。

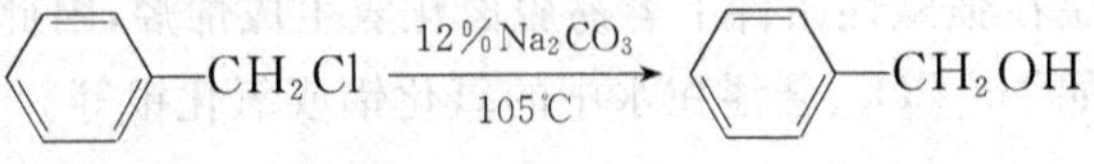

（五）乙二醇（$HOCH_2CH_2OH$）

乙二醇是最简单的二元醇，俗称甘醇。它是带有甜味的无色黏稠液体，沸点为 198℃，比重为 1.113，能与水、乙醇或丙酮混溶，但不溶于乙醚。含 60%（体积）乙二醇的水溶液，凝固点约为−40℃，常用做汽车散热器的防冻剂和飞机发动机的制冷剂。乙二醇的生产方法主要是以乙烯为原料用氯乙醇水解法和环氧乙烷水合法制备。

氯乙醇水解法：

$$CH_2{=}CH_2 \xrightarrow[75^\circ C\sim80^\circ C]{H_2O,Cl_2} \underset{OH}{\underset{|}{CH_2}}-\underset{Cl}{\underset{|}{CH_2}} \xrightarrow[105^\circ C\sim110^\circ C,1\times10^6\,Pa]{H_2O_2,NaHCO_3} \underset{OH}{\underset{|}{CH_2}}-\underset{OH}{\underset{|}{CH_2}}$$

环氧乙烷水合法：

$$CH_2{=}CH_2 \xrightarrow[220^\circ C\sim280^\circ C]{O_2,Ag} \underset{\diagdown O \diagup}{H_2C-CH_2} \xrightarrow[190^\circ C\sim220^\circ C,2.2\times10^6\,Pa]{H_2O} \underset{OH}{\underset{|}{CH_2}}-\underset{OH}{\underset{|}{CH_2}}$$

第二节　酚

一、酚的命名

羟基直接与芳环相连的化合物称为酚，其结构通式为 Ar—OH。酚与醇在结构上的区别在于酚含有的羟基直接与芳环相连。例如，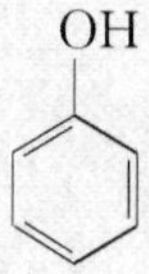是苯酚，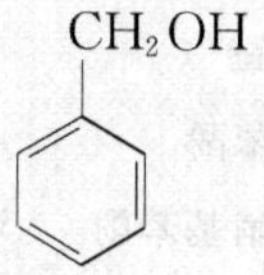是芳醇(苯甲醇)。

根据芳环上所连的羟基的数目，酚可以分为一元酚和多元酚。酚的命名一般是在“酚”的前面加上芳环的名称。当酚的芳环上有其他取代基如—NO_2、—X、—R 等时，将酚作为母体，在酚的前面写上取代基的位次和名称；当酚的芳环上有其他取代基如—COOH、—CHO、—SO_3H 等时，则把羟基当做取代基。例如：

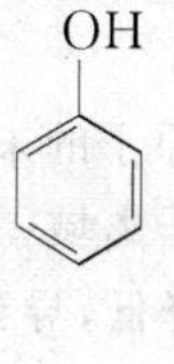
苯酚

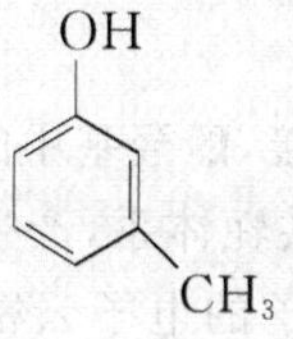
间甲苯酚

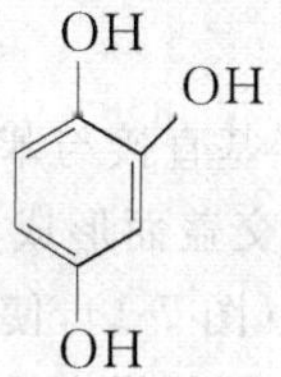
1,2,4-苯三酚

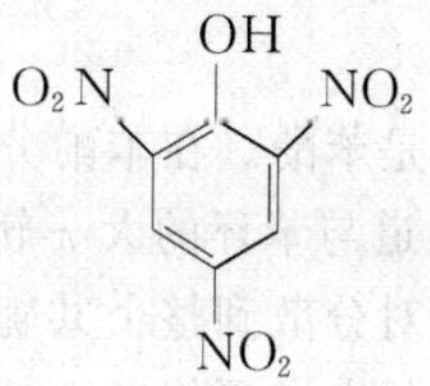
2,4,6-三硝基苯酚(苦味酸)

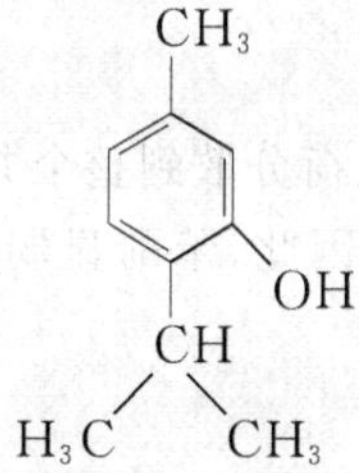
5-甲基-2-异丙基苯酚

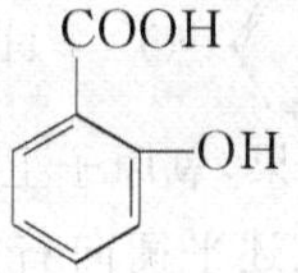
邻羟基苯甲酸
(水杨酸)

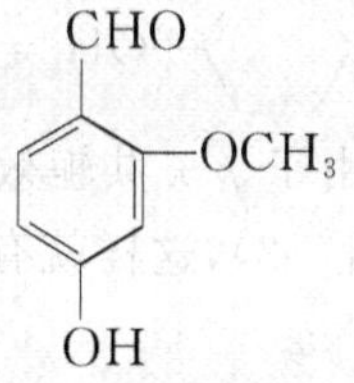
4-羟基-2-甲氧基苯甲醛

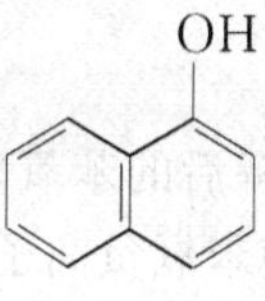
α-萘酚

二、酚的性质

(一) 物理性质

酚一般为固体，少数烷基酚为高沸点的液体。酚分子中包含羟基，分子间可形成氢键，它们的物理性质与醇相似，其沸点和熔点都较相应的烃高。酚微溶于水，常温下苯酚在 100g 水中可溶解 9g，苯酚在热水中可无限地溶解，酚在水中的溶解度随—OH 数目的增加而增加。酚有腐蚀性，具有杀菌作用。纯的酚应为无色，但往往由于氧化而带有红色至褐色。一些酚的物理常数见表 7-2。

表 7-2　一些酚的物理常数

化合物名称	熔点/℃	沸点/℃	pK_a
苯酚	40.9	181.8	9.99
邻甲苯酚	30.9	190.8	10.26

续表

化合物名称	熔点/℃	沸点/℃	pK_a
间甲苯酚	12.2	202.7	10.00
对甲苯酚	34.8	201.9	10.26
邻硝基苯酚	45	216	7.22
间硝基苯酚	97	194^{70mm}(分解)	8.36
对硝基苯酚	114	279(分解)	7.15
2,4-二硝苯酚	114		4.08
2,4,6-三硝基苯酚	123	>300(爆炸)	0.71
邻苯二酚	106	245.5	9.48
间苯二酚	111	276	9.44
对苯二酚	171	287	9.96

(二) 化学性质

1. 弱酸性

最简单的酚是苯酚。在苯酚分子中,羟基直接与苯环连接,酚羟基中的氧原子的未共用电子对所在 p 轨道与苯环的大 π 轨道相互交盖而形成 p-π 共轭体系,产生电子离域。氧原子的未共用电子对分散到整个共轭体系中(图 7-1),使氧原子的电子云密度降低,导致氧、氢原子之间成键的电子更偏向于氧,有利于氢原子离解成质子。

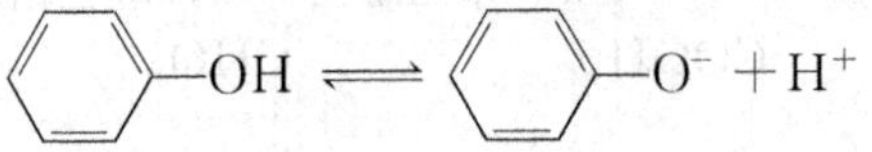

离解后的苯氧负离子,由于 p-π 共轭效应的结果,氧原子上的负电荷分散到整个共轭体系中,使苯氧负离子稳定(图 7-2),这样就有利于上述平衡向右移动。因此,苯酚显弱酸性,苯酚的 pK_a=9.99。

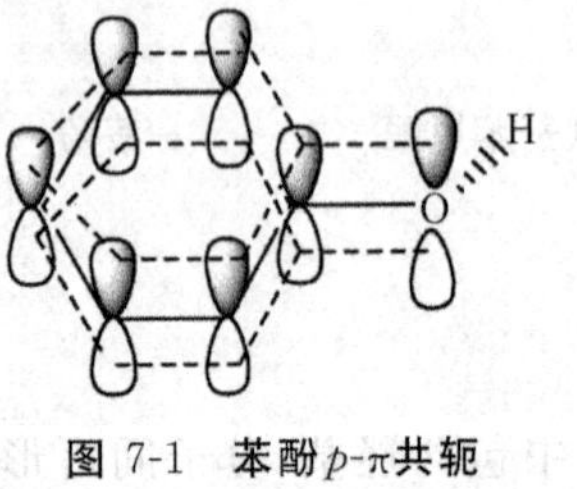

图 7-1 苯酚 p-π 共轭

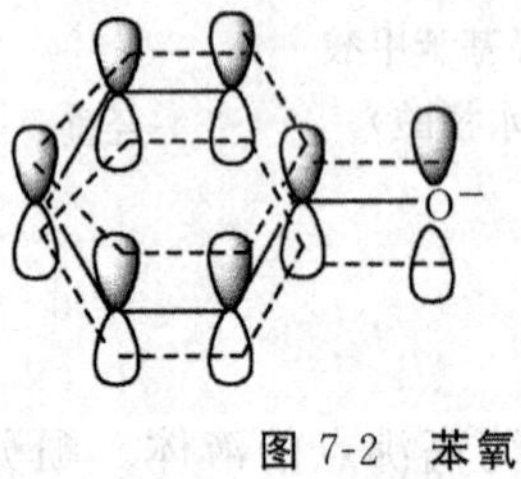

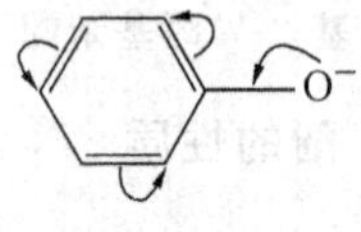

图 7-2 苯氧负离子 p-π 共轭

苯酚与氢氧化钠溶液作用,生成可溶于水的苯酚钠。

$$C_6H_5OH + NaOH \longrightarrow C_6H_5ONa + H_2O$$

苯酚钠水溶液通入 CO_2 气体,苯酚即游离析出。

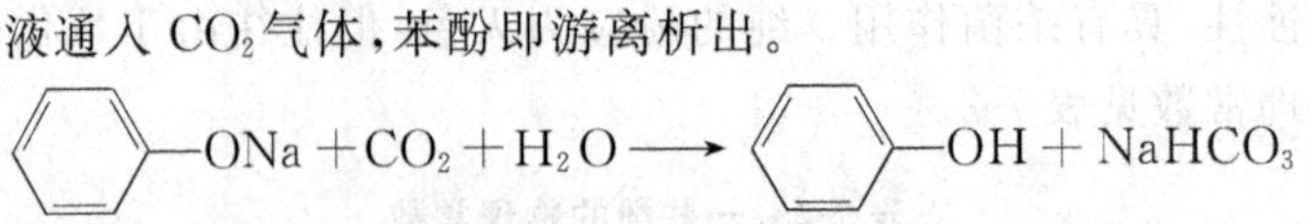

这说明苯酚是比碳酸还要弱的酸。由于苯酚的酸性比碳酸弱,所以一般情况下,苯酚只溶于 NaOH 溶液,而不溶于 $NaHCO_3$ 溶液。利用这一性质,可以把苯酚与一些有机酸区别开来。

当苯酚的苯环上连有能增加苯环电荷密度的取代基(称活化基团)时,酚的酸性减弱;连有使苯环上电荷密度降低的取代基(称钝化基团)时,酚的酸性增强。一般情况下,钝化基团的钝化能力越强,酸性增强越多;所连钝化基团越多,酸性增强也越多。下列化合物的酸性强弱次序为:

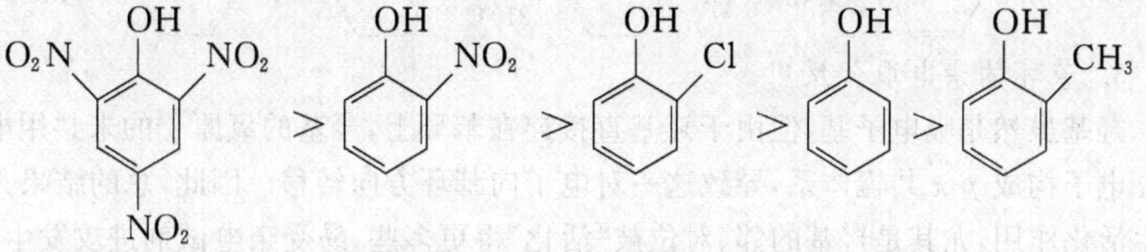

pK_a 0.71 7.22 8.55 9.99 10.26

另外,苯酚的酸性还与取代基在苯环上的位置有关。例如:

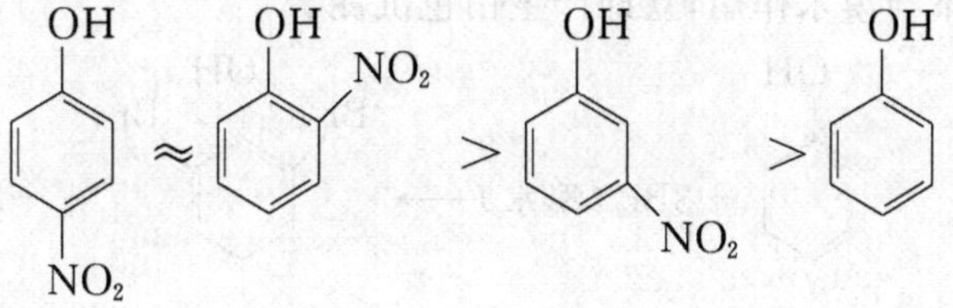

pK_a 7.15 7.22 8.36 9.99

这是由于当硝基位于羟基的邻、对位时,具有吸电子的诱导效应和共轭效应,使氧、氢之间的极性增大,并可使硝基苯酚负离子的负电荷离域到硝基的氧上,从而增加了酚负离子的稳定性,使酸性增强。当硝基位于羟基的间位时,硝基的吸电子作用不能通过共轭效应传递到酚羟基上,同样也不能使负电荷离域到硝基的氧上,只有吸电子的诱导效应产生影响。因此,间硝基苯酚的酸性虽比苯酚的酸性强,但对酚的酸性影响远不如在邻位或对位的大。

2. 成酯和成醚

酚与醇不同,酚不能与酸直接酯化成酯,但是可以用酸酐或酰氯等化合物与酚作用制备有机酸酯及无机酸酯。例如:

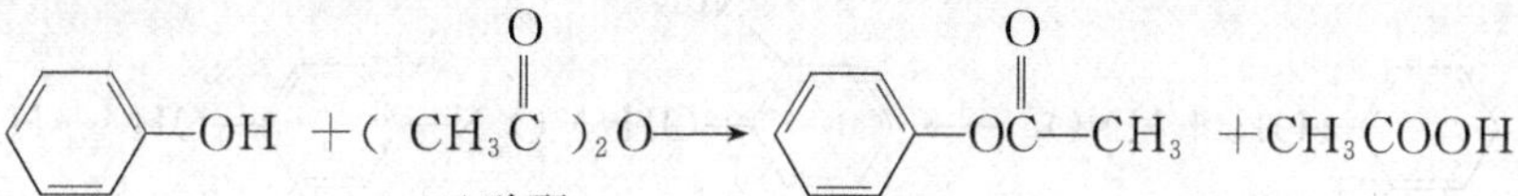

乙酸酐　　乙酸苯酯

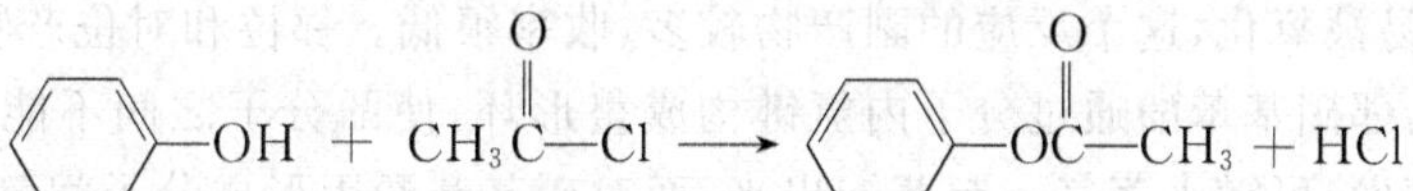

乙酰氯

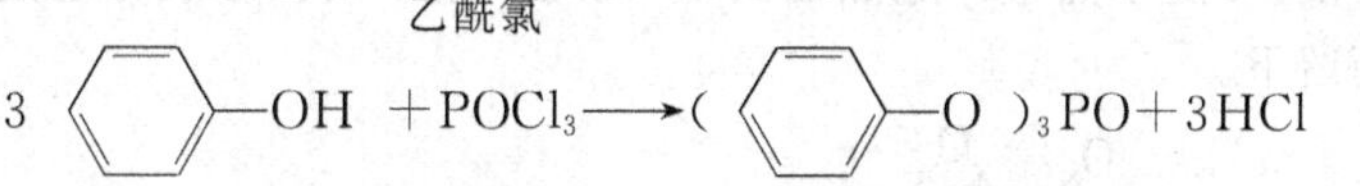

磷酰氯　　磷酸三苯酯

因为酚羟基的碳-氧键比较牢固,一般不能通过分子间脱水成醚,因此制备 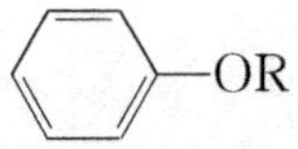 型芳醚,采用酚在碱性溶液中与卤代烃作用。反应可在水、乙醚或其他有机溶剂中进行。例如:

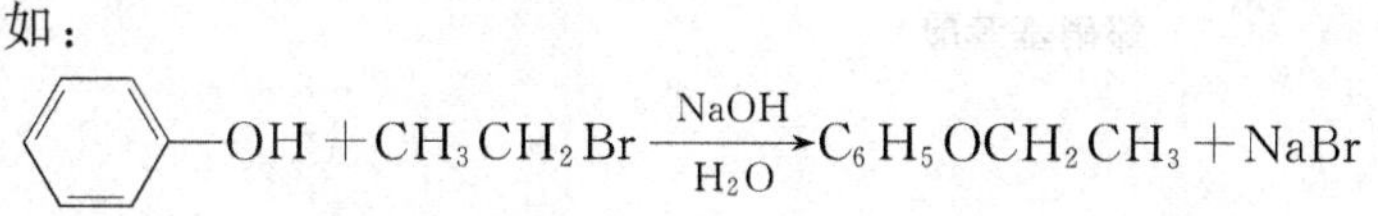

制备二芳醚时，可用酚钠与卤代芳烃作用。由于芳环上的卤原子不活泼，需用催化剂并在高温下反应。例如：

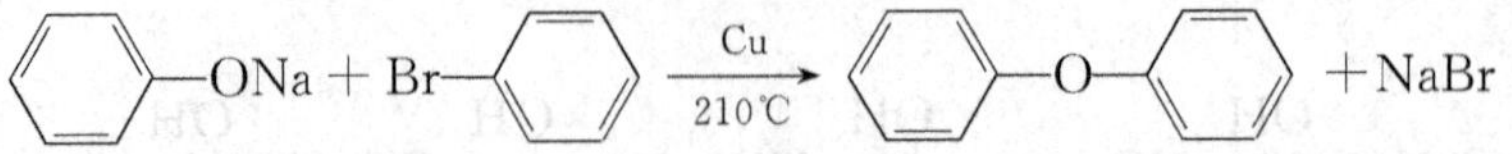

3. 苯环的亲电取代反应

羟基虽然是吸电子基，但由于羟基直接连在苯环上，羟基的氧原子的未共用电子对与苯环的 π 电子构成 p-π 共轭体系，导致这一对电子向苯环方向转移。因此，总的结果是羟基对苯环产生活化作用，尤其是羟基的邻、对位被“活化”得更多些，易受亲电试剂进攻发生取代反应。

(1) 卤代。

苯的卤代反应要在催化剂三卤化铁或铁粉作用下才能进行，而苯酚的卤代反应不需要催化剂，在室温下与溴水作用，立即产生白色沉淀。

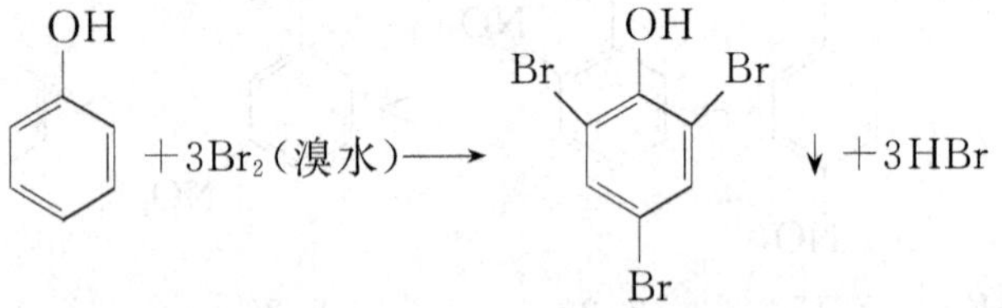

2,4,6-三溴苯酚

这个反应很灵敏，甚至 1×10^{-4} mol·L^{-1} 的苯酚也可以检验出来，可用于苯酚的定性和定量分析。只有用二硫化碳作反应溶剂且在低温下，才能得到一溴取代物。

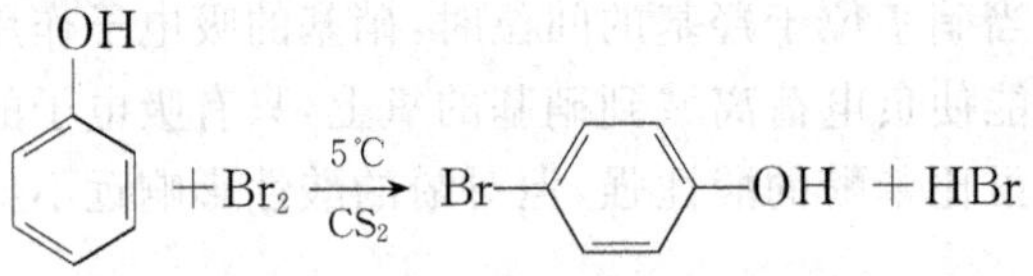

(2) 硝化。

苯酚与稀硝酸在常温下作用生成邻硝基苯酚和对硝基苯酚的混合物。

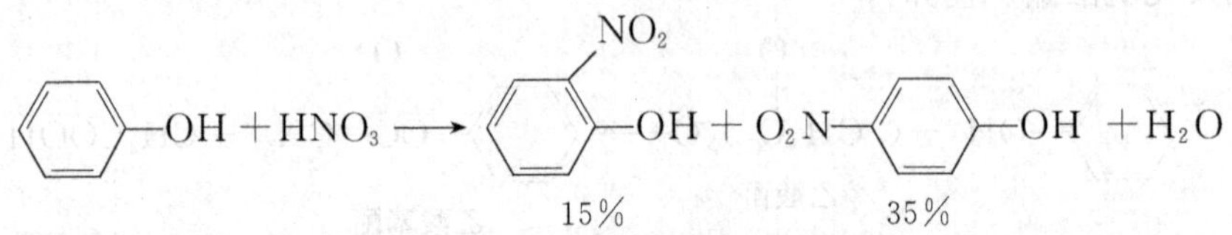

因为苯酚易被氧化，这个反应的副产物较多，收率很低。邻位和对位产物可以用水蒸气蒸馏分开，因为邻硝基苯酚通过分子内氢键构成螯形环，使酚分子之间不能发生缔合，沸点较低，故较易挥发，可随水蒸气一起蒸馏出来，而对硝基苯酚因形成分子间氢键，沸点相对较高，不易挥发而留下。

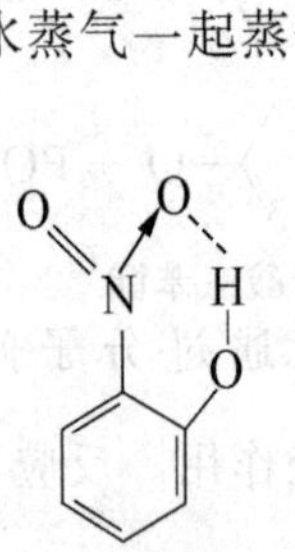

(形成分子内氢键，易于挥发)

邻硝基苯酚

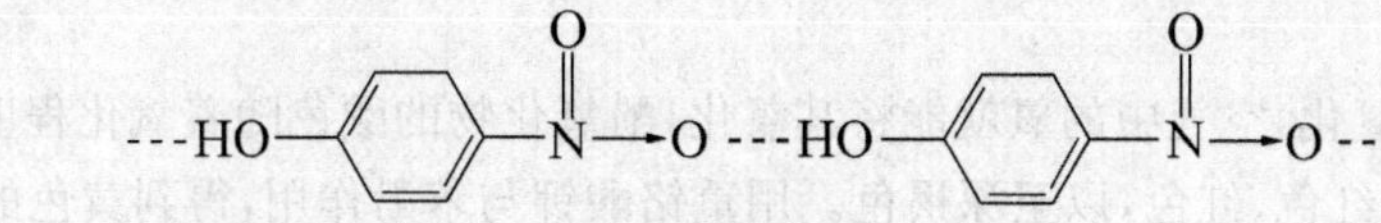

对硝基苯酚

（形成分子间氢键，不易挥发）

苯酚的其他邻位衍生物如邻羟基苯甲醛、邻羟基苯甲酸等，这些化合物都能通过分子内氢键形成螯形环，它们的挥发性都高于相应的对位、间位衍生物。

苯酚硝化后，由于硝基的吸电子诱导效应及吸电子共轭效应，使酚羟基上的氢原子活泼性增大，即酸性增强。引入的硝基越多，酚的酸性越强。例如，2,4,6-三硝基苯酚，俗名苦味酸，其酸性接近于无机酸（$K_a=1.6\times10^{-1}$）。

（3）磺化。

苯酚与浓硫酸在室温下进行磺化反应，主要产物为邻羟基苯磺酸；在 100℃下进行磺化，则主要产物为对羟基苯磺酸；进一步磺化可得到二磺酸。

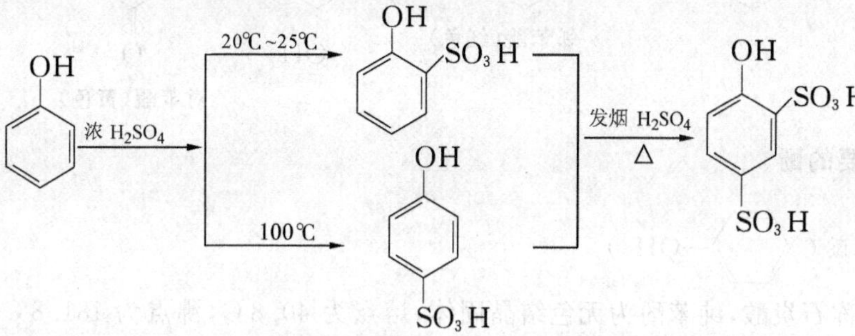

（4）亚硝化。

苯酚在酸性溶液中与亚硝酸作用，生成对亚硝基苯酚。

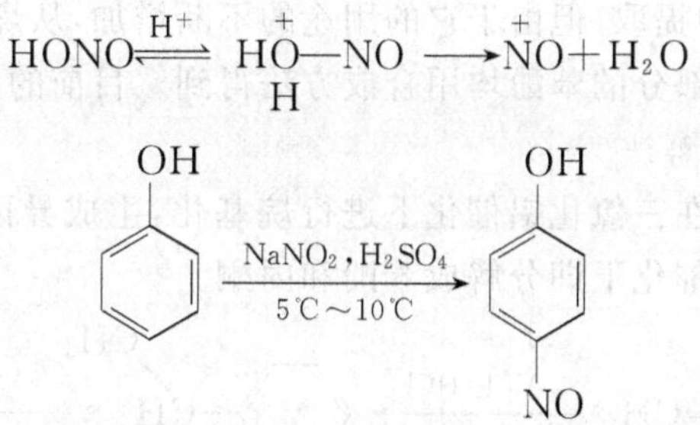

尽管由亚硝酸产生的亚硝基正离子是较弱的亲电试剂，但由于酚羟基对苯环有较强的活化作用，它也能比较容易地与苯酚进行亲电取代反应。

4. 与三氯化铁的显色反应

具有烯醇式结构的化合物能与三氯化铁反应生成有色物。苯酚也具有烯醇式结构，所以苯酚能与三氯化铁溶液作用显色。例如，与三氯化铁作用，苯酚、间苯二酚及萘酚显示紫色，对苯二酚和邻苯二酚显示绿色，邻、间、对三种甲酚显示蓝色。酚与三氯化铁的颜色反应机理比较复杂，一般认为是生成络合物。

$$6ArOH+FeCl_3 \rightleftharpoons 6H^+ +3Cl^- +[Fe(OAr)_6]^{3-}$$

显示颜色

5. 氧化反应

酚类很容易被氧化，空气中的氧就能将其氧化，酚氧化物的颜色随着氧化程度的深化而逐渐加深，由无色至粉红色、红色，以至深褐色。用重铬酸钾与苯酚作用，得到黄色的对苯醌。

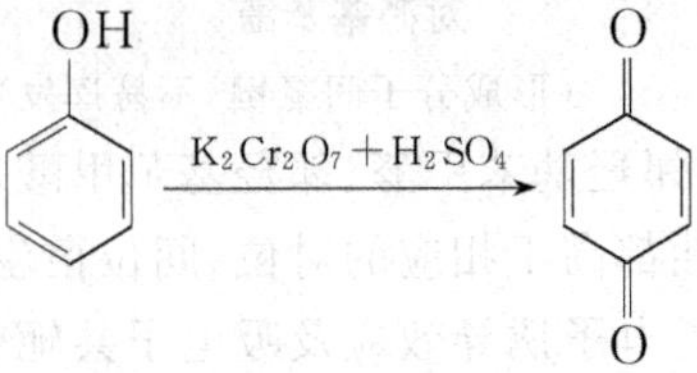

醌被继续氧化，碳环被破坏，生成复杂的混合物。

多元酚更容易被氧化，用弱氧化剂如 Ag_2O 就可以将它们氧化成邻苯醌和对苯醌。

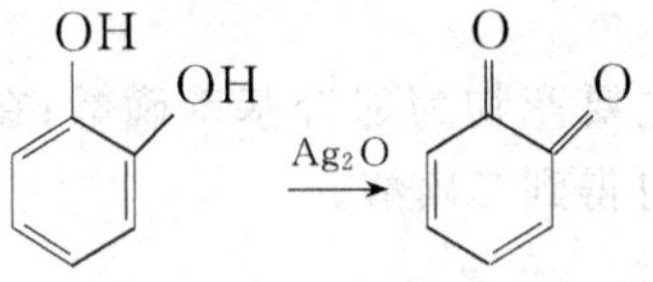

邻苯醌（红色）

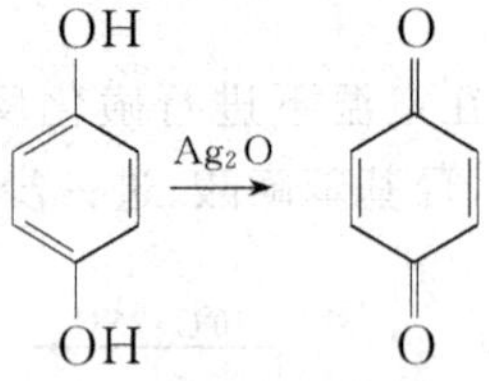

对苯醌（黄色）

三、重要的酚

（一）苯酚（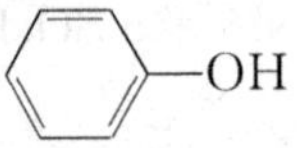 ）

苯酚俗称石炭酸，纯苯酚为无色结晶固体，熔点为 40.8℃，沸点为 181.8℃。苯酚见光及遇空气中的氧被氧化而呈微红色。苯酚微溶于水，在 20℃时，100g 水中可溶解 8g；在 68℃以上时则与水完全混溶，它易溶于乙醇及乙醚等有机溶剂中。

苯酚可以从煤焦油中提取，但由于它的用途的不断增加，从煤焦油中提取的苯酚已不能满足工业发展的需要，大部分的苯酚均用合成方法得到。目前的合成方法主要有下列几种：

1. 异丙苯的氧化-酸解法

以丙烯和苯为原料，在三氯化铝催化下进行烷基化，生成异丙苯，再用空气氧化成过氧化氢异丙苯，后者在硫酸催化下即分解成苯酚和丙酮。

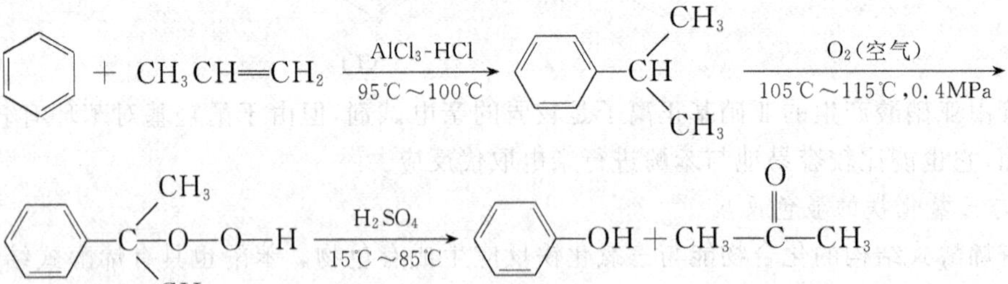

2. 苯磺化碱熔法

苯经磺化、中和制成苯磺酸，将苯磺酸与氢氧化钠一起加热熔融，生成苯酚钠，酸化即得苯酚。

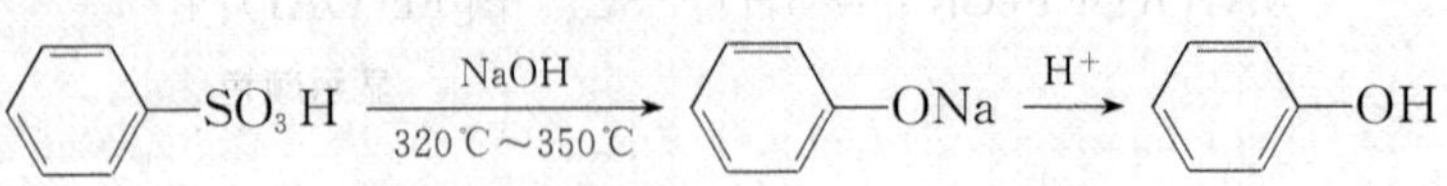

3. 氯苯的碱性水解

由于氯苯分子中的氯原子很不活泼，因此氯苯的水解反应要在高温、高压下进行。

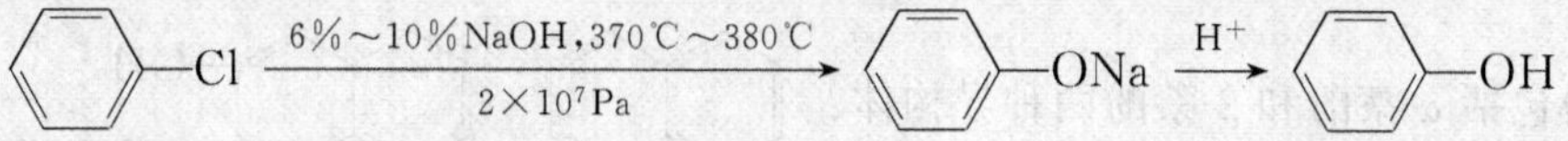

(二) 苯二酚

苯二酚有邻、间、对三种异构体：

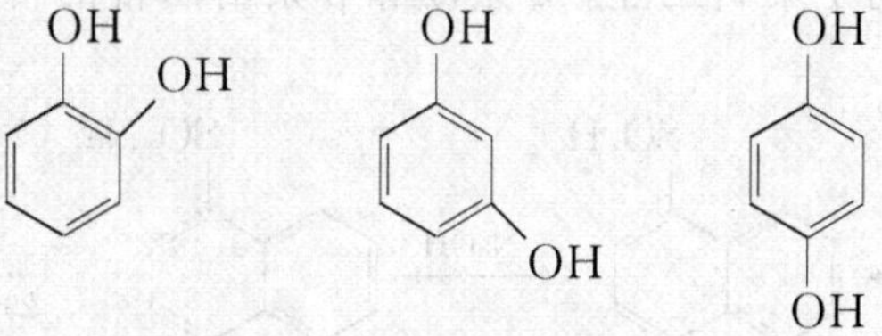

邻苯二酚俗称儿茶酚，是无色固体，可溶于水中。工业上邻苯二酚由邻氯苯酚水解得到。

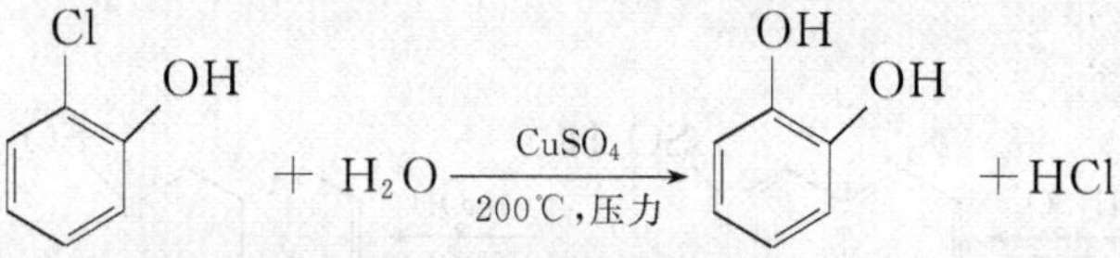

常用的急救药物肾上腺素中含有儿茶酚的结构。

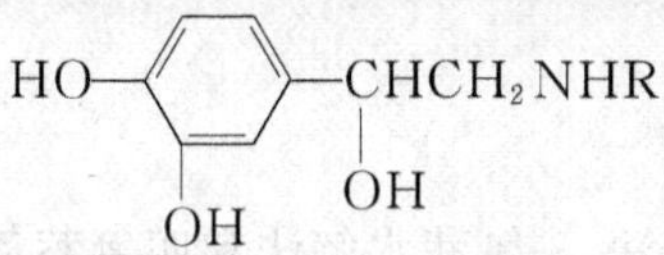

(R=—CH_3，肾上腺素；R=—H，去甲肾上腺素；R=—$CH(CH_3)_2$，异丙肾上腺素)

间苯二酚为无色结晶，熔点为 110℃，易溶于水，还原性不如邻、对苯二酚强。工业上间苯二酚可由间苯二磺酸钠碱熔制备。

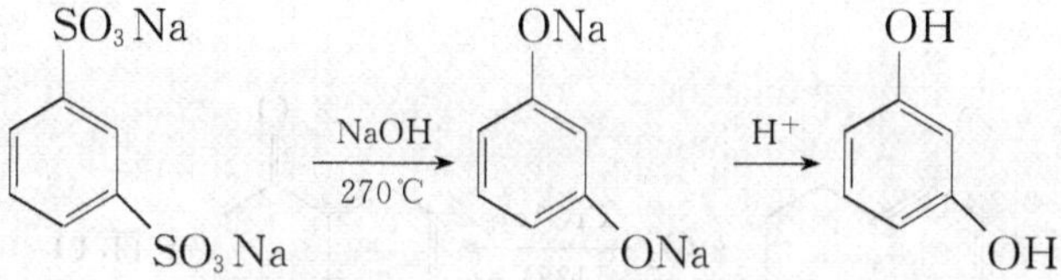

对苯二酚为无色固体，由于结构对称，故在苯二酚的 3 个异构体中它的熔点最高，达 170℃，在水中的溶解度也最小。对苯二酚是苯二酚中还原能力最强的一个，极易被氧化为对苯醌。

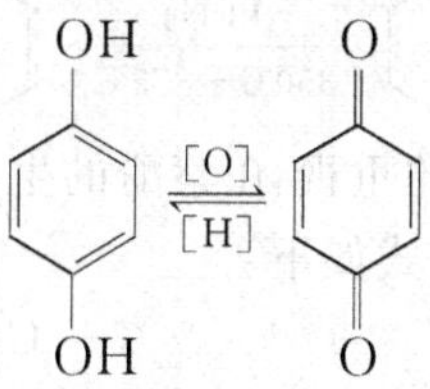

对苯二酚可由对苯醌还原制备，因此对苯二酚又称为氢醌。由于对苯二酚是强还原剂，因此用做显影液，它还用做高分子单体的阻聚剂。

（三）萘酚

萘酚包括α-萘酚和β-萘酚两种异构体：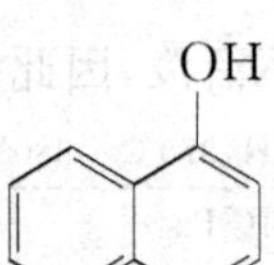，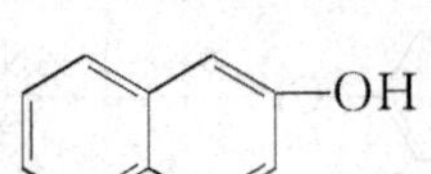。

α-萘酚熔点为94℃，沸点为279℃；β-萘酚熔点为123℃，沸点为286℃。两种萘酚均为重要的染料中间体，应用于染料工业。α-萘酚和β-萘酚制备的传统工艺是采用萘磺化碱熔法。

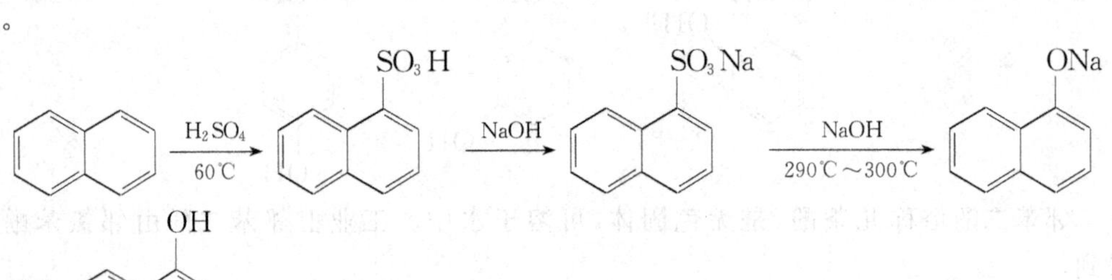

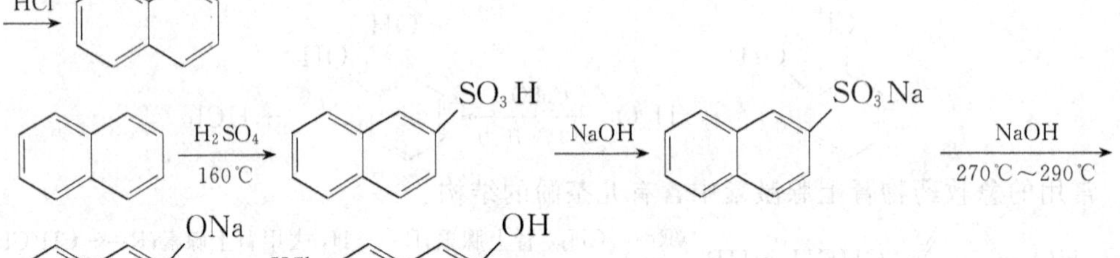

α-萘酚的制备除了萘磺化碱熔法外，还有甲萘胺水解法、α-氯萘水解法和四氢萘氧化脱氢法等，前三种方法具有收率低、毒性大、设备腐蚀严重、三废量多、生产能力低等缺点，而四氢萘氧化脱氢法具有得率高、三废少、产品质量好、过程连续、生产能力大等优点。其反应式如下：

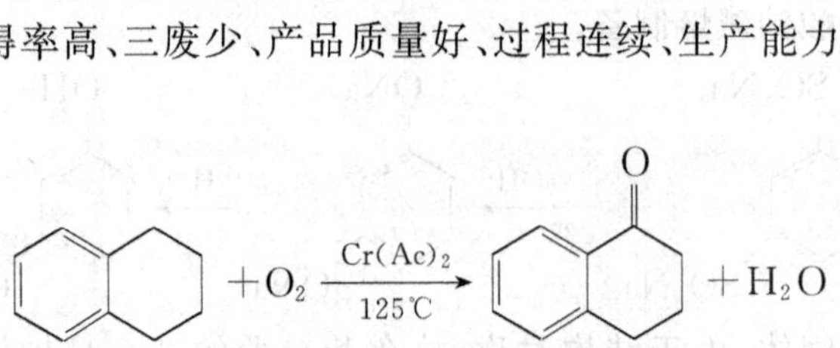

四氢萘酮

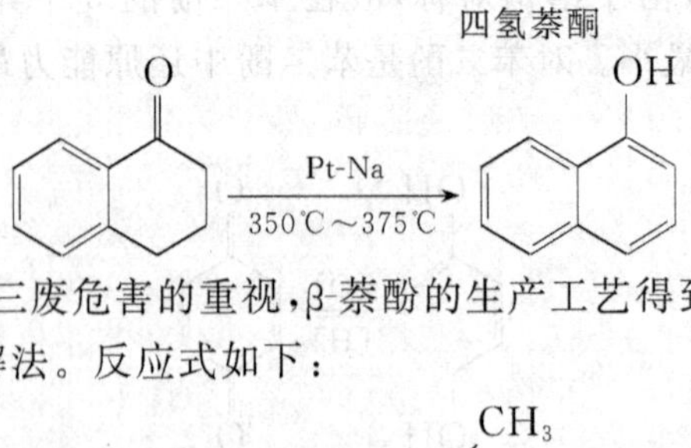

随着生产的需要和对三废危害的重视，β-萘酚的生产工艺得到改进，其中比较好的生产方法是异丙萘的氧化、酸解法。反应式如下：

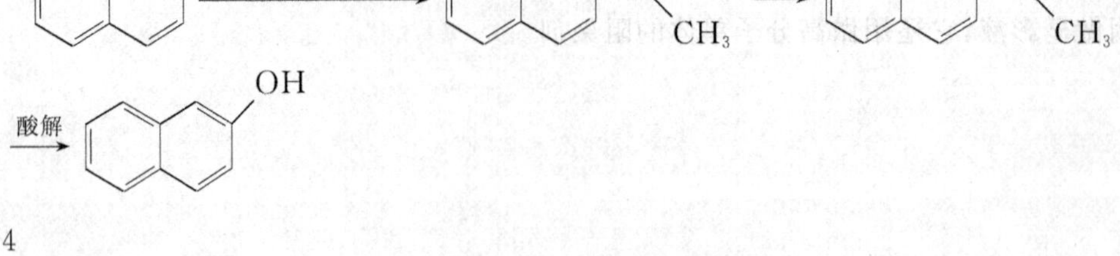

四、硫醇和硫酚

(一) 结构和命名

醇分子中的氧原子被硫原子代替后所形成的化合物称为硫醇，结构式为 RSH。硫醇的官能团是—SH，称为硫氢基或巯基。硫醇和硫酚的命名只需在相应的醇或酚的名字前加上“硫”字即可。例如：

CH_3SH 甲硫醇　　$CH_2{=}CHCH_2SH$ 烯丙硫醇　　$HOCH_2CH_2SH$ 2-巯基乙醇

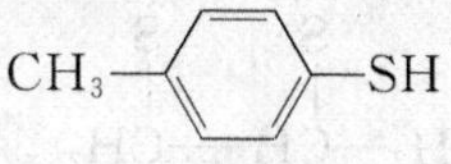

对甲苯硫酚

$CH_3CHCH_2CH_2SH$（C-2 上连有 CH_3）

3-甲基-1-丁硫醇

(二) 性质

1. 物理性质

虽然含硫化合物的分子量较相应的含氧化物的分子量大，但是硫原子的电负性比氧小，形成氢键的能力弱得多。因此，硫醇的沸点比相应的醇低得多。例如，乙醇的沸点为 78.5℃，而乙硫醇的沸点为 37℃。巯基与水也难形成氢键，所以硫醇在水中的溶解度比相应的醇小。乙醇与水完全混溶，而乙硫醇在 100mL 水中只溶解 1.5g。分子量较低的硫醇具有恶臭，空气中如含有 $1\times10^{-8}g\cdot L^{-1}$的乙硫醇即可以感觉到它的臭味，随着硫醇相对分子质量的增大，臭味逐渐变弱。

2. 化学性质

(1) 弱酸性。

硫原子的半径大于氧原子，硫氢键(S—H)(键长 0.182nm)比氢氧键(O—H)(键长 0.144nm)长，容易极化断裂，导致硫氢键比氢氧键容易放出质子。因此，硫醇、硫酚的酸性比相应的醇和酚的酸性强。例如，乙硫醇的 pK_a 为 10.5，虽然它难溶于水，但易溶于稀的氢氧化钠水溶液中，生成乙硫醇钠(乙醇(pK_a 为 18)不能与碱性水溶液反应)。

$$C_2H_5SH + NaOH \longrightarrow C_2H_5SNa + H_2O$$

苯硫酚(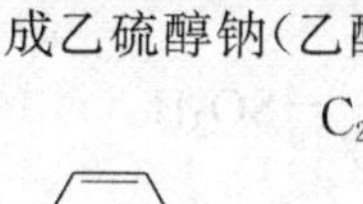)比相应的苯酚的酸性强。例如，苯硫酚可溶于碳酸氢钠水溶液中，而苯酚不溶于碳酸氢钠水溶液中。硫氢键易离解还表现在硫醇易与汞、铅、铜等重金属盐反应形成难溶于水的硫醇盐沉淀。例如：

$$2CH_3CH_2SH + HgO \longrightarrow (CH_3CH_2S)_2Hg\downarrow + H_2O$$

二乙硫醇汞

$$2CH_3CH_2SH + (CH_3COO)_2Pb \longrightarrow (CH_3CH_2S)_2Pb\downarrow + 2CH_3COOH$$

二乙硫醇铅

平时我们所说的汞中毒或铅中毒，实际上是生物体内酶的巯基与汞或铅盐发生反应，使酶失去活性引起的。利用硫醇能与重金属离子反应这一特性，使硫醇与重金属离子形成不易离解的、无毒性的水溶性配合物由尿中排出，可作为重金属盐类中毒的解毒剂，如 2,3-二巯基丙醇、二巯基丙磺酸钠、二巯基丁二酸钠等。

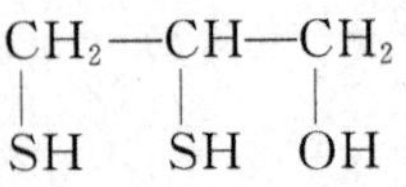

2,3-二巯基丙醇

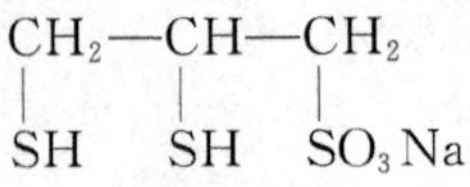

二巯基丙磺酸钠

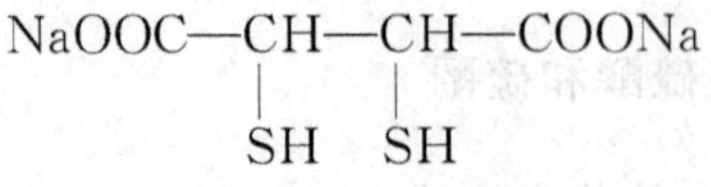

二巯基丁二酸钠

这些解毒剂中均含有两个相邻的巯基。例如，2,3-二巯基丙醇与汞离子发生如下反应：

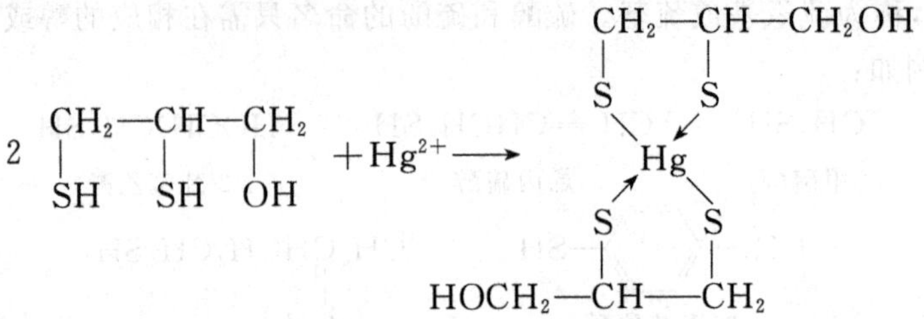

汞离子与硫醇形成配合物由尿中排出，不再与酶的巯基反应，而且由于硫醇与金属的亲和力较大，可以夺取已与酶结合的汞离子，使酶的活性恢复。

(2) 氧化。

醇被氧化时，氧化反应发生在 α-C—H 键而不是 O—H 键上，硫醇由于硫氢键 S—H 的离解能较氢氧键 O—H 小，在弱氧化剂如过氧化氢、碘、三氧化二铁等作用下，硫氢键断裂，两分子硫醇结合成二硫化物。

$$2RSH \underset{[H]}{\overset{[O]}{\rightleftharpoons}} R—S—S—R$$

二硫化物

二硫化物中的"—S—S—"键称为二硫键。二硫化物在亚硫酸氢钠、锌和乙酸等还原剂作用下，又可以被还原为硫醇。

在生物体中，二硫键对于保护蛋白质的分子的特殊构型具有重要的作用，二硫键与巯基之间的氧化还原是一个极为重要的生理过程。硫酚也能进行上述的氧化反应。

硫醇和硫酚在高锰酸钾、硝酸等强氧化剂作用下，则发生较强烈的氧化反应，生成磺酸。

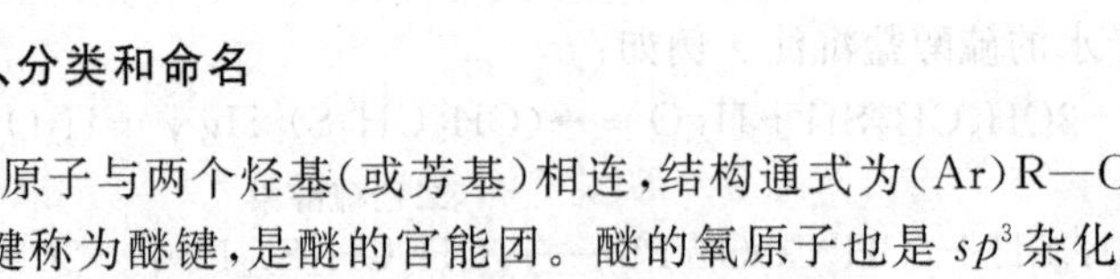

第三节　醚

一、醚的结构、分类和命名

醚分子中的氧原子与两个烃基(或芳基)相连，结构通式为(Ar)R—O—R′(Ar′)。醚分子中的 C—O—C 键称为醚键，是醚的官能团。醚的氧原子也是 sp^3 杂化，C—O—C 键的键角不是 180°，而是 110°左右，两个 C—O 键的偶极矩不能相互抵消。因此，醚有弱极性，其极性比烷烃大。甲醚的结构如下：

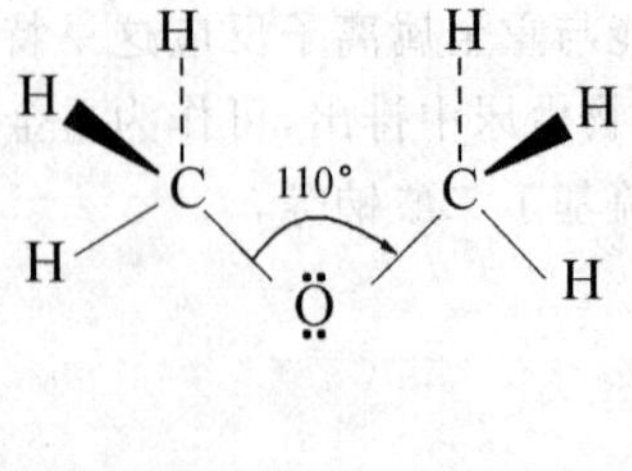

醚大致可以分为单醚、混醚和环醚。两个烃基相同的醚称为单醚；两个烃基不同的醚称为混醚；氧原子和烃基上相邻的两个碳原子或非相邻的的两个碳原子形成的环状结构的化合物称为环醚，或称环氧化合物。例如：

单醚：　$C_2H_5—O—C_2H_5$　（乙醚）

混醚：　$CH_3—O—C_2H_5$　（甲乙醚）

环醚：　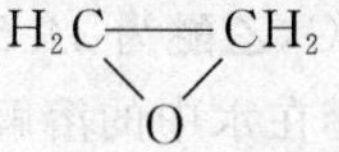　（环氧乙烷）

结构简单的醚命名时，先写出烃基的名称，再加上“醚”字，并常常省去烃基的“基”字。对于单醚可省略前面的“二”字（但对芳香醚和某些不饱和烃基醚习惯上保留“二”字）；对于混醚，则将较小的烃基放在前面，芳烃基放在其他烃基的前面。例如：

$C_6H_5—O—C_6H_5$　二苯醚

$CH_3—O—CH_3$　甲醚

$CH_3—O—CH_2CH_3$　甲乙醚

$CH_2═CHCH_2—O—CH_3$　甲基烯丙基醚

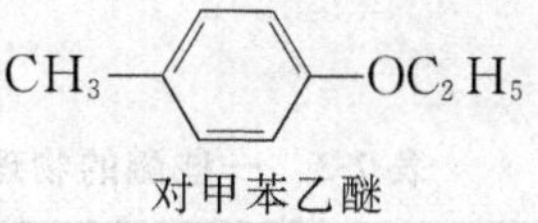

对甲苯乙醚

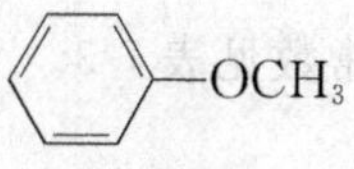

苯甲醚

结构比较复杂的醚用系统命名法命名。选择与氧相连碳原子数较多的烃基为主链，当做母体，而把另一烃基和氧原子看做烷氧基，命名原则与前面讨论过的系统命名规则相同。例如：

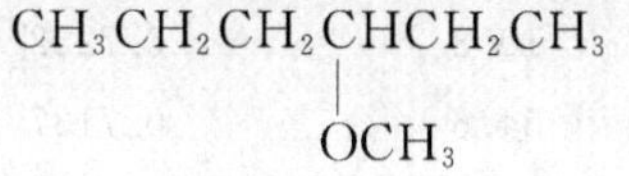

3-甲氧基己烷

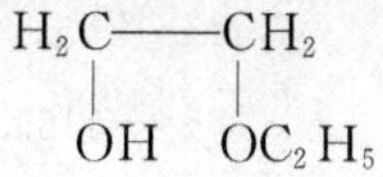

2-乙氧基乙醇

$CH_3OCH═CHCH_2CH_3$　1-甲氧基-1-丁烯

$CH_3OCH_2CH_2OCH_3$　1,2-二甲氧基乙烷

多元醇中的一部分羟基被衍生为醚时，可在多元醇的名称之后，在“醚”字之前，加上烷基名称及其位次，并常常省去烃基的“基”字。例如：

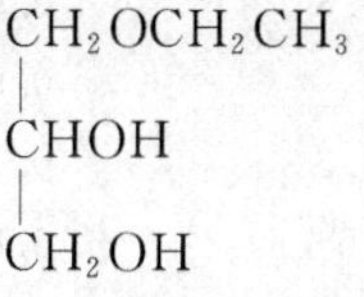

丙三醇-1-乙醚

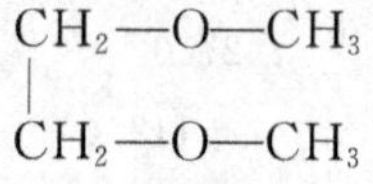

乙二醇二甲醚

环醚命名时，通常用“环氧”作词头，称为“环氧某烷”，并标明环氧键所在的碳原子的位置。有时也可按相应的杂环化合物的名称命名或采用习惯命名法。例如：

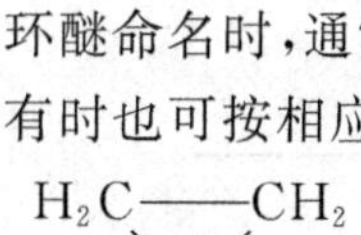

环氧乙烷

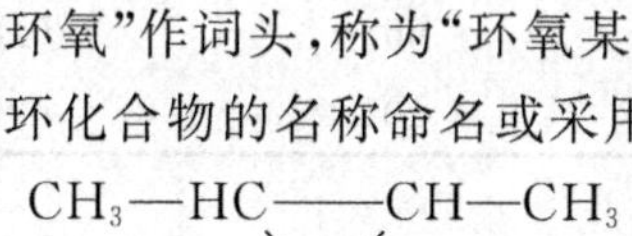

2,3-环氧丁烷

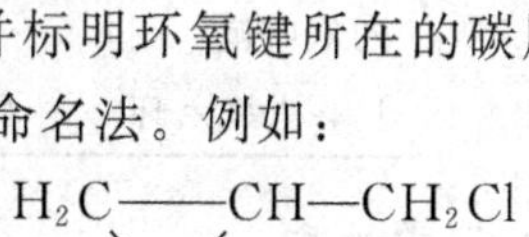

3-氯-1,2-环氧丙烷

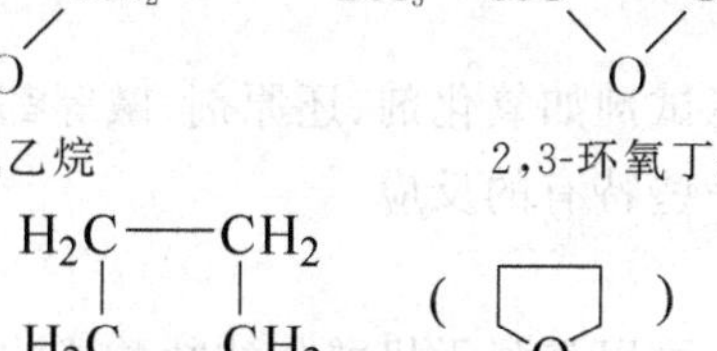

四氢呋喃（1,4-环氧丁烷）

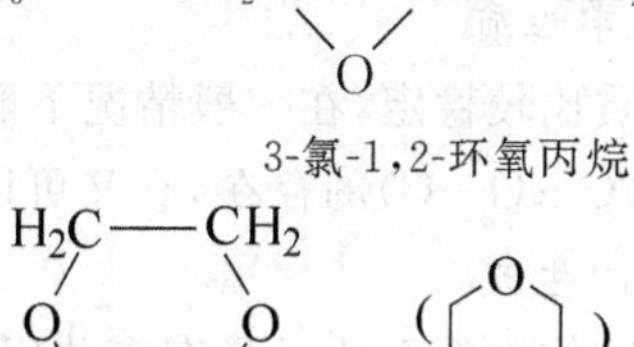

1,4-二氧六环

二、醚的性质

（一）物理性质

在常温下除了甲醚和甲乙醚为气体外，大多数醚均为易挥发、易燃的液体。与醇不同，醚分子间不能形成氢键，无缔合现象，所以沸点和分子量相同的醇相比要低很多。例如，乙醇的沸点为78.5℃，甲醚为−23℃，正丁醇的沸点为117.3℃，乙醚为34.5℃。

多数醚难溶于水，但比烷烃在水中的溶解度大。低级醚在水中的溶解度与分子量相近的醇接近。例如，乙醚和丁醇在水中的溶解度相近，每100g水中溶解8g，这是由于醚分子中的氧原子可以和水中的氢原子形成氢键。常用的四氢呋喃和1,4-二氧六环能与水完全互溶，这是由于二者的氧和碳形成环，氧原子突出在外，容易和水形成氢键。而大多数醚中的氧原子"被包围"在分子之中，难以和水形成氢键，所以稍溶于水。有机化合物分子中的醚键增多，则水溶解性增加。醚和许多有机化合物相互溶解，是重要的有机溶剂。一些常见醚的物理常数见表7-3。

表7-3　一些醚的物理常数

名称	熔点/℃	沸点/℃	相对密度（d_4^{20}）
甲醚	−141.5	−24.9	0.6610^{20}
甲乙醚	—	10.8	0.7252_0^0
乙醚	−116.3	34.6	0.7137
正丙醚	−123.2	89.6	0.7466^{20}
异丙醚	−86.9	68.4	0.7258
正丁醚	−98.0	142.4	0.7694
正戊醚	−69.4	186.8	0.7833
乙烯基乙醚	−115.8	35.7	0.7531^{20}
苯甲醚	−37.4	153.8	0.9942^{20}
苯乙醚	−30	172	0.9670
二苯醚	27.0	258.3	0.1066_4^{30}
环氧乙烷	−112.4	10.6	0.891_4^0
1,2-环氧丙烷	−112.1	34.2	0.859_4^0
四氢呋喃	−108.5	66.0	0.8892
1,4-二氧六环	11.7	101.2	0.10329

（二）化学性质

醚的性质比较稳定，在一般情况下醚与许多试剂如氧化剂、还原剂、碱等都不发生反应，但由于醚键（C—O—C）的存在，它又可以发生一些特有的反应。

1. 鉡盐的生成

醚分子结构中的氧原子具有未共用电子对，可以与强无机酸如浓盐酸或浓硫酸等作用，生成鉡盐。例如：

$$C_2H_5-\ddot{O}-C_2H_5 + HCl \longrightarrow \left[C_2H_5-\overset{H}{\ddot{O}}-C_2H_5\right]^+ Cl^-$$

由于醚分子中的氧原子接受质子的能力不太强，醚生成的锌盐只能在低温下存在于浓酸中，若用水稀释，则锌盐分解而分离出原来的醚。在实验室中可以利用醚形成锌盐后溶于浓酸中这一特点，区别醚与烷烃或卤代烃，并且可以分离它们。

2. 醚键的断裂

将醚与强无机酸如氢碘酸、氢溴酸、浓硫酸等作用，首先形成锌盐，加热则醚键断裂。例如：

$$C_2H_5-\ddot{\underset{\cdot\cdot}{O}}-C_2H_5+HI \rightleftharpoons \left[C_2H_5-\overset{H}{\underset{\cdot\cdot}{O}}-C_2H_5\right]^+ I^- \xrightarrow{\triangle} C_2H_5OH+C_2H_5I$$

$$C_2H_5OH \xrightarrow{\text{适量HI}} C_2H_5I$$

在较高温度下，生成的醇继续与氢碘酸作用，生成两分子碘代烷。

混醚与氢碘酸作用时，一般是较小的烃基变成碘代烷。例如：

$$RCH_2-O-CH_3 \xrightarrow[\triangle]{HI} RCH_2OH+CH_3I$$

$$RCH_2OH \xrightarrow{\text{适量HI}} RCH_2I$$

芳基烷基醚与氢卤酸作用时，总是烷氧基断裂生成酚和卤代烷。这是因为氧原子和芳环之间的 C—O 键由于 p-π 共轭结合得较牢。例如：

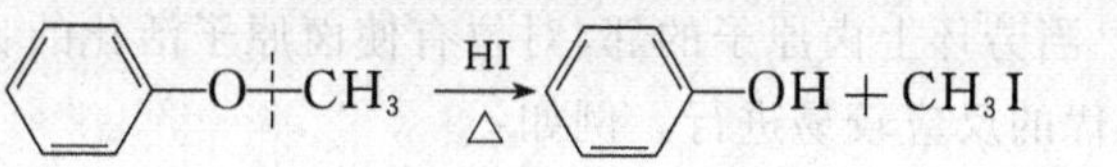

二芳醚(如二苯醚)甚至与氢碘酸作用，醚键也不会断裂。

3. 过氧化物的形成

许多烷基醚，若与空气长时间接触，逐渐生成有机过氧化物。例如：

$$CH_3CH_2OCH_2CH_3+O_2 \longrightarrow CH_3\underset{}{\overset{OOH}{\overset{|}{C}}}HOCH_2CH_3$$

醚的过氧化物不易挥发，受热时易爆炸。在蒸馏醚时注意不要把醚蒸干，以免发生爆炸事故。醚中是否有过氧化物，可以用淀粉-碘化钾试纸检验或者用硫酸亚铁和硫氰酸钾(KCNS)混合溶液检验，如有过氧化物存在，可使淀粉-碘化钾试纸变蓝或使 $FeSO_4$-KCNS 试纸变红。除去过氧化物的方法是在醚中加入适量的 5% 的 $FeSO_4$，使过氧化物分解破坏。

三、醚的制备

(一) 醇的脱水

醇的脱水除了用硫酸和三氧化二铝作催化剂外，还可用芳香族磺酸、氟化硼作催化剂。在操作中应严格控制温度，若温度过高，将生成大量的烯烃(参见醇的化学性质——脱水反应)。利用醇脱水制备醚时，一级醇产量最高，二级醇的产量很低，三级醇则只能得到烯烃。醇脱水制醚的方法只适用于制备低级的简单醚，混合醚和芳醚的制备需用其他方法。

(二) 威廉逊(A. W. Williamson)反应

所谓 Williamson 反应是指用卤代烷或硫酸烷酯和醇钠(或钾盐)作用生成醚的反应。例如：

$$R-O^-Na^+ + X-R \longrightarrow R-O-R+NaX$$

所用的卤代烷以溴代烷最为有效，因为它比氯代烷活泼，又不像碘代烷那样容易释放出HI，所用硫酸烷酯可为硫酸二甲酯或硫酸二乙酯。

利用 Williamson 反应既可以制备单醚，也可以制备混醚，但此反应最适合制备混醚。叔卤代烷与醇钠反应时几乎都生成烯烃。例如：

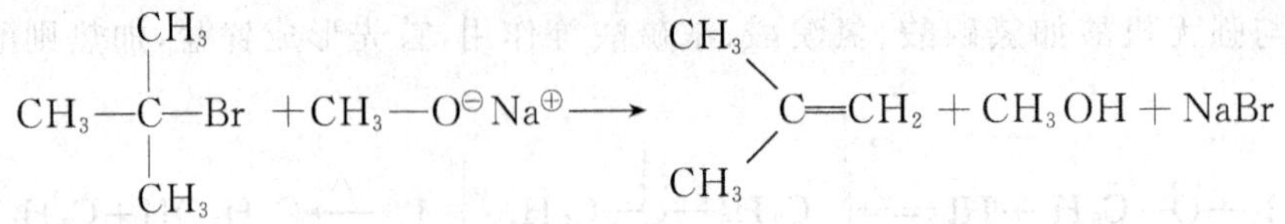

由于叔丁基溴空间位阻较大，不利于进行亲核取代，而有利于消除反应，因而生成烯烃。如果要合成叔丁基醚，则选用叔丁基醇钠与卤代烷作用。

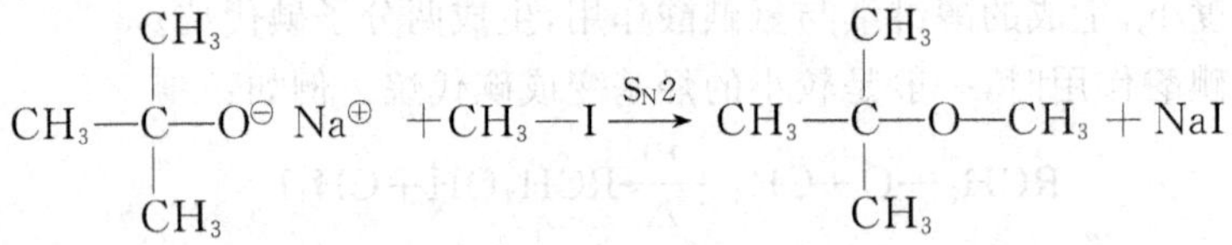

由于叔丁基氧负离子是一个强碱，碘甲烷的空间位阻又极小，故能进行双分子亲核取代(S_N2)反应，因而生成醚。

芳环上的卤原子被烷氧基取代的反应称为“烷氧基化”。卤原子被烷氧基取代的反应是一个亲核取代反应。当芳环上卤原子的邻、对位有使卤原子活化的吸电子基时，卤原子比较活泼，它被烷氧基取代的反应较易进行。例如：

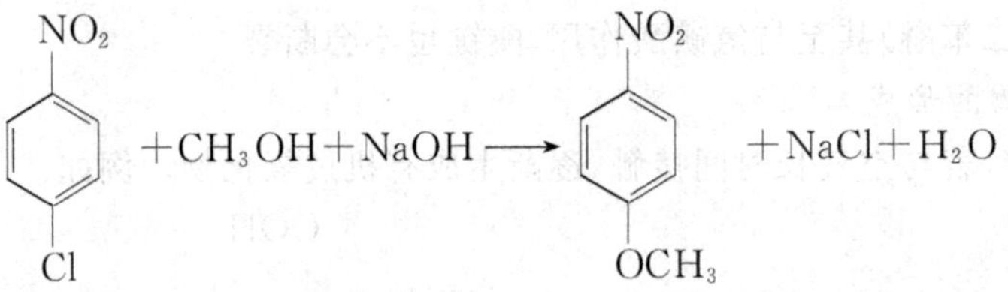

硝基还原后可得到相应的氨基酚醚。当芳环上没有使卤原子活化的吸电子基时，卤原子不容易置换成烷氧基，如氯苯与醇钠难反应。这类酚醚的制备可采用酚钠与卤代烷的反应，即“酚羟基的烷化”。例如：

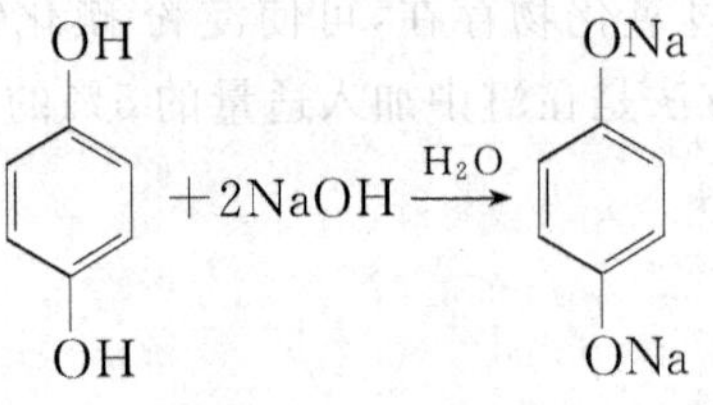

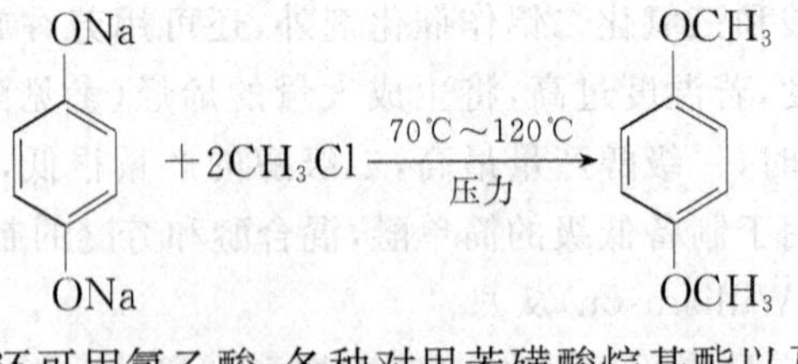

烷化剂除卤代烷外，还可用氯乙酸、各种对甲苯磺酸烷基酯以及环氧乙烷等。例如：

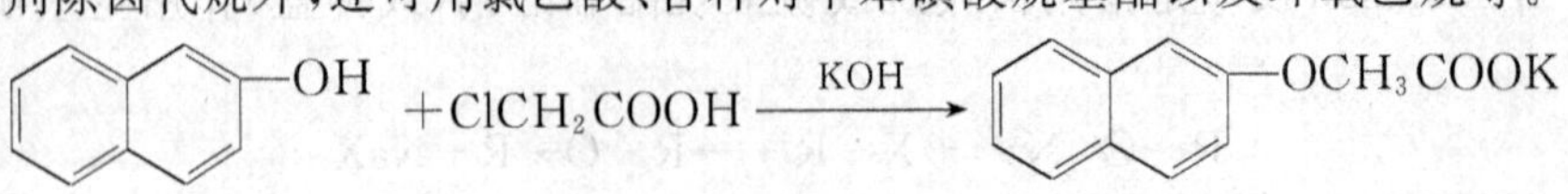

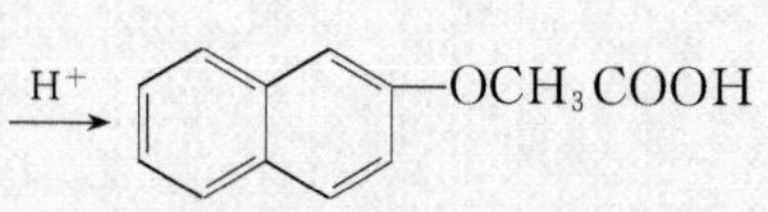

威廉逊（A. W. Williamson，1824—1904）出生在英国伦敦，在儿童时代由于健康不佳而失去一只眼睛和一只手的功能。1840 年，他在 H. Gmelin 指导下学习化学，然后于 1844 年在 G. Liebig 指导下学习。1849 年，他被聘任为伦敦大学教授，在那里他主要从事酯化理论的研究。威廉逊最先合成了原酯。1862 年他获得了英国女王勋章。

四、重要的醚

（一）乙醚（$C_2H_5OC_2H_5$）

乙醚是最常用的一种醚，它是易挥发的无色液体，沸点为 34.5℃，微溶于水，能溶解许多有机化合物。乙醚极易着火，它的蒸气和空气混合到一定比例时，遇火引起猛烈爆炸，即使没有火焰，乙醚的蒸气遇到热的金属（如铁丝网）也会着火。因此，在制备和使用乙醚时应远离火源。乙醚最重要的用途是作溶剂。纯乙醚在医疗上可用做麻醉剂。在有机合成中需要使用无水乙醚时，可先用固体氯化钙处理，再用金属钠处理，以除去水和乙醇。为了防止乙醚的氧化，市售的乙醚中，常加入极少量的抗氧剂二乙基氨基二硫代甲酸钠（$(CH_3CH_2)_2N-\underset{\underset{S}{\|}}{C}SNa$）。

（二）异丙醚（$(CH_3)_2CH-OCH(CH_3)_2$）

异丙醚为无色液体，沸点为 68.7℃，有乙醚的气味，微溶于水。它也是有机化合物的优良溶剂，由于挥发性较乙醚小，使用较安全，在实验室和生产中可用异丙醚代替乙醚作溶剂使用。异丙醚可由异丙醇脱水制备。

$$2(CH_3)_2CHOH \xrightarrow[100℃\sim125℃]{70\%\,H_2SO_4} (CH_3)_2CHOCH(CH_3)_2 + H_2O$$

它还可由异丙醇在三氟化硼催化下反应制备。

$$(CH_3)_2CHOH + CH_3CH{=}CH_2 \xrightarrow{BF_3} (CH_3)_2CHOCH(CH_3)_2$$

五、环醚

环醚中最常见的是三元环醚、五元环醚和六元环醚。例如：

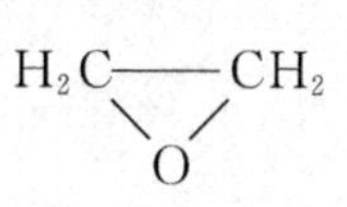

环氧乙烷（三元环醚）

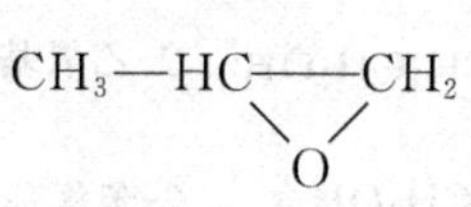

环氧丙烷（三元环醚）

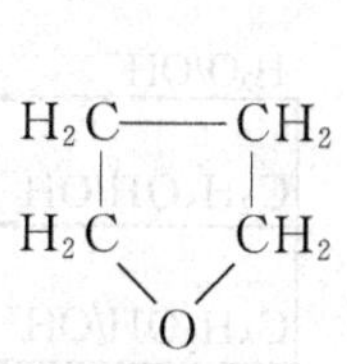

四氢呋喃（五元环醚）

五元环醚、六元环醚与开链醚的性质相似，它们的性质稳定。但三元环醚如环氧乙烷、环氧丙烷这类化合物由于三元环结构使各原子的轨道不能充分重叠，而是以弯曲键相互连接，因此分子中存在一种张力，极易开环发生反应。它们的性质和一般的醚完全不同，不仅可以与酸反应，而且反应速度快，条件温和，同时还能与不同的碱反应。下面以环氧乙烷为例介绍它们的有关性质。

（一）环氧乙烷

1. 物理性质

环氧乙烷在常温下是无色气体，沸点为10.7℃，它可以与水任意混合，溶于乙醇、乙醚等有机溶剂中。环氧乙烷容易燃烧，与空气中的混合物在宽广的浓度范围（3%～80%（体积））形成爆炸性混合物，使用时要注意安全。环氧乙烷一般保存在钢瓶中。

2. 开环反应

(1) 酸催化的开环反应。

在酸性条件下，环氧乙烷首先转变成质子化的鎓离子，然后由亲核试剂进攻电子云密度较低的碳原子，生成双官能团化合物。反应通式如下：

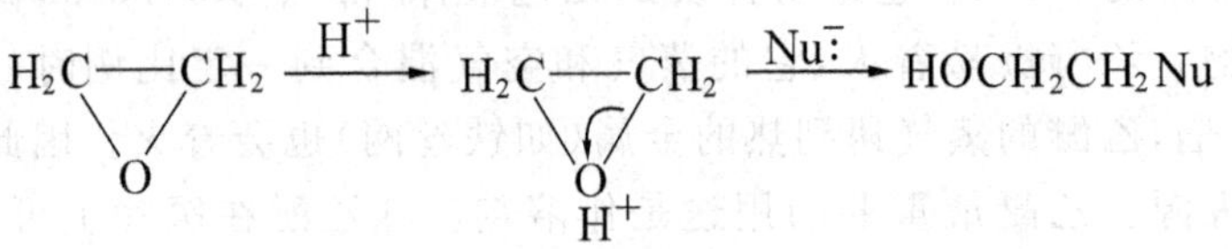

例如：

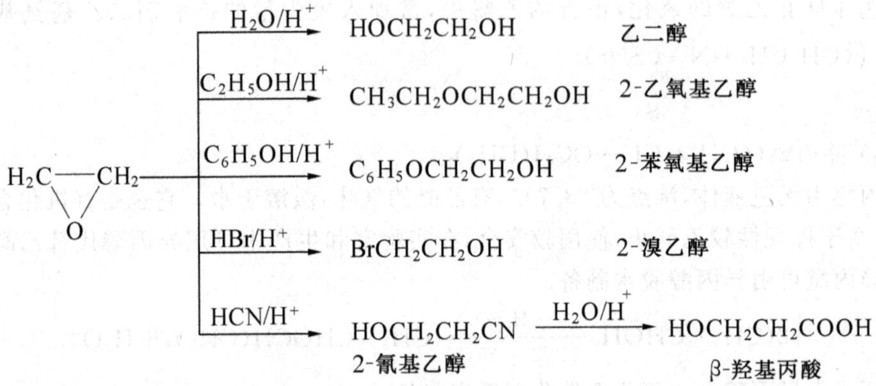

(2) 在碱性试剂作用下的开环反应。

在碱性试剂作用下，C—O键的断裂不是通过生成鎓离子，环氧化合物的氧原子上没有带正电荷，与酸催化开环反应所用的试剂相比较，需要和碱性及亲核能力都比较强的试剂反应，如RO^-、R—MgX、NH_3等。例如：

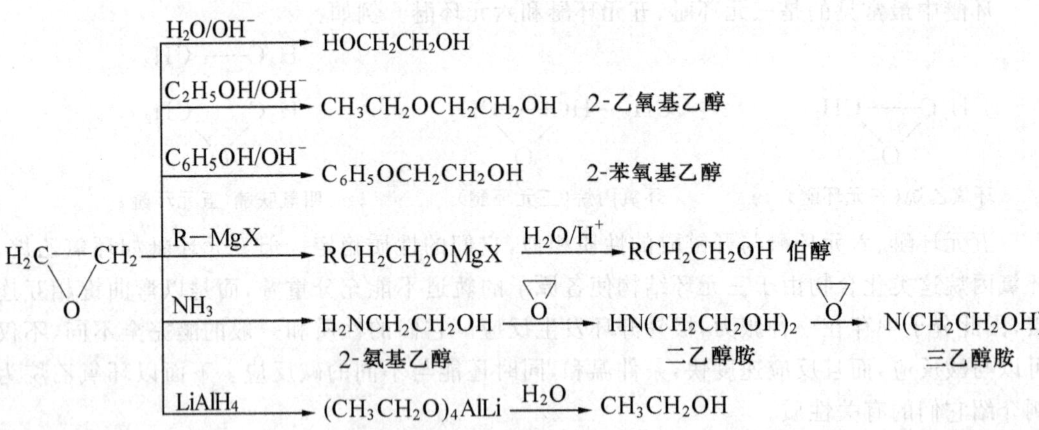

（二）不对称环氧化合物开环反应的取向

不对称环氧化合物如最简单的1,2-环氧丙烷开环反应有两种方式：一是亲核试剂进攻取代基较多的环碳原子；二是亲核试剂进攻取代基较少的环碳原子。实验证明：开环取向与反应的酸碱条件有关。一般情况下，酸催化开环，亲核试剂进攻取代基较多的环碳原子，这个环碳原子的C—O键断裂。这个环碳原子由于取代基（一般为烷基）的给电子效应使正电荷分散而稳定。例如，环氧丙烷与亲核试剂反应：

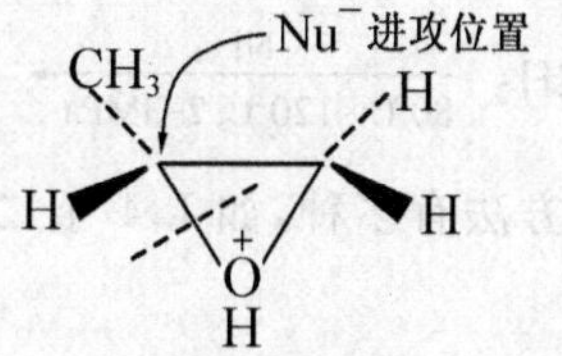

这是一个S_N2反应，但具有S_N1反应的性质，电子效应控制了产物，空间因素不重要。

而碱催化开环，亲核试剂进攻取代基较少的环碳原子。这是因为碱催化下，环氧化合物上没有带正电荷或负电荷，反应和通常的S_N2反应要求一样，是由立体因素所控制的。所以，亲核试剂优先进攻空间位阻较小的（取代基较少的）环碳原子。例如：

$$CH_3—\underset{\diagdown O \diagup}{CH—CH_2} \xrightarrow[CH_3OH]{CH_3ONa} CH_3—\overset{OH}{\overset{|}{CH}}—CH_2OCH_3$$

原子

（三）其他重要的环醚

1. 环氧丙烷

环氧丙烷在常温下是无色、具有醚味的易挥发液体，沸点为35℃，可溶于醇、醚及水中，在空气中的爆炸极限为2.1%～21.5%（体积）。环氧丙烷的生产方法主要有氯醇法和共氧化法。

氯醇法：

$$CH_3CH═CH_2 + HOCl \longrightarrow CH_3\overset{OH}{\overset{|}{CH}}—\overset{Cl}{\overset{|}{CH_2}} \xrightarrow{Ca(OH)_2} CH_3—\underset{\diagdown O \diagup}{CH—CH_2}$$

共氧化法：

$$(CH_3)_3CH + O_2 \xrightarrow[4\times10^6\,Pa]{120℃\sim130℃} (CH_3)_3COOH$$

$$(CH_3)_3COOH + CH_3CH═CH_2 \xrightarrow[110℃,\,4\times10^6\sim5\times10^6\,Pa]{MoO_3} CH_3—\underset{\diagdown O \diagup}{CH—CH_2} + (CH_3)_3COH$$

副产品叔丁醇脱水后得到异丁烯。若用乙苯做原料，副产品1-苯基乙醇（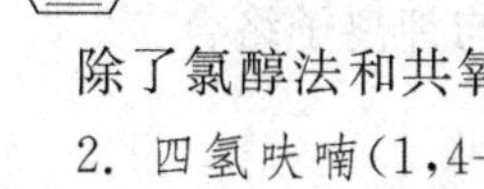）脱水后得到苯乙烯。异丁烯和苯乙烯都是重要的化工原料。

除了氯醇法和共氧化法外，还可采用电化学氯醇法生产环氧丙烷。

2. 四氢呋喃（1,4-环氧丁烷）

四氢呋喃为无色易挥发液体，沸点为65℃，比重为0.889，溶于水及一般的有机溶剂，在有机合成中是优良的溶剂。与开链醚相似，在空气中四氢呋喃可形成爆炸性过氧化物。

工业上四氢呋喃的制备最早是将糠醛和水蒸气的混合物通入填充锌-锰金属氧化物催化剂的反应器，于400℃～420℃脱去羰基，然后以镍为催化剂，于80℃～120℃，2～3MPa下由呋喃加氢制得。

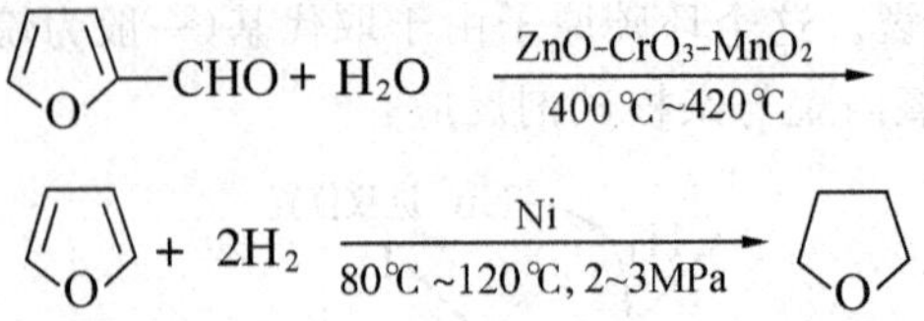

现在工业上生产四氢呋喃的方法有多种，如1,4-丁二醇催化脱水环合法(Reppe法)、二氯丁烯法以及顺酐催化加氢法。

3. 1,4-二氧六环(1,4-二氧环己烷或二噁烷)

1,4-二氧六环为无色液体，沸点为101.5℃，熔点为11℃，与水混溶。由于它的结构是稳定的六元环，不易破裂，因此化学性质与一般的醚相似，比较稳定。另外，它又具有较强的溶解能力，因此在有机合成中常作为溶剂使用。

1,4-二氧六环可以由环氧乙烷二聚制备或者由乙二醇分子间脱水制备。

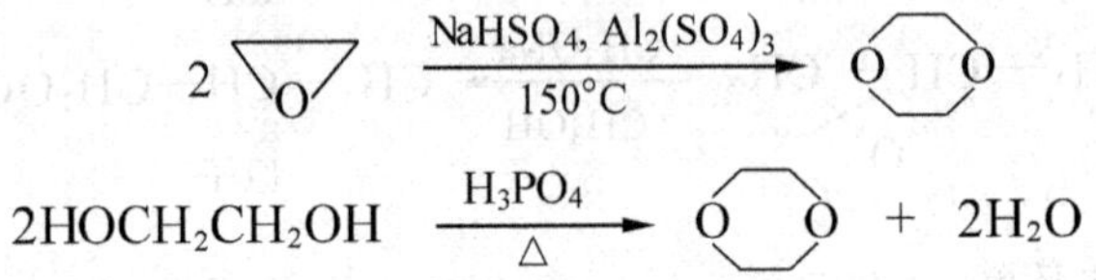

(四) 冠醚

冠醚是一种含多个氧原子的大环醚，是20世纪70年代发展起来的具有特殊络合性能的化合物，它们的结构特征是分子中具有$\leftarrow OCH_2CH_2 \rightarrow_n$重复单位。由于它们的形状似皇冠，故称为冠醚。

冠醚的命名比较简单，以“*m*-冠-*n*”表示，*m*代表环中总的原子数目，*n*代表环中氧原子数目。例如：

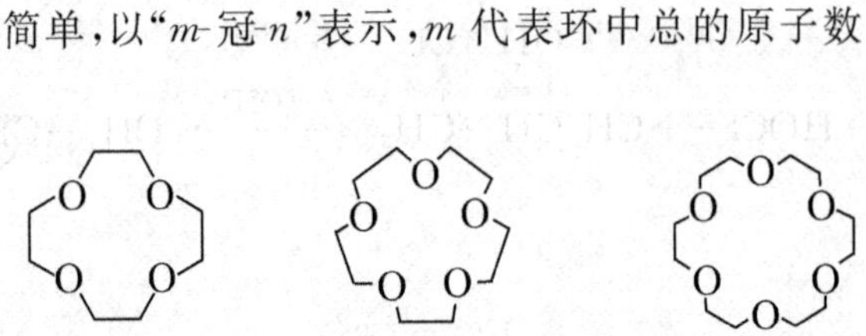

12-冠-4　　15-冠-5　　18-冠-6

冠醚分子呈环形，氧原子向内，—CH_2基在外，环上氧原子的孤对电子可以与金属络合，中间有一个空穴，结构不同，空穴的大小也不同，从而可以容纳大小不同的金属离子。例如，12-冠-4与锂离子络合，15-冠-5与钠离子络合，18-冠-6与钾离子络合，这种选择性的络合特性可用于分离金属离子。冠醚更重要的用途是用来作为相转移催化剂，冠醚可以使仅溶于水相的无机物因其中的金属离子被冠醚络合而转溶于非极性的有机溶剂中，从而使有机与无机两种反应物借助冠醚而共处于有机相，使难以进行的反应能顺利进行。例如，卤代烷和KCN水溶液相互不溶，成为两相，很难反应。加入冠醚后，冠醚可以与钾离子络合。

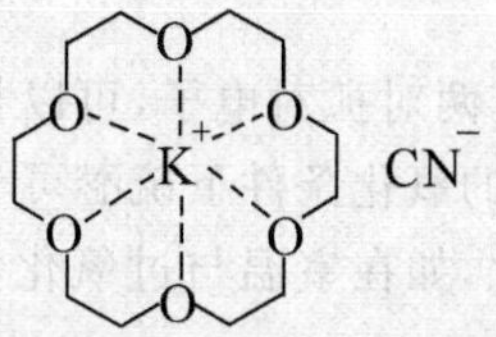

这种络合物通常以(K^+) CN^-表示，(K^+)带着CN^-一起进入有机溶剂中，使KCN由水相进入有机相中，与RX迅速反应。冠醚的这种作用称为相转移催化作用。

$$K^+CN^- + RX \xrightarrow{\text{有机溶剂}} K^+ + X^- + RCN$$

由于冠醚在有机合成上的重要用途，三十多年来，科学家们对其进行了许多研究并取得了很多成果。然而，由于冠醚毒性很大，且因合成难度较大、价格高等而限制了它的应用范围。

六、硫醚

(一) 结构和命名

醚分子中的氧原子被硫原子代替所形成的化合物称为硫醚，结构式为：

$$(Ar)R-S-R'(Ar')$$

硫醚的命名只需在相应的"醚"字的名称前加上"硫"字即可。例如：

$CH_3-S-CH(CH_3)_2$
甲异丙硫醚

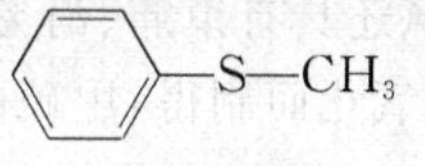
苯甲硫醚

CH_3SCH_3
二甲硫醚

(二) 性质

1. 物理性质

低级硫醚为无色液体，有臭味，但不如硫醇那样剧烈。硫醚不溶于水，可溶于醇和醚中。硫醚的分子量比相应的醚大，沸点也较相应的醚高，与分子量相近的硫醇相近。醚、硫醚及硫醇的沸点比较见表7-4。

表7-4 醚、硫醚及硫醇的沸点比较

醚	沸点/℃	硫醚	沸点/℃	硫醇	沸点/℃
CH_3OCH_3	−24.9	CH_3SCH_3	37.5	CH_3CH_2SH	35
$C_2H_5OC_2H_5$	34.6	$C_2H_5SC_2H_5$	92.1	$CH_3(CH_2)_3SH$	98.2

2. 化学性质

(1) 锍盐的生成。

硫醚在室温下即能与卤代烃反应，生成锍盐。

$$R-S-R' + R''X \longrightarrow \left[R-\overset{\overset{\displaystyle R''}{|}}{S}-R' \right]^+ X^-$$

锍盐具有一般盐类的性质，易溶于水。硫醚与卤代烃形成锍盐的反应与叔胺形成季铵盐的反应类似。

(2) 氧化反应。

硫醚因分子中的硫原子上留有两对孤对电子，可以与氧原子进一步成键，使硫的化合价从 2 价变为 4 价或 6 价，即在适当的氧化条件下硫醚可分别被氧化为亚砜和砜。

硫醚在比较缓和的条件下氧化，如在室温与过氧化氢、硝酸、三氧化铬等弱氧化剂作用下，生成亚砜。

$$R-S-R' \xrightarrow{[O]} R-\overset{\overset{\displaystyle O}{\uparrow}}{S}-R'$$

在强烈的氧化条件下，如在较高温度下，用发烟硝酸或高锰酸钾氧化，即生成砜。

$$R-S-R' \xrightarrow{[O]} R-\underset{\underset{\displaystyle O}{\downarrow}}{\overset{\overset{\displaystyle O}{\uparrow}}{S}}-R'$$

亚砜的制备比较困难，因为亚砜容易进一步氧化为砜，一方面要选用较弱或者容易控制的氧化剂，另一方面还要严格控制氧化剂的用量及反应温度。

在工业上应用较广的砜有二甲亚砜和环丁砜。

二甲亚砜是亚砜中分子最小的化合物，简称 DMSO，它是无色的液体，熔点为 18.5℃。由于二甲亚砜的强极性，所以二甲亚砜是极好的溶剂，不仅能溶解大多数有机化合物，而且能溶解无机盐。另外，二甲亚砜还具有镇痛、消炎作用。

工业上二甲亚砜由甲硫醚氧化而制得，甲硫醚可以用甲醇与硫化氢作用合成。反应式如下：

$$2CH_3OH + H_2S \xrightarrow[38℃]{Al_2O_3} CH_3SCH_3 + 2H_2O$$

$$CH_3SCH_3 + NO_2 \xrightarrow{40℃\sim55℃} \underset{\text{二甲亚砜}}{CH_3-\overset{\overset{\displaystyle O}{\uparrow}}{S}-CH_3} + NO$$

$$NO + \frac{1}{2}O_2 \longrightarrow NO_2$$

环丁砜是低熔点的固体，熔点为 27.4℃～27.8℃，沸点为 285℃，溶于水，是一种优良的有机溶剂。环丁砜在 220℃以下有很好的热稳定性，220℃以上则慢慢放出二氧化硫和不饱和烃。

在工业上环丁砜由丁二烯与二氧化硫作用，再经催化加氢制备。

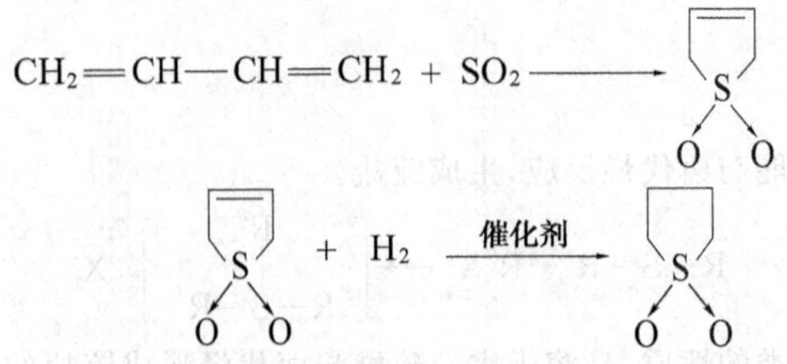

环丁砜

习　题

1. 命名下列各化合物。

(1) $CH_3CH{=}C(CH_2CH_3)CH_2OH$　(2) $HC{\equiv}CCH_2CH_2OH$　(3) $CH_2{=}CHCH(OH)CH(OH)CH{=}CH_2$

(4) 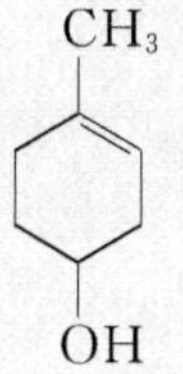　(5) 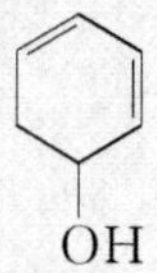　(6) 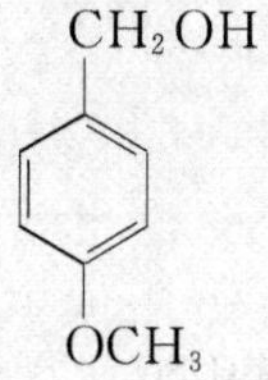　(7) 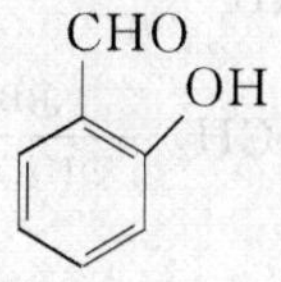

(8) 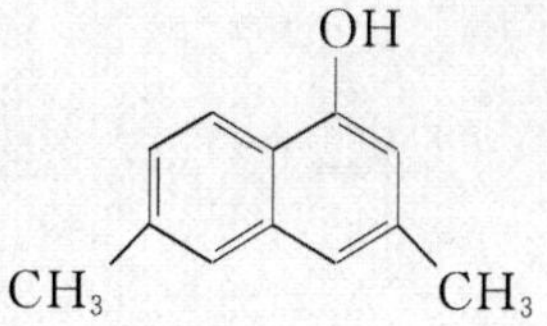　(9) $CH_2{-}O{-}CH_2CH_3$ / $CH_2{-}O{-}CH_2CH_3$

(10) $CH_3CH_2OCH_2CH(CH_3)_2$　(11) 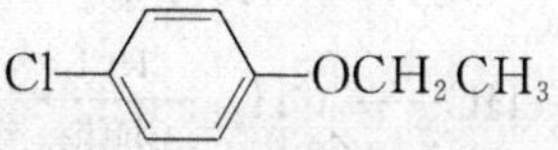

(12) 　(13) 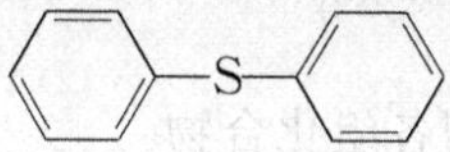　(14) $CH_2(SH)CH(SH)CH_2OH$

2. 写出下列化合物的结构式。

(1) 烯丙醇	(2) (*Z*)-2-丁烯-1-醇	(3) 新戊醇
(4) 4-环己烯-1,3-二醇	(5) 4-硝基苄醇	(6) 苦味酸
(7) 5-甲基-4-己烯-2 醇	(8) 5,8-二硝基-1-萘酚	(9) 儿茶酚
(10) 乙基烯丙基醚	(11) 乙二醇二甲醚	(12) 4-氯-1,2-环氧丁烷
(13) 四氢呋喃	(14) 苄硫醇	(15) 1,4-二氧六环
(16) 环丁砜	(17) 甲异丙硫醚	

3. 完成下列反应。

(1) 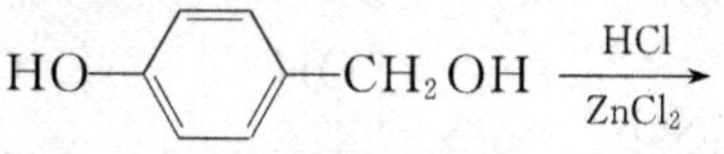

(2) $CH_2(OH){-}CH(SH){-}CH_2(SH) \xrightarrow{Hg^{2+}}$

(3) 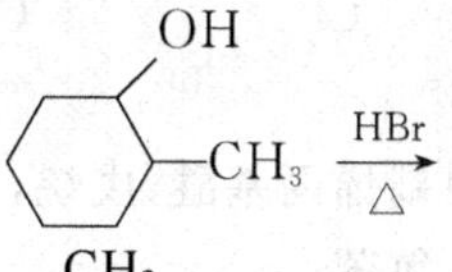

(4) 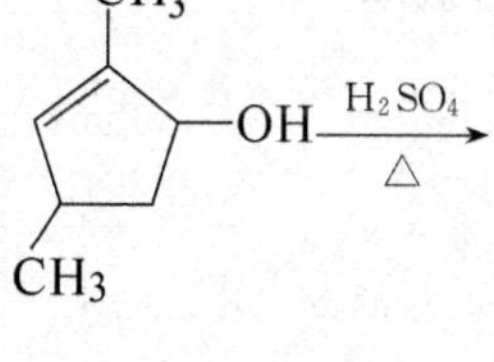

(5) $\underset{\text{OH}}{\underset{|}{CH_2}}\underset{\text{OH}}{\underset{|}{CH}}\underset{\text{OH}}{\underset{|}{CH_2}} + HNO_3 \xrightarrow{H_2SO_4}$

(6) $(CH_3)_2CHCH_2OH \xrightarrow[\text{高温}]{Cu}$

(7) $CH_3\overset{\text{OH}}{\overset{|}{C}H}CH_3 \xrightarrow[H^+]{KMnO_4}$

(8) $CH_3CH{=\!=}CH_2 \xrightarrow[\text{②}H_2O_2/H_2O]{\text{①}B_2H_6}$

(9) 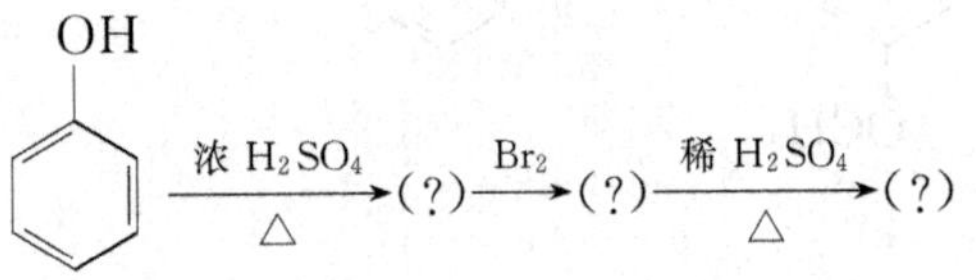

(10) 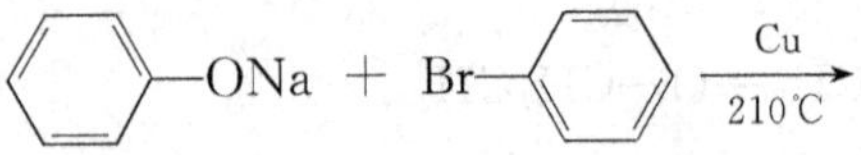

(11) $(CH_3)_2CH{-}OCH_3 + HI(\text{过量}) \xrightarrow{\triangle}$

(12) 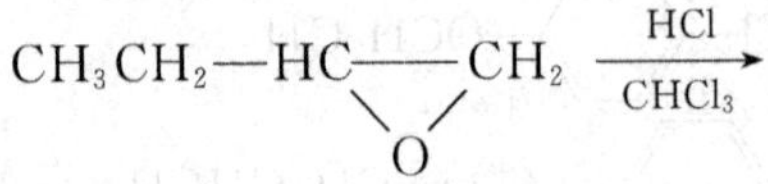

4. 由指定性质从大到小排列下列各组化合物。

(1) 沸点。

① $CH_3CH_2CH_2CH_3$ ② $\underset{\text{OH}}{\underset{|}{CH_2}}{-}\underset{\text{OH}}{\underset{|}{CH}}{-}\underset{\text{OCH}_3}{\underset{|}{CH_2}}$ ③ $CH_3CH_2CH_2CH_2OH$

④ $C_2H_5OC_2H_5$

(2) 酸性。

① (a) 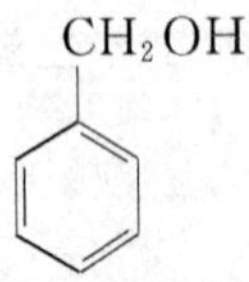 (b) 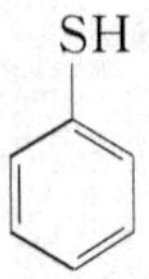 (c) 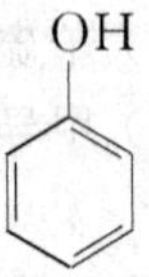 (d) 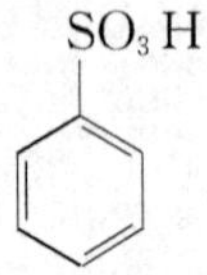

② (a) 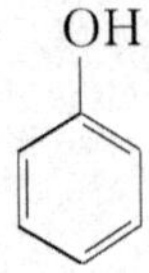 (b) 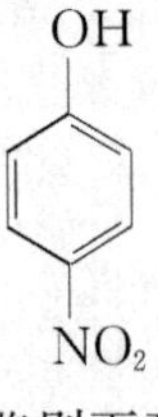 (c) 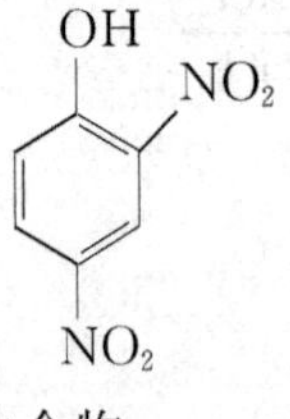 (d) 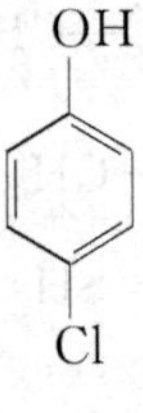 (e) 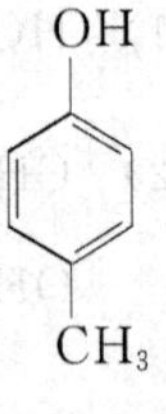

5. 用简便的化学方法鉴别下列各组化合物。

(1) 2-环戊烯醇,叔丁醇,环己醇,正丁醇 (2) 苯甲醇,甲基烯丙基醚,戊烷,乙醚

(3) 苯酚,丙三醇,乙苯,苯 (4) 氯化苄,1-丁炔,正丙醇,氯苯

6. 试解释下列反应事实。

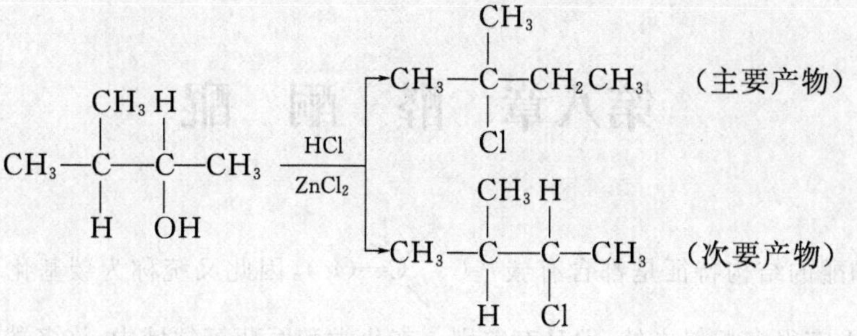

7. 由指定原料合成产物(其他试剂任选)。

(1) 由 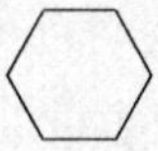 合成 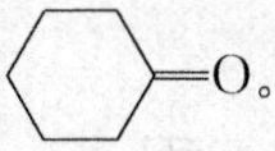。

(2) 由$CH_3CH_2CH_2CH_2OH$合成 $CH_3CH_2CH(OH)CH_3$。

(3) 由丙烯合成 $(CH_3)_2C(OH)CH_2CH{=}CH_2$。

(4) 由甲苯合成 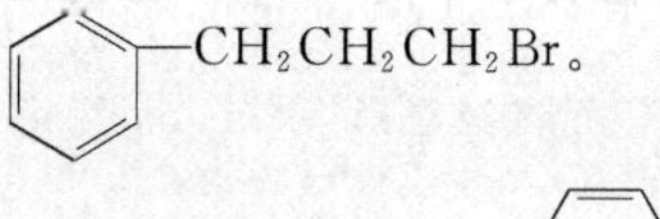。

(5) 由2-苯乙醇合成 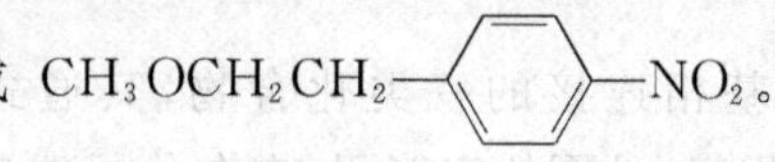。

8. 化合物(A)和(B),分子式均为 C_7H_8O。(A)能与金属钠反应,在室温下很快地与卢卡斯试剂反应,与 $KMnO_4$反应生成 $C_7H_6O_2$。(B)不与金属钠、卢卡斯试剂和 $KMnO_4$反应,而能与浓氢碘酸作用生成化合物(C)C_6H_6O,(C)与 $FeCl_3$溶液反应生成有色化合物。试推出(A)、(B)、(C)的结构式,并写出各步反应式。

9. 化合物(A),分子式为 $C_5H_{12}O$,能与金属钠反应。(A)与硫酸共热生成(B),(B)经氧化后得到丙酮和乙酸。(B)与 HBr 反应的产物再与 NaOH 水溶液反应后又得到(A)。试推导(A)的结构式,并写出各步反应式。

10. 化合物(A),分子式为 C_4H_8O,不溶于水,与金属钠和溴的四氯化碳溶液都不反应,和稀盐酸或稀氢氧化钠溶液反应,得化合物(B)$C_4H_{10}O_2$,(B)与高碘酸的水溶液作用得到两分子的乙醛。试推导(A)、(B)的结构式,并写出各步反应式。

第八章　醛　酮　醌

醛、酮和醌的结构特征是都含有羰基（ $\gt C=O$ ），因此又统称为羰基化合物。它们在制备和性质上有很多相似之处，但又有差别。在化学和医药等领域中，许多羰基化合物具有重要的用途。

第一节　醛　和　酮

醛可看做是羰基与一个氢原子和一个烃基相连接的一类化合物，其通式为 $R—\overset{\overset{\displaystyle O}{\|}}{C}—H$ ，简写为 RCHO（甲醛例外）。醛分子中的—CHO 称为醛基，是醛的官能团，它一定位于分子碳链的一端。

酮可看做是羰基与二个烃基相连接的一类化合物，其通式为 $R—\overset{\overset{\displaystyle O}{\|}}{C}—R'$ ，简写为 RCOR′。酮分子中的羰基，又称酮基，是酮的官能团，它在分子碳链的中间。

醛和酮通式中的 R—可代表各种烃基，如烷基、环烃基和芳烃基等。

一、分类和命名

根据醛和酮分子中所含羰基的数目，可分为一元醛、酮和多元醛、酮；根据醛和酮烃基中是否含有不饱和键可分为饱和醛、酮和不饱和醛、酮；还可以根据烃基的类别分为脂肪族醛、酮，脂环族醛、酮和芳香族醛、酮。在一元酮中，与羰基直接相连的两个烃基，若是相同的叫单酮，不相同的叫混酮。本章主要讨论一元醛、酮。

醛和酮的命名原则与醇相似。命名时选择包括羰基碳原子在内的最长碳链作为主链，称某醛或某酮。编号从醛基一端或靠近酮基一端开始，由于醛基一定在碳链一端，故命名时不必标明其位置，但酮基的位置除个别结构简单的外，必须标明并写在酮名的前面。主链上如有侧链或取代基，则将它们的位次和名称写在母体的前面。例如：

CH_3CHO　乙醛

$\begin{array}{c}CHO\\|\\CHO\end{array}$　乙二醛

$CH_2{=}CHCHO$　丙烯醛

$\begin{array}{l}CH_3CHCH_2CHO\\\quad\;\;|\\\quad\;CH_3\end{array}$　3-甲基丁醛

$CH_3\underset{\underset{\displaystyle O}{\|}}{C}CH_2\underset{\underset{\displaystyle O}{\|}}{C}CH_3$　2,4-戊二酮

$CH_3CH{=}CH\underset{\underset{\displaystyle O}{\|}}{C}CH_3$　3-戊烯-2-酮

芳香族醛、酮命名时，一般是以脂肪族醛、酮为母体，将芳香烃基作为取代基，其他原则

同上。脂环族醛、酮命名时，若羰基包括在环内，命名原则同脂肪酮，只是在名称前加一“环”字。例如：

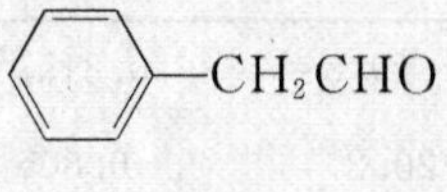

苯乙醛

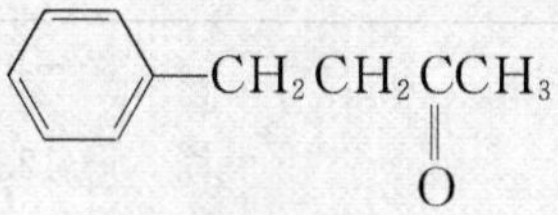

4-苯基-2-丁酮

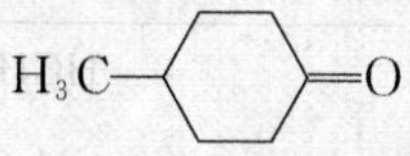

4-甲基环己酮

二、醛和酮的结构

醛、酮分子中羰基的碳-氧双键虽和烯烃中的碳-碳双键一样，也是由一个 σ 键和一个 π 键所组成，由于氧原子的电负性较碳原子大，羰基中碳氧间的电子云要偏向氧原子方向，从而使氧原子附近的电子云密度增高，碳原子附近的电子云密度降低。因此，羰基是极性基团，碳原子带部分正电荷，而氧原子带部分负电荷。羰基的结构及其电子云分布如图 8-1 和图 8-2 所示。

由于羰基具有极性，故羰基化合物是极性分子，有一定的偶极矩。例如，甲醛、乙醛、丙醛的偶极矩分别为 2.27D、2.69D 和 2.85D。

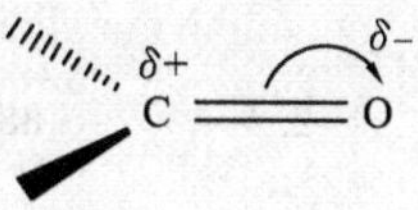

图 8-1　羰基的结构

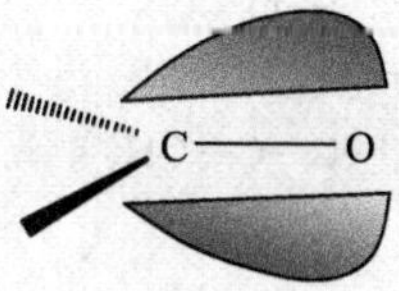

图 8-2　羰基的电子云分布

三、醛和酮的性质

（一）物理性质

在常温下除甲醛是气体外，低级及中级饱和一元醛、酮为液体，高级脂肪醛、酮及芳香酮多为固体。低级醛具有特殊的刺激性气味，中级醛、酮和一些芳香醛具有特殊的香味。由于醛、酮分子间不能形成氢键，没有缔合现象，故沸点一般比分子量相近的醇或酚低；但因为羰基具较强的极性，分子间偶极的静电引力较大，故沸点一般比分子量相近的烷烃和醚等化合物高（表 8-1）。

表 8-1　一些分子量相近的有机化合物的沸点比较

	正丁烷	甲乙醚	丙醛	丙酮	丙醇
分子量	58	60	58	58	60
沸点/℃	−0.5	10.8	49	56.2	97.2

醛、酮都易溶于有机溶剂。由于醛、酮分子中羰基的氧原子能与水分子形成氢键，所以低级醛、酮还可以溶于水，但随着碳原子数的增加，在水中的溶解度则降低。常见醛、酮的物理常数见表 8-2。

表 8-2　常见醛、酮的物理常数

名　称	结构式	熔点 /℃	沸点/℃	相对密度(d_4^{20})
甲醛	$HCHO$	−92	−19.5	0.815_4^{-20}
乙醛	CH_3CHO	−123.5	20.2	0.805_4^0
丙醛	CH_3CH_2CHO	−81	49.0	0.807
乙二醛	$\begin{matrix}CHO\\ \vert\\ CHO\end{matrix}$	15	51.0	1.29
苯甲醛	C_6H_5CHO	−26	178.9	1.044^{20}
丙酮	CH_3COCH_3	−95.3	56.2	0.798
丁酮	$CH_3COCH_2CH_3$	−86.7	79.6	0.805
2-戊酮	$CH_3COCH_2CH_2CH_3$	−77.8	101.7	0.8095
3-戊酮	$CH_3CH_2COCH_2CH_3$	−39	102.0	0.8143^{20}
环己酮	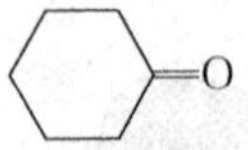	−32.1 (凝固点)	155.7	0.9478
丁二酮	$CH_3-\underset{\underset{O}{\Vert}}{C}-\underset{\underset{O}{\Vert}}{C}-CH_3$	−2.4	88	0.990_{15}^{15}
2,4-戊二酮	$CH_3\underset{\underset{O}{\Vert}}{C}CH_2\underset{\underset{O}{\Vert}}{C}CH_3$	−23.1	140.6	0.972^{25}
苯乙酮	$C_6H_5-\underset{\underset{O}{\Vert}}{C}-CH_3$	19.6	202.8	1.024^{25}
二苯甲酮	$C_6H_5-\underset{\underset{O}{\Vert}}{C}-C_6H_5$	48.1	305	1.11_4^{15}

（二）化学性质

醛和酮的化学性质主要取决于它们的官能团——羰基。由于这两类化合物都含有极性的羰基，所以它们具有许多相似的化学性质。但醛基和酮基在结构上存在差别，所以醛和酮的化学性质也有差异。一般来说，醛比酮具有更大的反应活性，某些反应为醛所特有，而酮则无。在酮中又以甲基酮较为活泼。

1. 羰基的加成反应

醛和酮分子中的羰基是由具有极性的碳-氧双键组成的，故容易发生加成反应。当极性分子与羰基化合物反应时，极性分子中带负电荷的部分加到羰基的碳原子上，带正电荷的部分则加到羰基的氧原子上。这种反应可概括表示如下：

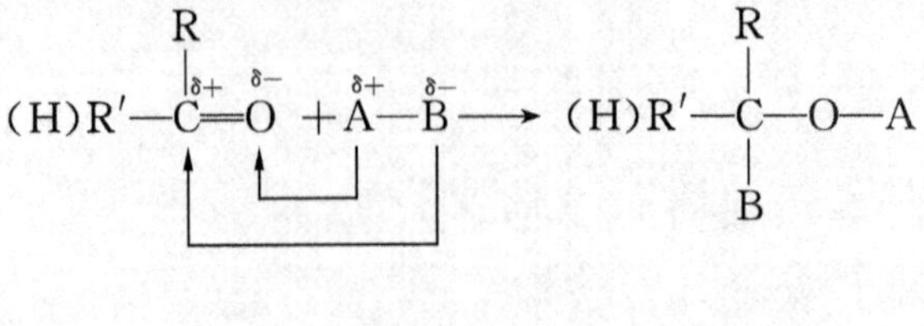

醛和酮可以与氢氰酸、亚硫酸氢钠等发生简单的加成反应，也可以与醇、羟胺、苯肼等发生较为复杂的加成反应。在反应产物中，都是试剂中的氢与羰基上的氧相连接，其余部分与羰基上的碳相连接。例如：

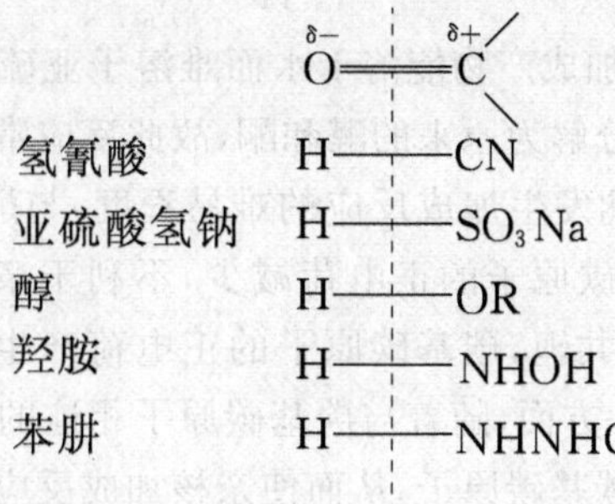

(1) 与氢氰酸的加成。

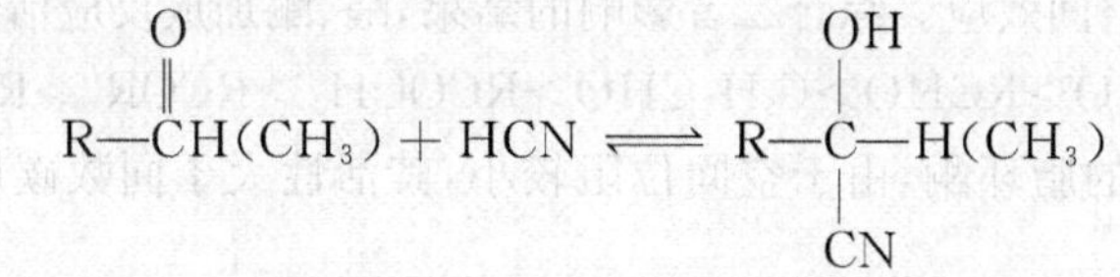

醛和某些酮(脂肪族甲基酮及碳原子数小于 8 的脂环酮)可与氢氰酸发生加成反应，生成 α-羟基腈，或称 α-氰醇。

从上面的反应可以看出，生成物比反应物增加了一个碳原子，因此这个反应可用于增长化合物的碳链。另外，由于羟基腈是一类较活泼的化合物，它还易于转化为许多其他的化合物。所以，羰基与氢氰酸的加成反应，在有机合成上很有实际意义。

实验表明，碱的存在可以加速醛或酮和氢氰酸的反应；酸的存在则使反应变慢。这说明反应中起决定作用的是 CN^-。碱的存在能增加 CN^- 的浓度；酸的存在则抑制氢氰酸的解离，使 CN^- 浓度降低。因此，这个反应的历程可表示如下：

$$HCN + OH^- \rightleftharpoons HOH + CN^-$$

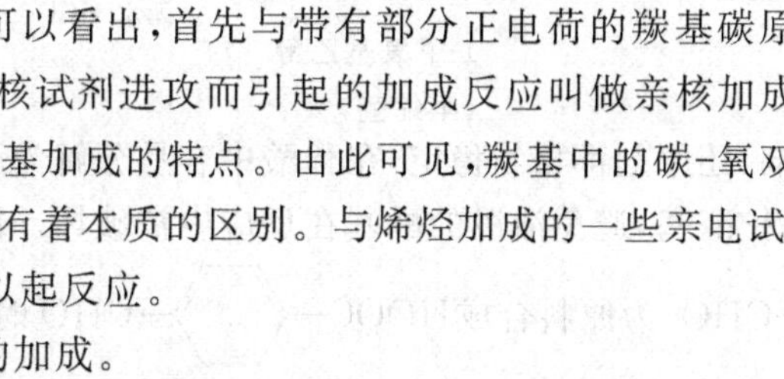

从上面的反应历程可以看出，首先与带有部分正电荷的羰基碳原子结合起来的是具有亲核性质的 CN^-。由亲核试剂进攻而引起的加成反应叫做亲核加成。羰基化合物的加成一般是亲核加成，这是羰基加成的特点。由此可见，羰基中的碳-氧双键的加成反应与烯烃中碳-碳双键的加成反应有着本质的区别。与烯烃加成的一些亲电试剂，如氢卤酸、硫酸等，在一般情况下与羰基难以起反应。

(2) 与亚硫酸氢钠的加成。

醛和某些酮(脂肪族甲基酮及碳原子数小于 8 的脂环酮)可与过量的饱和亚硫酸氢钠的水溶液(40%)发生加成反应，生成难溶的无色晶体——醛或酮的亚硫酸氢钠加成物。

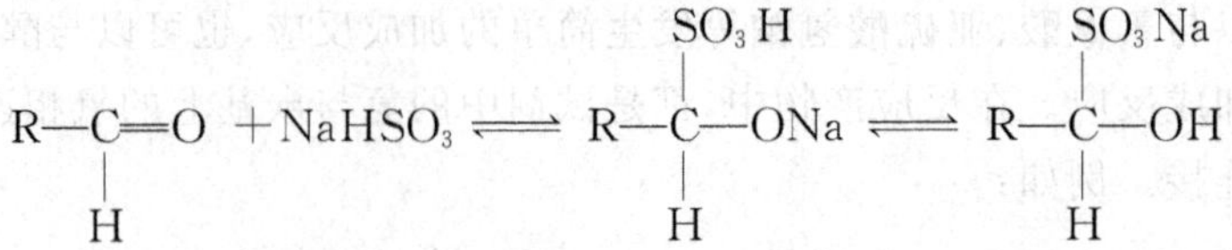

这个反应是可逆的，生成的加成产物能溶于水而难溶于亚硫酸氢钠的饱和溶液。当加成物与稀酸或稀碱加热时，又重新分解为原来的醛和酮，故此反应常用于分离和精制醛和酮。

醛、酮与氢氰酸、亚硫酸氢钠发生加成反应的难易程度，与醛、酮本身的结构有关。当斥电子烷基与羰基相连时，使羰基碳原子的正电荷减少，不利于亲核试剂的进攻；当羰基与苯环直接相连时，由于羰基与苯环共轭，羰基碳原子的正电荷产生离域现象而分散到芳环中，也不利于亲核试剂的进攻。另一方面，随着与羰基碳原子相连的基团逐渐增大、增多，由于空间位阻，使亲核试剂不利于接近羰基碳原子，从而使亲核加成反应速度减低甚至完全阻碍反应的进行。因此，对于同一种亲核试剂来说，醛和酮的加成反应的难易程度取决于直接与羰基相连基团的电子效应和空间效应。综合二者影响的结果，醛、酮加成反应活性的一般次序如下：

$HCHO > CH_3CHO > RCHO > C_6H_5CHO > RCOCH_3 > RCOR' > RCOAr$

碳原子数小于 8 的脂环酮，由于空间位阻较小，其活性大于同数碳原子的脂肪酮。

(3) 与醇的加成。

醛与无水醇在干燥氯化氢的催化下，可发生加成反应，生成的产物叫做半缩醛，其结构可看做是羟基醚。

半缩醛

这个反应是可逆的。半缩醛不稳定，易分解成原来的醛和醇。在半缩醛分子中的由醛基形成的羟基叫半缩醛羟基。半缩醛羟基比较活泼，在酸和过量醇存在的条件下，能继续与另一分子醇作用，脱去一分子水生成缩醛。缩醛的结构可看做是烃氧基醚，是比较稳定的化合物。

缩醛

例如，乙醛与甲醇的加成反应可表示如下：

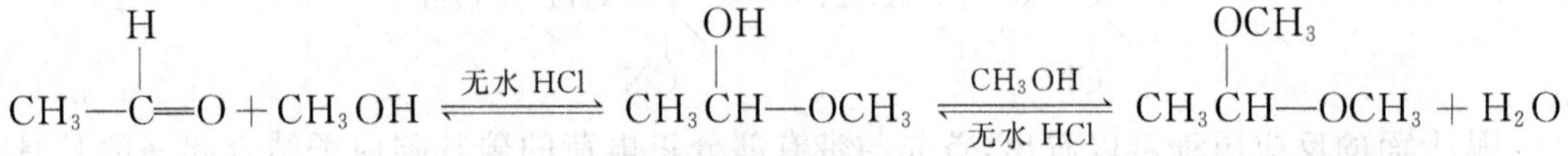

1-甲氧基乙醇（半缩醛）　　1,1-二甲氧基乙烷（缩醛）

缩醛对碱及氧化剂、还原剂都相当稳定，在稀酸中容易分解为原来的醛。所以在有机合成中，常利用此反应保护醛基，避免活泼的醛基在反应中被破坏。例如：

以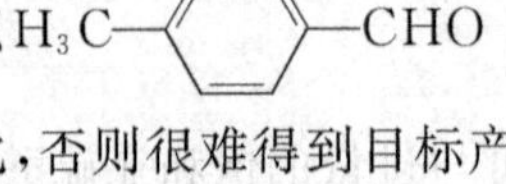为原料合成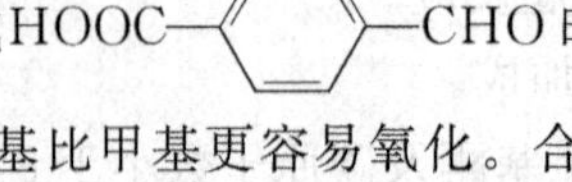时，需要将醛基先保护起来再氧化，否则很难得到目标产物，因为醛基比甲基更容易氧化。合成路线如下：

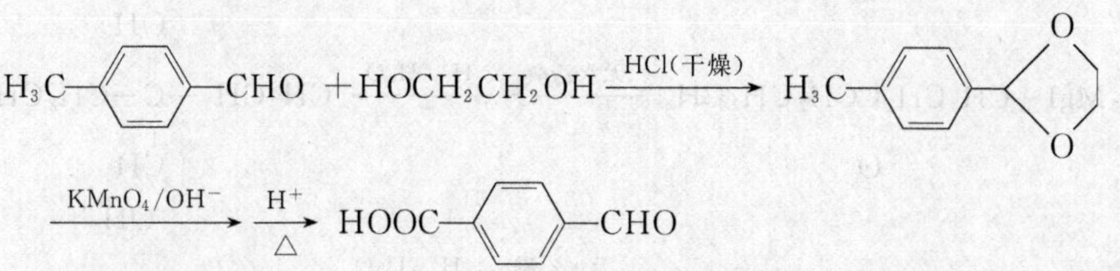

酮也可生成半缩酮和缩酮，但较为困难。如欲制备缩酮，可用原甲酸三乙酯和酮作用。

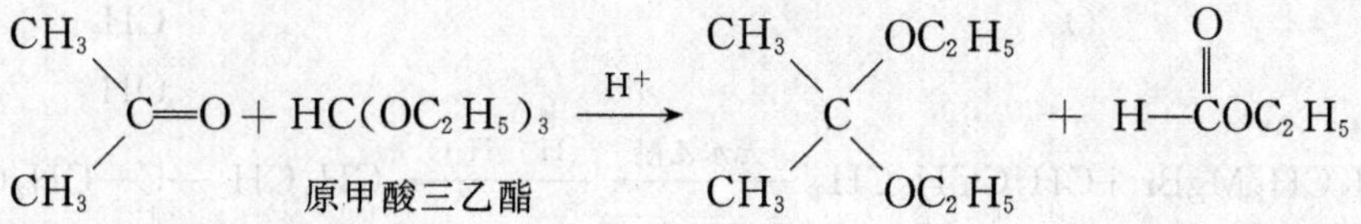

如果用酮与醇作用制备缩酮，需采用特殊的反应装置，将产物中的水不断地除去，可使平衡向生成缩酮的方向进行。例如，酮在酸催化下与乙二醇作用，用苯带掉水，可得到环状缩酮。缩酮水解又得到酮，因此用此法可保护酮基。

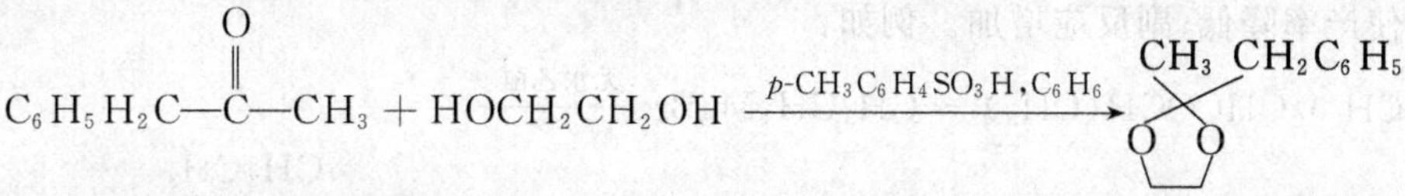

(4) 与格利雅试剂的加成。

醛、酮与格利雅试剂（简称格氏试剂）加成，其加成产物直接用酸或氯化铵水溶液水解可制得相应的醇。在这个反应中，格氏试剂的碳负离子是一个很强的亲核试剂。格氏试剂与甲醛作用生成伯醇。例如：

$$CH_3MgI + HCHO \xrightarrow{\text{无水乙醚}} CH_3CH_2OMgI \xrightarrow{H^+, H_2O} CH_3CH_2OH$$

格氏试剂与其他醛作用生成仲醇。例如：

$$CH_3MgI + CH_3CHO \xrightarrow{\text{无水乙醚}} (CH_3)_2CHOMgI \xrightarrow{H^+, H_2O} CH_3CH(OH)CH_3$$

格氏试剂与酮作用生成叔醇。例如：

$$CH_3CH_2MgBr + CH_3COCH_3 \xrightarrow{\text{无水乙醚}} CH_3CH_2-C(CH_3)_2-OMgBr$$

$$\xrightarrow{H^+, H_2O} CH_3CH_2-C(CH_3)_2-OH$$

格氏试剂与醛、酮加成反应生成不同类型的醇，后者可以转化为别的化合物，因此在合成上有重要的意义。

仲醇和叔醇可以用不同的格氏试剂和醛、酮反应来制备，如用不同的格氏试剂和不同的醛、酮反应可得到同一产物。例如：

$$CH_3MgI + CH_3CH_2\underset{\underset{O}{\|}}{C}CH_2CH_2CH_3 \xrightarrow{无水乙醚} \xrightarrow{H^+,H_2O} CH_3CH_2-\overset{\overset{OH}{|}}{\underset{\underset{CH_3}{|}}{C}}-CH_2CH_2CH_3$$

$$CH_3CH_2MgBr + CH_3\underset{\underset{O}{\|}}{C}CH_2CH_2CH_3 \xrightarrow{无水乙醚} \xrightarrow{H^+,H_2O} CH_3CH_2-\overset{\overset{OH}{|}}{\underset{\underset{CH_3}{|}}{C}}-CH_2CH_2CH_3$$

$$CH_3CH_2CH_2MgBr + CH_3\underset{\underset{O}{\|}}{C}CH_2CH_3 \xrightarrow{无水乙醚} \xrightarrow{H^+,H_2O} CH_3CH_2-\overset{\overset{OH}{|}}{\underset{\underset{CH_3}{|}}{C}}-CH_2CH_2CH_3$$

究竟采用哪一种方法决定于原料的价格、反应是否容易进行及操作是否方便。

格氏试剂对羰基的加成反应速度会因羰基所连的烷基的空间阻碍作用的增加而大大减慢，而使产率降低、副反应增加。例如：

$$(CH_3)_2CHCOCH(CH_3)_2 + CH_3CH_2MgBr \xrightarrow{无水乙醚}$$

$$\xrightarrow{H^+,H_2O} (CH_3)_2CH-\overset{\overset{CH_2CH_3}{|}}{\underset{\underset{OH}{|}}{C}}-CH(CH_3)_2 \quad (30\%)$$

烷基锂的活性比格氏试剂大，可以在低温下与醛、酮反应，即使醛、酮羰基的空间位阻大，也可获得满意的加成效果。例如：

$$(CH_3)_3C-\overset{\overset{O}{\|}}{C}-C(CH_3)_3 + (CH_3)_3C-Li \xrightarrow[-70℃]{无水乙醚} (CH_3)_3C-\overset{\overset{OH}{|}}{\underset{\underset{C(CH_3)_3}{|}}{C}}-C(CH_3)_3 \quad (81\%)$$

(5) 与氨的衍生物加成。

某些含氮的亲核试剂，如氨的衍生物——胺、羟胺、肼、苯肼、2,4-二硝基苯肼以及氨基脲等，可以与羰基化合物发生加成反应，生成加成产物，故常把这些含氮的亲核试剂称为羰基试剂。反应时，先是羰基试剂与羰基进行亲核加成，但加成产物不稳定，立即进行第二步反应，分子内脱去一分子水，生成稳定的含碳-氮双键的化合物。如以 H_2N-Y 代表氨的衍生物，则反应可用通式表示如下：

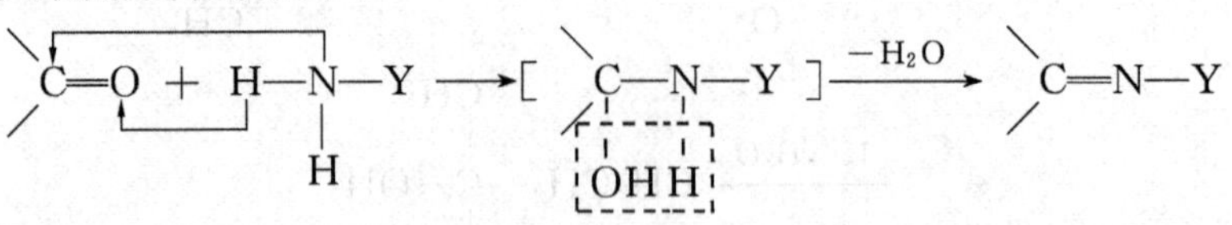

醛酮与氨的衍生物生成的含碳-氮双键的化合物分别称为某醛或某酮的腙、肟、苯腙、2,4-二硝基苯腙、缩氨脲等。例如：

$(CH_3)_2C{=}NNH_2$　　丙酮腙

$HCH{=}NOH$　　甲醛肟

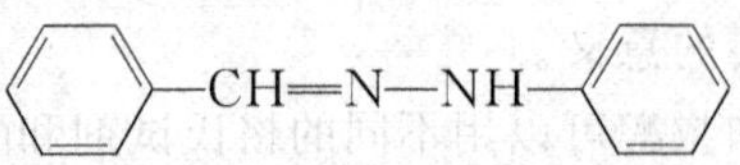

苯甲醛苯腙

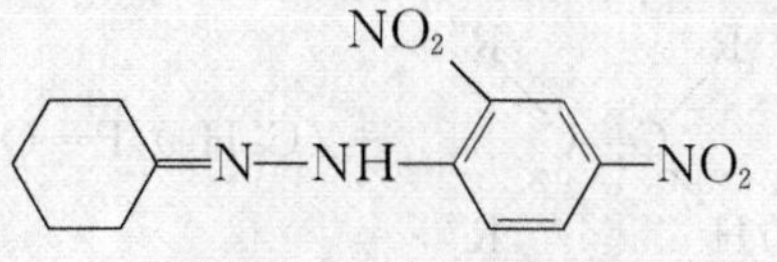

环己酮-2,4-二硝基苯腙

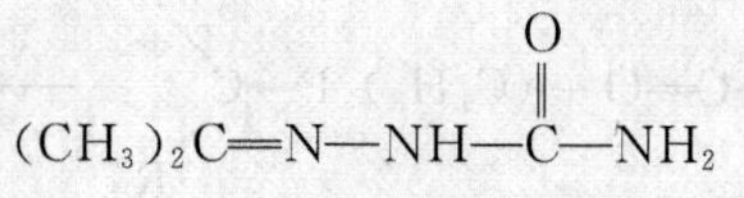

丙酮缩氨脲

某些羰基试剂与醛、酮的反应如下：

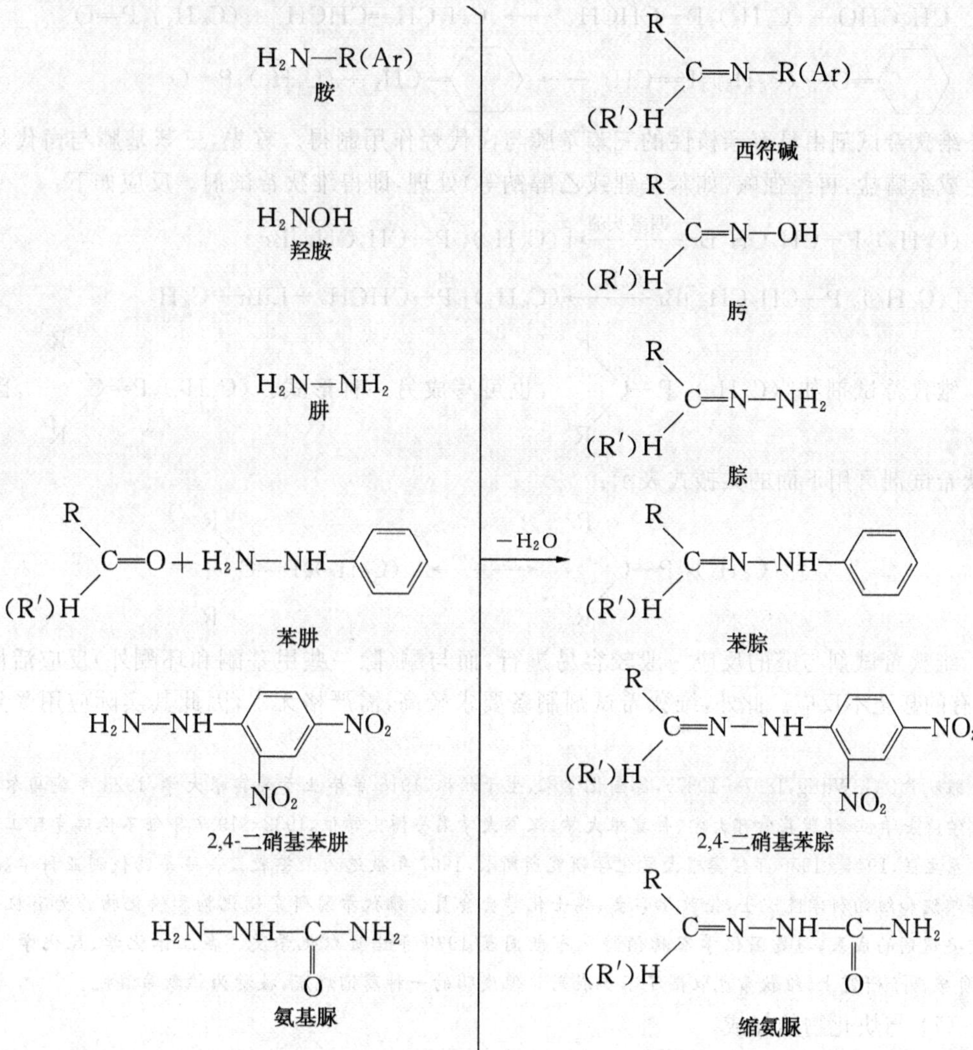

醛、酮与羰基试剂反应生成的肟、腙(包括苯腙、2,4-二硝基苯腙)、缩氨脲等大都是结晶,具有一定的熔点,常用来鉴别醛和酮。

肟、腙和缩氨脲等化合物在稀酸作用下,可水解生成原来的醛和酮,因此该反应又可用于醛或酮的分离和提纯。

(6) 与维狄希(G. Wittig,1897—1987)试剂反应。

醛、酮与维狄希试剂作用,脱掉一个三苯基膦分子生成烯烃,这是一个从羰基直接合成烯烃的好方法,该反应称维狄希反应。反应式如下:

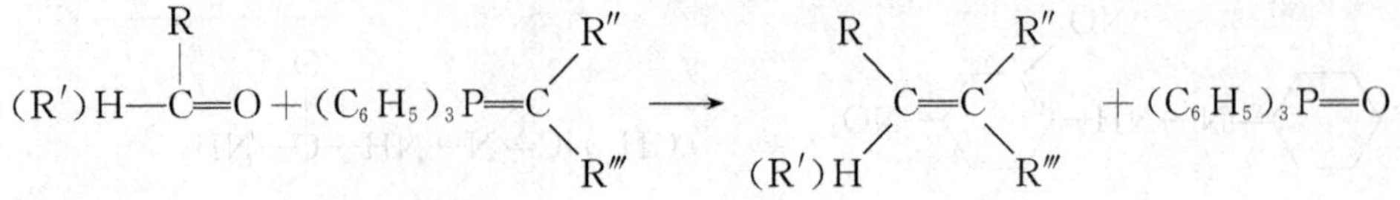

维狄希试剂

例如：

$$CH_3CHO + (C_6H_5)_3P{=}CHCH_3 \longrightarrow CH_3CH{=}CHCH_3 + (C_6H_5)_3P{=}O$$

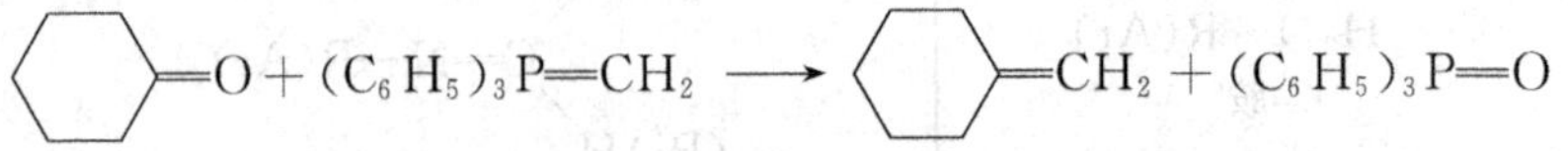

维狄希试剂由具有亲核性的三苯基膦与卤代烃作用制得。首先，三苯基膦与卤代烃作用生成季膦盐，再经强碱（如苯基锂或乙醇钠等）处理，即得维狄希试剂。反应如下：

$$(C_6H_5)_3P + CH_3CH_2Br \xrightarrow{\text{四氢呋喃}} [(C_6H_5)_3\overset{\oplus}{P}{-}CH_2CH_3]\overset{\ominus}{Br}$$

$$[(C_6H_5)_3\overset{\oplus}{P}{-}CH_2CH_3]\overset{\ominus}{Br} \xrightarrow{C_6H_5Li} (C_6H_5)_3\overset{\oplus}{P}{-}\overset{\ominus}{C}HCH_3 + LiBr + C_6H_6$$

维狄希试剂如 $(C_6H_5)_3\overset{\oplus}{P}{-}\overset{\ominus}{C}RR'$，也可写成另一种形式：$(C_6H_5)_3P{=}CRR'$，因此维狄希试剂可用下面的共振式表示：

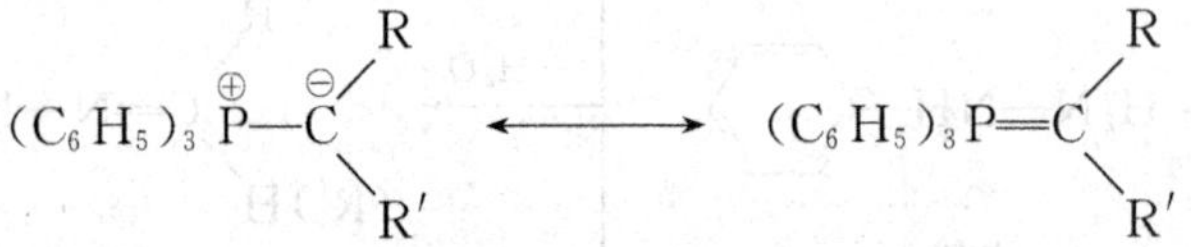

维狄希试剂与醛的反应一般较容易进行，而与酮（除一些甲基酮和环酮外）反应活性较差，有的甚至不反应。此外，维狄希试剂制备要求较高，需严格无水，因此其实际应用受到限制。

维狄希（G. Wittig，1897—1987），德国化学家，生于柏林，1916 年毕业于蒂宾根大学，1923 年获马尔堡大学哲学博士学位，还曾获索邦大学、蒂宾根大学、汉堡大学名誉博士学位，1932—1937 年任不伦瑞克理工学院化学系主任，1944—1956 年任宾根大学化学研究所所长，1967 年被选为荣誉教授。他是巴伐利亚科学院、法国科学院和纽约科学院院士，伦敦化学会、瑞士化学会会员。维狄希因研究硼化物和磷化物作为有机合成中重要试剂的成果，与美国化学家赫伯特·布朗同获 1979 年诺贝尔化学奖。在立体化学、烃化学、炔化学、负碳离子研究上，维狄希也取得了不少成果。他发明的一种蒸馏烧瓶，被称为维狄希烧瓶。

（7）与炔化物的加成。

炔化物也是一种很强的亲核试剂，可以和羰基发生加成反应，从而可以在羰基的碳原子上引入一个 $-C{\equiv}CH$ 基团。比较常用的炔化物是炔化锂和炔化钠。例如：

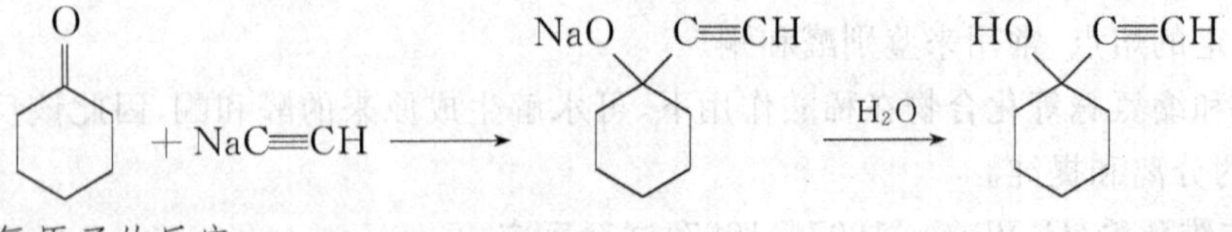

2. α-氢原子的反应

醛、酮分子中与羰基直接相连的碳原子叫做 α-碳原子，α-碳原子上连接的氢原子称为 α-氢原子。α-氢原子比较活泼，如易发生卤代反应和羟醛缩合反应等。

α-氢原子具有活泼性是因为受到分子中羰基的影响。羰基的吸电子诱导效应，以及羰基与 α-氢原子之间的 σ-π 超共轭效应，使邻近的 α-碳上的 C—H 键极性增加，在碱的作用下，较易失去一个 α-氢原子而形成一个碳负离子。碳负离子上新产生的孤对电子与羰基发生 p-π 共轭，电子云发生了离域作用，负电荷被分散而使体系能量降低，稳定性增加，故碳负离子较易形成。

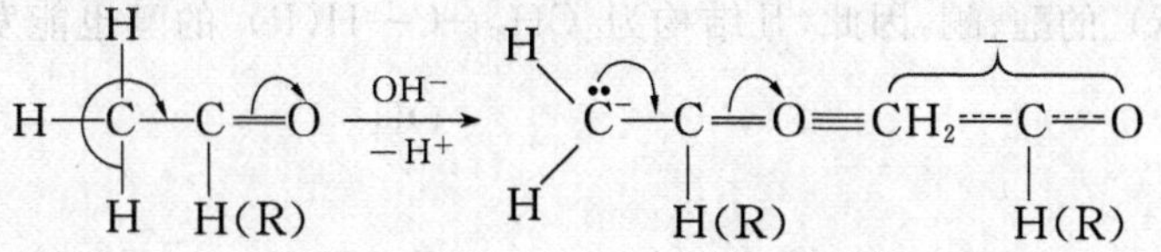

(1) 卤代反应。

醛、酮的 α-氢原子容易被卤素取代，生成 α-卤代醛、酮。例如：

$$R—CH_2CHO+Cl_2 \longrightarrow R—\underset{\displaystyle Cl}{\underset{|}{C}}HCHO+HCl$$

反应可以继续进行下去，生成 α-二卤代物和 α-三卤代物。

卤代反应可以被酸或碱催化。在碱性条件下，当具有 3 个 α-氢原子的醛或酮(乙醛、甲基酮)进行卤代反应时，由于生成的三卤代物在碱性条件下不稳定，可分解生成卤仿(三卤甲烷)，该反应又称卤仿反应。

$$X_2+2NaOH \longrightarrow NaOX+NaX+H_2O$$

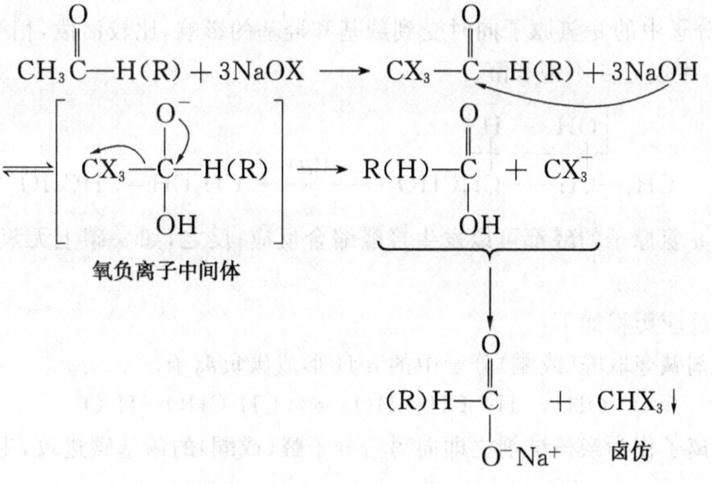

从反应过程中可以看出，只有具备 $CH_3—\overset{\displaystyle O}{\overset{\|}{C}}—H(R)$ 结构的醛或酮与卤素在碱性溶液(次卤酸钠溶液)中作用时，才发生卤仿反应。在卤仿反应中，如果所用的试剂是碘的碱溶液，则反应生成的是碘仿(CHI_3)，故又称碘仿反应。碘仿是黄色晶体，难溶于水且具有特殊气味，易于识别，因此特别适用于鉴别结构为 $CH_3—\overset{\displaystyle O}{\overset{\|}{C}}—H(R)$ 的醛酮类化合物。

由于 NaOI 是氧化剂，能将结构为 $CH_3-CH(OH)-H(R)$ 的醇氧化成具结构 $CH_3-C(=O)-H(R)$ 的醛、酮，因此，凡结构为 $CH_3-CH(OH)-H(R)$ 的醇也能发生碘仿反应。反应式如下：

$$CH_3-CH(OH)-H(R) \xrightarrow{I_2+NaOH} CI_3-C(=O)-H(R) \xrightarrow{I_2+NaOH} (R)H-C(=O)-ONa + CHI_3\downarrow \text{(黄)}$$

(2) 羟醛缩合反应。

在稀碱作用下，一分子醛的 α-氢原子加到另一分子醛的羰基氧原子上，其余部分加到羰基的碳原子上，生成既含有羟基又含有醛基的化合物(β-羟基醛)，称羟醛缩合反应。例如：

$$CH_3-C(=O)-H + H-CH_2-C(=O)-H \xrightarrow[5℃]{10\%\ NaOH} CH_3-CH(OH)CH_2-C(=O)-H$$

β-羟基醛分子中的 α-氢原子同时受到羰基和羟基的影响，比较活泼，稍受热即可发生分子内脱水反应，生成 α，β-不饱和醛。

$$CH_3-CH(OH)-CH(H)CHO \xrightarrow{-H_2O} CH_3CH{=}CHCHO$$

凡是含有 α-氢原子的醛都可以发生羟醛缩合反应；反之，如 α-碳上无氢原子的醛，则不能发生该反应。

羟醛缩合反应历程如下：

首先催化剂碱夺取醛(或酮)分子中的 α-H 形成碳负离子。

$$OH^- + H-CH_2CHO \rightleftharpoons {}^-CH_2CHO + H_2O$$

接着碳负离子作为亲核试剂立即向另一分子醛(或酮)的羰基碳进攻，生成氧负离子。

$$CH_3C(=O)-H + {}^-CH_2CHO \rightleftharpoons CH_3CH(O^-)CH_2CHO$$

氧负离子在溶剂中夺取 H，生成 β-羟基醛，同时催化剂 OH^- 再生。

$$CH_3CH(O^-)CH_2CHO + H_2O \rightleftharpoons CH_3CH(OH)CH_2CHO + OH^-$$

β-羟基醛受热或在酸、碱的催化下发生脱水反应。

$$CH_3CH(OH)-CH(H)CHO \xrightarrow[\text{或 } H^+ \text{ 或 } OH^-]{\triangle} CH_3CH{=}CHCHO + H_2O$$

酮也可发生羟酮缩合反应，但反应较为困难。例如，丙酮的缩合，需在碱性催化剂存在下缩合，生成双丙酮醇(4-甲基-4-羟基-2-戊酮)，但平衡偏向左边。

$$(CH_3)_2C{=}O + CH_3COCH_3 \xrightleftharpoons{Ba(OH)_2} (CH_3)_2\underset{}{\overset{OH}{C}}CH_2COCH_3 \quad (5\%)$$

采用特殊的仪器使生成的双丙酮醇在反应过程中不断地分离出去，平衡才能向右移动，产率可提高到 70％ 。

当两种含有 α-H 的不同的醛(或酮)在稀碱作用下进行羟醛缩合反应时，可生成 4 种羟醛缩合的复杂混合物，称交叉羟醛缩合。复杂混合物分离很困难，因此无制备价值。

但选用一种不含 α-H 的醛和一种含 α-H 的醛进行反应，则可以得到许多有用的产物。例如：

$$H_2C{=}O + (CH_3)_2CHCH_2CH{=}O \xrightarrow{K_2CO_3} (CH_3)_2CH\underset{CH_2OH}{C}HCH{=}O \quad (52\%)$$

不含 α-H 的醛，在碱催化下与其他含有 α-H 的醛、酮的缩合产物极易脱水，得到 α，β-不饱和醛、酮，该反应称为克莱森-斯密脱(Claisen-Schmidt)反应。例如：

$$C_6H_5CH{=}O + CH_3CH{=}O \xrightarrow[50^\circ C]{稀\ NaOH} C_6H_5CH{=}CHCHO \quad (95\%)$$

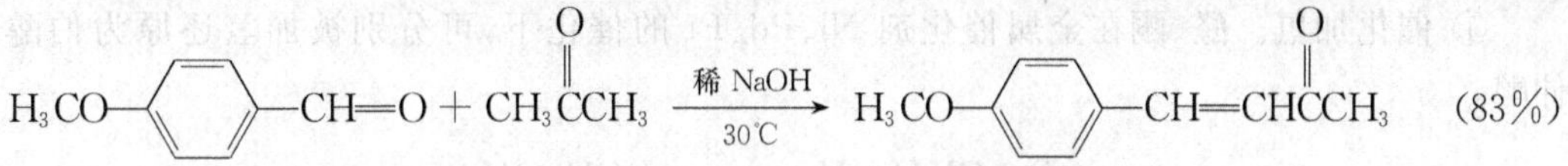

(3) 曼尼希(G. Mannich，1877—1947)反应——胺甲基化反应。

曼尼希反应是指 C—H 酸性化合物，如含 α-H 的醛、酮与醛(一般为甲醛)及胺(伯胺或仲胺，一般为仲胺)的反应。反应通式如下：

$$R-\overset{O}{\overset{\|}{C}}-\overset{|}{\underset{|}{C}}-H + HCHO + HNR_2 \xrightarrow{H^+} R-\overset{O}{\overset{\|}{C}}-\overset{|}{\underset{|}{C}}-CH_2NR_2 + H_2O$$

(曼尼希碱)

反应的结果是脱掉一分子水，含 α-H 的醛、酮被胺甲基($-CH_2NR_2$)化。因此，曼尼希反应又称胺甲基化反应。曼尼希反应生成曼尼希碱，它是很有用的有机合成中间体。

曼尼希反应历程一般认为如下：

$$HCH{=}O + HNR_2 \rightleftharpoons HOCH_2NR_2 \xrightleftharpoons{+H^+,\ -H_2O} CH_2{=}\overset{\oplus}{N}R_2 + H_2O$$

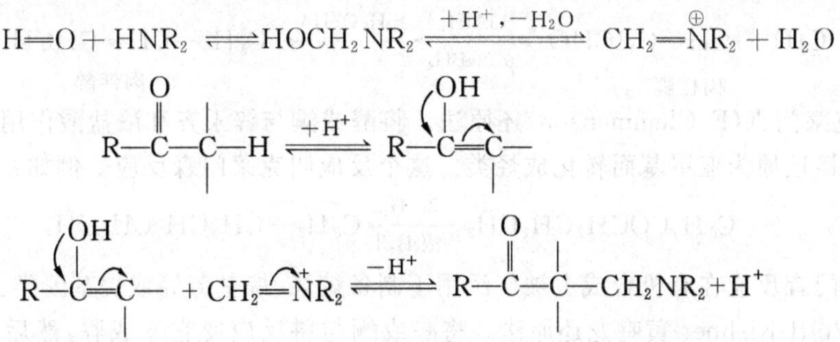

3. 氧化和还原反应

(1) 氧化反应。

在氧化反应中，醛和酮有着明显的差别。醛的羰基碳原子上直接连着氢原子，而酮没有。因此，醛容易被氧化，甚至弱氧化剂也能使醛氧化。常用的弱氧化剂有托伦(Tollens)试剂、斐林(Fehling)试剂和班氏(Benedict)试剂。这些试剂常用来鉴别醛和酮。但芳香醛只能和托伦试剂作用，不能和斐林试剂和班氏试剂作用，因此还可以利用这一点来鉴别脂肪醛和芳香醛。

① 托伦试剂。即氢氧化银的氨溶液，它与醛的反应可表示如下：

$$R—CHO + [Ag(NH_3)_2]^+ OH^- \xrightarrow{\triangle} RCOONH_4 + Ag\downarrow + NH_3\cdot H_2O$$

该反应又称银镜反应。

② 斐林试剂。即硫酸铜、氢氧化钠和酒石酸钾钠组成的蓝色混合溶液。作为氧化剂的是 Cu^{2+}，反应结果生成砖红色的氧化亚铜沉淀。

$$R—CHO + Cu^{2+} + OH^- \longrightarrow RCOO^- + Cu_2O\downarrow + H_2O$$

③ 班氏试剂。即硫酸铜、碳酸钠和柠檬酸组成的混合液。它与醛反应的结果是与斐林试剂一致的，只是比斐林试剂更稳定，所以在临床化验中更常使用。

(2) 还原反应。

醛和酮都可以发生还原反应。在不同的条件下，用不同的还原剂可以得到不同的产物。

① 催化加氢。醛、酮在金属催化剂 Ni、Pd、Pt 的催化下，可分别被加氢还原为伯醇和仲醇。

$$R—CHO + H_2 \xrightarrow{Ni} RCH_2OH$$

$$R'—\overset{\displaystyle R}{\overset{|}{C}}=O + H_2 \xrightarrow{Ni} R'—\overset{\displaystyle R}{\overset{|}{C}}H—OH$$

当用催化加氢的方法还原羰基化合物时，分子中其他可被还原的基团，如碳-碳双键、亚硝基、氰基等，同时也要被还原。例如：

$$CH_3CH=CHCHO + 2H_2 \xrightarrow{Ni} CH_3CH_2CH_2CH_2OH$$

② 金属氢化物还原。金属氢化物如硼氢化钠、氢化铝锂($LiAlH_4$)是还原醛、酮的常用试剂，还原时分子中的其他不饱和键如碳-碳双键等不受影响。因此，若要使不饱和醛、酮还原成不饱和醇，可使用这些试剂。其中氢化铝锂还原性很强，除还原醛、酮外，它还可还原羧酸衍生物等化合物。例如：

$$\underset{\text{肉桂醛}}{C_6H_5—CH=CHCHO} \xrightarrow[\text{或 } NaBH_4]{LiAlH_4} \xrightarrow{H_2O/H^+} \underset{\text{肉桂醇}}{C_6H_5—CH=CHCH_2OH}$$

③ 克莱门森(E. Clemmenson)还原法。将醛或酮与锌汞齐和浓盐酸作用，可使醛、酮中的羰基直接还原为亚甲基而转化成烃类。这个反应叫克莱门森反应。例如：

$$C_6H_5COCH_2CH_2CH_3 \xrightarrow[\text{浓 } HCl]{Zn\text{-}Hg} C_6H_5—CH_2CH_2CH_2CH_3$$

克莱门森反应在有机合成上被广泛用于制备烷烃、烷基芳烃或烷基酚类。

④ Wolff-Kishner-黄鸣龙还原法。将醛或酮与肼反应使它变成腙，然后将腙再与乙醇钠、无水乙醇在封管中加热到 180℃左右，即放出氮气生成烃。

$$\gt C{=}O \xrightarrow{NH_2NH_2} \gt C{=}NHNH_2 \xrightarrow[\text{封管}]{C_2H_5ONa/C_2H_5OH} \gt CH_2 + N_2$$

这种方法称 Wolff-Kishner 还原法。

我国化学家黄鸣龙改进了这个方法，将醛或酮、氢氧化钠、肼的水溶液和一种高沸点的水溶性溶剂（如二缩乙二醇或三缩乙二醇）一起加热，使醛、酮变成腙，然后将水和过量的肼蒸发，待温度达到腙的分解温度（195℃～200℃）时，再回流 3～4 小时，使反应完成。这个反应可在常压下进行，产率较高。例如：

$$C_6H_5{-}\overset{\overset{\displaystyle O}{\|}}{C}CH_2CH_3 \xrightarrow[\triangle]{NH_2NH_2,\,NaOH,\,(HOCH_2CH_2)_2O} C_6H_5CH_2CH_2CH_3 \quad (82\%)$$

这个方法使用范围广，还可用来还原对酸敏感的醛或酮。如用 DMF 作溶剂，反应温度可降到 100℃。

⑤ 麦尔外因-彭道夫-维兰（Mearwein-Ponndorf-Verley）还原法。用异丙醇铝和异丙醇作为还原剂，可使醛还原为伯醇，酮还原为仲醇。

$$\underset{(R')H}{\overset{R}{\gt}}C{=}O + CH_3{-}\underset{\underset{\displaystyle OH}{|}}{CH}{-}CH_3 \xrightleftharpoons{[(CH_3)_2CHO]_3Al} \underset{(R')H}{\overset{R}{\gt}}CH{-}OH + CH_3\overset{\overset{\displaystyle O}{\|}}{C}CH_3$$

该反应专称麦尔外因-彭道夫-维兰还原，是欧芬脑（Oppenauer）氧化的逆反应，其特点是对醛、酮有还原作用，而分子中的其他不饱和基团不受影响。例如：

$$CH_3{-}\overset{\overset{\displaystyle O}{\|}}{C}{-}CH{=}CH_2 + CH_3{-}\underset{\underset{\displaystyle OH}{|}}{CH}{-}CH_3 \xrightleftharpoons{[(CH_3)_2CHO]_3Al} CH_3{-}\overset{\overset{\displaystyle OH}{|}}{CH}{-}CH{=}CH_2 + CH_3\overset{\overset{\displaystyle O}{\|}}{C}CH_3$$

麦尔外因-彭道夫-维兰还原是可逆平衡反应，一般可以通过加入过量的异丙醇或除去低沸点的丙酮的方法，使平衡破坏而向右进行趋于完全。

(3) 歧化反应。

不含 α-氢原子的醛在浓碱（如浓 NaOH（40%～45%）溶液）作用下发生自身氧化还原反应，生成醇和羧酸的混合物。这个反应叫歧化反应，又叫康尼查罗（S. Cannizzaro）反应。例如：

$$2HCHO + NaOH(\text{浓}) \longrightarrow HCOONa + CH_3OH$$

$$2C_6H_5CHO + NaOH(\text{浓}) \longrightarrow C_6H_5COONa + C_6H_5CH_2OH$$

反应时，一分子醛作为氢的供给者，另一分子醛作为氢的接受者，结果前者被氧化，后者被还原，发生了分子间的氧化还原反应，生成等量的酸和醇。

歧化反应也可发生在两种不同的不含 α-氢原子的醛分子间，称为交叉歧化反应，产物比较复杂。但如果两种醛中一种是甲醛，由于甲醛容易被氧化，所以总是甲醛被氧化成酸，另一种醛被还原成醇。例如：

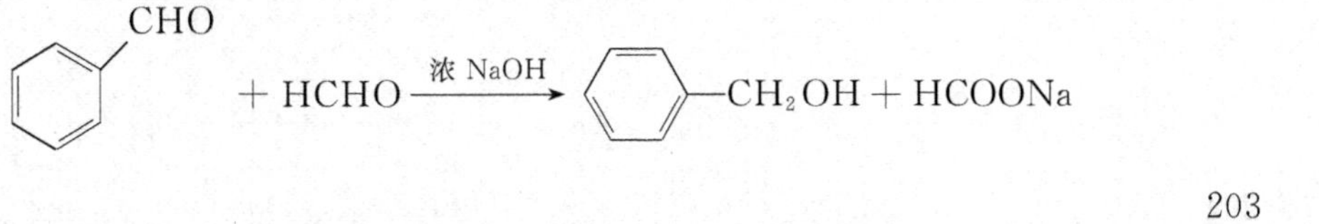

康尼查罗(Stanislao Cannizzaro,1826—1910)生于意大利西西里城一个警察之家。1841 年,康尼查罗进入巴勒莫大学医学系学习。1845 年秋,康尼查罗前往比萨,并在著名实验家皮利亚的实验室里当助手。在皮利亚的影响下,他深深爱上了化学这门学科。

有机合成的新发展,有机化学领域中一个个接踵而来的新发现,引起了他对研究苯甲醛及其特征反应的兴趣。他发现,把苯甲醛与碳酸钾一起加热时,苯甲醛特有的苦杏仁气味很快消失,产物与原来的苯甲醛完全不同,甚至气味也变得好闻了。他对反应混合物进行定量分析,先把反应混合物分成一个个组分,然后再测定每种组分的含量。几天后,他竟得到了几乎意料之外的结果:在反应过程中,碳酸钾的量没有改变,即碳酸钾只起催化剂的作用。他再进一步分析得知,产物中既有苯甲酸,又有苯甲醇。1853 年,康尼查罗公布了他的研究成果,人们把能生成这类产物的反应称为 Cannissaro 反应。由于在化学上的杰出贡献,1862 年他当选为伦敦化学学会名誉会员,1873 年他做了纪念法拉第的演讲并被推举为德国化学学会名誉会员。1891 年,他获得科佩尔奖章。

(4) 与希夫(Schiff)试剂的反应。

希夫(Schiff)试剂,亦称品红醛试剂。碱性品红是一种红色染料。希夫(Schiff)试剂是由碱性品红的 0.025%的水溶液中通入二氧化硫直到褪色为止而制成的试剂。该试剂与醛类相遇,呈红色或紫色反应。因此,品红醛试剂常用来区别醛和酮类。

甲醛与希夫试剂反应所显的颜色遇硫酸后不消失,而其他醛所显的颜色则褪去。因此,品红醛试剂还可以区别甲醛和其他醛。

在生物实验中,品红醛试剂可以和经过酸化的 DNA 发生反应,DNA 被染成紫红色,而不和核仁、细胞质发生反应,因此可以用来鉴定 DNA 的存在。另外,品红醛试剂还可用于检测多糖的 PAS 反应和 Bauer 反应等。

四、α,β -不饱和醛、酮

不饱和醛、酮是指分子中含有碳-碳不饱和键的醛、酮,最主要的和最有特点的是 α,β-不饱和醛、酮。例如,丙烯醛 $CH_2{=}CHCHO$,2-丁烯醛(巴豆醛) $CH_3CH{=}CHCHO$, 3-苯基丙烯醛(肉桂醛) 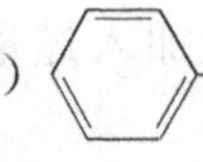—CH═CHCHO 等。α,β-不饱和醛、酮具有以下化学特性:

(一) 加成反应

α,β-不饱和醛、酮的结构中同时含有碳-碳双键和羰基,所以它们既可以发生亲核加成反应,又可以发生亲电加成反应。另外,α,β-不饱和醛、酮分子中碳-碳双键与羰基形成了共轭体系,如图 8-3 所示。

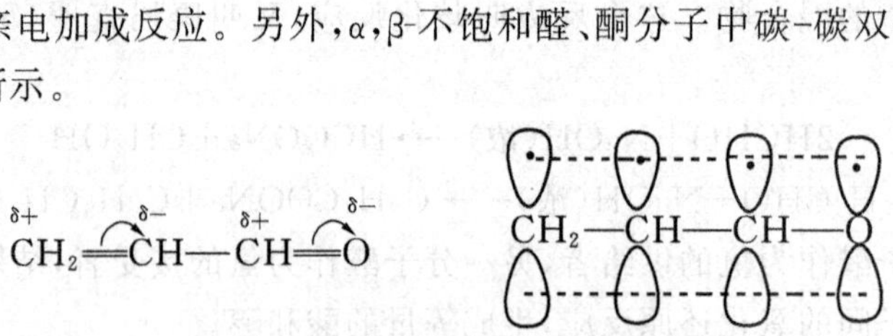

图 8-3 丙烯醛分子中的共轭体系

此共轭体系类似于 1,3-丁二烯,具有 1,2-加成和 1,4-加成两种方式。

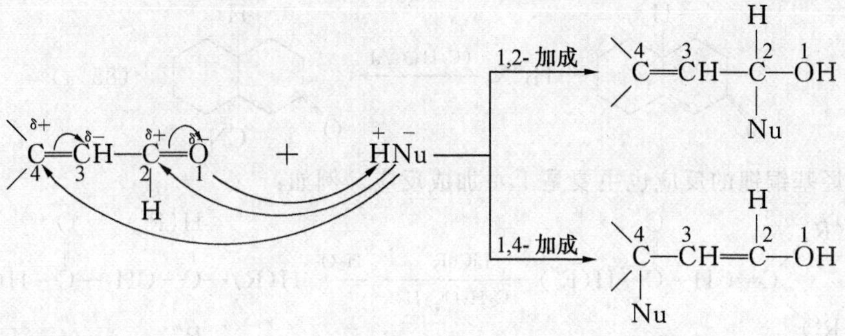

1. 亲核加成

在 α,β-不饱和醛、酮中，碳-碳双键和羰基形成 π-π 共轭体系。由于羰基氧的的电负性影响，使得共轭链中电子云分布呈交替极化状态。因此，进行加成反应时，亲核试剂(Nu^-)既可进攻羰基碳发生 1,2-加成反应，又可以进攻带部分正电荷的 β-C，发生 1,4-加成反应。

α,β-不饱和醛、酮的亲核加成取向影响因素较多，比较复杂。一般来讲，不同结构的醛、酮在进行亲核加成反应时，1,2-加成和 1,4-加成的取向与羰基的活性以及羰基旁的基团的大小有关。α,β-不饱和醛易于进行 1,2-加成；α,β-不饱和酮倾向于 1,4-加成。这是因为醛羰基活性高，醛基空间位阻小，亲核试剂易于进攻羰基碳原子，而主要发生 1,2-加成反应；而酮羰基反应活性较低，酮羰基旁的基团相对空间位阻大，亲核试剂进攻 β-C 较容易，而主要发生 1,4-加成反应。例如：

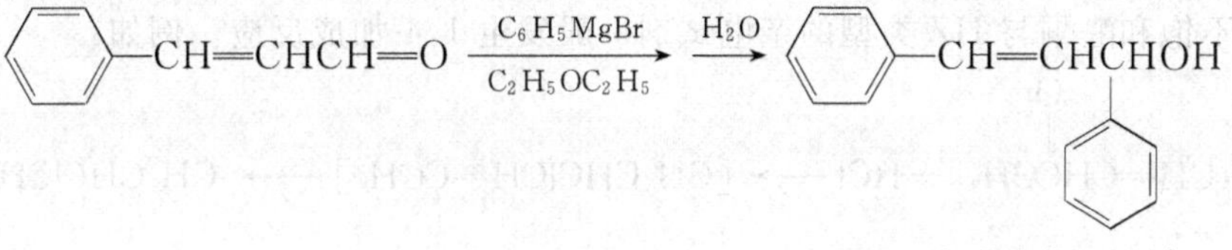

1,2-加成产物(100%)

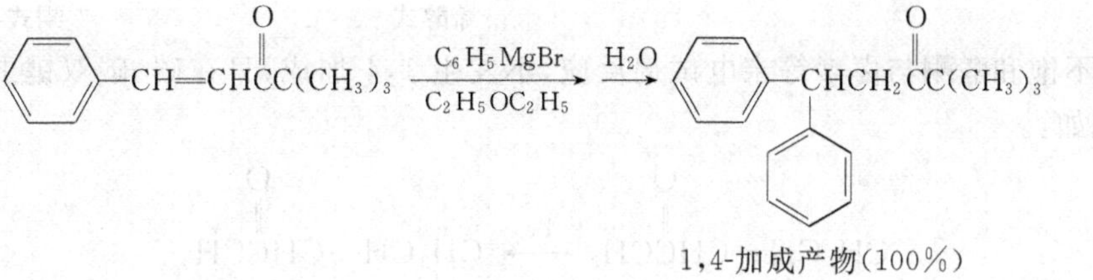

1,4-加成产物(100%)

1,2-加成和 1,4-加成的取向还与亲核试剂的性质有密切关系。α,β-不饱和醛、酮与水、醇、氢氰酸、氨的衍生物等加成时主要生成 1,4-加成产物。反应经烯醇式结构生成稳定的酮式结构，总的结果是试剂加在碳-碳双键上，得到羰基化合物。例如：

$$CH_2{=}CH{-}CH{=}O + HCN \xrightarrow{OH^-} [\underset{\displaystyle CN}{\underset{|}{CH_2}}{-}CH{=}\underset{\displaystyle OH}{\underset{|}{CH}}] \xrightarrow{\text{互变异构}} \underset{\displaystyle CN}{\underset{|}{CH_2}}{-}CH_2{-}\overset{\displaystyle O}{\overset{\|}{C}}H$$

烯醇式　　　　酮式

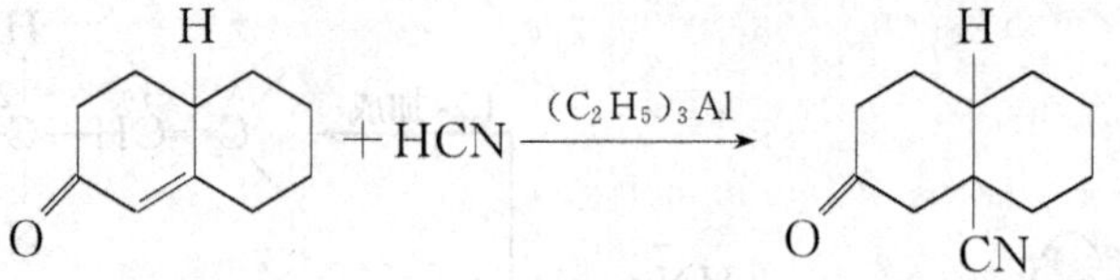

(85%)

与二烃基铜锂的反应也主要是 1,4-加成反应。例如：

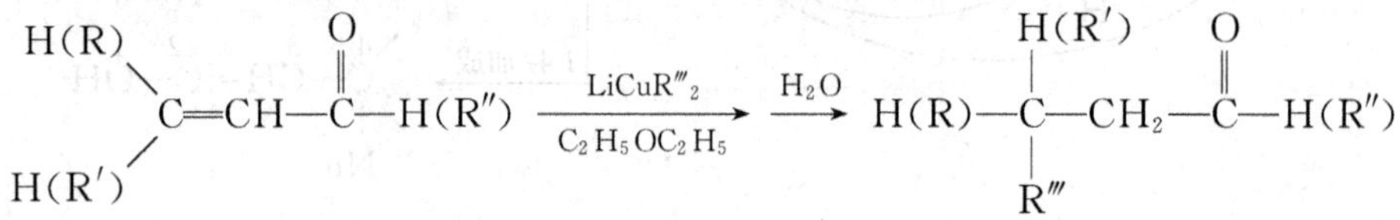

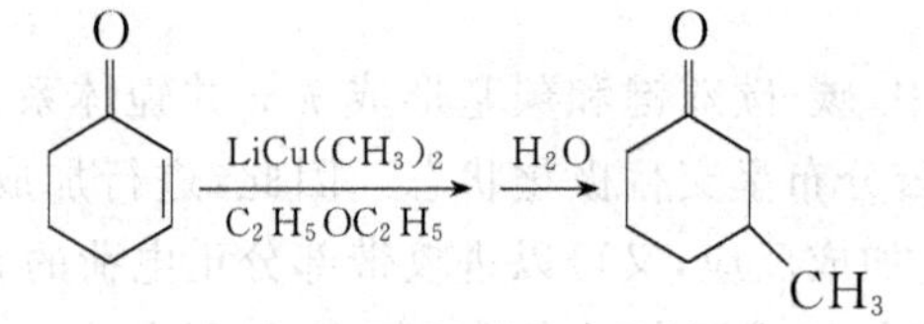

与烃基锂的反应主要是 1,2-加成反应。例如：

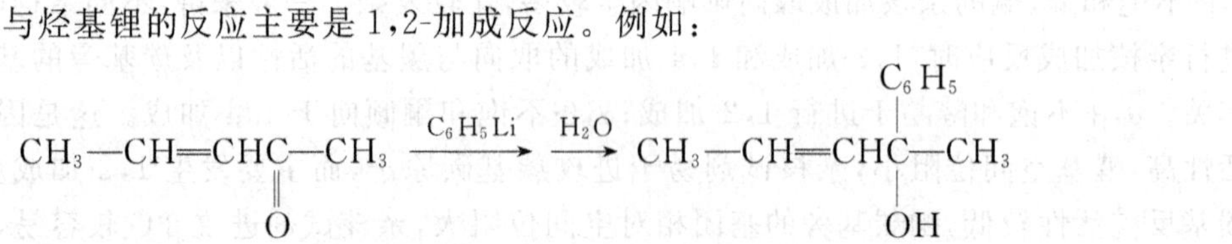

2. 亲电加成

α,β-不饱和醛酮与 HZ 类型的亲电试剂一般发生 1,4-加成反应。例如：

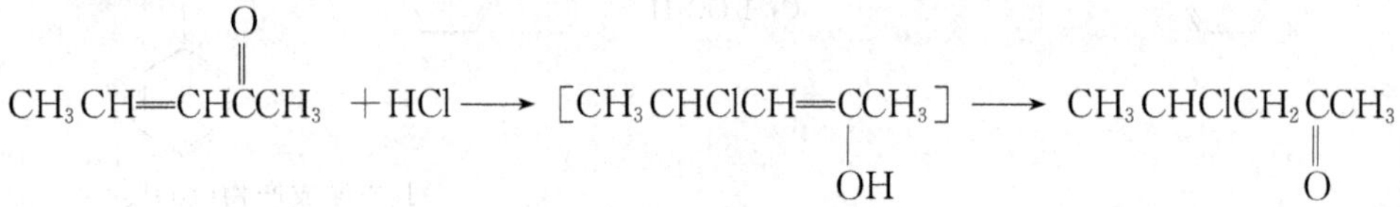

烯醇式　　　　酮式

α,β-不饱和醛酮与卤素等亲电试剂反应，不发生 1,4-加成，只在碳-碳双键上发生亲电加成。例如：

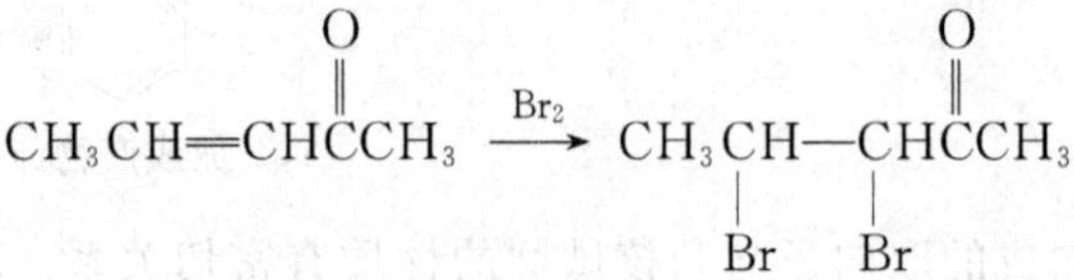

(二) 还原反应

1. 羰基的还原

麦尔外因-彭道夫-维兰还原法是不饱和醛、酮还原的好方法，该反应前面已介绍，这里不再重复。

此外，氢化铝锂还原法对大多数 α,β-不饱和醛、酮来说也是一种常用的方法，可以获得较好的收率。氢化铝锂只还原羰基，与它共轭的双键不受其影响。例如：

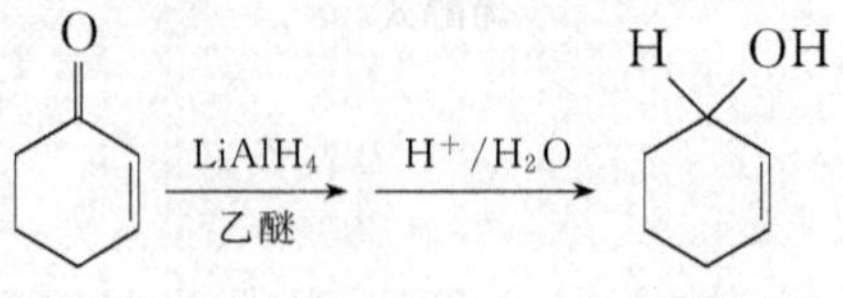

(97%)

2. 碳-碳双键的还原

用钯-碳催化加氢或用金属锂-液氨低温还原，主要还原 α,β-不饱和醛、酮中的碳-碳双键。例如：

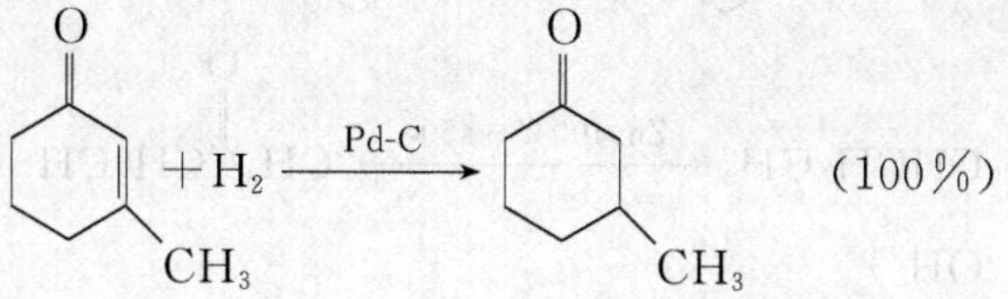

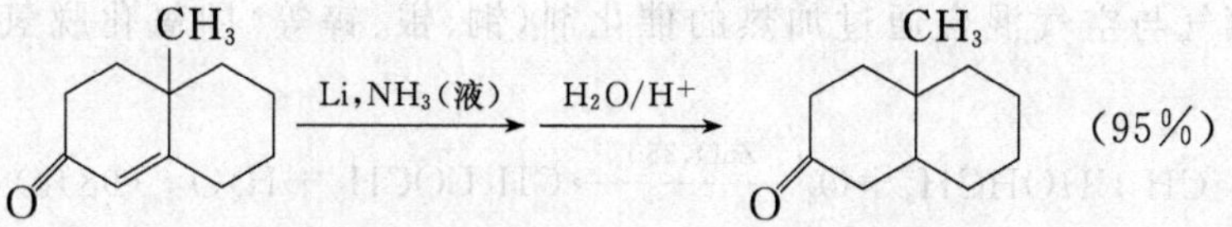

在上面的还原中，如果试剂过量，也可以使 α,β-不饱和醛、酮的羰基、双键同时还原。

(三) 插烯规律

2-丁烯醛中的甲基与乙醛中的甲基活性相当。例如，在稀碱中 2-丁烯醛也可以发生羟醛缩合反应。

$$CH_3CH{=}CH\overset{O}{\overset{\|}{C}}H + CH_3CH{=}CH\overset{O}{\overset{\|}{C}}H$$

$$\xrightarrow{\text{稀碱}} CH_3CH{=}CH\overset{OH}{\overset{|}{C}}HCH_2CH{=}CHCHO$$

$$\xrightarrow{-H_2O} CH_3CH{=}CHCH{=}CHCH{=}CHCHO$$

其反应过程是 2-丁烯醛在碱的作用下首先形成碳负离子 ($^{-}CH_2—CH{=}CH—\overset{O}{\overset{\|}{C}}—H$)，然后碳负离子作为亲核试剂进攻另一分子 2-丁烯醛的羰基发生羟醛缩合反应。

我们可以将 2-丁烯醛看成是在乙醛分子中的醛基和甲基之间插入了一个乙烯基 (—CH═CH—)，引入的乙烯基，其碳-碳双键与羰基构成 π-π 共轭体系，羰基的吸电子影响通过共轭链传递到另一端的甲基上。所以，乙烯基的引入不影响醛基对甲基的吸电子作用，醛基对甲基上氢原子的活化作用基本没有改变，而且当共轭链延长后，这种影响仍然保持不变，这种现象称插烯规律。

五、醛、酮的制备

醛、酮的制备方法很多，可大致分两种类型：一种是通过官能团的相互转化制得；另一种是在分子结构上直接引入羰基。

(一) 官能团相互转化法

1. 醇的氧化和脱氢

伯醇或仲醇用三氧化铬等氧化生成醛或酮。将醇的蒸气通过加热的催化剂(如 Cu 粉、Ag 粉、亚铬酸酮等)可使它们脱氢生成醛或酮。例如：

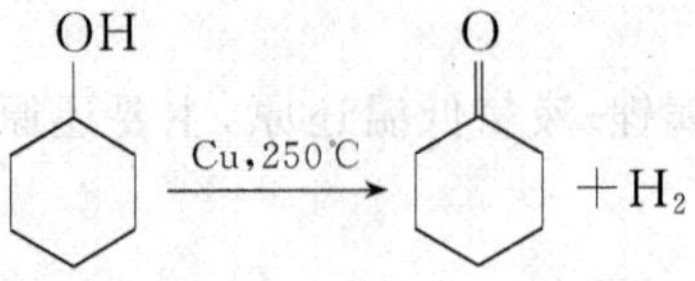

$$CH_3CHCH_2CH_3(OH) \xrightarrow{Zn,400℃\sim450℃} CH_3\overset{O}{\overset{\|}{C}}CH_2CH_3 + H_2$$

将醇的蒸气与空气混合通过加热的催化剂(铜、银、锌等)即氧化脱氢生成醛或酮。例如:

$$CH_3CHOHCH_3 + O_2 \xrightarrow{ZnO,380℃} CH_3COCH_3 + H_2O \quad (98\%)$$

从不饱和醇制备不饱和酮的一个很好的方法是 Oppenauen 氧化。此方法对不饱和键无影响,反应选择性高,且收率较高。其制备方法是将醇(一般用仲醇)、叔丁醇铝(或异丙醇铝)和丙酮一起回流,仲醇脱氢生成相应的酮。

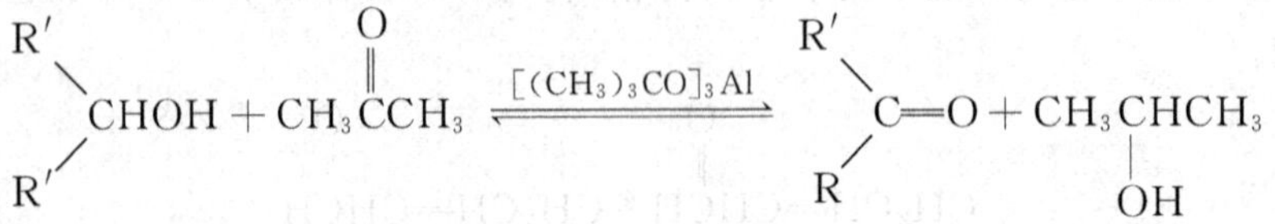

例如:

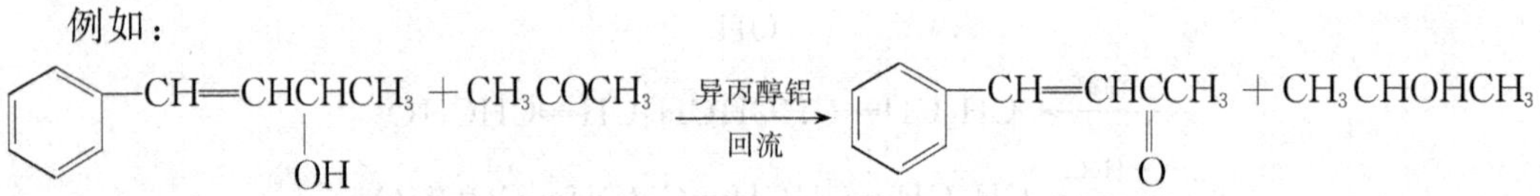

2. 炔烃的水合

炔烃在汞盐、硫酸催化下进行水合,首先得到不稳定的烯醇,再重排得到相应的醛或酮。例如:

$$HC{\equiv}CH + H_2O \xrightarrow[H_2SO_4]{Hg^{2+}} CH_3\overset{O}{\overset{\|}{C}}H$$

$$RC{\equiv}CH + H_2O \xrightarrow[H_2SO_4]{Hg^{2+}} R\overset{O}{\overset{\|}{C}}CH_3$$

3. 芳烃侧链的氧化

芳烃侧链氧化可制备羧酸,在第四章中已讨论过。如选用适当的氧化剂,在温和的条件下进行反应,芳烃侧链烷基也可被氧化成醛或酮。

常用的氧化剂有三氧化铬-硫酸,三氧化铬-醋酐。例如:

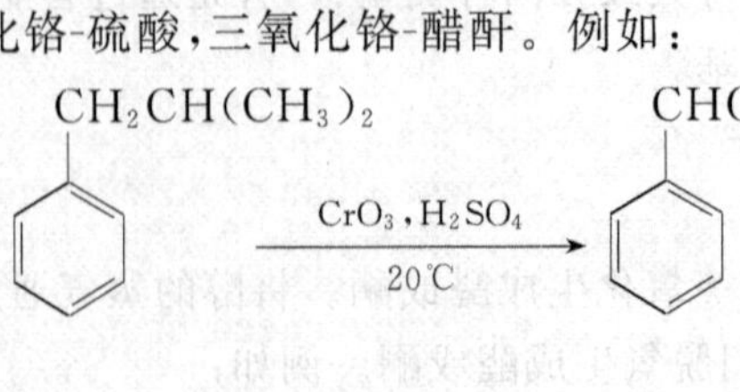

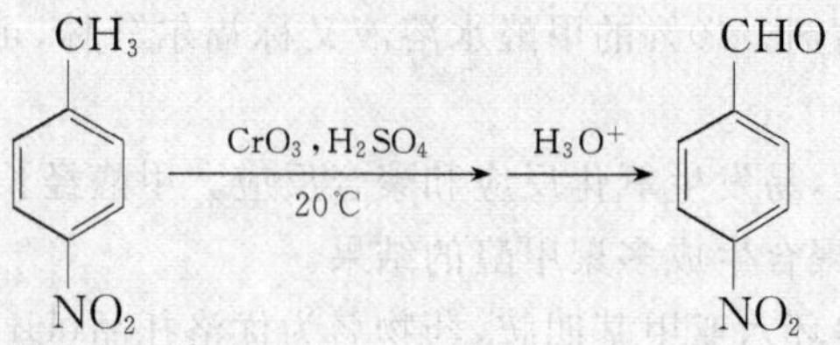

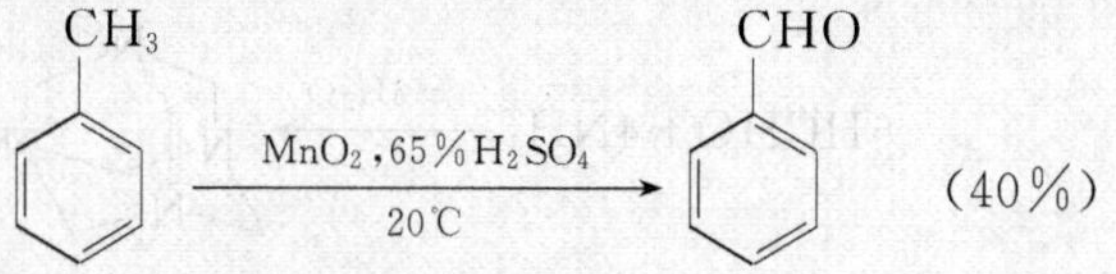

(二) 直接羰基化法

1. 傅瑞德尔-克莱弗茨酰基化(傅-克)反应

在前面的章节已讨论过,不再举例。

2. 加特曼-科克(Gattemann-Kach)反应

以一氧化碳及干燥氯化氢为原料,在无水三氯化铝和氯化亚铜存在下,在芳环上直接引入醛基的反应称为加特曼-科克反应。例如:

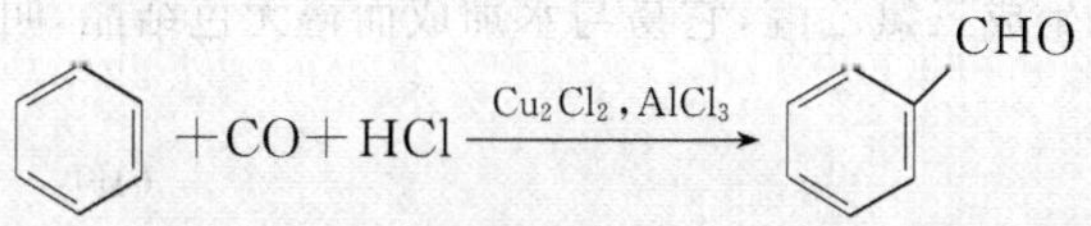

当芳环上连有甲基、甲氧基等活化取代基时,反应易于进行,醛基主要进入取代基的对位。例如:

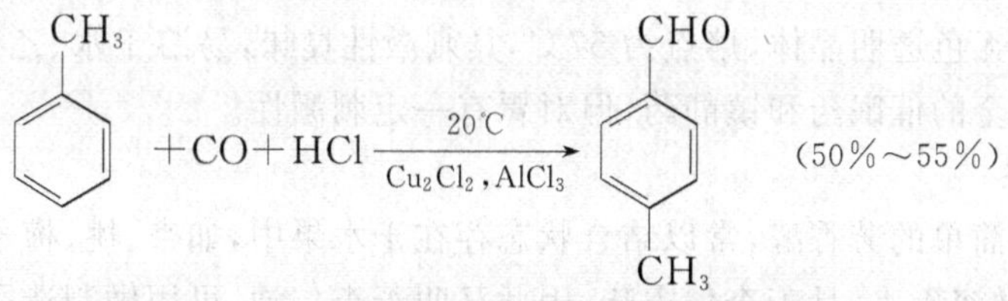

反应中所用的一氧化碳和氯化氢可以用甲酸与氯磺酸作用得到。

$$HCOOH+ClSO_3H \longrightarrow CO+HCl+H_2SO_4$$

3. 瑞穆尔-蒂曼(Reimen-Timann)反应

苯酚和氯仿在强碱性溶液中加热生成芳醛的反应称为瑞穆尔-蒂曼反应,例如:

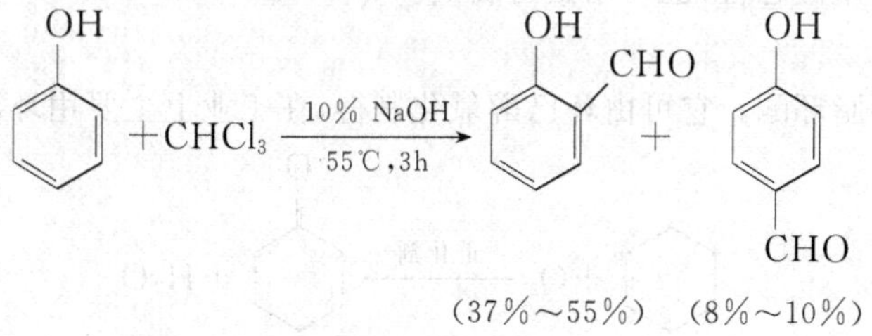

该反应的特点是操作方便,试剂简单,但收率较低。

六、重要的醛和酮

(一) 甲醛

甲醛又叫蚁醛,是具强烈刺激性臭味的无色气体,易溶于水。甲醛能使蛋白质凝固,所以可用做消毒剂和防腐剂。40％的甲醛水溶液又称福尔马林，可用做农作物种子的消毒及动物标本的保存。

甲醛化学性质活泼，易发生氧化反应和聚合反应。甲醛经长期放置，可产生浑浊或出现白色沉淀，这是甲醛经聚合生成多聚甲醛的结果。

甲醛与氨作用可得环六亚甲基四胺，药物名为优洛托品(Urotropine)。

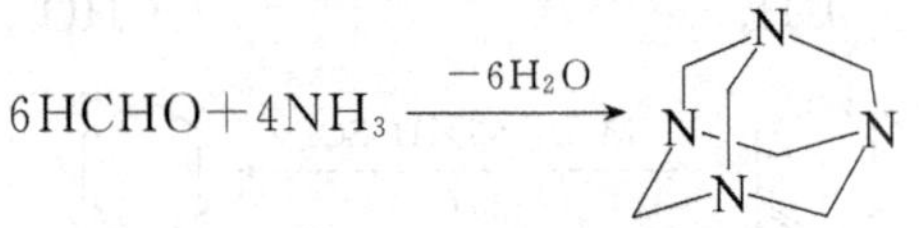

优洛托品为无色结晶，临床上用作尿道消毒剂，治疗肾脏及尿道感染，因为它在病人体内能慢慢地水解，生成少量的甲醛。甲醛由尿道排出时，将尿道内的细菌杀死。

(二) 乙醛

乙醛是无色液体，具刺激性臭味，易溶于水、乙醇和乙醚。

乙醛在酸的催化下可聚合成具强烈臭味的三聚乙醛。三聚乙醛是无色液体，在医药上又称为副醛，具催眠作用，由于无蓄积作用，是比较安全的安眠药。

乙醛通入氯气，则生成三氯乙醛，它易与水加成而得无色结晶，叫做水合三氯乙醛，简称水合氯醛。

$$Cl_3C{-}CHO + H_2O \longrightarrow Cl_3C{-}CH(OH)_2$$

水合氯醛为无色透明晶体，熔点为57℃，具刺激性臭味，易溶于水、乙醇和乙醚，医药上也是一种比较安全的催眠药和镇静药，但对胃有一定刺激性。

(三) 苯甲醛

苯甲醛是最简单的芳香醛，常以结合状态存在于水果中，如杏、桃、梅子和核桃中。苯甲醛为无色液体，微溶于水，具苦杏仁香味，因此又叫苦杏仁油，可用做制造香料及其他芳香族化合物的原料。苯甲醛易氧化，久置空气中能被氧化成苯甲酸而出现白色结晶。

(四) 肉桂醛

肉桂醛学名3-苯丙烯醛，是桂皮油中的主要成分。它是黄色油状液体，沸点为25℃，微溶于水。肉桂醛可用做香料，也可用做防腐剂。

(五) 环己酮

环己酮是一种脂环酮。它可由环己醇氧化制得，在工业上主要用环己烷氧化得到。

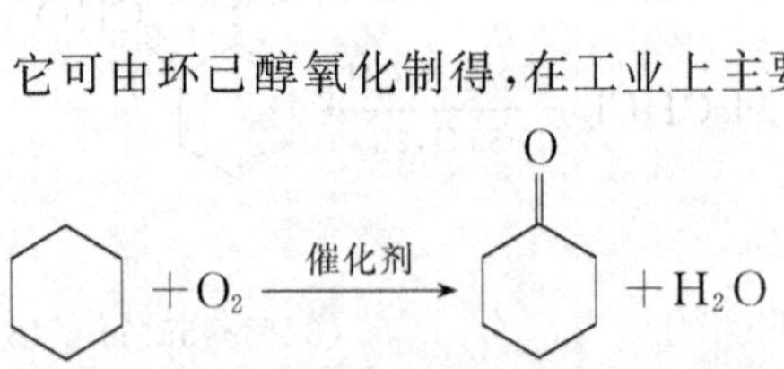

环己酮可用作溶剂，制备己二酸、己内酰胺，后者是合成锦纶的单体。

(六) 丙酮

丙酮是最简单的酮，它是无色、具有特殊香味的液体，沸点为56.5℃，能与水以及几乎所有的有机溶剂互溶，广泛用做溶剂及有机合成原料。

糖尿病患者由于代谢紊乱，体内常有过量丙酮产生，从尿中排出。检查尿中是否含有丙酮可用两种方法：一种是应用碘仿反应；另一种方法是滴加亚硝酰铁氰化钠（$Na_2[Fe(CN)_5NO]$）溶液和氨水于尿中，如果有丙酮存在，溶液就呈紫红色。

第二节　醌

醌是一类特殊的环状不饱和二酮，凡醌类化合物都具有 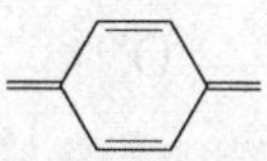 或 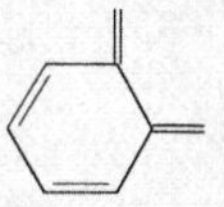 的结构单位，叫做醌型结构。分子中的碳-碳双键和碳-氧双键处于共轭状态。

醌类化合物可根据它们还原后生成的酚类的类别分为苯醌、蒽醌及菲醌等。醌类化合物通常都有颜色。例如：

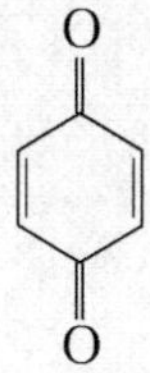

对苯醌（黄色）
（1,4-苯醌）

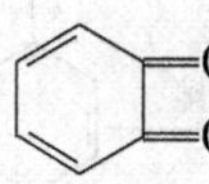

邻苯醌（红色）
（1,2-苯醌）

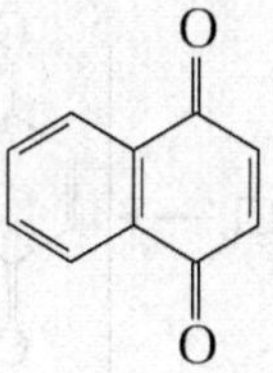

α-萘醌（黄色）
（1,4-萘醌）

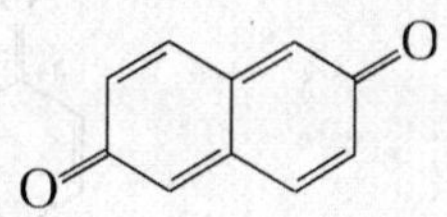

远萘醌（橙色）
（2,6-萘醌）

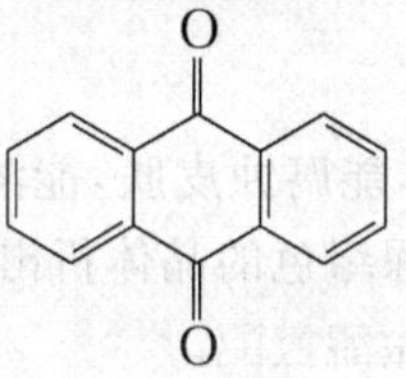

9,10-蒽醌（淡黄色）

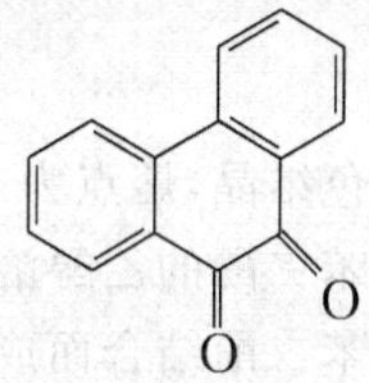

9,10-菲醌（橙黄色）

命名醌类化合物时，两个羰基的位置可以用阿拉伯数字加在名称前面标明，也可用对、邻、远等字或α、β等希腊字母标明。母体上如有取代基则要指明位置、数目和名称，写在母体名称前面。

一、醌的性质

醌是具有共轭体系的环状不饱和二酮，因此具烯烃和羰基化合物的典型性质，又由于存在共轭双键，所以还可发生1,4-加成反应。

（一）碳-碳双键的加成

苯醌在适当条件下，可以和卤素、卤化氢等亲电试剂发生加成反应。例如：

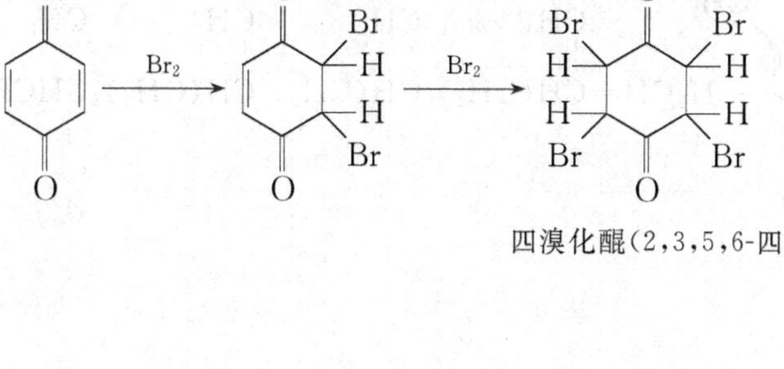

四溴化醌（2,3,5,6-四溴环己二酮）

（二）羰基加成

醌中的羰基能与羰基试剂发生亲核加成。例如，苯醌与羟胺作用可生成肟。

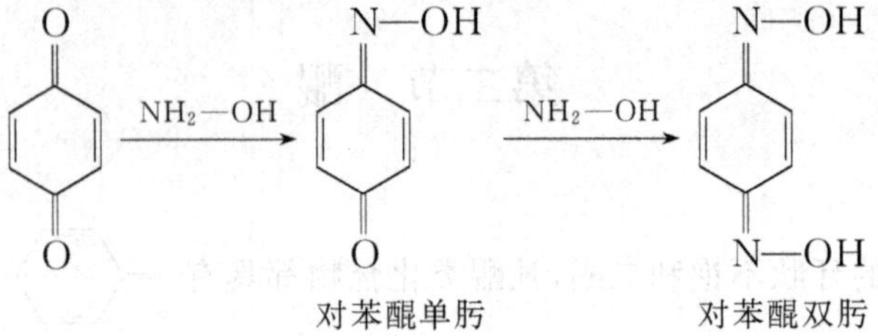

（三）1,4-加成

醌相当于α,β-不饱和羰基化合物，故还可和氢卤酸、氢氰酸、亚硫酸氢钠等试剂发生1,4-加成反应。例如：

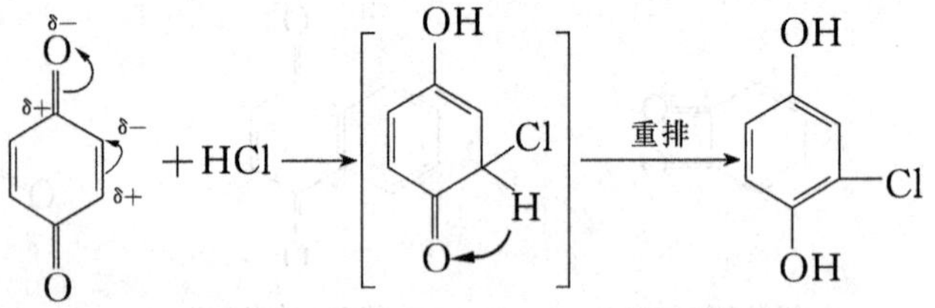

二、重要的醌类化合物

（一）对苯醌

对苯醌是金黄色结晶，熔点为115.7℃，性毒，能腐蚀皮肤，能溶于醇和醚中。如将对苯醌的乙醇溶液和对苯二酚的乙醇溶液混合，即有深绿色的晶体析出，这种晶体就是由一分子对苯醌和一分子对苯二酚结合而成的化合物，叫做醌氢醌。

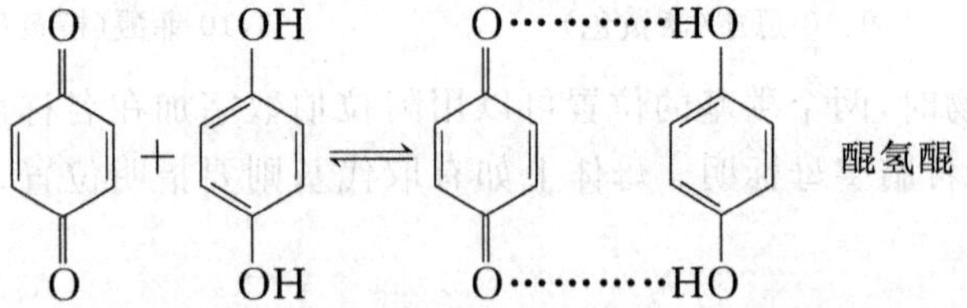

醌氢醌溶于热水，在溶液中大量离解而又生成对苯醌及对苯二酚。醌氢醌的缓冲溶液可用作标准参比电极，这个电极的电位与氢离子浓度有关，故可用于测定溶液的pH。

（二）α-萘醌和维生素K

α-萘醌是黄色结晶，熔点为125℃，微溶于水，有刺激性气味。许多天然产物中都具α-萘醌的结构。例如，维生素K_1和维生素K_2就是α-萘醌的衍生物。

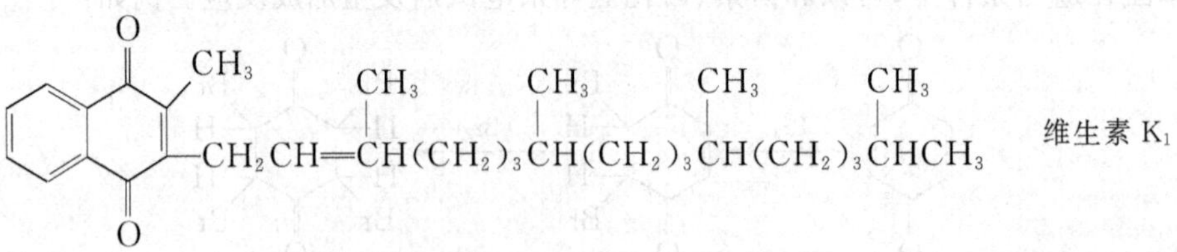

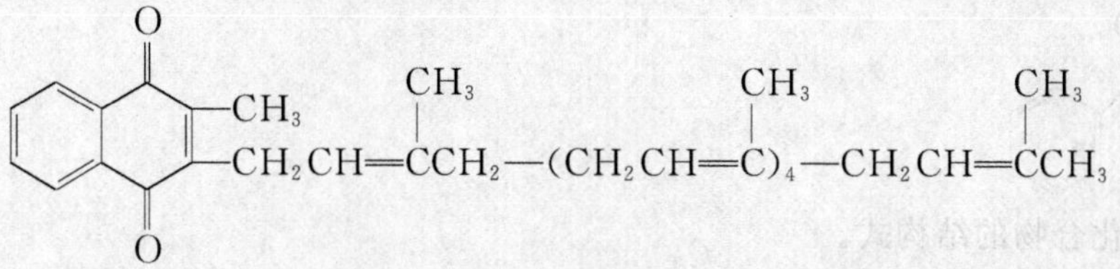

维生素 K_2

维生素 K_1和 K_2的差别只在于支链，维生素 K_2在支链中较 K_1多 10 个碳原子。维生素 K_1和 K_2广泛存在于自然界，以猪肝和苜蓿中含量最多，此外在一些绿色植物、蛋黄、肝脏等中含量也很丰富。维生素 K_1和 K_2都能促进血液凝固，因此可用做止血剂。

研究维生素 K_1和 K_2及其衍生物的化学结构与凝血机制的关系时，发现 2-甲基-1，4-萘醌也具有凝血作用，且凝血能力更强，称为维生素 K_3。维生素 K_3可由合成制得，它难溶于水，一般使用它和亚硫酸氢钠的加成产物——亚硫酸氢钠甲萘醌。

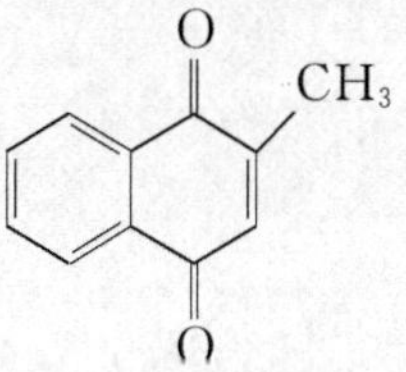

2-甲基-1，4-萘醌
（维生素 K_3）

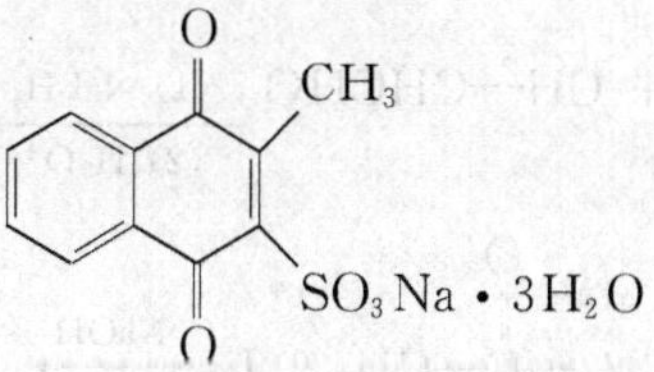

亚硫酸氢钠甲萘醌

习　题

1. 命名下列化合物。

(1) 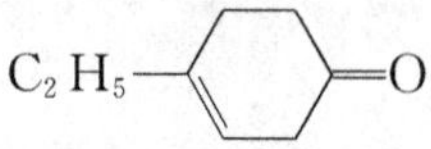

(2) $CH_3CH_2CH{=}N{-}OH$

(3) 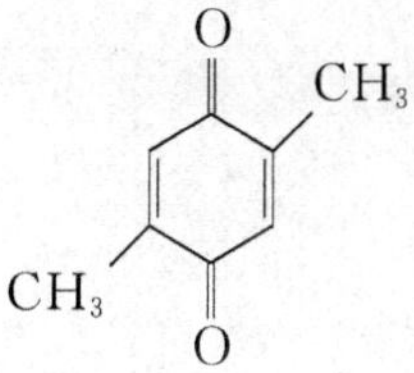

(4) 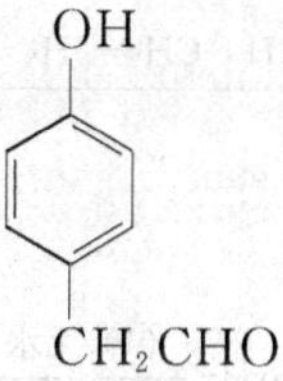

(5) 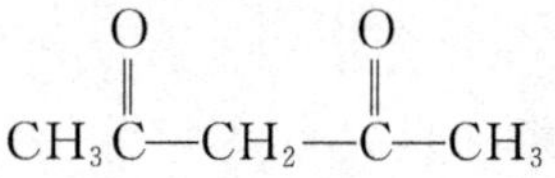

(6) 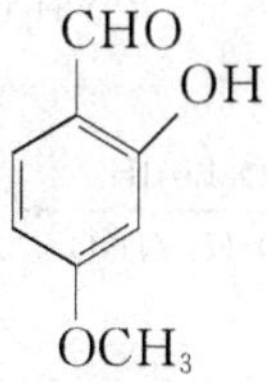

(7) 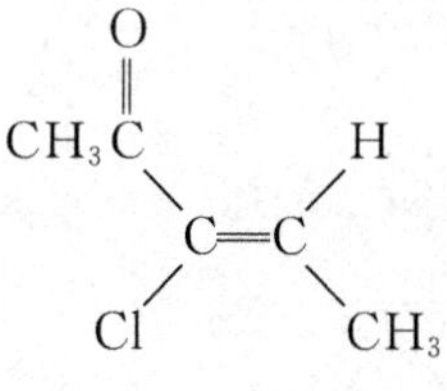 (Z/E)

(8) 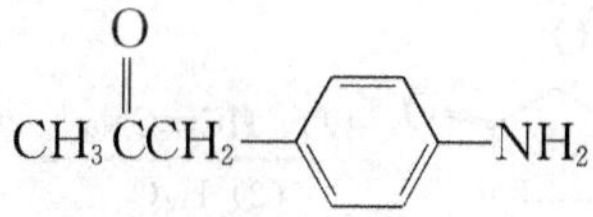

(9) 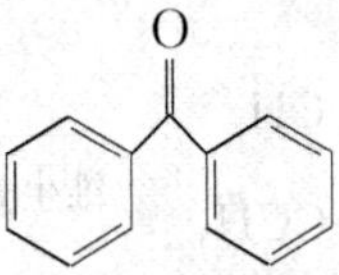

2. 写出下列化合物的结构式。

(1) 2,2,4,5-四甲基-3-庚酮　　(2) 对甲氧基苯甲醛　　(3) 3-甲基-4-庚烯-2-酮

(4) 3-溴-2-丁酮　　(5) 4-苯基-2-丁酮　　(6) 4-甲基-2,3-己二酮

(7) 4,4′-二羟基二苯酮　　(8) 丙酮肟

3. 写出下列反应的主要产物。

(1) 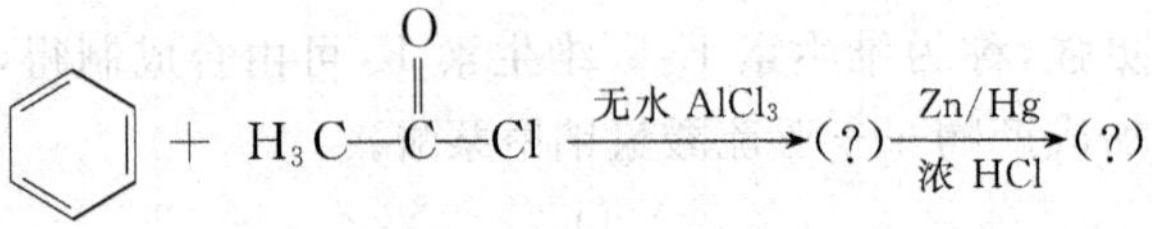

(2) 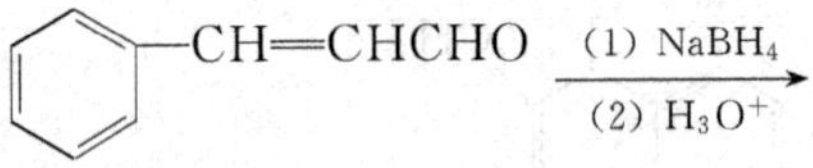

(3) $CH_3CH_2-\overset{O}{\overset{\|}{C}}-CH_3 + I_2 \xrightarrow{NaOH}$

(4) $2CH_3CHO \xrightarrow[5℃]{10\%\ NaOH} (?) \xrightarrow{\triangle} (?)$

(5) $CH_3CH_2CHO \xrightarrow[(2)\ H^+/H_2O]{(1)\ HCN/OH^-}$

(6) 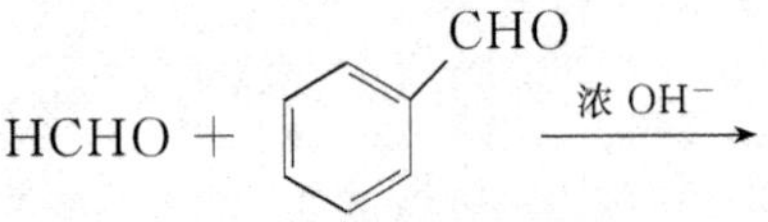

(7) 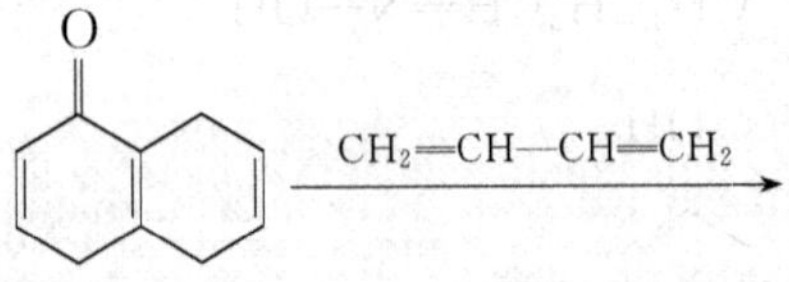

(8) 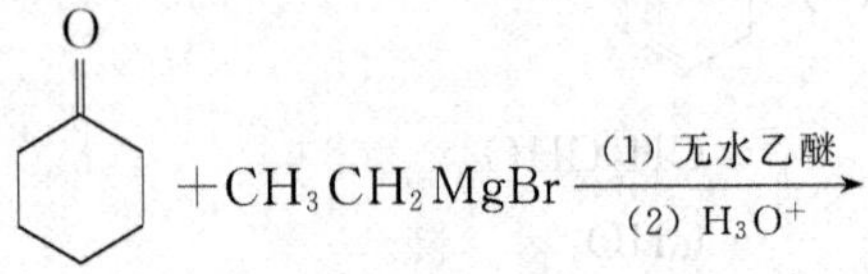

(9) 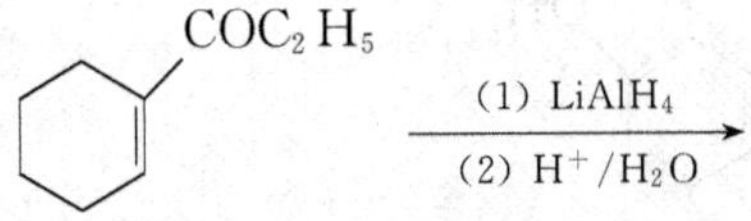

(10) 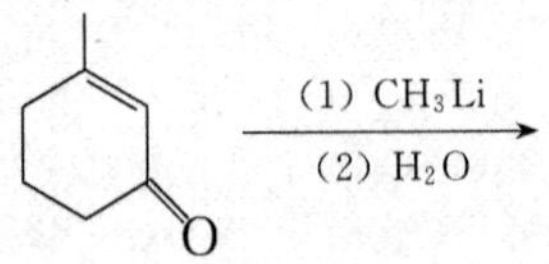

(11) 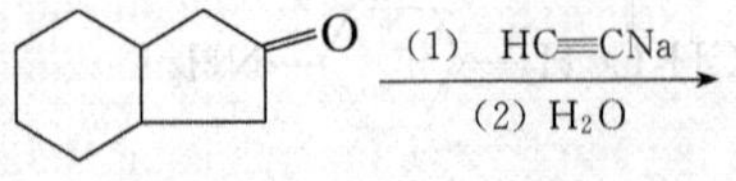

(12) 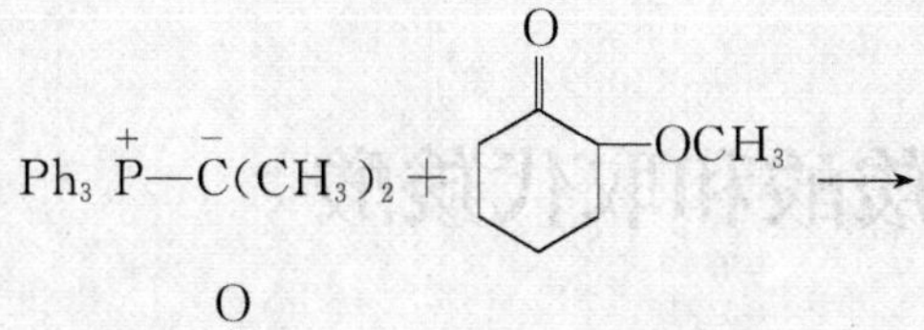

(13) 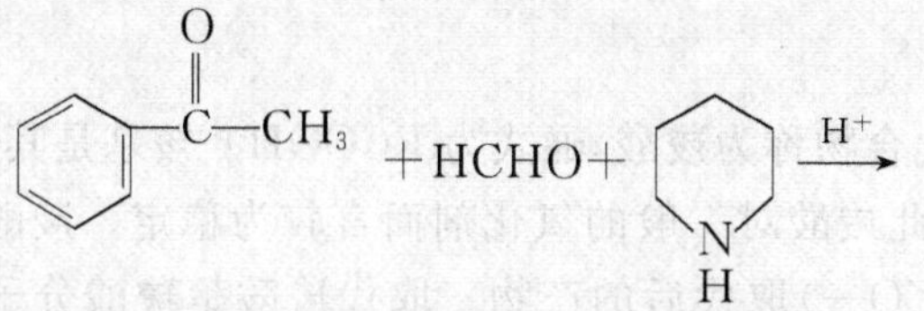

4. 写出环己酮与下列试剂反应的主要产物。

(1) $LiAlH_4$　　(2) NH_2OH　　(3) HCN/OH^-

(4) $NaHSO_3$　　(5) a. C_2H_5MgBr/b. 酸、水　　(6) CH_3OH(过量)/干燥 HCl

(7) Zn-Hg/浓 HCl　　(8) 异丙醇铝,异丙醇　　(9) 2,4-二硝基苯肼

5. 用化学方法区分下列各组化合物。

(1) 丙醛、丙酮、异丙醇、对甲氧基苯甲醛　　(2) 乙醛、丙醛、丙酮、丙醇

(3) 苯酚、苯丙酮、苯甲醛　　(4) 2-戊酮、3-戊酮、环己酮

(5) 乙醛、丙醛、丙酮

6. 试由指定原料合成产物(其他试剂任选)。

(1) 由 $CH_3-\overset{\overset{\large O}{\|}}{C}-CH_3$ 合成 $CH_3\overset{\overset{\large O}{\|}}{C}CH_2CH(CH_3)_2$

(2) 由苯合成 2-苯基-2-丙醇。

(3) 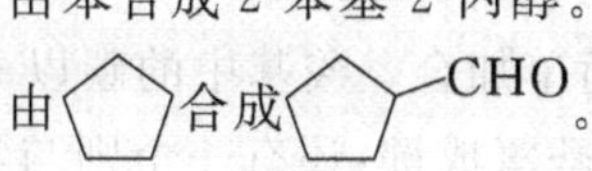 。

(4) $CH_3CH{=}CH_2 \longrightarrow (CH_3)_2\overset{\overset{\large OH}{|}}{C}CH(CH_3)_2$

7. 推证结构。

(1) 有一化合物(A),分子式为 $C_8H_{14}O$,(A)可以很快使溴水褪色,也可与苯肼反应,但不与银氨溶液反应。(A)氧化后生成一分子丙酮及另一化合物(B),(B)具酸性,(B)和碘的 NaOH 溶液作用,生成一分子碘仿及一分子丁二酸二钠盐。试写出(A)与(B)的结构式及各步反应式。

(2) 某化合物(A),分子式为 C_9H_9OBr,不与托伦试剂反应,也不能发生碘仿反应,但能与 2,4-二硝基苯肼作用。(A)经氢化还原得到(B)$C_9H_{11}OBr$,(B)与浓 H_2SO_4 共热得到化合物(C)C_9H_9Br,(C)具有顺反异构体,且氧化可得到对溴苯甲酸。试推断(A)、(B)、(C)的结构式并写出各步反应式。

(3) 某化合物(A)分子式为 $C_5H_{12}O$,氧化后得到(B)$C_5H_{10}O$,(B)能与苯肼反应,并与碘的碱溶液共热时产生黄色沉淀(C)。(A)和浓硫酸共热得到(D)C_5H_{10}。(D)经氧化后得丙酮和乙酸。试推测(A)、(B)、(C)、(D)的结构式。

8. 试设计用 Grignard 试剂制取 2-苯基-2-丁醇的所有可能的途径,用反应式表示。

第九章　羧酸和取代羧酸

分子中含有羧基(—COOH)的化合物称为羧酸，通式为 RCOOH。羧基是其官能团，它是同一碳原子上的最高氧化形式，因此羧酸对一般的氧化剂而言较为稳定。羧酸也可看做水分子中一个氢原子被一个酰基(RCO—)取代后的产物。取代羧酸是羧酸分子中烃基上的氢原子被其他原子或基团取代后所生成的化合物，亦称取代酸，属于多官能团化合物。无论是在有机合成还是在生物体系中，它们都是十分重要的物质。

羧酸在自然界中广泛存在，与人类生活关系密切。如食醋是含量约 6%的乙酸水溶液，肥皂是高级脂肪酸的钠盐等。它们的结构也常出现在许多合成药物分子中。某些羧酸不仅是生物体内代谢的重要物质，也是重要的有机合成原料，如尼龙、的确良等合成纤维的单体原料之一即为羧酸。

第一节　羧　　酸

一、羧酸的结构、分类和命名

(一) 羧酸的结构

羧酸中的羧基看似由羰基和羟基组成，但两者并非简单加合。羧基中的碳以 sp^2 杂化，形成 3 个杂化轨道，其中一个与羰基氧成键，另一个与羟基氧成键，还有一个则与氢或碳成键，这 3 个 σ 键的键角约为 120°；碳上还有一个未杂化的 p 轨道与氧原子的 p 轨道形成一个 π 键；此外，羧基中羟基氧上的孤对电子，与羰基中的 π 键形成 p-π 共轭体系，共轭的结果导致键长平均化。经现代物理方法测定，羧基中碳-氧双键的键长(0.123nm)比正常碳-氧双键的键长(0.120nm)稍长，而碳-氧单键的键长(0.136nm)比正常碳-氧单键的键长(0.143nm)稍短，如图 9-1 所示。

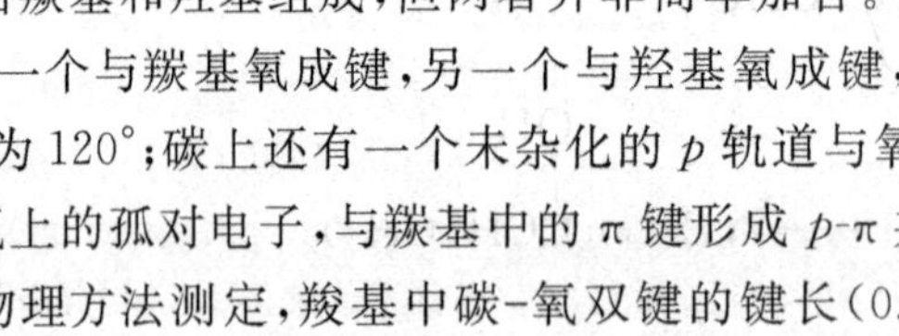

图 9-1　羧基中 p-π 共轭示意

p-π 共轭效应降低了羰基碳原子的正电性，使羰基失去了典型的羰基性质，发生亲核加成反应活性远不如醛、酮。例如，羧酸中的羰基不能与 HCN、$NaHSO_3$ 发生加成反应，一般条件下也不易与肼、苯肼等羰基试剂发生加成反应。

另一方面，由于 p-π 共轭，使羟基中氧原子上的电子云向共轭体系中心偏移，导致氢、氧间的共用电子对更偏向于氧原子，增强了氢-氧键的极性，有利于氢原子的解离；同时，羧基离解后生成的羧基负离子的负电荷也可通过 p-π 共轭而得以分散，使体系能量降低，因此羧酸显示出明显的酸性。X 射线衍射测定表明，甲酸钠中的碳-氧键的键长是均等的，均为 0.127nm，没有单、双键的差别，说明—COO^- 基团上的负电荷已不再集中于一个氧原子上，而是平均分配在两个氧原子上，如图 9-2 所示。

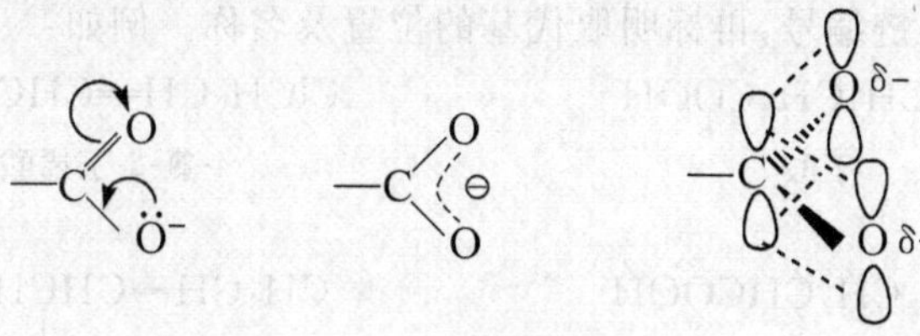

图 9-2　羧基负离子的 p-π 共轭

羧酸的酸性除了用原子间的相互影响来解释外，还可用共振论解释。按共振论的描述，羧酸是以下 3 个极限结构（Ⅰ）、（Ⅱ）、（Ⅲ）的共振杂化体：

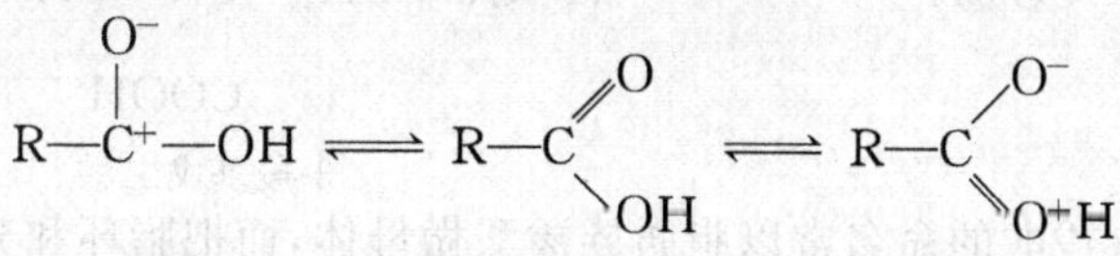

（Ⅰ）　　　　（Ⅱ）　　　　（Ⅲ）

根据共振论“结构相同的式子参与共振的杂化体最稳定”，上面 3 个极限式不相同，尤其在（Ⅰ）与（Ⅲ）中存在着两个相反的电荷，故这种共振杂化体不稳定，因而由于共振而降低的能量较少。如果羧酸解离后，羧基负离子以下列两个极限式共振：

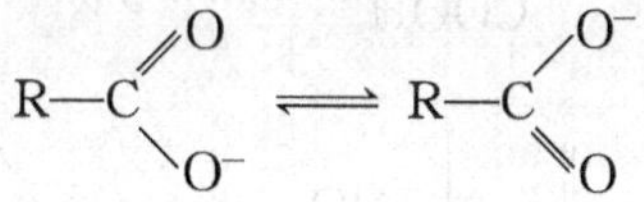

这两个极限式相同，共振所得杂化体最稳定，降低的能量较多。因此，羧酸解离出质子形成负离子是较为容易的过程。

（二）羧酸的分类

羧酸的种类繁多。根据羧基所连烃基的不同，羧酸可分为脂肪酸、芳香酸、饱和酸、不饱和酸等；根据羧基的数目不同，又可分为一元酸、二元酸和多元酸。尽管有许多不同的类别，但羧酸的性质基本上相同。自然界存在的脂肪中，含有大量的高级一元饱和羧酸，因此，开链的一元饱和羧酸也习惯地称为脂肪酸。

（三）羧酸的命名

最常见的羧酸，通常根据其来源命名。如甲酸最初是由蚂蚁蒸馏得到的，故称蚁酸；乙酸又称醋酸，它最早由食醋中获得；丁酸俗称酪酸，奶酪的特殊臭味就含有丁酸味；其他如草酸、巴豆酸、安息香酸、苹果酸、柠檬酸等都是根据其最初来源而命名的。

$HCOOH$	CH_3COOH	C_6H_5COOH	$HOOC—COOH$
蚁酸	醋酸	安息香酸	草酸

简单的酸常用普通法命名：选择含羧基的最长碳链为主链，从与羧基相邻的碳原子开始，依次用希腊字母 α、β、γ、δ……来表示取代基位置，其中 ω 常用来表示碳链末端的位置。例如：

$BrCH_2(CH_2)_9COOH$

ω-溴代十一碳酸

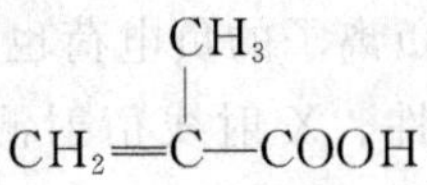

α-甲基丙烯酸

大多数羧酸采用系统命名法：选择分子中含羧基的最长碳链作主链，从羧基碳原子开始，用阿拉伯数字将主链编号，再标明取代基的位置及名称。例如：

$CH_3CH_2CH_2COOH$

丁酸

$ClCH_2CH=CHCOOH$

4-氯-2-丁烯酸

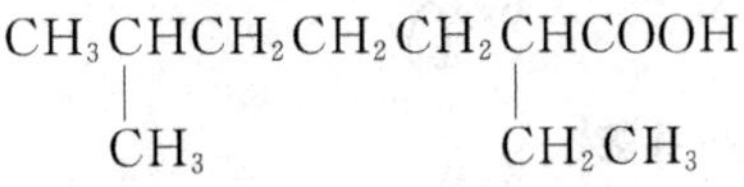

6-甲基-2-乙基庚酸

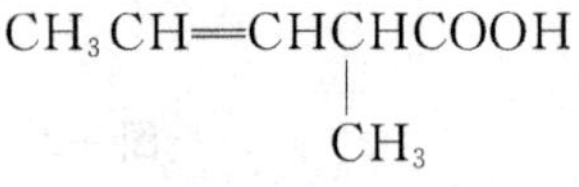

2-甲基-3-戊烯酸

$HOOC-CH_2-COOH$

丙二酸

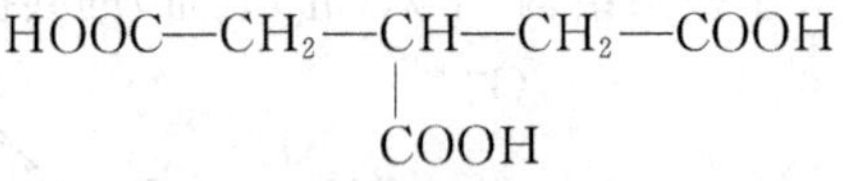

3-羧基戊二酸

脂环族和芳香族羧酸的命名常以脂肪族羧酸做母体，而把脂环和芳环看做取代基。

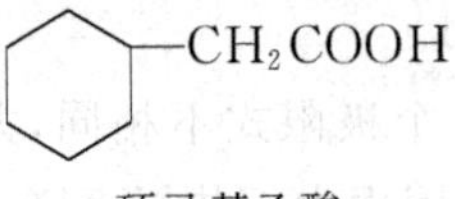

环己基乙酸

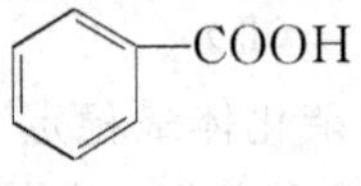

苯甲酸（安息香酸）

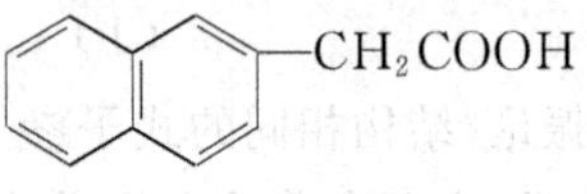

β-萘乙酸

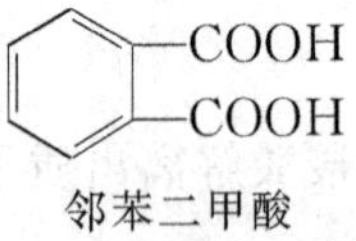

邻苯二甲酸

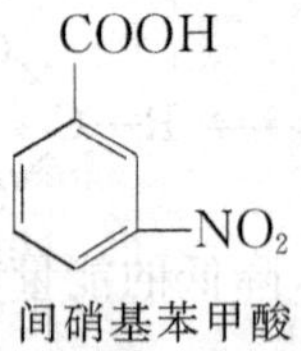

间硝基苯甲酸

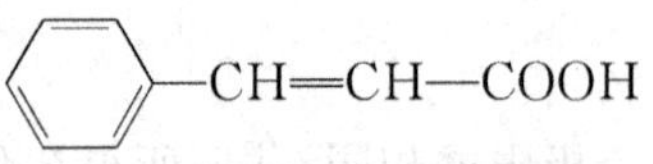

3-苯基丙烯酸（肉桂酸）

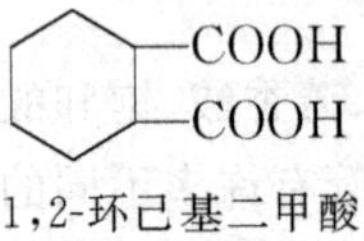

1,2-环己基二甲酸

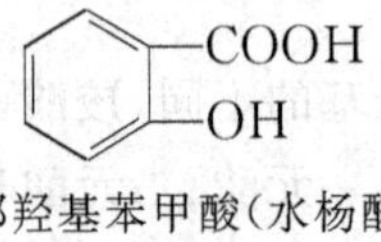

邻羟基苯甲酸（水杨酸）

二、羧酸的性质

（一）物理性质

1. 状态

10 个碳原子以下的饱和一元羧酸都是液体，并具有刺激性气味，如从正丁酸到正辛酸都有令人不快的臭味；含 10 个碳原子以上的羧酸、链状二元羧酸以及芳香酸在室温下都是固体。

2. 溶解度

羧酸中的羧基是亲水基团，可与水形成氢键。低级羧酸如甲酸、乙酸、丙酸能与水混溶，随着分子质量的增加，憎水烃基越来越大，在水中的溶解度逐渐减小，最后与烷烃相近。羧酸一般均溶于极性较小的有机溶剂如乙醇、乙醚、苯等。

3. 熔点和沸点

饱和一元羧酸的熔点随分子中碳原子数目的增加呈锯齿状变化。一般地,含偶数碳原子的羧酸较相邻的含奇数碳原子羧酸的熔点高。这可能与结晶中分子排列的紧密程度有关。偶数碳羧酸中,链端甲基与羧基分在链的两边,而奇数碳羧酸中则在同一边,前者具较高对称性,晶格可以更紧密地排列,故熔点较高。

羧酸是极性化合物,其沸点比相对分子质量相近的醇要高,这是由于羧酸分子通过氢键以稳定的羧酸二聚体形式存在,且它的氢键要比醇牢固。二聚体还使羧酸的极性减小,如乙酸可溶于非极性的苯就与此有关。

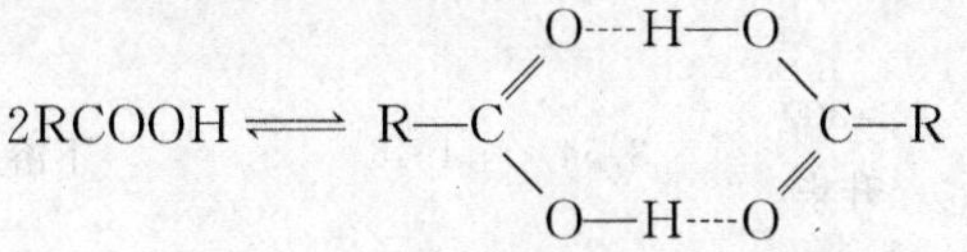

$\Delta H^{\ominus} = -58.6\,\mathrm{kJ \cdot mol^{-1}}$

(R=H)

部分一元羧酸和二元羧酸的物理常数见表 9-1 和表 9-2。

表 9-1　一元羧酸的物理常数

名　称	结构式	沸点/℃	熔点/℃	pK_a	溶解度/$mol \cdot dm^{-3}$(25℃)
甲酸(蚁酸)	HCOOH	100.8	8.50	3.75	∞
乙酸(醋酸)	CH_3COOH	117.9	16.6	4.76	∞
丙酸(初油酸)	CH_3CH_2COOH	140.8	−21.0	4.87	∞
丁酸(酪酸)	$CH_3(CH_2)_2COOH$	163.3	−5.3	4.82	∞
戊酸(缬草酸)	$CH_3(CH_2)_3COOH$	185.5	−33.7	4.84	0.230
己酸(羊油酸)	$CH_3(CH_2)_4COOH$	205.7	−4.0	4.85	0.093
庚酸(毒水芹酸)	$CH_3(CH_2)_5COOH$	223.0	−7.5	4.89	0.005
辛酸(亚羊脂酸)	$CH_3(CH_2)_6COOH$	239.3	16.6	4.90	0.014
壬酸(天竺癸酸)	$CH_3(CH_2)_7COOH$	254	12.5	4.95	—
癸酸(羊脂酸)	$CH_3(CH_2)_8COOH$	270	31.4	4.84	0.000 87
十六酸(软脂酸)	$CH_3(CH_2)_{14}COOH$	215^{15mm}	64.0		不溶
十八酸(硬脂酸)	$CH_3(CH_2)_{16}COOH$	383	70.0		不溶
苯甲酸(安息香酸)	C_6H_5COOH	133^{10mm}	122.4	4.20	0.024
丙烯酸	CH_2=CHCOOH	141	13.0	4.26	混溶

表 9-2　二元羧酸的物理常数

名　称	结构式	熔点/℃	pK_{a1}	pK_{a2}	溶解度/$mol \cdot dm^{-3}$(25℃)
乙二酸(草酸)	HOOCCOOH	189.0(分解)	1.271	4.272	1.06
丙二酸(缩苹果酸)	$HOOCCH_2COOH$	135.6	2.826	5.696	14.80
丁二酸(琥珀酸)	$HOOC(CH_2)_2COOH$	190	4.207	5.635	0.65
戊二酸(胶酸)	$HOOC(CH_2)_3COOH$	97.5	3.770	6.08	4.84
己二酸	$HOOC(CH_2)_4COOH$	152	4.418	5.412	0.096
庚二酸	$HOOC(CH_2)_5COOH$	105.8	4.484	5.424	0.03
辛二酸	$HOOC(CH_2)_6COOH$	144	4.512	5.404	0.009
壬二酸	$HOOC(CH_2)_7COOH$	106.5	4.54	5.52	0.013
癸二酸	$HOOC(CH_2)_8COOH$	134.5	4.59	5.59	0.005

名　称	结构式	熔点/℃	pK_{a1}	pK_{a2}	溶解度/$mol\cdot dm^{-3}$(25℃)
邻苯二甲酸	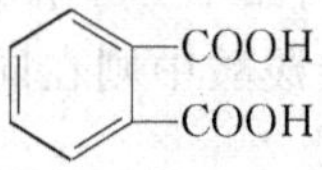	208	2.95	5.408	0.038
间苯二甲酸	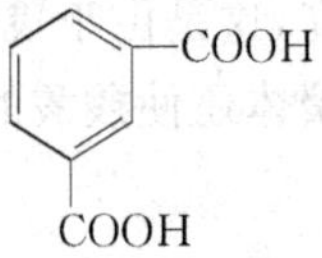	345	3.62	4.60	7.2×10^{-4}
对苯二甲酸	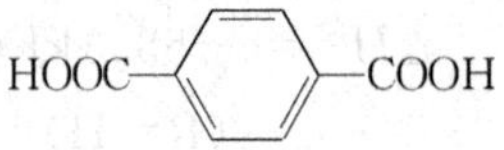	>300 升华	3.54	4.46	不溶
顺丁烯二酸	HC—COOH ‖ HC—COOH	139	1.91	6.33	6.81
反丁烯二酸	H—C—COOH ‖ HOOC—C—H	287	3.10	4.60	0.054

（二）化学性质

由羧酸的结构可知，羧基的性质不是羰基和羟基性质的加合。在羧基中既不存在着典型的羰基，也不存在着典型的羟基，而是两者相互影响的统一体，表现出其特有的性质。它主要可以发生如下反应：

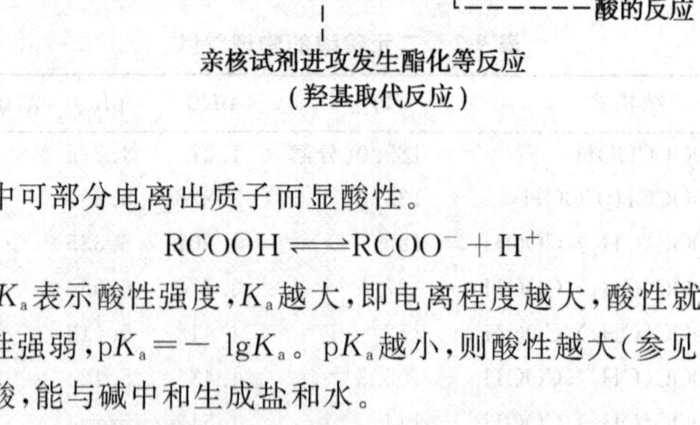

1．酸性和成盐

羧酸在水溶液中可部分电离出质子而显酸性。

$$RCOOH \rightleftharpoons RCOO^- + H^+$$

其平衡常数用 K_a 表示酸性强度，K_a 越大，即电离程度越大，酸性就越强。为方便起见，通常用 pK_a 表示酸性强弱，$pK_a = -\lg K_a$。pK_a 越小，则酸性越大(参见表 9-1 和表 9-2)。

多数羧酸为弱酸，能与碱中和生成盐和水。

$$RCOOH + NaOH \longrightarrow RCOONa + H_2O$$

$$RCOOH + NaHCO_3 \longrightarrow RCOONa + CO_2\uparrow + H_2O$$

羧酸盐均可溶于水(重金属盐除外)，不溶于有机溶剂，利用这个性质可分离提纯羧酸；

羧酸酸性比碳酸强，可与 $NaHCO_3$ 作用，而酚不能，利用这一点可鉴别两者或将两者分离。

许多羧酸盐都有广泛应用。医药上常将难溶于水的含羧基的药物与碱作用生成可溶性盐，以便制成注射剂利于机体吸收，大家熟知的青霉素 G 就常制成钾盐或钠盐供注射用。又如，乙酸钾除用作青霉素培养基外，在工业上还常用作脱水剂和纤维处理剂，乙酸锌、乙酸钴是有效的反应催化剂，乙酸铅在医药、农药、染料和涂料业中均有大量应用。

从羧酸的 pK_a 可以看出，除个别例外，大部分羧酸的酸性都较弱。羧酸酸性的强弱主要取决于整个分子的结构，尤其是与羧基相连的基团，其电子效应（诱导效应和共轭效应）和场效应（立体效应）等都对羧酸的酸性产生影响。

(1) 诱导效应。

当羧基与吸电子基相连时，诱导效应一方面使 O—H 键的 σ 电子向氧偏移，使 H^+ 更易离去；另一方面使电离后的 $RCOO^-$ 负电荷得以分散而稳定，从而使电离平衡右移，酸性增强。反之，当羧基与斥电子基相连时，酸性减弱。

$$Y \leftarrow \overset{\overset{\displaystyle O}{\|}}{C} \leftarrow O \leftarrow H \qquad\qquad Y \rightarrow \overset{\overset{\displaystyle O}{\|}}{C} \rightarrow O \rightarrow H$$

Y为吸电子基，酸性增强　　Y为斥电子基，酸性减弱

一般情况下，Y 的吸电子诱导效应越强，酸性增强越多；Y 的斥电子诱导效应越强，酸性减弱越多。

与羧基相连基团的诱导效应的强弱，可以用测量酸的解离常数来估量其大小。如以乙酸作为母体，将取代乙酸的解离常数大小按顺序排列，各原子或基团的诱导效应顺序是：

吸电子基团：

$$NO_2 > CN > F > Cl > Br > I > C{\equiv}C > OCH_3 > OH > C_6H_5 > C{=}C > H$$

给电子基团：

$$(CH_3)_3C > (CH_3)_2CH > CH_3CH_2 > CH_3 > H$$

对于同一种母体化合物来讲，各原子或基团的诱导效应大小按上面顺序排列。例如：

	CH_3COOH	CH_3CH_2COOH	$CH_2{=}CHCH_2COOH$	FCH_2COOH
pK_a	4.76	4.87	4.68	2.59
	$ClCH_2COOH$	$BrCH_2COOH$	ICH_2COOH	$CH_2(OH)COOH$
pK_a	2.86	2.90	3.18	3.83

注意：如果所连母体化合物不同，它们的诱导效应大小并不完全按上面顺序排列。

诱导效应随距离的增大，其作用迅速下降。例如：

	$CH_3CH_2CHClCOOH$	$CH_3CHClCH_2COOH$	$ClCH_2CH_2CH_2COOH$	$CH_3CH_2CH_2COOH$
pK_a	2.86	4.05	4.50	4.82

诱导效应具加合性，相同性质的基团越多，对酸性的影响越大。例如：

	$ClCH_2COOH$	$Cl_2CHCOOH$	Cl_3CCOOH
pK_a	2.86	1.26	0.52

二元酸的酸性比一元酸的酸性强，这是由于羧基的强吸电子能力。随着两个羧基间距离的增大，羧基间的相互影响减小，酸性随之减弱。如乙二酸的酸性特别强（$pK_a=1.27$），比无机酸中的磷酸还强（$pK_a=2.12$），就是因为它的两个羧基直接相连，彼此影响最大；丙二酸、丁二酸的酸性则随两个羧基间距离的增大而相继减弱（参见表 9-2）。低级二元酸的第一解离常数 K_{a1} 都较第二解离常数 K_{a2} 大得多，这是由于当一个羧基解离形成负离子后，就产生给电子诱导效应，致使第二个羧基不易解离。

(2) 共轭效应。

在苯甲酸中，苯环对羧基产生共轭效应和诱导效应的综合影响。苯基是吸电子基团，其酸性理应比甲酸强，但由于苯环的大 π 键与羧基形成共轭体系，使苯环的电子云移向羧基，反而使酸性弱于甲酸；又因为苯甲酸解离后生成的羧基负离子能与苯环发生共轭，分散了负电荷，使之稳定性增强，故苯甲酸的酸性比甲酸弱但比其他饱和一元酸的酸性强。（参见表 9-1）

如果苯环与羧基间相隔碳原子，如苯乙酸、苯丙酸，则苯环对羧基的共轭效应不复存在，苯环对羧基的影响只有吸电子诱导效应，其酸性小于苯甲酸。例如：

HCOOH 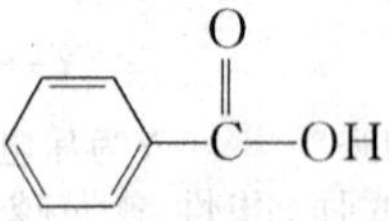 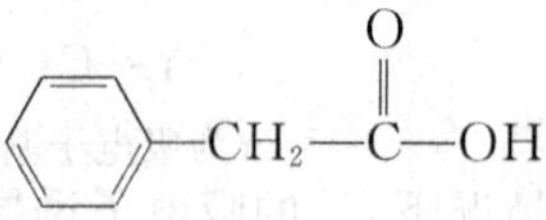

pK_a 3.77 4.20 4.31

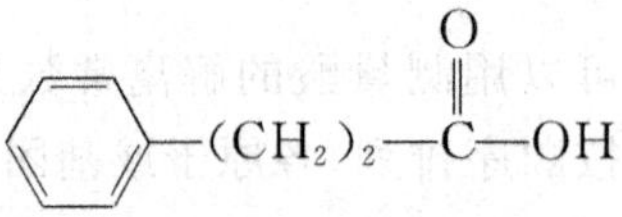 CH_3COOH

pK_a 4.66 4.76

当苯环上引入取代基后，酸性也将发生改变。取代在相同位置时，能使苯环电荷密度降低的取代基使酸性增强，反之则减弱；相同取代基取代在不同位置时，其酸性也有所不同。部分取代苯甲酸的 pK_a 见表 9-3。

表 9-3 取代苯甲酸的 pK_a

取代基	*o*	*m*	*p*
H	4.20	4.20	4.20
CH_3	3.90	4.27	4.36
F	3.27	3.86	4.14
Cl	2.82	3.83	3.99
Br	2.85	3.81	3.99
I	2.86	3.86	4.00
OH	2.98	4.08	4.58
OCH_3	4.09	4.08	4.49
NO_2	2.18	3.46	3.44

由表 9-3 可以看出，无论是使苯环电荷密度降低的基团还是使苯环电荷密度增加的基团，取代在邻位的酸性都较间位或对位强。这是因为除了诱导效应与共轭效应外，邻位由于空间位阻大，与羧基的共轭程度降低，减弱了苯环供给羧基电子的能力，因而酸性增强。

(3) 场效应。

取代基在空间可产生电场，对非相邻部位的反应中心会产生影响，称为场效应。场效应与距离的平方成反比，距离越远，作用越小。但要严格区分场效应与诱导效应一般比较困难，因为它们往往同时存在，且作用方向也常相同。不过，大多数情况下前者多依赖于分子的几何形象，而后者则依赖于键的特性。如丙二酸中，已电离的一个羧基负离子对另一头的羧基除有诱导效应外，还有场效应，这两种效应均使质子不易离去（如下所示），从而使第二解离度大大减弱。

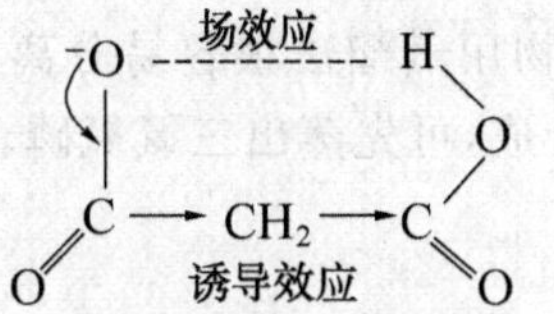

又如，由于邻氯苯丙炔酸中氯原子对羧基的吸电子诱导效应使酸性增强，其酸性应比对氯苯丙炔的酸性强，但碳-氯键偶极的场效应使酸性减弱。因此，邻氯苯丙炔酸的酸性较相应的对位弱，这是由于场效应作用的结果。

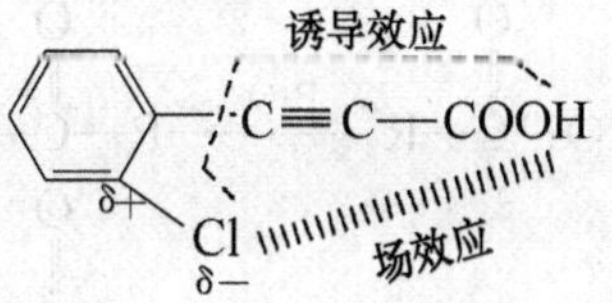

三种氯代苯丙炔酸的 pK_a 如下：

	o-PhCl	*m*-PhCl	*p*-PhCl
pK_a	3.08	3.00	3.07

2. 羧酸衍生物的生成

羧基中的羟基可被一系列原子或基团取代，生成羧酸的衍生物。羧酸分子中除去羟基后的剩余部分称为酰基。

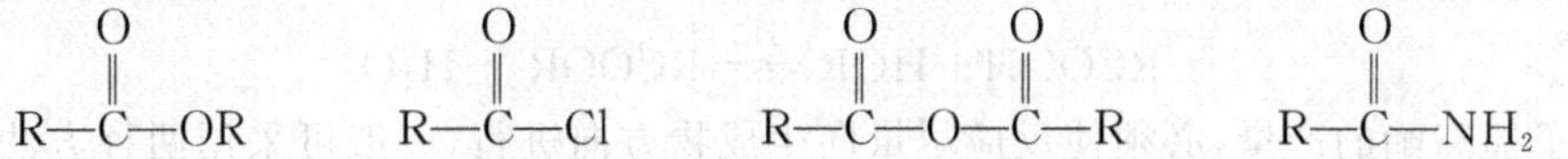

酯　　酰卤　　酸酐　　酰胺

(1) 酰卤的生成。

羧酸与 PCl_3、PCl_5、$SOCl_2$ 反应可生成酰卤。与醇不同，卤化氢不能使羧酸变成酰卤。

$$RCOOH+\left\{\begin{array}{l}PCl_3\\PCl_5\\SOCl_2\end{array}\right.\longrightarrow RCOCl+\left\{\begin{array}{ll}H_3PO_3\text{（亚磷酸）} & (1)\\POCl_3+HCl\uparrow & (2)\\HCl\uparrow+SO_2\uparrow & (3)\end{array}\right.$$

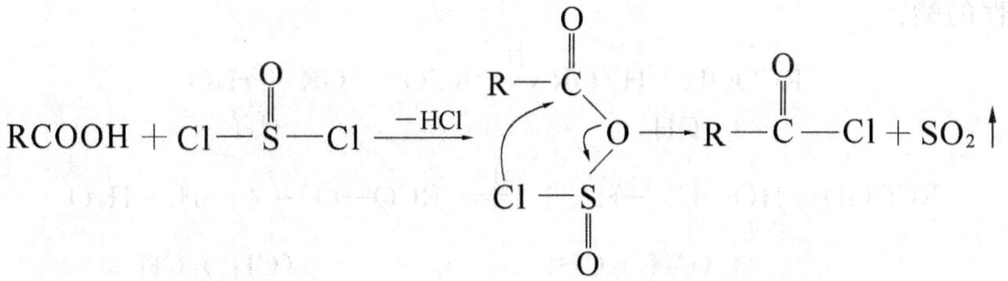

如：

$$CH_3CH_2CH_2COOH + SOCl_2 \longrightarrow CH_3CH_2CH_2COCl + HCl\uparrow + SO_2\uparrow$$

(83%)

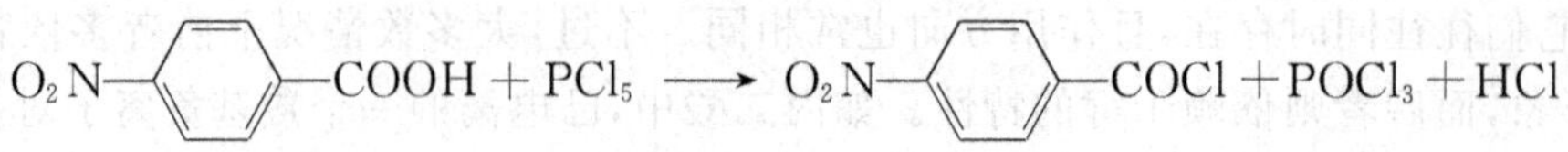

(90%～96%)

酰氯很活泼，容易水解，通常将产物用蒸馏法分离。如果产物是低沸点酰氯（如乙酰氯，沸点为 52℃）可用(1)法制备，产物用蒸馏法很容易分离。如果产物是高沸点酰氯（如苯甲酰氯，沸点为 197℃）可用(2)法合成，可先蒸出三氯氧磷。(3)法的副产物都是气体，对两种情况都适用。

(2) 酸酐的生成。

羧酸与强脱水剂 P_2O_5 等共热，发生分子间脱水生成酸酐，但该反应收率不高（一般是用乙酸酐作脱水剂，将羧酸与乙酸酐共热，生成较高级的酸酐）。羧基间隔 2 个或 3 个碳原子的二元酸，在无脱水剂存在下受热，亦可在分子内失水形成环状酸酐。

$$R-\overset{\overset{\displaystyle O}{\|}}{C}-OH + HO-\overset{\overset{\displaystyle O}{\|}}{C}-R \xrightarrow{P_2O_5} R-\overset{\overset{\displaystyle O}{\|}}{C}-O-\overset{\overset{\displaystyle O}{\|}}{C}-R + H_2O$$

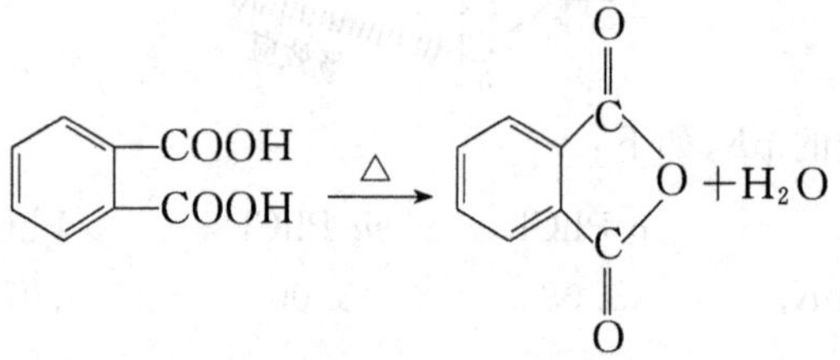

(3) 酯的生成。

羧酸和醇在酸催化下反应生成酯，称为酯化反应，这个反应是可逆反应。如等摩尔的乙酸和乙醇反应，达平衡时酯的产率仅有 66.7%。

$$RCOOH + HOR' \overset{H^+}{\rightleftharpoons} RCOOR' + H_2O$$

为了提高酯的产量，必须使反应尽量向生成物方向进行，一般可采用两种方法：一是增加反应物的浓度，可加入过量廉价的酸或醇，使平衡向右移动，产率提高，如当乙醇与乙酸的摩尔比为 10∶1 时，达平衡时有 97%的乙酸转化为乙酸乙酯；二是除去反应过程中的水，以降低产物的浓度，使逆反应难以进行。可采用恒沸蒸馏法（物理方法）或加入适量的脱水剂如无水 $CuSO_4$、$Al_2(SO_4)_3$ 等（化学方法）。

羧酸酯化时，到底是提供氢还是提供羟基呢？实验证明，多数情况下羧酸是提供羟基。假如用含 ^{18}O 的醇与羧酸进行酯化反应，生成含 ^{18}O 的酯；用光学活性的醇反应时得到仍具有光学活性的酯：

$$RCOOH + H^{18}OR' \overset{H^+}{\rightleftharpoons} RCO-^{18}OR' + H_2O$$

$$RCOOH + HO-\underset{\underset{\displaystyle (CH_2)_5CH_3}{|}}{\overset{\overset{\displaystyle CH_3}{|}}{C^*}}-H \overset{H^+}{\rightleftharpoons} RCO-O-\underset{\underset{\displaystyle (CH_2)_5CH_3}{|}}{\overset{\overset{\displaystyle CH_3}{|}}{C^*}}-H + H_2O$$

这可以通过下式表示的酯化反应机理来说明。在反应过程中，酸性催化剂的作用是提供质子与羧基中的羰基氧原子形成䥯盐 1（若不存在催化剂，则酯化反应很慢，如乙酸与乙醇的酯化反应在室温状态下需 16 年才会达到平衡点，即使在 150℃下反应也需几天的时间才能达到平衡点），使羰基碳原子带有正电荷而易于和醇中的氧原子结合，形成中间体 2，通过质子转移形成化合物 3，继而失水形成化合物 4，最后失去质子生成酯 5。此反应发生的是酰基与氧之间的酰氧断裂，羧基提供了羟基。

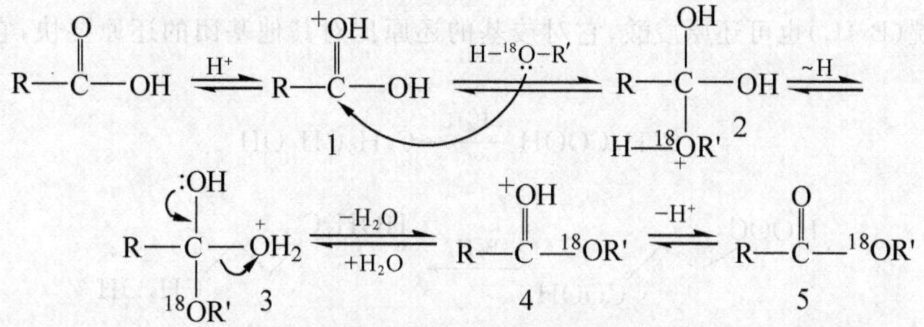

反之，如果羧酸提供的是氢，醇提供羟基，则当羧酸的氧与醇的手性碳结合时，会引起消旋，所得的酯应为消旋体，而非光学活性的酯，这与实验事实不符。

根据以上证据，可认为大多数酯化反应中羧酸发生的是酰-氧键断裂，醇发生的是氧-氢键断裂。

在有机合成中，空间效应与电子效应一样，也是一个很重要的影响因素，我们在酯化反应中，也观察到了明显的空间阻碍作用。一般而言，相同的酸与不同的醇反应，酯化速度是伯醇＞仲醇＞叔醇，醇的位阻越大，酯化反应越难进行；不同的酸与相同的醇反应时也大致遵循这一规律：$HCOOH > CH_3COOH > RCH_2COOH > R_2CHCOOH > R_3CCOOH$。若烃基所含的支链越多，占据的空间位置就越大，作为亲核试剂的醇将因其庞大的身躯而难以迅速有效地进攻羧基碳。故无论是羧酸还是醇上有大基团取代基时都对反应不利。

需要指出，叔醇的酯化历程有所不同，此时醇提供的是羟基。因为叔醇在酸催化下易产生碳正离子，而羧酸则充当了亲核试剂（在此不展开论述）。

（4）酰胺的生成。

酰胺是很重要的一类化合物。羧酸与氨或胺反应，先生成盐，而后热解失水产生酰胺。这是一个可逆反应，产率不高。若在反应过程中把水蒸出，则可大大提高产率。

$$RCOOH + NH_3(\text{或}(NH_4)_2CO_3) \longrightarrow RCOO^- NH_4^+ \xrightarrow{\triangle} RCONH_2 + H_2O$$

$$C_6H_5COOH + C_6H_5NH_2 \xrightleftharpoons{180℃\sim190℃} C_6H_5CONHC_6H_5 + H_2O$$

（84%）

3. 羧基的还原反应

羧基存在着 p-π 共轭，因此用一般的还原剂或催化加氢很难将其还原。只有在高温（300℃～400℃）、高压（200～300MPa）下，在 Cu、Zn 等催化下，才能还原成醇。若用氢气在 Ni、Pt 等存在下，只能还原双键，对羧基没有影响。

$$RCOOH + H_2 \xrightarrow[300MPa]{Cu,400℃} RCH_2OH + H_2O$$

$$CH_2{=}CHCH_2COOH + H_2 \xrightarrow{Pt} CH_3CH_2CH_2COOH$$

氢化铝锂($LiAlH_4$)是一种很强的还原剂,它可以使羧酸还原成醇,产量较高,且对双键不起作用。

$$CH_3CH_2\underset{\displaystyle |\atop CH_3}{C}HCOOH \xrightarrow[(2)\ H^+/H_2O]{(1)\ LiAlH_4} CH_3CH_2\underset{\displaystyle |\atop CH_3}{C}HCH_2OH$$

$$CH_2{=}CHCH_2COOH \xrightarrow[(2)\ H^+/H_2O]{(1)\ LiAlH_4} CH_2{=}CHCH_2CH_2OH$$

乙硼烷(B_2H_6)也可还原羧酸,它对羧基的还原比对其他基团的还原要快,它还能同时还原双键。

$$C_6H_5COOH \xrightarrow{B_2H_6} C_6H_5CH_2OH$$

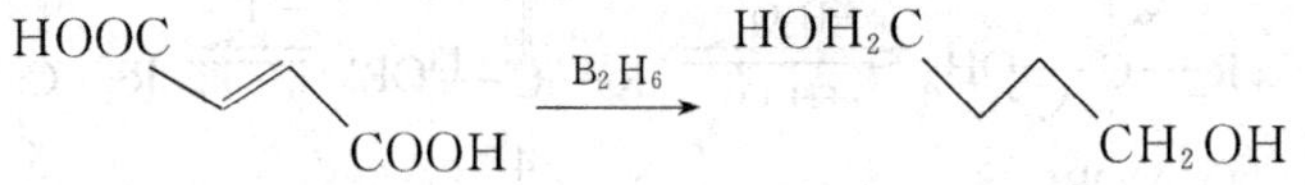

4. α-H 的卤代

羧基和羰基一样,能使 α-H 活化,但程度较醛、酮小。这是由于羧酸中羰基碳的电正性可由相邻羟基得到补偿,从而减弱了从 α-H 上去获得电子的要求。故 α-H 的取代需要在磷或硫的催化下方可进行。

$$CH_3COOH + Cl_2 \xrightarrow{P} ClCH_2COOH$$

继续反应可得二氯乙酸和三氯乙酸。控制氯气的用量及反应条件,也可得到某一种 α-卤代酸。产物中的 α-卤原子很活泼,与 RX 一样可被转换成羟基、氨基、氰基等亲核基团。因此,α-卤代酸是重要的合成中间体,在有机合成中占有重要地位。

5. 脱羧反应

羧酸分子失去羧基放出 CO_2 的反应称为脱羧反应。除甲酸外,一元羧酸一般很难直接脱羧,仅在特殊条件下或 α-碳原子连有某些取代基时,才可以反应。例如,无水 NaAc 和固体 NaOH 强热下混合生成 CH_4,这是实验室制取少量甲烷的方法。

$$CH_3COONa + NaOH(s) \xrightarrow{\text{热熔}} CH_4\uparrow + Na_2CO_3$$

当羧基的 α-碳连有吸电子基($-NO_2$, $-X$, $-CN$ 等)或存在重键时,脱羧反应较易进行。

$$Cl_3CCOOH \xrightarrow{\triangle} CHCl_3 + CO_2\uparrow$$

$$CH_3COCH_2COOH \xrightarrow{\triangle} CH_3COCH_3 + CO_2\uparrow$$

$$C_6H_5CH{=}CHCOOH \xrightarrow{\triangle} C_6H_5CH{=}CH_2 + CO_2\uparrow$$

在生物体内,羧酸可在脱羧酶作用下直接脱羧。

$$RCOOH \xrightarrow{\text{脱羧酶}} R{-}H + CO_2\uparrow$$

6. 二元羧酸的特殊热分解反应

二元羧酸受热后可以发生脱羧或脱水反应,但各种二元羧酸的反应并不相同。随着两个羧基间距离的不同,产物也不同。

(1) 两个羧基间隔 0~1 个碳原子:受热发生脱羧,生成一元羧酸。

$$HOOC—COOH \xrightarrow{\triangle} HCOOH + CO_2 \uparrow$$

$$HOOC—CH_2—COOH \xrightarrow{\triangle} CH_3COOH + CO_2 \uparrow$$

(2) 两个羧基间隔 2～3 个碳原子：受热发生脱水，生成五元或六元环酐。

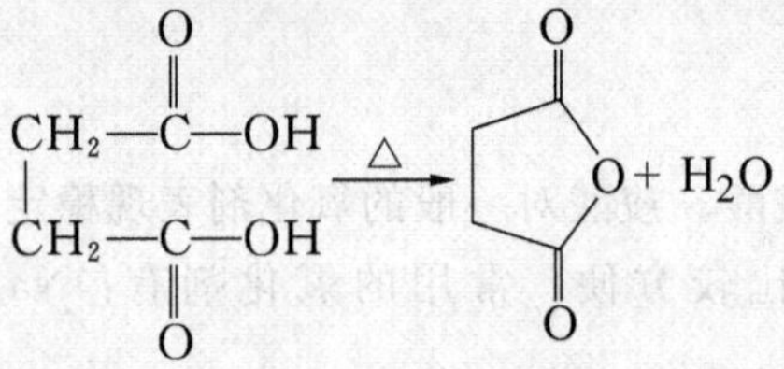

(3) 两个羧基间隔 4～5 个碳原子：受热既脱羧又脱水，生成五元或六元环酮。

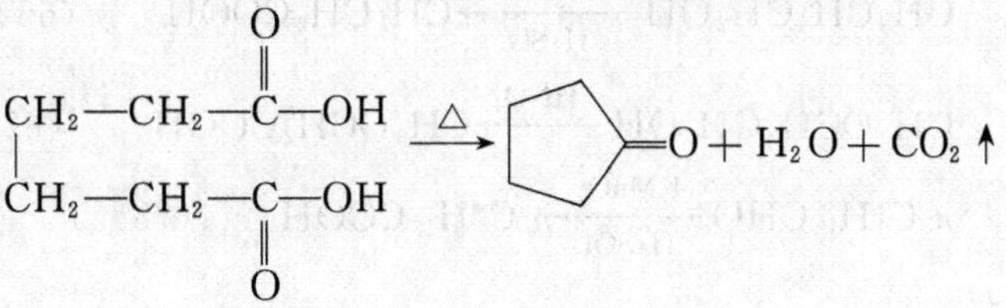

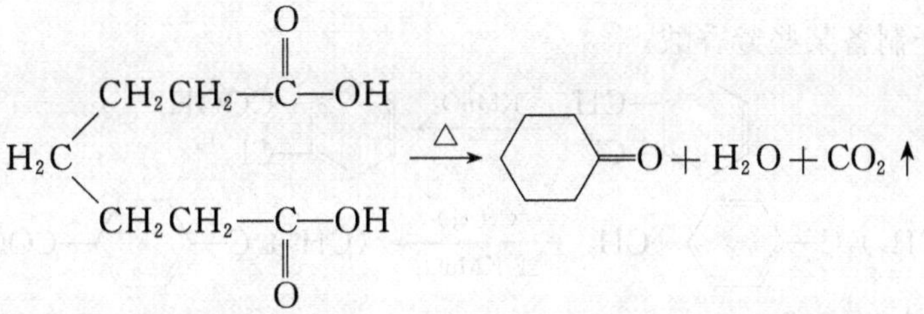

(4) 两个羧基间隔 5 个碳原子以上：在高温时发生分子间脱水反应，生成高分子链状酸酐。

$$nHOOC(CH_2)_6COOH \xrightarrow{300℃} HO\!\left[\overset{O}{\overset{\|}{C}}\!\left(CH_2\right)_6\overset{O}{\overset{\|}{C}}O\overset{O}{\overset{\|}{C}}\!\left(CH_2\right)_6\right]_{n-1}\overset{O}{\overset{\|}{C}}OH + (n-1)H_2O$$

三、羧酸的制备

羧酸在自然界广泛存在，大都以酯的形式存在于油脂和蜡中，且都是脂肪族羧酸。油脂和蜡水解后可以得到多种脂肪酸的混合物，这也是目前获得高级脂肪酸的主要途径之一；而一些较特殊的羧酸，如没食子酸、松香酸、胆汁酸以及生理作用极强的前列腺酸、赤酶酸等，现仍主要从天然产物中制取。另外，可以采用发酵法、氧化法等一系列经典或现代的方法制取，下面作一简单介绍。

（一）油脂水解

油脂是高级脂肪酸的甘油酯，水解即可得到甘油和羧酸，而所得的脂肪酸经常是一个混合物，需通过一定的方法进行分离。

$$\begin{matrix} CH_2OCOR'' \\ | \\ CHOCOR' \\ | \\ CH_2OCOR \end{matrix} + H_2O \xrightarrow[\triangle]{H^+} RCOOH + R'COOH + R''COOH + \begin{matrix} CH_2OH \\ | \\ CHOH \\ | \\ CH_2OH \end{matrix}$$

天然油脂水解后得到的羧酸可达数百种，但常见水解产物的品种不多。动物油脂中主要含有硬脂酸、软脂酸和油酸，植物油脂中主要含有软脂酸、亚油酸和油酸，工业上通过油脂水解大量生产的脂肪酸有油酸、亚油酸、软脂酸、硬脂酸、亚麻酸、月桂酸、芥酸、肉豆蔻酸等8种。

(二) 有机物氧化法

1. 醇或醛氧化

醇或醛都能被氧化成羧酸。羧酸对一般的氧化剂表现稳定，不会继续氧化，又比较容易分离提纯，因此在操作上比较方便。常用的氧化剂有：$Na_2Cr_2O_7/H^+$、浓 HNO_3 以及 $KMnO_4/H^+$ 等。例如：

$$CH_3CH_2CH_2OH \xrightarrow[H_2SO_4]{Na_2Cr_2O_7} CH_3CH_2COOH \qquad (65\%)$$

$$CH_3OCH_2CH_2OH \xrightarrow{HNO_3} CH_3OCH_2COOH \qquad (62\%)$$

$$n\text{-}C_6H_{13}CHO \xrightarrow[H_2SO_4]{KMnO_4} n\text{-}C_6H_{13}COOH \qquad (78\%)$$

2. 烷基苯氧化

此法可用于制备某些芳香酸。

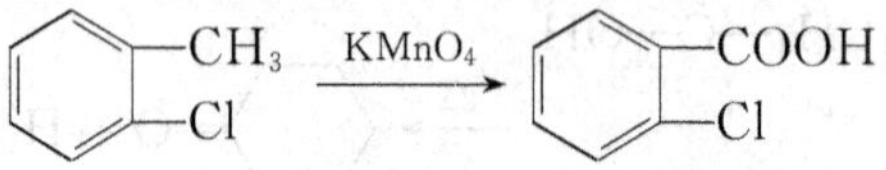

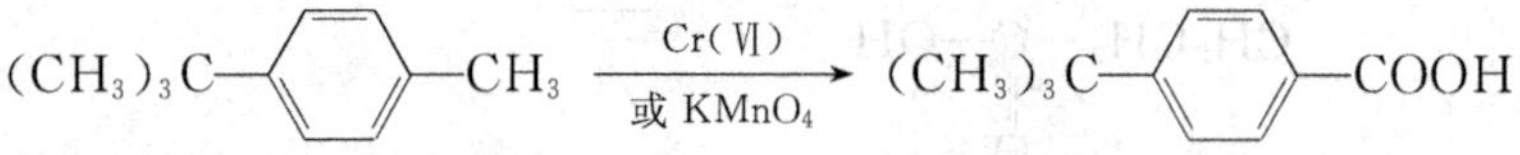

3. 烯烃臭氧化/氧化

$$RCH{=}CH_2 \xrightarrow{O_3} \xrightarrow{H_2O} RCOOH + CO_2 + H_2O$$

$$RCH{=}CHR' \xrightarrow{O_3} \xrightarrow{H_2O} RCOOH + R'COOH$$

4. 卤仿反应

通过卤仿反应，可以得到比反应底物少一个碳原子的羧酸。

$$RCOCH_3 \xrightarrow{I_2/OH^-} \xrightarrow{H^+} RCOOH + CHI_3\downarrow$$

(三) 由有机金属化合物制备

格氏试剂与二氧化碳作用，再经水解可生成羧酸(参见第六章卤代烃的性质)，此法可用来在分子中逐个增长碳链，适合于各种脂肪族和芳香族羧酸的制备。

也可用有机锂试剂取代格氏试剂，结果相同。

$$RX \xrightarrow{Mg} RMgX \xrightarrow{CO_2} RCOOMgX \xrightarrow[H^+]{H_2O} RCOOH$$

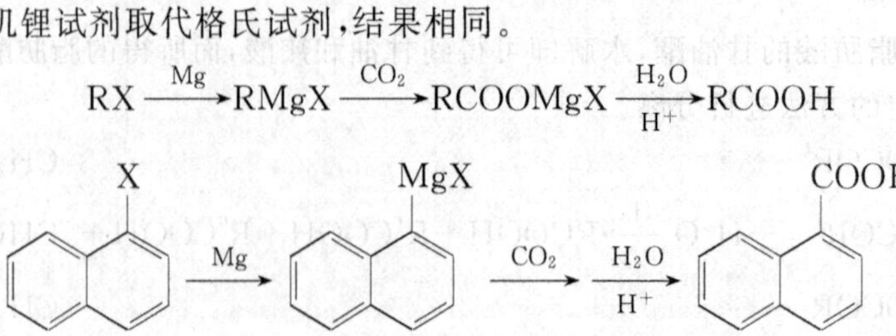

$$RCOOH \xrightarrow{[H]} RCH_2OH \xrightarrow{HX} RCH_2X \xrightarrow{Mg} RCH_2MgX \xrightarrow{CO_2} RCH_2COOMgX \xrightarrow[H^+]{H_2O} RCH_2COOH$$

（四）氰化物的水解

RX与KCN(或NaCN)反应可得到RCN,后者在酸或碱的催化下,可水解得到羧酸。此法可用于制备比RX多一个碳原子的羧酸。例如:

$$BrCH_2CH_2Br \xrightarrow{NaCN} NC(CH_2)_2CN \xrightarrow[H^+]{H_2O} HOOC(CH_2)_2COOH$$

（五）其他方法

其他还可采用酯的水解、酰胺水解及乙酰乙酸乙酯等方法来制备羧酸。

$$RCOOR' + H_2O \xrightarrow{OH^-} \xrightarrow{H^+} RCOOH + R'OH$$

$$CH_2(COOR)_2 \xrightarrow[RO^-]{ROH} \xrightarrow{R'Br} R'CH(COOR)_2 \xrightarrow[OH^-]{H_2O} \xrightarrow{H^+} \xrightarrow[-CO_2]{\triangle} R'CH_2COOH$$

$$RCONR'R'' \xrightarrow[\triangle]{OH^- 或 H^+} RCOOH + HNR'R''$$

四、重要的羧酸

（一）甲酸

甲酸俗称蚁酸,自然界中存在于蚂蚁、蜂、蜈蚣和荨麻、松叶等动植物中。甲酸为无色有强烈刺激性气味的液体,其酸性是饱和一元酸中最强的,能腐蚀皮肤,蜂蛰或荨麻刺后皮肤肿痛即由甲酸引起。

甲酸在工业上是用一氧化碳与粉状氢氧化钠在120℃～150℃和0.8MPa下作用制得甲酸盐,然后再经硫酸酸化得到。

$$CO + NaOH(s) \xrightarrow[0.8MPa]{120℃\sim150℃} HCOONa \xrightarrow{H_2SO_4} HCOOH$$

甲酸结构特殊,同时含有羧基和醛基,因此除酸性外,还具有还原性。甲酸能与托伦试剂和斐林试剂反应,能使高锰酸钾褪色,这些可用于甲酸的检验。甲酸也能被一般的氧化剂氧化,产物为二氧化碳和水。甲酸与浓硫酸等脱水剂共热即分解成一氧化碳和水,是实验室制取少量高纯度一氧化碳的好方法。

甲酸具有一定的杀菌能力,在医药上常用作消毒剂或防腐剂,在工业上用做酸性还原剂、橡胶凝聚剂,也用来合成酯和某些染料。

（二）乙酸

乙酸又称醋酸,普通的醋约含6%～8%的乙酸,许多微生物具有将有机物转变为乙酸的能力。乙酸也是人类最早使用的有机酸。

乙酸为无色有刺激性的液体,熔点为16.6℃,易冻结成冰状固体,故俗称冰醋酸。乙酸易溶于水,也可溶于有机溶剂。

工业上制备乙酸有三种方法:

一是乙醛空气氧化法,这是最老的生产方法,也是目前我国最主要的生产方法。

$$CH_3CHO + O_2 \xrightarrow[60℃\sim80℃\ 0.3\sim1.0MPa]{Mn(Ac)_2} CH_3COOH$$

二是烷烃液相氧化法。C_4～C_8烷烃均可作为原料，其中丁烷的产率最高。反应在液相进行，温度150℃～225℃，压力4～8MPa，催化剂为Co、Mn、Ni、Cr等的乙酸盐或环烷酸盐。

$$C_4H_{10} + O_2 \xrightarrow{催化剂} CH_3COOH + H_2O$$

三是甲醇羰化法。在铑等催化剂存在下，甲醇与一氧化碳直接结合成乙酸。

$$CH_3OH + CO \xrightarrow{RhL_n} CH_3COOH + H_2O(L：配体)$$

乙酸不易被氧化，故常用作一些氧化反应的溶剂。乙酸更是重要的有机化工原料，广泛应用于农药、医药、合成材料及与生活有关的轻工产品，如可以合成乙酸酐、乙酸乙酯、乙酸乙烯酯和乙酸纤维酯等化合物，在国民经济中占有重要地位。

乙酸的稀溶液在医药上用做消毒防腐剂，用于烫伤、灼伤等感染的创面清洗；熏蒸食醋进行空气消毒，可预防感冒。

（三）苯甲酸

苯甲酸又名安息香酸，是白色有光泽的鳞片状或针状晶体，微溶于冷水，易溶于沸水及有机溶剂，易升华，能随水蒸气蒸出。工业上由甲苯氧化或由三氯甲苯水解得到。

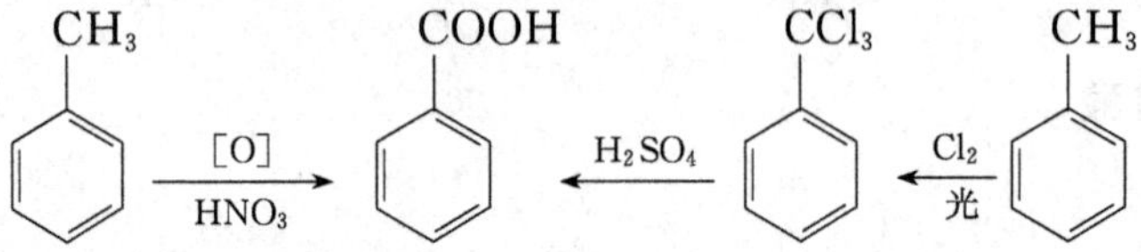

苯甲酸可用于制药、染料和香料工业。因具有抑制真菌生长和防腐作用，它的水溶性钠盐常用作食品、饮料和药物的防腐剂，用量一般为0.1%。苯甲酸苄酯($C_6H_5COOCH_2C_6H_5$)是一种治疗疥疮的药物。

（四）乙二酸

乙二酸俗称草酸，因其常以钙盐和钾盐的形式存在于植物(尤其是草)细胞膜中而得名。草酸是无色晶体，有毒，易溶于水。工业上主要用甲酸钠减压下加热至400℃来制备。

$$2HCOONa \xrightarrow{-H_2} NaOOC{-}COONa \xrightarrow{H_2SO_4} HOOC{-}COOH$$

与甲酸相似，草酸具有还原性，易被氧化成二氧化碳和水。在分析化学中常用草酸钠来标定高锰酸钾的浓度，就是利用了草酸的还原性。值得注意的是，除甲酸、乙二酸等个别化合物外，羧酸中的羧基一般不易被氧化。

乙二酸可以与许多金属形成可溶性配合物，可用来除去铁锈或墨水等污迹；又因其酸性强($pK_{a1}=1.27$)，在工业上多用作媒染剂和漂白剂。

（五）丁烯二酸

丁烯二酸具有顺反异构体：

H—C—COOH ‖ HOOC—C—H	反丁烯二酸 （熔点200℃～202℃ 燃烧热1339kJ·mol^{-1}）	HC—COOH ‖ HC—COOH	顺丁烯二酸 （熔点139℃～140℃ 燃烧热1364kJ·mol^{-1}）

顺式的燃烧热比反式的燃烧热高25kJ·mol^{-1}，由此可知顺丁烯二酸是比较不稳定的。

顺丁烯二酸与反丁烯二酸具有不同的物理性质，但它们的化学性质基本相同，只有在与分子空间排列有关的反应中才显出不同。例如，顺丁烯二酸易失水成酐，而反丁烯二酸需在较高的反应条件下转变为顺式后才成酐。

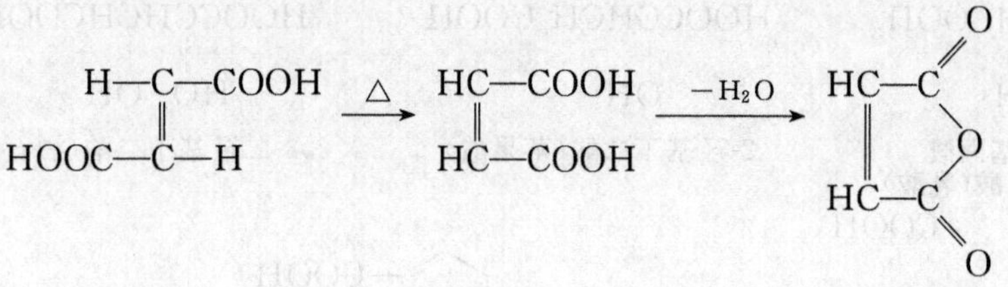

丁烯二酸酐

两种异构体在一定条件下可相互转化。有酸、碱存在时，顺式易变为反式，反式则不易变成顺式；若在紫外光照射下可得两种异构体的混合物。

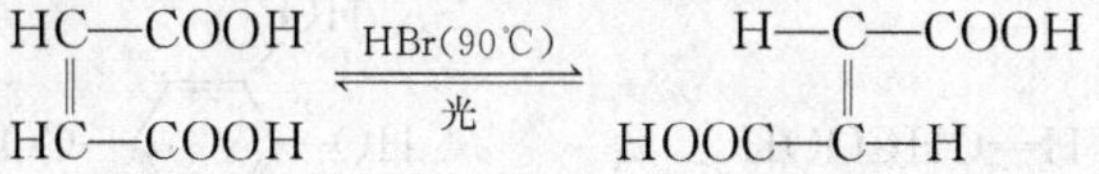

（六）邻苯二甲酸

邻苯二甲酸为无色晶体，不溶于水，高温下失水则成邻苯二甲酸酐，是一种重要的有机化工原料，广泛应用于生产增塑剂、树脂及染料、医药、农药等领域。工业上常用萘经催化氧化生成邻苯二甲酸酐再经水解制得。邻苯二甲酸的二甲酯和二丁酯有驱蚊作用，可用于制避蚊药。

（七）花生四烯酸

花生四烯酸的化学名为5,8,11,14-二十碳四烯酸，结构简式为：

$$CH_3(CH_2)_4CH{=}CHCH_2CH{=}CHCH_2CH{=}CHCH_2CH{=}CH(CH_2)_3COOH$$

花生四烯酸和其他人体所需要的高级不饱和脂肪酸一样具有降血脂作用。国内外最近的一些实验研究表明，从某些深海鱼类体内得到的多烯酸，如二十碳五烯酸（EPA）和二十二碳六烯酸（DHA）具有更优的降血脂、抑制血小板聚集、延缓血栓形成和抗衰老等功效，因此，目前市场上已经出现了许多富含不饱和酸的鱼油制剂或保健品，供人们享用。

花生四烯酸在人体内可转化成前列腺素（PG）。体内较重要的前列腺素是PGE和PGF，它们都由全顺式花生四烯酸转化而来。

第二节 取代羧酸

一、取代羧酸的结构和分类

羧酸分子中烃基上的氢原子被其他原子或原子团取代后的化合物称为取代羧酸，常见的有羟基酸、羰基酸、氨基酸、卤代酸等。取代羧酸属于多官能团化合物，在性质上除具有羧酸的性质外，还具有其他官能团的性质，另外还具有不同官能团之间相互影响而产生的一些特殊反应。

氨基酸将在第十五章中讲解，本节主要介绍羟基酸和羰基酸，并对卤代酸作一简介。

二、羟基酸

（一）羟基酸的分类及命名

羟基酸包括醇酸和酚酸，前者是羟基连在脂肪烃基上，后者是羟基连在芳环上。

羟基酸的系统命名是以羧酸为母体，羟基作取代基，并用阿拉伯数字或希腊字母标明所在位次；酚酸中羟基与羧基的相对位置可用阿拉伯数字或邻(o)、间(m)、对(p)来表示。由于许多羟基酸来源于天然产物，因而更多地使用俗名。

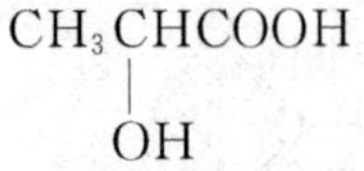

2-羟基丙酸
α-羟基丙酸(乳酸)

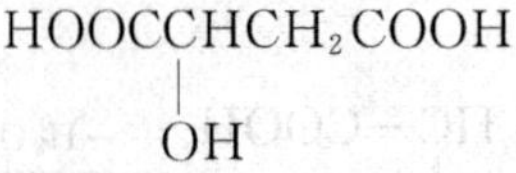

2-羟基丁二酸(苹果酸)

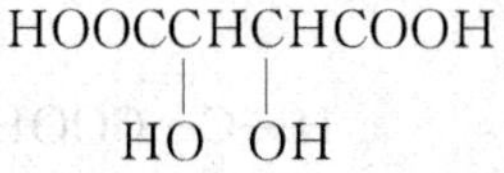

2,3-二羟基丁二酸(酒石酸)

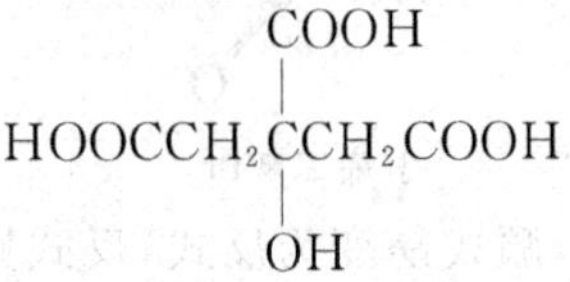

3-羟基-3-羧基戊二酸(柠檬酸)

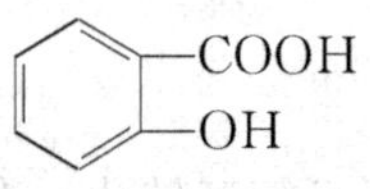

邻羟基苯甲酸(水杨酸)

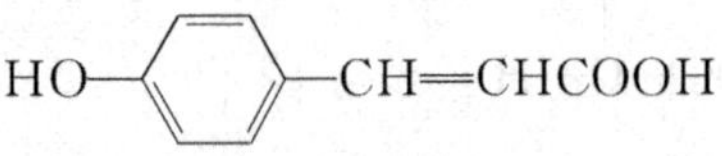

对羟基苯丙烯酸(香豆酸)

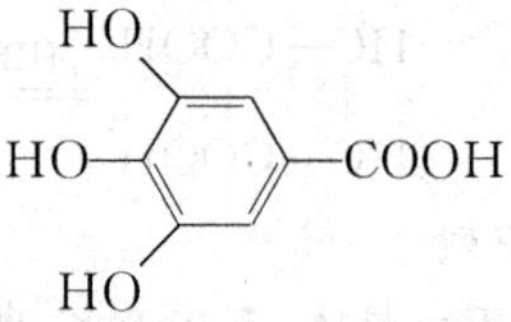

3,4,5-三羟基苯甲酸(没食子酸)

羟基酸具有酸和醇或酚的典型性质，同时，羟基酸还具有羧基和羟基相互影响而产生的特有性质，且这些特性随着两者相对位置的不同而有所差异。这里我们仅讨论各官能团相互影响产生的特殊性质。

（二）醇酸

1. 性质

醇酸一般是晶体，少数为黏稠状液体。醇酸分子中的羟基和羧基都能与水形成氢键，因而比相应的羧酸更易溶于水，而在乙醇中的溶解度则较小。许多醇酸是手性分子，具有旋光性。

(1) 酸性。

由于羟基的吸电子诱导效应，羟基酸的酸性较羧酸强，但随着羟基与羧基间距离的增大而减弱。例如：

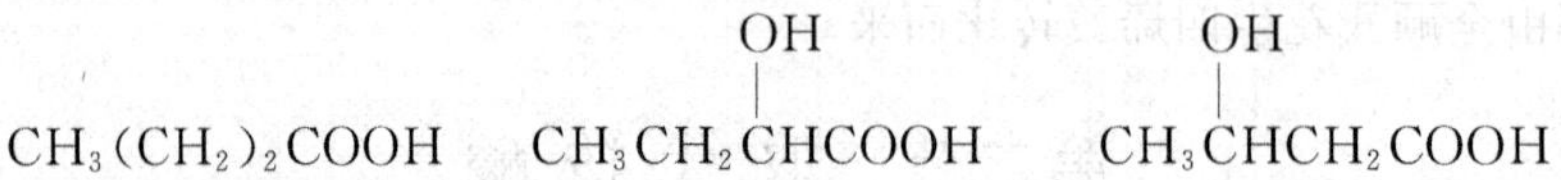

pK_a　　4.82　　3.65　　4.41

(2) 脱水反应。

由于两个官能团之间的相互影响，羟基酸对热较敏感，受热易脱水，但脱水方式及产物随羟基相对位置的不同而不同。

α-羟基酸受热发生分子间交叉脱水，生成环状交酯。例如：

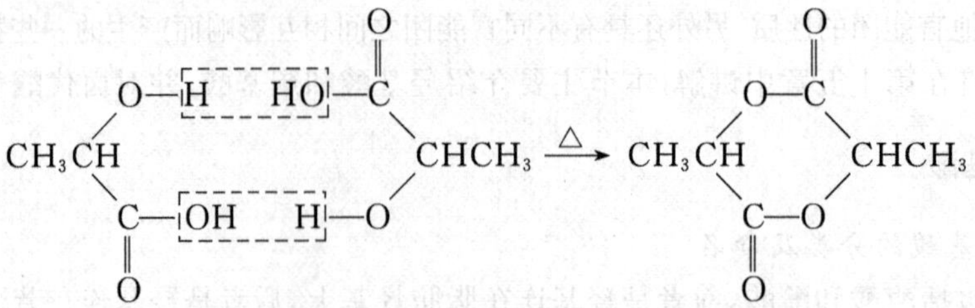

α-羟基丙酸　　丙交酯

β-羟基酸受热，发生分子内脱水，生成 α，β-不饱和酸。

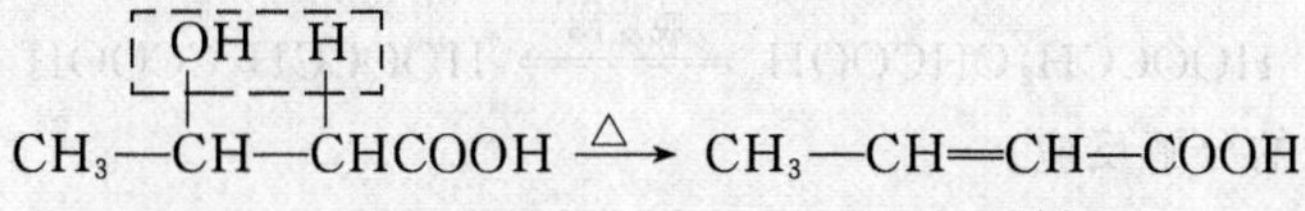

2-丁烯酸

γ-羟基酸极易脱水，室温下即可脱水生成 γ-内酯，它是一种稳定的中性化合物，由此也可知为何某些 γ-羟基酸很难得到。但在碱性条件下，γ-内酯可水解生成稳定的 γ-羟基酸盐。

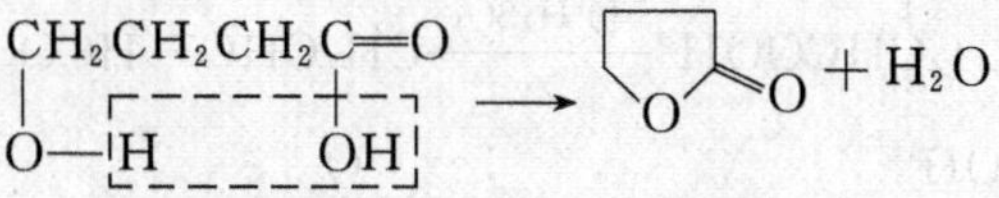

γ-羟基丁酸　　　　γ-丁内酯

内酯在天然产物中也是常见的，以 γ-内酯居多。如维生素 C、山道年等药物分子结构中都含有五元环内酯。一旦这种五元环内酯结构遭到破坏，它们的药效就随即降低，甚至完全丧失。

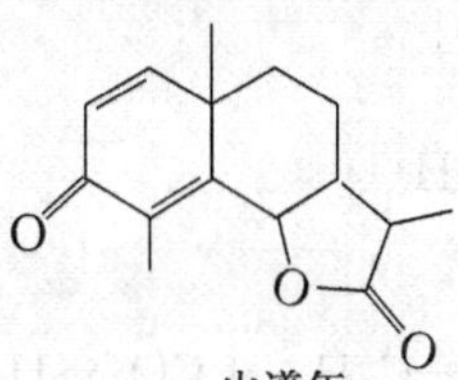

山道年

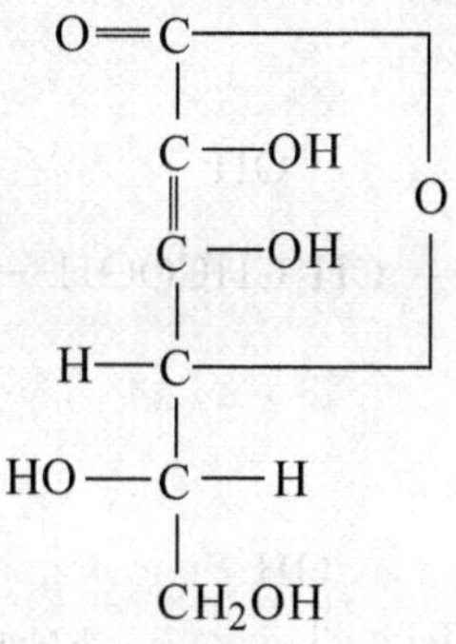

维生素 C

δ-羟基酸受热也能分子内失水生成 δ-内酯，但 δ-内酯不稳定，即使得到也极易开环而显酸性。

当羟基与羧基相隔四个以上碳原子时，更难生成内酯，但它们受热可发生分子间脱水，生成链状聚酯。

(3) 氧化反应。

醇酸中的羟基和醇一样可被氧化。α-羟基酸中的羟基受羧基影响，更易被氧化，能被弱氧化剂如托伦试剂氧化成 α-羰基酸。其他氧化剂如稀硝酸、稀高锰酸钾等都能将醇酸氧化成醛酸、酮酸或二元羧酸。

$$CH_3CH(OH)COOH \xrightarrow[NH_3\cdot H_2O]{AgNO_3} CH_3C(=O)COOH$$

$$HO{-}CH_2COOH \xrightarrow{稀\ HNO_3} HC(=O)COOH \xrightarrow{稀\ HNO_3} HOOC{-}COOH$$

$$CH_3CH(OH)CH_2COOH \xrightarrow{稀\ KMnO_4} CH_3C(=O)CH_2COOH$$

生物体内的醇酸则在酶的作用下发生类似的氧化反应。

(4) α-羟基酸的分解反应。

α-羟基酸与稀硫酸共热，分解为少一个碳原子的醛或酮和甲酸。

例如：

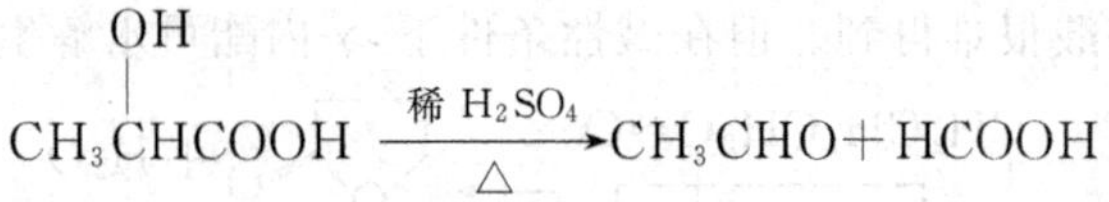

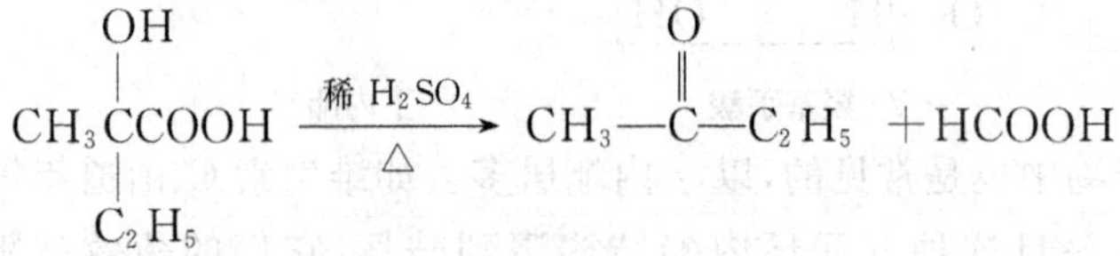

α-羟基酸与酸性高锰酸钾溶液共热，则分解脱羧生成少一个碳原子的醛或酮，醛继续氧化成羧酸。

例如：

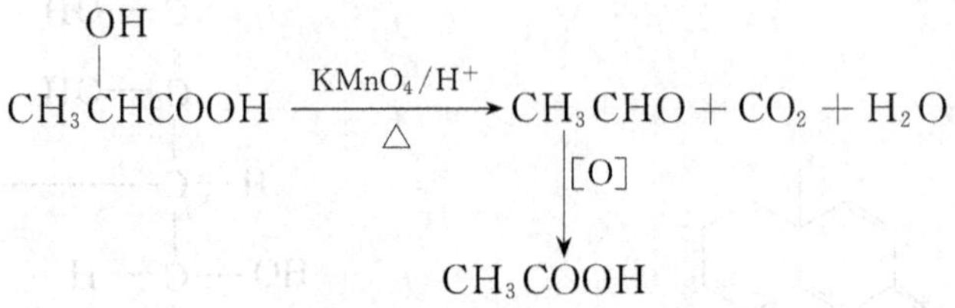

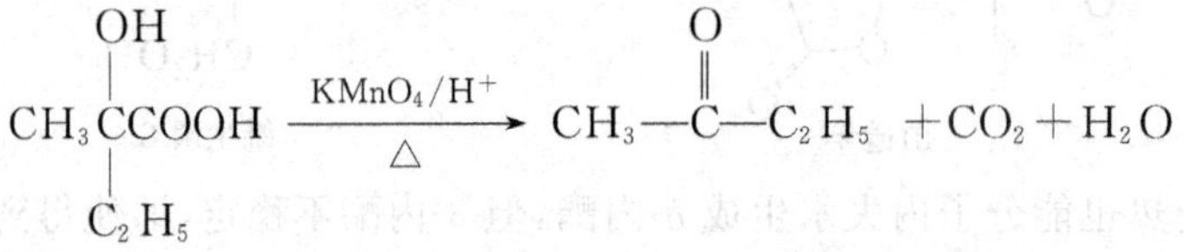

2. 醇酸的制备

醇酸分子中既有羟基又有羧基，根据基团位置不同可采用不同的制法。

(1) 卤代酸水解。

用碱或氢氧化银处理 α、β、γ 等卤代酸时可生成对应的羟基酸。

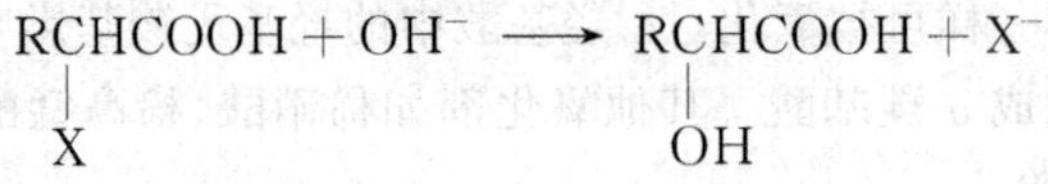

(2) 氰醇水解。

氰醇水解可得到 α-羟基酸。

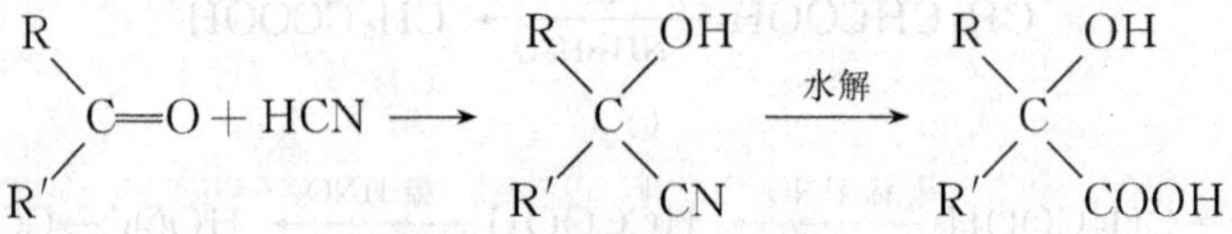

(R′＝H或烃基)

(3) 瑞佛尔马斯基(S. Reformatsky，1860—1934)反应。

α-卤代酸酯在锌粉作用下与醛、酮反应，产物水解后即得到 β-羟基酸酯，后者水解可得到 β-羟基酸。

这一反应首先生成的是有机锌化合物。

$$Br—CHRCOOC_2H_5 + Zn \longrightarrow Br—Zn—CHR—COOC_2H_5$$

有机锌化合物与格氏试剂性质相似，但没有格氏试剂活泼，能与醛、酮反应，但不与酯反应，因此可用α-卤代酸酯来制备有机锌化合物，再与醛、酮反应，生成β-羟基酸酯。其反应过程与格氏试剂类似。

$$Br—ZnCHR'COOC_2H_5 + R—\overset{\displaystyle H}{\overset{|}{C}}=O \longrightarrow R—\underset{\underset{\displaystyle OZnBr}{|}}{CH}—CHR'—COOC_2H_5$$

这一反应称为瑞佛尔马斯基反应，是制备β-羟基酸酯的很好办法，β-羟基酸酯水解可得到β-羟基酸。

（三）酚酸

酚酸都是无色固体，多以盐、酯或糖苷的形式存在于植物中，熔点较相应的芳香酸高，有些易溶于水，有些仅微溶。

1. 酸性

酚酸中酚羟基对羧基的影响比较复杂，下面以羟基苯甲酸为例进行说明。

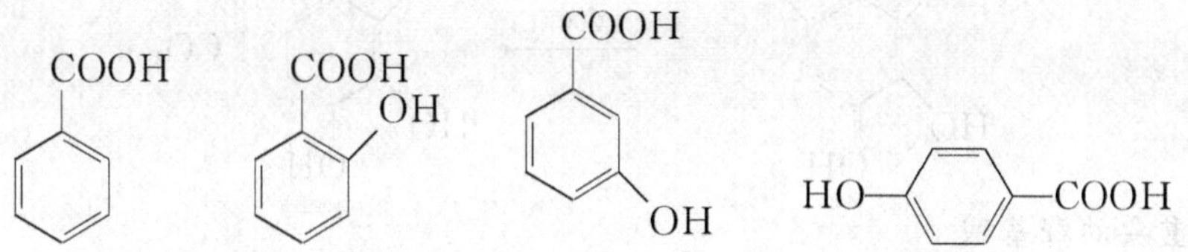

pK_a　　4.20　　2.98　　4.08　　4.58

当羟基处在邻位时，羟基同时存在吸电子诱导效应、供电子共轭效应、氢键的螯合作用以及空间阻碍作用。$-I$效应使酸性增强，$+C$效应反之，但由于羟基与羧基处在相邻位置，基团体积又较大，空间阻碍（共平面受到影响）使两者的共轭程度较差，羟基对羧基的$+C$效应被削弱了；而邻羟基与羧基间的氢键作用反而使羧羟基氧原子上的电子云密度降低，有利于H^+解离，同时也降低了羧基负离子的电荷密度，使之更稳定。此处，这种螯合作用起了主要作用，使邻羟基苯甲酸的酸性强于苯甲酸（参见上面pK_a数据）。

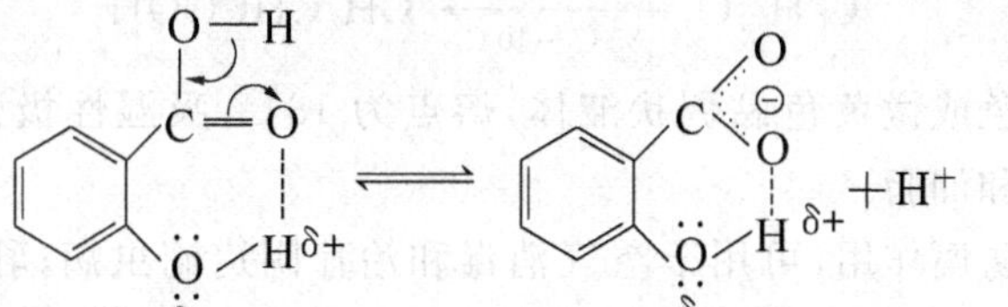

当羟基处在对位时，羟基同样既存在$-I$效应，又存在$+C$效应。因羟基和羧基间距较大，所以$-I$效应相对较弱，总的结果是$+C$效应超过了$-I$效应，羟基对羧基表现出供电子作用，使对羟基苯甲酸的酸性反而弱于苯甲酸。

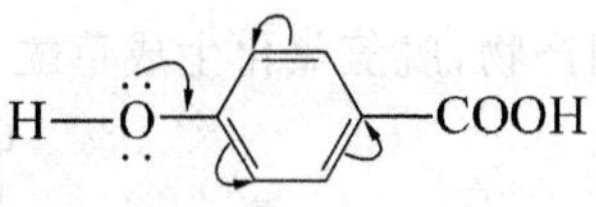

当羟基处在间位时，不存在羟基与羧基的共轭效应，主要是吸电子诱导效应，但由于距离远，影响不大，因此酸性增强得不多。

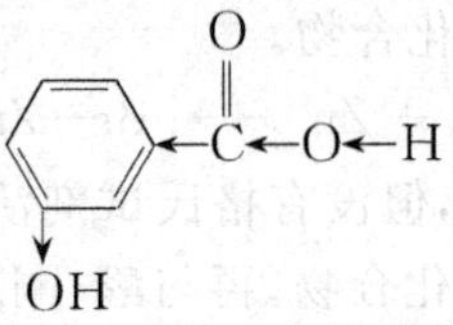

由此可见，羟基苯甲酸因酚羟基与羧基所处位置的不同而表现出不同的酸性强弱。

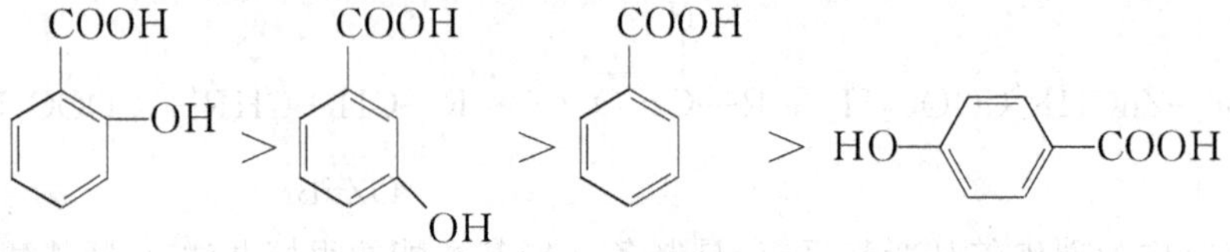

2. 脱羧反应

羟基在羧基邻、对位的酚酸加热至熔点以上时，分解成相应的酚和二氧化碳。

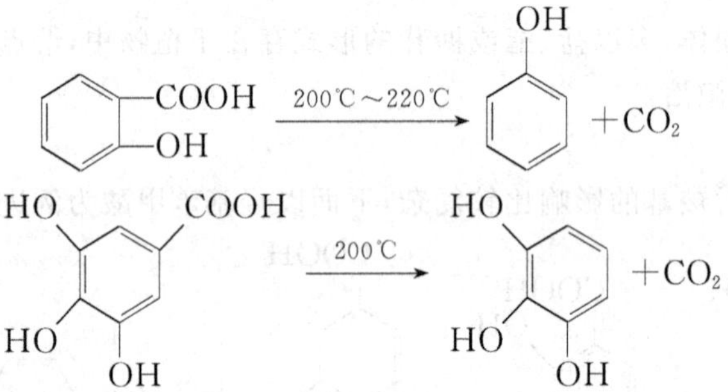

（四）重要的羟基酸

1. 乳酸

乳酸学名 α-羟基丙酸，因最初从发酵的牛奶中获取而得名，也存在于肌肉以及腌制的酸菜中。人体内的乳酸是糖原代谢的产物。人剧烈运动后，糖分解成乳酸，同时释放出能量供机体所需；因肌肉中乳酸含量增加而使人感觉酸胀，休息后乳酸可分解，机体感觉也恢复正常。人体肌肉中的乳酸是右旋体，左旋体可由糖发酵制得。

$$C_6H_{12}O_6 \xrightarrow[35℃\sim40℃]{\text{乳酸菌}} CH_3\underset{}{\overset{OH}{\overset{|}{C}}}HCOOH$$

乳酸通常为无色或微黄色黏稠状液体，熔点为 18℃，吸湿性极强，易溶于水、乙醇、乙醚、苯，不溶于氯仿和油脂。

乳酸具有消毒防腐作用，可用于空气消毒和治疗阴道滴虫病；乳酸钙可用于治疗佝偻病；乳酸钠可用做酸中毒解毒剂；乳酸还广泛应用于食品、饮料等领域。

2. 苹果酸

2-羟基丁二酸广泛存在于未成熟的果实中，因最初由苹果中得到，故名苹果酸。天然苹果酸为左旋体，是无色针状晶体，熔点为 100℃，易溶于水、乙醇，微溶于乙醚。

苹果酸是体内糖代谢的中间产物，脱氢氧化生成草酰乙酸。

$$HOOC\overset{OH}{\overset{|}{C}}HCH_2COOH \xrightarrow{\text{酶}} HOOC\overset{O}{\overset{\|}{C}}CH_2COOH$$

苹果酸也常用做清凉饮料的酸味剂、保色剂，工业用消臭剂、洗涤剂、染色助剂、皮革油等的添加剂以及合成树脂增塑剂等。

3. 酒石酸

OHOH

酒石酸的结构式为 HOOCCHCHCOOH，学名 2,3-二羟基丁二酸，常以酒石酸氢钾形式存在于葡萄汁中，难溶于乙醇，故酿酒时便以固体形式沉淀下来，由此得名。

酒石酸为无色半透明结晶，熔点为 170℃，易溶于水，不溶于有机溶剂。

酒石酸盐用途广泛。例如，酒石酸氢钾是制发酵粉的原料；酒石酸钾钠可做泻剂，也可用来配制斐林试剂；酒石酸锑钾曾用做催吐剂和治疗血吸虫病的药物。

4. 柠檬酸

柠檬酸又名枸橼酸，学名 3-羧基-3-羟基戊二酸，广泛存在于植物果实中，尤其以柠檬中含量最多，因而得名。

柠檬酸是无色结晶，不含结晶水的柠檬酸熔点为 153℃，易溶于水、乙醇、乙醚，酸味爽口，是制作糖果和饮料的调味剂。柠檬酸钠是易溶于水的白色结晶，用做抗凝血剂；柠檬酸铁常用做补血剂；柠檬酸钾为祛痰剂和利尿剂。

柠檬酸是生物体内三大营养物质糖、脂肪、蛋白质代谢的中间产物。在顺乌头酸酶催化下，柠檬酸脱水生成顺乌头酸，后者与水反应可转化为异柠檬酸。

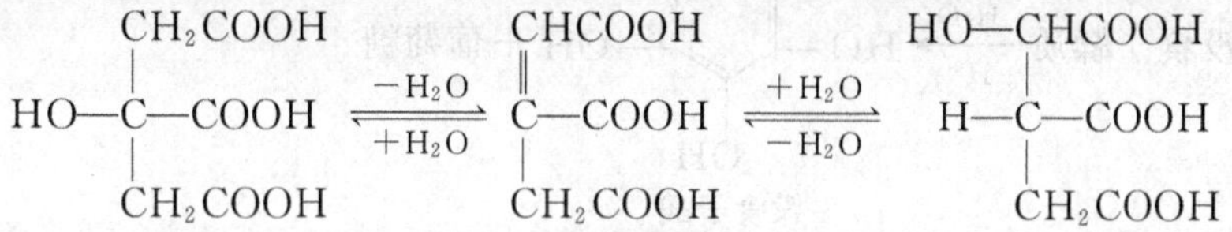

柠檬酸　　　　顺乌头酸　　　　异柠檬酸

5. 水杨酸

水杨酸的结构式为 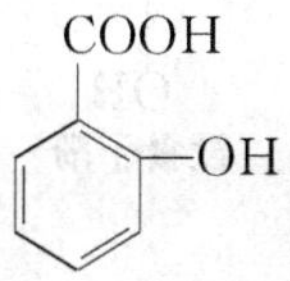，学名邻羟基苯甲酸，最初由水解柳树、水杨树的叶和根获得，故称水杨酸。

水杨酸是略带酸甜味的无色针状结晶，熔点为 159℃，79℃时升华，易溶于乙醇、乙醚、氯仿；慢慢受热至熔点以上，可脱羧生成苯酚，能与水蒸气一起蒸发，利用此性质可将水杨酸与其对位异构体分离。

水杨酸兼具酚和羧酸的典型性质：羧基具酸性，可成盐、生成羧酸衍生物；酚羟基可成酯、与三氯化铁溶液显色等。

水杨酸的用途很广，可作消毒剂、防腐剂，也可作食品保藏剂。水杨酸及其许多衍生物具有退热止痛作用，但因其本身的酸性对胃壁、食道黏膜有刺激作用，其钠盐也有不愉快味道，故用做药物有一定缺陷。19 世纪末，人们发现它的乙酰衍生物——乙酰水杨酸，又名阿司匹林，能在肠道中水解释放出水杨酸而起到解热镇痛药效，又避免了水杨酸对消化道的直接刺激，被誉为 20 世纪最伟大的十大科技发明之一。

此外，对氨基水杨酸(PAS)具有抗结核病作用；水杨酸甲酯是冬青油的主要成分；水杨酸苯酯(萨罗多)能在肠道内水解成苯酚和水杨酸，是肠道和尿道的消毒剂。

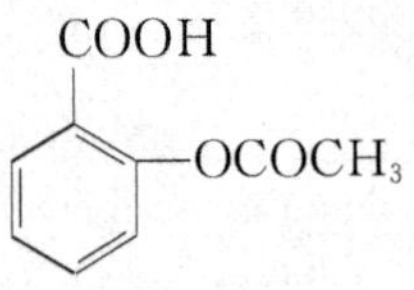

乙酰水杨酸

（阿司匹林）

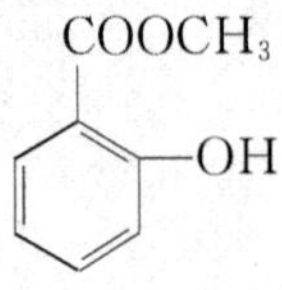

水杨酸甲酯

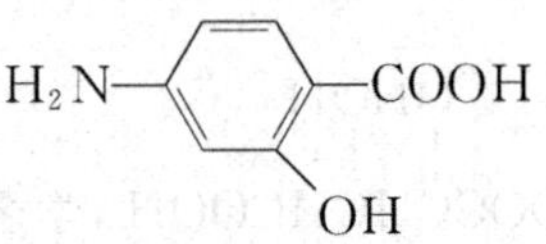

对氨基水杨酸

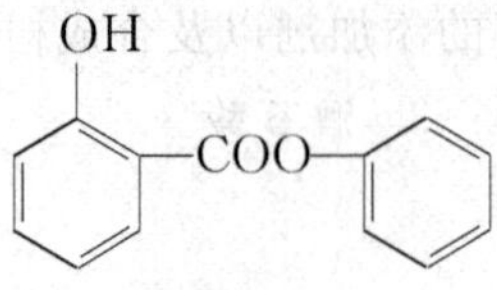

水杨酸苯酯

（萨罗多）

6. 没食子酸

没食子酸又称五倍子酸，学名 3,4,5-三羟基苯甲酸，是植物中分布最广的一种酚酸，常以游离态或以苷的形式构成鞣质，存在于五倍子、茶叶及其他树皮中。将五倍子发酵或水解即可得到没食子酸。

没食子酸是白色粉末，熔点为 253℃，能溶于热水、乙醇、乙醚，在空气中能被迅速氧化而显暗褐色，可作抗氧化剂或氧吸收剂使用；还可用做照片显影剂；其水溶液与三氯化铁作用显蓝黑色，故可用于生产墨水。当加热到 200℃ 以上时，没食子酸脱羧生成连苯三酚，后者又叫没食子酚，为无色针状晶体，在强碱溶液中可大量吸收氧气，常用做气体分析中的吸氧剂和显影剂。

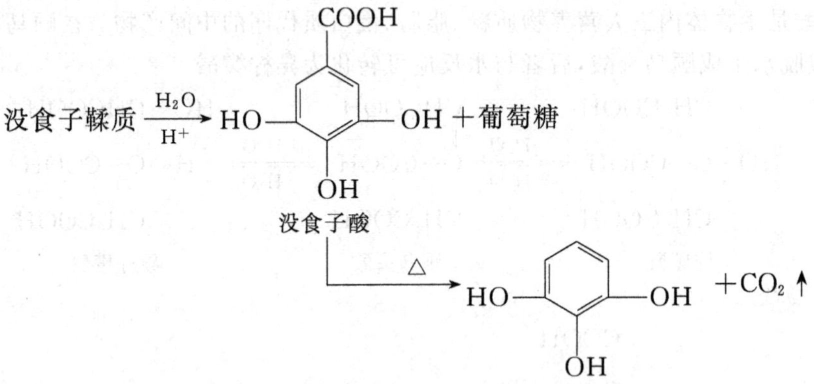

三、羰基酸

（一）分类和命名

分子中含有羰基和羧基的化合物称为羰基酸，羰基在链端的为醛酸，在链中的为酮酸。系统命名时以含羰基和羧基的最长碳链为主链，称为某醛酸或某酮酸；命名酮酸时，须标明羰基的位置。例如：

OHCCOOH	$OHCCH_2COOH$	$CH_3COCOOH$
乙醛酸	丙醛酸	丙酮酸
$CH_3CH_2COCOOH$	CH_3COCH_2COOH	$HOOCCOCH_2COOH$
2-丁酮酸 （α-丁酮酸）	3-丁酮酸 （β-丁酮酸、乙酰乙酸）	α-丁酮二酸 （丁酮二酸，草酰乙酸）

羰基酸中的酮酸比较重要。α-和 β-酮酸具有重要的生理意义，是人体内糖、脂肪和蛋白质代谢的中间产物。这里主要讨论酮酸。

（二）性质

含双官能团的羰基酸具有羰基和羧基的典型性质，如羧基可以成盐、成酯，羰基可与 HCN、$NaHSO_3$ 反应，也可与羰基试剂反应等；同时它还具有双官能团相互影响的特殊性质。这里主要讨论后者。

1. 酮酸的脱羧反应

α-羰基酸分子中羰基与羧基直接相连，由于氧原子的吸电子效应，使羰基与羧基间的碳-碳键易断裂，与稀硫酸共热即可分解，生成少一个碳原子的醛和二氧化碳。

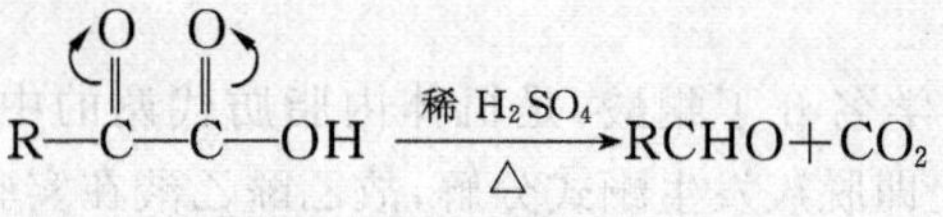

β-羰基酸更易脱羧。因为其不仅存在氧原子的吸电子诱导效应，而且羰基与羧基间还存在氢键，使脱羧更加容易，所以 β-羰基酸微微受热即可脱去二氧化碳，生成酮。

$$\text{RCOCH}_2\text{COOH} \xrightarrow{\triangle} \text{RCOCH}_3 + CO_2$$

生物体内某些酮酸在酶催化下也能脱羧，我们呼出的二氧化碳大部分来源于此。

$$\text{HOOCCOCH}_2\text{COOH} \xrightleftharpoons{\text{酶}} \text{CH}_3\text{COCOOH} + CO_2$$

2. β-酮酸的分解反应

如前面所述，β-羰基酸微热脱羧生成酮，该反应通常称为酮式分解。

当 β-羰基酸与浓碱共热时，则在 α-和 β-碳原子间发生断裂，生成两分子羧酸盐，酸化后可得到羧酸，该反应称为酸式分解。

$$\text{RCOCH}_2\text{COOH} \xrightarrow[\triangle]{\text{浓 NaOH}} \text{RCOONa} + \text{CH}_3\text{COONa} + H_2O$$

反应机理如下：

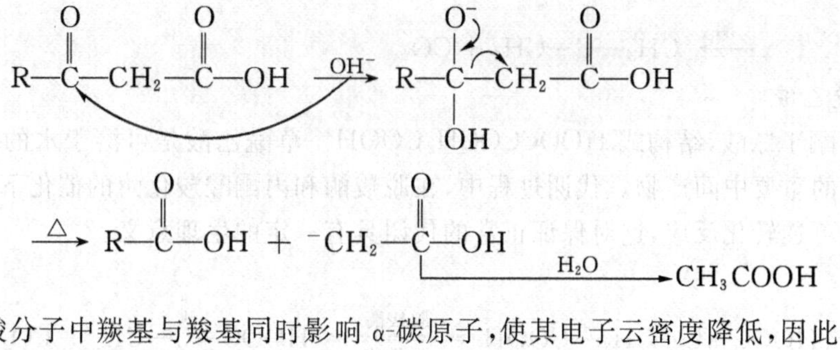

β-羰基酸分子中羰基与羧基同时影响 α-碳原子，使其电子云密度降低，因此它与羧基或羰基间的 σ 键易被破坏，在不同条件下发生酸式分解或酮式分解。

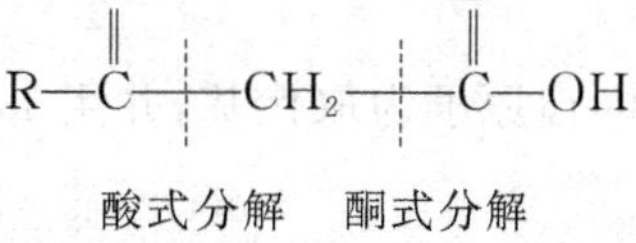

酸式分解　酮式分解

（三）重要的羰基酸

1. 乙醛酸

乙醛酸（HCO—COOH）是最简单的醛酸，存在于未成熟的水果和动物组织中，为无色糖浆状液体，易溶于水，能与水形成水合乙醛。乙醛酸具有醛和酸的典型化学性质，除用做生化试剂外，主要用于合成香兰素和尿囊素等。

2. 丙酮酸

$CH_3COCOOH$，是最简单的 α-羰基酸，广泛分布于自然界，为无色有刺激性臭味的液体，沸点为 165℃，易溶于水、乙醇和醚。丙酮酸是生物体内糖代谢的中间产物，在无氧条件下丙酮酸被还原成乳酸，在有氧条件下脱氢、脱羧生成乙酰辅酶 A 进入三羧酸循环，彻底氧化生成二氧化碳和水，同时释放出能量。

3. 乙酰乙酸

CH_3COCH_2COOH，学名 β-丁酮酸，是机体内脂肪代谢的中间产物，为无色黏稠状液体，低温下稳定，室温以上即脱羧发生酮式分解，故乙酰乙酸在实验室中并不是常用试剂，但其乙酯却是稳定的化合物，称乙酰乙酸乙酯，在有机合成中十分有用。

4. 酮体

β-丁酮酸、β-羟基丁酸和丙酮三者在医学上统称为酮体。酮体是脂肪酸在人体中不能被完全氧化为二氧化碳和水时的中间产物，大量存在于糖尿病患者的血液和尿中。正常人血液中的酮体含量低于 $10mg \cdot L^{-1}$，而糖尿病患者因糖代谢不正常，血液中的酮体含量高于 $3g \cdot L^{-1}$，使血液的酸性增加，发生酸中毒的可能性增大。所以，检查血液和尿中酮体的含量，可帮助诊断疾病。临床上主要是检测丙酮，方法是在尿中滴加亚硝酰铁氰化钠 $[Na_2Fe(CN)_5NO]$ 和氨水，若有丙酮存在则显紫红色；若滴加亚硝酰铁氰化钠和氢氧化钠则显鲜红色。

酮体在体内的转化如下：

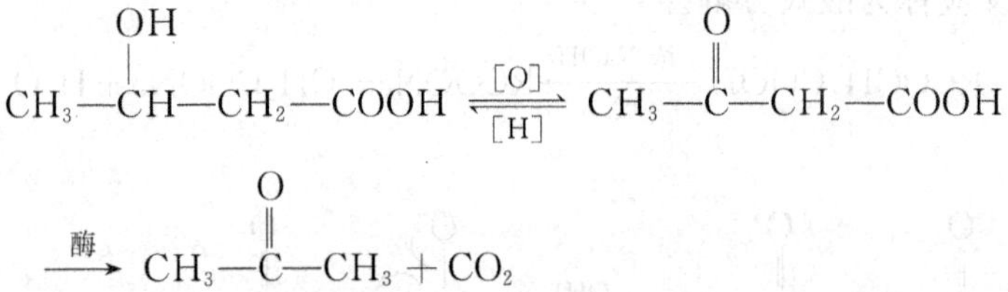

5. 草酰乙酸

学名 α-酮丁二酸，结构式 $HOOCCOCH_2COOH$。草酰乙酸是可溶于水的晶体，是人体内物质代谢的重要中间产物。代谢过程中，在脱羧酶和丙酮酸羧化酶的催化下，草酰乙酸和丙酮酸发生可逆转化反应，这对保证正常的代谢具有一定的生理意义。

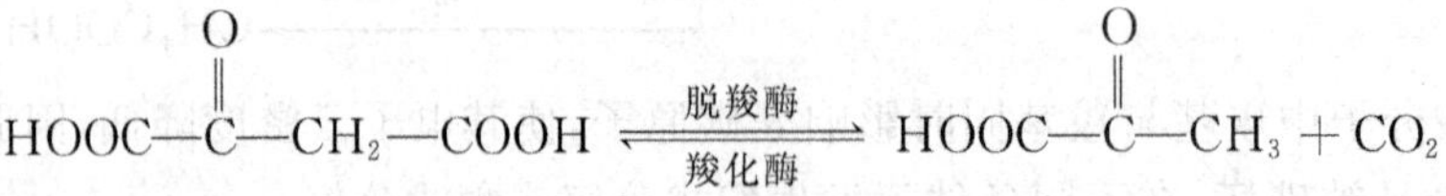

四、卤代酸

卤代酸的命名以羧酸为母体，卤原子为取代基，并用 1，2，3……或 α，β，γ……标明取代基位次。例如：

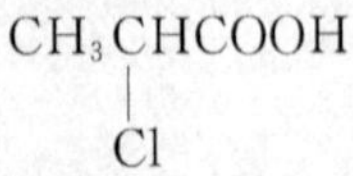

α-氯丙酸（2-氯丙酸）

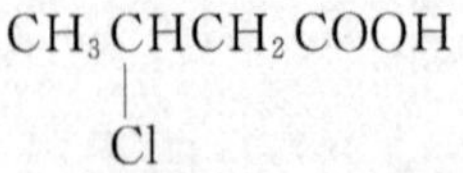

β-氯丁酸（3-氯丁酸）

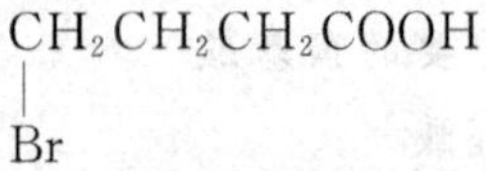

γ-溴丁酸（4-溴丁酸）

前面提及 α-卤代酸可由羧酸的卤化制得，而 β-和 γ-卤代酸则可由相应的不饱和酸与 HX 加成得到。例如：

$$CH_2{=}CHCOOH \xrightarrow{HBr} BrCH_2CH_2COOH$$

卤代酸的酸性强于相应的羧酸，这是卤原子的吸电子诱导效应所致。此外，卤代酸的酸性强弱还与下列因素有关：

(1) 卤原子电负性越强，酸性越强。

	$ClCH_2COOH$	$BrCH_2COOH$	ICH_2COOH	CH_3COOH
pK_a	2.81	2.87	3.13	4.76

(2) 卤原子取代数目越多，酸性越强。

	Cl_3CCOOH	$Cl_2CHCOOH$	$ClCH_2COOH$
pK_a	0.08	1.29	2.81

(3) 卤原子与羧基距离越近，酸性越强。

	$CH_3CH_2CH(Cl)COOH$	$CH_3CH(Cl)CH_2COOH$	$CH_2(Cl)CH_2CH_2COOH$
pK_a	2.84	4.06	4.52

α-卤代酸中的卤原子在羧基影响下活性相对增大，能被许多亲核试剂取代生成不同的产物，因此是重要的合成中间体。

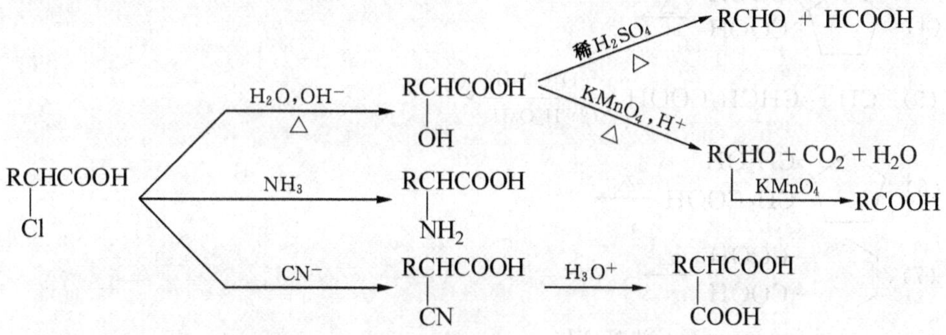

γ-、δ-和 ω-卤代酸在碱作用下可分别生成五、六、七元环内酯。

单氟代乙酸有剧毒，曾用做杀鼠剂，现已明文禁止使用；二氟乙酸毒性较小；三氟乙酸是一种强酸，能与水及许多有机溶剂混溶。

习　题

1. 命名下列化合物。

(1) $CH_3CH{=}CHCOOH$　(2) CH_3COCH_2COOH　(3) $CH_3CH(COOH)_2$

(4) 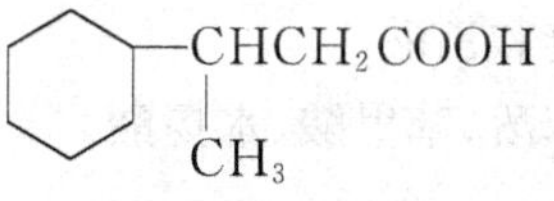

(5) $HOOCCO{-}CH_2COOH$ (COCOOH / CH_2COOH)

(6) $CH_3{-}CH{-}COOH$ / $CH_3{-}CH{-}COOH$ (两个 CH 相连)

(7) 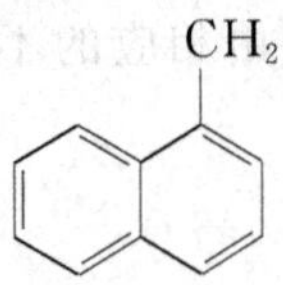 (8) 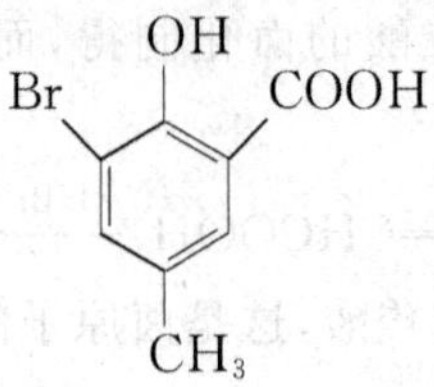 (9) 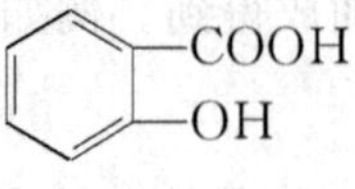

2. 写出下列化合物的结构式。

(1) α-甲基丙烯酸　(2) 乳酸　(3) 没食子酸　(4) 邻甲氧基苯甲酸

(5) 反-1,4-环己基二甲酸　(6) 草酸　(7) 对氨基水杨酸　(8) 酒石酸

3. 写出下列反应的主要产物。

(1) $CH_3(CH_2)_2COCOOH \xrightarrow[\triangle]{稀\ H_2SO_4}$

(2) $CH_3CH_2-\underset{\displaystyle OH}{\underset{|}{CH}}-CH_2COOH \xrightarrow{\triangle}$

(3) $CH_3\underset{\displaystyle OH}{\underset{|}{C}}HCOOH \xrightarrow[\triangle]{KMnO_4/H^+}$

(4) 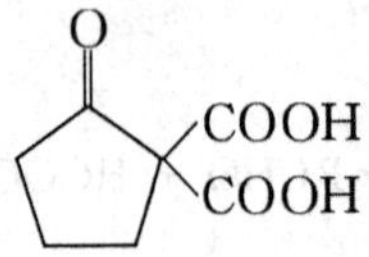 $\xrightarrow{\triangle}$

(5) $CH_2{=}CHCH_2COOH \xrightarrow[(2)\ H_2O/H^+]{(1)\ LiAlH_4}$

(6) 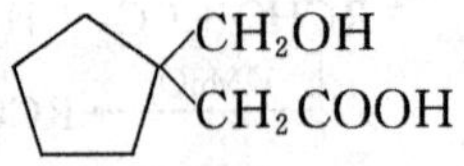 $\xrightarrow{\triangle}$

(7) 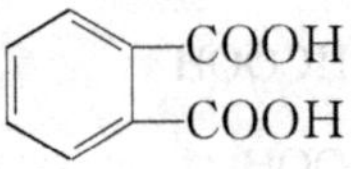 $\xrightarrow{\triangle}$

(8) $CH_3COCH_2COOH \xrightarrow[\triangle]{浓\ NaOH}$

(9) $CH_3\overset{\displaystyle OH}{\overset{|}{C}}HCOOH \xrightarrow{\triangle}$

(10) 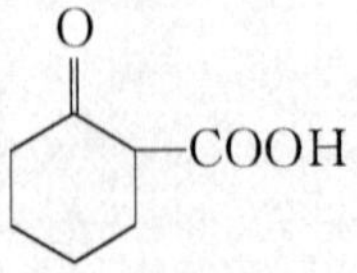 $\xrightarrow{微热}$

4. 用化学方法区别下列各组化合物。

(1) 甲酸、乙酸和乙醛　　(2) 乙醇、乙醚和乙酸

(3) 乙酸、草酸和乙酸乙酯　　(4) 肉桂酸、苯酚、苯甲酸、水扬酸

5. 按酸性降低的次序排列以下各组化合物。

(1) 甲酸、乙酸、三氯乙酸、苯甲酸

(2) 乙酸、苯酚、碳酸、乙醇、水

(3) 苯甲酸、对甲基苯甲酸、对硝基苯甲酸

(4) 草酸、丙二酸、丁二酸、己二酸

6. 用指定原料和必要的无机试剂合成下列化合物。

(1) 由丙酮合成 α-甲基-α-羟基丙酸　(2) 由 $(CH_3)_3CBr$ 合成 $(CH_3)_3CCOOH$

(3) 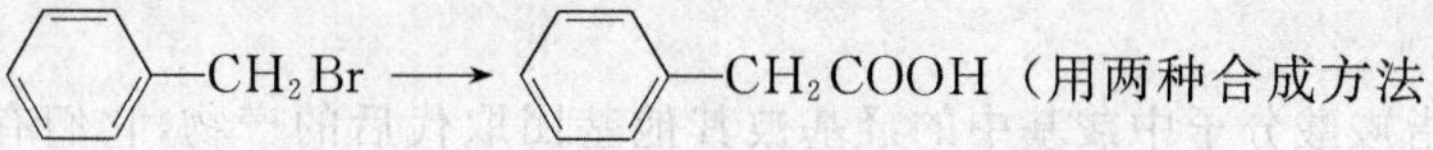

(用两种合成方法)

7. 根据已知条件写出化合物 A、B、C、D、E 的结构式。

$$\underset{(\text{酮酸})}{A} \xrightarrow[Pt]{H_2} B \xrightarrow{HBr} C \xrightarrow{Na_2CO_3} D \xrightarrow{KCN} E \xrightarrow{H_2O/H^+} \underset{(\alpha\text{-甲基戊二酸})}{HOOCCH_2CH_2\overset{\overset{\large CH_3}{|}}{C}HCOOH}$$

8. 化合物 A 的分子式为 $C_6H_{12}O$，它与浓 H_2SO_4 共热生成化合物 $B(C_6H_{10})$。化合物 B 与 $KMnO_4/H^+$ 作用得到化合物 $C(C_6H_{10}O_4)$。化合物 C 可溶于碱，当 C 与脱水剂共热时则得到化合物 D。D 与苯肼作用生成黄色沉淀物，D 用锌汞齐及浓盐酸处理得到化合物 $E(C_5H_{10})$。写出 A、B、C、D、E 的结构式。

第十章　羧酸衍生物

羧酸衍生物是指羧酸分子中羧基中的羟基被其他基团取代后的产物，它们有较强的反应性，可转变为多种有机化合物。无论是在理论上还是在工业生产上，羧酸衍生物都占重要地位。

本章主要讨论酰卤、酸酐、酯和酰胺。

第一节　羧酸衍生物

一、羧酸衍生物的分类和命名

羧酸衍生物根据羧基中的羟基被取代的原子或基团的不同，可分为酰卤、酸酐、酯、酰胺。其通式为 $R—\overset{\overset{\displaystyle O}{\|}}{C}—L$ ，相对应的取代基 L 分别是—X，—OCOR，—OR，$—NH_2$。

酰卤和酰胺是羧酸中的羟基被卤原子和氨基（或烃氨基）取代后的生成物；酸酐是两个羧酸分子间脱水后的生成物；酯是羧酸与醇的脱水产物。

羧酸衍生物主要以它们所含的酰基来命名。酰基是羧酸分子中去掉羟基后剩余的基团，可用“RCO—”来表示。酰基的命名是把相应的羧酸名字中的“酸”字改为“酰基”。

$CH_3CO—$	$C_6H_5CO—$	$HOOCCO—$	$C_6H_5SO_2—$
乙酰基	苯甲酰基	草酰基	苯磺酰基

酰卤的命名很简单，只需根据相应的酰基和卤原子的名称，称为“××酰卤”。

CH_3COCl	C_6H_5COCl	$CH_3CH_2\underset{}{\overset{\overset{\displaystyle CH_3}{|}}{C}}HCOCl$
乙酰氯	苯甲酰氯	2-甲基丁酰氯

酸酐通常根据相应的羧酸来命名。如两分子羧酸是相同的，为单酐，在羧酸的名称后加“酐”字，通常将羧酸的“酸”字去掉；如两分子羧酸是不相同的，为混酐，命名时把简单的酸放在前面，把复杂的酸放在后面，再加“酐”字，并把“酸”字去掉；二元羧酸分子内失水形成环状酸酐，命名时在二元酸的名称后加“酐”字，再去掉“酸”字。例如：

$$CH_3\overset{\overset{\displaystyle O}{\|}}{C}—O—\overset{\overset{\displaystyle O}{\|}}{C}—CH_3$$

乙（酸）酐

$$CH_3\overset{\overset{\displaystyle O}{\|}}{C}—O—\overset{\overset{\displaystyle O}{\|}}{C}—CH_2CH_3$$

乙丙酐

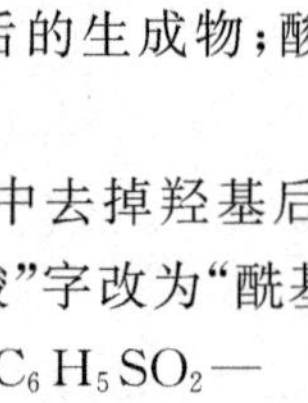

邻苯二甲酸酐（苯酐）

酰胺由相应的酰基的名称来命名，对于酰胺氮上没有其他取代基的简单酰胺，命名时就在酰基名称后加上“胺”字，称为“某酰胺”。

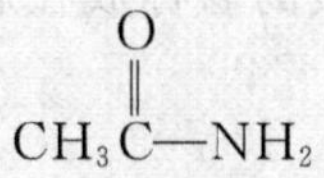

乙酰胺

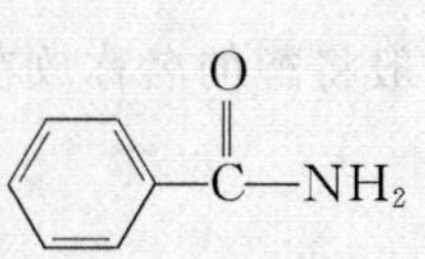

苯甲酰胺

若氮上的氢被取代时，则用“N-”或“N,N-”表示该取代基是直接与氮原子相连接的。

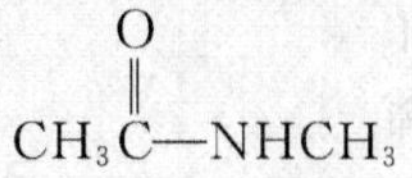

N-甲基乙酰胺

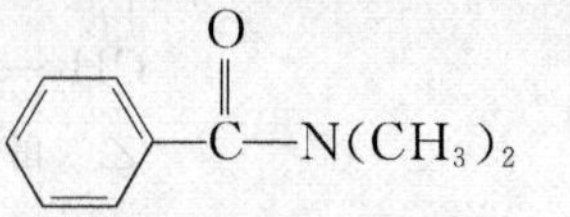

N,N-二甲基苯甲酰胺

若同一个氮原子上连有两个酰基，则称为“酰亚胺”。

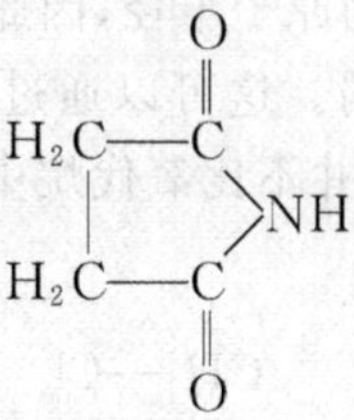

丁二酰亚胺

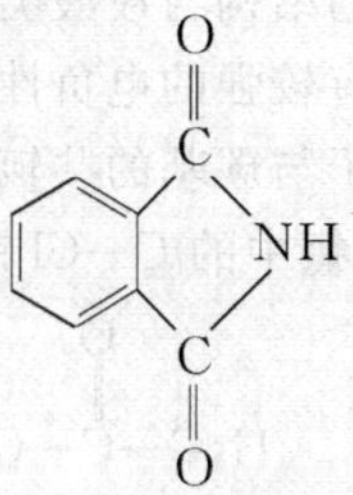

邻苯二甲酰亚胺

分子内含有环状“—CO—NH—”结构的酰胺称为“内酰胺”。

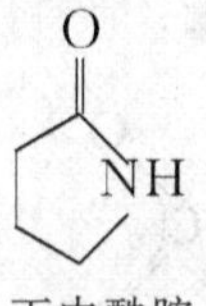

丁内酰胺

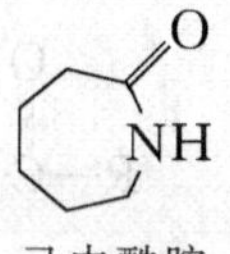

己内酰胺

酯的命名可根据酸和醇的名称称为“某酸某(醇)酯”，酸在前，醇在后，其中“醇”字省略。

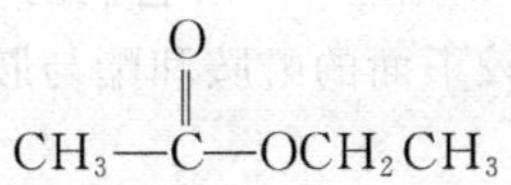

乙酸乙酯

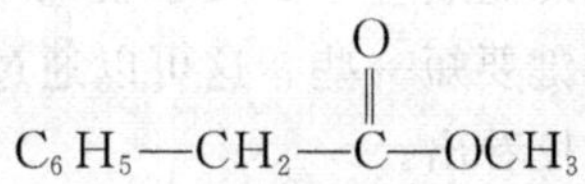

苯乙酸甲酯

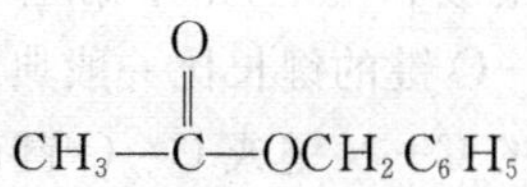

乙酸苯甲酯

二元酸可形成两种酯：只有一个羧基被酯化的为酸性酯，两个都被酯化的为中性酯。多元酸情况类似，在命名时要有所体现。

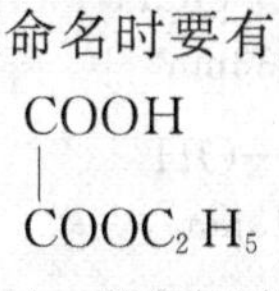

乙二酸氢乙酯

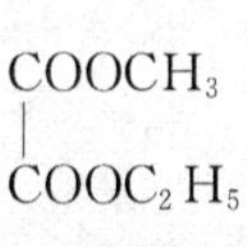

乙二酸甲乙酯

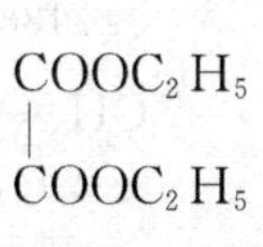

乙二酸二乙酯

羟基酸分子内失水形成的酯称为内酯，根据碳原子数目称“某内酯”，羟基位次用希腊字母或阿拉伯数字注于母体名称前，其他取代基位次亦需注明。

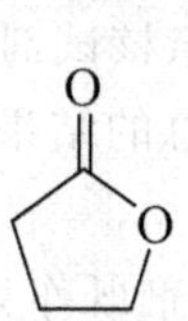

γ-丁内酯

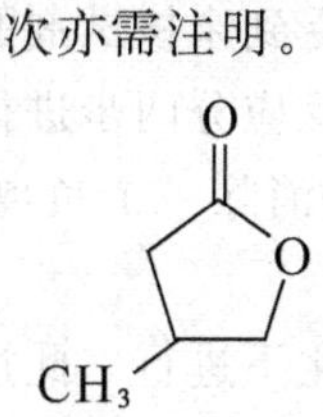

β-甲基-γ-丁内酯

多元醇酯的命名，一般将醇的名称放在前面，酸的名称放在后面，称为“某醇某酸酯”。例如：

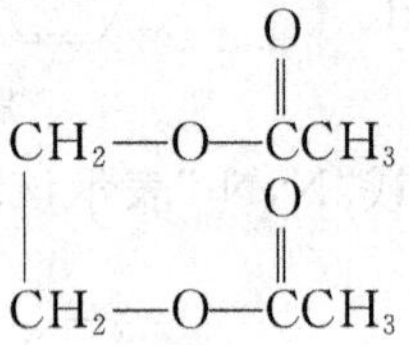

乙二醇二乙(酸)酯

二、羧酸衍生物的结构

酰卤、酸酐、酯、酰胺的结构与羧酸类似。

酰卤中，由于卤原子有较强的电负性和较大的原子半径，因此主要表现为强的吸电子诱导效应，卤原子上孤对电子与羰基的共轭效应很弱。这可以通过比较下面的酰氯和氯代烷的碳-氯键键长而看出，酰氯中的 C—Cl 键的键长并不比氯代烷中的 C—Cl 键短。

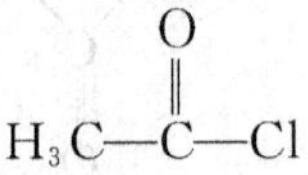

0.179nm

CH_3—Cl

0.178nm

不同于酰卤，酯和酰胺中的羰基与烷氧基氧或氨基氮上的孤对电子共轭较好，电子均匀化使 C—O(或 C—N)键具有某些双键的性质。例如，酯：

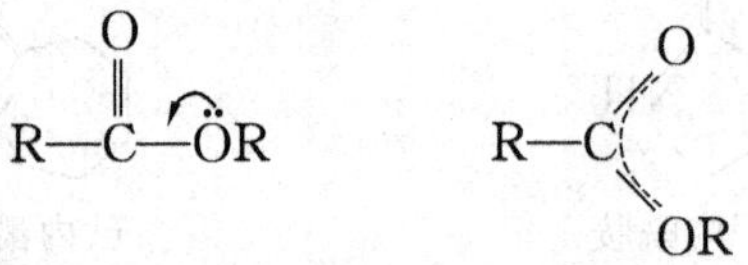

在酰胺和酯中，由于给电子的共轭效应 $+C$ 大于吸电子诱导效应 $-I$，故它们的 C—N 键或 C—O 键的键长比一般典型的键要短一些。这可以通过比较下面的酰胺和酯与胺和醇中相应的 C—N 键或 C—O 键的键长看出。

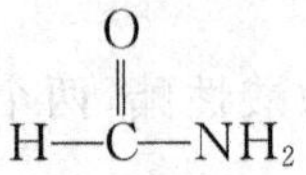

0.138nm

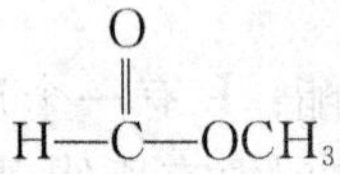

0.133nm

CH_3—NH_2 0.147nm

CH_3—OH 0.143nm

三、羧酸衍生物的亲核取代反应历程及活性比较

羧酸衍生物中的羰基能受到亲核试剂的进攻而发生亲核取代反应。

羧酸衍生物的亲核取代反应分两步进行：第一步是亲核试剂在羰基上发生亲核加成，形成四面体中间产物；第二步是消除一个负离子(∶L⁻)。总的结果是亲核试剂取代了羧酸衍生物中的 L 基因。

亲核取代反应可在碱催化下进行。此过程中亲核试剂既作为碱又作为反应试剂。

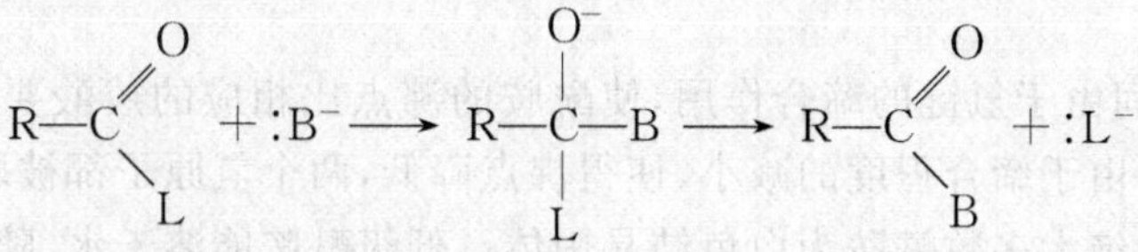

上面的反应式中，$:B^-$ 表示亲核试剂，如 OH^-、H_2O、ROH、NH_3 等，L 为—X，—OCOR，—OR、—NH_2 等。

第一步亲核试剂进攻带正电性的羰基碳，形成的中间体带负电荷，因此羰基碳上连有吸电子基时，既有利于亲核试剂的进攻，又能使中间体负离子稳定而有利于加成；同时，羰基碳连接的基团空间体积越小，越利于加成的进行。

酰卤中卤原子主要表现为强的吸电子诱导效应，因此酰卤中的 C—X 易断裂，另外，酰卤羰基碳原子带较多正电性，很容易受亲核试剂的进攻，故酰卤的反应活性比较大。

酸酐的活性比酰卤低但比酯强，因酸酐中的氧原子与两个羰基相连，而酯中的氧原子除与一个羰基相连外，还与另一个斥电子的烃基相连，因此降低了 C—O 键的极性。酰卤和酸酐的结构特点有利于水、氨、醇等亲核试剂的进攻。

酰胺中由于氮原子的给电子能力要强于氧，故其羰基碳的正电性最弱，反应活性最小。

第二步消除则取决于离去基团本身的结构，越易离去的基团，反应越易发生。羧酸衍生物中，基团离去的难易顺序是 $X^- > RCOO^- > RO^- > H_2N^-$。

由此可见，羧酸衍生物的亲核取代反应活性是酰卤＞酸酐＞酯＞酰胺。

此外，亲核取代反应也可在酸催化下进行。

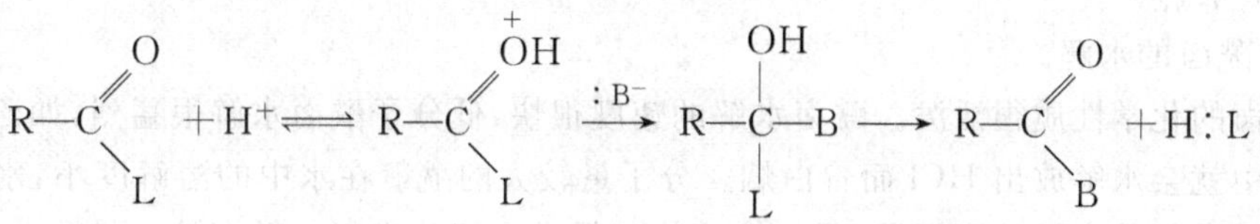

酸的作用是使羰基氧质子化，使氧上带正电荷而吸引羰基碳上的电子，使碳更加带正电性，即使碱性较弱的亲核试剂，也能发生加成反应，得到四面体中间产物，然后继续发生消除反应。

绝大多数羧酸衍生物，是按上述历程进行亲核取代反应的。综合亲核加成和消除两个步骤，无论是酸催化还是碱催化，羧酸衍生物亲核取代的反应活性顺序是：

$$R\overset{\overset{O}{\|}}{C}Cl \approx R\overset{\overset{O}{\|}}{C}Br > R\overset{\overset{O}{\|}}{C}O\overset{\overset{O}{\|}}{C}R > R\overset{\overset{O}{\|}}{C}OR' > R\overset{\overset{O}{\|}}{C}NH_2$$

四、羧酸衍生物的性质

（一）物理性质

酰卤中以酰氯最为重要，应用也最广。酰氯为无色液体或低熔点固体，具有强烈的刺激性气味，低级酰氯遇水剧烈水解。乙酰氯暴露在空气中即可水解放出氯化氢。酰氯的沸点较相应的羧酸低，因其分子中不存在羟基，不能形成氢键。

低级酸酐为无色液体，有不愉快气味；高级酸酐为固体，无气味，沸点较相应的酸高。

低级酯是无色液体，具有水果香味，可做香料，高级酯是蜡状固体。酯的沸点比相应的酸和醇都要低，而与含同数碳原子的醛、酮差不多。酯在水中的溶解度较小，但能溶于一般的有机溶剂。

酰胺分子之间由于氢键的缔合作用，使酰胺的沸点比相应的羧酸要高。酰胺氨基上的氢被烃基取代时，由于缔合程度的减小，使得沸点降低，两个氢原子都被取代时，沸点降低更多。除甲酰胺外，绝大多数酰胺为白色结晶固体。低级酰胺能溶于水，随着相对分子质量的增大，溶解度逐渐减小。

羧酸衍生物大多可以溶于有机溶剂，其本身也可作为溶剂使用。如 N,N-二甲基甲酰胺(DMF)与水可以任意比例混合，是很好的非质子性溶剂；乙酸乙酯也是很好的溶剂，大量用于油漆、塑料等工业。

(二) 化学性质

羧酸衍生物中的羰基碳能受到亲核试剂的进攻从而发生亲核取代反应；羧酸衍生物能发生加氢还原反应；羧酸衍生物中的羰基增加了与其相连的 α-C—H 键的极性，使 α-H 具有一些酸性。羧酸衍生物的反应有许多共同之处，其反应机理也大致相同，只是在反应活性上有所差异。由于与羰基碳连接的基团不相同，羧酸衍生物除了一些共性外还表现出一些各自的特性。下面先讨论其典型的共性——亲核取代反应和加氢还原反应，然后分别讨论各自独特的反应。

1. 羧酸衍生物的水解、醇解、氨(胺)解

羧酸衍生物能与水、醇、氨(胺)发生亲核取代反应，分别称为水解、醇解和氨(胺)解，产物分别为羧酸、酯和酰胺。反应活性次序为：酰卤＞酸酐＞酯＞酰胺。

(1) 水解。

① 酰卤的水解。

酰卤的化学性质很活泼。酰卤水解的速度很快，低分子酰卤水解很猛烈，如乙酰氯在潮湿空气中就会水解放出 HCl 而冒白烟。分子量较大的酰氯在水中的溶解度小，水解速度很慢。芳香酰氯的水解速度很慢，需加热或加碱促进水解的进行。酰卤是由羧酸合成的，因此酰卤的水解反应用处很少。

$$RCOCl + H_2O \longrightarrow RCOOH + HCl$$

② 酸酐的水解。

酸酐的化学性质也十分活泼，但活性较酰卤稍低，比酯强。

酸酐可以在中性、酸性、碱性溶液中水解。因酸酐不溶于水，故室温下水解很慢，加热或增加其溶解度可促进水解的发生。

$$RCOOCOR' + HOH \xrightarrow{\triangle} RCOOH + R'COOH$$

③ 酯的水解。

酯的反应活性较酰卤和酸酐弱，故酯的水解比酰卤和酸酐难，且是可逆反应，酯化与水解最终达成平衡。酸或碱可以加速水解反应的进行，一般用碱较多，这是因为碱既与羰基发生亲核加成，又与水解产物生成羧酸盐，使反应进行到底。

$$RCOOR' + H_2O \xrightleftharpoons{H^+ 或 OH^-} RCOOH + R'OH$$

④ 酰胺的水解。

酰胺与酯一样需在酸或碱的催化下发生水解，得到羧酸。但酰胺的反应活性较弱，水解条件比酯要强烈。典型的水解条件是在 6mol·L^{-1} HCl 或者 40%NaOH 水溶液中长时间加热。

$$RCONH_2 + H_2O \xrightarrow{H^+,\triangle} RCOOH + NH_4^+$$

$$RCONH_2 + H_2O \xrightarrow{OH^-,\triangle} RCOO^- + NH_3\uparrow$$

(2) 醇解。

① 酰卤的醇解。

酰卤与醇反应得到酯，特别适合于在实验室中合成酯。例如，将酰卤滴加到冰浴冷却的醇的吡啶溶液中，然后在室温下反应，即可生成酯。

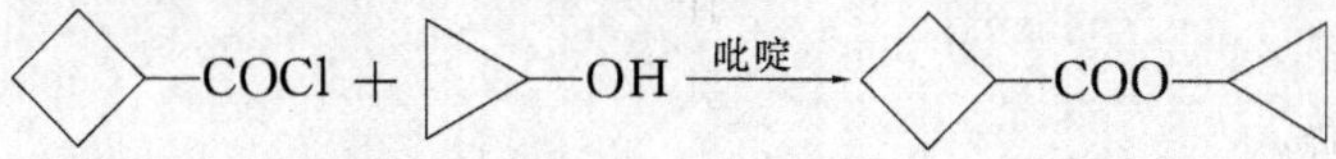

无论是反应活性较弱的芳香酰卤还是有空间阻碍的脂肪酰卤，或对于叔醇或酚等，均可在碱性催化剂作用下反应，顺利得到产物酯。

$$(CH_3)_3CCOCl + C_6H_5OH \xrightarrow{\text{吡啶}} (CH_3)_3CCOOC_6H_5 \quad (80\%)$$

② 酸酐的醇解。

酸酐的醇解反应也较易进行，得到酯。环状酸酐醇解，可以得到分子内具有酯基的酸或双酯。

$$(RCO)_2O + R'OH \longrightarrow RCOOR' + RCOOH$$

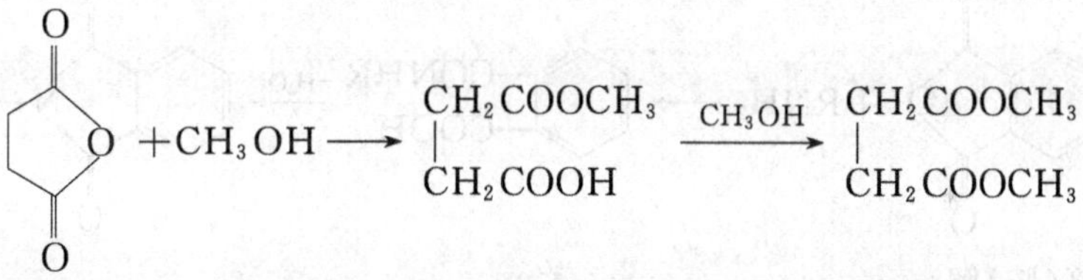

工业上较重要的邻苯二甲酸酐，又称苯酐，它与醇反应后得到二酯。例如，邻苯二甲酸二丁酯是常用的增塑剂；与甘油反应生成的聚酯俗称醇酸树脂，广泛应用于涂料工业；与苯酚反应生成分析化学中常用的指示剂酚酞。

③ 酯的醇解。

在酸或碱存在下，酯与醇反应，生成新的酯和醇，所以酯的醇解反应又称酯交换反应。

$$R\overset{O}{\overset{\|}{C}}-OR' + R''OH \underset{R''O^-}{\overset{H^+}{\rightleftharpoons}} R\overset{O}{\overset{\|}{C}}-OR'' + R'OH$$

酯交换反应是一个可逆反应，需在酸或碱催化下进行，反应机制与酯的水解类似。为使反应向右进行，常用过量的所希望形成酯的醇，或将反应生成的醇除去。

酯交换反应可用于二酯化物的选择性水解。例如：

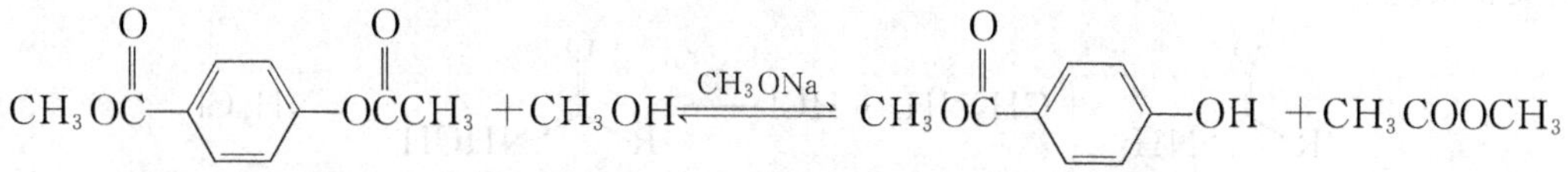

一些难以直接酯化合成的酯，如某些酚酯或烯醇酯，也可用酯交换反应来完成制备。

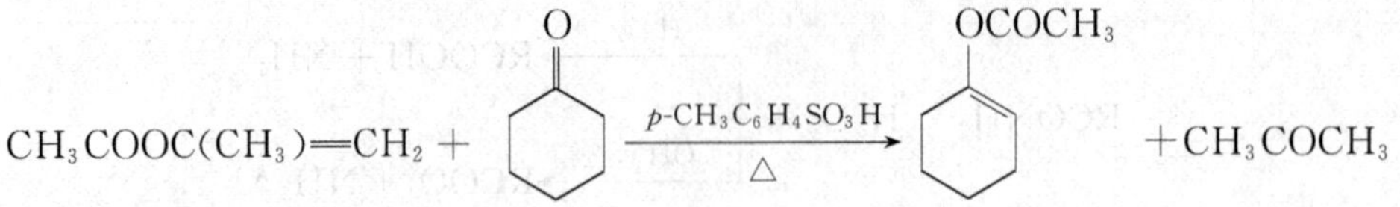

④ 酰胺的醇解。

酰胺在酸性条件下醇解为酯，也可用少量醇钠在碱性条件下催化醇解。

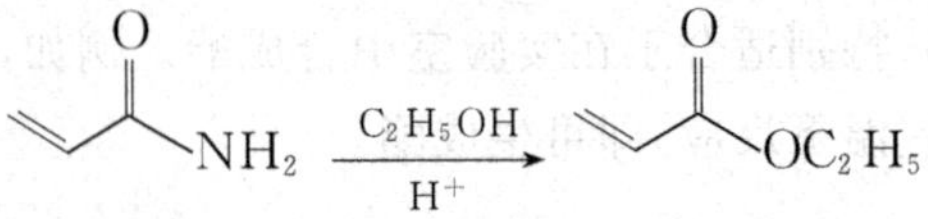

(3) 氨(胺)解。

① 酰卤的氨(胺)解。

羧酸和氨(胺)的反应是一个可逆的平衡反应，生成的酰胺也很容易水解，故酰胺不能直接由羧酸来制备。而酰氯与氨(胺)反应迅速，生成酰胺，同时释放出 HCl 气体，因此可通过加入过量的氨(胺)或其他碱以除去 HCl 气体，这是羧酸通过酰氯合成酰胺的一个常用方法。

$$RCOCl+NHR_2'\longrightarrow RCONR_2'+HCl$$

② 酸酐的氨(胺)解。

酸酐的氨(胺)解反应也较易进行，得到酰胺。环酐与胺反应，先开环生成酰胺羧酸，然后脱水形成环状的酰亚胺。

$$(RCO)_2O+NHR_2'\longrightarrow RCONR_2'+RCOOH$$

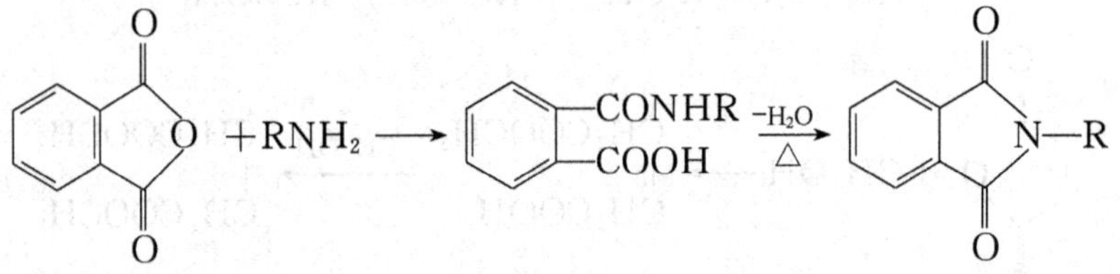

③ 酯的氨(胺)解。

酯与氨(胺)反应生成酰胺，反应比羧酸易进行，但比酸酐难一点，需无水条件或碱催化下与过量的氨(胺)反应。这些氨(胺)本身作为亲核试剂，进攻羰基碳。

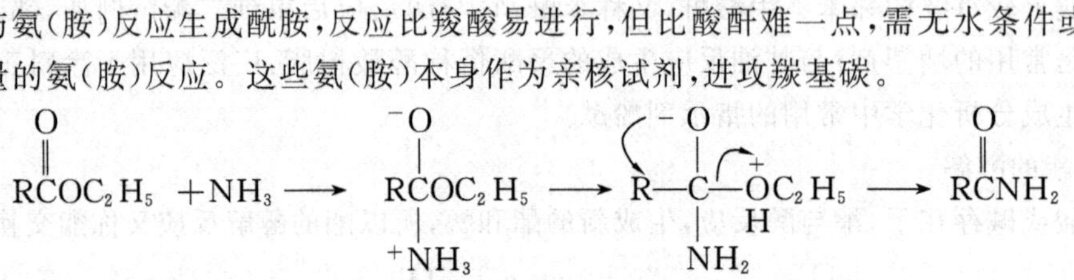

$$R\overset{\overset{O}{\|}}{C}-OR'+NHR_2''\longrightarrow R\overset{\overset{O}{\|}}{C}-NR_2''+R'OH$$

④ 酰胺的氨(胺)解。

酰胺与氨(胺)反应，生成一个新的酰胺和一个新的胺(氨)，因此该反应也可以看做是胺的交换反应。

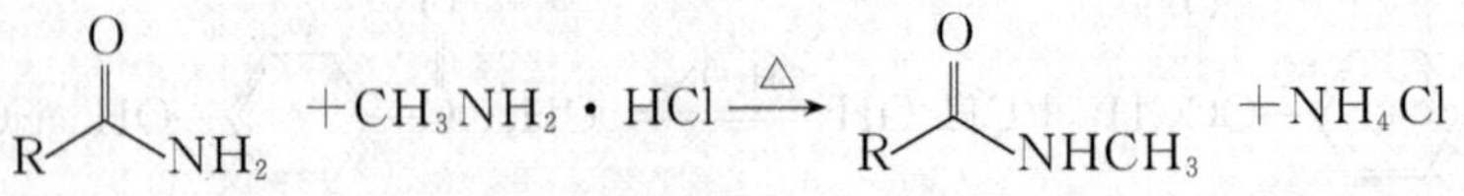

2. 羧酸衍生物的还原

(1) 催化加氢还原法。

铜铬氧化物是应用最广泛的优良催化剂，工业上油脂的氢解常用到此法。反应时不饱和脂肪酸酯的双键也同时被还原。

$$\mathrm{RCOOR'+H_2 \xrightarrow[\substack{200℃\sim300℃\\10\sim30MPa}]{CuO\cdot CuCrO_4} RCH_2OH+R'OH}$$

(2) 金属钠还原酯——鲍维特-勃朗克(L. Bouveault-G. Blanc，1864—1909)反应。

用金属钠-醇还原酯可得伯醇，称为鲍维特-勃朗克反应，在氢化铝锂还原酯的方法发现前被广泛使用，反应中双键可不受影响。例如：

$$\text{橄榄油}\xrightarrow[\text{二甲苯}]{\mathrm{Na,C_2H_5OH}}\mathrm{CH_3(CH_2)_7CH{=}CH(CH_2)_7CH_2OH}$$

(3) 氢化铝锂还原法。

金属氢化物有氢化铝锂、硼氢化锂和硼氢化钠，其中氢化铝锂的还原能力最强，适用于各种羧酸衍生物的还原。此法应用广泛，特别适用于在实验室中进行的合成。反应中双键可不受影响。例如：

$$\mathrm{CH_3COCl \xrightarrow[(2)\ H^+/H_2O]{(1)\ LiAlH_4/(C_2H_5)_2O} CH_3CH_2OH}$$

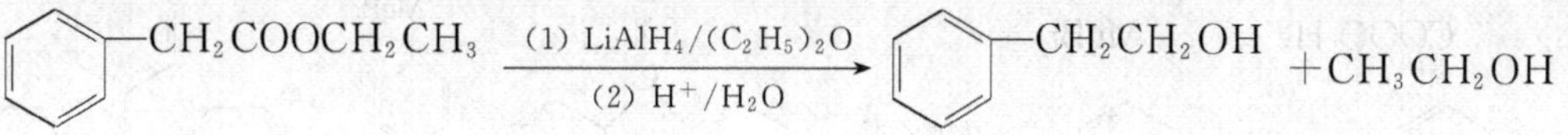

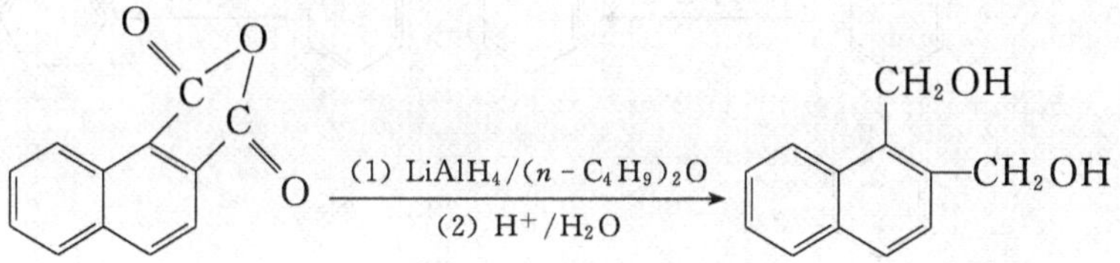

$$\mathrm{CH_3CH_2\overset{\overset{\displaystyle O}{\|}}{C}NHC_6H_5 \xrightarrow[(2)\ H^+/H_2O]{(1)\ LiAlH_4} CH_3CH_2CH_2NHC_6H_5}$$

3. 酸酐的重要反应

由芳醛类和脂肪酸酐在碱的存在下合成 α，β-不饱和酸，此反应即 Perkin 反应，或称“蒲尔金缩合反应”、“蒲尔金合成法”。例如，肉桂酸的合成：

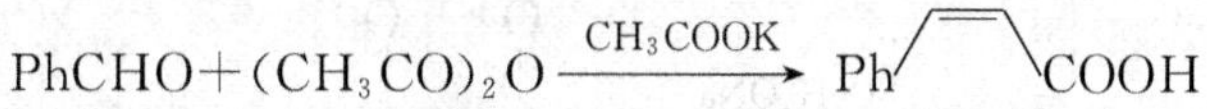

肉桂酸

邻羟基、邻氨基芳醛反应时通常伴随闭环。

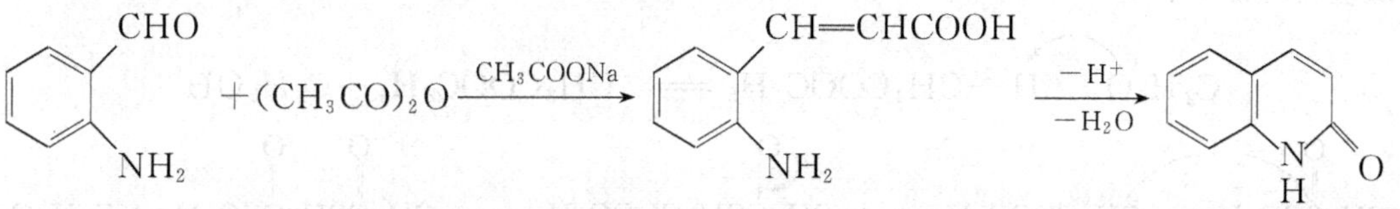

Perkin 反应，醛作为受体，酸酐以负离子形式作为给体，进行亲核加成。因为酸酐的羰基活化 α-H 的能力较醛或酮的羰基弱，因此，此反应需要较高温度和较长时间才能进行。连有吸电子基的芳醛能使醛的活性增加，将有利于反应的进行；连有斥电子基时则会减慢反应速度以及降低反应的产率。

4. 酯的重要反应

(1) 酯与格氏试剂的反应。

甲酸酯与格氏试剂反应，先得到醛，醛与格氏试剂反应比甲酸酯活泼，醛进一步与格氏试剂反应得到具有两个相同取代基的仲醇；其他羧酸酯与格氏试剂反应都经过酮这一中间体。酮与格氏试剂反应也比羧酸酯活泼，酮进一步与格氏试剂反应得到具有两个或三个相同取代基的叔醇。整个反应需要消耗两倍量的格氏试剂合成仲醇或叔醇。

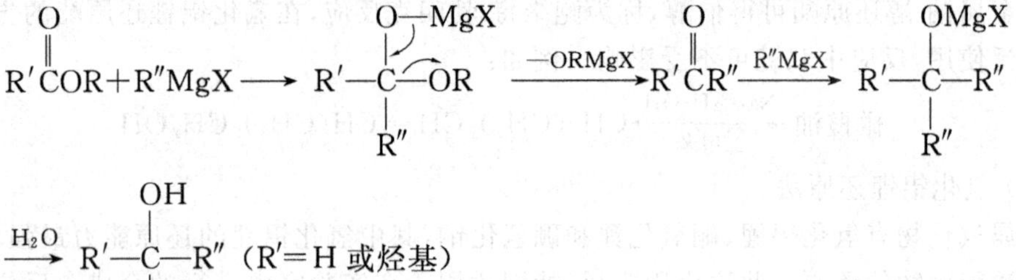

例如，由苯甲酸乙酯与苯基溴化镁反应制备三苯甲醇：

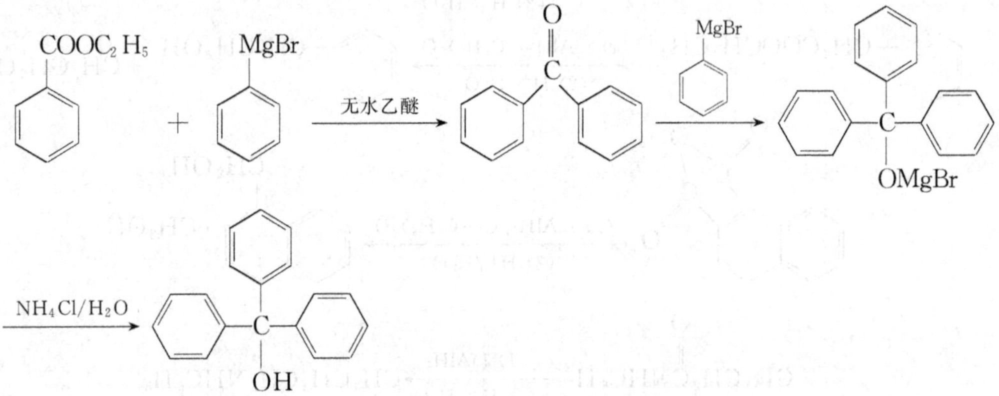

(2) 酯缩合反应。

酯的 α-H 很活泼，遇到碱时，将会与另一分子的酯缩合失去一分子的醇，得到 β-羰基酸酯。该反应称为克莱森(R. L. Claisen，1851—1930)酯缩合反应。

$$2CH_3COOC_2H_5 \xrightarrow[C_2H_5OH]{C_2H_5ONa} CH_3\overset{O}{\overset{\|}{C}}CH_2\overset{O}{\overset{\|}{C}}OC_2H_5 + C_2H_5OH$$

反应机理如下：

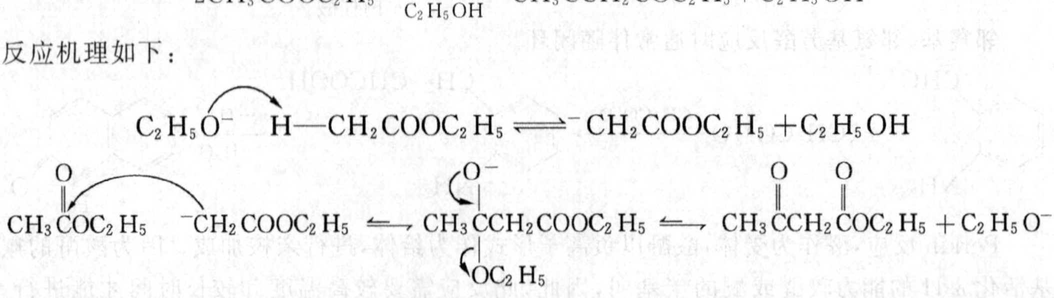

反应中第一步是强碱性催化剂夺取乙酸乙酯的 α-H，生成碳负离子；第二步碳负离子进

攻另一分子酯的羰基生成氧负离子，再经失去乙氧负离子，即生成乙酰乙酸乙酯。

两个不同的酯之间发生交叉的克莱森酯缩合反应，将得到含有四种产物的混合物，因此没有制备价值。但如果其中一个酯不含 α-H，这样的反应仍很有意义。苯甲酸酯、甲酸酯、草酸二酯等都是不含 α-H 的酯，都可用于交叉酯缩合反应。

$$\begin{array}{l}CH_2COOC_2H_5\\ |\\ CH_2COOC_2H_5\end{array} + HCOOC_2H_5 \xrightarrow[(2)\ H^+]{(1)\ Na} \begin{array}{l}HOC—CHCOOC_2H_5\\ \qquad\ \ |\\ \qquad CH_2COOC_2H_5\end{array} + C_2H_5OH$$

利用克莱森酯缩合反应可在酮的 β 位再引入一个羰基，因此也常用于 1,3-二酮的制备。

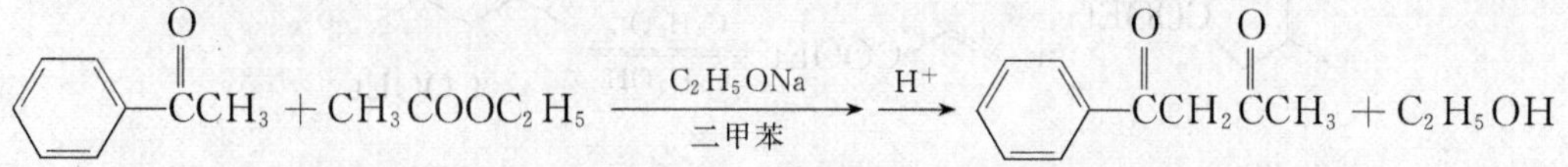

一个二元酸酯如果碳链长度适当则可以发生分子内的酯缩合反应，称为迪克曼(W. Dieckmann)反应，特别适于生成五元、六元或七元环的 β-羰基酸酯。

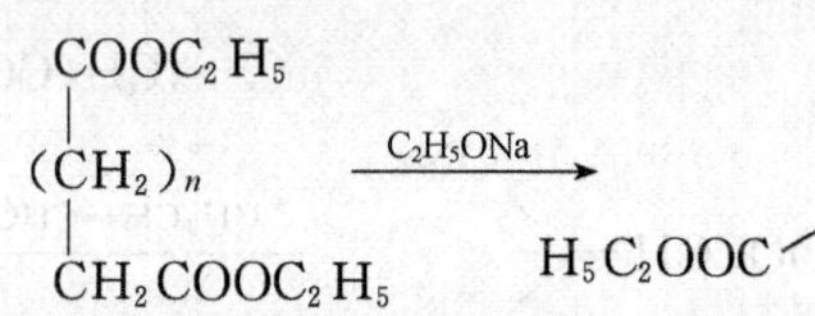

(3) 迈克尔(A. Michael，1853—1930)反应——共轭加成反应。

含活泼亚甲基的化合物与 α,β-不饱和醛、酮、腈或羧酸衍生物在碱催化下进行 1,4-加成的反应称为迈克尔(Michael)反应。此反应中含活泼亚甲基的化合物提供碳负离子，作为给体，α,β-不饱和醛、酮等化合物提供亲电的共轭体系，作为受体。可以用下面的通式来表示迈克尔反应：

$$Z—CH_2—Z' + —\overset{|}{\underset{|}{C}}=\overset{|}{\underset{|}{C}}—Y \xrightarrow{碱} Z—\underset{Z'}{\underset{|}{CH}}—\overset{|}{\underset{|}{C}}—\overset{|}{\underset{H}{\underset{|}{C}}}—Y$$

其中 Y 代表$-CHO$、$-COR$、$-CN$、$-NO_2$、$-CONH_2$、$-SO_2R$ 等吸电子基；ZCH_2Z'表示含有活泼氢的化合物，如丙二酸酯、β-酮酸酯、氰基乙酸酯，以及醛、酮、腈、硝基化合物等。

该反应用碱作催化剂，但碱的用量较少，一般只需催化量即可。常用的催化剂有胺、醇钠、三苯甲基钠等。

以甲基丙二酸二乙酯与 2-丁烯酸乙酯在乙醇钠的作用下反应为例说明迈克尔反应历程。

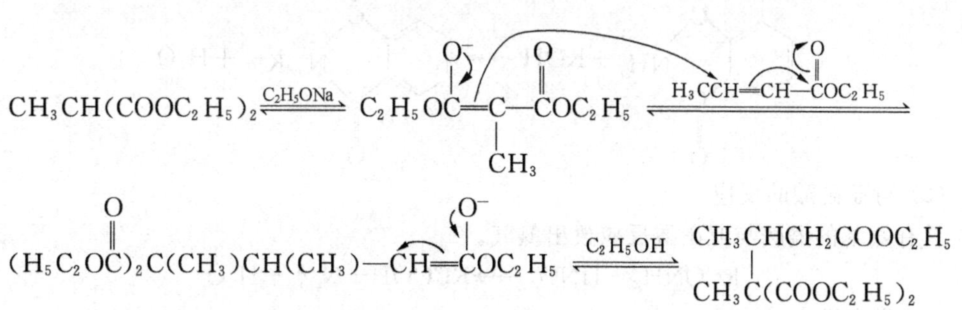

迈克尔反应主要用于合成 1,5-二羰基化合物(若受体的共轭体系进一步扩大也可用于

制备 1,7-二羰基化合物),在合成上极为重要。反应举例:

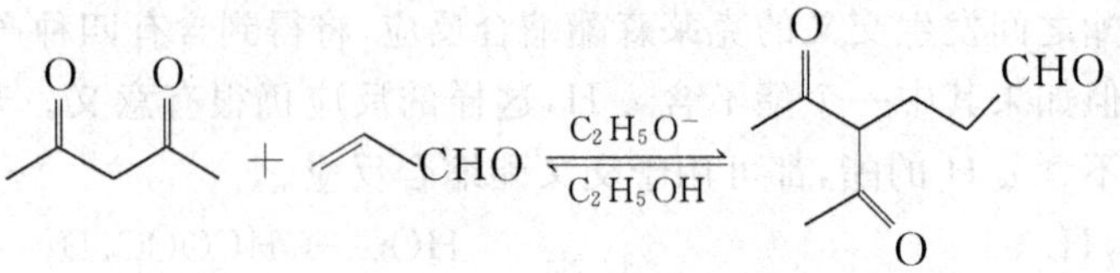

给体　　受体　　1,5-二羰基化合物

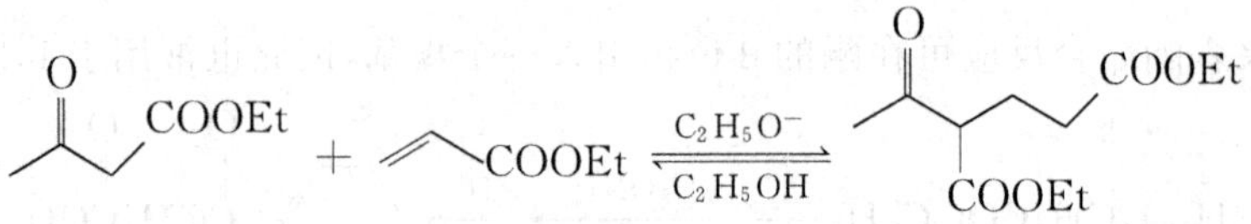

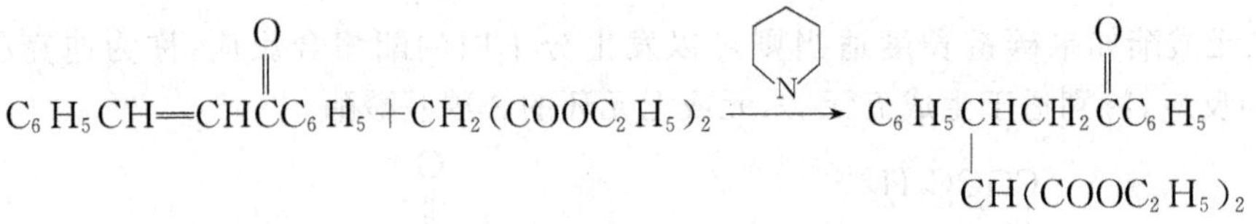

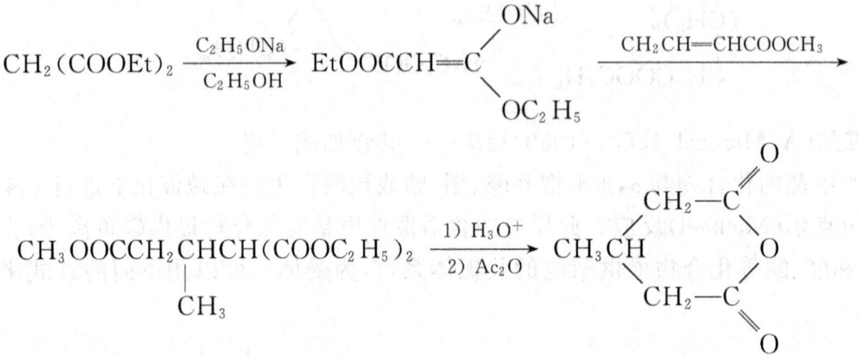

5. 酰胺的酸碱性及重要反应

(1) 酸碱性。

酰胺氮原子上未共用电子对与羰基形成 $p-\pi$ 共轭,使氮原子上电子云的密度有所降低,减弱了其接受质子的能力,因而酰胺近乎中性。如果氨基的氢原子再被酰基取代,则生成的酰亚胺具有弱酸性,这是因为酰亚胺中的氮原子受两个吸电子的羰基影响使酸性明显增强。例如,邻苯二甲酰亚胺可与强碱反应成盐。

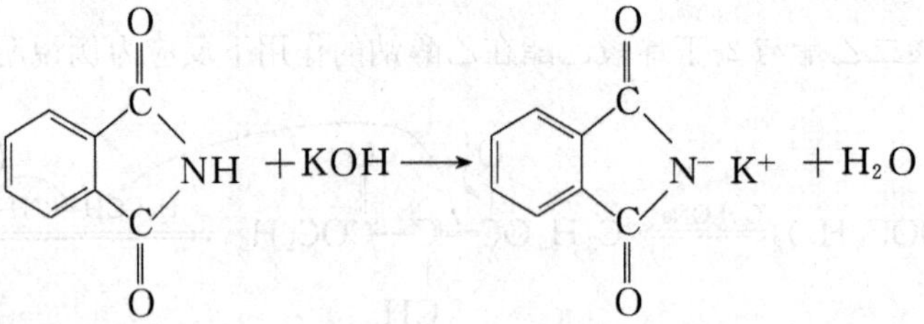

(2) 与亚硝酸的反应。

具有氨基的酰胺与亚硝酸反应放出氮气。

$$RCONH_2 + HNO_2 \longrightarrow RCOOH + N_2\uparrow + H_2O$$

(3) 脱水反应。

酰胺与强脱水剂共热或强热,会发生分子内脱水生成腈。

$$RCONH_2 + P_2O_5 \xrightarrow{\triangle} RCN + 2HPO_3$$

(4) 霍夫曼(A. Hofmann,1818—1892)降级反应。

用次氯酸钠或次溴酸钠的碱溶液处理酰胺,可生成比酰胺少一个碳原子的伯胺,因为这是霍夫曼所发现的一个制备有机胺的方法,所以称为霍夫曼降级反应。

$$RCONH_2 + NaOX + NaOH \longrightarrow RNH_2 + Na_2CO_3 + NaX + H_2O$$

6. 酯的相关内容简介

(1) 酯水解反应历程。

水解是酯化反应的逆反应,但对于水解反应历程的研究比酯化反应的多。酸和碱都可以加速水解反应的进行,但一般用碱较多,这是因为碱既与羰基发生亲核加成,又与水解产物生成羧酸盐,使反应进行到底。下面分别讨论碱催化和酸催化的酯水解历程。

① 酯的碱性水解。

实验事实:酯的碱性水解速度依赖于酯的浓度和氢氧根负离子的浓度,$v = k[ROOR'][OH^-]$,属于双分子反应;将含有同位素^{18}O的酯水解,证明反应是按酰氧键断裂方式进行。

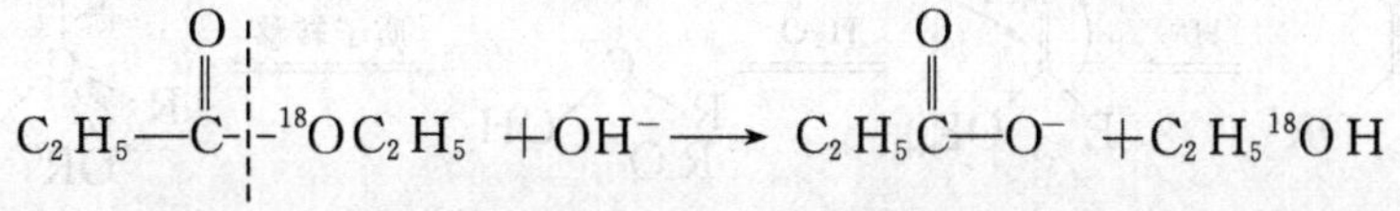

根据以上事实,酯的碱性水解大多属于双分子酰氧键断裂过程。可提出两个机理:S_N2和亲核加成-消除历程。

S_N2 历程:

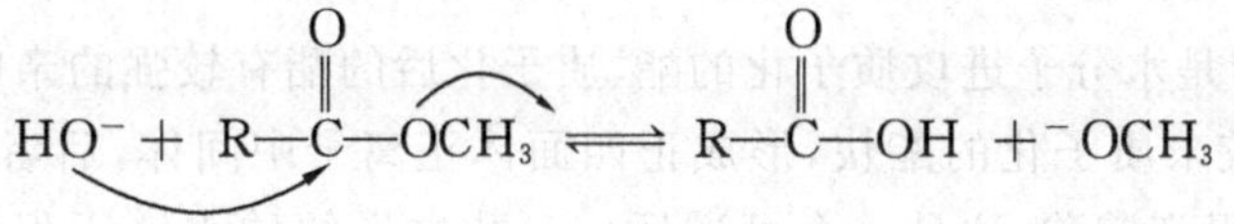

亲核加成-消除历程:

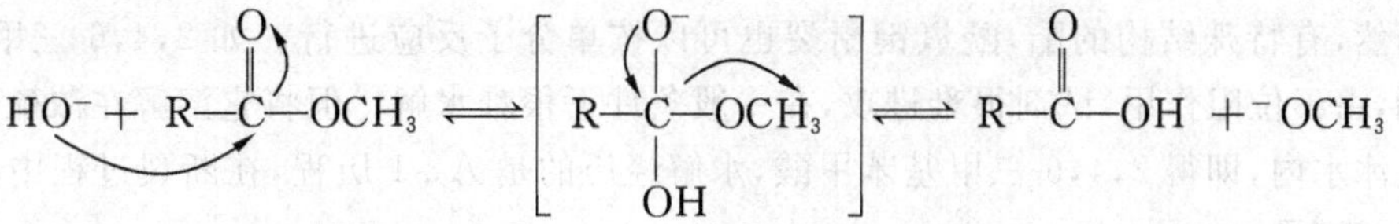

为判断这一反应的真实过程,进行了如下实验:将用同位素^{18}O标记羰基的酯放在碱的水溶液中水解,当水解尚未完全时,取出未水解的酯分析其中^{18}O的含量,结果测得^{18}O含量比原来样品中的少得多,说明反应过程中发生了^{18}O的交换。证明不是S_N2反应,如果反应是一步取代,未反应的酯分子中^{18}O应该保持不变。故推断应是亲核加成-消除历程。

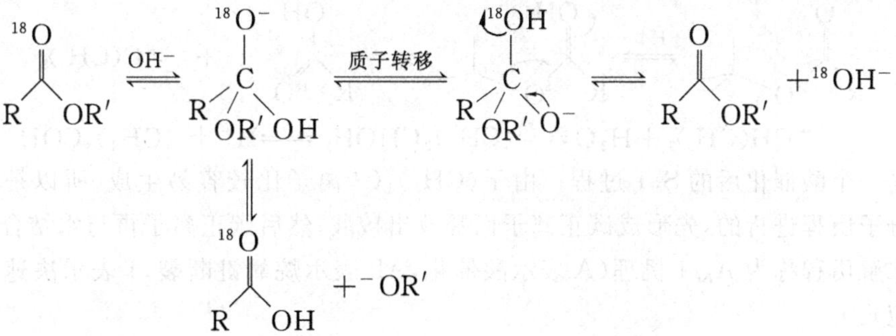

酯这样的碱性水解历程称为 $B_{AC}2$(B 表示碱催化,AC 表示酰氧键断裂,2 表示决速步骤为双分子反应),可表示如下:

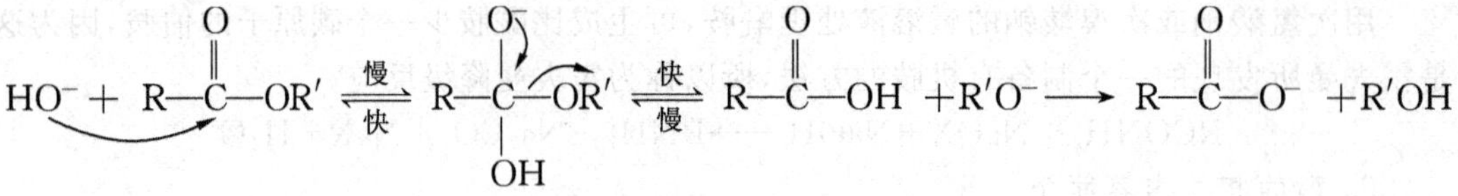

反应最后一步是不可逆的,因为生成的 $RCOO^-$ 有较强的 p-π 共轭效应,是较烷氧基负离子弱得多的碱,不可能夺取醇中的氢质子,从而使整个反应变为不可逆。

由于碱性水解反应过程中形成比较拥挤的四面体负离子中间体,可以预见,羰基连有吸电子基可使负离子中间体稳定而促进反应的进行,空间位阻越小,也越利于加成。

② 酯的酸性水解。

酯水解亦可在酸性条件下进行,经同位素方法证明,酸催化水解大都也是酰氧键断裂,$\nu=k[RCOOR'][H^+]$,也属于双分子反应,机理如下:

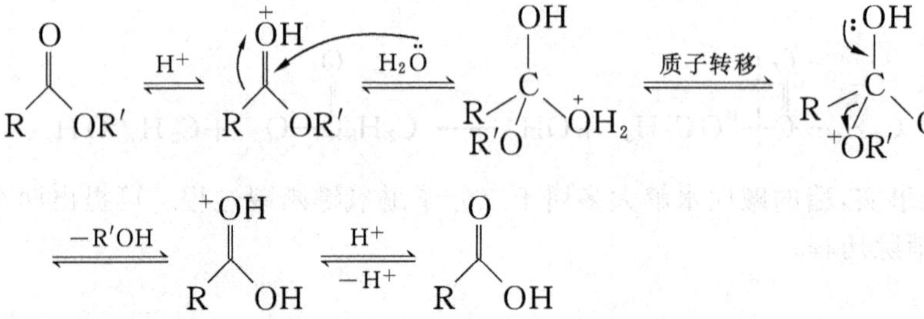

反应关键一步是水分子进攻质子化的酯,质子化后的酯有较强的亲电能力,与亲核能力不太强的水反应较未质子化的酯快,形成正四面体正离子中间体,后者经质子转移再消除醇,最后消除质子得到羧酸,这是一个可逆反应。酯这样的酸水解历程称 $A_{AC}2$ 机理(A 表示酸催化,AC 表示酰氧键断裂,2 表示决速步骤为双分子反应)。

当然,有特殊结构的酯,酰氧键断裂也可以按单分子反应进行。如 2,4,6-三甲基苯甲酸甲酯,由于位阻作用,试剂很难进攻,在一般条件下很难水解。但将它溶解在浓硫酸中,然后倾入冰水内,即得 2,4,6-三甲基苯甲酸,水解经历的是 $A_{AC}1$ 历程,在断裂过程中,生成的是酰基正离子。

③ 三级醇酯的酸性水解。

一些特殊结构的酯水解时也可以烷氧基断裂,例如三级醇酯的酸性水解,经同位素测定水解得到的是不含 ^{18}O 的三级醇。

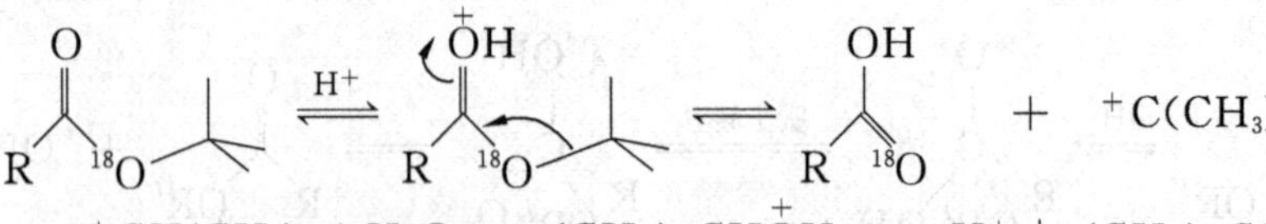

$$^+CH(CH_3)_3 + H_2O \rightleftharpoons (CH_3)_3CH\overset{+}{O}H_2 \rightleftharpoons H^+ + (CH_3)_3COH$$

这是一个酸催化后的 S_N1 过程。由于 $(CH_3)_3C^+$ 离子比较容易生成,所以是按烷氧键断裂单分子历程进行的,先形成碳正离子而释放出羧酸,然后碳正离子再与水结合成醇。这样的酸水解历程称为 $A_{AL}1$ 机理(A 表示酸催化,AL 表示烷氧键断裂,1 表示决速步骤为单分子反应)。

由于这种历程是通过形成碳正离子进行的，因此，如果三级碳原子是一个手性碳原子，在反应过程中，应通过生成平面形的碳正离子而发生外消旋化，水解所得到的醇将是外消旋体。实验也已证明了这个论断(略)。

酯的酸性水解绝大多数是酰氧键断裂双分子($A_{AC}2$)反应历程，只有少量特定结构的酯才发生单分子的酰氧键($A_{AC}1$)或烷氧键($A_{AL}1$)断裂历程。

总之，在上述酯的碱或酸水解历程中，最常见的是碱性酰氧键断裂类型($B_{AC}2$)。涉及酯的其他水解历程在此不作更深入讨论。

酯水解反应在油脂工业上非常重要，很多天然存在的脂肪、油或蜡，常用水解方法得到相应的羧酸(盐)。例如，皂化反应早已为大家所熟悉。

(2) 乙酰乙酸乙酯。

β-丁酮酸很不稳定，而它的乙酯却很稳定，称为乙酰乙酸乙酯，在有机合成中应用非常广泛，结构式为 $CH_3COCH_2COOC_2H_5$。它是无色透明具有果香味的液体，沸点为 180℃，微溶于水，易溶于乙醇、乙醚等大多数有机溶剂。

① 酮式-烯醇式互变异构。

乙酰乙酸乙酯具有一般酮类、羧酸酯类的性质，能与 HCN、$NaHSO_3$ 加成，能与苯肼反应生成苯腙等。此外，它也可与金属钠反应放出氢气，与 $FeCl_3$ 溶液有显色反应，能使溴水褪色。这些说明乙酰乙酸乙酯分子中存在着烯醇结构。

乙酰乙酸乙酯分子中的亚甲基位于吸电子的羰基和酯基之间，受其影响，亚甲基上的氢原子很活泼，可与邻位羰基加成而生成烯醇，烯醇结构在室温下不稳定，又可变为酮，因此产生互变异构。实验证明，乙酰乙酸乙酯不是单一的物质，而是酮式和烯醇式两种异构体所形成的动态平衡体系。

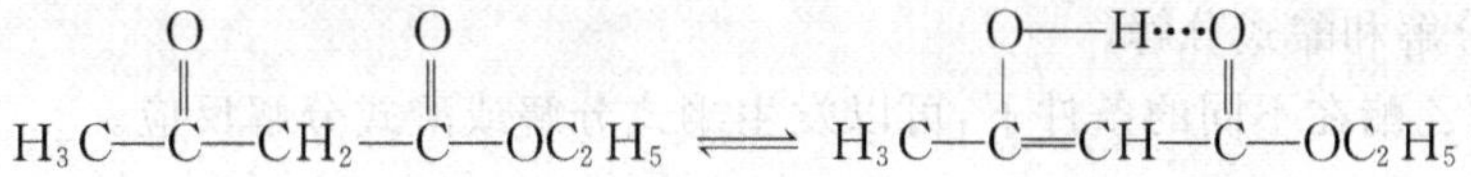

酮式(92.5%)　　　　烯醇式(7.5%)

在室温时，两种异构体互相转变的速度极快而不能分离，在反应时，可表现为一种单纯化合物，根据外加试剂和条件，既可全部以酮的形式进行反应，也可全部以烯醇式进行反应。

像乙酰乙酸乙酯这种异构体间相互自行转变而处于动态平衡的现象称为互变异构现象，相互转变的异构体叫互变异构体，这种酮式、烯醇式间的互变异构现象称为酮式-烯醇式互变异构现象。

通常情况下，凡分子中有 α-H 的羰基化合物都可发生酮式-烯醇式互变异构现象，但不同结构的羰基化合物，在平衡体系中烯醇式所占的比例各不相同。醛、酮中的 α-H 只受一个羰基活化，烯醇式异构体比例极小，一般化学方法无法检测，可忽略不计，如丙酮的烯醇式异构体只占 0.00025%。

乙酰乙酸乙酯中，α-H 受羰基和酯基的影响而特别活泼，能以质子的形式转移到羰基氧上形成烯醇式，且羟基上的氢能与酯基中的羰基氧形成分子内氢键，使结构稳定；此外，烯醇结构还产生 π-π 共轭体系，更使其稳定性增强。因此，乙酰乙酸乙酯的烯醇式异构体比例较大，达到 7.5%。下面是一些化合物的烯醇式异构体含量：

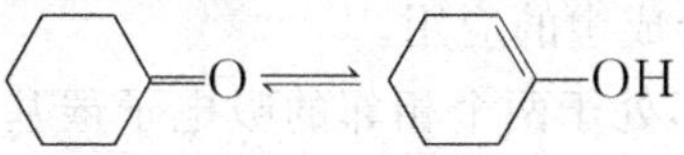

(0.02%)

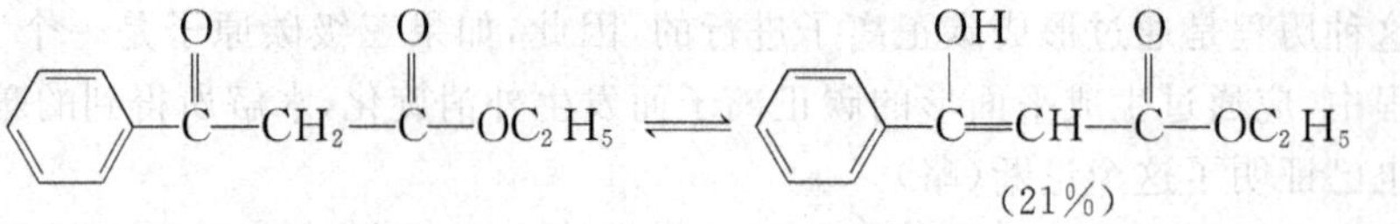

$$CH_3-\overset{O}{\overset{\|}{C}}-CH_2-\overset{O}{\overset{\|}{C}}-CH_3 \rightleftharpoons CH_3-\overset{OH}{\overset{|}{C}}=CH-\overset{O}{\overset{\|}{C}}-CH_3$$

(80%)

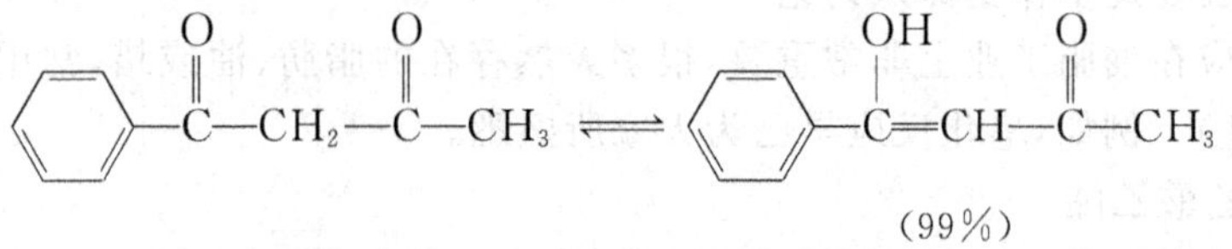

一般而言，分子中具有 $-\overset{O}{\overset{\|}{C}}-CH_2-\overset{O}{\overset{\|}{C}}-$ 结构单元的化合物，都可以发生酮式-烯醇式互变异构现象，其烯醇式含量随α-H 活性的增加、分子内氢键的形成以及π-π 共轭体系的延伸而增加。丙二酸似乎也含有上述结构单元，但它是两个羧基，而非羰基，所以不能转化成烯醇式，丙二酸酯也类似。

除乙酰乙酸乙酯外，还有许多物质也都能产生类似的互变异构现象。如某些糖类和一些含氮的有机化合物：

$$-\overset{O}{\overset{\|}{C}}-NH- \rightleftharpoons -\overset{OH}{\overset{|}{C}}=N-$$

$$-CH_2-N=O \rightleftharpoons -CH=N-OH$$

② 酮式分解和酸式分解。

乙酰乙酸乙酯在不同的条件下，可以发生酮式分解或酸式分解反应。

酮式分解：

当乙酰乙酸乙酯在稀碱溶液中水解、酸化，生成乙酰乙酸，再稍加热，脱羧，生成丙酮，称为酮式分解。

$$H_3C-\overset{O}{\overset{\|}{C}}-CH_2-\overset{O}{\overset{\|}{C}}-OC_2H_5 \xrightarrow[\triangle]{\text{稀 NaOH}} \xrightarrow{H^+} H_3C-\overset{O}{\overset{\|}{C}}-CH_2-\overset{O}{\overset{\|}{C}}-OH$$

$$\xrightarrow[-CO_2]{\triangle} H_3C-\overset{O}{\overset{\|}{C}}-CH_3$$

酸式分解：

当乙酰乙酸乙酯在浓的强碱溶液（如 40%NaOH 溶液）中加热，再酸化，则生成两分子乙酸，称为酸式分解。

$$CH_3-\overset{O}{\overset{\|}{C}}-CH_2-\overset{O}{\overset{\|}{C}}-OC_2H_5 \xrightarrow[\triangle]{\text{浓 NaOH}} \xrightarrow{H^+} 2CH_3COOH+C_2H_5OH$$

③ 乙酰乙酸乙酯在有机合成中的应用。

在乙酰乙酸乙酯的结构中，处于两个相邻的吸电子羰基间的亚甲基，其酸性比较强，能与金属钠或乙醇钠等碱作用生成碳负离子的钠盐，该钠盐与卤代烃（XCH_2R，X=Cl，Br，

R=烃基或 H)反应得到 α-烷基取代产物，与酰基化试剂(如酰卤、酸酐)反应得 α-酰基取代产物。取代的乙酰乙酸乙酯因为在 α-碳上还有一个活泼氢，在需要时还可以进一步地合成二取代的乙酰乙酸乙酯，继而采用乙酰乙酸乙酯的酮式分解或酸式分解，分别得到丙酮衍生物或乙酸衍生物。因此，可利用乙酰乙酸乙酯合成各种类型的羧酸(一取代乙酸或二取代乙酸)、甲基酮类化合物、二元酮等。

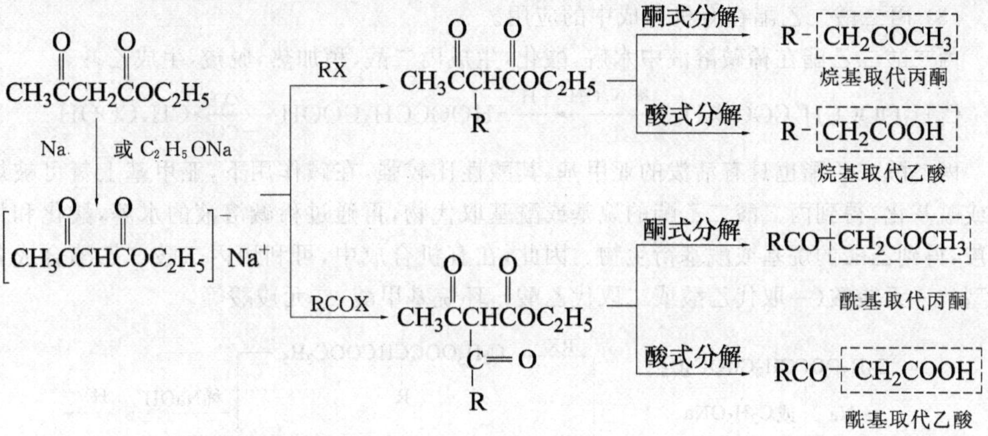

例 1　由乙酰乙酸乙酯合成 4-苯基-2-丁酮。

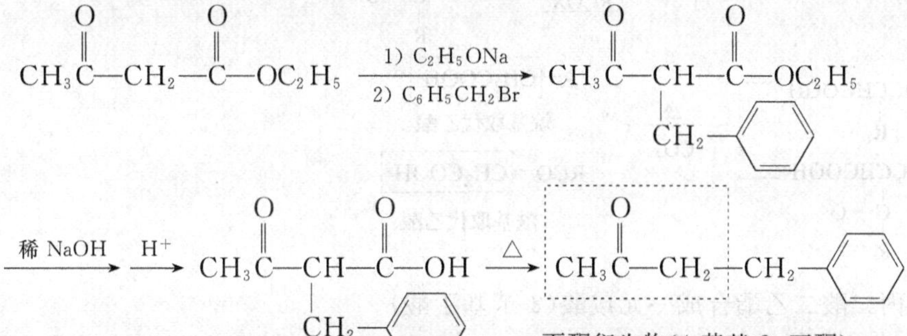

丙酮衍生物(4-苯基-2-丁酮)

在上述反应中，通过乙酰乙酸乙酯碳负离子钠盐的烷基化，再酮式分解得到丙酮衍生物(4-苯基-2-丁酮)。

例 2　由乙酰乙酸乙酯合成 1-苯基-1,3-丁二酮。

$$CH_3COCH_2COOC_2H_5 \xrightarrow[2)\ C_6H_5COCl]{1)\ C_2H_5ONa} CH_3CO\underset{\substack{|\\ COC_6H_5}}{CH}COOC_2H_5 \xrightarrow[\triangle]{稀\ NaOH} \xrightarrow{H^+} \xrightarrow[\triangle]{-CO_2}$$

$$CH_3COCH_2 + COC_6H_5$$

丙酮衍生物(1-苯基-1,3-丁二酮)

在上述反应中，通过乙酰乙酸乙酯碳负离子钠盐的酰基化，再酮式分解得到二元酮(1-苯基-1,3-丁二酮)。

例 3　由乙酰乙酸乙酯合成戊酸。

$$CH_3COCH_2COOC_2H_5 \xrightarrow[2)\ CH_3CH_2CH_2I]{1)\ C_2H_5ONa} CH_3CO\underset{\substack{|\\ CH_2CH_2CH_3}}{CH}COOC_2H_5 \xrightarrow[\triangle]{浓\ NaOH} \xrightarrow{H^+} \xrightarrow[-CO_2]{\triangle}$$

$CH_3CH_2CH_2-CH_2COOH$

乙酸衍生物(戊酸)

在上述反应中,通过乙酰乙酸乙酯碳负离子钠盐的烷基化,再酸式分解得到乙酸衍生物(戊酸)。

(3) 丙二酸二乙酯在有机合成中的应用。

丙二酸二乙酯在稀碱溶液中水解,酸化,生成丙二酸,稍加热,脱羧,生成乙酸。

$$C_2H_5OOCCH_2COOC_2H_5 \xrightarrow{\text{稀 NaOH}} \xrightarrow{H^+} HOOCCH_2COOH \xrightarrow[-CO_2]{\triangle} CH_3COOH$$

丙二酸二乙酯也具有活泼的亚甲基,其酸性比较强,在碱作用下,亚甲基上氢可被烷基化或酰基化,得到丙二酸二乙酯的烷基或酰基取代物,再通过稀碱溶液的水解,酸化和加热脱羧,得到乙酸的烷基或酰基衍生物。因此,在有机合成中,可利用丙二酸二乙酯合成各种类型的一元羧酸(一取代乙酸或二取代乙酸),环烷基甲酸、二元羧酸等。

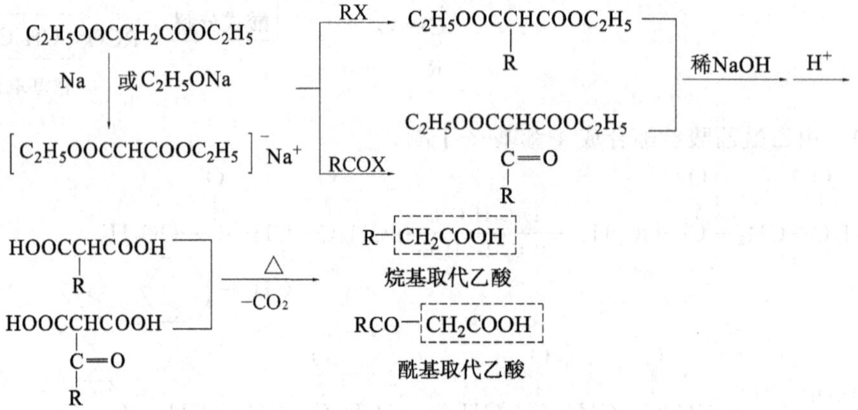

例 1 由丙二酸二乙酯合成一元羧酸(2-苄基丁酸)。

$$CH_2(COOC_2H_5)_2 \xrightarrow[2)\ C_6H_5CH_2Cl]{1)\ C_2H_5ONa} C_6H_5CH_2CH(COOC_2H_5)_2 \xrightarrow[2)\ CH_3CH_2Br]{1)\ C_2H_5ONa}$$

$$C_6H_5CH_2C(CH_2CH_3)(COOC_2H_5)_2 \xrightarrow{\text{稀 NaOH}} \xrightarrow{H^+} C_6H_5CH_2C(CH_2CH_3)(COOH)_2 \xrightarrow[-CO_2]{\triangle}$$

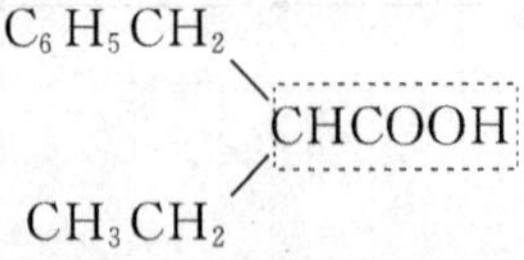

一元羧酸(2-苄基丁酸)

在上述反应中,丙二酸二乙酯首先通过碳负离子钠盐的二次烷基化得到二取代丙二酸二乙酯,然后在稀碱溶液中水解、酸化,再加热脱羧,得到二烷基取代乙酸(2-苄基丁酸)。

例 2 由丙二酸二乙酯合成庚二酸。

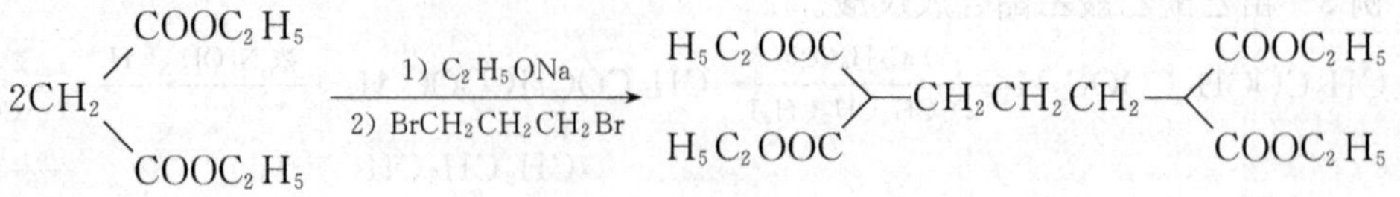

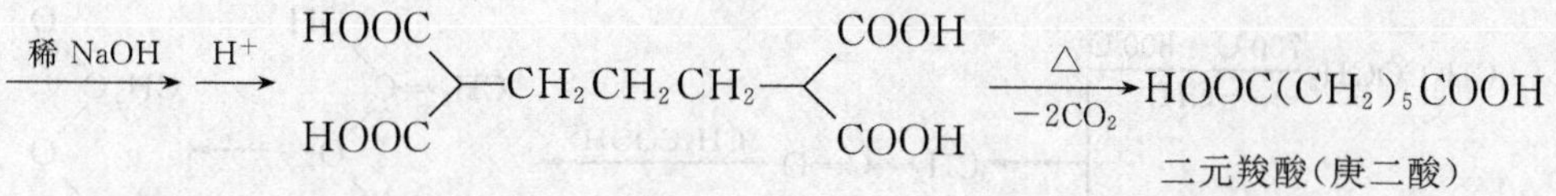

二元羧酸(庚二酸)

在上述反应中,通过一分子二卤代烷烃(1,3-二溴丙烷)两端的溴与二分子丙二酸二乙酯的碳负离子钠盐之间的取代反应得到含有两个丙二酸酯单元结构的四元羧酸酯,然后在稀碱溶液中水解、酸化,再加热脱羧,得到二元羧酸(庚二酸)。

例 3 由丙二酸二乙酯合成环戊基甲酸。

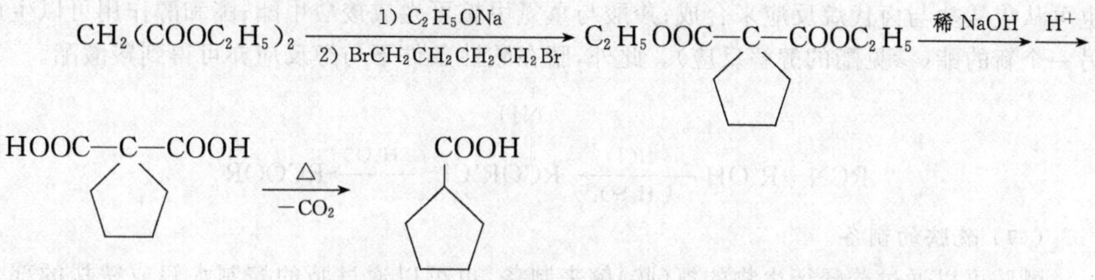

环烷基甲酸(环戊基甲酸)

在上述反应中,通过一分子二卤代烷烃(1,4-二溴丁烷)两端的溴分别取代丙二酸二乙酯亚甲基上的两个氢,得到五元环烷基甲酸(环戊基甲酸)。利用类似的方法可合成各种环烷基甲酸。

五、羧酸衍生物的制备

(一) 酰卤的制备

制备酰氯的方法主要通过羧酸分别与 PCl_3、PCl_5 或 $SOCl_2$ 进行反应,其中最方便的是用 $SOCl_2$,反应在室温或稍加热下就可进行,产物除酰氯外都是气体,在反应过程中即可被除去,产物往往不需蒸馏即可得到,纯度好,产率高。酰溴一般用三溴化磷来制备。

$$POCl_3 + RCOCl \xleftarrow{PCl_5} RCOOH \xrightarrow{PCl_3} RCOCl + H_3PO_3$$

$$HOOC(CH_2)_4COOH \xrightarrow{SOCl_2} ClOC(CH_2)_4COCl + SO_2 + HCl$$

(二) 酸酐的制备

实验室制备酸酐常用干燥的羧酸钠盐与酰氯来反应。

$$CH_3COONa + CH_3CH_2COCl \longrightarrow CH_3COOCOCH_2CH_3 \quad (65\%)$$

二元酸失水可合成环酐;一些工业上使用的酸酐常用芳烃氧化制得;工业上最重要的乙酸酐是通过乙酸或丙酮经乙烯酮与乙酸反应来制备的。

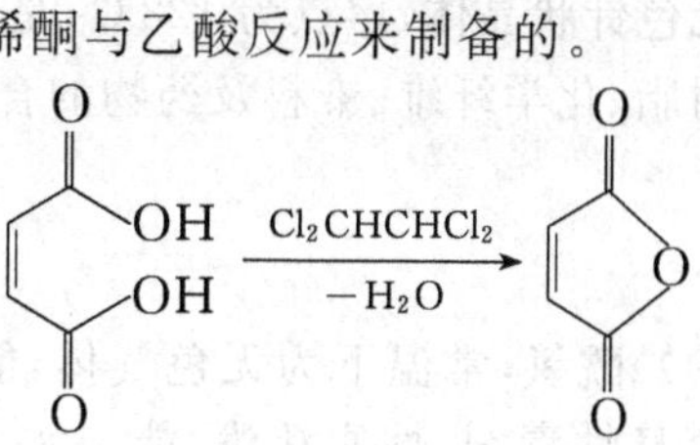

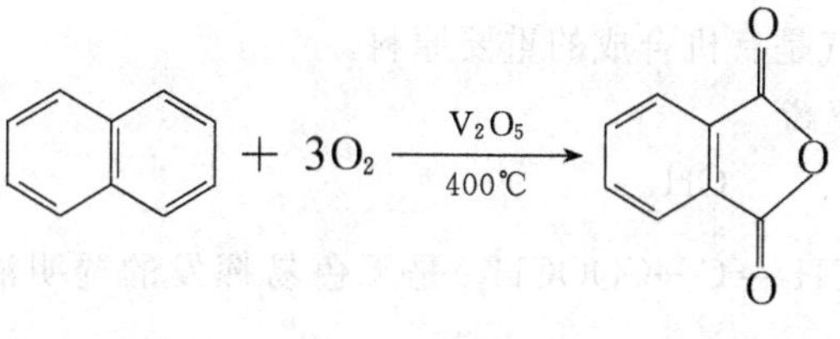

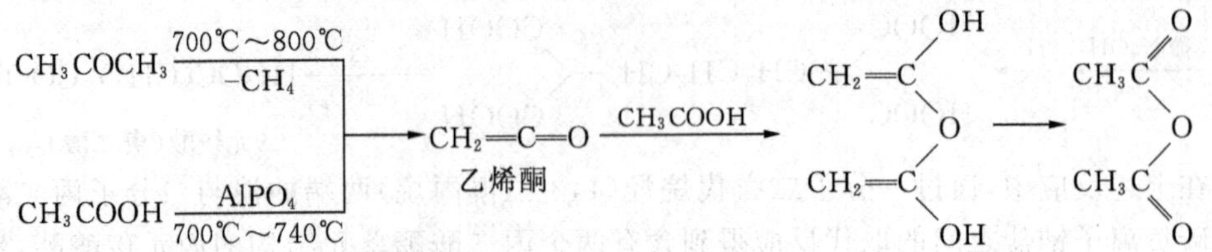

(三) 酯的制备

酯的制备方法很多，可以通过羧酸与醇直接酯化得到，或通过酰卤、酸酐与醇反应得到；也可从羧酸盐与卤代烷反应来合成；羧酸与重氮甲烷可生成羧酸甲酯；酯和醇作用可以生成另一个新的酯(参见酯的醇解反应)。此外，腈在酸性条件下与醇反应亦可得到羧酸酯。

$$RCN + R'OH \xrightarrow[\text{或 } H_2SO_4]{HCl} R\overset{\overset{+}{NH}}{\overset{\|}{C}}OR'Cl^- \xrightarrow{H_3O^+} RCOOR'$$

(四) 酰胺的制备

酰胺可以通过羧酸衍生物的氨(胺)解来制备，也可以通过腈的控制水解或铵盐的部分失水来制备。

$$CH_3CH_2COOH + NH_3 \rightleftharpoons CH_3CH_2COO^-NH_4^+ \xrightarrow{200℃} CH_3CH_2CONH_2 + H_2O$$

$$C_6H_5CH_2CN \xrightarrow[40℃\sim50℃]{35\%HCl} C_6H_5CH_2CONH_2$$

六、重要的羧酸衍生物

(一) 乙酰氯

乙酰氯是常用的乙酰化剂，为无色有刺激气味的发烟液体，沸点 52℃。化学性质非常活泼，遇水剧烈水解并放出大量的热。乙酰氯遇空气中的湿气就能剧烈水解产生氯化氢白烟。

(二) 乙酐

乙酐俗名醋酐，也是常用的乙酰化剂。乙酐为无色略带刺激气味的液体，沸点 140℃，微溶于冷水，并逐渐水解成乙酸。工业上乙酐大量用于合成醋酸纤维，也用于药物、染料、香料的制造。

(三) 苯甲酰氯

苯甲酰氯是无色、发烟、带刺激气味的液体，沸点为 197℃，是重要的苯甲酰剂。

(四) 邻苯二甲酸酐

邻苯二甲酸酐又名苯酐，无色针状晶体，熔点为 128℃，是有机化学工业重要原料，也是重要的酰化剂，广泛用于合成树脂、化学纤维、染料及药物的合成。

(五) 光气

光气($Cl—\overset{\overset{O}{\|}}{C}—Cl$)是碳酸的二酰氯，常温下为无色气体，能压缩成液体，沸点为 8.3℃，易溶于苯、甲苯。光气是一种窒息性毒剂，性质活泼，能与水、醇、氨作用而分解，温度升高时，分解速度加快。光气是有机合成的重要原料。

(六) 甲基丙烯酸甲酯

甲基丙烯酸甲酯($CH_2═\overset{\overset{CH_3}{|}}{C}—COOCH_3$)是无色易挥发的透明液体，沸点为 100℃，在一

定条件下可聚合成无色透明聚合物。聚甲基丙烯酸甲酯俗称有机玻璃，具有很好的光学性质，可用于制造棱镜、透镜及其他光学仪器。在医疗上，聚甲基丙烯酸甲酯可用于制造隐形眼镜、人工颅骨、人工骨、口腔外科材料等。

（七）蜡

蜡是高级一元羧酸与高级一元醇形成的酯，存在于动植物中，有白蜡、蜂蜡、棕榈蜡等。蜡多为固体，不溶于水，溶于有机溶剂，不易水解。蜡可用于制造纸、蜡模、软膏、防水剂和光滑剂等。

（八）N,N-二甲基甲酰胺

N,N-二甲基甲酰胺，简称 DMF，是无色、淡的胺味的液体，分子式为 C_3H_7NO，分子量 73.10，相对密度 0.9445(25℃)，沸点为 152.8℃。它与水和常用有机溶剂混溶，遇明火、高热可引起燃烧爆炸，能与浓硫酸、发烟硝酸剧烈反应甚至发生爆炸，主要用于有机合成、染料、制药、石油提炼和树脂生产等工业，也是实验室常用的试剂。

第二节　脂类化合物

脂类是广泛存在于动植物体内的一类天然有机化合物。它涉及范围广泛，主要包括油脂和类脂两大类。油脂是油和脂肪的总称，习惯上把室温下为液态的称为油，为固态的称为脂肪。类脂在物态及物理性质上与油脂相似，故称为类脂，如磷脂、糖脂等。

脂类是维持生物体正常生命活动不可缺少的物质。例如，油脂是体内重要的能量来源，也是维生素 A、D、E、K 等生物活性物质的良好溶剂；脂肪具有维持恒定体温、保护内脏及关节免受机械振动和冲击的功能；磷脂、糖脂与蛋白质结合可构成各种生物膜。

一、油脂

（一）油脂的组成、结构和命名

动植物中提取的油脂是多种物质的混合物，主要成分是高级脂肪酸的甘油酯。它可看做是一分子甘油与三分子高级脂肪酸酯化后的产物。油脂是高级脂肪酸甘油酯的统称，常以下式来表示：

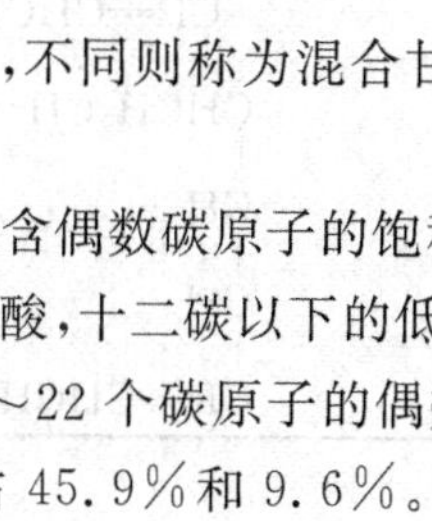

如果 R、R′、R″相同，称为单纯甘油酯，不同则称为混合甘油酯。天然的油脂大多为混合甘油酯，它们都具有 L-构型。

组成甘油酯的脂肪酸绝大多数是含偶数碳原子的饱和及不饱和直链羧酸。人与高等动物体内主要存在十二碳以上的高级脂肪酸，十二碳以下的低级脂肪酸存在于哺乳动物的乳脂中。

人体脂肪中的脂肪酸主要为 14～22 个碳原子的偶数直链脂肪酸，饱和与不饱和的含量比为 2∶3，其中，油酸、亚油酸分别占 45.9%和 9.6%。多数脂肪酸在人体内均能合成，只有亚油酸、亚麻酸、花生四烯酸等是人体内不能合成的，必须由食物供给，因此称为“必需脂肪酸”。表 10-1 列出了油脂中常见的重要脂肪酸的名称、结构及熔点。

油脂的命名通常把甘油名称写在前面，脂肪酸的名称写在后面，称“甘油某酸酯”；也可以把甘油名称放在后面，称“某酸甘油酯”；如果是混合甘油酯，则需分别标明脂肪酸的位次。例如：

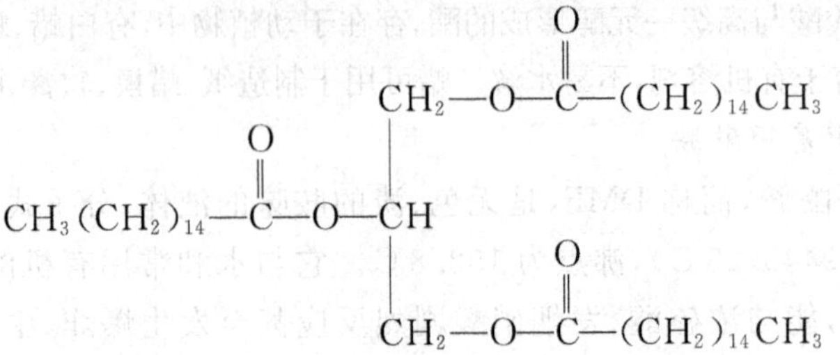

甘油三软脂酸酯

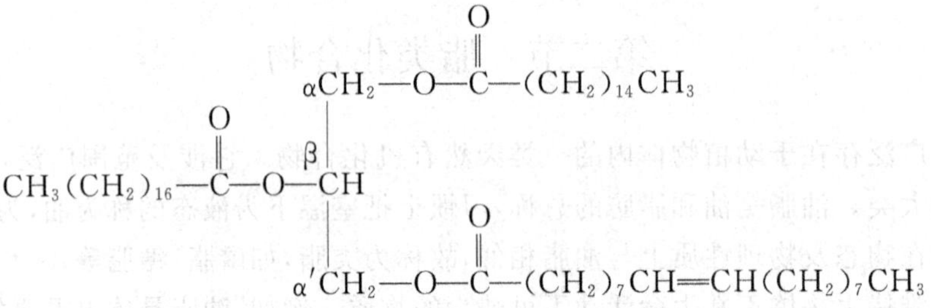

甘油-α-软脂酸-β-硬脂酸-α′-油酸酯

表 10-1　常见油脂中所含的重要脂肪酸

	俗名	系统名	结构式	熔点/℃
饱和脂肪酸	月桂酸	十二碳酸	$CH_3(CH_2)_{10}COOH$	44
	肉豆蔻酸	十四碳酸	$CH_3(CH_2)_{12}COOH$	58.5
	软脂酸(棕榈酸)	十六碳酸	$CH_3(CH_2)_{14}COOH$	64.0
	硬脂酸	十八碳酸	$CH_3(CH_2)_{16}COOH$	70.0
	花生酸	二十碳酸	$CH_3(CH_2)_{18}COOH$	75.5
	掬焦油酸	二十四碳酸	$CH_3(CH_2)_{22}COOH$	84.2
不饱和脂肪酸	鳖　酸	9-十六碳烯酸	$CH_3(CH_2)_5CH{=}CH(CH_2)_7COOH$	1.0
	油　酸	9-十八碳烯酸	$CH_3(CH_2)_7CH{=}CH(CH_2)_7COOH$	45.0
	亚油酸*	9,12-十八碳二烯酸	$CH{=}CH(CH_2)_7COOH$ H_2C $CH{=}CH(CH_2)_4CH_3$	−12.0
	亚麻酸*	9,12,15-十八碳三烯酸	$CH_2CH{=}CH(CH_2)_7COOH$ $CH{=}CHCH_2CH{=}CHCH_2CH_3$	−49.0
	花生四烯酸*	5,8,11,14-二十碳四烯酸	$CHCH_2CH{=}CH(CH_2)_3COOH$ CH CH_2 $CH{=}CHCH_2CH{=}CH(CH_2)_4CH_3$	−49.5

注：标“*”者为必需脂肪酸。

（二）油脂的性质

1. 物理性质

纯净的油脂是无色、无味、无臭的物质。一般的油脂常有特殊的气味和颜色，这是因为天然油脂中往往溶有少量的维生素和色素。油脂的相对密度都小于 1，不溶于水，易溶于乙醚、氯仿、丙酮和苯等有机溶剂中。油脂的熔点和沸点与组成甘油酯的脂肪酸的结构有关，脂肪酸的链越长越饱和，油脂的熔点越高，反之则越低。天然油脂没有恒定的熔点和沸点，因为它们一般都是混合物。

2. 化学性质

油脂的化学性质与它的主要成分——脂肪酸甘油酯的结构密切相关，其重要的化学性质有水解、加成、氧化和酸败等反应。

(1) 水解。

油脂在酸、碱或酶作用下均可发生水解反应。油脂在酸或酶催化下水解生成一分子甘油和三分子高级脂肪酸，这是工业上制取高级脂肪酸和甘油的重要方法；在碱性条件下水解可得到高级脂肪酸盐，这种盐俗称“肥皂”，故油脂在碱性条件下的水解又称“皂化反应”。

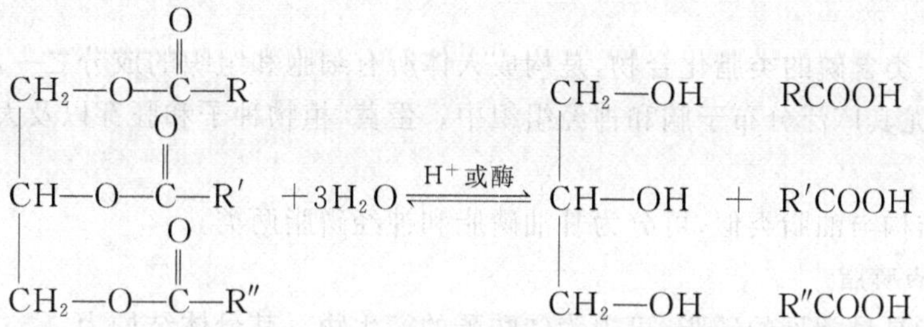

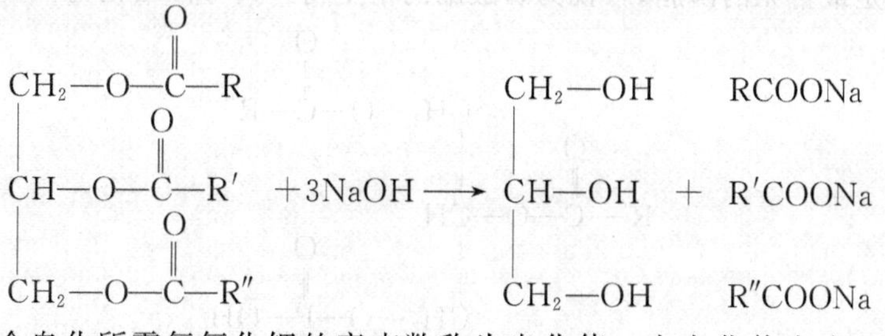

1g 油脂完全皂化所需氢氧化钾的毫克数称为皂化值。由皂化值大小可判断油脂中所含脂肪酸的平均相对分子质量大小：皂化值越大，脂肪酸的平均相对分子质量越小；反之则越大。皂化值是衡量油脂质量的指标之一，并可反映油脂皂化时所需碱的用量。常见油脂皂化值见表 10-2。

表 10-2　几种油脂的皂化值和碘值范围

油脂名称	皂化值/g	碘值/g	油脂名称	皂化值/g	碘值/g
油	210～230	26～28	豆　油	189～195	127～138
猪　油	195～203	46～70	棉籽油	190～198	105～114
牛　油	190～200	30～48	红花油	188～194	140～156
橄榄油	187～196	79～90	亚麻油	187～195	170～185

(2) 加成。

含不饱和脂肪酸的油脂，其分子中的碳-碳双键可与氢、卤素等进行加成。

加氢：油脂中的不饱和脂肪酸通过催化加氢，可转化为饱和脂肪酸，从而得到饱和脂肪酸含量较多的油脂。这一过程可使油发生物态的变化，液态油可变成半固态或固态的脂肪，因此油脂的氢化又称油脂的硬化。油脂的硬化不仅提高了熔点，也便于储藏和运输。

加碘：油脂中不饱和脂肪酸分子中的碳-碳双键可与碘发生加成反应。100g 油脂所吸收的碘的克数称为碘值。碘值是油脂分析的重要指标，碘值越大，表明油脂的不饱和度越高。常见油脂碘值见表 10-3。

(3) 氧化和酸败。

油脂若久置空气中，会发生变质，产生难闻的气味，这种现象称为油脂的酸败。酸败的原因是：油脂在空气中的氧、水分和微生物的作用下，油脂中不饱和脂肪酸的双键被氧化成过氧化物，这些过氧化物再经分解等作用生成有臭味的小分子醛、酮和羧酸类化合物。

光、热和湿气可加剧油脂的酸败过程，因此油脂应避光冷藏，也可加入少量抗氧化剂，如维生素 E。植物油中虽含有较多的不饱和脂肪酸，却比脂肪稳定，其主要原因即是在植物油中存在较多的天然抗氧化剂——维生素 E。

二、磷脂

磷脂是一类含磷的类脂化合物，是构成人体所有细胞和组织的成分之一，存在于绝大多数细胞膜中，尤其广泛分布于脑和神经组织中。蛋黄、植物种子和胚芽以及大豆中都含有丰富的磷脂。

磷脂的结构与油脂类似，可分为甘油磷脂和神经磷脂两类。

(一) 甘油磷脂

甘油磷脂是最常见的磷脂，可视为磷酸酯的衍生物。其母体结构为：

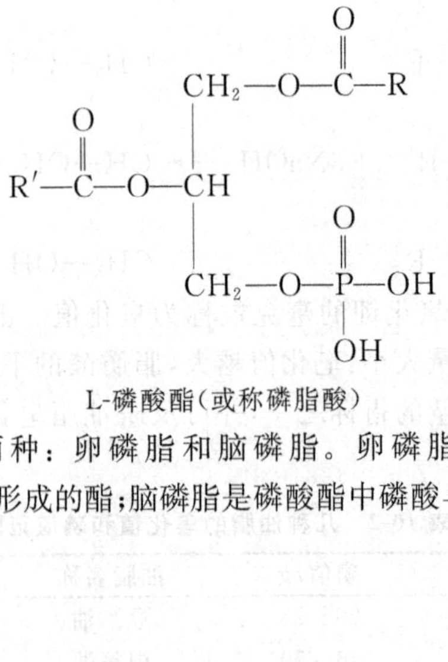

L-磷酸酯(或称磷脂酸)

最常见的甘油磷脂有两种：卵磷脂和脑磷脂。卵磷脂是磷酸酯中的磷酸与胆碱($HOCH_2CH_2N^+(CH_3)_3OH^-$)形成的酯；脑磷脂是磷酸酯中磷酸与胆胺($HOCH_2CH_2NH_2$)形成的酯。其结构分别如下：

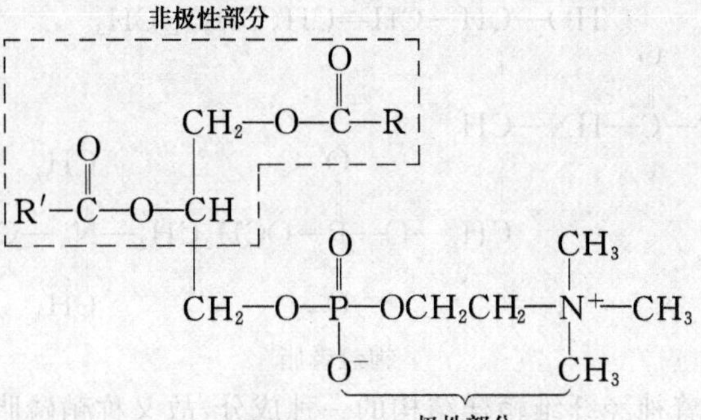

卵磷脂

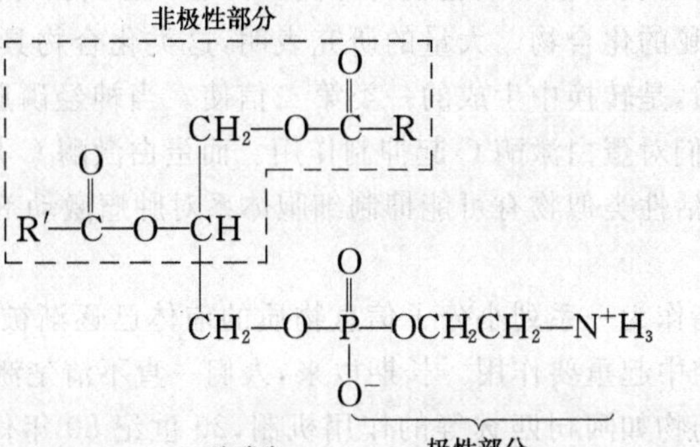

脑磷脂

甘油磷脂分子中的磷酸酯部分仍含有一个羟基，具有较强的酸性，可以与具有碱性的胺形成分子离子偶极键。卵磷脂和脑磷脂结构中均含有极性与非极性部分，因而是良好的乳化剂。正是由于这种结构特点，磷脂类化合物在细胞膜中起着重要的生理作用。卵磷脂组成中的胆碱与人体脂肪代谢有密切关系，能促进油脂迅速生成卵磷脂，可防止脂肪大量堆积在肝脏内。脑磷脂与血液的凝固有关，存在于血小板中，能促使血液凝固的凝血激酶就是由脑磷脂与蛋白质所组成的。

（二）神经磷脂

神经磷脂分子中含有一个长链不饱和醇即神经氨基醇而不是甘油。神经氨基醇的结构为：

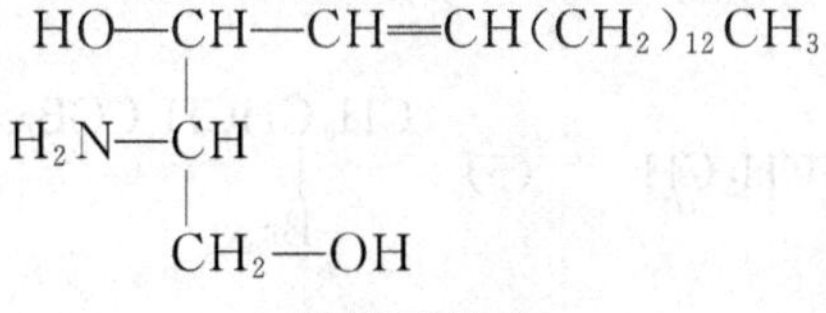

神经氨基醇

神经磷脂分子中的脂肪酸连接在神经氨基醇的氨基上，磷酸以酯的形式与神经氨基醇及胆碱结合。

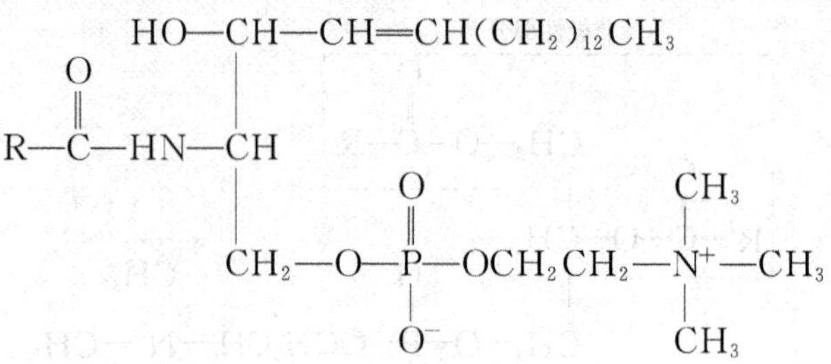

神经磷脂

神经磷脂是围绕着神经纤维鞘样结构的一种成分，故又称鞘磷脂，是构成细胞膜的重要磷脂之一。它常常与卵磷脂并存于细胞膜的外侧。神经磷脂及去掉酰胺键上的酰基的神经磷脂，被认为是一类神秘的化合物。大量的研究表明，这类化合物具有多种细胞活性，是细胞调控一类内源性物质，是转换中生成的一类第二信使。当神经磷脂代谢经酰基神经氨基醇至神经氨基醇时，它们对蛋白激酶 C 起抑制作用。而蛋白激酶 C 是肿瘤激动剂的中介物质，因此神经氨醇和其活性类似物有可能抑制细胞体系对肿瘤激动剂的响应，有可能作为药物应用的前景。

最近 20 年来，磷脂作为一系列小分子信息物质的前体已逐渐被人们所认识，这些信息分子在身体机能的调控中起重要作用。长期以来，人们一直不清楚激素药物如可的松、地塞米松和非甾体类抗炎药物如阿司匹林等的作用机制，20 世纪 80 年代开始才发现它们就是与磷脂代谢有关而起到抑制或阻断作用的。

习　题

1. 命名下列化合物。

(1) 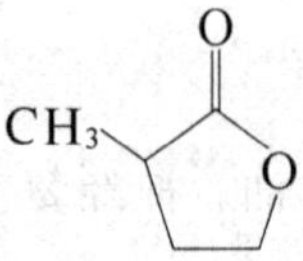

(2) $CH_3C(=O)N(CH_3)_2$

(3) 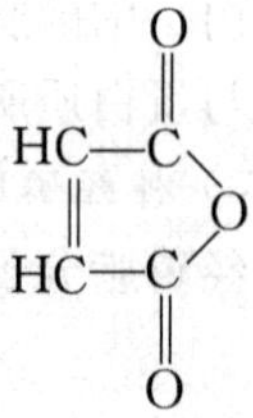

(4) $CH_3-\overset{O}{\overset{\|}{C}}-O-\overset{O}{\overset{\|}{C}}-CH_2CH_3$

(5) $CH_3\underset{Br}{\underset{|}{C}}HCH_2COBr$

(6) 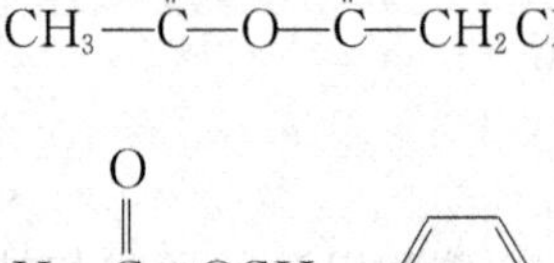

(7) $CH_3COCH_2COOC_2H_5$

(8) 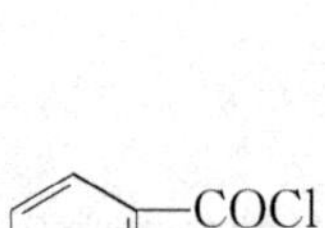

(9) 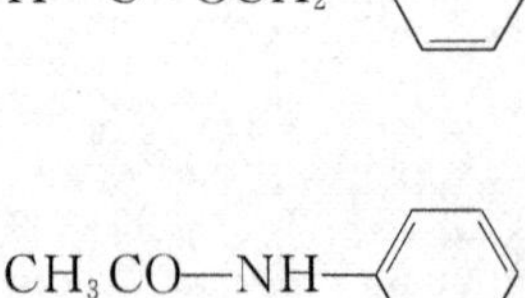

(10) 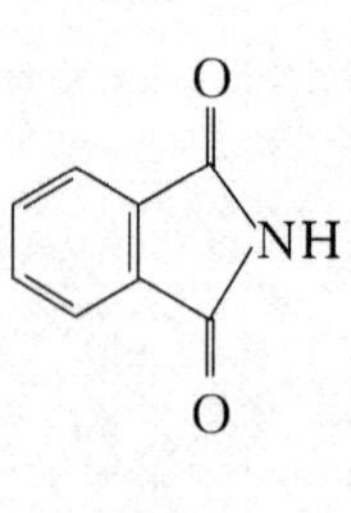

2. 写出下列物质的结构简式。

(1) 乙二酸二乙酯　　(2) 邻苯二甲酸酐　　(3) 苯甲酸苄酯

(4) 乙酸异丙酯　　(5) 草酸氢乙酯　　(6) 硫酸二甲酯

(7) 对溴苯甲酰溴　　(8) 乙酰水杨酸　　(9) α-甲基丙烯酸甲酯

(10) γ-丁内酯　　(11) N-甲基丙酰胺

3. 写出下列反应的主要产物。

(1) 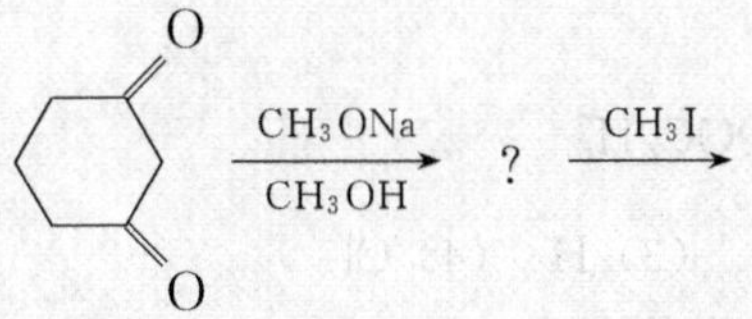

(2) 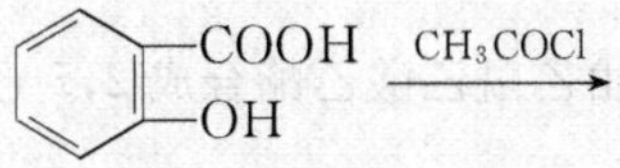

(3) 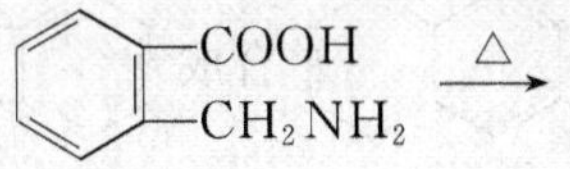

(4) 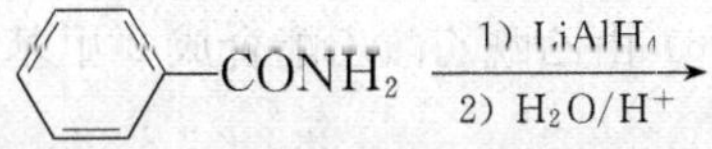

(5) 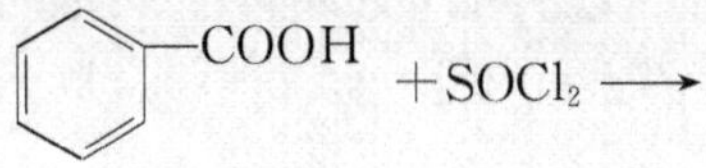

(6) 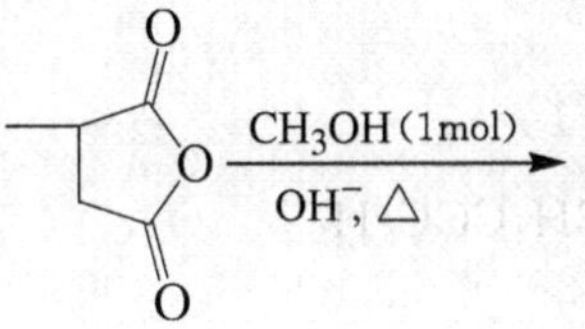

(7) $CH_3CH=CH-COOC_2H_5 \xrightarrow[2)\ H_3O^+]{1)\ LiAlH_4}$

(8) $2CH_3COOC_2H_5 \xrightarrow[2)\ CH_3COOH, H_2O]{1)\ NaOC_2H_5, C_2H_5OH}$

(9) $EtOOC-(CH_2)_4-COOEt \xrightarrow[2)\ CH_3COOH, H_2O]{1)\ NaOC_2H_5, C_2H_5OH}$

(10) 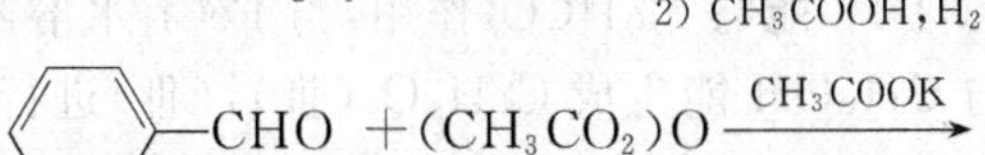

(11) 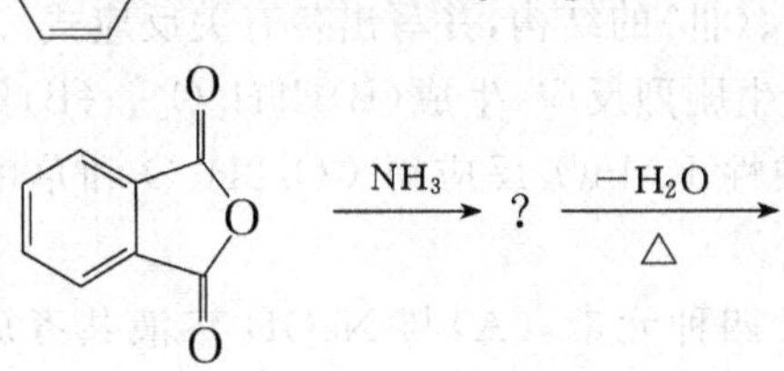

(12) 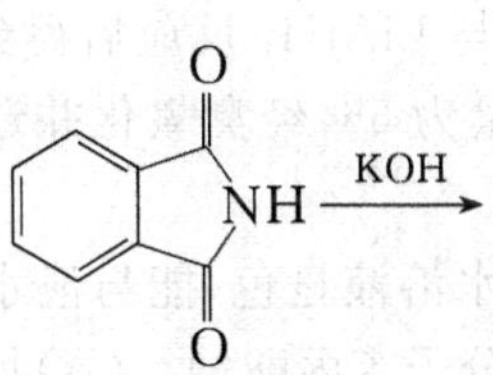

4. 鉴别下列各组化合物。

(1) $CH_3CHClCOOH$ 和 CH_3CH_2COCl

(2) $CH_3COOC_2H_5$ 和 $CH_3COCH_2COOC_2H_5$

(3) $CH_3CH_2COOC_2H_5$ 和 $CH_3CH_2CONH_2$

(4) $(CH_3CO)_2O$ 和 $CH_3COOC_2H_5$

5. 下列化合物在相同浓度的稀氢氧化钠溶液中进行水解，写出其水解反应的活性次序。

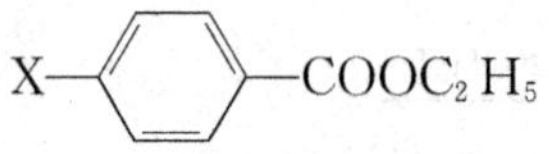

X：(1) NO_2 (2) OCH_3 (3) H (4) Cl

6. 用指定原料和必要的无机试剂合成下列化合物。

(1) 由丙二酸二乙酯合成 3-甲基丁酸 (2) 由乙酰乙酸乙酯合成 2,5-己二酮

(3) 由 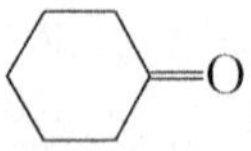 合成 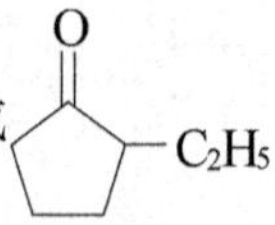

(4) 由 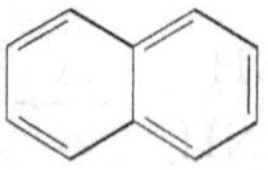 合成 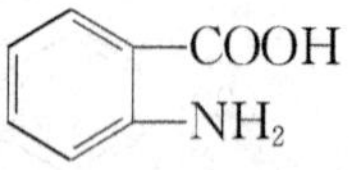

(5) 由丙二酸二乙酯合成 2-甲基-3-苯基丙醇 (6) 由乙酰乙酸乙酯合成 2-甲基丁酸

7. 解释下列反应机理。

(1) 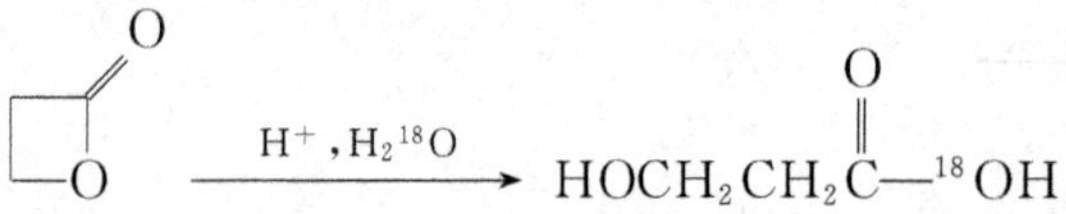

(2) 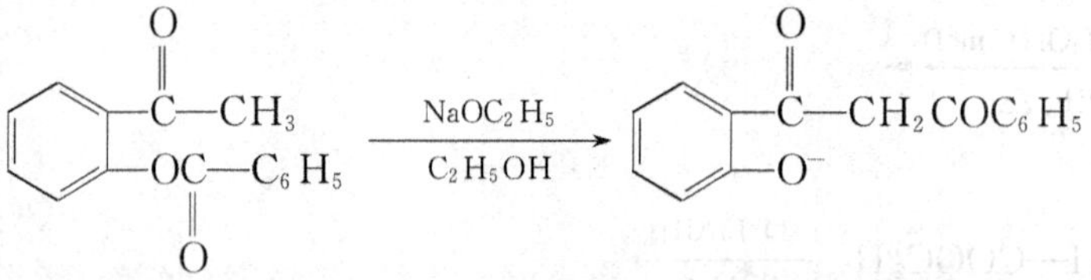

8. 化合物(Ⅰ)、(Ⅱ)和(Ⅲ)，分子式都是 $C_3H_6O_2$，(I)与 $NaHCO_3$ 作用放出 CO_2，(Ⅱ)和(Ⅲ)则不能。(Ⅱ)和(Ⅲ)在 NaOH 溶液中加热后可水解，(Ⅱ)的水解液蒸馏，其馏出液可发生碘仿反应，(Ⅲ)则不能。试推测(Ⅰ)、(Ⅱ)和(Ⅲ)的结构式，并写出有关反应式。

9. 有一化合物分子式为 $C_7H_6O_3$(Ⅰ)，能与 $NaHCO_3$ 作用，与 $FeCl_3$ 水溶液有颜色反应，与乙酸酐作用生成 $C_9H_8O_4$(Ⅱ)，与 CH_3OH 能生成 $C_8H_8O_3$(Ⅲ)，(Ⅲ)进行硝化，主要得到 1 种一硝基衍生物。试推测(Ⅰ)、(Ⅱ)、(Ⅲ)的结构，并写出各有关反应式。

10. 某化合物(A)$C_3H_5O_2Cl$，能与水发生剧烈反应，生成(B)$C_3H_6O_3$。(B)经加热脱水得到产物(C)，(C)能使溴水褪色，(C)与酸性 $KMnO_4$ 反应得 CO_2、H_2O 和草酸。试推断(A)、(B)、(C)的结构式，并写出有关反应式。

11. 某化合物(A)经测定含 C、H、O、N 四种元素，(A)与 NaOH 溶液共煮放出一种刺激性气体，残余物经酸化后得到一种不含氮的物质(B)，(B)与 $LiAlH_4$ 反应后得到(C)，(C)用浓 H_2SO_4 处理后得到一烯烃(D)，该烯烃的相对分子质量为 56，经臭氧化并还原水解后得到一种醛和一种酮。试推测(A)、(B)、(C)、(D)的结构。

12. 某化合物(A)分子式为 $C_{11}H_{12}O_3$，(A)能与 $FeCl_3$ 水溶液显色，能与溴水发生加成反应。(A)与浓 NaOH 水溶液共热生成一分子醋酸钠和一分子苯丙酸钠。(A)加热生成化

合物(B)和二氧化碳。(B)能与 $NaHSO_3$ 发生加成反应,生成无色晶体(C);(B)也能与 NH_2OH 反应生成化合物(D);(B)还能发生碘仿反应,生成碘仿和化合物(E)。(E)也可由 $C_6H_5CH_2CH_2CN$ 在碱性条件下水解得到。试推测(A)、(B)、(C)、(D)、(E)的结构式。

第十一章　含氮有机化合物

含氮的有机化合物在自然界中广泛存在，氨基酸和蛋白质就是重要的含氮有机化合物，是构成生命的基本物质。正像将醇、酚、醚可以看做是水的衍生物，许多含氮有机化合物也可以看做是某些无机含氮化合物的衍生物（表 11-1）。

表 11-1　一些含氮的无机物和有机物

无机含氮化合物		有机含氮化合物	
化合物	结构式	化合物	结构式
氨	NH_3	胺	RNH_2，$ArNH_2$ R_2NH，$(Ar)_2NH$ R_3N，$(Ar)_3N$
氢氧化铵	NH_4OH	季铵碱	$R_4N^+OH^-$
铵盐	NH_4Cl	季铵盐	$R_4N^+Cl^-$
联氨（肼）	H_2NNH_2	肼	$RNHNH_2$ $ArNHNH_2$
硝酸	HO—NO_2	硝基化合物	R—NO_2，Ar—NO_2
亚硝酸	HO—NO	亚硝基化合物	R—NO，Ar—NO

除以上列举的化合物以外，还有许多其他的含氮有机物，如偶氮化合物（Ar—N═N—Ar）、重氮化合物（Ar—N≡N^+Cl^-）、叠氮化合物（RN_3）、亚胺（RCH═NH）、腈（RCN）、异氰酸酯（R—O—NC）等。

本章主要讨论胺、腈、重氮和偶氮化合物、碳酸衍生物、磺胺类药物以及硝基化合物。

第一节　胺

胺是指氨分子中的氢原子被烃基取代而形成的一系列的衍生物。胺类广泛存在于生物体内，具有极重要的生理作用。例如，许多药物都含有胺的官能团——氨基。蛋白质、核酸、许多激素和生物碱等都含有氨基，是胺的复杂衍生物。

一、胺的分类和命名

（一）分类

按照氨基中的氮原子所连的不同烃基可分为脂肪胺和芳胺，与脂肪烃基相连的称为脂肪胺（RNH_2），与芳环直接相连的叫芳胺（$ArNH_2$）。

$CH_3CH_2NH_2$

乙胺（脂肪胺）

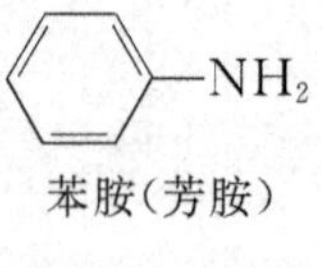

苯胺（芳胺）

按照胺分子中与氮直接相连的烃基的数目可分为伯胺(一级胺)、仲胺(二级胺)和叔胺(三级胺)。

CH_3NH_2 甲胺(伯胺)　　$(CH_3)_2NH$ 二甲胺(仲胺)　　$(CH_3)_3N$ 三甲胺(叔胺)

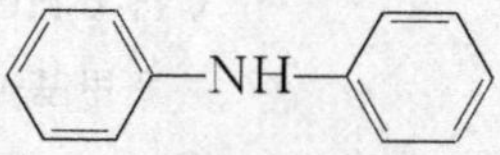

二苯胺(仲胺)

应当注意,伯胺、仲胺、叔胺与伯醇、仲醇、叔醇不同,前者是由氮原子所连烃基数目决定的,而后者则是指羟基所连的碳原子类型。例如:

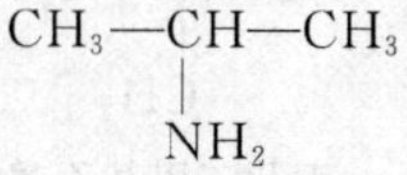

伯胺

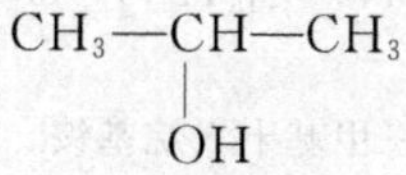

仲醇

还可按照分子中所含氨基的数目分为一元胺、二元胺或多元胺。

$CH_3CH_2NH_2$ 乙胺(一元胺)　　$NH_2CH_2CH_2NH_2$ 乙二胺(二元胺)

铵盐或氢氧化铵中的四个氢原子被四个烃基取代而生成的化合物,称为季铵盐或季铵碱。如果 NH_4^+ 中的四个氢没有完全被烃基所取代,则不叫季铵类化合物而是称作胺的盐或胺的碱。

$(CH_3)_4N^+Cl^-$ 氯化四甲铵(季铵盐)　　$(CH_3)_4N^+OH^-$ 氢氧化四甲铵(季铵碱)　　$CH_3NH_2 \cdot HCl$ 甲胺盐酸盐(胺盐)

(二) 命名

简单的胺习惯按它所含的烃基命名,即先写出连于氮原子上烃基的名称,再以胺字作词尾。若氮原子上连有两个或三个相同的烃基时,需写出烃基的数目;如果所连烃基不同,则把简单的写在前面,复杂的写在后面。对于芳香仲胺或叔胺,在取代基前冠以"N",表示这个基团是连在氮上,而不是连在芳环上。

$CH_3CH_2CH_2NH_2$ 丙胺

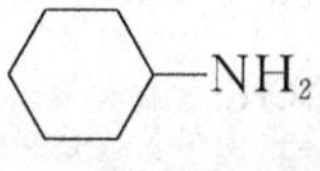

环己胺

$(CH_3CH_2)_2NH$ 二乙胺　　$CH_3NHCH_2CH_3$ 甲乙胺

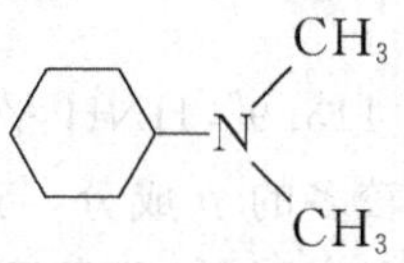

N,N-二甲基环己胺

对甲苯胺

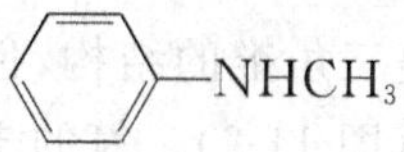

N-甲基苯胺

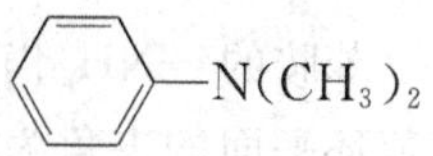

N,N-二甲基苯胺

二元胺和多元胺的伯胺,当其氨基连在开链烃基或直接连接在环上时,可称为二胺或三胺。

$NH_2CH_2CH_2CH_2NH_2$ 丙二胺　　$NH_2(CH_2)_6NH_2$ 1,6-己二胺

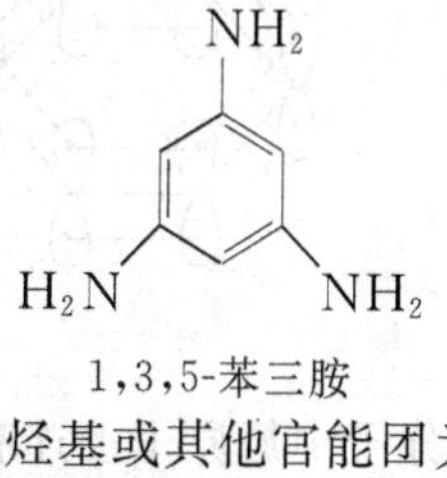

1,3,5-苯三胺

结构比较复杂的胺,按系统命名法,将氨基当做取代基,以烃基或其他官能团为母体,取代基按次序规则排列,优先顺序小的基团在前,优先顺序大的基团在后。

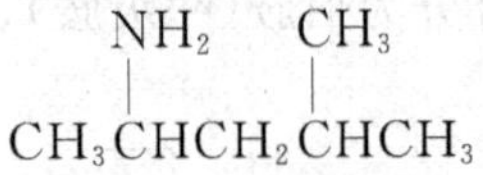

2-甲基-4-氨基戊烷

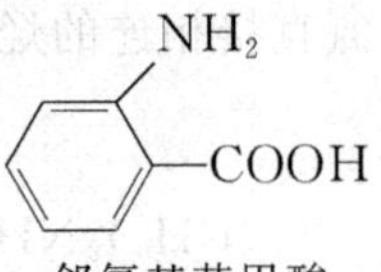

邻氨基苯甲酸

季铵类化合物的命名则与氢氧化铵或铵盐的命名相似。

$(CH_3)_3N^+(C_{16}H_{33})OH^-$

氢氧化三甲基十六烷基铵

(三甲基十六烷基氢氧化铵)

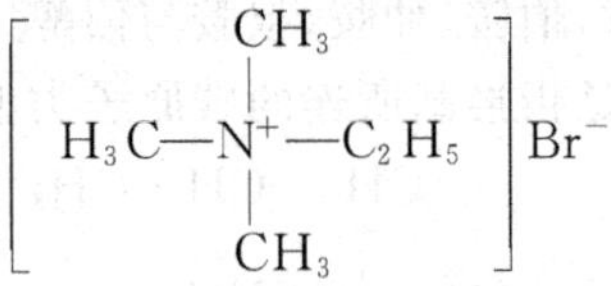

溴化三甲基乙基铵

(三甲基乙基溴化铵)

“氨”、“胺”、“铵”三字用法:作为取代基时称“氨基”,如“$—NH_2$”称氨基,“$CH_3NH—$”称甲氨基;表示氨的烃基衍生物时称“胺”,如 CH_3NH_2 称甲胺;氮上带有正电荷时称“铵”,如[$Ph—N^+(C_2H_5)_3$]I^-,称碘化三乙基苯基铵,$CH_3N^+H_3Cl^-$ 称为氯化甲基铵,如写成 $CH_3NH_2 \cdot HCl$时,称甲胺盐酸盐。

二、胺的立体结构

胺与氨相似,分子的空间结构呈三角锥形状。氮原子采取不等性 sp^3 杂化方式,氮原子的外层 5 个电子分布在 4 个 sp^3 不等性杂化轨道上,其中 3 个 sp^3 杂化轨道各含有一个电子,每个轨道与一个氢原子的 s 轨道重叠或与一个碳原子的杂化轨道重叠形成 3 个 σ 键,第四个 sp^3 杂化轨道含有一对电子,处在三角锥的顶点(图 11-1)。

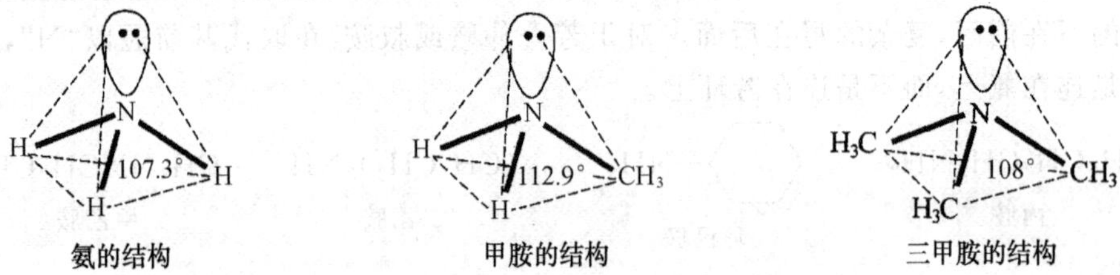

图 11-1　氨、甲胺、三甲胺的立体结构

苯胺的—NH_2 仍然是三角锥的结构,但是 H—N—H 键角较大,为 113.9°,HNH 平面与苯环平面的夹角为 38°(图 11-2)。氮的未共用电子所在的 sp^3 轨道含较多的 p 成分,与相邻的 p 轨道虽不平行,但共平面,有相当程度的共轭,致使氮的电子云密度降低,而苯环的电子云密度升高。

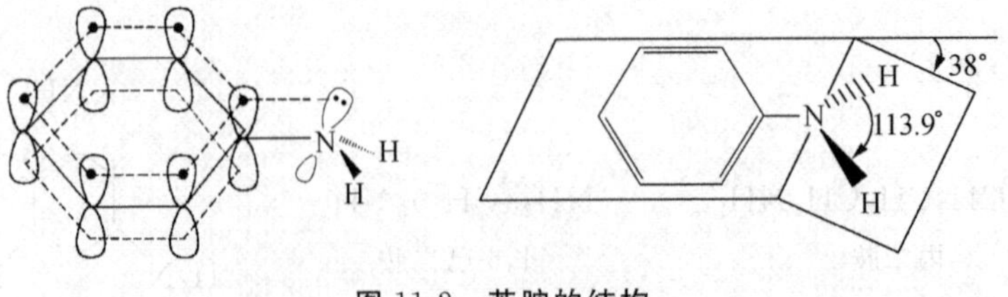

图 11-2　苯胺的结构

若胺分子中氮原子上连有三个不同的基团,则它是手性的,理论上应该有一对对映体存在,互为镜像关系。

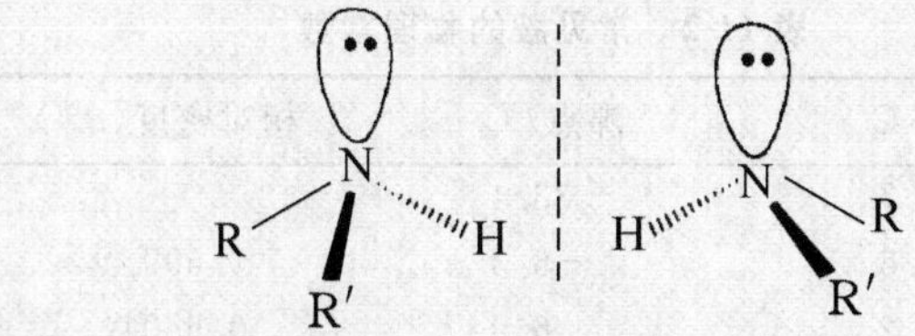

但这样的对映体目前还无法分离。这是因为胺分子中氮上的孤对电子体积太小，起不到一个基团的作用，它们只需消耗很小的能量，约 $21kJ \cdot mol^{-1}$，就可以迅速互相转化。

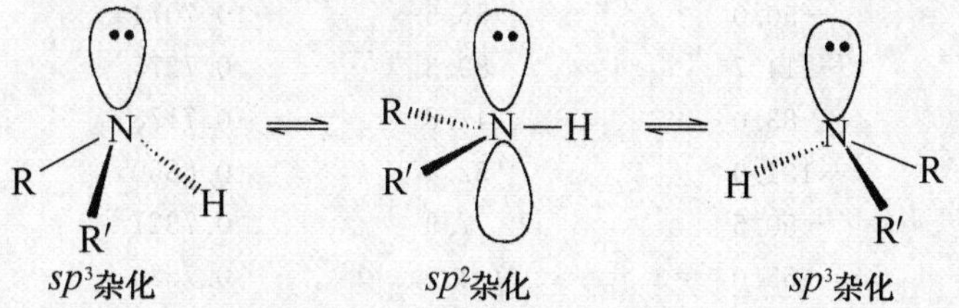

如果在氮原子上连接的基团能阻止这种转化，对映体就能分离开。如在季铵盐中，4 个烃基以共价键与氮原子相连，氮的 4 个 sp^3 轨道全部用来成键，所以季铵盐的结构是四面体，氮原子上连有 4 个不同基团的季铵盐就不易发生上述对映体之间的转化，能分离得到两种异构体。例如：

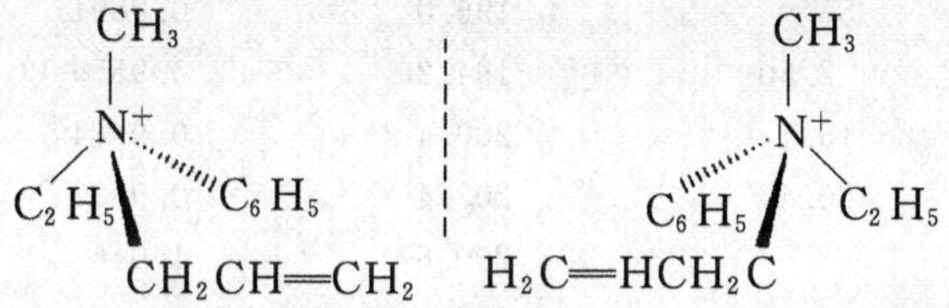

三、胺的性质

（一）物理性质

低级脂肪胺如甲胺、二甲胺、三甲胺和乙胺在常温下为气体，其他低级胺为液体，有与氨相似的气味（三甲胺有鱼腥味）；高级脂肪胺为固体，近乎无味。芳香胺是高沸点液体或低熔点固体，具有特殊的气味，毒性较大，因此应注意避免芳香胺接触皮肤或吸入体内而使人中毒。此外，β-萘胺、联苯胺还是致癌物。

胺和氨一样，是极性物质，除了叔胺外都能形成分子间氢键 N—H…N，因此沸点比没有极性的相对分子质量相同的化合物要高。但胺分子间的氢键的强度比醇分子间的氢键要弱，所以它的沸点比相对分子质量相同的醇要低。叔胺分子间不能形成氢键，沸点和相应的烃相差不多。

	$CH_3CH_2OCH_2CH_3$	$CH_3CH_2NHCH_2CH_3$	$CH_3CH_2CH_2CH_2OH$
沸点/℃	34.5	56.3	117.7

	$(CH_3)_3CH$	$(CH_3)_3N$	$CH_3CH_2NHCH_3$	$CH_3CH_2CH_2NH_2$
沸点/℃	−10.2	2.87	36.7	47.8

各种胺都能与水形成氢键 N…H—O—H，所以低级脂肪胺在水中的溶解度都很大，但随着相对分子质量的增加，其溶解度迅速降低。一些常见胺的物理常数列于表 11-2。

表 11-2 常见胺的物理常数

名称	熔点/℃	沸点/℃	相对密度(d_4^{20})	pK_b
氨	−77.7	−33.4	—	4.76
甲胺	−93.5	−6.3	0.699_4^{-11}	3.38
二甲胺	−92.2	6.9	0.6804_4^{0}	3.23
三甲胺	−117.1	2.9	0.662^{-5}	4.20
乙胺	−81.0	16.6	0.6899_{15}^{15}	3.37
二乙胺	−50.0	55.5	0.7074	3.20
三乙胺	−114.7	89.3	0.7275	3.28
正丙胺	−83.0	47.8	0.7173	3.43
异丙胺	−101.0	32.4	0.6860_4^{25}	3.36
正丁胺	−50.5	77.9	0.7327_4^{25}	3.36
正戊胺	−55.0	104.0	0.7520	—
1,2-乙二胺	8.5	117.3	0.8977	4.08
1,2-丙二胺	—	119.7	0.8780^{15}	4.28
1,4-丁二胺	28.0	160.0	0.8770_4^{25}	3.18
1,5-戊二胺	−2.1	180	0.837_4^{25}	3.08
苯胺	−5.98	184.40	1.0217^{20}	9.38
N-甲基苯胺	−57	196.0	0.9891	9.15
N,N-二甲基苯胺	2.50	194.2	0.9559	9.85
邻甲苯胺	−16.1	200.4	0.9984^{20}	9.55
间甲苯胺	−30.4	203.4	0.9890	9.29
对甲苯胺	—	200.6	1.046	9.92
邻苯二胺	104	258	—	9.53
间苯二胺	63	237	1.139_{15}^{15}	9.12
对苯二胺	147	267	—	7.92
二苯胺	54	302	1.159	13.10
α-萘胺	50	301	1.123_{25}^{25}	11.08
β-萘胺	113	306	1.061_4^{95}	9.89

(二) 化学性质

1. 碱性

胺和氨相似,胺分子中氮原子有未共用电子对,能接受质子,具有碱性,能和酸成盐,胺的碱性比水强,但比氢氧根离子弱。

$$NH_3 + H—OH \rightleftharpoons NH_4^+ + OH^-$$

$$RNH_2 + H—OH \rightleftharpoons RNH_3^+ + OH^-$$

$$K_b = \frac{[RNH_3^+][OH^-]}{[RNH_2]}, \quad pK_b = -\lg K_b$$

$$RNH_2 + HCl \longrightarrow RNH_3^+ Cl^-$$

胺的碱性可用弱碱的电离常数 K_b 或其负对数 pK_b 表示,K_b 越大或 pK_b 越小则碱性越强。

胺的碱性强弱和氮原子上的电子密度有关。氮原子上电子密度越大,接受 H^+ 的能力越强,碱性也就越强。氨中的氢原子被烷基取代后的产物伯胺(RNH_2),由于烷基是供电子的基团，可使氮原子上的电子密度增加，因此 RNH_2 接受电子的能力比 NH_3 强，也就是说碱性比 NH_3 强。同理，如果 NH_3 中两个氢被烷基取代，产物仲胺（R_2NH）的碱性应比伯胺强，叔胺比仲胺更强，这在气体状态时是正确的。

$$(CH_3)_3N > (CH_3)_2NH > CH_3NH_2 > NH_3$$

但在溶液中受溶剂的影响，其碱性强弱次序将发生改变，如在水溶液中：

$$(CH_3)_2NH > CH_3NH_2 > (CH_3)_3N > NH_3$$

其主要原因是由于烷基数目的增加，虽然增加了氮原子上的电子密度，但同时也占据氮原子外围更多的空间，使质子难以与氮原子接近，因此碱性降低。另外，脂肪胺在水中的碱性还与水的溶剂化作用有关，如果氮原子上的氢原子越多，则与水形成氢键的机会越多，溶剂化程度也就越大，铵正离子就越稳定，碱性就越强。

芳胺的碱性比脂肪胺要弱得多，主要是因为氮原子上的未共用电子对与芳环形成共轭而离域到苯环上，结果使氮原子上的电子密度降低，接受质子的能力亦随之降低，因此碱性减弱。

因此，胺的碱性强弱是电子效应、空间效应和溶剂化效应共同作用的结果，胺的碱性强弱的一般顺序如下：

脂环仲胺＞脂肪仲胺＞脂肪伯、叔胺＞氨＞芳伯胺＞芳仲胺＞芳叔胺

如：

	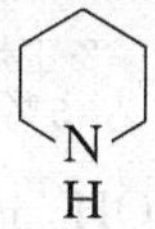	$(C_2H_5)_2NH$	$(C_2H_5)_3N$	$C_2H_5NH_2$	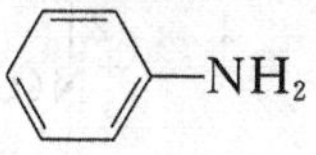
	六氢吡啶	二乙胺	三乙胺	乙胺	苯胺
pK_b	2.73	3.20	3.28	3.37	9.38

	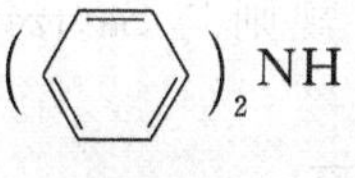	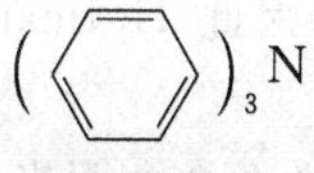
	二苯胺	三苯胺
pK_b	13.10	近中性

季铵碱是强碱，其碱性类似于 NaOH 和 KOH，因此季铵碱的碱性要比胺类化合物的碱性强得多。季铵碱易潮解，能溶于水，可用做 CO_2 的吸收剂。

胺可以和强酸如盐酸、硫酸等作用形成盐。例如：

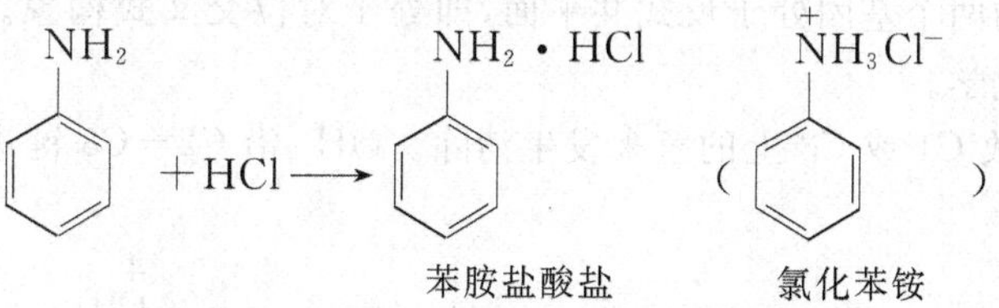

苯胺盐酸盐　　氯化苯铵

胺的盐易溶于水而不溶于非极性溶剂如醚、烃等有机溶剂。另外，因为胺是弱碱，所以胺和强酸生成的铵盐，当用较强的碱处理时，胺就会游离出来，利用这一性质可以分离或提纯胺类化合物。

2. 季铵碱的 Hofmann 消除

胺通过彻底甲基化得到季铵盐，通常用过量的碘甲烷来完成反应。

$$R—NH_2 + 3CH_3—I \longrightarrow R—\overset{+}{N}(CH_3)_3I^- + 2HI$$

碘化季铵盐与氢氧化银(或潮湿的氧化银)反应,转变成季铵碱。

$$R—\overset{+}{N}(CH_3)_3I^- + AgOH \longrightarrow R—\overset{+}{N}(CH_3)_3OH^- + AgI\downarrow$$

加热(100℃~200℃)季铵碱使消除发生。消除过程一般按 E2 机理完成。OH^- 进攻β-氢脱去水,α-碳脱去叔胺,α,β-碳之间形成双键而生成烯烃。这种季铵碱的消除叫做 Hofmann 消除。

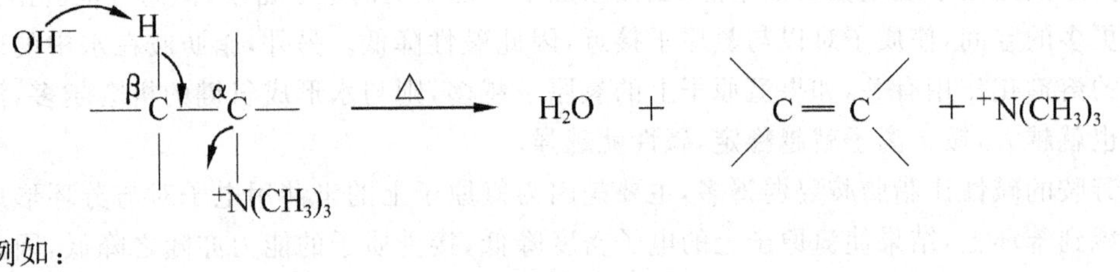

例如:

$$CH_3\overset{\beta}{C}H_2\overset{\alpha}{C}H_2\overset{+}{N}(CH_3)_3OH^- \xrightarrow{\triangle} CH_3CH{=}CH_2 + N(CH_3)_3 + H_2O$$

此例中只有一种 β-氢,所以只生成一种烯烃。

又如:

$$\underset{1}{\overset{\beta}{C}H_3}—\underset{\underset{^+N(CH_3)_3\ \ OH^-}{|}}{\overset{\alpha}{C}H}—\underset{3}{\overset{\beta'}{C}H_2}—\underset{4}{CH_3} \xrightarrow{150℃} \underset{\substack{1\text{-丁烯}\\95\%}}{\overset{1}{C}H_2{=}\overset{2}{C}H—\overset{3}{C}H_2—\overset{4}{C}H_3} + \underset{\substack{2\text{-丁烯}\\5\%}}{\overset{1}{C}H_3—\overset{2}{C}H{=}\overset{3}{C}H—\overset{4}{C}H_3}$$

此例中有两种 β-碳,β 和 β′,故有两种 β-氢,因此得到两种烯烃。OH^- 进攻 β-氢生成 1-丁烯,OH^- 进攻 β′-氢生成 2-丁烯。实验证明主要生成 1-丁烯,即双键碳原子含最少烷基的烯烃,此称 Hofmann 规则。在第六章中我们学过卤代烷的消除遵循 Saytzeff 规则,即生成双键碳原子含最多烷基的烯烃为主要产物。因此 Hofmann 规则与 Saytzeff 规则恰好相反。

Hofmann 规则可以从 β-氢的酸性和立体化学两个方面来解释。

碱优先进攻酸性强的 β-氢。β-氢的酸性与连接在 β-碳上的取代基有关,当连有供电子基团时,酸性减弱;当连有吸电子基团时,酸性增强。上述反应中 β-碳上连接的是三个氢,而 β′-碳连接了两个氢和一个甲基,β-氢的酸性较 β′-氢强。

影响 Hofmann 消除的另一个因素是立体因素。E2 历程以反式消除为主。所谓反式消除是要求被消除的两个基团处于反式共平面,即处于对位交叉式构象。我们来分析一下上述反应中的立体化学。

OH^- 通过进攻 C1 或 C3 上的氢来发生消除。OH^- 沿 C2－C3 键进攻 C3 上的氢,其可能的构象如下:

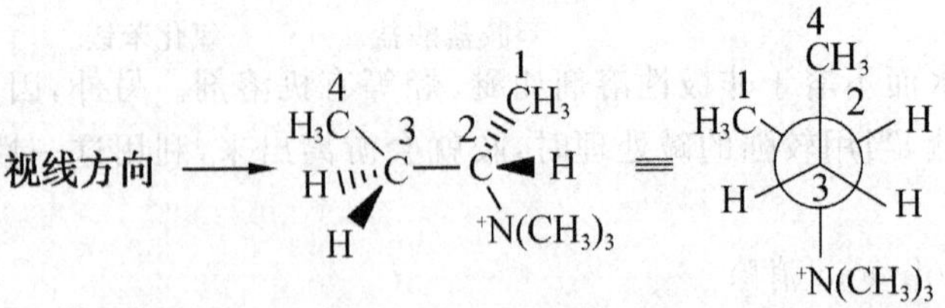

(1)

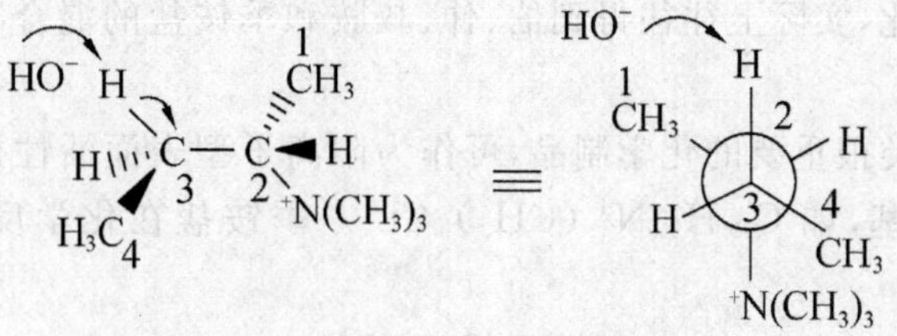

(2)

最稳定的构象是(1)，但此构象没有与 $N^+(CH_3)_3$ 处于对位交叉的氢原子，不易发生沿 C2—C3 键的消除。构象(2)虽有与 $N^+(CH_3)_3$ 处于对位交叉的氢原子，但此构象 CH_3 和 $N^+(CH_3)_3$ 空间位置靠得近，互相排斥，因能量高不稳定而存在较少，因此难以发生消除。

OH^- 沿 C1—C2 键进攻 C1 上的氢，其构象如下：

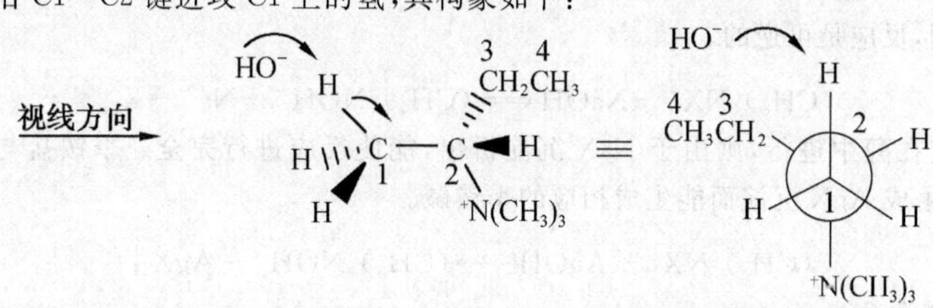

C1—C2 键的三个交叉构象中，任何一个都可以提供氢原子和 $N^+(CH_3)_3$ 之间的反式位置关系。所以消除 C1 上氢的 Hofmann 产物占优势。

Hofmann 消除反应可用来测定胺的结构，有时也可以用来合成一些烯烃。在测定胺的结构时，通过生成铵盐所消耗的碘甲烷的摩尔数可判断胺的类型。伯胺消耗 3mol，仲胺消耗 2mol，叔胺消耗 1mol，这一过程称为彻底甲基化反应。得到的铵盐用湿的氧化银处理得到季铵碱，干燥的季铵碱加热降解为烯烃和叔胺。例如：

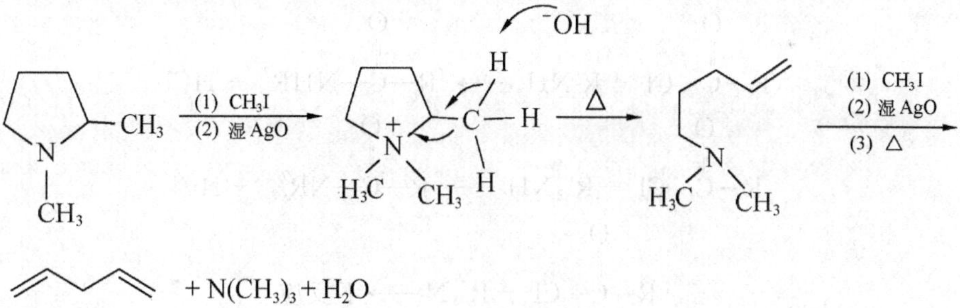

Hofmann 消除规则适用于 β-碳上的取代基是烷基，如 β-碳上有苯基、乙烯基、羰基等取代基由于共轭和吸电子诱导效应等原因，使这个 β-碳上氢的酸性比未取代的 β-碳上的氢强，反应就不服从 Hofmann 规则。

3. 烃基化反应

胺和氨一样可以作为亲核试剂与卤代烃发生亲核取代反应，生成高一级的胺，直至最后生成季铵盐。例如：

$$NH_3 + CH_3—X \longrightarrow CH_3NH_2 + HX$$

$$CH_3NH_2 + CH_3—X \longrightarrow (CH_3)_2NH + HX$$

$$(CH_3)_2NH + CH_3—X \longrightarrow (CH_3)_3N + HX$$

$$(CH_3)_3N + CH_3—X \longrightarrow (CH_3)_4\overset{+}{N}X^-$$

氨或胺的烷基化，实际上往往得到伯、仲、叔胺和季铵盐的混合物。此法常用于工业上生产胺类。

季铵盐是一大类很重要的化学制品，可作为阳离子型表面活性剂，其中烃基为亲油基，正离子部分为亲水基，如 $C_{12}H_{25}N^{+}(CH_3)_3Cl^{-}$。季铵盐在化学反应中常用做相转移催化剂。

$$CH_3(CH_2)_3CH{=}CH_2 \xrightarrow[\text{三正辛基甲基氯化铵}]{KMnO_4/C_6H_6/H_2O} CH_3(CH_2)_3COOH + HCOOH$$

季铵盐还常被用做杀菌剂、浮选剂、防锈剂、乳化剂、柔软剂、织物整理剂和染色助剂等。另外，某些低碳链的季铵盐还具有生理活性，如氯化胆碱（$[(CH_3)_3NCH_2CH_2OH]^{+}Cl^{-}$）。

季铵盐具有盐的特性，如熔点高、易溶于水而不溶于非极性的有机溶剂中。季铵盐与 NaOH 作用，反应是可逆的。

$$(CH_3)_4\overset{+}{N}X^{-} + NaOH \rightleftharpoons (CH_3)_4\overset{+}{N}OH^{-} + Na^{+} + X^{-}$$

但如果反应在醇中进行，则由于 NaX 沉淀析出，能使反应进行完全。季铵盐与 AgOH 反应，则由于生成 AgX 沉淀而能生成相应的季铵碱。

$$(CH_3)_4\overset{+}{N}X^{-} + AgOH \longrightarrow (CH_3)_4\overset{+}{N}OH^{-} + AgX\downarrow$$

4. 酰基化反应

酰氯或酸酐可以发生氨解生成酰胺。

$$R-\overset{\overset{\displaystyle O}{\|}}{C}-Cl + H-NH_2 \longrightarrow R-\overset{\overset{\displaystyle O}{\|}}{C}-NH_2 + HCl$$

伯胺、仲胺与氨一样，能与酰卤、酸酐等酰基化试剂进行酰基化反应，氨基上的氢原子被酰基取代，生成酰胺。叔胺氮原子上没有氢原子，所以不能生成酰胺。

$$R-\overset{\overset{\displaystyle O}{\|}}{C}-Cl + R'NH_2 \longrightarrow R-\overset{\overset{\displaystyle O}{\|}}{C}-NHR' + HCl$$

$$R-\overset{\overset{\displaystyle O}{\|}}{C}-Cl + R'_2NH \longrightarrow R-\overset{\overset{\displaystyle O}{\|}}{C}-NR'_2 + HCl$$

$$R-\overset{\overset{\displaystyle O}{\|}}{C}-Cl + R'_3N \longrightarrow \text{不反应}$$

由于酰胺是具有一定熔点的固体物质，故可以用酰基化反应来鉴定胺。酰胺在强酸或强碱的水溶液中加热很容易水解得到原来的胺。芳胺容易被氧化，而它的酰化物不像芳胺本身那样容易被氧化，所以在有机合成上，常先把芳胺酰基化变成酰胺，把氨基保护起来，然后进行其他反应，反应后再把酰胺水解变回原来的胺。例如：

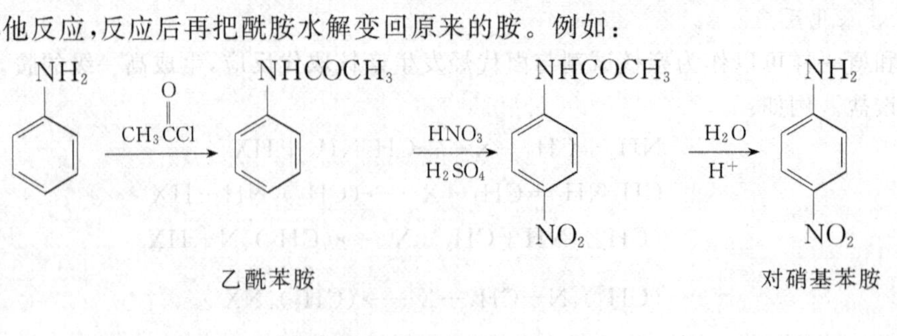

乙酰苯胺　　　　对硝基苯胺

5. 与苯磺酰氯反应(兴斯堡反应)

伯胺和仲胺在强碱性溶液中可以和苯磺酰氯或对甲苯磺酰氯发生磺酰化反应,生成苯磺酰胺。伯胺磺酰化后,因氨基上的氢原子受磺酰基吸电子效应的影响呈弱酸性,所以能溶于碱溶液中变为盐;仲胺所生成的苯磺酰胺上没有氢原子,不能与碱生成盐,而析出固体;叔胺与苯磺酰氯不能发生磺酰化反应。所以常用苯磺酰氯来鉴别或分离伯、仲、叔胺的混合物,这就是著名的兴斯堡(Hinsberg)反应。例如:

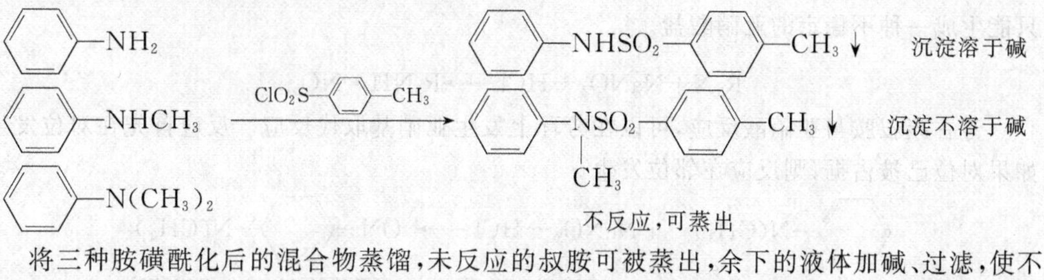

将三种胺磺酰化后的混合物蒸馏,未反应的叔胺可被蒸出,余下的液体加碱、过滤,使不溶于碱性溶液的仲胺的苯磺酰胺滤出,滤液经酸化后沉淀出伯胺的苯磺酰胺,将苯磺酰胺与强酸共沸进行水解,可以得到原来的胺,这样就可以把三种胺分离开来。

6. 与亚硝酸反应

亚硝酸与伯、仲、叔胺的反应各不相同,由于亚硝酸易分解,且有毒,反应常用亚硝酸钠加硫酸或盐酸来代替。

(1) 伯胺。

脂肪族伯胺与亚硝酸作用,生成很不稳定的重氮化合物,在低温下就会分解,定量放出氮气。利用这个反应可以来定量测定样品中氨基(—NH_2)的含量。分解生成的碳正离子可以进一步重排生成烯烃、醇或卤代烃等,产物成分复杂,无合成价值。

$$RNH_2 + NaNO_2 + HCl \longrightarrow N_2\uparrow + \text{醇、烯烃和卤代烃的混合物}$$

芳香族伯胺与亚硝酸在低温下反应,可以生成较稳定的重氮化合物。芳香族重氮盐在低温下比较稳定,温度升高则也可分解而定量放出氮气,同时得到酚。

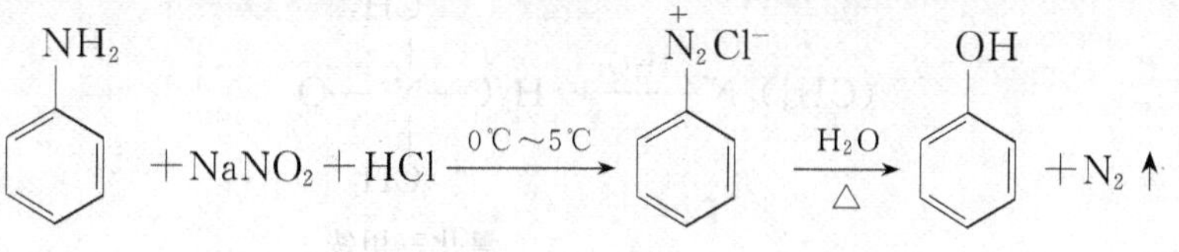

(2) 仲胺。

脂肪族或芳香族仲胺与亚硝酸作用,都得到黄色油状或固体的 N-亚硝基化合物。例如:

$$R_2NH + NaNO_2 + HCl \longrightarrow R_2N—N=O + H_2O$$

N-亚硝基胺

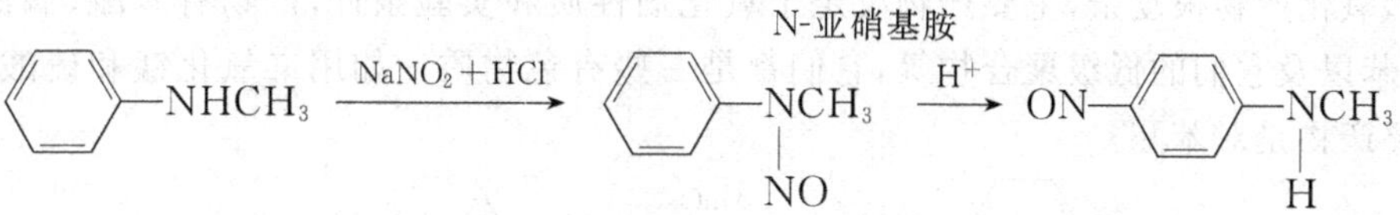

N-亚硝基-N-甲基苯胺 (黄色油状)　　对亚硝基-N-甲基苯胺 (蓝绿色)

生成的 N-亚硝基化合物与稀酸共热则分解为原来的胺,因此可以利用这个反应来分离或提纯仲胺。芳香族仲胺生成的 N-亚硝基化合物在强酸中会发生重排,亚硝基转移到芳环氨基的对位上。

N-亚硝基胺类化合物都具有较强的致癌作用。罐头食品及腌肉常加少量亚硝酸钠作防腐剂并保持肉的鲜红颜色。亚硝酸钠在胃酸的作用下可以产生亚硝酸,从而可能引起机体内氨基发生亚硝化而产生致癌的亚硝胺。

(3) 叔胺。

脂肪族叔胺因氮上无氢,因此在氮上不能发生亚硝化作用。脂肪族叔胺与亚硝酸反应只能生成一种不稳定的亚硝酸盐。

$$R_3N + NaNO_2 + HCl \longrightarrow R_3\overset{+}{N}H \cdot NO_2^-$$

芳香族叔胺与亚硝酸反应,可以在芳环上发生亚硝基取代反应。反应首先在对位发生,如果对位已被占据,则反应在邻位发生。

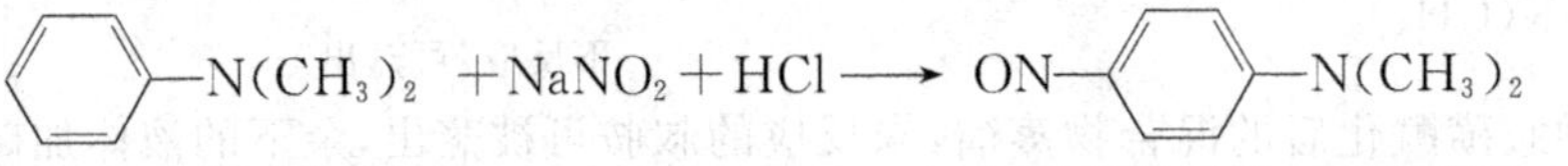

N,N-二甲基苯胺　　　　对亚硝基-N,N-二甲基苯胺

（绿色叶片状）

芳香亚硝基化合物是绿色结晶,可用来鉴别芳香族叔胺。

由于三种胺与亚硝酸的反应不同,所以也可以通过与亚硝酸的反应来鉴别这三种胺,但现象不如磺酰化反应明显。

7. 氧化反应

胺比较容易被氧化,用过氧化氢即可使脂肪族伯胺和仲胺氧化,分别得到肟和羟胺。

$$R{-}CH_2NH_2 \xrightarrow{H_2O_2} R{-}CH{=}N{-}OH$$

肟

$$R_2NH \xrightarrow{H_2O_2} R_2N{-}OH$$

羟胺

脂肪族叔胺与过氧化氢反应得氧化铵。

$$(CH_3)_3N \xrightarrow{H_2O_2} H_3C{-}\underset{\underset{CH_3}{|}}{\overset{\overset{CH_3}{|}}{N^+}}{-}O^-$$

氧化三甲铵

芳香胺更容易被氧化,在贮藏过程中就逐渐被空气中的氧所氧化,使得颜色变深。新蒸馏的纯苯胺是无色液体,但暴露在空气中很快就变成黄色,时间久了变成棕黑色。用氧化剂处理时,氧化产物很复杂,主要产物决定于氧化剂性质和实验条件,产物有苯醌、偶氮苯、氧化偶氮苯以及它们的低级聚合物等,它们都是一些有色物质。如用二氧化锰和硫酸氧化苯胺,主要产物是对苯醌。

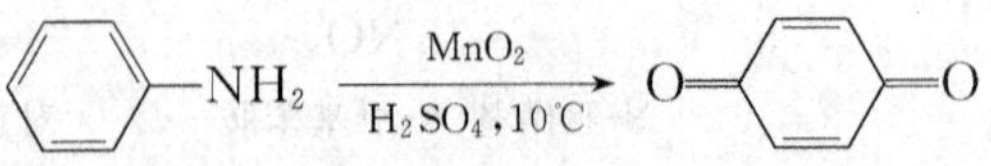

8. 芳环上的取代反应

氨基($-NH_2$,$-NHR$,$-NR_2$)对苯环有强的活化作用,使苯环上的亲电取代反应很容易发生。如苯胺与溴水作用,立刻得到2,4,6-三溴苯胺的白色沉淀,而得不到一溴代产物。

该反应能定量进行，可用于苯胺的定性鉴别与定量分析。

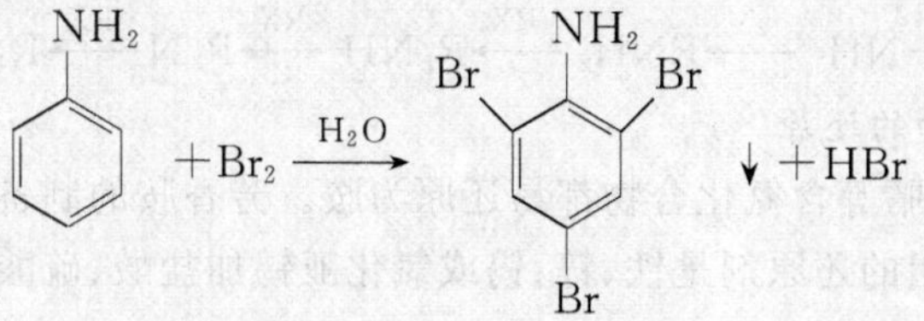

如要制备一溴代苯胺，需先将苯胺转化为乙酰苯胺以降低氨基对苯环的致活作用，然后溴代，最后水解除去酰基。由于空间位阻，主要生成对位溴代产物。

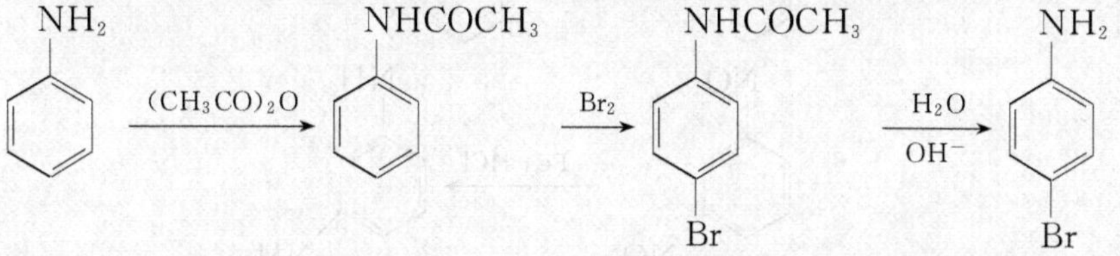

芳香胺也可以进行硝化，但若直接硝化，氨基会被氧化，产物复杂。通常先通过上述的酰基化反应保护氨基，再硝化，主要得到对硝基产物；或先与酸生成胺盐，然后硝化，则主要得到间硝基产物。

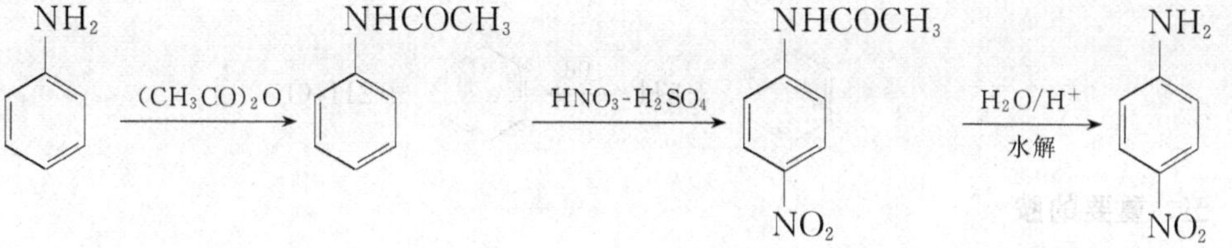

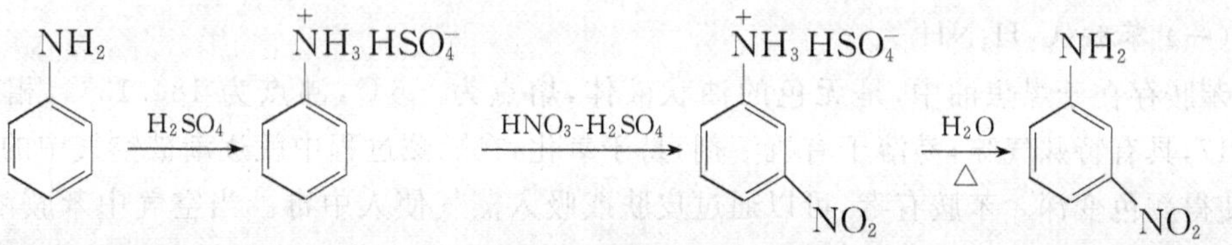

芳香胺也能发生磺化反应，与浓硫酸作用先生成硫酸盐，再加热脱水得稳定的重排产物对氨基苯磺酸。

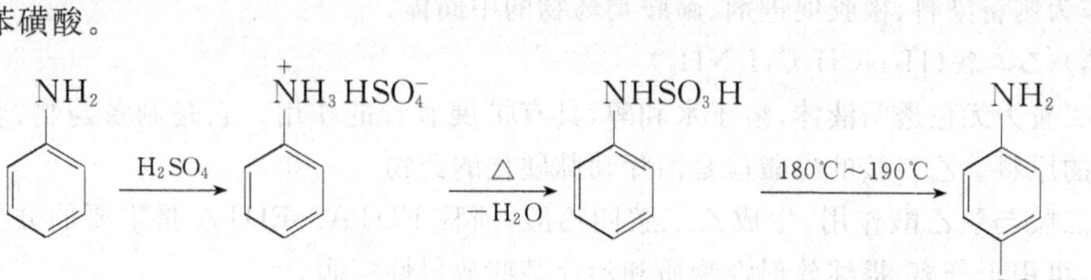

四、胺的制备

胺在自然界中广泛存在，从天然产物中提取得到的许多复杂的胺类可被用作药物。人工制备胺的方法主要有两种：一种是用氨做亲核试剂进行亲核取代反应，另一种是含氮化合物的还原。

（一）氨的烃基化

在一定条件下，将卤代烃与氨溶液共热，卤代烃与氨发生亲核取代反应，此反应一般很难停留在一取代阶段，通常最后的产物是伯、仲、叔胺的混合物，甚至还会生成季铵盐。

$$RX + NH_3 \xrightarrow{\triangle} RNH_2 \xrightarrow{RX} R_2NH \xrightarrow{RX} R_3N \xrightarrow{RX} R_4N^+X^-$$

（二）含氮化合物的还原

硝基化合物、肟、腈等含氮化合物都易还原为胺。芳香胺的制备最好的方法就是硝基化合物的还原，其中常用的还原剂是铁、锌、锡或氯化亚锡加盐酸、硫酸或醋酸。

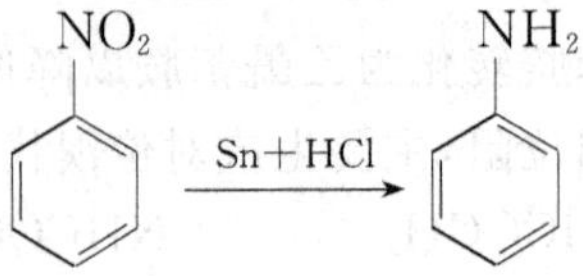

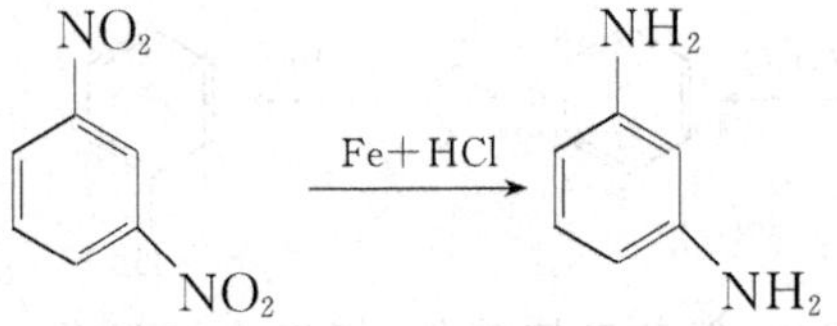

工业上常用铁粉来还原硝基苯制取苯胺，但生成的大量含苯胺的铁泥会造成环境的污染，所以现在逐渐改用催化加氢还原硝基化合物来制备苯胺。

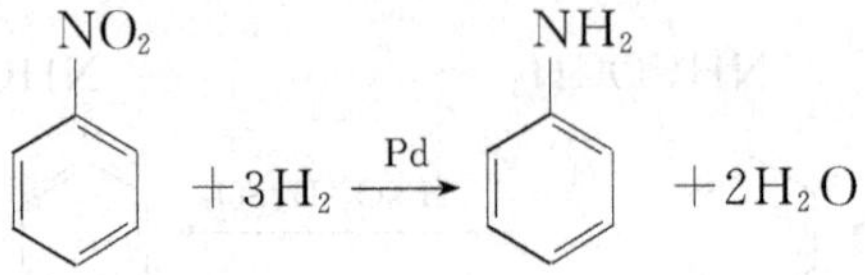

五、重要的胺

（一）苯胺（$C_6H_5NH_2$）

苯胺存在于煤焦油中，是无色的油状液体，熔点为－6℃，沸点为 184.13℃，相对密度 1.0217，具有特殊气味，易溶于有机溶剂，易于氧化，在贮藏过程中就逐渐被空气中的氧所氧化，使得颜色变深。苯胺有毒，可以通过皮肤或吸入蒸气使人中毒。当空气中苯胺浓度（体积）达到百万分之一时，人在其中几小时后就会出现中毒症状。苯胺是重要的有机合成原料，可作为制备染料、橡胶促进剂、磺胺类药物的中间体。

（二）乙二胺（$H_2NCH_2CH_2NH_2$）

乙二胺为无色透明液体，溶于水和醇，具有扩展血管的作用。它是制备药物、乳化剂和杀虫剂的原料。乙二胺的戊酸盐是治疗动脉硬化的药物。

乙二胺与氯乙酸作用，生成乙二胺四乙酸，简称 EDTA。EDTA 是重要的分析试剂和螯合剂，可用于分离、提纯放射性物质和治疗某些放射性疾病。

$$H_2NCH_2CH_2NH_2 + ClCH_2COOH \longrightarrow (HOOCH_2C)_2NCH_2CH_2N(CH_2COOH)_2$$

（三）甲胺（CH_3NH_2）、二甲胺（$(CH_3)_2NH$）、三甲胺（$(CH_3)_3N$）

三种胺在常温下都是气体，在水中溶解度很大，常用的是它们的水溶液或盐酸盐（固体）。它们都是重要的有机合成原料，可作为制备药物、染料、离子树脂、农药等的原料。由三甲胺和 1,2-二氯乙烷生成的矮壮素（$[(CH_3)_3N^+CH_2CH_2Cl]Cl^-$）是一种植物生长调节剂。

（四）胆胺（$HOCH_2CH_2NH_2$）

胆胺又称氨基乙醇或乙醇胺，为无色黏稠液体，沸点为 172.2℃，是脑磷脂的重要组成部分，胆胺分子中含有氨基和羟基，因此同时具有胺和醇的性质。

（五）胆碱[$HOCH_2CH_2N^+(CH_3)_3$]OH^-

胆碱是广泛分布于生物体内的季铵碱，尤其在动物的卵和脑髓中含量较多，是卵磷脂的组成成分。由于其最初是在胆汁中发现的具有碱性的物质，所以称为胆碱。它是无色、吸湿性很强的结晶，易溶于水和乙醇，不溶于乙醚、氯仿等。胆碱是 B 族维生素之一，在体内参与脂肪的代谢，有抗脂肪肝的作用。药用的是其盐——氯化胆碱（[$HOCH_2CH_2N^+(CH_3)_3$]Cl^-）。胆碱羟基中的氢被乙酰基取代生成的酯，叫乙酰胆碱（[$(CH_3)_3N^+CH_2CH_2OCOCH_3$]$OH^-$），它是人体内一种重要的传递神经冲动的物质，即神经递质，与人的记忆有密切的关系。

第二节 腈

一、腈的结构和命名

腈中含氰基，即 —C≡N，其结构通式为 R—C≡N。氰基中的碳原子和氮都是 *sp* 杂化。腈的结构类似于端炔，只不过腈中氮原子的一对孤电子占据一个 *sp* 轨道，而端炔碳原子的一个 *sp* 轨道与氢原子的 1*s* 轨道重叠形成 C—H*σ* 键。丙腈和丙炔的电子结构如图 11-3 所示。

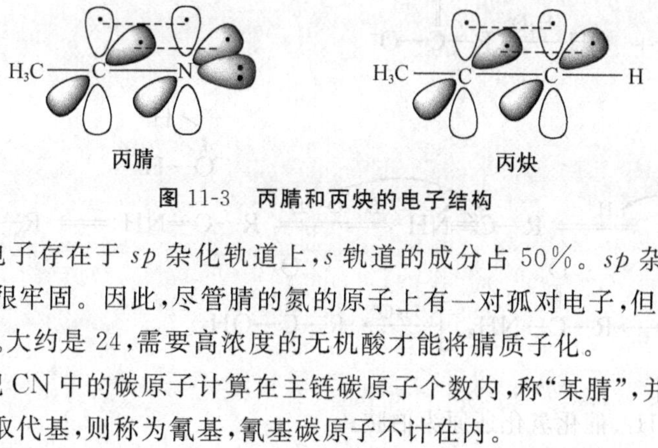

图 11-3 丙腈和丙炔的电子结构

腈中的孤对电子存在于 *sp* 杂化轨道上，*s* 轨道的成分占 50%。*sp* 杂化轨道靠近原子核，电子被束缚得很牢固。因此，尽管腈的氮的原子上有一对孤对电子，但它的碱性非常弱。一个典型腈的 pK_b 大约是 24，需要高浓度的无机酸才能将腈质子化。

腈命名时要把 CN 中的碳原子计算在主链碳原子个数内，称“某腈”，并从 CN 的碳开始编号，如 CN 作为取代基，则称为氰基，氰基碳原子不计在内。

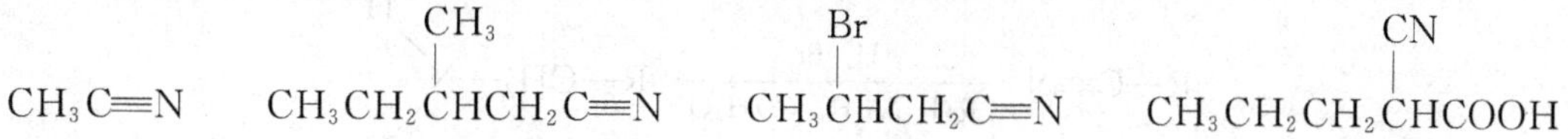

乙腈　　3-甲基戊腈 β-甲基戊腈　　3-溴丁腈 β-溴丁腈　　2-氰基戊酸 α-氰基戊酸

二、腈的性质

（一）物理性质

由于腈中 *sp* 杂化氮原子的电负性很大，*π* 键容易被极化，因此腈的极性较大。腈的沸点比相应相对分子质量的烃、醚、醛、酮、胺均高，而与醇相近，较羧酸低。例如：

化合物	CH_3-CN	$C_2H_5NH_2$	CH_3CHO	C_2H_5OH	HCOOH
沸点/°C	82	16.6	21	78.3	100

腈与水形成氢键，所以在水中溶解度较大，低级腈与水混溶。低级腈能溶解盐类等离子化合物。腈常用做溶剂及萃取剂，其毒性较大，使用时需加强防护。

（二）化学性质

1. 水解

在酸或碱催化下，通过加热可使腈水解成酰胺，继续水解生成羧酸。采用比较温和的水解条件并小心控制可使反应停留在酰胺这一步。

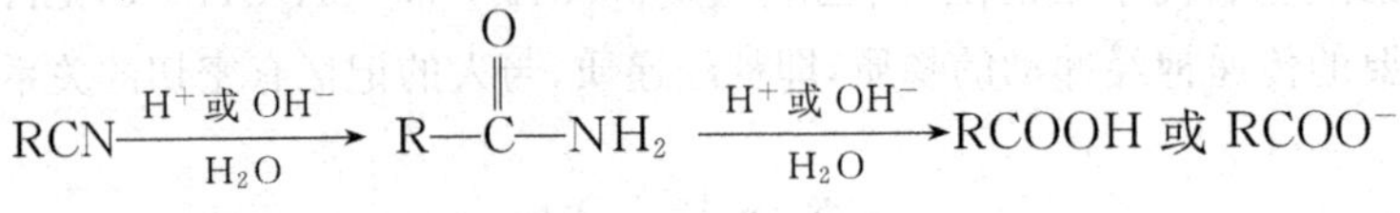

一级酰胺

碱水解历程：

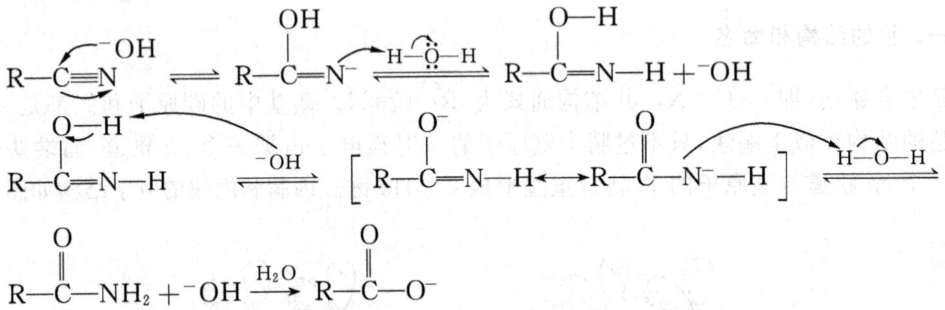

酸水解历程：

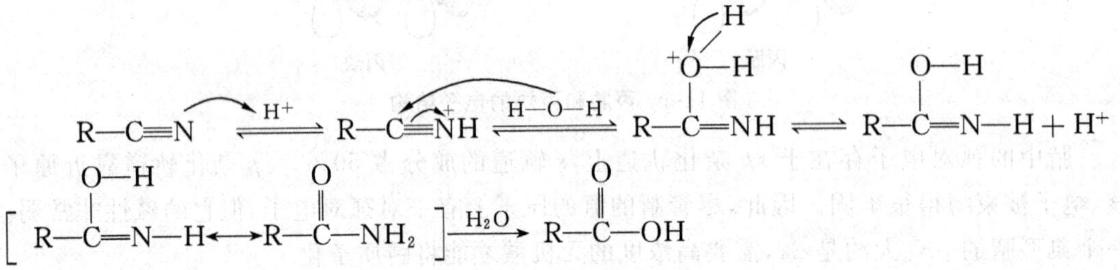

2. 还原

腈可用 $LiAlH_4$、催化氢化还原为伯胺。

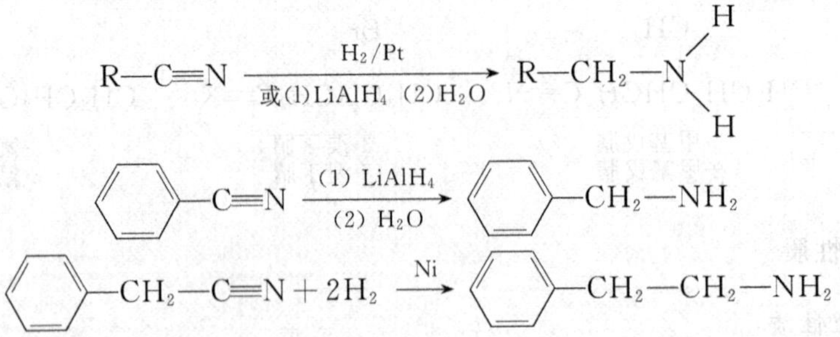

三、腈的制备

1. 酰胺脱水

酰胺脱水是合成腈最常用的方法之一。常用的脱水剂有：五氧化二磷、五氯化磷、三氯氧化磷和亚硫酰氯等。

用亚硫酰氯作脱水剂时，除生成腈外，其他的产物是二氧化硫和氯化氢，因此，产品容易纯化，操作方便。例如：

$$CH_3CH_2CH_2CH_2\underset{}{\overset{C_2H_5}{\overset{|}{C}}}HCONH_2 \xrightarrow[\text{苯,回流}]{SOCl_2} CH_3CH_2CH_2CH_2\overset{C_2H_5}{\overset{|}{C}}HCN$$

用五氧化二磷作脱水剂，将酰胺与五氧化二磷混合均匀后小心加热，反应完成后将腈从混合物中蒸出，产率很高。

$$(CH_3)_2CHCONH_2 \xrightarrow[200℃\sim220℃]{P_2O_5} (CH_3)_2CHCN$$

2. 卤代烃与金属氰化物作用

卤代烃与金属氰化物作用是合成腈的常用方法。为了增加卤代烃的溶解性，反应通常在乙醇中进行。氰化钠是最常用的金属氰化物（参考第六章卤代烃的化学性质）。

$$R—X + NaCN \xrightarrow[\triangle]{\text{乙醇}} R—CN + NaX$$

除了用乙醇作溶剂外，还可采用一些高沸点的溶剂，如乙二醇、二甲基甲酰胺、二甲基亚砜等。金属氰化物除采用氰化钠外，还可采用氰化钾、氰化亚铜等。

随着相转移催化反应研究的发展，卤代烃与金属氰化物的反应，可以借助于相转移催化剂在水溶液中进行。例如，1-溴辛烷与氰化钾水溶液在80℃下反应4小时，生成壬腈，收率达95%以上。

$$C_8H_{17}Br + KCN \xrightarrow[80℃]{\text{冠醚}/H_2O} C_8H_{17}CN + KBr$$

3. 重氮盐与金属氰化物作用

重氮盐与金属氰化物作用，重氮基被氰基取代，生成相应的芳腈（参见本章重氮盐的化学性质）。例如，对硝基苯胺，经重氮化，与氰化亚铜作用生成对硝基苯腈。

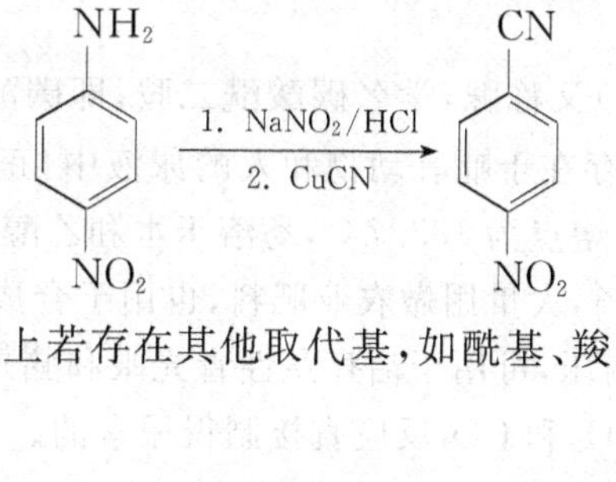

用此法制备芳腈时，苯环上若存在其他取代基，如酰基、羧基、硝基和卤素等，反应不受影响。

4. 烃的氨氧化

烃的氨氧化法合成腈不仅在工业上具有重要的作用，而且也适用于实验室制备某些腈，制备时通常是将烃、氨、空气的混合物通过一定温度的催化剂。例如，邻二甲苯在氧化锑、氧化钨催化下的氨氧化。

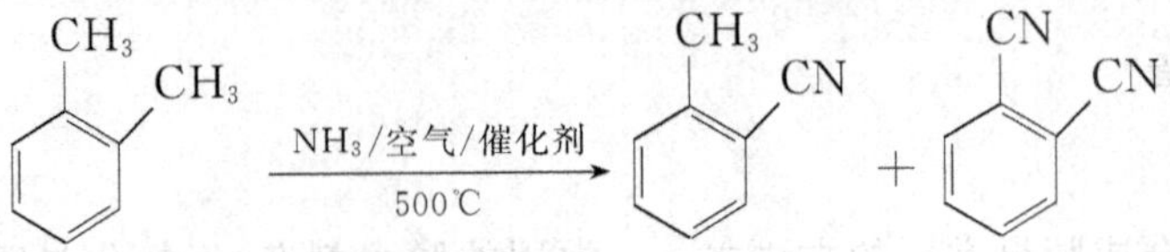

四、重要的腈

（一）乙腈

乙腈又名甲基腈，分子式为 C_2H_3N，结构式为 CH_3CN，熔点为（-43 ± 2）℃，沸点为 81.6℃，为无色透明液体，密度 0.7768g/cm³（25℃/4℃），易挥发，带芳香气味，但久闻则可致嗅觉疲劳而不易感知其存在。乙腈溶于水，也易与乙醇、乙醚、丙酮、氯仿、四氯化碳、氯乙烯等混溶，是实验室常用的溶剂。其水溶液不稳定，可水解为醋酸和氨。

（二）丙烯腈

丙烯腈又名氰基乙烯、乙烯基氰，结构式 $CH_2{=}CHCN$，为无色液体，具有特殊的杏仁气味，沸点为 77.3℃，相对密度 0.8060（20℃/4℃），微溶于水，微溶于水，与水形成共沸混合物，其低浓度水溶液很不稳定。丙烯腈在工业上主要用于腈纶纤维、丁腈橡胶、ABS 工程塑料及丙烯酸酯、丙烯酸树脂的制造等。

（三）偶氮二异丁腈

偶氮二异丁腈又名 2，2′-偶氮二异丁腈、2，2′-二氰基-2，2′-偶氮丙烷、2，2′-偶氮双（2-甲基丙腈），为白色晶体，熔点为 102℃～104℃，不溶于水，可溶于乙醇、乙醚、甲苯和苯胺等。偶氮二异丁腈用做制泡沫塑料和泡沫橡胶的发泡剂（起泡剂 N 或发泡剂 N），也用做自由基聚合（如聚氯乙烯等）的引发剂，可由丙酮、水合肼和氢氰酸或由丙酮、硫酸肼和氰化钠作用再经氧化制得。

第三节　碳酸衍生物和磺胺类药物

一、碳酸衍生物

（一）尿素

尿素（$H_2N{-}\overset{\overset{\displaystyle O}{\|}}{C}{-}NH_2$）又称脲，学名碳酸酰二胺，即碳酸 $HO{-}\overset{\overset{\displaystyle O}{\|}}{C}{-}OH$ 中的两个羟基被氨基取代的产物。尿素存在于哺乳动物和人的尿液中，正常成人每天排泄的尿中约含 30g 尿素。尿素是白色结晶，熔点为 132.7℃，易溶于水和乙醇。尿素的用途很广，它是高效固体氮肥，含氮量高达 46.6%，大量用做农业肥料，也用于合成塑料和药物等。尿素本身也是药物，能降低眼内压和颅内压，可用于治疗急性青光眼和脑外伤引起的脑水肿等疾病。

工业上是在高压下用 NH_3 和 CO_2 反应直接制得尿素的。

$$CO_2+NH_3\xrightarrow[35MPa]{130℃\sim150℃}NH_2CONH_2+H_2O$$

尿素具有一般酰胺的化学性质，但由于分子结构中有两个氨基与一个羰基相连，所以它又有一些特殊的性质。

1. 成盐

尿素有微弱的碱性($pK_b=13.8$)，比一般酰胺的碱性稍强，但其水溶液不能使石蕊试纸变色。尿素能与硝酸、草酸等强酸反应成盐。

$$NH_2CONH_2+HNO_3 \longrightarrow \underset{\text{硝酸脲}}{NH_2CONH_2\cdot HNO_3}\downarrow$$

$$2NH_2CONH_2+HOOC\text{—}COOH \longrightarrow \underset{\text{草酸脲}}{[CO(NH_2)_2]_2\cdot(COOH)_2}\downarrow$$

这些盐都是良好的结晶，不易溶于水和浓的酸溶液中。利用这种性质，可以从尿液中分离出尿素。

2. 水解

尿素和酰胺一样，在酸、碱或酶的作用下发生水解。尿素作为肥料，就是水解出氨之后才能被植物所吸收利用。

$$NH_2CONH_2+H_2O \xrightarrow{\text{酶}} CO_2+2NH_3$$

$$NH_2CONH_2+2NaOH \xrightarrow{\triangle} Na_2CO_3+2NH_3$$

$$NH_2CONH_2+H_2O+2HCl \xrightarrow{\triangle} CO_2+2NH_4Cl$$

3. 与亚硝酸的反应

尿素能与亚硝酸作用定量地放出氮气，此反应可用于亚硝酸或尿素的含量测定。

$$NH_2CONH_2+2HNO_2 \longrightarrow CO_2+3H_2O+2N_2\uparrow$$

4. 酰基化

脲与酰氯或酸酐作用，则生成酰脲。例如，用乙酸酐处理脲，可得乙酰脲或二乙酰脲。

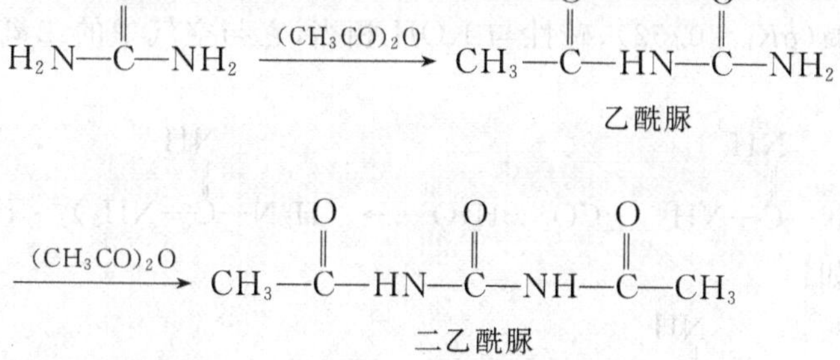

乙酰脲

二乙酰脲

脲与丙二酰氯或丙二酸酯作用，则生成环状的丙二酰脲。例如：

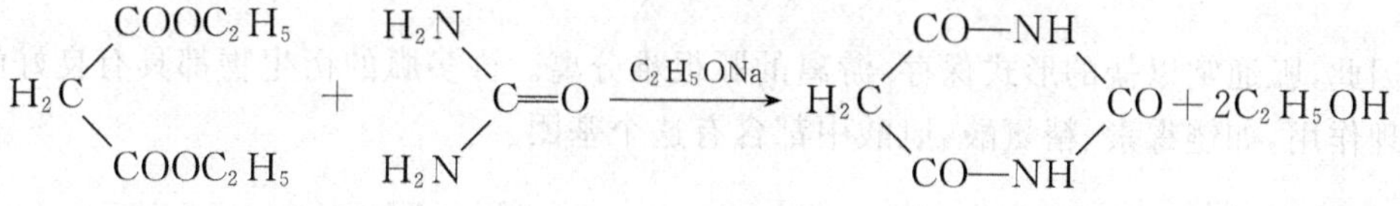

丙二酰脲具有酸性，其酸性($pK_a=3.98$)比醋酸($pK_a=4.75$)强，所以又叫巴比妥酸。丙二酰脲的亚甲基上的两个氢原子被烃基取代后的化合物在临床上具有镇定和催眠的作用，是一类对中枢神经系统起抑制作用的镇静剂和安眠药，总称为巴比妥类药。临床上常见的有苯巴比妥、戊巴比妥和异戊巴比妥等。

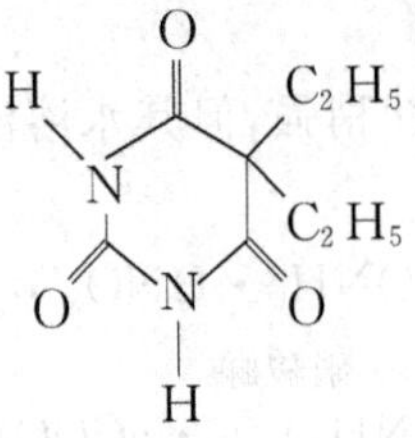

巴比妥

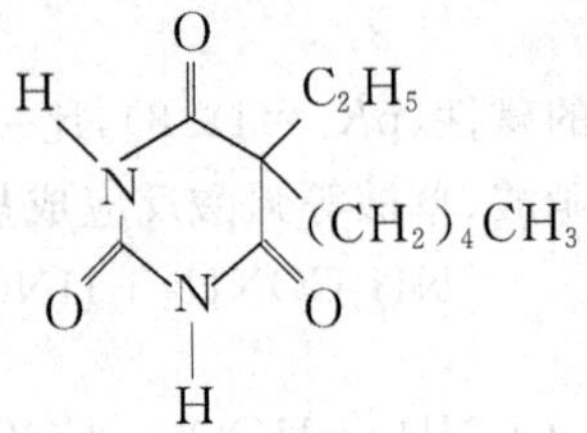

戊巴比妥

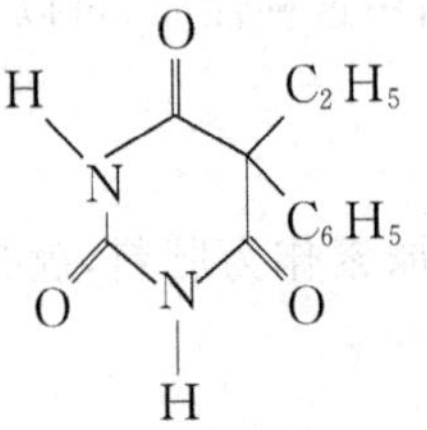

苯巴比妥(鲁米那)

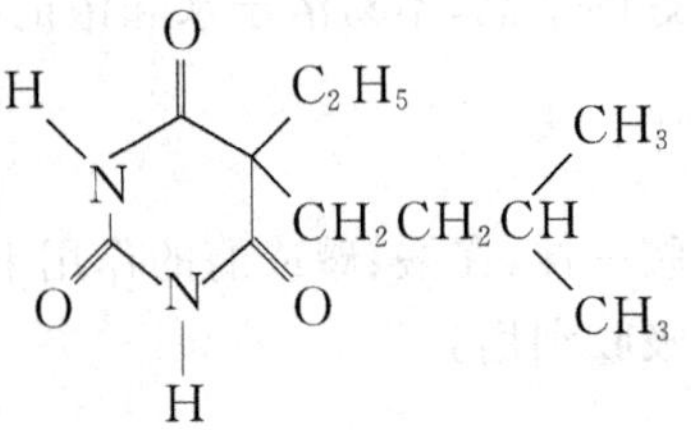

异戊巴比妥

5. 缩合反应

将尿素晶体小心加热到稍高于它的熔点时,两分子尿素间脱去一分子氨生成缩二脲。

$$NH_2CONH_2 + NH_2CONH_2 \xrightarrow{\triangle} NH_2CONHCONH_2 + NH_3$$

在缩二脲的碱溶液中加入很稀的硫酸铜溶液,产生紫红色,这个颜色反应称为缩二脲反应。凡是化合物中含有两个或两个以上酰胺键(—NHCO—)的化合物都有这个反应,所以这个反应是检验蛋白质的重要反应。

(二) 胍

胍可以看成是尿素分子中的氧被亚氨基取代后的化合物,为无色结晶,熔点为 50℃,易溶于水。胍是强碱($pK_b = 0.52$),碱性与 KOH 相当,它与空气中的二氧化碳和水反应,得到稳定的碳酸盐。

$$2H_2N-\overset{\overset{\displaystyle NH}{\|}}{C}-NH_2 + CO_2 + H_2O \longrightarrow (H_2N-\overset{\overset{\displaystyle NH}{\|}}{C}-NH_2)_2 \cdot H_2CO_3$$

胍容易水解。例如:

$$H_2N-\overset{\overset{\displaystyle NH}{\|}}{C}-NH_2 + H_2O \xrightarrow[\triangle]{Ba(OH)_2} CO(NH_2)_2 + NH_3\uparrow$$

因此,胍通常以盐的形式保存,游离的胍很难分离。许多胍的衍生物都具有良好的药理和生理作用,如链霉素、精氨酸、肌酸中都含有这个基团。

二、磺胺类药物

磺酸相当于硫酸的一个羟基被烃基取代的产物。若磺酸的羟基被氨基(—NH_2)取代,得到的产物则是磺酰胺。

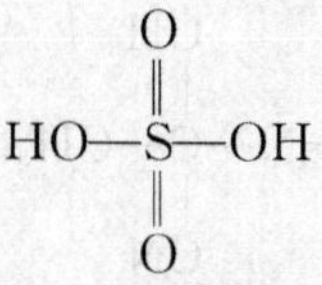
硫酸

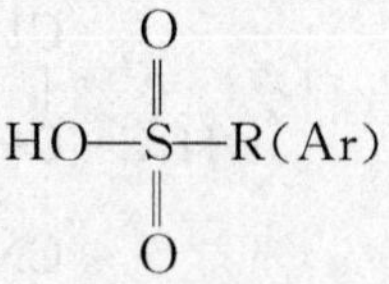
磺酸

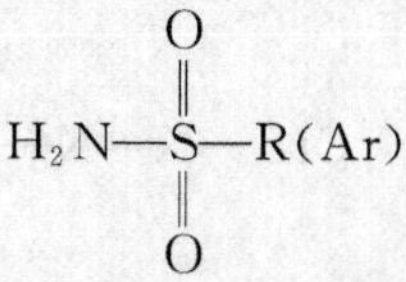
磺酰胺

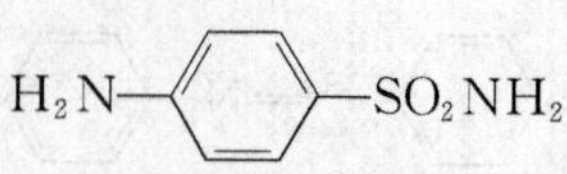
对氨基苯磺酰胺
（磺胺）

苯磺酰胺由于氮原子直接与吸电子能力很强的磺酰基相连，因而具有明显的酸性，能与强碱作用成盐。对氨基苯磺酰胺，简称磺胺，是 20 世纪 30 年代发展起来的一类抗菌药物，也是人类用于预防及治疗细菌感染的第一类化学合成药物。在磺胺的结构中，有两个重要的基团——磺酰氨基（$—SO_2NH_2$）和氨基（$-NH_2$），这两个基团必须处于对位才有抑菌作用。另外，若磺酰氨基中氮上的氢原子被其他基团取代，将会不同程度地增加磺胺药物的抑菌作用；而当氨基中氮上的氢原子被其他基团取代后，将降低甚至丧失其抑菌作用。人们通过对此类化合物构效关系的研究，先后合成了数千种磺酰胺类化合物。下面的化合物就属于常用的磺胺类药物。

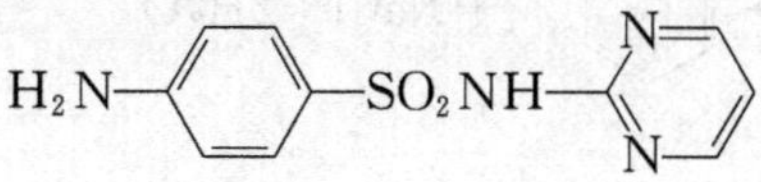
磺胺嘧啶(S. D)

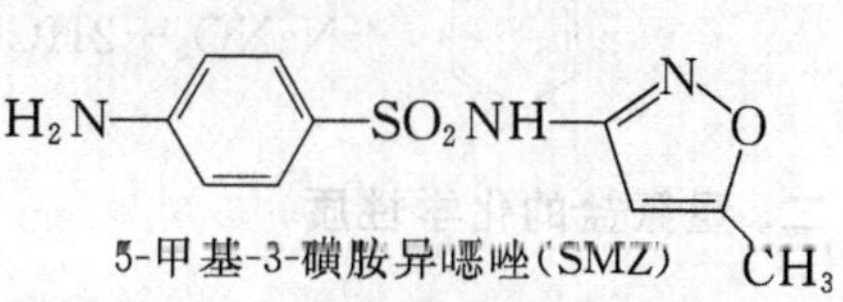
5-甲基-3-磺胺异噁唑(SMZ)
（新诺明）

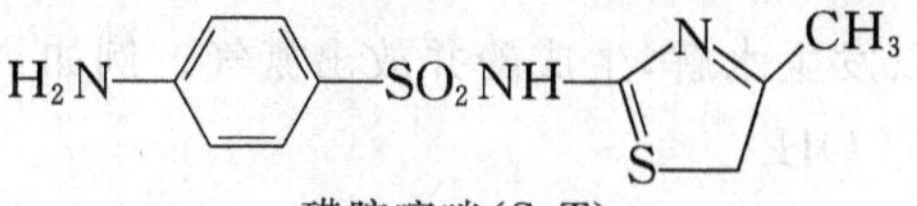
磺胺噻唑(S. T)

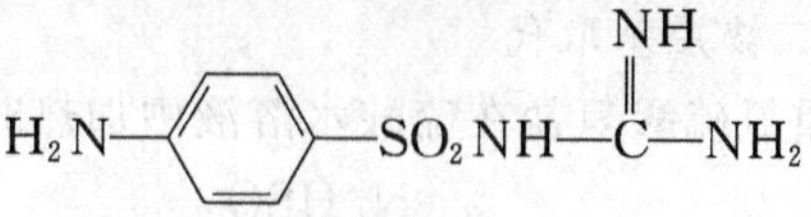
磺胺胍(SG)

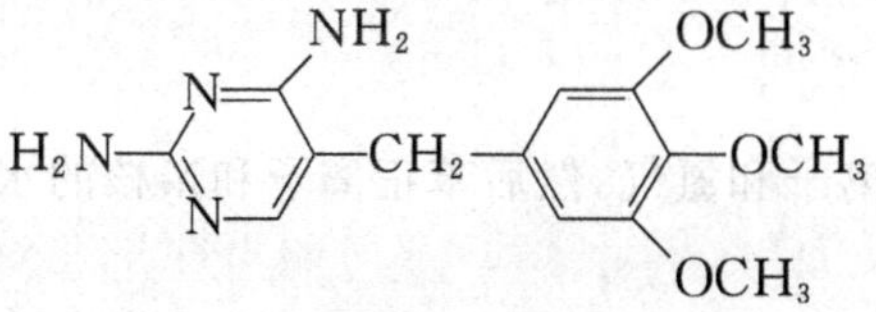
三甲氧基苄氨嘧啶(TMP)

上面结构中的三甲氧基苄氨嘧啶(TMP)本身不属于磺胺类药物，但它常与磺胺类药物合用，这样能增强磺胺类药物的杀菌作用。

随着高效低毒的青霉素类和头孢类抗生素的出现，现在磺胺类药物的用量已大为减少，但其对某些疾病仍具有很好的疗效。

第四节　重氮和偶氮化合物

重氮和偶氮化合物含有相同的原子团 $—N{=}N—$ 。若原子团的一端与烃基相连，另一端与其他原子（非碳原子，CN^- 除外）或基团相连的化合物，被称为重氮化合物。

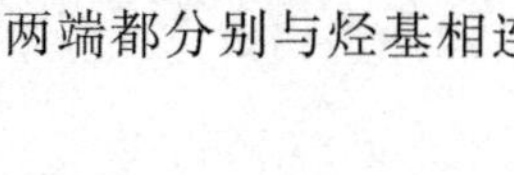
氯化重氮苯（或重氮苯盐酸盐）

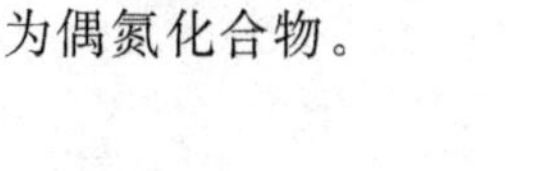
重氮苯硫酸氢盐

该官能团的两端都分别与烃基相连的化合物则称为偶氮化合物。

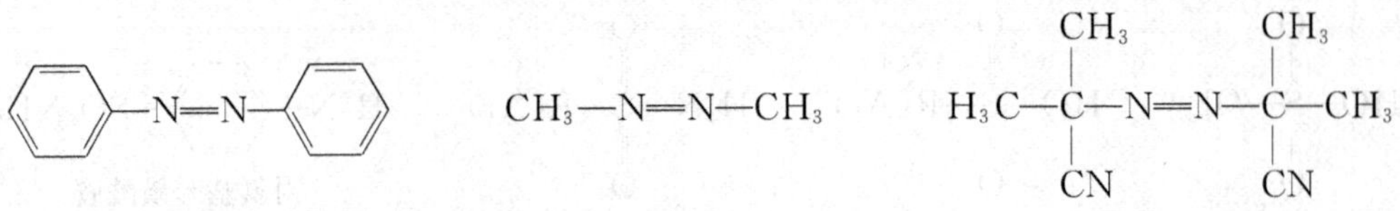

偶氮苯　　　　偶氮甲烷　　　　偶氮二异丁腈

一、重氮化反应

芳香族伯胺在低温和强酸存在下与亚硝酸反应可以生成重氮化合物，这个反应称为重氮化反应。一般重氮化合物在0℃左右的水溶液中可以短时间保存，温度升高则逐渐分解放出氮气。干燥的重氮化合物遇热或撞击容易爆炸。重氮化合物化学性质活泼，能够发生多种化学反应。

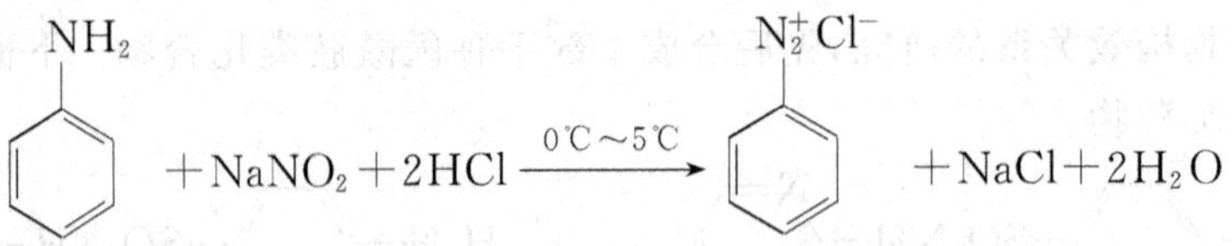

二、重氮盐的化学性质

（一）重氮基的取代反应（放氮反应）

1. 被羟基取代

重氮硫酸氢盐在硫酸水溶液中加热时，可以发生水解，生成酚并放出氮气。例如：

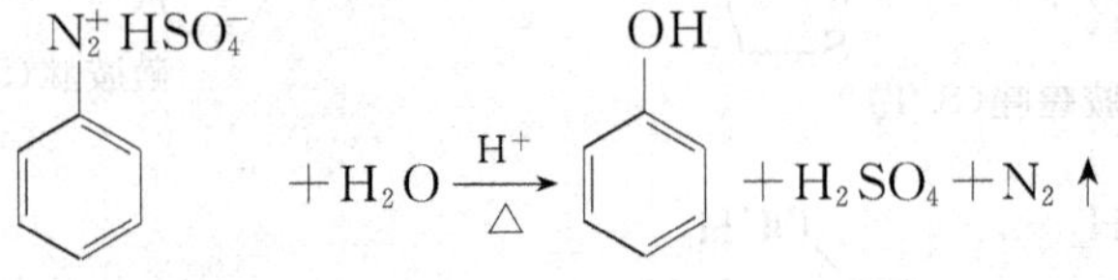

重氮硫酸氢盐

此反应分两步进行，先是重氮盐分解成苯正离子和氮气，然后苯正离子和亲核的水分子结合生成酚。

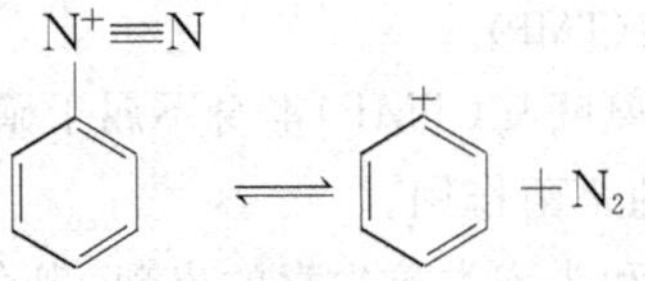

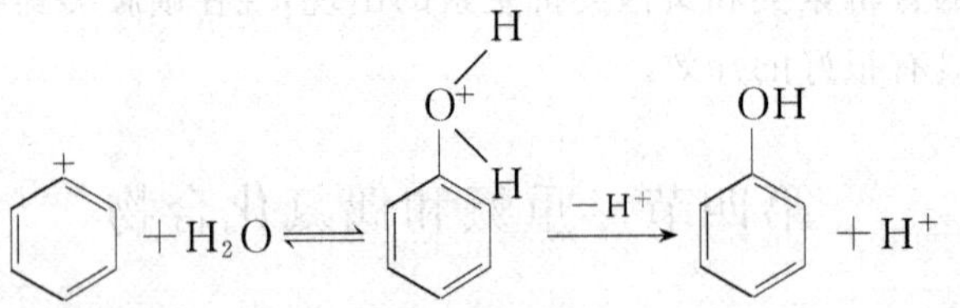

此反应要使用重氮硫酸氢盐，不能使用盐酸重氮盐，因为重氮硫酸氢盐的亲核性比水弱，副产物相对较少，而盐酸重氮盐会生成较多的副产物氯苯，对反应不利。

2. 被卤素取代

在氯化重氮苯的水溶液中加入碘化钾并加热，生成碘苯并放出氮气。

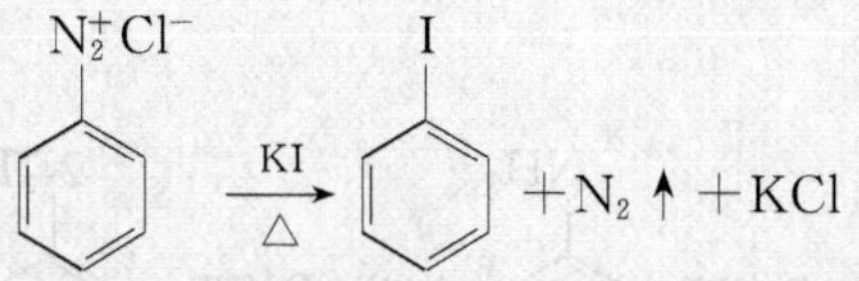

此反应是将碘原子引入苯环的好方法，但很难将氯、溴引入苯环，因为氯离子和溴离子的亲核能力比碘弱。要使氯原子或溴原子取代重氮基，需要在氯化亚铜或溴化亚铜催化下，并且反应混合物需要在氢卤酸溶液中加热完成。

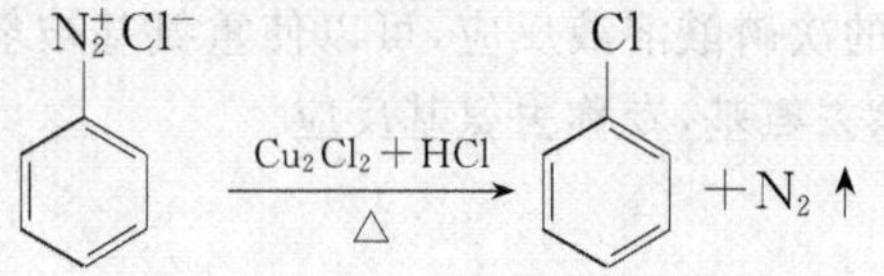

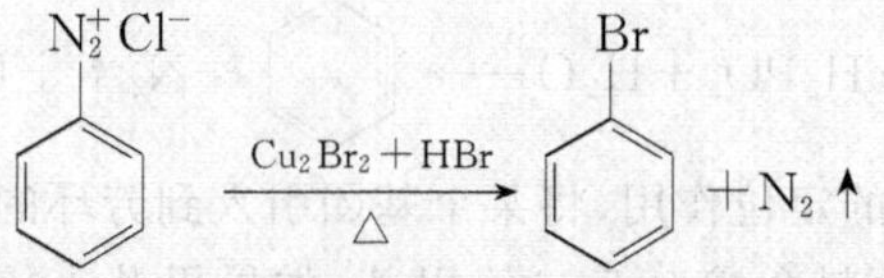

此反应的历程是：首先卤化亚铜与重氮盐形成络合物，加热时，一价铜转移给氮一个电子；然后碳氮键均裂，分解成氮气、苯自由基和二价的卤化铜。苯自由基从二价的卤化铜中夺取一个卤原子，生成卤苯，同时卤化铜又生成卤化亚铜。

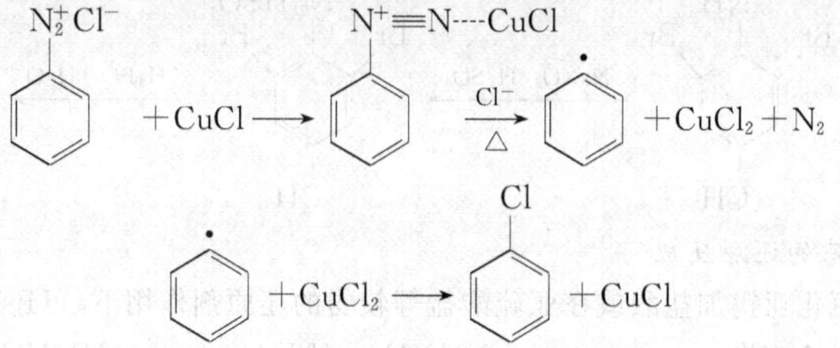

芳香族氟化物的制备可以通过氟硼酸重氮盐来进行，即在制备好的重氮盐里加入冷的氟硼酸盐，生成氟硼酸重氮盐沉淀，经干燥后加热即可分解生成氟化物，这个反应被称为席曼（G. Schiemann，1899—?）反应。

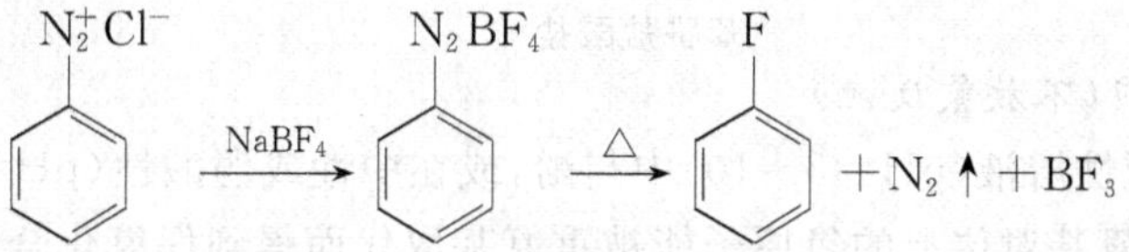

3. 被氰基取代

把重氮盐溶液加到热的氰化亚铜-氰化钾溶液中，重氮基则被氰基取代生成苯腈。这一反应和前面制备氯苯、溴苯的反应都是在亚铜盐催化下进行的，合称为桑德迈尔（T. Sandmeyer，1854—1922）反应。

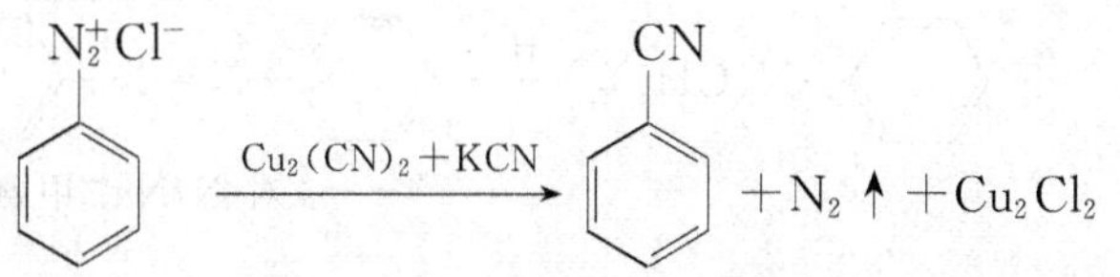

生成的苯腈上的氰基容易水解为羧基，因此可以用这个反应从苯胺合成芳香族的羧酸。

利用桑德迈尔反应可以合成一些通过亲电取代反应难以制备的芳香族化合物，如间二溴苯等。

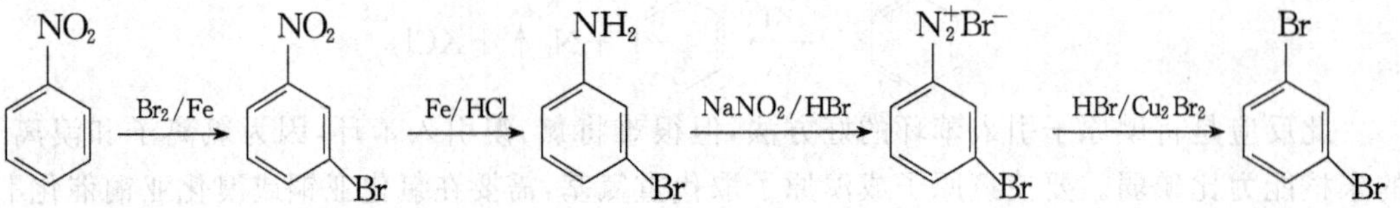

4. 被氢原子取代

重氮盐和具有还原性的次磷酸溶液反应，可以使重氮基被氢原子所取代。由于重氮基来自氨基，故可用此反应除去氨基，专称去氨基反应。

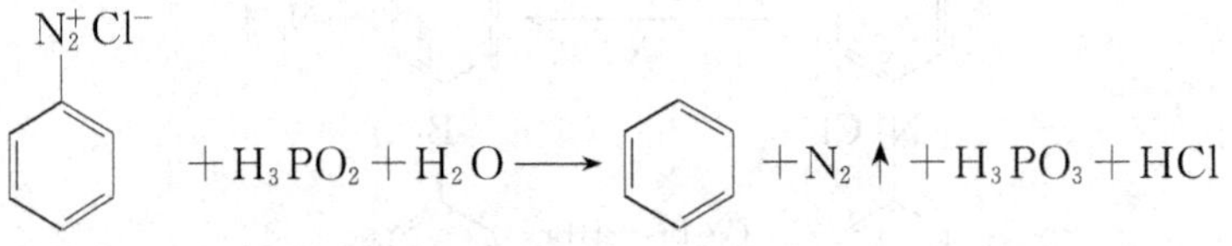

在合成中可利用氨基的定位作用，将某个基团引入到芳环的一定位置上去，然后再把氨基除去。例如，以甲苯为原料合成 3,5-二溴甲苯，如果甲苯直接溴化是不能生成 3,5-二溴甲苯的。然而，从对甲苯胺开始，强活化的氨基将溴引到它的邻位上，再经重氮化移去氨基，生成所需产物。

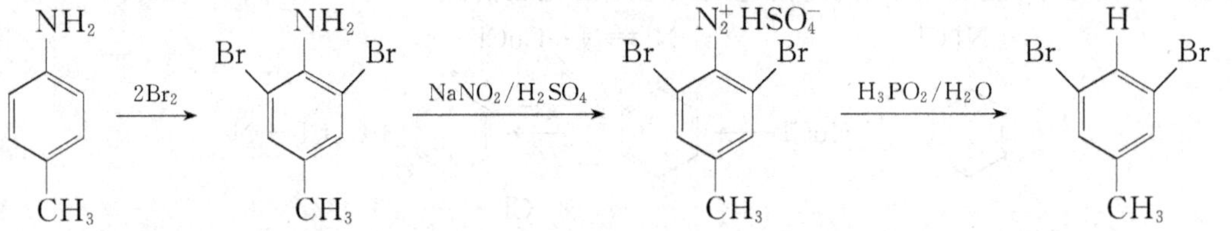

（二）重氮基的还原反应

重氮盐在氯化亚锡加盐酸或在亚硫酸盐等较弱的还原剂作用下，可还原为肼。

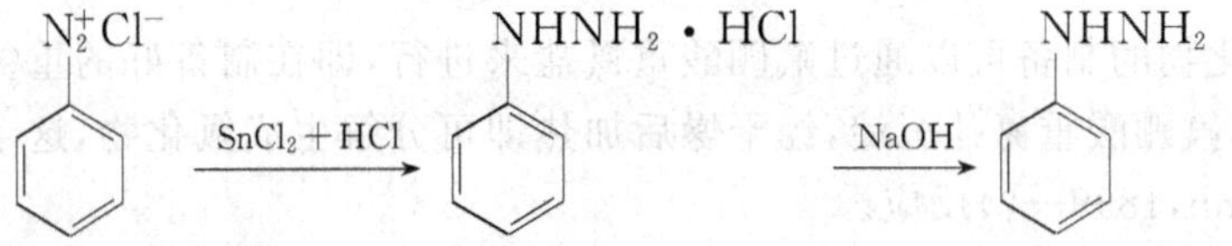

苯肼盐酸盐

（三）偶合反应（不放氮反应）

重氮盐在弱碱性溶液（pH＝8～10）中与酚，或在中性或弱酸性（pH＝5～7）溶液中与芳胺作用时，羟基或氨基对位上的氢原子能被重氮基取代而得到偶氮化合物，这个反应称为偶合反应。偶氮化合物都有颜色。

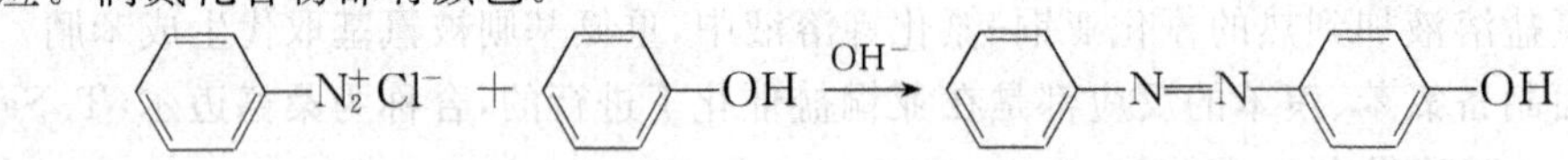

对羟基偶氮苯

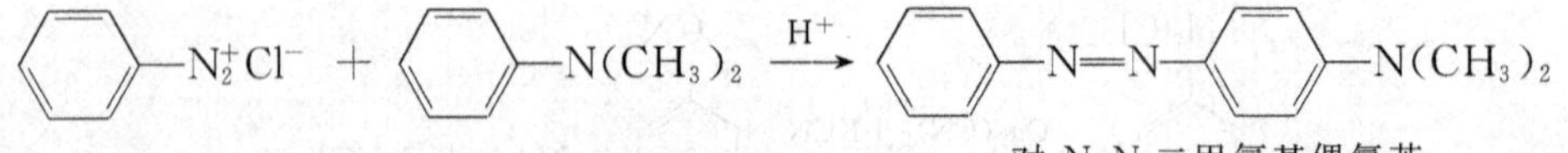

对-N,N-二甲氨基偶氮苯

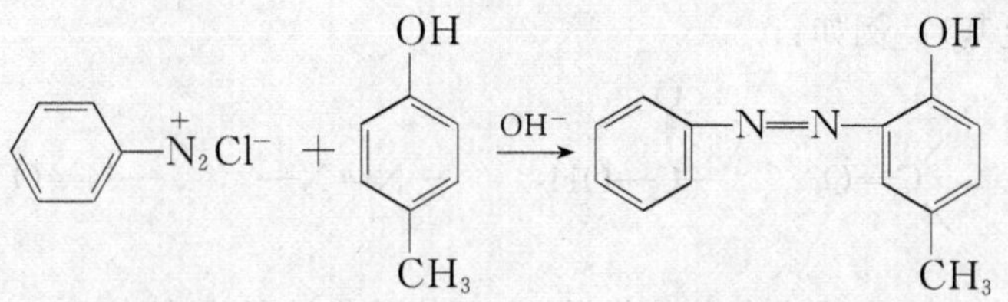

5-甲基-2-羟基偶氮苯

空间位阻使偶合反应主要发生在偶合组分(酚或芳胺)的对位,如果羟基或氨基的对位有取代基占据,则偶合反应发生在邻位。

重氮盐正离子是弱的亲电试剂,存在以下平衡:

$$Ar-\overset{+}{N}\equiv N: \rightleftharpoons Ar-\ddot{N}=\overset{+}{N}:$$

在偶合反应中,由带正电荷的端氮原子进攻苯环,所以偶合反应是亲电取代反应。

三、偶氮化合物和偶氮染料

(一) 物质颜色与结构的关系

太阳光是由不同波长的射线组成的连续光谱(白色光),人眼能见到光的波长在 400～800nm 之间,叫做可见光。不同的物质可以吸收不同波长的光,如果物质吸收的是波长在可见光区域以外的光,那么这些物质就是无色的;如果物质吸收可见光区域内某些波长的光,那么这些物质就是有色的,而它的颜色就是白色光中未被吸收而被反射的光的颜色,即吸收光的互补色。所谓互补色,是指按适当的强度比例混合后能组成白光的两种有色光,如图 11-3 所示。成直线关系的两种光可混合成白光。各种物质的颜色(反射光)与吸收光颜色的互补关系列于表 11-3。

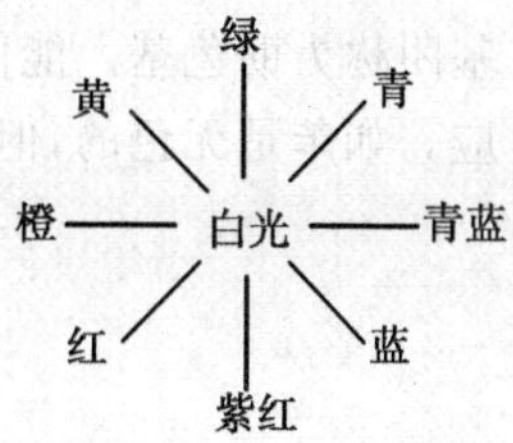

图 11-3 有色光的互补色

表 11-3 物质的颜色(反射光)与吸收光颜色的互补关系

物质吸收的光		反射的光(物质颜色)
波长/nm	颜色	
400～450	紫	黄绿
450～480	蓝	黄
480～490	青蓝	橙
490～500	青	红
500～560	绿	紫红
560～580	黄绿	紫
580～610	黄	蓝
610～650	橙	青蓝
650～760	红	青

有机物分子中可以造成分子在紫外及可见光(200～800nm)区域内有吸收的基团即称

为生色基(或发色基)。例如：

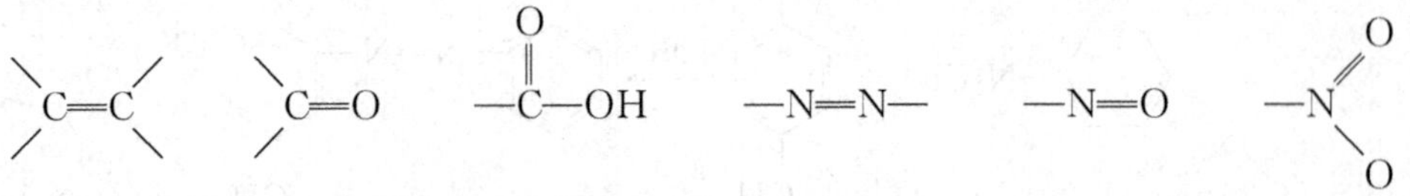

分子中如果只含有一个上述生色基的物质，由于其吸收波长大多在 200～400nm，所以仍显无色。但若有两个或两个以上的生色基共轭，则可以导致吸收波长向长波方向移动。共轭体系越长，则该物质吸收峰所对应的波长就越长，导致了颜色的加深。如联苯胺是无色的，当氧化成醌型结构时，增加了其共轭体系，吸收波长红移到可见光区而显蓝色。

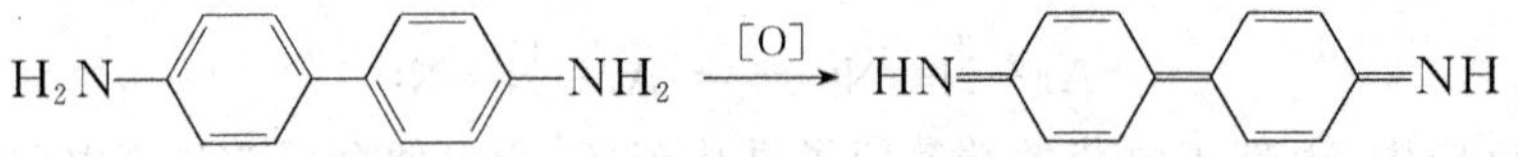

无色　　　　蓝色

有些基团如—OH、—OR、—NH_2、—NHR、—Cl、—Br 等本身的吸收波长在远紫外区，但若把它们引入共轭体系或生色基上，这些基团上未共用的电子对参与共轭，提高了整个分子中 π 电子的流动性，促使化合物吸收波长向长波方向移动，也加深了化合物的颜色。这些基团称为助色基。能使分子对光的吸收波长向长波方向移动的现象称作红移现象或红移效应。如苯是无色的，但在苯环上引入亚硝基时，亚硝基苯就呈黄绿色。

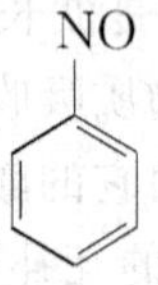

亚硝基苯(黄绿色)

（二）染料和指示剂

染料是一种可以较牢固地附着在纤维上且具有耐光性和耐洗性的有色物质。最早使用的染料都是由自然界取得的，如茜红、靛蓝等。现在使用的染料则都是由芳香或杂环化合物合成的合成染料，其种类繁多，偶氮染料就是其中之一。偶氮染料是分子内具有一个或几个偶氮基的合成染料，它的颜色几乎包括了全部各种颜色，在所有染料品种中偶氮化合物要占半数以上。如用于聚酯纤维染色的分散黄 RGFL，其结构如下：

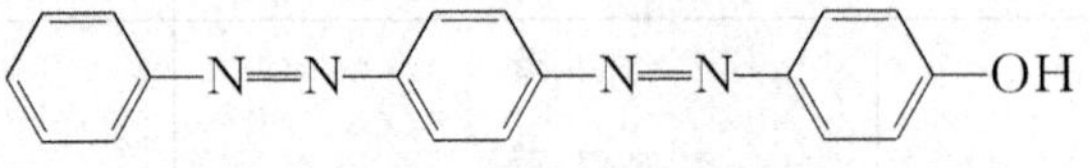

染料除用于纺织品、纸张、皮革、胶片、食品等的染色外，还具有杀菌作用，也可使细菌着色，用于组织染制切片。另外，分析化学中用的指示剂也属于染料，它在不同的 pH 介质中，由于结构的变化而发生颜色的改变。

甲基橙是一种常用酸碱指示剂，在 pH 为 4.4 以上时显黄色，在 pH 为 3.1 以下显红色，处于 3.1～4.4 时则显两者的混合色——橙色。颜色的变化主要是由于在不同 pH 条件下其共轭结构发生了变化。

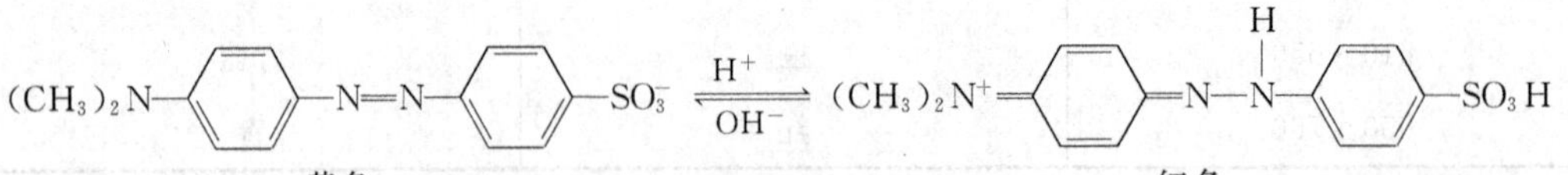

黄色　　　　红色

刚果红又称直接朱红或直接大红 4B，其分子中的共轭体系较大，所以颜色较深。它也是一种常用的指示剂，变色范围的 pH 为 3～5。其结构式为：

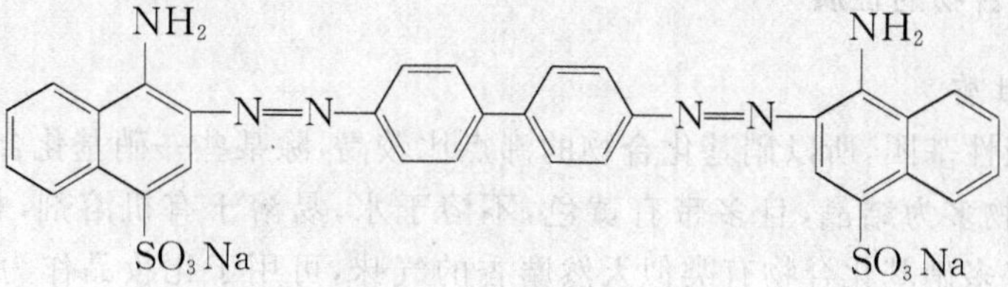

第五节 硝基化合物

一、硝基化合物的命名和结构

由硝酸和亚硝酸可以导出 4 类含氮的有机化合物，结构通式如下：

$HONO_2$ 硝酸	$RONO_2$ 硝酸酯	RNO_2 硝基化合物
$HONO$ 亚硝酸	$RONO$ 亚硝酸酯	RNO 亚硝基化合物

酯和硝基化合物的区别在于，酯分子中与碳原子相连的是氧原子，而硝基或亚硝基化合物中与碳相连的是氮原子。硝基化合物与相应的亚硝酸酯是同分异构体。酯类化合物的命名与有机酸酯的命名方法相同。

CH_3ONO_2 硝酸甲酯	CH_3CH_2ONO 亚硝酸乙酯

硝基或亚硝基化合物从结构上可看做烃的一个或多个氢原子被硝基或亚硝基取代的产物，它们的命名类似于卤代烃，将硝基或亚硝基作为取代基。

CH_3NO_2 硝基甲烷	$CH_3CH_2NO_2$ 硝基乙烷	$CH_3CHNO_2CH_3$ 2-硝基丙烷

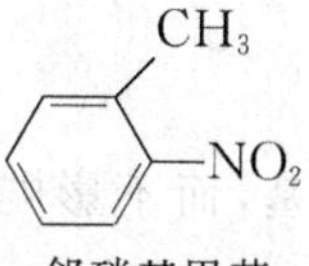

邻硝基甲苯

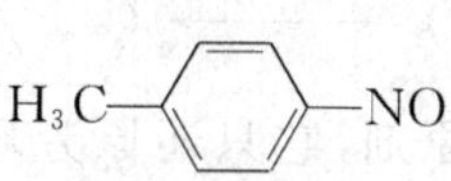

对亚硝基甲苯

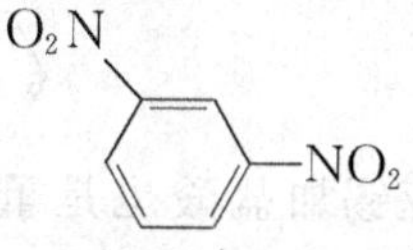

间二硝基苯

硝酸酯和芳香多硝基化合物都有爆炸性，常用做炸药，如三硝酸甘油酯、2,4,6-三硝基甲苯(TNT)和 1,3,5-三硝基苯(TNB)等。

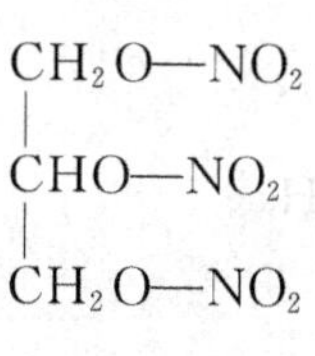

三硝酸甘油酯

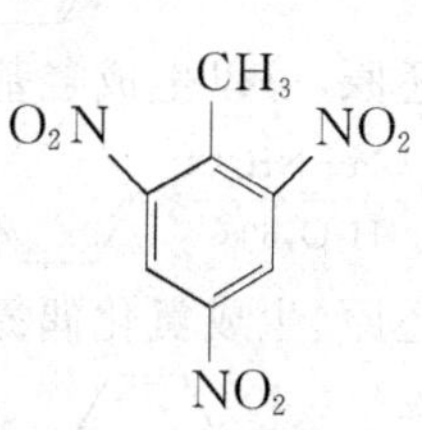

2,4,6-三硝基甲苯

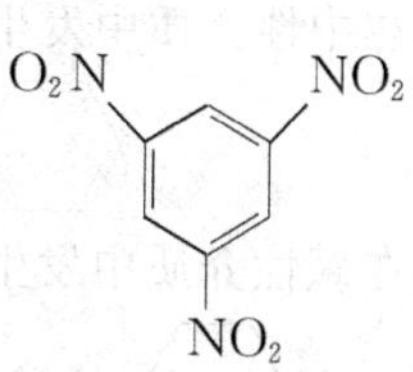

1,3,5-三硝基苯

二、硝基化合物的性质

（一）物理性质

硝基是强极性基团，所以硝基化合物的沸点比较高，除某些一硝基化合物为高沸点液体外，多硝基化合物多为结晶，且多带有黄色，不溶于水，易溶于有机溶剂，相对密度大于1。叔丁基苯的某些多硝基化合物有类似天然麝香的气味，可用于化妆品作为定香剂。芳香硝基化合物能使血红蛋白变形而引起中毒，较多地吸入它们的蒸气或粉尘，或者长期与皮肤接触都能引起中毒。所以，上述含多硝基的人造麝香已被限制使用。

（二）化学性质

1. 脂肪族硝基化合物的酸性

由于硝基的吸电子诱导效应，脂肪族硝基化合物中的 α-氢原子很活泼，这与羰基化合物可以形成烯醇式异构体相似，硝基化合物可以形成假酸式异构体。

$$RCH_2-\overset{\overset{O}{\|}}{N}\rightarrow O \rightleftharpoons RCH=\overset{\overset{OH}{|}}{N}\rightarrow O$$

硝基式　　　　假酸式

所以，含有 α-氢原子的硝基化合物（如 RCH_2NO_2、R_2CHNO_2 等）有弱酸性，可以和碱反应生成盐而溶于碱溶液中。

$$RCH_2NO_2 + NaOH \longrightarrow [RCHNO_2]^- Na^+ + H_2O$$

2. 与羰基化合物的反应

含有 α-氢原子的活泼硝基化合物能和羰基化合物反应。硝基连在叔碳上时，因为没有 α-H，不能与羰基化合物反应。

$$C_6H_5CHO + CH_3NO_2 \xrightarrow{OH^-} C_6H_5CH=CHNO_2$$

3. 还原反应

硝基易被还原，特别是芳香硝基化合物的还原反应有很大的实用意义，在不同的反应条件下可以得到一系列不同的还原产物。在酸性介质中以铁粉还原硝基苯的产物为苯胺，这是工业上制备苯胺的方法。

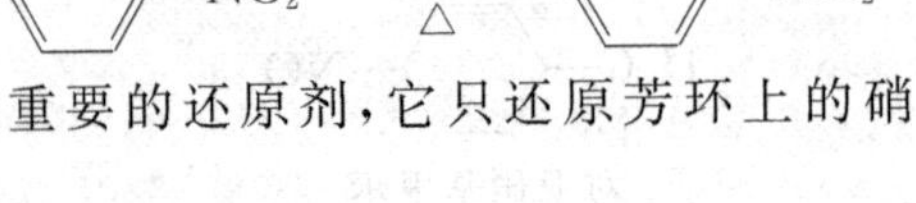

氯化亚锡加盐酸也是重要的还原剂，它只还原芳环上的硝基，而不影响其他基团。例如：

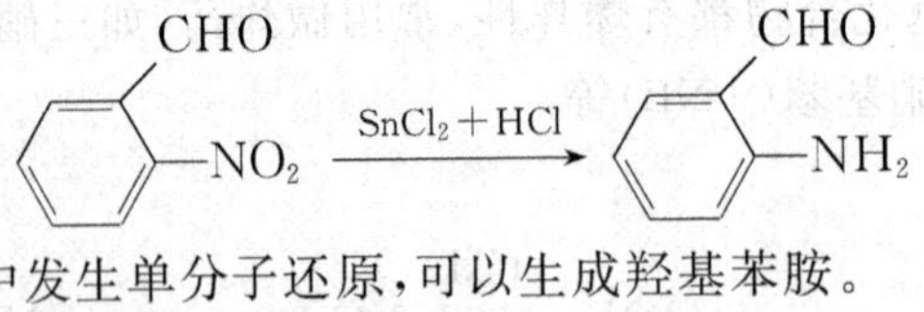

硝基苯在中性介质中发生单分子还原，可以生成羟基苯胺。

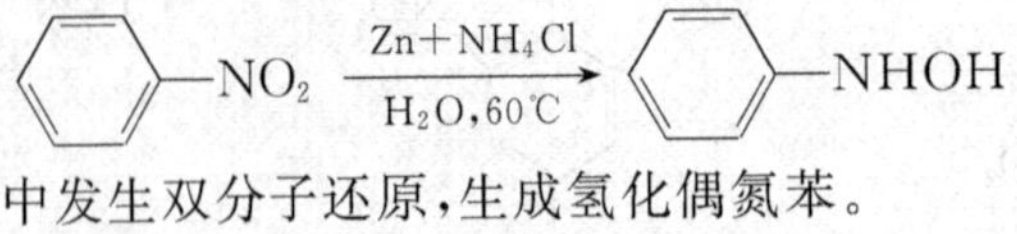

硝基苯在碱性介质中发生双分子还原，生成氢化偶氮苯。

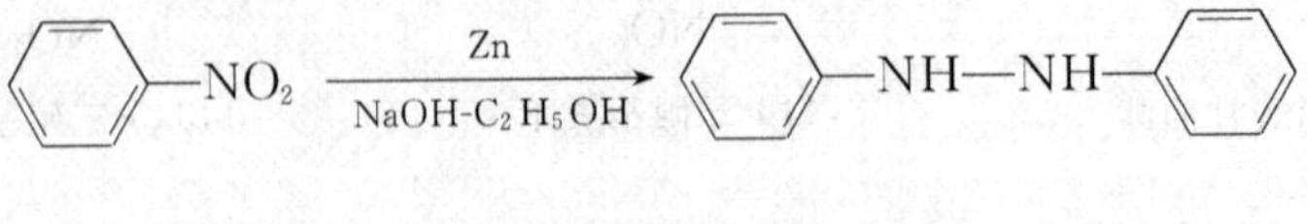

钠或铵的硫化物、硫氢化物或多硫化物，如硫化钠、硫化铵、硫氢化钠、硫氢化铵等，在适当的条件下，可以选择性地将多硝基化合物中的一个硝基还原成氨基，而另一个不变。例如：

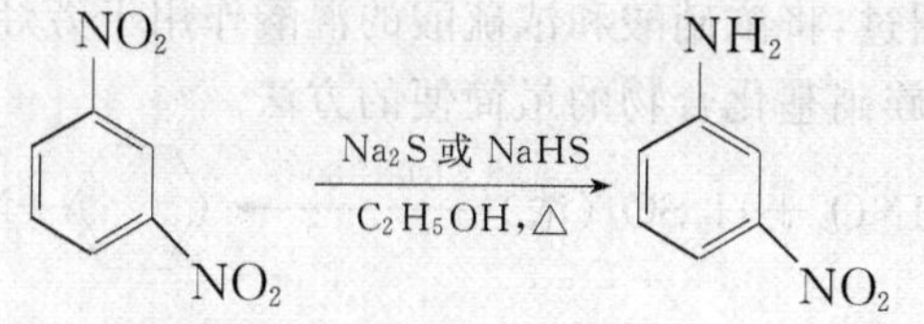

4. 硝基对芳环上邻、对位取代基的影响

(1) 对邻、对位上卤原子的影响。

氯苯上的氯原子不活泼，很难被水解为羟基，但2,4-二硝基氯苯则很容易水解，只要与碳酸钠水溶液煮沸即可水解为2,4-二硝基苯酚。这是由于硝基是强吸电子基团，降低了苯环上的电子云密度，这样与氯相连的碳原子便易于接受亲核试剂的进攻而发生亲核取代反应。

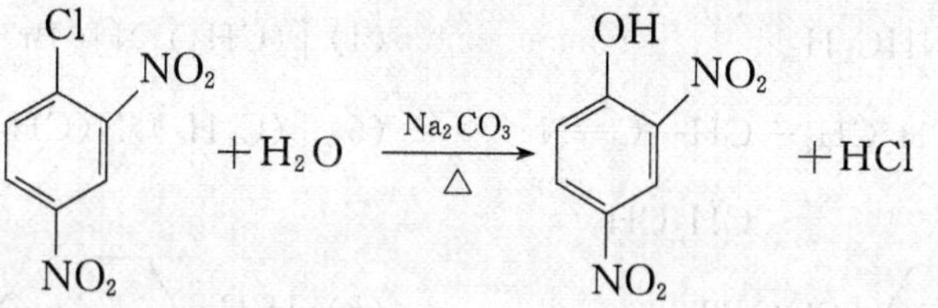

(2) 对酚的酸性的影响。

由于硝基的极强吸电子作用，使得酚羟基上的氢容易解离，从而使得酚的酸性增强。硝基对邻、对位上的酚羟基酸性影响较强，对间位上的酚羟基也有一定的影响，但较弱。例如：

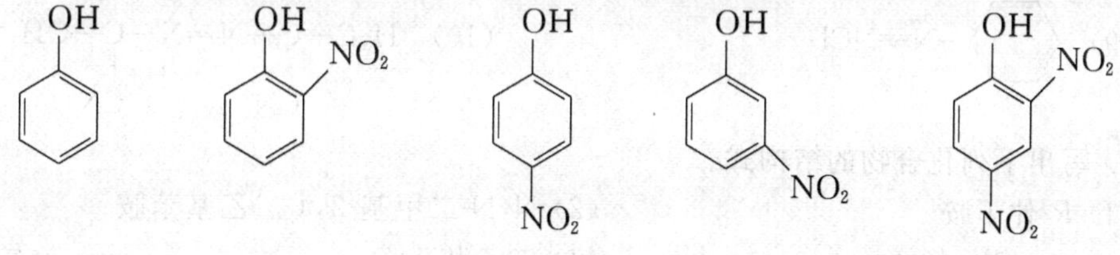

pK_a 9.99 7.22 7.15 8.36 3.96

三、硝基化合物的制备

(一) 烷烃的硝化

脂肪族硝基化合物可以通过烷烃的直接硝化(气相硝化)制取。

$$CH_3CH_2CH_3 + HONO_2 \xrightarrow{400℃} CH_3CH_2CH_2NO_2 + CH_3CHNO_2CH_3 + CH_3CH_2NO_2 + CH_3NO_2$$

(二) 亚硝酸盐的烃化

脂肪族硝基化合物也可以用无机亚硝酸盐和卤代烃进行亲核取代反应制取，得到硝基化合物和烷基亚硝酸酯的混合物。亚硝酸的锂、钠、钾、银盐都可作为反应物，卤代烷可用溴代烷或碘代烷。为防止亚硝基化，反应要在非质子溶剂中进行，一般还要加尿素来清除亚硝基化产物。

$$CH_3CH_2CH_2I + AgNO_2 \longrightarrow \underset{(83\%)}{CH_3CH_2CH_2NO_2} + \underset{(11\%)}{CH_3CH_2CH_2ONO}$$

$$CH_3CH_2Br + NaNO_2 \longrightarrow \underset{(60\%)}{CH_3CH_2NO_2} + \underset{(30\%)}{CH_3CH_2ONO}$$

（三）芳烃的硝化

在芳香烃一章已介绍过，将浓硝酸和浓硫酸的混酸作用于芳烃，可得到带有硝基的芳香族化合物，这是制取芳香族硝基化合物的最简便的方法。

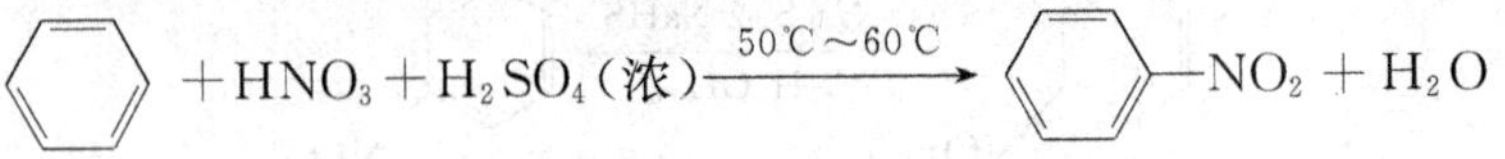

习　　题

1. 用系统命名法命名下列化合物。

(1) $NH_2CH_2(CH_2)_3CH_2NH_2$

(2) 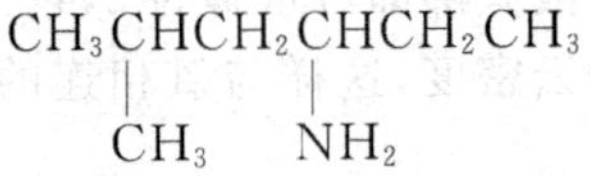

(3) 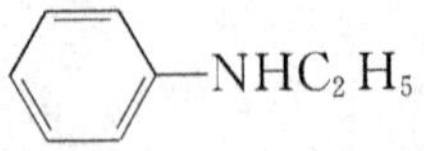

(4) $[(CH_3)_4N]^+Br^-$

(5) 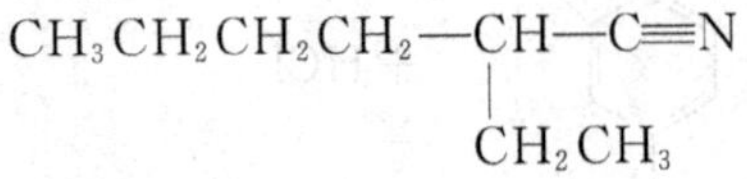

(6) $[(C_2H_5)_2N(CH_3)_2]^+OH^-$

(7) 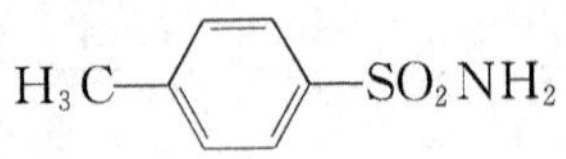

(8) 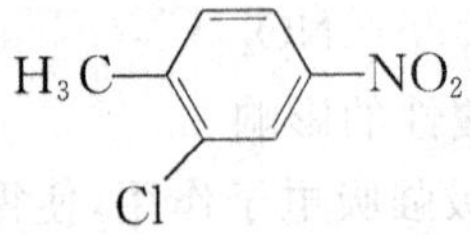

(9) 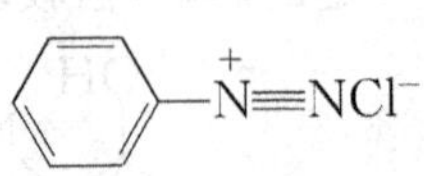

(10) 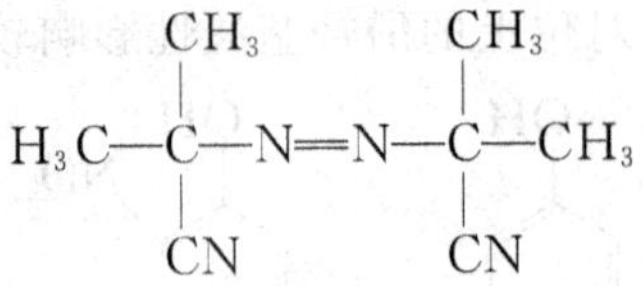

2. 写出下列化合物的结构式。

(1) *R*-仲丁胺　　(2) N,N-二甲基-2,4-二乙基苯胺

(3) 乙二胺　　(4) 二乙胺

(5) 苄胺　　(6) 丙烯腈

(7) 碘化四乙铵　　(8) 对氨基苯磺酰胺

(9) 乙酰胆碱　　(10) 胍

(11) TNT　　(12) β-萘胺

3. 将下列化合物按沸点从低到高的顺序排列。

丙胺、丙醇、甲乙醚、甲乙胺

4. 写出下列体系中可能存在的氢键。

(1) 纯的二甲胺　　(2) 二甲胺的水溶液

5. 将下列化合物按碱性强弱排列。

(1) NH_3， 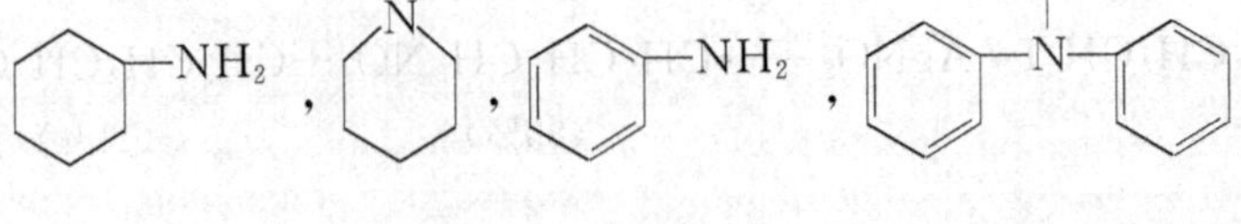

(2) $CH_3CH_2NH_2$，CH_3CONH_2，NH_2CONH_2，$[(CH_3)_4N]^+OH^-$，NH_3

(3) 对氯苯胺、对甲基苯胺、对硝基苯胺、苯胺

6. 写出下列反应的主要产物。

(1) $CH_3COCl + CH_3CH_2NHCH_3 \longrightarrow$

(2) 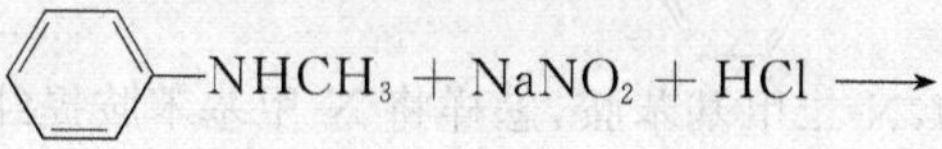

(3) 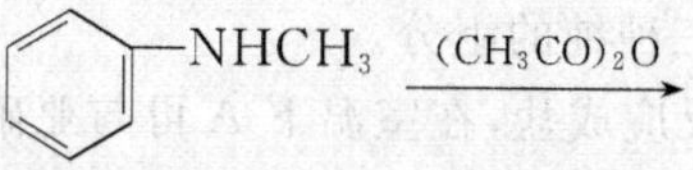

(4) 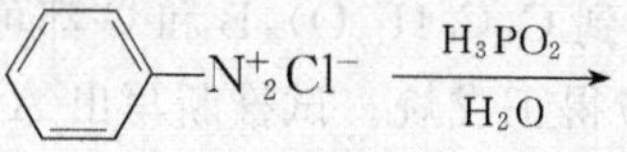

(5) 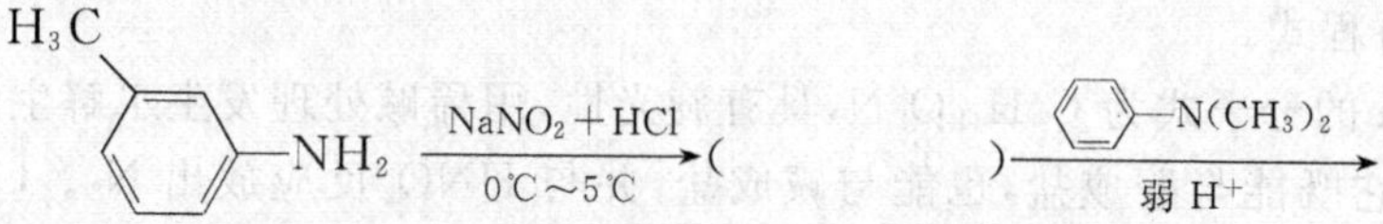

(6) 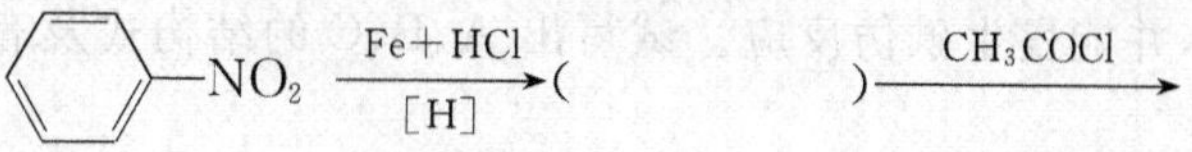

(7) 

(8) 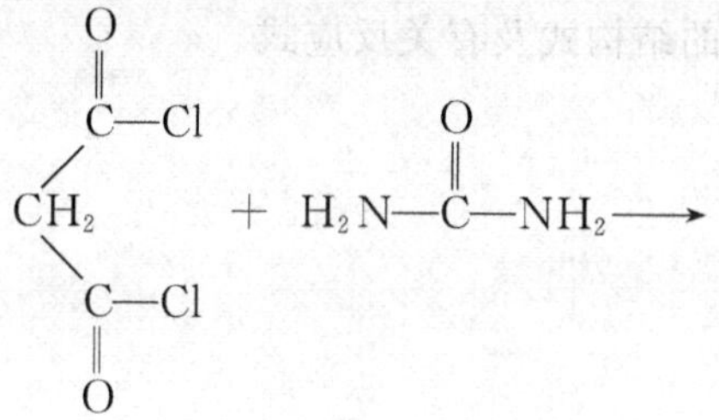

(9) $CH_3CH_2CN \xrightarrow[\triangle]{H^+/H_2O}$

(10) 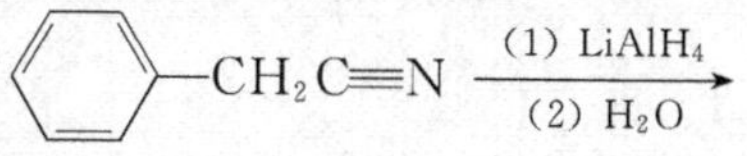

7. 用化学方法鉴别下列各组化合物。

(1) 乙胺、二乙胺、三乙胺

(2) 邻甲苯胺、N-甲基苯胺、苯甲酸、邻羟基苯甲酸

(3) N-甲基乙胺、乙酰胺、尿素

(4) 苯胺、苯酚、苯甲醇、苯甲醛

8. 由指定原料合成产物(其他试剂任选)

(1) 由苯合成 1,3,5-三溴苯

(2) 由乙醇合成 2-氨基丁烷

(3) 由甲苯合成 4-甲基-2,6-二溴苯酚

(4) 由苯制备对硝基苯胺

(5) 由 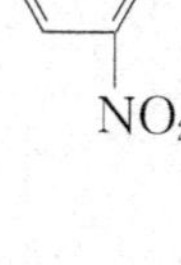 合成 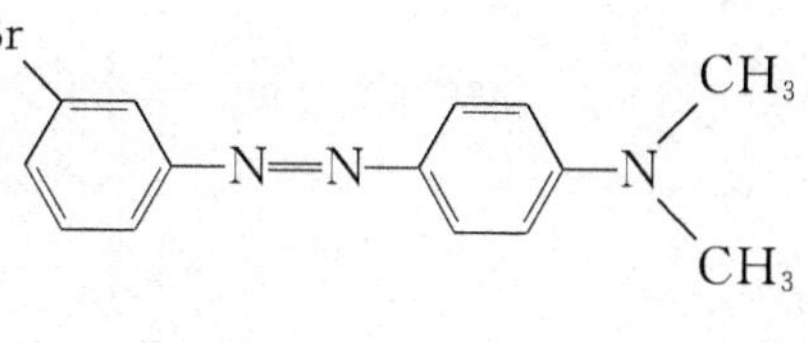

(6) 由 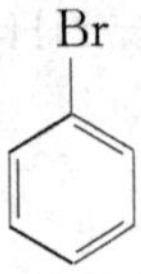 和 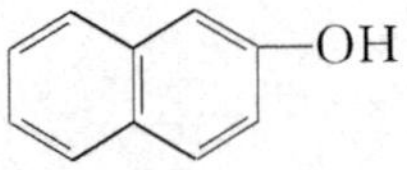 合成 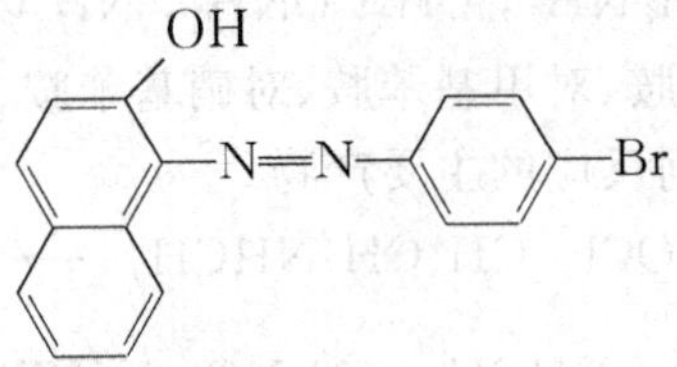

9. N-甲基苯胺中混有少量苯胺和 N,N-二甲基苯胺,怎样将 N-甲基苯胺提纯?

10. 将苄胺、苄醇和对甲苯酚的混合物分离为三种纯的组分。

11. 化合物 A 的分子式为 $C_5H_{13}N$,A 与盐酸反应成盐,在室温下 A 可与亚硝酸反应放出 N_2,并得产物之一 B($C_5H_{12}O$),B 经 $KMnO_4$ 氧化得到 C($C_5H_{10}O$),B 和 C 都可发生碘仿反应,C 与托伦试剂不反应,但 C 与锌-汞齐浓盐酸反应得正戊烷。试推断写出 A、B、C 的结构式及有关反应方程式。

12. 化合物 A 的分子式为 $C_5H_{11}O_2N$,具有旋光性,用稀碱处理发生水解生成 B 和 C。B 也具有旋光性,它既能与酸成盐,也能与碱成盐,并与 HNO_2 反应放出 N_2。C 没有旋光性,能与金属钠反应放出氢气,并能发生碘仿反应。试写出 A、B、C 的结构式及有关反应方程式。

13. 某化合物,分子式为 C_6H_7N(A),具有碱性。A 的盐酸盐与亚硝酸在 0℃～5℃作用生成化合物 $C_6H_5N_2^+Cl^-$(B)。在碱性溶液中,化合物(B)与苯酚作用生成具有颜色的化合物 $C_{12}H_{10}ON_2$(C)。试写出(A)、(B)和(C)的结构式及有关反应式。

第十二章　杂环化合物和生物碱

杂环化合物在生物体系中特别重要，绝大部分有生理活性的有机分子都含有各种杂环结构，现已发现的杂环化合物约占全部已知有机化合物的65%以上，并广泛应用于医药、农药、染料、生物模拟材料、超导材料、分子器件、储能材料等领域。

生物碱广泛分布于植物中，基本上是含氮的杂环，是许多中草药的有效成分，具有良好的生理功能。

第一节　杂环化合物

环状有机化合物中，组成环系结构的原子除碳原子外，还含有其他元素原子的化合物称为杂环化合物。碳原子以外的其他原子统称为杂原子，常见的有氧、硫、氮。从广义上说，许多有机化合物都含有杂环结构，如内酯、内酰胺、交酯等，但它们都容易破环形成开链化合物，它们的性质与脂肪族化合物相似，所以习惯上不把它们归入杂环化合物。本节所讨论的是环系比较稳定，且具有一定芳香性的杂环体系，即所谓的芳(香)杂环化合物。

杂环化合物数目庞大，天然或合成的都很常见。如动植物体内具生理作用的血红素、核酸、叶绿素、维生素、抗生素和生物碱等都属于杂环化合物，临床使用的药物中约有三分之二含有杂环结构，它已成为有机化学研究中的一个重要分支——杂环化学。

一、杂环化合物的分类和命名

杂环化合物通常按其骨架进行分类，以环的形式可分为单杂环和稠杂环两大类。五元和六元杂环是最常见的单杂环，稠杂环则由苯与单杂环或由两个以上单杂环稠合而成，参见表12-1。

表12-1　常见杂环化合物的名称和结构

分类		常见的杂环化合物
单杂环	五元	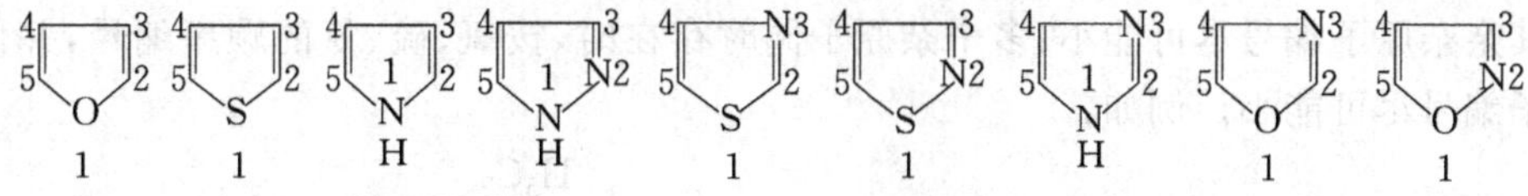 呋喃　噻吩　吡咯　吡唑　噻唑　异噻唑　咪唑　噁唑　异噁唑
	六元	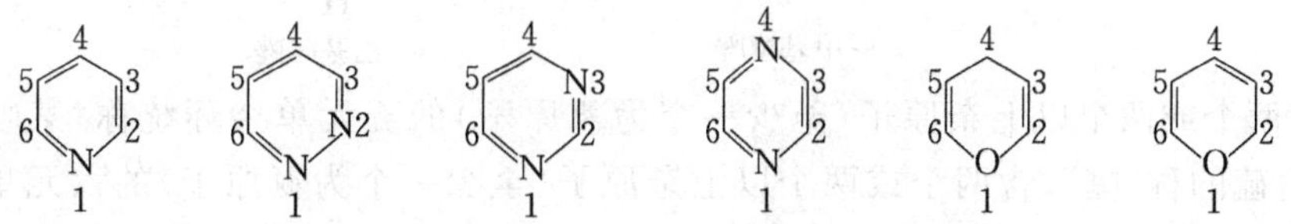 吡啶　哒嗪　嘧啶　吡嗪　4*H*-吡喃　2*H*-吡喃

分类		常见的杂环化合物			
稠杂环	五元	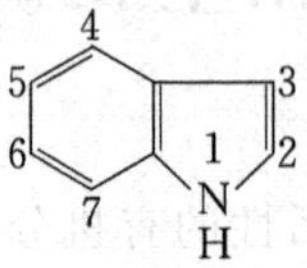 吲哚	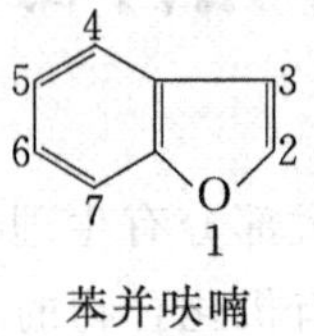 苯并呋喃	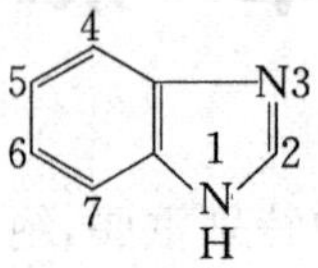 苯并咪唑	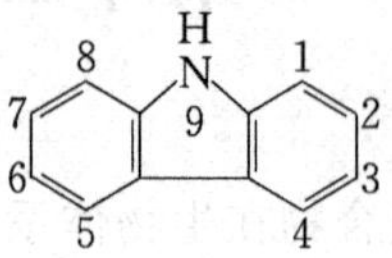 咔唑
	六元	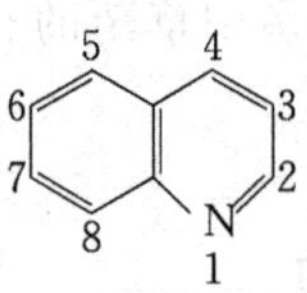 喹啉	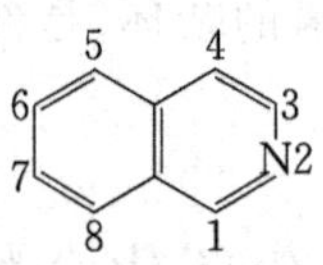 异喹啉	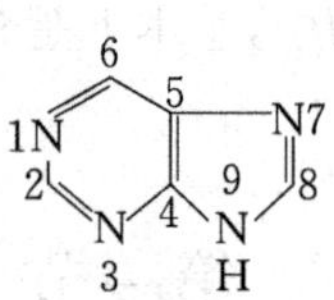 嘌呤	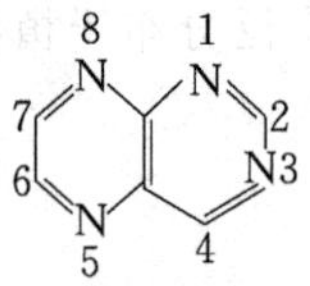 蝶啶
		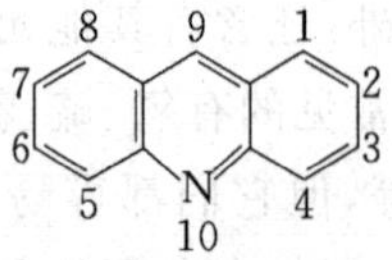 吖啶	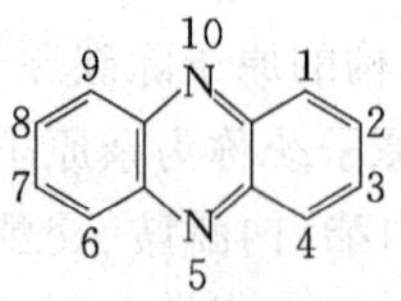 吩嗪	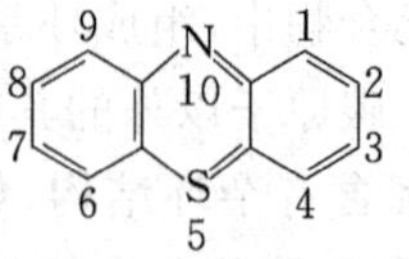 吩噻嗪	

杂环化合物的命名多采用音译法，即按外文名称译音，选用同音汉字加“口”字旁，表示为杂环化合物。命名时一般遵循以下规则：

含一个杂原子的单杂环，杂原子编为1号，若以希腊字母编号，则杂原子的邻位为α和α′位，其次为β和β′位等。例如：

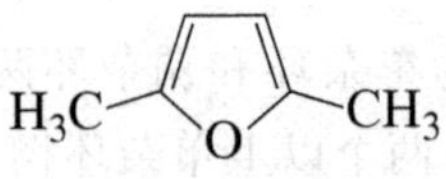

2,5-二甲基呋喃

（α,α′-二甲基呋喃）

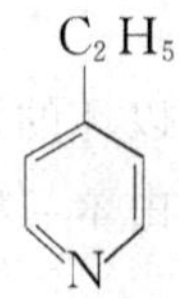

4-乙基吡啶

（γ-乙基吡啶）

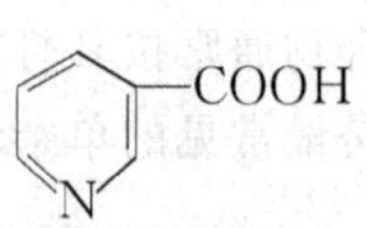

3-吡啶甲酸（烟酸）

（β-吡啶甲酸）

含两个或两个以上相同杂原子的单杂环，连有氢原子或取代基的杂原子编为1号，并使其余杂原子编号尽可能小；多个杂原子同时存在时，按氧、硫、氮的顺序编号，并使其余杂原子编号尽可能小。例如：

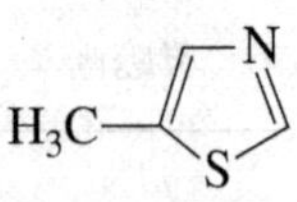

5-甲基噻唑

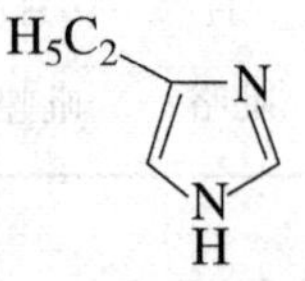

4-乙基咪唑

含两个或两个以上杂原子（至少一个为氮原子）的五元单杂环统称“某唑”；含氧的称“噁”；含硫的称“噻”，含两个或两个以上杂原子（至少一个为氮原子）的六元单杂环大多称“某嗪”。例如：

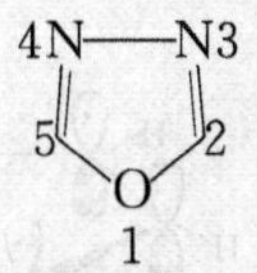

1,3,4-噁二唑

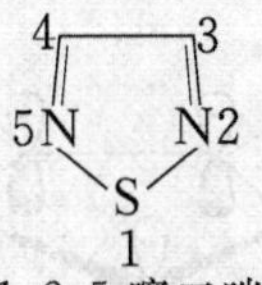

1,2,5-噻二唑

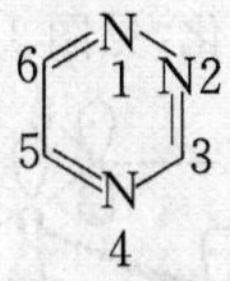

1,2,4-三嗪

稠杂环编号较复杂，通常从一端开始，依次编号一周（共用碳一般不编号），并尽可能使杂原子号小（参见表 12-1 中吲哚、苯并呋喃、苯并咪唑、喹啉、蝶啶），不同杂原子仍按氧、硫、氮的顺序（参见表 12-1 中吩噻嗪）；有些稠杂环按相应的环烃编号，此时杂原子编号为最大（参见表 12-1 咔唑、吖啶）；嘌呤的命名是特例，其共用碳参与编号，且编号顺序也很特殊（参见表 12-1 嘌呤）。

杂环若除已含有最多数目的非聚集双键外，还含有饱和的氢原子，则该氢原子称为“指示氢”或“标氢”，其不同异构体的指示氢位号用斜体大写字母“*H*”作词首来表示。例如：

2*H*-吡咯

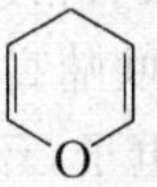

4*H*-吡喃

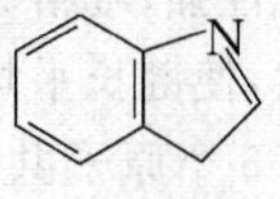

3*H*-吲哚

杂环若尚未含有最大可能数目的非聚集双键，这样的饱和氢原子为外加氢，命名时需标明加氢的位置、数目，全部饱和的可省略位次。例如：

2,5-二氢吡咯

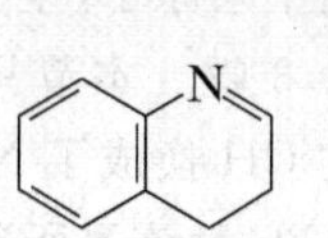

3,4-二氢喹啉

杂环母环名称和编号确定后，即可参照芳环化合物的命名规则，将环上的其他取代基的位置、数目、名称列于母体名称前，有时也可将杂环作为取代基来命名。例如：

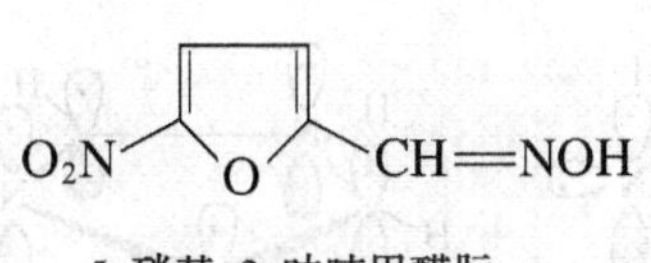

5-硝基-2-呋喃甲醛肟

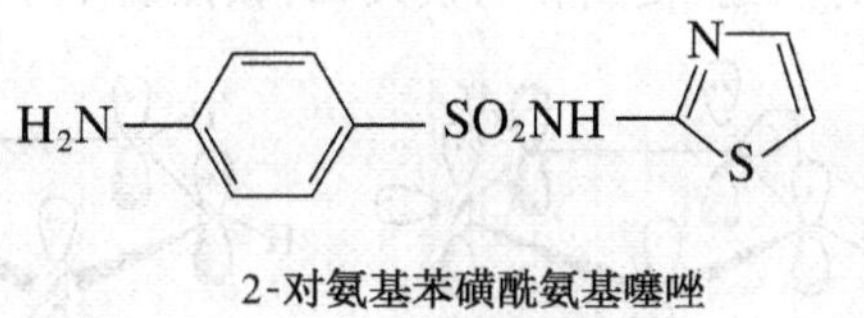

2-对氨基苯磺酰氨基噻唑

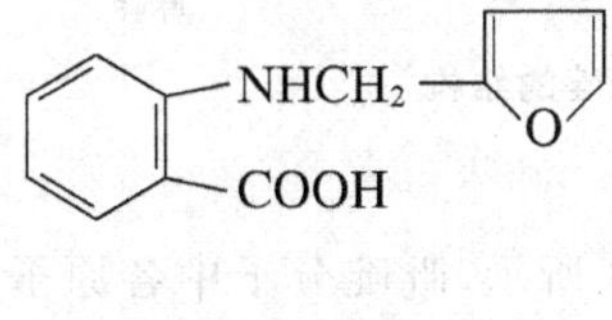

2-（2-呋喃甲基）氨基苯甲酸

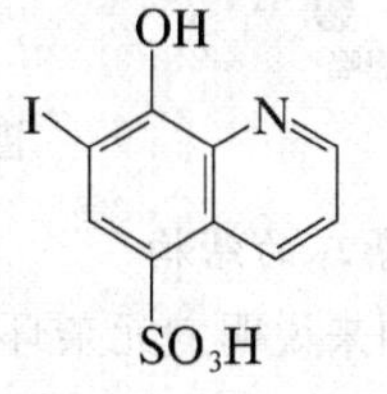

8-羟基-7-碘喹啉-5-磺酸

二、杂环化合物的结构与芳香性

（一）含一个杂原子的五元杂环的结构

呋喃、噻吩、吡咯是一类重要的五元杂环化合物。测定表明，这三种化合物都为平面结构，碳原子和杂原子均以 sp^2 杂化轨道互相连接成 σ 键；每个碳原子都有一个未杂化的带一个单电子的 p 轨道，杂原子的未杂化 p 轨道中有两个电子，它们互相平行，共同组成一个环状闭合的 p-π（6 电子）共轭体系，符合休克尔规则，因此三者都具有芳香性，易进行亲电取代反应，较难加成和氧化，见图 12-1。

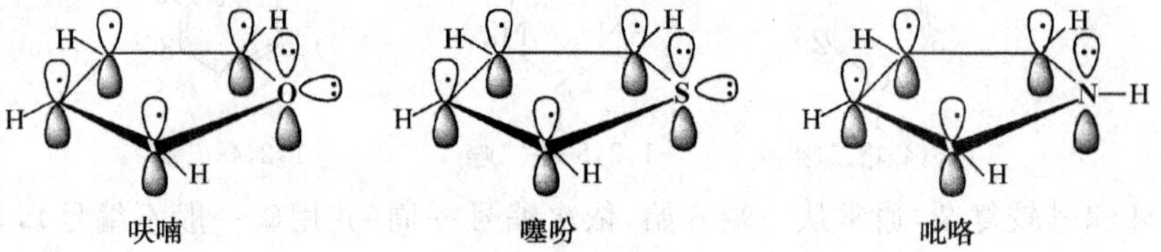

图 12-1　呋喃、噻吩、吡咯的结构

虽然呋喃、噻吩、吡咯都具有芳香性，但由于杂原子的存在，它们并不等同于苯，而具有自身结构的特点：

(1) 键长一定程度平均化，有别于苯的完全平均化，故芳香性较苯差。

(2) 三者芳香性强弱顺序是：噻吩＞吡咯＞呋喃。噻吩中硫原子体积大，环内键角张力最小，稳定性高，芳香性强；吡咯、呋喃环内张力相近，但吡咯中氮原子电负性小，孤对电子向环上离域的程度较大，使键长平均化程度较呋喃高，故芳香性强于呋喃。

(3) 五元杂环为 5 个原子共享 6 个 π 电子，环上电子云密度较苯高，称为富电子芳杂环，性质比苯活泼，易发生亲电取代反应，尤其是在 α 位。

(二) 含两个杂原子的五元杂环的结构

五元杂环中含有两个杂原子(至少一个为氮原子)的体系称为唑，根据杂原子位置的不同又可分为 1,2-唑和 1,3-唑。本节只介绍噻唑、吡唑和咪唑，它们可分别看成是噻吩或吡咯环上 2 位或 3 位上的 CH 换成了 N 原子。此 N 原子也以 sp^2 杂化轨道成键，孤对电子占据的是一个 sp^2 杂化轨道，为该氮所独有，未杂化的 p 轨道上含有一个电子参与形成环形闭合的六电子的大 π 键。因此，唑环的结构也符合休克尔规则，具有芳香性。此外，因该氮原子还有一对孤对电子未参与共轭，可与质子成盐，因而唑具有一定的碱性。但因孤对电子处于 sp^2 杂化轨道，受核影响较大，故碱性弱于一般的胺类，见图 12-2。

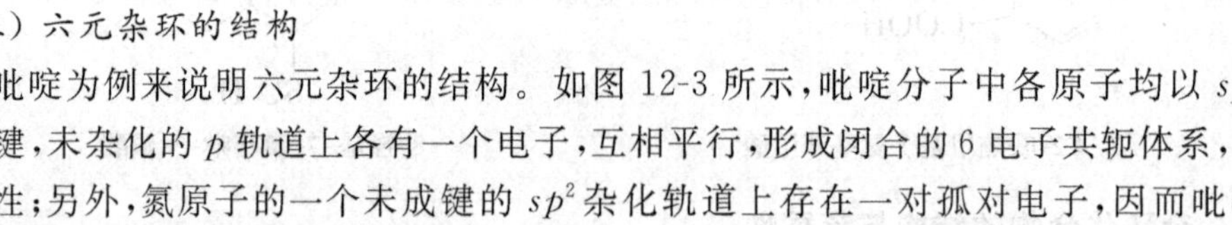

图 12-2　噻唑、吡唑、咪唑的结构

(三) 六元杂环的结构

以吡啶为例来说明六元杂环的结构。如图 12-3 所示，吡啶分子中各原子均以 sp^2 杂化轨道成键，未杂化的 p 轨道上各有一个电子，互相平行，形成闭合的 6 电子共轭体系，因此具有芳香性；另外，氮原子的一个未成键的 sp^2 杂化轨道上存在一对孤对电子，因而吡啶具有碱性。其碱性比氨和胺弱，但比苯胺强。此外，$-I$ 和 $-C$ 效应使环上碳的电子云密度相对降低，称缺电子芳杂环。因此，吡啶的亲电取代反应活性较苯弱，且主要取代在 β 位，而亲核取代相对变得容易；氧化变难，还原变容易。

其他六元杂环的结构特点与吡啶类似，除吡喃外都是非苯芳香族化合物。

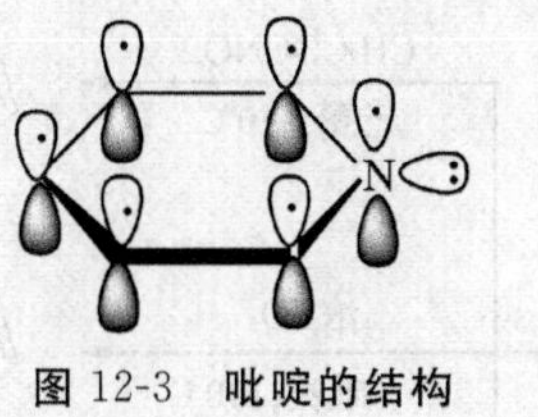

图 12-3 吡啶的结构

三、五元杂环化合物

（一）呋喃、噻吩和吡咯

1. 化学性质

(1) 酸碱性。

吡咯分子中氮原子上的孤对电子参与了共轭，不易接受质子，也不易形成氢键，因而碱性大大降低，也难溶于水。吡咯虽为仲胺结构，其碱性（$pK_b=13.6$）却比苯胺（$pK_b=9.3$）弱，遇酸不能形成稳定的盐，而是聚合成树脂状物质。另一方面，由于氮的强吸电子作用，使氮-氢键的极性增强，氢能以质子的形式解离，而显出一定的酸性（$pK_a=15$），其酸性较醇强而较酚弱，能与强碱形成盐。

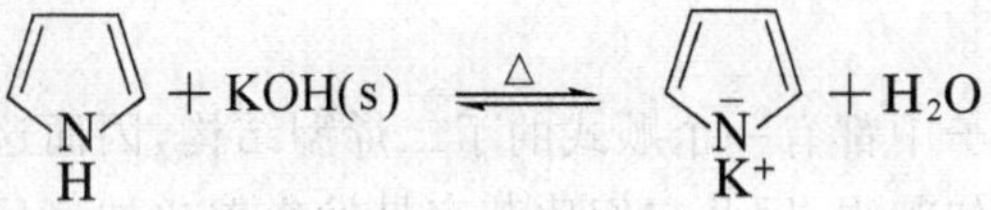

呋喃、噻吩同样因芳香大 π 键的存在而不显示弱碱性。

(2) 亲电取代反应。

五元杂环呋喃、噻吩、吡咯都是富电子芳杂环体系，碳上的电子云密度比苯大，因而亲电取代反应比苯更易发生，可进行卤代、硝化、磺化和傅-克反应。反应通常在比较温和的条件下进行，且优先取代在 α 位。其中吡咯的反应活性最大，噻吩活性最小，其亲电取代反应活性顺序是：吡咯＞呋喃＞噻吩＞苯。

吡咯、呋喃分子中的杂原子遇强酸能质子化，使芳香大 π 键破坏而显示共轭二烯的性质，易聚合、氧化等，故不可直接用强酸进行硝化或磺化，需采用较温和的非质子性试剂。例如：

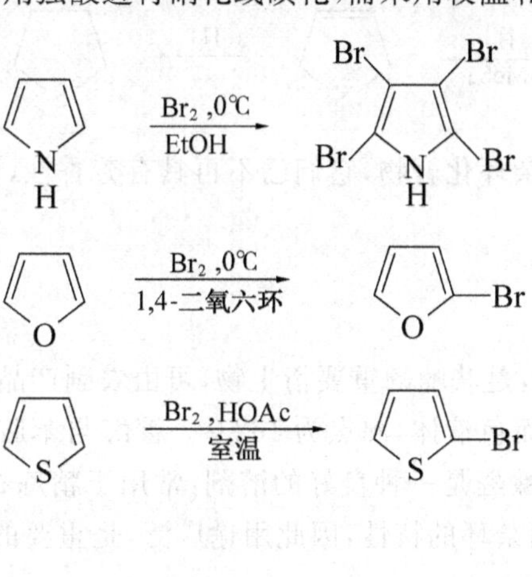

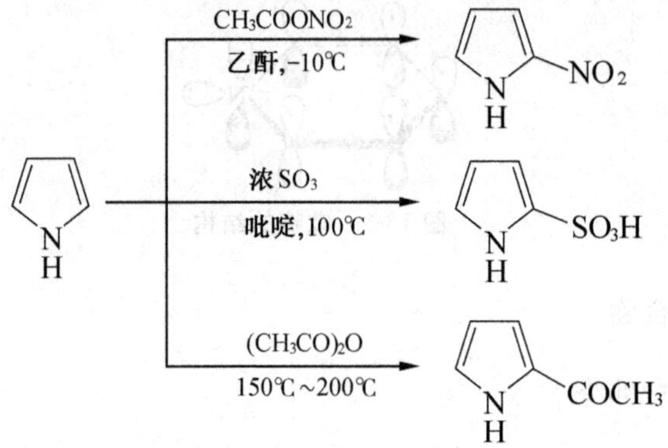

呋喃、吡咯对酸和氧化剂敏感,易氧化、聚合、开环。如吡咯置于空气中颜色很快变深。呋喃的共轭二烯性质最明显,能发生 Diels-Alder 反应。

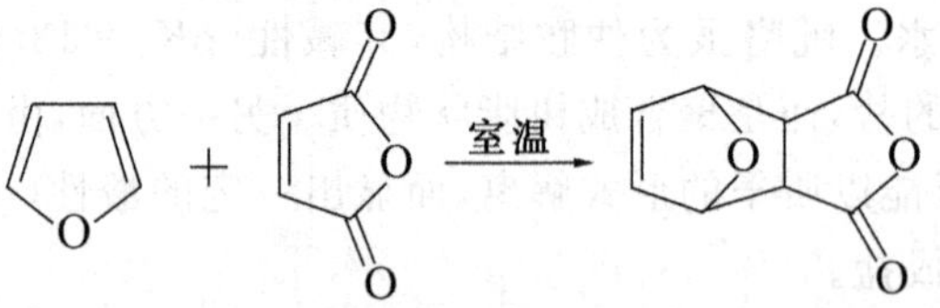

(3) 加成反应。

呋喃、噻吩、吡咯分子中都有一个顺式的丁二烯型结构,因而这些分子具有不饱和性,加上它们的芳香性又都不如苯强,因此它们比苯容易发生催化加氢反应,且可以在较缓和的条件下进行,生成相应的加氢产物。

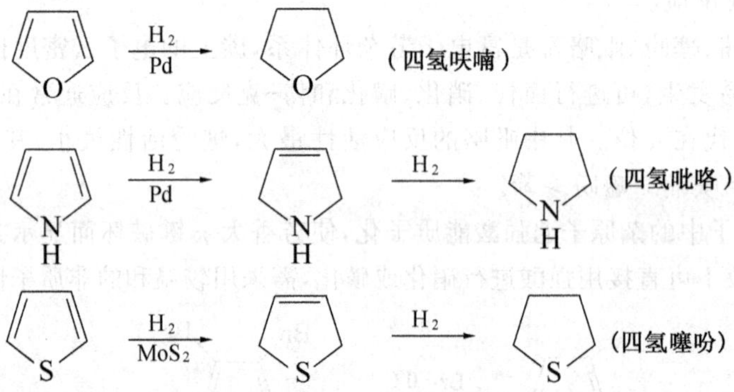

加氢产物都是饱和的杂环化合物,它们已不再具有芳香性,而具有和相应的脂肪族化合物相近的化学性质。

2. 重要的衍生物

(1) α-呋喃甲醛。

α-呋喃甲醛,俗称糠醛,是呋喃的重要衍生物,可由农副产品米糠、玉米芯、花生壳、高粱秆等水解制取。纯糠醛为无色液体,沸点为 162℃。糠醛与苯胺在醋酸存在下显示亮红色,可作为糠醛的定性检验。糠醛是一种良好的溶剂,常用于精炼石油。糠醛既具有无 α-H 的芳香醛的特性,又具有呋喃杂环的特性,因此用途广泛,是重要的有机合成原料。

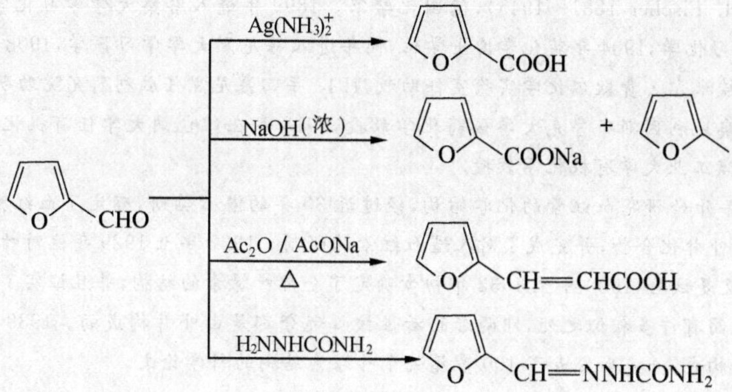

(2) 叶绿素、血红素。

吡咯的衍生物广泛存在于自然界，且在动植物体内具有特殊的生理功能，如血红素、叶绿素、维生素 B_{12}及许多生物碱中均含有吡咯环。吡咯衍生物中最重要的是卟啉化合物。

卟啉化合物的基本结构是由 4 个吡咯环或氢化吡咯环的 α-碳原子通过 4 个次甲基(—CH═)交替连接组成的大环，成环的原子都在一个平面上，是一个复杂的共轭体系，具有芳香性，此大环叫做卟吩环(图 12-4)，含卟吩环的化合物叫做卟啉化合物。

吡咯环上的氮原子在不改变环结构的情况下，可以共价键或配位键与不同的金属结合，同时 4 个吡咯环的 β 位还可以存在不同的取代基，从而形成不同的卟啉化合物(图 12-5，图 12-6)。

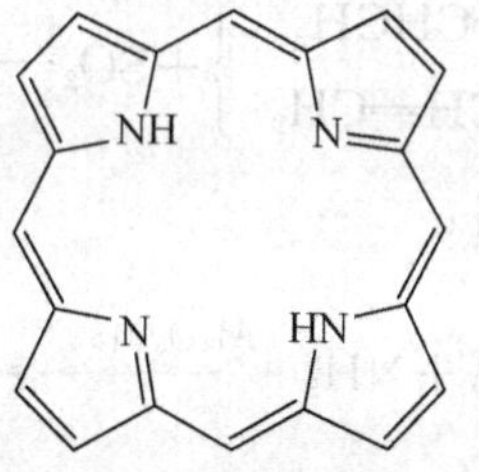

图 12-4 卟吩环

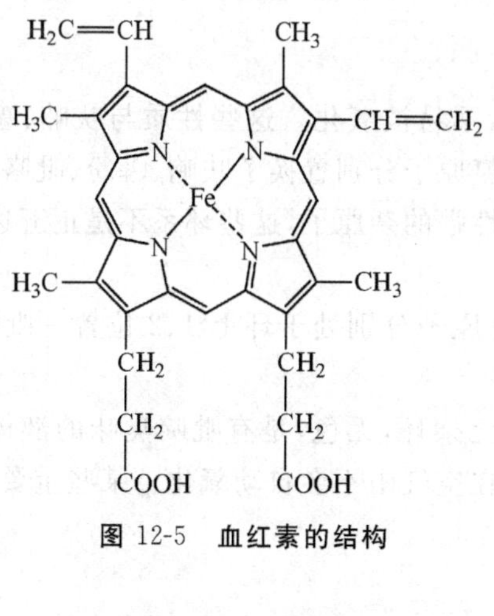

图 12-5 血红素的结构

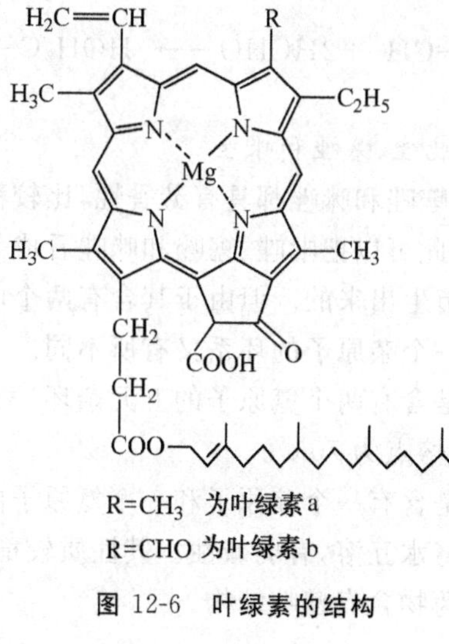

R=CH_3 为叶绿素a
R=CHO 为叶绿素b

图 12-6 叶绿素的结构

汉斯·费歇尔(H. Fischer,1881—1945),德国化学家。1899 年进入洛桑大学学习化学和医学,1900 年转入马尔堡大学学习化学,1904 年获化学博士学位,同年进入慕尼黑大学学习医学,1908 年获医学博士学位,1909 年在柏林埃米尔·费歇尔化学实验室任助教,1911 年回慕尼黑任胜利研究院助研,1913 年任生理学讲师,1916 年任奥地利因斯布鲁克大学医药化学教授,1918 年在维也纳大学任有机化学和医药化学教授,1921 年任慕尼黑工业大学有机化学教授。

费歇尔于 1910 年开始研究血红素的化学结构,经过近 30 年的潜心钻研,确定了血红素的结构,指出血红素是一种含铁的卟啉化合物,并完成了对人造血红素的研制。1927 年至 1929 年他对叶绿素的结构进行了深入研究,经过反复试验,1930 年至 1932 年初步确定了全部叶绿素的结构,并且证实了叶绿素和血红素之间在化学结构方面有许多相似之处,即两者的活性核心部分都是由卟啉构成的。1939 年他正式提出叶绿素的分子式和结构式,并先后发表了 100 多篇关于叶绿素结构的科学论文。

费歇尔以其卓越贡献荣获了 1930 年诺贝尔化学奖。

3. 呋喃、噻吩、吡咯的制备

呋喃很容易从糠醛去羰基化制得:

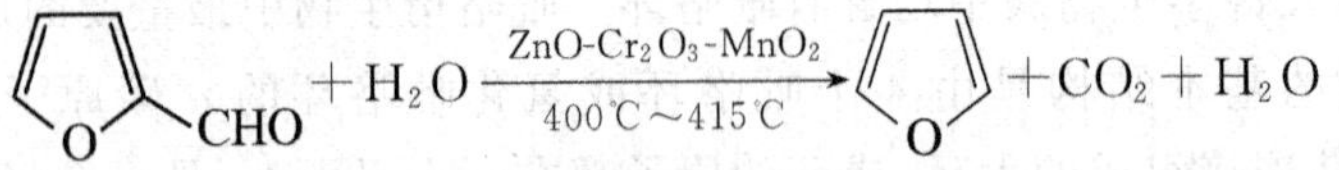

噻吩和吡咯都存在于煤焦油中,但量很少,工业上如需分离、收集,则须经特别处理。

噻吩可通过 C_4 馏分来制备。丁烷与硫或丁烯与二氧化硫在高温下反应可得噻吩:

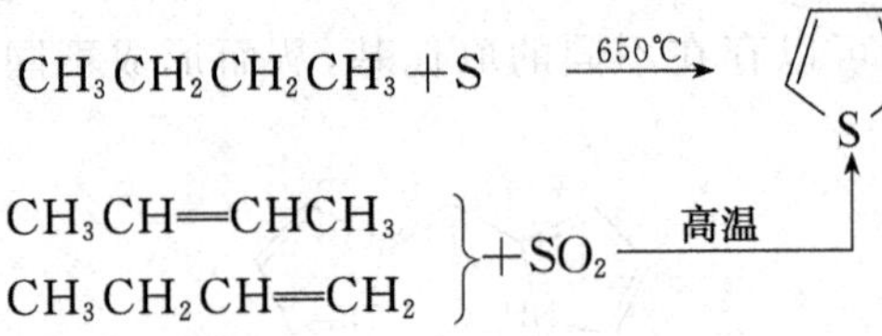

呋喃与氨在高温下反应得吡咯:

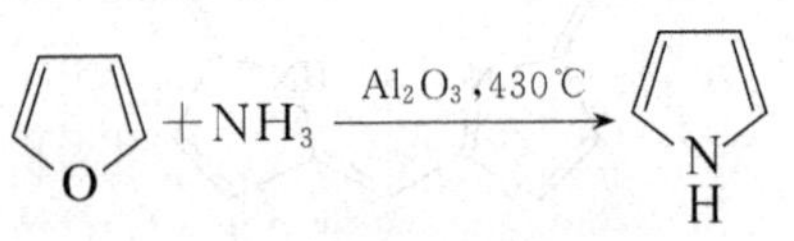

吡咯还可以从乙炔与甲醛经由丁炔二醇来合成:

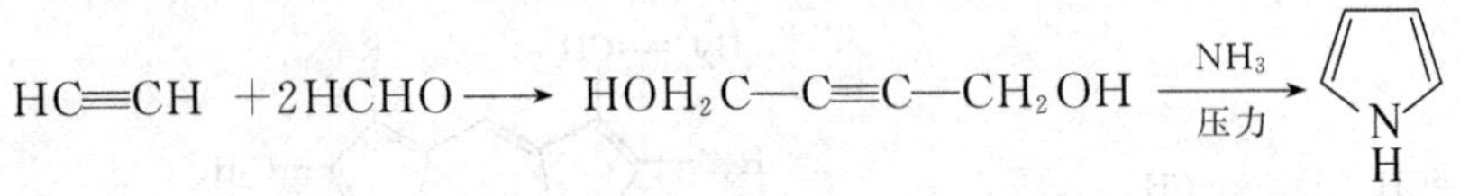

(二) 吡唑、噻唑和咪唑

吡唑、噻唑和咪唑都具有芳香性,比较稳定,不易被氧化。这些性质与呋喃、噻吩、吡咯很相似,因此可以把吡唑、噻唑和咪唑看成是由氮原子分别置换了呋喃、噻吩、吡咯中的一个次甲基后衍生出来的。但由于其含有两个电负性强的杂原子,这些环系不是正五边形的,因此与只含一个杂原子的环系又有所不同。

吡唑是含有两个氮原子的五元杂环,两个氮原子分别处于环上 1、2 位置。吡唑在室温下为固体,熔点为 70℃。

噻唑是含有一个硫原子和一个氮原子的五元杂环,无色,是有吡啶臭味的液体,沸点为 117℃,易与水互溶,有弱碱性。其性质较稳定,在空气中不会自动氧化。某些重要的天然产物及合成药物含有噻唑结构。

咪唑也是含有两个氮原子的五元杂环，但两个氮原子分别处于环上 1、3 位置。咪唑在室温下为无色固体，熔点为 90℃，易溶于水。

1. 化学性质

(1) 酸碱性。

吡唑、噻唑和咪唑分子中都有一个叔氮原子，所以它们都是弱碱性的，都能与酸生成结晶状的盐。

咪唑分子中有一个叔氮原子和一个仲氮原子，所以它既是质子给体，又是质子受体，其分子是一个互变异构体。

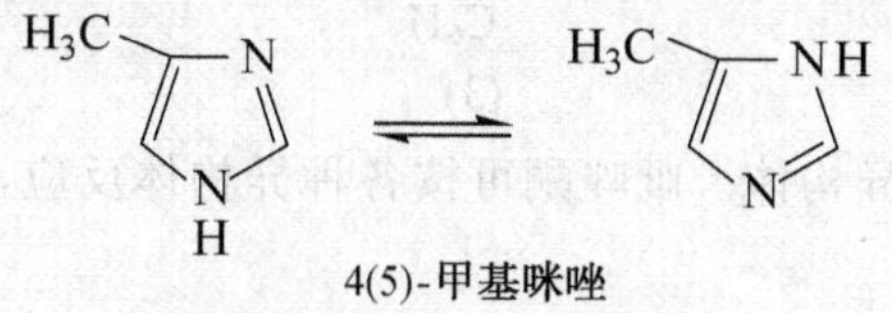

4(5)-甲基咪唑

同样，吡唑分子也是一个互变异构体。

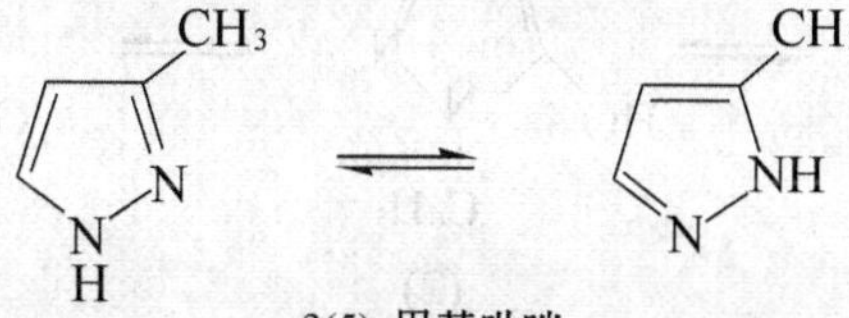

3(5)-甲基吡唑

咪唑的碱性较噻唑强，3 位上的氮原子能与氢离子结合而生成稳定的盐；它也有微弱的酸性，1 位上的氮原子与吡咯一样，所连的氢原子可被碱金属原子置换生成盐。

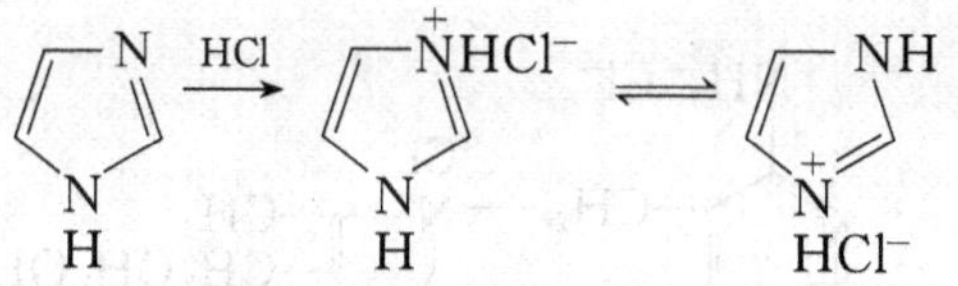

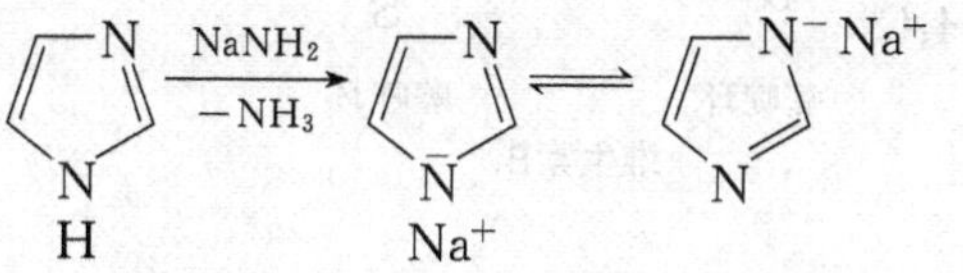

吡唑因两个氮原子相连而使碱性降低，为三者中最弱，吡唑比咪唑约低 4.5 pK_a单位。

(2) 亲电取代反应。

与呋喃、噻吩、吡咯相比较，唑环上增加了一个氮原子的吸电子作用，因此环上碳原子的电子云密度都比呋喃、噻吩、吡咯低，亲电反应活性也相应降低，但比吡啶高。亲电取代进入唑环的位置，与吡啶类似，一般在叔氮原子的间位上。

动力学表明，咪唑、吡唑发生硝化反应时，先与酸生成盐，然后盐再进一步反应生成硝化产物。同样条件下，噻唑不能发生硝化反应。

磺化反应与硝化反应类似，但噻唑要比咪唑发生反应困难。

唑环进行卤代反应一般比苯容易些，通常不需要加入像苯卤化时所用的催化剂。但唑的卤代反应非常复杂，所用试剂、反应条件不同，卤素能与唑发生不同类型的反应；卤素不同，产物也不同。

2. 重要的衍生物

（1）吡唑酮。

吡唑中最重要的衍生物是吡唑酮的衍生物，如最早合成的一种药物叫“安替比林”，含有吡唑酮的结构，是用乙酰乙酸乙酯与苯肼缩合制备的，它有退热的作用。

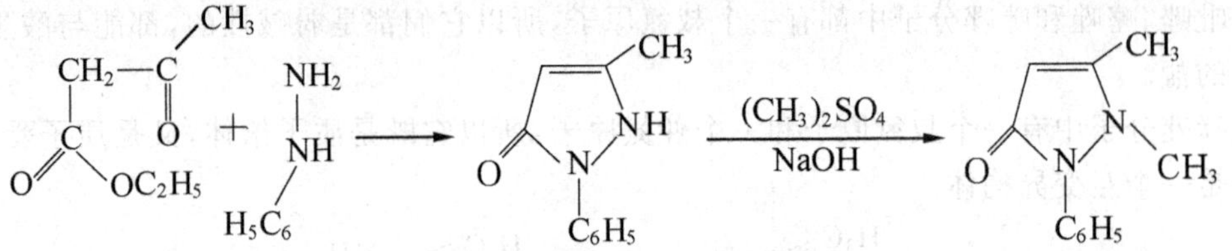

(3)　　安替比林

吡唑酮存在下列互变异构体。吡唑酮可按各种异构体反应，上述安替比林的合成是按(3)式发生反应的。

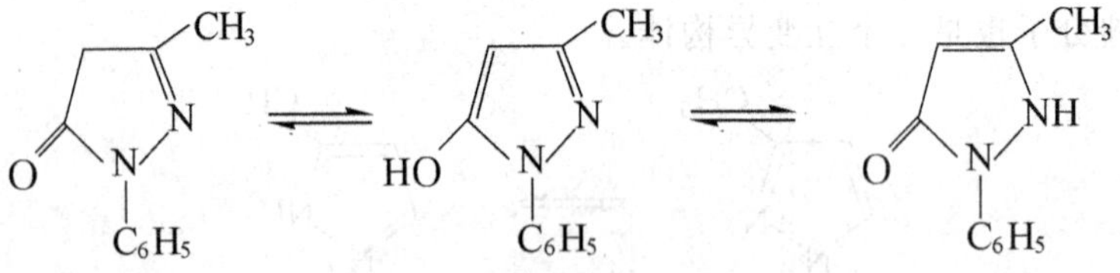

(1)　　(2)　　(3)

（2）硫胺素。

从米糠里提取到的一种含噻唑的活性物质叫硫胺素，即维生素 B_1，缺乏维生素 B_1 会导致脚气病。它可以用来治疗多发性神经炎，所以又称抗神经炎素。

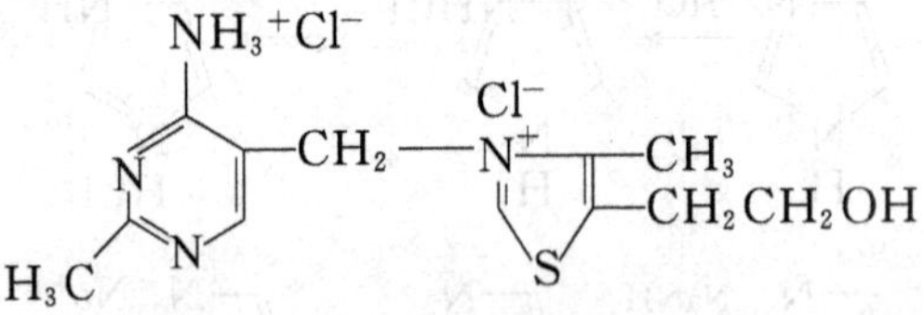

嘧啶环　　噻唑环

维生素B_1

（3）青霉素。

另一种重要的噻唑衍生物是青霉素。青霉素是真菌，为青霉菌所产生的一类抗生素的总称。天然的青霉素有 7 种，其中以苄青霉素效果最好，其钠盐或钾盐是治疗革兰阳性菌感染的首选药物。

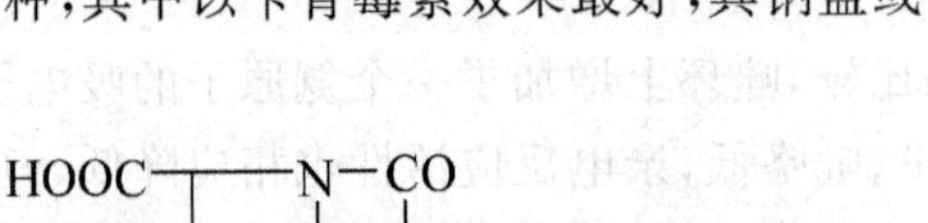

氢化噻唑环

苄青霉素(青霉素G)

苄青霉素毒性低，疗效好，但抗菌谱窄，易产生耐药性，少数人会有严重过敏反应。鉴于此，对苄青霉素 6 位酰胺基侧链的结构进行了改造，并取得了可喜的成果。

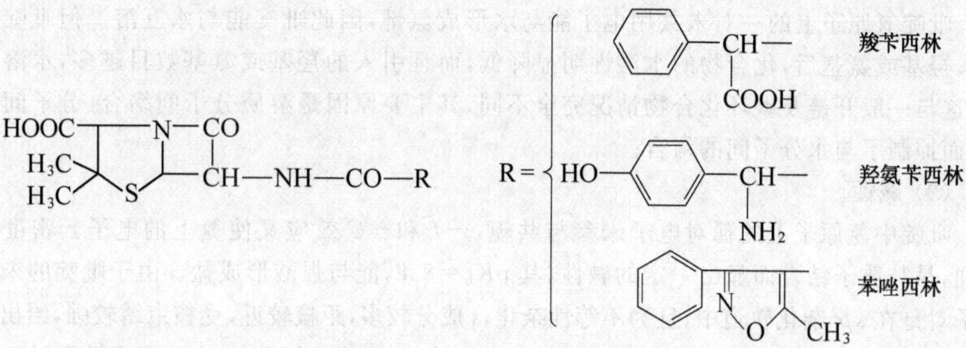

(4) 组胺。

含咪唑环的物质广泛存在于自然界中，如组氨酸，它是蛋白质的组成成分之一。组氨酸经细菌腐败作用或在人体内分解，可以脱羧变成组胺，同时还生成尿狗酸和开环产物谷氨酸。

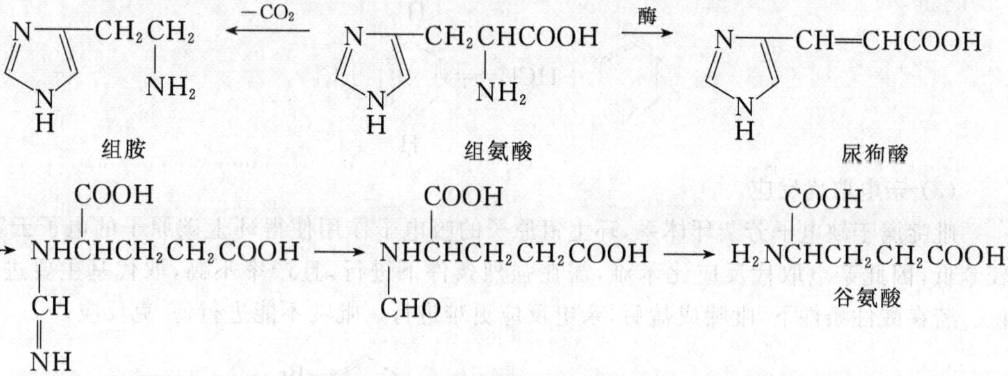

组胺有收缩血管的作用，人体中组胺过多，会导致各种过敏疾病，如花粉症、药物过敏等。其一般的治疗方法是服用一些结构与组胺相似的药物，称抗组胺药。例如：

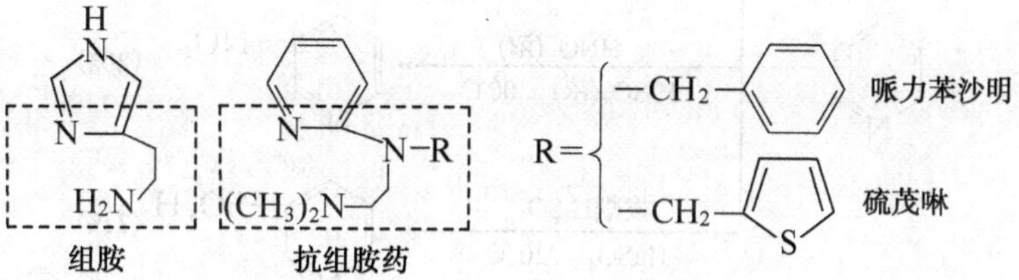

(5) 多菌灵。

由于含咪唑环的化合物具有突出的生理活性，有的已被用做杀菌剂，如多菌灵是我国推广的高效、广谱性杀菌剂。

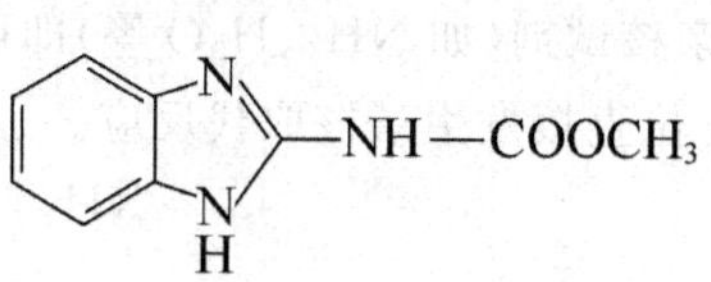

四、六元杂环化合物

(一) 吡啶

1. 吡啶的性质

(1) 溶解性。

吡啶氮原子上的一对未共用电子能与水形成氢键，因此吡啶能与水互溶。但吡啶环上引入羟基或氨基后，化合物的水溶性明显降低，而且引入的羟基或氨基数目越多，水溶性越差，这与一般开链及碳环化合物情况完全不同，其主要原因是溶质分子间缔合（分子间氢键等）而抑制了与水分子间的缔合。

（2）碱性。

吡啶中氮原子上的孤对电子未参与共轭，$-I$ 和 $-C$ 效应又使氮上的电子云密度相对增加，易与质子结合而显出一定的碱性，其 $pK_b=8.8$，能与强酸形成盐。由于吡啶的未共用电子对是在 sp^2 杂化轨道中，且为不等性杂化，s 成分较多，距核较近，受核束缚较强，给出电子倾向较小，较难与质子结合，因此吡啶的碱性略强于苯胺，弱于氨（$pK_b=4.75$）和脂肪胺。

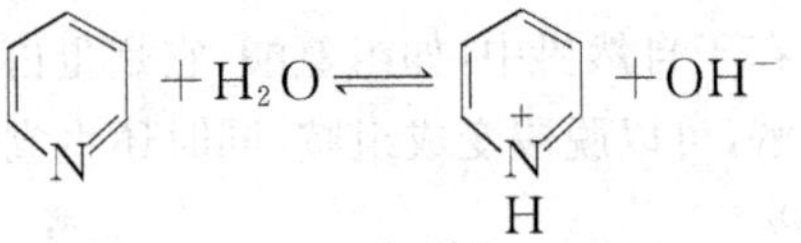

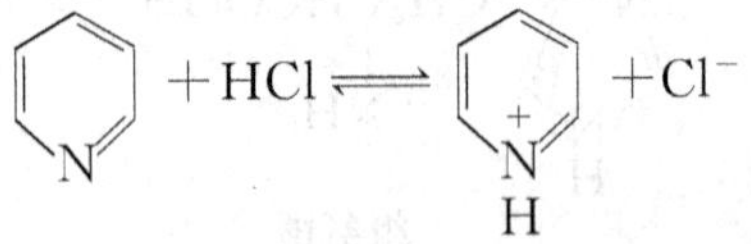

（3）亲电取代反应。

吡啶属于缺电子芳杂环体系，环上氮原子的吸电子作用使得环上碳原子的电子云密度较苯低，因此亲电取代反应比苯难，需在强烈条件下进行，且产率不高，取代基主要进入 β 位。若在酸性条件下，吡啶成盐后，亲电反应更难进行。吡啶不能进行傅-克反应。

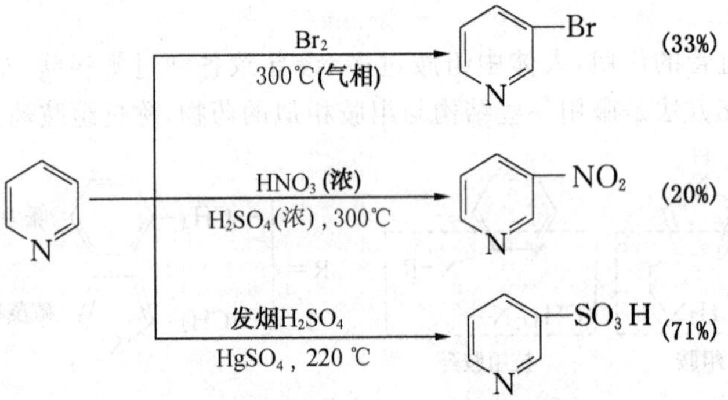

（4）亲核取代反应。

由于吡啶环上 π 电子云密度比苯环上电子云密度小，当吡啶 2 位（或 4 位）具有优良的离去基团（如卤素）时，较弱的亲核试剂（如 NH_3、H_2O 等）即可反应。强碱性的亲核试剂（如 $NaNH_2$、RLi 等）能在吡啶的 α 位直接发生亲核取代反应。

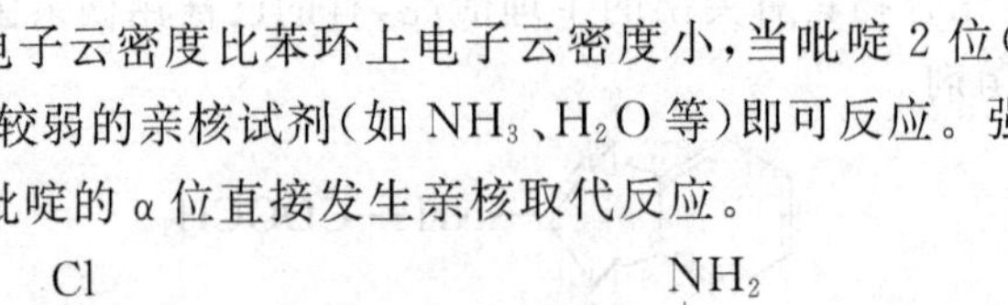

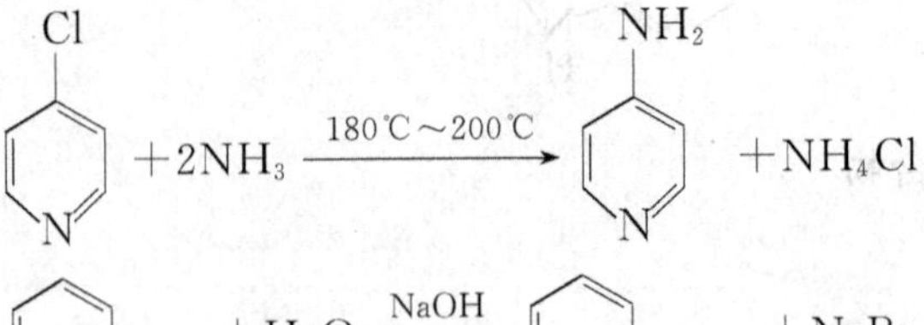

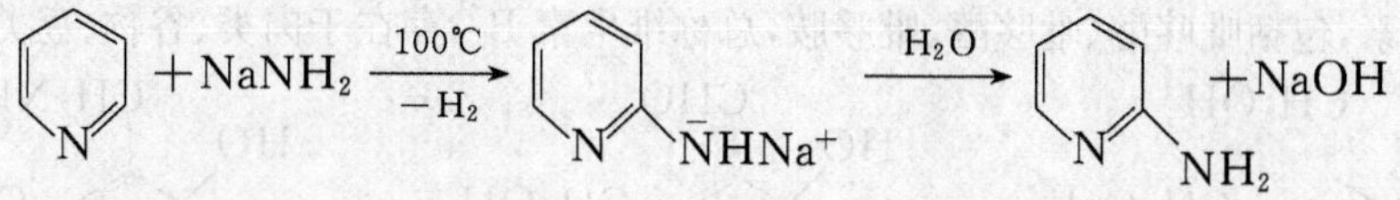

(5) 氧化和还原。

吡啶环碳电子云密度降低，故难失去电子被氧化，对氧化剂较苯更为稳定。当环上连有烷基侧链时，侧链可被氧化成羧酸，吡啶环保留。

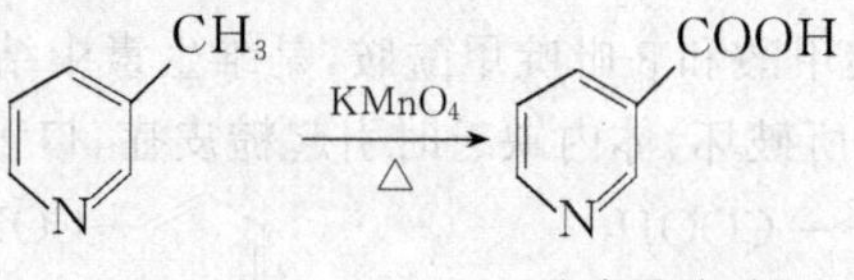

β-吡啶甲酸（烟酸）

使用过氧酸或过氧化氢，则类似其他叔胺，生成 N-氧化物。

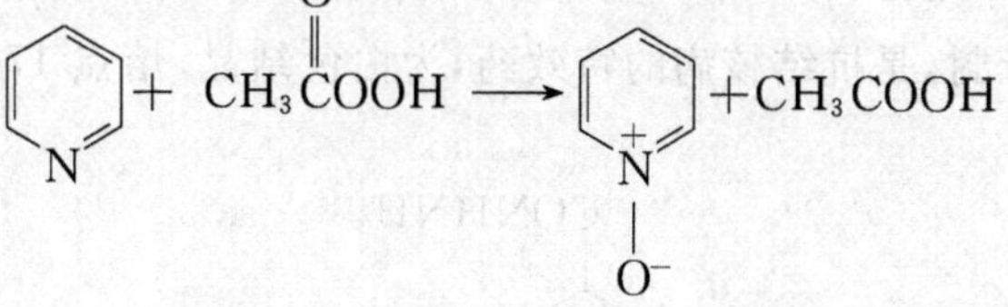

吡啶较苯易被还原，用金属钠和乙醇或催化加氢，都可使吡啶还原成六氢吡啶。六氢吡啶又称哌啶，是仲胺化合物，碱性较吡啶强 10^6 倍，常用做碱性催化剂。

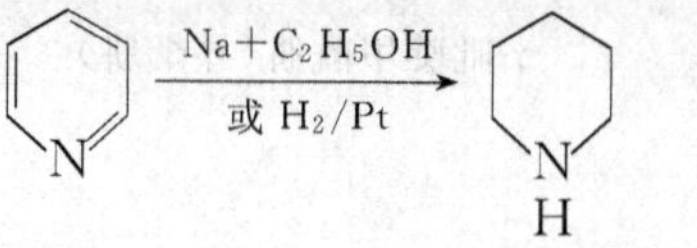

六氢吡啶

(6) 吡啶氮原子的反应。

吡啶与无机酸成盐，可用做碱性溶剂和脱酸剂；吡啶也可与路易斯酸成盐。

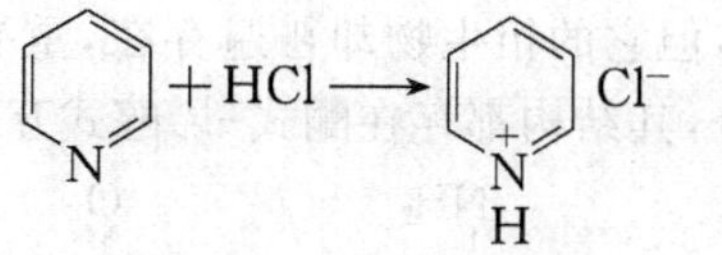

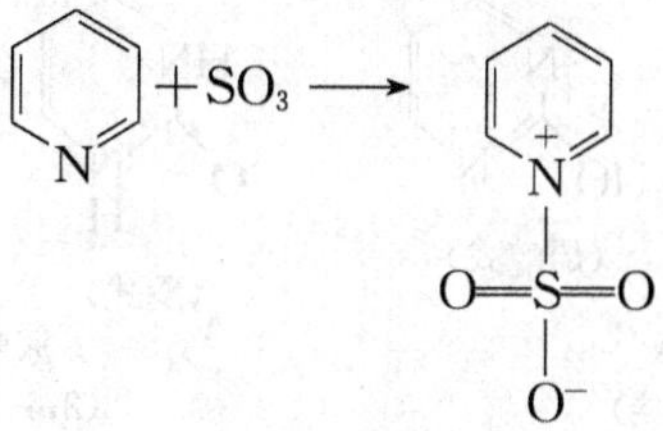

吡啶也是良好的亲核试剂，能与卤代烷生成 N-吡啶鎓盐。

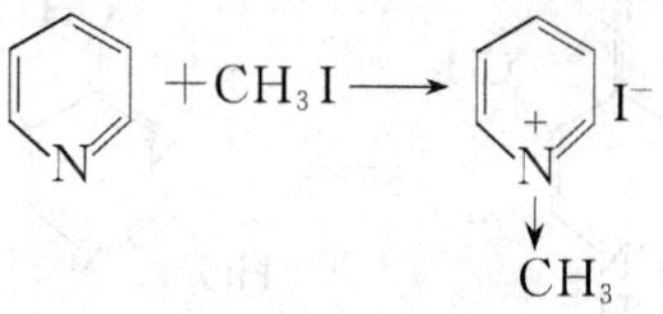

2. 重要的吡啶衍生物

吡啶衍生物广泛存在于自然界，许多生物碱都含吡啶环或氢化吡啶环，如烟碱、古柯碱等。维生素 B_6 是吡啶的衍生物，是蛋白质代谢的必要物质，缺乏时蛋白质代谢将受阻。维生素

B_6又称吡哆素，包括吡哆醇、吡哆醛、吡哆胺，总称维生素B_6，存在于肉类、谷物、豆类、酵母中。

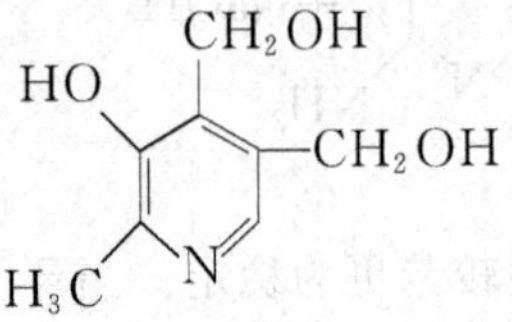

吡哆醇

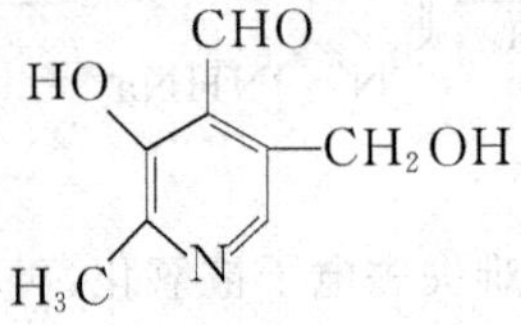

吡哆醛

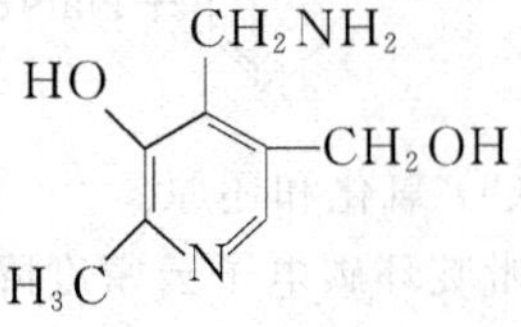

吡哆胺

维生素PP包括β-吡啶甲酸和β-吡啶甲酰胺，是维生素中结构最简单、性质最稳定的一种维生素，不易被酸、碱、热所破坏，体内缺乏时引起糙皮症、口舌糜烂、皮肤红疹等疾病。

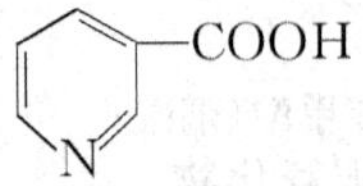

β-吡啶甲酸（烟酸）

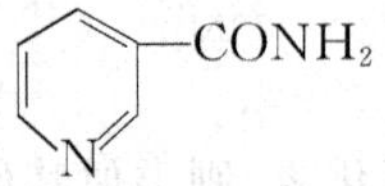

β-吡啶甲酰胺（烟酰胺）

异烟肼，俗名雷米封，是抗结核病的特效药，为白色结晶，熔点174℃，可溶于水，微溶于乙醇，不溶于乙醚。

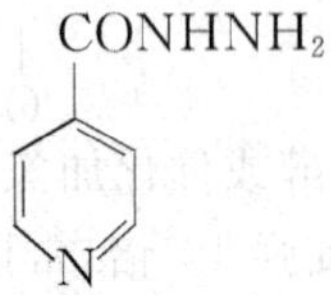

γ-吡啶甲酰肼（异烟肼）

（二）嘧啶

1. 嘧啶的性质

嘧啶是含有两个氮原子的六元杂环，为无色结晶，熔点为22℃，沸点为124℃，易溶于水。其结构与吡啶相似，具有芳香性，碱性比吡啶弱，亲电取代反应也较难发生。

2. 重要的嘧啶衍生物

嘧啶在自然界很少存在，但它的衍生物却普遍存在，重要的有胞嘧啶、尿嘧啶和胸腺嘧啶，它们都是核酸的组成部分，其结构都存在酮式-烯醇式互变异构体。

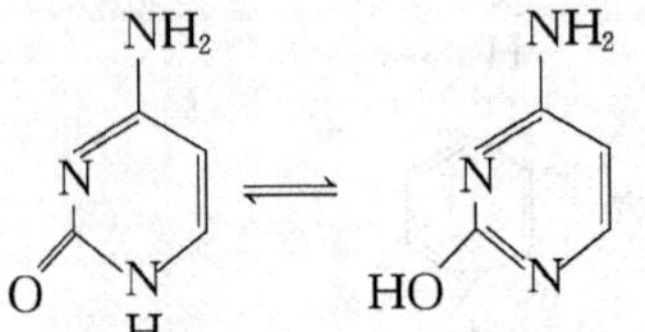

（酮式） （烯醇式）

胞嘧啶(C)

(4-氨基-2-氧嘧啶)

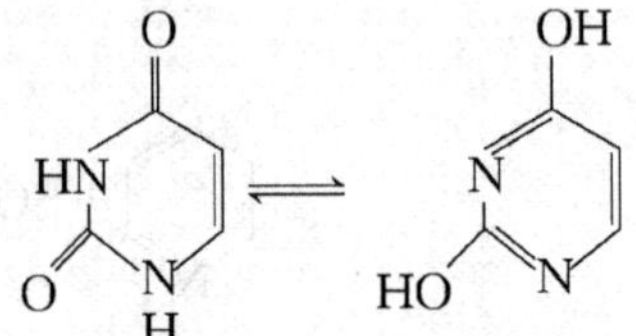

（酮式） （烯醇式）

尿嘧啶(U)

(2,4-二氧嘧啶)

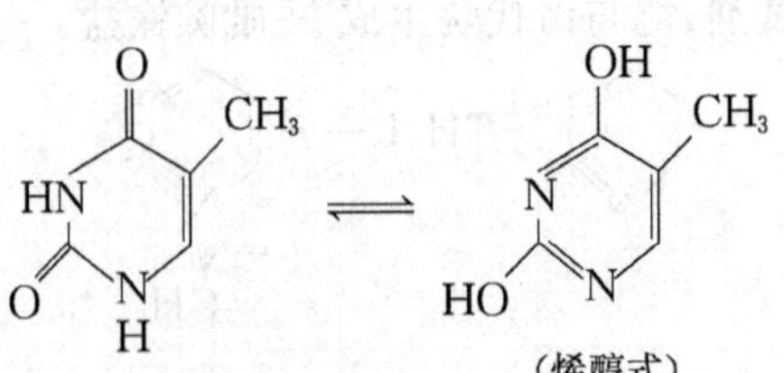

（酮式） （烯醇式）

胸腺嘧啶(T)

(5-甲基-2,4-二氧嘧啶)

医药上较重要的巴比妥类安眠药、磺胺嘧啶类抗菌药也含有嘧啶环。

五、稠杂环化合物

（一）吲哚

1. 吲哚的性质

吲哚是苯和吡咯环稠合而成的杂环化合物，为白色结晶，熔点 52℃，沸点 254℃，有粪便的臭味，粪臭主要是由于蛋白质中色氨酸在体内分解时生成吲哚和 β-甲基吲哚（粪臭素）而引起的。但纯吲哚在极稀时有素馨花的香气，可作香料。吲哚有与吡咯相似的弱酸性。

在吲哚的共轭体系中，氮原子提供 2 个 π 电子参加整个分子环系的共轭作用，因此利于发生亲电取代反应，可进行卤代、磺化、偶联等反应，亲电基团主要进入 3 位。

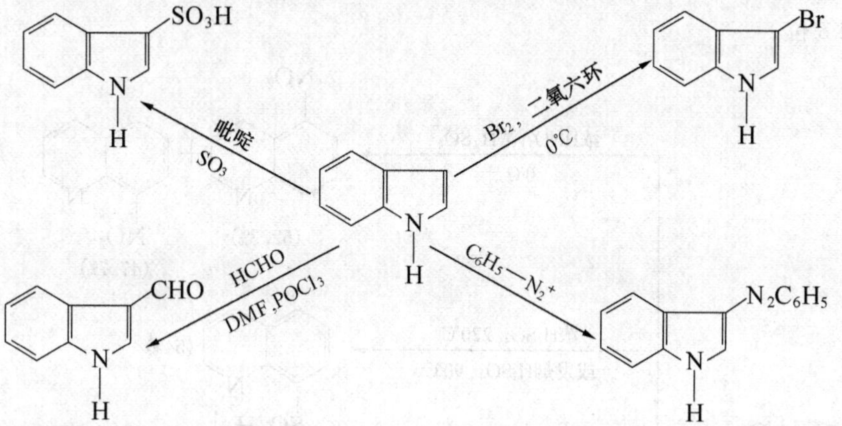

2. 重要的吲哚衍生物

自然界中存在着一千多种含吲哚环的吲哚生物碱，许多有重要的生理活性。β-吲哚乙酸是一种植物生长调节剂；色氨酸是人体必需氨基酸；色胺和 5-羟色胺存在于哺乳动物的脑组织中，与中枢神经系统的功能有关。

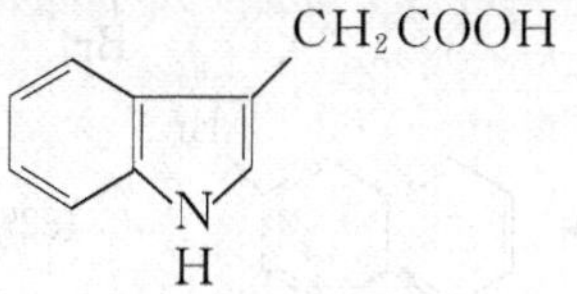

β-吲哚乙酸

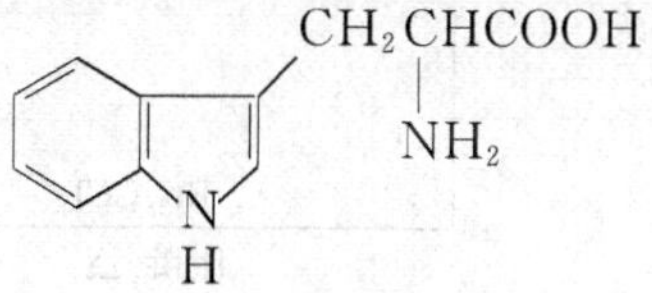

色氨酸

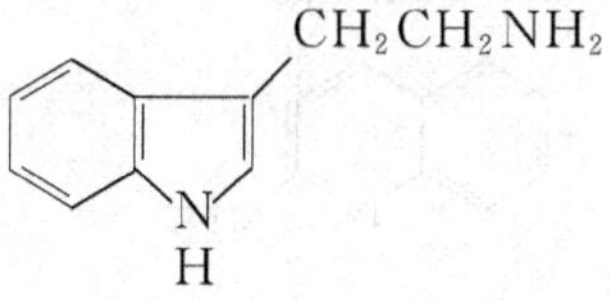

色胺

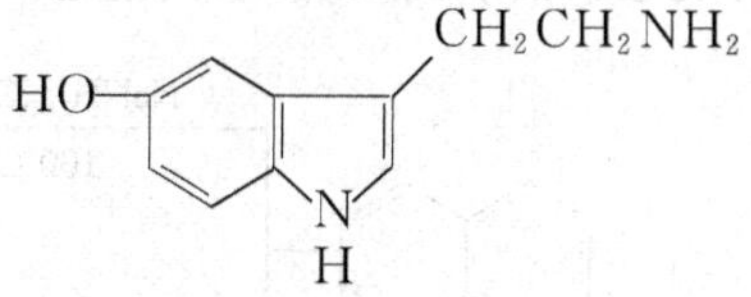

5-羟色胺

（二）喹啉

1. 喹啉的性质

喹啉是吡啶和苯的稠合体，但在化学反应中的行为却像是吡啶和萘的"混血儿"，其化学性质兼有吡啶和萘的影子。

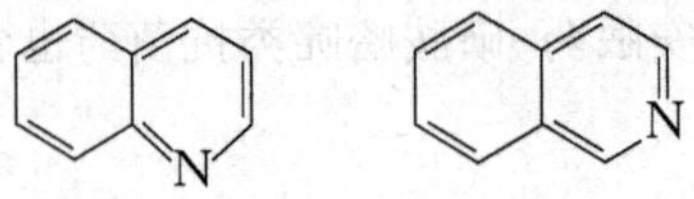

喹啉　　　　异喹啉

喹啉含有叔氮原子，有一定的碱性，但因稠合了苯环，使碱性较吡啶弱，能与强酸成盐。

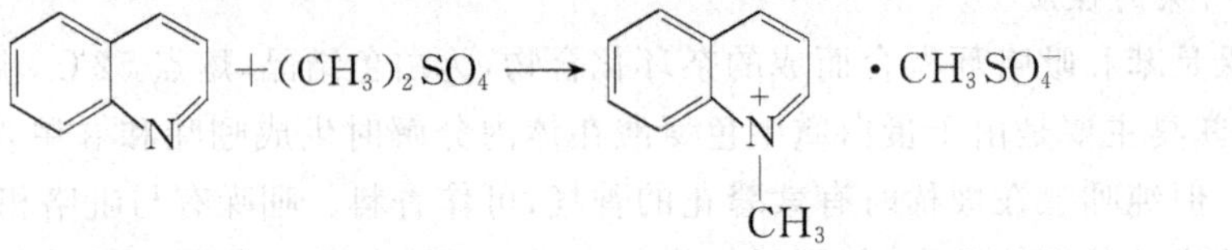

喹啉能发生类似于萘的亲电取代反应。由于氮原子的影响，苯环部分的π电子云密度比吡啶部分的π电子云密度高，所以一般情况下亲电取代反应优先发生在苯环上，且主要进入5位和8位。

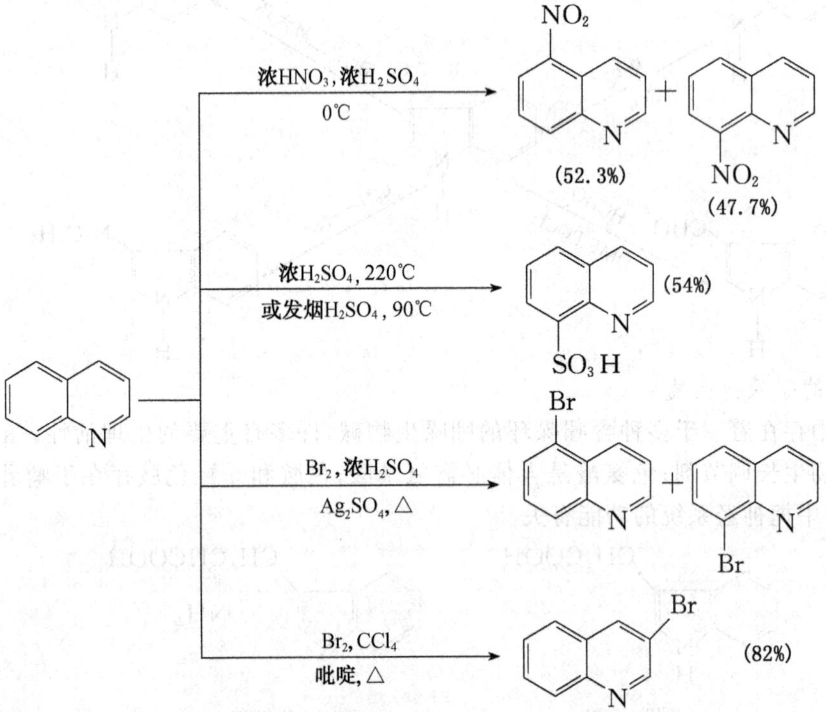

喹啉也可发生亲核取代反应，取代基进入吡啶环氮原子的邻位。

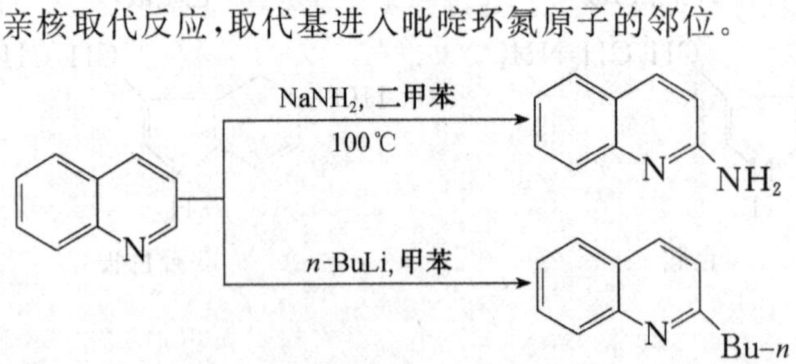

喹啉的氧化还原反应：

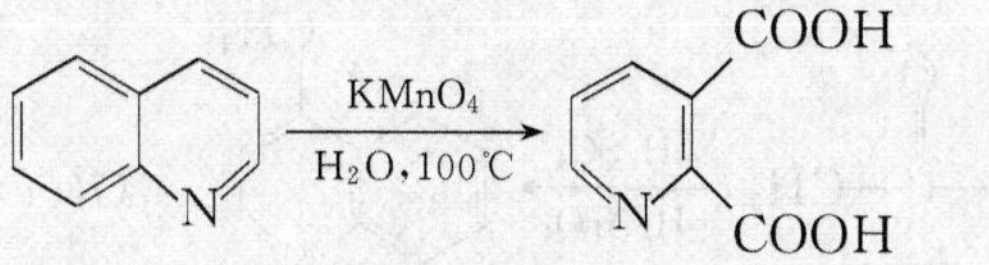

(30%)

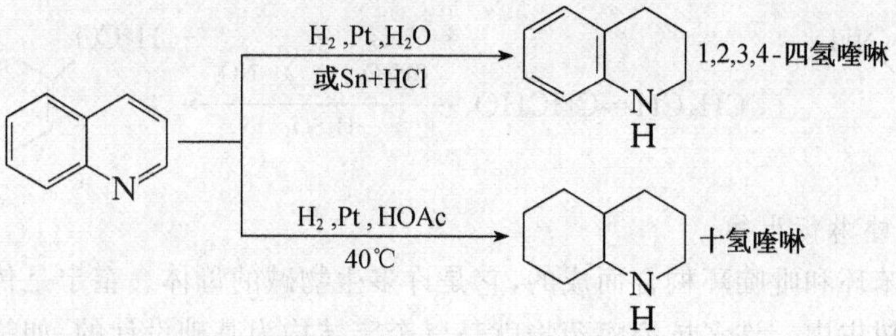

2. 喹啉的合成

斯克劳普(Z. H. Skraup)合成法是喹啉及其衍生物最重要的合成方法。将苯胺与无水甘油、硝基苯、浓硫酸和硫酸亚铁共热得到喹啉。浓硫酸起催化脱水作用，硫酸亚铁的作用是防止反应过于剧烈，硝基起氧化作用。其反应过程如下：

$$\underset{\text{OH}}{CH_2}-\underset{\text{OH}}{CH}-\underset{\text{OH}}{CH_2} \xrightarrow[-2H_2O]{H_2SO_4,\triangle} CH_2{=}CHCHO$$

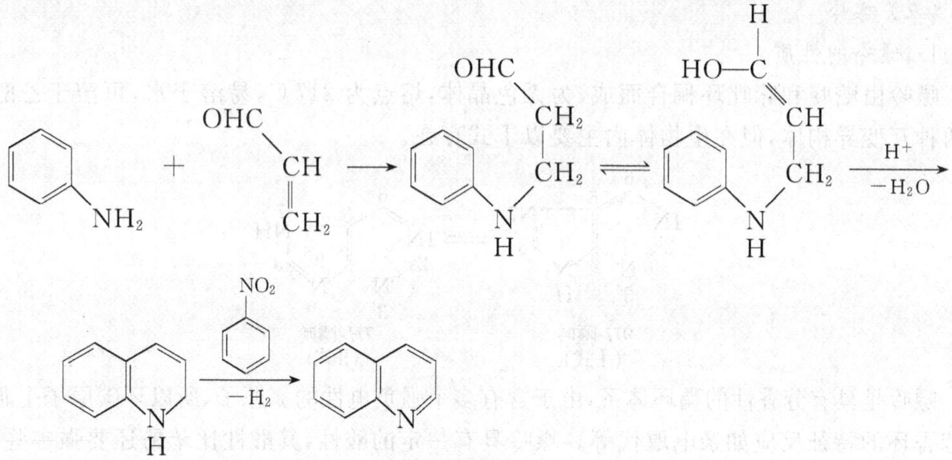

此反应实际上是“一锅煮”，即一步完成的，产率很高。

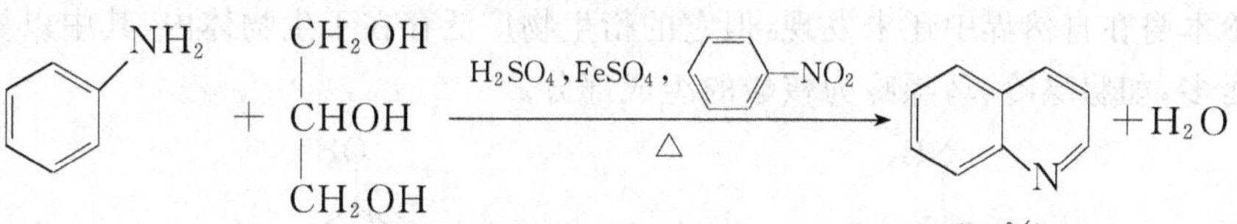

(85%)

如苯胺环上间位有给电子基团，则主要得5-取代喹啉；若间位有吸电子基团，则主要得7-取代喹啉。很多喹啉类化合物均可用此法进行合成。

若使用α,β-不饱和醛、酮代替甘油与芳伯胺类反应，生成喹啉系衍生物，此为多伯纳-米勒(Doebner-Miller)反应。该反应可用磷酸或其他酸代替硫酸，氧化剂要使用与芳伯胺相对应的硝基化合物，也可用砷酸代替。

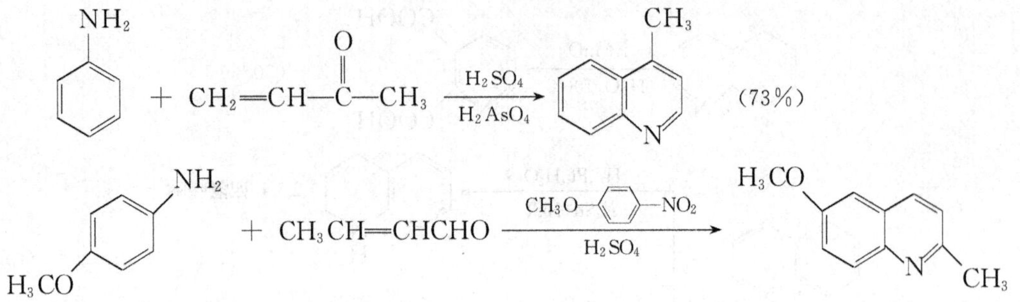

3. 重要的喹啉衍生物

喹啉是由苯环和吡啶环稠合而成的，它是许多生物碱的母体。奎宁是传统的抗疟疾药，存在于金鸡纳树皮中。许多抗疟疾药物就是以奎宁结构为基础设计的，如氯喹。

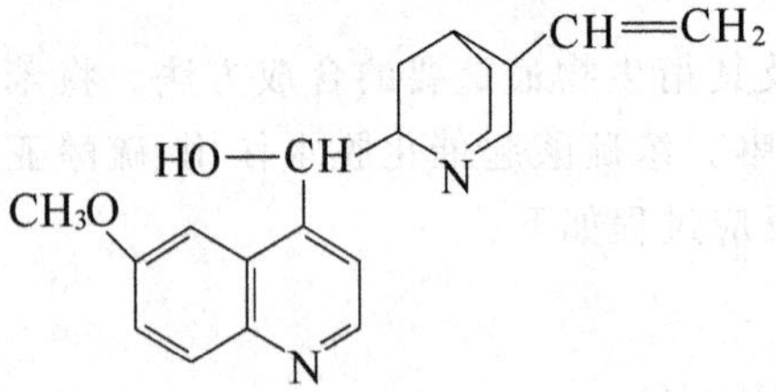

奎宁

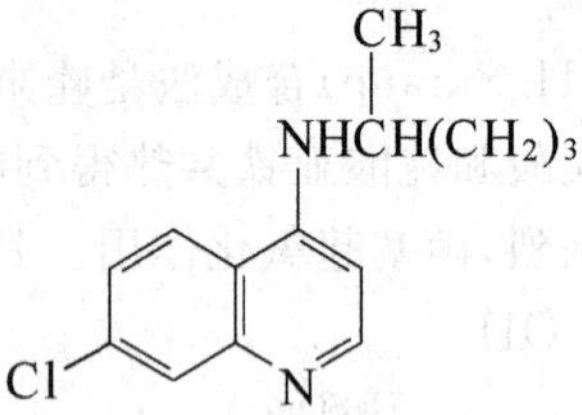

氯喹

（三）嘌呤

1. 嘌呤的性质

嘌呤由嘧啶和咪唑环稠合而成，为无色晶体，熔点为 217℃，易溶于水，可溶于乙醇。它有两种互变异构体，但在生物体内主要以Ⅰ式存在。

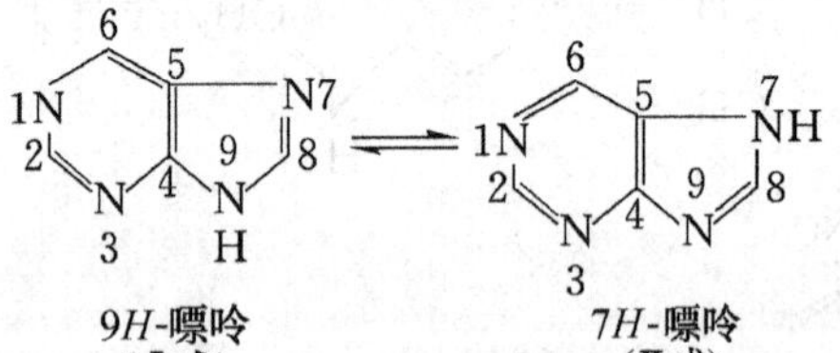

9*H*-嘌呤（Ⅰ式）　　7*H*-嘌呤（Ⅱ式）

嘌呤是具有芳香性的稠环体系，由于含有多个强负电性的氮原子，所以环碳原子上很难发生芳香环的特征反应如亲电取代等。嘌呤具有一定的酸性，其酸性比苯酚还要强一些。

2. 重要的嘌呤衍生物

嘌呤本身在自然界中还未发现，但它的衍生物广泛存在于生物体内，其中以氨基和羟基衍生物居多，如腺嘌呤、鸟嘌呤为核酸的组成部分。

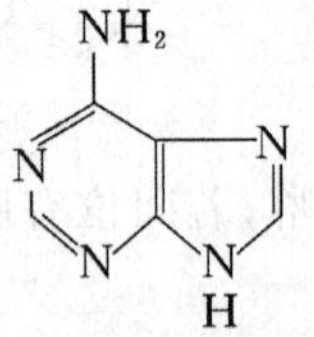

腺嘌呤(A)
(6-氨基嘌呤)

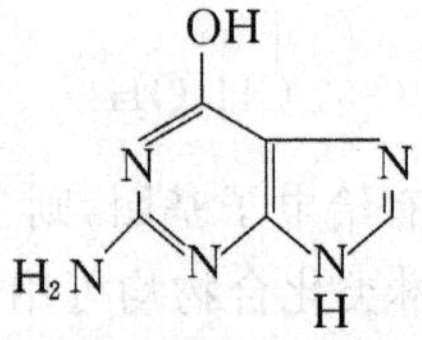

鸟嘌呤(G)
(2-氨基-6-羟基嘌呤)

第二节 生 物 碱

一、生物碱概述

生物碱是一类存在于生物体内，对人和动物有强烈生理效应的碱性含氮化合物。它们基本上是含氮杂环化合物，仅少数没有含氮杂环。其结构类型都较复杂，大都对人畜有毒，少量可作医疗药剂，许多中草药的有效成分是生物碱。

自从1806年德国学者首先从鸦片中分离出吗啡碱后，迄今已从自然界中分离出一万多种生物碱。生物碱广泛存在于植物界，故又称植物碱，在罂粟科、茄科、毛茛科、豆科等植物中含量较多。生物碱在不同的植物中含量不同，一种植物中往往有多种生物碱共存，同一植物中各部位的生物碱含量及种类也不同。

生物碱分类常用的方法是根据生物碱的化学构造进行分类，如麻黄碱属有机胺类，茶碱属嘌呤衍生物类，利血平属吲哚衍生物类等。

生物碱大多根据它来源的植物命名，如麻黄碱由麻黄提取而得名，烟碱来源于烟草而得名。生物碱的命名还可用国际通用名称的译音，如烟碱又叫尼古丁(nicotine)。

二、生物碱的一般性质

大多数生物碱是无色结晶固体，难溶于水，易溶于乙醇、乙醚等有机溶剂。一般生物碱味苦，有旋光性，天然生物碱多为左旋。生物碱的生理活性与其旋光性密切相关，如左旋莨菪碱的散瞳作用大于右旋莨菪碱100倍，去甲乌药碱仅左旋体具有强心作用等。

生物碱都具碱性，碱性强弱与氮原子的杂化状态、诱导效应、共轭效应、空间效应以及分子内氢键形成有关。生物碱分子中的氮原子以仲胺碱、叔胺碱和季铵碱三种形式存在为多，其碱性强弱的顺序一般为季铵碱最强，仲胺碱、叔胺碱次之。此外，外界因素如溶剂、温度等也可影响其碱性强弱。

许多试剂可与生物碱反应生成沉淀或产生颜色，这些试剂称生物碱试剂，常用于检验生物碱的存在。生成沉淀的生物碱试剂有鞣酸、苦味酸、碘的碘化钾溶液、磷钨酸或磷钼酸的硝酸溶液等。发生颜色反应的生物碱试剂有浓硫酸和浓硝酸的混合酸、钒酸(NH_4VO_3＋浓H_2SO_4)、钼硫酸($(NH_4)_2MoO_4$＋浓H_2SO_4)等。

三、生物碱的一般提取方法

从植物中提取生物碱一般采取溶剂(稀酸、乙醇、苯等)提取法。

先将含生物碱的植物研成粉末，用稀酸(硫酸或乙酸)浸泡或加热回流，生成生物碱盐的水溶液，接着用碱处理，使生物碱游离出来，再用乙醚、氯仿等有机溶剂提取，除去溶剂后即得生物碱。

用有机溶剂提取，一般是将切碎的植物用石灰水或氨水处理，使之游离出来，再用乙醇、苯等浸泡提取。

植物中往往含有多种生物碱，结构又较相似，用上述方法提取的常是几种生物碱的混合物，不能用一般方法将其分开。近来常用层析、离子交换树脂等方法进行生物碱的分离和提纯。

四、常见的生物碱

生物碱按基本骨架大致分为：氢化吡咯、吡啶、喹啉、异喹啉、吲哚、咪唑、嘌呤及不含杂环的化合物等。这里介绍几种常见的重要生物碱，见表 12-2。

表 12-2　几种常见的生物碱

名称	结构式	来源	生理作用及疗效
麻黄碱	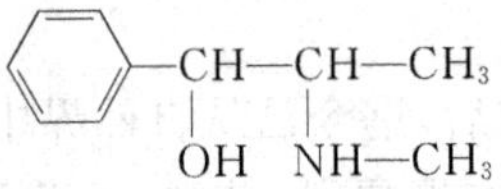	麻黄	扩张支气管、平喘止咳、发汗
烟碱	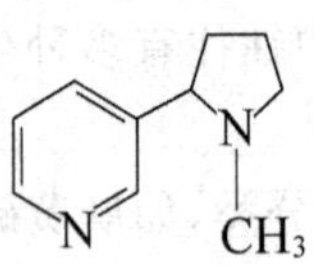	烟草	剧毒
茶碱	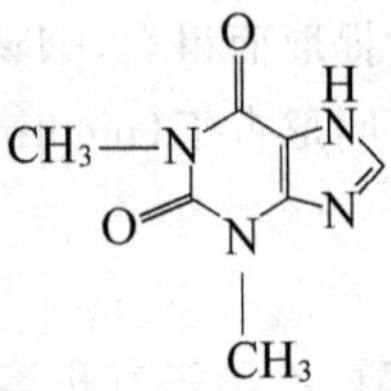	茶叶	收敛、利尿
吗啡碱	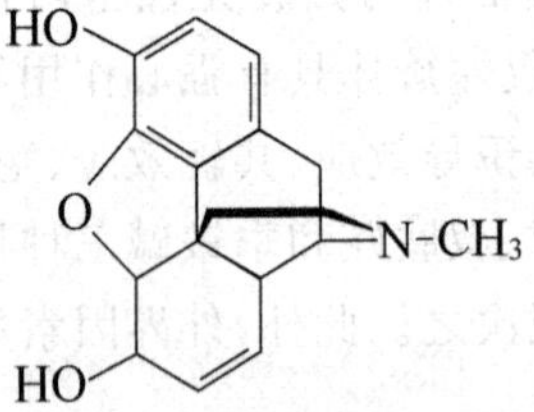	罂粟	镇痛、解痉、麻醉中枢神经
小檗碱	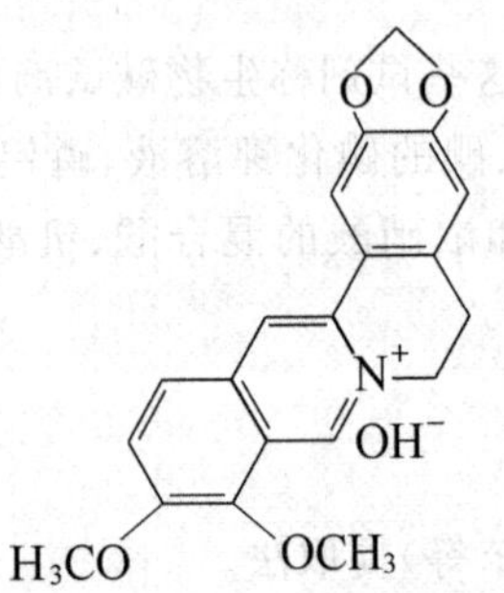	黄连	抗菌消炎，治疗肠胃炎及细菌性痢疾
喜树碱	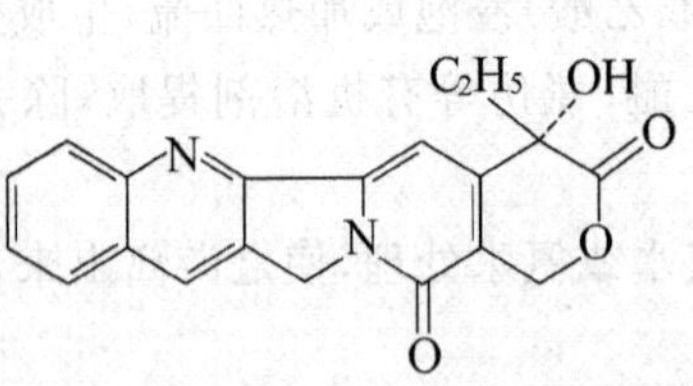	喜树	抗癌，治疗肠癌、胃癌、白血病

续表

名称	结构式	来源	生理作用及疗效
莨菪碱	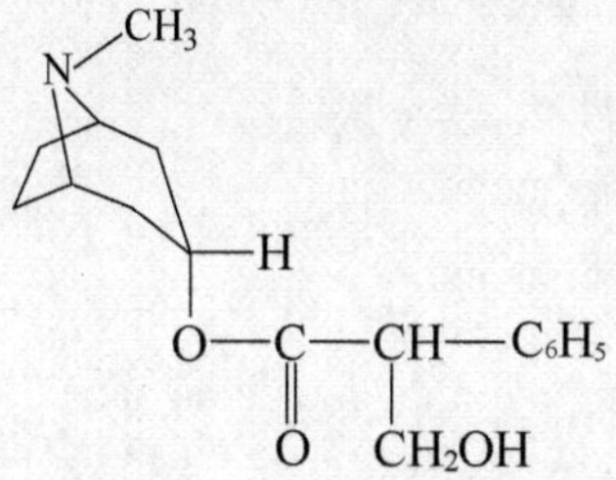	颠茄	抗胆碱药，用于散瞳、治疗平滑肌痉挛
古柯碱	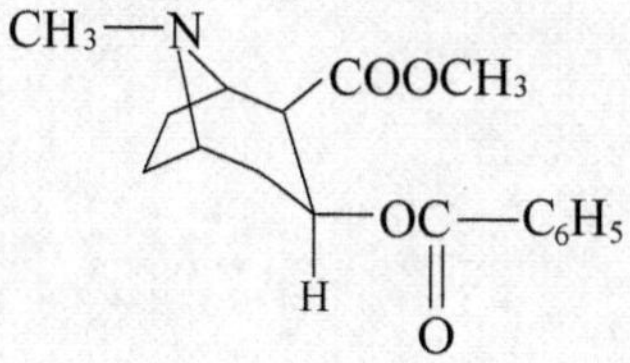	古柯叶	中枢神经兴奋剂、强效局麻剂

罗伯特·鲁宾逊(Robert Robinson，1886—1975)，英国化学家。早年入曼彻斯特大学学习，1910年获科学博士学位。1912—1915年，先后在悉尼大学和新南威尔士大学任有机化学教授。1915—1921年在利物浦大学任化学教授。1922—1930年在安德鲁斯大学、曼彻斯特的维多利亚大学及伦敦大学执教。1930年起，在牛津大学任化学教授，直至1955年退休。1947年荣获诺贝尔化学奖。

罗伯特·鲁宾逊是英国科学家中对有机化学反应机理作出重要贡献的人物之一。关于生物碱的研究，当时没有人能够超越他的水平。虽然在科学研究上他取得了巨大的成绩，获得了众多的殊荣和奖励，但是他一生始终保持谦虚谨慎的美德，他反对人们对他进行不适当的颂扬，更讨厌当面阿谀奉承。他认为，自己所做的一切都是属于平凡的工作，只要这些工作对人类有利，不论困难多大，都要不惜一切代价去努力，以达到探本求源、造福人类的目的。

习　题

1. 命名下列化合物。

(1) 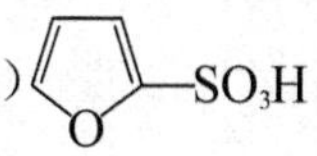 (2) 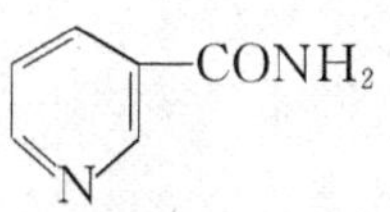 (3) 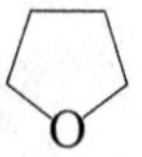 (4) 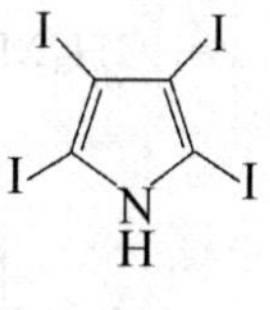 (5) 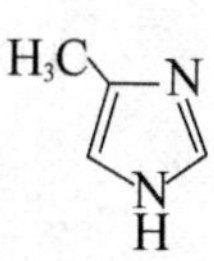

(6) 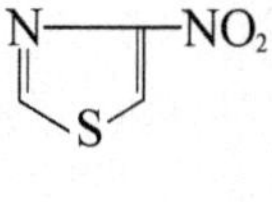 (7) 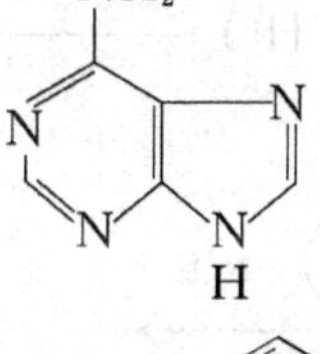 (8) 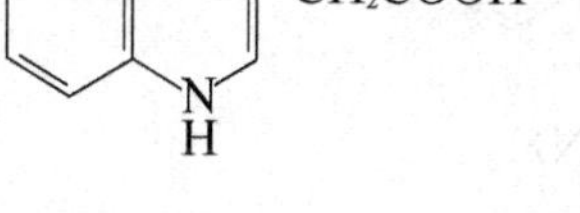

(9) 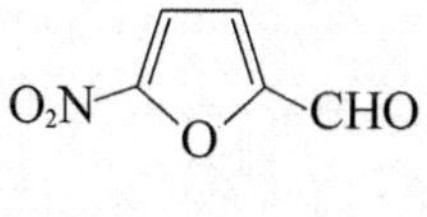 (10) 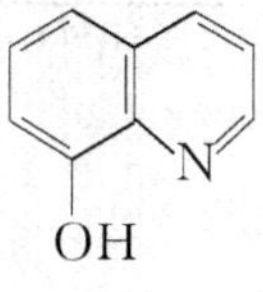

2. 写出下列化合物的结构式。

（1）α-呋喃甲醇 （2）四氢吡咯 （3）β-吡啶甲酸 （4）2,3-吡啶二甲酸

（5）六氢吡啶 （6）N-甲基吡咯 （7）4-硝基喹啉-N-氧化物 （8）8-羟基异喹啉

（9）噻唑-5-磺酸 （10）4-氯噻吩-2-甲酸

3. 完成下列反应式，写出主要产物。

（1）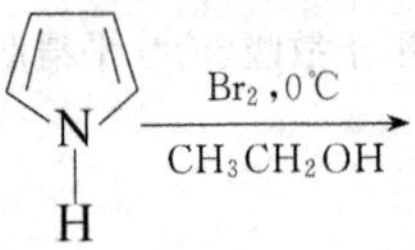

（2）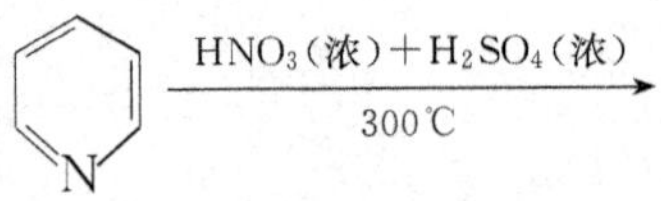

（3）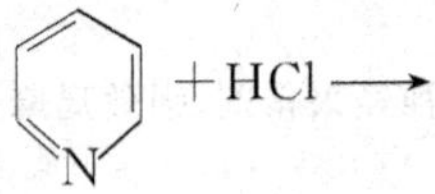

（4）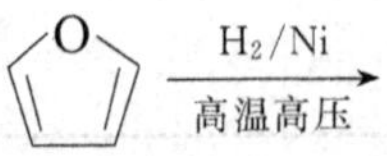

（5）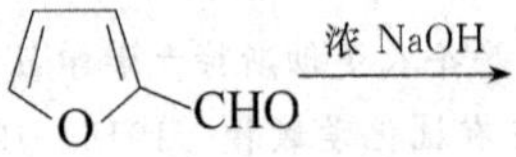

（6）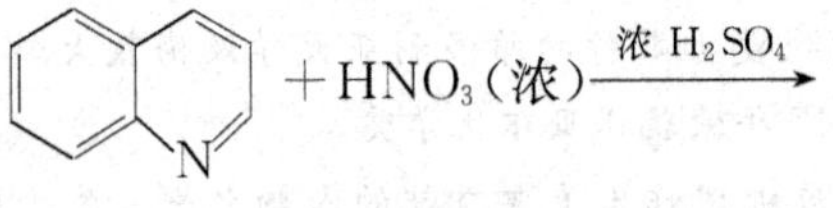

（7）

（8）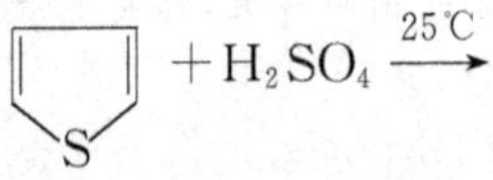

（9）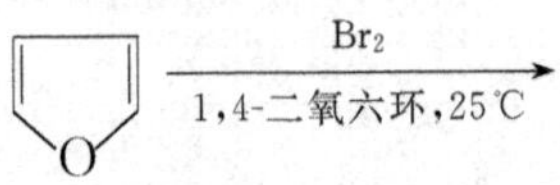

（10）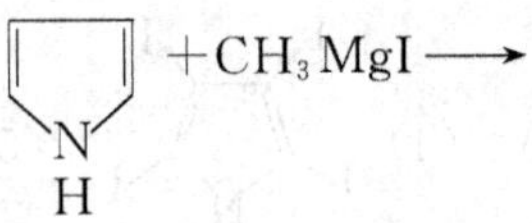

（11）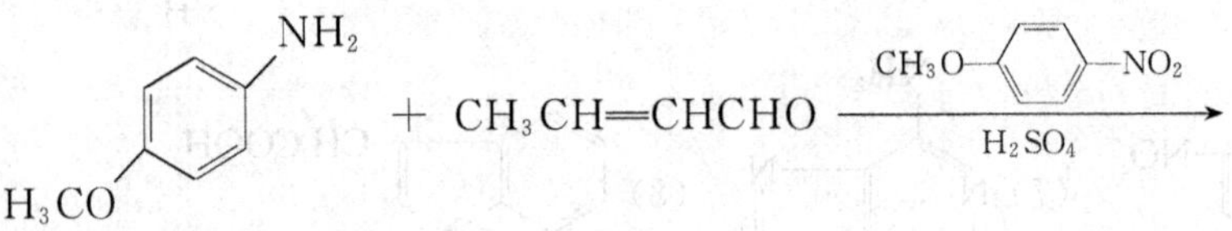

（12）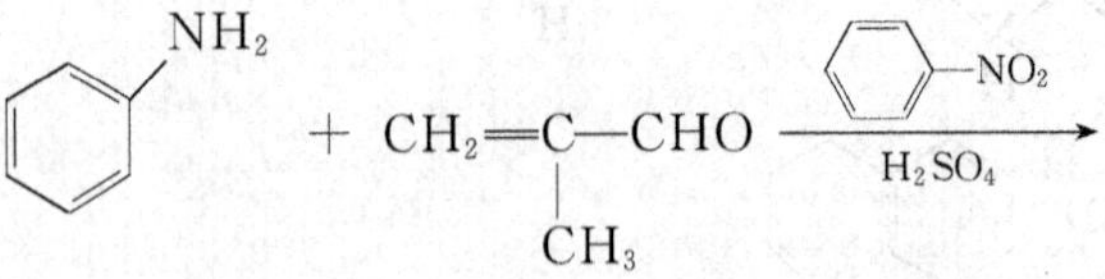

4. 选择题(多选一)。

(1) 下列化合物中碱性最弱的是(　　)。

A. NH_3　　B. 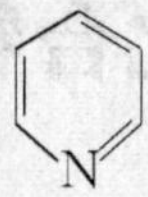　　C. 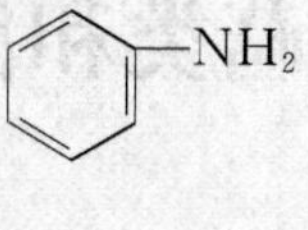　　D. 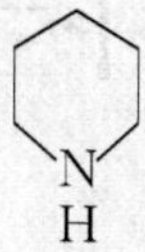　　E. 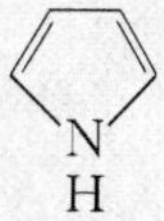

(2) 下列三种化合物进行硝化反应的活性顺序为(　　)。

a. 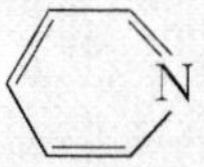　　b. 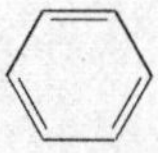　　c. 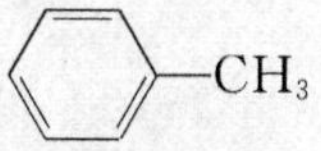

A. c＞b＞a　　B. c＞a＞b　　C. a＞c＞b　　D. b＞c＞a　　E. 都不是

(3) 下列化合物中属于杂环化合物的是(　　)。

A. 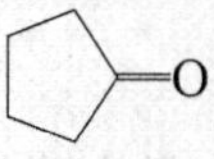　　B. 　　C. 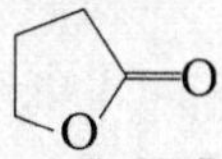　　D. 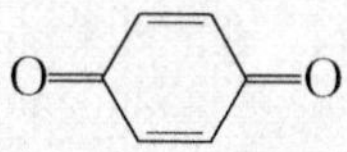　　E. 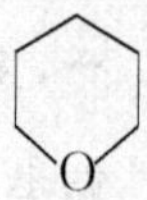

(4) 下列化合物发生亲电取代反应的活性顺序为(　　)。

a. 　　b. 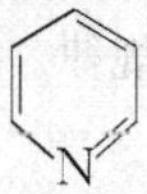　　c. 　　d. 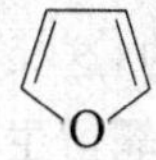

A. b＞d＞a＞c　　B. c＞b＞d＞a　　C. a＞b＞d＞c　　D. d＞a＞c＞b

E. b＞a＞d＞c

5. 简答题。

(1) 如何区分吡啶与喹啉？

(2) 如何除去苯中的少量吡啶？

(3) 如何除去吡啶中的少量六氢吡啶？

6. 某杂环化合物 C_6H_6OS(A)不能与银氨溶液反应，但能与 NH_2OH 形成肟 C_6H_7NOS(B)，且(A)与 I_2/NaOH 作用生成黄色沉淀和 α-噻吩甲酸钠(C)，试写出(A)、(B)和(C)的结构式及有关反应式。

第十三章　萜类和甾族化合物

萜类和甾族化合物广泛存在于自然界，都具有重要的生理功能，它们有的可以直接作为药物，有的是合成药物的原料。

第一节　萜　　类

一、概述

萜类化合物是挥发油（又称香精油）的重要成分，挥发油是从植物体中经水蒸气蒸馏得到的不溶于水并且具有挥发性和香味的油状液体。萜类化合物的结构特征可看做是由若干个异戊二烯分子头尾相连而成的，这又叫萜类结构的异戊二烯规律。因此，萜类化合物是指异戊二烯的低聚体、氢化物及含氧衍生物的总称。

萜类化合物的重要来源为从植物体提取得到的挥发油。如松节油中含蒎烯，薄荷中含薄荷醇，香樟油中含樟脑。在动物和真菌中也含有萜类化合物。

以前萜类化合物完全由天然产物中提取得到，现在许多萜类化合物已能通过人工合成获得，如天然麝香中的麝香酮，它是属于萜类化合物中的含氧衍生物。

二、萜的分类和命名

萜类化合物可以根据所含异戊二烯单位的数目分类（表 13-1）：

表 13-1　萜类化合物的分类

异戊二烯单位数	萜的类别	碳原子数
2	单萜类	10
3	倍半萜类	15
4	二萜类	20
6	三萜类	30
8	四萜类	40
>8	多萜类	>40

它们又可以按照碳原子的连接方式分为开链、单环和多环萜类。

三、单萜类

单萜类化合物是由 2 个异戊二烯单位组成的，根据连接方式不同，可分为链状单萜类、单环单萜类和双环单萜类化合物等。

（一）链状单萜类

链状单萜类化合物具有如下基本骨架：

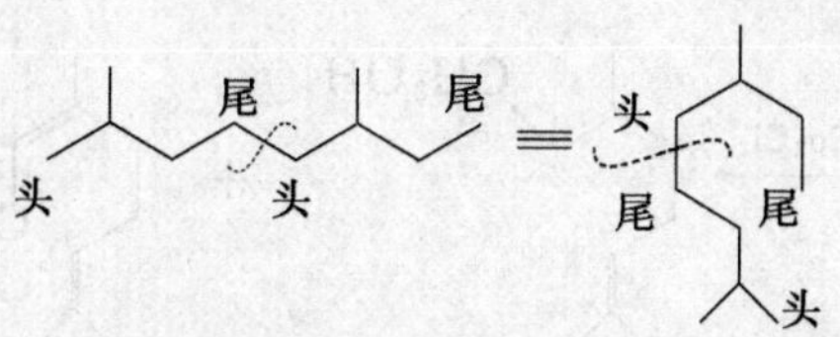

许多天然植物的挥发性油中均含有链状单萜。如月桂油中的月桂烯，柠檬油中的柠檬醛，香茅油和玫瑰油中的香茅醇和香叶醇，均可用于配制香精。

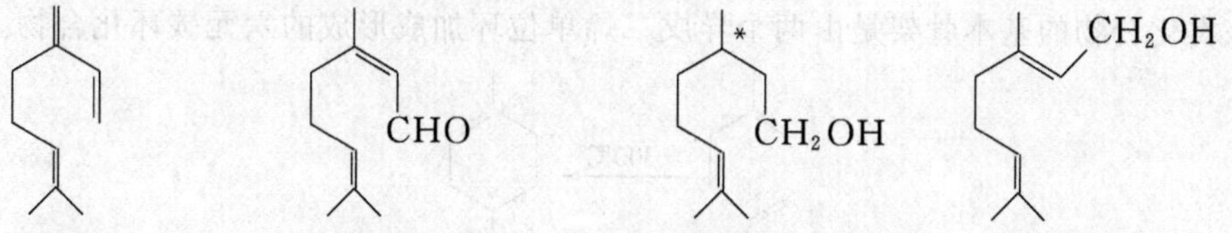

月桂烯　　柠檬醛　　香茅醇　　香叶醇

月桂烯现在可进行工业化生产，通过β-蒎烯的热解得到，是重要的合成原料。

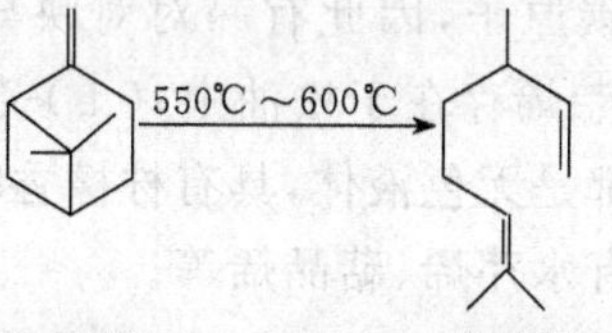

β-蒎烯　　月桂烯

从立体异构方面来分析，柠檬醛是顺反异构体的混合物，其中 *E* 型异构体称为 α-柠檬醛（又称香叶醛），*Z* 型异构体称 β-柠檬醛（又称橙花醛），*E* 型异构体约占 90%。香茅醇分子中有不对称因素，故有旋光性。香叶醇为 *E* 构型，其 *Z* 型异构体叫橙花醇，存在于橙花油及其他挥发油中，为无色有玫瑰香气的液体，可配制香精。

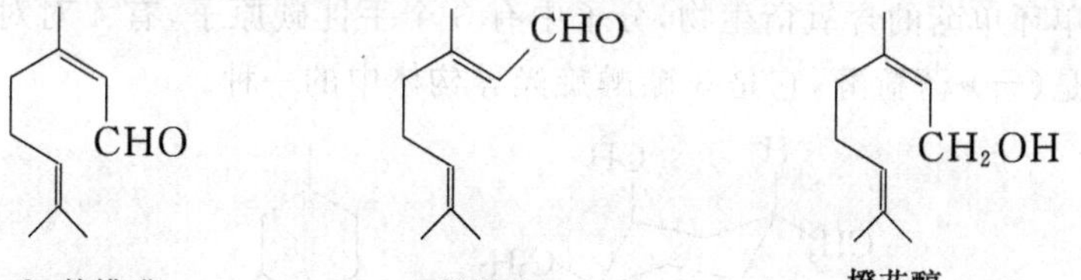

β-柠檬醛（橙花醛）　　α-柠檬醛（香叶醛）　　橙花醇

以氯化亚铜为催化剂，月桂烯与氯化氢可发生加成反应，生成香叶基氯、橙花基氯和芳樟基氯的混合物，再加醋酸钠，生成乙酸香叶醇酯、乙酸橙花醇酯和乙酸芳樟醇酯，水解后可得到香叶醇、橙花醇和芳樟醇的混合物，可用高效分馏法将它们分开。

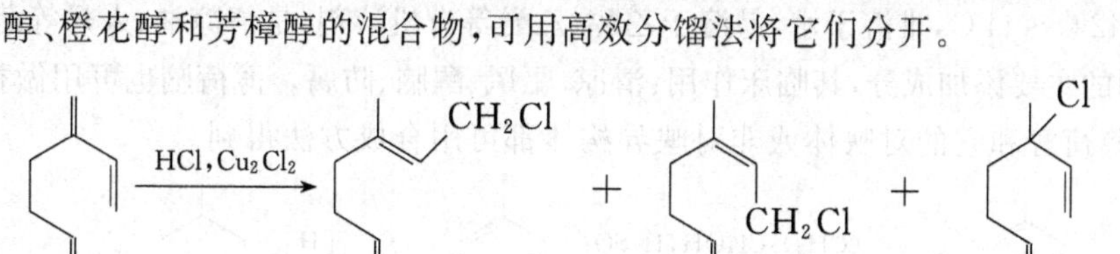

月桂烯　　香叶基氯 (50%)　　橙花基氯 (40%)　　芳樟基氯 (10%)

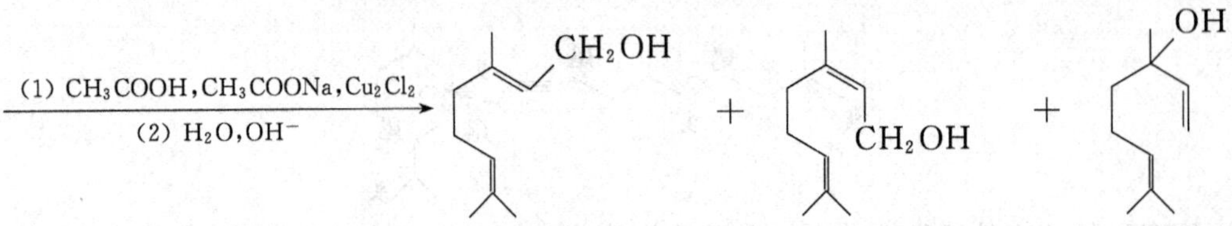

香叶醇　　橙花醇　　芳樟醇

（二）单环单萜类

该类化合物的基本骨架是由两个异戊二烯单位环加成形成的六元碳环化合物。例如：

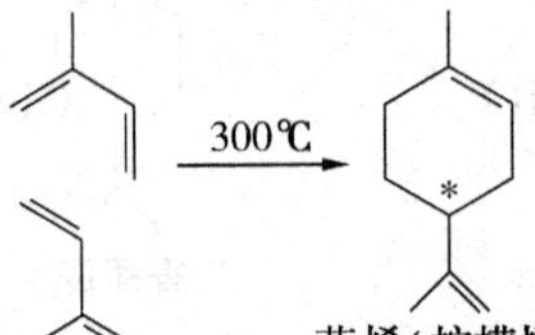

苧烯(柠檬烯)

苧烯分子内含有一个手性碳原子，因此有一对对映异构体。(+)-苧烯存在于柠檬油中，是生产橙汁的副产物；(－)-苧烯存在于松油中；(±)-苧烯存在于松节油和香茅油中，也可由异戊二烯聚合得到。它们都是无色液体，具有柠檬香味，可作香料和有机合成的原料。

其他单环单萜类化合物还有水芹烯、萜品烯等。

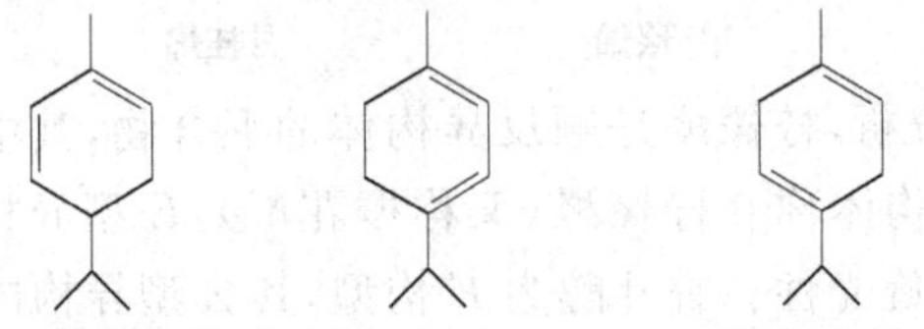

α-水芹烯　　α-萜品烯　　β-萜品烯

薄荷醇为单环单萜的含氧衍生物，分子中有 3 个手性碳原子，有 4 对对映异构体，自然界存在的主要是(－)-薄荷醇，它是 3-萜醇旋光异构体中的一种。

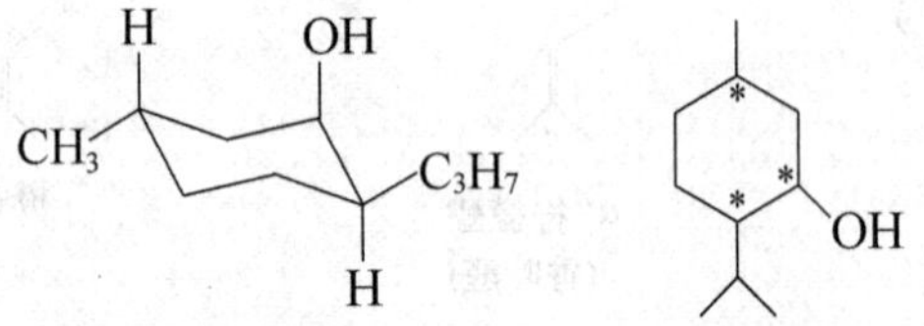

(－)-薄荷醇　　3-萜醇

(－)-薄荷醇又称薄荷脑，存在于薄荷油中，为无色针状或棱柱状结晶，有强烈穿透性香味，熔点为 42℃～44℃，难溶于水，易溶于乙醇、乙醚等有机溶剂，是清凉油、人丹等药物及皮肤科外用搽剂的主要添加成分，其临床作用：清凉、驱风、醒脑、防腐。薄荷脑也可用做香料。

(－)-薄荷醇和它的对映体或非对映异构体都可用合成方法得到。

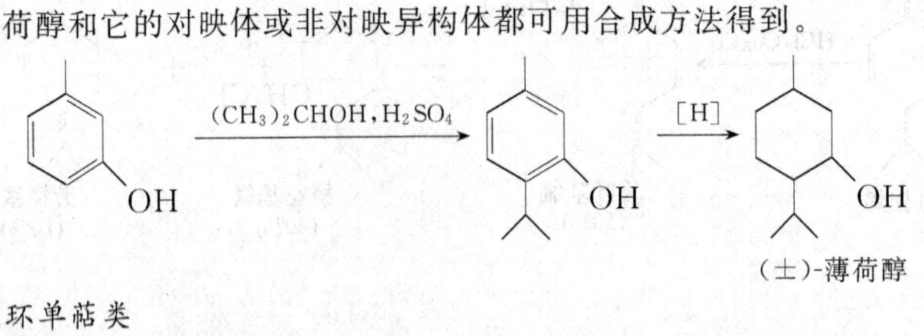

(±)-薄荷醇

（三）双环单萜类

双环单萜类化合物可看做是薄荷烷的桥环衍生物。

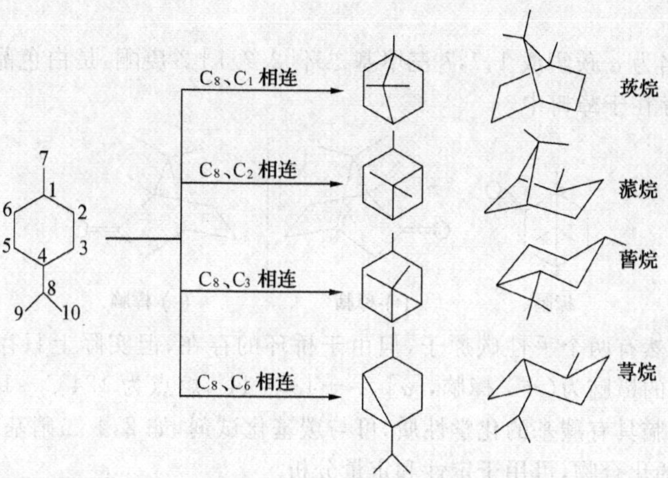

这 4 种双环单萜烷不存在于自然界，但它们的一些不饱和含氧衍生物则广泛存在于自然界。

1. α-蒎烯和 β-蒎烯

α-蒎烯　　β-蒎烯

α-蒎烯又称 α-松节烯，是松节油的主要成分，含量为 70%～80%，沸点为 155℃～156℃。β-蒎烯又称 β-松节烯，也存在于松节油中，含量较少。松节油有局部止痛作用，临床上用于局部涂搽缓解肌肉或神经痛。

α-蒎烯和 β-蒎烯用做合成中间体。例如，工业上将 α-蒎烯在无水条件下用酸性催化剂处理，使其重排成莰烯。

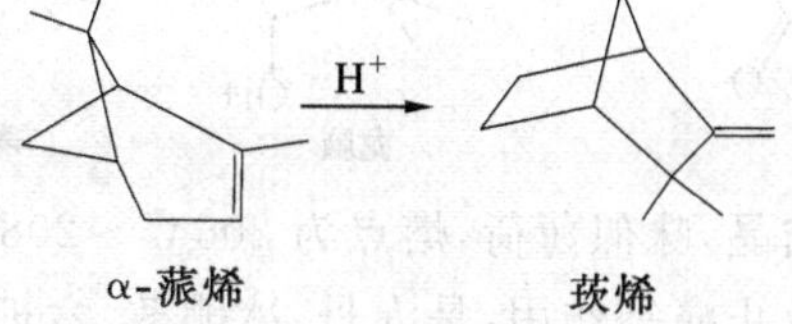

α-蒎烯　　莰烯

莰烯主要用于樟脑的合成。例如，莰烯在硫酸催化下，与乙酸加成生成乙酸异龙脑酯，产物经水解，再用硝酸氧化生成樟脑。

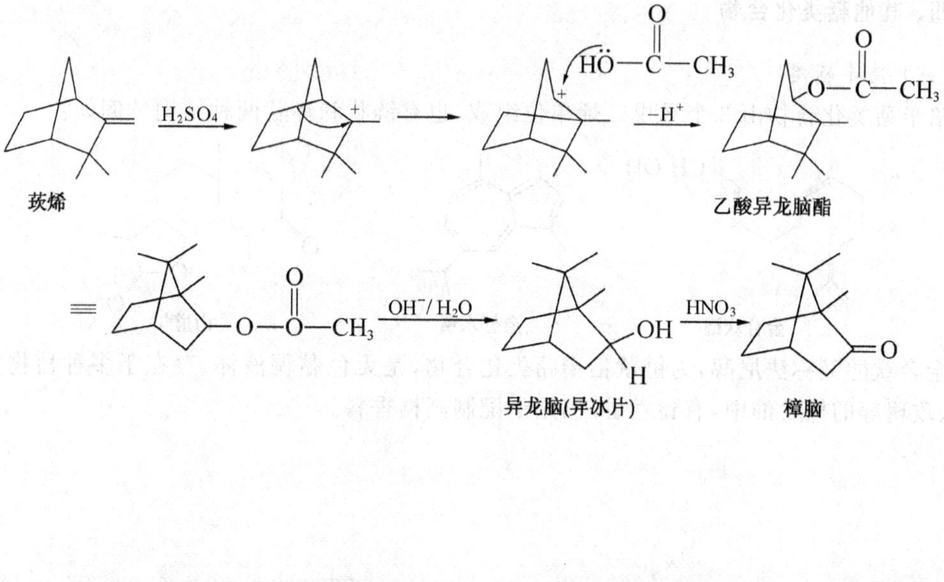

2. 樟脑

樟脑，化学名为 α-莰酮或 1,7,7-三甲基二环[2.2.1]-2-庚酮，是白色晶状粉末或无色半透明固体，主要存在于樟树中。

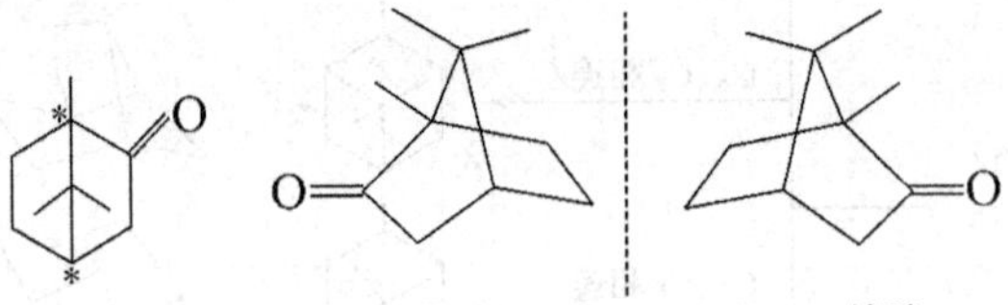

樟脑　(+)-樟脑　(–)-樟脑

樟脑分子虽然有两个手性碳原子，但由于桥环的存在，但实际上只存在一对对映异构体。自然界存在的樟脑为(＋)-樟脑，$[\alpha]_D = +43° \sim 44°$，熔点为 124℃～129℃；合成的樟脑为外消旋体。樟脑具有羰基的化学性质，可与羰基化试剂，如 2,4-二硝基苯肼、盐酸羟胺等反应，生成相应的化合物，可用于定性和定量分析。

樟脑是呼吸循环系统的兴奋剂，为急救良药。但由于其水溶性低，临床使用受限制。通过在其分子中引入磺酸基，则增强了水溶性。其磺酸钠盐易溶于水，可制成注射剂使用。

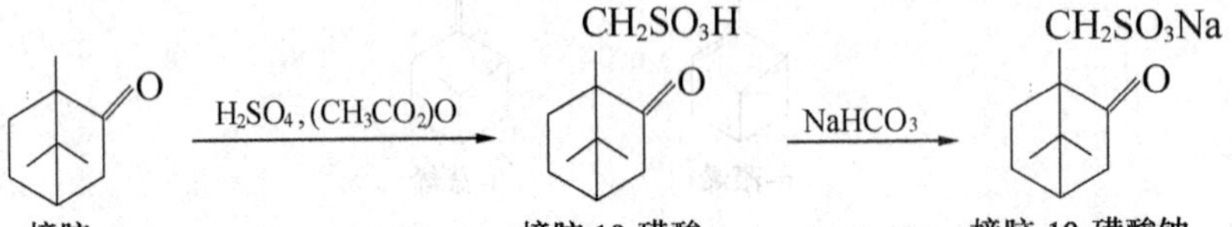

樟脑　樟脑-10-磺酸　樟脑-10-磺酸钠

3. 龙脑和异龙脑

龙脑和异龙脑是由樟脑经硼氢化物还原制得，互为差向异构体。异龙脑为优势构象。

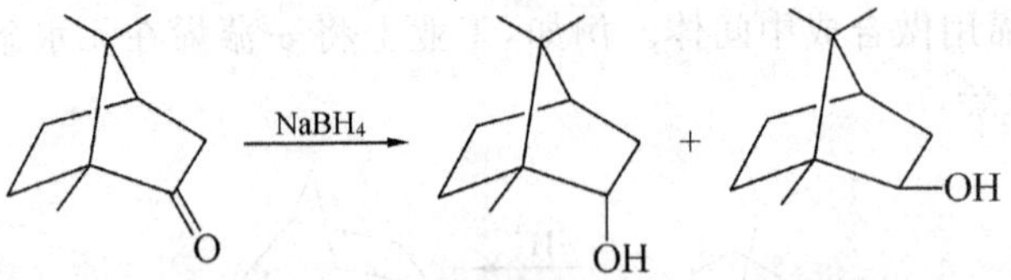

龙脑　异龙脑

龙脑又称冰片，为片状结晶，味似薄荷，熔点为 206℃～208℃，易溶于乙醇、乙醚等有机溶剂。龙脑具有发汗、镇痛及止痛等作用，是人丹、冰硼散、六神丸等药物的主要成分之一。

天然龙脑主要存在于某些植物的挥发性油中，有右旋体和左旋体两种。

四、其他萜类化合物

(一) 倍半萜类

倍半萜类化合物由 3 个异戊二烯单位组成，也有链状和环状两种结构。例如：

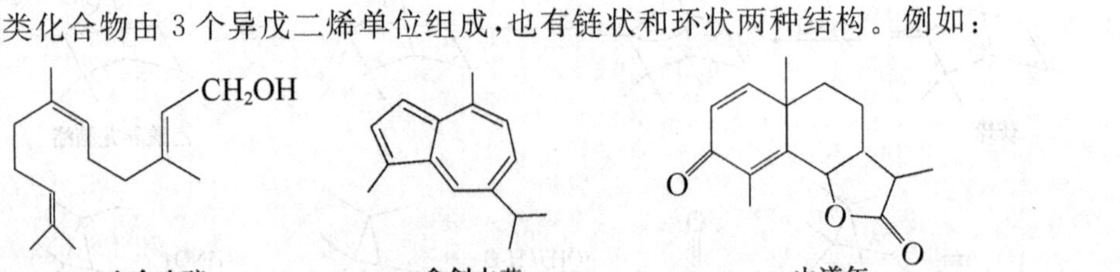

金合欢醇　愈创木薁　山道年

金合欢醇又称法尼醇，为链状倍半萜类化合物，是无色黏稠液体，存在于多种植物如香茅草、玫瑰等的挥发油中，有铃兰香气，用于配制高档香料。

愈创木薁存在于满山红、香樟的挥发油中，具有消炎、促进烫伤和灼伤创口愈合以及防止辐射热等效能，是国内烫伤膏的主要成分。

山道年是三环倍半萜类化合物，存在于菊科植物，如茼蒿的未开放的花蕾中，通过提取方法获得。山道年在临床上作驱蛔虫药，其作用是兴奋蛔虫的神经节，使虫体发生痉挛性收缩，从而不能附着肠壁，在泻药共同作用下排出体外。

（二）二萜类

二萜分子中含有 20 个碳原子。如植物醇为链状二萜类化合物，是叶绿素的水解产物之一。

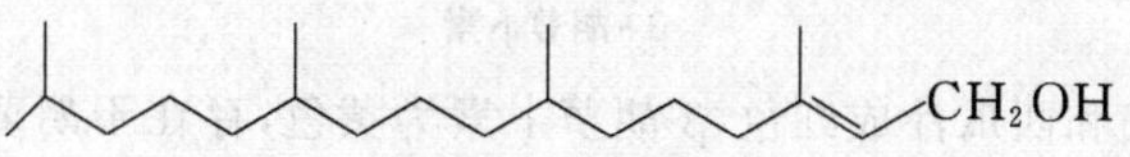

植物醇（叶绿醇）

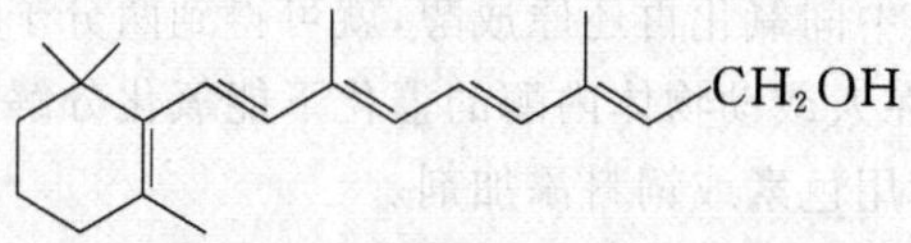

维生素 A

维生素 A 为单环二萜类化合物，主要存在于鱼肝油中，为一种脂溶性的维生素，是人与动物生长所必需的成分之一。

维生素 A 为黄色结晶，熔点为 63℃～64℃，不溶于水，易溶于无水乙醇、氯仿及乙醚等有机溶剂。维生素 A 易被空气氧化，遇紫外线或高温也易破坏分解。

（三）三萜类

三萜分子中含 30 个碳原子，是 6 个异戊二烯单位的聚合体，如角鲨烯、羊毛甾醇。

角鲨烯为链状三萜类化合物，相当于 2 个法尼醇去掉 2 个羟基后连接而成，大量存在于鲨鱼的肝油中，橄榄油、糠油中也有少量存在。角鲨烯在生物体内可环化成羊毛甾醇，最后转化为胆甾醇。

羊毛甾醇属于四环三萜类化合物，存在于羊毛脂中，分子中碳架的连接不符合经典的异戊二烯规律，有时不把它归为萜类。

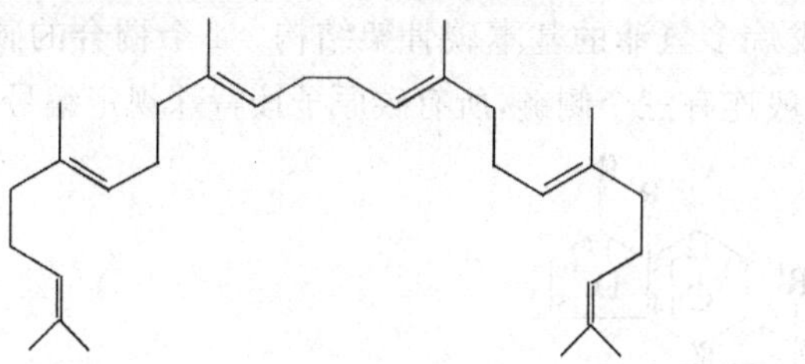

角鲨烯

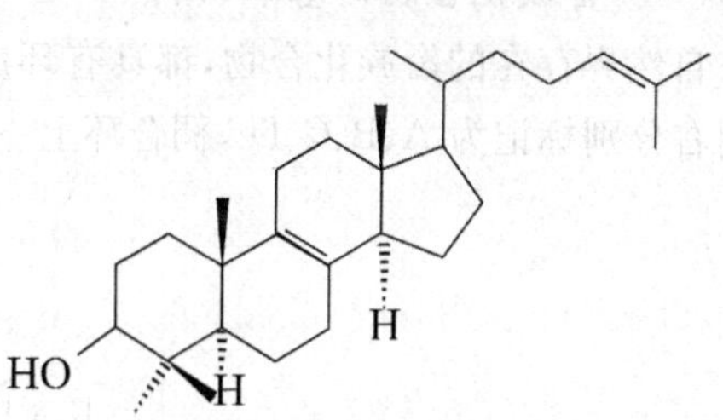

羊毛甾醇

三萜常含有 4 个或 5 个稠合的碳环，许多三萜与甾族化合物在化学上或生物化学上有相似之处。

（四）四萜类

类胡萝卜素是一类四萜（有的类胡萝卜素中碳原子数不是 40），是一类天然色素，常见的有番茄红素和 β-胡萝卜素。

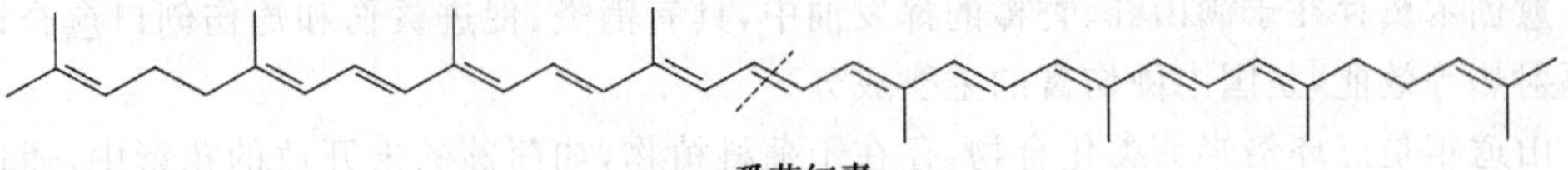

番茄红素

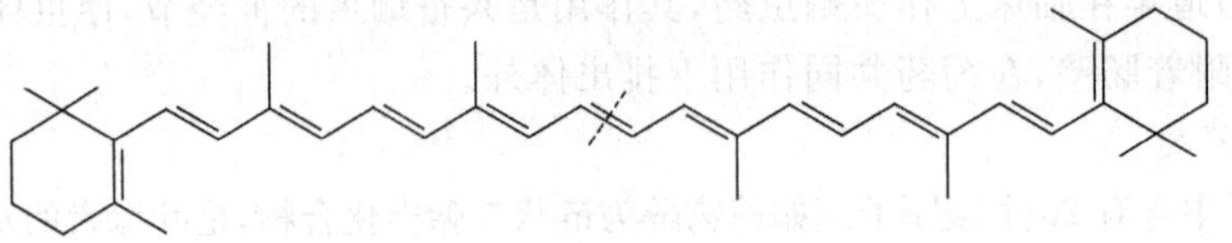

β-胡萝卜素

番茄红素使番茄和西瓜汁成红色，β-胡萝卜素为黄色，存在于胡萝卜、番茄汁中，分子中的双键均为全反式构型。

将β-胡萝卜素分子从中间氧化再还原成醇，就可得到两分子的维生素 A，所以β-胡萝卜素又称为前维生素，因为在人或动物体内酶的催化下能氧化分解成维生素 A。

类胡萝卜素可作为食用色素或饲料添加剂。

第二节　甾族化合物

甾族化合物广泛分布于动植物体组织中，其中有些在动植物的生命活动中起着重要的作用。例如，肾上腺皮质激素对人体的电解质、蛋白质及糖类的代谢具有很大的调节作用；肝细胞分泌的胆质酸，其盐可使脂肪乳化并活化脂肪酶，对脂肪在小肠中的消化吸收起着重要的作用。一些植物体内所含的甾族化合物，有的可以直接药用。例如，毛地黄中所含的强心苷可用于治疗心力衰竭，薯芋中所含的薯芋皂苷是目前合成甾族药物的重要原料。所以甾族化合物是一类非常重要的天然化合物。

一、甾族化合物的结构和命名

（一）甾族化合物的基本结构

自然界存在的甾族化合物，都具有环戊烷多氢菲的基本碳骨架结构。4 个稠合的碳环从左到右分别标记为 A、B、C、D，稠合环上一般连有三个侧链，所有碳原子按特殊规定编号。

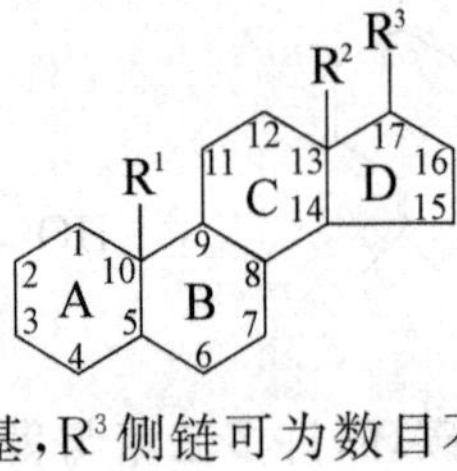

三个侧链中 R^1 和 R^2 常为角甲基，R^3 侧链可为数目不同的碳链。

（二）甾族化合物的构型

甾族化合物分子中含多个手性碳原子，其基本骨架上有 7 个手性碳原子，理论上应有 $2^7=128$ 个旋光异构体。但是由于 A、B、C、D 4 个环的相互稠合引起的空间位阻，因而实际存在的异构体数目大大减少。目前，从自然界获得的甾族化合物主要有两种构型，稠合的 B/C 环和 C/D 环一般都是反式，稠合的 A/B 环含有顺式和反式两种，就像十氢萘的两种异构体。

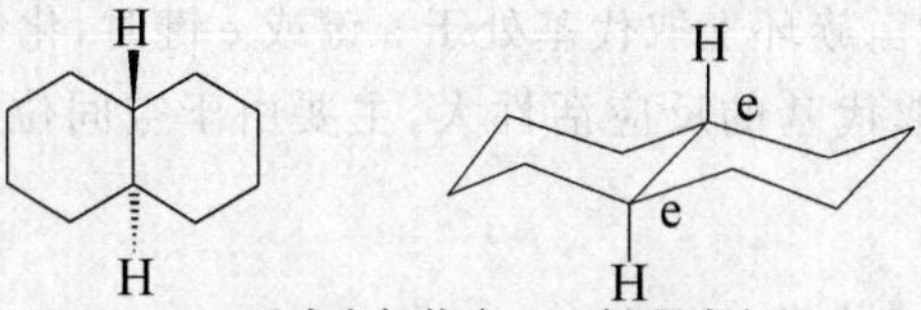

反式十氢萘（e、e 键耦合）

顺式十氢萘（e、a 键耦合）

在甾族化合物中，当 A/B 环顺式耦合时，就像顺式十氢萘的构型，即 C_5 上的氢原子和 C_{10} 上的角甲基在环平面的同侧，用实线表示，叫正系（5β-型）或粪甾烷系；当 A/B 环反式稠合，就像反式十氢萘的构型，即 C_5 上的氢原子和 C_{10} 上的角甲基在环平面的异侧，C_5 上的氢原子伸向环平面的后方，用虚线表示，称为别系（5α-型）或胆甾烷系。

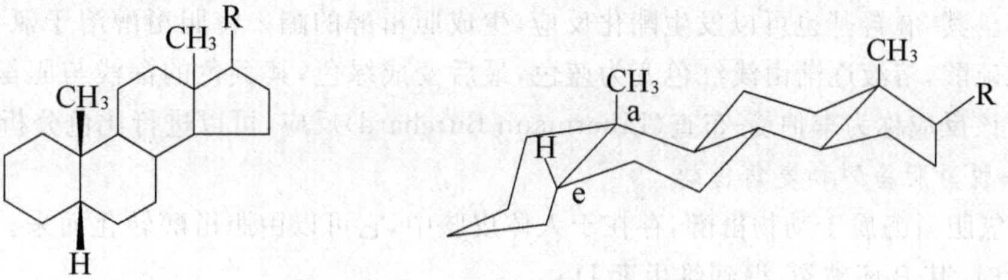

正系（5β-型）或粪甾烷系（A/B 顺式）

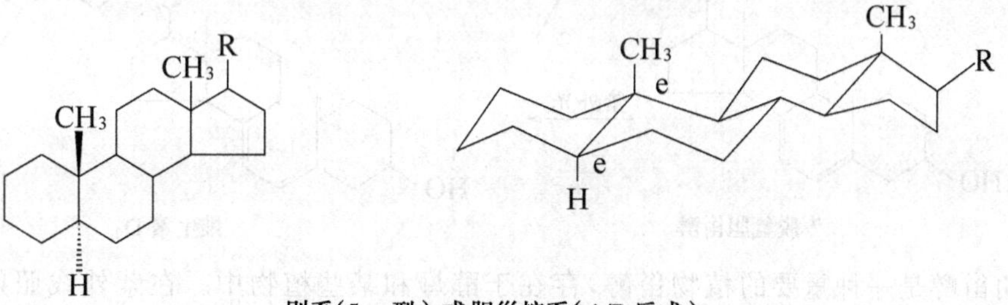

别系（5α-型）或胆甾烷系（A/B 反式）

此外，甾族化合物的环上取代基与角甲基在环平面同侧时，用实线表示，标记为 β-型；与角甲基在环平面异侧时用虚线表示，标记为 α-型。例如：

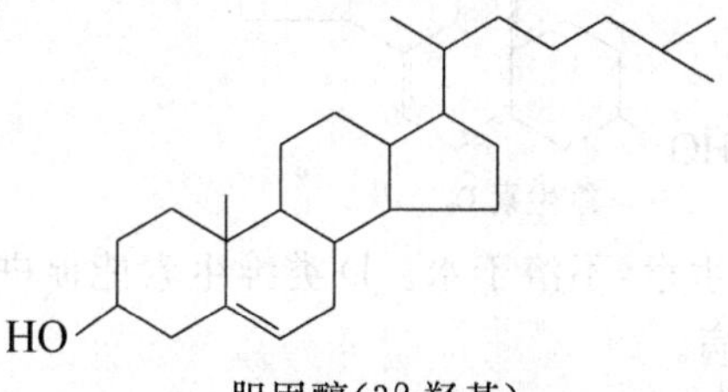

胆固醇（3β-羟基）

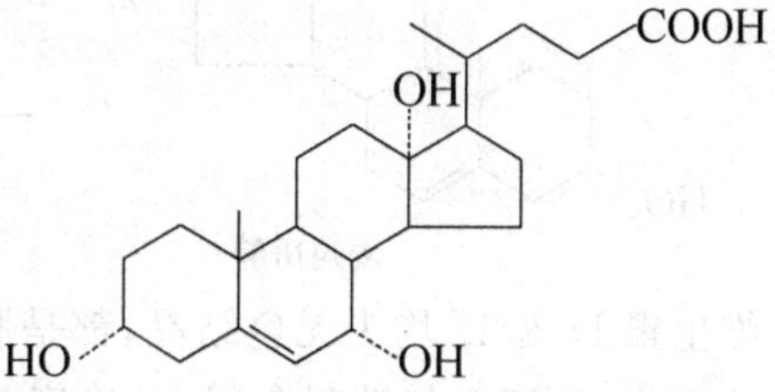

胆酸（3α，7α，12α-三羟基-5β-胆烷-24-酸）

构象研究表明，甾族化合物的环系均以椅式构象存在，甾族化合物正系和别系的差别，仅 A/B 环稠合不同。正系两环为 e、a 键稠合，别系两环为 e、e 键稠合，因此甾族化合物一般别系比正系稳定。同时甾族环上取代基处于 a 键或 e 键时，化学性质有不同的表现，一般来说，e 键取代基比 a 键取代基的反应活性大，主要由于空间位阻的原因，如羟基的酯化，e-OH比a-OH易酯化。

二、几类重要的甾族化合物

（一）甾醇类

甾醇广泛存在于动植物组织中，根据来源可分为动物甾醇和植物甾醇两类。

1. 胆甾醇（胆固醇）

胆甾醇最初是从胆汁中分离得到的固体醇，因而又称胆固醇，其结构特点：C_3 连有一 3β-型醇羟基，C_5 和 C_6 间为双键，C_{17} 上连有一个 8 个碳原子的烃基。胆甾醇是重要的动物甾醇，在几乎所有的人和动物组织中均存在，如血液、肝、肾中，尤其在脑和骨髓组织中含量最高。

胆甾醇为无色或微黄色的固体，熔点为 148℃，难溶于水，易溶于乙醚、氯仿、热乙醇等有机溶剂。

胆甾醇分子中存在双键，可以与卤素和卤化氢发生加成反应，也可以催化加氢，生成二氢胆甾醇。其 3β-羟基也可以发生酯化反应，生成胆甾醇的酯。将胆甾醇溶于氯仿中，加入乙酐和浓硫酸，溶液逐渐由浅红色变为蓝色，最后变成绿色，其颜色的深浅与胆甾醇的浓度成正比。该反应称为李伯曼-布查(Libermann-Burchard)反应，可以进行比色分析。

2. 7-脱氢胆甾醇和麦角甾醇

7-脱氢胆甾醇属于动物甾醇，存在于人体皮肤中，它可以由胆甾醇转化而来。当受到紫外线照射时，其 B 环破裂，得到维生素 D_3。

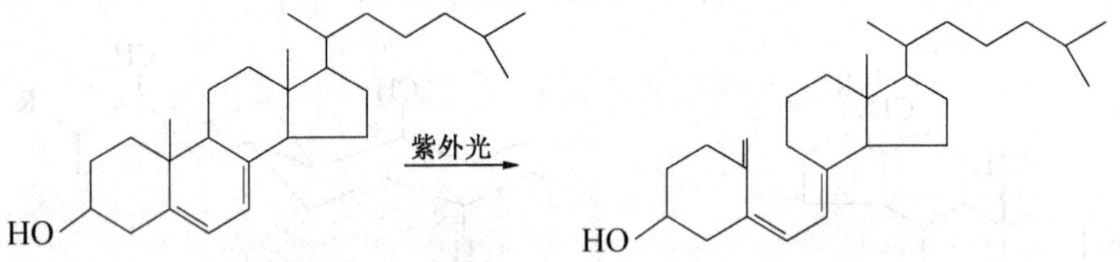

7-脱氢胆甾醇　　　　**维生素 D_3**

麦角甾醇是一种重要的植物甾醇，存在于酵母和某些植物中。在紫外线照射下，其 B 环破裂而转化为维生素 D_2。

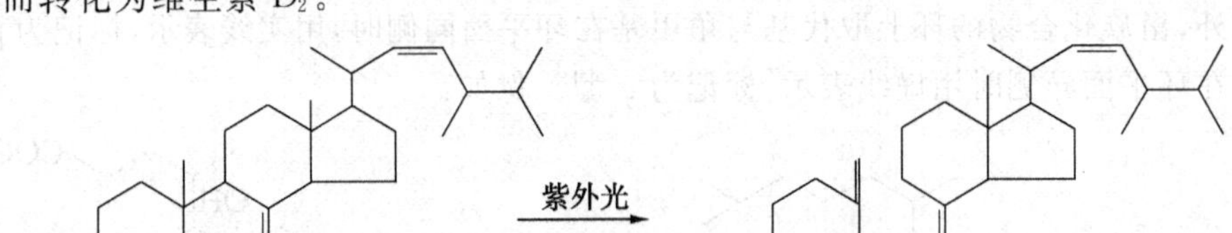

麦角甾醇　　　　**维生素 D_2**

维生素 D_2 和 D_3 均为无色结晶，都是脂溶性维生素，不溶于水。D 类维生素能促进机体对钙的吸收，临床上与钙剂合用，可治疗儿童佝偻病。

（二）胆甾酸类

从动物的胆汁分离得到的几种含氧酸性甾族化合物的总称叫胆甾酸，主要有：胆酸、脱氧胆酸（7-脱氧胆酸）、鹅胆酸（12-脱氧胆酸）和石胆酸（7，12-二脱氧胆酸）。

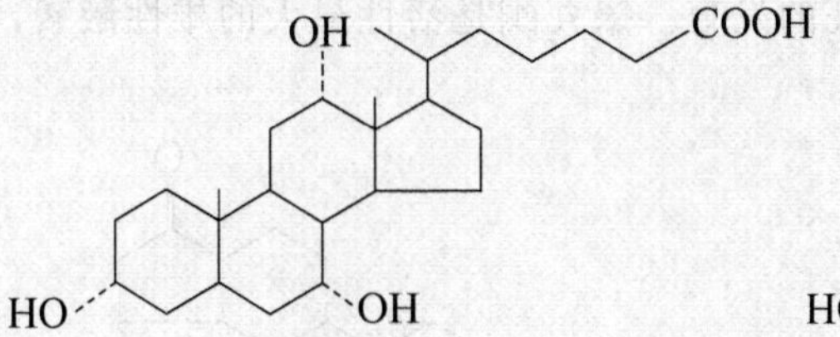

胆酸

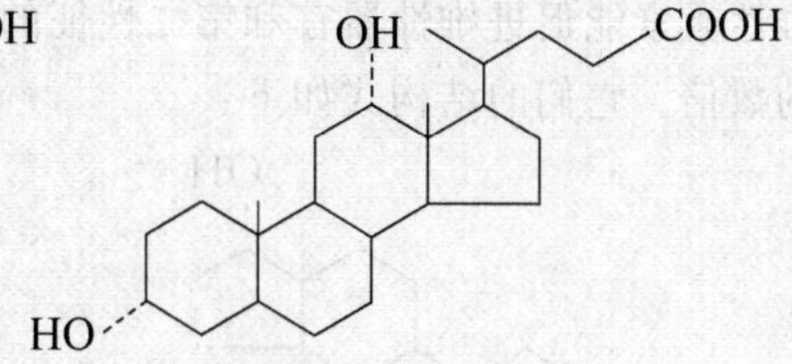

脱氧胆酸

在胆汁中,胆甾酸分别与甘氨酸和牛磺酸中的氨基结合成甘氨胆甾酸和牛磺胆甾酸,这种结合胆甾酸称为胆汁酸。在小肠的碱性条件下,胆汁酸以盐的形式存在,成为良好的乳化剂,使食物中的油脂乳化,促进油脂的消化和吸收。

(三) 甾体激素

激素是动物体内各种内分泌腺所分泌的一类具有重要生理和生化活性的化学物质。分泌量虽少,作用巨大。激素根据分子组成不同,分为含氮激素和甾体激素两类。

甾体激素又根据来源和生理作用不同,分为肾上腺皮质激素和性激素两类。昆虫蜕皮激素也属于甾族化合物。

1. 性激素

性激素是性腺(睾丸和卵巢)所分泌的具有促进性器官形成及第二性征发育作用的物质,可分为雌性激素和雄性激素两大类。

(1) 雌性激素。

雌性激素又可分为雌激素(卵泡激素)和孕激素(黄体激素)。由成熟的卵泡产生的激素称雌激素,其主要生理功能是促进雌性动物器官(子宫、卵巢)及副性器官(乳腺)的发育。雌激素主要有雌二醇和雌酮两种,其中雌二醇的生理作用最强,其结构式如下:

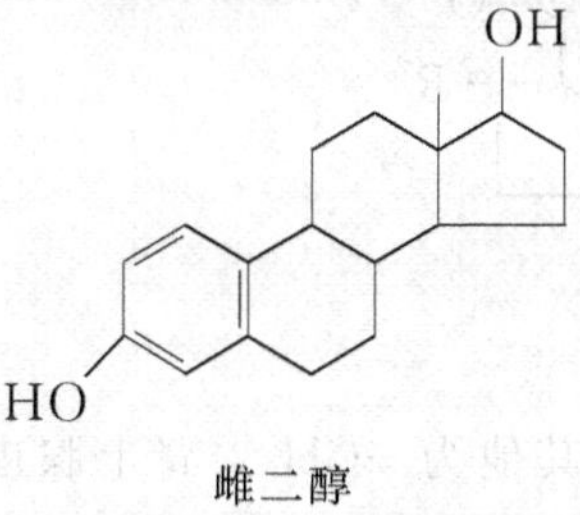

雌二醇

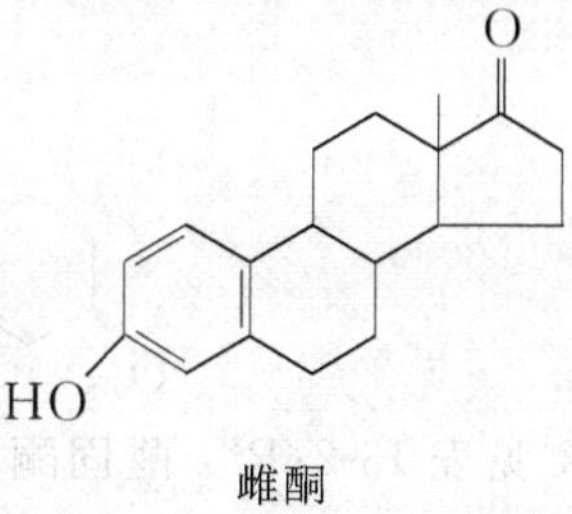

雌酮

孕激素是由卵泡排卵后形成的黄体所产生的激素,主要生理作用是抑制排卵,促进乳腺发育,并使受精卵在子宫内发育。临床上用于治疗习惯性流产、保胎、通经和月经不调。孕激素主要有孕酮和孕二醇,其结构式如下:

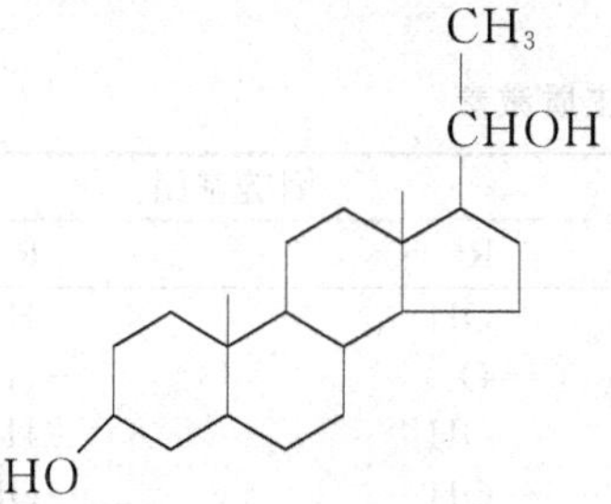

孕二醇

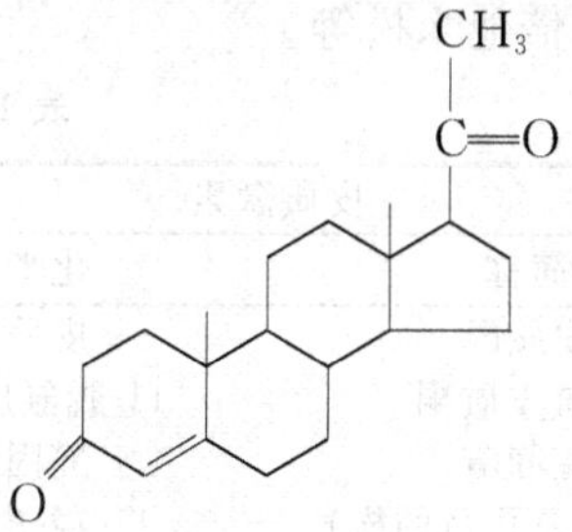

孕酮(黄体酮)

(2) 雄性激素。

雄性激素能促进雄性器官和第二性征的发育。睾丸酮是活性最大的雄性激素，活性为雄酮的数倍。它们的结构式如下：

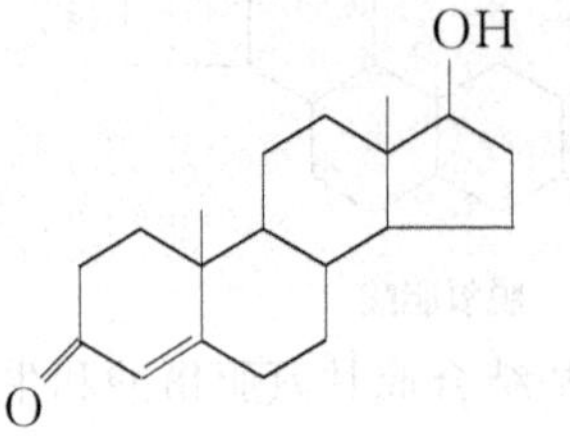

睾丸酮

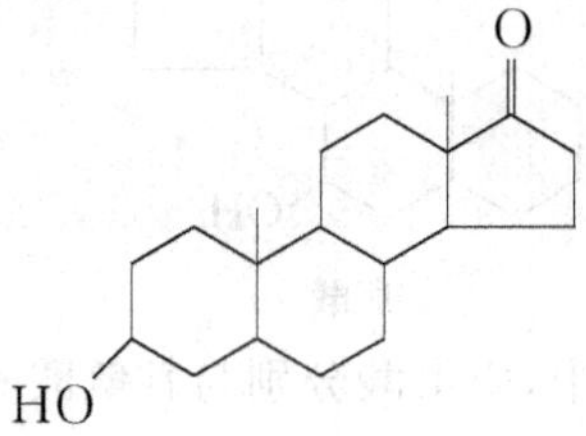

雄酮

2. 肾上腺皮质激素

由肾上腺皮质所分泌的一类激素，称肾上腺皮质激素。它们对体内的水、盐、糖、脂肪和蛋白质的代谢，以及人体生长发育都有重要的意义。目前已从肾上腺皮质提取分离出了多种甾醇类结晶，其中具有较强的生理活性的有 7 种，如可的松、氢化可的松、皮质酮和醛固酮。肾上腺皮质激素按其功能，可以分为糖皮质激素和盐皮质激素，它们的化学结构相似，生理功能不同。糖皮质激素，如可的松和氢化可的松等主要影响糖、脂肪和蛋白质的代谢，抑制糖的氧化，促进蛋白质转化为糖。盐皮质激素，如醛固酮、11-脱氧皮质酮等，也对电解质代谢有显著影响，能促进钠的滞留和钾的排泄，维持机体的电解质平衡，其中醛固酮的生理活性最强。

其结构特征，一般甾环的 C_3 为酮基，C_4 和 C_5 之间为双键，C_{17} 上连有—$COCH_2$—OH 基团，C_{13} 除醛固酮为醛基外，其余为角甲基。它们之间的区别仅在于 C_{11}，C_{17} 及 C_{18} 上氧化的程度不同。

肾上腺皮质激素的一般结构式如下：

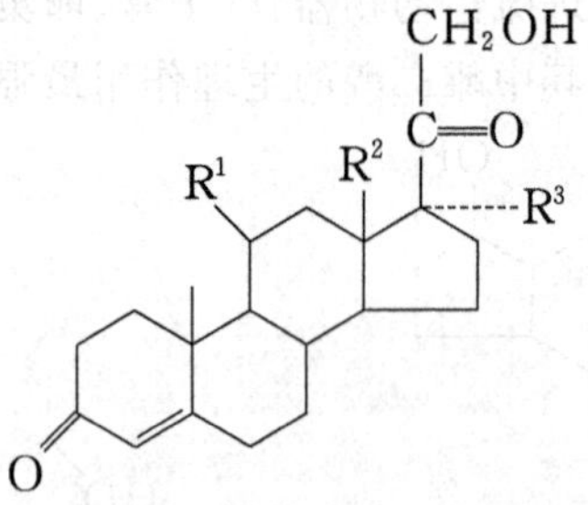

式中 R^1，R^3 见表 13-2；R^2：醛固酮为—CHO，其他为—CH_3。肾上腺皮质激素在小剂量上起着调节代谢的生理作用，大剂量时有显著的药理作用。糖皮质激素具有抗炎、抗毒、抗过敏反应等作用，临床上用于控制严重中毒感染、药物过敏、皮肤病和风湿性关节炎等。通过构效关系的研究，已合成一批疗效更强、副作用更低的甾体药物，如强的松龙、泼尼松、地塞米松、倍他米松等。

表 13-2　常见肾上腺皮质激素

皮质激素		侧链基团	
简称	化学名	R^1	R^3
皮质酮	皮质酮	—OH	—H
脱氢皮质酮	11-脱氢皮质酮	═O	—H
醛固酮	醛固酮	—OH	—H
皮质醇(氢化可的松)	17-羟-皮质酮	—OH	—OH
可的松	17-羟-11-脱氢皮质酮	═O	—OH
脱氧皮质酮	17-羟-11-脱氧皮质酮	—H	—OH

3. 昆虫蜕皮激素

昆虫蜕皮激素是昆虫前胸腺所分泌的一种内激素，属于甾体激素类。它刺激昆虫蜕皮，与昆虫保幼激素协调作用，控制昆虫的变态过程和生长周期。

其化学结构如下：

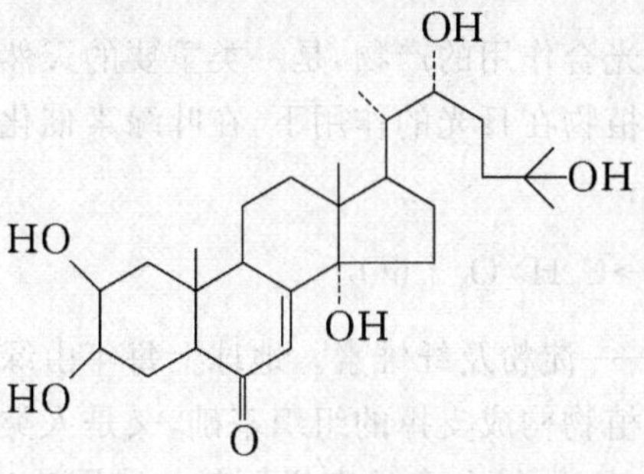

α-蜕皮激素

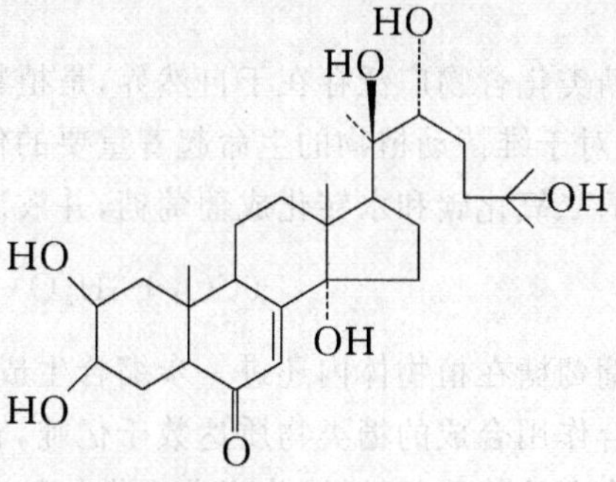

β-蜕皮激素

现在通过改造已人工合成了具有相同生理作用的类似物质，其目的在于用昆虫激素防治农业病虫害，以达到高效低毒、"以虫治虫"的目的。通过改变昆虫体内激素的平衡，干扰昆虫的正常生长、分化和变态程度，以杀死昆虫。

习　题

1. 举例说明下列名词术语。

(1) 链状单萜　　(2) 双环单萜　　(3) 异戊二烯规律

(4) 甾族化合物的正系(5β-型)和别系(5α-型)

2. 写出下列化合物的结构式。

(1) 柠檬醛　　(2) 冰片　　(3) 樟脑

(4) 柠檬烯(苧烯)　　(5) 薄荷醇　　(6) 胆固醇

3. 胆酸有几个手性碳原子？其理论上有几个旋光异构体？写出胆酸的结构式。它们属于何种构型？指出哪个羟基最易发生乙酰化反应。

4. 写出樟脑合成冰片的反应式。如何检查反应是否完全？

第十四章 糖 类

糖类化合物广泛存在于自然界，是植物进行光合作用的产物，是一类重要的天然有机化合物，对于维持动植物的生命起着重要的作用。植物在日光的作用下，在叶绿素催化下将空气中的二氧化碳和水转化成葡萄糖，并放出氧气：

$$6CO_2 + 6H_2O \xrightarrow[\text{叶绿素}]{\text{日光}} C_6H_{12}O_6 + 6O_2$$

葡萄糖在植物体内还进一步缩合生成多糖——淀粉及纤维素。地球上每年由绿色植物经光合作用合成的糖类物质达数千亿吨，它既是植物构成支撑的组织基础，又是人类和动物赖以生存的物质基础，也为工业提供如粮、棉麻、竹、木等众多的有机原料。我国物产丰富，许多特产均是含糖衍生物，具有特殊的药用功效，有待我们去研究、开发。

最初人们发现糖类化合物都是由 C、H、O 三种元素组成的，且都符合 $C_n(H_2O)_m$ 的通式，所以称之为碳水化合物。例如，葡萄糖的分子式为 $C_6H_{12}O_6$，可表示为 $C_6(H_2O)_6$；蔗糖的分子式为 $C_{12}H_{22}O_{11}$，可表示为 $C_{12}(H_2O)_{11}$ 等。但后来发现有的糖不符合碳水化合物的比例，如鼠李糖（$C_6H_{12}O_5$，甲基戊糖）、脱氧核糖（$C_5H_{10}O_4$）；有些化合物的组成符合碳水化合物的比例，但不是糖，如甲醛（CH_2O）、乙酸（$C_2H_4O_2$）、乳酸（$C_3H_6O_3$）等。因此，把此类化合物叫做糖类化合物较为合理。“碳水化合物”一词虽并不十分恰当，但因沿用已久，所以有些时候仍然使用。

根据糖的单元结构，把糖分为：

单糖——不能再水解成为更小的糖分子的糖类。

低聚糖——也叫寡糖，是由 2～10 个单糖分子缩合而成的物质。能水解为两分子单糖的叫二糖（或双糖），水解产生 3 个或 4 个单糖的则叫三糖或四糖。在低聚糖中以二糖最为多见，如蔗糖、麦芽糖、乳糖等。

多糖——含 10 个以上甚至几百、几千个单糖结构的缩合物，如淀粉、纤维素等。

第一节 单 糖

一、单糖的分类

单糖可根据分子中所含碳原子的数目分为丙糖、丁糖、戊糖和己糖等。最简单的单糖是丙糖，最常见的单糖是戊糖和己糖。从结构上看，糖是一类多羟基醛和多羟基酮及其缩合物，或水解后能产生多羟基醛、酮的有机化合物。根据结构不同，把单糖分为醛糖和酮糖两类，分子中含有醛基的称为醛糖，含有酮基的称为酮糖。例如：

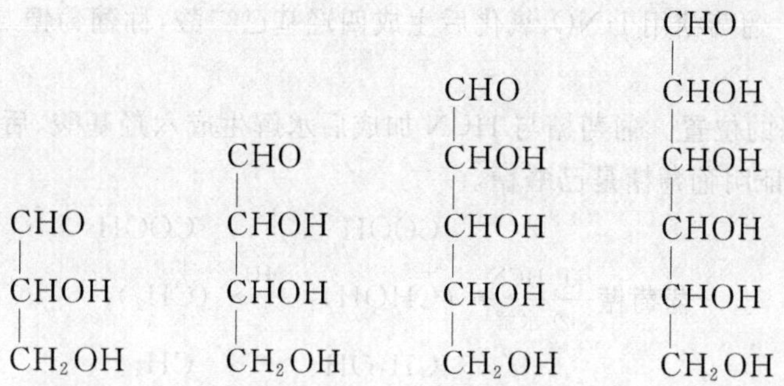

丙醛糖　　丁醛糖　　戊醛糖　　己醛糖

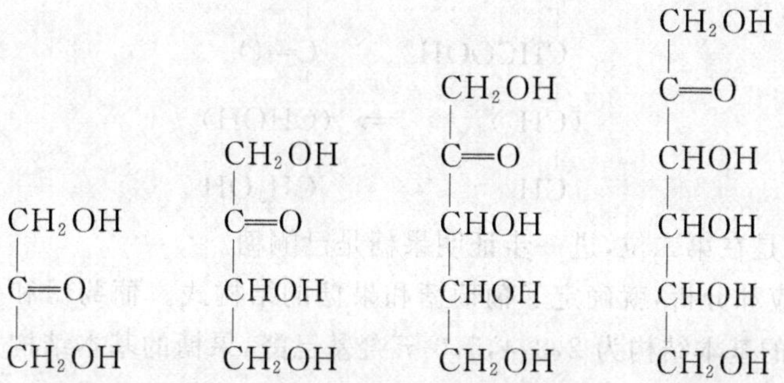

丙酮糖　　丁酮糖　　戊酮糖　　己酮糖

自然界中存在最广泛的醛糖和酮糖是葡萄糖和果糖，它们分别属于己醛糖和己酮糖。

二、单糖的结构

（一）单糖的开链构造式

葡萄糖、果糖等结构已在上个世纪由被誉为“糖化学之父”的费歇尔（E. Fischer，1852—1919）及哈沃斯（N. Haworth，1883—1950）等化学家确定。

在研究葡萄糖和果糖的结构时有以下实验事实：

(1) 经碳氢定量分析，确定实验式为 CH_2O。

(2) 经分子量测定，确定分子式为 $C_6H_{12}O_6$。

(3) 能起银镜反应，能与一分子 HCN 加成，与一分子 NH_2OH 缩合成肟，说明它有一个羰基。

(4) 能酰基化生成酯。乙酰化后再水解，一分子酰基化后的葡萄糖可得五分子乙酸，说明分子中有 5 个羟基。

(5) 葡萄糖用钠汞齐还原后得己六醇，己六醇用 HI 彻底还原得正己烷，说明葡萄糖是直链化合物。

按照经验，一个碳原子一般不能与两个羟基同时结合，因为这样是不稳定的。根据上述性质，如果羰基是个醛基，则它的构造式应是：

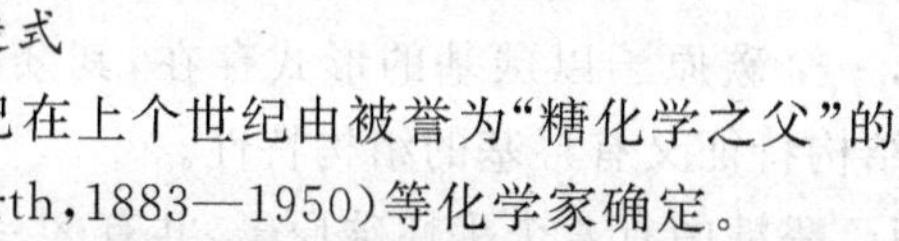

将醛氧化后得相应的酸，碳链不变，而酮氧化后引起碳链的断裂，应用这一性质就可确

定是醛糖或酮糖。葡萄糖用 HNO_3 氧化后生成四羟基己二酸，称葡萄糖二酸。因此，葡萄糖是醛糖。

(6) 确定羰基的位置。葡萄糖与 HCN 加成后水解生成六羟基酸，后者被 HI 还原后得正庚酸，这进一步证明葡萄糖是己醛糖。

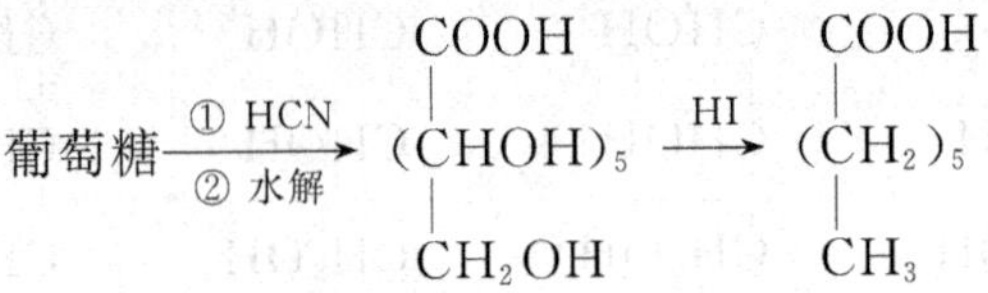

用同样的方法处理果糖，最后的产物是 α-甲基己酸。

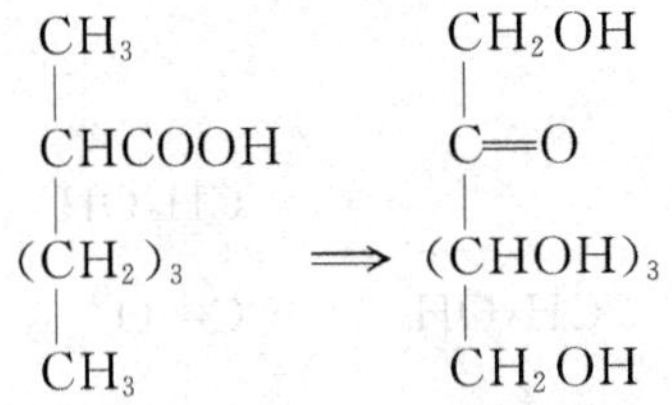

因此，果糖的羰基是在第二位，进一步证明果糖是己酮糖。

综合上述反应和分析，就确定了葡萄糖和果糖的结构式。葡萄糖和果糖的分子式均为 $C_6H_{12}O_6$，葡萄糖的基本结构为 2,3,4,5,6-五羟基己醛，果糖的基本结构为 1,3,4,5,6-五羟基己酮。其构造式如下：

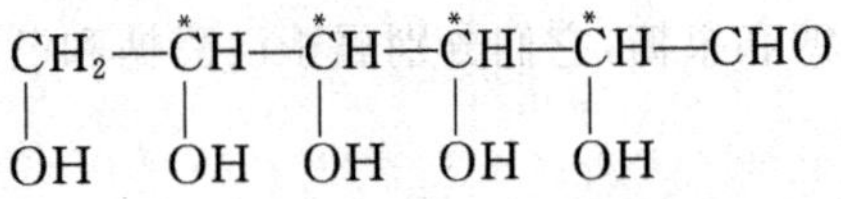

葡萄糖

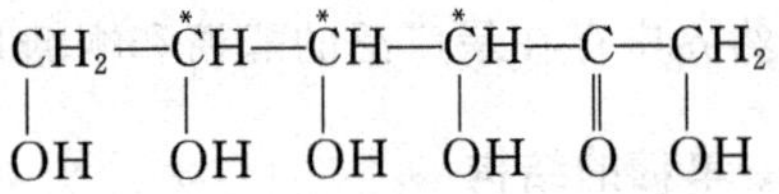

果糖

在单糖的开链结构中，一个碳原子以羰基的形式存在，其余的碳原子上都连有一个羟基。开链单糖既有羰基的结构特征又有羟基的结构特性。

葡萄糖属于己醛糖，而己醛糖中有 4 个手性碳原子，共有 $2^4=16$ 个对映异构体，那么葡萄糖的构型如何呢？所以，只测定糖的构造式是不够的，还必须确定它的构型。

（二）单糖的立体构型

1. 单糖相对构型的确定

单糖的构型习惯上采用 D/L 相对构型法标记。即以甘油醛的构型为对照标准来进行标记，人为地规定 D 型甘油醛的构型为投影式中与 C^* 相连的—OH 在右侧，L 型甘油醛的构型为投影式中与 C^* 相连的—OH 在左侧：

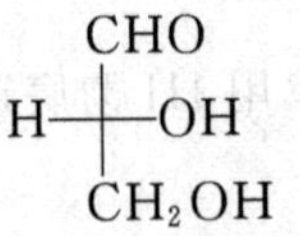

D-(+)-甘油醛

（Ⅰ）

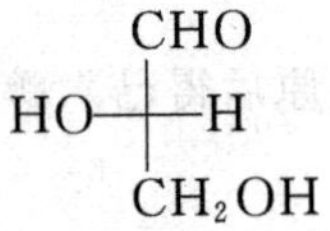

L-(−)-甘油醛

（Ⅱ）

由于绝大部分单糖含有一个以上手性碳原子，因此在用甘油醛作标准进行比较时，规定单糖分子中编号最大的手性碳原子上—OH在右边的为 D 型，编号最大的手性碳原子上—OH在左边的为 L 型。

这样，就可以通过一定的化学方法，把其他糖类化合物和甘油醛联系起来，确定其相对构型。例如：

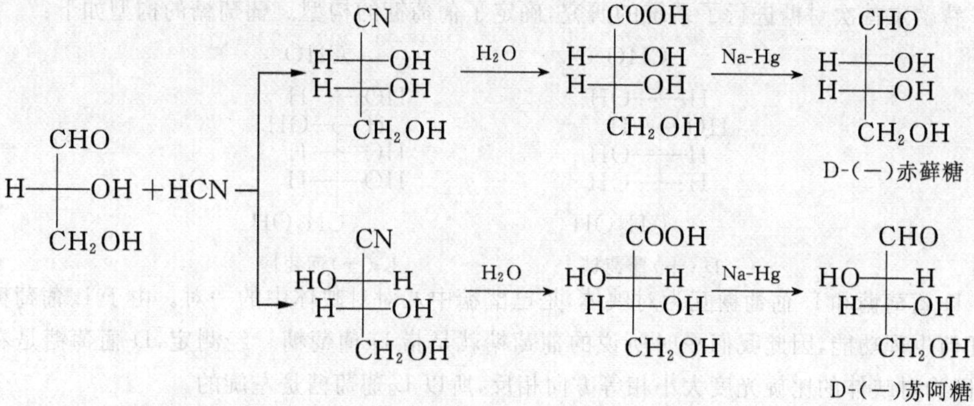

从 D-甘油醛出发，经过与 HCN 加成水解、还原等方法，可衍生出 2 个 D-丁醛糖。按照同样的方法，从 D-丁醛糖即分别从 D-赤藓糖和 D-苏阿糖出发，可各衍生出 2 个戊糖，共 4 个 D-戊醛糖，从 4 个D-戊醛糖出发又可各衍生出 2 个己糖，共 8 个 D-己醛糖。同样，从 L-甘油醛出发，也可以得到 2 个 L-丁醛糖、4 个 L-戊醛糖和 8 个 L-己醛糖。

己醛糖的 D 型异构体与 D-(＋)甘油醛的关联图见图 14-1。

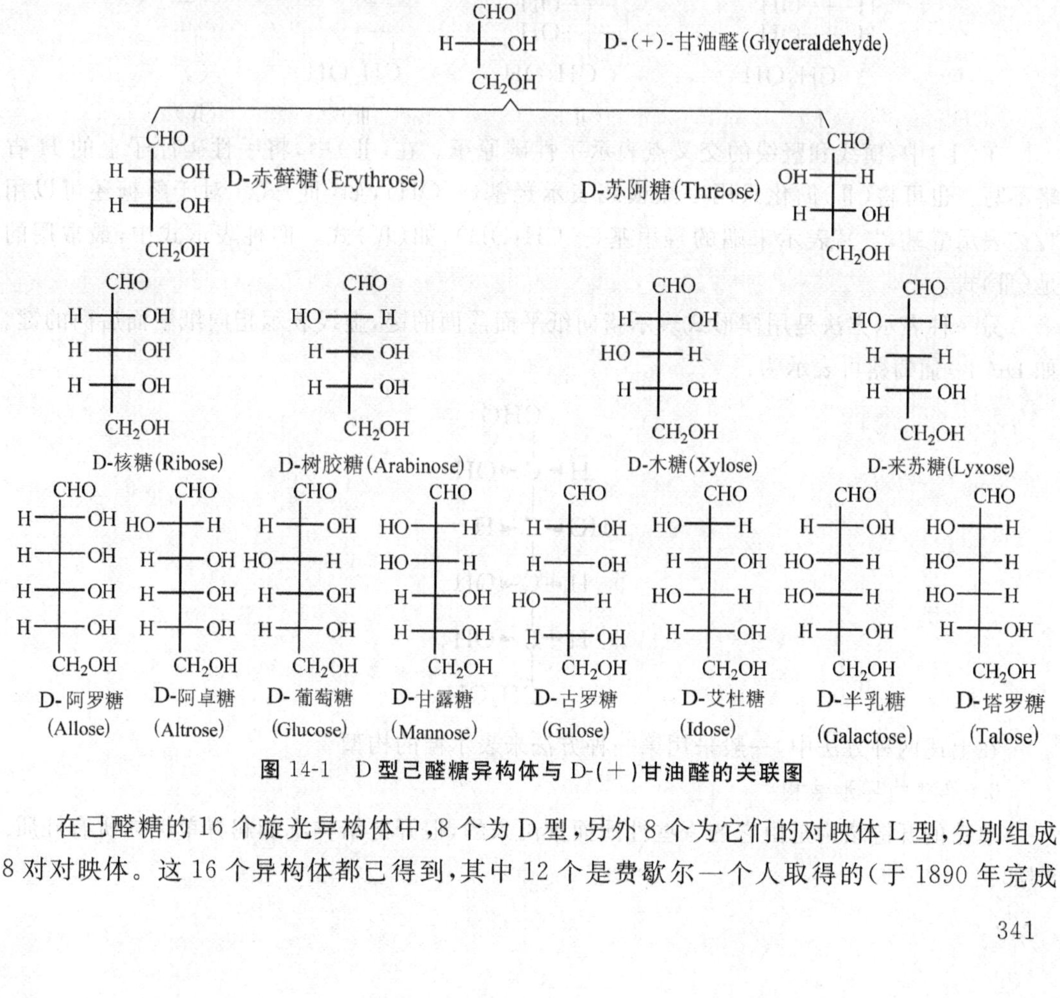

图 14-1　D 型己醛糖异构体与 D-(＋)甘油醛的关联图

在己醛糖的 16 个旋光异构体中，8 个为 D 型，另外 8 个为它们的对映体 L 型，分别组成 8 对对映体。这 16 个异构体都已得到，其中 12 个是费歇尔一个人取得的(于 1890 年完成合成)，所以费歇尔被誉为“糖化学之父”，也因而获得了1902年的诺贝尔化学奖。自然界中只存在葡萄糖、甘露糖和半乳糖，它们都是D型的，其余的13个都是人工合成的。

费歇尔首次对糖进行了系统的研究，确定了葡萄糖的构型。葡萄糖的构型如下：

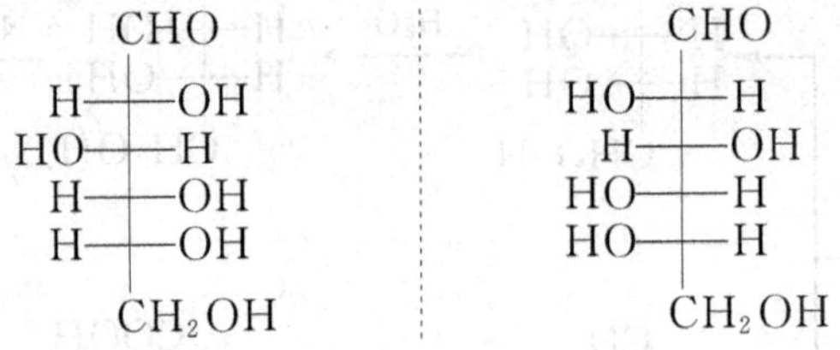

D-(+)葡萄糖　　　　L-(−)葡萄糖

D-葡萄糖和L-葡萄糖互为对映体，是己醛糖中八对对映体中的一对。由于L-葡萄糖没有任何生理功能，因此我们平时所说的葡萄糖就是指D-葡萄糖。经测定，D-葡萄糖是右旋的，因为对映体的比旋光度大小相等方向相反，所以L-葡萄糖是左旋的。

2. 单糖构型的表示方法

糖的构型常用费歇尔投影式表示，一般将主键竖向排列，1号碳原子放在最上端。但为了书写方便，常用较简单的式子，以D-(+)葡萄糖为例，可用下列几种表示：

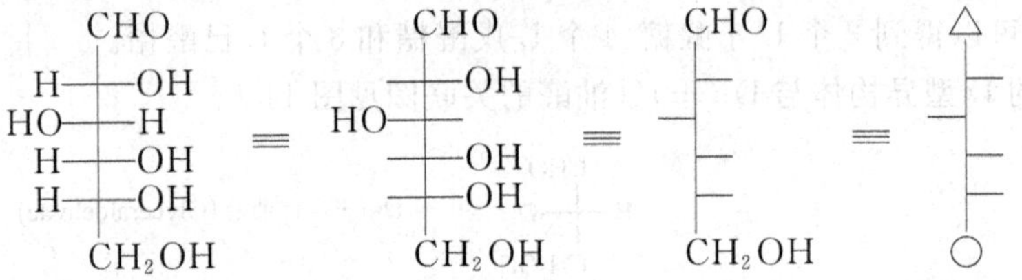

(Ⅰ)　　(Ⅱ)　　(Ⅲ)　　(Ⅳ)

在(Ⅰ)中，横线和竖线的交叉点表示手性碳原子。在(Ⅱ)中，将手性碳原子上的H省略不写。也可将(Ⅱ)简化只用一短横线表示羟基(—OH)，如(Ⅲ)式。对于醛糖还可以用“△”表示醛基，“○”表示末端的羟甲基(—CH_2OH)，如(Ⅳ)式。四种表示式中，最常用的是(Ⅲ)式。

另一种表示方法是用楔形式表示指向纸平面前面的键，虚线表示指向纸平面后面的键。如D-(+)葡萄糖可表示为：

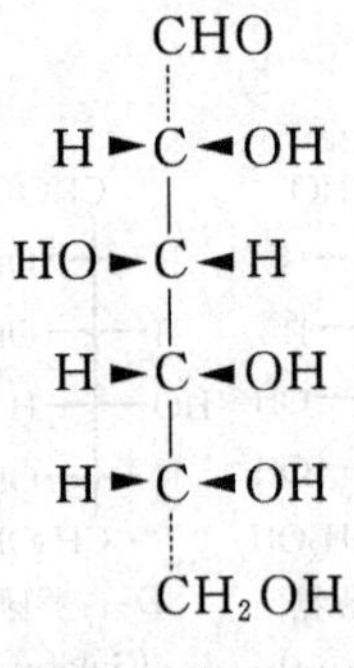

在上述两种方法中，一般采用第一种方法来表示糖的构型。

3. 单糖的环形结构

单糖的开链结构是由它的一些性质而推出来的，但开链结构不能解释单糖的所有性质。例如：

① 醛可与 $NaHSO_3$ 进行加成，但葡萄糖与 $NaHSO_3$ 反应非常迟缓，这说明在水溶液中含醛式结构的葡萄糖量很少，因为此反应是可逆反应，只有在醛基含量较高时才表现出来。

② 葡萄糖只能与一分子甲醇生成缩醛，而一般生成缩醛时，1mol 醛需消耗 2mol 醇，说明单糖在与甲醇反应前已在分子内形成半缩醛环形结构了。

③ 变旋光现象。

这些现象说明单糖并不是仅以开链式存在，还有其他的存在形式。随着 1951 年 X 射线衍射等可以确定物质结构的现代物理方法的出现，发现单糖的结构主要是以氧环式（环状半缩醛结构）存在的。

(1) 直立式环形结构（环形费歇尔投影式）。

醛（酮）可以与醇加成生成半缩醛（酮）：

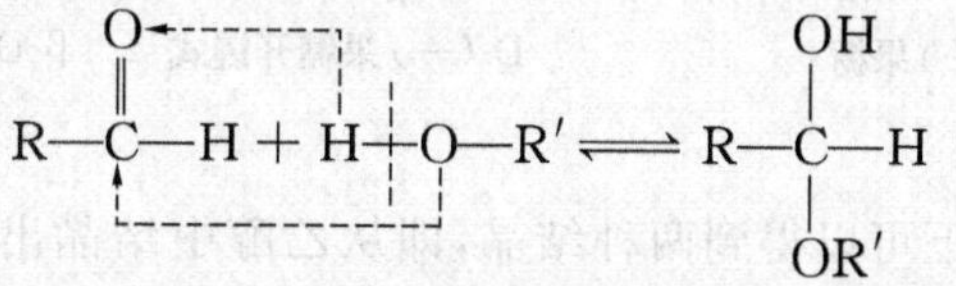

单糖分子中既有醛基（或酮羰基），又有醇羟基，所以在单糖分子内部可以形成半缩醛（酮），而使分子内部形成环状结构。在葡萄糖分子中由于醛基与 C_5 上的羟基空间位置接近，可以形成稳定的六元环半缩醛结构（也可与 C_4 上的羟基形成五元环半缩醛结构，但量少）。

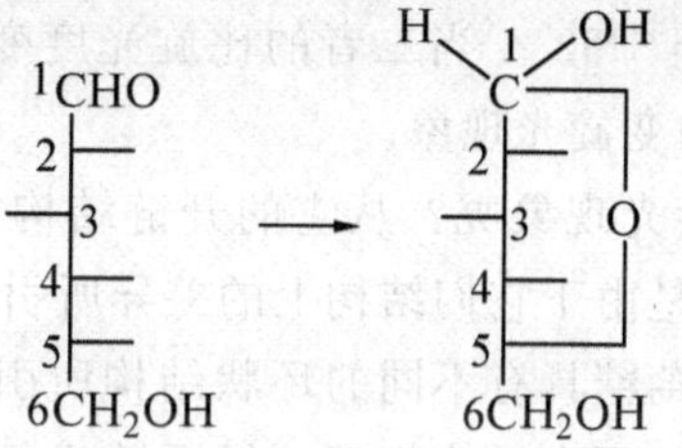

上述环状结构的表示方法，因为是把碳链竖起来放的，故称为直立式环形结构，因为此结构是由单糖的环状结构在平面上投影得到的，故又称为环形费歇尔投影式。它是糖的环型结构的表示方法之一。

糖分子中的醛基与羟基作用形成环型半缩醛结构时，原醛基的碳成为手性碳原子，这个手性碳原子上的半缩醛羟基可以有两种空间取向，所以得到两种异构体：α 构型和 β 构型。生成的半缩醛羟基与决定单糖相对构型的羟基在同一侧的为 α 构型，不在同一侧的为 β 构型。在葡萄糖的六元直立环形结构中，因为决定相对构型的 C_5 羟基已成为氧环，所以半缩醛羟基与氧环在同一侧的为 α 构型，不在同一侧的为 β 构型，两种构型可通过开链式相互转化，如下式所示：

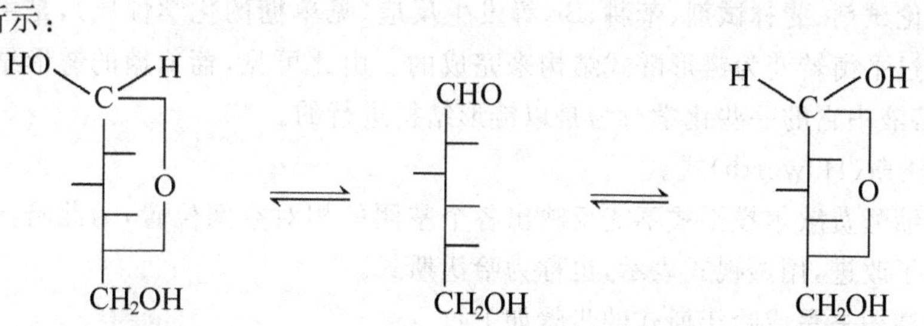

β-D-葡萄糖 (~63%)　　D-葡萄糖开链式 (~0.1%)　　α-D-葡萄糖 (~37%)

α 型糖与 β 型糖是一对非对映体，α 型与 β 型只是 C_1 的构型不同，其余手性碳原子的构型都完全一样，故又称为端基异构体或异头物。

果糖也可形成五元或六元环状结构，也同样得到 α 和 β 两种构型。D-(－)果糖由开链式转变成直立式六元环半缩酮是由 C_2 上的酮基与 C_6 上的羟基形成的，其结构如下：

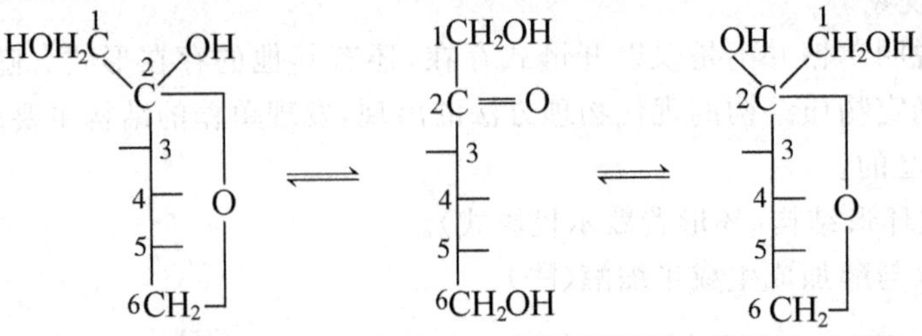

α-D-(－)果糖　　D-(－)果糖开链式　　β-D-(－)果糖

(2) 变旋光现象。

葡萄糖在不同条件下可以得到两种结晶，即从乙醇中结晶出来的熔点为 146℃ 的新配制的 D-(＋)葡萄糖溶液，比旋光度 $[\alpha]_D = +113°$，从吡啶中结晶出来的熔点为 150℃ 的新配制的 D-(＋)-葡萄糖溶液，比旋光度 $[\alpha]_D = +19°$。若将两种不同的葡萄糖结晶分别溶于水，并立即置于旋光仪中，则可以观察到它们的比旋光度都逐渐发生变化，前者从 +113°逐渐降至 +52°，后者从 +19°逐渐升至 +52°。当二者的比旋光度变至 +52°后，均不再改变。这种比旋光度自行改变的现象称为变旋光现象。

为什么葡萄糖会产生变旋光现象呢？从它的开链结构式是无法解释的。两种 D-葡萄糖结晶的比旋光度不同，必然是由于它们结构上的差异所引起的，现代物理和化学方法已证明，这种差异是由于这两种葡萄糖具有不同的环状结构所引起的。由于两种环状结构的葡萄糖半缩醛环易于打开和关闭，两个异构物都可经开链式相互转变成含有这两种环状异构体和开链结构的平衡混合物，就造成了变旋光作用。不管开始时是 α 型还是 β 型，当它们溶于水经放置一段时间达到平衡时，三者的比例保持恒定，其中 α 型约为 37%，β 型约为 63%，开链式仅微量，因此，平衡体系的比旋光度恒定在 +52°。

糖的变旋光现象是糖中普遍存在的现象。

如前所述，葡萄糖不和 $NaHSO_3$ 反应，只能与一分子甲醇反应生成缩醛等这些化学事实，是由于在溶液中葡萄糖主要以环形结构存在，链形醛式结构含量很低造成的。葡萄糖的这些化学行为用链形结构无法解释，用环形结构才能解释得通。但是，葡萄糖的另一些化学性质如与托伦试剂、斐林试剂、苯肼、Br_2 等发生反应（见单糖的化学性质），是由它的环状半缩醛结构通过平衡转变为链形醛式结构来完成的。由此可见，葡萄糖的链形结构尽管含量很小，但在溶液中它的一些化学行为是以链形结构进行的。

(3) 哈沃斯(Haworth)式。

糖的半缩醛费歇尔投影式不能反映出各个基团的相对空间位置，为此哈沃斯对糖的环状结构进行了改进，用透视式表示，也称为哈沃斯式。

将链状结构书写成哈沃斯式的步骤如下：

① 将碳链向右放成水平或向左放成水平。如向右放成水平，原基团处于左上右下的位置；如向左放成水平，原基团处于左下右上的位置。

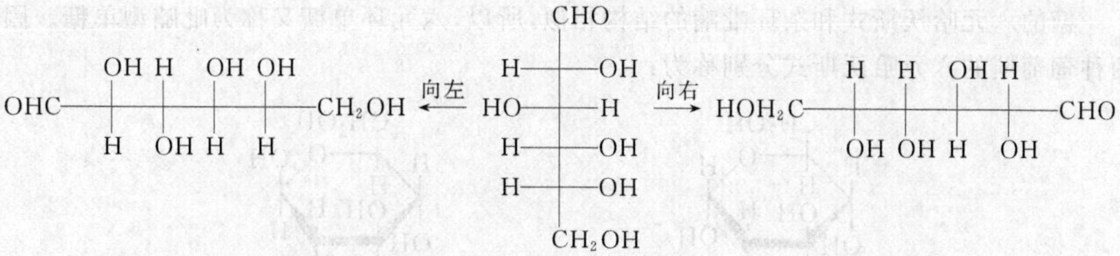

② 将碳链水平位置弯成六边形状。如碳链向右放成水平，弯成六边形时，碳链按顺时针方向排列；如碳链向左放成水平，弯成六边形时，碳链按逆时针方向排列。

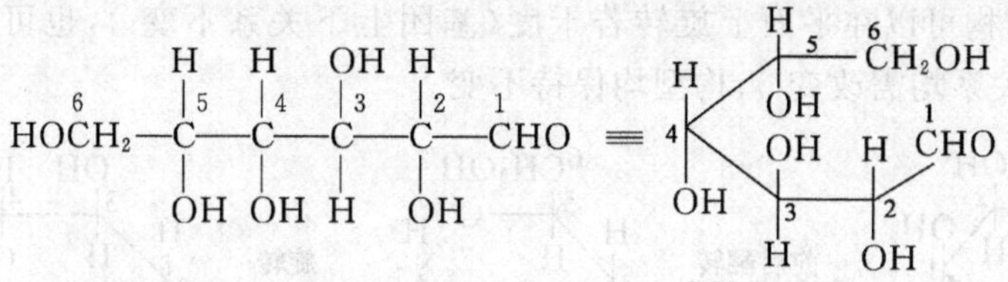

（Ⅰ）

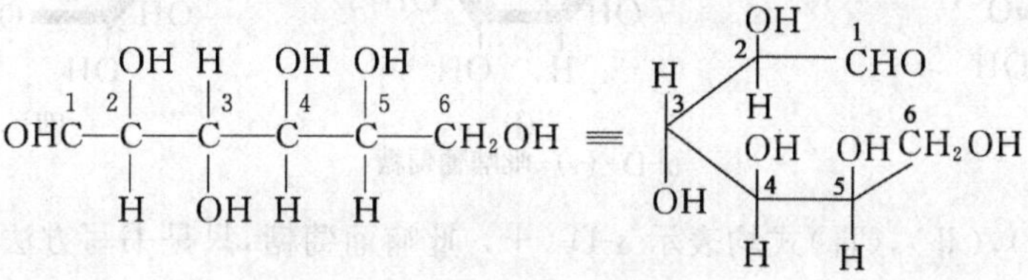

（Ⅱ）

③ 以（Ⅰ）为例（（Ⅱ）以此类推），以 C_4—C_5 为轴旋转 120°，使 C_5 上的羟基与醛基接近，然后成环（因羟基在环平面的下面，它必须旋转到环平面上才易与 C_1 成环）。

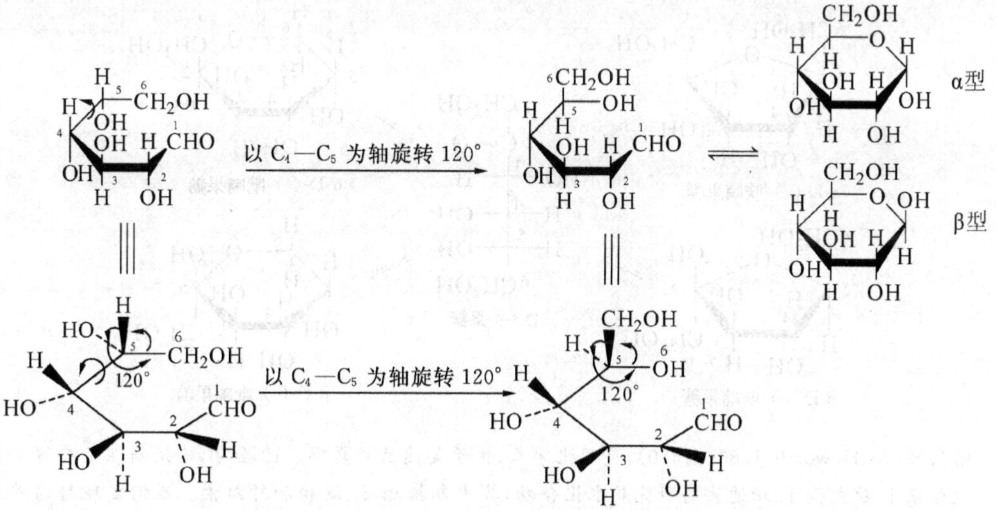

哈沃斯式中粗实线表示伸向纸平面前方，而细实线表示伸向纸平面后方，整个环垂直于纸平面。

在哈沃斯式中，如环上碳原子按顺时针方向排列，则 C_6 上的—CH_2OH 在环平面上方的为 D 型，在环平面下方的为 L 型；如环上碳原子按逆时针方向排列，其 D/L 构型正好相反。α-与 β-异构体的区别是：半缩醛羟基与 C_6 上的 CH_2OH 在环平面同侧的为 β 型，不在环平面同侧的为 α 型，不管环上碳原子是按顺时针方向排列还是按逆时针方向排列都一样。

糖的六元哈沃斯式和杂环吡喃的结构相似，所以，六元环单糖又称为吡喃型单糖。因而两种葡萄糖的六元哈沃斯式分别称为：

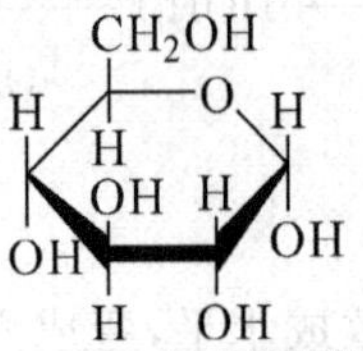

α-D-(+)-吡喃葡萄糖

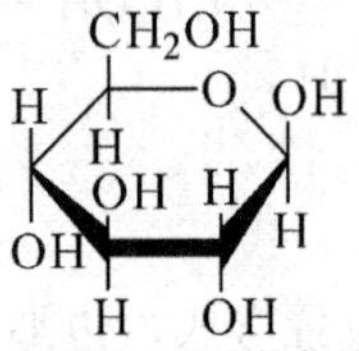

β-D-(+)-吡喃葡萄糖

哈沃斯式结构可以在平面上旋转若干度（基团上下关系不变），也可以离开平面翻转180°（基团上下关系均需改变），构型均保持不变。

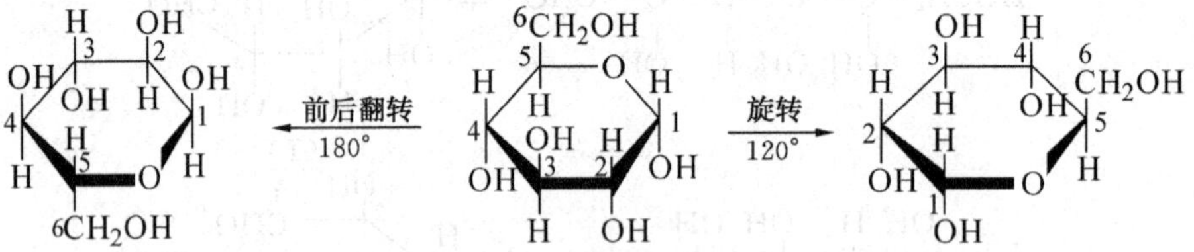

(Ⅱ)　(Ⅰ)　(Ⅲ)

α-D-(+)-吡喃葡萄糖

上面的（Ⅰ），（Ⅱ），（Ⅲ）式均表示 α-D-(+)-吡喃葡萄糖，只是书写方法不同。

除葡萄糖外，其他的戊糖和己糖也可以用哈沃斯式来表示。由于五元的哈沃斯式与杂环化合物呋喃的结构相像，故称呋喃糖。例如，果糖可以有五元和六元哈沃斯式，它们各有 α 和 β 两种异构体，如下所示：

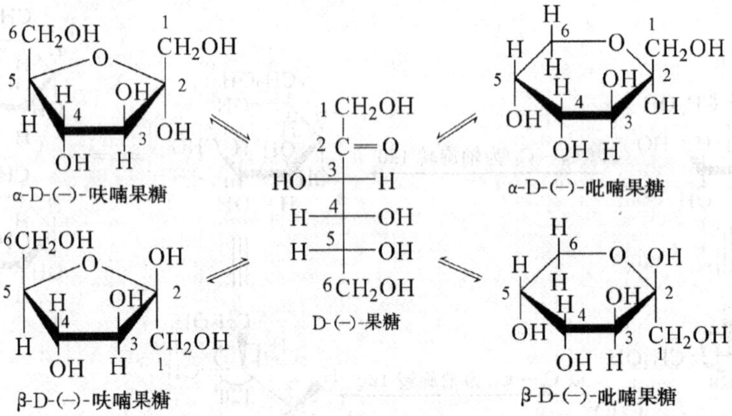

α-D-(−)-呋喃果糖　α-D-(−)-吡喃果糖

D-(−)-果糖

β-D-(−)-呋喃果糖　β-D-(−)-吡喃果糖

哈沃斯(N. Haworth，1883—1950)，英国化学家，生于英国兰开夏郡。1912 年，哈沃斯在圣安得鲁斯大学与化学家 J. 欧文和 T. 珀迪共同研究碳水化合物，其中包括糖类、淀粉和纤维素。他们发现糖的碳原子不是直线排列而是成环状，此结构被称为哈沃斯结构式。1925 年，哈沃斯任伯明翰大学化学系主任。此后，哈沃斯转而研究维生素 C，并发现其结构与单糖相似。1934 年，他与英国化学家 E. 赫斯特成功地合成了维生素 C，这是人工合成的第一种维生素。这一研究成果不仅丰富了有机化学的研究内容，而且可用于生产廉价的医药用维生素 C(即抗坏血酸)。为此，哈沃斯于 1937 年获得了诺贝尔化学奖。

(4) 构象式。

糖的环形结构除了用氧环式和哈沃斯式表示外，还可以用构象式表示。研究证明，吡喃型糖的六元环主要是呈椅式构象存在于自然界的。

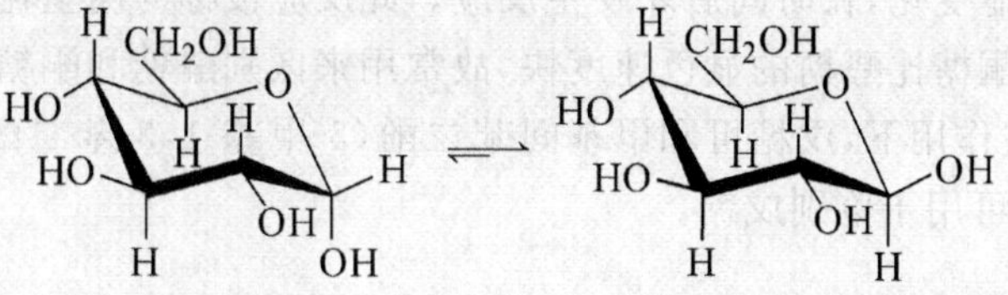

α型(37%)　　　　β型(63%)

从 D-(+)-吡喃葡萄糖的构象可以看到，在 β-D-(+)-吡喃葡萄糖中，体积大的取代基—OH和—CH_2OH 都在 e 键上；而在 α-D-(+)-吡喃葡萄糖中有一个—OH 在 a 键上。故 β 型是比较稳定的构象，是优势构象，因而在平衡体系中的含量也较多。

三、单糖的性质

(一) 物理性质

单糖都是无色晶体，有甜味，有吸湿性，易溶于水，能形成过饱和溶液得到黏稠的糖浆。单糖难溶于乙醚、丙酮、苯等有机溶剂。除二羟基丙酮外，各种单糖都有旋光性，大多数有变旋光现象。

(二) 化学性质

单糖是多羟基的醛或酮，具有醇和醛、酮的某些性质，如成酯、成醚、还原、氧化等。此外，由于分子内羟基和羰基的相互作用，单糖还具有一些特殊的性质。

1. 脱水和显色反应

在强酸和加热条件下，单糖可发生脱水反应。例如，戊醛糖生成糠醛，己醛糖生成 5-羟甲基糠醛。

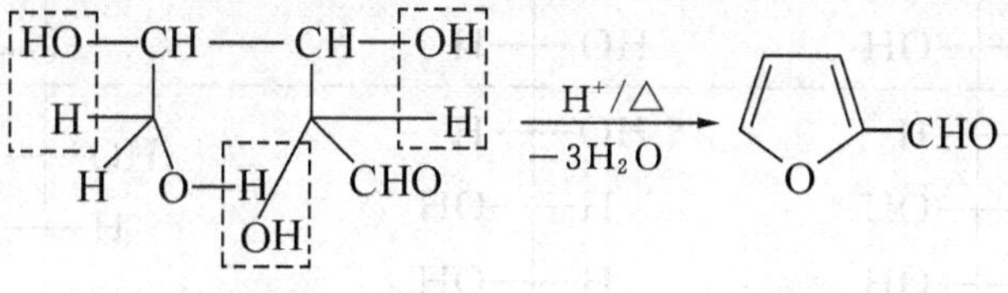

戊醛糖　　　　糠醛

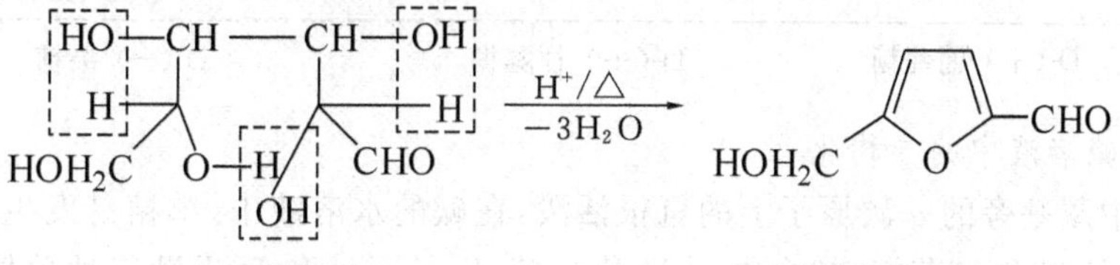

己醛糖　　　　5-羟甲基糠醛

生成的糠醛及其衍生物可与酚或芳胺类反应生成有色产物。

在糖的水溶液中加入 α-萘酚的乙醇溶液，混合均匀，然后沿试管壁小心加入浓硫酸，不能晃动试管，则在两层液面之间会出现一个紫色环，此反应称为紫色环反应，也叫做莫里许

(Molish)反应。所有的糖类(包括单糖、低聚糖和多糖)都有这种颜色反应,这是检验糖类常用的方法。其中浓硫酸是作为脱水剂和糖反应。

若在6mol/L盐酸作用下,加热脱水,再与间苯二酚反应,酮糖可迅速得到红色产物,而醛糖短时间内无明显变化,长时间后才发生反应。此反应被称为谢里瓦诺夫(Seliwanoff)反应。因为此反应中酮糖比醛糖的显色速度快,故常用来区别醛糖和酮糖。

另外,在浓盐酸作用下,戊糖可和甲基间苯二酚(5-甲基-1,3-苯二酚)反应呈绿色,称为皮阿耳(Bial)反应,可用于鉴别戊糖。

2. 成脎反应

一般的醛、酮能与一分子苯肼作用生成苯腙,而醛糖或酮糖却能逐步地与三分子苯肼作用生成糖的二苯腙,糖的二苯腙称为糖脎。反应过程比较复杂,总的结果可简示如下:

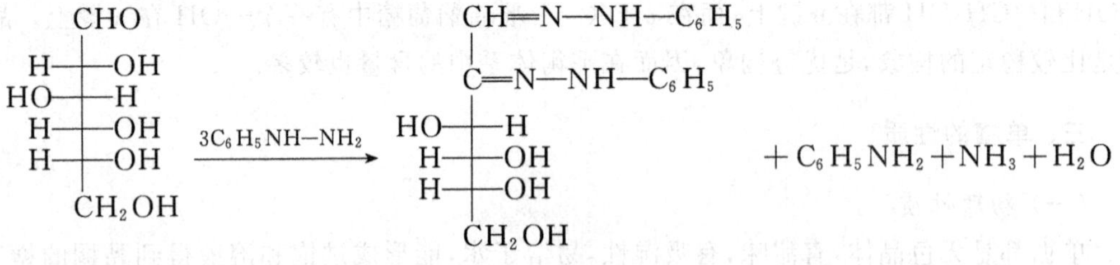

D-(+)-葡萄糖　　D-葡萄糖脎

糖脎多为淡黄色结晶,不同的糖脎有不同的晶形和不同的熔点,反应中生成的速度也不同。因此,可根据糖脎的晶形、熔点和生成的时间来鉴别糖。

生成糖脎的反应是发生在C_1和C_2上,不涉及其他碳原子,所以,含碳原子数相同的单糖如果仅C_1、C_2位的结构或构型有差异,而其他碳原子构型相同时,必然生成结构相同的糖脎。例如,D-葡萄糖、D-甘露糖、D-果糖的C_3、C_4、C_5的构型都相同,因此它们生成同一种糖脎。

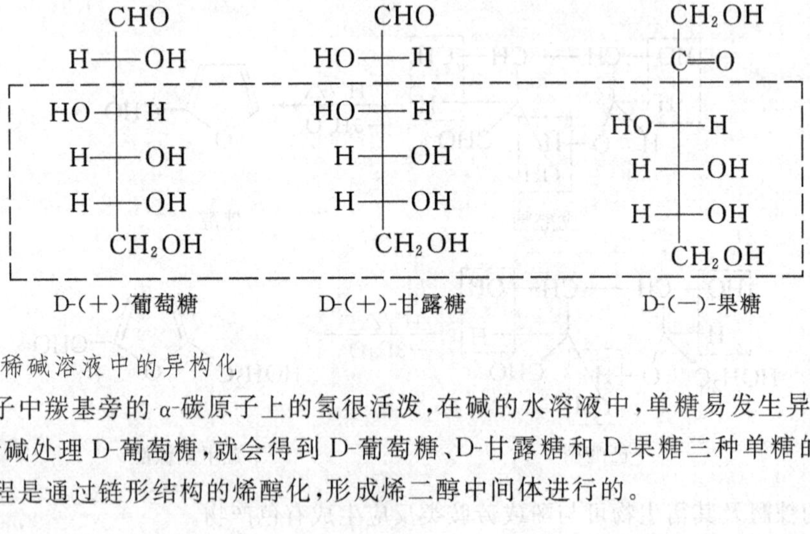
D-(+)-葡萄糖　　D-(+)-甘露糖　　D-(—)-果糖

3. 在稀碱溶液中的异构化

糖分子中羰基旁的α-碳原子上的氢很活泼,在碱的水溶液中,单糖易发生异构化反应。例如,用稀碱处理D-葡萄糖,就会得到D-葡萄糖、D-甘露糖和D-果糖三种单糖的平衡混合物。其过程是通过链形结构的烯醇化,形成烯二醇中间体进行的。

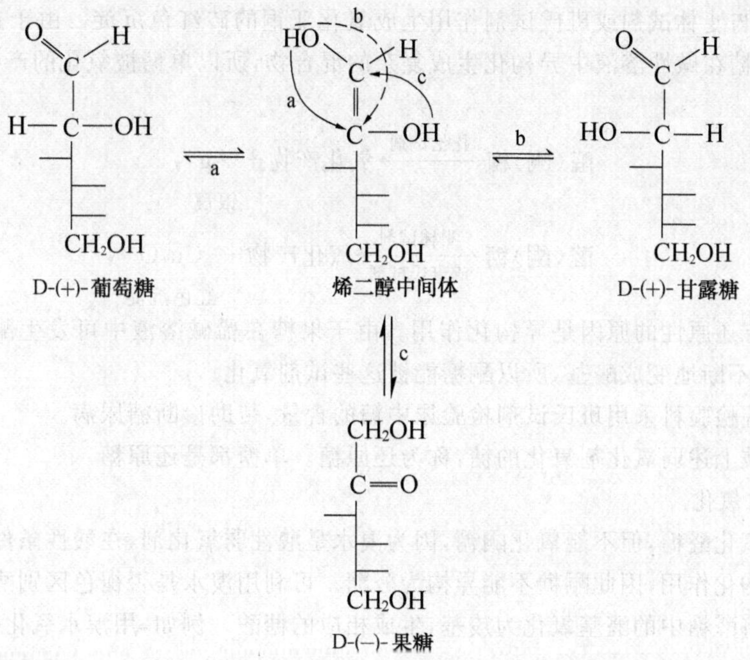

在烯二醇结构中，C_2是 sp^2 杂化，不再是手性碳原子，当 C_1 羟基上的氢从平面两侧迁移到 C_2时，C_2又成为 sp^3 杂化。C_2上的羟基可以在右边，即仍然得到 D-(＋)葡萄糖；但也可以在左边，产物便是 D-(＋)甘露糖；如烯二醇 C_2羟基上的氢原子转移到 C_1上，这样得到的产物便是 D-(－)果糖。

用稀碱处理 D-甘露糖或 D-果糖，也得到同样的平衡混合物。生物体代谢过程中，在异构酶的作用下，常会发生葡萄糖与果糖的相互转化。

许多单糖的结构是相似的，它们的差别仅仅是一个手性碳原子的构型不同而已。在含有多个手性碳原子的旋光异构体中，只有一个手性碳原子的构型不同的非对映异构体称为差向异构体。例如，D-葡萄糖和 D-甘露糖，只有 C_2 的构型相反，彼此称为 C_2-差向异构体；D-葡萄糖和 D-半乳糖，彼此称为 C_4-差向异构体。

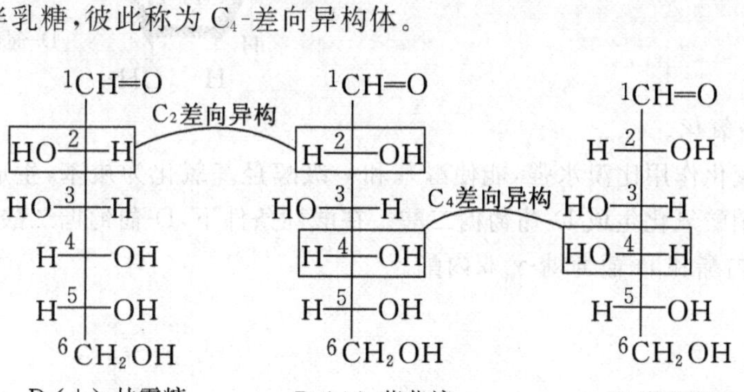

D-(＋)-甘露糖　　D-(＋)-葡萄糖　　D-半乳糖

4. 氧化反应

单糖用不同的试剂氧化，会生成氧化程度不同的产物。

(1) 与弱的氧化剂——托伦试剂、斐林试剂和班氏试剂的氧化反应。

醛糖与酮糖都能被托伦试剂、斐林试剂和班氏试剂这样的弱氧化剂氧化，与托伦试剂作用产生银镜，与斐林试剂或班氏试剂作用生成氧化亚铜的砖红色沉淀。由于这些试剂都是碱性试剂，单糖在碱性溶液中异构化生成复杂的混合物，所以单糖被氧化的产物也是复杂的混合物。

$$\text{醛(酮)糖}\xrightarrow{\text{托伦试剂}}\text{氧化产物}+\underset{\text{银镜}}{Ag\downarrow}$$

$$\text{醛(酮)糖}\xrightarrow[\text{或班氏试剂}]{\text{斐林试剂}}\text{氧化产物}+\underset{\text{红色沉淀}}{Cu_2O\downarrow}$$

果糖具有还原性的原因是异构化作用。由于果糖在稀碱溶液中可发生酮式-烯醇式互变异构，酮基不断地变成醛基，所以酮糖能被这些试剂氧化。

目前医院检验科采用班氏试剂检验尿中糖的含量，帮助诊断糖尿病。

凡是能被上述弱氧化剂氧化的糖，称为还原糖。单糖都是还原糖。

(2) 溴水氧化。

溴水能氧化醛糖，但不能氧化酮糖，因为溴水是酸性弱氧化剂，在酸性条件下，不会引起糖分子的异构化作用，因此酮糖不能异构为醛糖。可利用溴水是否褪色区别醛糖和酮糖。

溴水可将醛糖中的醛基氧化为羧基，生成相应的糖酸。例如，用溴水氧化葡萄糖生成葡萄糖酸。

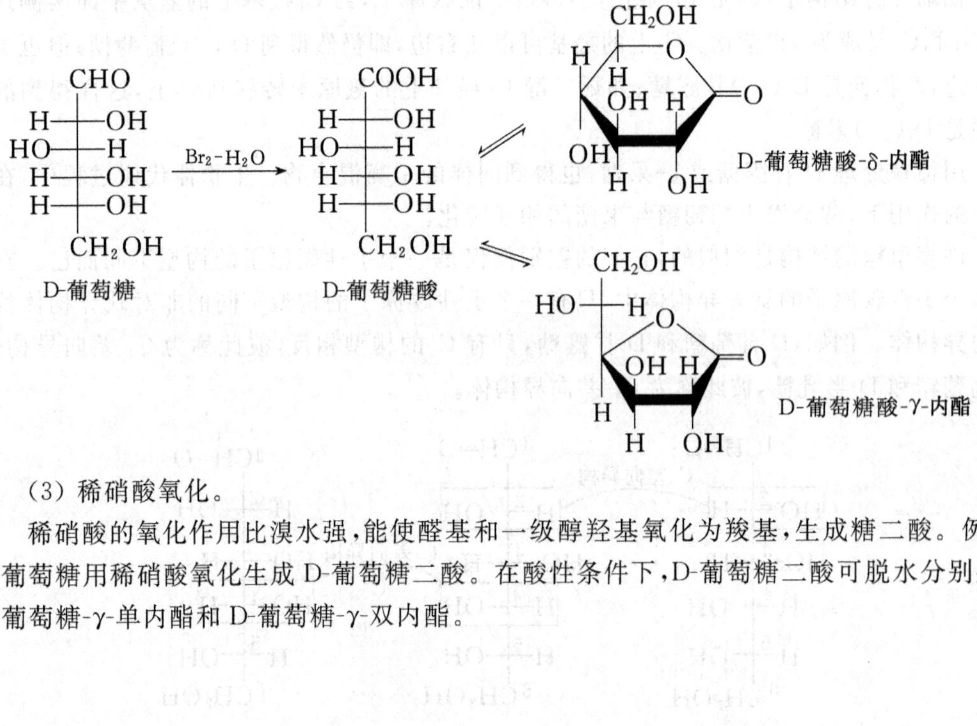

(3) 稀硝酸氧化。

稀硝酸的氧化作用比溴水强，能使醛基和一级醇羟基氧化为羧基，生成糖二酸。例如，D-葡萄糖用稀硝酸氧化生成D-葡萄糖二酸。在酸性条件下，D-葡萄糖二酸可脱水分别生成D-葡萄糖-γ-单内酯和D-葡萄糖-γ-双内酯。

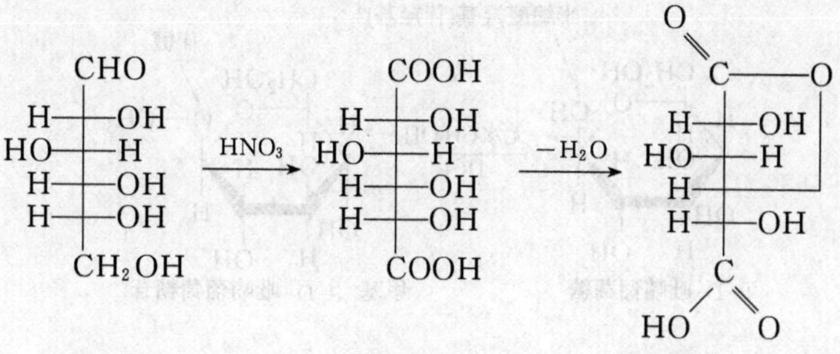

D-葡萄糖　　　　D-葡萄糖二酸　　　　D-葡萄糖-γ-单内酯

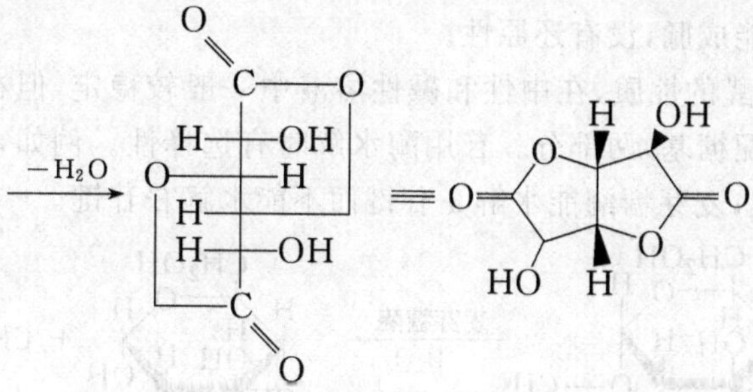

D-葡萄糖-γ-双内酯

(4) 高碘酸氧化。

糖类与其他存在邻二醇结构或邻羰基醇结构的化合物一样，也能被高碘酸所氧化，碳-碳键发生断裂。反应是定量的，每破裂一个碳-碳键消耗一分子高碘酸。因此，此反应是研究糖类结构的重要手段之一。

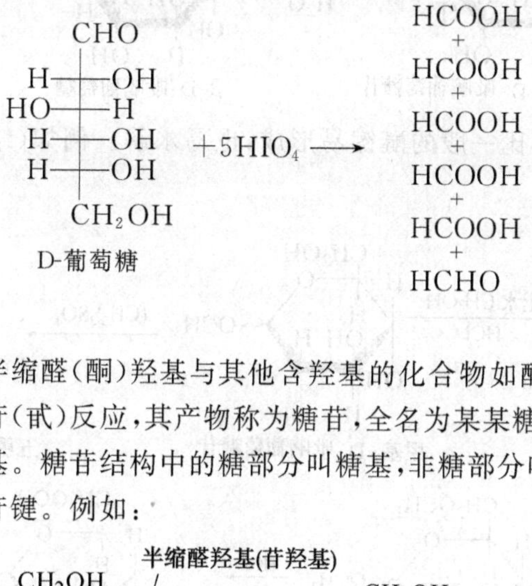

D-葡萄糖

5. 成苷(甙)反应

单糖环状结构中的半缩醛(酮)羟基与其他含羟基的化合物如醇、酚等脱水形成的环状缩醛(酮)的反应称为成苷(甙)反应，其产物称为糖苷，全名为某某糖苷。糖分子中的半缩醛(酮)羟基专称苷(甙)羟基。糖苷结构中的糖部分叫糖基，非糖部分叫配糖基，由氧原子连接糖基和配糖基的结构叫苷键。例如：

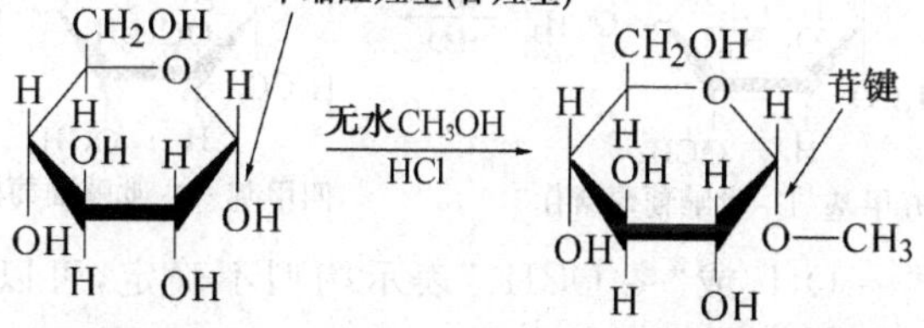

α-D-吡喃葡萄糖　　　　甲基-α-D-吡喃葡萄糖苷

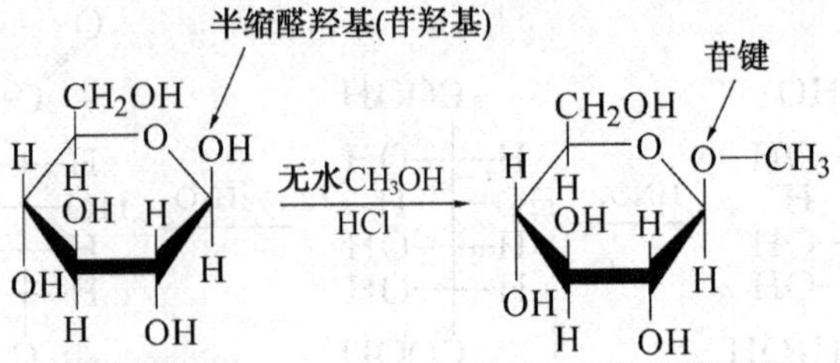

β-D-吡喃葡萄糖　　　　甲基-β-D-吡喃葡萄糖苷

注意几点：

(1) 糖形成糖苷后，分子中不再有半缩醛(酮)羟基，因此就不能互变成链形结构，不再产生变旋光现象，不能成脎，没有还原性。

(2) 糖苷具有缩醛的性质，在中性和碱性溶液中一般较稳定，但在酸性或酶存在下，糖苷水解成糖和非糖(配糖基)两部分。苷用酶水解时有选择性。例如，苦杏仁酶能水解β-苷键而不能水解α-苷键；麦芽糖酶能水解α-苷键而不能水解β-苷键。

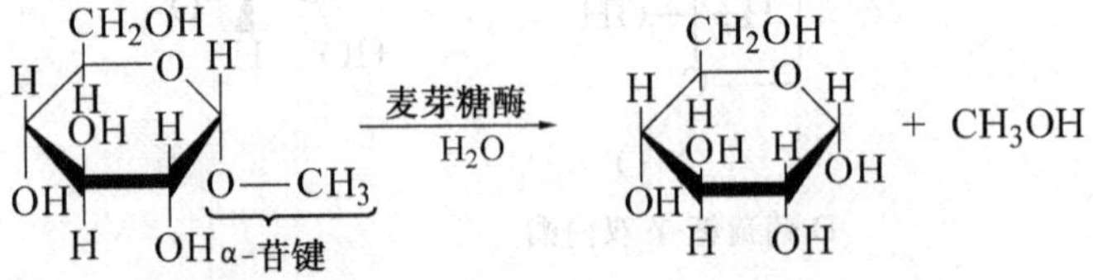

甲基-α-D-吡喃葡萄糖苷　　　　α-D-吡喃葡萄糖

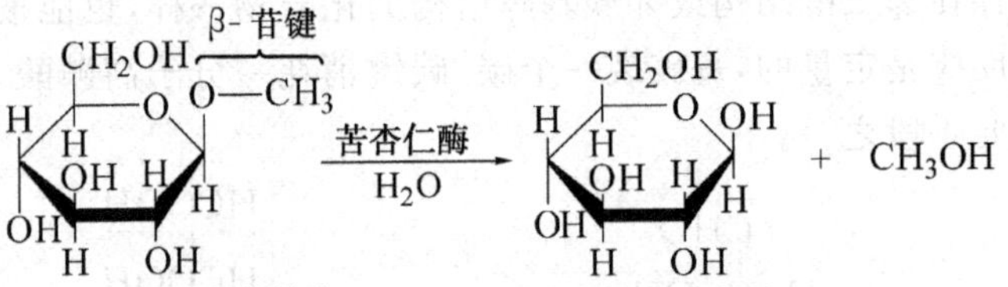

甲基-β-D-吡喃葡萄糖苷　　　　β-D-吡喃葡萄糖

(3) 苷是缩醛，苷键比一般的醚键易形成，也易水解。例如(结构式中的波形线"～～"表示α-苷键或β-苷键)：

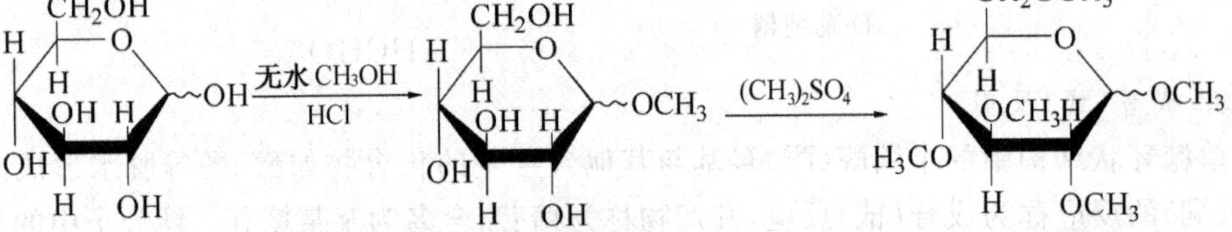

D-吡喃葡萄糖　　　　甲基-D-吡喃葡萄糖苷　　　　五甲基-D-吡喃葡萄糖苷

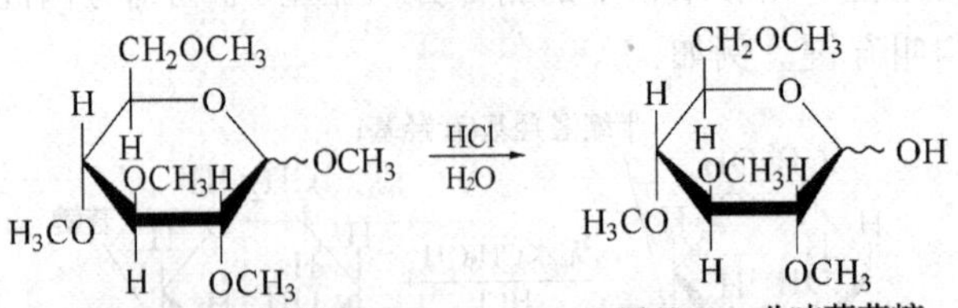

五甲基-D-吡喃葡萄糖苷　　　　四甲基-D-吡喃葡萄糖

上面结构式中的"～OH"或"～OCH_3"表示构型不确定，可以是"α-"构型，也可以是"β-"构型。

6. 成酯反应

单糖的环状结构中所有的羟基都可以酯化。例如，α-D-葡萄糖在氯化锌存在下与乙酸酐作用生成葡萄糖五乙酸酯。

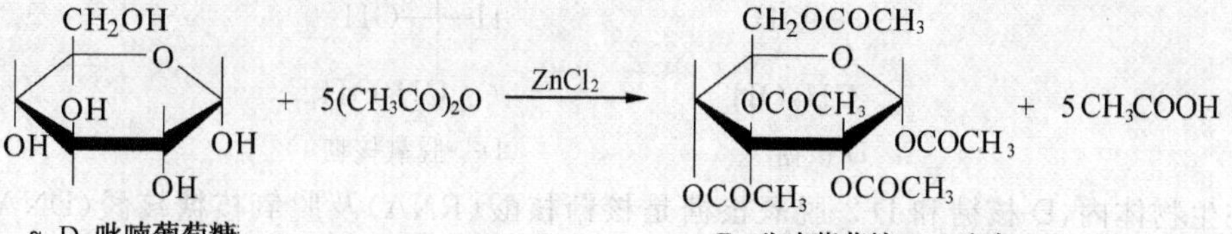

α-D-吡喃葡萄糖　　　　α-D-吡喃葡萄糖五乙酸酯

糖苷中的羟基也可以酯化，形成羧酸糖酯，如与乙酸酐反应，形成乙酸糖酯，与硬脂酸酸酐或酰氯反应，可得到硬脂酸糖酯。上述产品是化妆品、表面活性剂的原料。反应如下：

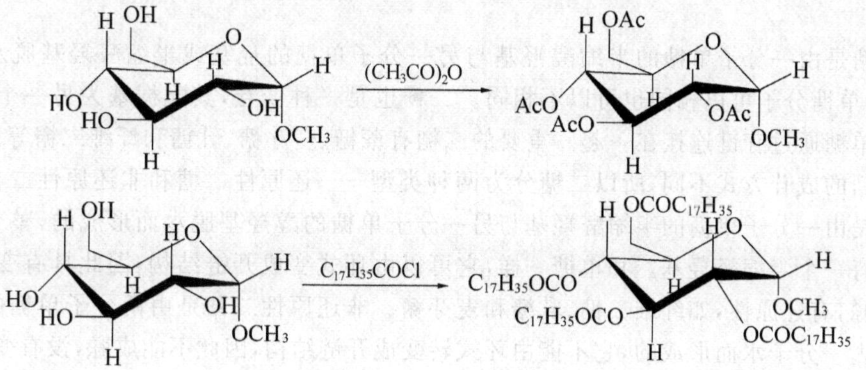

四、重要的单糖

（一）葡萄糖

葡萄糖是无色晶体或白色粉末，相对密度为 1.544(25℃)，熔点为 146℃。葡萄糖在蜂蜜中和葡萄等水果中含量丰富，在植物的根、茎、叶、果实及种子中含量也较高。在蔗糖、麦芽糖、淀粉、纤维中含有的葡萄糖是以糖苷的形式存在的，工业上可由淀粉水解得葡萄糖。

在人体或动物的生命过程中，葡萄糖是新陈代谢中不可缺少的营养物质，也是运动所需能量的重要来源。将葡萄糖与谷氨酸钠在酸催化剂下加热反应可制得食用色素与烟草染色剂。

（二）果糖

果糖是自然界中存在最多的己酮糖，它广泛存在于水果和植物中，并能以游离态存在。天然果糖是左旋体，$[\alpha]_D^{20}=-92.4°$，为白色晶体或粉末，熔点为 102℃（分解）。

（三）核糖

核糖是最重要的戊醛糖，是 D 型的左旋糖。核糖的第二个碳原子上的羟基被氢原子取代后得到 D-2-脱氧核糖。它们的链状结构为：

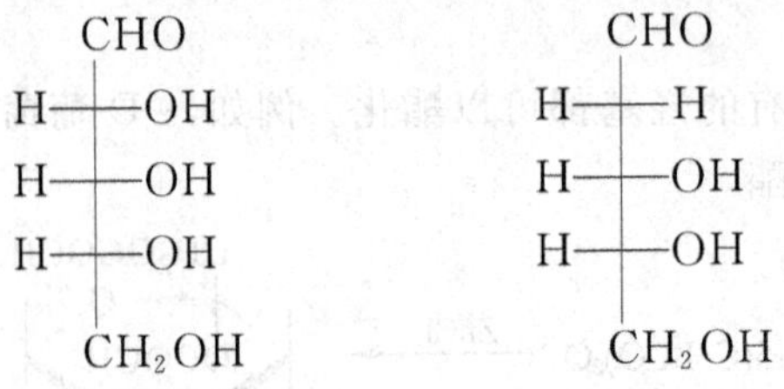

D-核糖　　　　D-2-脱氧核糖

在生物体内，D-核糖和 D-2-脱氧核糖是核糖核酸（RNA）及脱氧核糖核酸（DNA）的重要组成部分。

第二节　二　　糖

二糖是由一分子单糖的半缩醛羟基与另一分子单糖的羟基或半缩醛羟基脱水而形成的，两个单糖分子可以相同也可以不相同。二糖也是一种糖苷，其配糖基为另一个糖分子，两分子单糖通过苷键连接在一起。重要的二糖有蔗糖、麦芽糖、乳糖和纤维二糖等。由于两分子单糖的成苷方式不同，所以二糖分为两种类型——还原性二糖和非还原性二糖。还原性二糖是由一分子单糖的半缩醛羟基与另一分子单糖的醇羟基脱水而形成的，整个分子中还保留有一个半缩醛羟基。和单糖一样，它可以由环式变成开链结构，因此具有变旋现象，能生成脎，有还原性，如纤维二糖、乳糖和麦芽糖。非还原性二糖是由两分子单糖的半缩醛羟基脱去一分子水而形成的，它不能由环式转变成开链结构，因此不能成脎，没有变旋现象，没有还原性，如蔗糖。

一、还原性二糖

（一）麦芽糖

麦芽糖的分子式为 $C_{12}H_{22}O_{11}$，它由淀粉酶催化水解淀粉而得，有一定的甜味，甜度约为蔗糖的 40%。饴糖的主要成分就是麦芽糖。麦芽糖用酸水解生成两分子 D-葡萄糖，说明麦芽糖由两分子D-葡萄糖组成。把麦芽糖完全甲基化后再水解可推知，麦芽糖是由一分子 D-葡萄糖的半缩醛羟基与另一分子 D-葡萄糖 C_4 上的醇羟基脱水通过 1，4-苷键结合而得到的。1，4-苷键的构型是 α 型还是 β 型，通常可用两种酶来区别。如只能被麦芽糖酶水解，则 1，4-苷键的构型是 α 型；如只能被苦杏仁酶水解，则 1，4-苷键的构型是 β 型。由于麦芽糖只能被麦芽糖酶水解，说明麦芽糖的苷键为 α-1，4-苷键。麦芽糖的结构如下：

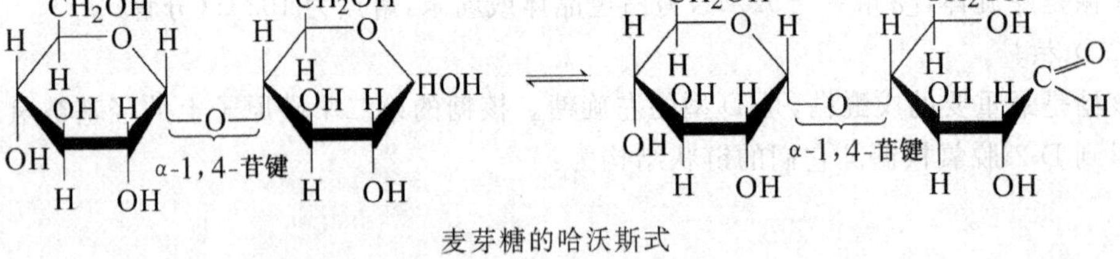

麦芽糖的哈沃斯式

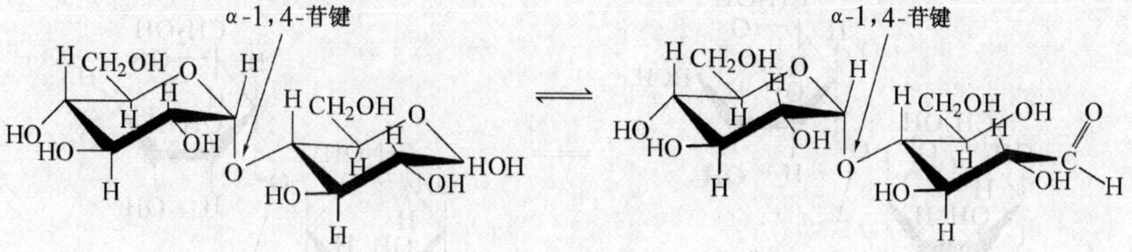

麦芽糖的构象式

（二）纤维二糖

纤维二糖由纤维素水解得到。纤维二糖与麦芽糖一样，由两分子 D-葡萄糖组成，也是由一分子 D-葡萄糖的半缩醛羟基与另一分子 D-葡萄糖 C_4 上的醇羟基脱水通过 1，4-苷键结合而得到的。纤维二糖与麦芽糖的唯一区别是苷键的构型不同，麦芽糖为 α-1，4-苷键，而纤维二糖为 β-1，4-苷键，所以纤维二糖只能被苦杏仁酶水解。纤维二糖的结构如下：

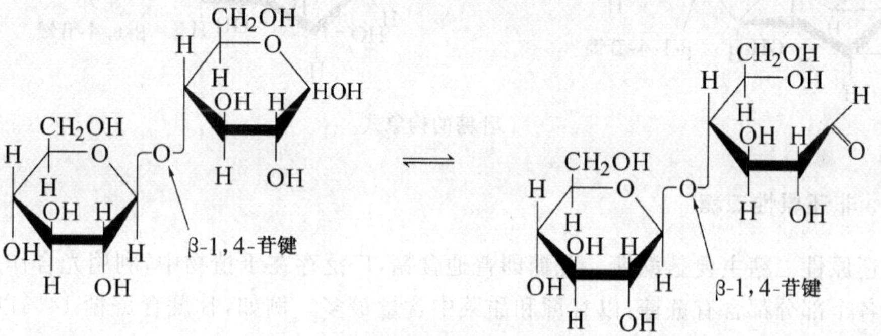

纤维二糖的哈沃斯式

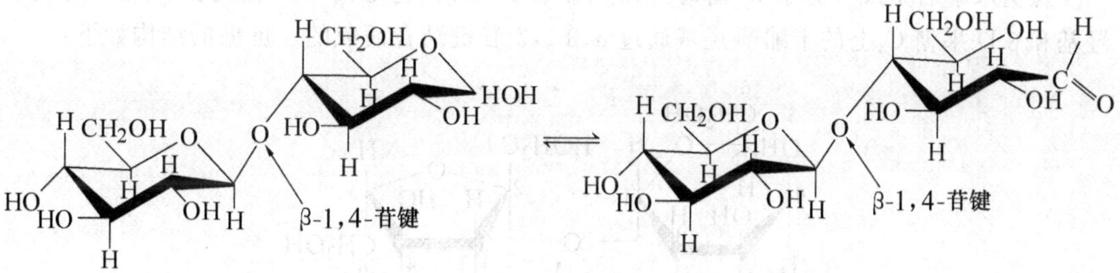

纤维二糖的构象式

（三）乳糖

乳糖存在于哺乳动物的乳汁中，人乳中含乳糖 5%～8%，牛乳中含乳糖 4%～6%。乳糖的甜味只有蔗糖的 70%。哺乳动物的乳汁中都含有乳糖 。乳糖水解得到一分子 D-半乳糖和一分子 D-葡萄糖，它是由 β-D-半乳糖的半缩醛羟基与 D-葡萄糖 C_4 上的醇羟基通过 β-1，4-苷键结合而成的。乳糖的结构如下（D-半乳糖和 D-葡萄糖为 C_4 差向异构体）：

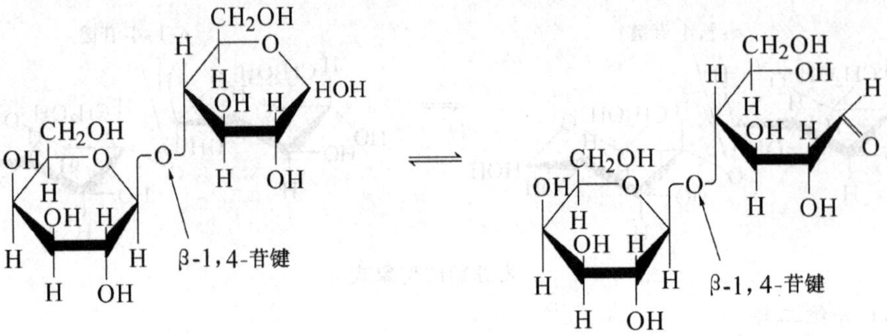

乳糖的哈沃斯式

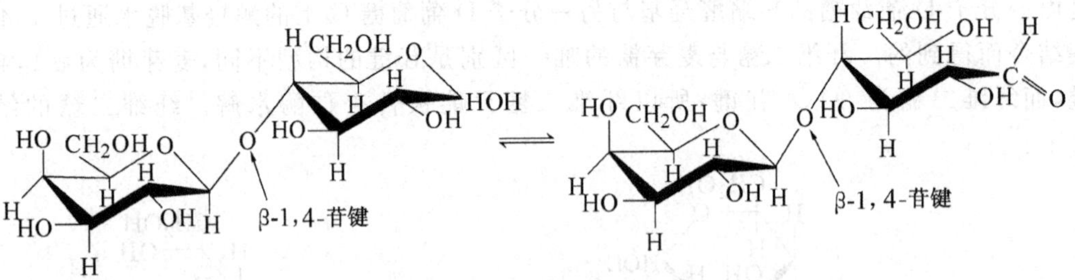

乳糖的构象式

二、非还原性二糖

非还原性二糖主要是蔗糖。蔗糖即普通食糖，广泛存在于植物中，利用光合作用合成的植物的各个部分都含有蔗糖，以甘蔗和甜菜中含量最多。例如，甘蔗含蔗糖14%以上，北方甜菜含蔗糖16%～20%。

蔗糖水解后生成一分子D-葡萄糖和一分子D-果糖，它是由α-D-葡萄糖C_1上的半缩醛羟基和β-D-果糖C_2上的半缩酮羟基通过α,β-1,2-苷键结合而成的。蔗糖的结构如下：

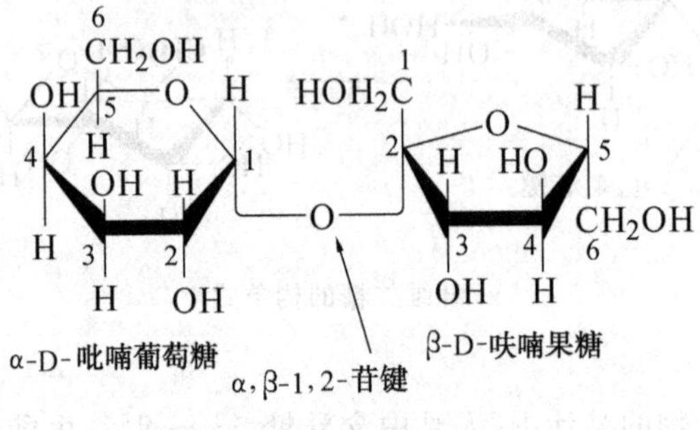

蔗糖的哈沃斯式

蔗糖本身是右旋的，其比旋光度为＋66.5°，但水解后变成了左旋，比旋光度为－19.8°，由于水解前后旋光方向相反，所以蔗糖的水解称为转化，其水解产物叫做转化糖。转化糖具有还原糖的一切性质。

$$\text{蔗糖} \xrightarrow{H_3O^+} \underbrace{\underset{(+52^\circ)}{\text{葡萄糖}} + \underset{(-92^\circ)}{\text{果糖}}}$$

$$[\alpha]_D^{20}=+66.5^\circ \quad [\alpha]_D^{20}=-19.8^\circ$$

第三节 多 糖

多糖是由许多单糖分子通过苷键连接而成的大分子化合物。如多糖水解产物只有一种单糖，这样的多糖称为均多糖；如水解产物含有的单糖不是只有一种，这样的多糖称为杂多糖；如水解产物除了糖以外还含有其他成分如蛋白质、脂肪等，这样的多糖称为复合多糖。淀粉和纤维素是均多糖，水解后都生成葡萄糖。菊粉则是杂多糖，它水解后生成葡萄糖和果糖。糖蛋白则是最常见的复合多糖，它水解后除了生成糖外，还有蛋白质等。

多糖与单糖、二糖在性质上有较大的区别。多糖属于糖类，但没有甜味。多糖分子末端虽含有苷羟基，但因分子量很大，在几百个甚至几千个葡萄糖单元中才有一个苷羟基，其还原性十分微弱，因此多糖无还原性，没有变旋光现象，不能成脎。多糖大多数难溶于水，有的即使是溶于水，也只能形成胶体溶液。

在自然界分布最广、最重要的多糖是淀粉、纤维素和糖原等。

一、淀粉

淀粉大量存在于植物的种子和地下块茎中。淀粉主要来自马铃薯和小麦。其他如大米、高粱、玉米等也含有大量的淀粉。在酸的作用下淀粉可分步水解，先水解成分子量较小的糊精，糊精再继续水解为麦芽糖，最后水解为葡萄糖。淀粉是白色无定形粉末。淀粉不是一个单纯分子，而是一种混合物，它由两部分组成：一部分是不溶性的淀粉，称为支链淀粉；另一部分是可溶性的淀粉，称为直链淀粉。在一般的淀粉中，直链淀粉占 10%～20%，支链淀粉占 80%～90%。

（一）直链淀粉

直链淀粉是由 α-D-(＋)-葡萄糖以 α-1，4-苷键结合而成的链状高聚物。其基本结构如下所示：

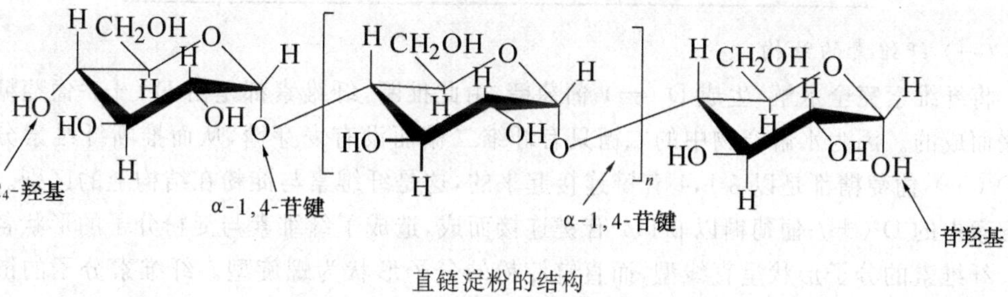

直链淀粉的结构

在上面的结构中，n＝200～300，它的分子量为 30000～50000。

直链淀粉不溶于冷水，用热水处理后可悬浮在水中。所谓直链淀粉并不是一根直的长链，而是盘旋成一个螺旋，每转一圈，约含有 6 个葡萄糖单位。直链淀粉形成螺旋后，螺旋状空穴正好与碘的直径相匹配，允许碘分子进入空穴中，形成一种蓝紫色的加合物。因此，用碘鉴定淀粉是最常用的简便方法。但蓝紫色只在冷时出现，加热煮沸后即褪去。

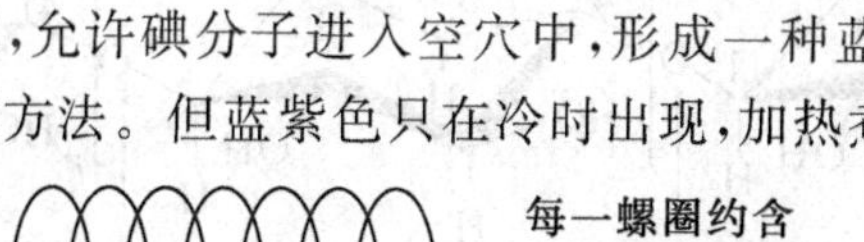

直链淀粉的形状

(二) 支链淀粉

支链淀粉在结构上除了由葡萄糖分子以 α-1,4-苷键连接成主链外，还有以 α-1,6-苷键相连而形成的支链。因此支链淀粉是有支链的，约隔 20 个由 α-1,4-苷键相连接的葡萄糖单位就有一个由 α-1,6-苷键接出的支链。支链淀粉的平均分子量为 $1\times10^6\sim6\times10^6$(6000～37000 个葡萄糖单位)。其基本结构如下所示：

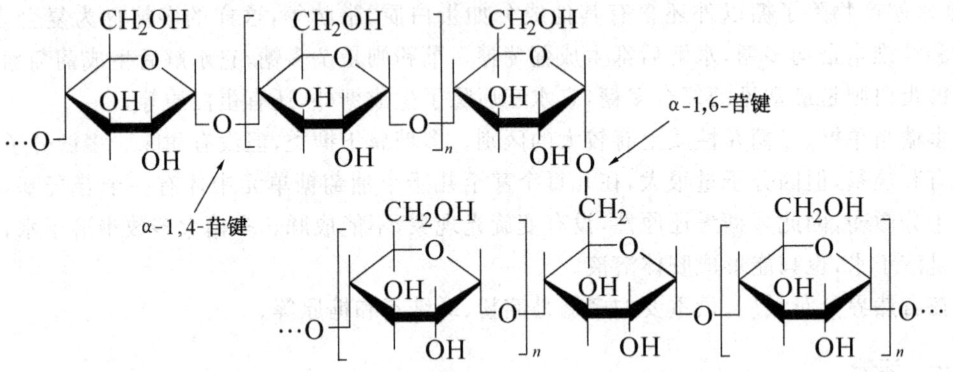

支链淀粉的结构

二、纤维素

纤维素是构成植物细胞壁及支柱的主要成分。一些物质中所含纤维素的分子量如表 14-1所示：

表 14-1　某些纤维素的分子量

物　质	纤维素含量	纤维素的分子量
棉花	>90%	57 万
亚麻	80%	184 万
木材	40%～60%	9～15 万

(一) 纤维素的结构

将纤维素完全水解，生成 D-(+)-葡萄糖，由此推断，纤维素都是由 D-(+)-葡萄糖单体缩聚而成的。因为水解产物中的二糖只有纤维二糖而没有麦芽糖，从而推断纤维素分子中的 D-(+)-葡萄糖都是以 β-1,4-苷键连接起来的，这是纤维素与淀粉在结构上的区别。由于纤维素中的 D-(+)-葡萄糖以 β-1,4-苷键连接而成，造成了纤维素与淀粉分子的形状各不相同。纤维素的分子形状呈直线型，而直链淀粉的分子形状为螺旋型。纤维素分子的链和链之间借助分子间氢键像麻绳样拧在一起，形成坚硬的、不溶于水的纤维素状高分子，构成植物细胞壁。纤维素的分子量比淀粉大得多，为 10～200 万。

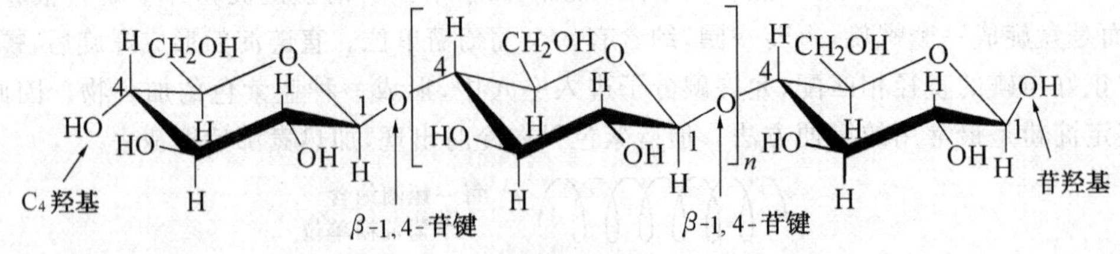

纤维素的结构

人的消化道中没有水解β-1,4-葡萄糖苷键的纤维素的酶,所以人不能消化纤维素。但纤维素对于人又是必不可少的,因为纤维素可帮助肠胃蠕动,以提高消化和排泄能力。

（二）性质与用途

把较短的棉纤维溶在适当溶剂内,然后把该溶液压过极细的小孔,就可得到细长的丝状物质,干燥后就可供纺织用。这样改造的纤维素称为人造纤维。

(1) 铜氨法：铜氨液(氢氧化铜的氨溶液)是纤维素的良好溶剂,它使纤维素剧烈地润胀,然后溶解。纤维素的铜氨溶液在稀无机酸存在下,纤维素即由溶液中沉淀出来。工业上把纤维素的铜氨溶液过滤后经过细孔压入稀硫酸中,纤维素就成为细丝而再生出来。这样获得的人造纤维比天然丝还要细两倍。

(2) 胶丝法：纤维素里的羟基与氢氧化钠反应生成碱纤维素后,可以与二硫化碳发生反应,生成纤维素黄原酸盐。

$$[C_6H_9O_4(OH)]_n + nNaOH \longrightarrow [C_6H_9O_4(ONa)]_n + nH_2O$$

$$[C_6H_9O_4\underset{\substack{|\\ Na}}{O}]_n + n\underset{\substack{\| \\ S}}{C}{=}S \longrightarrow [C_6H_9O_4{-}O{-}\underset{\substack{|\\ SNa}}{C}{=}S]_n \xrightarrow{nH_2SO_4} (C_6H_{10}O_5)_n + nCS_2 + nNaHSO_4$$

纤维素黄原酸盐加少量的水,可以得到黏稠的溶液,所以这个方法又称为黏液法。把该溶液通过细孔压入稀硫酸内,黄原酸盐就被分解变成细长丝状的纤维素。这样获得的人造纤维称为黏液丝或黏胶人造丝。

(3) 纤维素硝酸酯：纤维素的硝酸酯俗称硝化纤维素或硝化棉,是由纤维素和硝酸反应制得的。

$$[C_6H_7O_2(OH)_3]_n + 3nHNO_3 \xrightleftharpoons{H_2SO_4} [C_6H_7O_2(ONO_2)_3]_n + 3nH_2O$$

实际上纤维素分子中的三个羟基不可能都完全酯化。因此,硝化纤维素的酯化度常用含氮量来表示。纤维素的三个羟基都酯化后,理论上含氮量为14.4%。高氮硝化纤维素通常用来制造火药,低氮硝化纤维素常用来制造塑料、喷漆等。

(4) 醋酸纤维素：纤维素用乙酐乙酰基化后得纤维素乙酸酯,俗称醋酸纤维素。

$$[C_6H_7O_2(OH)_3]_n + 3n(CH_3CO)_2O \rightleftharpoons [C_6H_7O_2(OCOCH_3)_3]_n + 3nH_2O$$

醋酸纤维素与硝化纤维素相比,较大的优点是对光稳定、不燃烧,故在制造胶片等产品方面已逐渐代替了硝化纤维素。

(5) 纤维素醚：又称羧甲基纤维素,是一氯乙酸和碱纤维素作用的产物。

$$[C_6H_9O_4(ONa)]_n + nClCH_2COOH \longrightarrow \underset{\text{羧甲基纤维素(CMC)}}{[C_6H_9O_4(OCH_2COOH)]_n} + nNaCl$$

纤维素中多少羟基参与反应,决定产品的性质。纤维素醚在造纸工业上可用做胶料,在纺织工业上可用做经纱上浆以代替淀粉。

三、糖原

糖原是动物体内的储备糖，就像淀粉是植物的储备糖一样，所以又称为动物淀粉，以肝脏和肌肉中含量最大，在肝脏中特别丰富，含量可达肝脏器官干重的8％。

从结构上讲，糖原和支链淀粉十分相似，它也是由 α-D-(＋)-葡萄糖以 α-1,4-苷键和 α-1,6-苷键连接而成的多糖，主要的区别是糖原中分支更密，在糖原中每隔 8 到 10 个葡萄糖单位就出现 α-1,6-苷键。这种结构上支键的密集，有利于酶的多点位结合，促进糖原的快速合成与分解，保证动物血液中血糖浓度的平衡。

习　题

1. 写出下列化合物的直立式环形结构和哈沃斯(Haworth)式。

(1) α-D-吡喃葡萄糖　(2) β-D-吡喃葡萄糖　(3) α-D-呋喃葡萄糖　(4) β-D-吡喃甘露糖　(5) α-L-吡喃半乳糖

2. 用反应式表示 D-呋喃果糖也有变旋光现象。

3. 写出 D-(＋)-葡萄糖与下列物质的反应式。

(1) 羟胺　(2) 苯肼　(3) 溴水　(4) 稀 HNO_3

(5) HIO_4　(6) 乙酐　(7) 无水 CH_3OH、HCl(干)

(8) CH_3OH、HCl，然后$(CH_3)_2SO_4$、NaOH。

(9) (8)反应后再用稀 HCl 处理

(10) (9)反应后再用稀硝酸氧化

(11) HCN/OH^-，然后水解

4. D-(＋)-甘露糖怎样转化成下列化合物？写出其反应式。

(1) 甲基-β-D-甘露糖苷

(2) 甲基-β-2,3,4,6-四甲基-D-甘露糖苷

(3) 2,3,4,6-四甲基-D-甘露糖

(4) 葡萄糖

5. 用简便的化学方法鉴别下列化合物。

(1) D-葡萄糖、D-果糖和 D-葡萄糖甲苷

(2) 麦芽糖、果糖、蔗糖和淀粉

6. 6 个单糖开链结构式如下：

(A)
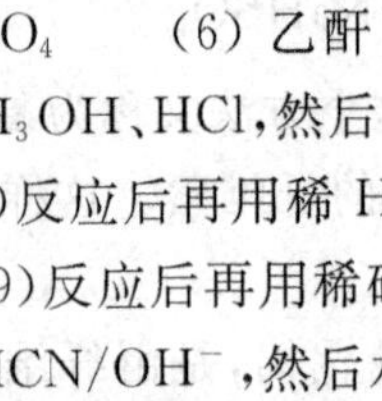

(B)
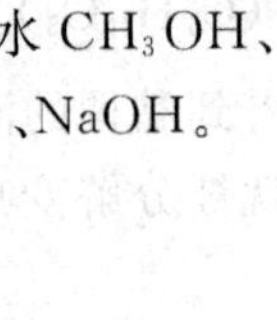

(C)

(D) 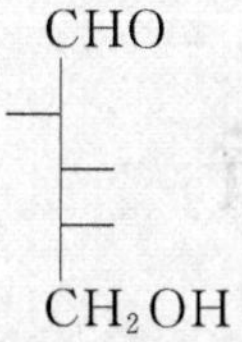 (E) 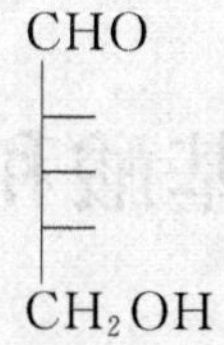 (F) 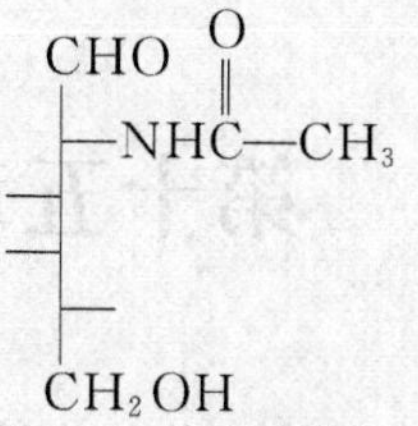

(1) 用D、L标出它们的构型。 (2) 哪些互为差向异构体？

(3) 哪些互为对映体？ (4) 哪些有还原性和变旋光现象？

(5) 哪些可以水解？水解产物是什么？ (6) 哪些可以成苷？

7. 糖的衍生物$C_8H_{16}O_6$(A)既无变旋光现象，也不能和班氏试剂作用。在酸性条件下，经水解得到(B)和(C)。$C_6H_{12}O_6$(B)有变旋光现象和还原性，(B)是β-D-葡萄糖的C_4差向异构体。(B)经稀硝酸氧化生成一个无旋光性的D-糖二酸(E)。(C)有碘仿反应。试写出(A)、(B)、(C)、(E)的结构式。

8. 有一戊糖$C_5H_{10}O_4$，与羟胺反应生成肟，与硼氢化钠反应生成$C_5H_{12}O_4$，后者有光学活性，与乙酐反应得四乙酸酯。戊糖($C_5H_{10}O_4$)与CH_3OH、HCl反应得$C_6H_{12}O_4$，再与HIO_4反应得$C_6H_{10}O_4$。它($C_6H_{10}O_4$)在酸催化下水解，得等量乙二醛(CHO—CHO)和D-乳醛($CH_3CHOHCHO$)。从以上实验导出戊糖$C_5H_{10}O_4$的构造式。你导出的构造式是唯一的呢，还是可能有其他结构？

9. 在甜菜糖蜜中有一三糖称为棉子糖。棉子糖部分水解后得到的二糖叫做蜜二糖。蜜二糖是个还原性双糖，是(+)-乳糖的异构物，能被麦芽糖酶水解，但不能为苦杏仁酶水解。蜜二糖经溴水氧化后彻底甲基化再酸催化水解，得2,3,5,6-四甲基-D-葡萄糖酸和2,3,4,6-四甲基-D-半乳糖。写出蜜二糖的构造式及其各步反应式。

10. 两种D-丁醛糖(A)和(B)，用Br_2水氧化时分别形成(C)和(D)，而用稀HNO_3氧化时分别形成(E)和(F)，经测定(A)、(B)、(C)、(D)、(E)均具有旋光性，而(F)无旋光性。试写出(A)、(B)、(C)、(D)、(E)、(F)的结构式。

11. 柳树皮中存在一种糖苷叫做水杨苷，当用苦杏仁酶水解时得D-葡萄糖和水杨醇(邻羟基苯甲醇)。水杨苷用硫酸二甲酯和氢氧化钠处理得五甲基水杨苷，酸催化水解得2,3,4,6-四甲基-D-葡萄糖和邻甲氧基苯甲醇。写出水杨苷的结构式。

12. 某二糖水解后，只产生D-葡萄糖，不生成糖脎，无变旋光现象，它只为麦芽糖酶水解，不被苦杏仁酶水解，试写出该二糖的哈沃斯式。(要求写出推导过程)

第十五章　氨基酸和蛋白质

蛋白质存在于所有生物体中，是生命的基础物质。生物体内的一切生命活动过程几乎都与蛋白质有关。动物体内起催化作用的酶，调节物质代谢的某些激素，能使细菌和病毒失去致病作用的抗体，以及使动植物致病的病毒等都是蛋白质。蛋白质是一类结构复杂、功能特异的天然高分子化合物，对蛋白质结构和功能的研究是生命科学上的重大课题之一。蛋白质是氨基酸相互间用氨基和羧基通过失水形成酰胺键构成的，氨基酸是组成蛋白质的基本单位。因此，要了解蛋白质，必须首先了解氨基酸的有关知识。

第一节　氨　基　酸

蛋白质是一类复杂的含氮高分子化合物，各种不同来源的蛋白质，在酸、碱或酶的作用下，都能逐渐水解为分子量比较小的分子，最终生成各种不同的 α-氨基酸混合物。

一、氨基酸的结构、分类和命名

（一）氨基酸的结构

氨基酸是一类取代羧酸，可视为羧酸分子中烃基上的氢原子被氨基取代的一类产物。目前在自然界中已发现的氨基酸有 300 多种，但由天然蛋白质水解得到的氨基酸仅 20 种左右。这 20 种左右的氨基酸都是 α-氨基酸，它们在化学结构上的共同点是氨基都连接在 α-碳原子上。其通式为：

$$\mathrm{R{-}\overset{*}{C}H(NH_2){-}COOH}$$

式中 R 代表不同的基团，R 不同就形成不同的 α-氨基酸。

构成蛋白质的氨基酸，除甘氨酸外，其他各种天然氨基酸的 α-碳原子都是手性碳原子，故具有旋光性。氨基酸构型取决于 α-碳原子上氨基的空间位置。构成蛋白质的氨基酸的构型如用 D/L 法标记，都是 L 型；如用 *R*/*S* 法标记，除半胱氨酸是 *R* 型外，其余都是 *S* 型。α-氨基酸的构型习惯上用 D/L 法标记。

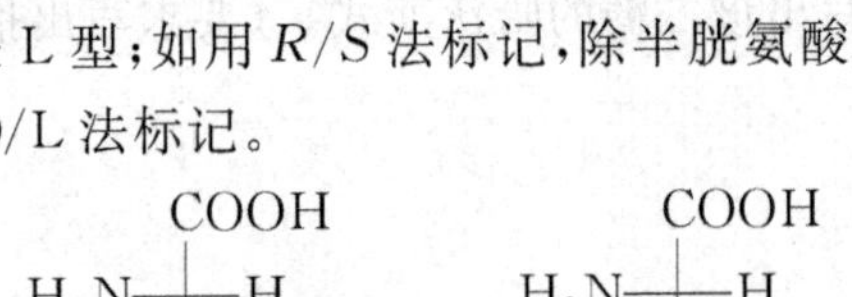

R-半胱氨酸（L-半胱氨酸）　　*S*-丙氨酸（L-丙氨酸）

（二）氨基酸的分类

根据 R 基团的结构和性质，氨基酸有不同的分类方法。如按 R 基团的结构，可将氨基酸分为脂肪族氨基酸、芳香族氨基酸和杂环氨基酸；根据氨基酸分子中所含的氨基和羧基数目，可将氨基酸分为中性氨基酸、酸性氨基酸和碱性氨基酸。中性氨基酸只含有一个羧基和一个氨基，酸性氨基酸含有两个羧基和一个氨基，碱性氨基酸含有一个羧基和两个碱性基团。

（三）氨基酸的命名

氨基酸可以看做是羧酸烃基上的氢原子被氨基取代而形成的取代酸，称氨基某酸。氨基的位置常采用希腊字母 α，β，γ，…表示在氨基酸名称前面。此外，还经常采用氨基酸的俗名。表 15-1 列出了 20 种氨基酸的名称、缩写符号、结构式和等电点(pI)。

表 15-1　20 种 α-氨基酸

名　称	英文缩写	中文缩写	结构式	pI
中性氨基酸				
1. 甘氨酸 （α-氨基乙酸）	Gly,G	甘	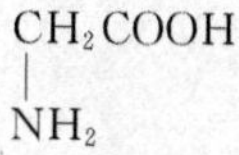	5.97
2. 丙氨酸 （α-氨基丙酸）	Ala, A	丙	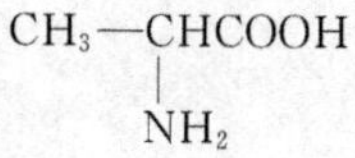	6.02
3. *亮氨酸 （α-氨基-γ-甲基戊酸）	Leu, L	亮	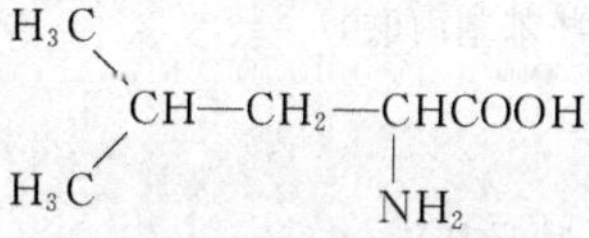	5.98
4. *异亮氨酸 （α-氨基-β-甲基戊酸）	Ile, I	异亮	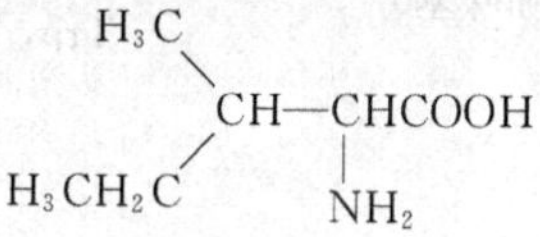	6.02
5. *缬氨酸 （α-氨基-β-甲基丁酸）	Val,V	缬	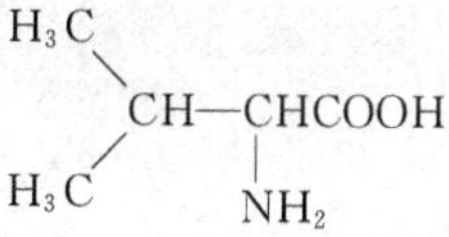	5.97
6. 脯氨酸 （四氢吡咯-α-甲酸）	Pro, P	脯	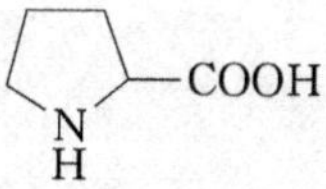	6.48
7. *苯丙氨酸 （α-氨基-β-苯基丙酸）	Phe, F	苯丙	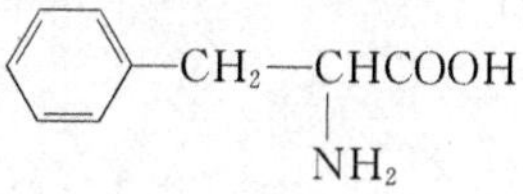	5.48
8. *蛋氨酸 （α-氨基-γ-甲硫基丁酸）	Met, M	蛋	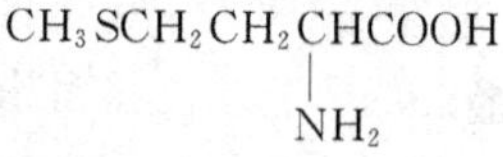	5.75
9. 丝氨酸 （α-氨基-β-羟基丙酸）	Ser, S	丝	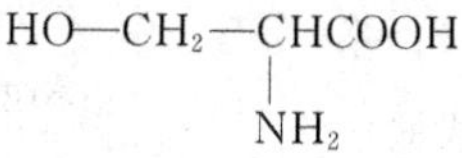	5.68
10. 谷氨酰胺 （α-氨基戊酰胺酸）	Gln, Q	谷胺	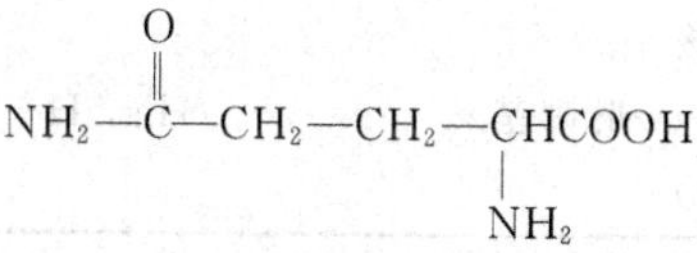	5.65

续表

名　　称	英文缩写	中文缩写	结构式	pI
11. *苏氨酸 (α-氨基-β-羟基丁酸)	Thr, T	苏	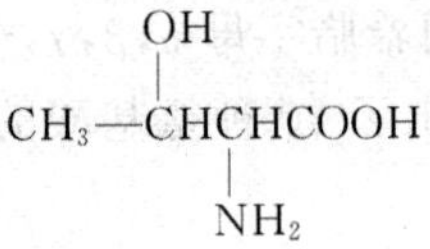	5.60
12. 半胱氨酸 (α-氨基-β-巯基丙酸)	Cys, C	半胱	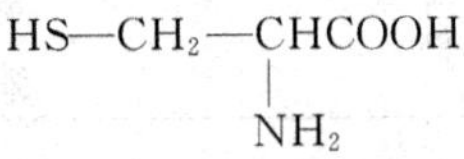	5.07
13. 天冬酰胺 (α-氨基丁酰胺酸)	Asn, N	天胺	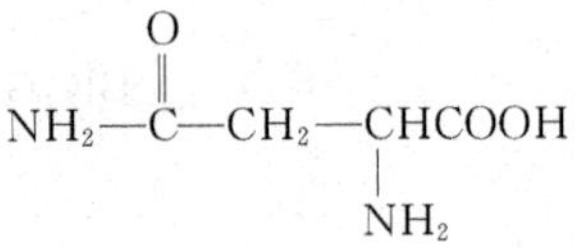	5.41
14. 酪氨酸 (α-氨基-β-对羟苯基丙酸)	Tyr, Y	酪	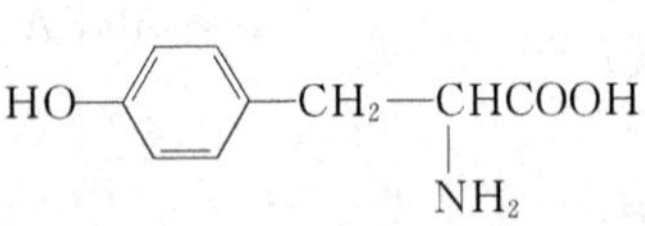	5.66
15. *色氨酸 (α-氨基-β-(3-吲哚基) -丙酸)	Trp, W	色	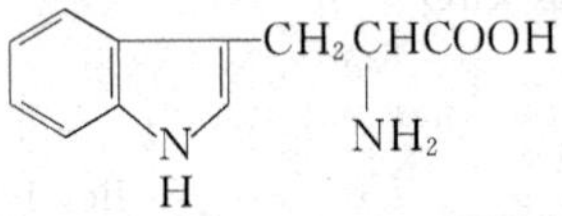	5.89
酸性氨基酸				
16. 天冬氨酸 (α-氨基丁二酸)	Asp, D	天	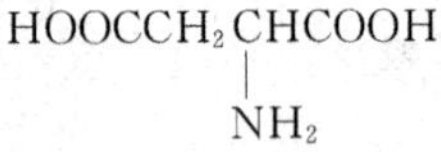	2.98
17. 谷氨酸 (α-氨基戊二酸)	Glu, E	谷	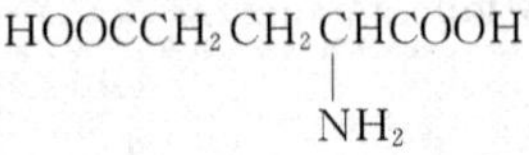	3.22
碱性氨基酸				
18. *赖氨酸 (α,ε-二氨基己酸)	Lys, K	赖	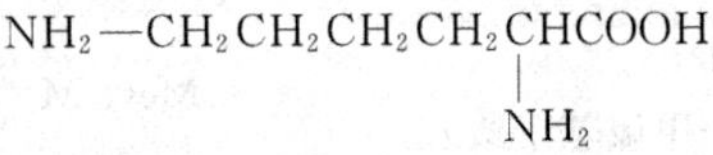	9.74
19. 精氨酸 (α-氨基-δ-胍基戊酸)	Arg, R	精	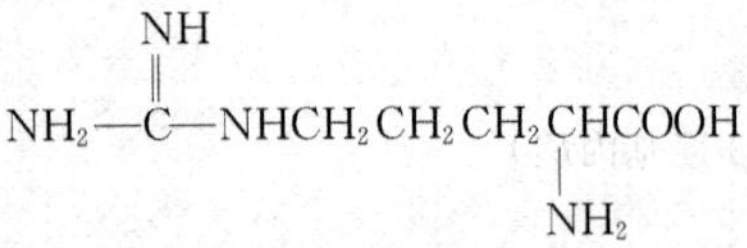	10.76
20. 组氨酸 (α-氨基-β-(4-咪唑基) -丙酸)	His, H	组	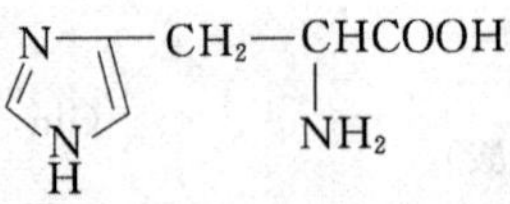	7.59

注：表中标“*”者为必需氨基酸。

除上述在蛋白质中广泛存在的20种氨基酸外，另有几种氨基酸只在少数蛋白质中存在，如4-羟基脯氨酸、甲状腺素；还有一些氨基酸不是蛋白质的组成成分，称为非蛋白氨基酸，它们中有些是重要的代谢物前体或中间体，如瓜氨酸、鸟氨酸等。

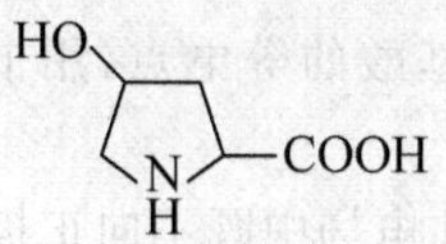

4-羟基脯氨酸

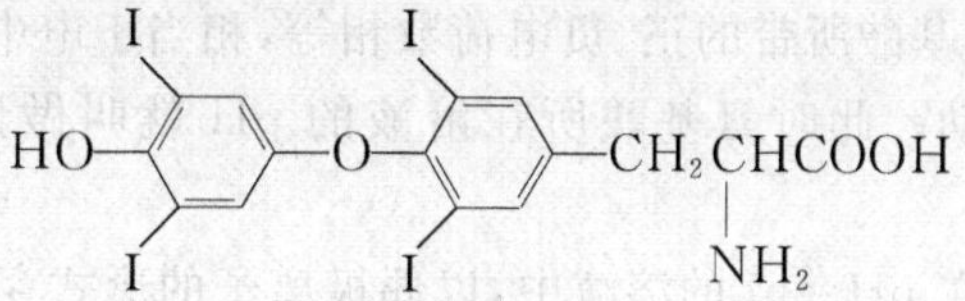

甲状腺素

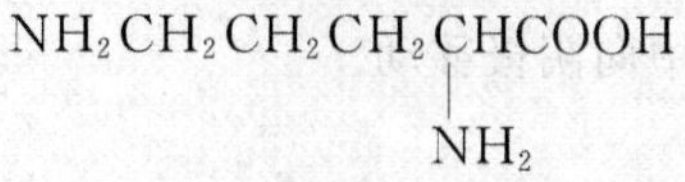

鸟氨酸

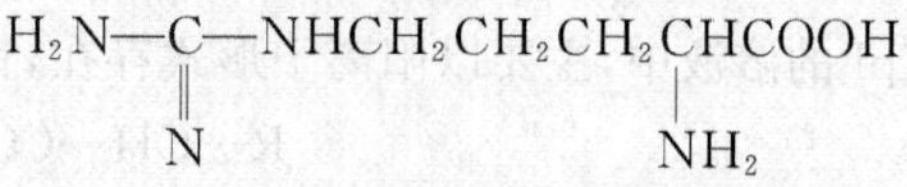

瓜氨酸

不同蛋白质中所含的氨基酸的种类和数量各不相同。有些氨基酸在人体内不能合成或不能制造足够数量以维持健康，必须依靠外源供给，这些氨基酸叫做必需氨基酸（表15-1中标“*”者）。含有全部必需氨基酸的蛋白质称为完全蛋白质。例如，牛乳中的酪蛋白含有19种氨基酸和全部必需氨基酸，是完全蛋白质。玉米中的醇溶蛋白质，由于缺乏赖氨酸和色氨酸，为非完全蛋白质。从营养价值上看，食用不同来源的蛋白质更有利于必需氨基酸的充分供应。

二、氨基酸的性质

组成蛋白质分子的α-氨基酸都是无色晶体，熔点较高，一般在200℃～300℃，当达到熔点时，往往会分解放出二氧化碳。

大多数α-氨基酸能溶于水，但溶解度差别很大。它们能溶解于酸性和碱性溶液中，但是难溶于极性较小的有机溶剂，如乙醚。

氨基酸的化学性质与分子中所含羧基、氨基和侧链R基有关，因此它具有羧酸、胺的一般性质，又具有侧链R基上的官能团以及各官能团相互影响而产生的特殊性质。

（一）酸碱性——两性和等电点

氨基酸分子中既含有氨基又含有羧基，它可以和酸生成盐，也可以和碱生成盐，所以氨基酸是两性物质。含有一个氨基和一个羧基的α-氨基酸可以用通式 $H_2N—\overset{\overset{\displaystyle R}{|}}{CH}—COOH$ 表示。但实际上，氨基酸的晶体是以偶极离子的形式存在的：

$$^{+}H_3N—\overset{\overset{\displaystyle R}{|}}{CH}—COO^{-}$$

这种偶极离子是分子内的氨基和羧基成盐的结果，故又叫做内盐。氨基酸之所以具有相当高的熔点，难溶于有机溶剂等，都是因为它们是内盐，因而具有盐的性质。

在溶液中，氨基酸的偶极离子既可以与一个 H^+ 结合成为正离子，又可以失去一个 H^+ 成为负离子。这三种离子在水溶液中通过得到 H^+ 或失去 H^+ 互相转换而同时存在。通过调节溶液的pH，氨基酸有可能以正离子或负离子或偶极离子的形式存在。

当把氨基酸溶液置于一个特定的电场中时，氨基酸在电场中的行为，会因溶液pH的变化而改变。若在溶液中加酸，即增加 H^+，氨基酸的偶极离子中—COO^- 与 H^+ 结合而有利于氨基酸以阳离子形式存在，氨基酸带正电，在电场中向阴极移动。反之，若加入碱，即增加 OH^-，它可中和氨基酸的偶极离子中—NH_3^+ 的 H^+，而有利于氨基酸以阴离子形式存在，氨基酸带负电，在电场中向阳极移动。当调节溶液的 pH 为一定值时，氨基酸以偶极离子的形式存在，氨基酸所带的正、负电荷数相等，相当于电中性状态，在电场中既不向正极移动也不向负极移动。此时氨基酸所在溶液的 pH 就叫做该氨基酸的等电点，用 pI（isoelectric point）表示。

氨基酸在 pH＝pI 的溶液中，以偶极离子的形式存在，在电场中既不向正极移动也不向负极移动；氨基酸在 pH＞pI 的溶液中，主要以阴离子形式存在，在电场中向阳极移动；氨基酸在 pH＜pI 的溶液中，主要以阳离子形式存在，在电场中向阴极移动。

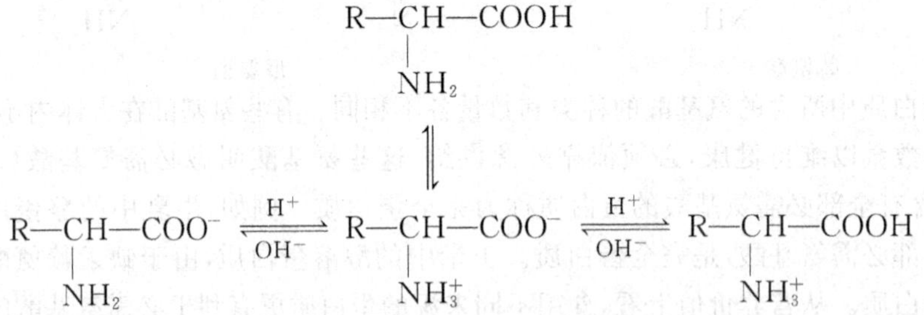

阴离子（pH＞pI）　　两性离子（pH＝pI）　　阳离子（pH＜pI）

等电点不是中性点。不同的氨基酸由于结构的不同，等电点也不同。一般来说，中性氨基酸的酸性比它的碱性稍强些（因为—COOH 的电离能力稍大于—NH_2接受 H^+ 的能力）。因此，在纯水溶液中，中性氨基酸呈微酸性，氨基酸负离子的浓度比正离子的浓度大些。要将溶液的 pH 调到等电点，使氨基酸以偶极离子形式存在，需要加些酸，把 pH 适当降低。所以，中性氨基酸的等电点小于 7，一般在 5.0～6.5。酸性氨基酸含有 2 个羧基和 1 个氨基，羧基的电离程度比—NH_2接受 H^+ 的程度大得多，故需要加入比较多的酸才能抑制羧基的电离，使氨基酸负离子的浓度降低，调到等电点。因此酸性氨基酸的等电点更显酸性，一般在 2.7～3.2。碱性氨基酸含有 2 个碱性基团和 1 个羧基，碱性基团接受 H^+ 的程度比羧基的电离程度大，故需要加适量的碱抑制碱性基团接受 H^+，使之调到等电点。因此，碱性氨基酸的等电点都大于 7，一般在 7.6～10.8。

氨基酸在等电点时溶解度最小，可以结晶析出。利用这一性质，可以通过调整溶液的 pH，将等电点不同的氨基酸从它们的混合溶液中分别分离出来。

（二）与亚硝酸的反应

α-氨基酸中的—NH_2具有伯胺的性质，可与亚硝酸作用，定量地放出氮气。

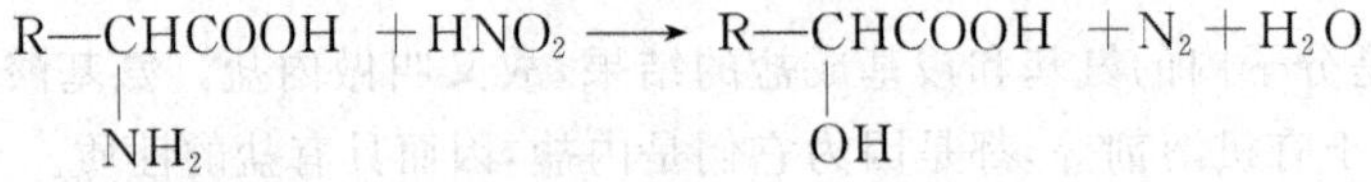

测定反应中放出氮气的体积，可以计算出氨基的含量。这个方法在 α-氨基酸的分析中经常采用，称为范斯莱克（Van Slyke）氨基氮测定法。

（三）与 2,4-二硝基氟苯的反应

在室温和近中性条件下，氨基酸中的氨基（—NH_2）可与 2,4-二硝基氟苯（DNFB）作用，生成稳定的二硝基苯基氨基酸（DNP-氨基酸）。

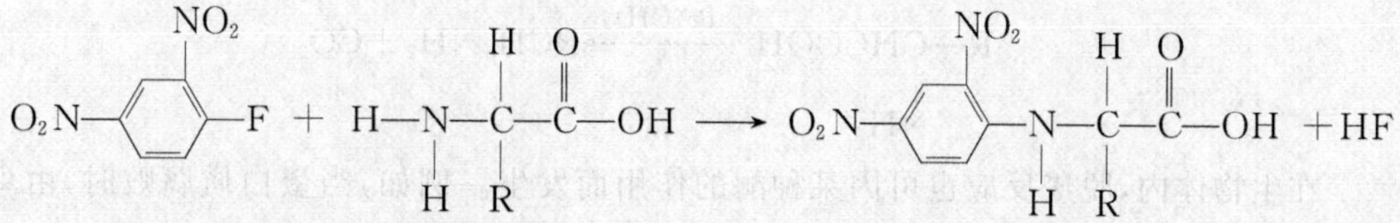

DNP-氨基酸呈黄色，使用纸层析与标准 DNP-氨基酸比较，可用于氨基酸的检出。英国科学家桑格(F. Sanger)用此法首次阐明了组成胰岛素的氨基酸的种类、数目和排列顺序，为认识蛋白质的结构作出了重要的贡献。

桑格(Frederick Sanger，1918—　)，英国生物化学家，曾两次获诺贝尔化学奖，1939 年获化学学士学位，以后一年在校学习生物化学，令他本人及老师们都很奇怪的是他居然得到了全班第一的成绩。而后他获得了生物化学的博士学位。由于 1945 年至 1958 年在蛋白质的结构，特别是胰岛素结构方面的杰出工作，他获得了诺贝尔化学奖。1980 年由于在确定核酸的碱基序列方面的杰出工作，桑格与美国科学家 Paul Berg 和 Walter Gilbert 一起再次荣获诺贝尔化学奖。

(四) 氧化脱氨基反应

氨基酸经氧化剂或氨基酸氧化酶的作用，可脱去氨基生成酮酸。此反应在脱氨前涉及脱氢与水解两个步骤。

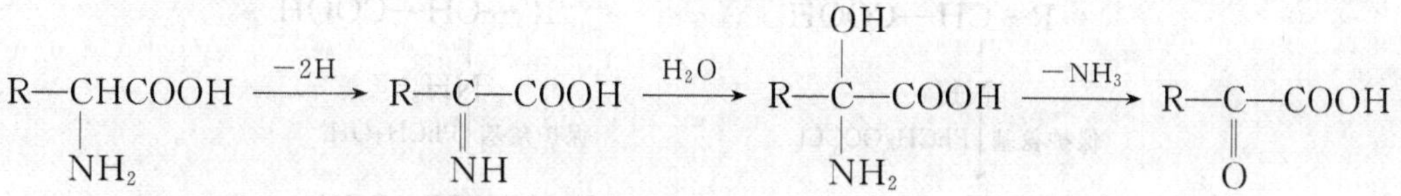

上述过程也是生物体内氨基酸分解代谢的重要方式。

(五) 与茚三酮的反应

α-氨基酸与水合茚三酮在水溶液中共热，能生成蓝色物质，叫罗曼氏紫(Ruhemenn's purple)。

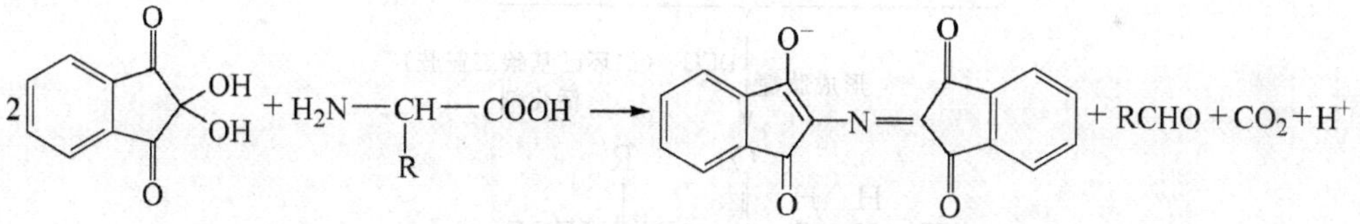

蓝色物质

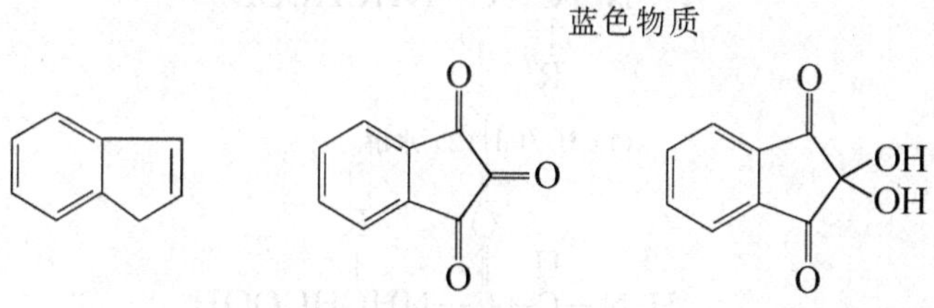

茚　　茚三酮　　水合茚三酮

用层析方法分离氨基酸，可以利用茚三酮作为显色剂，定性或定量地测定各种 α-氨基酸。在 20 种 α-氨基酸中，只有脯氨酸与茚三酮反应显黄色，其余均显蓝色。此外，N-取代的 α-氨基酸，以及 β-或 γ-氨基酸等均不与茚三酮发生显色反应。

(六) 脱羧反应

氨基酸与氢氧化钡共热或在高沸点溶剂中回流，可脱去羧基生成相应的胺类化合物。

$$\underset{\displaystyle NH_2}{R\text{—}\overset{|}{C}HCOOH} \xrightarrow[\triangle]{Ba(OH)_2} RCH_2NH_2 + CO_2$$

在生物体内，脱羧反应也可因某种酶的作用而发生。例如，当蛋白质腐败时，由鸟氨酸可生成腐胺，由赖氨酸可生成尸胺。

（七）成肽反应

在适当条件下，氨基酸分子间氨基与羧基相互脱水缩合生成的一类化合物叫做肽。

$$H_2N\underset{R^1}{CH}COOH + H_2N\underset{R^2}{CH}COOH \xrightarrow[\triangle]{-H_2O} H_2N\underset{R^1}{CH}CO\text{—}HN\underset{R^2}{CH}COOH$$

肽分子中的酰胺键（—CO—NH—）叫做肽键。

由 2 分子氨基酸缩合而成的肽叫做二肽；由 3 分子氨基酸缩合而成的肽叫做三肽；许多氨基酸分子通过多个肽键互相连接起来，便形成多肽。

多肽合成的步骤如下：(1) 保护氨基和羧基；(2) 活化羧基；(3) 形成肽键；(4) 去除保护基。重复以上操作可得到多肽。

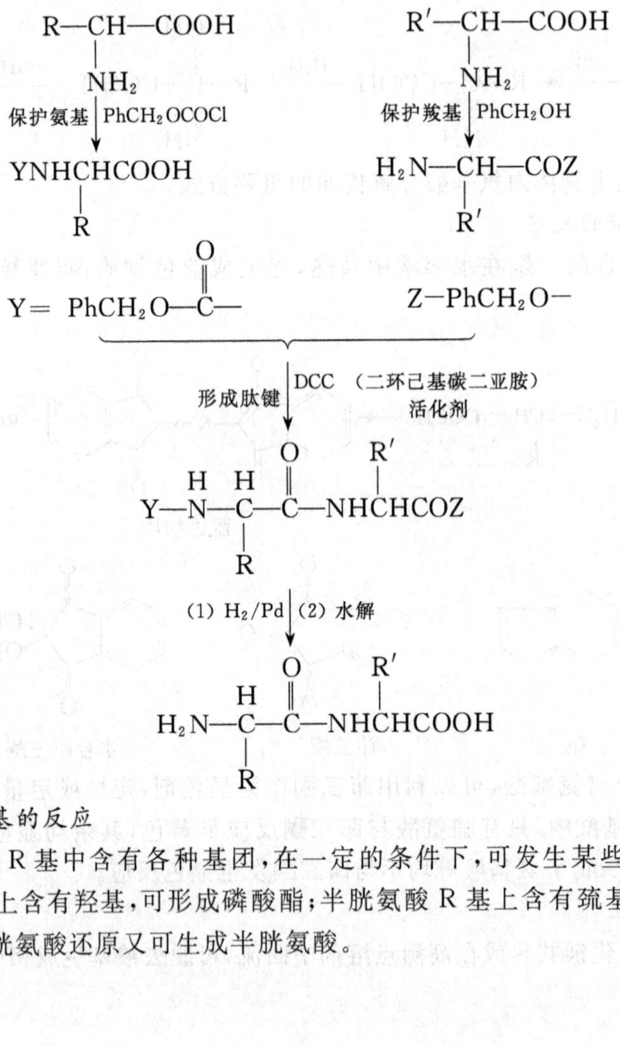

（八）侧链 R 基的反应

氨基酸的侧链 R 基中含有各种基团，在一定的条件下，可发生某些特殊的化学反应。例如，丝氨酸 R 基上含有羟基，可形成磷酸酯；半胱氨酸 R 基上含有巯基，易被氧化成含有二硫键的胱氨酸，胱氨酸还原又可生成半胱氨酸。

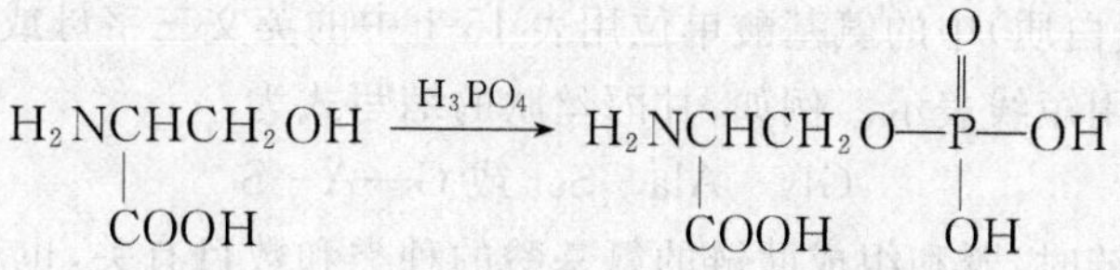

丝氨酸　　丝氨酸磷酸酯

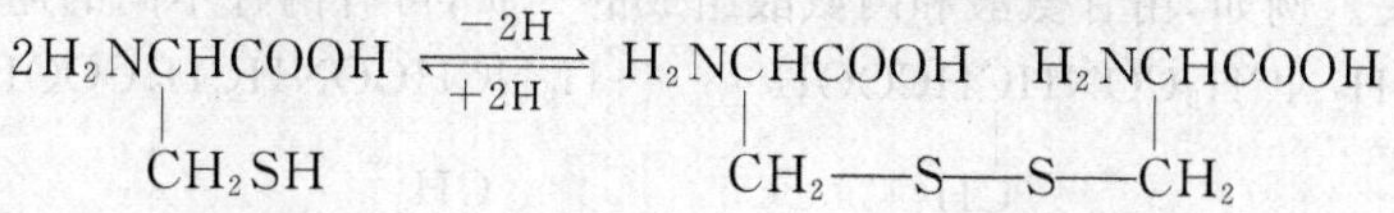

半胱氨酸　　胱氨酸

二硫键亦常存在于蛋白质中，它们作为连接分子不同部分的桥梁，对分子的形状和构型有直接影响。二硫键的断裂，不仅会引起分子结构的改变，也会引起分子活性的丧失。

含有某些特殊 R 基的氨基酸，还可以发生某些颜色反应。

1. 蛋白黄反应

含有苯基的氨基酸与浓硝酸作用可生成黄色硝基化合物，加入碱后则黄色可转变为橙红色。此反应可作为苯丙氨酸、酪氨酸和色氨酸的鉴别反应。

2. 米伦(Millon)反应

含有酚羟基的氨基酸与米伦试剂(由硝酸汞、硝酸亚汞和硝酸组成的混合液)共热，可生成红色沉淀。此反应可作为酪氨酸的鉴别反应。

3. 乙醛酸的反应

含有吲哚环的氨基酸与乙醛酸混合后，再滴加浓硫酸，可在两液层交界面处出现紫红色环。此反应可作为色氨酸的鉴别反应。

第二节　肽

一、肽的组成和命名

绝大多数肽为链状结构，其结构可简单表示如下：

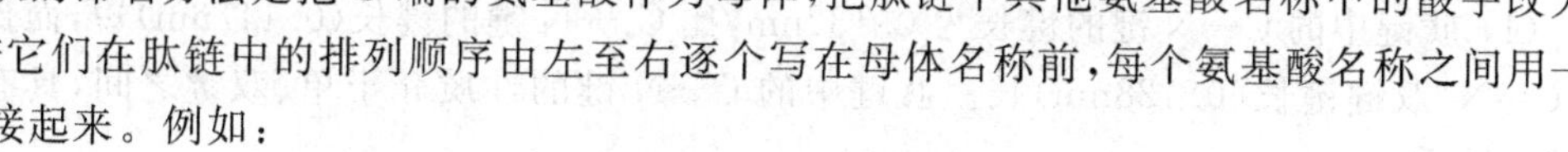

多肽链中的每个氨基酸单位通常叫做氨基酸残基。在多肽链的一端保留着一个游离的氨基，称为 N-端，通常写在肽链的左边；在多肽链的另一端保留一个游离的羧基，称为 C-端，通常写在肽链的右边。

肽的命名方法是把 C-端的氨基酸作为母体，把肽链中其他氨基酸名称中的酸字改为酰字，按它们在肽链中的排列顺序由左至右逐个写在母体名称前，每个氨基酸名称之间用一短线连接起来。例如：

应命名为甘氨酰-丙氨酰-丝氨酸，简称甘丙丝肽。

即使是较简单的肽，写结构式也很麻烦。因此，在大多数情况下，常使用缩写式表示肽的结构。在肽（或蛋白质）中的氨基酸单位用表 15-1 中的英文三字母或单字母表示，连接一个氨基酸的肽键则用短线表示。例如，甘丙丝肽的缩写式为：

Gly—Ala—Ser 或 G—A—S

氨基酸组成肽链时，既和组成肽链的氨基酸的种类和数目有关，也和肽链中各种氨基酸的排列顺序有关。例如，由甘氨酸和丙氨酸组成的二肽，可有两种不同的连接方式：

$H_2NCH_2CONHCH(CH_3)COOH$

甘氨酰-丙氨酸（甘丙肽）

（Ⅰ）

$H_2NCH(CH_3)CONHCH_2COOH$

丙氨酰-甘氨酸（丙甘肽）

（Ⅱ）

（Ⅰ）和（Ⅱ）互为异构体，它们的区别是：肽链（Ⅰ）是由甘氨酸的羧基与丙氨酸的氨基形成的，甘氨酸保留游离氨基，丙氨酸保留游离羧基；肽链（Ⅱ）则是由丙氨酸的羧基与甘氨酸的氨基生成的，丙氨酸保留游离的氨基，而甘氨酸保留游离的羧基。同理，由 3 种不同的氨基酸可形成 6 种不同的三肽，由 4 种不同的氨基酸可形成 24 种不同的四肽。所以，由多种氨基酸按不同的排列顺序互相结合，可以形成许许多多不同的多肽。

二、肽键的结构

大量实验研究已证明，肽键是构成肽和蛋白质分子的基本化学键，肽键与相邻的两个 α-碳原子所组成的基团，称为肽单位（$—C_α—CO—NH—C_α—$）。多肽链就是由许多重复的肽单位连接而成，它们构成多肽链的主链骨架。各种多肽链的主链骨架都是一样的，但侧链 R 基的结构和顺序可以不同，这种不同对多肽和蛋白质的空间构象有重要影响。

根据对一些简单的肽和蛋白质中肽键进行精细的测定分析，得出图 15-1 所示的结果。

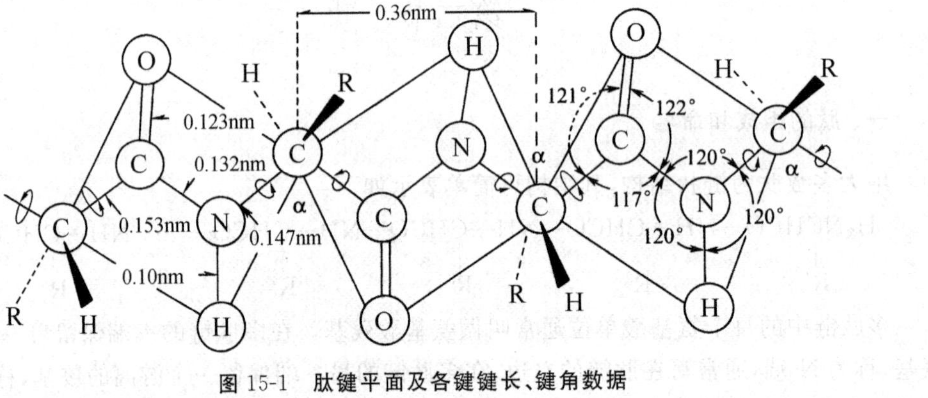

图 15-1　**肽键平面及各键键长、键角数据**

从以上有关数据可知，肽键具有以下特点：

(1) 肽键中的 C—N 键的键长为 0.132nm，比 $C_α$—N 键的键长（0.147nm）短，而比一般的 C═N 双键键长（0.128nm）长。肽键中的 C—N 键的性质介于单、双键之间，具有部分双键的性质。

(2) 肽键的 C 及 N 周围的 3 个键角和均为 360°，说明与 C—N 相连的 4 个原子处于同一平面上，这个平面称为肽键平面。

(3) 肽键平面中与 C—N 键相连的氧原子和氢原子或两个 α-碳原子呈反式分布。

根据以上特点，可把多肽键的主链看成是由一系列刚性平面组成。两个相邻的肽键相衔接时，由于非键合原子的相互影响，使两个平面之间出现一定的夹角，而α-碳原子正好位于两个肽平面的交界线上。在肽键平面上，由于两端的α-碳原子是可以自由旋转的，从而可使主链出现各种构象。

三、天然存在的肽

肽除了可以作为蛋白质代谢的一种中间产物外，一些肽还可以游离状态存在于自然界中，这些肽类化合物在生物体内常具有特殊的结构和功能，起着重要的作用。

(一) 谷胱甘肽

谷胱甘肽学名γ-谷氨酰半胱氨酰甘氨酸，其结构特点是谷氨酸与半胱氨酸之间是通过谷氨酸的γ-羧基而不是通常的α-羧基与半胱氨酸的α-氨基形成的。因为含有游离的巯基，称为还原型谷胱甘肽，常用GSH表示。

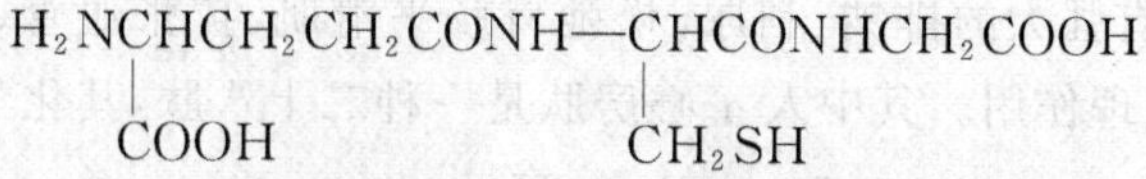

还原型谷胱甘肽(GSH)

谷胱甘肽广泛存在于生物细胞中，参与细胞的氧化还原过程，是一种重要的三肽。还原型谷胱甘肽中的巯基极其活泼，能进行可逆的氧化还原反应。氧化时，—SH被氧化成—S—S—，使两分子还原型谷胱甘肽转变为氧化型谷胱甘肽，常用G—S—S—G表示。

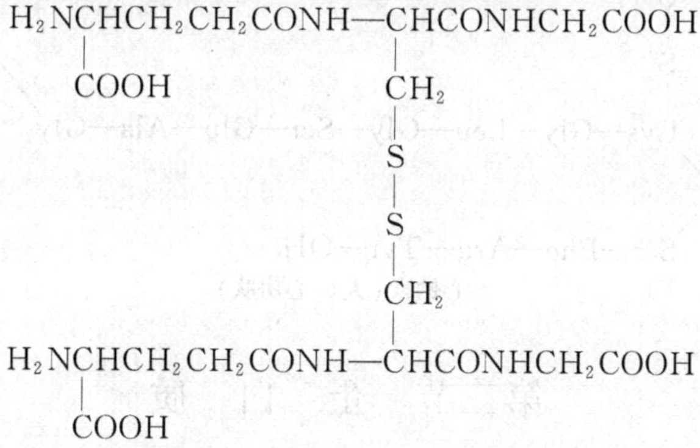

氧化型谷胱甘肽(G—S—S—G)

还原型谷胱甘肽和氧化型谷胱甘肽的关系可用简式表示如下：

$$2G—SH \underset{+2H}{\overset{-2H}{\rightleftharpoons}} G—S—S—G$$

(二) 催产素和加压素

催产素和加压素都是脑垂体分泌的肽类激素。这两种激素在结构上较为相似，都是由9个氨基酸所组成的。肽链中的两个半胱氨酸合起来也可看做为一个胱氨酸。同时，通过二硫键形成部分环肽。N-端氨基酸是半胱氨酸，保留一个未结合的氨基；C-端氨基酸是甘氨酸，它的羧基以酰胺形式存在。这两种激素只是残基3及8不同，其余氨基酸顺序都一样。

催产素和加压素在组成结构上差别虽很小，但它们的生理功能却显著不同，催产素能使子宫平滑肌收缩，具有催产及排乳作用；加压素能使小动脉收缩，从而增加血压，并有减少排尿的作用，所以也称为抗利尿激素，是调节水盐代谢的重要激素。

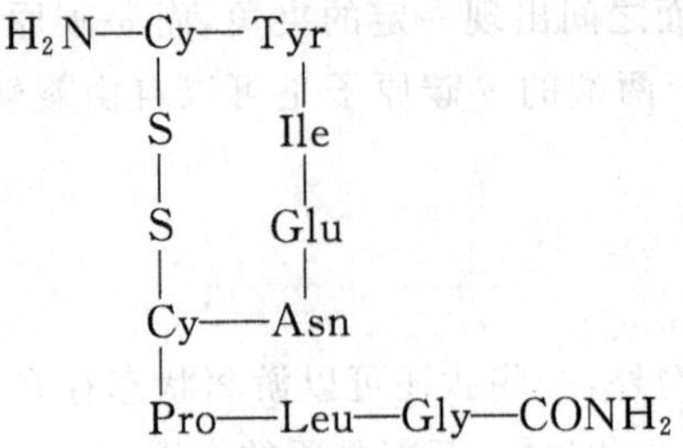

人催产素

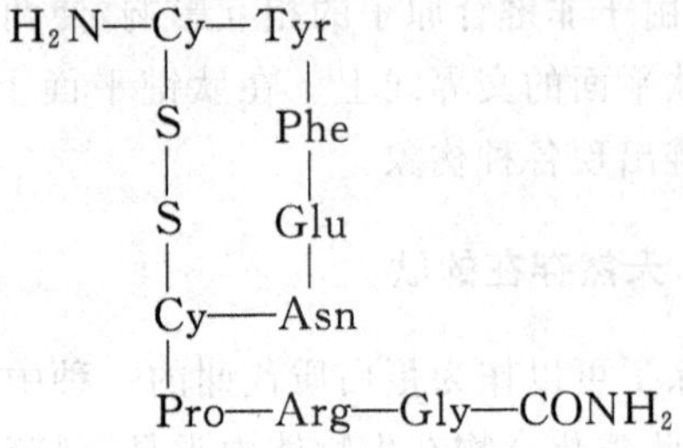

加压素

（三）心钠素

近年来发现，一些过去认为不具有分泌激素功能的器官，如心脏、肾脏、肺等，也能分泌激素。心钠素就是一类由心房分泌的多肽激素，又称为心房肽，分为心房肽Ⅰ、Ⅱ、Ⅲ和人α-心房肽，它们具有强大的排钠、利尿、松弛胃肠平滑肌、扩张血管、改善心律、加强心肌营养等多种重要的生理作用。其中人α-心房肽是一种二十八肽，其化学组成如下：

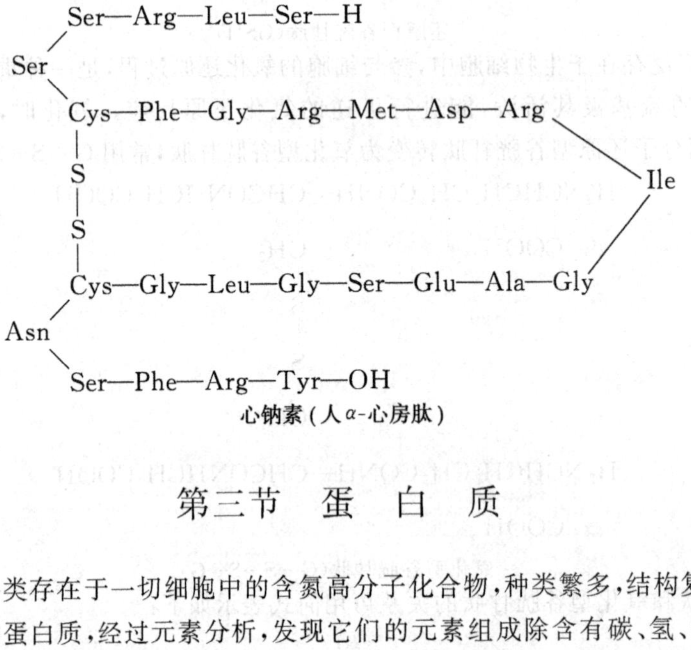

心钠素（人α-心房肽）

第三节 蛋 白 质

蛋白质是一类存在于一切细胞中的含氮高分子化合物，种类繁多，结构复杂。从各种生物组织中提取的蛋白质，经过元素分析，发现它们的元素组成除含有碳、氢、氧外，还含有氮和少量的硫、磷。有些蛋白质还含有微量的铁、铜、锰、碘、锌等。各种蛋白质的元素组成变化不大。

生物体中所含的氮，绝大部分是以蛋白质形式存在的，而含氮量在各种不同来源的蛋白质中变化幅度相当接近，平均含量都约为16％，这是蛋白质元素组成上的一个特点。因此，在任何生物样品中，每克氮的存在相当于6.25g蛋白质的存在。6.25称为蛋白质系数，故只需测定生物样品的含氮量，就可粗略地计算出样品中的蛋白质的含量。

样品中的蛋白质的质量百分含量＝每克样品含氮量克数×6.25×100％

对任何一种给定的蛋白质来说，它的所有分子在氨基酸的组成和顺序以及肽链的长度方面都应是相同的，都具有一定的相对分子质量和肽链数。但不同的蛋白质相对分子质量变化范围很大，为$6\times10^3\sim1\times10^6$，有的甚至更高，如表15-2所示。根据计算，蛋白质中20

种氨基酸的平均相对分子质量约为 138，但在多数蛋白质中，较小氨基酸占优势，故平均接近 128。又因为每形成一个肽键将除去一分子水，所以氨基酸残基的平均相对分子质量为 110。因此，对于不含辅基的简单蛋白质，用 110 除它的相对分子质量即可估计氨基酸残基的数目。

表 15-2　一些蛋白质的相对分子质量

蛋白质	相对分子量	残基数目	肽链数目
胰岛素	5733	51	2
核糖核酸酶(牛胰)	12640	124	1
溶菌酶(卵清)	13930	129	1
肌红蛋白(马心)	16890	153	1
糜蛋白酶(牛胰)	22600	241	1
血红蛋白(人)	64500	574	4
血清蛋白(人)	68500	～550	1
己糖激酶(酵母)	10000	～800	2
球蛋白(马)	149900	～1250	4
谷氨酸脱氢酶(牛肝)	1000000	～8300	～40

一、蛋白质的分类

蛋白质的种类繁多，由于大多数蛋白质的结构尚未明确，目前还无法找到一种根据化学结构进行分类的方法。一般是根据蛋白质的形状、溶解度、化学组成和功能等对蛋白质进行分类。

按分子形状可把蛋白质分为纤维状蛋白质(分子形状类似于细棒状纤维，如血纤维蛋白原、胶原蛋白等)和球状蛋白质(分子类似于球状，如血红蛋白、肌红蛋白等)。

按化学组成可把蛋白质分为单纯蛋白质和结合蛋白质两类。单纯蛋白质水解的最终产物是 α-氨基酸，这类蛋白质按其理化性质的不同，又可进一步分类，见表 15-3。

表 15-3　单纯蛋白质的分类

单纯蛋白质	性　质	实　例
白蛋白	溶于水、稀酸、稀碱及中性盐，能被饱和硫酸铵沉淀，加热会凝固	血清蛋白、乳清蛋白、卵清蛋白等
球蛋白	不溶于水，溶于稀酸、稀碱及中性盐，能被饱和硫酸铵沉淀，加热会凝固	免疫球蛋白、血清球蛋白等
谷蛋白	不溶于水、乙醇和中性盐，溶于稀酸、稀碱	米谷蛋白、麦谷溶蛋白等
醇溶谷蛋白	不溶于水、无水乙醇和稀盐溶液，能溶于 70%～80%乙醇	玉米醇溶蛋白、麦醇溶蛋白等
精蛋白	易溶于水和稀酸，呈强碱性，加热不凝固	鱼精蛋白
组蛋白	溶于水和稀酸，不溶于稀氨水，加热不凝固	小牛胸腺组蛋白
硬蛋白	不溶于水、稀酸、稀碱、中性盐以及有机溶剂	角蛋白、胶原蛋白

结合蛋白质水解的最终产物除 α-氨基酸外，还有非蛋白质，非蛋白质部分称为辅基，结合蛋白质又可根据辅基的不同进行分类，见表 15-4。

表 15-4　结合蛋白质的分类

结合蛋白质	辅基	实　　例
核蛋白	核酸	存在于动植物细胞核和细胞质内，如动植物细胞中的染色质蛋白、核蛋白
色蛋白	色素	动物血中的血红蛋白、植物叶子中的叶绿蛋白核细胞色素等
磷蛋白	磷酸	染色质中的磷蛋白、乳汁中的酪蛋白和卵黄中的卵黄蛋白
糖蛋白	糖类	唾液中的糖蛋白、免疫球蛋白
脂蛋白	脂类	血浆和各种生物膜的成分，如 β-脂蛋白
金属蛋白	金属离子	铁蛋白、铜蛋白、激素、胰岛素等

二、蛋白质的结构

蛋白质承担着多种的生理作用和功能，这些重要的生理作用和功能是由蛋白质的组成和特殊结构所决定的。为了表示其不同层次的结构，常将蛋白质结构分为一级、二级、三级和四级结构。一级结构又称初级结构和基本结构，二级结构以上均属高级结构。

（一）一级结构

多肽链是蛋白质分子的基本结构。蛋白质分子的一级结构是指多肽链中氨基酸的排列顺序。在有二硫键的蛋白质中，一级结构也包括半胱氨酸残基之间共价二硫键的数量和位置。有些蛋白质分子中只有一条多肽链，而有些则有两条或多条多肽链。在一级结构中肽键是其主要连接方式，另外在两条肽链之间或一条肽链的不同位置之间也存在其他类型的化学键，如二硫键、氢键、酯键等。如牛胰岛素的一级结构，见图 15-2。

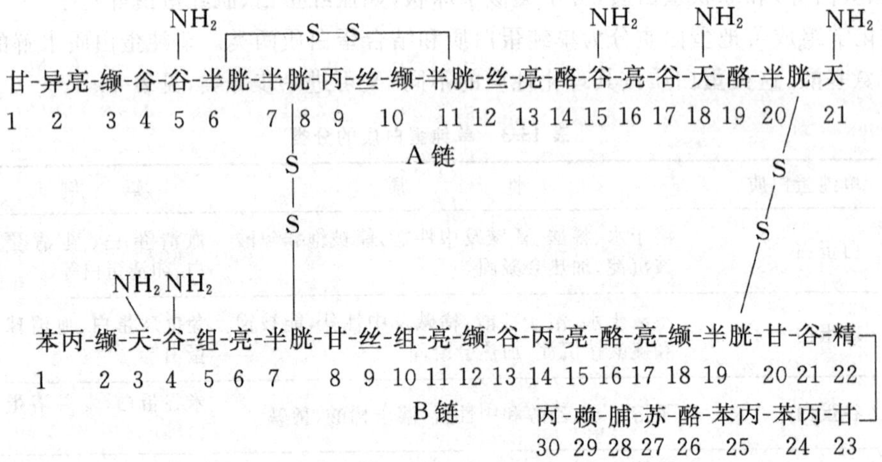

图 15-2　**牛胰岛素的一级结构**

牛胰岛素由 A 和 B 两条多肽链共 51 个氨基酸组成。A 链含有 11 种共 21 个氨基酸残基，N-端为甘氨酸，C-端为天冬酰胺；B 链含有 16 种共 30 个氨基酸残基，N-端为苯丙氨酸，C-端为丙氨酸。A 链上的 7 位和 11 位的两个半胱氨酸通过二硫键形成环形结构，A 链和 B

链通过两个链上的半胱氨酸形成二硫键，互相连接成胰岛素分子，其相对分子质量大约为6000。

蛋白质分子中的氨基酸排列顺序与蛋白质的功能有密切关系，它包含着决定蛋白质空间结构的基本因素，也是蛋白质生物功能多样性和种属特异性的结构基础。两个不同蛋白质的一级结构如果有显著相似性，则它们彼此同源。由于同源蛋白质的编码 DNA 序列也有显著的相似性，因此一般认为它们在进化上是相关的，是从一个共同的始祖基因进化而来的。体内某些蛋白质分子由于遗传基因的突变而引起其一级结构的改变，会使蛋白质的功能失常，从而引起病变。

（二）二级结构

蛋白质的二级结构是指多肽链本身的盘旋卷曲或折叠所形成的空间结构，它是多肽主链的局部区域的规则结构，它不涉及侧链的构象和与多肽链其他部分的关系。蛋白质二级结构的模型很多，但最常见的是棒状 α-螺旋和 β-折叠层，它们是蛋白质分子的基本构象。

角蛋白形成所有陆上脊椎动物外表保护层（皮肤、毛发、蹄爪、角壳等）的主要成分，主要由 α-螺旋构成。在 α-螺旋结构中，多肽链中的各肽键平面通过 α-碳原子的旋转，围绕中心轴形成一种螺旋上升的盘曲构象，这种盘曲可以按右手方向或左手方向旋转形成右手螺旋和左手螺旋。因为右手螺旋比左手螺旋稳定，所以绝大多数蛋白质分子是右手螺旋的。在 α-螺旋结构中，氨基酸自身排列成有规律的构象，每个肽键的羰基氧与后面第四个氨基上的氢形成氢键，氢键的方向几乎平行于螺旋的轴。由于肽链中的每个氨基酸残基都参与形成氢键，故保持了 α-螺旋结构的稳定性。在 α-螺旋中，有 3.6 个氨基酸，螺旋间距离为 0.54nm，表示每个氨基酸残基沿着螺旋轴前进 0.15nm（图 15-3）。

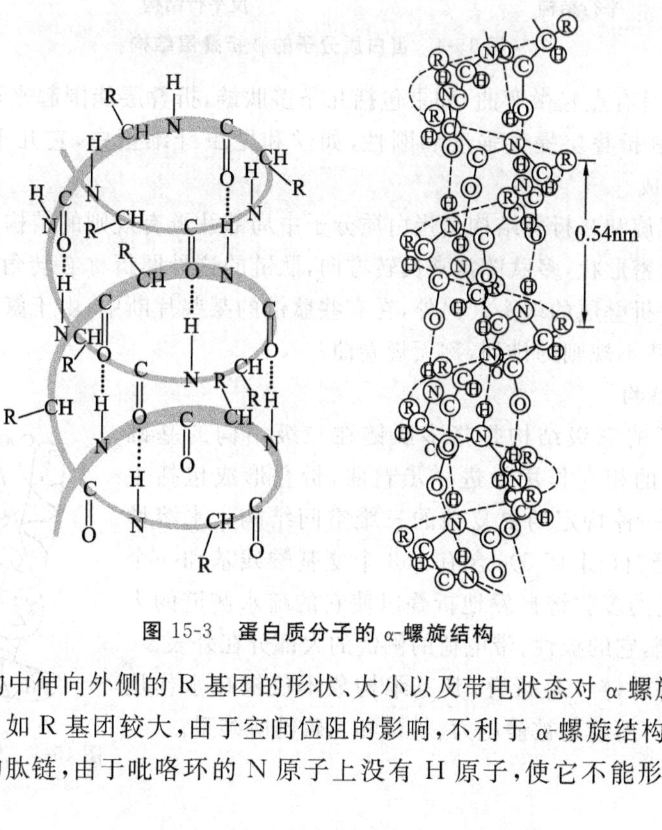

图 15-3　蛋白质分子的 α-螺旋结构

在 α-螺旋结构中伸向外侧的 R 基团的形状、大小以及带电状态对 α-螺旋结构的形成和稳定性都有影响。如 R 基团较大，由于空间位阻的影响，不利于 α-螺旋结构的形成；或者有脯氨酸参与形成的肽链，由于吡咯环的 N 原子上没有 H 原子，使它不能形成链内氢键，中

断了 α-螺旋。因此,脯氨酸经常出现在 α-螺旋的端头,它改变了多肽链的方向并终止螺旋。另外,在某些酸性或碱性氨基酸较集中的区域,由于带有相同电荷的 R 基团之间的排斥作用,造成 α-螺旋结构难以形成。

β-折叠层是蛋白质分子肽链几乎完全伸展的结构。它由两条或两条以上的多肽链之间依靠氢键维系而成。为了能在相邻的多肽链之间形成最多的氢键,避免相邻侧链 R 基团间的空间斥力,各条多肽链必须同时作一定程度的折叠,从而造成一个 β-折叠层。β-折叠层有两种类型:一种是平行结构型,所有肽链的排列从 N-端到 C-端为同一方向;另外一种是反平行结构型,肽链之间的排列从 N-端到 C-端方向相反(图 15-4)。

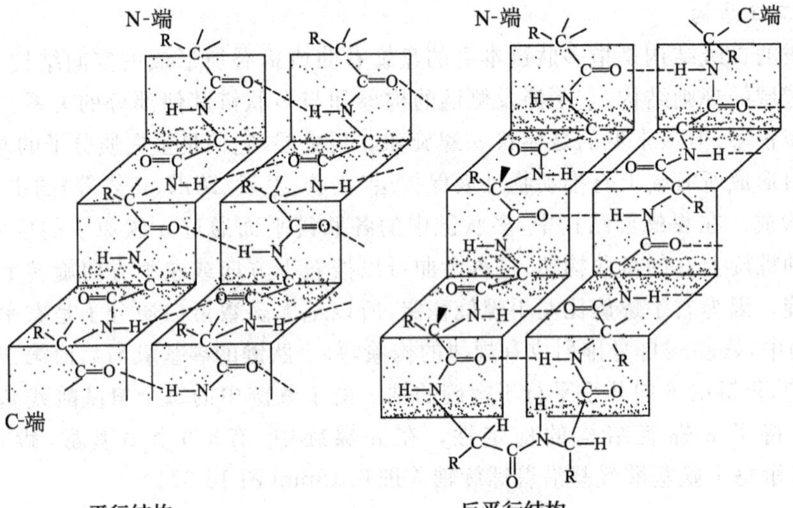

平行结构　　反平行结构

图 15-4　蛋白质分子的 β-折叠层结构

β-折叠层总是有点轻微弯曲,如果包括几条多肽链,折叠层能围起来形成 β-折叠桶。在蛋白质中,多重 β-折叠层提供强度和刚性,如丝和昆虫纤维蛋白,它几乎完全是由反平行 β-折叠层堆垛而成。

上述的 α-螺旋和 β-折叠结构是蛋白质分子中局部肽链有规则的结构单元。为了紧紧折叠成球蛋白的紧密形状,多肽链常常反转方向,肽链的这种回折称 β-转角。β-转角经常出现在连接反平行 β-折叠层的端头。另外,在有些肽链的某些片断中,由于氨基酸残基的互相影响,还会出现一些不规则的排列,称无规卷曲。

(三) 三级结构

蛋白质分子的三级结构是指多肽链在二级结构的基础上,依靠 R 基团的相互作用做进一步卷曲,折叠形成包括主链、侧链在内的一种特定的更复杂的三维空间结构。水溶性球蛋白如肌红蛋白(图 15-5),含有 153 个氨基酸残基和一个血红素辅基。它的多肽链自发地折叠以使它的疏水侧链的大部分埋藏在内侧,它的极性、带电荷的侧链的大部分在外表。

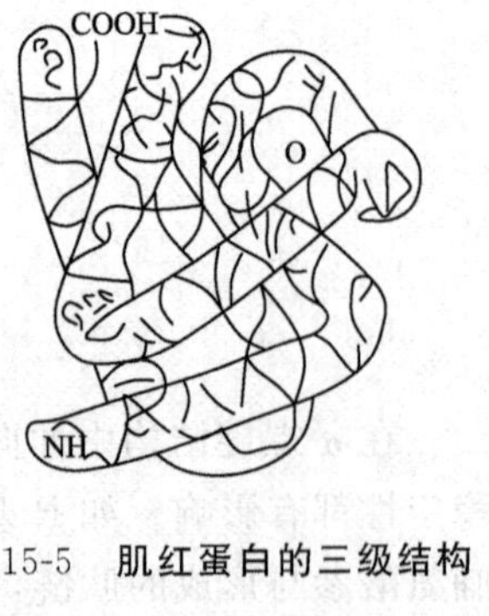

图 15-5　肌红蛋白的三级结构

蛋白质的多肽链一旦折叠,其三维构象不仅被疏水作用力相互作用维系,而且也被静电力、氢键和二硫键所维系。

1. 氢键

在蛋白质分子中存在两种氢键：一种是在主链之间形成的氢键，如多肽链中羰基上的氧原子与亚氨基的氢原子间形成的氢键；另一种是在侧链 R 基团间形成的氢键，如丝氨酸中的醇羟基与天冬氨酸或谷氨酸侧链中的羧基形成的氢键。

2. 二硫键

二硫键是蛋白质分子中由两个半胱氨酸残基的巯基经氧化形成的。它可将不同的肽链或同一条肽链间连接起来，对稳定蛋白质的结构具有重要的作用。角蛋白中的二硫键的含量最多。

3. 静电力

静电力主要包括相反电荷之间的离子键和在蛋白质内部紧紧包裹的脂肪侧链之间的疏水作用力。

(1) 离子键。

许多氨基酸侧链为极性基团，能电离为阳离子或阴离子，如精氨酸、赖氨酸或天冬氨酸、谷氨酸等。阴、阳离子间依靠静电引力形成离子键。

(2) 疏水作用力。

疏水作用力存在于氨基酸残基上的非极性基团之间。这些非极性的基团具有疏水性，它们趋向于分子的内部，彼此聚集在一起可将水分子从蛋白质内部排挤出去。

蛋白质肽链中的肽键称为主键，氢键、离子键、二硫键和疏水作用力等称为次级键，又叫副键。虽然副键的键能较小，稳定性不高，但数量多，故在维持蛋白质分子的空间构象中起着非常重要的作用(图 15-6)。

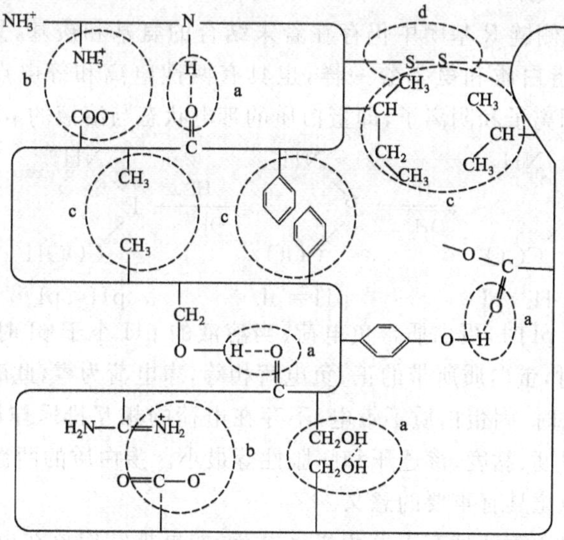

a. 氢键；b. 离子键；c. 疏水作用力；d. 二硫键

图 15-6 蛋白质分子中维持构象的次级键

(四) 四级结构

蛋白质分子的四级结构是指由两条或两条以上具有三级结构的多肽链按一定方式通过离子键、疏水作用力等副键结合而成的聚合体。具有三级结构的肽链称为亚基，多亚基蛋白质中亚基的数目、类型、空间排布方式和亚基间相互作用的性质，都属于蛋白质的四级结构的基本内容。如血红蛋白是由两条 α-链和两条 β-链缔合而成的，α-链含有 141 个氨基酸残基，β-链含有 146 个氨基酸残基，每一条链均与一个血红素结构盘曲折叠为三级结构，4 个亚基通过侧链键两两交叉紧密镶嵌形成一个具有四级结构的球状血红蛋白分子，见图 15-7。

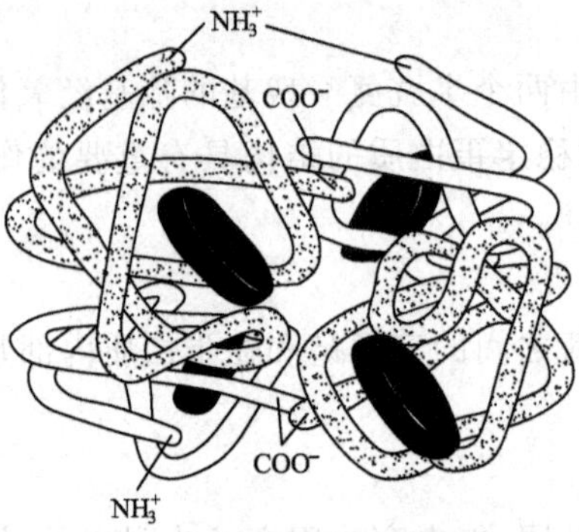

图 15-7　血红蛋白分子的四级结构

三、蛋白质的理化性质

蛋白质分子的性质由蛋白质的组成和结构特征决定。虽然各种蛋白质基本上是由 20 种左右的氨基酸组成的，但是分子中 α-氨基酸的种类、排列次序、数目、折叠方式、亚基的多少以及空间结构的不同，会造成蛋白质分子理化性质的差异。蛋白质既具有某些与氨基酸相似的性质，又具有一些高分子化合物的性质。

（一）两性电离和等电点

蛋白质分子末端和侧链 R 基团中仍存在着未结合的氨基和羧基，另外还有胍基、咪唑基等极性基团。因此，蛋白质和氨基酸一样，也具有两性电离和等电点的性质，在不同的 pH 条件下，可解离为阳离子和阴离子，即蛋白质的带电状态与溶液的 pH 有关。

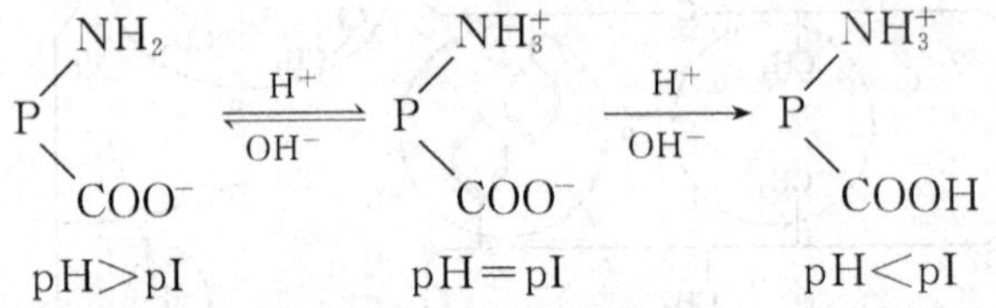

当溶液的 pH 大于 pI 时，蛋白质带负电荷；当溶液的 pH 小于 pI 时，蛋白质带正电荷；当溶液的 pH 等于 pI 时，蛋白质所带的正、负电荷相等，净电荷为零，此时溶液的 pH 为蛋白质的等电点。在等电点时，因蛋白质不带电，不存在电荷的相互排斥作用，蛋白质易沉淀析出。此时蛋白质的溶解度、黏度、渗透压和膨胀性等最小。蛋白质的两性电离和等电点的特性对蛋白质的分离和纯化具有重要的意义。

不在等电点的蛋白质溶液带有正电荷或负电荷，如果把它们放在电场中就会向电荷相反的电极移动，这一现象称为电泳。净电荷越大，分子在电场中移动越快。混合蛋白质的分离是根据蛋白质的大小以及它的净电荷，因为电泳的分离作用是在作为分子筛的凝胶中进行的。小分子容易移动通过凝胶中的空隙，而较大的分子受到阻碍。利用电泳分析法可以分离和纯化混合蛋白质。

一些常见蛋白质的等电点见表 15-5。

表 15-5　一些常见蛋白质的等电点

蛋白质	来源	等电点	蛋白质	来源	等电点
血清白蛋白	人	4.64	卵清蛋白	鸡	4.55～4.9
蛋白	牛	4.6	胰岛素	牛	5.30～5.35
胃蛋白酶	猪	2.75～3.00	肌球蛋白	肌肉	7.0
丝蛋白	蚕	2.0～2.4	白明胶	动物皮	4.7～5.0
细胞色素 C		9.8～10.3	溶菌酶		11.0

（二）蛋白质的胶体性质

蛋白质分子是高分子化合物，分子量很大，其分子颗粒的直径一般在 1～100nm，属于胶体分散系，所以具有胶体溶液的特性。

蛋白质分子表面有许多极性基团，在非等电点时带有相同的电荷，使蛋白质分子颗粒不易接近而难以沉淀；蛋白质分子表面的极性基团还可吸引水分子在它的表面定向排列形成一层水化膜，阻止了蛋白质的碰撞聚集，因此蛋白质颗粒能均匀地分散在水中形成稳定的胶体溶液。

利用蛋白质胶体溶液的特性，采用半渗透膜的透析，把小分子从蛋白质中分离出来。半渗透膜有孔隙，允许小分子通过，而蛋白质不能通过。

（三）蛋白质的沉淀

保持蛋白质溶液稳定的因素是：第一，蛋白质分子在溶液中带有相同的电荷；第二，在蛋白质分子的表面形成水化膜。如果用物理或化学方法破坏蛋白质的上述稳定因素，则蛋白质分子将发生凝聚而沉淀。如调节溶液的 pH 使其至等电点，此时蛋白质分子呈等电状态，如再加入脱水剂，使蛋白质分子失去水化膜，蛋白质分子便会从溶液中沉淀析出。使蛋白质沉淀的方法主要有以下几种：

1. 盐析

向蛋白质溶液中加入一定浓度的无机盐如$(NH_4)_2SO_4$、Na_2SO_4、NaCl 等，使蛋白质发生沉淀的作用称盐析。

盐析作用的实质是：电解质离子的水化能力比蛋白质强，可以破坏蛋白质分子表面的水化膜，同时电解质离子中和蛋白质所带的电荷，蛋白质的稳定因素被消除，使蛋白质分子相互碰撞而聚集沉淀。

蛋白质盐析所需要的最小量称盐析浓度。各种蛋白质的水化程度及所带电荷不同，发生沉淀时所需的盐析浓度也不同。因此，利用此特性可用不同浓度的盐溶液使蛋白质分段析出，这一操作方法称为分段盐析。

用盐析沉淀得到的蛋白质，其分子内部结构未发生变化，可保持原有的生物活性，只需经过透析法或凝胶层析法去除盐后，便可获得较纯的蛋白质。

2. 加极性有机溶剂

向蛋白质溶液中加入甲醇、乙醇或丙酮等极性有机溶剂，由于这些有机溶剂与水的亲合力较大，能破坏蛋白质分子的水化膜以及降低溶剂的介电常数，从而增加蛋白质分子相互间的作用，使蛋白质凝聚而沉淀。但是用有机溶剂沉淀蛋白质，如果操作不当，往往导致蛋白质丧失生物活性。因此，常用低浓度的有机溶剂并在低温下操作，使蛋白质沉淀析出。

3. 加重金属盐和某些酸类

当蛋白质溶液的 pH 大于其等电点(pI)时，带负电荷的蛋白质和带正电荷的重金属离子如 Hg^{+}、Pb^{+} 等结合产生沉淀，故常采用重金属盐类如氯化汞、硝酸银等使蛋白质沉淀；当蛋白质溶液的 pH 小于其等电点时，带正电荷的蛋白质和带负电荷的酸根结合产生沉淀，如三氯乙酸、苦味酸等能使蛋白质沉淀。但这些方法往往引起蛋白质变性，因而不宜用来沉淀具有活性的蛋白质。例如：

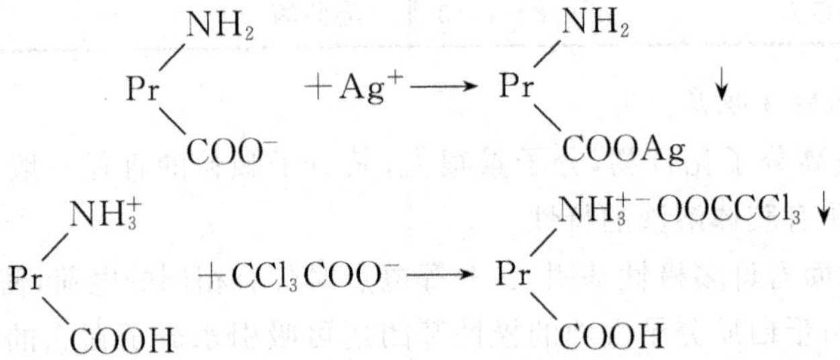

(四) 蛋白质的变性

蛋白质在加热、干燥、高压、激烈搅拌或振荡、光(X 射线、紫外线)等物理因素或酸、碱、有机溶剂、尿素、重金属盐、三氯乙酸等化学因素的影响下，分子内部原有的高度规则的结构因氢键和其他次级键被破坏而变成不规则的排列方式，原有的性质也随之发生变化，这种作用叫变性。变性作用有两种，可逆变性和不可逆变性。如果变性不超过一定限度，蛋白质结构变化不大，一般只影响到四级结构或三级结构。在适当的条件下，蛋白质的三、四级结构还能自行恢复，同时恢复其功能，这种变性称为可逆变性。一般情况下，变性的初级阶段是可逆的。一旦外界条件变化超过一定限度，蛋白质的二级结构，甚至蛋白质中的化学键发生了变化，蛋白质的性质及其功能随之变化且不能恢复，这种变性叫做不可逆变性。例如，鸡蛋加热变熟后再也不能恢复成原来生鸡蛋的状态了，这种变性是不可逆的。

变性蛋白的特性是溶解度降低、黏度加大、生物活性丧失等。这些都可以通过变性理论得到解释。变性蛋白溶解度降低是由于蛋白质二、三级结构的连接键，特别是氢键断裂，原来规整的空间构型被破坏，结构变得松散，使藏于内部的疏水基团暴露在外面，降低了蛋白质的水化作用，所以使蛋白质的水溶性减小。黏度增大是由于分子表面积增大。丧失生物活性是由于二级以上的空间结构被破坏，丧失了产生生物活性的物质基础。

蛋白质变性后所得的变性蛋白质分子互相凝聚或相互穿插缠结在一起的现象称为蛋白质凝固。

了解蛋白质的变性和凝固机理对工业生产、科学实验以及医疗临床有重要的指导意义。活细胞的蛋白质如果变性或凝固，就意味着死亡。在提取具有生物活性的大分子如酶制剂、激素、抗血清及疫苗时就要选择防止变性的工艺条件(低温、合适的 pH 和溶剂等)，以保存其生物活性。相反，如果要从溶液中除去不需要的蛋白质，就可以利用变性的方法将其除去。临床上消毒常采用高温、紫外光照射和化学品消毒，这些方法都可以使病菌的蛋白质变性而死亡，起到消毒的作用。

(五) 蛋白质的水解

蛋白质多肽链中氨基酸残基之间的肽键和一般的酰胺键一样，可以在酸或碱性条件下，也可以在水解酶的作用下水解而断裂。根据不同的条件，蛋白质水解可经过一系列中间产物，最终生成α-氨基酸：

蛋白质⟶多肽⟶小肽⟶二肽⟶α-氨基酸

蛋白质的酸或碱的水解也会带来一些副作用。例如，酸水解破坏其中的色氨酸，碱水解破坏其中的苏氨酸、半胱氨酸、丝氨酸和精氨酸。酶水解比较安全，且可在常温条件下进行。

（六）蛋白质的颜色反应

蛋白质分子中的氨基酸带有某些特殊的侧链基团，可和某种试剂产生特殊的颜色反应。利用这些反应可以鉴别蛋白质，见表 15-6。

表 15-6　蛋白质的颜色反应

反应名称	试　剂	颜　色	起反应的蛋白质
茚三酮反应	稀茚三酮溶液	蓝紫色	所有蛋白质
缩二脲反应	氢氧化钠、稀硫酸铜溶液	紫红色	所有蛋白质
蛋白黄反应	浓硝酸、加氨水	黄色或橙色	含苯丙氨酸或酪氨酸或色氨酸的蛋白质
米伦反应	硝酸汞、硝酸亚汞和硝酸混合液	红色	含酪氨酸的蛋白质

习　题

1. 组成天然蛋白质的氨基酸的结构有哪些共同特点？

2. 写出下列氨基酸或肽的结构式。

(1) 甘氨酸　(2) 丙氨酸　(3) 苯丙氨酸　(4) 脯氨酸　(5) 半胱氨酸　(6) 丙甘肽　(7) 甘丙肽

3. 写出在下列 pH 介质中各氨基酸的主要结构形式。

(1) 丝氨酸在 pH=1 的溶液中；

(2) 谷氨酸在 pH=3 的溶液中；

(3) 缬氨酸在 pH=8 的溶液中；

(4) 赖氨酸在 pH=12 的溶液中。

4. 由天冬氨酸、亮氨酸、精氨酸、脯氨酸、赖氨酸和甘氨酸组成的混合液，调溶液的 pH 至 6.0 进行电泳，哪些氨基酸向正极移动？哪些氨基酸向负极移动？哪些氨基酸停在原处？

5. 何谓蛋白质的变性？能导致蛋白质变性的因素有哪些？

6. 将鱼精蛋白(pI=12.0～12.4)溶于 pH=6.8 的缓冲液中，欲使其沉淀，最佳沉淀剂是(　　)。

A. $AgNO_3$　B. CCl_3COOH　C. $CuSO_4$　D. $HgCl_2$　E. Br_2/CCl_4

7. 用重金属盐沉淀蛋白质时，蛋白质溶液的 pH 最好调节为(　　)。

A. 大于 7　B. 小于 7　C. 等于 7　D. 稍大于等电点　E. 稍小于等电点

8. 鉴别下列各组化合物。

(1) 甘氨酸、酪氨酸、苯丙氨酸、色氨酸

(2) 谷胱甘肽、丙甘肽、酪氨酸、苯丙氨酸

9. 一有机物(A)，分子式为$C_4H_7O_4N$，具旋光性，与HNO_2作用后生成产物(B)和N_2。(B)也具有旋光性，且可在脱氢氧化后生成产物(C)，(C)具有互变异构体(D)。(B)在发生脱水反应后生成产物(E)，(E)具有顺反异构体(F)。试写出(A)、(B)、(C)、(D)、(E)和(F)的结构式。

10. 化合物$C_5H_9O_4N$(A)具有旋光性，与$NaHCO_3$作用放出CO_2，与HNO_2作用产生N_2，并转变为化合物$C_5H_8O_5$(B)，(B)也具旋光性。将(B)氧化得到$C_5H_6O_5$(C)，(C)无旋光性，但可与2,4-二硝基苯肼作用生成黄色沉淀。(C)与稀H_2SO_4共热可放出CO_2，并生成化合物$C_4H_6O_3$(D)，(D)能起银镜反应，其氧化产物为$C_4H_6O_4$(E)。1mol(E)常温下与足量的$NaHCO_3$反应可生成2mol CO_2。试写出(A)、(B)、(C)、(D)和(E)的结构式。

11. 某三肽完全水解时可生成甘氨酸和丙氨酸两种氨基酸。该三肽与亚硝酸反应后，其产物再经水解，则得到乳酸和甘氨酸两种化合物。试推测该三肽的结构，并写出有关反应式。

第十六章 周环反应

在化学反应过程中形成环状过渡态的协同反应称为周环反应。协同反应是指在反应过程中，旧化学键的断裂和新化学键的形成同步完成。例如，前面已讨论过的双烯合成——Diels-Alder 反应就是协同反应，也称周环反应。

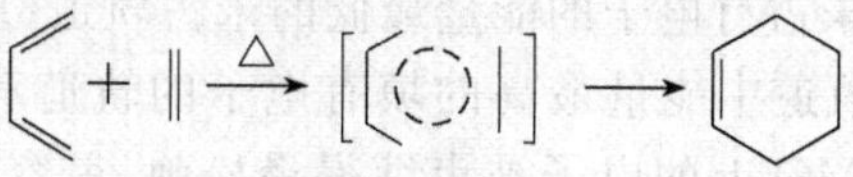

环状过渡态

周环反应与一般自由基型反应和离子型反应不同，具有如下特点：

(1) 反应过程中没有自由基或离子这一类活性中间体产生。

(2) 反应速率一般不受溶剂极性、酸碱催化剂、自由基引发剂及抑制剂的影响。

(3) 反应条件一般只需加热或光照。

(4) 反应具有高度的立体选择性。即在一定的条件下反应（光照或加热），一种构型的反应物只生成一种特定构型的反应产物。例如：

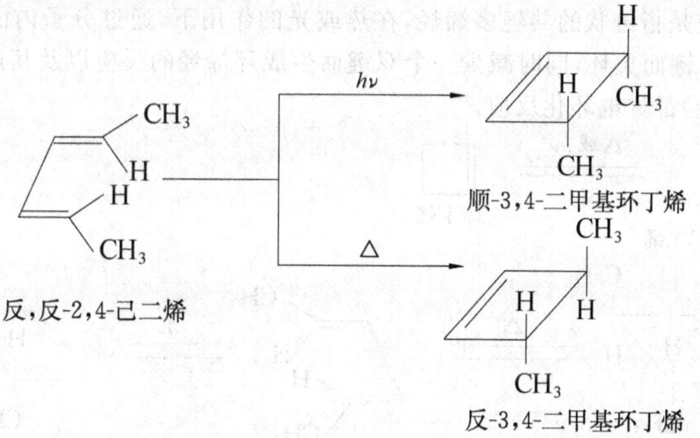

周环反应在合成特定构型的环状化合物时很有用处，特别是对结构复杂的天然产物的合成更有重要意义。美国著名的有机化学家 Woodward R B（伍德沃德）在进行维生素 B_{12} 的合成研究中，发现了电环化反应在加热和光照条件下具有不同的立体选择性。于是他和量子化学家 Hoffmann R（霍夫曼）携手合作，把分子轨道理论引入周环反应的反应机理的研究，运用前线轨道理论来分析周环反应。伍德沃德与霍夫曼的工作是近代有机化学中的重大成就之一。为此，霍夫曼和福井谦一（前线轨道理论的开拓者）共同获得了 1981 年诺贝尔化学奖。

第一节　分子轨道对称守恒原理和前线轨道理论的简介

在上世纪 60 年代以前人们对周环反应的了解还比较少，1965 年美国化学家 Woodward

R B 和 Hoffmann R 根据大量实验事实，创立了分子轨道对称守恒原理。该原理阐明了只有相同位相的轨道重叠才能成键的原则。分子轨道对称守恒原理认为，化学反应是分子轨道进行重新组合的过程，在一个协同反应中，分子轨道的对称性是守恒的，即由原料到产物，轨道的对称性始终不变。因为只有这样，反应物才能以最低的能量形成反应中的过渡态。因此，分子轨道的对称性控制着整个反应的过程。

分子轨道对称守恒原理有三种理论解释：前线轨道理论、能级相关理论和芳香过渡态理论，其中福井谦一提出的前线轨道理论很简明地对分子轨道对称守恒原理进行了描述。

前线轨道是指分子轨道中已占有电子的能量最高的已占轨道（HOMO，Highest Occupied Molecular Orbital）和未占有电子的能量最低的未占轨道（LUMO，Lowest Unoccupied Molecular Orbital）。分子轨道中能量最高的填有电子的轨道和能量最低的空轨道在反应中是至关重要的，因为 HOMO 上的电子被束缚得最松弛，最容易激发到 LUMO 中去。正如原子在反应过程中起关键作用的是能量最高的价电子一样，在分子间的化学反应过程中，最先作用的分子轨道是前线轨道，起关键作用的电子是前线电子。

周环反应主要包括电环化反应、环加成反应和 σ 迁移反应。下面依次讨论这三类反应及前线轨道理论在这三类反应中的应用。

第二节　电环化反应

电环化反应是指链状的共轭多烯烃，在热或光的作用下，通过分子内的环化，在共轭体系的两端形成 σ 键而关环，同时减少一个双键而生成环烯烃的反应以及其逆反应（环烯烃开环变成共轭烯烃）都称电环化反应。

例 1

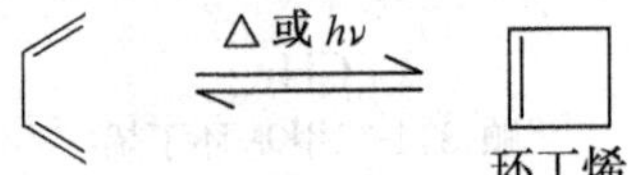

1,3-丁二烯　　环丁烯

例 2

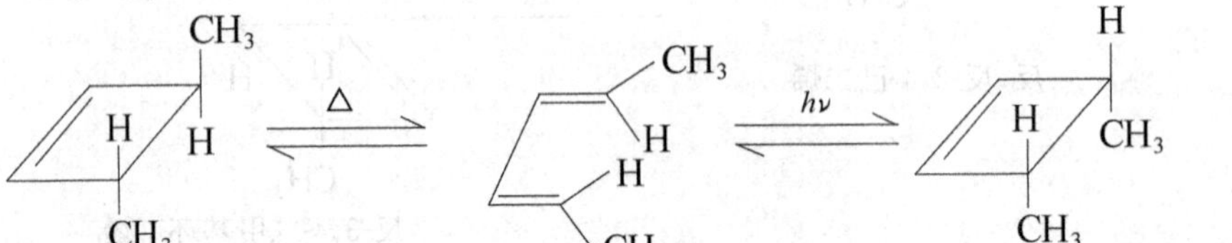

反-3,4-二甲基环丁烯　　反,反-2,4-己二烯　　顺-3,4-二甲基环丁烯

已知 π 键是由轨道经侧面重叠形成的，而 σ 键是轨道经轴向重叠而成的。因此，在发生电环化反应时，末端碳原子的键必须旋转。电环化反应常用顺旋和对旋来描述不同的立体化学过程。顺旋是指两个键朝同一方向旋转，可分为顺时针顺旋和反时针顺旋两种。对旋是指两个键朝相反的方向旋转，可分为内向对旋和外向对旋两种。

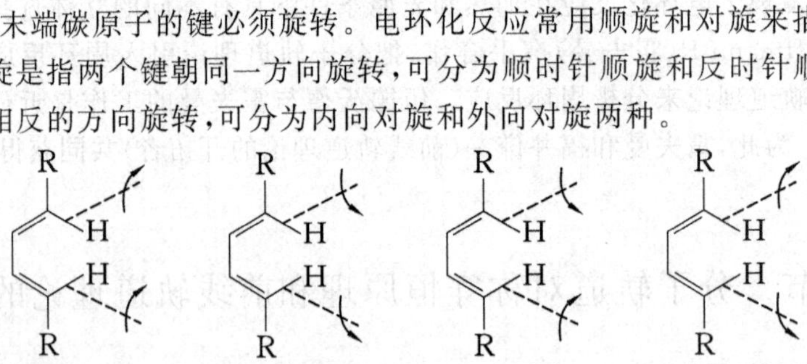

顺时针顺转　　反时针顺旋　　内向对旋　　外向对旋

例 2 中，反，反-2,4-己二烯与顺，反-3,4-二甲基环丁烯就是通过上述四种旋转方式实现分子内的环化和开环反应的。

前线轨道理论认为，一个共轭多烯分子在发生电环化反应时，起决定作用的分子轨道是共轭多烯的 HOMO，为了使共轭多烯两端的 p 轨道旋转关环生成 σ 键，这两个 p 轨道必须发生同位相的重叠(即重叠轨道的波相相同)。下面以最简单的共轭多烯分子——1,3-丁二烯为例，来描述前线轨道理论在电环化反应中的应用。已知分子轨道是由原子轨道线性组合而成的，有几个原子轨道就组合成几个分子轨道。1,3-丁二烯分子中的 π 键是由四个碳原子的 p 轨道线性组合而成的，它的 π 分子轨道如图 16-1 所示。

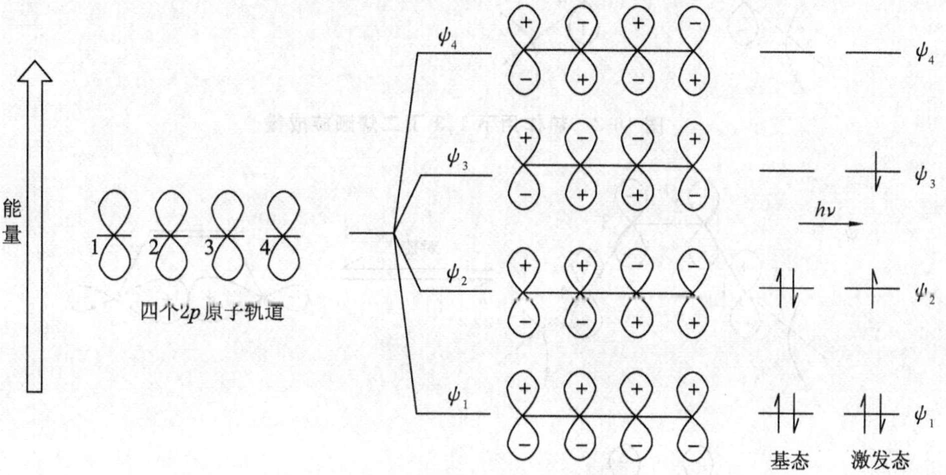

图 16-1　1,3-丁二烯的 π 分子轨道

基态时，两个 π 电子占据 ψ_1 轨道，另两个 π 电子则占据 ψ_2 轨道。ψ_2 是能量最高的电子占有的分子轨道，为 HOMO；ψ_3 是能量最低的电子未占有的分子轨道，为 LUMO。在 1,3-丁二烯转变为环丁烯的反应过程中，C_1 和 C_4 两个碳原子间须形成新的 σ 键，因此 p 轨道须首先杂化为 sp^3 杂化轨道，并沿 C_1 和 C_2、C_3 和 C_4 间的键轴旋转一定角度后才能形成新的 σ 键而闭合成环。已知旋转的方式有两种：一种是两个碳-碳键的轴都向同一个方向旋转，叫做顺旋；另一种是两个键轴互向相反方向旋转，叫做对旋。反应过程中，两端碳原子的 p 轨道杂化为 sp^3 轨道时，其对称性不变，即轨道位相保持不变。按分子轨道对称守恒原则，反应过程中分子轨道也须保持对称性不变。所以，采用哪种旋转方式，须视两个 sp^3 轨道在保持位相不变(即轨道对称性不变)的情况下，是否能相互交盖成键而决定。在热的作用下，1,3-丁二烯仍处在基态，它的 HOMO 是 ψ_2，它的环合只能通过 C_1 和 C_4 的顺旋才能达到。顺旋才能使两个 sp^3 轨道位相相同部分交盖，体系能量降低而成键。如果是对旋，则由于位相不同，相互排斥，不能成键，见图 16-2。

因此，在热的作用下，1,3-丁二烯的电环化反应只能是两端的键轴以顺旋方式而达到环合成键的，这个途径叫做对称允许的。而对旋途径在这里是对称禁阻的。

在光的作用下，情况就不同。光的作用使 1,3-丁二烯基态 ψ_2 轨道中的一个电子激发到 ψ_3 轨道中。ψ_3 原为基态的 LUMO，在激发态时却成为 HOMO。激发态时的电环化反应，就应考虑 ψ_3 轨道的对称性。这时，和热作用下的情况相反，为了使位相相同的轨道交盖成键，顺旋方式成为对称禁阻的，而对旋方式却成为对称允许的，见图 16-3。

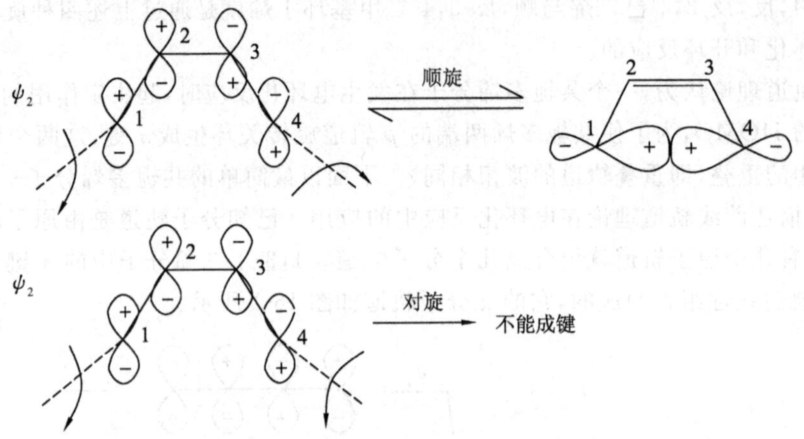

图 16-2　**热作用下 1,3-丁二烯顺旋成键**

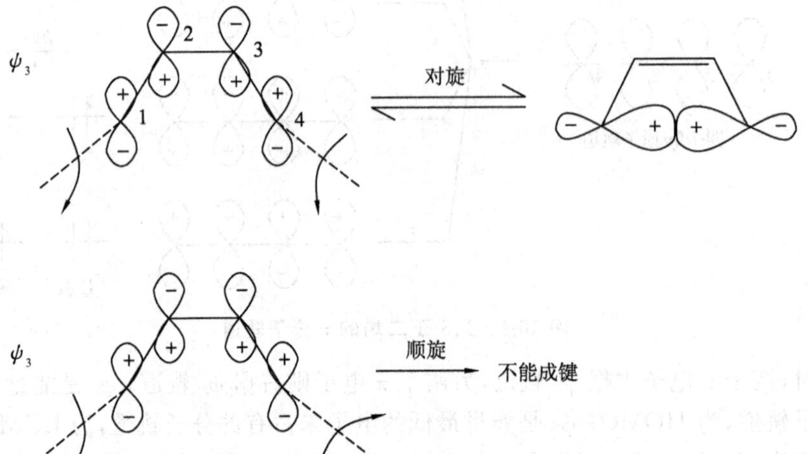

图 16-3　**光作用下 1,3-丁二烯对旋成键**

由此可见，根据分子轨道对称守恒原理而来的前线轨道法就是以前线轨道能否交盖成键来解释或预测某些周环反应能否进行，以及在怎样的条件下通过怎样的途径才能发生。

上面以 1,3-丁二烯为例来说明电环化反应中光照和加热的作用。在此例中，无论是通过顺旋或对旋，生成的都是环丁烯，没有立体异构现象。如果是两端碳原子上带有取代基的二烯烃，如反，反-2,4-己二烯，参见前面例 2，那么在光和热的不同作用下，电环化反应的结果就生成不同的立体异构体。反，反-2,4-己二烯在光作用下主要生成顺-3,4-二甲基环丁烯，在加热条件下则主要生成反-3,4-二甲基环丁烯。这是因为在热作用下，反，反-2,4-己二烯是以基态的 HOMO 即 ψ_2 轨道参与反应的；而在光作用下，它是以激发态的 HOMO 即 ψ_3 轨道参与反应的，见图 16-4。

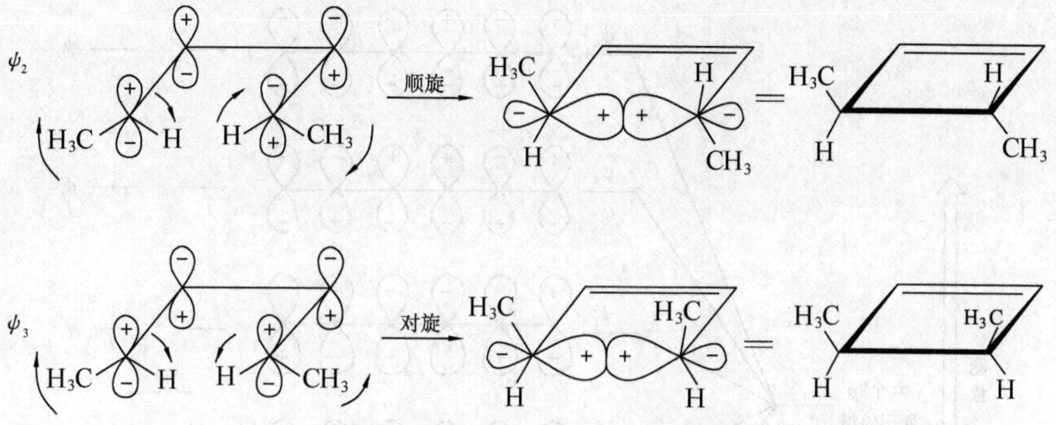

图 16-4 反,反-2,4-己二烯的顺旋和对旋

由上可见,在不同条件下,由于环化的途径不同,得到的产物虽是不同的,却是专一的立体异构体。

1,3-丁二烯及其取代物都是具有四个 π 电子的共轭二烯体系,它们的电环化反应具有如上的规律。但对于具有六个 π 电子的共轭三烯来说,情况又不一样。例如:

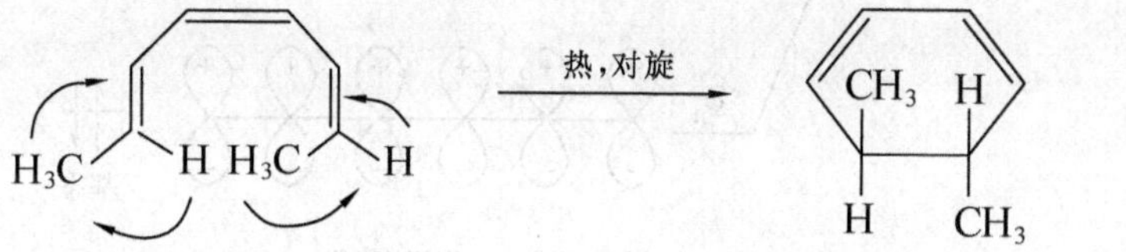

反,顺,顺-2,4,6-辛三烯　　　　反-5,6-二甲基-1,3-环己二烯

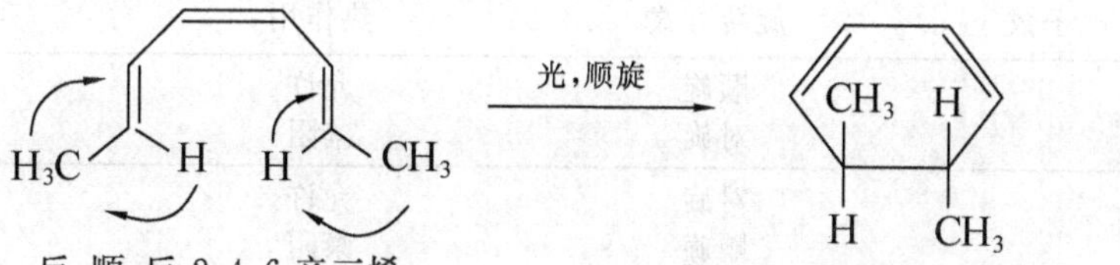

反,顺,反-2,4,6-辛三烯　　　　反-5,6-二甲基-1,3-环己二烯

由上可见,在 6π 电子体系中,加热时按对旋方式进行,而光作用下则是按顺旋方式进行,虽然和 4π 电子体系的情况相反,却是完全符合分子轨道对称守恒原则的。辛三烯的由六个 $2p$ 轨道组成的 π 分子轨道如图 16-5 所示。

在热作用下,是基态的分子轨道参与反应,HOMO 应是 ψ_3,两端必须对旋才能环合成键,所以对旋是对称允许的,而顺旋是对称禁阻的。在光作用下,是激发态的分子轨道参与反应,HOMO 应是 ψ_4,必须是顺旋才能环合成键,所以顺旋是对称允许的,而对旋是对称禁阻的。在多 π 电子体系中,就存在着丁二烯型和己三烯型两种不同的类型。由于前者和后者相差两个 π 电子,所以前者叫做 $4n$ 类型,后者叫做 $4n+2$ 类型($n=1,2,3,\cdots$)。它们电环化反应的规律可归纳如表 16-1 所示。

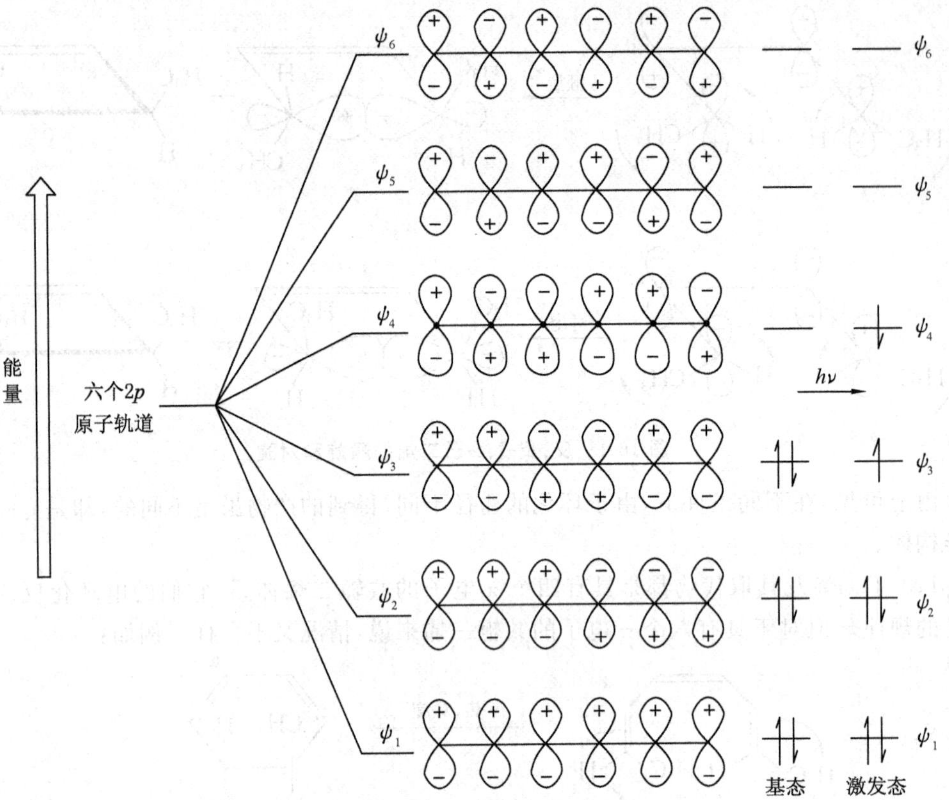

图 16-5　共轭三烯的 π 分子轨道

表 16-1　电环化反应规律

反应物 π 电子数	旋转方式	热作用	光作用
4n	顺旋 对旋	允许 禁阻	禁阻 允许
4n+2	对旋 顺旋	允许 禁阻	禁阻 允许

电环化反应规律的应用实例：

例 1　反，顺，顺，反-2,4,6,8-癸四烯的热电环化反应，其 π 电子数为 8，为 4n 个电子参加的反应，以顺旋方式闭环，立体专一性地得到反-7,8-二甲基-1,3,5-环辛三烯：

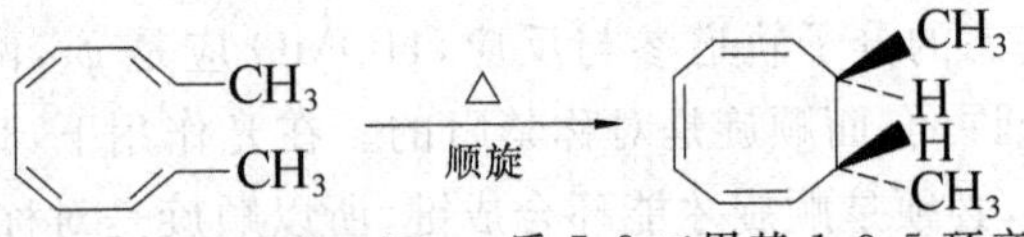

反，顺，顺，反-2,4,6,8-癸四烯　反-7,8-二甲基-1,3,5-环辛三烯（唯一产物）

例 2　当条件合适时，4n 和 4n+2 两种 π 电子体系的电环化反应可以依次连续地发生，进行有趣的结构变化。

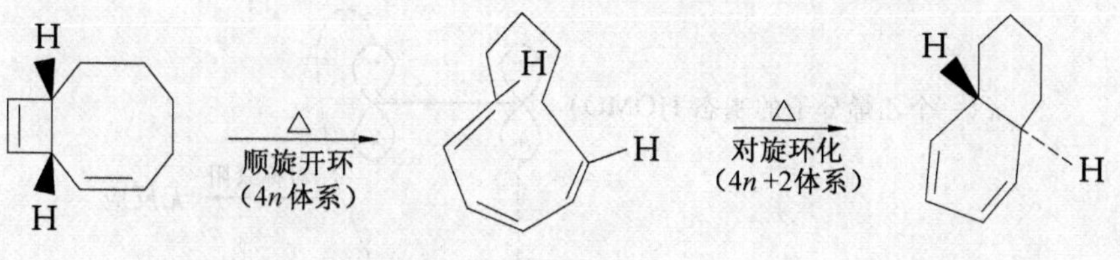

第三节 环加成反应

环加成反应是指在光或热的作用下，两个烯烃或共轭多烯烃或其他π体系的分子相互作用，形成一个稳定的环状化合物的反应。

和单分子的电环化反应不同，环加成是在两个不同分子间进行加成的协同反应。按参加反应的两个不同分子的π电子数可分为两类，即[2+2]环加成和[4+2]环加成。下面分别进行讨论。

一、[2+2]环加成反应

乙烯二聚生成环丁烷是最简单的[2+2]环加成反应。它只有在光照下才能顺利进行。

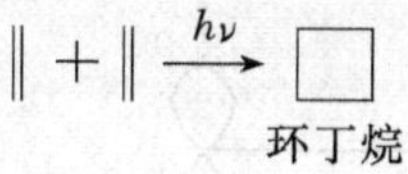

[2+2]环加成反应在加热条件下不易发生，这是由分子轨道的对称性所决定的。乙烯的π分子轨道如图16-6所示。

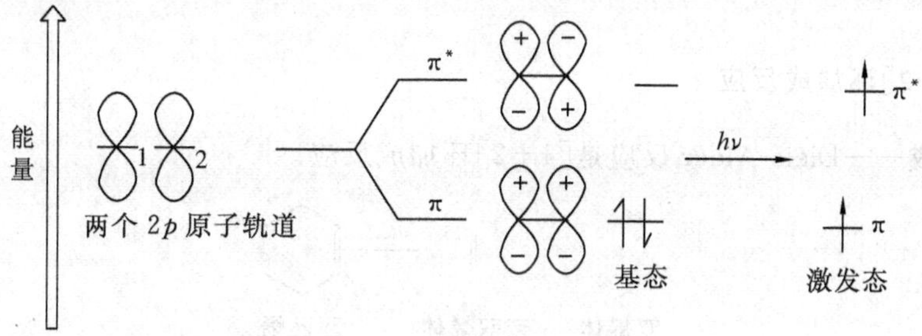

图16-6 乙烯的π分子轨道

两分子乙烯进行环加成反应生成环丁烷时，起决定作用的是两个分子的前线轨道。热作用下的反应仍是基态的反应。基态时乙烯的HOMO已为两个π电子所占有，它只能和另一分子的LUMO相互作用。当两个乙烯分子面对面相互接近时，由于一个乙烯分子的HOMO为π轨道，另一分子的LUMO为π*轨道，两者的对称性不匹配，因此是对称禁阻的反应，如图16-7所示。

由图16-7可以看出，两个轨道位相不同，它们的对称性不相匹配，相互作用是相斥的，它们之间不能交盖成键。因此，在热作用下，乙烯的二聚是对称禁阻的，不可能通过周环反应的途径而得环丁烷。

如果反应在光的作用下进行，乙烯分子中的一个电子将被激发到π*轨道上，π*轨道就

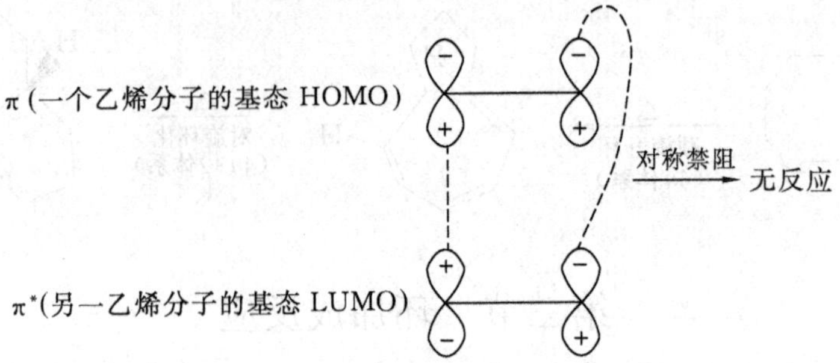

图 16-7　两分子乙烯热作用下的对称禁阻

是一个激发态乙烯分子的 HOMO，而另一个基态乙烯分子的 LUMO 也是 π^*，这两个轨道的对称性是匹配的，即位相相同部分可以交盖成键，因此反应是对称允许的，如图 16-8 所示。

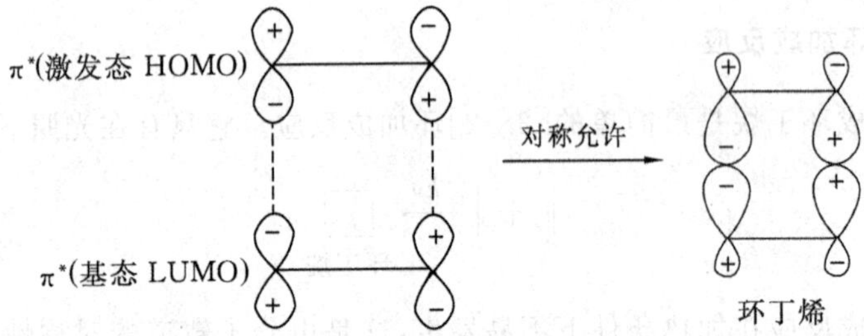

图 16-8　两分子乙烯光作用下的对称允许

二、[4＋2]环加成反应

双烯合成——Diels-Alder 反应是[4＋2]环加成反应。

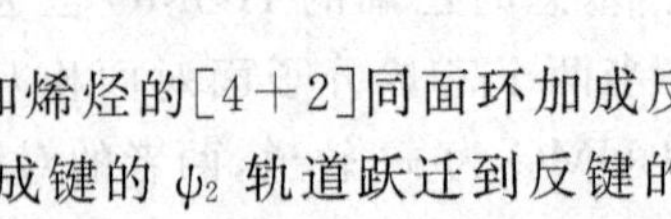

以乙烯与 1,3-丁二烯的反应为例，从前线轨道理论来看，当乙烯与丁二烯在加热条件下(基态)进行环加成时，乙烯的 HOMO 与丁二烯的 LUMO 作用或丁二烯的 HOMO 与乙烯的 LUMO 作用都是对称允许的，可以重叠成键。所以，[4＋2]同面环加成是加热允许的反应，如图 16-9 所示。

如果在光作用下，双烯烃和烯烃的[4＋2]同面环加成反应是禁阻的。因为在光照下，1,3-丁二烯分子的一个电子从成键的 ψ_2 轨道跃迁到反键的 ψ_3 轨道上，使 ψ_3 轨道成为其 HOMO，此时它与乙烯的 LUMO(π^*)相互作用，轨道对称性不匹配。与此相同，1,3-丁二烯分子的 LUMO 为 ψ_4，与乙烯的 HOMO(π)轨道的对称性也不匹配，所以反应是禁阻的，如图 16-10 所示。

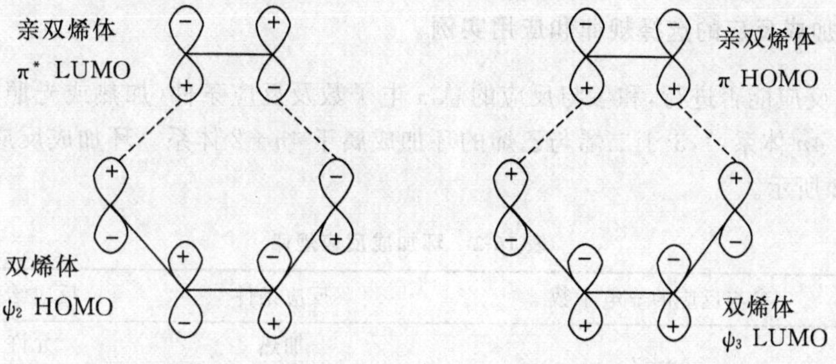

图 16-9　双烯合成(热作用下的对称允许)

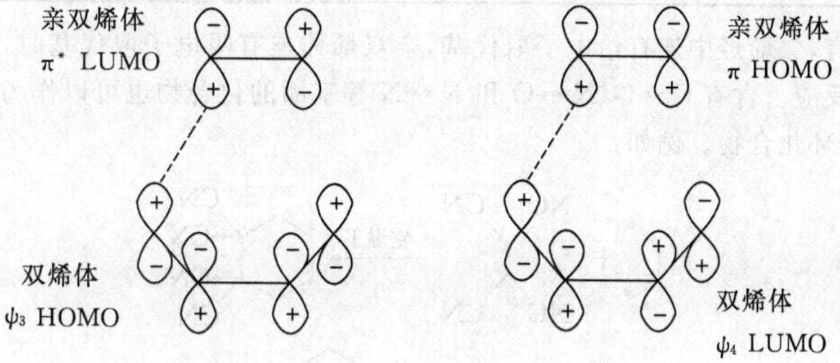

图 16-10　双烯合成(光作用下的对称禁阻)

事实证明,许多[4+2]环加成反应与[2+2]环加成反应不同,稍加热即可顺利进行反应,且立体化学具有高度的专一性。对亲双烯体来讲,反应结果都是顺式加成,所以可以保持原来的构型;同样地,双烯体也保持了原来的构型,如下式所示。

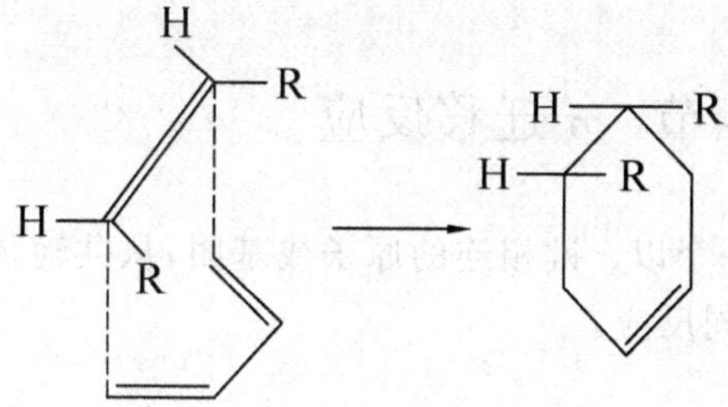

保持亲双烯体的构型

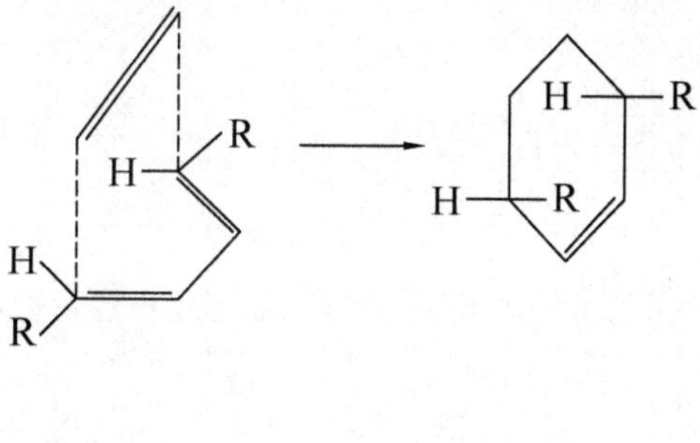

保持双烯体的构型

三、环加成反应的选择规律和应用实例

环加成反应能否进行，和参与反应的总 π 电子数及反应条件(加热或光照)有关。乙烯的二聚属于 $4n$ 体系，1,3-丁二烯与乙烯的环加成属于 $4n+2$ 体系。环加成反应的规律可归纳如表 16-2 所示。

表 16-2　环加成反应规律

参与反应的 π 电子数	反应条件	反应结果
$4n+2$	加热 光照	允许 禁阻
$4n$	加热 光照	禁阻 允许

一般而言，二烯烃中连有给电子取代基，亲双烯体连有吸电子取代基时，可以加速它们的双烯合成反应。含有 C═O、N═O 和 N═N 等基团的化合物也可以作为亲双烯体参与反应，形成杂环化合物。例如：

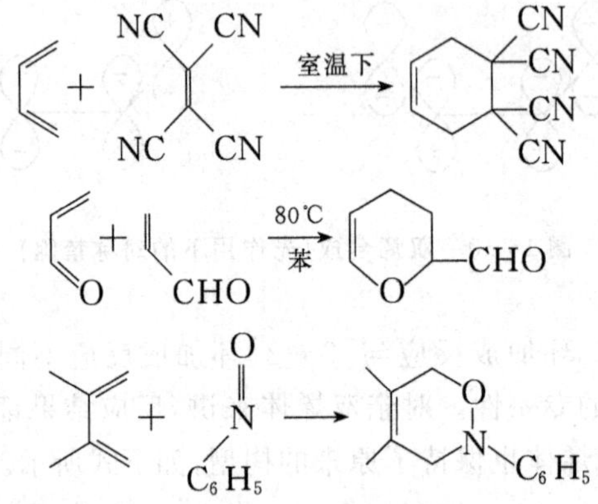

第四节　σ 迁移反应

σ 迁移反应是指在化学反应中，一个以 σ 键相连的原子或基团，从共轭体系的一端迁移到另一端，同时伴随着 π 键转移的协同反应。

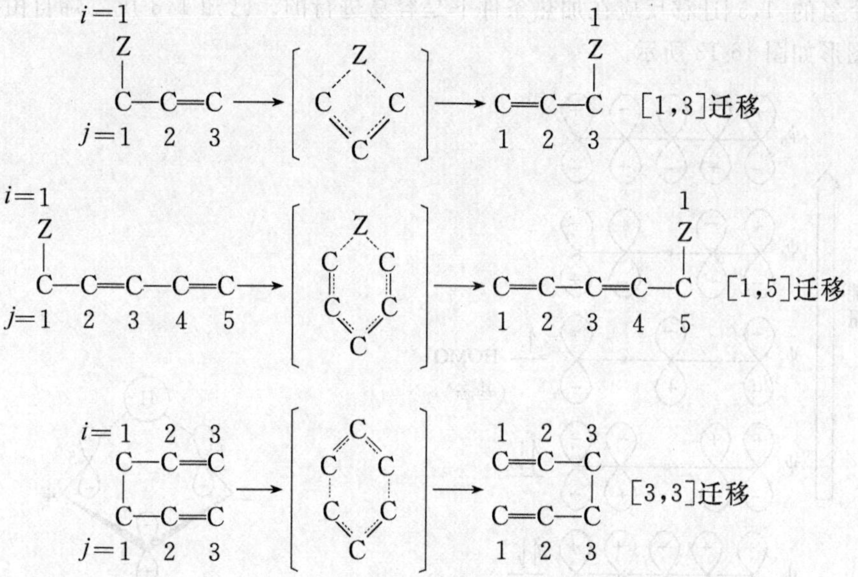

以上 σ 迁移反应的表示方法是以反应物中发生迁移的 σ 键作为标准，i,j 的编号分别从反应物中以 σ 键连接的两个原子开始进行，方括号的数字[1,3]、[1,5]和[3,3]表示迁移后 σ 键所连接两个原子位置的编号[i,j]。

σ 键的迁移是通过环状过渡态进行的周环反应，也应符合分子轨道对称守恒原理，其迁移规律也可以用前线轨道理论加以解释。

氢的[1,3]迁移可以看做氢原子从烯丙基自由基的一端转移到另一端的反应。烯丙基自由基的 π 分子轨道图如图 16-11 所示。考虑到在基态时（热反应），烯丙基自由基的 HOMO是 ψ_2，该分子轨道两端的 p 轨道位相相反，因此氢原子的同面迁移是轨道对称禁阻的，如图 16-12 所示。虽然异面迁移是轨道对称允许的，但几何形状却不允许。

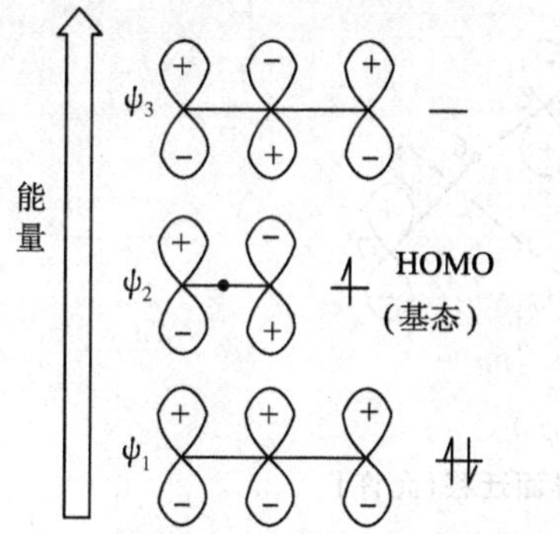

图 16-11　烯丙基自由基的 π 分子轨道

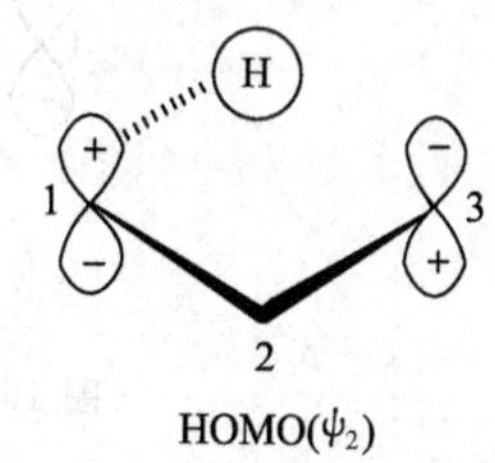

图 16-12　H[1,3]同面迁移(禁阻)

氢的[1,5]迁移可以看做氢原子从戊二烯自由基的 C_1 位转移到 C_5 位的反应。

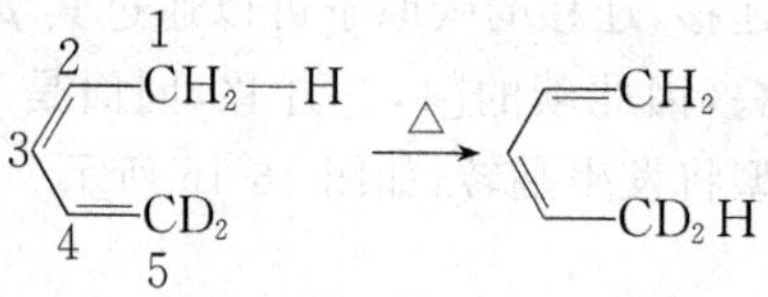

这个氢的[1,5]迁移反应在加热条件下是容易进行的。已知1,3-戊二烯自由基的π分子轨道图形如图16-13所示。

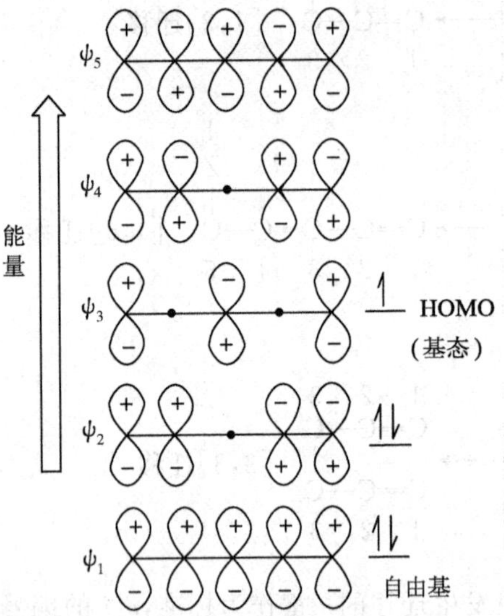

图 16-13　1,3-戊二烯自由基的π分子轨道

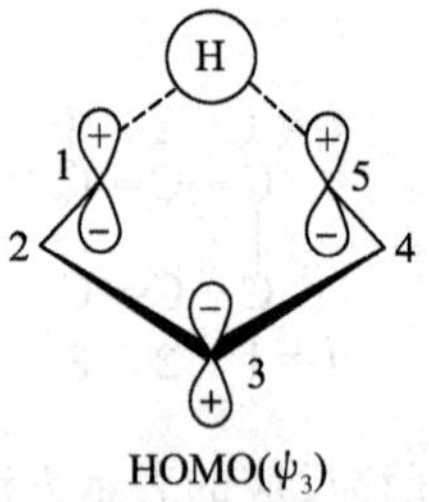

图 16-14　H[1,5]同面迁移(允许)

在基态时(热反应),1,3-戊二烯自由基的HOMO是ψ_3,该分子轨道两端p轨道位相相同,因此氢原子的同面迁移是轨道对称允许的,如图16-14所示。过渡态时可以用氢原子的s轨道和1,3-戊二烯自由基的分子轨道相互作用来表示。

一般来说,氢的迁移可以是同面迁移,也可以是异面迁移。以上氢的[1,3]、[1,5]迁移,由于几何形状的限制,一般不可能发生异面迁移。假如共轭体系足够长时,异面迁移也是可以发生的。如氢的[1,7]迁移,虽然HOMO两端的p轨道位相相反,即同面迁移是轨道对称禁阻的,但是可以发生异面迁移,因为过渡态的环较大,几何上是允许的,如图16-15所示。

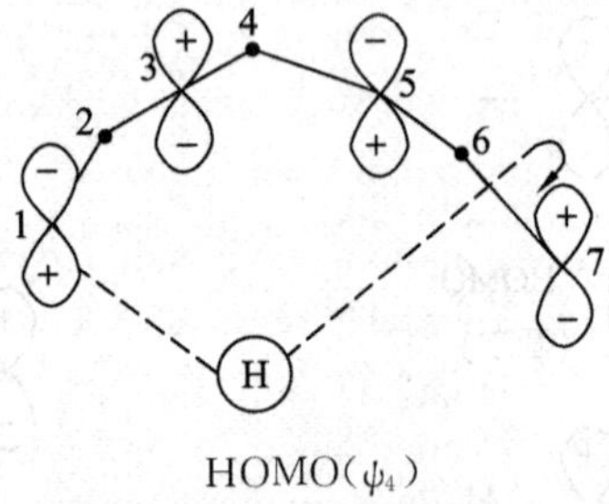

图 16-15　H[1,7]异面迁移(允许)

如果迁移原子不是氢而是碳,那么碳的迁移与氢不同,不再是球形对称的s轨道,因为迁移基团R可看做是烃基自由基,未配对电子在p轨道上,而p轨道有位相相反的两瓣,在热反应中,对碳原子的[1,3]迁移,迁移的碳原子可以通过其p轨道的一瓣与烯丙基自由基的C_1重叠,另一瓣与C_3重叠,因此碳的[1,3]迁移,同面是对称允许的,几何上也是允许的,不过,迁移的碳原子的构型将发生翻转,如图16-16所示。

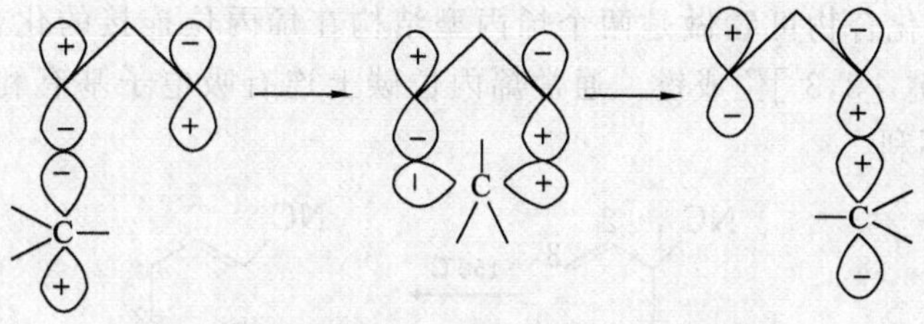

图 16-16　碳的[1,3]同面迁移过程构型翻转

对碳原子的[1,5]迁移，迁移的碳原子可以通过其 p 轨道的一瓣与戊二烯基自由基的 C_1 和 C_5 重叠，因此，碳的[1,5]同面迁移，对称性和几何上都是允许的，但迁移碳原子的构型保持不变，如图 16-17 所示。

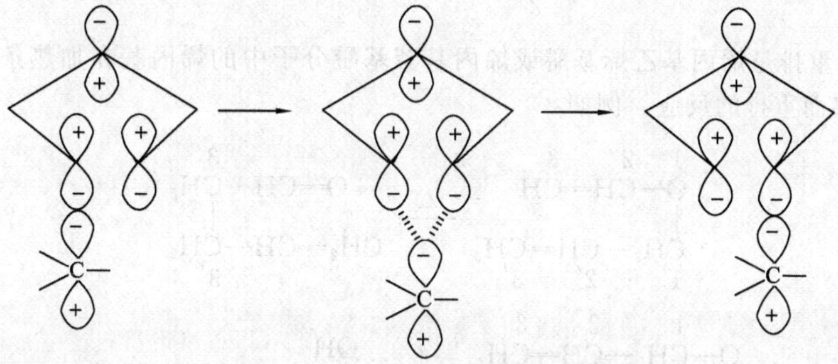

图 16-17　碳的[1,5]同面迁移过程构型保持

如果迁移基团的中心原子是手性碳原子，那么在迁移过程中碳的构型有可能发生改变。实验事实与理论推测是完全一致的。例如：

碳的[1,3]迁移，构型翻转：

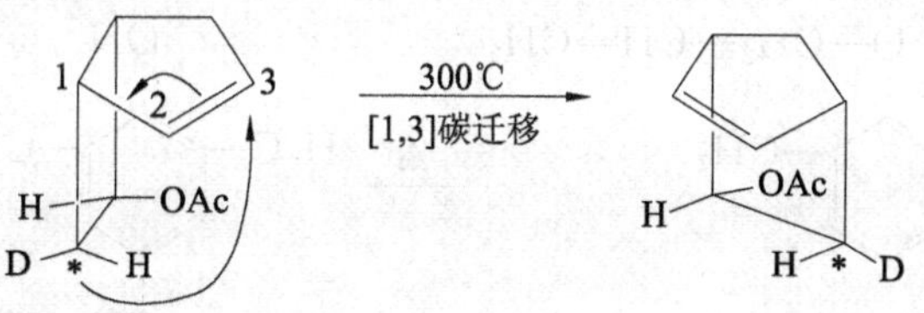

碳的[1,5]迁移，构型保持：

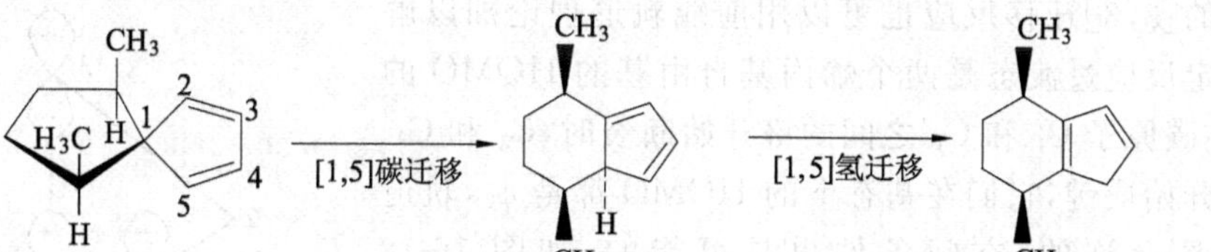

根据 σ 迁移起点和终点的不同，以上讨论的 σ 迁移反应都为[1,j]迁移，而另一类[i,j]迁移主要以碳的[3,3]迁移反应比较常见，其中最重要的碳的[3,3]迁移为 Cope 重排和 Claisen 重排反应。

Cope 重排是指 1,5-二烯烃及其衍生物在加热下的[3,3]碳迁移反应。例如：

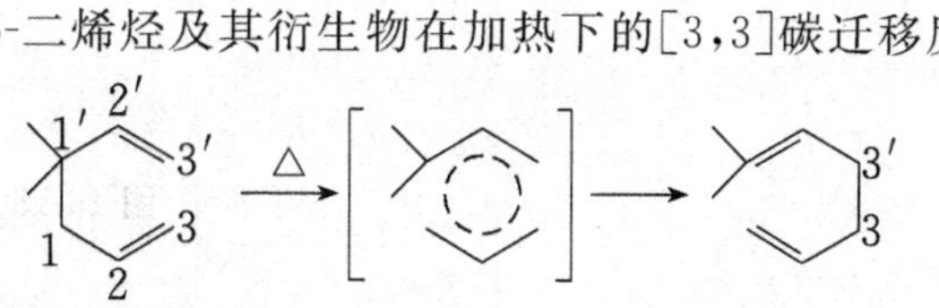

1,5-二烯烃型化合物可看做是两个烯丙型结构在烯丙位连接的化合物。在加热条件下，即[1,1′]位断键，[3,3′]位成键。通常烯丙位碳上连有吸电子基有利于反应，而连有供电子基时对反应不利。

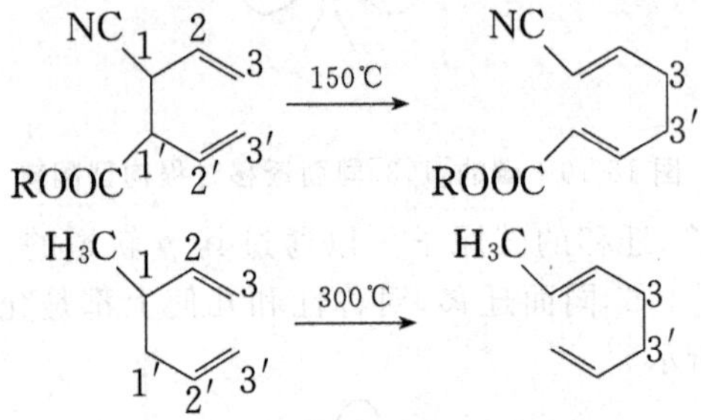

Claisen 重排是烯丙基乙烯基醚或烯丙基芳基醚分子中的烯丙基在加热条件下通过碳的[3,3]迁移而重排的反应。例如：

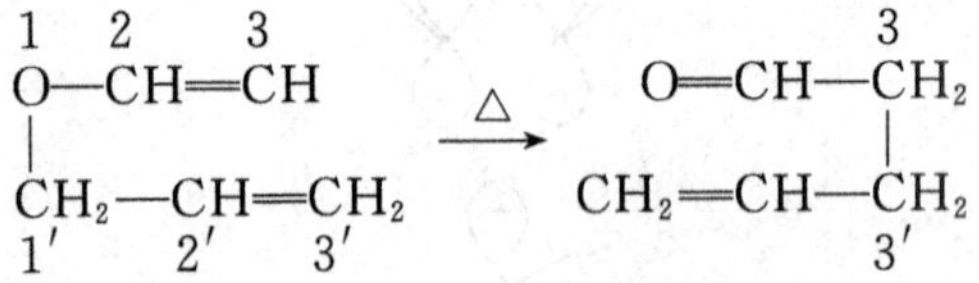

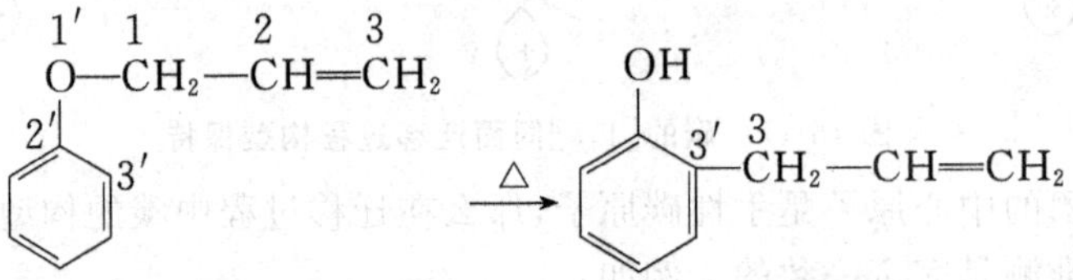

如果两个邻位都有取代基，则烯丙基迁移到对位。例如：

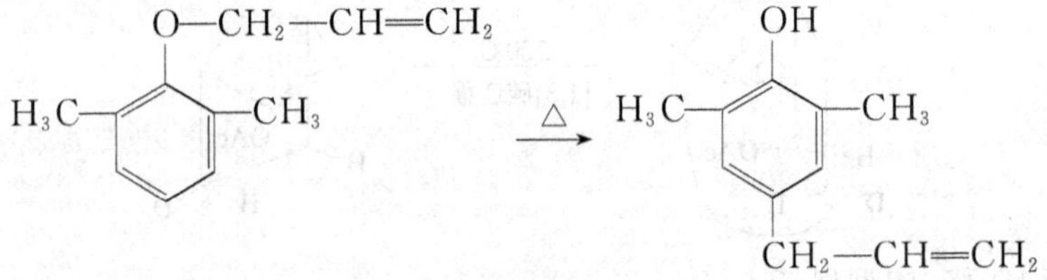

碳的[3,3]迁移反应也可以用前线轨道理论加以解释。假定反应过渡态是两个烯丙基自由基的 HOMO 的重叠，在碳原子 C_1 和 C_1'之间的键开始断裂时，C_3 和 C_3'之间就开始成键，它们在基态下的 HOMO 都是 ψ_2，轨道对称性是允许的，空间条件也是可能的，如图 16-18 所示。

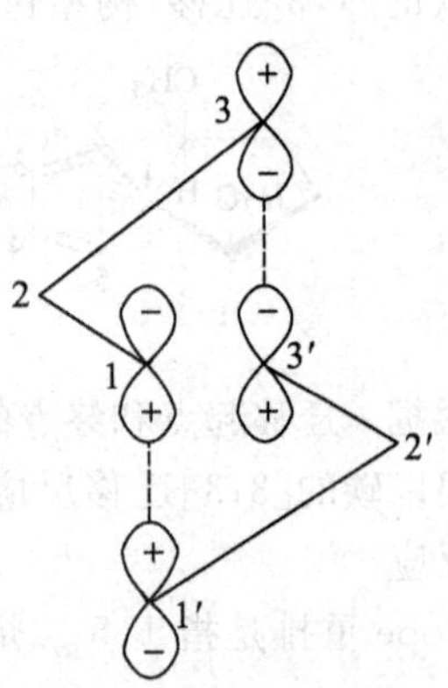

HOMO(ψ_2)

图 16-18　碳的[3,3]迁移(允许)

习　题

1. 试预测下列反应的产物。

(1)

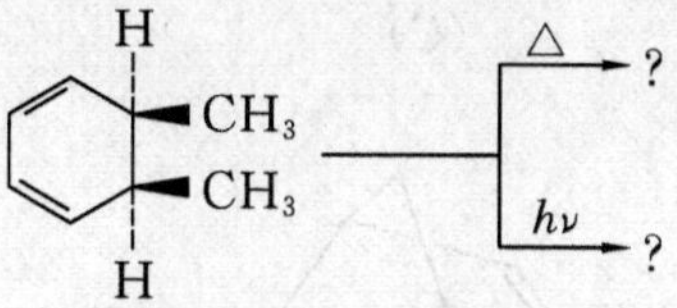

(2)

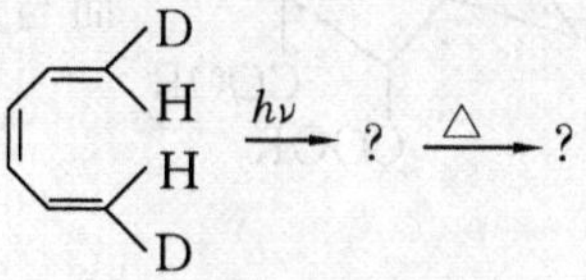

(3)

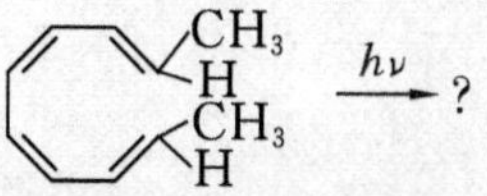

2. 试判断下列反应所需要的条件是光还是热。

(1)

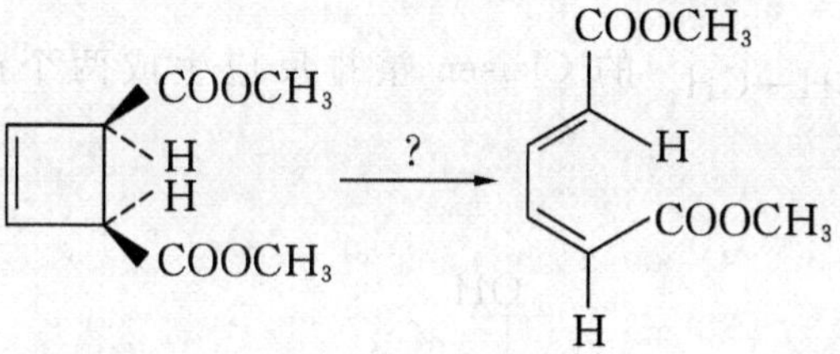

(2)

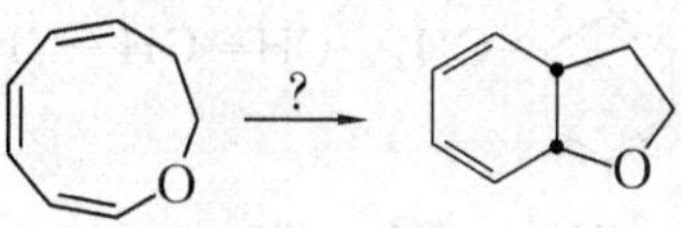

3. 完成下列反应。

(1)

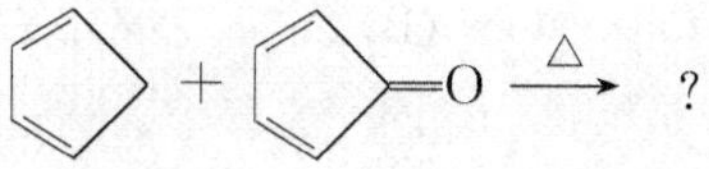

(2)

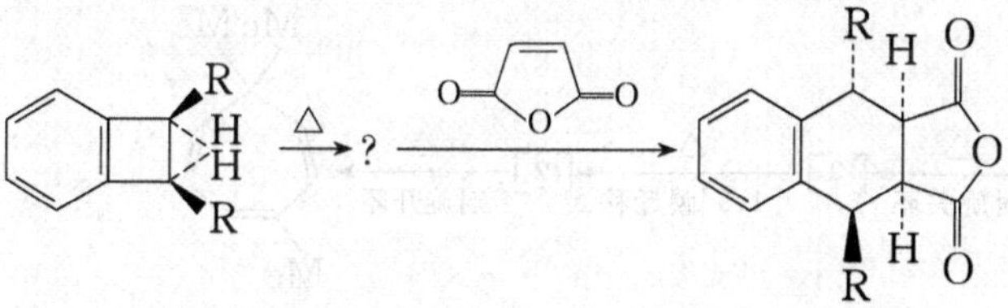

4. 下列反应的产物张力很大,但可以生成,为什么?

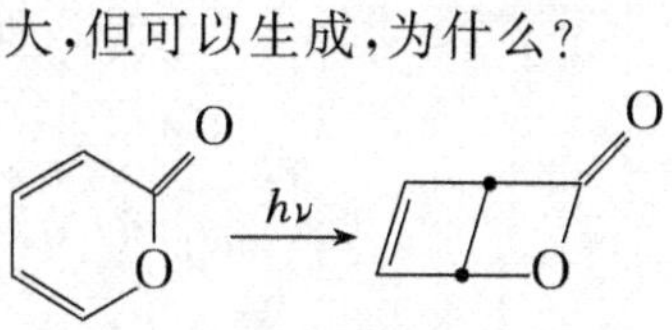

5. 下列化合物(A)在加热时,示踪原子氘要受到所有非苯环的三个位置的争夺,而产生(B)和(C)。其中主要发生了氢或氘的 σ 迁移,如按[1,3]迁移不可能产生(B)。试推测发生了什么反应,怎样产生的(B),以反应式写出平衡关系式。

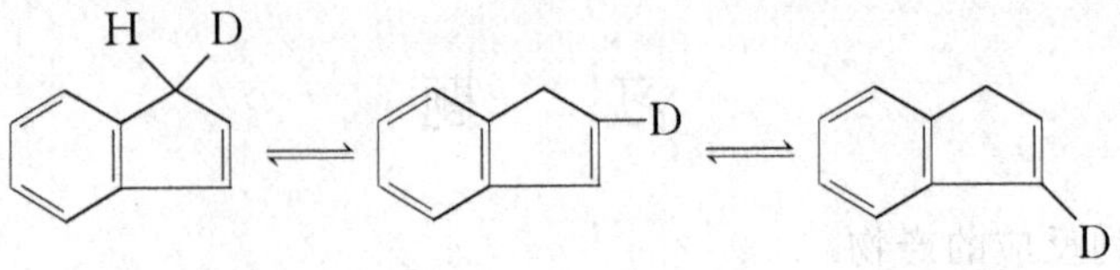

(A) (B) (C)

6. 解释下列现象。

(1) 1,3-环戊二烯与顺丁烯二酸酯环加成，生成产物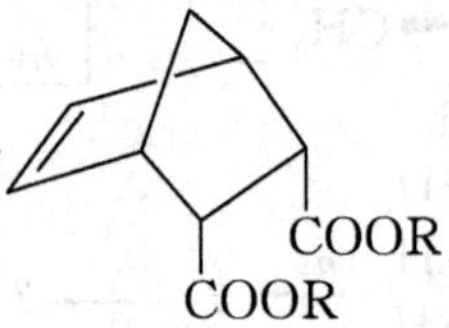

，而与反丁烯二酸酯环加成则得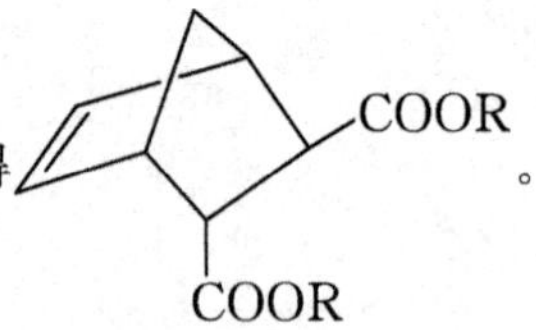

。

(2) 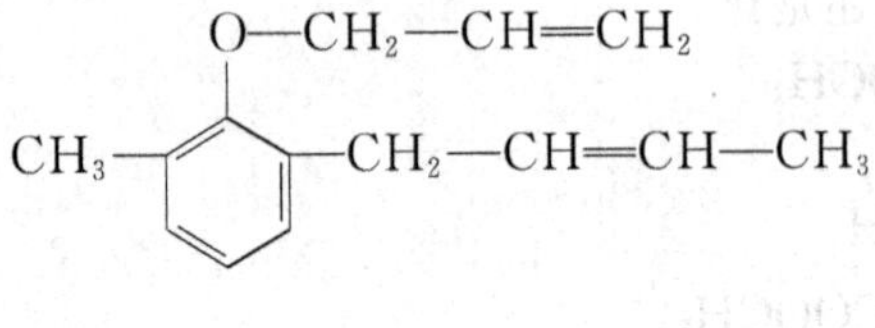

的 Claisen 重排反应生成两个产物(A)和(B)：

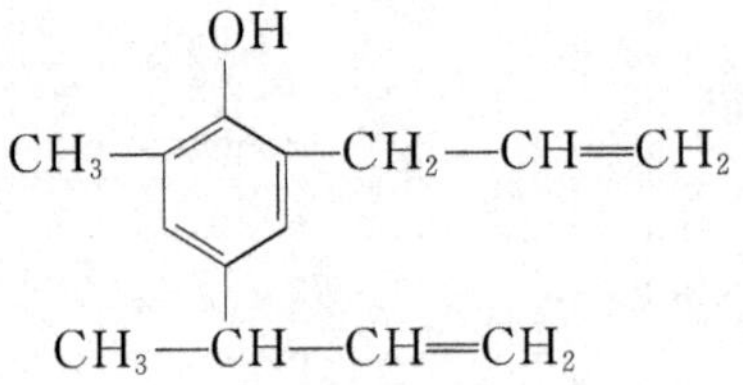

(A)

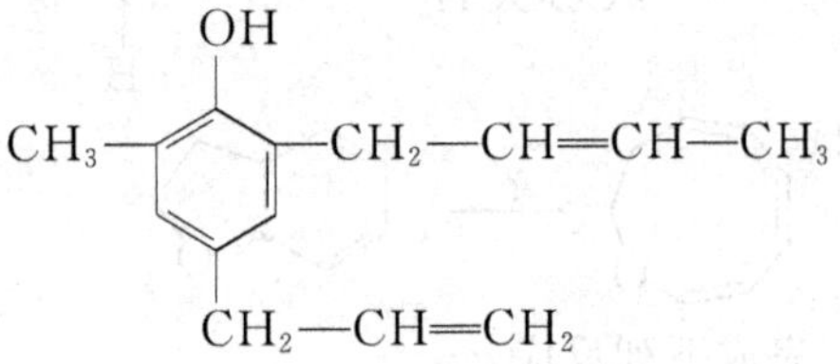

(B)

7. 给出下列反应的中间产物。

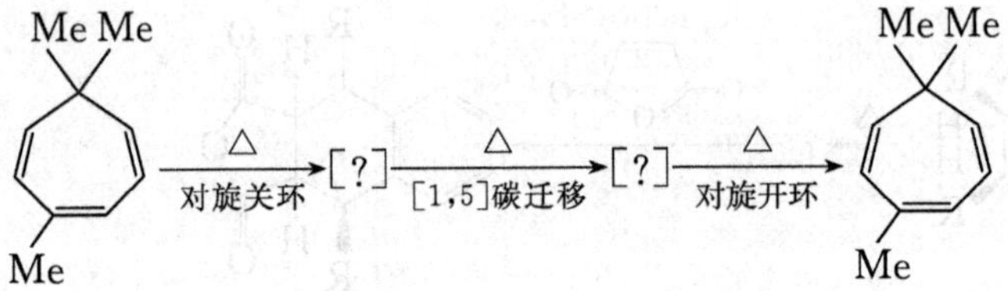

第十七章　波谱基础

波谱是确定有机化合物分子结构的重要方法。本章简要介绍紫外光谱、红外光谱、核磁共振谱和质谱的一些基本知识及其在有机物结构测定方面的应用。它们通常被称为“四大光谱”，前三者属于吸收光谱，而质谱不属于吸收光谱。

第一节　吸收光谱的产生

一、概述

在有机化学、生命科学研究领域，无论是研究植物、动物或微生物，还是分析、合成样品时，都会遇到化合物结构测定的问题。有机化合物结构的测定是有机化学的重要组成部分。研究一种未知的有机化合物或鉴定一种有机化合物的结构，需要对该化合物进行结构表征。其一般程序为：化合物的分离提纯—元素定性分析—定量分析—测定相对分子质量—确定分子式—确定化合物可能的构造式—进行化合物的结构表征。在实际工作中，这些基本操作过程是互相交叉进行的。

随着现代分析仪器的发展和分离技术的提高，人们常用柱色谱、薄层色谱、气相色谱和高效液相色谱从复杂的动、植物中分离出少量或微量的纯物质，这样少的样品用经典的化学分析法来测定物质结构是不可能的，必须运用其他的测定手段。

物理常数测定法：表征有机化合物结构常用的物理常数有沸点、熔点、密度、折光率和比旋光度等，它们以具体的数据表达化合物的物理性质，在一定条件下是恒定值。但这些恒定的常数对应的往往不是唯一的化合物，因此常常还需要其他方法的配合使用才能准确表征一种化合物。

波谱法：20 世纪 50 年代以来，运用近代物理方法测定有机化合物的结构有了很大的进展。物理方法的特点是只需要微量的样品就可以很快获得可靠的分析数据，弥补了化学方法繁复、费时的不足。近代物理方法中，紫外光谱、红外光谱、核磁共振谱和质谱等使用最广泛。本章将简要介绍它们与有机化合物结构之间的关系以及如何应用波谱数据来确定有机化合物的结构等问题。

二、吸收光谱的产生

物质是运动的体系。各种分子、原子、原子核、核外电子等粒子都各自具有一定的能量，并且在不同能级上做不同形式的运动。当电磁波照射物质时，物质的分子或原子将吸收一部分能量，吸收的能量可以激发分子中的电子（主要是外层的价电子）跃迁到能量较高的能级或增加分子中原子的振动和转动的能量。根据量子理论，原子或分子中各种运动状态所对应的能级是量子化的，即能级的能量变化是不连续的。只有当电磁波的能量与原子或分子中较高和较低两个能级之间的能量差相等时，原子或分子才可能吸收该电磁波的能量，并从低能级跃迁到高能级。

电磁波的能量 E 与波长或频率之间的关系为：

$$E=h\nu=\frac{hc}{\lambda}$$

即电磁波的能量与频率成正比，与波长成反比。波长越短或频率越高，能量就越大。上式中，E 为电磁波能量(J)，h 为普朗克常数(6.626×10^{-34} J·s)，ν 为频率(s^{-1}或 Hz)，c 为光速(3×10^{17} nm·s^{-1})，λ 为波长(nm)。

如果用 ΔE 表示两个能级 E_1 和 E_2 之间的能量差，当电磁波的频率或波长与 ΔE 符合下述关系时，电磁波才能被原子或分子吸收。

$$\Delta E=E_1-E_2=h\nu=\frac{hc}{\lambda}$$

根据上式可以计算分子中各种能级跃迁时吸收电磁波的波长或频率。由于分子中电子的跃迁或分子的振动与转动引起的能量变化 ΔE 不同，能级跃迁所选择吸收的电磁波波长不同，分属不同波区。电磁波的简略分区见表 17-1。

表 17-1 电磁波区与分子运动跃迁的关系

电磁波	光谱	波长/nm	能量/kJ·mol^{-1}	跃迁类型
远紫外线	真空紫外光谱	100～200	1 196～598	σ 电子跃迁
近紫外线	紫外光谱	200～400	598～301	n 及 π 电子跃迁
可见光线	可见光谱	400～800	301～150	n 及 π 电子跃迁
中红外线	红外光谱	2500～25000 (400～4000cm^{-1})	46～0.52	分子振动及转动能级跃迁
无线电波	核磁共振谱	10^{-6}～10^{-5}	4.2×10^{-5}	核自旋

紫外吸收光谱是分子中最外层价电子在不同能级轨道上跃迁而产生的，它反映了分子中价电子跃迁时的能量变化与化合物所含发色团之间的关系，它主要提供了分子内共振体系的结构信息。

红外吸收光谱是一种分子振动-转动光谱，它是由分子的振动-转动能级间的跃迁而产生的。对每种化合物都可测绘出具有自身特征的红外光谱图，反映出整个分子的特征。通过红外光谱图中显示的特征吸收峰的位置，可鉴别分子中所含的特征官能团和化学键的类型，进而确定分子的化学结构。与紫外吸收光谱相比，它具有应用范围广、可靠性高的优点。

核磁共振谱是由于分子中具有核磁矩的原子核^{1}H、^{13}C(或^{15}N、^{19}F、^{31}P 等)在外加磁场中，在射频电磁波的照射下吸收一定频率的电磁波能量，由低能量的能级跃迁到高能量的能级而产生的核磁共振信号。从核磁共振谱可以了解化合物分子中氢原子的数目、类型、相对位置和碳的骨架等结构信息。它提供的分子结构信息，已成为有机化合物结构分析中最重要的信息。

第二节 紫外光谱

紫外光谱(Ultraviolet spectroscopy，简称 UV)的波长范围为 100～400nm。根据波长

的不同又可分为远紫外和近紫外两个区域，远紫外波长范围 100～200nm，近紫外波长范围 200～400nm。由于空气中的氧、氮、二氧化碳及水在远紫外区有吸收，为了避免干扰，测定物质的远紫外吸收光谱必须在真空条件下进行。因此，远紫外区又称真空紫外区，在有机分析中用处不大。近紫外区的光谱可被普通玻璃吸收，测定时要用石英玻璃。因此，近紫外区又称石英紫外区，在有机分析中很有用。

一、紫外光谱的基本原理

若用不同波长的近紫外光依次照射一定浓度的样品溶液，并测得相应的吸光度，根据 Lambert-Beer 定律可推算出摩尔吸收系数：

$$\varepsilon=\frac{A}{c \cdot L}$$

式中，c 为样品溶液的浓度($mol \cdot L^{-1}$)，L 是吸收池的厚度(cm)，A 为吸光度(也叫消光值)。通常以 $\lg\varepsilon$ 为纵坐标、λ 为横坐标作图，即得到紫外吸收光谱图，如图 17-1 所示。

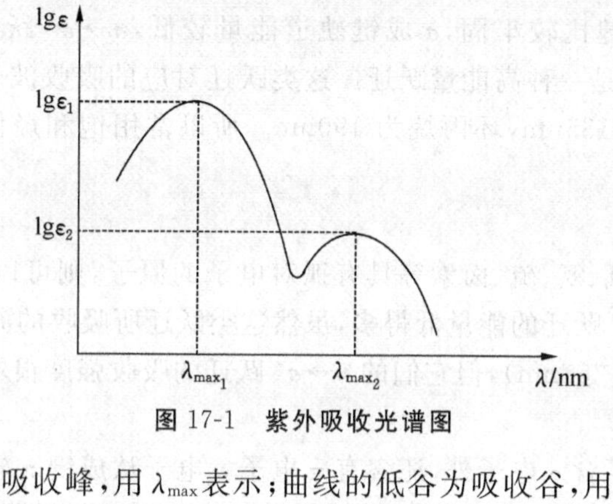

图 17-1 紫外吸收光谱图

图中吸收曲线的高峰为吸收峰，用 λ_{max} 表示；曲线的低谷为吸收谷，用 λ_{min} 表示；λ_{max} 相对应的摩尔吸收系数用 ε_{max} 表示。λ_{max}、ε_{max} 的数值是各化合物的特征数值，是测定化合物结构的重要数据。紫外光谱主要用于共轭体系，它的特点是能在各种复杂分子中辨认出其特征结构部分。如图 17-1 中化合物的紫外光谱由 C═C—C═O 吸收紫外光产生，其余部分不吸收紫外光。UV 信息量较少，只解决分子骨架、共轭体系。

二、电子跃迁的类型

分子的紫外吸收光谱是由于分子中价电子的跃迁而产生的，与电子光谱有关的主要有 σ 成键电子、π 成键电子和非键电子(n 电子)。根据分子轨道理论的计算结果，分子轨道能级的能量以反键 σ^* 轨道最高，成键 σ 轨道最低，而 n 轨道的能量介于成键轨道与反键轨道之间。分子中轨道能级的高低次序为：$\sigma^* > \pi^* > n > \pi > \sigma$。

分子中处于能量较低的 σ 成键轨道、π 成键轨道及 n 轨道上的电子，经紫外光照射而吸收能量后，按能量顺序和跃迁规则，电子将从成键轨道跃迁到反键轨道上，或从 n 轨道跃迁到反键轨道上。可能的电子跃迁方式有 6 种，但常见的有 4 种情况，如图 17-2 所示。

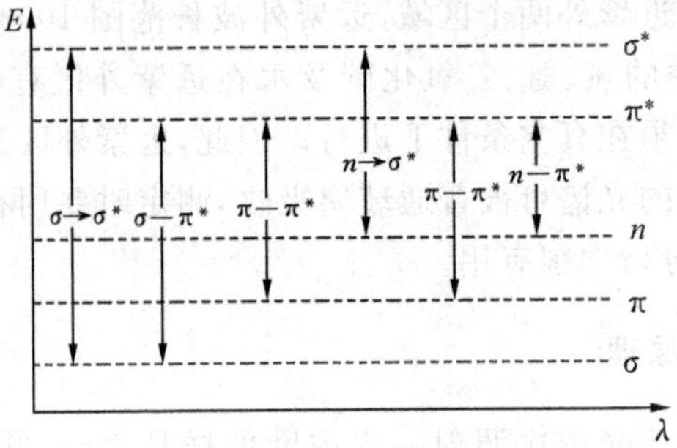

图 17-2　电子跃迁能级图

由于分子轨道之间能量差不同，电子在不同轨道间跃迁所吸收的光的波长也不同。σ→σ* 跃迁所需能量最高，吸收波长最短；而 n→π* 跃迁所需的能量最低，吸收波长最长。

1. σ→σ* 跃迁

饱和有机化合物中的碳-碳单键、碳-氢单键以及其他单键都是 σ 键，双键或叁键中也有一个为 σ 键。由于 σ 键比较牢固，σ 成键轨道能量较低，σ→σ* 跃迁所需要能量较大，约 780kJ · mol^{-1}，所以它是一种高能量跃迁。这类跃迁对应的吸收波长都在真空紫外区。例如，乙烷的吸收波长为 135nm，环丙烷为 190nm。所以常用饱和烃作测定紫外吸收光谱的溶剂。

2. n→σ* 跃迁

如果分子中含有氧、氮、硫、卤素等具有孤对电子的原子，则可以产生 n→σ* 跃迁。n→σ* 跃迁的能量比 σ→σ* 跃迁的能量低得多，虽然这类跃迁所吸收的波长大于 200nm（如甲硫醇为 227nm、碘甲烷为 258nm），但它们的 n→σ* 跃迁的吸收强度很弱。

3. π→π* 跃迁

不饱和化合物除了含 σ 电子外，还含有 π 电子。电子从成键 π 轨道跃迁到反键 π* 轨道所需要的能量较低。一般含孤立双键的烯烃，其 π→π* 跃迁的吸收波长在 170～200nm 范围内，但吸收强度很强，摩尔吸光系数可达 1000m^2 · mol^{-1} 以上。例如，乙烯的 π→π* 跃迁吸收波长为 170nm。如果双键上连有取代基或与其他双键共轭，则 π→π* 跃迁的吸收波长将移到近紫外区。

4. n→π* 跃迁

当分子中同时存在 π 电子和 n 电子时，则可产生 n→π* 跃迁。n→π* 跃迁所需的能量最低，所以这种跃迁的吸收波长最长，但吸收强度很弱，摩尔吸收光系数一般不超过 10m^2 · mol^{-1}。例如，丙酮分子中的羰基能产生 n→π* 跃迁，其吸收波长为 280nm，摩尔吸光系数为 1.5m^2 · mol^{-1}。

可以根据分子结构来预测可能产生的电子跃迁类型。表 17-2 列出了一些有机化合物的跃迁类型、最大吸收波长和吸收强度等数据。

表 17-2 某些化合物的电子跃迁类型和吸收带的波长

化合物	跃迁类型	吸收带波长 λ/nm	摩尔吸光系数 $\varepsilon/m^2\cdot mol^{-1}$
C_2H_6	$\sigma\rightarrow\sigma^*$	135	1000
$C_6H_{11}SH$	$n\rightarrow\pi^*$	224	12.6
$CH_2=CH_2$	$\pi\rightarrow\pi^*$	170	1500
$CH\equiv CH$	$\pi\rightarrow\pi^*$	173	600
	$\pi\rightarrow n$	166	1600
CH_3COCH_3	$n\rightarrow\sigma^*$	189	90
	$n\rightarrow\pi^*$	280	1.5
$CH_2=CH-CH=CH_2$	$\pi\rightarrow\pi^*$	217	2100
$CH_2=CH-CHO$	$\pi\rightarrow\pi^*$	210	1150
	$n\rightarrow\pi^*$	315	1.4
		184	600
C_6H_6	$\pi\rightarrow\pi^*$	203	80
		256	21.5
$C_6H_5CH=CH_2$	$\pi\rightarrow\pi^*$	244	1200
		282	45
	$\pi\rightarrow\pi^*$	240	1300
$C_6H_5COCH_3$		278	110
	$n\rightarrow\pi^*$	319	5

三、共轭体系与吸收波长的关系

分子中只含有孤立双键的化合物如乙烯、丙烯等，其 $\pi\rightarrow\pi^*$ 跃迁的吸收波长处于真空紫外区。如果有两个或多个双键共轭，则 $\pi\rightarrow\pi^*$ 跃迁的吸收波长随着共轭程度的增加而增长，这种现象称为共轭红移。表 17-3 列出了一些共轭烯烃的吸收光谱特征。

表 17-3 某些共轭烯烃的吸收光谱特征

化合物	$\pi\rightarrow\pi^*$ 跃迁 λ/nm	摩尔吸光系数 $\varepsilon/m^2\cdot mol^{-1}$
乙烯	170	1.5×10^3
1,3-丁二烯	217	2.1×10^3
1,3,5-己三烯	256	3.5×10^3
二甲基辛四烯	296	5.2×10^3
五烯	335	11.8×10^3

从表中可以看出，每增加一个共轭双键，吸收波长约增加 40nm，当共轭双键数增加到 8 时，吸收波长将进入可见光区。例如，β-胡萝卜素，其结构式如下：

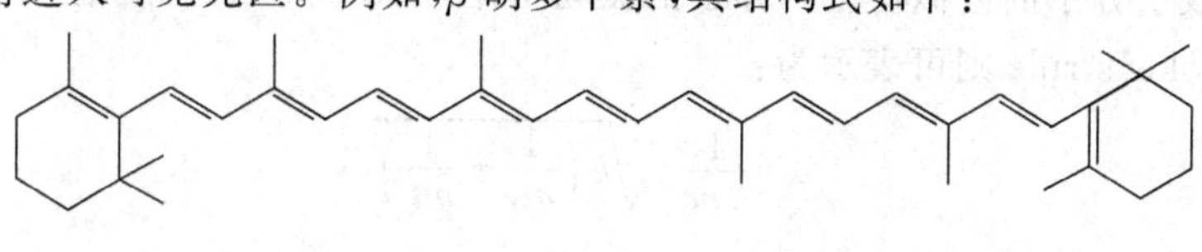

可以看出它具有11个共轭双键，它的最大吸收波长为497nm，在可见光范围内。由于被吸收的497nm的光为蓝绿色，所以人们看到的β-胡萝卜素的颜色是蓝绿色的补色——橙红色。非共轭双键不会引起吸收带波长红移，但可以使吸收强度增加。

四、紫外光谱图的解析

例如，雄甾-4-烯-3-酮(a)和4-甲基-3-戊烯-2-酮(b)的紫外光谱(图17-3)。

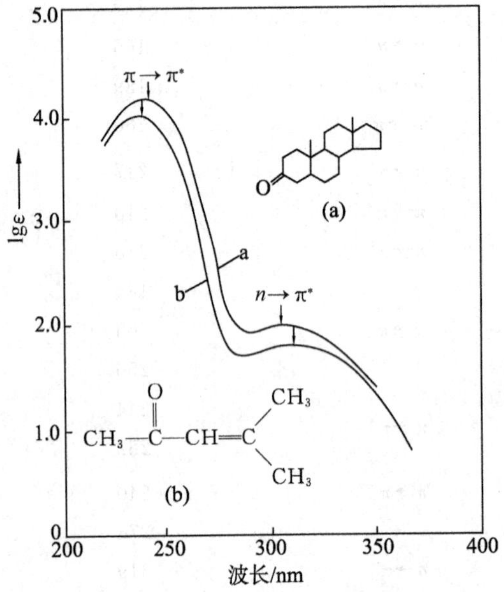

图17-3 雄甾-4-烯-3-酮(a)和4-甲基-3-戊烯-2-酮(b)的紫外光谱

第三节 红外光谱

以连续波长的红外线为光源照射样品，所得的吸收光谱为红外光谱(Infrared Spectroscopy，简称IR)。一般红外光谱的波长范围为0.76～1000μm，常把红外光分为三个区：近红外区($\lambda=0.76\sim2.5\mu m$)、中红外区($\lambda=2.5\sim25\mu m$)和远红外区($\lambda=25\sim1000\mu m$)。用于有机化合物结构鉴定的红外光，即一般所讲的"红外区"是指中红外区。

在IR中波长也可用波数表示，波数是指每1cm距离中通过波的个数。

$$\sigma(cm^{-1})=\frac{1}{\lambda(\mu m)}\times10^4 \quad (1cm=10^4\mu m)$$

一、红外光谱的基本原理

分子是由各种原子通过化学键互相连接而成的。分子的振动是键合的原子通过化学键而引起的伸缩或弯曲运动。可以用不同质量的小球代表原子，以不同硬度的弹簧代表各种化学键，就组成了分子的近似模型。分子的振动可用Hooke's rule来描述。若将频率采用波数表示，Hooke's rule则可表示为：

$$\nu=\frac{1}{2\pi c}\sqrt{k\left(\frac{1}{m_1}+\frac{1}{m_2}\right)}$$

式中 c 是光速，为 $3\times10^{10}\,cm\cdot s^{-1}$；$k$ 是力常数。

二、分子的振动类型

分子中的化学键振动能间隔较价电子能级间隔小，能吸收红外光，转动能级间隔更小，也能吸收红外光，因此红外光谱也叫振转光谱。多原子分子的振动方式可分为两大类型。

（一）伸缩振动 ν

伸缩振动(stretching vibration)指沿键轴方向的伸长或缩短的振动，主要是键长的改变。它包括对称(symmetric)和不对称(asymmetric)伸缩振动，分别用符号 ν_s 和 ν_{as} 表示。

（二）弯曲振动 δ

弯曲振动(bending vibration)指垂直于键轴方向的振动，使键角发生变化或基团对其余部分的相对运动。它包括面内弯曲振动和面外弯曲振动两种方式。面内弯曲振动又可分为剪式(scissoring)和平面摇摆(rocking)振动；面外弯曲振动分为非平面摇摆(wagging)和扭曲(twisting)振动，如图 17-4 所示。

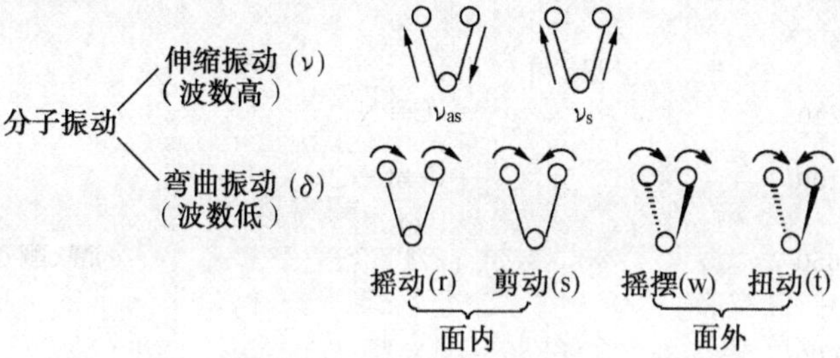

图 17-4　多原子分子的振动

三、红外光谱的表示方法

IR 谱图一般是以百分透光率($T\%$)为纵坐标，以波数($\bar{\nu}$)或波长(λ)为横坐标作图得到红外吸收曲线。IR 谱图可用吸收峰位置（峰位）、形状（峰型）和强度（峰强）来描述。根据这些资料推断化合物所含有的某些官能团，为判断未知化合物的结构提供极为有用的信息。

由于原子或基团之间相互影响，同一基团峰位并不固定，而是在一定范围，如 ν_{OH} 为 $3700\sim3100cm^{-1}$。常见的峰形有宽峰、尖峰、双峰等。峰强用 ε 表示，分为：很强(vs)，$\varepsilon>100$；强(s)，$\varepsilon=20\sim100$；中强，$\varepsilon=10\sim20$；弱(w)，$\varepsilon=1\sim10$。IR 谱图分为两个区域：特征谱带区：$4000\sim1350cm^{-1}$ 是官能团伸缩振动吸收峰出现较多的区域，也叫官能团区，易辨认；指纹区：$1350\sim600cm^{-1}$，此区吸收峰相当多，有伸缩、弯曲振动，还有转动引起的吸收，较复杂，对于鉴别结构有细微差别的化合物很有价值。

在特征谱带区中能用于鉴别官能团存在的吸收峰，称为特征吸收峰。如羰基在 $1850\sim1650cm^{-1}$ 的伸缩振动。一个基团有数种振动，而每种振动往往有相应的吸收峰，这些相互依存又相互印证的吸收峰称为相关峰。例如，—CH_3 的相关峰有：C—H $2960cm^{-1}$、C—H $2870cm^{-1}$、C—H $1470cm^{-1}$、C—H $1380cm^{-1}$、C—H $720cm^{-1}$。在确定某官能团是否存在时，先找特征吸收峰，再找相关峰，相关峰的存在是一个有力的辅证。

四、红外光谱的解析

一般来讲，由红外光谱图的高波数区开始往低波数区，检查有哪些特征吸收峰及相关峰，以判断化合物可能的类型和所含的主要官能团。一些常见基团的特征吸收频率列于表 17-4。

表 17-4　常见基团的红外特征吸收频率

波数/cm^{-1}	基团伸缩振动	化合物类型
3 650～3 100	—OH(1)	醇、酚
3 550～3 100	>N—H(2)	伯胺、仲胺、酰胺
3 330～3 000	H≡C	炔(末端)
3 100～3 000	=C—H	烯、芳香族
3 000～2 800	—C—H	烷
2 880～2 700	—C—C(=O)—H	醛
2 260～2 240	—C≡N	腈
2 260～2 100	—C≡C—	炔
1 850～1 650	—C(=O)—	醛、酮、羧酸及其衍生物
1 680～1 600	>C=C<	烯
1 600～1 450		芳香族
1 200～1 000	—C(H)—O—	醇、醚、羧酸酯
	弯曲振动(δ)	
1 470～1 430	>CH_2 ，—C—H	烷烃
900～700	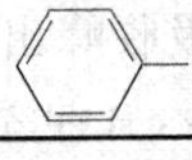—H(3)	芳香族

注：(1) 在稀溶液中，ν_{OH} 吸收峰出现在 3500～3650cm^{-1}，为一个尖峰。对浓溶液或不同溶剂时，因有氢键形成，则在 3100～3400cm^{-1} 区域出现宽峰(s)。

(2) 在稀溶液中，伯胺的 ν_{N-H} 在 3100～3500 cm^{-1} 出现双峰，仲胺的 ν_{N-H} 在此区域只有一个单峰，叔胺没有 ν_{N-H} 吸收峰。

(3) 苯环的 δ_{C-H}(面外)在 700～900 cm^{-1} 出现吸收峰，是识别苯环上的取代基位置和数目的重要吸收峰。例如，一元取代苯：～750 cm^{-1}(s)、～700 cm^{-1}(s)双峰；二元取代苯：邻位～750 cm^{-1}(s)单峰，对位～800 cm^{-1}(s)单峰，间位：～850 cm^{-1}(m)、～800 cm^{-1}(s)、～700 cm^{-1}(m)三峰。

五、红外吸收光谱的应用

例 1　庚酸的红外光谱(图 17-5)。

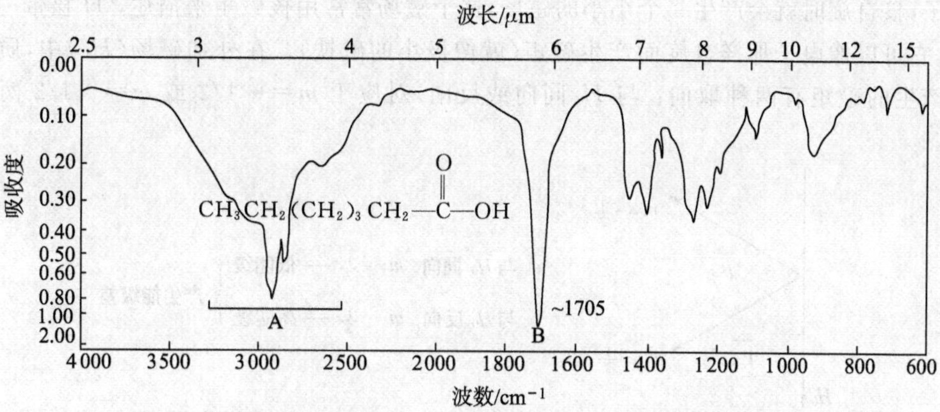

A: C—H的伸缩振动与O—H的宽峰重合，B：C＝O的伸缩振动

图 17-5　庚酸的红外光谱

例 2　乙酸苯酯的红外光谱(图 17-6)。

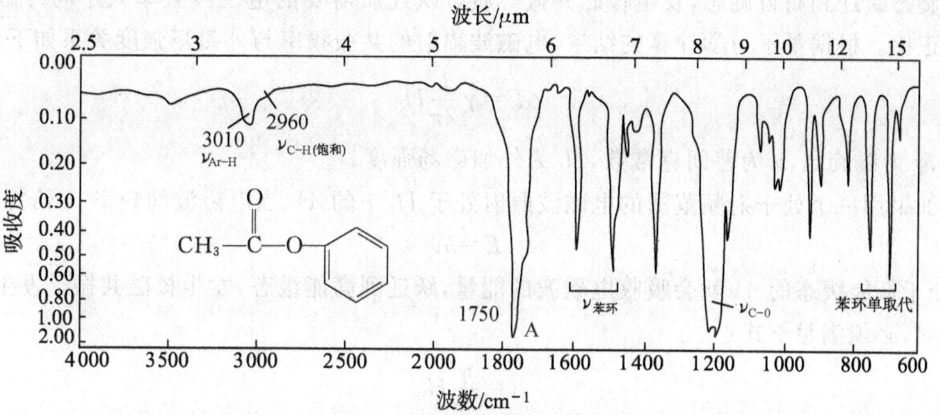

A: C═O伸缩振动

图 17-6　乙酸苯酯的红外光谱

第四节　核磁共振谱

具有奇数原子序数或奇数原子质量(或两者都有)的元素，如^{1}H、^{13}C、^{15}N、^{17}O、^{31}P等，在磁场的作用下会发生核磁共振现象(Nuclear Magnetic Resonance，简称 NMR)。随着电子技术的发展，核磁共振现象已经应用到物质结构的测定上，核磁共振仪已成为物质结构分析不可缺少的工具，所研究的元素有氢、碳、氮、氟、磷等。就仪器的分辨率而言，有分辨率较低的 60MHz、90MHz、100MHz 的核磁共振仪，也有分辨率相当高的 600MHz 的核磁共振仪。目前应用最广的是氢谱，本节仅讨论氢的核磁共振谱。

一、核磁共振的基本原理

所有元素的原子可分为有自旋和无自旋两大类，质量数为奇数的原子(或同位素)，如^{1}H、^{13}C有自旋，而质量数和原子序数都为偶数的原子(或同位素)没有自旋，如^{12}C。有自旋的原子，核自旋时就会产生一个小小的磁场，这个磁场常常用核磁矩来描述。^1H 核带一个正电荷，它可以像电子那样自旋而产生磁矩（就像极小的磁铁）。在外加磁场（H_0）中，质子自旋所产生的磁矩有两种取向：与 H_0 同向或反向，对应于 $m=+1/2$ 或 $m=-1/2$ 两个自旋态。

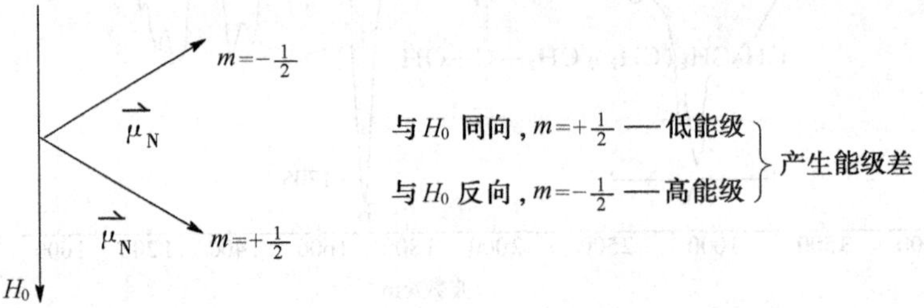

（一）核磁共振产生的条件

核磁共振谱实际上也是一种吸收谱。它所吸收的电磁波位于无线电波区，当质子在磁场中受到不同频率的电磁波照射时，只要能满足两个自旋态能级间的能量差 ΔE，质子就由低自旋态跃迁到高自旋态，发生核磁共振。质子跃迁所需要的电磁波频率大小与外磁场强度成正比。根据量子力学计算的结果，电磁波辐射的共振频率与外磁场强度关系如下：

$$\Delta E=\gamma \frac{h}{2\pi} H_0 \qquad ①$$

式中，γ 为磁旋比，h 为普朗克常数，H_0 为外加磁场强度。

如果用一个处于射频范围的电磁波照射处于 H_0 中的 ^1H，当电磁波的频率 $\nu_{射}$ 恰好满足

$$E=h\nu \qquad ②$$

时，处于低能级态的 ^1H 就会吸收电磁波的能量，跃迁到高能级态，发生核磁共振。发生核磁共振时，必须满足下式：

$$\nu=\frac{\gamma}{2\pi} H_0 \qquad ③$$

③式称为核磁共振基本关系式。可见，固定 H_0、改变 $\nu_{射}$，或固定 $\nu_{射}$、改变 H_0 都可满足式中关系，发生核磁共振。但为了便于操作，通常采用后一种方法。看起来，似乎所有的质子都应在同样的 H_0 和 ν 相匹配下发生核磁共振，但事实并非如此。质子周围的磁场受分子结构中其他部分的影响，不同分子中的质子发生共振所吸收的能量是不同的。因此，质子的核磁共振谱常常用于有机化合物结构的测定。

（二）^{1}HNMR 的化学位移

化学位移（Chemical shift）——由于化学环境不同所引起的 NMR 信号位置的变化。化学位移常用 δ 表示。有机化合物分子中的氢核与裸露的质子不同，其周围还有电子。各种化学环境不同的氢核，其周围的电子云密度也不同。在 H_0 作用下，核外电子的环流运动会产生一感应磁场 $H_{感应}$。而 $H_{感应}$ 的方向总是与 H_0 相反，用化学的语言来说，就是核外电子的存在使 ^1H 核受到了屏蔽作用。^1H 核真正感受到的磁场强度 $H_{实}$ 为：

$$H_{实}=H_0-H_0\sigma=H_0(1-\sigma)$$

在真实分子中，发生核磁共振的条件是：

$$\nu_{RF}=\frac{\gamma}{2\pi}=H_0(1-\sigma)$$

这里 σ 是屏蔽常数。不同化学环境的质子，因其周围电子云密度不同，裸露程度不同，其 σ 值也不同，从而发生核磁共振的 H_0 不同，这就是化学位移的来源。所以，化学位移也可定义为由于屏蔽程度不同而引起的 NMR 吸收峰位置的变化。

（三）化学位移的表示方法

在实际测量中，化学位移不是以裸露的 ^1H 为标准，而是以某一标准物为标准，测得样品共振峰与标准样品共振峰的距离，以 δ 表示：

$$\delta=\frac{\nu_{样品}-\nu_{标样}}{\nu_0}\times 10^6$$

$\nu_{样品}$——样品的共振频率；$\nu_{标样}$——标准样品的共振频率；ν_0——仪器的工作频率；乘 10^6 是为了读数方便。标样为 TMS($(CH_3)_4Si$)。其分子中只有一种 ^1H，且屏蔽作用特大，在高场出峰。

一般有机物的 $\delta>0$(IUPAC 规定)，在 TMS 的低场(左边)出峰。

例如，在 60MHz 的仪器上，测得 $CHCl_3$ 与 TMS 间吸收频率之差为 437Hz，则 $CHCl_3$ 中 ^1H 的化学位移为：

$$\delta=\frac{\nu_{样品}-\nu_{标样}}{\nu_0}\times 10^6=\frac{437}{60\times 10^6}\times 10^6=7.28$$

一些常见 ^1H 的化学位移如表 17-5 所示。

表 17-5　常见的各种 ^1H 的化学位移

质子的化学环境	δ/ppm	质子的化学环境	δ/ppm
$-\overset{O}{\overset{\|}{C}}-OH$	10～11	$CH_3N<$	～3.0
$-\overset{O}{\overset{\|}{C}}-H$	9～12	RCH_3(饱和)	～0.9
Ar—H	～7.2	R_2CH_2(饱和)	～1.3
$>C=C<^{H}$	4.3～6.4	R_3CH(饱和)	～1.5
CH_3O-	～3.7	ROH	～3.0～6.0*
$-CH_2O-$	～4.0	ArOH	～4.5～8.0*
$-C\equiv CH$	～2.5	RNH_2	～1.8～3.4*
$CH_3\overset{O}{\overset{\|}{C}}-$	～2.1	$ArNH_2$	3.0～4.5*
$-CH_2-\overset{O}{\overset{\|}{C}}H$	～2.3	$-\overset{O}{\overset{\|}{C}}-NH-$	5.5～8.5*(宽峰)
$-C\equiv CCH_3$	～1.8	R—SH	1.1～1.5

* 随浓度、温度及溶剂不同而变化较大。

例如，乙酸苄酯的 NMR 谱图(图 17-7)。

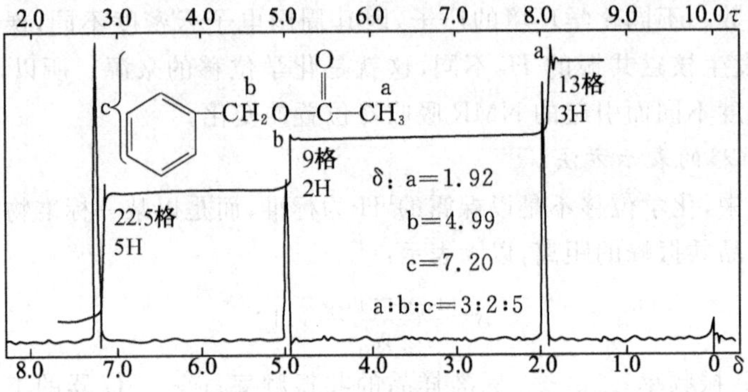

图 17-7　乙酸苄酯的 NMR 谱

分子中共有 3 种不同化学环境的氢核，会在 NMR 谱图中出现三组峰。

(四) 影响化学位移的因素

影响化学位移的因素很多，有电负性、杂化态与共振效应、各向异性、氢键、温度、溶剂及溶液浓度等。

1. 电负性

有机化合物中的质子，因受屏蔽效应的影响，其化学位移值将发生改变。而屏蔽效应与质子周围电子云密度有关，Y—H 中 Y 的电负性越大，^{1}H 周围电子云密度越低，屏蔽效应越小，δ 值越大，越靠近低场出峰，见表 17-6。

表 17-6　电负性对化学位移的影响

化合物	δ/ppm	化合物	δ/ppm
$(CH_3)_4Si$	0	CH_4	0.2
CH_3I	2.16	C—CH_3	2.5
CH_3Br	2.68	N—CH_3	2.1～3.1
CH_3Cl	3.05	O—CH_3	3.5
CH_3F	4.26	$CHCl_3$	7.3

2. 各向异性效应

苯环和烯烃双键上质子的化学位移比烷烃中的质子大得多，如表 17-7 所示。

表 17-7　分子各向异性效应对化学位移的影响

^{1}H	CH_3CH_3	CH_2═CH_2	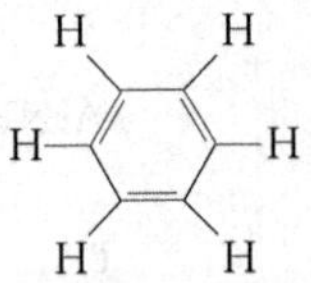	$(CH_3)_2C$═$C(CH_3)_2$	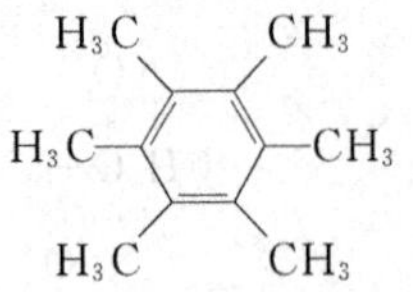
δ/ppm	0.96	5.34	7.2	1.7	2.2

以上现象产生的原因是分子中质子的化学位移不仅与基团的电负性有关，还与质子和某基团的空间位置有关，即所谓的各向异性效应。由于苯环和烯烃的 π 电子在外加磁场中所产生的感生磁场方向与外加磁场方向相反，且磁力线是闭合的，双键和苯环上的质子正好

处在感生磁场与外加磁场方向一致的区域(去屏蔽区),故信号出现在低场。

炔烃 π 电子云绕碳-碳键轴对称分布呈圆柱形,在磁场作用下,π 环电子流促使炔键轴顺外磁场方向排列。感生磁场方向与键轴平行,并与外加磁场方向相反,形成屏蔽区和去屏蔽区。炔烃叁键碳原子上的质子处在屏蔽区,故 δ 值较小,如图 17-8 所示。

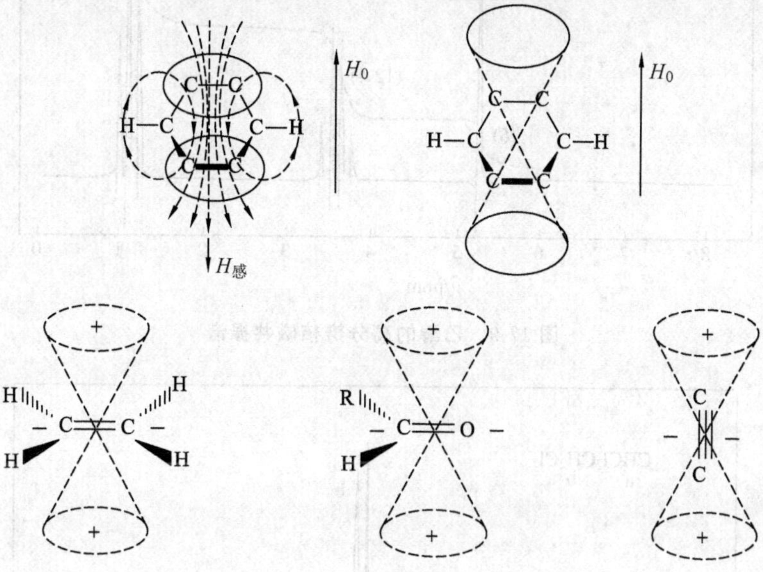

图 17-8　π 电子产生的感生磁场

3. 氢键

氢键有去屏蔽效应,使质子的 δ 值显著增大。由于氢键的存在,使 OH 中的 H 原子周围的电子云密度减小,故 OH 中 H 的化学位移值增加。例如,PhOH 中酚羟基质子的化学位移与浓度的关系(表 17-8)。

表 17-8　PhOH 中酚羟基质子的化学位移与浓度的关系

浓度	100%	20%	10%	5%	2%	1%
δ/ppm	7.45	6.8	6.4	5.9	4.9	4.35

二、核磁共振信号与分子结构的关系

用分辨率比较高的核磁共振仪测定化合物的核磁共振谱时,所得到的谱图中有些质子的吸收峰不是单峰而是一组峰。

例如,乙醇的高分辨核磁共振谱中 CH_2 和 CH_3 质子的峰是多重峰,前者是四重峰,后者是三重峰(图 17-9)。

又如,1,1,2-三氯乙烷($CHCl_2CH_2Cl$)的核磁共振谱中,CH 质子为三重峰,CH_2 质子为二重峰(图 17-10)。

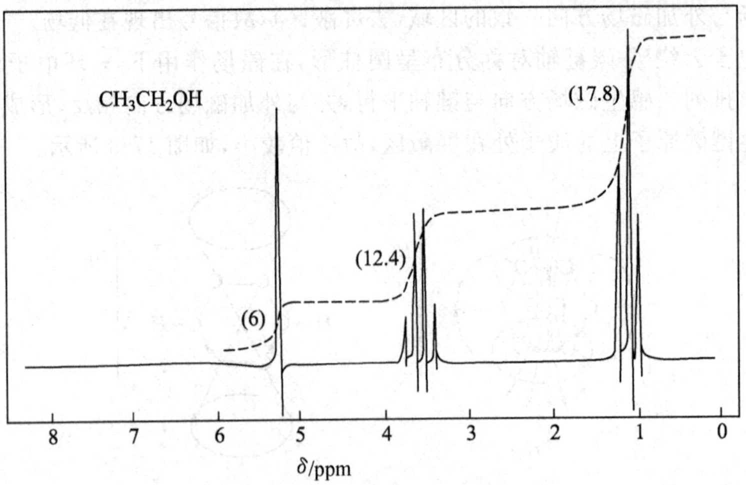

图 17-9 乙醇的高分辨核磁共振谱

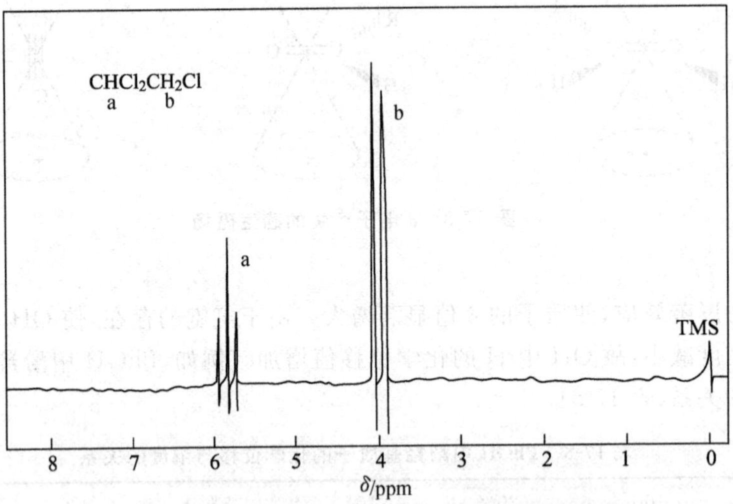

图 17-10 1,1,2-三氯乙烷($CHCl_2CH_2Cl$)的核磁共振谱

这种同一类质子吸收峰增多的现象叫做裂分。裂分是邻近质子的自旋相互干扰而引起的。这种相互干扰叫做自旋偶合,由此所引起的吸收峰的裂分叫做自旋偶合裂分。在1,1,2-三氯乙烷($CHCl_2CH_2Cl$)分子中,CH 质子除受外加磁场的影响,还要受到相邻 CH_2 质子自旋的影响。CH_2 质子有两个,当它们在外加磁场中的自旋方向相同,且磁矩的取向与外加磁场一致(↑↑)时,增强了磁场强度,于是 CH 质子在较低的外加磁场中即可发生共振而出现吸收峰。当 CH_2 质子中两个质子自旋方向相同,但磁矩的取向与外加磁场相反(↓↓)时,削弱了磁场强度,于是 CH 质子就要在较高的外加磁场中才能发生共振。当 CH_2 质子中两个质子自旋方向相反(↑↓)或(↓↑)时,对磁场强度没有影响,对 CH 质子峰出现的位置也就没有影响。这样,CH 质子的共振吸收在图谱中就出现了 3 次,也就是说裂分为三重峰,而它们的相对强度与 CH_2 质子自旋组成的几种可能形式相对应,是 1∶2∶1。与此同时,CH_2 质子也要受到 CH 质子自旋的影响。CH 质子只有一个,它有两种自旋方向,一种自旋使外加磁场增强,另一种自旋使外加磁场减弱。故 CH_2 质子的吸收峰裂分为二重峰,

且强度相等。一般来说，当质子相邻碳上有 n 个同类质子时，吸收峰裂分为 $n+1$ 个。

自旋偶合通常只有在两个相邻碳上的质子之间发生。因此，在乙醇的高分辨核磁共振谱中，只是 CH_3 和 CH_2 的质子因自旋偶合而分别裂分为三重峰和四重峰，OH 质子仍为单峰。又如，$ClCH_2CCl_2CH_3$ 分子中，CH_2 和 CH_3 之间隔有一个碳原子，这种质子不发生自旋偶合。故 $ClCH_2CCl_2CH_3$ 即使用高分辨核磁共振仪，其核磁共振谱中也没有裂分现象。

核磁共振谱中，各峰的峰面积现在可用电子积分仪来测量，并在谱图上自动以连接阶梯式积分曲线表示出来。例如，乙醇的高分辨核磁共振谱中的虚线即是这种表示峰面积的积分曲线。积分曲线的总高度与化合物中质子的总数相应。各种质子的积分曲线高度之比，即各个峰面积之比，也就是各种质子数之比。图 17-9 中的 OH、CH_2、CH_3 的积分曲线高度之比是 6∶12.4∶17.8，即这三种质子之比是 1∶2∶3。

综上所述，在核磁共振谱中，有多少组吸收峰，就反映出分子中有多少种不同类型的质子；吸收峰强度之比，就反映了各种类型质子的相对数目；而吸收峰的位置则反映出质子所处的化学环境。核磁共振谱所提供的这些资料，可以作为鉴别和确定有机化合物分子结构的重要依据。例如，若有样品 A 和 B，已知它们都是戊酮，其中一个是 3-戊酮（$CH_3CH_2COCH_2CH_3$），另一个是 3-甲基-2-丁酮（$CH_3COCH(CH_3)_2$），A 和 B 的核磁共振谱如图 17-11 和图 17-12 所示，但不知它们分别属于哪个化合物。

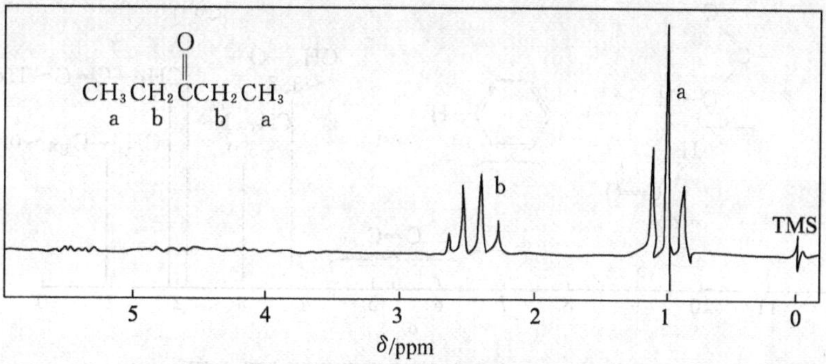

图 17-11　样品 A 的核磁共振谱

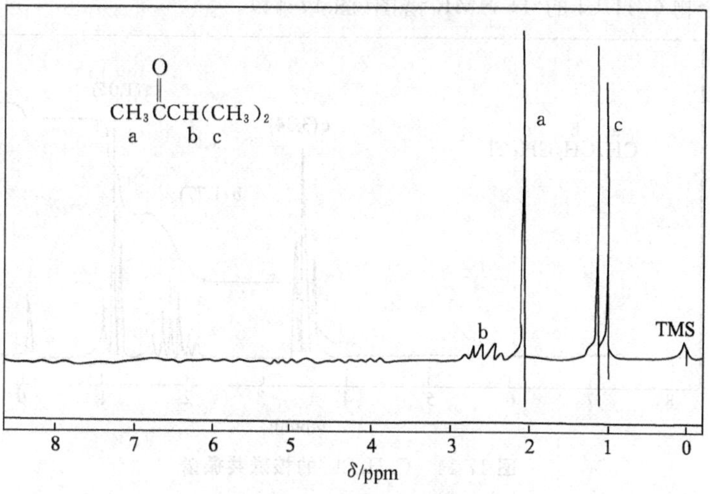

图 17-12　样品 B 的核磁共振谱

由这两张图谱可以推知 A 是 $CH_3CH_2COCH_2CH_3$，B 是 $CH_3COCH(CH_3)_2$。因为 A 的图谱中有两组峰，即分子中有两种质子。对照化学位移表和谱中两组峰的相对强度，可知它们分别是—$COCH_2$ 和 CH_3—R 的质子。CH_2 质子受 CH_3 影响裂分为四重峰。CH_3 质子受 CH_2 影响裂分为三重峰。而 B 的图谱中有三组峰，即分子中有三种质子。异丙基中的 CH 质子受相邻的 6 个 CH_3 质子影响裂分为七重峰。与羰基相连的 CH_3 质子为单峰，因为与这个 CH_3 相邻的碳上没有质子。异丙基中的 CH_3 受相邻 CH 质子影响裂分为二重峰。

三、^{1}H NMR 谱图解析步骤及举例

解析核磁共振谱，主要是从中寻找吸收峰的位置、数目、峰面积、裂分情况等信息。一般包括以下几个步骤：

① 谱图中有几组峰？几种氢？

② 各种氢核的个数？

③ 各峰的归属？

④ 常见结构的化学位移大致范围(图 17-13)。

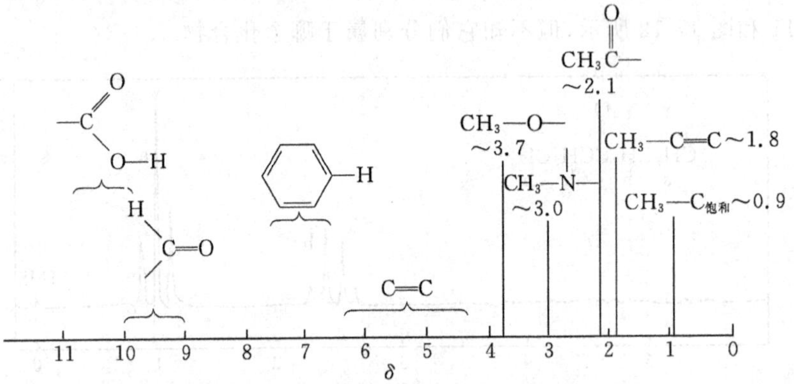

图 17-13 常见结构的化学位移大致范围

例 1 化合物 C_3H_7Cl 的 ^{1}H NMR 谱图(图 17-14)。

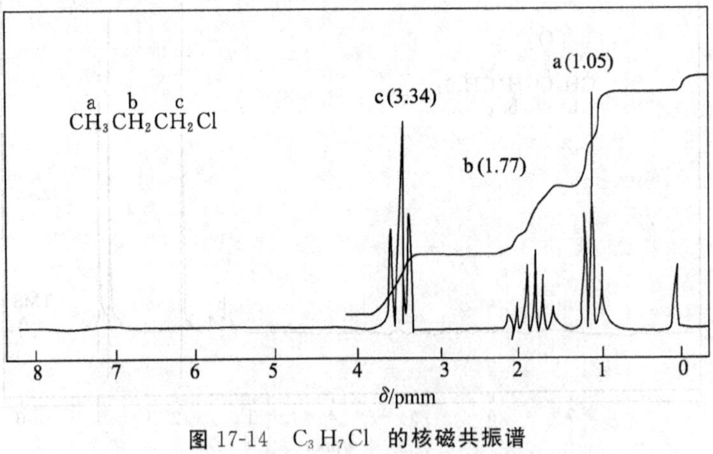

图 17-14 C_3H_7Cl 的核磁共振谱

例 2 图 17-15 是否属于 2,3,4-三氯苯甲醚的 ^{1}H NMR 图？

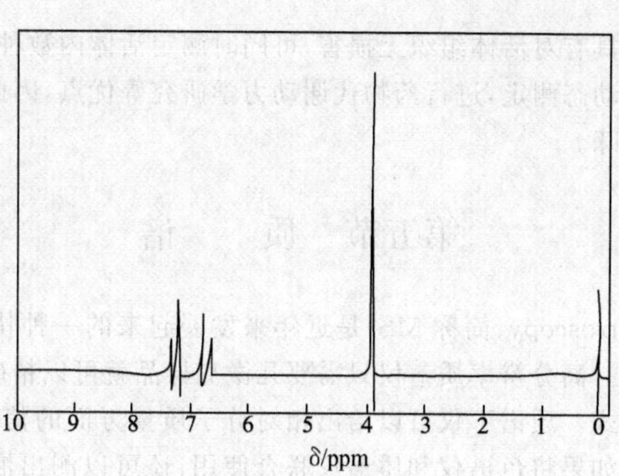

图 17-15

δ≈7 处一组峰为苯环上质子吸收峰；δ≈3.9 处单峰是连在氧原子上的甲基的吸收峰。所以，该图是 2,3,4-三氯苯甲醚的[1] H NMR。

例 3 图 17-16 与下列哪个化合物的结构符合？

(A) $ClCH_2C(OCH_2CH_3)_2$（C 上连 Cl）　(B) $Cl_2CHCH(OCH_2CH_3)_2$　(C) $CH_3CHOCHCH_2OCH_2CH_3$（两个 CH 上各连 Cl）

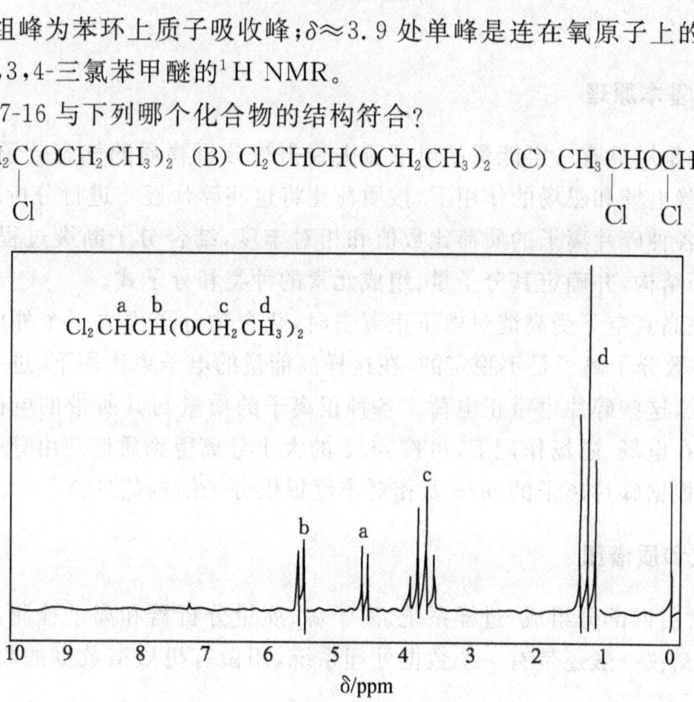

图 17-16

图中有四组峰，表明样品中含有 4 种氢，因此只有(B)与谱图符合。

四、核磁共振在医学上的应用

近年来，核磁共振用于临床诊断取得了长足的发展，如磁共振成像(MRI)作为当前临床诊断的一种先进手段也是基于[1] HNMR 原理发展起来的。利用 MRI 可以观察水分子中的两个质子，因人类肌体的每一个细胞都含有相当量的水，故可用以显示组织和器官。由于病态细胞中水含量与正常细胞中的水含量不同，通过核磁共振可确定二者水的密度和分布不同，所以可用于诊断。因此，利用计算机技术可将检查部位的横切片的二维图像记录下来并进一步集合成三维图像，为临床提供很有价值的信息。

动物活体的 NMR 技术已成为生理学、生物化学、药理学和神经生物化学研究的一种新手段。由于这种技术具有对活体组织无损害,可同时测定活体内数种化合物,在正常生理状态下可连续进行适时动态测定,进行药物代谢动力学研究等优点,因此这种技术受到了广大生物医学工作者的青睐。

第五节 质 谱

质谱(Mass Spectroscopy,简称 MS)是近年来发展起来的一种快速、简捷、精确地测定相对分子质量的方法。高分辨率质谱仪只需要几微克样品就可以精确地测定有机化合物的相对分子质量和分子式。质谱不仅可以给出相对分子质量方面的信息,还可以给出分子结构方面的某些信息。如果将色谱仪和质谱仪联合使用,还可以测出混合物的组成及各组分的相对分子质量和分子结构。质谱已经成为有机化学和生命科学工作者了解有机分子结构的有力工具之一。

一、质谱的基本原理

质谱分析法是用具有一定能量的电子流去轰击被分析物质的气态分子,产生各种阳离子碎片,在外加静电场和磁场的作用下,按质荷比将这些碎片逐一进行分析和检测。在获得的质谱图上,有各种碎片离子的质荷比数值和相对丰度,结合分子断裂过程的机理,可推测被测物质的分子结构,并确定其分子量、组成元素的种类和分子式。

有机分子在高真空下受高能量电子束轰击时,化合物分子失去一个外层电子而变成分子离子 M^+。多数分子离子是不稳定的,在这样高能量的电子束作用下,进一步发生键的断裂产生许多碎片,这些碎片也带正电荷。各种正离子的质量与其所带的电荷之比(质荷比) m/z 是不同的,在电场、磁场作用下,可按 m/z 的大小分离得到质谱。由分子结构与裂解方式的经验规律,根据碎片离子的 m/z 及相对丰度提供分子结构信息。

二、质谱仪和质谱图

质谱仪通常由四部分组成:进样系统、离子源、质量分析器和离子检测器。由于计算机的发展,近代质谱仪一般还带有一个数据处理系统,用做有机质谱数据的收集、谱图的简化和处理(图 17-17)。

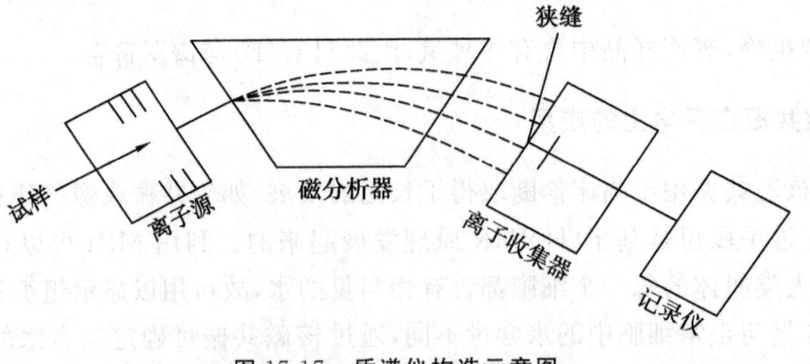

图 17-17 质谱仪构造示意图

样品进入离子源后,经电子轰击而失去一个价电子,成为带正电荷的阳离子:

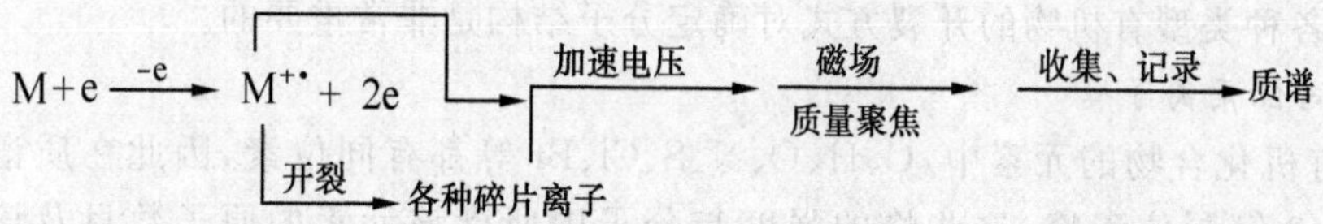

这些正离子经加速电场加速，通过一个外加磁场进行质量聚焦，根据带电粒子在磁场中的运动规律，只允许满足下式的离子通过狭缝到达检测器：

$$R=\sqrt{\frac{2V}{H^2}\cdot\frac{m}{e}}$$

式中，R 为离子在磁场中运动轨道半径，V 为外加电压，H 为外加磁场强度，m/e 为离子的质荷比。

固定 R、V，不断改变 H，就可以使不同质荷比的离子依次通过狭缝，到达检测器。通过狭缝后的正离子到达检测器时，检测器将给出信号，经放大后输给记录器，则记录器可按各种离子的 m/z 及其相对丰度给出质谱图(图 17-18)。

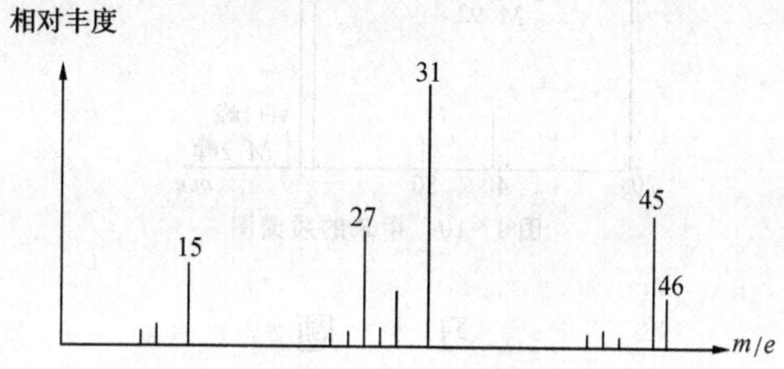

图 17-18 乙醇质谱图

相对丰度(R_A)：以图中最强的离子峰(基峰)高为 100%，其他峰的峰高则用相对于基峰高度的百分数表示。

三、质谱图的解析

解析质谱图上出现的峰，就是要说明这些峰是怎么产生的，它的位置和强度与化合物的分子种类和结构的关系。经过大量的质谱工作的研究，把质谱峰归纳为分子离子峰、碎片离子峰、同位素离子峰、多电荷离子峰等。下面主要介绍分子离子峰、碎片离子峰和同位素离子峰。

(一) 分子离子峰

分子离子峰位于质谱中最高的一端，故分子离子峰的 m/z 值就是样品的相对分子质量。在解析质谱图时，确定分子离子峰是非常重要的。分子离子峰的强度与样品的结构有关。芳香族化合物的 $M^{+\cdot}$ 强，脂肪族化合物的 $M^{+\cdot}$ 弱，醇的 $M^{+\cdot}$ 很弱或没有。醇由于易失水形成 M－18，有时 M－18 为强峰；胺类的 $M^{+\cdot}$ 也很弱；$M^{+\cdot}$ 的稳定性次序：芳环＞共轭体系＞烯烃＞环烷烃＞含硫化合物＞短直链化合物＞酮＞醛＞酯＞醚＞胺＞羧酸＞高支链烃＞醇。

(二) 碎片离子峰

分子离子在电子流轰击下继续开裂生成碎片离子，碎片离子的相对丰度与化合物的分子结构有密切的关系。一般情况下，几个主要的碎片离子峰就可以代表分子的主要结构。

因此，掌握各种类型有机物的开裂方式对确定分子结构是非常重要的。

（三）同位素离子峰

组成有机化合物的元素中，C、H、O、N、S、Cl、Br 等都有同位素，因此在质谱中会出现 $M+1$、$M+2$ 等同位素峰，这些峰的强度与分子中所含该元素的原子数目及该同位素的天然丰度有关。在有机物中 ^{12}C 的含量实际上只有 98.92%，其余的 1.08% 是 ^{13}C。如甲烷除了质量为 16 的分子离子峰（$M^{+\cdot}$）外，还出现质量为 17 的信号，其相对丰度约 1.1%。这个丰度较小的峰称作同位素峰，即 $M+1$ 峰，是由 1.08% 的 $^{13}CH_4$ 或 CH_3D 引起的（图 17-19）。

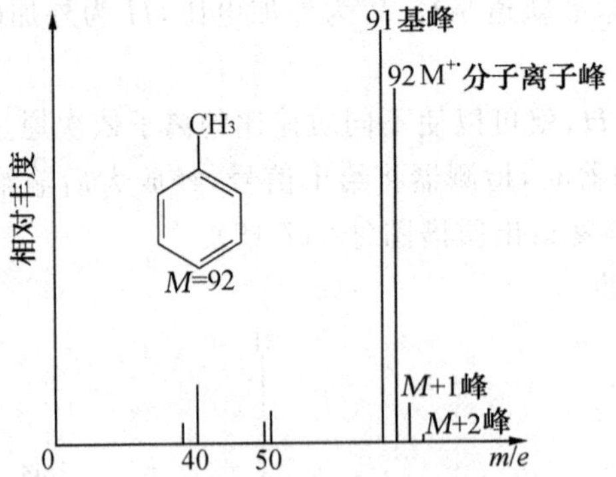

图 17-19　甲苯的质谱图

习　题

1. 用红外光谱可以鉴别下列哪几对化合物？说明理由。

(1) $CH_3CH_2CH_2OH$ 与 $CH_3CH_2NHCH_3$

(2) CH_3COCH_3 与 CH_3CH_2CHO

(3) $CH_3CH_2CH_2OCH_3$ 与 $CH_3CH_2COCH_3$

2. 应用 IR 或 ^1H NMR 谱中的哪一种，可使下列各对化合物被快速而有效地鉴别？

(1) $CH_3CH_2CH_2CHO$ 与 $CH_3COCH_2CH_3$

(2) 环己醇与环己酮

(3) 2-丁醇与四氢呋喃

3. 具有下列各分子式的化合物，在 ^1H NMR 谱中均出现 1 个信号，其可能的结构式是什么？

(1) C_5H_{10}　(2) $C_3H_6Br_2$　(3) C_2H_6O　(4) C_3H_6O　(5) C_4H_6

4. 如何用 ^1H NMR 谱区分下列各组化合物？

(1) 环丁烷与甲基环丙烷

(2) $C(CH_3)_4$ 与 $CH_3CH_2CH_2CH_2CH_3$

(3) $ClCH_2CH_2Br$ 与 $BrCH_2CH_2Br$

5. 某化合物的分子式为 C_4H_8O，它的红外光谱在 $1751cm^{-1}$ 有强吸收峰，它的核磁共振谱中有一个单峰相当于 3 个 H，有一个四重峰相当于 2 个 H，有一个三重峰相当于 3 个 H。试写出该化合物的结构式。

6. 某化合物元素分析结果为 C 62.5%，H 10.3%，O 27.5%。常温时，该化合物与碘无作用，但加入 NaOH 并加热，则得到黄色沉淀。一些波谱数据如下：

MS　分子离子峰 m/z 为 116；

UV　无吸收峰；

IR　$3300cm^{-1}$ 有强宽吸收峰，$1700cm^{-1}$ 有强吸收峰；

^1H NMR　δ 1.3 单峰；δ 2.6 单峰；δ 3.8 单峰；峰面积比为 6∶3∶2。

请根据以上提供的数据推导该化合物的结构。